# 岩盤応力とその測定
## ROCK STRESS AND ITS MEASUREMENT

ベルナール・アマデイ, オーヴ・ステファンソン [著]
監修 石田 毅　翻訳代表 船戸明雄

京都大学学術出版会

Translation from the English language edition:
"Rock Stress and its Measurement"
by Bernard Amadei and Ove Stephansson
Copyright (c) 1997 by Chapman & Hall Limited as a part of Springer
Science+Business Media
All Rights Reserved.

Japanese translation rights arranged with Springer Science+Business Media
through Japan UNI Agency, Inc., Tokyo

# 翻訳にあたって

　水中に潜れば水圧が作用するように，地中においては土圧が，岩盤中においては地圧，すなわち岩盤応力（Rock Stress）が作用する．岩盤の平均密度は水の約 2.5 倍なので，水深 1 km での水圧は約 100 気圧（約 10 MPa）であるのに対し，地下 1 km での岩盤応力は約 250 気圧（約 25 MPa）にも達する．この圧力は，乗用車 1 台の重さを 1 t とすると，両手を広げた程度の広さの 1 m 四方に 2500 台の乗用車が乗っている圧力に匹敵する．谷川岳を貫く関越トンネルや新清水トンネルは地下 1 km を貫いており，すでに閉山した四国の佐々連鉱山や北海道の幌内鉱山では 1 km を超える深さで採掘を行っていた．小柴さんのノーベル賞で有名になったスーパーカミオカンデのニュートリノ観測施設も地下 1 km の岩盤の中にある．南アフリカの金山では，地下 4 km に近い深さで金鉱石を採掘している．このような大深度の地下開発では，大きな岩盤応力のために坑道壁面の岩盤が破壊し，大きな落盤事故が生じることがしばしばある．また石油採掘のためのボーリング孔が岩盤応力のために崩壊する事故もしばしば発生している．岩盤応力の状態が分かれば，地下空洞の長手方向や大きさあるいはボーリング孔の掘削方向を変えることにより岩盤の崩壊を避けることができる．

　岩盤応力は，自重により鉛直方向に作用するだけでなく，水平方向にも作用する．わが国は地震が多いことからもわかるように，世界でも有数の地殻変動帯にあり，地殻表面を覆っているプレート運動による水平方向の応力が岩盤の自重による鉛直方向の応力より大きな地域が多くある．地震は，岩盤応力の増大に伴って生じる地殻の岩盤の破壊なので，岩盤応力の状態を把握することは地震の危険度を予測する上でも重要である．2011 年 3 月 11 日に発生した東北地方太平洋沖地震は，津波による多数の死傷者と，福島第 1 原子力発電所の事故をはじめとする大きな災害をもたらした．これは，日本海溝付近における西北西−東南東方向の圧縮応力による地殻の破壊，すなわち，逆断層の形成に伴う地震であることが報告されている．また阪神・淡路大震災を引き起こした 1995 年 1 月 17 日の兵庫県南部地震も，東西方向の圧縮応力による横ずれ断層の形成によるものである．このような東西圧縮応力は，太平洋の海底地殻が 1 年におよそ 10 cm の速度で日本列島に押し寄せてきていることが原因である．1 年に 10 cm というとわずかな動きに感じるが，1000 年では 100 m 日本列島が東西に押し縮められるため，その方向に圧縮応力が発生し，しばしば地殻が破壊されて地震が発生するのは当然の摂理なのである．兵庫県南部地震の後，地震前に比べて地殻応力

が低下していたという測定結果が兵庫県の鉱山で報告されており，今東北地方で測定を行えば東北地方太平洋沖地震でも地殻応力の低下が観測されるはずである．このことは岩盤応力の測定によって地震の予知ができる可能性を示している．

　わが国では，これまで大規模な地下空洞や長大トンネルの設計・施工，あるいは長大橋や原子力発電所基礎地盤の安定性評価などのために，多くの岩盤応力の測定がなされてきた．社会基盤の整備が進むにつれ，このような施設の建設に伴う岩盤応力測定の機会は以前に比べて減少しているが，中央新幹線の建設に伴う大深度トンネルの建設や，原子力発電所の使用済み核燃料を処理した際に生じる高レベル放射性廃棄物の地層中への処分，地球温暖化ガスである二酸化炭素を地中に貯留するプロジェクトなどに関連して，岩盤応力状態の把握は新たな必要性が生じつつある．また石油や天然ガスも，最近では地下 3～4 km の深度までボーリング孔を掘削して採掘することが多くなり，ボーリング孔が岩盤応力のために崩壊する問題が深刻になりつつある．このような工学的問題のみならず，わが国の多くの箇所で岩盤応力の正確な測定が可能になれば，先に述べたように地震の予知につながる可能性がある．

　本書 "Rock Stress and Its Measurement" は，1997 年に出版された岩盤応力に関する優れた教科書でありながら，わが国への紹介が遅れていた．本書は原著の序文にあるように，1986 年にスウェーデンのストックホルムで開催された第 1 回の岩盤応力と岩盤応力測定に関する国際会議を契機として執筆されたとなされているが，この会議の第 2 回は 1997 年に，第 3 回は 2003 年に，いずれも熊本大学の菅原勝彦教授・尾原祐三教授を中心に熊本で開催され，2013 年には，本書の翻訳幹事の一人である東北大学の伊藤高敏教授を中心に仙台で開催が計画され，準備が進められている．その意味ではわが国で時宜を得た翻訳出版であると思われる．

　本書がこの分野の進歩と発展に大きく寄与することを祈念する次第である．

2012 年 1 月

監修者　石田　毅

# 日本語版刊行によせて

　1997年に出版された"Rock Stress and Its Measurement"の英語版の本は，岩盤応力に関する研究分野の確立と，岩盤応力がどのように測定され，どのように推定されうるのかということを知らしめるのに大きな役割を果たした．岩盤応力は岩盤力学と岩盤工学の理論とモデル，そして実務を含むすべての研究に対する基礎である．またISRM（国際岩の力学会：International Society for Rock Mechanics）は，岩盤応力の測定と測定結果の解釈並びに信頼性の評価に関心を払い続けてきている．最近，ISRMは5件の新しい岩盤応力の推定に関する指針（Suggested Methods）を出版している．出版された指針は，とくに応力解放法と水圧破砕法について，現存する方法の概観とそれを理解するための戦略を示している．一連の指針の最後の2件は，岩盤応力推定のための品質管理と，サイトの特性化，応力測定，統合された応力解析と数値解析モデルに関してどのようにすれば測定データから最終的な岩盤応力モデルを完成できるかについて記述している．あるサイトあるいはある領域の最終的な岩盤応力モデルは，応力測定と地質学的，地球物理学的観測結果から統合された応力データとともに，地質学的環境とその特性を考慮しなければならない．そのモデルは，可能であれば応力データの最終的な利用者に手渡す前に，数値解析的な方法で修正され妥当性が確認されるべきである．

　この本の英語版では，岩盤内の応力は直接測定できず，岩石または岩盤を擾乱することによって推定できるに過ぎないことから，岩盤応力が得体の知れない仮想的な量であることを指摘していた．この岩盤の擾乱には，ボーリング孔の掘削が，未だに最も実際的なそして最も頻繁に使用されている方法である．ダイヤモンドビットによるボーリング孔の掘削は，実験室で解析すれば現場の応力に関する追加情報を抽出できるボーリングコアを得る可能性もある．主要な岩盤のパラメータは体積に依存しており，1997年に発刊されたこの本の英語版には，カナダのManitobaの地下研究施設から得られた結果，すなわち，応力値の大きさが岩盤体積の増大とともに減少すること，そしてその減少は1000 $m^3$ まででそれを超えるとほぼ一定値を保つことが明確に示されている．この岩盤応力の体積依存性は，岩盤力学の研究における重要な課題として，他の方法で明らかにされることが待たれている．例えばカイザー効果や他の弾性波速度法で小さな岩石コアを用いて実験室で応力を決定するとき，体積依存性や異方性は重要な問題になる．

過去15年間に，岩盤応力に関する我々の理解と知識はかなり進歩したように思われる．地球の地殻とマントルにおける最大水平応力の方向に関する主要なデータは，世界応力分布図プロジェクト（World Stress Map project）で継続して収集されている．現在，データベースは約30,000点の測定データを有し，世界規模のあるいは地域規模の応力場を推定する助けとなっている．地質データと応力測定による岩盤応力の大きさを含む定量的なデータベースは，現在構築中である．新たな日本の深海掘削船「ちきゅう」が，深海の海洋底の応力測定を実現し，海洋地殻の応力場に関する新たな知識を与えてくれるものと期待される．

　ごく最近の数年，岩盤応力に関する既存の方法にいくつかの大きな改善がなされたことが知られている．応力解放法に関しては，ボーリング孔内での作業サイクルの繰り返しに伴う測定を完全に記録できるデータロガーをセル内に装着したスウェーデンのボレプローブ（Borre probe）に大きな進歩が見られる．水に満たされた孔内での応力解放法による応力測定は，現在地表から1000 mの深さまで行われている．水圧破砕法による応力測定に関しては，剛性の高い配管で流体を注入し，孔内の破砕区間に近い位置で圧力と流量を測定するように改善された点を強調したい．一列に並んだ合計4個のパッカーからなるいわゆる4重パッカーの使用により，破砕区間にいままでより大きな破砕圧を作用させることができる．この方法は，地下水面が地表に近いところにある深部鉱山での水圧破砕法による応力測定に用いられている．

　水圧破砕法と応力解放法による応力測定データの十分な統合がなされるようになり，さらにいまやこれに自然地震と誘発地震のデータを統合して，いくつかの研究プロジェクトや地熱開発プロジェクトに利用されている．使用済放射性廃棄物の地層処分に関連したフィンランドのオンカロ（Onkalo）プロジェクトでは，トンネルや立坑の周辺での応力解放法による応力測定結果を測定点ごとに統合する新たな方法が，トンネル規模での完全な応力テンソルを得るために開発されている．

　岩盤の材料特性とともに微小破壊や巨視的破壊の開始がわかれば，これらの情報は，異なる形状の地下空洞周辺の遠方応力の決定に使用することができる．この方法は，オーストラリアのクーパーベーズン（Cooper Basin）における地熱開発プロジェクトで大深度広域応力場を得るのに利用されている．長い区間にわたりボアホールブレイクアウトが生じていることは地球物理学的検層法で観察されており，その発生方向は得られた広域応力場と調和的である．破壊が生じている深さとボーリング孔周辺の破壊の幅に関するデータは，解析モデルの作成者に手渡されている．岩盤の破壊力学のコンピュータコードをこの問題に適用することにより，観測されたボアホールブレイクアウトに最も適合する水平応力場を求めることができる．解析モデルから得られた

水平応力場は，実験現場での他の観測事実と非常によい一致を示している．コアディスキング，ボアホールブレイクアウト，スポーリング及び掘削あるいは熱的に誘発される破壊を初期応力の方向と大きさの決定に用いることは，今後の重要な研究分野のひとつである．

　英語版の原著の日本語への翻訳は，日本の岩盤力学及び応用地質学分野の数名のメンバーで主要な作業がなされた．翻訳は応用地質㈱の船戸明雄氏によって1999年に開始されたが，船戸氏は原著を半ばまで翻訳したところで，2007年に前ISRM日本国内委員会委員長である深田地質研究所理事長の田中荘一博士に応援を求めた．田中荘一博士は，石田毅京都大学教授を委員長とするこの分野の13人の専門家からなる「岩盤応力に関する研究委員会」を深田地質研究所に設置した．この委員会の主要な設置目的はこの著書の翻訳と出版である．この委員会のすべてのメンバーがこの本の翻訳，図面の再構成，スキャンした原著原稿の修正，そして翻訳された日本語の最終的な校正に費やされた時間と努力に，私はこころより感謝している．特に石田毅教授には，翻訳過程での私への誠実な連絡・相談や激励に篤く感謝する次第である．

2011年11月 ベルリンにて<br>
オーヴ・ステファンソン

# まえがき

　岩盤は初期の自然の状態ですでに応力を受けている．褶曲，断層，貫入などの地質構造の発達や，トンネル，地下空洞，鉱山，地表掘削などの人工構造物の安定性，あるいはボーリング孔の安定性に関心があるか否かに関係なく，これらの構造物が引き起こす擾乱に対する岩盤の応答を予知するためには，他の岩盤特性とともに原位置応力あるいは初期応力の知識が必要である．岩盤中の応力は，通常連続体力学を用いて記載される．応力は各点ごとに，6成分を有するデカルト直交座標系の2階のテンソルで定義される．その定義のために，岩盤応力はその記述と測定，現実の応用において，得体の知れない難問の架空の量となる．岩盤応力は直接測定することができず，岩盤を擾乱することによって推定することができるだけである．さらに，岩盤応力は岩石と岩盤の複雑な性質のために正確には決定できない．岩盤が明確な地質境界の間にあり，かつ本質的に均質，連続で線形弾性を示す「良好」ないし「非常に良好」な岩盤条件にある場合に，岩盤応力はせいぜいその大きさについては±10〜20％，その方向については±10〜20度の誤差をもって決定できるに過ぎない．一方，風化や軟質あるいは亀裂が多いといったような岩盤条件が悪い場合には，岩盤応力の測定は極めて困難である．そのような岩盤においては，応力測定の成功率は通常低い．

　この本は，地殻の応力状態の問題，これらの応力の測定とモニタリングの方法，さらには岩盤工学と地質学，地球物理学におけるその重要性に焦点をあてている．現在の原位置応力状態にまず注目し，次いで応力変化のモニタリングに注目する．古応力の問題についての議論は限定的である．

　過去の30年で，岩盤応力に関する我々の知識と理解は大きな進歩をとげた．地殻の上層部（地殻の表層3〜4 km）の応力状態に関するこれらのデータの大半は今も利用可能である．岩盤応力の起源，そして，重力，造構運動，浸食，側方拘束，岩石組織，氷河と氷河の後退，地形，地球の曲率，さらには他の活発な地殻活動がどのように現在の地殻応力場に影響を与えているのかについてはさまざまな理論が提案されてきた．応力測定の方法は，過去何年にもわたって，徐々に発展してきた．すなわち，1930年代から1940年代にかけての岩盤表面の応力解放法を皮切りに，1950年代のフラットジャッキ法，1950年代と1960年代のボーリング孔を用いた応力解放法の発展，そして1970年代の水圧破砕法の工学的応用と発展してきた．その後革新的な方法により，地殻の上層の地表から3〜4 kmの深さまでの応力の測定が可能となっている．

地下深部の測定には，非常に特殊な技術が必要となる．今までに実施された最も深い地点での信頼できる測定は，1995年にドイツのKTB（German Continental Deep Drilling Project）プロジェクトの孔井でなされた測定である．このプロジェクトでは，9 kmの深さでの水圧破砕法による測定に成功し，最大，最小水平応力がそれぞれ285 MPa，147 MPaとの結果を得たと報告されている．一般に9 kmより深い深度での測定は，将来新たな技術が開発されるか，もしくは既存の技術が大きく改善されるのを待つ，未踏の領域として残されている．

原位置応力については，現在利用できる文献が非常に多くある．この本を書くにあたって，われわれはできるだけ多くの関連文献と著者を引用しようと特別な努力をはらった．読者は，全12章にわたる広範囲な文献リストを目にするであろう．なお文献の収録範囲は，1995年9月に東京で開催された第8回岩の力学国際会議（ISRM Congress）での発表論文までである．

この本は，土木，鉱山，石油工学，地質学，地球物理学の大学院生，教員，実務家を対象としており，岩盤力学や岩盤工学，構造地質学や地球物理学の大学院の特論の教科書としても用いることができる．この本は，岩盤応力の問題に直面する実務家にとっては，有用な手引書としての利用価値があろう．また，ここで紹介される実際の事例は，学生や教員，実務家の強い興味をそそるであろう．この本は，力学，地質学，岩盤力学の基礎的概念に精通している人を対象としている．

この本の全12章は，原位置応力の推定法に始まり，次いで岩盤応力の測定法とモニタリング法について述べ，最後に岩盤工学や地質学，地球物理学における岩盤応力の重要性を述べるという論理にかなった順序で記述されている．応力測定結果の比較に関するいくつかの事例研究についても説明がなされており，その範囲は地域の応力測定から世界応力分布図にいたる幅広い範囲に及んでいる．この本では一貫して，応力測定結果の評価と解析における地質学の役割の重要性を強調している．また，地殻の応力状態の理解に際して，工学，地質学，地球物理学の学問分野が互いに補い合う類似性を共有していることも強調している．

この本は2番目の著者によって組織され，1986年9月1～3日にスウェーデンのストックホルムで開催された岩盤応力と岩盤応力測定に関する国際会議で発表された情報を補完し更新する意味でも，その価値を有している．この会議は，理学と工学の両方の学会において岩盤応力とその測定への関心が幅広く存在することを明らかにした．不思議な得体の知れない性質にもかかわらず，岩盤応力は岩盤工学，地質学，地球物理学の幅広い範囲で，非常に重要と認識されている．ストックホルムの国際会議の後，1980年代後半から1990年代前半にかけて岩盤応力とその測定に関する課題の論文の

爆発的増加が認められた．カナダの地下研究施設（URL: Underground Research Laboratory）における研究プログラムと世界応力分布図（World Stress Map）の編集プロジェクトが，地殻の上層部における応力状態とその変動に関する我々の理解の助けとなった．従って，ストックホルムの国際会議の会議録を補完する本の出版は時宜を得ており，岩盤応力に関する深い議論は岩盤技術者，地質学者，地球物理学者ならびにこの課題に関心を持つ他の人々にとっても有意義であろうと考えた．この本では主に原位置応力あるいは初期応力及びその測定を取り扱っているが，応力変化のモニタリングについてもひとつの章（第10章）を割いている．応力変化の測定に用いられている方法の多くは初期応力測定に用いられている方法とよく似ているので，そのような章も是非必要だと我々は考えた．さらに応力変化のモニタリングは，現在世界各国で考えられている放射性廃棄物の地層処分のさまざまな局面において，極めて重要な役割を果たすと思われる．

　この本の各章の大半には，中心となった著者がいる．2.14.2節を除く第2章，第3章，第5章，第6章及び第10章と補遺については，第1著者が責任を負う．第4章，第7章，第8章及び2.14.2節については第2著者が責任を負う．第1章，第9章，第11章及び第12章については，両者の共著である．読者からの質問や意見は，それぞれの担当の著者に問い合わせてほしい．

　この本を著すにあたって，我々は広範な文献調査を可能な限り行った．しかしながら，いくつかの文献を見落としている可能性がある．その点については，読者に寛容を乞いたい．

　我々の何人かの同僚の助けをなくしては，本書を著すことはできなかった．第1著者は，原稿すべてを読んでくれたRussell Jerniganに感謝の意を表する．NSF課題番号MS-9215397による米国科学基金からの経済的支援は，応力に関する岩石の組織と地形の影響の役割に関する第2章のいくつかの節を充実させるのに役立った．第2著者は，課題番号P3447-331による，スウェーデン科学研究協会からの資金援助に感謝している．著者は2人とも，この本の内容を精査してくれたJohn A. Hudson教授に心から感謝している．彼の示唆に富む問題を明確にする指摘はたいへんありがたかった．写真と技術資料を提供してくださった，オーストラリアMINDATAのRobert Walton氏，カナダROCKTESTのJean-François Cappelle氏とPierre Choquet氏，またドイツINTERFELSのHelmut Bock氏に多大な感謝の意を表したい．Derek Martin氏との議論は，地下研究施設（URL）における応力測定の結果と岩盤応力の性質を理解する大きな助けとなった．J. Lauterjung氏は，KTBプロジェクトの掘削

現場の写真を送ってくれた．Mary-Lou Zoback 氏と Birgir Müllar 氏は世界応力分布図作成プロジェクトの原図を提供してくれた．Maria Ask 氏は，北海のデンマーク地域の応力状態のデータを提供してくれた．David Ferrill 氏は，米国ネバダ州の Yacca Mountain プロジェクトにおける断層変位解析とその適用に関する図面を送ってくれた．これらの方々の協力に厚く感謝する．この本の最初の原稿は，1994 年秋の KTH スウェーデン王立工科大学における博士課程の講義で使用された．講義の出席者からの貴重なご意見に感謝する．Ann-Charlotte Akerblom 氏は第 4 章の最初の原稿をタイプしてくれた．この本の図面は，米国コロラド大学 Boulder 校の William Semann 氏と KTH スウェーデン王立工科大学の Mathias Lindahl 氏によって作成された．これらの方々の協力にも厚く感謝する．

# 目　次

翻訳にあたって ……………………………………………………… i
日本語版刊行によせて ……………………………………………… iii
まえがき ……………………………………………………………… vi

## 第1章　序論 ………………………………………………………… 1

1.1　任意点における応力 ………………………………………… 1
1.2　岩盤応力の重要性 …………………………………………… 3
1.3　歴史 …………………………………………………………… 13
1.4　岩盤応力の分類 ……………………………………………… 15
1.5　本書の内容 …………………………………………………… 17
1.6　原位置応力に関する概観 …………………………………… 19
　　参考文献 ……………………………………………………… 20

## 第2章　応力場の推定 ……………………………………………… 27

2.1　はじめに ……………………………………………………… 27
2.2　原位置応力の深度分布 ……………………………………… 29
2.3　主応力としての鉛直，水平応力 …………………………… 36
2.4　原位置応力の深度分布範囲 ………………………………… 38
　　2.4.1　インタクトな岩の強度モデル ……………………… 38
　　2.4.2　弱面の影響 …………………………………………… 41
　　2.4.3　地球物理学的モデル ………………………………… 42
2.5　異方性の影響 ………………………………………………… 44
2.6　層状構造の影響 ……………………………………………… 49
2.7　地質構造と不均質の影響 …………………………………… 55
2.8　地形の影響 …………………………………………………… 62
　　2.8.1　地形の影響のモデル化 ……………………………… 62

## 目　次

　　　2.8.2　重力下の対称形の峰と谷 …………………………………… 65
　　　2.8.3　重力下の非対称形の峰と谷 ………………………………… 72
　　　2.8.4　重力と造構応力下の峰と谷 ………………………………… 73
　　　2.8.5　谷底における引張応力 ……………………………………… 74
　2.9　造構応力と残留応力 …………………………………………………… 77
　　　2.9.1　造構応力 ……………………………………………………… 77
　　　2.9.2　残留応力 ……………………………………………………… 78
　2.10　浸食，過圧密，隆起，氷河の影響 ………………………………… 82
　2.11　大きな水平応力 ……………………………………………………… 84
　2.12　地球の応力に関する球殻モデル …………………………………… 87
　2.13　原位置応力に及ぼす境界条件と時間の影響 ……………………… 90
　2.14　主応力の方位の評価 ………………………………………………… 93
　　　2.14.1　地質構造による応力の方位 ………………………………… 94
　　　2.14.2　断層面解析による応力の方位 ……………………………… 96
　　　2.14.3　ブレイクアウト ……………………………………………… 99
　2.15　要約 …………………………………………………………………… 100
　参考文献 ……………………………………………………………………… 100

## 第3章　原位置応力の測定法 ………………………………………… 119

　3.1　はじめに ……………………………………………………………… 119
　3.2　水圧法 ………………………………………………………………… 121
　　　3.2.1　水圧破砕法 …………………………………………………… 121
　　　3.2.2　スリーブ破砕法 ……………………………………………… 122
　　　3.2.3　HTPF法 ……………………………………………………… 122
　3.3　応力解放法 …………………………………………………………… 123
　　　3.3.1　壁面応力解放法 ……………………………………………… 124
　　　3.3.2　ボアホール応力解放法 ……………………………………… 124
　　　3.3.3　大きな岩体の応力解放 ……………………………………… 126
　3.4　ジャッキ法 …………………………………………………………… 126
　3.5　ひずみ回復法 ………………………………………………………… 127
　3.6　ボアホールブレイクアウト法 ……………………………………… 128

- 3.7 その他の方法 ··········································································· 129
  - 3.7.1 断層すべり解析 ······························································· 129
  - 3.7.2 地震の発震機構 ······························································· 129
  - 3.7.3 間接的な方法 ·································································· 129
  - 3.7.4 時間依存性材料の中の計器 ··············································· 130
  - 3.7.5 残留応力の測定 ······························································· 131
- 3.8 応力測定における岩盤の体積 ····················································· 131
- 3.9 応力測定の精度と不確実性 ························································ 133
  - 3.9.1 自然の（本質的な，固有の）不確実性 ································ 133
  - 3.9.2 測定方法に関する不確実性 ··············································· 135
  - 3.9.3 データ解析に関する不確実性 ············································ 136
  - 3.9.4 不確実性の解釈および減少 ··············································· 139
  - 3.9.5 予想される不確実性 ························································ 142
- 参考文献 ························································································ 146

# 第4章　水圧法 ················································································· 153

- 4.1 はじめに ················································································· 153
- 4.2 水圧破砕法 ·············································································· 154
  - 4.2.1 歴史 ············································································· 154
  - 4.2.2 方法，装置，手順 ··························································· 164
  - 4.2.3 水圧破砕法の理論 ··························································· 177
  - 4.2.4 データの解析とその解釈 ·················································· 208
- 4.3 スリーブ破砕法 ········································································ 224
  - 4.3.1 歴史 ············································································· 224
  - 4.3.2 技術，装置，手順 ··························································· 226
  - 4.3.3 スリーブ破砕法の理論 ····················································· 229
  - 4.3.4 記録と解釈 ···································································· 232
- 4.4 HTPF ····················································································· 237
  - 4.4.1 歴史 ············································································· 237
  - 4.4.2 測定方法，装置および手順 ··············································· 239
  - 4.4.3 理論 ············································································· 240

4.4.4　記録と解釈 …………………………………………… 242
　4.5　統合応力決定法 ………………………………………………… 245
　4.6　技術情報 ………………………………………………………… 246
　参考文献 ……………………………………………………………… 246

## 第5章　応力解放法 …………………………………………………… 257

　5.1　はじめに ………………………………………………………… 257
　5.2　歴史 ……………………………………………………………… 258
　　5.2.1　岩盤表面の応力解放法 ………………………………… 258
　　5.2.2　ボアホールの応力解放法 ……………………………… 260
　　5.2.3　大規模岩盤の応力解放法 ……………………………… 271
　5.3　測定方法，装置および手順 …………………………………… 272
　　5.3.1　オーバーコアリング法の基本ステップ ……………… 272
　　5.3.2　USBMゲージ …………………………………………… 274
　　5.3.3　Bonnechereと金川のセル ……………………………… 278
　　5.3.4　CSIRドアストッパーセル ……………………………… 280
　　5.3.5　CSIR三軸ひずみセル …………………………………… 283
　　5.3.6　CSIRO HIセル …………………………………………… 288
　　5.3.7　二軸試験 ………………………………………………… 292
　　5.3.8　ボアホールスロッティング …………………………… 293
　　5.3.9　センターホールによる応力解放 ……………………… 295
　5.4　理論 ……………………………………………………………… 297
　　5.4.1　オーバーコアリング法の解析における仮定 ………… 297
　　5.4.2　USBMゲージによる測定の解析 ……………………… 302
　　5.4.3　CSIR型ドアストッパー法の解析 ……………………… 316
　　5.4.4　CSIR型三軸ひずみセルによる測定の解析 …………… 320
　　5.4.5　CSIRO HIセルによる測定の解析 ……………………… 323
　　5.4.6　オーバーコアリングされた試料の弾性定数の測定 … 325
　　5.4.7　アンダーコアリング法による岩盤表面の応力解放の解析 …… 329
　　5.4.8　ボアホールスロッティング測定の解析 ……………… 331
　5.5　オーバーコアリング測定の統計的解析 ……………………… 332

5.5.1　最小二乗法 ································································· 332
　　5.5.2　備考 ······································································· 335
5.6　オーバーコアリング結果に対する非線形性の影響 ······················ 336
5.7　オーバーコアリング結果に対する異方性の影響 ·························· 338
　　5.7.1　文献レビュー ······························································ 338
　　5.7.2　実験室と現場の研究 ···················································· 341
　　5.7.3　数値解析例 ································································ 344
5.8　技術情報 ············································································ 347
参考文献 ······················································································ 348

# 第6章　ジャッキ法 ··········································································· 361

6.1　はじめに ············································································ 361
6.2　歴史 ·················································································· 361
6.3　手法，装置と手順 ······························································· 365
6.4　理論 ·················································································· 370
6.5　技術情報 ············································································ 373
参考文献 ······················································································ 373

# 第7章　ひずみ回復法 ······································································· 377

7.1　はじめに ············································································ 377
7.2　歴史 ·················································································· 378
　　7.2.1　ASR法 ······································································ 378
　　7.2.2　DSCA法 ··································································· 381
7.3　技術，設備と手順 ······························································· 383
　　7.3.1　ASR法 ······································································ 383
　　7.3.2　DSCA法 ··································································· 384
7.4　理論 ·················································································· 385
　　7.4.1　ASR法 ······································································ 385
　　7.4.2　DSCA法 ··································································· 387
7.5　データ解析と解釈 ······························································· 390

7.5.1　ASR 法 ･････････････････････････････････････････････････････････････ 390
　　　7.5.2　DSCA 法 ････････････････････････････････････････････････････････････ 392
　参考文献 ･･････････････････････････････････････････････････････････････････････ 394

## 第 8 章　ボアホールブレイクアウト法 ････････････････････････ 397

　8.1　はじめに ･･････････････････････････････････････････････････････････････ 397
　8.2　歴史 ･･･････････････････････････････････････････････････････････････････ 398
　　　8.2.1　観測 ･･････････････････････････････････････････････････････････････ 398
　　　8.2.2　ブレイクアウト理論 ････････････････････････････････････････････････ 400
　　　8.2.3　室内実験 ･･････････････････････････････････････････････････････････ 401
　　　8.2.4　最近の発展 ････････････････････････････････････････････････････････ 403
　8.3　方法，装置，手順 ･･････････････････････････････････････････････････････ 405
　　　8.3.1　ディップメータ ････････････････････････････････････････････････････ 405
　　　8.3.2　テレビュアー ･･････････････････････････････････････････････････････ 406
　　　8.3.3　FMS ･･････････････････････････････････････････････････････････････ 406
　8.4　ブレイクアウトの理論 ･･････････････････････････････････････････････････ 408
　8.5　データ解析と解釈 ･･････････････････････････････････････････････････････ 416
　　　8.5.1　4 アームディップメータの解析 ･･･････････････････････････････････････ 417
　　　8.5.2　ボアホールテレビュアーと FMS 検層の解析 ･･･････････････････････････ 420
　参考文献 ･･････････････････････････････････････････････････････････････････････ 423

## 第 9 章　ケーススタディおよび異なる方法の比較 ････････････ 427

　9.1　URL における応力測定 ･････････････････････････････････････････････････ 427
　　　9.1.1　地質条件 ･･････････････････････････････････････････････････････････ 427
　　　9.1.2　応力測定 ･･････････････････････････････････････････････････････････ 430
　　　9.1.3　考察 ･･････････････････････････････････････････････････････････････ 437
　　　9.1.4　まとめ ････････････････････････････････････････････････････････････ 442
　9.2　異なるオーバーコアリング法の比較 ･･････････････････････････････････････ 443
　9.3　水圧破砕法とオーバーコアリング法の比較 ････････････････････････････････ 446
　9.4　水圧法の比較 ･･････････････････････････････････････････････････････････ 453

9.4.1　水圧破砕法とHTPF法……………………………………………453
　　　9.4.2　水圧破砕法，スリーブ破砕法，HTPF法……………………456
　　　9.4.3　繰返し水圧試験……………………………………………………458
　9.5　水圧破砕法とボアホールブレイクアウト法の比較……………………460
　　　9.5.1　ニューヨーク州Auburnの地熱井………………………………461
　　　9.5.2　ワシントン州Hanford実験場……………………………………463
　　　9.5.3　カリフォルニア州CAJON PASSの学術ボーリング孔………463
　参考文献………………………………………………………………………………465

# 第10章　応力変化のモニタリング……………………………………471
　10.1　はじめに……………………………………………………………………471
　10.2　方法と応用…………………………………………………………………475
　　　10.2.1　変位型ゲージ………………………………………………………476
　　　10.2.2　ひずみセル…………………………………………………………479
　　　10.2.3　剛な円筒計器………………………………………………………480
　　　10.2.4　中実または中空の柔らかい計器…………………………………488
　　　10.2.5　フラットジャッキと孔内圧力セル………………………………490
　10.3　技術情報……………………………………………………………………497
　参考文献………………………………………………………………………………498

# 第11章　地殻の応力状態：
　　　　　　ローカルな測定結果から世界応力分布図へ……505
　11.1　世界応力分布図……………………………………………………………505
　　　11.1.1　WSMデータベース…………………………………………………506
　　　11.1.2　応力型とグローバルな応力パターン……………………………512
　　　11.1.3　大陸における応力パターンの要約………………………………517
　11.2　原位置応力の寸法効果：事実か虚構か？………………………………526
　　　11.2.1　応力の寸法効果……………………………………………………527
　　　11.2.2　応力測定における寸法効果………………………………………531
　　　11.2.3　応力測定の解析に関与する岩盤物性の寸法効果………………533

目　次

参考文献 ……………………………………………………………… 535

# 第12章　岩盤工学，地質学，地球物理学における岩盤応力の利用 …………………………… 541

- 12.1　はじめに …………………………………………………… 541
- 12.2　土木工学における岩盤応力 ……………………………… 543
  - 12.2.1　地下空洞における原位置応力の役割 …………… 543
  - 12.2.2　圧力トンネルと立坑における原位置応力の重要性 ………… 553
  - 12.2.3　流体地下貯蔵における原位置応力の重要性 …… 558
  - 12.2.4　地表掘削時の挙動における原位置応力の役割 … 559
- 12.3　鉱山工学における応力 …………………………………… 560
- 12.4　地質学と地球物理学における応力 ……………………… 568
  - 12.4.1　火成岩の貫入 ……………………………………… 568
  - 12.4.2　岩塩ダイアピル …………………………………… 570
  - 12.4.3　ドーム構造 ………………………………………… 572
  - 12.4.4　単層の座屈 ………………………………………… 574
  - 12.4.5　活構造や後氷期の断層 …………………………… 578
  - 12.4.6　断層すべり ………………………………………… 579
  - 12.4.7　上部地殻のプレート内応力 ……………………… 583
- 参考文献 ……………………………………………………………… 585

# 付録A　応力解析 …………………………………………………… 593

- A.1　コーシーの応力原理 ……………………………………… 593
- A.2　点における応力状態 ……………………………………… 594
- A.3　傾斜面上における応力状態 ……………………………… 595
- A.4　力とモーメントのつり合い ……………………………… 596
- A.5　応力の座標変換則 ………………………………………… 597
- A.6　傾斜した面上における垂直応力とせん断応力 ………… 599
- A.7　主応力 ……………………………………………………… 600

## 付録B　円孔周りの変位，応力，ひずみ：異方性解法……603

- B.1　変位成分の一般表現………………………………………………603
- B.2　円孔の軸 z が弾性対称面に直交するときの変位成分の表現……605
- B.3　異方性無限媒体に円孔を掘削したときに生じる半径方向変位……606
- B.4　原位置応力の作用によって生じる半径方向変位………………608
- B.5　ボーリング孔壁面における半径方向の全変位…………………609
- B.6　応力成分の一般的表現……………………………………………612
- B.7　3次元状態の応力が無限に作用する異方性無限媒体に
　　　掘削された円孔周辺の応力状態………………………………613
- B.8　ひずみ成分……………………………………………………………616

「あとがき」にかえて……………………………………………………619
索引…………………………………………………………………………625

# 序論 1

## 1.1 任意点における応力

　コンクリートや鋼のような人工材料と違って，岩盤や土のような自然の材料は，原位置応力あるいは初期応力と呼ばれる自然発生的な応力を受けている．古典力学によれば，応力は連続体中の点について定義され，媒体の挙動から独立した謎の量である．岩盤力学で用いられる応力の概念は，19 世紀にフランスの Cauchy によって定式化され，St Venant によって一般化された（Timoshenko, 1983）．連続体力学における応力の記述は以下のように要約される（詳細は巻末付録 A または Mase（1970）を参照）．

　連続体力学における応力とは，連続体中のある点において小さな面を介する両側のふたつの部分の相互作用を，面の面積を無限に小さく考えることによって定義される架空の量である．たとえば，図 1.1 のように空間中の領域 $R$ を占める連続体に体積力 $\boldsymbol{b}$ と表面力 $\bar{\boldsymbol{f}}$ が作用する場合を考える．$x$, $y$, $z$ はそれぞれ単位ベクトル $\boldsymbol{e}_1$, $\boldsymbol{e}_2$, $\boldsymbol{e}_3$ を有するデカルト直交座標系である．連続体中の一部の容積を $V$，$V$ の外面 $S$ の上の微小面要素を $\Delta S$，$\Delta S$ 上の点を P，P における $\Delta S$ の単位法線ベクトルを $\boldsymbol{n}$ とする．

　体積力と表面力により容積 $V$ の材料は外側の材料と相互に作用する．$\Delta \boldsymbol{f}$ と $\Delta \boldsymbol{m}$ はそれぞれ $V$ の材料にその外側から $\Delta S$ を横切って作用する力とモーメントとする．Cauchy の応力定理では，$\Delta S$ がゼロになるにつれて単位面積当たりの平均的な力 $\Delta \boldsymbol{f}/\Delta S$ は $\boldsymbol{t}_{(n)} = \mathrm{d}\boldsymbol{f}/\mathrm{d}S$ に，$\Delta \boldsymbol{m}$ はゼロに収束する．$\boldsymbol{t}_{(n)}$ の極限は応力ベクトルと呼ばれ，単位面積当たりの力（MPa, psi, psf, etc.）として $x$, $y$, $z$ 座標系で 3 つの成分で表される．応力ベクトルの成分が法線単位ベクトル $\boldsymbol{n}$ で定義される表面要素 $\Delta S$ の方位に依存することは重要である．

　図 1.1 の点 P の応力ベクトル $\boldsymbol{t}_{(n)}$ は $V$ の材料に対する外部からの作用である．点 P において，$V$ の材料が $\Delta S$ を介してその内側に作用している応力ベクトルを $\boldsymbol{t}_{(-n)}$ とす

1

# 1 序論

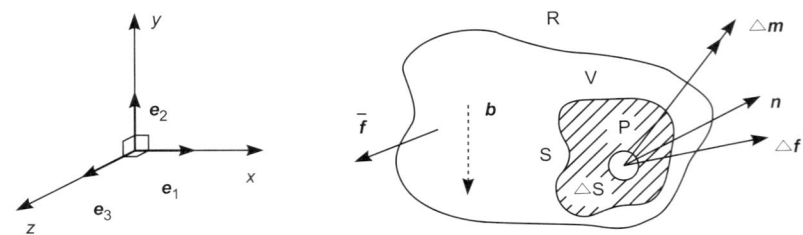

図1.1 体積力と表面力が作用する連続体

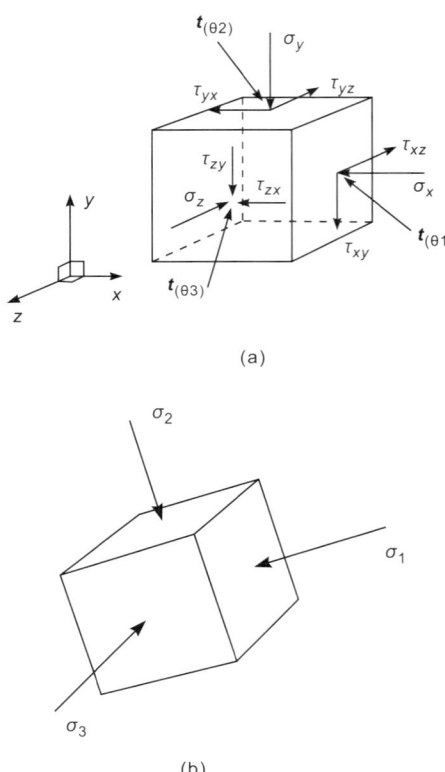

図1.2 (a) 点の応力状態を規定する応力成分；(b) 主応力成分．岩盤力学で用いられる垂直応力とせん断応力の正の方向

れば，ニュートンの作用反作用の法則によって $t_{(-n)} = -t_{(n)}$ となる．このことは，同じ面の両側に反対側から作用している応力ベクトルの大きさは等しく，方向が逆であることを意味している．

図1.1の点Pの応力状態は点Pを含むすべての微小面 $\Delta S$ について $t_{(n)}$ を計算すれば定義することができる．観点を変えて，$x$, $y$, $z$ 軸に直な面，すなわち法線方向単位ベクトル $e_1$, $e_2$, $e_3$ を有する面にそれぞれ作用している応力ベクトルを $t_{(e1)}$, $t_{(e2)}$, $t_{(e3)}$ とする．3つの面は点P周辺の微小応力成分を形成する（図1.2a）．ベクトル $t_{(e1)}$ は $\sigma_x$, $\tau_{xy}$, $\tau_{xz}$，ベクトル $t_{(e2)}$ は $\tau_{yx}$, $\sigma_y$, $\tau_{yz}$，ベクトル $t_{(e3)}$ は $\tau_{zx}$, $\tau_{zy}$, $\sigma_z$ の各成分を有する．

ベクトル $t_{(e1)}$, $t_{(e2)}$, $t_{(e3)}$ の9つの成分は二階のデカルトテンソル（別名応力テンソル $\sigma_{ij}$）の成分を構成する．それらの成分は3つの直応力 $\sigma_x$, $\sigma_y$, $\sigma_z$ と6つのせん断応力 $\tau_{xy}$, $\tau_{yx}$, $\tau_{xz}$, $\tau_{zx}$, $\tau_{yz}$, $\tau_{zy}$ である．付録Aに示すように，力とモーメントの釣合いから，$\tau_{xy} = \tau_{yx}$,

$\tau_{xz}=\tau_{zx}$, $\tau_{yz}=\tau_{zy}$ というテンソルの対称性が生ずる．したがって，3つの直応力と3つのせん断応力によって連続体中の点の応力状態が規定される．あるいは，応力状態は3つの主応力 $\sigma_1$, $\sigma_2$, $\sigma_3$ と $x$, $y$, $z$ 座標系におけるそれらの方位で表すこともできる（図1.2b）．それらは応力テンソルの固有値と固有ベクトルを表す．主応力が作用する3つの主応力面ではせん断応力はゼロとなる．

付録Aに示すように，点Pの応力状態を表す応力テンソルがわかれば，Pを通るあらゆる面上の，つまり $x$, $y$, $z$ 軸に対する任意の方向の応力ベクトルの成分を，二階テンソルの座標変換によって決定することができる．

工学的応力解析においては2種類の符号のとり方がある．岩盤力学問題において本書では，垂直応力（normal stress）は圧縮を正，せん断応力は図1.2aの方向を正とする．なお，この符号のとり方は古典力学とは逆である．

## 1.2 岩盤応力の重要性

地殻の応力状態に関する情報は，地質学や地球物理学においてと同様，土木工学，鉱山工学，石油工学，エネルギー開発において岩盤にかかわる多くの問題を取り扱う際に非常に重要となる．表1.1に示す原位置応力の重要な役割についてその概要を以下に紹介する．より詳細な議論は12章で行う．

土木工学や鉱山工学において，原位置応力はトンネル，鉱山，立坑，空洞のような地下空間周辺の応力の分布と大きさを支配する（Hoek and Brown, 1980）．掘削壁面における応力集中（stress concentration）は岩盤にかなり大きな負荷を与え，局所的あるいは全体的に岩盤の強度に達する場合には破壊に至ることもある．また，応力集中は天盤の閉塞，側壁の変状，地盤沈下などの形で大きな変形を誘発する．一方，掘削壁面の引張

表1.1 原位置応力の必要性

土木と鉱山
　地下空洞の安定性（トンネル，鉱山，大空洞，
　　立坑，採掘空洞，運搬坑道など）
　削孔と発破
　残柱の設計
　支保工の設計
　山はねの予測
　水理，汚染物質の移動
　ダム
　斜面安定
エネルギー開発
　坑井の安定と曲がり
　坑井の変形と崩壊
　破砕と破砕の進展
　水理と地熱問題
　原油生産経営
　エネルギー生産と貯蔵
地質／地球物理
　造山運動
　地震予知
　プレートテクトニクス
　ネオテクトニクス
　構造地質
　火山
　氷河

## 1 序論

応力は，既存割れ目を開口させたり新たな割れ目を発生させたりすることでブロックの安定問題を引き起こすことがある．

一般に，応力に関連する安定問題は深度とともに増加するが，浅く（0～200 m）ても原位置の水平応力が大きい場合には問題となる．そうした例は，カナダのオンタリオ州南部と米国のニューヨーク州北部（Adams and Bell, 1991; Franklin and Hungr, 1978; Lee, 1981; Lee and Lo, 1976; Lo, 1978; Lo and Morton, 1976），北部ヨーロッパ，すなわち Fennoscandia（Carlsson and Olsson, 1982; Hast, 1958; Myrvang, 1993; Stephansson,1993; Stephansson, Särkkä and Myrvang, 1986），またオーストラリア（Enever, Walton and Windsor, 1990）でみられる．山岳地域の峡谷斜面の近くで地下掘削を行うときには大きな応力が発生する．一般に，大きな応力を加えられた岩盤の掘削は非常に難しく，大きな応力の影響を最小にするために特別な対策が必要になる．大きな応力の解放に伴う潜在的な不安定問題としては，底盤の座屈，掘削壁面の崩壊，絞り出し，内空変位，山はねなどがある．大きな応力による変状は，運河，橋，地表面掘削，立坑，トンネル，鉱山の掘削などで見られる．また，大きな応力下の岩盤の削孔も難しい．たとえば，Myrvang, Hansen and Sørensen（1993）は，応力と回転削孔の速度が有意な負の相関にあることを示している．他方で，応力が大きいことが工事にとって利点がある場合もある．すなわち岩盤が圧縮されるので地下作業時の湧水が減少し，汚染物質の輸送経路が制限されることである．

原位置応力は地下の土木工事における空洞設計や限界点の評価にも関連する．原位置応力の分布と大きさは，地下空洞の配置，形状，掘削順序，方位などに影響を及ぼし，支保工の選択と設計にも関連する．実際的な観点からすれば，岩盤の強度に比べて原位置応力が小さい岩盤中の地下空洞の設計においては，応力集中を避け，掘削壁面が極力一様な圧縮応力状態（'harmonic hole' 概念）となって引張応力域が発生しないようにすることが望ましい．例えば，他の応力場はともかく静水圧応力場においては円形の掘削が最適である．しかし，大きな幅の扁平な空洞の場合には，鉛直応力より水平応力が大きいことが必要となる．その好例として，ノルウェーのリレハンメルアイスホッケー場（幅 60 m，長さ 91 m，高さ 24 m）が挙げられる．ここは地質条件が良好であっただけでなく，40～100 m の浅部でも 4～5 MPa の大きな水平応力が作用していたことで建設が可能になった（Myrvang, 1993）．このように原位置応力が大きい場合には 'harmonic hole' の概念は不適切であることに留意すべきである（Hoek and Brown, 1980）．そのような場合には，岩盤の過負荷の領域を角張った局部に集中させ，局所化するような掘削形状を選択すべきである（Fairhurst, 1968）．

図 1.3 にはシエラネバダ Helms 揚水プロジェクトの水圧鉄管の設計において，応力

## 1.2 岩盤応力の重要性

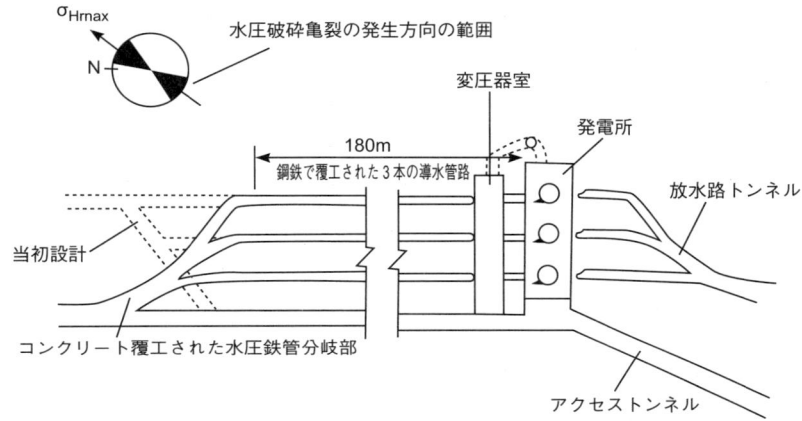

図1.3 Helms発電所プロジェクトにおける水圧鉄管の初期および修正設計

が決定的な役割を果たした事例を示す（Haimson, 1977, 1984）. ここでは，最小水平主応力が被り圧より小さいことがわかり，水圧鉄管の内圧の作用による原位置の最大水平主応力 $\sigma_{Hmax}$（水圧破砕によるN25°E方向）に平行な不連続面の開口を避けるため，水圧鉄管の分岐方向が当初設計のN30°Eから90°回転させられた．また，Mimaki (1976) と Mimaki and Matsuo (1986) は，空洞の長軸を原位置の最大水平応力に平行に配した東京電力の新高瀬発電所や今市発電所の大規模地下空洞の設計例を示している．この例に見られるように，一般に，岩盤空洞の長軸を原位置の最大応力に直交させることは避けるべきである（Broch, 1993）．

　鉱山関係者にとって岩盤力学はより実用的な道具となってきている．地下の採掘における岩盤力学の適用は，数値解析手法や岩盤分類体系の急速な発展，岩盤応力測定法の信頼性の向上に負うところが大きい．地下鉱山に適用される岩盤工学技術の現状は Brady and Brown (1985) が紹介している．地下掘削においては原位置応力によって荷重が発生する（Bawden, 1993）. 採掘作業によって応力が再配分され，岩盤の変形や崩壊の原因となる．鉱山の崩壊は死亡事故や設備の損害につながり，生産高の減少をもたらす．残柱（訳注：柱状の岩盤の支え）によって空洞を掘削する鉱山では，残柱に作用する応力は全体の採掘比率や鉱山の安定と配置に影響する．Enever (1993) は，オーストラリアの新たな炭鉱の開発において，レイアウトの決定や炭層のメタン抽出井の位置と安定性を評価するうえで原位置応力がどのように影響しているかを論じている．

## 1 序論

　鉱山の深度，形状，採掘速度などの条件が応力の再配分を左右し，山はねや鉱山の誘発地震の発生に影響を及ぼす（Cook, 1976; McGarr and Wiebols, 1977）．鉱山の誘発地震は，本質的に，掘削に伴って原位置応力が変化することによって生じる岩盤の破壊である．長年にわたり，鉱山技術者は鉱山の深部化に伴い原位置応力の増大に立ち向かわなければならなかった．鉱山の空洞がより深く，より大きくなったため，鉱山の誘発地震の発生やその深刻化，さらには空洞の崩壊が増加した．鉱山技術者にとって，岩盤中に存在する弱部の性状と原位置応力場をあらかじめ知っておくことは，採掘に誘発された大規模な破壊や地震活動が起こりそうな地域を同定する上で役に立つ．Gay and Van der Heever（1982）と Wong（1993）は，鉱山の地震の震源過程の特徴を明らかにする地震学的解析や地質的不連続面と原位置応力の影響の重要性を，いくつかの事例を挙げて強調している．

　岩盤応力測定はしばしば鉱山の採掘設計のための数値解析モデルへ入力値を得るために行われ，掘削による変形，強度，補強を評価するために用いられる．鉱山の設計に適用するためには，測定される応力が採掘の影響を受けないよう，採掘箇所から遠い地点を測定位置に選ぶのが一般的である．古い鉱山では採掘が地下の非常に深い深度で行われているため，応力測定は応力の擾乱された岩盤で実施せざるを得ないことがある．スウェーデン中央部の Zinkgruvan 鉱山の実例では，いくつかの異なるレベルの採掘空洞の天盤において応力測定が試みられた（Borg et al., 1984）．測定位置を図 1.4a に，ふたつの採掘空洞の天盤におけるオーバーコアリング応力測定の結果を図 1.4b, c に示す．それぞれの測定地点では，採掘空洞近傍の応力勾配はなく，応力の大きさと方向はごくわずかな差しかなかった．最大主応力の平均値は 40 MPa でその方向は平板状の鉱脈（orebody）に垂直であった．これらの結果は採掘順序と岩盤の支保工の設計に用いられた．これらの採掘箇所の応力値に加えて，アクセスできる鉱山最深部（図 1.4a の No.4 地点）の非擾乱領域の応力測定結果が原位置の鉛直応力と水平応力の深度分布の評価に用いられた（Borg et al., 1984）．さらに，そのようにして推定された応力は，800 m 以深の鉱山の設計のための数値解析モデルと安定性の予測に用いられた．

　原位置応力を知ることは放射性廃棄物（nuclear waste）の岩盤貯蔵においても非常に重要である．米国原子力規制委員会報告（10CFR60）の 60.10 節と 60.21 節には，処分場の建設前および建設中に原位置応力を測定しなければならないと述べられている（Kim, 1992）．原位置応力は，処分場の適性，選定，調査，設計，建設において考慮される（Kim, 1992; Kim et al., 1986）．例えば，図 1.5 にはワシントン州 Hanford に計画された（後に放棄された）放射性廃棄物の地下施設の配置を示す（Rockwell

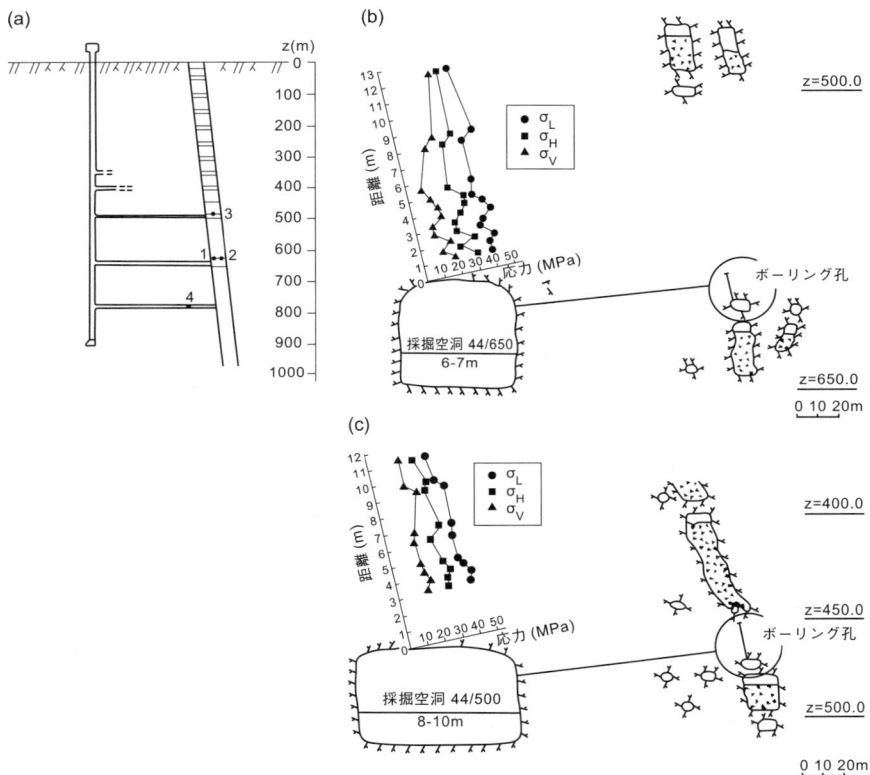

図1.4 スウェーデン中部のZinkgruvan鉱山における応力測定．(a) オーバーコアリング応力測定箇所，(b) 44/650採掘箇所天盤No.1地点の応力測定結果，(c) 44/500採掘箇所天盤No.3地点の応力測定結果．$\sigma_L$＝鉱脈の走向に垂直な応力，$\sigma_H$＝鉱脈の走向に平行な応力，$\sigma_v$＝鉛直応力（Borg et al., 1984）

Hanford Operations, 1982）．提案された処分場の深度（約1000 m）で実施された水圧破砕法の結果に基づいて，処分坑道（Placement room）は最小水平応力に平行に，貯蔵孔（Storage hole）は最大水平応力に平行に配置された（Kim et al., 1986）．

最も包括的で実証的な岩盤応力の事例研究と測定のひとつは，カナダのマニトバ地方のカナダ楯状地西端に分布するLac du Bonnet花崗岩バソリス中の地下研究施設（Underground Research Laboratory: URL）で実施された．この研究施設は，深成岩における放射性廃棄物の永久処分を研究するために，カナダ原子力公社（AECL: Atomic Energy of Canada Limited）によって運用された．1980年代初期からURLで

1　序　論

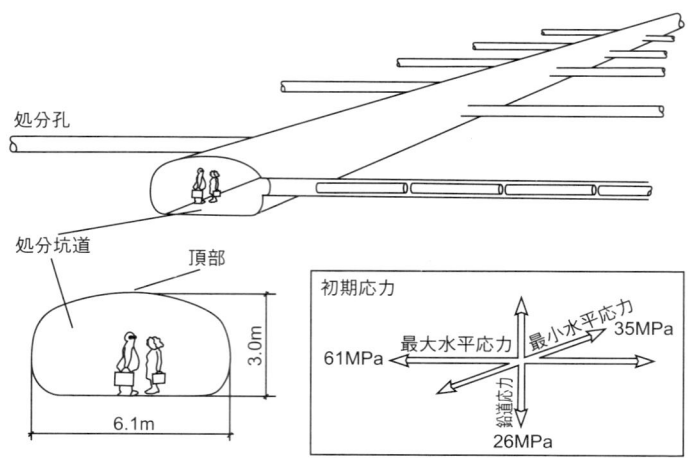

図 1.5　ワシントン州 Hanford の放射性廃棄物の地下施設の配置
図中に示す初期応力は深度約 1000 m の想定処分レベルにおける水圧破砕法により求められた（Rockwell Hanford Operation, 1982）

　実施された原位置の研究は，硬くて強度の高い岩盤の応力に関する以下のような基本的疑問に答えるために実施された（Martin and Simmons, 1993）．すなわち，原位置応力は測定方法の寸法に依存するか？原位置応力にはどのような地質構造が影響するか？残留応力の重要性はどうか？異なる方法によっても類似の原位置応力場が得られるか？これら 4 つの問題について検討するため，広範な原位置応力測定法が用いられた．
　無支保の圧力トンネル，立坑，貯蔵空洞の建設も原位置応力の大きさと方位に強く依存している．世界各地の水力発電計画における圧力トンネルや立坑は，大部分無支保で施工されており，水頭はますます高くなって現在では 1000 m にも達している（Benson, 1988）．無支保の圧力トンネルや立坑の安全設計上最も重要な点は，水圧による岩盤からの開口漏水（hydraulic opening，水圧ジャッキ hydraulic jacking とも呼ばれる）を避けることである．多くの事例研究が示すように，漏水は重大な災害と経済的損失をもたらす（Brekke and Ripley, 1993; Broch, 1984 a, b; Sharma et al., 1991）．岩盤の水圧ジャッキ（hydraulic jacking）現象を避けるには，無支保の圧力トンネルや立坑を強度の大きな岩盤中に配置し，十分な拘束と防水効果を発揮する岩盤で覆う必要がある．谷斜面に無支保の圧力トンネルや立坑を配置する際のひとつの規準は，空洞のどの地点においても内部の水圧が周囲の岩盤の原位置応力の最小主応力値を上回らないことである（Selmer-Olsen, 1974）．十分大きな原位置応力は圧力トンネルや

## 1.2 岩盤応力の重要性

立坑の覆工の必要性を減らし，かなりのコスト削減に貢献する．

　Myrvang (1993) はノルウェーにおける岩盤ガス貯蔵に関して無支保の場合には十分に大きな岩盤応力が必要であることを論じた．原位置の最小主応力は漏洩を防ぐために 8～10 MPa のガスの最大圧力より十分大きくなければならない．浅い深度でも十分に大きな水平応力が封圧として期待できるならば，貯蔵空洞の建設コストを減らすことができる．Enever (1993) はオーストラリアの廃坑となった水平炭鉱を貯槽としてガス貯蔵に利用する際の原位置応力の重要性について述べている．この例では，鉱山上部の岩盤の水平割れ目に対して実施された水圧破砕法による測定結果の鉛直応力が期待よりも小さく，上載岩の多くの部分に割れ目があることから，このサイトがガス貯蔵に不適当とみなされたことを示している．十分に大きな原位置応力によって岩盤が拘束されることは，圧縮空気，低温液体（LNG, LPG），石油などの岩盤貯蔵にとって重要である．

　陸上や沖合の石油や天然ガス資源の有効利用のために適用されている分岐掘削技術においては，坑井の掘削方向を決定し，坑曲がりとブレイクアウト（坑壁の岩盤のせん断破壊による崩壊）を減らすために原位置応力を正確に把握することが不可欠である．石油エンジニアにとって最も気懸かりな坑井の安定は坑壁面の応力集中に支配される．それが岩盤強度を越えて破壊が起こると，重大な坑井不安定問題になりかねない（Maury, 1987）．また，原位置応力の状態を知ることは石油や天然ガスの生産を回復させるために地層を破砕するうえでも重要である（Teufel, 1986）．油田やガス田の管理には，生産期間中の原位置応力場の変化を把握することも必要である．例えば，北海のノルウェー区域南部にある9つのチョーク中の油田で最も大きい Ekofisk では，20年の石油生産の結果油田の間隙圧が 21～24 MPa 低下しており，最小水平応力も間隙圧変化の 80 % 程度変化していることが報告された（Teufel, Rhett and Farrell, 1991）．間隙圧の低下に伴って軟質なチョーク骨格が負担する上載荷重が増加する結果，貯留層が圧壊し海底沈下が生じる．このような海底沈下が生じると油やガスのプラットフォームは海の波浪による損害を受けるため，沈下分をジャッキアップする必要がある．図 1.6 の Ekofisk の平面図は，原位置の応力分布に及ぼす自然の割れ目と油田のドーム形状の影響を示している．この図のドーム頂上の近くの最大水平応力は貯留層の長軸と平行である．そしてドームの側面では最大水平応力は等高線に直交し，放射割れ目パターンと平行になっている（Teufel and Farrell, 1990）．

　地球規模の地質学とプレートテクトニクスの新しい知見は，現代の地球科学の基本をなしている．そこで，地質学者と地球物理学者はプレート運動，衝突と分離，プレート境界やプレート内部の断層の力学，山地や堆積盆の形成，地震などの活発な地

1 序　論

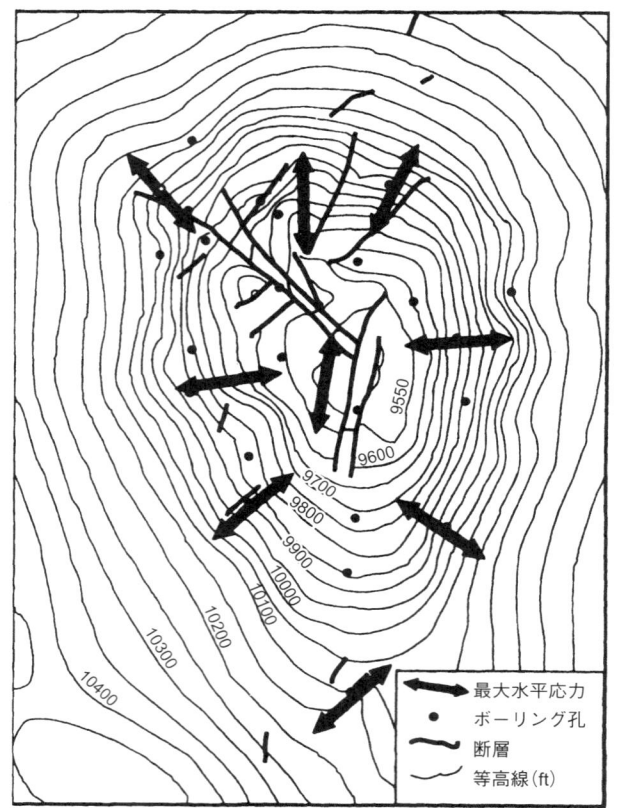

図 1.6　北海 Ekofisk 層群上面の構造図
矢印は Ekofisk の 9 本の孔井における定方位コアの ASR 法による最大水平応力の方位．ドーム構造頂部の約 9500 ft（2.9 km）の深度では，最大水平応力は貯留層の長軸に平行で，ドームの側面では等高線に直交し放射割れ目に平行である．（Teufel and Farrell, 1990）

質現象のメカニズムを総合的に理解するうえで原位置応力が果たす役割を知ろうと努めている（M. D. Zoback, 1993）．その目的のために世界の各大陸で超深部掘削計画が開始された．たとえば，ドイツの KTB（大陸深部掘削計画：Continental Deep Drilling Project）孔では 0.8〜9.0 km の深度の地殻内部で（Baumgärtner et al., 1993; Brudy et al., 1995; Te Kamp, Rummel and Zoback, 1995），また北米サンアンドレアス断層近くの Cajon Pass では 0.9〜3.5 km の深度で原位置応力が測定された（Baumgärtner et al., 1993; Zoback and Healy, 1992）．英国 Cornwall の Carnmenellis

花崗岩では 2.6 km の深度まで応力測定が行われた（Batchelor and Pine, 1986; Pine and Kwakwa, 1989）．その他にも北米ミシガン盆地の 3～5 km の深度で応力測定が行われている（Haimson, 1978）．

世界応力分布図（World Stress Map）プロジェクトの一環として集められた 7300 以上のデータを解析することにより，地殻における主要な応力パターンと特徴的な応力型が明らかになった（Zoback et al., 1989; M. L. Zoback, 1992）．一様な方位の水平応力を示すいくつかの広域的な応力帯（stress province）が認められ，いくつかの主要プレートの運動方向が最大水平応力の方向と一致することも明らかになっている．世界応力分布図プロジェクトからは，圧縮応力が支配的な（衝上断層やそれと複合する横ずれ断層の）プレート中央部やプレート内の大陸地域，引張応力場の（正断層やそれと複合する横ずれ断層の）大陸高地なども発見されている．例えば，図 1.7 に示すヨーロッパの応力分布図（Müller et al., 1992）では，西ヨーロッパにおいて水平応力の方位が NW-SE 方向に並んでいるのが目を引く．

原位置応力は地質学者にとってさまざまな地質過程を理解するうえで重要である．長年にわたり，断層，褶曲，衝上断層，造構組織，ブーディン構造，膨縮構造，貫入，沈下などに関するさまざまな理論が提案されてきた．そのような構造の形成や分布はもとからある原位置応力場に強く支配されている．

通常，原位置応力は変形，強度，透水性のような岩盤物性に関連付けて決定される．原位置応力の測定値は関連するある広がりの応力場の中のサンプルと見ることができる．多くの岩盤物性と同様に，原位置応力は岩盤の各点で変化し，測定対象の大きさによって異なる値を示すだろう．そのようなばらつきは本質的なもので，必ずしも異常値や測定誤差とみなすべきではない．

岩盤の原位置応力が一様なことはほとんどない．原位置応力の分布は，不連続，不均質，褶曲，断層，岩脈，組織などの岩盤の構造や，そのすべての地質過程の履歴を通して岩盤に作用した荷重に強く依存している．例えば，健全な岩盤の層は軟質な層より大きな応力を支えることができるため，岩盤の組織と応力の間には強い相互関係があることがわかる．岩盤の応力分布は非常に複雑なので，局所的な応力が平均的な応力状態と全く異なることもありえる．

原位置応力は他の岩盤物性と相互に影響を及ぼし合う．例えば，岩盤強度は原位置の拘束圧に伴って増加する．圧縮応力は自然の割れ目を閉じ，逆に引張応力はそれを開口させるので，応力場は岩盤の透水性に影響を与える．割れ目の応力と流れと圧力の連成関係は，岩盤中の流体の流れや汚染物質の移動を検討する際とか，炭化水素や地熱エネルギーの開発に通常用いられる圧力注入の効果を予測する際とか，液状の廃

1　序　論

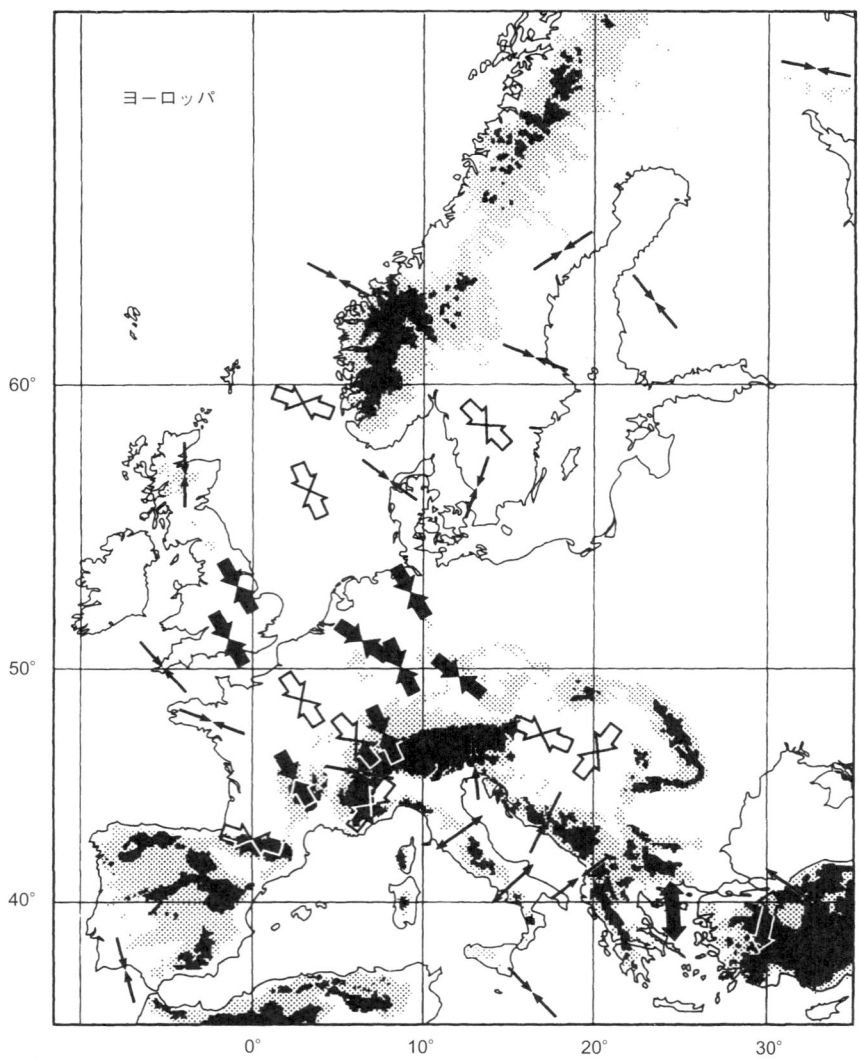

図1.7　ヨーロッパの応力概観図
圧縮応力域（内向きの矢印）では最大水平圧縮応力の方向を，引張応力域（外向きの矢印）では最小水平応力の方向を示す．太黒矢印は10点以上の一様な方向の測定結果を，白抜き矢印は5～10点の，細矢印は5点未満の測定による平均方向を示す．（Müller et al., 1992）

棄物の検討などにおいて特に重要である（Evans, 1966; Grant, Donaldson and Bixley, 1982; Pine and Batchelor, 1984）．一方，節理や面構造のような岩盤の構造は原位置応力の分布に影響を及ぼす．Hudson（1991, 1992a）は，地下空洞や岩盤斜面の安定性における原位置応力の重要性と，原位置応力が他の岩盤物性とどのように関係しているかについて岩盤工学的観点から総括している．このように原位置応力は岩盤工学システム理論の必要不可欠な要素なのである（Hudson, 1992b; Jiao and Hudson, 1995）．

## 1.3 歴史

前述の議論で明らかなように，現代の岩盤工学者や地質学者，地球物理学者は，岩盤応力とその測定法の基礎に精通していなければならない．地質学者，地球物理学者，岩盤工学者らはずっと以前から岩盤の原位置応力を理解する必要性を認めていた．そして，1930年代初期から原位置応力を測るために多くの方法が提案され，現在では水圧破砕法と応力解放法が最も一般的な方法となっている．原位置応力と応力測定に対する関心の高まりは，それを主題とした会議の数に表れている．原位置応力を専門とする最初の国際会議は，Juddの主催で1963年に米国カリフォルニア州サンタモニカで開催された．この会議は国際岩の力学会（ISRM: International Society for Rock Mechanics）の設立と *International Journal for Rock Mechanics and Mining Sciences* の創刊に合わせて開催された．その頃は，オーバーコアリング法とフラットジャッキ法が最も一般的で信頼できる方法であった．それ以来，オーバーコアリング法は改良され，現在では鉱山や土木工学において標準的方法とされている．

原位置応力問題については，1966年にリスボンで開かれた最初のISRM議会で特別セッションが開催され，非常に大きな注目をあびた（テーマ4：岩盤の残留応力）．いろいろな測定法が紹介され，原位置応力とは本当は何なのか，またどのように分類されるのかについて多くの議論がなされた．1966年にリスボンで提起された多くの問題は1969年のリスボン会議でさらに議論された．この会議は，原位置応力を専門テーマとしてISRMとリスボンのLaboratorio Nacional de Engenharia Civil（LNEC）によって後援された．

水圧破砕法の研究はやや遅れて1960年代半ばから始まった．最初の好機はRangely油田（コロラド）の現場実験であった．そこでは，水の注入が一帯の微小地震の発生に関連しており地殻応力を決定することができた（Haimson, 1973）．その後まもなく，水圧破砕法は地下構造物の設計のために，トンネル，立坑，地表面から掘削されたボーリング孔における岩盤応力の測定に用いられ，ガスや油田の岩盤応力に

## 1 序論

関する理解を深めることに役立った．1970年代末には，水圧破砕法は高温岩体の地熱開発や放射性廃棄物処分場の設計のため，地球物理学や地質学的研究においても用いられるようになった．1970年代半ばに利用されていた原位置応力測定法の技術レビューは，オーストラリア Geomechanics Society の主催によって 1976 年にシドニーで開催された ISRM シンポジウム Investigation of Stress in Rock and Advances in Stress Measurement の論文集に報告されている．

Zoback と Haimson が企画した岩盤応力と岩盤応力測定に関する会議は，1981 年米国カリフォルニア州の Monterey で First Workshop on Hydraulic Fracturing Stress Measurement として開催された．このワークショップには，現場で水圧破砕法を行っている専門家が集まり，測定装置，測定方法，データの解釈などについて議論された．このワークショップにおいて，ボアホールブレイクアウトと岩盤応力を求めるための既存亀裂の水圧法（HTPF 法）のふたつが新たな応力測定法として紹介された．

原位置応力を扱う次の会議は，1986 年スウェーデンのストックホルムで Stephansson によって企画された．そのシンポジウムは ISRM が後援し，主要テーマは地球の地殻の応力状態，岩盤応力測定法，岩盤応力の解釈，鉱山と地下開発における応力測定の適用であった*．

Second Workshop on Hydraulic Fracturing Stress Measurements（HFSM '88）は，米国ミネソタ州ミネアポリスで 1988 年に開催された．それは Haimson が企画し，米国全米科学財団と Gas Research Institute が後援した．このワークショップは，硬岩と油田やガス田の透水性岩盤を専門としている科学者とエンジニアを召集したという点でユニークであった．ワークショップの主要な目的は，水圧破砕法で得られたデータの解釈におけるここ 10 年の進歩の再検討であった．室内実験の結果や花崗岩や堆積岩での現場実験結果をはじめとする約 30 の成果が紹介された．

地殻の応力状態に関するワークショップは，Stephansson の企画により 1991 年のドイツの Aachen での第 7 回 ISRM 会議の際に開催された．このワークショップでは，深いボアホールの応力測定，地下空洞の応力測定，新たな測定方法の 3 つのセッショ

---

＊訳注：ISRM 主催の岩盤応力に関するシンポジウムは第 1 回の 1986 年のストックホルム会議以降以下のように開催されてきた．なお，第 6 回は 2013 年に日本の仙台で計画されている．
2nd International Symposium on Rock Stress, Kumamoto, Japan, October 7-10, 1997.
3rd International Symposium on Rock Stress, Kumamoto, Japan, November 3-6, 2003.
4th International Symposium on In-situ Rock Stress, Trondheim, Norway, June 19-21, 2006.
5th International Symposium on In-situ Rock Stress, Beijing, China, August 25-27, 2010.

ンが設けられた．

　大深度の岩盤応力測定に関するワークショップは，1995年に東京で第8回ISRM会議の際に開催された．このワークショップは松木と菅原によって企画された．日本と韓国における岩盤応力状態と岩盤応力測定法，ボアホールブレイクアウトとコアディスキング，ボアホールの圧縮・引張破壊，水圧破砕と発震機構解析の組合せ，コア法とオーバーコアリング法の比較などさまざまな話題が11編紹介された．

　米国岩盤力学シンポジウムや岩盤力学関連の専門会議，ワークショップなどにおいて，原位置応力はしばしば技術セッションのテーマとなっている．1990年フランスPauで開催されたISRM後援のRock at Great Depth会議，ISRMとSociety of Petroleum Engineersが共催したオランダDelftでのEurock '94，さらに1995年，NTHとSINTEEが企画したノルウェーTrondheimでのWorkshop on Rock Stresses in the North Seaにおいて原位置応力は特別な関心を集めた．この最後のワークショップは北海の油田とガス田の持続的な開発の必要に応じて開催された．

## 1.4　岩盤応力の分類

　岩盤の応力は原位置応力（in situ stress）と二次応力（induced stress）に分けることができる．原位置応力（natural, primitive, virgin stressとも呼ばれる）は，空洞掘削などにより擾乱される以前に岩盤中に存在している応力である．一方，二次応力は掘削，削孔，揚水，載荷など人為的な乱れに伴うか，乾燥，膨潤，圧密など自然条件の変化によって誘起される．

　一般に，現在の岩盤の原位置応力はその地質過程の履歴における諸事象の累積結果である．岩盤はいくつかの物理化学的，熱的，力学的な地質過程を経ており，それらは多かれ少なかれすべて現在の応力場に影響を与えている．

　原位置応力には異なる分類も提案されており，そこでは応力を記述する用語も現在用いられているものとはいくらか異なる．Voight（1966）は原位置応力を重力と造構性のふたつのグループに分類した．造構応力（tectonic stress）はさらに現在の応力と残留応力（residual stress）に分類された．Obert（1968）は原位置応力を重力と造構応力から成る外的応力と，残留応力としての内部応力に分類した．外的応力は広域応力とも呼ばれた（Fairhurst, 1968）．

　図1.8にはBielenstein and Barron（1971），Hyett, Dyke and Hudson（1986），さらにPrice and Cosgrove（1990）が提案した岩盤応力の用語を示す．例えば，Bielenstein and Barron（1971）は以下の定義を提案している．

1　序　論

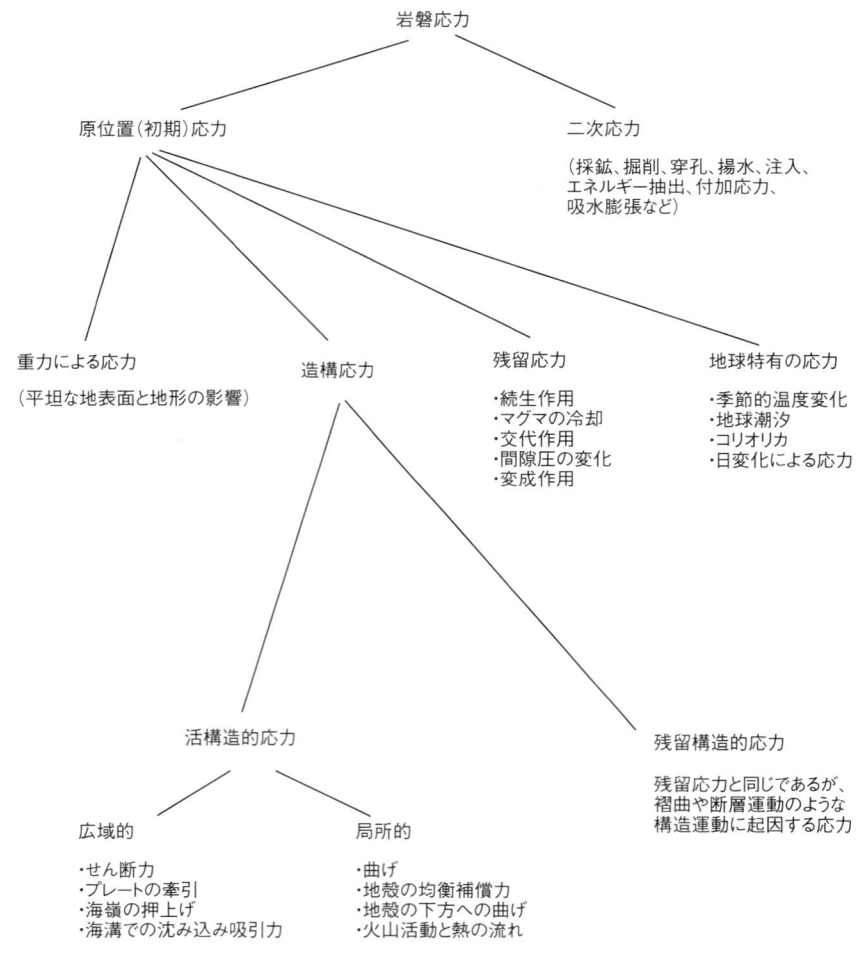

```
                           岩盤応力
                          /        \
              原位置(初期)応力         二次応力
                                    （採鉱、掘削、穿孔、揚水、注入、
                                     エネルギー抽出、付加応力、
                                     吸水膨張など）
```

```
   重力による応力   造構応力   残留応力         地球特有の応力
  （平坦な地表面と             ・続生作用        ・季節的温度変化
   地形の影響）               ・マグマの冷却     ・地球潮汐
                              ・交代作用         ・コリオリ力
                              ・間隙圧の変化     ・日変化による応力
                              ・変成作用
```

```
        活構造的応力                残留構造的応力
       /         \                 残留応力と同じであるが、
   広域的        局所的              褶曲や断層運動のような
  ・せん断力     ・曲げ              構造運動に起因する応力
  ・プレートの牽引 ・地殻の均衡補償力
  ・海嶺の押上げ  ・地殻の下方への曲げ
  ・海溝での沈み込み吸引力 ・火山活動と熱の流れ
```

図 1.8　岩盤応力に関して提案された用語

　二次応力は物質の除去や付加による人工的な応力成分で，掘削の前に存在していた自然な応力に重ね合わされる．自然の応力場は重力としての上載荷重，造構応力，残留応力によって形成される．この残留応力という用語は，「外力やモーメントが解放された後も構造の中に残っている応力成分」という意味で誤用されることが多い．造構応力には地殻に作用している現在活動中の造構応力と，過去の造構運動の名残りとしての造構応力（その一部は自然の過程で解放されている）がある．

図 1.8 では，二次応力は人工的に誘起されたものだけでなく，膨潤，圧密その他の物理化学的な現象のような自然条件の変化によって誘起された応力にも拡張されている．活動的な造構応力の原因となる大規模または局所的なプレートテクトニクス現象には，海嶺の押上げ，プレートの牽引，海溝での沈み込み，マントルの引きずり，火山活動や熱の流れ，応力移動などがある．これらの現象は世界応力分布図プロジェクトで想定されているプレート運動の駆動機構と整合している (Zoback et al., 1989)．それ以外の造構応力は，ここでは，褶曲，断層，節理，腸詰構造などの造構運動に関与した残留応力として定義されている．最後に，この分類では地球に作用する応力を別個のグループとして原位置応力に含めている．これらの応力は温度の日変化や季節変化，月の引力，コリオリの力（Coriolis force）によって引き起こされる．原位置応力測定におけるこれらの応力の寄与はほとんど無視されるが，特に浅い深度では重要になることがある (Berest, Blum and Durup, 1992; Clark and Newman, 1977; Hooker and Duvall, 1971; Sbar, Richardson and Flaccus, 1984; Scheidegger, 1982; Swolfs, pers. comm.; Swolfs and Walsh, 1990; Voight, 1966)．

## 1.5 本書の内容

本書は地殻の原位置応力に関する諸問題，原位置応力測定法とそのモニタリング，岩盤工学，地質学，地球物理学における原位置応力の重要性に焦点を当てている．特に，現在の原位置応力状態に力点を置いており，応力変化のモニタリングについては二義的に扱っている．古応力（paleostress：以前は岩盤に作用していたが現在は存在しない応力）に関しては他書に譲り，第 2 章（2.14 節）で簡潔に述べるにとどめる．古応力に興味のある読者は Engelder (1993) の著書を参照されたい．

この 30 年で岩盤の原位置応力に関する知識と理解は長足の進歩を遂げた．現在では，地球表面の地殻上部の 3〜4 km の応力状態に関して大量のデータが利用できるようになっている．原位置応力の起源に関してさまざまな理論が提案され，原位置応力を測定するための革新的な技術が開発されてきた．その結果，原位置応力に関して大量の文献が利用可能となっている．本書を書くにあたっては，可能な限り多くの関連出版物と著者を引用するように努力した．12 章すべてにわたる包括的な参考文献のリストは，1995 年 9 月に東京で開催された第 8 回 ISRM 会議で紹介された成果までを含んでいる．

本書は大学院生，教師，土木，鉱山，石油工学，地質学，地球物理学の実務者向けである．岩盤力学，岩盤工学，構造地質学，地球物理学の大学院の教科書としても利

# 1 序　論

用することができる．本書はまた，岩盤応力に取り組もうとする実務者むけの参考マニュアルでもある．本書に紹介している事例は学生，教師，実務者にとって非常に興味深いはずである．本書は力学，地質学，岩盤力学の基本的な概念を理解している読者を前提に書かれている．

12章のそれぞれは，原位置応力を推定する方法から始まり，次いで原位置応力の測定やモニタリング方法，最後に工学，地質学，地球物理学における岩盤応力の重要性の順に論理的に構成されている．原位置応力の局所的測定から世界応力分布図の規模に至るまでの応力測定結果の比較事例研究も紹介している．全体を通して，応力測定結果を評価，解析する際の地質学の役割が強調されている．また，工学，地質学，地球物理学の各学問分野は，地殻の応力状態を理解するうえで多くの相補的な類似性を共有していることも強調されている．

第2章では原位置応力場を推定するためのいろいろな方法を紹介している．例えば，対象領域で過去に実施された応力測定結果や深度分布図を利用したり，地質的，構造的な条件が似た他の地域の応力から推定するなどである．また，地形，地質，岩の組織，岩盤の荷重履歴，地震の初動解析，応力解放現象，ボアホールやトンネル，立坑のブレイクアウト，層理や不均質性のような地質構造などの情報も有用である．原位置応力の推定は原位置の応力状態を決定する際の最初のステップであり，それによって概略設計を行い，応力測定の方法と位置を選択することに利用できる．

第3章では岩盤の原位置応力を測定するために利用できるさまざまな技術の概要を示し，各々の技術の利点と欠点および適用範囲を概説している．この章では，原位置応力測定の精度，応力決定における不確実性の原因，応力測定に影響する岩盤の体積について触れている．また，原位置応力測定に有効な技術を概観し，応力測定に伴う誤差の許容範囲に関する評価法を示している．

原位置応力測定のさまざまな方法は第4章～第8章に示している．第4章は水圧破砕法，スリーブ破砕法，既存亀裂の水圧法（HTPF法）などの水圧法に焦点を当てている．第5章では，大規模な応力解放法について述べる．それは，表面，ボアホールおよび岩塊の応力を解放する3つのグループに分けられる．第6章では主にフラットジャッキ法について述べる．第7章はコアを用いたひずみ回復の方法，第8章はボアホールブレイクアウト法で，これらはいずれも大深度の応力測定に適用される．簡潔な歴史を紹介した後，各々の方法の技術，装置，手順を述べ，試験結果の解析理論を紹介している．適宜，データや解析結果を示している．

応力測定の事例研究は第9章に紹介する．この章の目的は，同じ岩盤条件で異なる方法による応力測定が等しい結果を示すかどうか，異なる方法が互いにどのように補

い合うかについて示すことである．通常の比較的よい岩盤条件であれば，いろいろな方法は予想される不確実性の範囲内で類似の結果を与えることが示される．しかし，軟質，風化，破砕などの悪い岩盤条件では測定結果が一致しないことが普通である．

　第 10 章では，土木および鉱山工学における応力変化のモニタリングについていろいろな技術を紹介している．それらの利点と欠点を述べ，応力モニタリングのいくつかの例を示す．応力モニタリングは構造物の施工や載荷，除荷に伴う岩盤の経時的な挙動を評価するために重要である．岩盤の放射性廃棄物貯蔵に関して応力モニタリングは大きな注目を集めている．

　第 11 章では，まず世界応力分布図プロジェクトのこれまでの知見を要約し，全世界の地殻の応力状態を描写する．原位置応力と原位置応力測定における寸法効果について述べ，特に，局所的応力測定結果と地球規模の応力場の関係を論じている．

　最後の第 12 章では，土木や鉱山の岩盤工学，エネルギー開発，地質学，地球物理学において原位置応力が実際に演じている役割に関していくつかの事例を紹介する．ここでは，原位置応力が設計と安定性の評価に必要不可欠であること，いろいろな基本的地質構造の形成過程を理解するうえで役に立つことを示す．

## 1.6　原位置応力に関する概観

　本書に紹介する情報から，地殻上部の原位置応力とその測定に関していくつかの一般的な知見が得られる．

　原位置応力を直接測定することは不可能で岩を介して間接的にのみ測定することができる．今日では，地殻の上部の 3〜4 km の範囲までの原位置応力を測定することができる．それ以上 9 km 程度までの深度には非常に特殊な技術を用いる必要がある．9 km 以深における原位置応力の測定は未踏の領域であり，将来，新たな技術が開発されるか既存の技術の大幅な改良が必要である．

　原位置応力を正確に測定できるということは言い過ぎである．岩盤は良好で，本質的に線形弾性，均質，連続，地質境界は明瞭という最良の条件においてさえ，原位置応力は大きさで $\pm 10 \sim 20\ \%$，方位で $\pm 10 \sim 20°$ の誤差を含む．一方，風化，軟質，破砕などにより岩盤条件が良くない場合には原位置応力の測定はきわめて困難である．そのような岩盤における応力測定の成功率は通常低い．

　原位置応力を推定し，応力測定を計画し，測定結果を解釈するにあたっては，さまざまなスケールにおけるサイトの地質と岩盤構造を知っておくことがとても重要である．

## 1 序論

　地形の起伏がないところでは，鉛直または水平方向から 30° 以内の誤差を許容すれば，鉛直応力（vertical stress）と水平応力（horizontal stress）が主応力であるという仮定はほとんどの場合成り立つ．鉛直応力の大きさはほとんどの場合上載荷重で説明できる（ただしこの仮定からばらつくことは一般的である）．水平応力については，等方的な $K_0 = \nu/(1-\nu)$ の仮定が原位置ではまず成り立たないのが普通である．特に地表面の近くでは構造性以外の多くの現象により，水平応力は大きく等方的でないことが多い．そのような現象には，残留応力，熱応力，浸食，水平引張り，異方性，氷河作用と退氷，地形，地球の湾曲，その他の活動的な地質現象などがある．これは，造構応力がないと言っているのではなく，単に測定された応力に対する造構応力の寄与が以前考えられていたほど大きくはないということである．

　世界応力分布図プロジェクトは，現在，地殻の上部リソスフェアの原位置応力データに関する最も包括的な成果である．世界各地で実施された応力測定結果はプレートの運動やプレートテクトニクスの体系と調和的である．世界応力分布図プロジェクトは大規模な造構応力地域があることを明示し，上部および中部地殻における応力パターンに，第一次的，第二次的などさまざまなものがあることを明らかにした．

　原位置応力の寸法効果に関する唯一の包括的な研究は，カナダの地下研究施設で 0.1 m$^3$ から 10$^5$ m$^3$ の大きさの岩盤を対象に実施された．岩盤条件が同じで明確に同一の地質領域であれば，応力測定法が異なっても予想される不確実性の範囲内で平均的には同等の応力値が得られることがこの研究で明らかになった．さまざまな寸法における岩盤の原位置応力の非一様性は，それ自体，応力測定法とは無関係な自然の局所的な寸法効果であり，それは地質や境界条件に関連している．ヤング率，引張強度，圧縮強度のような応力測定の解析に関連する岩盤物性の寸法効果は，応力測定の解釈に影響するため十分に考慮されなければならない．

　同じサイトでの異なる方法による応力測定結果の比較によれば，岩盤条件がよく，十分に信頼できる測定が実施されたなら，測定法の寸法の違いにもかかわらず（予想される不確実性の範囲内で）驚くほど一致した結果を得ることができる．そうでない岩盤条件においては，応力測定の整合性にまだ未解決の問題が残されている．

**参考文献**

Adams, J. and Bell, J.S. (1991) Crustal stresses in Canada, in *The Geology of North America*, Decade Map Vol. 1, *Neotectonics of North America*, Geological Society of America, Boulder, Colorado, pp. 367-86.

Batchelor, A.S. and Pine, R.J. (1986) The results of *in situ* stress determinations by seven methods to depths of 2500m in the Carnmenellis granite, in *Proc. Int. Symp. on Rock Stress and Rock Stress Measurements*, Stockholm, Centek Publ., Luleå, pp. 467-78.

# 参考文献

Baumgärtner, J. et al. (1993) Deep hydraulic fracturing stress measurements in the KTB (Germany) and Cajon Pass (USA) scientific drilling projects -a summary, in *Proc. 7th Cong. Int. Soc. Rock Mech. (ISRM)*, Aachen, Balkema, Rotterdam, Vol. 3, pp. 1685-90.

Bawden, W.F. (1993) The use of rock mechanics principles in Canadian underground hard rock mine design, in *Comprehensive Rock Engineering* (ed. J.A. Hudson), Pergamon Press, Oxford, Chapter 11, Vol. 5, pp. 247-90.

Benson, R.P. (1988) Design of unlined and lined pressure tunnels, unpublished keynote paper presented at the International Symposium on Tunnelling for Water Resources and Power Projects, New Delhi.

Berest, P., Blum P.-A. and Durup, G. (1992) Effects of the moon on underground caverns, in *Proc. 33rd US Symp. Rock Mech.*, Santa Fe, Balkema, Rotterdam, pp. 421-8.

Bielenstein, H.U. and Barron, K. (1971) In-situ stresses. A summary of presentations and discussions given in Theme I at the Conference of Structural Geology to Rock Mechanics Problems. Dept. of Energy, Mines and Resources, Mines Branch, Ottawa, Internal Report MR71. Also published in *Proc. 7th Can. Symp. Rock Mech.*, Edmonton.

Borg, T. et al. (1984) Stability prediction for the Zinkgruvan Mine, Central Sweden, in *Proc. ISRM Symp. on Design and Performance of Underground Excavations*, Cambridge, British Geotechnical Society, London, pp. 113-21.

Brady, B.H.G. and Brown, E.T. (1985) *Rock Mechanics for Underground Mining*, Allen & Unwin, London.

Brekke, T. and Ripley B.D. (1993) Design of pressure tunnels and shafts, in *Comprehensive Rock Engineering* (ed. J.A. Hudson), Pergamon Press, Oxford, Vol. 2, Chapter 14, pp. 349-69.

Broch, E. (1984a) Development of unlined pressure shafts and tunnels in Norway. *Uderground Space*, 8, 177-84.

Broch, E. (1984b) Unlined high pressure tunnels in areas of complex topography. *Water power and Dam Constr.*, 36, 21-3.

Broch, E. (1993) General report: caverns including civil defense shelters, in *Proc. 7th Cong, Int. Soc. Rock Mech. (ISRM)*, Aachen, Balkema, Rotterdam, Vol.3; pp. 1613-23.

Brudy, M. et al. (1995) Application of the integrated stress measurement strategy to the 9km depth in the KTB boreholes, in *Proc. Workshop on Rock Stresses in the North Sea*, Trondheim, Norway, NTH and SINTEF Publ., Trondheim, pp. 154-64.

Carlsson, A. and Olsson, T. (1982) Rock bursting phenomena in a superficial rock mass in southern Central Sweden. *Rock Mech.*, 15, 99-110.

Clark, B.R. and Newman, D.B. (1977) Modeling of non-tectonic factors in near-surface in-situ stress measurements, in *Proc. 18th US Syrup. Rock Mech.*, Golden, Johnson Publ., pp. 4C3-1-4C3-6.

Cook, N.G.W. (1976) Seismicity associated with mining. *Eng. Geol.*, 10, 99-122.

Enever, J. R. (1993) Case studies of hydraulic fracture stress measurements in Australia, in *Comprehensive Rock Engineering* (ed. J.A. Hudson), Pergamon Press, Oxford, Chapter 20, Vol. 3, pp. 498-531.

Enever, J.R., Walton, R.J. and Windsor, C.R. (1990) Stress regime in the Sydney basin and its implication for excavation design and construction, in *Proc. Tunnelling Conf.*, Sydney, The Institution of Engineers, Australia, pp. 49-59.

Engelder, T. (1993) *Stress Regimes in the Lithosphere*, Princeton University Press, Princeton, New

## 1 序 論

Jersey.
Evans, D.M. (1966) Man-made earthquakes in Denver. *Geotimes*, 10, 11-18.
Fairhurst, C. (1968) Methods of determining in-situ rock stresses at great depths. Tech. Report No. 1-68, Corps of Engineers, Omaha, Nebraska.
Franklin, J.A. and Hungr, O. (1978) Rock stresses in Canada: their relevance to engineering projects. *Rock Mech.*, Suppl. 6, 25-46.
Gay, N.C. and Van der Heever, P.J. (1982) In situ stresses in the Klerksdrop gold mining district, South Africa - a correlation between geological structure and seismicity, in *Proc. 23rd US Symp. Rock Mech.*, Berkeley, SME/AIME, pp. 176-82.
Grant, M.A., Donaldson, I.G. and Bixley, P.F. (1982) *Geothermal Reservoir Engineering*, Academy Press, London, 253-63.
Haimson, B.C. (1973) Earthquake related stresses at Rangely Colorado, in *Proc. 14th US Symp. Rock Mech.*, University Park, ASCE Publ., pp689-708.
Haimson, B.C. (1977) Design of underground powerhouses and the importance of pre-excavation stress measurements, in *Proc. 16th US Symp. Rock Mech.*, Minneapolis, ASCE Publ., pp. 197-204.
Haimson, B.C. (1978) Crustal stresses in the Michigan Basin. *J. Geophys. Res.*, 83, 5857-67.
Haimson, B.C. (1984) Pre-excavation in situ stress measurements in the design of large underground openings, in *Proc. ISRM Symp. on Design and Performance of Underground Excavations*, Cambridge, British Geotechnical Society, London, pp. 183-190.
Hast, N. (1958) The measurement of rock pressures in mines. *Sveriges Geologiska Undersokning*, Ser. C, No. 560.
Hoek, E. and Brown, E.T. (1980) *Underground Excavations in Rock*, Inst. of Mining and Metallurgy, London.
Hooker, V.E. and Duvall, W.I. (1971) In situ rock temperature: stress investigations in rock quarries. US Bureau of Mines Report of Investigation RI 7589.
Hudson, J.A. (1991) Atlas of rock engineering mechanisms: underground excavations, Technical Note. *Int. J. Rock Mech. Min. Sci. & Geomech. Abstr.*, 28, 523-6.
Hudson, J.A. (1992a) Atlas of rock engineering mechanisms: part 2: slopes, Technical Note. *Int. J. Rock Mech. Min. Sci. & Geomech. Abstr.*, 29, 523-6.
Hudson, J.A. (1992b) *Rock Engineering Systems, Theory and Practice*, Ellis Horwood Publ.
Hyett, A.J., Dyke, C.G. and Hudson, J.A. (1986) A critical examination of basic concepts associated with the existence and measurement of in-situ stress, in *Proc. Int. Symp. on Rock Stress and Rock Stress Measurements*, Stockholm, Centek Publ., Luleå, pp. 387-96.
Jiao, Y. and Hudson, J.A. (1995) The fully-coupled model for rock engineering systems. *Int. J. Rock Mech. Min. Sci. & Geomech. Abstr.*, 32, 491-512.
Kim, K. (1992) In-situ stress in rock engineering projects, in Lecture Notes, *Short Course on Modern In Situ Stress Measurement Methods*, University of Wisconsin, Madison.
Kim, K. et al. (1986) Characterization of the state of in situ stress by hydraulic fracturing for a nuclear waste repository in basalt, in *Proc. Int. Symp. on Rock Stress and Rock Stress Measurements*, Stockholm, Centek Publ., Luleå, pp. 657-67.
Lee, C.F (1981) In-situ stress measurements in southern Ontario, in *Proc 22nd US Symp. Rock Mech.*,

Cambridge, MIT Publ., pp. 465-72.

Lee, C.F and Lo, K.Y. (1976) Rock squeeze of two deep excavations at Niagara Falls, in Rock Engineering for Foundations and Slopes, in *Proc. ASCE Specialty Conference*, Boulder, pp. 116-40.

Lo, K.Y. (1978) Regional distribution of in-situ horizontal stresses in rocks in southern Ontario. *Can. Geotech. J.*, 15, 371-81.

Lo, K.Y. and Morton, J.D. (1976) Tunnels in bedded rock with high horizontal stresses. *Can. Geotech. J.*, 13, 216-30.

Martin, C.D. and Simmons, G.R. (1993) The Atomic Energy of Canada Limited Underground Research Laboratory: an overview of geo-mechanics characterization, in *Comprehensive Rock Engineering* (ed. J.A. Hudson), Pergamon Press, Oxford, Chapter 38, Vol. 3, pp. 915-50.

Mase, G.E. (1970) *Continuum Mechanics*, Schaum's Outline Series, McGraw-Hill.

Maury, V. (1987)Oservations, researches and recent results about failure mechanisms around single galleries, in *Proc. 6th Cong. Int. Soc. Rock Mech. (ISRM)*, Montreal, Balkema, Rotterdam, Vol.2, pp. 1119-28.

McGarr, A. and Wiebols, G.A. (1977) Influence of mine geometry and closure volume on seismicity in deep-level mine. *Int. J. Rock Mech. Min. Sci.& Geomech.* Abstr., 14, 139-45.

Mimaki, Y. (1976) Design and construction of a large underground power station, in *Design and Construction of Underground Structures*, The Japan Society of Civil Engineers, Tokyo, pp. 115-52.

Mimaki, Y. and Matsuo, K. (1986) Investigation of asymmetrical deformation behavior at the horseshoe-shaped large cavern opening, in *Proc. Int. Symp. on Large Rock Caverns*, Helsinki, Perga-mon Press, Oxford, Vol. 2, pp. 1337-48.

Müller, B. et al. (1992) Regional patterns of tectonic stress in Europe. *J. Geophys. Res.*, 97, 11783-803.

Myrvang, A. M. (1993) Rock stress and rock stress problems in Norway, in *Comprehensive Rock Engineering* (ed. J.A. Hudson), Pergamon Press, Oxford, Chapter 18, Vol.3, pp. 461-71.

Myrvang, A., Hansen, S.E. and Sørensen, T. (1993) Rock stress redistribution around an open pit mine in hardrock. *Int. J. Rock Mech. Min. Sci & Geomech. Abstr.*, 30, 1001-4.

Obert, L. (1968) Determination of stress in rock. A state of the art report. Appendix 5 in report by Fairhurst titled: Methods of determining in-situ rock stresses at great depths. Tech. Report No. 1-68, Corps of Engineers, Omaha, Nebraska.

Pine, R.J. and Batchelor, A.S. (1984) Downward migration of shearing in jointed rock during hydraulic injections. *Int. J. Rock Mech. Min. Sci. & Geomech. Abstr.*, 21, 249-63.

Pine, R.J. and Kwakwa, K.A. (1989) Experience with hydrofracture stress measurements to depths of 2.6km and implications for measurements to 6km in the Carnmenellis granite. *Int. J. Rock Mech. Min. Sci. & Geomech. Abstr.*, 26, 565-71.

Price, N.J. and Cosgrove, J.W. (1990) *Analysis of Geological Structures*, Cambridge University Press, Cambridge.

Rockwell Hanford Operations (1982) Site Characterization Report for the Basalt Waste Isolation Project. Report DOE/RL 82-3, Vol. II, 10.5-4.

Sbar, M. L., Richardson, R. M. and Flaccus, C. (1984) Near surface in-situ stress; strain relaxation measurements along the San Andreas fault in southern California. *J. Geophys. Res.*, 89, 9323-32.

Scheidegger, A.E. (1982) Principles of Geodynamics, 3rd edn, Springer-Verlag.

1　序　論

Selmer-Olsen, R. (1974) Underground openings filled with high pressure water or air. *Bull. Int. Ass. Eng. Geol.*, 9, 91-5.
Sharma, V.M. et al. (1991) In-situ stress measurement for design of tunnels, in *Proc. 7th Cong. Int. Soc. Rock Mech. (ISRM)*, Aachen, Balkema, Rotterdam, Vol. 2, pp. 1355-8.
Stephansson, O. (1993) Rock stress in the Fennoscandian shield, in *Comprehensive Rock Engineering* (ed. J.A. Hudson), Pergamon Press, Oxford, Chapter17, Vol.3, pp. 445-59.
Stephansson, O., Särkkä, P. and Myrvang, A. (1986) State of stress in Fennoscandia, in *Proc. Int. Symp. on Rock Stress and Rock Stress Measurements*, Stockholm, Centek Publ., Luleå, pp. 21-32.
Swolfs, H.S. and Walsh, J.B. (1990) The theory and prototype development of a stress-monitoring system. *Seism. Soc. Am. Bull.*, 80, 197-208.
Te Kamp, L., Rummel, F. and Zoback, M.D. (1995) Hydrofrac stress profile to 9 km at the German KTB site, in *Proc. Workshop on Rock Stresses in the North Sea*, Trondheim, Norway, NTH and SINTEF Publ., Trondheim, pp. 147-53.
Teufel, L.W. (1986) In situ stress and natural fracture distribution at depth in the Piceance Basin, Colorado: implications to stimulation and production of low permeability gas reservoirs, in *Proc. 27th US Symp. Rock Mech.*, Tuscaloosa, SME/AIME, pp. 702-8.
Teufel, L.W. and Farrell, H.E. (1990) In Situ Stress and Natural Fracture Distribution in the Ekofisk Field, North Sea. Sandia National Labs. Report No. SAND-90-1058C.
Teufel, L.W., Rhett, D.W. and Farrell, H.E. (1991) Effect of reservoir depletion and pore pressure drawdown on in-situ stress and deformation in the Ekofisk Field, North Sea, in *Proc. 32nd US Symp. Rock Mech.*, Norman, Balkema, Rotterdam, pp. 63-72.
Timoshenko, S.P. (1983) History of Strength of Materials, Dover Publications.
Voight, B. (1966) Interpretation of in-situ stress measurements, in *Proc. 1st Cong. Int. Soc. Rock Mech. (ISRM)*, Lisbon, Lab. Nac. de Eng. Civil, Lisbon, Vol.Ⅲ, pp. 332-48.
Wong, I.G. (1993) The role of geological disconti-nuities and tectonic stresses in mine seismicity, in *Comprehensive Rock Engineering* (ed. J.A. Hudson), Pergamon Press, Oxford, Chapter 15, Vol.5, pp. 393-410.
Zoback, M.D. (1993) In situ stress measurements and geologic processes, in Lecture Notes, *Short Course on Modern In Situ Stress Measurement Methods*, University of Wisconsin, Madison.
Zoback, M.D. and Healy, J.H. (1992) In-situ stress measurements to 3.5 km depth in the Cajon Pass scientific research borehole: implications for the mechanics of crustal faulting. *J. Geophys. Res.*, 97, 5039-57.
Zoback, M.L. (1992) First- and second-order patterns of stress in the lithosphere: The World Stress Map project. *J. Geophys. Res.*, 97, 11703-28.
Zoback, M.L. et al. (1989) Global patterns of tectonic stress. *Nature*, 341, 291-8.

原位置応力に関する国際会議とワークショップ

International Conference on State of Stress in the Earth's Crust, Santa Monica, California, June 13-14, 1963. Proceedings published by American Elsevier Publishing Company, New York, 1964.
International Symposium on the Determination of Stresses in Rock Masses, Lisbon, Portugal, May 19-21, 1969. Proceedings published by Lab. Nac. de Eng. Civil (LNEC), Lisbon, 1971.

## 参考文献

ISRM Symposium on Investigation of Stress in Rock: Advances in Stress Measurement, Sydney, Australia, August 11-13, 1976. Proceedings published by The Institution of Engineers, Australia, 1976.

Workshop on Hydraulic Fracturing Stress Measurements, Monterey, California, December 2-5, 1981, US National Commission on Rock Mechanics, Washington, DC. Proceedings published by National Academy Press, 1983.

International Symposium on Rock Stress and Rock Stress Measurements, Stockholm, Sweden, September 1-3, 1986. Proceedings published by Centek Publishers, Luleå, Sweden, 1986.

Second International Workshop on Hydraulic Fracturing Stress Measurements (HFSM'88), Minneapolis, Minnesota, June 15-18, 1988. Proceedings published by Pergamon Press in *Int. J. Rock Mech. Min. Sci. & Geomech. Abstr.*, 26(6), 1989.

Specialty Conference on Stresses in Underground Structures, October 2-3, 1990, Ottawa, Canada. Proceedings available through Canada Center for Mineral and Energy Technology (CANMET), Ottawa, Canada, 1990.

Workshop on Stresses in the Earth's Crust, Aachen, Germany, 1991. Published in Vol. 3 of *Proceedings of 7th ISRM Congress*, Balkema, Rotterdam, 1993.

Workshop: Seminaire Formation: Mesure des Sollicitations et des Contraintes dans les Ouvrages et dans les Terrains (in French). Ecole des Mines, Nancy, France, September 12-16, 1994.

Workshop on Rock Stresses in the North Sea, Trondheim, Norway, February 13-14, 1995. Proceedings published by NTH and SINTEF Publ., Trondheim, Norway, 1995.

Workshop on Rock Stress Measurements at Great Depth, Tokyo, Japan, September 30, 1995. Published in Vol.3 of *Proceedings of 8th ISRM Congress*, Balkema, Rotterdam, 1995.

国際会議における主要セッション

Session on Residual Stresses in Rock Masses (Theme 4) at 1st ISRM Congress, Lisbon, 1966. See Vol.Ⅲ of Proceedings of the Congress.

Session on Rock Pressure Measurements and Interpretation of the Results at the Int. Symp. on Underground Openings, Luzern, 1972. In proceedings published by the Swiss Society for Soil Mechanics and Foundation Engineering.

Session on Basic Considerations for Field Instrumentation at the Int. Symp. on Field Measurements in Rock Mechanics, Zurich, 1977. In proceedings published by Balkema, Rotterdam.

Session on In-Situ State of Stress at the 20th US Symp. Rock. Mech., Austin, 1979. In proceedings published by Center for Earth Sciences and Eng., Austin.

Session on Stress Measurements at the 13th Canadian Rock Mechanics Symp., Toronto, 1980. In proceedings published by the Canadian Institute of Mining and Metallurgy, CIM Volume 22.

Session on Stresses at the 23rd US Symp. Rock Mech., Berkeley, 1982. In proceedings published by SME / AIME, Colorado.

Session on Fundamentals of Field Instrumentation at the 1st Int. Symp. on Field Measurements in Geomechanics, Zurich, Switzerland, 1983. In Vol.1 of the proceedings published by Balkema, Rotterdam.

Session on In-Situ Stress at the 25th US Symp. Rock Mech., Evanston, 1984. In proceedings published by

1　序　論

SME/AIME, Colorado.

Sessions on Hydraulic Fracture and New Stress Measurement Methods at 26th US Symp. Rock Mech., Rapid City, 1985. In proceedings pub-lished by Balkema, Rotterdam.

Session on Hydrofracture and Borehole Stability at 28th US Symp. Rock Mech., Tucson, 1987. In proceedings published by Balkema, Rotterdam.

Session on Fundamentals at the 2nd Int. Symp. on Field Measurements in Geomechanics, Kobe, Japan, 1987. In Vol. 1 of the proceedings published by Balkema, Rotterdam.

Session on Estimating Regional Stress Fields at Int. Symp. on Rock at Great Depth, Pau, France, 1989. In Vol.2 of the proceedings published by Balkema, Rotterdam.

Sessions on Assessment of Stress and Hydro-fracturing at the 30th US Symp. Rock Mech., Morgantown, West Virginia, 1990. In proceedings published by Balkema, Rotterdam.

Session on In-Situ Stresses at 32nd US Symp. Rock Mech., Norman, Oklahoma,1991. In proceedings published by Balkema, Rotterdam.

Session on Origin of Stresses in the Lithosphere at 33rd US Symp. Rock Mech., Santa Fe, New Mexico, 1992. In proceedings published by Balkema, Rotterdam.

Sessions on In-Situ Stress Measurements and Bore-hole Instability and Breakouts at 34th US Symp. Rock Mech., Madison, Wisconsin,1993. In proceedings published by Pergamon Press in Int. J. Rock Mech. Min. Sci. & Geomech. Abstr., 30(7).

Session on In-Situ Stresses at 1st North American Rock Mechanics Symposium, Austin, Texas,1994. In proceedings published by Balkema, Rotterdam.

Session on In-Situ Measurement at Eurock'94: Int. Symp. on Rock Mechanics in Petroleum Engineering, Delft, The Netherlands,1994. In proceedings published by Balkema, Rotterdam.

# 応力場の推定 2

## 2.1 はじめに

　応力測定を行う前には，まず応力場の推定を試みるべきである．例えば，対象領域において過去になされた応力測定の結果や深度分布，あるいは地質構造が類似した地域の応力状態を援用することで応力場の推定をすることができる．さらに，地形，地質，岩組織，岩盤の荷重履歴，地震の初動解析，応力解放現象（絞り出し，ポップアップ，座屈など），ボアホールやトンネル・立坑のブレイクアウト，山はね，成層構造，不均質性，地質構造（断層，褶曲，せん断帯，不整合，火口，岩脈）などの情報から応力場を推測することもできる．応力場を推定することは初期段階の工学設計，実施計画の立案に有効であり，さらには応力測定の方法と測定を行う位置を選択する上でも役に立つ．

　前章で論じ図1.8に示したように，現在の応力状態は過去に起きた一連の地質的な現象の末に生じたものであり，同時にさまざまな種類の応力の重ね合せでもあるので，岩盤の応力とその空間変化を正確に予測することは非常に難しく，あらゆる実用的な目的に適うことは不可能である．さらに，岩盤が均質で連続的なことはまずないので，応力は岩盤中のあちらこちらで異なっていると予想される．さらには，原位置応力は場所による変化のみならず，構造運動，浸食作用，氷河作用などの効果によって時間的にも変化する．今見られる岩の組織が現在の応力場と完全に関連があるかどうかもはっきりしないことは，問題をより複雑にする（Terzaghi, 1962）．このようなことがわかっていても，応力場を推定するためにできることは荷重履歴と岩盤の構成モデルの仮定に過ぎない．この限界が意味するところは以下のように要約できる：「いずれにせよ，地質学の知識から応力状態を把握するために必要となるすべての事象を詳細に知ることは不可能であることは明らかであろう」（Voight, 1971）．

## 2 応力場の推定

現在までのところ,原位置の応力を正確に予測するための確かな方法はない.応力は我々の知識の及ぶ範囲で推定されるか,本書で論じるいろいろな方法を用いて決定される.応力を推定することはそれを直接測定することにはならない点に留意すべきである.

原位置応力を推定するには,一般にサイトの地質特性を詳細に把握した上で慎重な判断を下す必要がある.岩盤の構成モデル,荷重履歴,地質構造,地形や境界条件などのような要素が原位置応力に及ぼす効果を調べるために,さまざまな物理モデルや数値モデルが開発されている.本章においては,岩盤中の応力を生ずるさまざまな自然条件について調べ,そのような応力を予測するために提案されたいろいろなモデルについてレビューする.

岩盤中の深度 $z$ における応力状態を推定するとき,一般的に以下のふたつの基本的仮定が用いられる.最初の仮定は応力状態がふたつの成分によって記述されるということである.すなわち,その深度の上載岩盤の重量 $\gamma z$(ここに $\gamma = \rho g$ は岩の平均的な密度 N/m³)に等しい鉛直成分 $\sigma_v$ と,一様な水平成分 $\sigma_h = \sigma_H$($\sigma_v$ の $K$ 倍)である.第二の仮定は $\sigma_v$ と $\sigma_h$ が主応力であるということである.一般に,$\sigma_v$ と $\sigma_h$ は全応力*で表す.

係数 $K$ については異なる式が提案されている.Talobre(1967)は作業仮説として $K=1$ と提案した.この提案は 1878 年にスイスの地質学者 Heim が公表したことから Heim の法則として知られている.3 つの主応力成分が $\gamma z$ に等しい応力状態は静岩圧状態(lithostatic)とも呼ばれる.

係数 $K$ に関して文献でしばしば用いられる他の式は,$K_0 = \nu/(1-\nu)$,ここに $\nu$ は岩盤のポアソン比である.この式は以下の 3 点を仮定している.

(1) 岩盤は半無限の水平面を持ち,均質,線形,かつ等方な理想的連続体である
(2) 岩盤には重力だけが作用し,水平変位は生じない
(3) 荷重履歴は原位置応力に影響しない

これは,地球の表面では水平応力も鉛直応力もゼロになることを意味する.係数 $K_0$ は地盤工学分野では静止土圧係数と呼ばれている.

Terzaghi and Richart(1952)は,「過度の荷重を経験しておらず,地質的に乱されていない地域の堆積層」では $K_0$ 条件がほぼ満たされているだろうと述べている.かれらは同時に,自然には $K_0$ 条件に一致しない場合が多く存在することを強調し,さ

---

\* 本書では,$\sigma_v$ または $S_v$ は鉛直応力(vertical stress)を,$\sigma_H$,$S_H$,$\sigma_{Hmax}$,$S_{Hmax}$ は最大水平応力(maximum horizontal stress)を,$\sigma_h$,$S_h$,$\sigma_{hmin}$,$S_{hmin}$ は最小水平応力(minimum horizontal stress)を表す.最大,中間,最小主応力はそれぞれ $\sigma_1$,$\sigma_2$,$\sigma_3$ と表す.

らには，$K$ が岩の組織や岩盤の地質履歴に依存し，深度によっても変化し，同じ深度であっても方位によって変化するだろうと述べている．例として，開口した節理で囲まれた鉛直の玄武岩柱では，側方への変形は自由なので $K$ はゼロとなることを Terzaghi (1962) は挙げている．また，花崗岩の貫入においては，大部分の物質が固化するまでは $K$ は 1 であり，その後に $K$ は 1 より小さく $K_0$ より大きくなるだろうと述べている．盆地では，$K$ は堆積—続成—浸食の過程で変化することが考えられる（Voight, 1966a）．

　岩盤の応力場を正しく記述すると言う意味では，$K=1$ または $K=K_0$ の仮定と $K$ が水平面内において一様であるとの仮定は，実際の測定結果との対比から一般的には不適当であることがわかっている (Hast, 1958)．唯一の例外は岩塩ドームであり，そこでは 2 MPa の誤差の範囲内で本質的に静水圧状態である (Eriksson and Michalski, 1986)．その他の岩盤で測定された水平応力は，（$K$ の大きさについての）前述の仮定から予測される値とはかなり異なることがわかっている．事実として，地球表面で測定された水平応力の最大値の平均が地球表面でおよそ 10 MPa であった (Swolfs, 1984)．Aytmatov (1986) によれば，世界の別々の地域で行われた応力測定の 65〜70 % のケースで水平応力が鉛直応力を上回っている．水平応力の非一様性（non-uniform）は世界のほとんどの地域で見られる．Li (1986) は，中国で行われた応力測定の 70 % のケースにおいて，最大水平応力と最小水平応力の比が 1.4 から 3.3 の間にばらついていると報告している．

　応力の予測値と測定値の差は，まず造構応力に原因があると考えられた．これと並ぶ重要な現象として，残留応力，熱応力，浸食，水平引張 (straining)，異方性，氷河とその融解，地形，地球の曲率，活動的な地質構造などの影響も指摘されている (Engelder, 1993; Engel and Sbar, 1984; Fairhurst, 1986; Jaeger and Cook, 1976; McGarr, 1988; McGarr and Gay, 1978; Sheorey, 1994)．これらの現象の幾つかは本章で論じる．ただし，応力の予測値と測定値に差が生じる原因についての統一した見解は得られておらず，さらに議論の余地が残っていることに留意すべきである．

## 2.2　原位置応力の深度分布

　世界のさまざまな地域における鉛直応力と水平応力の深度分布を表す関係式が多くの人々によって提案されている．それらの多くは深度 3000 m 未満を対象としたものである．具体例を Hast (1958, 1967, 1969, 1973, 1974) など[*]に見ることができる．Rummel (1986) は広範な文献をレビューし，世界のいろいろな地域で行われた深部

の水圧破砕法による応力測定の結果に基づいた応力の深度分布を示した．一例として，Brown and Hoek（1978）が世界の異なる地域のデータをまとめた鉛直応力の深度分布を図2.1aに，水平応力の平均と鉛直応力の比の深度分布を図2.1bに示す．

表2.1と表2.2に，既往の文献で報告された世界のいろいろな地域における応力と深度の関係を示す．応力の深度分布は，鉛直応力 $\sigma_v$，最大および最小水平応力 $\sigma_H$ と $\sigma_h$，平均水平応力 $\sigma_{Ha}=(\sigma_H+\sigma_h)/2$，鉛直応力比 $K_H=\sigma_H/\sigma_v$，$K_h=\sigma_h/\sigma_v$，$K_{Ha}=\sigma_{Ha}/\sigma_v$ について示されている．応力はすべて全応力（total stress）で表示されている．以後のいくつかの論文においては，水圧破砕法以外の方法によって応力を求めた場合や主応力成分が鉛直でも水平でもない場合の主応力の深度分布が紹介されている．例えば，表2.3はカナダ楯状地（Herget, 1993）とスウェーデン（Stephansson, 1993）における最大・中間・最小応力と深度の関係を示す．表2.1～2.3の $r$ は相関係数を示す．応力の深度分布を表す時には，各々の応力成分は深度 $z$ に対して線形に増加するという仮定と水平／鉛直応力の比は $1/z$ に依存するという仮定が一般的である．

一般に，岩盤の密度 $\gamma=\rho g$ は 0.025～0.033 MN/m³ の間で変化する．したがって，重力による鉛直応力 $\gamma z$ は 0.025～0.033 MPa/m の勾配で深度に対し線形に増加するはずである．岩石の平均的な密度として 0.027 MN/m³（石英の比重は 2.65）が通常用いられ，このときの平均的な鉛直応力の深度勾配は 0.027 MPa/m となる．ポアソン比を $\nu=0.25$ とすれば $K_0=\nu/(1-\nu)=1/3$ となる．言い換えると，$K_0$ 条件が成り立っていれば水平応力は 0.009 MPa/m の勾配で増加することになる．なお，ポアソン比 $\nu$ が 0 から 0.5 へと変化するにしたがい $K_0$ は 0 から 1 へと変化する．

この 0.027 MPa/m と表2.2や文献による鉛直応力の勾配を比較すれば，ほとんどの場合に鉛直応力は上載荷重だけで説明することができる．しかし，この仮定に合わない場合も珍しくはなく，そのような逸脱は局所的に地質構造が異なることや構造帯に起因すると見られている（Herget, 1980, 1986）．Bulin（1971）によれば，旧ソ連の

---

＊ほかに Voight (1966a), Bulin (1971), Kropotkin (1972), Herget (1974, 1980, 1986, 1987, 1993), Orr (1975), Jaeger and Cook (1976), Worotnicki and Denham (1976), Van Heerden (1976), Lindner and Halpern (1977), Haimson and Voight (1977), McGarr and Gay (1978), Brown and Hoek (1978), Blackwood (1979), Zoback and Zoback (1980), Lee (1981), Haimson (1977, 1980, 1981), Haimson and Lee (1980), Doe et al. (1981), Swolfs (1984), Stephansson, Särkkä and Myrvang (1986), Aytmatov (1986), Batchelor and Pine (1986), Li (1986), Rummel, Höhring-Ermann and Baumgärtner (1986), Cooling, Hudson and Tunbridge (1988), Pine and Kwakwa (1989), Arjang (1989), Herget and Arjang (1990), Adams and Bell (1991), Zoback and Healy (1992), Baumgärtner et al. (1993), Stephansson (1993), Burlet and Cornet (1993), Haimson, Lee and Herrick (1993), Sugawara and Obara (1993), Martin and Simmons (1993), Engelder (1993), Te Kamp, Rummel and Zoback (1995), Lim and Lee (1995) など多数．

2.2　原位置応力の深度分布

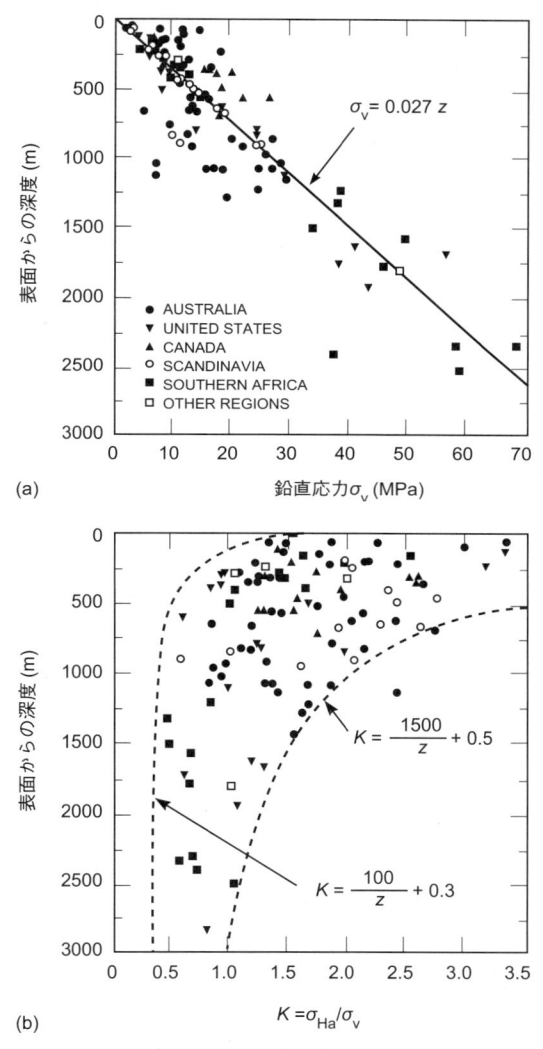

図2.1　(a) 表面からの深度 $z$ と鉛直応力の関係．(b) 鉛直応力に対する水平応力の比と深度 $z$ の関係（Brown and Hoek, 1978）

Donets-Makeyekva 地域の 600 m と 900 m の深度において測定された鉛直応力は複雑な地質構造のせいで重力から予測される値の 3 倍から 4 倍も大きい．Voight（1966a）と Howard（1966）は，（測定された鉛直応力と重力から予測される値の）局所的な

2 応力場の推定

表 2.1 水平応力成分の深度分布

| 参考文献 | $\sigma_H$, $\sigma_h$, $\sigma_{Ha}$ (MPa) および $K$ の深度分布 | 領域と深度範囲 (m) |
|---|---|---|
| Voight (1966a) | $\sigma_{Ha}=8.0+0.043z$ | 世界 (0〜1000) |
| Herget (1974) | $\sigma_{Ha}=(8.3\pm0.5)+(0.047\pm0.0023)z$ | 世界 (0〜800) |
| Van Heerden (1976) | $K_{Ha}=0.448+248/z$ ($r=0.85$) | 南アフリカ (0〜2500) |
| Worotnick and Denham (1976) | $\sigma_{Ha}=7.7+(0.021\pm0.002)z$ ($r=0.85$) | オーストラリア (0〜1500) |
| Haimson (1977) | $\sigma_H=4.6+0.025z$ | ミシガン盆地 (0〜5000) |
|  | $\sigma_h=1.4+0.018z$ ($r=0.95$) |  |
| Lindner and Halpern (1977) | $\sigma_{Ha}=(4.36\pm0.815)+(0.039\pm0.0072)z$ | 北アメリカ (0〜1500) |
| Brown and Hoek (1978) | $K_{Ha}=(0.3+100/z)\sim(0.5+1500/z)$ | 世界 (0〜3000) |
| Aymatov (1986) | $(\sigma_H+\sigma_h)=(9.5+0.075z)\sim(5.0+0058z)$ | 世界(主に旧ソ連)(0〜1000) |
| Li (1986) | $\sigma_{Ha}=0.72+0.041z$ | 中国 (0〜500) |
|  | $K_{Ha}=(0.3+100/z)\sim(0.5+440/z)$ |  |
| Rummel (1986) | $K_H=0.98+250/z$ ; $K_h=0.65+150/z$ | 世界 (500〜3000) |
| Herget (1987) | $\sigma_{Ha}=9.86+0.0371z$ | カナダ楯状地 (0〜900) |
|  | $\sigma_{Ha}=33.41+0.0111z$ | (900〜2200) |
|  | $K_{Ha}=1.25+267/z$ | (0〜2200) |
|  | $K_H=1.46+357/z$ ; $K_h=1.10+167/z$ |  |
| Pine and Kwakwa (1989) | $\sigma_H=15+0.028z$ | 英 Cornwall の Carnmenellis |
|  | $\sigma_h=6+0.012z$ | 花崗岩 (0〜2000) |
| Arjang (1989) | $\sigma_H=8.8+0.0422z$ ; $\sigma_h=3.64+0.0276z$ | カナダ楯状地 (0〜2000) |
| Baumgärtner et al. (1993) | $\sigma_H=30.4+0.023z$ ; $\sigma_h=16.0+0.011z$ | KTB パイロット孔 (800〜3000) |
|  | $\sigma_h=1.75+0.0133z$ | Cajon Pass 孔 (800〜3000) |
| Sugawara and Obara (1993) | $\sigma_{Ha}=2.5+0.013z$ | 日本 (0〜1200) |
| Hast (Stephansson, 1993) | $\sigma_H=9.1+0.0724z$ ($r=0.78$) | Fennoscandia OC (0〜1000) |
|  | $\sigma_h=5.3+0.0542z$ ($r=0.83$) |  |
| Stephansson (1993) |  | Fennoscandia |
|  | $\sigma_H=10.4+0.0446z$ ($r=0.61$) | Leeman-Hiltscher OC |
|  | $\sigma_h=5+0.0286z$ ($r=0.58$) | (0〜700) |
|  | $\sigma_H=6.7+0.0444z$ ($r=0.61$) | Leeman 型 OC |
|  | $\sigma_h=0.8+0.0329z$ ($r=0.91$) | (0〜1000) |
|  | $\sigma_H=2.8+0.0399z$ ($r=0.79$) | 水圧破砕 |
|  | $\sigma_h=2.2+0.0240z$ ($r=0.81$) | (0〜1000) |
| Te Kamp, Rummel and Zoback (1995) | $\sigma_H=15.83+0.0302z$ | KTB 孔 (0〜9000) |
|  | $\sigma_h=6.52+0.01572z$ |  |
| Lim and Lee (1995) | $\sigma_H=1.858+0.018z$ ($r=0.869$) | 韓国の OC (0〜850) |
|  | $\sigma_h=2.657+0.032z$ ($r=0.606$) | 水圧破砕 (0〜250) |

逸脱はせん断応力によるとの見解を示している.

水平応力の深度勾配については，0.009 MPa/m の値と表 2.1 や文献の勾配には大きな不一致が見られる．現場で測定された応力比 $K$ は特に浅い深度では 1/3 と等しいことはまずなく，多くの場合 1 より大きい．例えば，Herget (1974) が当時集めた世界の応力データの 75 % では水平応力が鉛直応力より大きい．表 2.1 に示すように，

## 2.2 原位置応力の深度分布

表 2.2 鉛直応力成分の深度分布

| 参考文献 | 鉛直応力 $\sigma_v$（MPa）の深度分布 | 領域と深度範囲（m） |
| --- | --- | --- |
| Herget (1974) | $(1.9\pm1.26)+(0.0266\pm0.0028)z$ | 世界（0～2400） |
| Lindner and Halpern (1977) | $(0.942\pm1.31)+(0.0339\pm0.0067)z$ | 北アメリカ（0～1500） |
| Brown and Hoek (1978) | $0.027z$ | 世界（0～3000） |
| McGarr and Gay (1978) | $0.0265z$ | 世界（100～3000） |
| Herget (1987) | $(0.026\sim0.0324)z$ | カナダ楯状地（0～2200） |
| Arjang (1989) | $(0.0266\pm0.008)z$ | カナダ楯状地（0～2000） |
| Baumgärtner et al. (1993) | $(0.0275\sim0.0284)z$ | KTBパイロット孔（800～3000） |
| Herget (1993) | $0.0285z$ | カナダ楯状地（0～2300） |
| Sugawara and Obara (1993) | $0.027z$ | 日本（0～1200） |
| Te Kamp, Rummel and Zoback (1995) | $(0.0275\sim0.0284)z$ | KTB孔（0～9000） |
| Lim and Lee (1995) | $0.233+0.024z$ | 韓国（0～850） |

表 2.3 最大，中間，最小主応力成分の深度分布

| 参考文献 | $\sigma_1, \sigma_2, \sigma_3$（MPa）の深度分布 | 領域と深度範囲（m） |
| --- | --- | --- |
| Herget (1993) | $\sigma_1=12.1+(0.0403\pm0.002)z\ (r=0.84)$<br>$\sigma_2=6.4+(0.0293\pm0.0019)z\ (r=0.77)$<br>$\sigma_3=1.4+(0.0225\pm0.0015)z\ (r=0.75)$ | カナダ楯状地（0～2300） |
| Stephansson (1993) | $\sigma_1=10.8+0.037z\ (r=0.68)$<br>$\sigma_2=5.1+0.029z\ (r=0.72)$<br>$\sigma_3=0.8+0.020z\ (r=0.75)$ | スウェーデン（0～1000） |

例えば Fennoscandia のような同一地域においても，水平応力の深度分布の傾向は応力測定法によって異なっている（Stephansson, 1993）．

表 2.1～2.3 のような深度と応力の一般的な関係はある深度における応力の大きさを推定することに役立つ．それはまた，対象領域の応力状態を大局的に表すための応力型（Stress regime）（正断層型，横ずれ断層型，逆断層型）と，その応力型が深度によってどのように変化するかを総括的に理解するのにも役に立つ．例えば，Fennoscandia では最大・最小水平応力が鉛直応力を上回ると予想される（Stephansson, 1993）．ドイツ KTB 孔の水圧破砕法試験によれば，800 m～3000 m の深度では横ずれ断層型の応力型であることが明らかになっている（Baumgärtner et al., 1993）．さらに，Te Kamp, Rummel and Zoback (1995) によってこの結論は深度 9000m まで延長された．KTB 孔の詳細については 12.4.7 節を参照されたい．

カナダでは大きな水平応力が広範囲に存在し，たいていの場合，最大・最小水平応力がその深度の鉛直応力を上回っていることが報告されている（Adams and Bell, 1991）．また，カナダ楯状地では，最大と最小主応力の差は深度とともに増加し，最大および中間主応力は水平面に平行となる傾向がある（Herget, 1993; Martin and

Chandler, 1993). Rummel（1986）は，地球の上部地殻における最大せん断応力は水平のふたつの応力によって決定されるが，特に浅い深度の最大せん断応力は最大水平応力と鉛直応力によって決定されていると述べている．さらには，Byerlee（1978）の経験的な摩擦則が満たされるならば，さまざまな向きの断層を含む地殻では横ずれ断層型の応力型が支配的になるだろうとしている．

また，Rummel（1986）は原位置応力の分布が必ずしも深度に比例した一定の関係にあるわけではないことを明らかにした．Adams and Bell（1991）は Beaufort 海の応力測定結果から，3 km の深度における応力型が横ずれ断層型（$\sigma_H > \sigma_v > \sigma_h$）から逆断層型（$\sigma_H > \sigma_h > \sigma_v$）に変化していることを示している．ニューメキシコ州の Hot Dry Rock Project における深いボアホールでも同じような現象が観測されている（Dey and Brown, 1986）．かれらは，深度 2.8 km の正断層型（$\sigma_v > \sigma_H > \sigma_h$）から，深度 3.8 km では横ずれ断層型（$\sigma_H > \sigma_v > \sigma_h$）に応力型が変化していることを DSCA 法による応力測定結果から見出している．ミシガン盆地中央付近の 5110 m の深い油井で Haimson（1977）が実施した水圧破砕法による応力測定によれば，0 から 200 m までは逆断層型（$\sigma_H > \sigma_h > \sigma_v$），200 から 4500 m までは横ずれ断層型（$\sigma_H > \sigma_v > \sigma_h$），4500 m 以深では正断層型（$\sigma_v > \sigma_H > \sigma_h$）の応力型というように，深度に応じて応力状態が変化していることが明らかになった．Plumb（1994）は，水圧破砕法で測定された 1000 個の最小主応力を調べ，堆積盆地では表層の 1 km までは逆断層型が支配的であり，より深い深度では横ずれ断層型に応力型が変化するとしている．

表 2.1〜2.3 に紹介した応力の一般的な深度分布傾向は，あるばらつきを常に有することを念頭において利用する必要がある．層理構造や不均質（2.6 節），断層，岩脈，せん断帯，褶曲のような地質構造（2.7 節），または地形（2.8 節）などによって応力は局所的に変化する．これらの要素の影響が著しいときは，応力成分と深度の比例関係を仮定することは間違いを生じかねない．典型的な例として，スウェーデン Lansjarv の後氷期の断層近傍で実施された水圧破砕応力測定では，深度 500 m の水平応力は最大が 12 MPa，最小が 6 MPa となった（Stephansson, 1993）．しかし，表 2.1 の水圧破砕法による応力と深度の近似関係を用いれば，その深度の最大，最小応力は 22.8 MPa，14.2 MPa となる．Stephansson（1993）によれば，この例で見られる応力の予測値と測定値の相違はおよそ 8000 年前に生じた 10 m の断層変位に関連した応力解放によるものと考えられる．カナダの URL サイトにおいても，水平応力が大きく変化する様子は深度と共に応力が線形に増加するというモデルに合致せず，大きな衝上断層が原因であると考えられた（Martin and Chandler, 1993）．URL プロジェクトの詳細については 9.1 節を参照されたい．

応力測定の結果はまた，応力型が同じであっても原位置応力の方位が深度によって変わる場合と変わらない場合のあることを明らかにした．Stephansson（1993）によって報告された水圧破砕法による応力測定の例によれば，最大水平応力は地表から深度200 m まではほぼ E-W であるが，深度200 から500 m の間で30°回転し N60°W となっている．Haimson and Rummel（1982）は，最大水平応力の方向が500m の距離を置いて60°変化していることをアイスランドの溶岩流で観測している．Martin and Chandler（1993）は，URL サイトの No.2 断層を境に最大応力方向が90°回転していることを報告した．この極端な回転は断層すべりに伴う応力解放に一因があると考えられた．カリフォルニア州の Cajon Pass 井では，ブレイクアウトによる最大水平応力の方向が深度2700 m と3500 m の間で大きく変動していることが見出された（Shamir and Zoback, 1992）．一方，Pine and Kwakwa（1989）は，英国 Cornwall の Carnmenellis 花崗岩において水圧破砕法で測定された主応力の方向が深度2.6 km までほぼ一定であると報告している．Adams and Bell（1991）は，カナダにあるほとんどの孔井では，深度や岩盤の種類と年代の違いにかかわらず応力方向の変化が小さいことをブレイクアウトが示していると報告している．Adams and Bell（1991）によって報告された東部カナダの沖合にある孔井で観測されたブレイクアウトの例を図2.2 に示す．この図は，800 m から5000 m までの深度のジュラ紀から中新世の岩盤におけるブレイクアウトの方位がほぼ一定であることを示している．

鉛直孔で測定された応力のばらつきについては，浅部の応力と深部の応力が大きさや方位，あるいは両方とも全く異なる例も明らかになっている．「応力不整合（stress decoupling）」と呼ばれる現象は深度によって応力型が分かれていることであり，いくつかの場所で見つかっている（Haimson, 1979, 1980; Haimson and Lee, 1980）．例えば，Haimson and Lee（1980）によるオンタリオ州南西部で実施された深度303 m までの水圧破砕による測定においては，深度30〜210 m の古生代堆積岩のユニットでは異常に大きな応力が測定されているが，その下位の220〜300 m の深度に分布する先カンブリアの花崗片麻岩までそれが続くことはなかった．古生代と先カンブリアの各ユニットにおける応力分布は，水平主応力の方向が約45°変化するなど著しく異なっていた．この例では応力不整合が岩層の変化と対応していることが明白であった．Haimson（1990b）が指摘しているように，岩層による応力不整合を示す幾つかの例が複数の堆積層を貫いて掘削された油井に関わる事項として報告されている．

応力不整合は地形の影響でも起こりえる．深部の応力は広域的な傾向に従うのに対して，浅部の応力は局所的な地形の影響を受けるからである．この効果を良く表している幾つかの例を Haimson（1979）の中に見つけることができる．特に Kerckoff-2

2　応力場の推定

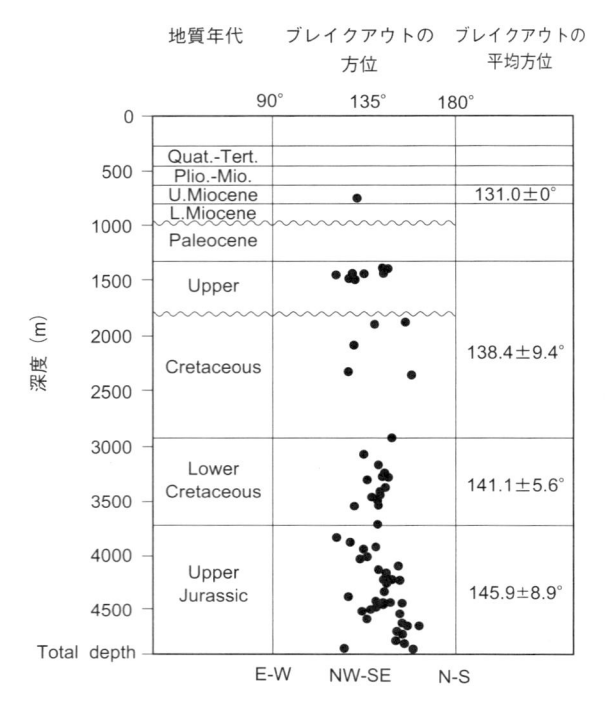

図2.2　カナダ東部沖 Scotian Shelf の Sachem D-76 井で観測された 64 個のブレイクアウトの平均方位 (Adams and Bell, 1991)

プロジェクトの実験サイトで行われた応力測定の結果は浅部応力の方向がシエラネバダ山脈の局所的な地形に沿っていることを示している．一般に，ある深度範囲や地質学的なユニットで測定された結果を援用する際には注意が必要であることを応力不整合が示している．

## 2.3　主応力としての鉛直，水平応力

多くの場合，なめらかな地形の地域では，水平と鉛直の応力成分が主応力であると仮定される．McGarr and Gay (1978) は，南アフリカの鉱山で測定した主応力の方位を下半球ステレオネットに投影 (sterographic projection) することによってその仮定の妥当性を調べた．その結果，ネットの中心付近に粗く分布する点の集まりは鉛直軸から半径 30° の円内にほとんど含まれているとはいえ，水平と鉛直の応力成分を

## 2.3 主応力としての鉛直，水平応力

主応力とする仮定からは多少ずれていることが明らかになった．この結果について McGarr and Gay (1978) は，観測された応力方向のばらつきは応力を測定した領域にある複雑な地質によることを示唆した．かれらはまた上記のばらつきが堆積盆地ではより小さくなることを示唆している．

McGarr and Gay (1978) の結論は，カナダ楯状地の 165 箇所においてオーバーコアリング法で測定された応力を解析した Herget (1993) による報告と整合的である．最大・中間・最小主応力それぞれについて，各主応力の方位を下半球の等面積ネットにプロットして得られた方位の集中コンターを図 2.3a, 2.3b, 2.3c に示す．これらの図から，最大主応力 $\sigma_1$ は全体の 5 % が 248°/10°（傾斜方位／傾斜角）の方向にあることがわかる．中間主応力 $\sigma_2$ は全体の 5 % が 300〜340°/00° の方向にあり，最小主応力 $\sigma_3$ は鉛直方向に全体の 8 % が集中しばらつきが最も少ない．Herget (1993) が指摘している通り，また Sbar and Sykes (1973) や近年の世界応力分布図プロジェクトで M.L. Zoback et al. (1989), Zoback (1992) が報告しているように，$\sigma_1$ の方向は北アメリカの最大水平応力の方向 NE〜ENE と一致している．

Bulin (1971) は全世界（その多くは旧ソ連）の深度 25〜2700 m で行われた多くの応力測定結果を解析し，60 % 以上の測定結果において主応力は水平ならびに鉛直から 30° 以内であることを報告している．中国の各地で測定された応力でも同様の結論が得られている（Li, 1986）．Myrvang (1993) によれば，ノルウェーでは深度 500m までは水平・鉛直応力はほぼ主応力方向と一致し，鉛直応力が最小主応力である．Stephansson (1993) によれば，Fennoscandia の多くの地点で

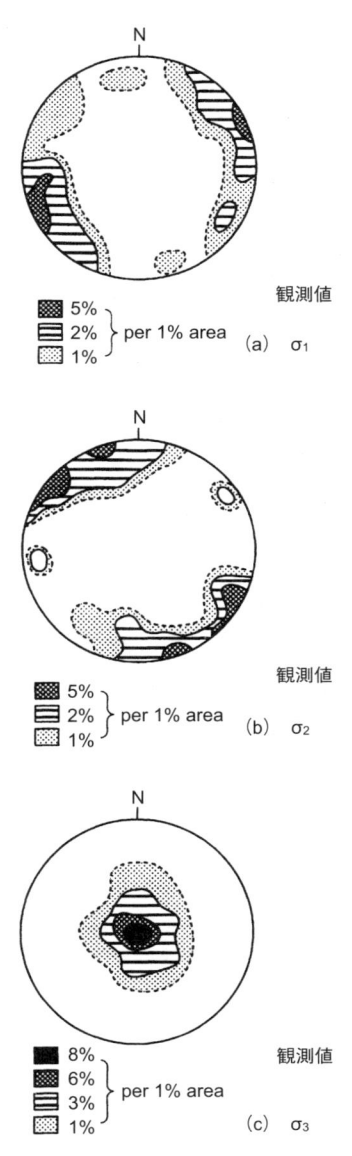

図 2.3 カナダ楯状地における 165 のオーバーコアリング測定による原位置の主応力方位．下半球等面積投影法．(Herget, 1993)

は鉛直応力は中間か最小主応力のいずれかであり，その大きさは上載荷重に等しい．英国でも主応力方向は鉛直および水平に近く（Klein and Brown, 1983），最大主応力は水平で NW-SE 方向であり，最小主応力は水平，中間主応力は鉛直である（Klein and Barr, 1986）．全世界における地殻の地震発震機構の観測結果も鉛直・水平応力が主応力であるとの仮定を支持するようである（Zoback et al., 1989）．Worotnicki and Walton（1976）は，オーストラリアでの応力測定から鉛直・水平応力が主応力であるという仮定は十分妥当で，鉛直応力が水平応力のおよそ 1.5 倍になっていると結論付けている．また，オーストラリア大陸の大部分では最大水平応力は E-W 方向で，中南部だけは例外的に N-S 方向となっている．ただし，その後 Brown and Windsor（1990）が解析したオーストラリアの応力データによれば，応力の方位は Worotnicki and Walton（1976）の報告とは必ずしも調和的でなく，より大きくばらついている（11.1.3 節）．

## 2.4　原位置応力の深度分布範囲

水平応力成分がとり得る範囲は岩盤の強度によって制限される．破壊が起こるまで応力は増加し得る．破壊は新たな断層が形成されるか既存の不連続部が再度すべることによって生ずる．各深度における岩の脆性（brittle）または延性（ductile）挙動に関するさまざまなモデルに基づいて，地殻応力が取り得る範囲の限界が提案されている．Rummel（1986）は以下のように指摘している．「地球科学者の間でさえ，せん断応力の大きさやその深度分布，地殻の変形挙動が脆性から延性に遷移する深度について意見が一致していない．3 km 以深の応力は，破壊・変形の岩盤力学試験によって経験的に得られている結果や浅い深度で測定された応力データから外挿する以外にない」．1986 年以降に行われたドイツの KTB 孔における 9 km の深度までの応力測定により，最もすべり易い方向の既存の断層が摩擦平衡状態になるような条件によって応力の大きさが制限されることが明らかになった（Brudy et al., 1985）．

### 2.4.1　インタクトな岩の強度モデル

粘着力を $S_0$，内部摩擦角を $\phi$ とする Mohr-Coulomb 規準によって強度を記述できるインタクトな岩を想定する．この破壊規準（failure criterion）では以下のことを仮定している（Jaeger and Cook, 1976）．
（1）岩の強度は中間主応力に無関係である
（2）破壊は中間主応力方向に伸びる共役面の一方または両方内で発生し，その面は

最大主応力方向と 45° 以内の角度をなす

　Mohr-Coulomb 規準では破壊時の最大，最小主応力 $\sigma_1$, $\sigma_3$ は以下のように表される (Goodman, 1989).

$$\sigma_1-\sigma_3=C_0+\sigma_3\left[\tan^2\left(\frac{\pi}{4}+\frac{\phi}{2}\right)-1\right] \quad 式 (2.1)$$

ここに，$C_0$ は一軸圧縮強度 (unconfined compressive strength) で次式で表される．

$$C_0=2S_0\cdot\tan\left(\frac{\pi}{4}+\frac{\phi}{2}\right) \quad 式 (2.2)$$

　式 (2.1) は，このモデルでは最大せん断応力が最小主応力 $\sigma_3$ に比例することを示している．

　ある深度 $z$ の鉛直応力成分を $\sigma_v=\gamma z$ とし，ふたつの水平応力は等しくないと仮定する．岩盤を変形させると破壊が起きるまで水平応力が増加ないし減少する．破壊には 3 つのケースが考えられる (Anderson, 1951):
- ケース 1：$\sigma_v>\sigma_H>\sigma_h$（正断層型）
- ケース 2：$\sigma_H>\sigma_v>\sigma_h$（横ずれ断層型）
- ケース 3：$\sigma_H>\sigma_h>\sigma_v$（逆断層型）

ここに，$\sigma_H$, $\sigma_h$ はそれぞれ最大，最小水平応力成分である．

## (a) ケース 1

　このケースは伸張性造構場の特徴を示す正断層運動に対応する．式 (2.1) に $\sigma_v=\sigma_1$ および $\sigma_h=\sigma_3$ を代入して整理すると，鉛直応力に対する最小水平応力の比 $K_{min}=\sigma_h/\sigma_v$ を与える式が次のように求められる．

$$K_{min}=\cot^2\left(\frac{\pi}{4}+\frac{\phi}{2}\right)-\frac{C_0}{\gamma z}\cdot\cot^2\left(\frac{\pi}{4}+\frac{\phi}{2}\right) \quad 式 (2.3)$$

このケースでは，図 2.4a に示すように岩盤の破壊面は最大水平応力成分 $\sigma_H$ に平行である．

## (b) ケース 2

　このケースは横ずれ断層型の応力型に対応する．式 (2.1) に $\sigma_H=\sigma_1$ および $\sigma_h=\sigma_3$ を代入して整理すると，破壊時の側圧比 (horizontal stress ratio) $K_h=\sigma_h/\sigma_v$ と

$K_H=\sigma_H/\sigma_v$ の関係を与える式が次のように求められる．

$$K_H = \frac{C_0}{\gamma z} + K_h \cdot \tan^2\left(\frac{\pi}{4}+\frac{\phi}{2}\right) \qquad 式（2.4）$$

岩盤の破壊面は図 2.4b のように鉛直応力成分に平行である．

(c) ケース 3

このケースは圧縮性造構場の特徴を示す逆断層運動に対応する．式 (2.1) に $\sigma_v=\sigma_3$ および $\sigma_H=\sigma_1$ を代入して整理すると，鉛直応力に対する最大水平応力の比 $K_{max}=\sigma_H/\sigma_v$ を与える式が次のように求められる．

$$K_{max} = \tan^2\left(\frac{\pi}{4}+\frac{\phi}{2}\right) + \frac{C_0}{\gamma z} \qquad 式（2.5）$$

岩盤の破壊面は図 2.4c のように最小水平応力成分に平行である．

ふたつの応力比 $K_{max}$ と $K_{min}$ は，岩盤が脆性的にふるまうと仮定した場合の鉛直応力に対する水平応力の極値を表す．それらは，土質分野における受働 (passive)，主働土圧 (active pressure) 係数に類似している (Lambe and Whitman, 1969)．一般に，$K_{min}<K<K_{max}$ の条件で決まる範囲はとても広い．一例として，$\phi=40°$，$S_0=5$ MPa，$\gamma=0.027$ MPa/m

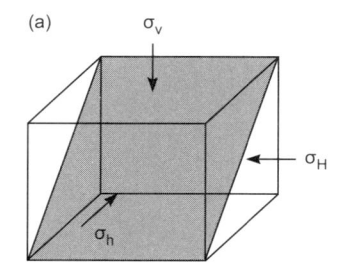

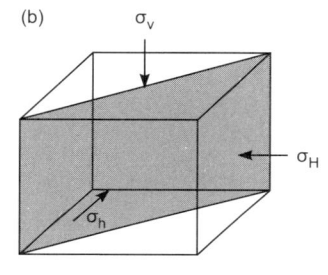

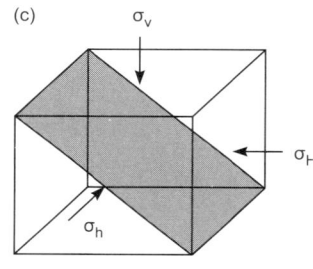

図 2.4 $\sigma_v$，$\sigma_H$，$\sigma_h$ による岩盤の破壊．(a) ケース 1：$\sigma_v>\sigma_H>\sigma_h$（正断層型），(b) ケース 2：$\sigma_H>\sigma_v>\sigma_h$（横ずれ断層型），(c) ケース 3：$\sigma_H>\sigma_h>\sigma_v$（逆断層型）

の岩盤を考える．このとき $C_0=21.44$ MPa である．式 (2.3) によれば $K_{min}$ は 794 m 以深では正である．10 m の深度では $-16.83<K<84.00$，2000 m の深度で $0.13<K<4.99$ となる．$K_{min}$，$K_{max}$ を与える式 (2.3)，式 (2.5) からわかるように，岩盤の粘着力が大きくなるにしたがってある深度における $K$ のとり得る範囲が大きくなることは注目に値する．

なお，Hoek and Brown (1980b) の破壊規準や 3 主応力で記述されるより複雑な破壊規準についても，上記と同様な解析を行うことができる．

## 2.4.2 弱面の影響

インタクトな岩盤と比べると破砕岩盤ではせん断強度（shear strength）が小さく，引張強度（tensile strength）が基本的にゼロである．一般に，弱面（plane of weakness）はすべったり開口したりするため弱面の存在は $K$ の取り得る範囲を小さくする．図 2.5a のように規則的な節理を有する岩盤の場合，その応力状態に及ぼす弱面の影響は以下のように説明される．岩盤が軸対称な応力 $\sigma_1$, $\sigma_3$ を受けて圧縮応力状態にあるとする．節理は $\sigma_1$ と角度 $\delta$ で交わる．節理のないインタクトな岩盤のせん断強度は式（2.1）の Mohr-Coulomb 規準によって記述される．一方，節理のせん

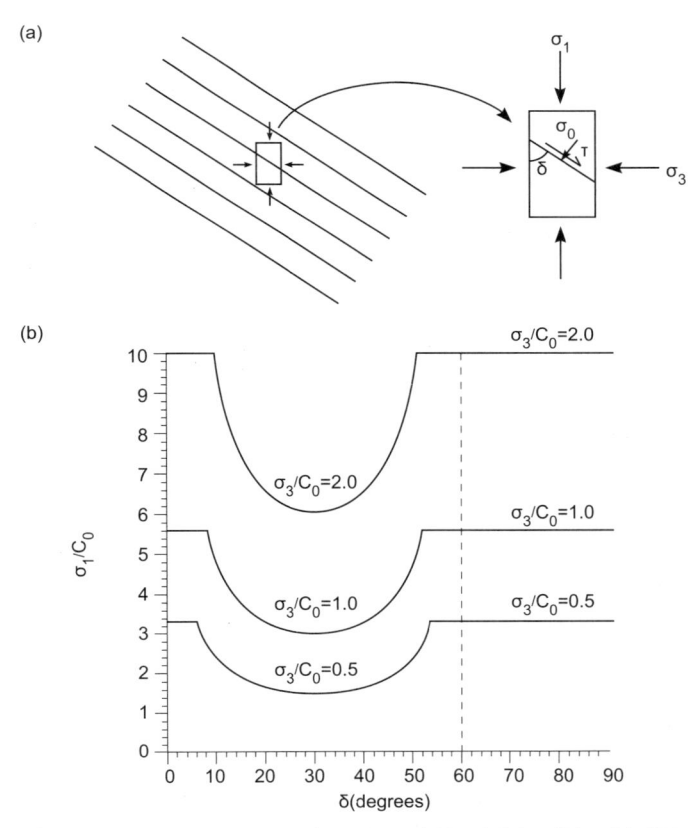

図 2.5 (a) $\sigma_1$, $\sigma_3$ の軸対称応力を受ける規則的な節理を有する岩盤．(b) 異なる $\sigma_3/C_0$ に対して，節理のある岩盤のせん断強度を表す $\sigma_1/C_0$ の $\delta$ による変化．水平の線は岩本来の強度を表す．

断強度は,粘着力ゼロ,内部摩擦角 $\phi_j$ の Coulomb 規準で定義される.そのせん断強度を主応力 ($\sigma_1$, $\sigma_3$) で表せば以下のようになる (Goodman, 1976).

$$\sigma_1 = \sigma_3 \cdot \frac{\tan(\delta + \phi_j)}{\tan \delta} \qquad 式 (2.6)$$

図 2.5b には $\phi = 40°$,$S_o = 5$ MPa,$\phi_j = 30°$ のときの式 (2.1),式 (2.6) による $\delta$ と $\sigma_1/C_o$ の関係がプロットされている.$\delta$ が $15 \sim 45°$ の間では,岩そのものの強度に達する前に節理に沿ったすべりが起こることがわかる.したがって $K$ のとり得る範囲は小さくなる.基本の応力状態 $\sigma_v = \gamma z$ および $\sigma_h$ を想定し式 (2.6) を用いれば,$K_{min}$,$K_{max}$ は深度 $z$ と無関係で以下のようになる.

$$K_{min} = \frac{\tan \delta}{\tan(\delta + \phi_j)}, \quad K_{max} = \frac{\tan(\delta + \phi_j)}{\tan \delta} \qquad 式 (2.7)$$

式 (2.6),式 (2.7) において $K$ の取り得る範囲が最小になるのは $\delta = \pi/4 - \phi_j/2$ のときであることがわかる.例えば,$\phi_j = 30°$ とすれば,$\delta = \pi/4 - \phi_j/2 = 30°$ のときに $0.33 < K < 3.00$ である.

節理が非軸対称な応力場にある場合についても,$K$ の最大,最小値を表す式を得ることができる.そのような場合には,Amadei and Savage (1989, 1993) が論じたように,岩盤が破壊する条件はより複雑で 3 主応力が影響する.また,Barton (1976) のような他の破壊規準について $K$ の極限値を得ることもできる (Pine and Batchelor, 1984).

岩盤の中に幾つかの節理群がある場合には,岩盤の強度は節理のすべりによってより強く支配されるので,$K$ のとり得る範囲がさらに小さくなる.Sugawara and Obara (1993) が報告した日本のトンネル掘削プロジェクトは,節理の配置が原位置応力の大きさと分布に大きく影響することを示す良い例である.特に,応力場と節理の分布を把握し,節理のすべりに対して Coulomb の規準を適用することにより,節理のすべりによって引き起こされる山はねを予測できたことを示している.

### 2.4.3 地球物理学的モデル

式 (2.1) は,脆性応答および岩盤挙動にひずみ速度 (strain rate) や温度が影響しないことを仮定した単純な破壊規準を用いて導かれた.多くの地球物理学研究者が,非常に高い封圧 (最高 1000 MPa) と高温 (最高 900 ℃) の条件でインタクトなコア試料を用いて行った室内実験に基づいて,地殻内部応力が取り得る極限値を論文のな

## 2.4 原位置応力の深度分布範囲

かで提案している（Brace and Kohlstedt, 1980; Goetze and Evans, 1979; Kirby, 1983; McGarr, 1980; McGarr, 1988; McGarr and Gay, 1978; Meissner and Strehlau, 1982; Smith and Bruhn, 1984）．

Rummel（1986）は，報告された岩盤強度に関する実験データのほとんどが次式の形で表されると結論した．

$$(\sigma_1 - \sigma_3)_c = A + B(\sigma'_3)^{1/2} \qquad 式（2.8）$$

ここに，$\sigma'_3$は有効封圧，$(\sigma_1-\sigma_3)_c$はピークの軸差強度，$A$と$B$は温度に依存する定数である．Rummel（1986）は，$\sigma_v$, $\sigma_H$, $\sigma_h$を$\sigma_1$, $\sigma_3$と置換することにより，$\sigma_H-\sigma_v$（逆断層）

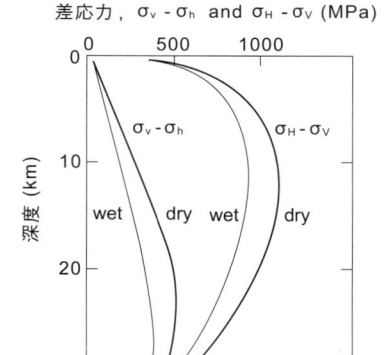

図2.6 乾燥，湿潤条件で通常の地熱勾配をもつインタクトな花崗岩地殻において正断層（$\sigma_v-\sigma_h$）と逆断層（$\sigma_H-\sigma_v$）が生成する差応力（Rummel, 1986）

と$\sigma_v-\sigma_h$（正断層）の限界を，乾燥ないし湿潤条件で通常の地熱勾配をもつ30kmの地殻における深度の関数として導いた（図2.6）．Rummel（1986）が言うように，式（2.8）はひずみ速度が$10^{-6}$/sのオーダーの場合にのみ当てはまる．ひずみ速度がそれよりも小さい場合には，岩のクリープにより時間とともに応力が緩和されると考え，最大せん断応力がクリープ速度の非線形な関数となる経験的なべき乗則を提案した．

地球物理学の分野では，通常，不連続面のすべりによる地殻応力の限界はByerlee（1978）の経験的な摩擦則を仮定して導かれている．Byerleeの実験結果によれば，垂直応力$\sigma_n$<200 MPaではすべり始める臨界のせん断応力$\tau$は$0.85\sigma_n$で，垂直応力が$200<\sigma_n<2000$ MPaでは$\tau=0.5+0.6\sigma_n$となることが示された．このByerlee則は400℃以下の温度で$10^{-7}$/s以下のひずみ速度に適用される．Byerlee則の適用例は，Brace and Kohlstedt（1980），Rummel（1986），Zoback and Healy（1992），Zoback et al.（1993），Brudy et al.（1995）に見出すことができる．

さらに，Savage, Swolfs and Amadei（1992）は，脆性地殻の岩盤における原位置応力の限界を予測するための二次元の塑性（plastic）モデルを提案した．このモデルにおいては，弱面のすべりが起こる強度と岩そのものの強度が，粘着力と摩擦力を伴うCoulombの規準で記述できると仮定された．ひずみ速度は塑性を仮定した応力と関係づけられた．その結果，岩の強度が応力を規制し，また地殻の塑性流動が起こると応力はひずみ速度に無関係になることが分かった．この塑性モデルによれば，岩は塑性変形しながらも粘着力を持っているため，地球の表面における水平応力はゼロで

ないことが予測された．

## 2.5 異方性の影響

鉛直対水平の応力比 $K_0=\nu/(1-\nu)$ は，線形弾性で均質等方の半無限連続体に適用できる式である．この節では，地形の影響がない場合について $K$ に及ぼす異方性（anisotropy）の影響を調べる．

多くの岩盤は異方性であり，その特性は方向によって異なる．そのような相違は，葉理，層理，片理，葉状構造，亀裂，節理などの岩の組織と明瞭な関連がある．異方性は，葉状構造の変成岩（片岩，粘板岩，片麻岩，千枚岩）や層状の堆積岩（頁岩，石灰岩，砂岩，石炭）および規則的な節理群を含む岩盤の一般的な特徴である．これらのすべての岩ははっきりした異方性を示し，ひとつまたは複数の明白な対称軸をもっている（Turner and Weiss, 1963）．異方性岩盤の対称性を記述するには，ほとんどの場合，直交異方性（orthtropy）または面内等方性（transverse isotropy）が用いられる．以下では，面内等方性岩盤の応力に限定して議論する．

面内等方性は，葉状構造，堆積面，単一の節理系を有する岩盤などのようにひとつの支配的な層構造を有する岩の対称性を記述する場合に用いられる．その場合，等方性の面に一致した座標系で岩盤の変形性を記述するには5つの弾性定数が用いられる．これらの定数は，$E$, $E'$, $\nu$, $\nu'$, $G'$で，以下のように定義される．

(1) $E$ と $E'$ は，等方性面内とそれに直交する方向のヤング率
(2) $\nu$ と $\nu'$ はポアソン比であり，等方性面に平行な方向ないしは直交する方向の応力に対する等方性面内のひずみの変化を特徴づける
(3) $G'$ は等方性面に直交する方向の剛性率（shear modulus）であり，等方性面内の剛性率 $G$ は $0.5E/(1+\nu)$ に等しい

一般に，岩盤は木や複合材料と比べるとあまり異方性が著しくない．面内等方性でインタクトな多くの岩では，$E/E'$ と $G/G'$ は1から3，ポアソン比 $\nu$ と $\nu'$ は0.15から0.35である（Amadei, Savage and Swolfs 1987; Gerrard, 1975）．規則的な節理性岩盤では異方性の比はより大きく，一般に節理面に作用する応力レベルに依存する．例として，間隔 $S$，垂直剛性 $k_n$ の節理を考える．Duncan and Goodman (1968) によれば $E/E'$ の比は次式で与えられる．

$$\frac{E}{E'}=1+\frac{E}{k_n S} \qquad \text{式 (2.9)}$$

## 2.5 異方性の影響

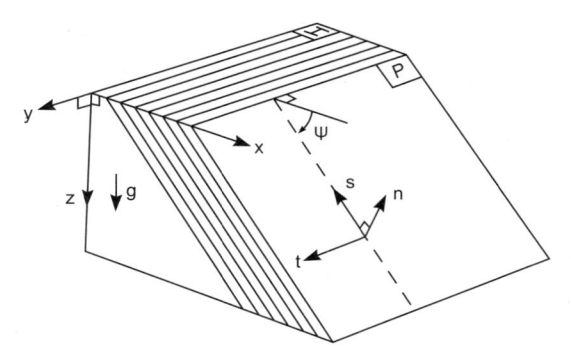

図2.7 層理が傾斜した異方性岩盤の応力．層理は面Pに平行
(Amadei and Pan, 1992)

Bandis, Lumsden and Barton (1983) による垂直剛性 $k_n$ を用いると以下のようになる．

$$\frac{E}{E'} = 1 + \frac{E}{k_{ni}S} \cdot \left(\frac{k_{ni}V_m}{\sigma_n + k_{ni}V_m}\right)^2 \qquad \text{式 (2.10)}$$

ここに，$k_{ni}$ は節理面の初期垂直剛性，$V_m$ は閉塞量の最大値である．垂直応力 $\sigma_n=0$ のとき $E/E'=1+E/(k_{ni}S)$ となり，その値は節理間隔や初期剛性が小さいほど大きくなる．封圧が深度と共に増加して節理面に作用する圧縮力が大きくなると $E/E'$ の比は1に近づき，節理による異方性が減少する．

Amadei, Savage and Swolfs (1987)，Amadei and Pan (1992) は，地表面が水平な均質岩盤において重力によって生じる応力に及ぼす異方性の影響を論じている．かれらは，面内等方性や直交異方性および一般的な異方性岩盤における係数 $K$ の式を提案した．例えば，面Pを等方性面とする岩盤が図2.7のように置かれている場合を考える．一般座標系 $x, y, z$ に対して傾斜したPの局所座標系を $n, s, t$ とする．$x$ 軸と $y$ 軸は水平で，$z$ 軸は鉛直下向きである．面Pの傾斜角を $\psi$，走向は $y$ 軸に平行とする．岩盤には重力だけが作用し，$x, y$ 方向の変位成分は $x, y$ に無関係で $z$ だけに依存するものとする．このような条件では横ひずみがなくなるので，直ひずみ $\varepsilon_x, \varepsilon_y$ とせん断ひずみ $\gamma_{xy}$ はゼロとなる．

図2.7の配置で横ひずみがゼロの条件では，$x, y, z$ 方向の応力が主応力となり $\sigma_z=\rho gz$，$\sigma_x=K_x\rho gz$，$\sigma_y=K_y\rho gz$ となる．一般に，ふたつの応力比 $K_x$ と $K_y$ は等しくなく，傾斜角 $\psi$，$E/E'$，$G/G'$，$\nu$，$\nu'$ に依存する．水平面内等方性の $\psi=0°$ の場合，$K_x$ と $K_y$ は以下の簡単な式で表される．

2 応力場の推定

$$K_x = K_y = \frac{\sigma_x}{\rho g z} = \frac{\sigma_y}{\rho g z}$$
$$= \nu' \frac{E}{E'} \cdot \frac{1}{1-\nu} \quad \text{式 (2.11)}$$

等方性の面が鉛直（$\phi=90°$）の場合には以下のようになる．

$$K_x = \frac{\sigma_x}{\rho g z} = \frac{\nu'(1+\nu)}{1-\nu'^2(E/E')}$$
$$K_y = \frac{\sigma_y}{\rho g z} = \frac{\nu + \nu'^2(E/E')}{1-\nu'^2(E/E')}$$
$$\text{式 (2.12)}$$

等方性岩盤の場合には，式 (2.11) と式 (2.12) は $K_x = K_y = K_0 = \nu/(1-\nu)$ となる．このように $\phi=0$ または $90°$ のときには，$\varepsilon_x$, $\varepsilon_y$, $\gamma_{xy}$ に加えて $\gamma_{xz}$, $\gamma_{yz}$ が消え横変位も発生しない．

図 2.8a-c には，$\nu=\nu'=0.25$, $\phi=30°$ で $E/E'$ と $G/G'$ が 1 から 3 に変化する場合の，面内等方性岩盤における $K_x=\sigma_x/\rho g z$, $K_y=\sigma_y/\rho g z$, $\sigma_x/\sigma_y$ の値を示す．図 2.8a, 2.8b の点 I で表される等方性の解，つまり $\sigma_x/\rho g z = \sigma_y/\rho g z = 0.333$ と比べると，$\sigma_x$, $\sigma_y$ は $E/E'$, $G/G'$ とともに増加している．$G/G'$ が一定でも応力が $E/E'$ につれて増加することは，等方性面と直交する方向に岩盤が変形しやすいことを示している．$E/E'$ が一定の場合，等方性面の傾斜方向に平行な応力 $\sigma_x$ は，$G/G'$ に大きく依存している．一方，等方性面の走向と平行な応力 $\sigma_y$ は $G/G'$ にあまり影響されない．$G/G'$ が増加する

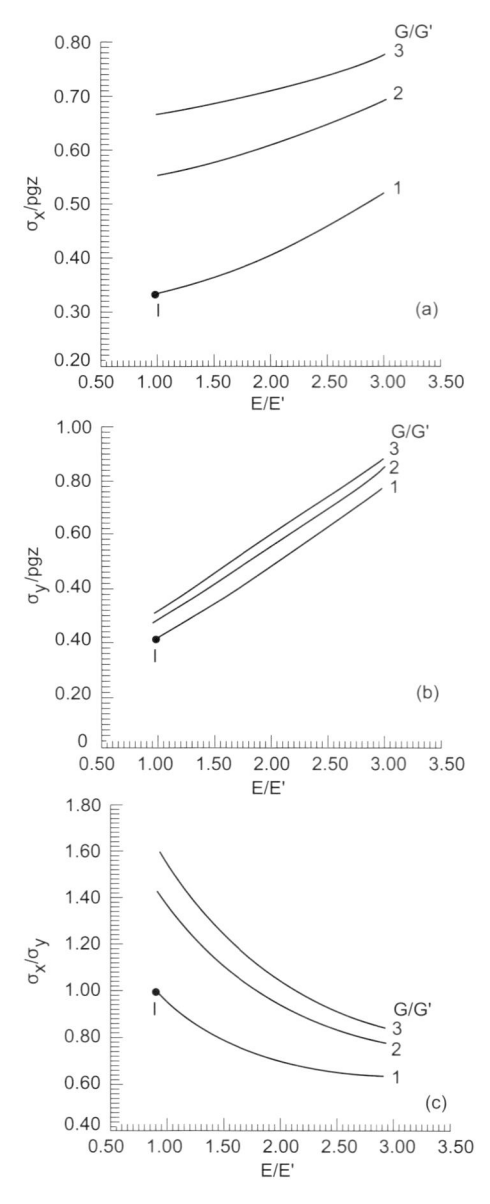

図 2.8　$\nu=\nu'=0.25, \phi=30°$ の時の $E/E'$, $G/G'$ と (a) $\sigma_x/\rho g z$, (b) $\sigma_y/\rho g z$, (c) $\sigma_x/\sigma_y$ の関係 (Amadei and Pan, 1992)

ことは岩盤が等方性面に直交する方向により変形しやすくなることを示す．$G/G'$ が一定の場合，応力比 $\sigma_x/\sigma_y$ は $E/E'$ が増加すると小さくなる．

　Amadei, Savage and Swolfs（1987），Amadei and Pan（1992）の異方性岩盤のモデルは，重力によって生ずる応力場は多軸状態にあって岩盤の構造と強く関係していることを示している．鉛直応力は常に主応力であり上載岩盤の重量に等しい．その大きさは異方性に無関係である．ふたつの水平主応力成分は一般に等しくなく，水平面内の大きさと方位は岩盤の異方性に依存する．なお，傾斜角 $\psi$ が 0° でも 90° でもない場合には，側方境界が剛（水平変位がゼロ）な岩盤中の重力によって生ずる応力の評価に Amadei, Savage and Swolfs（1987），Amadei and Pan（1992）の解を用いるべきではない．そのような場合に対しては，Dolezalova（1974）が有限要素法を用いた解析を行っており，その結果として主応力が鉛直と水平方向いずれに対しても傾くことが示されている．Dolezalova（1974），Amadei and Pan（1992）の解析は，重力によって生じる応力を算定するときには側方の境界条件が重要であることを示している．それについては 2.13 節でさらに詳しく論じる．

　等方性の解と比べると，面内等方性岩盤の重力による水平応力のとり得る値の範囲は非常に広い．等方弾性の岩盤では $\nu<0.5$ なので $K=\nu/(1-\nu)$ は常に 1 未満である．したがって，重力のみが作用する条件では，鉛直応力より大きい水平応力はあり得ない．一方，面内等方性の岩盤では，5 つの弾性定数 $E$, $E'$, $\nu$, $\nu'$, $G'$ は以下の熱力学的制約を満たさなければならない（Amadei, Savage and Swolfs, 1987; Pickering, 1970）．

$$E, E', G' > 0 \qquad \text{式 (2.13)}$$

$$-1 < \nu < 1 \qquad \text{式 (2.14)}$$

$$-\left(\frac{E'}{E} \cdot \frac{(1-\nu)}{2}\right)^{1/2} < \nu' < \left(\frac{E'}{E} \cdot \frac{(1-\nu)}{2}\right)^{1/2} \qquad \text{式 (2.15)}$$

　ポアソン比 $\nu$, $\nu'$ の正の範囲を考えると，式（2.13）〜式（2.15）の不等式は面内等方性岩盤に許される応力場の制約条件を与える．例えば，面内等方性岩盤について，式（2.11）で規定される側圧比 $\sigma_h/\rho g z = \sigma_x/\rho g z = \sigma_y/\rho g z$ と $\nu' E/E'$, $\nu$ の関係は図 2.9 のようになる．式（2.13）〜式（2.15）の不等式における $\nu$ と $\nu'$ の制約は等方性モデルの $\nu$ ほど厳しくないので，水平応力は等方性の解と比べて大きく変化する．不等式（2.15）の正の範囲と式（2.11）を組み合わせることで，$E/E'$ の値に応じた曲線で領域を分けることができる．図 2.9 は水平成層岩盤では鉛直応力より大きな水平応力があり得ることを示している．

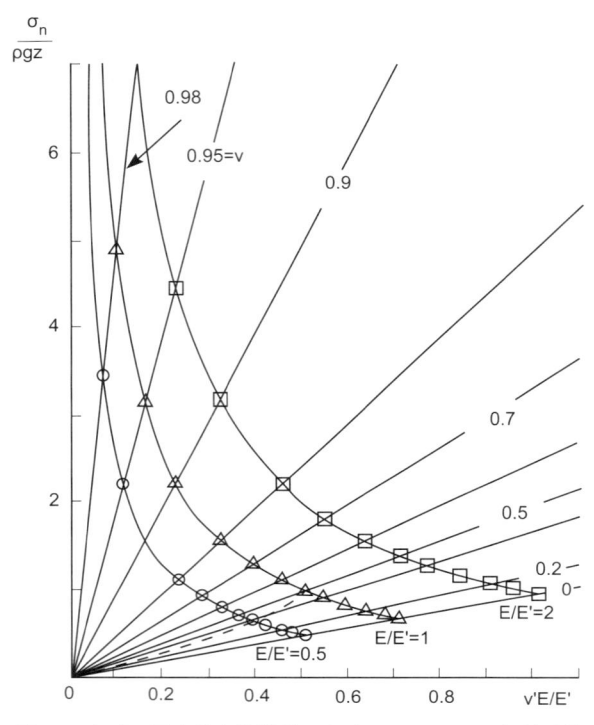

図 2.9 水平の面内等方性岩盤における $\nu'E/E'$, $\nu$ と側圧比 $\sigma_h/\rho gz = \sigma_x/\rho gz = \sigma_y/\rho gz$ の関係（破線は等方解）(Amadei, Savage and Swolf, 1987)

図 2.10a-d には，面内等方性岩盤の等方性面の傾斜角 $\psi$ が 30, 45, 60, 90° のとき，$E/E'$ と $\nu'$ に応じた $\sigma_x/\rho gz$ と $\sigma_y/\rho gz$ の変化の範囲を示す．この例では，$E/E'$ は 1～4，$\nu=0.25$，$G/G'=1$，$\nu'$ は 0.1～0.4 である．不等式 (2.15) の正の範囲は点線で示される．等方性面に平行に作用している応力成分 $\sigma_y$ は $\sigma_x$ より一般に大きいことがこれらの図からわかる．しかし，$\psi$ が大きくなると，$E/E'$ が 1～2 でポアソン比 $\nu'$ が 0.3 以上の場合には $\sigma_y$ より $\sigma_x$ が大きくなることがある．点 I の等方性解と比べると，鉛直応力 $\rho gz$ より大きい水平応力は熱力学的に許される．しかし，面内等方性の傾斜角 $\psi$ がより大きくなるとこのようなことは許されなくなる．$\nu$ が小さく $E/E'$ が大きいときには $x$ 方向に引張応力が発生する．Amadei and Pan (1992) によれば，図 2.10a-d のような傾向は $G/G'$ がより大きいときにも認められる．しかし，$E/E'$ が 1～4 の範囲では $G/G'$ が大きくなると $x$ 方向に引張応力が発生する可能性はなくな

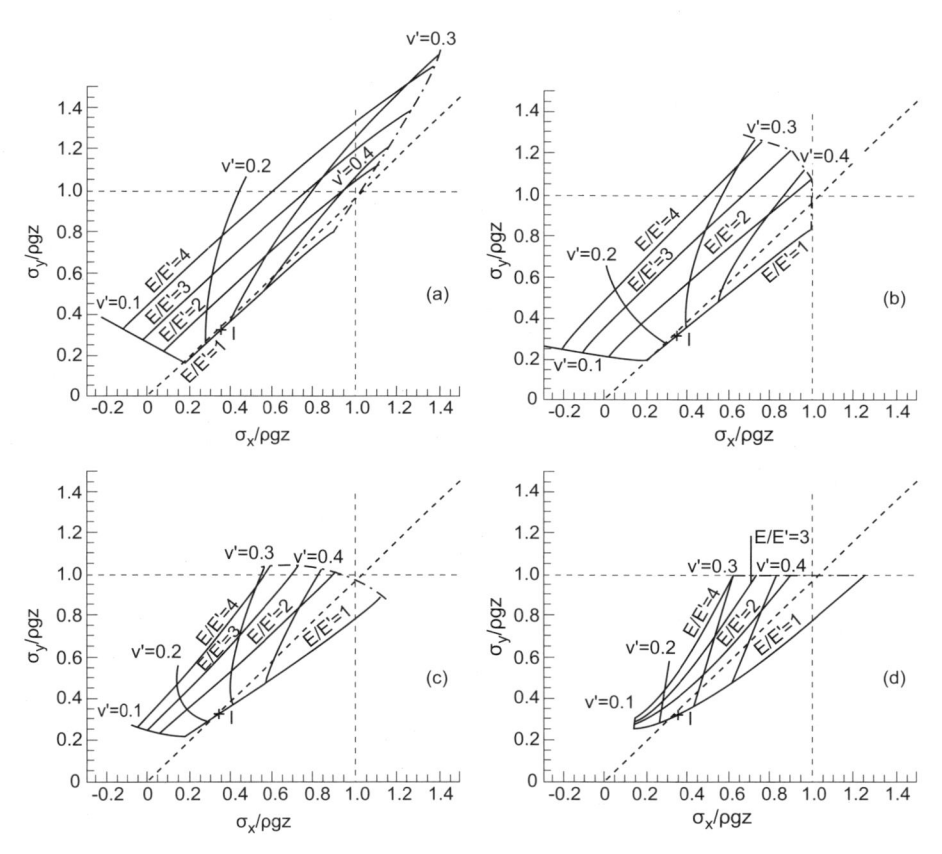

図 2.10 面内等方性岩盤の層の傾斜角 $\phi$ が (a) 30° (b) 45° (c) 60° (d) 90° のとき $E/E'$ と $\nu'$ に応じた $\sigma_x/\rho gz$, $\sigma_y/\rho gz$ の変化の範囲. $E/E'$ は 1〜4, $\nu=0.25$, $G/G'=1$, $\nu'$ は 0.1〜0.4. 不等式 (2.15) の正の範囲を一点鎖線で示す.（Amadei and Pan, 1992）

る．また，ポアソン比 $\nu$ が 0.15 から 0.35 に変化しても応力にはほとんど影響しないことが図 2.10a-d から伺える．

## 2.6 層状構造の影響

Amadei, Savage and Swolfs (1987), Amadei and Pan (1992) が提案している $K_x=\sigma_x/\rho gz$ と $K_y=\sigma_y/\rho gz$ の式は均質岩盤だけに適用される．一方，堆積岩や火山岩で通常見られる層状構造は不均質の原因となる．つまり岩相（lithology）の違いや各

## 2 応力場の推定

層の剛性が相対的に異なることにより，原位置応力が層毎に大きく変化する可能性がある．一般に，特性が異なる層の界面を境にして水平応力が突然変化することがある．

水平応力の深度分布に及ぼす岩相の影響については，堆積岩*と火山岩（Haimson and Rummel, 1982; Warpinski and Teufel, 1991）における多くの測定結果として報告されている．例えば，Warpinski, Branagan and Wilmer（1985）は，コロラド州西部の Mesaverde 堆積層の DOE Multiwell Experiment サイトで実施した水圧破砕から，図 2.11a のような最小水平応力の深度分布を得ている．それによれば，砂岩やシルト岩に比べて頁岩の応力はより大きい．同様の結論として，水圧破砕と定方位コアの非弾性ひずみ回復法で測定した深度約 2 km の砂岩と頁岩の原位置応力に明らかな差があることを Teufel（1986）が報告している．砂岩では，上載荷重に対する最小，最大水平応力の比の平均がそれぞれ 0.82 と 0.96 になった．一方，砂岩に挟まれた頁岩では静岩圧的な応力状態であった（Warpinski, 1989; Warpinski and Teufel, 1987 参照）．また，別の興味深い観察として，Teufel（1986）は砂岩層の主要な節理が最大水平応力の方向に配向していることを報告している．別の例として Haimson and Rurnrnel（1982）がアイスランドの溶岩流で行った水圧破砕による応力測定結果を図 2.11b に示す．ふたつの水平主応力が共に隣り合う溶岩流で変化している．

ネヴァダ実験場の Rainier Mesa の溶結凝灰岩で行われた水圧破砕応力測定によれば，材料物性の変化，層理，断層によって応力に大きな相違があることが報告されている（Warpinski and Teufel, 1991）．岩の物性が大きく異なる場合には，そのような応力の相違は 1 m 未満のスケールでも起こることが認められている．水圧破砕法のシャットイン圧力から決定される最小水平応力は，ヤング率が大きくポアソン比が小さい層では小さく，ヤング率が小さくポアソン比が大きい層では大きくなることが知られている．

Swolfs（1984）は，堆積盆地において水圧破砕法で測定された最小水平応力の鉛直応力に対する比の深度分布に関するデータを編集し，600 m 以深では岩相の影響が大きく，浅い深度ではその他の表面的な現象が応力分布を支配していると結論付けた．Plumb（1994）は，世界中にあるさまざまな形態の堆積盆における約 1,000 個の最小主応力測定結果を調べて，鉛直応力と最小水平応力の比が 1 km より浅い深度で大き

---

\* 文献は，Burlet and Ouvry (1989), Enever, Walton and Wold (1990), Evans (1989), Evans, Engelder and Plumb (1989), Hansen and Purcell (1986), Jeffery and North (1993), Lo (1978), Plumb (1994), Plumb, Evans and Engelder (1991), Swolfs (1984), Szymanski and Harper (1979), Teufel (1986), Warpinski (1989), Warpinski, Branagan and Wilmer (1985), Warpinski and Teufel (1987), Whitehead, Hunt and Holditch (1987) など多数．

2.6 層状構造の影響

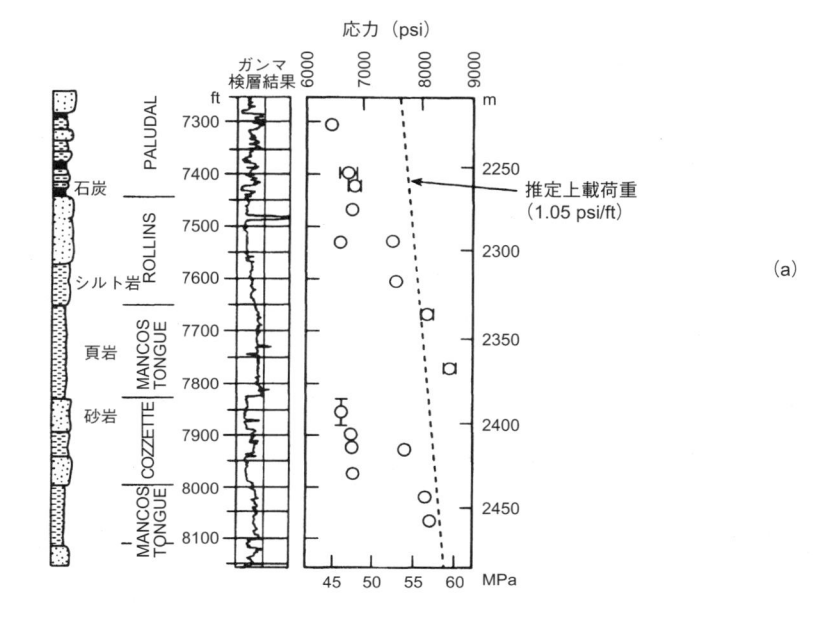

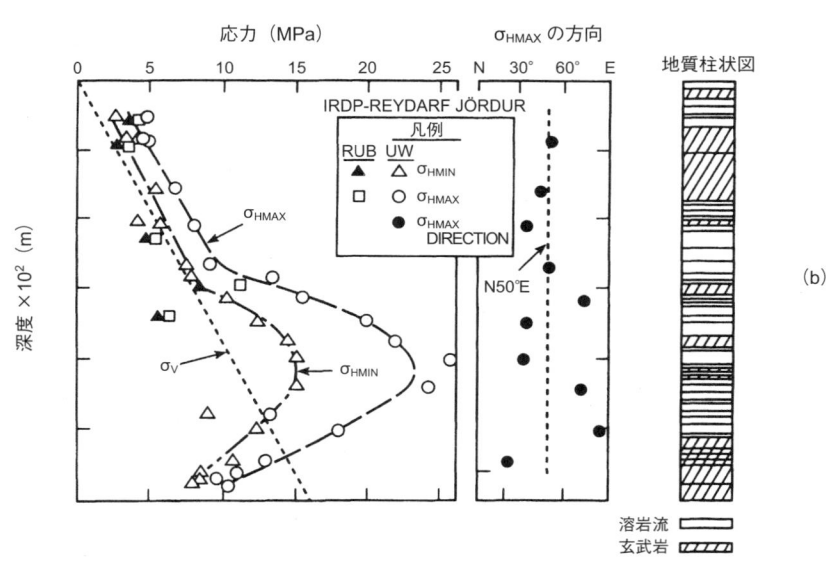

図2.11 原位置の応力分布に及ぼす岩層の影響例.（a）下部 Mesaverde 層の水圧破砕法で測定された最小水平応力の深度分布（Warpinski, Branagan and Wilmer, 1985），（b）アイスランドの溶岩流における原位置応力（Haimson and Rummel, 1982）

くなっていることを見出した．また，堆積盆の形態によって岩相の影響が異なることも明らかになった．つまり緩和状態にある堆積盆では，砂岩のようなより剛な岩石よりも頁岩のような柔らかい岩石の応力比が 4〜15 ％ 大きいことが分かった．一方，圧縮状態にある堆積盆では逆に剛な岩石の応力比の方が大きくなり，炭酸塩岩は砂岩より 40 ％，砂岩は頁岩より 20 ％ 大きな値を示すことが分かった．Plumb（1994）はまた，岩相は重要であるが応力に及ぼす影響は間隙圧（pore pressure）の変化より小さいと結論した．最後に，オーストラリアのニューサウスウェールズの北炭鉱で Enever, Walton and Wold（1990）が実施したオーバーコアリングと水圧破砕による応力測定結果を解析して，より剛な堆積層の応力はより大きいことを明らかにした．

　図 2.11a，b などの上述した例は，岩相が応力の分布に影響を及ぼす場合には，異なる岩層の境界で応力に（しばしば大きな）差が生じることを明らかに示している．したがって，そのような地質条件では表 2.1〜2.3 のような個々の応力成分の深度分布を線形に回帰することは意味がない．層状岩盤での応力の測定結果は，剛な岩の応力は平均的に大きい（Voight, 1966a）ことはもっともであるが，柔らかい岩の方で応力が大きくなることも時々あることを示している．ただし，そのような現象にはさまざまな要素が関与しているかもしれないことに注意を払うべきである．例えば，Franklin and Hungr（1978）は，軟岩は採取が困難ですぐ劣化し，実験室で試験されたときには実際よりも軟質になるためにそのような傾向が生ずると説明している．その他の解釈として，原位置の岩盤には割れ目や弱面があるので岩盤のヤング率は実験室で測定されるほど原位置では大きくないということがある．また，軟岩が弾性的に振る舞う範囲は硬岩より限られており，原位置で測定している間に，非線形，時間依存，間隙圧に関連した現象が起きて岩盤の状態が変化してしまうかもしれない．そのような現象は現場試験の解析では通常考慮されない．

　原位置応力における岩相の役割を説明するために，Amadei, Savage and Swolfs（1988）は横変位を拘束した条件における水平層の応力を導く線形弾性解を提案した．そのモデルにおける各々の層は等方または $E_i$，$E'_i$，$G_i$，$G'_i$，$\nu_i$，$\nu'_i$ の水平成層（面内等方性）とする．図 2.12 のような配置において，深度 $z$ の応力の状態は層間の連続条件から次式で与えられる．

$$\sigma_{hi} = \nu' \frac{E_i}{E'_i} \cdot \frac{1}{1-\nu} \cdot \sigma_{zi}$$
$$\sigma_{zi} = \rho_i g z + \sum_{j=1}^{i} (\rho_j - \rho_i) g h_j$$

式（2.16）

## 2.6 層状構造の影響

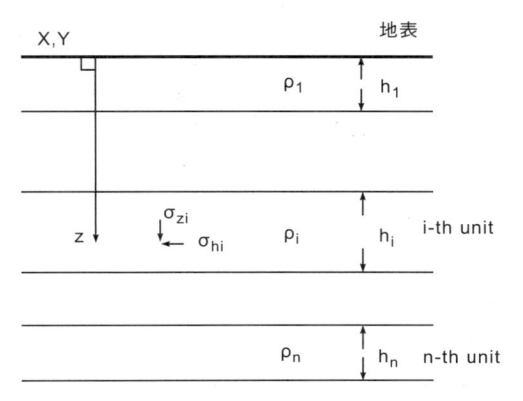

```
         X,Y                              地表
          ┌─────────────────────────────────
          │           ρ₁        ↕h₁
          ├─────────────────────────────────
          │
          │
          │    σ_zi
          │     ↓
        z ↓    ─σ_hi   ρ_i       ↕h_i   i-th unit
          │
          │
          ├─────────────────────────────────
          │
          │           ρ_n       ↕h_n   n-th unit
          └─────────────────────────────────
```

図 2.12　異なる層から成る水平成層岩盤
(Amadei, Savage and Swolfs, 1988)

均質な水平成層岩盤の各々の層における応力場の性質と大きさは層の変形性の異方性に依存する．ある層と次の層の変形性に差異があるとき水平応力の大きさが層境界で急変する．そして $\sigma_{hi}/\sigma_{zi}$ の比は1より大きくも小さくも，あるいは1に等しくもなり得る．層が等方性であればその比は0と1の間を変化するだけである．地層が成層で $m$ 層からなっている場合，$\sigma_{hi}/\sigma_{zi}$ の比は次式で表される．

$$\frac{\sigma_{hi}}{\sigma_{zi}} = \sum_{j=1}^{m} \phi_j \nu'_j \frac{E_j}{E'_j} \cdot \frac{1}{1-\nu_j} \qquad 式（2.17）$$

ここに，$\phi_j = h_j/L$ で $h_j$ は各層の厚さである．式（2.17）の多層体は，Salamon（1968）のモデルを用いれば等価な異方連続体に置き替えることができる．

図 2.12 のすべての層が等方性ならば，式（2.16）により，各々の層の水平応力はポアソン比だけに依存しヤング率には無関係になる．Amadei, Savage and Swolfs (1988) のモデルだけでは観察されたような岩相による水平応力のばらつきを十分に説明することはできない．

式（2.11）と式（2.12）は，一様な異方性の面内等方性岩盤について導かれた式である．実験室や現場の試験によれば岩の異方性は拘束の影響を受ける．このため，深度が深くなるにつれて拘束の効果が大きくなり，岩盤の異方性の程度は低下するはずである．インタクトな異方性岩では，拘束により適当な向きのマイクロクラックが閉じるので，深度が深くなるにつれて材料は等方的になる．規則的な節理を有する岩盤では，岩盤の異方性の原因となる節理の剛性はその表面に作用する垂直応力に伴って

2 応力場の推定

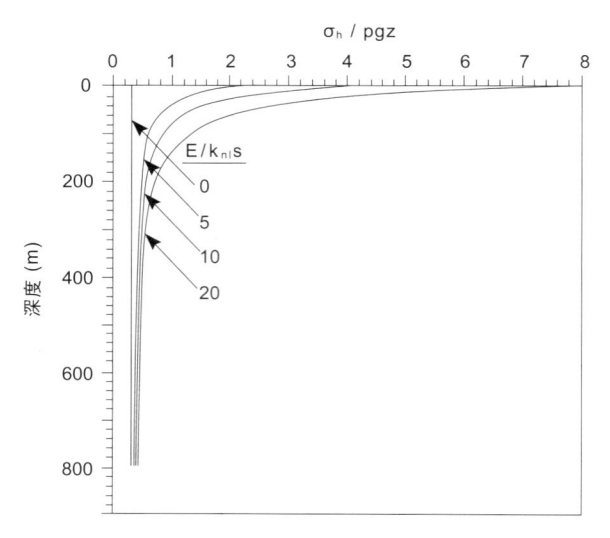

図2.13　$V_m k_{ni}=1.71$ MPa，$\nu=\nu'=0.25$，$E/k_{ni}S=0\sim20$ のときの深度 $z$ と $\sigma_h/\rho g z$ の関係．等方の場合は $E/k_{ni}S=0$ に相当．間隔 $S$ の水平節理を有する節理性岩盤

増加する．式 (2.9) と式 (2.10) に示すように $E/E'$ の比は垂直応力が増加するにしたがって 1 に近づく．したがって，応力状態によって弾性物性が変化するため，岩盤の異方性が減少して応力状態も変化する．このような密接な相互関係に関して，水平および垂直方向に規則的な節理を有する岩盤の応力分布が検討された（Amadei and Savage, 1985）．Duncan and Goodman (1968) の等価概念と，応力を受ける節理面の垂直剛性の変化に関する Bandis, Lumsden and Barton (1983) の式を用いれば，Brown and Hoek (1978) らと同様の応力分布を表すことができる．例えば，間隔 $S$ の水平節理を有する節理性岩盤について，式 (2.10)，式 (2.11) で $\sigma_n=\rho g z$ とすれば，鉛直応力に対する水平応力の比を以下のように表すことができる．

$$\frac{\sigma_h}{\rho g z} = \frac{\nu'}{1-\nu}\left[1+\frac{E}{k_{ni}S}\cdot\left(\frac{k_{ni}V_m}{\rho g z+k_{ni}V_m}\right)^2\right] \qquad 式 (2.18)$$

$z$ が無限大になると式 (2.18) の応力比は $\nu'=\nu$ としたときの等方性のケースに近づく．例として，$V_m k_{ni}=1.71$ MPa，$\nu=\nu'=0.25$，$E/k_{ni}S$ が 0 から 20 に変化したときの深度 $z$ と $\sigma_h/\rho g z$ の関係を図 2.13 に示す．等方の場合は $E/k_{ni}S=0$ に一致する．$E/k_{ni}S$ が増加するにつれ，言い換えると $E$ が増加するか $k_{ni}$ または $S$ が低下するにつれ，節理

は地表面近くで応力場に影響を及ぼす．図 2.13 に類似した応力分布は，ヤング率 $E$ と $E'$ を式（2.11）のような深度の関数にすることで得ることができる．土のヤング率と深度の線形関係は Gibson（1974）が提案しているが，岩盤にも同様に適用することができる．

## 2.7 地質構造と不均質の影響

　大陸地殻においては岩盤が一様であることはほとんどない．地質が変化し地質構造や不均質性（heterogeneity）が存在することは，原位置岩盤の応力の分布と大きさに影響を及ぼし，現場での応力測定結果のばらつきの一因となる（Fairhurst, 1986）．例えば，前節で論じたように，層状岩盤における原位置の水平応力は岩盤の剛性が変化すればひとつの層と次の層では大きく異なることがある．また，主要な不連続面を境にして原位置応力場が局所的に変化することもある（Hudson and Cooling, 1988; Pollard and Segall, 1987）．Hudson and Cooling（1988）は，母岩に対する不連続面の相対剛性が異なるいくつかのケースを示している．
　（1）不連続面が開いている場合には最大主応力が不連続面と平行になる
　（2）不連続部が母岩と同じ物性の材料の場合には主応力は影響されない
　（3）不連続部の材料が剛である場合には最大主応力は不連続面に垂直になる
一般に，地質構造と不均質性は広域応力（regional stress）場を乱し，広域応力場とは異なる局所応力（local stress）場を形成する．
　不連続面，岩脈，断層，せん断帯，不整合，不均質，鉱脈，褶曲などの近くやそれらを横断する際には，応力場が急変したり不連続になるなどの多くのケースが報告されている．Judd（1964）は，地下空洞壁面で測定された応力が断層によって非対称になっている例として，ポルトガルの Picote 発電所やオーストラリアの Snowy Mountain Authority T1 発電所の例を挙げている．Fennoscandia では，断層やせん断帯を境に測定された応力が何十 MPa のオーダーで急変していることが Stephansson, Särkkä and Myrvang（1986），Stephansson（1993）によって報告された．米国南東部の岩塩ドームで行われた応力測定結果では，原位置応力が概して静水圧状態であり，まざりもののある岩塩や地質構造その他の不均質な層では局所的な偏差応力（deviatoric stress）が認められた（Eriksson and Michalski, 1986）．ボアホールブレイクアウトは広域的な応力傾向とは異なる局所応力を反映するため，小さな断層から大きな断層などの地質構造がそのような応力の偏向をもたらすことを Aleksandrowski, Inderhaug and Knapstad（1992）が報告している．Enever, Walton and Wold（1990）は，オースト

ラリアにおけるオーバーコアリングと水圧破砕法の応力測定結果から，広域から局所にわたるさまざまなスケールの地質構造が原位置応力にどのように影響するかについて紹介している．その他，不連続面による応力異常の事例については，Herget（1973，1980），Tinchon（1987），Evans（1989），Haimson（1990a），Teufel and Farrell（1990），Teufel, Rhett and Farrell（1991），Obara et al.（1995）も報告している．

　原位置の応力と岩の組織が一致することは珍しくない．Sugawara and Obara（1993）は，原位置応力に及ぼす断層の影響の例として，日本の跡津川断層から1.25 kmの箇所で行われたオーバーコアリングの測定結果を示している（図2.14a）．そこでは，測定された最大主応力と中間主応力は断層面と平行で，最小主応力はそれらの応力成分に比べて非常に小さく方向は断層面に垂直であった（図2.14b）．カナダのマニトバ州Pinawaの地下研究施設（URL）の花崗岩において実施された各種の応力測定結果によれば，インタクトな岩のマイクロクラックから大規模な衝上断層に及ぶ規模の地質構造が原位置の応力場に強く影響していることが明らかになった（Martin and Simmons, 1993）．Martin and Chandler（1993）は，URLの209実験室近くにある破砕部の近くでは応力の方向が再配列している例を紹介している（図9.9）．そこでは最小主応力はほぼ水平で破砕面に対して垂直であるが，わずかに30 mの離れると鉛直になっている．また，主要断層で画された領域では応力がほぼ一様であることが示されている（9.1節）．スウェーデンのForsmark発電所の応力状態に関しては，岩の組織と主応力が一致していることがCarlsson and Olsson（1982）によって報告された．そこでは，節理の方位，節理の開口，面構造の方位とオーバーコアリングによる主応力の方向に明瞭な関係のあることが見出された．Mills, Pender and Depledge（1986）がニュージーランドの炭鉱で実施したオーバーコアリングにおいては，測定された水平応力が近くの断層や炭層の主要な層理（cleat system）と同じ方向であることが明らかにされた．さらに，断層や節理群と原位置応力の方向が一致している例は，Preston（1968），Lee, Nichols and Abel（1969），Eisbacher and Bielenstein（1971），Hast（1972），Lee, Abel and Nichols（1976），Kim and Smith（1980），Gay and Van Der Heever（1982），Leijon（1986），Enever, Walton and Windsor（1990），Wong（1993）によっても報告されている．非常に大規模なケースとして，Engelder et al.（1978），Sbar et al.（1979），Mount and Suppe（1987），Zoback et al.（1987）がサンアンドレアス断層周辺の応力の方向に関する明らかな事例を報告している（図2.15）．同様の現象はカナダの断層近くでも確認されている（Adams and Bell, 1991）．プレート縁辺部の応力の乱れはそれらの境界を分けている断層に沿うすべりによると考えられている（Zoback, 1989; Zoback, 1991）．非常に大きな規模のヨーロッパの造構応力

2.7 地質構造と不均質の影響

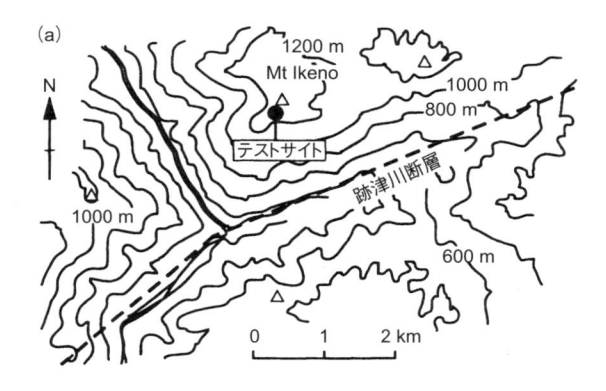

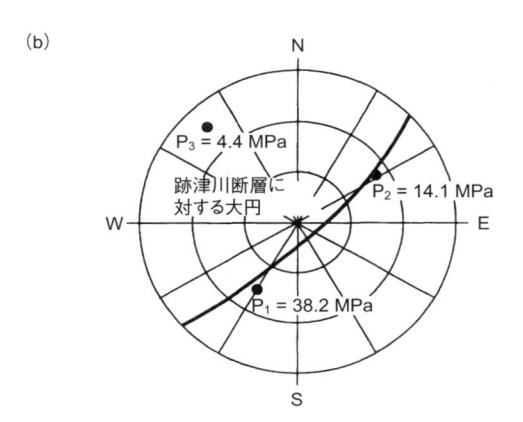

図 2.14 (a) 日本の跡津川断層近くでのオーバーコアリング測定箇所，(b) 下半球ステレオ投影による原位置の主応力と断層面の関係（Sugawara and Obara, 1993）

の分布は，西アルプス山脈のような地質構造に影響を受けていることが報告されているが，一方で，大規模な地質構造のすべてが応力分布に影響を及ぼすわけではないことも明らかになっている（Müller et al., 1992）．例えば，ライン川地溝帯の近くの最大水平応力の分布は連続的である．

図 2.16 は，6000 m × 4000 m の範囲の応力分布が 3 つの明瞭なブロックに分けられる例を示している．Stephansson, Ljunggren and Jing（1991）は二次元個別要素法を用いて解析した結果，領域の境界には一様な応力が作用してもそれぞれの岩盤ブロッ

2 応力場の推定

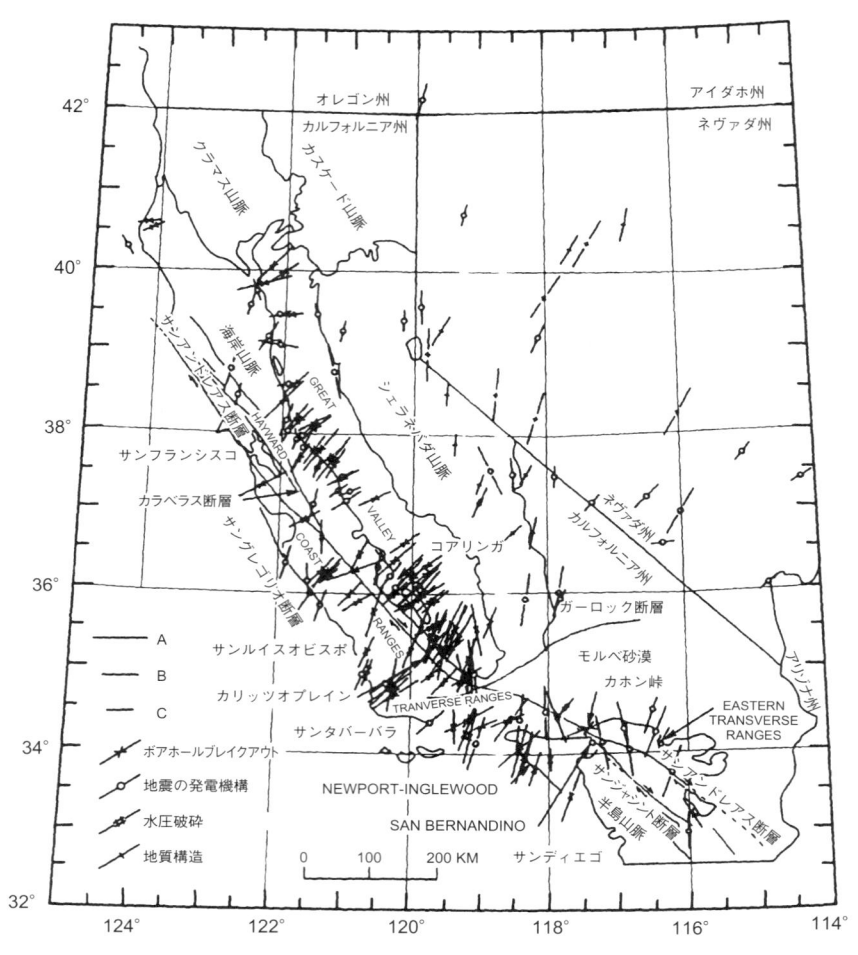

図 2.15 カリフォルニアの地質概要図．各点は地殻における最大水平圧縮応力の方向を示す（Zoback et al., 1987）

クには非一様な応力が生じ，ブロック境界のすべりによって応力分布が不連続になることを示している．同様の結論は，コロラド州 Idaho Springs にあるコロラド鉱山大学の実験鉱山において実施されたブロック試験の数値解析（Brown, Leijon and Hustrulid, 1986）や，カナダ URL における花崗岩の数値解析（Martin and Chandler, 1993）でも報告されている．また，Cundall and Strack（1979）は，個別要素法を用いて粒状集合体中の荷重分布が一様でないことを示している．これらの例から，岩盤

2.7 地質構造と不均質の影響

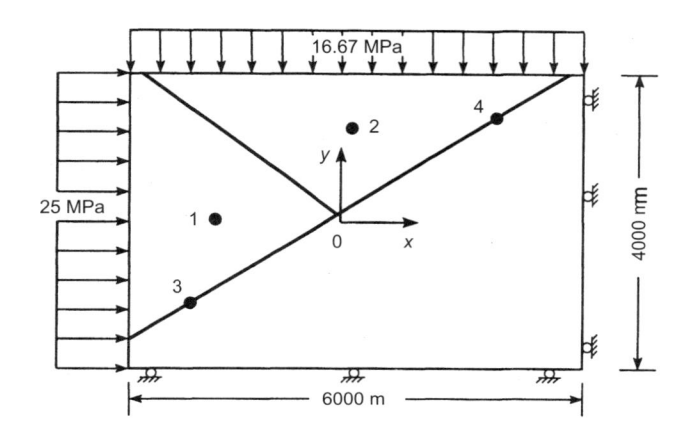

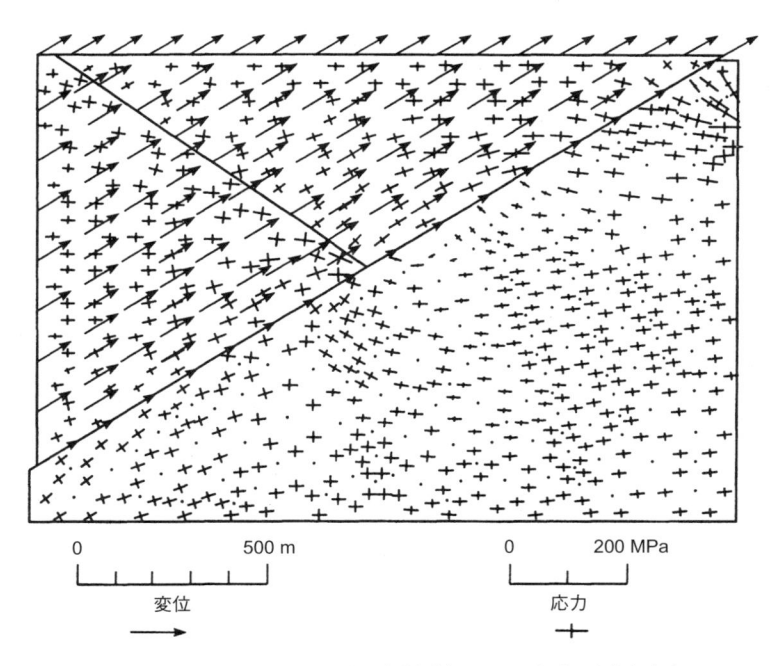

図 2.16 3つのブロックからなる個別要素モデルにおける変位と応力
(Stephansson, Ljunggren and Jing, 1991)

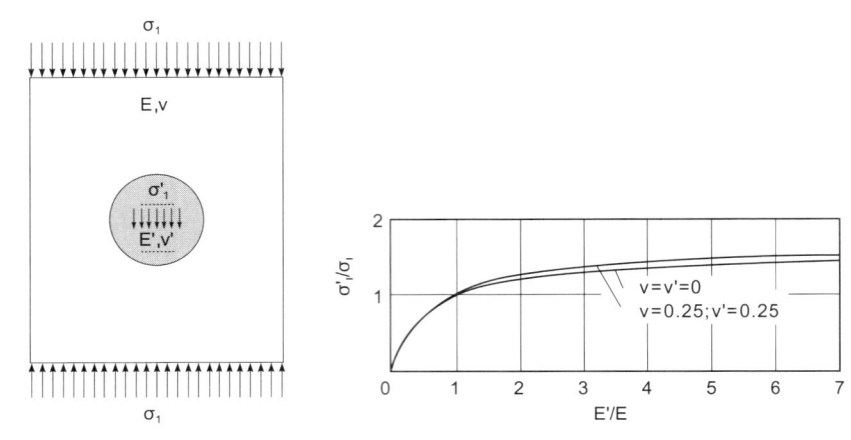

図2.17 一軸圧縮応力を受ける無限の等方性の板（$E$, $\nu$）に密着した円形含有物（$E'$, $\nu'$）の応力集中（Leeman, 1964）

の応力は荷重の境界条件と岩盤の構造に依存し，たとえ境界条件が明確に定義されていても局所応力場は非常に複雑になり得ることがわかる．

　岩盤応力は，不連続面だけでなく地層，岩脈，鉱脈のような局所的な不均質によっても変化する．Arjang（1989）はカナダ楯状地の鉱山において鉛直鉱脈の近くで原位置の最大・最小水平応力の方位を測定した．その結果，最大水平応力は鉱脈の走向に直交し，最小応力は走向に平行であることが多かった．このような鉱脈による主応力の整列はオーストラリア各地の鉱山でも報告されている（Enever, Walton and Wold, 1990）．

　不均質性による原位置の応力場の乱れを無限媒体中の固体含有物との類似性を用いて説明する．連続体の中に密に接着された固体含有物の応力は周囲の母材料と異なることを弾性論を用いて導くことができる（Coutinho, 1949; Donnell, 1941; Sezawa and Nishimura, 1931）．等方，異方にかかわらず媒体が無限であれば，含有物中の応力とひずみは一様になる（Amadei, 1983; Babcock, 1974a; Eshelby, 1957; Niwa and Hirashima, 1971）．一方，媒体が有限であれば含有物の応力は場所によって異なる．

　例えば，図2.17は一軸圧縮応力を受ける無限等方性の板の中に密着して置かれた円形含有物の応力集中を示している（Leeman, 1964）．含有物のヤング率が母材の4～5倍のとき，含有物の鉛直応力は母材の1.5倍になることがこの図から伺える．一軸または二軸応力下における楕円形，卵形，矩形の単一含有物の応力集中に関する詳細解析と鉱山問題への適用がOudenhoven, Babcock and Blake（1972），Babcock

(1974b) に示されている．含有物はある範囲にわたって母材に影響を及ぼす．例えば，母材の 4 倍のヤング率の含有物はその円孔の端からおよそその直径分の範囲に影響を及ぼす（Stephen and Pirtz, 1963）．

Gay（1979）は南アフリカの石英粗粒玄武岩の岩脈において応力測定を行い，母岩より岩脈の応力が非常に大きくなっている例を報告している．Gay（1979）はその理由として

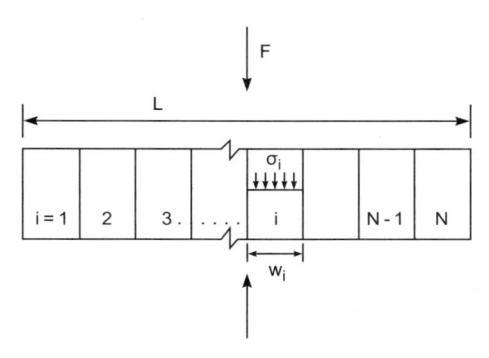

図 2.18 異なるヤング率 $E_i$（$i=1, N$）の $N$ 個の並列要素から成るモデル岩盤の応力

残留造構応力と熱応力を挙げているが，ヤング率が 91 GPa の岩脈（含有物）と 75～86 GPa の母岩の剛性の差も測定された応力集中の原因の一部と考えられる．Germain and Bawden（1989）も，ケベック州の地下鉱山の硫化物鉱脈近くの応力分布を説明するために含有物による同様の解釈をしている．そこでは安山岩／流紋岩に比べて鉱脈は相対的に柔らかいため，母岩には応力が集中し鉱脈の回りでは応力の方向が回転していると考えられた．一般に，不均質性は応力集中を引き起こし，掘削時の山はねや局所的な不安定問題の原因となりうる．

岩盤応力に及ぼす不均質性の影響は図 2.18 の単純なモデルでも説明できる．ここに，並列に連結したヤング率 $E_i$（$i=1, N$）の $N$ 個の要素からなる媒体が垂直力 $F$ を受けているとする．この力は面積 $A=\sum A_i=L\times 1$ に作用している．$A_i=w_i\times 1$ は各々の要素 $i$ の面積である．面積 $A$（または長さ $L$）にわたって変位が一様とすれば，各々の要素の応力 $\sigma_i$ は次式のようになる．

$$\sigma_i = \frac{E_i L}{\sum_{k=1}^{N} w_k E_k} \cdot \sigma_{av} \qquad 式（2.19）$$

ここに，$\sigma_{av}$ は平均応力で $F/A$ に等しい．式（2.19）は個々の要素の局所応力が平均応力と異なること，それが要素のヤング率に支配されることを示している．剛な要素には大きな応力が，柔らかい要素には小さな応力が発生する．例えば，図 2.18 のすべての要素が $\sigma_{av}=\gamma z$ の深度 $z$ に水平に並んでいるところを掘削するとき，鉛直応力の大きさは局所的な岩盤の剛性に伴って変化することが予想される．

図 2.19 のような褶曲があるときには，ある深度の鉛直応力は必ずしもその深度に

2 応力場の推定

対応するわけではない（Goodman, 1989）．頁岩のような柔らかい地層に挟まれたより剛な砂岩や石灰岩の褶曲した堆積岩の中に，図 2.19 の AA' と BB' の異なる深度 $z$ にふたつのトンネルがある場合を考える．AA' においては，左右のふたつの背斜が遮蔽となって中央の向斜の方へ応力をそらす結果，局所的な鉛直応力は背斜部ではほとんどなくなり向斜部では平均値（$\sigma_v = \gamma z$）より増加する．BB' においても背斜の影響は残るが，向斜の谷部の鉛直応力は

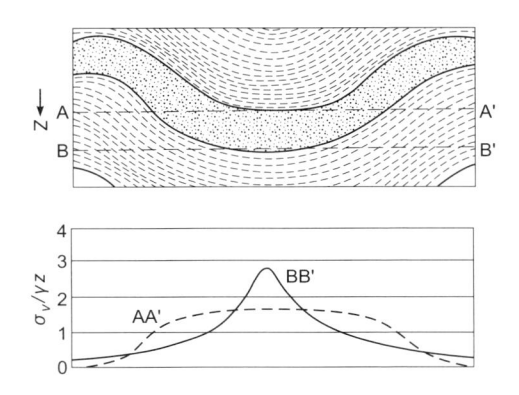

図 2.19 柔らかい層中に硬い層を挟む褶曲した堆積岩中の異なる深度 AA'，BB' トンネル沿いの鉛直応力の変化（Goodman, 1989）

より剛な層の重量が付け加わるため AA' より大きくなる．このように褶曲した岩盤においては，たとえ地表面が水平であってもある深度の応力は必ずしも一様ではないことを図 2.19 は示している（Voight, 1966a）．

## 2.8　地形の影響

### 2.8.1　地形の影響のモデル化

　地表面が水平でないときには，地下の主応力が鉛直と水平であるという単純な仮定が成り立たない．例えば，図 2.20 に示すような一連の丘と谷からなる複雑な地形を有する半無限の等方均質の岩盤で表面荷重がゼロの場合を考える．岩盤には重力だけが作用し側方変位はゼロとする．地表面の主応力は境界条件が無拘束であれば地表面に平行および垂直である．深くなるにつれて主応力は地表面が水平の時と同じ方向に近づいてゆく．

　山岳地域・谷斜面の近傍・鉱山の大規模な開削ピット近傍で掘削するときには，応力分布に関する地形の影響についての知識は特に重要である．斜面や谷に近い地下空洞の壁面は応力集中によって不安定な状態になり，山はね，スポーリング破壊，絞り出し（squeezing）などの過負荷現象（overstressed phenomena）が発生する恐れがある（Chaplow and Eldred, 1984; Haimson, 1984; Judd, 1964）．そのような現象の例は，Brekke and Selmer-Olsen（1966），Broch and Sorheim（1984），Martna and Hansen

2.8 地形の影響

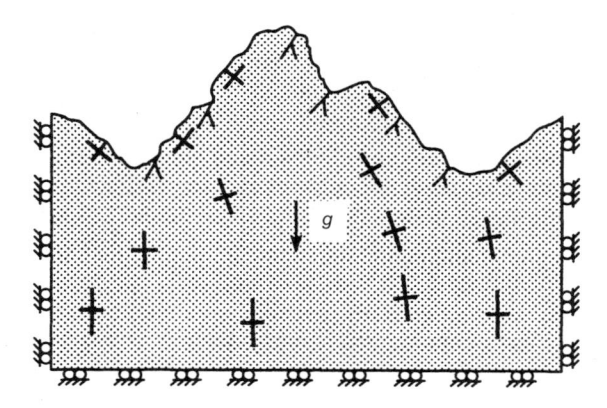

図2.20 表面荷重がゼロで一連の丘と谷から成る複雑な地形の岩盤

(1986), Martna (1988), Aloha (1990), Myrvang, Hansen and Sørensen (1993), Myrvang (1993), その他によって報告されている.

　斜面や谷の近くに圧力トンネルや立坑を安全に配置するためには, 原位置の応力状態に及ぼす地形の影響が非常に重要となる. 圧力トンネルや立坑の設計時に留意するべきことは, 漏水のリスクを最小にして無支保で保持できる空洞長さを最大にすることである. Selmer-Olsen (1974) は有限要素法を用いて谷側における原位置の応力状態を決定するための規準を提案した. それによれば, 圧力トンネルや立坑はその内部の水圧が常に周辺岩盤の最小主応力より少さくなるような位置に配置されることになる.

　原位置応力に及ぼす地形の影響の例は, Hooker, Bickel and Aggson (1972), Bruikl and Scheidegger (1974), Myrvang (1976), Clark and Newman (1977), Scheidegger (1977), White, Hoskins and Nilssen (1978), Haimson (1979), Bauer, Holland and Parrish (1985), Swolfs and Savage (1985), Kanagawa et al. (1986) その他にも示されている. 例えば, コロラド州の Eisenhower Memorial トンネルの建設に先立つ応力測定結果によれば, 主応力は基本的にトンネルを横切る大陸分水嶺と平行および垂直であった (White, Hoskins and Nilssen, 1978). 浅い深度で測定された応力が地形に沿っているような同種の例は, Haimson (1979) も報告している. さらに, Holland and Parrish (1985), Swolfs and Savage (1985) は, ネヴァダ州 Yucca Mountain の原位置の応力を予測する際, 地形, 層序, 岩盤構造の複合的な影響を考慮する必要があることを示唆している.

　不規則な表面形状を有する岩盤中の応力場を弾性論を用いて解析的に決定すること

## 2 応力場の推定

は難しいが，応力に及ぼす地表面の不規則性の影響について以下のような解析的方法を用いたアプローチがなされている．Ling（1947）は，谷または丘を表す円弧状のノッチを有する等方弾性連続体に側方荷重だけが作用している場合の応力を求めるため，双極座標変換法（bipolar coordinate transformation）を用いている．他の方法としては，正角図法（conformal mapping method）があり，Akhpatelov and Ter-Martirosyan（1971），Ter-Martirosyan, Akhpatelov and Manvelyan（1974），Ter-Martirosyan and Akhpatelov（1972），Savage, Swolfs and Powers（1985），Savage（1994）は重力荷重に対し，Savage and Swolfs（1994））は重力と造構荷重に適用している．Chiu and Gao（1993）は，サイクロイド状の起伏面のある連続弾性体に側方荷重だけが作用しているときの応力集中を評価するためにこの方法を用いている．正角図法は，等方性媒体で，地形は関数で表されるなだらかな形状で，さらに二次元問題に適用が限定される．二次元または三次元の等方性媒体に関する第三のアプローチは，McTigue and Mei（1981, 1987），McTigue and Stein（1984），Srolovitz（1989），Gao（1991），Liu and Zoback（1992）による摂動法（perturbation method）である．Liao, Savage and Amadei（1992）はこの摂動法を異方性岩盤の二次元問題に適用している．摂動法の利点はなめらかであればどのような地形でも取り扱うことができるということにある．しかし，この方法で解を得るには傾斜が10%以下の斜面に限定される．

　このような制約があるにもかかわらず，双極座標変換法，正角図法，摂動法によって得られる解は，地形が応力の大きさと分布に支配的な影響を及ぼしていることを明示している．例えば，長く対称的で等方性の峰と谷の重力性応力に関するSavage, Swolfs and Powers（1985）の式は，明らかに地形とポアソン比に依存している．山頂付近ではゼロでない水平の圧縮応力が生じ，谷部では水平の引張応力が生ずることがわかる．ポアソン比が大きくなるにしたがって山頂の水平圧縮応力は小さくなり，谷の水平引張応力は圧縮側になる．また，谷幅が広がると引張領域は側方へ広がる．Savage, Swolfs and Powers（1985）は，峰の幅が広いほどより深くまで応力場に影響を及ぼすこと，谷の場合には地形による応力は遠方の応力場にすぐに収斂することを示した．

　Savage and Swolfs（1986）によれば，重力下の独立した対称形の峰と谷の軸面に垂直に造構性の一軸圧縮応力が作用する場合の重ね合わせの効果は，山頂部で圧縮応力の水平成分がわずかに増加するに過ぎない．谷底ではこの重ね合せにより引張応力が減少する．遠方からの造構性の引張応力が重力場に重なった場合にはその反対の影響が生ずる．

## 2.8 地形の影響

McTigue and Mei（1981, 1987），Liao, Savage and Amadei（1992）は，傾斜が10％未満の緩い広域斜面の地形の影響による応力分布を示している．Liao, Savage and Amadei（1992）は，面内等方性または直交異方性の峰と谷における水平応力の大きさは，岩盤の弾性的性質と地表面に対する異方性の方向に強く依存するとしている．例えば，水平成層岩盤では，水平対鉛直のヤング率比 $E_h/E_v$ が大きくなる（言い換えれば鉛直方向に変形しやすくなる）にしたがって峰の下の水平応力が増加する．$E_h/E_v>1$ のとき，水平応力は水平成層の場合に峰で最も大きく，垂直成層の場合に峰で最も小さくなる．水平成層の場合，水平対鉛直のヤング率の比が増加する（鉛直方向に変形しやすくなる）にしたがって谷底の引張領域が減少する．

正角図法や摂動法には限界があるため，複雑な地形による応力を求めるにはFEMやBEMのような数値解析法が最近まで唯一の選択肢であった．例えば，Sturgul, Scheidegger and Greenshpan（1976）がオーストリアのHochkonig山塊について行ったFEMの解析結果を図2.21に示す．その他にもKohl-beck, Scheidegger and Sturgul（1979）は原位置応力に及ぼす地形の影響をFEMによって検討している．

その後，正角図法や摂動法の限界はPan and Amadei（1994）が提案した新たな解析法により解決された．かれらは，均質で一般的な異方性の半無限弾性体に，重力，表面荷重，遠方からの造構荷重が作用するとき，平面ひずみ条件で図2.22.に示すような不規則でなめらかな境界条件について応力場を決定している．この解析解では，正角図法や積分法（integral equation method）で決定される3つの関数の形で応力が表現されている．Pan and Amadei（1993），Pan and Amadei（1994），Pan, Amadei and Savage（1994）は，この解を用いて対称および非対称形の長い峰と谷における重力性の応力を求めている．さらに，Pan, Amadei and Savage（1995）は重力に加えて一軸の水平造構荷重が作用している場合の応力を求めている．峰と谷の軸に平行な異方性面を有する面内等方性の条件についてパラメータスタディが実施され，重力性の応力の大きさと分布に及ぼす（1）地形，（2）異方性の方向，（3）異方性の程度の影響が見積られている．これらのパラメータスタディの要約を以下に紹介する．

### 2.8.2 重力下の対称形の峰と谷

図2.23aのようなひとつの長い対称形の峰について考える．半無限体媒質は，線形弾性，均質，異方性，連続体で一様な密度 $\rho$ と仮定する．$x$ 軸と $z$ 軸は水平で $y$ 軸は上向きに $x, y, z$ 座標系をとる．半無限体の形状と媒体の弾性的性質は $z$ 方向に一様とする．媒体は一般化した平面ひずみ条件で変形する．すなわち，$z$ 軸に垂直なすべての面は $\varepsilon_z=0$ の条件で変形する．$x$ が $\pm\infty$ になると水平ひずみ $\varepsilon_x$ と $\gamma_{xz}$ はゼロに近

2 応力場の推定

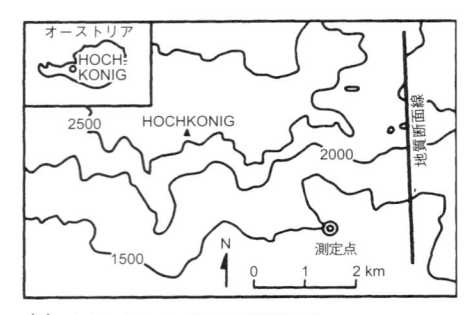

(a) 応力測定箇所の位置と地質断面線

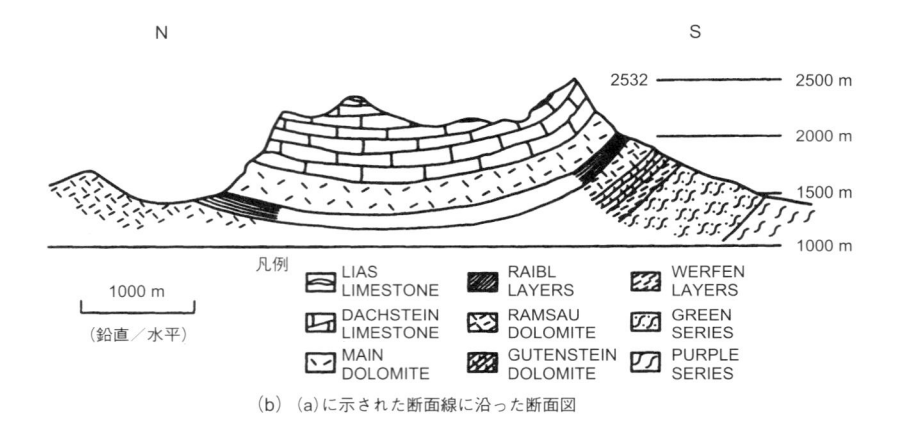

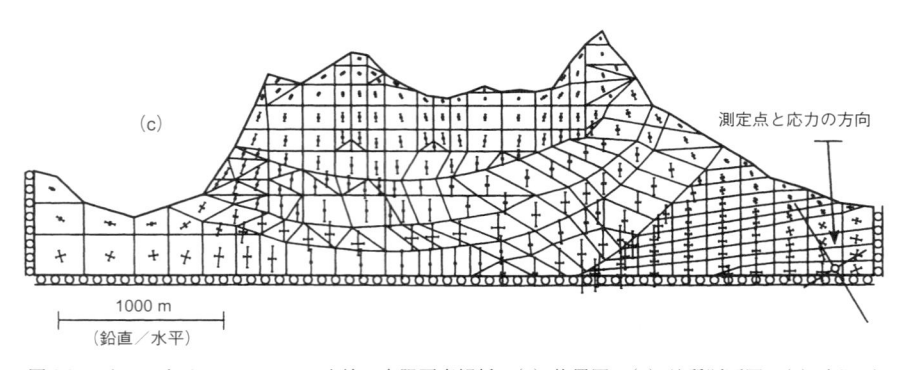

(b) (a)に示された断面線に沿った断面図

凡例: LIAS LIMESTONE, RAIBL LAYERS, WERFEN LAYERS, DACHSTEIN LIMESTONE, RAMSAU DOLOMITE, GREEN SERIES, MAIN DOLOMITE, GUTENSTEIN DOLOMITE, PURPLE SERIES

(c) 測定点と応力の方向

図 2.21　オーストリア Hochkonig 山塊の有限要素解析．(a) 位置図，(b) 地質断面図，(c) 有限要素解析による主応力．(Sturgul, Scheidegger and Greenshpan, 1976)

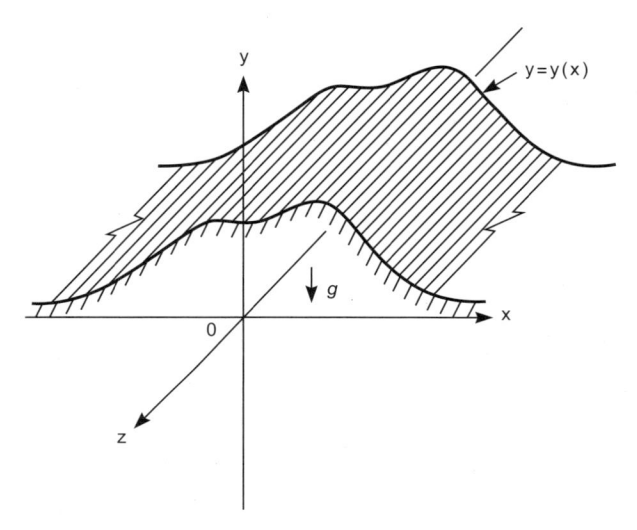

図 2.22 境界曲線 $y=y(x)$ で境され，重力下に置かれた半無限体

(a)

(b)

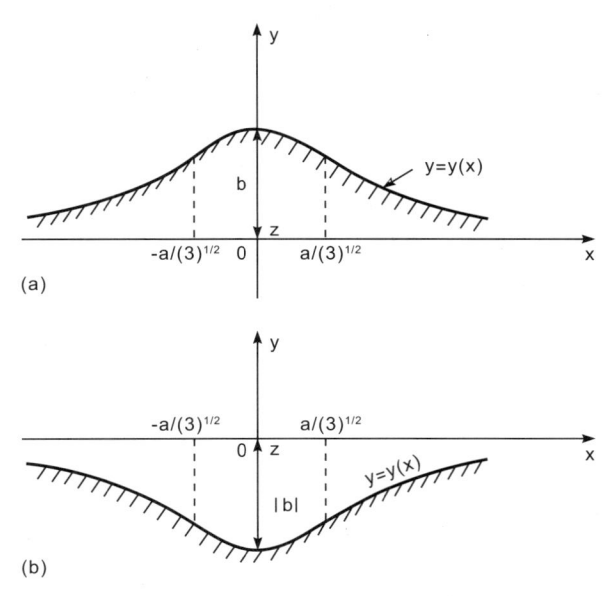

図 2.23 (a) 高さ $b$ の対称形の峰　(b) 深さ $|b|$ の対称形の谷

2 応力場の推定

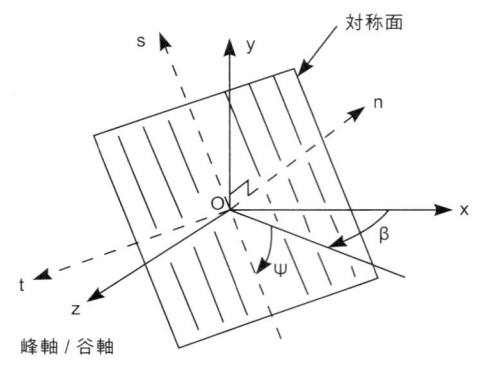

図2.24 峰や谷の $x$, $y$, $z$ 座標系に対する対称面の方位

づく．半無限体の境界曲線は関数 $y=y(x)$ または以下のような形式で定義される．

$$x(t)=t \quad (-\infty<t<+\infty)$$
$$y(t)=a^2b/(t^2+a^2)$$
式（2.20）

ここに，$b$ は峰の高さで正である．$b$ が負の場合には，式（2.20）は $|b|$ を谷の深さとするひとつの長い対称形の谷を表す（図2.23b）．式（2.20）のパラメータ $a$ は境界曲線の変曲点に当たる．変曲点の座標は，$x=\pm a/(3)^{1/2}$, $y=0.75b$ で，傾斜は $\pm(3b(3)^{1/2})/(8a)$ である．例えば，$a/|b|=0.5$, 1, 2 のとき，峰と谷の変曲点の傾斜はそれぞれ $\pm 1.30(52.4°)$, $\pm 0.65(33.0°)$, $\pm 0.32(18°)$ となる．

Pan and Amadei（1994）の解析解を用いて，図2.23a，2.23b の峰や谷の下部の任意の点（$x$, $y$）の応力を決定することができる．直交異方性または面内等方性岩盤の異方性軸 $n$, $s$, $t$ 座標系が $x$, $y$, $z$ 軸と斜交する場合，$x$, $y$, $z$ 軸に対する $n$, $s$, $t$ 座標系の方位は図2.24に示すように傾斜の方位角 $β$ と傾斜角 $ψ$ によって定義される．$t$ 軸は $x,z$ 面内に位置する．Pan and Amadei（1994），Pan, Amadei and Savage（1994）が示すように，6応力成分 $σ_{ij}$（$i$, $j=x$, $y$, $z$）と重力 $ρg|b|$ の比は，面内等方性岩盤の場合の $E/E'$, $G/G'$, $ν$, $ν'$ のような無次元の弾性定数比に依存する．さらに，応力比 $σ_{ij}/ρg|b|$ は以下のパラメータに依存する．

(1) 峰や谷の $x$, $y$, $z$ 軸に対する異方性の方位角 $β$ と傾斜角 $ψ$
(2) 応力を求める点の座標（$x/|b|$）（$y/|b|$）
(3) 峰や谷の形状を記述する $a/|b|$ と $b/|b|$ の比

一般に，図2.23a，b の峰や谷の任意の点における応力場は三次元で表され，主応力成分は峰や谷の $x$, $y$, $z$ 軸と傾斜している．弾性対称面が図2.23a，b の $z$ 軸に垂直である特別な場合には，重力性の3主応力のうちのふたつが峰や谷の軸に直交する $x,y$ 面内にあり，軸方向の応力 $σ_{zz}$ が3つめの主応力となる．この特殊なケースは図2.24の傾斜方位角 $β$ がゼロで $ψ$ が0～90°のとき，または $β$ と傾斜角 $ψ$ がともに90°のときに当たる．

一例として，$E/E'=G/G'=3$, $ν=0.25$, $ν'=0.15$ で鉛直方向（$ψ=90°$）の面内等

2.8 地形の影響

方性岩盤について，$a/|b|=1$ の峰と谷における重力性応力の分布を図 2.25a-h 示す．この例では，図 2.23a，b と図 2.24 に示す面内等方性の面は峰や谷の軸に平行である（$\beta=0°$）．図 2.25a-f では，応力分布は無次元応力比 $\sigma_1/\rho g|b|$，$\sigma_2/\rho g|b|$ のベクトルとコンターで表現されている．ここに，$\sigma_1$ と $\sigma_2$ は峰や谷の軸に垂直な $x,y$ 平面における最大と最小の面内主応力である．応力ベクトルとコンターのプロットは対称なので右半分だけを示している．予想通り，図 2.25a，b の主応力は平らな地表面のように水平でも鉛直でもなく峰や谷の表面に平行または垂直で，深くなるにしたがって次第に水平と鉛直に近づく．図 2.25c において，最大圧縮主応力 $\sigma_1/\sigma g|b|$ の最大値は峰の側部（$x/|b|=\pm0.94$）で 0.33 となっている．峰では最小圧縮応力 $\sigma_2/\rho g|b|$ のコンターは峰の形状にしたがっている（Fig.2.25d）．図 2.25e-f に示すように，谷では引張応力 $\sigma_2/\rho g|b|$ は谷底に集中し（$x/|b|=0$ で $-0.51$），最大応力 $\sigma_1/\rho g|b|$ は圧縮で谷の形状にしたがっている．図 2.25g，h は，峰や谷の中心（$x/|b|=0$）に沿う深度 $y/|b|$ における鉛直応力 $\sigma_{yy}/\rho g|b|$，水平応力 $\sigma_{xx}/\rho g|b|$，$\sigma_{zz}/\rho g|b|$ の分布を示す．両図の短い点線は $b=0$ すなわち地表面がフラットな場合の鉛直および水平応力の分布を表す．深度が深くなるにしたがって峰や谷部における地形の影響は減少し，標準的な応力型（$\sigma_{xx}<\sigma_{yy}<\sigma_{zz}$）に近づいてゆく．

Pan, Amadei and Savage（1994）は，面内等方性岩盤について $E/E'$ と $G/G'$ を 1 から 3，$\nu=0.25$，$\nu'$ を 0.15〜0.35 の範囲でパラメトリックに変化させた計算を行い，以下に示すようないくつかの傾向を見出している．それらの計算においては，峰や谷の地形を表す比 $a/|b|$ は 0.5，1，2 とし，斜面の変曲点はそれぞれ $\pm1.30$（52.4°），$\pm0.65$（33.0°），$\pm0.32$（18°）としている．また，傾斜角 $\phi$ は 0°（水平異方性）から 90°（鉛直異方性）としている．

### (a) 傾斜角と異方性の程度の影響

ある深度でみれば，傾斜角 $\phi$ が増加すると水平応力 $\sigma_{xx}/\rho g|b|$ は低下する．この水平応力は水平異方性の峰や谷部で最大となり，鉛直異方性の峰や谷で最小となる．水平異方性（$\phi=0°$）より鉛直異方性（$\phi=90°$）の方が主応力方向が水平と鉛直になる深度が浅い．異方性面が傾斜している場合には，主応力方向と引張領域は峰や谷の鉛直軸面に関してもはや対称ではない．$E/E'$ が一定ならば，$G/G'$ の比は水平または鉛直の異方性岩盤の $\sigma_{xx}/\rho g|b|$ の深度分布に影響を及ぼさない．一方，異方性面が傾斜している場合には $G/G'$ の比は強い影響を及ぼし，$G/G'$ が増加するにしたがって（岩盤が面内等方性の面に垂直な面内でよりせん断変形しやすい）$\sigma_{xx}/\rho g|b|$ が増加し，谷底の引張領域が減少する．$G/G'$ が一定ならば，$E/E'$ は水平異方性のとき $\sigma_{xx}/\rho g|b|$

2 応力場の推定

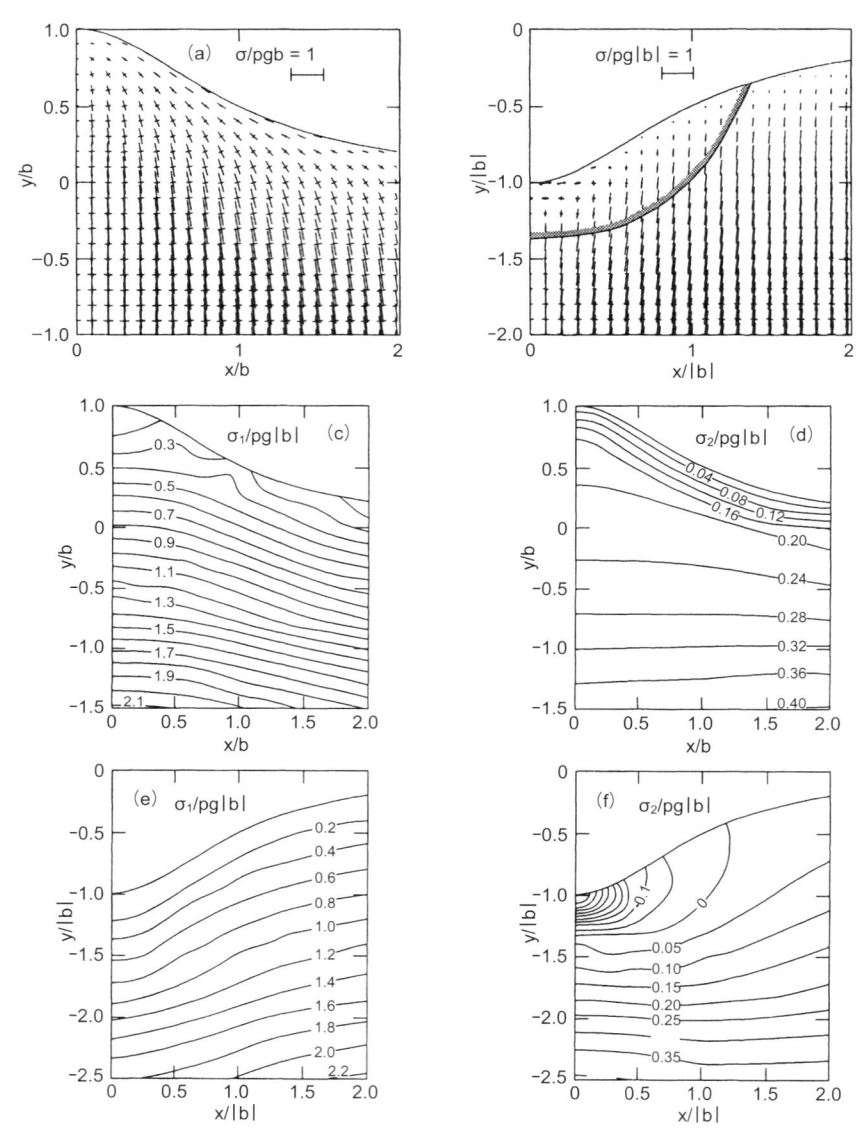

図 2.25 著しい直交異方性岩盤 ($E/E'=G/G'=3$, $\nu=0.25$, $\nu'=0.15$, $\phi=90°$) の $a/|b|=1$ の峰と谷における重力性応力. (a) (b) は峰と谷の主応力ベクトル, (c) (d) は峰の (e) (f) は谷の $\sigma_1/\rho g|b|$ と $\sigma_2/\rho g|b|$ の応力コンター. (g) (h) は峰と谷の中心線沿い ($x/|b|=0$) の $\sigma_{xx}/\rho g|b|$, $\sigma_{zz}/\rho g|b|$, $\sigma_{yy}/\rho g|b|$ と $y/|b|$ の関係. (g) (h) の短い点線は地形の影響がない時の応力分布を, (b) の影をつけた範囲は谷底の引張り領域を表す. (Pan, Amadei and Savage, 1994.)

2.8 地形の影響

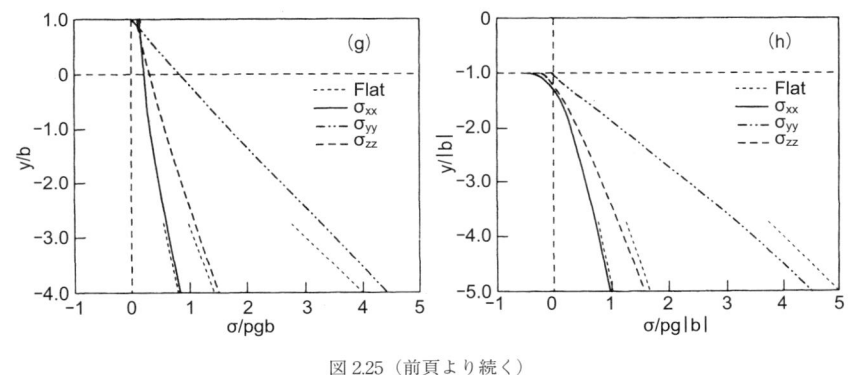

図2.25 (前頁より続く)

の値に最も大きな影響を及ぼし，$\sigma_{xx}/\rho g|b|$ は $E/E'$ とともに増加する（言い換えると，岩盤が鉛直方向に変形しやすくなる）．鉛直異方性のとき $E/E'$ の $\sigma_{xx}/\rho g|b|$ への影響は小さい．異方性面が傾斜しているとき $E/E'$ が増加すると $\sigma_{xx}/\rho g|b|$ は減少する．

**(b) 峰と谷の形状の影響**

地表面の $\sigma_1/\rho g|b|$ の最大値は $a/|b|$ に伴って増加する．峰の側部の応力が最大になる位置は，$a/|b|$ が増加する，すなわち峰が広がるにつれて峰軸から離れる．また，$a/|b|$ が増加すると地表面の $\sigma_1/\rho g|b|$ の変化はよりなだらかになる．谷底の引張領域の側方への広がりは，$a/|b|$ が増加する，すなわち谷斜面が緩やかになるにつれて増加する．

**(c) 地形が影響を及ぼす深度**

幅広い峰と谷はより深くより広い領域の応力場に影響を及ぼす．応力の深度分布に及ぼす峰や谷地形の影響は異方性面が鉛直の場合に最も大きい．

**(d) 谷底の引張領域**

引張応力が最大になるところは谷底にあり，等方性の場合あるいは異方性面が鉛直または水平の場合には引張領域は対称形である．異方性面が傾斜しているときは引張領域はもはや対称形でなく，異方性面と同じ傾斜方向の谷側で広くなり，谷の反対側では圧縮応力状態となる．ある形状の谷で異方性の傾斜角が $\phi$ の場合，引張領域の広さは弾性定数に依存する．引張領域の広さは，$G/G'$ が一定ならば $E/E'$ が増加すると狭くなり，$E/E'$ が一定ならば $G/G'$ が増加すると狭くなる．引張領域の広さは

$\nu'$ が増加すると顕著に狭くなる．岩の弾性定数と面内等方性の傾斜角が一定のとき，形状比 $a/|b|$ が小さくなる，つまり，谷がより狭くなると引張領域は狭くなる．

### 2.8.3 重力下の非対称形の峰と谷

Pan and Amadei（1993, 1994）が示すように，非対称地形は対称形の峰と谷の重ね合せによって表すことができる．地形は滑らかで次のような関数で表わされると仮定する．

$$x(t) = t \quad (-\infty < t < +\infty)$$
$$y(t) = \sum_{i=1}^{N} y_i(t) \qquad \text{式 (2.21)}$$

$$y_i(t) = \frac{a_i^2 b_i}{(t-x_i)^2 + a_i^2} \qquad \text{式 (2.22)}$$

式（2.21）と式（2.22）は，中心が $x=x_i$ の対称形の峰または谷 $x(t)$，$y_i(t)$ の重ね合せ（$i=1, N$）である．式（2.22）は，$b_i$ が正のとき高さ $b_i$ の峰に，$b_i$ が負のとき深さ $|b_i|$ の谷に対応する．変数 $a_i$ は各々の峰や谷の広さを表す．その変曲点の座標は，$x=x_i \pm a_i/(3)^{1/2}$，$y=0.75 b_i$ で傾斜は $\pm 3b_i/(3)^{1/2}/(8a_i)$ である．したがって，$i=1, N$ に対して $a_i$，$b_i$，$x_i$ に異なる正負の値を与えることで，複雑で滑らかな地形を表すことができる．例として，$N=2$ の対称形の峰と谷を重ね合せて得られた非対称地形を図 2.26a，b に示す．

図 2.26a，b のような地形について，Pan and Amadei（1993）は，面内等方性岩の弾性定数比 $E/E'$，$G/G'$，$\nu$，$\nu'$ に応じて，応力 $\rho g|d|$（$|d|$ は特定の高さ）に対する 6 応力成分 $\sigma_{ij}$（$i, j=x, y, z$）の比を求めた．応力比 $\sigma_{ij}/\rho g|d|$ は以下の三つに依存している．

(1) 峰や谷の $x, y, z$ 軸に対する異方性面の方位角 $\beta$ と傾斜角 $\psi$
(2) 応力を求める点の座標（$x/|d|$，$y/|d|$）
(3) 非対称の峰や谷の形状を表す $a_i/|d|$，$b_i/|d|$，$x_i/|d|$（$i=1, N$）の比

一例として，図 2.26a の峰の形状で，$E/E'=1$，$G/G'=3$，$\nu=0.25$，$\nu'=0.15$，$\psi=90°$ の場合の最大主応力 $\sigma_1/\rho g|d|$（$d=b_2$）のコンターを図 2.27 に示す．図 2.27b には $E/E'=1, 2, 3$ のときの地表面の $\sigma_1/\rho g|d|$ の分布を示す．地面表面の近くの $\sigma_1/\rho g|d|$ は，局所的な極大と極小を伴う複雑な分布になっていることが図 2.27a からうかがえる．図 2.27b に示すようにそれらの極値の位置は表面地形に依存し，$E/E'$ の増加に伴って極値の大きさは減少する．

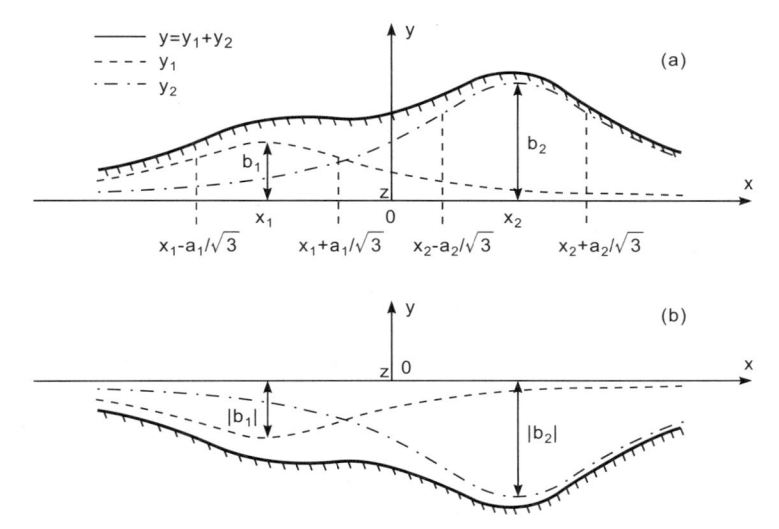

図 2.26 ふたつの対称形の峰や谷を重ね合せた非対称地形．(a) $b_1/|d|=0.5$, $b_2/|d|=1$, $a_1/|d|=1$, $a_2/|d|=1$, (b) $b_1/|d|=-0.5$, $b_2/|d|=-1$, $a_1/|d|=-1$, $a_2/|d|=-1$ (Pan and Amadei, 1993)

### 2.8.4 重力と造構応力下の峰と谷

Pan, Amadei and Savage (1995) は，複数の長く対称形の峰と谷の重ね合せによって構成される滑らかで不規則な地形について，水平造構応力の原位置応力への影響を解析している．重力に加えて水平に一軸圧縮荷重が作用すると，山頂部の水平圧縮応力がわずかに増え谷底の水平引張応力は無くなっている．

一様な造構応力 $\sigma_{xx}^\infty$ が図 2.22 の $x$ 方向に作用しているとする．図 2.26a, b の地形における，6 応力成分 $\sigma_{ij}$ ($i, j=x, y, z$) と応力 $\rho g|d|$ ($|d|$ は特定の高さ) の比は，重力下での同じパラメータに加えて $\sigma_{xx}^\infty/\rho g|d|$ の比にも依存する．

図 2.28a-f には，Swolfs and Savage (1985) の解析に類似した複雑な (非対称) 地形に関する応力コンターを示す．ここに，$y(0)$ は $x=0$ の点の標高に等しい．岩は面内等方性で，その面の走向は図 2.24 の $z$ 軸に平行 ($\beta=0°$)，面の傾斜角は $+x$ 方向に $\psi=30°$ である．岩盤の弾性定数は $E/E'=2$, $G/G'=1$, $\nu=\nu'=0.25$ である．

図 2.28a-c の $\sigma_{xx}/\rho gy(0)$, $\sigma_{yy}/\rho gy(0)$, $\sigma_{xy}/\rho gy(0)$ のコンター図は岩盤に重力だけが作用している場合を示す．対照的に図 2.28d-f は岩盤に重力と遠方からの水平造構応力 $\sigma_{xx}^\infty=\rho gy(0)$ が作用している場合を示す．$\sigma_{yy}/\rho gy(0)$ のコンターはほとんど峰と谷の

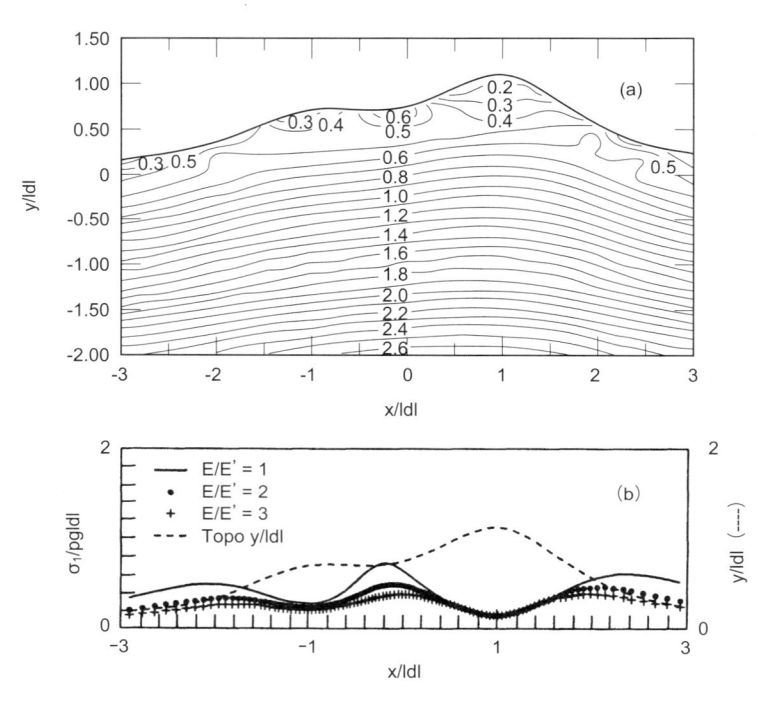

図 2.27 (a) 図 2.26a の峰の形状で，$\phi=90°$，$E/E'=1$，$G/G'=3$，$\nu=0.25$，$\nu'=0.15$ の場合の $\sigma_1/\rho g|d|$ のコンター．(b) 地表面の $\sigma_1/\rho g|d|$ の分布（Pan and Amadei, 1993）

形状にしたがっている（図 2.28b, e）．また，圧縮応力 $\sigma_{xx}/\rho g y(0)$ とせん断応力 $\sigma_{xy}/\rho g y(0)$ の集中箇所は，図 2.28a, c, d, f の $x/y(0)=1.6$ の谷部に見られる．図 2.28a-c を図 28d-f と比較すれば，遠方から作用する水平造構応力 $\rho g y(0)$ は，地表面付近の $\sigma_{xy}/\rho g y(0)$ を大きくし広範囲の水平応力 $\sigma_{xx}/\rho g|b|$ を増加させることがうかがえる．例えば $x/y(0)=1.6$ のとき，重力単独下の $\sigma_{xx}/\rho g y(0)$ はおよそ 0.86 であるが水平造構応力が加えられると 2.5 に増加する．また，遠方から付加される水平造構応力は鉛直応力 $\sigma_{yy}/\rho g y(0)$ の大きさにはほとんど影響を及ぼさない（図 2.28b, e）．

### 2.8.5 谷底における引張応力

前述のすべての解析解は谷底の引張応力を予測している．現場の証拠からもその予測は支持される．例えば，Knill（1968）は，谷表面付近では通常岩盤は緩んで不連続になっているため，地下空洞，トンネル，ダム基礎はこの緩み帯より下位に設置す

2.8 地形の影響

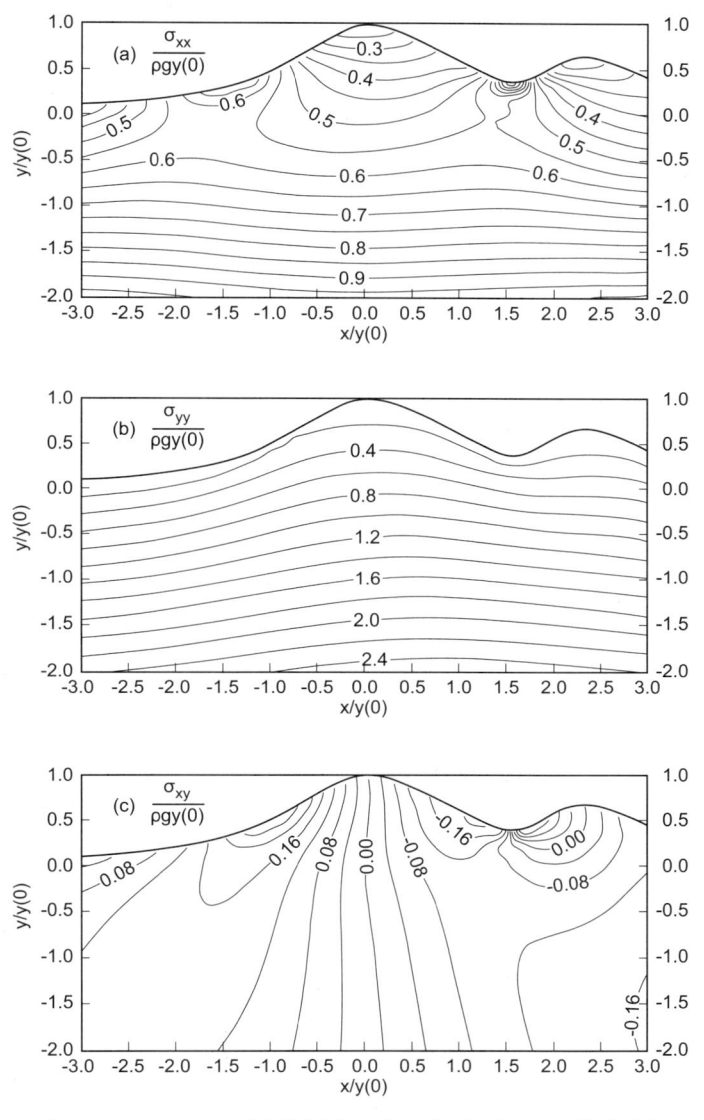

図2.28 (a)(b)(c) は面内等方性岩盤に重力だけが，(d)(e)(f) は重力と $\sigma_{xx}^{\infty}/\rho g y(0)$ の造構応力が作用している場合の $\sigma_{xx}/\rho g y(0), \sigma_{yy}/\rho g y(0), \sigma_{xy}/\rho g y(0)$ のコンター図．地形は $N=4$ の峰と谷の重ね合せで，$a_i/y(0)=1$ $(i=1\sim4)$，$b_1/y(0)=0.8983$，$b_2/y(0)=1.2657$，$b_3/y(0)=-2.1186$，$b_4/y(0)=1.3438$，$x_1/y(0)=0$，$x_2/y(0)=1.35$，$x_3/y(0)=1.6$，$x_4/y(0)=2.1$．(Pan, Amadei and Savage, 1995)

2　応力場の推定

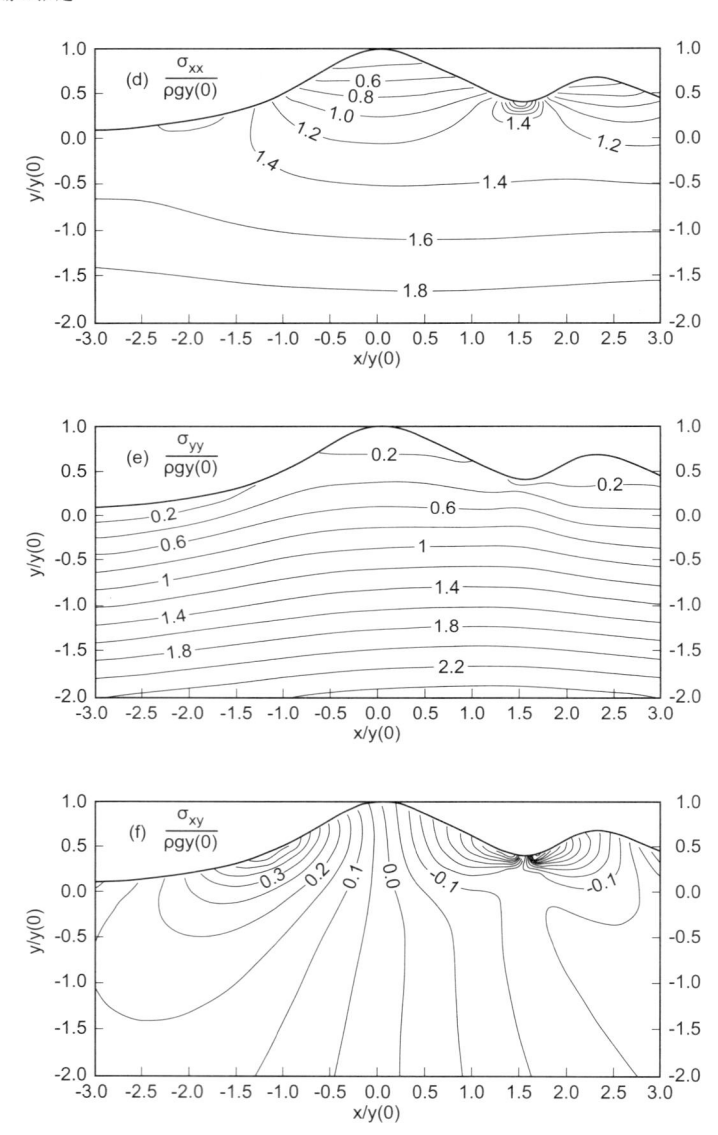

図 2.28（前頁より続く）

べきであるとしている．谷底の引張応力に関する他の証拠は，Matheson and Thomson（1973）による谷底と谷壁近くのリバウンドである．この上方への曲げの現象は引張応力の結果として解釈されている（Matheson and Thomson, 1973; Silvestri and Tabib, 1983a, b）．James（1991）も，深い谷の先端部における層理面の分離や破壊，谷壁深部における節理の引張開口などの谷底における引張応力の証拠を記述している．谷底の炭鉱の天盤破壊の現象と頻度を調査したMolinda et al.（1992）は，炭鉱の天盤が不安定化するケースの52％は谷のいちばん深い所の下で起こっていることを見出した．さらに，その調査によれば，幅が広く平底の谷の方が峡谷より天盤が不安定になりやすいことが示されている．

## 2.9　造構応力と残留応力

### 2.9.1　造構応力

現在の地質構造を観察することにより，過去と現在の構造運動に関して議論の余地のない証拠を得ることができる．造構応力を説明するためプレートテクトニクスに関連していくつかのモデルが提案された（Solomon, Richardson and Bergman, 1980; Solomon, Sleep and Richardson 1975; Sykes and Sbar, 1973; Turcotte, 1973; Turcotte and Oxburgh, 1973; Voight, 1971; Voight and Hast, 1969）．その後，世界応力分布図プロジェクトでは，リソスフェア（lithosphere）の造構応力（tectonic stress）について地球規模のいくつかのパターンを概説している（Zoback, 1992; Zoback, 1993; Zoback et al., 1989）．造構応力の原因となる2種類の力を図2.29に示す．

(1) 岩石プレートの境界に作用する広域的な造構力；岩石プレートの底部に作用するせん断力，沈み込み帯におけるプレートの引きずり込み，海嶺からの押し出し力，海溝への吸い込み力
(2) 局所的造構応力；表面荷重による岩石プレートの曲げ，アイソスタティック（isostatic）なつりあい，海洋岩石プレートの下方への曲げ

プレートテクトニクスに関連した造構応力は，概して10,000 km$^2$以上の領域できわめて一様である（Herget, 1993）．浸食（erosion）と過圧密（overconsolidatin）により亀裂のような変形要素が形成されることから，Voight（1966a）はそれらの応力をより広い意味で造構性として分類した．

一般に，地質構造の観察だけでは現在の応力と残留応力の差異を認めることは難しい．エンジニアにとってはこの区別はさほどの関心をひくものではないが，地質学者

2 応力場の推定

造構応力の原因となる力

広域造構応力
1. 岩石プレートの底面に働くせん断力
2. 沈み込み帯におけるプレートの引きずり込みによる力
3. 海嶺からの押し出し力
4. 上載プレートにおける海溝への吸い込み力

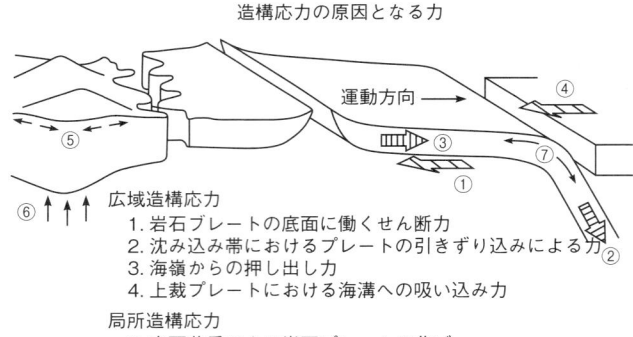

局所造構応力
5. 表面荷重による岩石プレートの曲げ
6. アイソスタティックなつりあい
7. 海洋岩石プレートの下方への曲げ

図 2.29　造構応力の原因となる力
(Zoback et al., 1989)

や地球物理学者にとっては重要である．ある地域の現在の応力状態は，我々が現在見る地質構造と必ずしも関連する訳ではない．褶曲や断層活動のような過去の構造運動の間にも応力状態は変化しているだろう．このことは，応力履歴を部分的であるにしろ力学的な解析をもとに考察することが重要であることを強調している．

対象領域の両側面に垂直に作用する水平の造構応力が必ずしも等しくなる必要がないことは重要である．その場合には静的平衡を満たすために境界に作用するせん断応力が必要となり，それによって対象領域の主応力が回転することになるだろう (Voight, 1966a)．

### 2.9.2　残留応力

残留応力 (residual stress) は，「外からの力とモーメントがなくなっても媒体の中に残っている自己平衡応力」と定義される (Voight, 1966a)．岩盤力学では内部応力とか「閉じ込め (locked-in) 応力」と呼ばれている．残留応力は，粒子や結晶のようなミクロスケールからマクロスケールにおける引張力と圧縮力の釣り合い（必ずしもゼロではない）に関連している．残留応力と残留ひずみは内部の残留ひずみエネルギーをもたらし，岩盤の地下空洞や表面掘削の安定性にとって重要である．残留応力は，山はね，表面崩壊，シート状節理 (Varnes, 1970)，ナイアガラ地域で見られる時間依存挙動 (Lo et al., 1975) のような現象のひとつの原因と考えられる．

金属の残留応力についての証拠は多数あるが (McClintock and Argon, 1966;

Orowan, 1948)．岩における残留応力の存在と影響については，地質学者，地球物理学者，エンジニアにとって広範な議論の対象となっている．「残留応力」と「残留ひずみ」は置き換えできる用語として用いられている．

Hyett, Dyke and Hudson（1986）は岩の残留応力が生成されるための3つの基本的条件を以下のように提案した．
（1）エネルギーレベルの変化，例えば応力または温度の変化
（2）異なる構成材料による不均質性
（3）これらの構成材料間の（少なくとも部分的な）適合性

岩盤の掘削やドリリング，コアリングにおいて，残留応力は即時変形と時間依存変形に寄与する（Voight, 1966a; Nichols and Savage, 1976; Bielenstein and Barron, 1971）．現在作用している造構応力や重力による即時変形と残留応力による即時変形を分離するため，オーバーコアリング，アンダーコアリング（undercoring），岩盤からの切り出し等によって回収した試料に対して，再度オーバーコアリングやアンダーコアリングが行われた（Bielenstein and Barron, 1971; Friedman, 1972; Gentry, 1973; Lang, Thompson and Ng, 1986; Nichols, 1975; Nichols and Savage, 1976; Russell and Hoskins, 1973; Sbar et al., 1979）．

残留応力は現在よりも大きな過去の応力場，あるいは異なった応力条件の名残である．岩盤は浸食や隆起による荷重の減少や温度変化（冷却）によって緩むが，岩の組織自身のかみ合わせによって緩みを抑制する．そうして内力（引張，圧縮）と釣り合う新たな平衡状態に達する．例えば，Savage（1978）は，花崗岩マグマが300℃から0℃に冷却する間に23MPaの残留応力が生ずることを，熱弾性双球モデル（bisphere model）（無限の母材に囲まれる球状の包含物）を用いて示している．また，Haxby and Turcotte（1976）は環境温度の変化によって岩に大きな熱残留応力が生ずることを示している．

Orowan（1948）は金属の残留応力を以下の2種類に区別した．それは，（1）不均質な外的条件に関連する応力（多くの場合マクロスケール）と（2）材料自体の不均質に関連する応力（多くの場合ミクロスケール）である．Russell and Hoskins（1973）は岩に残留応力を生じさせる類似の機構をマクロとミクロなメカニズムに分けることを提案した．

ミクロな熱弾性モデルの例としては，異なる熱膨張係数の鉱物を含んでいる岩が一様な温度変化を被った時に非一様なひずみが生ずることである．また，堆積岩の構成粒子が荷重を受けて固められた後に除荷される時の弾性変形によっても，ミクロレベルで残留応力が発生する．これは図2.30a.のようにモデル化することができる．異な

2 応力場の推定

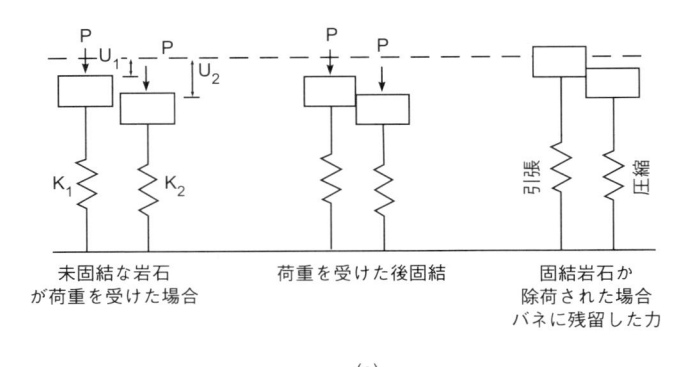

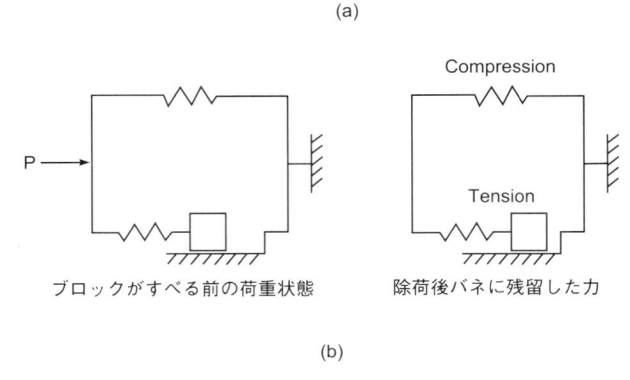

図 2.30 残留応力のモデル．(a) ミクロな弾性メカニズム，(b) ミクロな弾塑性メカニズム．(Russell and Hoskins, 1973)

る弾性定数を持つふたつのバネ（粒子）は同じ荷重（$P$）を受けても変形量が異なる．変形後，平行にしか動けないバー（セメント物質）でふたつのバネがつながれると，荷重が取り除かれてもふたつのバネの間にできた結合のためバネは元の位置に戻ることができない．片方のばねには残留引張が，他方には残留圧縮が生じる．もうひとつのミクロメカニズムの例は，飽和した岩または土の乱さない試料を地中から採取する時に生ずる（Voight, 1966a）．外力が消滅すると粒子間応力は有効応力原理によって間隙流体圧と等しくなる．図 2.30b は，ミクロな弾塑性（elastoplastic）メカニズムの例として摩擦要素が荷重によってすべるところを示す．除荷すると残留引張と残留圧縮がそれぞれのばねに発生する．摩擦要素を粘性要素と取り替えれば，時間に依存する残留ひずみの回復がモデル化できる．Brady, Lemos and Cundall（1986）は個別要素法と境界要素法を組合せたプログラムを用い，連結していない不連続面に沿う非

## 2.9 造構応力と残留応力

可逆なすべりによる閉じ込め応力の数値シミュレーションを行っている．Varnes (1970) は岩の残留応力の概念を説明する物理モデルを提案した．

図2.31には，曲げや褶曲によって堆積層に生ずるマクロメカニズムの例を示す．載荷過程で生ずる降伏のため，残留引張と残留圧縮が層の中に残ることになる．マクロメカニズムの他の例は，堆積物の剛な層と柔らかい層が荷重を受けて一緒に固められる場合である．除荷すると残留圧縮が柔らかい層に，残留引張が剛な層に生じ，層境界面には大きなせん断応力が発生する (Holzhausen and Johnson, 1979)．類似の現象は鋼が引張でコンクリートが圧縮になるように補強されたプレストレスコンクリート梁にも見られる (Engelder, 1993)．

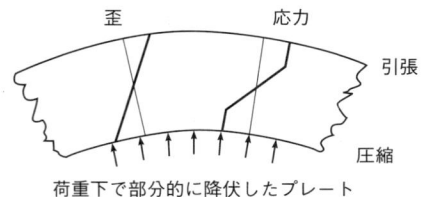

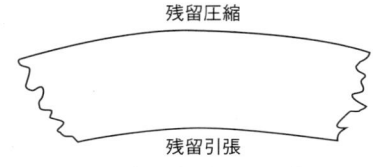

図2.31 残留応力のマクロメカニズム (Russell and Hoskins, 1973)

残留応力は封じ込められている岩盤の体積（すなわち平衡状態に達している岩盤の体積）と関連するということは共通の認識であり，岩盤工学において残留応力を考える際には重要である (Bielenstein and Barron, 1971; Holzhausen and Johnson, 1979; Hyett, Dyke and Hudson, 1986; Nichols and Savage, 1976; Russell and Hoskins, 1973; Tullis, 1977; Varnes and Lee, 1972)．Hyett, Dyke and Hudson (1986) によれば，岩盤の体積がマクロからミクロスケールへと減少するにつれて残留応力は増加する．体積が増加すると不連続面を多く含むようになり，それらの不連続面は引張応力を伝達できないのでこのような傾向が説明できる．

Cuisiat and Haimson (1992) によれば，残留応力が貯えられる岩盤の体積を定義する用語は研究者によってさまざまで，例えば，等価体積 (equilibrium volume)，自己等価体積 (self-equilibrium volume)，閉じ込め領域 (locking domain)，残留応力領域 (residual stress domain)，ひずみエネルギー貯蔵体積 (strain energy storage volume) などが用いられている．残留ひずみの体積依存性は，解放された石英閃緑岩のブロックで残留ひずみを測定した Swolfs, Handin and Pratt (1974) によって強調された．かれらによれば，従来の小さなオーバーコアでは $1400 \times 10^{-6}$ の伸びひずみであったものが，15 m³ 以上の大ブロックでは $700 \times 10^{-6}$ の収縮であった．

残留応力を原位置応力成分と比較することは意味があるのか？という質問に対する

答えはひとつではない．例えば，Lang, Thompson and Ng（1986）がカナダ Pinawa の URL の花崗岩質岩で測定した残留応力は 1.0 MPa 未満で，それは全応力の 1.5〜2.5 ％ であった．Sbar et al.（1979）はサンアンドレアス断層の近くでは有意な残留応力はなかったと報告している．一方，Lindner（1985）はオンタリオ湖南東部地域の堆積岩において ±2 MPa オーダーの残留応力を測定している．この応力は，その地域の浅い深度で測定される大きな水平応力（最高 12 MPa）に比べるとかなり小さい．さらに，Bock（1979）は，玄武岩柱の断面においてセンターホール掘削法（central hole drilling method）により残留応力を測定し，15.2 MPa の圧縮と 12.6 MPa の引張の残留応力を得た．Bock が示すように，柱の断面の中心部と外周部では圧縮が，その間の中間部では引張の残留応力が同心円状に分布していることは興味深い．また，彼は測定された残留応力は圧縮と引張がほぼ釣り合っているとしている．

## 2.10 浸食，過圧密，隆起，氷河の影響

Voight（1966b）は地殻の浅所における大きな水平応力の原因を浸食や削剥に求めた．Goodman（1989）にしたがって岩盤の深度 $z_0$ の点の鉛直応力に対する水平応力の比を $K_0$ と置く．岩盤が厚さ $\Delta z$ の層の除去によって除荷されるとき，弾性論によれば深度 $z = z_0 - \Delta z$ の応力比は次式で示される．

$$K = K_0 + \left[K_0 - \frac{\nu}{1-\nu}\right] \cdot \frac{\Delta z}{z_0 - \Delta z} \qquad \text{式 (2.23)}$$

例えば，$K_0 = 0.8$，$\nu = 0.25$，$z_0 = 5000$ m とすると，$\Delta z$ が 1500 m より大きいと $K$ は 1 より大きくなる．$\Delta z = 2000$ m のときは $K = 1.11$ である．

Voight and St Pierre（1974）は，浸食による除荷に伴う力学的，熱的な影響を算定した．その結果，通常の地熱勾配であれば地熱の影響が卓越するので，水平応力は増加でなく減少すると結論付けた．Haxby and Turcotte（1976）は，浸食による応力状態には 3 つの構成要素があることを示した．すなわち，上載圧の減少によるもの，アイソスタティックな再調整に伴う隆起によるもの，および温度低下による熱的なものである．またかれらは，正味の影響は水平応力の増加ではなく減少であり，その結果引張応力が支配的になることを示している．

大きな水平応力の他の可能性として，Voight（1966a）は堆積物の過圧密を指摘した．土の応力比 $K_0$ は過去の載荷除荷の履歴に依存し，鉛直応力に対する過去の最大水平応力の比，すなわち過圧密比 OCR（overconsolidation ratio）に関連があることが知

2.10 浸食，過圧密，隆起，氷河の影響

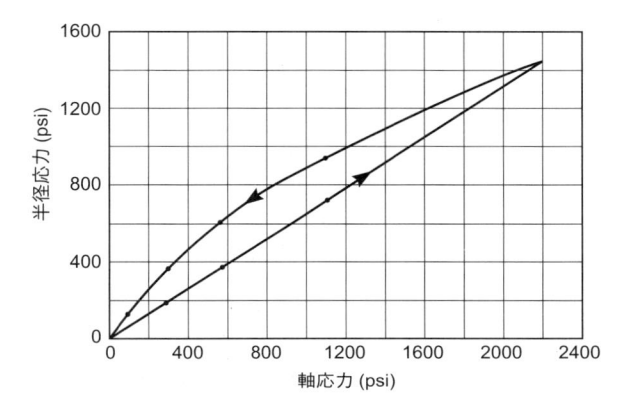

図2.32 Brookerによる単軸ひずみ条件におけるBearpaw頁岩の半径応力と軸応力の関係（Voight, 1966a）

られている*（Kulhawy, Jackson and Mayne, 1989; Lambe and Whitman, 1969; Skempton, 1961）．Steiner（1992）とKim and Schmidt（1992）は，ドイツとテキサスの堆積岩で測定された大きな$K_0$値を説明するために過圧密を取り上げた．Voight（1966a）は，Brooker（1964）が頁岩で行った一軸のひずみ実験結果を用い，除荷によって大きな$K_0$値が発生することを示した．試験結果を図2.32に示す．この図において，半径応力（radial stress）と軸応力（axial stress）をそれぞれ水平応力と鉛直応力とすれば，除荷時の曲線の勾配は応力比$K_0$の増加を示している．また，$K_0$は表面近くで大きく，深度が深くなるにつれて低下することも示されている．

Price（1966, 1974）は，堆積物の累積，たわみ，埋没とそれに続く隆起，脱水などの複雑な地質履歴を考慮し，堆積盆における大きな水平応力に関する他の説明を示している．

岩における大きな原位置応力が，氷河の荷重，アイソスタティックな運動，後氷期の隆起によってもたらされることも示唆されている（Adams and Bell, 1991; Artyushkov, 1971; Asmis and Lee, 1980; Hast, 1958; Rosengren and Stephansson, 1990, 1993; Stephansson, 1988; Turcotte and Schubert, 1982）．ここでは，氷河荷重による沈下に伴ってリソスフェアに曲げ応力が発生し，その後の氷河の融解と緩慢な隆起の間に完全なアイソスタティック状態に回復していないため，閉じ込め応力が残っている

---

＊訳注：OCRは現在の鉛直応力に対する圧密降伏応力の比として定義されているのでここではその概念を拡張して適用しているものと考えられる

とされる．

## 2.11 大きな水平応力

異常に大きな水平応力が世界の特定の領域で観察されている．大きな水平応力は1957~1966年にFennoscandiaの花崗岩，レプタイト，石灰岩，珪岩で最初に測定された（Hast, 1958, 1973, 1974）．Hastによれば，水平応力は上載応力の1.5~3.5倍もの大きさであり，局所的には鉛直応力の8倍もの大きさに達している．Hooker and Duvall（1966）は，米国アトランタ近くの岩の露頭における数mの深度で，3.5~21 MPaの大きな水平応力があったことを報告している．FennoscandiaではStephansson, Ljunggren and Jing（1991），Stephansson（1993），Myrvang（1993）によってその後も応力測定が行われている．大きな水平応力はカナダの北オンタリオ地域（Herget, 1974, 1980, 1987）やオーストラリア（Enever, Walton and Windsor, 1990）およびソ連（Bulin, 1971）でも報告されている．Palmer and Lo（1976），Lo（1978），Lee（1981）は，南オンタリオの古生代の堆積岩の25 mより浅い深度で5~15 MPaの大きな水平応力を報告している．また，0~100 mの深度では鉛直応力に対する水平応力の比は大きく，時には10~100にも達している（Franklin and Hungr, 1978）．類似の傾向はニューヨーク州北部やオンタリオ湖の南東部でも観察された（Lindner, 1985）．図2.33はオンタリオ湖周辺で測定された大きな水平応力を示す．

大きな水平応力は，通常，踏査やコアの観察から推測することができる．それは野外ではさまざまな形で現れ，例えば，衝上断層（thrust fault）などはその有力な証拠である．南オンタリオとニューヨーク州北部では，地表近くの基礎や石切場の底盤における更新世以降の褶曲と断層に大きな水平応力の証拠があるとFranklin and Hungr（1978）が報告しているが，これらの現象は既に1886年に記録されている．さらに，石切場底盤の盤膨れ（heave），ポップアップ（pop-up），岩の絞出し（squeezing），山はね（rock burst），コンクリートライニングのクラック，無支保空洞（トンネル，立坑，運河など）の壁面の動きなども観察されている．このような現象は，Coates（1964）によるオンタリオ地域や，Lee and Lo（1976），Lo and Morton（1976），Lo（1978）によるナイアガラ地域などでも観察されている．スウェーデン中南部のForsmark発電所の浅いトンネルでは，5~15 mの被りで20 MPaもの大きな水平応力に遭遇し，山はねが発生したことがCarlsson and Olsson（1982）によって報告された．山はねは原位置応力以外にも空洞配置や掘削速度，岩の物性など多くのパラ

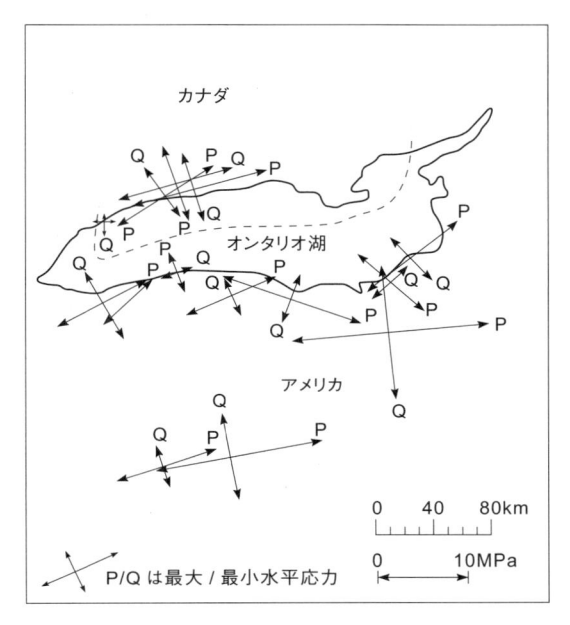

図 2.33 オンタリオ湖周辺で測定された大きな水平応力
(Lindner, 1985 に加筆)

メータに依存しており，大きな水平応力だけによるものではない（Herget, 1980）．ノルウェーでは，大きな水平応力の証拠は，表層の剥離，崩壊，座屈（Myrvang, 1993），または，特に山岳トンネルの山はねの形で現れる（Myrvang, 1976）．

　Hast（1958）が言うように，大きな水平応力はしばしば水平のコアディスキング（core disking）を伴っている．コアは周辺に向かってカーブしている鞍状の曲面でディスク状に割れる．コアディスクの大きさは水平応力の大きさの概略の指標となる．例えば，Obert and Stephenson（1965）は 6 種類の岩について実験室で三軸試験（triaxial test）を行い，半径応力が岩の圧縮強度の 1/2 を上回った時にコアディスキングが発生すること，さらに，ディスキングに必要な軸応力と半径応力の間には線形の関係があることを見出した．Obert and Stephenson（1965），Hast（1979），Haimson and Lee（1995）は，ディスクが薄いほど水平応力が大きいことを示している．その後の研究によれば，ディスクの形態から水平応力の方向とおよその側圧比および鉛直応力が主応力であるかどうかを知ることができる（Dyke, 1989）．Natau, Borm and Rockel（1989），Haimson and Lee（1995）は，鞍状（saddle shaped）のコアディス

クの谷軸が基本的に最大水平応力の方向に一致するとしている．層状構造や葉状構造を有する岩ではディスキングがそのような岩の組織の影響を受けることが問題となる．

ディスキングのメカニズムについては，特に破壊の発生がコアの外側であるか内側であるか，破壊のモードが引張であるかせん断であるかなどが主要な問題となっている．Jaeger and Cook（1963）は実験を通して以下のように報告している．
(1) 岩石ディスクの破壊面はきれいで，せん断でなく引張破壊を示している
(2) ディスクの厚さは応力に反比例する
(3) 破壊の開始はコアの中央であって外側ではない
(4) 破壊面はコアの上方に凸である

Obert and Stephenson（1965）は，ディスキングはせん断応力によって発生する，あるいは全面的にせん断応力によるとしている．Hast（1979）もディスクがせん断で形成され，破壊はコアの外側から始まることを示唆している．Stacey（1982）は，Jaeger and Cook（1963）の実験所見とせん断破壊が推定されていることとの不一致に注目した．彼は，ディスキングが引張破壊の結果であり，引張ひずみ破壊規準を用いて予測することができると推測した．Ingraffea（1984 私信）が破壊力学を用いて行った数値解析によれば，ディスキングは水平応力に平行なマイクロクラックの形成と鉛直方向の応力の減少の複合作用によっているようである．Haimson and Lee（1995）は，その後の実験結果と走査型電子顕微鏡によるディスク表面の解析から，ドリルコアの根元に発生するほぼ水平の引張クラックがコアディスキングの原因であると結論付けた．

最初に強調すべきことは，コアディスキングは大きな水平応力の存在を示唆するが，必ずしも水平応力が大きいということを意味する訳ではない．ディスキングは原位置の応力状態，岩の強度特性，ボアホールに平行な応力など多くのパラメータに依存する（Stacey, 1982）．さらに，コアディスキングから得られる情報は大きな水平応力の可能性というような質的なものだけである*．3番目には，コアディスキングは過度のビット圧というような未熟な削孔技術によっても起こり得る（Kutter, 1993）．

一般に，コアディスキングが発生するとオーバーコアリングが困難になるので，応力測定の限界深度となる．Hast（1979）は，「健全な岩石で現在得られる最大応力は100 MPa 程度であり，より大きい強度の岩石ではさらにいくぶん大きいだろう」と

---

\* 訳注：松木ら（2004）によればコアディスキングから主応力の方向と大きさを得ることができる．
K. Matsuki, N. Kaga, T. Yokoyama, N. Tsuda (2004) Determination of three dimensional in situ stress from core discing based on analysis of principal tensile stress, Int. J. Rock Mech. & Min. Sci., 41, 1167-1190.

述べているが，Herget（1980）はカナダ楯状地の 2100 m の深度で最大 130 MPa の応力測定に成功したことを報告している．

大きな水平応力は削孔や空洞・立坑の掘削を困難にし，ボアホールブレイクアウトや崩壊のようなボアホールの不安定化を引き起こす．なお，ブレイクアウトは第 8 章で論じるように原位置応力の方位を算定するために用いることができる．

## 2.12　地球の応力に関する球殻モデル

地球規模の原位置応力の解析的アプローチとしては，地球をひとつまたは複数の同心状の球殻モデルとした自重解析によるものがある（McCutchen, 1982; Sheorey, 1994）．

McCutchen（1982）は密度 $\gamma$ の材料からなる外半径 $R$ の等方性の球殻（地殻を表す）に重力 $g$ が作用する場合を考えた．球殻は内部の硬い物体の上に載っていると仮定する．平衡条件や応力とひずみの関係および構成方程式を用いると，半径応力 $\sigma_r$（鉛直応力に相当），接線応力 $\sigma_\theta$（水平応力に相当），接線ひずみ $u/r$（$u$ は外への半径変位）は次式で表される．

$$\sigma_r = \frac{\gamma R}{4}\left[-4(1-\beta)x + (3-4\beta)A - \frac{4\beta B}{x^3}\right]$$
$$\sigma_\theta = \frac{\gamma R}{4}\left[-2(2-3\beta)x + (3-4\beta)A + \frac{2\beta B}{x^3}\right] \quad 式 (2.23)$$
$$\frac{u}{r} = \frac{gR}{4P^2}\left[-x + A + \frac{B}{x^3}\right]$$

式（2.23）の $x$ は球の外半径 $R$ に対する球の中心からの距離 $r$ の比であり，$z$ を地表面下の深度としたときの $1-z/R$ に等しい．定数 $\beta$ は $0.5(1-2\nu)/(1-\nu)$ および $(S/P)^2$ と等しい．ここに $S$，$P$ は地震波の S 波速度と P 波速度である．$A$ と $B$ は，$x=1$ で $\sigma_r=0$ の境界条件と距離 $r_0$（深度 $z_0$）の地殻／マントル境界で接線ひずみがゼロと仮定することによって決定される積分定数である．式（2.23a）にこれらのふたつの条件を代入すれば，水平／鉛直の応力比 $K=\sigma_\theta/\sigma_r$ は，$z=z_0$ で $K_0=1-2\beta=\nu/(1-\nu)$ から $z=0$ で無限大に至るまで非線形に変化する．Brown and Hoek（1978）が図 2.1b のように提案した $K$ の上限下限を用いると，若い海域では 15 km 程度，楯状地では 40〜50 km と考えられていた地殻の基底に相当する深度 $z_0$ が 33.73〜138.37 km と，かなり大きくなることを McCutchen（1982）は示した．

表 2.4 Sheorey (1994) の球殻モデルにおける $i=1\sim12$ のスライスの熱膨張係数 $\alpha_i$, ヤング率 $E_i$, 半径 $R_i$, 密度 $\gamma_i$. スライス 1〜6 はマントルに，7〜12 は地殻に対応する

| スライス No. | 半径 $R_i \times 10^6$ (m) | $\alpha_i \times 10^{-5}$ (/C) | $E_i$ (GPa) | 密度 $\gamma_i$ (MPa/m) |
|---|---|---|---|---|
| 1 | 3.470 | 2.4 | 760 | 0.052 |
| 2 | 3.870 | 1.9 | 700 | 0.048 |
| 3 | 4.370 | 1.6 | 610 | 0.045 |
| 4 | 4.870 | 1.35 | 520 | 0.043 |
| 5 | 5.370 | 1.25 | 360 | 0.040 |
| 6 | 5.958 | 1.2 | 200 | 0.037 |
| 7 | 6.335 | 0.77 | 20 | 0.027 |
| 8 | 6.340 | 0 | 30 | 0.027 |
| 9 | 6.346 | 2.2 | 40 | 0.027 |
| 10 | 6.352 | 1.5 | 45 | 0.027 |
| 11 | 6.358 | 0.9 | 50 | 0.027 |
| 12 | 6.364 | 0.6 | 50 | 0.027 |

McCutchen (1982) のモデルの興味深い点は，比較的単純なモデルであるにもかかわらず深度による $K$ の変化が既往の文献と整合しており，特に，3 km 未満の浅い深度では $K$ が $1/z$ に比例していることである．また，このモデルは接線（水平）ひずみ $u/r$ が零にならないこと，水平応力が地殻の基底深度 $z_0$ に依存し，地殻が厚くなるほど水平応力が大きくなることを示している．McCutchen (1982) のモデルの主な欠点は，地殻の岩石の弾性定数と密度が深度によらず一定であり，地熱勾配の影響を考慮していないことである．

Sheorey (1994) は McCutchen のモデルを拡張し，地熱勾配や熱膨張係数，密度，弾性定数の深度による変化，マントルに生じる変位などが原位置応力に及ぼす影響を考慮した．図 2.34a には Sheorey (1994) がモデル化した地球の形状を示す．そこでは，マントルと地殻がそれぞれ 6 枚，合わせて 12 枚の球殻から成っている．地殻の平均厚さは 35 km で地球の半径は 6371 km としている．2900 km の深度に位置するマントルと核の境界面では変位がないものとし，マントル中の応力状態は静水圧と仮定される．表 2.4 には，$i=1\sim12$ の各々のスライスの熱膨張係数 $\alpha_i$, ヤング率 $E_i$, 半径 $R_i$, 密度 $\gamma_i$ を示す．地球の表面温度は 0 ℃，マントルの基底では 3961 ℃，スライス 1〜5 の温度勾配は 0.0008 ℃/m，スライス 6 は 0.0003 ℃/m，スライス 7〜12 は 0.024 ℃/m と仮定された．マントルと地殻のポアソン比は一様で，各々 $\nu_m=0.27$ と $\nu_c=0.2$ と仮定された．

Sheorey のモデルで予測される応力比 $K=\sigma_\theta/\sigma_r$ の深度分布を図 2.34b に，水平応力

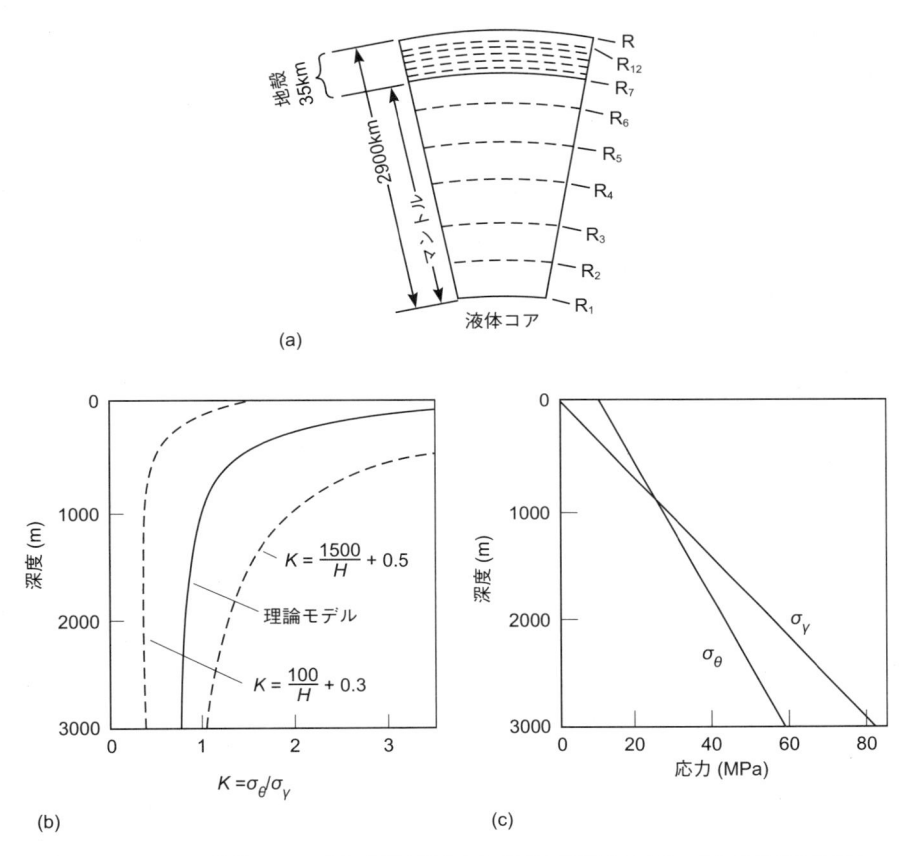

## 2.12 地球の応力に関する球殻モデル

図 2.34 Sheorey の球殻モデル．(a) 地球を構成する 12 枚の環状スライス；(b) 予測される $K$ と深度 $H$ の関係，Brown and Hoek（1978）の上限下限と比較；(c) 鉛直応力 $\sigma_r$ と水平応力 $\sigma_\theta$ の深度分布（Sheorey, 1994）

$\sigma_\theta$ と鉛直応力 $\sigma_r$ の深度分布を図 2.34c に示す．図 2.34b，c は浅部で $K$ が大きいことと地表面での水平応力が 11 MPa であることを予測しており，地球の表面で測定された最大の原位置応力がおよそ 10 MPa である（Swolfs, 1984）ことと一致している．

Sheorey（1994）が行ったパラメータスタディによりいくつかの重要な傾向が明らかになった．まず，水平応力の大きさは弾性係数に依存し，柔らかいスライスは硬いスライスより水平応力が小さい．図 2.34a の最上面のスライスの応力比 $K$ はその弾性係数に比例している．この知見は，Stephansson（1988）や Müller et al.（1992）が報告しているように，古い楯状地の硬い健全な岩の水平応力が大きいことと完全に一

致する．Sheorey（1994）が見出した他の傾向は，地熱勾配を導入することにより水平応力に合理的な限界が課せられることである．例えば，熱膨張係数がゼロになると，Sheorey（1994）のモデルは地表面で 132.4 MPa の非現実的な水平応力を与えるが，熱膨張係数を考慮することで水平応力成分は 11 MPa の合理的な値まで減少する．最後に，Sheorey（1994）のモデルによれば大陸のように地殻が厚いところではより大きな水平応力が予想される．

McCutchen と Sheorey のモデルは，地球の曲率が地球の表面近くの特に古い花崗岩の楯状地域でみられる大きな $K$ と大きな水平応力の原因となっていることを明らかにした．Sheorey（1994）のモデルは，地球の曲率がないと水平応力がゼロになり，曲率を考慮すると 11 MPa になることを予測している．

その後，Sugawara and Obara（1995）は地熱勾配と造構力による地表面の鉛直変位を考慮して McCutchen のモデルを拡張した．Sugawara and Obara（1995）は，深度 2.0 km と 13.0 km の鉛直変位，一定の熱膨張，地熱勾配とポアソン比，ヤング率の応力依存を仮定することにより，深度による応力比 $K$ の上限と下限を予測した．日本におけるほとんどの応力測定結果がその範囲に納まっていることから，かれらは，日本の地表付近の応力がプレート運動によるプレート衝突境界の鉛直変位（押し上げ）に敏感であることを見出した．

地球物理学の分野では，地殻，コア，マントルのレオロジーを考慮した地球のより複雑な球形や多層モデルが提案されている．これらのモデルのレビューは Aydan（1995）の論文に紹介されている．Aydan（1995）は以下のような地球モデルを用いて原位置応力を予測するために有限要素解析を行っている．

 (1) 地殻とマントルは弾性固体で，核は液体状態である
 (2) 地殻とマントルは弾塑性固体で，核は液体で等温状態にある
 (3) 地殻とマントルは熱弾塑性固体で，核は等温状態でない

これらのモデルによって原位置応力の分布と大きさは各々異なっている．

## 2.13 原位置応力に及ぼす境界条件と時間の影響

地質学的な規模の側方の制約条件についてはほとんど何もわかっていない．側方変位が零の仮定の正当性については多くの議論がある．岩は変形するので水平変位が零の仮説は非現実的であるとの主張もある（Cornet, 1993; McGarr, 1988）．

ある広がりをもつ岩盤の応力場は，それに作用する荷重（物体力と表面力）と岩盤の構成モデルだけでなく，考慮する領域の境界条件にも依存することは明らかである．

## 2.13 原位置応力に及ぼす境界条件と時間の影響

実際、これらのパラメータを変えることによって、さまざまな原位置応力の型を予測することができる（Denkhaus, 1966）。複雑な岩盤では図2.16や図2.21のような数値解析法により、単純なケースでは解析解により予測することができる。

例えば、ヤング率$E$、ポアソン比$\nu$、密度$\gamma = \rho g$の均質で等方性の岩盤に重力だけが作用している場合を考える。岩盤は図2.7の形状で、$x$軸と$y$軸は水平に、$z$軸は鉛直下方にとる。深度$z$における鉛直応力は$\sigma_v = \rho g z$である。側方応力はなく岩盤は側方に自由に変形できるとすれば、応力状態は鉛直方向に一軸で水平応力はゼロである。このような条件は鉛直の開口節理を有する岩盤で起こり得る。他の特別なケースとして、岩盤に重力が作用し構造運動によって$x, y$方向に$\varepsilon_x, \varepsilon_y$のひずみが生じている場合を考える。Savage, Swolfs and Amadei（1992）によれば、フックの法則に基づいて水平応力成分は式（2.24）で表される。

$$\sigma_x = \frac{E}{(1-\nu^2)}(\varepsilon_x + \nu\varepsilon_y) + \frac{\nu}{(1-\nu)}\rho g z$$
$$\sigma_y = \frac{E}{(1-\nu^2)}(\varepsilon_y + \nu\varepsilon_x) + \frac{\nu}{(1-\nu)}\rho g z$$

式（2.24）

水平応力成分を表すこれらの式は、重力と構造運動による水平ひずみの影響の和である。それはまた、地球の表面で水平応力が零ではないことを予測している。三次元応力のさまざまな型は、側方ひずみが零であるか零でないある値をとるかによって予測することができる。水平ひずみが零になれば、式（2.24）はこの章の始めに言及した$K_0$状態になる。Savage, Swolfs and Amadei（1992）は式（2.24）を異方性岩盤にまで一般化した。面内等方性の水平成層岩盤では、式（2.24）は式（2.25）に置き替えられる。

$$\sigma_x = \frac{E}{(1-\nu^2)}(\varepsilon_x + \nu\varepsilon_y) + \frac{E}{E'}\frac{\nu'}{(1-\nu)}\rho g z$$
$$\sigma_y = \frac{E}{(1-\nu^2)}(\varepsilon_y + \nu\varepsilon_x) + \frac{E}{E'}\frac{\nu'}{(1-\nu)}\rho g z$$

式（2.25）

弾性論によって式（2.24）と式（2.25）に導入されるひずみ$\varepsilon_x$と$\varepsilon_y$は小さいことに留意すべきである。Savage, Swolfs and Amadei（1992）によれば、式（2.24）や式（2.25）のひずみは1〜5%で、それは比較的短い期間の構造運動の$1.0 \times 10^{-15}$/s（$0.03 \times 10^{-6}$/年）〜$1.0 \times 10^{-14}$/s（$0.32 \times 10^{-6}$/年）のオーダーのひずみ速度で生ずる。そのようなひずみ速度は、アメリカ合衆国西部のさまざまな地域における測地学的観測結果としてSavage（1983）やSavage, Proscott and Lisowski（1987）が報告している。

## 2 応力場の推定

　原位置応力に及ぼす異方性，層状構造，地形の影響を予測するためにこの章で述べた式（2.24）や式（2.25），その他の弾性モデルは，原位置の荷重が瞬時に作用しそれによる岩の反応が弾性的であることを前提としている．しかし，比較的継続時間の長い構造運動の場合には適用できない．2.4節で述べたように，脆性岩における破壊は新たな破断面の生成，または既存亀裂に沿ったすべりによって生じ，延性岩においてはクリープによる応力緩和（stress relaxation）が発生する（Rummel, 1986; Savage, Swolfs and Amadei, 1992）．

　岩石はいくぶん粘弾性（viscoelastic）挙動を示すので（Goodman, 1989; Jaeger and Cook, 1976），一定のひずみをうけた地殻の比較的延性的な部分は時とともに応力緩和することが予想される．Savage, Swolfs and Amadei（1992）は，この現象を地殻の岩は等方で静水荷重下では弾性的，偏差荷重に対してはマクスウェル粘弾性物質（ばねとダッシュポットの直列）として挙動するとしてモデル化した．岩の短期ヤング率とポアソン比を $E_0$, $\nu_0$，緩和時間を $\eta$ とすると，マクスウェル物質のヤング率 $E(t)$ とポアソン比 $\nu(t)$ の時間依存（time-dependent）は次式のようになる．

$$E(t) = E_0 e^{-(t/\eta)}$$
$$\nu(t) = 0.5(1 - e^{-(t/\eta)}) + \nu_0 e^{-(t/\eta)} \qquad 式（2.26）$$

このモデルでは十分な時間が経過するとヤング率はゼロに，ポアソン比は0.5に近づく．

　次に，地殻が水平の $x$, $y$ 面内で一様のひずみ $\varepsilon_x = \varepsilon_y = \bar{\varepsilon}t$ を受けると仮定する．ここに $\bar{\varepsilon}$ は定ひずみ速度である．また，時間 $t=0$ の $x$ 方向と $y$ 方向のひずみは零と仮定する．このような条件では，深度 $z$ における鉛直応力は $\gamma z$ に等しく，水平応力の時間依存は式（2.27）で表される（Savage, Swolfs and Amadei, 1992）．

$$\sigma_h = [2\eta E_0 \bar{\varepsilon} + \gamma z][1 - e^{-\tau}] + \frac{\nu_0}{1-\nu_0} \gamma z e^{-\tau} \qquad 式（2.27）$$

ここに，$\tau = t/[2\eta/(1-\nu_0)]$ は無次元の時間である．式（2.27）は重力による部分とひずみ速度による部分から成っている．$t \to 0$ とすれば，

$$\sigma_h \to \frac{\nu_0}{1-\nu_0} \gamma z \qquad 式（2.28）$$

となり，これは，地殻に側方ひずみが発生する前の $K_0$ 条件に対応する．一方，$t \to \infty$ の時には次のようになる．

$$\sigma_h \rightarrow \gamma z + 2\eta\bar{\varepsilon}E_0 \qquad 式 (2.29)$$

十分な時間が経過すると，応力場の重力部分は静水圧になりひずみ速度に関する部分は一定になる．ひずみ速度または緩和時間がゼロの場合には純粋な静水圧状態（静岩圧応力場）になる．静水圧下では弾性で偏圧に対してはマクスウェル粘弾性物質としてふるまう連続体が，$t=0$ で側方変位が零の条件で鉛直応力を受けるときにも同様の結論になることを Jaeger and Cook (1976) が示している．この結論は，岩が長期にクリープすることによって地殻の応力が静水圧状態になるという Heim (1878) や Anderson (1951) の仮説と一致する．

地球の表面の水平応力の時間変化は，式 (2.27) で $z=0$ として次のようになる．

$$\sigma_h = 2\eta E_0 \bar{\varepsilon}(1 - e^{-\tau}) \qquad 式 (2.30)$$

十分な時間が経過すれば水平応力は緩和して $2\eta\varepsilon E_0$ の一定値に近づく．定ひずみ速度では応力が時間とともに線形に増加する弾性モデルとはこの点が対照的である．$2\eta\bar{\varepsilon}E_0$ を 10 MPa とし (Swolfs, 1984))，$E_0=0.5$ GPa，ひずみ速度を $1.0\times10^{-14}$/s ($0.32\times10^{-6}$/年) とすれば，緩和時間 $\eta$ は 3 万 1746 年となる．式 (2.30) で $\nu_0=0.25$ とおけば，$t=0$ の水平応力は零，$t=3$ 万 1746 年では 4.87 MPa，$t=23$ 万 8095 年では 9.9 MPa となる．対照的に弾性モデルでは 23 万 8095 年後の水平応力は 50 MPa となる．

Savage, Swolfs and Amadei (1992) が言うように，上述の時間依存モデルは等方的な (non-deviatoric) ひずみ速度を受ける均質等温の粘弾性地殻におけるひずみの蓄積を示している．このモデルは，温度勾配が大きい場合やせん断ひずみが支配的な主要活断層の近傍には適用できない．

## 2.14 主応力の方位の評価

原位置の主応力の方位を求めるためにさまざまな方法が提案されている．これらの方法は主要な3つのグループに分けられる．
(1) 岩の結晶から山地の規模にわたる地質的な特徴（その方位，分布，変位，破砕）に基づく方法
(2) 地震波の初動解析に基づく方法
(3) ブレイクアウト法
その他の地形学的な特徴を用いる方法についてはここでは触れないので，

Scheidegger (1982), Mattauer (1973) などの著作を参照されたい.

## 2.14.1 地質構造による応力の方位

　地質学者と地球物理学者は, 断層, 褶曲, 節理, 岩脈, シル, 火山, 断層擦痕, 鏡肌などのような地質構造を古応力, すなわち過去には作用していたが現在ではもはや存在しない応力の指標に用いた (Anderson, 1951; Arthaud and Mattauer, 1969; Buchner, 1981; Engelder, 1993; Ode, 1957; Parker, 1973; Price, 1966, 1974; Price and Cosgrove, 1990; Scheidegger, 1982). Friedman (1964) は, 岩石が変形したときの原位置応力の方向を決定するためのさまざまな記載岩石学 (petrography) 的方法を紹介している. これらの方法は, 割れ目や褶曲の方位と分布の解析のようなマクロスケールから, 結晶間のすべりやねじれ帯 (kink bands) のような回転現象, 再結晶化作用というようなミクロスケールに及んでいる.

　地質構造を形成した応力場は, その後の構造運動や浸食作用ならびに氷河作用などによって時代とともに変化しているので, 記載岩石学的方法を用いて現在の応力を求める場合には注意が必要である. 現在の岩石組織は, 現在の原位置応力場に関連があるかもしれないが, ないかもしれない (Terzaghi, 1962). したがって, 最新の地質構造を取り上げる必要がある (Parker, 1973). 米国のガス田において地質構造と水圧破砕の方向の関係について解析した Towse and Heuze (1983) によれば, 地質構造は水圧破砕の方向, すなわち水平主応力の方位を予測するのに有用ではあるが不十分な場合が多いと結論付けている. また, 地質構造から原位置応力の方位と大きさを推測する場合には, 岩の力学モデル (弾性, 塑性, Coulomb の摩擦則, Mohr の破壊規準など) を仮定する必要があるとしている.

　断層の方位から古応力を求めた例としては, Friedman (1964), Gresseth (1964), Chappell (1973), Spicak (1988), Zoback et al. (1987), Zoback (1993) などがある. 原位置の応力成分の順序と方位は, 図 2.4 に示した 3 つの断層モードと比較して決定するというのが理論的根拠である. 主応力方向を主要な節理群の間の角度を二分する方向と仮定して, 対象とする領域の節理群から原位置の主応力方位を求めることができる (Mattauer, 1973; Scheidegger, 1982, 1995).

　岩脈やシルのようなシート状の貫入の方位からも主応力方向を求めることができる (Eisbacher and Bielenstein, 1971; Müller and Pollard, 1977; Pollard, 1978). Parker (1973) は, 鉱脈や岩脈が最も抵抗の少ない最大圧縮応力に平行な方向に併入することを示唆した. Ode (1957), Nakamura (1977), Nakamura, Jacob and Davies (1977) は, 主火山の中央火口から派生した放射状岩脈によって形成される側火山の並びから,

## 2.14 主応力の方位の評価

原位置応力の方位を求める方法について述べている．岩脈の広がりは，水の代わりにマグマを用いた大規模な水圧破砕と同様であり，岩脈は原位置の最小主応力に直交する方向に広がり易いことが理論的根拠となっている．

断層面の鏡肌（条線）を利用して原位置応力場の方位と大きさを決定する方法は，地質学と地球物理学の文献のなかで多くの注目を浴びている．断層すべり解析（fault-slip analysis）とも呼ばれるこの方法は，最初 Carey and Brunier（1974）によって提案され，Angelier（1979, 1984, 1989），Etchecopar, Vas-seur and Daignieres（1981），Angelier et al.（1982），Michael（1984），Reches（1987），Huang（1989）などによって改良された．最初は図解法が用いられたが，その後は数値解析法が用いられるようになった．解析方法は以下のようである．まず最初に，平行でない断層面上の鏡肌の方位と方向を記録する．次いで，測定データの解析において次のような基本的仮定を置く．

(1) 断層上のすべての鏡肌は，ある一様で未知な応力テンソルと関連がある
(2) 各々の断層面の運動は，その面に作用しているせん断応力と平行である
(3) 断層運動は独立しており，断層相互の影響はない

これらの仮定は，この方法の適用範囲を制限するので非常に重要である．第3のステップでは Coulomb の摩擦則を仮定する．このすべり条件は各々の面における垂直応力とせん断応力を用いて表わされ，任意の座標系における原位置応力場の6応力成分から求められる（付録Aの式（A.18），式（A.19）を参照）．最後に，10〜100の多数の断層のデータを用い，最小二乗法（least squares analysis）によって原位置の応力場が決定される．ネヴァダ州 Dixie Valley の22の断層の鏡肌を解析して得られた原位置応力の例を図2.35に示す（Reches, 1987）．

定方位（oriented）コアの破断面上の鏡肌（slickenside）の方位も原位置応力場の決定に用いられる．この方法は Hayashi and Masuoka（1995）によって提案された．これは，本質的に Angelier et al.（1982）の方法を岩の露頭からコア試料へ拡張したもので，同じ仮定によっている．Hayashi and Masuoka（1995）は，日本の2箇所の地熱地帯における応力状態を決定するためにこの方法を適用した．その結果は非弾性ひずみ回復法による応力測定結果と一致したとしている．

特に水平応力が大きな地域では，原位置応力の方位を推測するために最近の地質構造が利用できる．例えば，Franklin and Hungr（1978）は，オンタリオ州の更新世以降の褶曲や断層が NE-E の最大主応力に直交する方向に配列していると報告している．もちろんこのような傾向には例外が多いことも認めている．

地質構造と原位置の応力測定結果を総合的に解釈して地下鉱山の原位置応力場を決定したふたつの好例を Allen, Chan and Beus（1978）と Bunnell and Ko（1986）が紹

## 2 応力場の推定

(a)

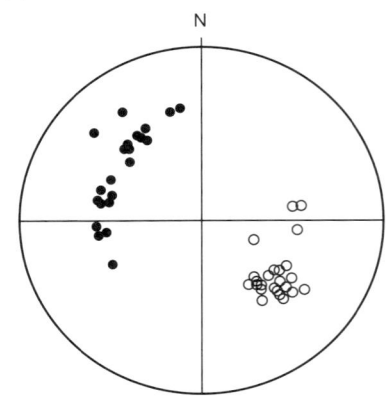

● 法線
○ 条線

(b)

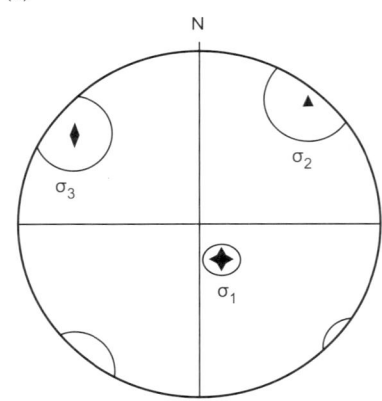

図2.35 ネヴァダ州 Dixie Valley の断層すべりデータによる応力の推定例．(a) 22 の断層の法線と条線の方位 (b) 主応力の方位，主応力を囲む円は標準偏差を表す．主応力は Coulomb の摩擦係数を 0.8 (38.6°) と仮定して求めている．(Reches, 1987)

介している．Allen, Chan and Beus（1978）は，アイダホ州 Coeur d'Alene 鉱区の Lucky Friday 鉱山で，CSIR 型ドアストッパーによる応力測定と断層，褶曲，節理，亀裂パターンの詳細な地質マップを組み合わせて原位置応力場を決定した．ドアストッパーで測定された現在の応力場は，現存の地質構造の原因と推定される古応力場に平行であることが明らかになった．

また，Bunnell and Ko（1986）は，ユタ州中部の地下炭鉱で，断層，岩脈，リニアメントのような地質構造から原位置応力の方位を算定した方法を報告している．断層について集められたデータには，断層の走向と傾斜，鏡肌の方位とすべりの方向を含んでいる．その結果，この鉱山地域には最近の地質時代に大きな応力が作用し，特に E-W 方向の水平応力成分が大きいことが明らかになった．オーバーコアリングによる応力測定結果もこの傾向と一致している．

### 2.14.2 断層面解析による応力の方位

地震計で記録された地震波を詳細に解析することで，地震を引き起こした断層の運動方向を知ることができる．必要な情報は地震の実体波の到着記録に含まれている．断層面解析（fault-plane solution）は，断層の運動が地震波放射のパターンを支配する原則，特に遠くの地震計で記録された P 波の初動に基づいている．地震は本質的に応力解放現象なので，地震学者は大きな領域に及ぶ地震断層が動く方位をその領域の応力方位を決定するための情報として用い

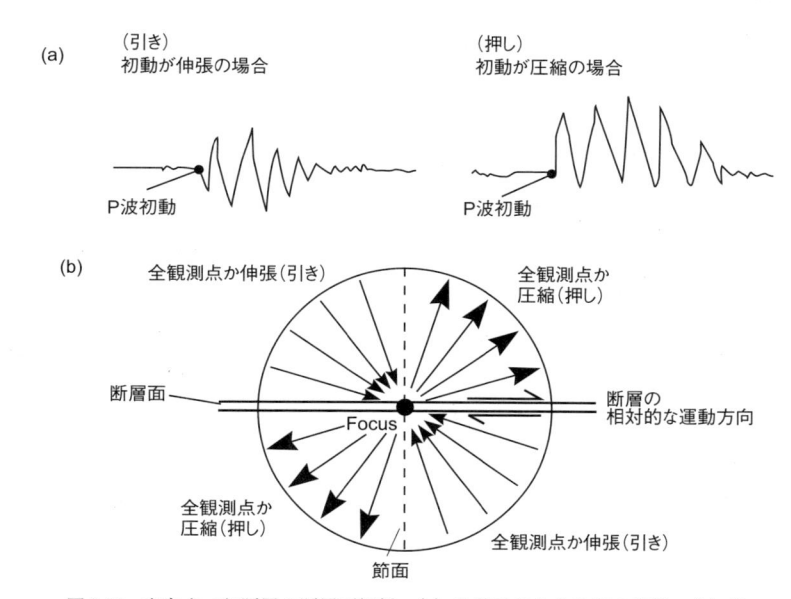

図 2.36　走向すべり断層の断層面解析．(a) 地震計による P 波の記録，(b) 多数の観測所における初動の方向（矢印）と断層変位が右横ずれであることの同定

ている．地震断層面解析では，逆解析によって広域的な応力テンソルの最適値を決定することができる．断層面解析の代わりに「地震の発震機構解析（earthquake focal mechanism）」という用語が用いられることもある．

　地震時の P 波記録（図 2.36a）を見ると，初動が圧縮の場合には応力解放による断層の運動が地震計の方へ向いていることになる．他方，それが伸張の場合には断層の運動は地震計から離れる方向になる．地震が横ずれ断層の変位による場合には図 2.36b のような分布になる．このような地震運動のモデルは 4 象限を分けるふたつの節面（nodal plane）を持っている．ひとつの節面は断層面で，他は地質的に意味のない補助面である．一般に，断層面以外のふたつめの補助面は，P 波の放射パターン，すなわち波形記録の圧縮と伸張の分布から正確に見出すことができる．例えば，図 2.36b の破線の補助面は左横ずれ変位を仮定した時の節面である．実在の断層面と理論上現れる共役的な補助面を区別するためには，現地における断層のマッピングや同じ断層面上の複数の震源の分布などの補足情報が必要である．

　最も便利な断層面解析の方法は，地震の震央から発せられる地震動のパスをステレオネットに投影する方法である．この方法では震央を焦点球を表すステレオネットの

中央に置く．Engelder (1993) が紹介した方法によれば，断層面解析におけるステレオネットへの投影点は，遠くの地震観測所からの地震波のパスが焦点球を切る点を示している．地震観測点の震源球上の位置 (extended position) は，地震の方位角と伝播時間，さらにいわゆる射出角から決定される．同じ地震を記録している多くの観測所の位置は下半球または上半球に投影される．P 波の初動が圧縮の場合には黒丸で，初動が伸張の場合には白丸でプロットされる (図2.37)．圧縮と伸張を区分するふたつの節面が引かれ，地質データや余震分布が実際の断層面を同定するために用いられる．本震が小さいときには，微小地震と関連する余震データを重ねる，いわゆる「合成断層面解析 (composite fault-plane solutions)」が用いられる．断層面解析には表面波と自由振動の振幅を用いるふたつの方法がある (Engelder, 1993)．

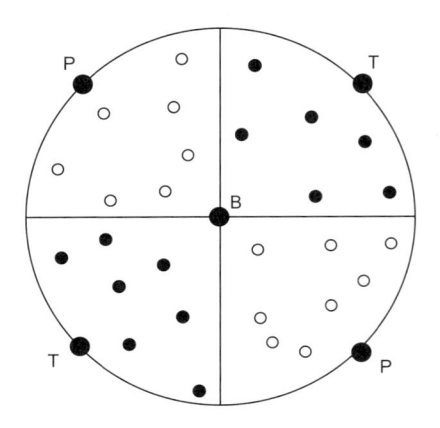

図 2.37　断層面解析のステレオ投影（図 2.36）
●は P 波の初動が押し，○は引きを示す

断層面解析によって，断層のすべりと最大圧縮軸，最大引張軸を表す $P$ 軸，$T$ 軸を決めることができる．$P$ 軸は引張象限の中央に，$T$ 軸は圧縮象限の中央にある．いわゆる $B$ 軸は断層面と補助面の交線にあたる．

当初，地震学者たちは地震がインタクトな岩の破壊によって発生し，$P$ 軸が $\sigma_1$ の方向に，$T$ 軸が $\sigma_3$ に，$B$ 軸が $\sigma_2$ に当ると想定していた (Engelder, 1993)．しかし，実験室と現場のデータによれば，インタクトな岩の破壊に伴う応力低下は地震の10倍以上も大きいことが明らかになった．McKenzie (1969) は，主応力方向と $P$，$T$，$B$ 軸を関連付けるモデルが既存の断層に沿ってすべる地震には適用できないことを指摘していた．彼は，断層面解析では地殻の応力方位を正確に決めることができず，断層面解析による応力の方位については $\sigma_1$ が引張りの象限にあり，$\sigma_3$ が圧縮の象限にあるという制約しかできないとしている．断層に沿うすべりが発生するためには，断層に沿ったせん断応力が臨界応力を上回らなければならず，既存の断層のなかで最も大きなせん断応力が作用する方向の断層がすべるだろう．それらの制約にもかかわらず，断層面解析は広域的な応力場を理解する上で重要な方法である (Engelder, 1993)．

構造地質学とテクトニクスの分野から，特に断層のすべりが最大せん断応力の方向に発生するという制約を踏まえて，Gephart and Forsyth (1984) は断層面解析から

応力方位を決定するためのより定量的な平均化法を提案した．それは，断層面の条線からAngelier（1979）と同じような逆解析を行い（2.14.1節），断層面解析を満たすすべての応力テンソルを調べる方法である．この方法は求められた広域応力の誤差と信頼限界をも評価することができる．また，ふたつの可能な節面のうちどちらがすべったかを同定するための客観的な手段を提供する（Engelder, 1993）．

現在では，世界中に設置されたデジタル地震計のネットワークによって地震波動モデルの構築が可能になった結果，断層面解析や地震発震機構解析の信頼性が高くなった．それによるデータは，世界応力分布図を確立する上で最も多い54％を占めており（Zoback, 1992; Zoback et al., 1989），その多くは深度5〜20 kmの範囲にある．断層面解析による応力方向の推定の不確実性のため，単一事象による地震発震解析は地震の規模や解析精度に関係なく世界応力分布図プロジェクトにおいて最高のランクになることはない．最高のランクは，近接した範囲内で発震機構のばらつきを伴って起こっている中規模な大きさの地震群に関して逆解析的に得られた平均的な$P$軸，$T$軸の方位によるものか，応力軸の最適解を求めるための逆解析法によるものに与えられている（11章）．

### 2.14.3　ブレイクアウト

ボアホールやトンネルおよび立坑のような円形空洞の回りの岩は，掘削に伴って集中する圧縮応力を支えることができないことがある．岩の破壊によって直径の両端が大きくなる現象を「ブレイクアウト」（breakout）と呼ぶ．ブレイクアウトは原位置の最小主応力方向に発生するという経験則があり，それによってブレイクアウトから原位置の応力方位を知ることができる．原位置応力の大きさを決定するためにブレイクアウトの深さと幅を利用する試みがいくつかなされている（Haimson and Lee, 1995のレビューを参照）．

初めてボアホールブレイクアウトを応力決定に用いたのはLeeman（1964）である．世界応力分布図プロジェクト（Zoback, 1992; Zoback et al., 1989），ドイツのバイエルン北東部のKTB孔（Baumgärtner et al., 1993; Te Kamp, Rummel and Zoback,1995），南カリフォルニアのサンアンドレアス断層近傍のCajon Pass孔（Shamir and Zoback, 1992; Vernik and Zoback, 1992），スウェーデンの先カンブリア界中の深部ガス孔（Stephansson, Savilahti and Bjarnason, 1989），Ocean Drilling Program（Kramer et al., 1994; Moos and Zoback, 1990）などのプロジェクトにおいては，原位置の水平応力の方位を決定するためにブレイクアウトが広く用いられた．ボアホールブレイクアウトにより，1〜4 km（場合によっては5〜7 km）の深度の応力場に関する情報を得るこ

とができ，オーバーコアリングや水圧破砕法，地震発震機構などのデータをうまく補完している（Zoback et al., 1989）．

坑道やトンネル，立坑におけるブレイクアウトも報告されている（Hoek and Brown, 1980a; Ortlepp and Gay, 1984）．カナダの URL（Martin, Martino and Dzik, 1994）やその他の場所（Maury, 1987）では，そのような現象が原位置応力の方位を決定するために用いられた．ブレイクアウト法については第 8 章でさらに説明する．

## 2.15 要約

この章では，岩盤の原位置応力を求めるためのさまざまな現象を紹介した．特に，不連続，異方性，不均質などを伴う岩盤の構造は，応力場を複雑にしあらゆるスケールにおける応力場のばらつきと混乱の原因となっている．Hudson and Cooling (1988) が指摘するように，ばらつきを邪魔者として扱わないでまともに取り上げて検討することは，原位置の応力場がとり得る範囲をより良く理解するための助けとなる．さらに，同じ岩盤でも境界条件が異なれば応力型も異なったものになるだろう．同様に，境界条件が同じでも応力型が異なれば岩盤は異なる挙動をすると予測される．また，地形の影響で原位置応力場が回転することも決して無視できない．

一般に，岩盤の原位置応力を推定する過程においてはその場所に特有な多くの判断を必要とする．ある場所の原位置応力場を推定する際には，解析または数値モデルを用いてパラメトリックな検討を行うことで，さまざまな現象の相対的重要性を評価することができる．さらに，以前の結果にその後の新たな応力測定結果を加えることによって予測を修正することができる．

この章では，特に地表面近くの大きな水平応力の原因を説明するためにテクトニクス以外のさまざまな現象を強調した．造構応力はないというのではないが，測定された応力場への造構応力の寄与は以前考えられていたほど大きくはない．

原位置の応力を推定したり応力測定を計画したりする前に，現地の地質の詳細な状況を把握することがいかに重要であるかについてこの章で概括した．岩盤を詳細に記述することは，応力測定計画を最適化し現場の測定結果の解釈に役立つ（Hudson and Cooling, 1988）．それは，対象とする地質環境に最も合った方法を選択する上での助けにもなる．

**参考文献**

Adams, J. and Bell, J.S. (1991) Crustal stresses in Canada, in *The Geology of North America*, Decade Map

# 参考文献

Vol. 1, *Neotectonics of North America*, Geo-logical Society of America, Boulder, Colorado, pp. 367-86.

Ahola, M.P. (1990) Geomechanical evaluation of escarpments subjected to mining induced subsidence, in *Proc. 31st US Symp. Rock. Mech.*, Golden, Balkema, Rotterdam, pp. 129-36.

Akhpatelov, D.M. and Ter-Martirosyan, Z.G. (1971) The stressed state of ponderable semi-infinite domains. *Armenian Acad. Sci. Mech. Bull.*, 24, 33-40.

Aleksandrowski, P., Inderhaug, O.H. and Knapstad, B. (1992) Tectonic structures and well-bore breakout orientation, in *Proc. 33rd US Symp. Rock Mech.*, Santa Fe, Balkema, Rotterdam, pp. 29-37.

Allen, M.D., Chan, S.S.M. and Beus, M.J. (1978) Correlation of in-situ stress measurement and geologic mapping in the Lucky Friday Mine, Mullan, Idaho, in *Proc. 16th Annual Symp. of Eng. Geol. and Soils Eng.*, Idaho Transportation Dept. of Highways, pp. 1-22.

Amadei, B. (1983) *Rock Anisotropy and the Theory of Stress Measurements*, Lecture Notes in Engineering, Springer-Verlag.

Amadei, B. and Pan, E. (1992) Gravitational stresses in anisotropic rock masses with inclined strata. *Int. J. Rock Mech. Min. Sci. & Geomech. Abstr.*, 29, 225-36.

Amadei, B. and Savage, W.Z. (1985) Gravitational stresses in regularly jointed rock masses. A key-note lecture, in *Proc. Int. Symp. on Fundamentals of Rock Joints*, Bjorkliden, Centek Publ., Luleå, 463-73.

Amadei, B. and Savage, W.Z. (1989) Anisotropic nature of jointed rock mass strength. *ASCE J. Eng. Mech.*, 115, 525-42.

Amadei, B. and Savage, W.Z. (1993) Effect of joints on rock mass strength and deformability, in *Comprehensive Rock Engineering* (ed. J.A. Hudson), Pergamon Press, Oxford, Chapter 14, Vol. 3, pp. 331-65.

Amadei, B., Savage, W.Z. and Swolfs, H.S. (1987) Gravitational stresses in anisotropic rock masses. *Int. J. Rock Mech. Min. Sci. & Geomech. Abstr.*, 24, 5-14.

Amadei, B., Savage, W.Z. and Swolfs, H.S. (1988) Gravity-induced stresses in stratified rock masses. *Rock Mech. Rock Eng.*, 21, 1-20.

Anderson, E.M. (1951) *The Dynamics of Faulting and Dyke Formation with Applications to Britain*, Oliver and Boyd, Edinburgh.

Angelier, J. (1979) Determination of the mean principal directions of stresses for a given fault population. *Tectonophysics*, 56, T17-26.

Angelier, J. (1984) Tectonic analysis of fault slip data sets. *J. Geophys. Res.*, 89, 5835-48.

Angelier, J. (1989) From orientation to magnitudes in paleostress determinations using fault slip data. *J. Struct. Geol.*, 11, 37-50.

Angelier, J., et al. (1982) Inversion of field data in fault tectonics to obtain the regional stress − I. Single phase fault populations: a new method of computing the stress tensor. *Geophys. J. Roy. Astron. Soc.*, 69, 607-21.

Arjang, B. (1989) Pre-mining stresses at some hard rock mines in the Canadian shield, in *Proc. 30th US Symp. Rock Mech.*, Morgantown, Balkema, Rotterdam, pp. 545-51.

Arthaud, F. and Mattauer, M. (1969) Exemples de stylolites d'origine tectonique dans le Languedoc. *Bull. Soc. Geol. France*, 11, 738-44.

Artyushkov, E.V. (1971) Rheological properties of the crust and upper mantle according to data on isostatic movements. *J. Geophys. Res.*, 76, 1376-90.

Asmis, H.W. and Lee, C.F. (1980) Mechanistic modes of stress accumulation and relief in Ontario rocks, in *Proc. 13th Can. Symp. Rock Mech.*, Toronto, Canadian Institute of Mining and Metallurgy, CIM Special Vol. 22, pp. 51-5.

Aydan, Ö (1995) The stress state of the Earth and the Earth's crust due to the gavitational pull, in *Proc. 35th US Symp. Rock Mech.*, Lake Tahoe, Balkema, Rotterdam, pp. 237-43.

Aytmatov, I.T. (1986) On virgin stress state of a rock mass in mobile folded areas, in *Proc. Int. Symp. on Rock Stress and Rock Stress Measurements*, Stockholm, Centek Publ., Luleå, pp. 55-9.

Babcock, C.O. (1974a) A new method of analysis to obtain exact solutions for stresses and strains in circular inclusions. US Bureau of Mines Report of Investigation RI 7967.

Babcock, C.O. (1974b) A geometric method for the prediction of stresses in inclusions, orebodies, and mining systems. US Bureau of Mines Report of Investigation RI 7838.

Bandis, S.C., Lumsden, A.C. and Barton, N. (1983) Fundamentals of rock joint deformation. *Int. J. Rock Mech. Min. Sci. & Geomech. Abstr.*, 20, 249-68.

Barton, N. (1976) The shear strength of rock and rock joints. Int. J. Rock Mech. Min. Sci. & Geomech. Abstr., 13, 255-79.

Batchelor, A.S. and Pine, R.J. (1986) The results of in-situ stress determinations by seven methods to depths of 2500m in the Carnmenellis granite, in *Proc. Int. Symp. on Rock Stress and Rock Stress Measurements*, Stockholm, Centek Publ., Luleå, pp. 467-78.

Bauer, S.J., Holland, J.F. and Parrish, D.K. (1985) Implications about in-situ stress at Yucca Mountain, in *Proc. 26th US Symp. Rock Mech.*, Rapid City, Balkema, Rotterdam, pp. 1113-20.

Baumgärtner, J. et al. (1993) Deep hydraulic fracturing stress measurements in the KTB (Germany) and Cajon Pass (USA) scientific drilling projects -a summary, in *Proc. 7th Cong. Int. Soc. Rock Mech. (ISRM)*, Aachen, Balkema, Rotterdam, Vol. 3, pp. 1685-90.

Bielenstein, H.U. and Barron, K. (1971) In-situ stresses. A summary of presentations and discussions given in Theme I at the Conference of Structural Geology to Rock Mechanics Problems. Dept. of Energy, Mines and Resources, Mines Branch, Ottawa, Internal Report MR71.

Blackwood, R.L. (1979) An inference of crustal rheology from stress observations, in *Proc. 4th Cong. Int. Soc. Rock Mech. (ISRM)*, Montreux, Balkema, Rotterdam, Vol.1, pp. 37-44.

Bock, H. (1979) Experimental determination of the residual stress field in a basaltic column, in *Proc. 4th Cong. Int. Soc. Rock Mech. (ISRM)*, Montreux, Balkema, Rotterdam, Vol.1, pp. 45-9.

Brace, W.F and Kohlstedt, D.L. (1980) Limits on lithospheric stress imposed by laboratory experiments. *J. Geophys. Res.*, 85, 6248-52.

Brady, B.H.G., Lemos, J.V. and Cundall, P.A. (1986) Stress measurement schemes for jointed and fractured rock, in *Proc. Int. Symp. on Rock Stress and Rock Stress Measurements*, Stockholm, Centek Publ., Luleå, pp. 167-76.

Brekke, T. and Selmer-Olsen, Ro (1966) A survey of the main factors influencing the stability of underground constructions in Norway, in *Proc. 1st Cong. Int. Soc. Rock Mech. (ISRM)*, Lisbon, Lab. Nac. de Eng. Civil, Lisbon, Vol. II, 257-60.

Broch, E. (1984) Development of unlined pressure shafts and tunnels in Norway. *Underground Space*, 8, 177-84.

Broch, E. and Sorheim, S. (1984) Experiences from the planning, construction and supporting of a road tunnel subjected to heavy rockbursting. *Rock Mech. Rock Eng.*, 17, 15-35.

Brooker, E.W. (1964) The influence of stress history on certain properties of remolded cohesive soils, unpublished PhD Thesis, Univ. of Illinois, 218 pp.

Brown, E.T. and Hoek, E. (1978) Trends in relation-ships between measured in situ stresses and depth. *Int. J. Rock Mech. Min. Sci. & Geomech. Abstr.*, 15, 211-15.

Brown, E.T. and Windsor, C.R. (1990) Near surface in-situ stresses in Australia and their influence on underground construction, in *Proc. Tunnelling Conf.*, Sydney, The Institution of Engineers, Australia, pp. 18-48.

Brown, S.M., Leijon, B.A. and Hustrulid, W.A. (1986) Stress distribution within an artificially loaded, jointed block, in *Proc. Int. Symp. on Rock Stress and Rock Stress Measurements*, Stockholm, Centek Publ., Luleå, pp. 429-39.

Brückl, E. and Scheidegger, A.E. (1974) In situ stress measurements in the copper mine at Mitterberg, Austria, *Rock Mechanics*, 6, 129-39.

Brudy, M. et al. (1995) Application of the integrated stress measurements strategy to 9km depth in the KTB boreholes, in *Proc. Workshop on Rock Stresses in the North Sea*, Trondheim, Norway, NTH and SINTEF Publ., Trondheim, pp. 154-64.

Buchner, F. (1981) Rhinegraben: horizontal stylo-lites indicating stress regimes of earlier stages of rifting. *Tectonophysics*, 73, 113-18.

Bulin, N.K. (1971) The present stress field in the upper parts of the crust. *Geotectonics* (Engl. Transl.), 3, 133-9.

Bunnell, M. D. and Ko, K. C. (1986) In situ stress measurements and geologic structures in an underground coal mine in the Northern Wasatch Plateau, Utah, in *Proc. 27th US Symp. Rock Mech.*, Tuscaloosa, SME/AIME, pp. 333-7.

Burlet, D. and Comet, F.H. (1993) Stress measurements at great depth by hydraulic tests in boreholes, in *Proc. 7th Cong. Int. Soc. Rock Mech. (ISRM)*, Aachen, Balkema, Rotterdam, Vol.3, pp. 1691-7.

Burlet, D. and Ouvry, J.F. (1989) In situ stress inhomogeneity in deep sedimentary formations relative to material heterogeneity, in *Proc. Int. Symp. on Rock at Great Depth*, Pau, Balkema, Rotterdam, Vol.2, 1065-71.

Byerlee, J. (1978) Friction of rocks. *Pure Appl. Geophys.*, 116, 615-26.

Carey, E. and Brunier, B. (1974) Analyse théorique et numérique d'un modele mécanique élémentaire appliqué à l'étude d'une population de failles. *CR Hebd. Seanc. Acad. Sci. Paris*, D, 279, 891-94.

Carlsson, A. and Olsson, T. (1982) Rock bursting phenomena in a superficial rock mass in southern Central Sweden. *Rock Mech.*, 15, 99-110.

Chaplow, R. and Eldred, C.D. (1984) Geotechnical investigations for the design of an extension to the Kariba South underground power station, Zimbabwe, in *Proc. ISRM Symp. on Design and Performance of Underground Excavations*, Cambridge, British Geotechnical Society, London, pp. 213-19.

Chappell, J. (1973) Stress field associated with a dense fault pattern in New Guinea. *J. Geol.*, 81, 705-16.

Chiu, C.H. and Gao, H (1993) Stress singularities along a cycloid rough surface. *Int. J. Solids and Structures*, 30, 2983-3012.

Clark B.R. and Newman, D.B. (1977) Modeling of non-tectonic factors in near-surface in-situ stress

measurements, in *Proc. 18th US Symp. Rock Mech.*, Golden, Johnson Publ.,4C3-1-4C3-6.
Coates, D.F. (1964) Some cases of residual stress effects in engineering work in *Int. Conf. on State of Stress in the Earth's Crust*, Santa Monica, Elsevier, New York, pp. 679-88.
Cooling, C.M., Hudson, J.A. and Tunbridge, L.W. (1988) In-situ rock stresses and their measurements in the UK － Part Ⅱ. Site experiments and stress field interpretation. *Int. J. Rock Mech. Min. Sci. & Geomech. Abstr.*, 25, 371-82.
Cornet, F.H. (1993) Stresses in rocks and rock masses, in *Comprehensive Rock Engineering* (ed. J.A. Hudson), Pergamon Press, Oxford, Chapter17, Vol.3, pp. 297-324.
Coutinho, A. (1949) A theory of an experimental method for determining stresses not requiring an accurate knowledge of the elastic modulus. *Int. Ass. Bridge and Structural Eng. Cong.*, 83(9), Paris.
Cuisiat, F.D. and Haimson, B.C. (1992) Scale effects in rock mass stress measurements. *Int. J. Rock Mech. Min. Sci. & Geomech. Abstr.*, 29, 99-117.
Cundall, P. A. and Strack, O. D. L. (1979) A discrete numerical model for granular assemblies. *Geotechnique*, 29, 47-75.
Denkhaus, H. (1966) General report of Theme IV, in *Proc. 1st Cong. Int. Soc. Rock Mech. (ISRM)*, Lisbon, Lab. Nac. de Eng. Civil, Lisbon, Vol.Ⅲ, pp. 312-19.
Dey, T.N. and Brown, D.W. (1986) Stress measurements in a deep granitic rock mass using hydraulic fracturing and differential strain curve analysis, in *Proc. Int. Symp. on Rock Stress and Rock Stress Measurements*, Stockholm, Centek Publ., Luleå, pp. 351-7.
Doe, T. et al. (1981) Hydraulic fracturing and over-coring stress measurements in a deep borehole at the Stripa test mine, Sweden, in *Proc. 22nd US Symp. Rock Mech.*, MIT Publ., Cambridge, pp. 403-8.
Dolezalova, M. (1974) Geostatic stress state in cross-anisotropic soil deposits, in *Proc. 4th Danube-European Conf. on Soil Mech. and Found. Eng.*, Bled, Yugoslavia, pp. 155-60.
Donnell, L.H. (1941) Stress concentrations due to elliptical discontinuities in plates under edge forces, *T. V. Karman Anniversary Volume*, Cal. Inst. of Tech., pp. 293-309.
Duncan, J.M. and Goodman, R.E. (1968) Finite element analysis of slopes in jointed rocks. Corps of Engineers Report No. CRS-68-3.
Dyke, C.G. (1989) Core discing: its potential as an indicator of principal in situ stress directions, in *Proc. Int. Symp. on Rock at Great Depth*, Pau, Balkema, Rotterdam, Vol.2, 1057-64.
Eisbacher, G.H. and Bielenstein, H.U. (1971) Elastic strain recovery in Proterozoic rocks near Elliot Lake, Ontario. *J. Geophys. Res.*, 76, 2012-21.
Enever, J.R., Walton, R.J. and Windsor, C.R. (1990) Stress regime in the Sydney basin and its implications for excavation design and construction, in *Proc. Tunnelling Conf.*, Sydney, The Institution of Engineers, Australia, 49-59.
Enever, J. R., Walton, R. J. and Wold, M. B. (1990) Scale effects influencing hydraulic fracture and overcoring stress measurements, in *Proc. Int. Workshop on Scale Effects in Rock Masses*, Loen, Balkema, Rotterdam, pp. 317-26.
Engelder, T. (1993) *Stress Regimes in the Lithosphere*, Princeton University Press, Princeton, New Jersey.
Engelder, T. and Sbar, M.L. (1984) Near-surface in-situ stress: introduction. *J. Geophys. Res.*, 89, 9321-2.
Engelder, T. et al. (1978) Near surface in-situ stress pattern adjacent to the San Andreas fault, Palm-

dale, California, in *Proc. 19th US Symp. Rock Mech.*, Reno, Univ. of Nevada Publ., pp. 95-101.

Eriksson, L.G. and Michalski, A. (1986) Hydrostatic conditions in salt domes − a reality or a modeling simplification?, in Proc. *Int. Symp. on Rock Stress and Rock Stress Measurements*, Stockholm, Centek Publ., Luleå, pp. 121-32.

Eshelby, J.D. (1957) The determination of the elastic field of an ellipsoidal inclusion and related problems, in *Proc. Roy. Soc. A*, 241, 376-96.

Etchecopar, A., Vasseur, G. and Daignieres, M. (1981) An inverse problem in microtectonics for the determination of stress tensors from fault striation analysis. *J. Struct. Geol.*, 3, 51-65.

Evans, K.F. (1989) Appalachian stress study, 3, regional scale stress variations and their relation to structure and contemporary tectonics. *J. Geophys. Res.*, 94, 17619-45.

Evans, K.F., Engelder, T. and Plumb, R.A. (1989) Appalachian stress study, 1. A detailed description of in-situ stress variations in Devonian shale of the Appalachian Plateau. J. Geophys. Res., 94, 7129-54.

Fairhurst, C. (1986) In-situ stress determination − an appraisal of its significance in rock mechanics, in *Proc. Int. Symp. on Rock Stress and Rock Stress Measurements*, Stockholm, Centek Publ., Luleå, pp. 3-17.

Franklin, J.A. and Hungr, O. (1978) Rock stresses in Canada: their relevance to engineering projects. *Rock Mech.*, Suppl.6, 25-46.

Friedman, M. (1964) Petrographic techniques for the determination of principal stress directions in rocks, in *Proc. Int. Conf. on State of Stress in the Earth's Crust*, Santa Monica, Elsevier, New York, pp 451-550

Friedman, M. (1972) Residual elastic strain in rocks. *Tectonophysics*, 15, 297-330.

Gao, H. (1991) Stress concentrations at slightly undulating surfaces. *J. Mech. Phys. Solids*, 39, 443-58.

Gay, N.C. (1979) The state of stress in a large dyke on E.R.P.M., Boksburg, South Africa. *Int. J. Rock Mech. Min. Sci. & Geomech. Abstr.*, 16, 179-85.

Gay, N.C. and Van Der Heever, P.J. (1982) In situ stresses in the Klerksdrop gold mining district, South Africa − a correlation between geological structure and seismicity, in *Proc. 23rd US Symp. Rock Mech.*, Berkeley, SME/AIME, pp. 176-82.

Gentry, D.W. (1973) Horizontal residual stresses in the vicinity of a breccia pipe. *Int. J. Rock Mech. Min. Sci. & Geomech. Abstr.*, 10, 19-36.

Gephart, J.W. and Forsyth, D.W. (1984) An improved method for determining the regional stress tensor using earthquake focal mechanism data: application to San Fernando earthquake sequence. *J. Geophys. Res.*, 89, 9305-20.

Germain, P. and Bawden, W.F. (1989) Interpretation of abnormal in situ stress at great depth, in *Proc. Int. Syrup. on Rock at Great Depth*, Pau, Balkema, Rotterdam, Vol.2, pp. 999-1004.

Gerrard, C.M. (1975) Background to mathematical modeling in geomechanics: the roles of fabric and stress history, in *Proc. Int. Symp. on Numerical Methods*, Karlsruhe, Balkema, Rotterdam, pp. 33-120.

Gibson, R.E. (1974) The analytical method in soil mechanics. 14th Rankine Lecture. *Geotechnique*, 24, 115-40.

Goetze, C. and Evans, B. (1979) Stress and temperature in the bending lithosphere as constrained by experimental rock mechanics. *Geophys. J. Roy. Astron. Sac., London*, 59, 463-78.

2 応力場の推定

Goodman, R.E. (1976) *Methods of Geological Engineering*, West Publ.
Goodman, R.E. (1989) *Introduction to Rock Mechanics*, 2nd edn, Wiley.
Gresseth, E.W. (1964) Determination of principal stress directions through an analysis of rock joint and fracture orientation, Star Mine, Burke, Idaho. US Bureau of Mines Report of Investigation RI 6413.
Haimson, B.C. (1977) Recent in-situ stress measurements using the hydrofracturing technique, in *Proc. 18th US Symp. Rock Mech.*, Golden, Johnson Publ., pp. 4C2-1-4C2-6.
Haimson, B.C. (1979) New hydrofracturing measurements in the Sierra Nevada mountains and the relationship between shallow stresses and surface topography, in *Proc. 20th US Symp. Rock Mech.*, Austin, Center for Earth Sciences and Eng. Publ., Austin, pp. 675-82.
Haimson, B.C. (1980) Near surface and deep hydro-fracturing stress measurements in the Waterloo quartzite. Int. *J. Rock Mech. Min. Sci. & Geomech. Abstr.*, 17, 81-8.
Haimson, B.C. (1981) Confirmation of hydrofracturing results through comparisons with other stress measurements, in *Proc. 22nd US Symp. Rock Mech.*, MIT Publ., Cambridge, pp. 409-15.
Haimson, B.C. (1984) Pre-excavation in situ stress measurements in the design of large under-ground openings, in *Proc. ISRM Symposium on Design and Performance of Underground Excavations*, Cambridge, British Geotechnical Society, London, pp. 183-90.
Haimson, B.C. (1990a) Stress measurements in the Sioux Falls quartzite and the state of stress in the Midcontinent, in *Proc. 31st US Symp. Rock Mech.*, Golden, Balkema, Rotterdam, pp. 397-404.
Haimson, B.C. (1990b) Scale effects in rock stress measurements, in *Proc. Int. Workshop on Scale Effects in Rock Masses*, Leon, Norway, Balkema, Rotterdam, pp. 89-101.
Haimson, B.C. and Lee, C.F. (1980) Hydrofracturing stress determinations at Darlington, Ontario, in *Proc. 13th Can. Symp. Rock Mech.*, Toronto, Canadian Institute of Mining and Metallurgy, CIM Special Vol.22, pp. 42-50.
Haimson, B.C. and Lee, M.Y. (1995) Estimating in situ stress conditions from borehole breakouts and core disking − experimental results in granite, in *Proc. Int. Workshop on Rock Stress Measurement at Great Depth*, Tokyo, Japan, 8th ISRM Cong., pp. 19-24.
Haimson, B.C. and Rummel, F. (1982) Hydro-fracturing stress measurements in the Iceland drilling project drillhole at Reydasfjordur, Iceland. *J. Geophys. Res.*, 87, 6631-49.
Haimson, B.C. and Voight, B. (1977) Crustal stress in Iceland. *Pure and Appl. Geophys.*,115, 153-90.
Haimson, B.C., Lee, M. and Herrick, C. (1993) Recent advances in in-situ stress measurements by hydraulic fracturing and borehole breakouts, in *Proc. 7th Cong. Int. Soc. Rock Mech. (ISRM)*, Aachen, Balkema, Rotterdam, Vol.3, pp. 1737-42.
Hansen, K.S. and Purcell, W.R. (1986) Earth stress measurements in the South Belridge oil field, Kern County, California. Paper SPE 15641 presented at 61st Annual Tech. Conf. of SPE, New Orleans.
Hast, N. (1958) The measurement of rock pressures in mines. *Sveriges Geol. Undersokning, Ser. C*, No. 560.
Hast, N. (1967) The state of stress in the upper part of the Earth's crust. *Eng. Geol.*, 2, 5-17.
Hast, N. (1969) The state of stress in the upper part of the Earth's crust. *Tectonophysics*, 8, 169-211.
Hast, N. (1972) Stability of stress distributions in the Earth's crust during geologic times and the formation of iron ore lenses at Malmberget. *Phys. Earth Planet. Inter.*, 6, 221-8.
Hast, N. (1973) Global measurements of absolute stress. *Phil. Trans. Roy. Soc. London*, A, 274, 409-19.

Hast, N. (1974) The state of stress in the upper part of the Earth's crust as determined by measurements of absolute rock stress. *Naturwissenschaften*, 61, 468-75.

Hast, N. (1979) Limit of stresses in the Earth's crust. Rock Mech., 11, 143-50.

Haxby, W.F. and Turcotte, D.L. (1976) Stresses induced by the addition or removal of overburden and associated thermal effects. *Geology*, 4, 181-4.

Hayashi, K. and Masuoka, M. (1995) Estimation of tectonic stress from slip data from fractures in core samples, in *Proc. Int. Workshop on Rock Stress Measurement at Great Depth*, Tokyo, Japan, 8th ISRM Cong., pp. 35-9.

Heim, A. (1878) Untersuchungen über den Mechanismus der Gebirgsbildung, in Anschluss and die *Geologische Monographie der Tödi-Windgälen-Gruppe, B. Schwabe*, Basel.

Herget, G. (1973) Variation of rock stresses with depth at a Canadian iron mine. *Int. J. Rock Mech. Min. Sci.*,10, 37-51.

Herget, G. (1974) Ground stress determinations in Canada. *Rock Mech.*, 6, 53-74.

Herget, G. (1980) Regional stresses in the Canadian shield, in *Proc. 13th Can. Symp. Rock Mech.*, Toronto, Canadian Institute of Mining and Metallurgy, CIM Special Vol.22, pp. 9-15.

Herget, G. (1986) Changes of ground stresses with depth in the Canadian shield, in *Proc. Int. Symp. on Rock Stress and Rock Stress Measurements*, Stockholm, Centek Publ., Luleå, pp. 61-8.

Herget, G. (1987) Stress assumptions for under-ground excavations in the Canadian shield. *Int. J. Rock Mech. Min. Sci. & Geomech. Abstr.*, 24, 95-7.

Herget, G. (1993) Rock stresses and rock stress monitoring in *Canada, in Comprehensive Rock Engineering* (ed. J.A. Hudson), Pergamon Press, Oxford, Chapter 19, Vol.3, pp. 473-96.

Herget, G. and Arjang, B. (1990) Update on ground stresses in the Canadian shield, in *Proc. Conf. on Stresses in Underground Structures*, Ottawa, CANMET, pp. 33-47.

Hoek, E. and Brown, E. T. (1980a) *Underground Excavations in Rock*, Institution of Mining and Metallurgy, London.

Hoek, E. and Brown, E.T. (1980b) Empirical strength criterion for rock masses. *ASCE J. Geotech. Eng.*, 106, 1013-35.

Holzhausen, G.R. and Johnson, A.M. (1979) The concept of residual stress in rock. *Tectonophysics*, 58, 237-67.

Hooker, V.E. and Duvall, W.I. (1966) Stresses in rock outcrops near Atlanta, GA. US Bureau of Mines Report of Investigation RI 6860.

Hooker, V.E., Bickel, D.L. and Aggson, J.R. (1972) In situ determination of stresses in mountainous topography. US Bureau of Mines Report of Investigation RI 7654.

Howard, J.H. (1966) Vertical normal stress in the Earth and the weight of the overburden. *Geol. Soc. Am. Bull.*, 77, 657-60.

Huang, Q. (1989) Modal and vectorial analysis for determination of stress axes associated with fault slip data. *Math. Geol.*, 21, 543-58.

Hudson, J.A. and Cooling, C.M. (1988) In situ rock stresses and their measurement in the UK – Part Ⅰ. The current state of knowledge. *Int. J. Rock Mech. Min. Sci. & Geomech. Abstr.*, 25, 363-70.

Hyett, A.J., Dyke, C.G. and Hudson, J.A. (1986) A critical examination of basic concepts associated with the existence and measurement of in-situ stress, in *Proc. Int. Symp. on Rock Stress and Rock Stress*

*Measurements*, Stockholm, Centek Publ., Luleå, pp. 387-91.

Jaeger, J.C. and Cook, N.G.W. (1963) Pinching off and discing of rocks. *J. Geophys. Res.*, 86, 1757-65.

Jaeger, J.C. and Cook, N.G.W. (1976) *Fundamentals of Rock Mechanics*, 2nd edn, Chapman & Hall, London.

James, P. (1991) Stress and strain during river downcutting. *Austr. Geomech.*, 28-31.

Jeffery, R.L and North, M.D. (1993) Review of recent hydrofracture stress measurements made in the Carboniferous coal measures of England, in *Proc. 7th Cong. Int. Soc. Rock Mech. (ISRM)*, Aachen, Balkema, Rotterdam, Vol.3, pp. 1699-1703.

Judd, W.R. (1964) Rock stress, rock mechanics and research, in *Proc. Int. Conf. on State of Stress in the Earth's Crust*, Santa Monica, Elsevier, New York, pp. 5-54.

Kanagawa, T. et al. (1986) In situ stress measurements in the Japanese Islands: overcoring results from a multi-element gauge at 23 sites. *Int. J. Rock Mech. Min. Sci. & Geomech. Abstr.*, 23, 29-39.

Kim, K. and Schmidt, B. (1992) Characterization of the state of in situ stress for the design of the Superconducting Super Collider interaction hall, in *Proc. Eurock '92: Int. Symp. on Rock Characterization*, Chester, UK, British Geotechnical Society, London, pp. 462-7.

Kim, K. and Smith, C.S. (1980) Hydraulic fracturing stress measurements near the Keneenaw fault in upper Michigan, in *Proc. 13th Can. Symp. Rock Mech.*, Toronto, Canadian Institute of Mining and Metallurgy, CIM Special Vol.22, pp. 24-30.

Kirby, S.H. (1983) Rheology of the lithosphere. *Rev. Geophys. Space Phys.*, 21, 1458-87.

Klein, R.J. and Barr, M.V. (1986) Regional state of stress in western Europe, in *Proc. Int. Symp. on Rock Stress and Rock Stress Measurements*, Stockholm, Centek Publ., Luleå, pp. 33-44.

Klein, R.J. and Brown, E.T. (1983) The state of stress in British rocks. Report DOE/RW/83.8.

Knill, J.L. (1968) Geotechnical significance of some glacially induced rock discontinuities. *Bull. Assoc. Eng. Geol.*, 5, 49-62.

Kohlbeck, F., Scheidegger, A.E. and Sturgul, J.R. (1979) Geomechanical model of an Alpine valley. *Rock Mech.*, 12, 1-4.

Kramer, A. et al. (1994) Borehole televiewer data analysis from the New Hebrides Island Arc: the state of stress at holes 829A and 831B, in *Proc. ODP, Science Results*, Ocean Drilling Program, College Station, Texas.

Kropotkin, P.N. (1972) The state of stress in the Earth's crust as based on measurements in mines and on geophysical data. *Phys. Earth Planet. Inter.*, 6, 214-18.

Kulhawy, F.H., Jackson, C.S. and Mayne, P.W. (1989) First order estimation of $K_o$ in sands and clays, in *Proc. Foundation Engineering Cong.*, Evanston, ASCE, pp. 121-34.

Kutter, H.K. (1993) Influence of drilling method on borehole breakouts and core disking, in Proc. 7th Cong. Int. Soc. *Rock Mech. (ISRM)*, Aachen, Balkema, Rotterdam, Vol.3, pp. 1659-64.

Lade, P.V. (1993) Rock strength criteria: the theories and evidence, in *Comprehensive Rock Engineering* (ed. J.A. Hudson), Pergamon Press, Oxford, Chapter 11, Vol.3, pp. 255-82.

Lambe, T.W. and Whitman, R.V. (1969) Soil Mechanics, Wiley, New York. Lang, P.A., Thompson, P.M. and Ng, L.K.W. (1986) The effect of residual stress and drill hole size on the in situ stress determined by overcoring, in *Proc. Int. Symp. on Rock Stress and Rock Stress Measurements*, Stockholm, Centek Publ., Luleå pp. 687-94.

Lee, C.F. (1981) In-situ stress measurements in southern Ontario, in *Proc. 22nd US Symp. Rock Mech.*,

MIT Publ., Cambridge, pp. 465-72.

Lee, C.F and Lo, K.Y. (1976) Rock squeeze of two deep excavations at Niagara Falls, in Rock Engineering for Foundations and Slopes, in *Proc. ASCE Specialty Conf.*, Boulder, 116-40.

Lee, F.T., Nichols, T.C. and Abel, J.F. (1969) Some relations between stress, geologic structure, and underground excavation in a metamorphic rock mass West of Denver, Colorado. US Geol. Surv. Prof. Pap., 650-C, pp.C127-39.

Lee, F.T., Abel, J. and Nichols, T.C. (1976) The relation of geology to stress changes caused by underground excavation in crystalline rocks at Idaho Springs, Colorado. *US Geol. Surv. Prof. Pap.*, 965, Washington.

Leeman, E.R. (1964) The measurement of stress in rock. *J. South Afr. Inst. Mining Metall.*, 65, 45-114.

Leijon, B.A. (1986) Application of the LUT triaxial overcoring techniques in Swedish mines, in *Proc. Int. Symp. on Rock Stress and Rock Stress Measurements*, Stockholm, Centek Publ., Luleå pp. 569-79.

Li, F. (1986) In situ stress measurements, stress state in the upper crust and their application to rock engineering, in *Proc. Int. Symp. on Rock Stress and Rock Stress Measurements*, Stockholm, Centek Publ., Luleå, pp. 69-77.

Liao, J.J., Savage, W.Z. and Amadei, B. (1992) Gravitational stresses in anisotropic ridges and valleys with small slopes. *J. Geophys. Res.*, 97, 3325-36.

Lim, H.-U. and Lee, C.-I. (1995) Fifteen years' experience on rock stress measurements in South Korea, in *Proc. Int. Workshop on Rock Stress Measurement at Great Depth*, Tokyo, Japan, 8th ISRM Cong., pp. 7-12.

Lindner, E.N. (1985) In situ stress indications around Lake Ontario, in *Proc. 26th US Syrup. Rock Mech.*, Rapid City, Balkema, Rotterdam, pp. 575-90.

Lindner, E.N. and Halpern, E.N. (1977) In-situ stress: an analysis, in *Proc. 18th US Symp. Rock Mech.*, Johnson Publ., Golden, pp. 4C1-1-4C1-7.

Ling, C.B. (1947) On the stresses in a notched plate under tension. *J. Math. Phys.*, 26, 284-9.

Liu, L. and Zoback, M.D. (1992) The effect of topography on the state of stress in the crust: application to the site of the Cajon Pass Scientific Drilling Project. *J. Geophys. Res.*, 97, 5095-108.

Lo, K.Y. (1978) Regional distribution of in-situ horizontal stresses in rocks in southern Ontario. Can. Geotech. J., 15, 371-81.

Lo, K.Y., et al. (1975) Stress relief and time-dependent deformation of rocks, in Final Report to National Research Council of Canada, Special Project S-7307.

Lo, K.Y. and Morton, J.D. (1976) Tunnels in bedded rock with high horizontal stresses. *Can. Geotech. J.*, 13, 216-30.

Martin, C.D. and Chandler, N.A. (1993) Stress heterogeneity and geological structures. *Int. J. Rock Mech. Min. Sci. & Geomech. Abstr.*, 30, 993-9.

Martin, C.D. and Simmons, G.R. (1993) The Atomic Energy of Canada Limited Underground Research Laboratory: an overview of geo-mechanics characterization, in *Comprehensive Rock Engineering* (ed. J.A. Hudson), Pergamon Press, Oxford, Chapter 38, Vol.3, pp. 915-50.

Martin, C.D., Martino, J.B. and Dzik, E.J. (1994) Comparison of borehole breakouts from laboratory and field tests, in *Proc. Eurock' 94*, Delft, Balkema, Rotterdam, pp. 183-90.

Martna, J. (1988) Distribution of tectonic stresses in mountainous areas, in *Proc. Int. Symp. on*

*Tunneling for Water Resources and Power Projects*, New Delhi.

Martna, J. and Hansen, L. (1986) Initial rock stresses around the Vietas headrace tunnels no. 2 and 3, Sweden, in *Proc. Int. Symp. on Rock Stress and Rock Stress Measurements*, Stockholm, Centek Publ., Luleå pp. 605-13.

Matheson, D.S. and Thomson, S. (1973) Geological implications of valley rebound. *Can. J. Earth Sci.*, 10, 961-78.

Mattauer, M. (1973) *Les Déformations des Matériaux de l' Ecorce Terrestre*, Herman Publ., Paris.

Maury, V. (1987) Observations, researches and recent results about failure mechanisms around single galleries, in *Proc. 6th Cong. Int. Soc. Rock Mech. (ISRM)*, Montreal, Balkema, Rotterdam, Vol.2, pp. 1119-28.

McClintock, F.A. and Argon, A.S. (1966) *Mechanical Behavior of Materials*, Addison-Wesley.

McCutchen, W.R. (1982) Some elements of a theory for in-situ stress. *Int. J. Rock Mech. Min. Sci. & Geomech. Abstr.*, 19, 201-3.

McGarr, A. (1980) Some constraints on levels of shear stress in the crust from observation and theory. *J. Geophys. Res.*, 85, 6231-8.

McGarr, A. (1988) On the state of lithospheric stress in the absence of applied tectonic forces. *J. Geophys. Res.*, 93, 609-17.

McGarr, A. and Gay, N.C. (1978) State of stress in the Earth's crust. *Ann. Rev. Earth Planet. Sci.*, 6, 405-36.

McKenzie, D.P. (1969) The relation between fault plane solutions for earthquakes and the directions of the principal stresses. *Seism. Soc. Am. Bull.*, 50, 595-601.

McTigue, D.F. and Mei, C.C. (1981) Gravity induced stresses near topography of small slopes. *J. Geophys. Res.*, 86, 9268-78.

McTigue, D.F. and Mei, C.C. (1987) Gravity induced stresses near axisymmetric topography of small slopes. *Int. J. Num. Anal. Math. Geomech.*, 11, 257-68.

McTigue, D.F. and Stein, R.S. (1984) Topographic amplification of tectonic displacement: Implications for geodetic measurement of strain changes. *J. Geophys. Res.*, 89, 1123-31.

Meissner, R. and Strehlau, J. (1982) Limits of stresses in the continental crust and their relation to the depth-frequency distribution of shallow earth-quakes. *Tectonics*, 1, 73-89.

Michael, A.J. (1984) Determination of stress from slip data: faults and folds. J. Geophys. Res., 89, 11517-26.

Mills, K.W., Pender, M.J. and Depledge, D. (1986) Measurement of in situ stress in coal, in *Proc. Int. Symp. on Rock Stress and Rock Stress Measurements*, Stockholm, Centek Publ., Luleå, pp. 543-49.

Molinda, M. et al. (1992) Effects of horizontal stress related to stream valleys on the stability of coal mine openings. US Bureau of Mines Report of Investigation RI 9413.

Moos, D. and Zoback, M.D. (1990) Utilization of observations of well bore failure to constrain the orientation and magnitude of crustal stresses: application to continental, deep sea drilling project and ocean drilling program boreholes. *J. Geophys. Res.*, 95, 9305-25.

Mount, V.S. and Suppe, J. (1987) State of stress near the San Andreas fault: implications for wrench tectonics. *Geology*, 15, 1143-6.

Müller, B. et al. (1992) Regional patterns of tectonic stress in Europe. *J. Geophys. Res.*, 97, 11783-803.

Müller, O. and Pollard, D.D. (1977) The stress state near Spanish Peaks, Colorado determined from a dike pattern. *Pure Appl. Geophys.*, 115, 69-86.

Myrvang, A.M. (1976) Practical use of rock stress measurements in Norway, in *Proc. ISRM Symp. on Investigation of Stress in Rock, Advances in Stress Measurement*, Sydney, The Institution of Engineers, Australia, pp. 92-9.

Myrvang, A.M. (1993) Rock stress and rock stress problems in Norway, in *Comprehensive Rock Engineering* (ed. J.A. Hudson), Pergamon Press, Oxford, Chapter 18, Vol.3, pp. 461-71.

Myrvang, A., Hansen, S.E. and Sørensen, T. (1993) Rock stress redistribution around an open pit mine in hard rock. *Int. J. Rock Mech. Min. Sci. & Geomech. Abstr.*, 30, 1001-4.

Nakamura, K. (1977) Volcanoes as possible indicators of tectonic stress orientation − principle and proposal. *J. Volcanol. Geotherm. Res.*, 2, 1-16.

Nakamura, K., Jacob, K.H. and Davies, J.N. (1977) Volcanoes as possible indicators of tectonic stress orientation − Aleutians and Alaska. *Pure and Appl. Geophys.*, 115, 87-112.

Natau, O., Borm, G. and Rockel, Th. (1989) Influence of lithology and geological structure on the stability of the KTB pilot hole, in *Proc. Rock at Great Depth*, Pau, Balkema, Rotterdam, pp. 1487-90.

Nichols, T.C. (1975) Deformations associated with relocation of residual stresses in a sample of Barre granite from Vermont. *US Geol. Surv. Pap.*, 875.

Nichols, T.C. and Savage, W.Z. (1976) Rock strain recovery - factor in foundation design, in *Rock Engineering for Foundations and Slopes, ASCE Specialty Conf.*, Boulder, Vol.1, pp. 34-54.

Niwa, Y. and Hirashima, K.I. (1971) The theory of the determination of stress in an anisotropic elastic medium using an instrumented cylindrical inclusion, in *Mem. Faculty Eng., Kyoto University*, 33, 221-32.

Obara, Y. et al. (1995) Measurement of stress distribution around fault and considerations, in *Proc. 2nd Int. Conf. on the Mechanics of Jointed and Faulted Rock*, Vienna, Balkema, Rotterdam, pp. 495-500.

Obert, L. and Stephenson, D.E. (1965) Stress conditions under which core discing occurs. *SME Trans.*, 232, 227-35.

Ode, H. (1957) Mechanical analysis of the dike pattern of the Spanish Peaks area, Colorado. *Geol. Soc. Am. Bull.*, 38, 567-76.

Orowan, E. (1948) Classification and nomenclature of internal stresses, in *Proc. Symp. on Internal Stresses, Inst. Metals*, 47-59.

Orr, C.M. (1975) High horizontal stresses in near surface rock masses, in *Proc. 6th Regional Conf. for Africa on Soil Mech. Found. Engr.*, Durban, pp. 201-6.

Ortlepp, W.D. and Gay, N.C. (1984) Performance of an experimental tunnel subjected to stresses ranging between 50MPa and 230MPa, in *Proc. ISRM Symp. on Design and Performance of Underground Excavations*, Cambridge, British Geotechnical Society, London, 337-46.

Oudenhoven, M.S., Babcock, C.O. and Blake, W. (1972) A method for the prediction of stresses in an isotropic inclusion or orebody of irregular shape. US Bureau of Mines Report of Investigation RI 7645.

Palmer, J.H.L. and Lo, K.Y. (1976) In situ stress measurements in some near-surface rock formations − Thorold, Ontario. *Can. Geotech. J.*, 13, 1-7.

Pan, E. and Amadei, B. (1993) Gravitational stresses in long asymmetric ridges and valleys in anisotropic rock. *Int. J. Rock Mech. Min. Sci. & Geomech. Abstr.*, 30, 1005-8.

Pan, E. and Amadei, B. (1994) Stresses in an anisotropic rock mass with irregular topography. *ASCE J. Eng. Mech.*, 120, 97-119.

Pan, E., Amadei, B. and Savage, W.Z. (1994) Gravitational stresses in long symmetric ridges and valleys in anisotropic rock. *Int. J. Rock Mech. Min. Sci. & Geomech. Abstr.*, 31, 293-312.

Pan, E., Amadei, B. and Savage, W.Z. (1995) Gravitational and tectonic stresses in anisotropic rock with irregular topography. *Int. J. Rock Mech. Min. Sci. & Geomech. Abstr.*, 32, 201-14.

Parker, J. (1973) The relationship between structure, stress, and moisture. *Eng. and Mining J.*, October, 91-5.

Pickering, D.J. (1970) Anisotropic elastic parameters for soils. *Geotechnique*, 20, 271-6.

Pine, R.J. and Batchelor, A.S. (1984) Downward migration of shearing in jointed rock during hydraulic injections. *Int. J. Rock Mech. Min. Sci. & Geomech. Abstr.*, 21, 249-63.

Pine, R.J. and Kwakwa, K.A. (1989) Experience with hydrofracture stress measurements to depths of 2. 6km and implications for measurements to 6km in the Carnmenellis granite. *Int. J. Rock Mech. Min. Sci. & Geomech. Abstr.*, 26, 565-71.

Plumb, R.A. (1994) Variations of the least horizontal stress magnitude in sedimentary rocks, in *Proc. 1st North Amer. Rock Mech. Symp.*, Austin, Balkema, Rotterdam, pp. 71-8.

Plumb, R.A., Evans, K.F. and Engelder, T. (1991) Geophysical log responses and their correlation with bed-to-bed stress contrasts in Paleozoic rocks, Appalachian Plateau, NY. *J. Geophys. Res.*, 96, 14509-28.

Pollard, D.D. (1978) Forms of hydraulic fractures as deduced from field studies of sheet intrusions, in *Proc. 19th US Symp. Rock Mech.*, Reno, Univ. of Nevada Publ., pp. 1-9.

Pollard, D.D. and Segall, P. (1987) Theoretical displacements and stresses near fractures in rock: with applications to faults, joints, veins, dikes, and solution surfaces, in *Fracture Mechanics of Rock*, Academic Press, London, pp. 277-349.

Preston, D.A. (1968) Photoelastic measurement of elastic strain recovery in outcropping rocks. *Trans. AGU*, Abstract, 49, p. 302.

Price, N.J. (1966) *Fault and Joint Development in Brittle and Semi-Brittle Rocks*, Pergamon Press, London.

Price, N.J. (1974) The development of stress systems and fracture patterns in undeformed sediments, in *Proc. 3rd Cong. Int. Soc. Rock Mech. (ISRM)*, Denver, Nat. Academy of Sciences, Washington, DC, 487-96.

Price, N.J. and Cosgrove, J.W. (1990) Analysis of Geological Structures, Cambridge University Press.

Reches, Z. (1987) Determination of the tectonic stress tensor from slip along faults that obey the Coulomb yield condition. *Tectonics*, 6, 849-61.

Rosengren, L. and Stephansson, O. (1990) Distinct element modelling of the rock mass response to glaciation at Finnsjön, Central Sweden. SKB Technical Report 90-40, Stockholm.

Rosengren, L. and Stephansson, O. (1993) Modelling of rock mass response to glaciation at Finnsjon, Central Sweden. *Tunnelling and Under-ground Space Technol.*, 8, 75-82.

Rummel, F. (1986) Stresses and tectonics of the upper continental crust - a review, in *Proc. Int. Symp. on Rock Stress and Rock Stress Measurements*, Stockholm, Centek Publ., Luleå, pp. 177-86.

Rummel, F., Höhring-Ermann, G. and Baumgärtner, J. (1986) Stress constraints and hydrofracturing stress data for the continental crust. *Pure Appl. Geophys.*, 124, 875-95.

Russell, J.E. and Hoskins, E.R. (1973) Residual stresses in rock, in *Proc. 14th US Symp. Rock Mech.*, University Park, ASCE Publ., pp. 1-24.

Salamon, M.D.G. (1968) Elastic moduli of a stratified rock mass. *Int. J. Rock Mech. Min. Sci.*, 5, 519-27.

Savage, J.C. (1983) Strain accumulation in the western United States. *Ann. Rev. Earth Planet. Sci.*, 11, 11-43.

Savage, J.C., Proscott, W.H. and Lisowski, M. (1987) Deformation along the San Andreas fault 1982-1986 as indicated by frequent geodolite measurements. *J. Geophys. Res.*, 92, 4785-97.

Savage, W.Z. (1978) The development of residual stress in cooling rock bodies. *Geophys. Res. Lett.*, 5, 633-6.

Savage, W.Z. (1994) Gravity induced stresses in finite slopes. *Int. J. Rock Mech. Min. Sci. & Geomech. Abstr.*, 31, 471-83.

Savage, W.Z. and Swolfs, H.S. (1986) Tectonic and gravitational stress in long symmetric ridges and valleys. *J. Geophys. Res.*, 91, 3677-85.

Savage, W.Z., Swolfs, H.S. and Powers, P.S. (1985) Gravitational stress in long symmetric ridges and valleys. *Int. J. Rock Mech. Min. Sci. & Geomech. Abstr.*, 22, 291-302.

Savage, W.Z., Swolfs, H.S. and Amadei, B. (1992) On the state of stress in the near surface of the Earth's crust. *Pure Appl. Geophys.*, 138, 207-28.

Sbar, M.L. and Sykes, L.R. (1973) Contemporary compressive stress and seismicity in eastern North America: an example of intra-plate tectonics. *Geol. Soc. Am. Bull.*, 84, 1861-82.

Sbar, M.L. et al. (1979) Stress pattern near the San Andreas fault, Palmdale, California, from near-surface in situ measurements. *J. Geophys. Res.*, 84, 156-64.

Scheidegger, A.E. (1977) Geotectonic stress determination in Austria, in *Proc. Int. Symp. on Field Measurements in Rock Mechanics*, Zurich, Balkema, Rotterdam, Vol.1, pp. 197-208.

Scheidegger, A.E. (1982) Principles of Geodynamics, 3rd edition, Springer-Verlag. Scheidegger, A.E. (1995) Geojoints and geostresses, in *Proc. 2nd Int. Conf. on the Mechanics of Jointed and Faulted Rock*, Vienna, Balkema, Rotterdam, pp. 3-35.

Selmer-Olsen, R. (1974) Underground openings filled with high pressure water or air. *Bull. Int. Ass. Eng. Geol.*, 9, 91-5.

Sezawa, K. and Nishimura, G. (1931) Stresses under tension in a plate with heterogeneous insertions. *Aero. Res. Inst.* (Tokyo, Japan), 6, 25-45.

Shamir, G. and Zoback, M.D. (1992) Stress orientation profile to 3.5km depth near the San Andreas fault at Cajon Pass, California. *J. Geophys. Res.*, 97, 5059-80.

Sheorey, P. R. (1994) A theory for in-situ stresses in isotropic and transversely isotropic rock. *Int. J. Rock Mech. Min. Sci. & Geomech. Abstr.*, 31, 23-34.

Silvestri, V. and Tabib, C. (1983a) Exact determination of gravity stresses in finite elastic slopes: Part I. Theoretical considerations. *Can. Geotech. J.*, 20, 47-54.

Silvestri, V. and Tabib, C. (1983b) Exact determination of gravity stresses in finite elastic slopes: Part II. Applications. *Can. Geotech. J.*, 20, 55-60.

Skempton, A. (1961) Horizontal stresses in an over-consolidated Eocene clay, in *Proc. 5th Int. Cong. Soil Mech.*, Paris, Vol.1, pp. 531-37.

Smith, R.B. and Bruhn, R.L. (1984) Intraplate extensional tectonics of the Eastern Basin Range. *J. Geophys. Res.*, 89, 5733-62.

Solomon, S.C., Sleep, N.H. and Richardson, R.M. (1975) On the forces driving plate tectonics: inferences from absolute plate velocities and intra-plate stresses. *Geophys. J. Roy. Astron. Soc.*, 42, 769-801.

Solomon, S.C., Richardson, R. and Bergrnan, E.A. (1980) Tectonic stress: models and magnitudes. *J. Geophys. Res.*, 85, 6086-92.

Spicak, A. (1988) Interpretation of tectonic stress orientation on the basis of laboratory model experiments. *Phys. Earth Planet. Inter.*, 51, 101-6.

Srolovitz, D.J. (1989) On the stability of surfaces of stressed solids. *Acta Metall.*, 37, 621-5.

Stacey, T.R. (1982) Contribution to the mechanism of core discing. *J. South Afr. Inst. Mining Metall.*, 269-74.

Steiner, W. (1992) Swelling rock in tunnels: characterization and effect of horizontal stresses, in *Proc. Eurock '92: Int. Symp. on Rock Characterization*, Chester, UK, British Geotechnical Society, London, pp. 163-73.

Stephansson, O. (1988) Ridge push and glacial rebound as rock stress generators in Fennoscandia, in *Geological Kinematics and Dynamics: From Molecules to the Mantle* (ed. C. Talbot), Bull. Geol. Inst. Upps., Spec. Issue, NS, 14, 39-48.

Stephansson, O. (1993) Rock stress in the Fennoscandian shield, in *Comprehensive Rock Engineering* (ed. J.A. Hudson), Pergamon Press, Oxford, Chapter 17, Vol.3, pp. 445-59.

Stephansson, O., Särkkä, P. and Myrvang, A. (1986) State of stress in Fennoscandia, in *Proc. Int. Symp. on Rock Stress and Rock Stress Measurements*, Stockholm, Centek Publ., Lulea, pp. 21-32.

Stephansson, O., Savilahti, T. and Bjarnason, B. (1989) Rock mechanics of the deep borehole at Gravberg, Sweden, in *Proc. Int. Symp. on Rock at Great Depth*, Pau, Balkema, Rotterdam, Vol.2, pp. 863-70.

Stephansson, O., Ljunggren, C. and Jing, L. (1991) Stress measurements and tectonic implications for Fennoscandia. *Tectonophysics*, 189, 317-22.

Stephen, R.M. and Pirtz, D. (1963) Application of birefringent coating to the study of strains around circular inclusions in mortar prisms. *SESA Experimental Mech.*, 3, 91-7.

Sturgul, J.R., Scheidegger, A.E. and Greenshpan, Z. (1976) Finite element model of a mountain massif. *Geology*, 4, 439-42.

Sugawara, K. and Obara, Y. (1993) Measuring rock stress, in *Comprehensive Rock Engineering* (ed. J.A. Hudson), Pergamon Press, Oxford, Chapter 21, Vol.3, pp. 533-52.

Sugawara, K. and Obara, Y. (1995) Rock stress and rock stress measurements in Japan, in *Proc. Int. Workshop on Rock Stress Measurement at Great Depth*, Tokyo, Japan, 8th ISRM Cong., pp. 1-6.

Swolfs, H.S. (1984) The triangular stress diagram − a graphical representation of crustal stress measurements. *US Geol. Surv. Prof. Pap.*, 1291, Washington, 19 pp.

Swolfs, H.S. and Savage, W.Z. (1985) Topography, stresses, and stability at Yucca Mountain, Nevada, in *Proc. 26th US Symp. Rock Mech.*, Rapid City, Balkema, Rotterdam, pp. 1121-9.

Swolfs, H.S., Handin, J. and Pratt, H.R. (1974) Field measurement of residual strain in granitic rock masses, in *Proc. 3rd Cong. Int. Soc. Rock Mech. (ISRM)*, Denver, National Academy of Sciences, Washington, DC, 2A, pp. 563-568.

Sykes, L.R. and Sbar, M.L. (1973) Intraplate earthquakes, lithosphere stresses and the driving mechanisms of plate tectonics. *Nature*, 245, 298-302.

Szymanski, J.C. and Harper, T.R. (1979) Interpretation of in-situ strain relief measurements: stress redistribution associated with heterogeneity, in *Proc. 20th US Symp. Rock Mech.*, Austin, pp. 691-4.

Talobre, J.A. (1967) *La Mecanique des Roches*, 2nd edn, Dunod, Paris.

Te Kamp, L., Rummel, F. and Zoback, M.D. (1995) Hydrofrac stress profile to 9km at the German KTB site, in *Proc. Workshop on Rock Stresses in the North Sea*, Trondheim, Norway, NTH and SINTEF Publ., Trondheim, pp. 147-53.

Terzaghi, K. (1962) Measurement of stresses in rock. *Geotechnique*, 12, 105-24.

Terzaghi, K. and Richart, F.E. (1952) Stresses in rock about cavities. *Geotechnique*, 3, 57-90.

Ter-Martirosyan, Z.G. and Akhpatelov, D.M. (1972) The stressed state of an infinite slope with a curvilinear boundary object to a field of gravity and percolation. *J. Probl. Geomech.*, 5, 81-91.

Ter-Martirosyan, Z.G., Akhpatelov, D.M. and Manvelyan, R.G. (1974) The stressed state of rock masses in a field body forces, in *Proc. 3rd Cong. Int. Soc. Rock Mech. (ISRM)*, Denver, National Academy of Sciences, Washington DC, Part A, pp. 569-74.

Teufel, L.W. (1986) In situ stress and natural fracture distribution at depth in the Piceance Basin, Colorado: implications to stimulation and production of low permeability gas reservoirs, in *Proc. 27th US Symp. Rock Mech.*, Tuscaloosa, SME/AIME, pp. 702-8.

Teufel, L.W. and Farrell, H.E. (1990) In situ stress and natural fracture distribution in the Ekofisk field, North Sea. Sandia National Lab. Report No. SAND-90-1058C.

Teufel, L.W., Rhett, D.W. and Farrell, H.E. (1991) Effect of reservoir depletion and pore pressure drawdown on in-situ stress and deformation in the Ekofisk Field, North Sea, in *Proc. 32nd US Symp. Rock Mech.*, Balkema, Rotterdam, pp. 63-72.

Tinchon, L. (1987) Evolution des contraintes naturelles en fonction de la profondeur et de la tectonique aux Houillères du bassin de Lorraine. *Revue de l'Industrie Minerale-Mines et Carriéres-les Techniques*, 69, 281-8.

Towse, D.F. and Heuze, F.E. (1983) Estimating in-situ stresses and rock mass properties from geological and geophysical data: applications in the hydraulic fracturing of tight gas reservoirs. Lawrence Livermore National Laboratory Report UCRL-53443.

Tullis, T.E. (1977) Reflections on measurement of residual stress in rock. *Pure Appl. Geophys.*, 115, 57-68.

Turcotte, D.L. (1973) Driving mechanisms for plate tectonics. *Geofisica Internac.*, 13, 309-15.

Turcotte, D.L. and Oxburgh, E.R. (1973) Mid-plate tectonics. Nature, 244, 337-9.

Turcotte, D.L. and Schubert, G. (1982) *Geodynamics: Applications of Continuum Physics to Geological Problems*, Wiley.

Turner, F.J. and Weiss, L.E. (1963) *Structural Analysis of Metamorphic Tectonites*, McGraw-Hill.

Van Heerden, W.L. (1976) Practical application of the CSIR triaxial strain cell for rock stress measurements, in *Proc. ISRM Symposium on Investigation of Stress in Rock, Advances in Stress Measurement*, Sydney, The Institution of Engineers, Australia, pp. 1-6.

Varnes, D.J. (1970) Model for simulation of residual stress in rock, in *Proc. 11th US Symp. Rock Mech.*, Berkeley, SME/AIME, 415-26.

Varnes, D.J. and Lee, F.T. (1972) Hypothesis of mobilization of residual stress in rock. *Geol. Soc. Am. Bull.*, 83, 2863-6.

Vernik, L. and Zoback, M.D. (1992) Estimation of maximum horizontal principal stress magnitude from stress-induced well bore breakouts in the Cajon Pass scientific research borehole. *J. Geophys. Res.*, 97, 5109-19.

Voight, B. (1966a) Interpretation of in-situ stress measurements. Panel Report on Theme IV, in *Proc. 1st Cong. Int. Soc. Rock Mech. (ISRM)*, Lisbon, Lab. Nac de Eng. Civil, Lisbon, Vol. III, pp. 332-48.

Voight, B. (1966b) Beziehung Zwischen grossen Horizontalen Spannungen im Gebirge und der Tektonik und der Abtragung, in *Proc. 1st Cong. Int. Soc. Rock Mech. (ISRM)*, Lisbon, Lab. Nac. de Eng. Civil, Lisbon, Vol. II, pp. 51-6.

Voight, B. (1971) Prediction of in-situ stress patterns in the Earth's crust, in *Proc. Int. Symp. on the Determination of Stresses in Rock Masses*, Lab. Nac. de Eng. Civil, Lisbon, pp. 111-31.

Voight, B. and Hast, N. (1969) The state of stresses in the upper part of the Earth's crust: a discussion. *Eng. Geol.*, 3, 335-44.

Voight, B. and St. Pierre, B.H.P. (1974) Stress history and rock stress, in *Proc. 3rd Cong. Int. Soc. Rock Mech. (ISRM)*, Denver, National Academy of Sciences, Washington DC, 2A, pp. 580-82.

Warpinski, N.R. (1989) Determining the minimum in-situ stress from hydraulic fracturing through perforations. *Int. J. Rock Mech. Min. Sci. & Geomech. Abstr.*, 26, 523-31.

Warpinski, N.R. and Teufel, L.W. (1987) In-situ stresses in low permeability, nonmarine rocks, in *Proc. SPE/DOE Joint Symp. on Low Permeability Reservoirs*, Denver, Paper SPE/DOE 16402, pp. 125-38.

Warpinski, N.R. and Teufel, L.W. (1991) In-situ stress measurements at Rainier Mesa, Nevada Test Site - influence of topography and lithology on the stress state in tuff. *Int. J. Rock Mech. Min. Sci. & Geomech. Abstr.*, 28, 143-61.

Warpinski, N.R., Branagan, P. and Wilmer, R. (1985) In situ stress measurements at US DOE's multiwell experiment site, Mesaverde group, Rifle, Colorado. *J. Petrol. Technol.*, 37, 527-36.

White, J.M., Hoskins, E.R. and Nilssen, T.J. (1978) Primary stress measurement at Eisenhower Memorial Tunnel, Colorado. *Int. J. Rock Mech. Min. Sci. & Geomech. Abstr.*, 15, 179-82.

Whitehead, W.S., Hunt, E.R. and Holditch, S.A. (1987) The effects of lithology and reservoir pressure on the in-situ stresses in the Waskon (Travis Peak) field, in *Proc. SPE/DOE Joint Symp. on Low Permeability Reservoirs*, Denver, Paper SPE/DOE 16403, pp. 139-52.

Wong, I.G. (1993) The role of geological discontinuities and tectonic stresses in mine seismicity, in *Comprehensive Rock Engineering* (ed. J.A. Hudson), Pergamon Press, Oxford, Chapter 15, Vol.5, pp. 393-410.

Worotnicki, G. and Denham, D. (1976) The state of stress in the upper part of the Earth's crust in Australia according to measurements in mines and tunnels and from seismic observations, in *Proc. ISRM Symposium on Investigation of Stress in Rock, Advances in Stress Measurement*, Sydney, The Institution of Engineers, Australia, pp. 71-82.

Worotnicki, G. and Walton, R.J. (1976) Triaxial hollow inclusion gauges for determination of rock stresses in-situ, Supplement to *Proc. ISRM Symposium on Investigation of Stress in Rock, Advances in Stress Measurement*, Sydney, The Institution of Engineers, Australia, pp. 1-8.

Zoback, M.D. (1991) State of stress and crustal deformation along weak transform faults. *Phil. Trans. Roy. Soc. London*, A, 337, 141-50.

Zoback, M.D. (1993) In situ stress measurements and geologic processes, in *Lecture Notes of the Short*

*Course on Modern* In-Situ *Stress Measurement Methods*, 34th US Symp. Rock Mech., Madison, Wisconsin.

Zoback, M.D. and Healy, J.H. (1992) In-situ stress measurements to 3.5km depth in the Cajon Pass scientific research borehole: implications for the mechanics of crustal faulting. *J. Geophys. Res.*, 97, 5039-57.

Zoback, M.D. et al. (1987) New evidence of the state of stress of the San Andreas fault system. *Science*, 238, 1105-11.

Zoback, M.D. et al. (1993) Upper-crustal strength inferred from stress measurements to 6 km depth in the KTB borehole. *Nature*, 365, 633-5.

Zoback, M.L. (1989) State of stress and modem deformation of the Northern Basin and Range province. *J. Geophys. Res.*, 94, 7105-28.

Zoback., M.L. (1992) First- and second-order patterns of stress in the lithosphere: The World Stress Map project. *J. Geophys. Res.*, 97, 11703-28.

Zoback, M.L. and Zoback, M.D. (1980) State of stress in the conterminous United States. *J. Geophys. Res.*, 85, 6113-56.

Zoback, M.L. et al. (1989) Global patterns of tectonic stress. *Nature*, 341, 291-8.

# 原位置応力の測定法 3

## 3.1 はじめに

　岩盤物性に比べると岩の応力は測定することが難しい量である．"応力は仮想の量なので，実際，直接測定することは不可能である．間接的な方法によって測定した結果から，固体の応力を推測することが可能なだけである"と Leeman（1959）は述べている．応力は2階のデカルトテンソルで表すことができるので，3次元の完全な原位置応力場を決定するには少なくとも6つの独立した情報を必要とする．

　一般に，すべての原位置応力測定技術は岩を擾乱することから成る．擾乱に伴う反応は，ひずみ，変位，水圧として測定され，岩の挙動を表す構成則に関するいくつかの仮定を設けることによって解析される．すなわち，そうした擾乱過程における測定値が解析に用いられるのである．初期応力を測定するときの必要条件は，自然または人工の掘削境界から遠く離れた領域において，擾乱に対する岩の反応を測定することである．地下空洞の場合には空洞幅または直径の少なくとも1.5～2倍の距離が必要である．また，岩盤の不均質部や断層による応力の乱れを意図的に測定することが目的でない限り，そのような箇所を避けて測定を行うのが望ましい．

　原位置の応力測定計画を立案するときには，いくつかの要素を考慮する必要がある．
（1）地形，岩の種類，地質構造，異方性，不均質，大きな応力の可能性など，地質と環境側面（およびそれらのばらつき）を正しく把握しなければならない．最も適切な応力測定方法と測定位置を選択するうえで，他にもましてそれらの要素が重要であり，測定結果の解釈においても役立つ．判断材料として必要な他の要素は，水の存在，岩と水の温度，外的条件の影響可能性などである．
（2）応力測定の目的，特に対象プロジェクトにその結果がどのように反映されるのかを明確にしなければならない．このことは，応力測定法と測定位置の選択，必

## 3 原位置応力の測定法

表3.1 原位置応力の測定法とそれらの方法に関与する岩の体積

| 測 定 方 法 | | 体積（m³） |
|---|---|---|
| 水圧法 | 水圧破砕法 | 0.5～50 |
| | スリーブ破砕法 | $10^{-2}$ |
| | HTPF法（既存亀裂の水圧法） | 1～10 |
| 応力解放法 | 壁面応力解放法 | 1～2 |
| | アンダーコアリング法 | $10^{-3}$ |
| | ボアホール応力解放法（オーバーコアリング，ボアホールスロッティングなど） | $10^{-3}$～$10^{-2}$ |
| | 大岩体の応力解放法（立坑掘り上がり法，アンダーエキスカベーション法など） | $10^2$～$10^3$ |
| ジャッキ法 | フラットジャッキ法 | 0.5～2 |
| | カーブジャッキ法 | $10^{-2}$ |
| ひずみ回復法 | ASR法（非弾性ひずみ回復法） | $10^{-3}$ |
| | DSCA法（差ひずみ曲線解析法） | $10^{-4}$ |
| ボアホールブレイクアウト法 | キャリパー，ディップメータ | $10^{-2}$～$10^2$ |
| | ボアホールテレビュアー | $10^{-2}$～$10^2$ |
| その他の方法 | 断層すべり解析 | $10^8$ |
| | 地震発震機構解析 | $10^9$ |
| | 間接的方法（Kaiser効果） | $10^{-4}$～$10^{-3}$ |
| | 時間依存性材料の中の計器 | $10^{-2}$～1 |
| | 残留応力測定 | $10^{-5}$～$10^{-3}$ |

要な測定回数，掘削方向や深度の決定に影響を及ぼす．
(3) 必要な装置と要員を確保する．
(4) 測定現場への交通手段や設備を確認する．
(5) 応力測定のために利用できる予算と時間を見積もる．
(6) 最後に，そのプロジェクトで得られた応力は同じ位置または別の位置で，いくつかの直接的あるいは間接的な方法で確認する必要がある．この取り組みは，測定の一貫性と信頼性の尺度を提供するので非常に重要である．各々の方法で得られたデータを別々に解析し，各々の方法と関連して単純化された仮定が妥当であるかどうかをチェックすべきである．異なる方法によるデータを組み合わせることで原位置応力にさらに厳しい制約を課すことができる．各々の方法によるデータ数が限られている時には，それらを組合せることは不可欠である．また，そのプロジェクトのいくつかの段階において，最も適したひとつまたは複数の方法を用いて応力測定を実施するのが良い．たとえば，Enever (1993) はプロジェクトの初期計画の段階では水圧破砕法を用い，さらに正確な原位置応力状態を把握するにはオーバーコアリング測定を行うことを推奨している．一般に，それぞれの特性を考えていくつかの方法を組み合わせることは，原位置応力場のより信頼

できる評価を得るための助けとなる．ハイブリッド応力測定法を用いる利点については Haimson (1988)，Cornet (1993)，Brudy et al. (1995) が述べている．
　ここ 30 年以上にわたって，原位置応力を測定するためのさまざまな技術が開発，改良されてきた．表 3.1 に示すようにこれらの方法は主に 6 つのグループに分けることができる．すなわち，水圧法，応力解放，ジャッキ法，ひずみ回復法，ボアホールブレイクアウト法およびその他の方法である．この章では，種々の方法の概要，その利点と欠点の要約，適用範囲などを紹介する．最初の 5 つの方法はそれぞれ本書の章のタイトルとなっている．またこの章では，種々の応力測定法に関連する岩の体積に関する議論を紹介し，応力決定における不確実性の原因についても検討する．

## 3.2　水圧法

　水圧法（hydraulic method）はボアホールで原位置の応力状態を測定する方法である．パッカーによって区切られたボアホールのある区間に圧力を作用させ，既存の割れ目が開くか新たな割れ目が形成されるまで加圧する．所定の深度で割れ目を開き，生成，進展，維持，再開口させるために必要な流体圧を測定すれば現在の原位置応力を知ることができる．応力の方向は，水圧で生成または開いた割れ目の方位を観察，測定することによって決定できる．
　水圧法は，水圧破砕法，スリーブ破砕法および HTPF 法（既存亀裂の水圧法）の 3 つのサブグループに分けられる．これらの 3 つの方法は岩の変形特性についての詳細な情報を必要としないこと，地下水面下でもさほどの困難なく実施できることに利点がある．水圧法については第 4 章においてさらに詳細に論じる．

### 3.2.1　水圧破砕法

　3 つの水圧法のなかで水圧破砕法（hydraulic fracturing）は格段に普及している．この方法を初めて応力測定に適用したのは Fairhurst (1964) である．この方法は非常に深い鉛直孔のさまざまな岩盤条件（ただし連続的な）において適用された．現在までに実施された最も深い試験は 6〜9 km の深度である（Te Kamp, Rummel and Zoback, 1995）．この方法では，鉛直と水平の応力は主応力で鉛直応力は上載岩の重量によると仮定される．ボアホールの試験区間に水または掘削泥水を圧入することによって岩を割り，その結果生じる割れ目の方位をテレビュアーかインプレッションパッカーを用いて測定する．水圧破砕法による原位置応力測定のほとんどのデータは，鉛直の割れ目が形成されることによって得られている．その場合，最小水平応力は圧

力-時間記録において割れ目が閉じる圧力（シャットイン圧力と呼ばれる）から求めることができるが，それについてはいくつかの解釈が提案されている．最大水平応力は，圧力-時間記録，等方媒体中の円孔周りの応力集中および岩の引張強度から決定される．引張強度としてどの値を用いるべきか，岩の種類に応じた応力解析方法（Kirsch の解や破壊力学），温度，流体，多孔質弾性の影響などに関してさまざまな解釈が提案されている．水圧破砕法を鉛直の裸孔（open hole）で行えば，最小，最大の両水平応力成分を決定することができる．石油やガスの業界で一般的なケーシングを用いた孔井では，ケーシングに開けた細孔（perforations）を通して最小水平応力だけを正確に決定することができる．

多孔質岩における水圧破砕法試験の解釈は一般に難しい．また，堆積岩層における水圧破砕法には少なくとも 2〜3 m，できればそれ以上の厚い層を必要とする．超大深度のボアホールにように非常に大きな応力や 200℃を超える非常に高い温度などの厳しい条件下では，水圧破砕法の適用は制約を受ける．そのようなところでは岩を割ることは困難であり，バルブ，パイプ，パッカーなどには特別な装置が必要である．また，岩は延性で非線形挙動を呈し，ボアホールブレイクアウトが生じるかもしれない．

### 3.2.2 スリーブ破砕法

スリーブ破砕法（sleeve fracturing）は水圧破砕法と同様であるが，岩を破砕するために流体を圧入しなくてもよいという大きな利点がある．この方法は Stephansson (1983) によって初めて提案された．従来の水圧破砕法と同様にネオプレンの硬質ゴムスリーブをボアホールに挿入して加圧した時，加圧力が岩の引張強度を上回るとボアホール壁面に割れ目が発生し，原位置の最小水平応力と直交方向に広がる．ボアホールに垂直な面内における最大，最小主応力は，ボアホール壁面に発生したひとつまたはふたつの割れ目のブレイクダウン圧力と再開口圧力から Kirsch 解を用いて決定される．割れ目の方位はインプレッションパッカーを用いて測定する．破砕するまではこの試験は本質的にダイラトメータ試験であり，岩のポアソンの比を仮定して岩盤の変形係数を求めることができる．スリーブ破砕法の欠点は，水圧破砕法に比べてブレイクダウン圧力が不明瞭なため試験結果の解釈に不確実性が伴うことである．他の制約は，泥水圧によって誘発された引張り亀裂（induced fracture）がボアホール壁面から遠くまで広がらないことである．

### 3.2.3 HTPF 法

HTPF 法（hydraulic test on pre-existing fracture）は水圧破砕法には違いないが，

ボアホールが鉛直でなく，原位置の主応力に直交しないような大深度における唯一の原位置応力決定方法である．Cornet（1986）が初めて提案したこの方法は，ふたつのパッカーの間に挟まれた既知の方位の既存割れ目を再開口する方法である．その観点からすれば，健全な岩を対象とする水圧破砕法と対照的である．流体をわずかな流量で圧入することにより，割れ目に作用する垂直応力に釣り合う流体圧を正確に測定することができる．方位が既知の平行でない他の割れ目についても測定が繰り返される．割れ目に作用する垂直応力は原位置応力場の6応力成分とそれに対する割れ目の方位に依存するので，主応力の方位や岩の構成挙動に関して何も仮定を設けることなく原位置の6応力成分を未知数とする連立方程式を立てることができる．HTPF法は，試験を行った岩体における原位置応力場の側方および鉛直方向への変化を記述することもできる．さらに，この方法は岩の引張強度を必要とせず，間隙圧の影響もない．HTPF法の装置は水圧破砕法と同じである．HTPF試験を実施するときには，垂直応力が一様で形状が平面的とみなせるだけの大きさの割れ目を対象とすることに特に留意する必要がある．HTPF法は応力場が連続的とみなせる領域にあるさまざまな傾斜と走向の割れ目に対して多数の試験を必要とする．さらに，各々の単一割れ目を対象とするので，岩盤があまり破砕されていないことが必要である．HTPF法は均質な岩盤では有効であるが，異質の層状岩層などにはうまく適用できないことが指摘されている（Burlet, Cornet and Feuga, 1989）．

## 3.3 応力解放法

応力解放法の基本的概念は，岩塊を周囲の応力場から部分的または完全に切離し，その反応を計測することである．応力を解放するには，オーバーコアリング，アンダーコアリング，溝切り，掘削など種々の方法がある．応力は水圧法のように加えられた圧力に関係するのではなく，解放（除荷）過程に伴う岩石，ボアホール，周辺岩盤のひずみまたはそれらの変位を測定することによって求められる．応力解放試験の成功は，(1) 応力 − ひずみ（または変位）関係の確立，(2) 試験による岩盤物性の決定，(3) 小さなひずみまたは変位を捉えるための十分に敏感な測定器の準備，などに大きく依存する．一般的には，線形弾性理論によってひずみまたは変位を原位置の応力成分と関連づけている．ボアホールや壁面の応力解放法では割れ目のない岩体を必要とするが，アンダーエキスカベーションのような方法ではそれらの制約がない．もともと硬岩のために開発された応力解放法は，軟岩や岩塩，カリ塩のような蒸発岩への適用性は高くない．これらの岩盤条件における成功率は様々であることが知られて

いる.

1930年代初期からいくつかの応力解放法が提案された.それらは以下の3つの主要なグループに分けられる.
(1) 地下または地表の掘削岩盤面においてひずみまたは変位を測定する方法
(2) ボアホールで計器を用いる方法
(3) 大きな岩体の反応に関連した方法

応力解放方法については第5章でさらに詳細に論じる.

### 3.3.1 壁面応力解放法

壁面応力解放法は地下空洞壁面上の原位置応力を決定するために用いられた最初の方法である.まず,岩の表面にゲージまたはピンが取り付けられ,次いで,カットまたは掘削による応力解放過程の前後のゲージやピンの位置を記録することによって岩の反応が測定される.よく知られた方法はDuvall(1974)によるアンダーコアリング (undercoring) グである.それは,直径10インチ(254 mm)の円上に60°間隔で設置された6本のピンの中心に6インチ(152 mm)の孔を掘削する方法である.掘削によって誘発されるピンの変位から岩盤壁面の原位置応力成分が導かれる.

しかし,壁面応力解放法には多くの制約がある.まず,ゲージやピンの機能は湿気とちりに影響される.次に,ひずみや変位の測定は風化や空洞掘削過程そのものによって乱され影響を受ける.第3に,空洞の壁面で局所的に測定された応力を遠方の応力成分に結びつけるためには応力集中係数を仮定しなければならない.

### 3.3.2 ボアホール応力解放法

ボアホールに計器を設置する方法はオーバーコアリング法として最も一般的に用いられる応力解放法である.それは全応力解放法に分類される.まず,応力を測定する深度まで大孔径の孔が掘削される.いくつかの方法では小さなパイロット孔がその孔底から掘削される.ひずみまたは変位を測定する装置がパイロット孔に挿入された後に大孔径の掘削が再開され,挿入された装置によるひずみまたは変位の変化が記録される.そのためにさまざまな装置が利用されている.現場で高い成功率を示している装置には,南アフリカのCSIR三軸ひずみセル(Leeman and Hayes, 1966),オーストラリアのCSIRO Hollow Inclusion (HI) Cell (Worotnicki and Walton, 1976),米国鉱山局のUSBMゲージ(Merrill, 1967)がある.これらの装置は岩盤表面から10〜50 m以内の距離で岩盤の条件が良いところに適用される.そして,少なくとも150〜300 mmの連続コアを必要とする.CSIR三軸ひずみセルやUSBMゲージにつ

## 3.3 応力解放法

いてはさまざまな改良版が提案され，その中には500〜1000 mの深度の水に満ちた鉛直孔でテストされたものもある．

その他にも，大孔径の孔底に装置を取り付けてオーバーコアリングする方法もある．この方法はパイロット孔を必要とせず，南アフリカCSIRのドアストッパー法（Leeman, 1971）として岩盤表面から60 m以内の深度で用いられている．その上，他のオーバーコアリング法のように長いオーバーコアリングの必要はない．首尾よくオーバーコアリングするにはわずか50 mmの長さのコアがあればよいので，軟岩や破砕岩およびコアディスキングが発生するような大きな応力の下で応力を測定する場合には非常に有用な方法である．

日本ではさらに最新の技術が開発されている．それは，球状または円錐状のひずみセルをパイロット孔の孔底に貼付けてオーバーコアリングする方法である（Kobayashi et al., 1991; Sugawara and Obara, 1995）．パイロット孔の孔底面を特殊なドリルビットを用いて球状または円錐状に切削・研磨し，ひずみセルを岩に接着する．オーバーコアリングの間にひずみの変化が連続的に記録される．CSIRドアストッパーと同様，オーバーコアリングに必要なコアの長さはわずかである．

オーバーコアリングの間に岩の挙動を計測する計器の種類によっては，完全な応力状態を決定するにはひとつ，ふたつまたは3つの平行でないボアホールが必要になるものもある．水圧破砕法のように原位置応力場に関する仮定をおく必要はないが，原位置の湿って埃っぽい環境や岩盤の条件が悪い場合には，計器を設置する上でいくつかの問題がある．それらの問題の多くはその後改善された．複数のボアホールを用いるときには，対象とする領域にわたって応力場が均質であることが要求される．

オーバーコアリング法の成功率が50 %を超えることはまれである（Herget, 1993）．オーバーコアリング法は原位置応力の大きさによって制約を受け，孔壁や孔底における応力の大きさが岩の強度を上回らない深度においてのみ適用することができる．コアディスキングや孔壁がせん断破壊し薄い岩片が剥落する現象（shearing off）は，オーバーコアリング時のひずみや変位の測定を非常に難しくし，解析を無意味なものにするかもしれない．Hast（1979）はこれらの現象からオーバーコアリングによる測定可能な最大応力をおよそ100 MPaとしている．Herget（1986）はカナダ楯状地の高強度の岩を対象に深度2100 mで130 MPaの応力を測定したことを報告している．

'ボアホールスロッティング'と呼ばれる斬新的で独特の応力解放法がBock and Foruria（1983）とBock（1986）によって提案された．それは，ボアホールの壁面に120°間隔で3本の縦の溝を切る方法である．接線応力の解放によって生ずる接線ひずみが各々のスロット近傍のボアホール表面で測定される．少しのオーバーコアリン

グも必要としない部分的な解放法である．この方法は迅速であり，計器は再使用可能で応力解放とひずみ測定機能を備えているが，二次元解析に限られている．

### 3.3.3　大きな岩体の応力解放

ボアホール壁面の応力解放法の最大の欠点は，小さな体積の岩盤を対象としていることである．したがって，測定された応力は岩石の鉱物組成や粒子サイズの変化に敏感である．そこで，非常に大きな岩体の応力解放法が提案された．ひとつの方法は，大きな直径で掘削された立坑において，その壁面上のいくつかのひずみゲージをオーバーコアリングする方法である（Brady, Friday and Alexander, 1976; Brady, Lemos and Cundall, 1976; Chandler, 1993）．得られた各測定点のデータからそれぞれの局所応力を決定したり，すべての測定結果から全体の平均的な応力を決定することができる．

他の方法は地下空洞掘削に伴う挙動を利用することである．Zajic and Bohac (1986) と Sakurai and Shimizu (1986) がこの方法を同時に提案している．この方法の特徴は，掘削中のひとつまたは複数の空洞断面の変位を測定することである．変位は理論的または数値解析的な方法（有限要素法，境界要素法）によって原位置応力場と関連づけられる．岩盤の力学特性については通常単純な仮定が用いられる．Wiles and Kaiser (1994) によるアンダーエキスカベーション（under-excavation）法と呼ばれる逆解析法は，掘削中の切羽近傍の測定結果を用いるものである．CSIR や CSIRO HI セルによるひずみ，コンバージェンスゲージ，エクステンソメータ，クロージャーメータ，ティルトメータ，傾斜計による変位などの測定結果が，三次元原位置応力場を決定するために組み合わせて用いられる．原位置の応力場は三次元境界要素方法を用い，掘削の進行に伴って測定された変位とひずみの変化に最も適合する応力場として決定される

## 3.4　ジャッキ法

ジャッキ法は応力補償法（stress conpeusating method）とも呼ばれる．岩盤の表面に平面または円形の溝を切ることで応力の釣り合いが乱される．これによって生じた変形が溝の近傍に設置した標点ピンまたはひずみゲージで順次測定される．この溝にジャッキを挿入し，すべての変形がなくなるまでジャッキを加圧して平衡状態を回復させる．岩盤を弾性体と仮定し加圧によるその応答から原位置応力が決定される．

フラットジャッキ法はジャッキ法のなかの代表的な方法である．フラットジャッキを用いる場合，補償圧力がジャッキ面に垂直な応力の推定値とされる．ひとつのフ

ラットジャッキ試験からは原位置応力場の1成分しか得られないため，完全な原位置応力場を得るために六方向の試験が必要になる．

フラットジャッキ法は岩盤力学において原位置応力を測定するために初めて用いられた方法のひとつである（Mayer, Habib and Marchand, 1951）．この方法は1950年代と1960年代には一般に普及していた．フラットジャッキ法の大きな利点は，空洞壁面の接線応力を決定する際に岩の弾性定数を必要としないこと，応力を直接測定できることにある．さらに，フラットジャッキ法に用いる装置は頑丈で安定しており，比較的大きな体積を測定対象とすることができるので，大きな領域の応力を決定することができる．一方で，フラットジャッキ法にはその適用範囲を制限する多くの欠点と制約がある．ジャッキ法については第6章でさらに広く論じる．

## 3.5 ひずみ回復法

ひずみ回復法は掘削に伴うコアサンプルの反応を測定する方法で，応力解放法としていくつかの方法がある．

その中の非弾性ひずみ回復（ASR）法と呼ばれる方法は，ボアホールから採取した定方位コアのひずみ変化を測定し，原位置応力状態からの応力解放に伴うひずみ回復（ゆるみ）を測定するものである（Teufel, 1982）．回復した主ひずみの方向が原位置の主応力方向に一致すると仮定される．ASR法により原位置応力の大きさを決定するには，除荷に伴う岩の粘弾性モデルを必要とする．解析では通常鉛直応力を仮定する．

もうひとつの差ひずみ曲線解析（DSCA）法と呼ばれる方法は，定方位コアからカットした立方体の試料に静水圧を作用させる方法である（Strickland and Ren, 1980）．掘削時に発生または開口したマイクロクラックは圧力を加えることによって閉じる．静水圧下の立方体サンプルの応答が，各面にあらかじめ貼り付けたひずみゲージによって測定される．最低6つのひずみゲージを用いることで，マイクロクラックの閉鎖による主ひずみとその方向を決定することができる．現在の原位置主応力の方向と3つの主応力比は以下の仮定を置くことで決定される．

(1) コアサンプル中の大部分のマイクロクラックは現在の原位置応力の解放により生じる．
(2) 原位置の応力テンソル（stress tensor）はクラックの閉鎖によるひずみテンソルと同じ方向である．
(3) 任意の方向のクラックの容積は，その方向の原位置応力の大きさと比例する．

ひずみ回復法は,他の方法が適用できない深い所や,小さなコアだけしか得られない場合に有効である.文献に紹介されたいくつかの例によれば,この方法は特に水圧法と組み合わせることで原位置応力を合理的に評価することができる.ひずみ回復法については第7章でさらに詳細に論じる.

## 3.6 ボアホールブレイクアウト法

ボアホール周辺の岩は掘削に伴う圧縮応力の集中を支えられない場合がある.その場合にはボアホール壁面の向き合った面が破壊して直径が大きくなる「ブレイクアウト」が生ずる.鉛直孔では,原位置の最小水平応力方向がブレイクアウトの方向に一致する.ディップメータやボアホールテレビュアーのような手段で鉛直孔をロギングすれば,ブレイクアウトによる最大,最小水平主応力の方位と深度に伴う方位変化を把握することができる.

ブレイクアウトはあらゆる岩の数キロメートルもの深いボアホールの原位置応力方位の指標として利用されている.最も深いブレイクアウトの解析は,旧ソ連のコラ半島のおよそ11.6 kmの深度で実施された (Zoback, Mastin and Barton, 1986).一般に,ブレイクアウトは地表面近くの応力測定と地震の発震機構で求められる深部の応力のギャップを埋めるのに役立つ.ブレイクアウトは直接の応力測定が困難な大深度の応力指標として有用である.

ブレイクアウトの形状に関していくつかの試みが提案されているが,原位置応力の大きさを推定するためにそれを用いることは一般に困難である.いくつかのモデルでは,原位置の主応力を水平と鉛直に仮定してブレイクアウトの形成を検討している.従来のアプローチでは,ブレイクアウトがせん断で形成され,その位置はKirschの解で予測できると考えられていた.Kirschの解は無限遠方から作用する三次元応力場に置かれた線形弾性,等方均質の連続体中の円孔周辺の応力を与えるものである.破壊の発生箇所を決定するために,弾性応力場にMohr-Coulombの破壊規準が導入された.岩石の物性に異方性や時間依存性がある場合,あるいは孔壁が降伏している場合にはこの理論の適用は制約される.これらの制約にもかかわらず,ボアホールブレイクアウトは世界応力分布図プロジェクトにおいて応力帯を定義する上で主要な役割を果たしており,鉛直孔の水平主応力方向の信頼できる指標となっている.ボアホールブレイクアウト (borehole breakout) 法については第8章でさらに論じる.

## 3.7 その他の方法

### 3.7.1 断層すべり解析

2.14.1 節で論じたように，断層における鏡肌の卓越方向の把握により原位置応力場の大きさのみならずその方位までも決定することができる．露頭規模の大きな体積の岩盤にかかわるこの方法は，以下の3つの仮定に基づいている．
(1) 断層面にある鏡肌の条線（striae）の卓越方向は，その条線をつくった未知の応力テンソルと関連がある
(2) 各々の断層面の運動方向は，その面に作用しているせん断応力と平行である．
(3) 断層運動は独立している．
この方法の適用範囲を制限する上で，これらの条件は重要である．

この方法の大きな利点は岩盤の変形性について何も情報がいらないということにある．しかし，Coulomb の摩擦則と前述の仮定が解析の前提なので，現在の原位置応力場を決定するためにこの方法を用いる場合，解析に用いる鏡肌が現在の応力場だけに関連するという十分な証拠が必要である．Hayashi and Masuoka（1995）が言うように，露頭の代わりにコアサンプルの割れ目の線状構造用いる場合でも同じ制約がある．原位置応力を決定するために定方位コアサンプルの線状構造を用いることは，岩盤工学において非常に大きな可能性がある．

### 3.7.2 地震の発震機構

2.14.2 節で論じたように，地震の初動解析によって，断層の性状，3つの原位置主応力成分の相対的な大きさと方位を得ることができる．この方法は，地殻の中心部または大深度（5〜20 km）の非常に大きな岩体に関する原位置応力の情報を得ることができる唯一の方法である．地殻深部のプレート境界で起こる大地震に最も有効であるが，プレート内部の小地震や，鉱山，油田，ガス田近傍の小地震にも適用できる．

### 3.7.3 間接的な方法

間接的な方法というのは，応力変化に伴う物理的，力学的，あるいはその他の岩の特性の変化によって応力を評価する方法である．ひずみと変位を用いる応力解放法の他にも，空洞変位の測定（Martin, 1989），音響法（Rivkin, Zapolskiy and Bogdanov, 1956），地震または微小地震法（Bridges et al., 1976; Martin, Read and Lang, 1990;

Swolfs and Handin, 1976; Talebi and Young, 1989), 音波または超音波法 (Aggson, 1978; Mao et al., 1984; Pitt and Klosterman, 1984; Sun and Peng, 1989), 放射性同位元素法 (Riznichanko et al., 1967), 核磁気共鳴法 (Cook, 1972), 電磁法 (Petu-khov, Marmorshteyn and Morozov, 1961) などがある. ホログラフィー法 (Smither, Schmitt and Ahrens, 1988; Smither and Ahrens, 1991; Schmitt and Li, 1993) は, ボアホール壁面の異なる3箇所に掘削した小孔の応力解放に伴う変位を, 二重露光式のホログラム (double-exposure optical holograms) を用いて測定する方法である. これらのさまざまな方法は, 完全を期するためにここ挙げたが, 実際にはまだ普及していないので本書では議論の対象とはしない.

Kaiser効果法は原位置応力を決定するための将来性ある方法として少なからぬ注目に値する. 金属の音響放出 (acoustic emission, AE) に関するKaiser (1950) の研究により, 金属に与えられた応力が特定の値から減少し再び増加するとき, 応力が先行値を上回るとともに音響放出の割合に有意な増加があることが見出された. Kaiser効果と呼ばれるこの現象を利用して原位置応力を決定するためにいくつかの試みがなされている. これまで長い間, 種々の方向に切り出したコアサンプルを実験室で繰返し一軸圧縮する際の音響放出をモニターすることにより, 原位置の岩が受けていた応力を推定することができると仮定されていた. Kaiser効果 (Kaiser effect) に関してなされた各種の研究についてはHolcomb (1993) がレビューしている. Kaiser効果とその他の方法によって決定される応力にかなり良い相関関係があることを幾人もの著者が示しているが, 一軸圧縮試験時に発生する音響放出を用いて原位置の応力を求めることは正当でないことをHolcomb (1993) の研究は明らかにした.

### 3.7.4 時間依存性材料の中の計器

応力を加えられたクリープ性岩盤のボアホールに測定のための計器を設置することにより, 理論的には原位置応力を測定することができる. 粘弾性理論によれば, 確かに計器中の応力は時間とともに岩の絶対応力に近づき一定になるだろう (Peleg, 1968). したがって, 岩のクリープ特性がわかれば, より短い期間の計器の出力から応力を推定することができる (Berry and Fairhurst, 1966; Leeman, 1971).

他の応力測定法では成功を期し難い岩塩やカリ塩のような粘弾性岩の応力を測定するためにこの発想が用いられた. 岩盤やボアホールに設置して絶対応力を測定したりその後の応力変化をモニターするために, 振動ワイヤー応力計やフラットジャッキ, Glötzlセルのようなボアホール型圧力セルが用いられている. ドイツではNatau, Lempp and Borm (1986) が, コロラド州デンバーの米国鉱山局ではLu (1986) が

この方法を適用している．Lu（1986）は岩塩と石炭における絶対応力や応力変化を把握するために，3つの圧力セル（ひとつの円筒セルとふたつのフラットセル）のシステムを用いた．

### 3.7.5 残留応力の測定

第2章で論じたように，残留応力はそれ自身でひとつの項目に分類されるべき少なくともふたつの異なるスケール，すなわち顕微鏡スケールと巨視的スケールで存在していることは研究者の合意を得ているようである．どの程度の大きさを考慮の対象とするかにより，残留応力の測定に用いる方法は様々である．結晶や鉱物のような顕微鏡スケールで可能な方法には，熱量測定法，X線法，点掘削法やセンターホール掘削法などがある．これらの方法は Voight（1966）や Bock（1979）などにレビューされているが，金属における残留応力の研究から派生したものである．供試体から岩盤までの巨視的なレベルでは，オーバーコア試料のダブルオーバーコアリング（double overcoring）や，オーバーコア試料のアンダーコアリング（訳注：原著ではアンダーコアのアンダーコアリングとなっているがオーバーコアの間違いと思われる）が望ましい．

## 3.8 応力測定における岩盤の体積

上述のすべての方法において対象とする岩盤の体積は数オーダー異なっている．概算の体積を表3.1のリストに示す．この表によれば，岩盤の大きな体積を対象とした応力測定法はごく少ない．地殻中心部やより深部の応力情報を得ることができる地震発震機構解析は，最も大きな $10^9$ m$^3$ オーダーの岩盤の体積に関与している．断層すべり解析法は，断層面の大きさにより，それよりわずかに少ない $10^8$ m$^3$ オーダーの体積を反映している．これに次ぐのは大規模な岩盤の応力解放法である．たとえば，Brady, Lemos and Cundall（1986）の立坑掘り上がり試験\*（bored raise test）に影響する岩盤の全体積はおよそ 100 m$^3$ と見積もられる（図 3.1a）．Zou and Kaiser（1990）や Wiles and Kaiser（1994）によると，アンダーエキスカベーション（under-excavation）法は数百から数千 m$^3$ の体積に関与している（図 3.1b）．これらのすべての方法では，局所的な岩盤の不規則性の影響は取り除かれて原位置応力場の平均値が得られる．

---

\*訳注：大孔径ボーリング機でパイロット孔を掘削し，下部よりリーミングアップして立坑を掘削する方法をレイズボーラー工法といい，その立坑の壁面においてオーバーコアリングする方法

## 3 原位置応力の測定法

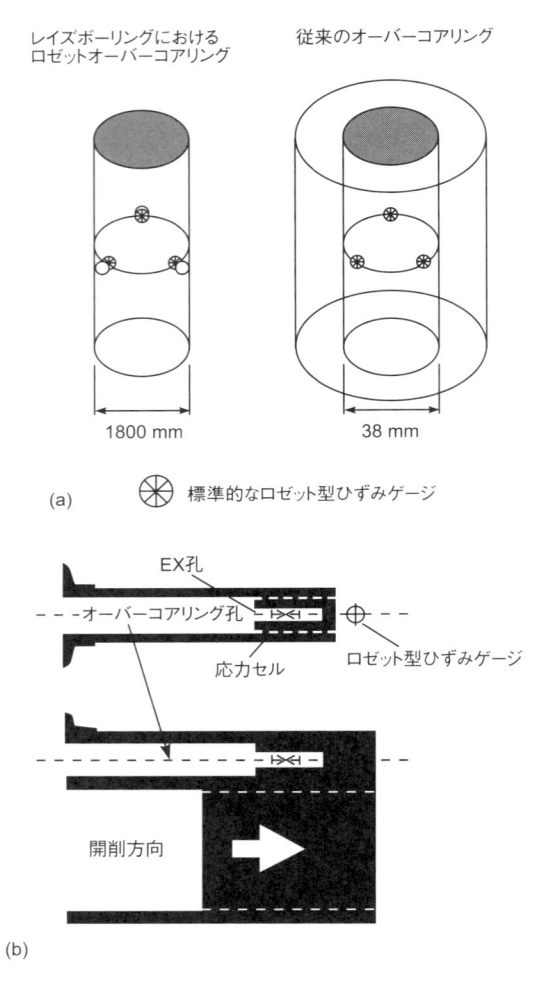

図3.1 従来より大きな岩盤体積を対象とする応力測定法の例. (a) ひずみロゼットゲージを直径1.8mの縦坑壁面に設置した立坑掘り上がり法 (b) 空洞掘削時に近傍岩盤の変位やひずみを測定するアンダーエキスカベーション法 (Zou and Kaiser, 1990)

その他のほとんどの応力測定法,特にボアホール計器を用いるものはわずかな岩盤体積を対象としており,原位置応力場の点測定を行っていることになる (Leijon, 1989). 例えば,オーバーコアリング法ではオーバーコアの直径に応じて $10^{-3}$〜$10^{-2}$

m³の体積が関与している．水圧法，特に水圧破砕法においては，影響する岩盤の体積は0.5～50 m³でオーバーコアリング法よりいくぶん大きい．これは，ボアホールが直径の10倍以上の距離にわたって加圧されるためである．フラットジャッキや他の表面応力解放法は0.5～2 m³くらいの体積を対象としている．小さなコアサンプルを用いたひずみ回復法やその他のすべてのコア法は，$10^{-3}$ m³以下のわずかな体積を対象としている．ボアホールブレイクアウト法は深部の応力測定法と表面近傍の応力測定法の間の$10^{-2}$～$10^{2}$ m³の岩盤の体積に対応する．

一般に，小さな体積を対象とする方法では，広域応力場の局所的な変化を測定することになる．そのような方法では，近傍で測定された応力の大きさと方向が大きくばらつくことはまれではない．局所的な測定による応力は，岩の鉱物組成，微細構造，粒径などの変化に敏感である（Leijon, 1989）．

## 3.9 応力測定の精度と不確実性

実際の応力測定においてしばしば直面する基本的な疑問は，十分な精度で応力を測定できるか？ということである．文献では，応力測定はあまり正確でないというのが一般的な見解である．精度を既知の値からの誤差（Holman, 1989）とするならば，あらかじめ比較すべき既知の値というものはないので，原位置応力測定における精度は意味がなくなる．応力測定用計器の精度は，制御された室内試験により，測定された応力と加えた応力を比較することによってのみ評価できる．

測定の不確実性を考慮して，原位置応力をプラスマイナスの範囲や信頼区間とともに示すことが一般的に行われる．以下のような3種類の不確実性が考えられる．

（1）自然の（本質的な，固有の）不確実性
（2）応力測定の方法自体に関する不確実性
（3）応力測定データの解析に関する不確実性

### 3.9.1 自然の（本質的な，固有の）不確実性

原位置応力は岩盤中の点において定義されているので，短い距離でも変化し，体積にも依存し，岩盤の力学特性，地質構造，組織などにも依存するという事実（第2章）から，自然の（本質的な，固有の）不確実性が生じている．2.6節で論じたように，弾性的性質が異なるユニット中の岩盤の局所応力は平均応力と大きく異なることがある．多くの堆積岩層や溶岩流では深度方向や水平方向に応力が変化することが予想さ

## 3 原位置応力の測定法

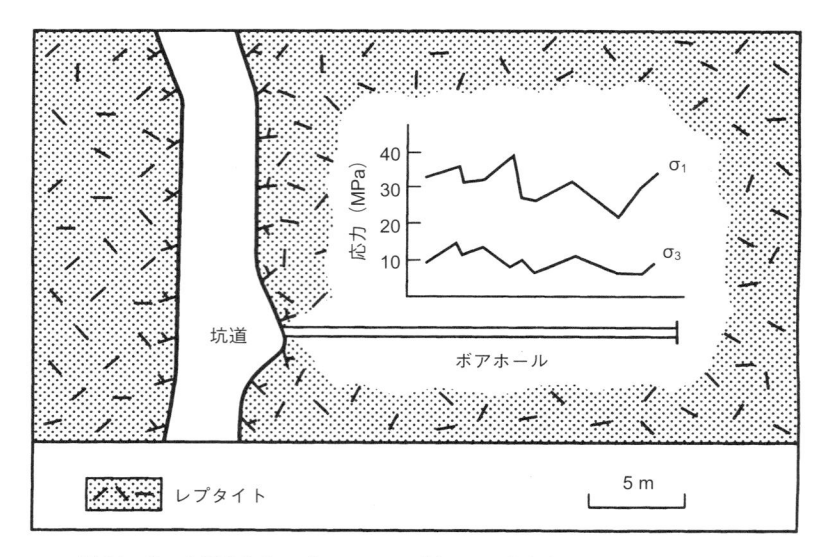

図3.2 均一な岩盤条件のボアホールで測定された主応力のランダムなばらつき
(出典:Leijon, B.A., Copyrigth1989, Elsevier Science Ltd の許可により転載)

れる．図3.2に示すように，一様な硬岩であっても不規則な応力変化が見られる．そのような局所的ばらつきは本質的なもので，必ずしも測定上の異常や誤差ではない．

応力解析に用いる岩の物性は，ボアホールに沿うオーバーコアの長さにおいてさえ変化しうる．Enever, Walton and Wold (1990) は，オーストラリアのニューサウスウェールズ州の堆積岩のヤング率が，コア長さ0.2 mの範囲内で2倍近くばらついていると報告している．そのような極端なばらつきはオーバーコアリングの解析において非常に深刻である．例えば，5 mのボアホールにおける花崗岩のヤング率の変化を図3.3に示す (Aytmatov, 1986)．ヤング率は周期的に短い距離で20〜25 %も変化している．オーバーコアリングの応力計算にこのヤング率を用いれば，求められた応力は大きくばらつくだろう．オーバーコアリングにおいては，ひずみや変位から原位置応力を算定する際にこのヤング率が乗数として掛けられる．したがって，他のすべての要素が一定であれば，ヤング率の5 %の誤差はすべての応力成分の5 %の誤差となる．ポアソンの比が関係するので問題はさらに複雑である．CSIRセルに関するVan Heerden (1973) の報告によれば，応力計算におけるヤング率の誤差に比べればポアソン比の誤差の影響は少ない．

岩の異方性や不均質性，粒径，間隙の大きさによっても不確実性が生ずる (Cyrul,

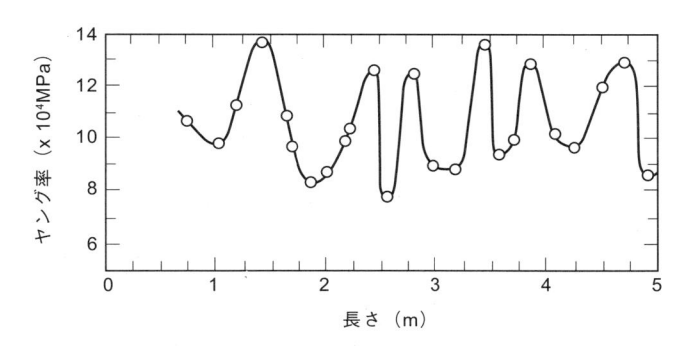

図3.3 花崗岩中のボアホール沿いの弾性係数の変化（Aytmatov, 1986）

1983)．粒子レベルの局所応力は平均応力と大きく異なることがある．ひずみゲージのように平均的な粒子の大きさに相当するスケールで測定する場合には，特にこの点を考慮する必要がある．

### 3.9.2 測定方法に関する不確実性

応力測定時の不確実性は，応力測定装置や計器の設置上の不具合による誤差に関連する．また，測定手順そのものに関する誤差もある．

オーバーコアリングにおける誤差の要因としては，接着剤のクリープ，計器自体のクリープ，ひずみゲージなどのセンサの故障や異常，パイロット孔内の測定セルのガタ，不適切な計器設置，潜在クラックによるオーバーコアの破損，掘削水の温度や掘削によって発生する熱，湿気の影響，電気的な問題，ボアホールの偏心（eccentricity），大きすぎるボアホールなどがある．カナダの地下研究施設（URL）では，オーバーコアリング計器の設置時の±5°の誤差が主応力方向の±15°もの誤差をもたらした（Martin, Read and Chandler, 1990）．

ひずみゲージを用いる計器の精度は，岩や掘削水，周辺環境の温度変化に大きく左右される．オーバーコアサンプルには自然の温度勾配があるので，これは複雑な問題である．Martin, Read and Chandler（1990）は，温度変化が2℃以下であればオーバーコアリングの結果にはさほど影響を及ぼさないが，温度が8℃変化すると主応力の大きさは25％も変わることを報告している．計器の精度は用いられる温度補償のタイプにより（Cai, 1990），さらに，1ゲージ法，2ゲージ法，4ゲージ法によっても異なる（Garritty, Irvin and Farmer, 1985）．

アンダーコアリング応力測定法における誤差の原因については，Tsur-Lavie and

Van Ham（1974）の研究がある．それによれば，応力が大きい場合には 0.001 mm のピン変位の読み取り誤差による応力の計算誤差は小さい．また，ボアホールの偏心やピンの位置測定上の誤差が応力計算に及ぼす影響も小さい．Tsur-Lavie and Van Ham（1974）の結論は岩盤の表面で行われる他の方法にも多分あてはまるだろう．

浅い深度で測定を行うときには，測定するひずみや変位が一般に小さく計器の分解能に近いので，上記のすべての問題がさらに深刻になる．そのような場合には，オーバーコアリング時の温度変化のようなわずかな測定条件の変化が測定結果に大きく影響を及ぼす（Cooling, Hudson and Tunbridge, 1988; Garritty, Irvin and Farmer, 1985）．さらに，第1章で論じたように，浅い深度の応力は温度の日変化や季節変化の影響を受け，さらには月の引力による変動も加わってくる．USBMゲージやCSIRドアストッパーのように応力を決定するために複数のボアホールを用いる場合には，すべてのボアホールを含む岩盤の体積があまりに大きいことによる誤差が生じうる．したがって，体積はできる限り小さく，同じ応力領域内におさまることが望ましい．一方，原位置応力場の代表的な値を得るためには十分に大きな体積が必要である．

水圧破砕法ではボアホールが鉛直でない場合に誤差が発生する．たとえボアホールが鉛直であっても，最初は鉛直に（あるいは傾いて）発生した割れ目が，既存の自然亀裂，節理，分離面と平行な方向に逸れていくことがある．この現象は水圧破砕法の解析における誤差の主要な原因となっている（Brown, 1989）．Haimson（1988）によれば，鉛直割れ目を仮定している従来の解析法では，亀裂の傾斜が鉛直から数度以内（20°未満）であれば原位置応力の推定値に信頼が置けるとしている．その他，水圧破砕法で原位置応力を測定する際の不確実性の原因としては，パッカー，バルブ，ポンプの不調や裸孔でない場合などが挙げられる．

### 3.9.3 データ解析に関する不確実性

オーバーコアリングの解析においては，ひずみや変位のデータを取捨選択する際の誤差に伴う不確実性がある．たとえば，オーバーコアリングの解析ではひずみゲージの長さを無視することによりいくらかの誤差が生じうる．直径38mmのパイロット孔に設置されるCSIRセルやCSIRO HIセルでは2〜5％の誤差があるとされる（Natau, 1974 ; Amadei, 1986）．Mills and Pender（1986）は，10 mmより5 mmの長さのより小さなひずみゲージを用いることを推奨している．長いゲージの場合，平均ひずみはゲージの中央部のひずみとかなり異なることがある．オーバーコアリングのひずみを解析する場合には，岩石の粒子や空隙の大きさ，形状，分布に対するひずみゲージの大きさに特に留意する必要がある（Cyrul, 1983）．ひずみゲージの長さが結

## 3.9 応力測定の精度と不確実性

晶の平均サイズの 10 倍以上であれば得られるひずみは信頼できる (Garritty, Irvin and Farmer, 1985).

水圧破砕法では亀裂が発生し進展する時の流体圧の解釈において不確実性がある (Fairhurst, 1986). 例えば, シャットイン圧力, 再開口圧力, 岩石の引張強度の選択において誤差が発生する. Aggson and Kim (1987) は, ワシントン州 Hanford の Basalt Waste Isolation Project で行われた水圧破砕法の結果について 5 種類の方法でシャットイン圧力を求め, 応力決定に対するその影響を比較検討した. その結果, 用いた方法に応じたデータの組み合わせにより, 計算された最小, 最大水平応力がそれぞれ 4.9 MPa (14 %), 14.7 MPa (23 %) も変わりうることが明らかになった.

個々の測定法と関連する仮定が部分的にしろ満たされない場合にも誤差が生ずる. 例えば, オーバーコアリングの解析では, 多くの場合, 岩は線形弾性, 等方均質の連続体と仮定される. したがって, 掘削による岩石の非線形, 非弾性的な応答, 時間依存挙動, 降伏, あるいはオーバーコアサイズの異方性や不均質性は誤差の原因となる.

水圧破砕法の解析においては, 鉛直応力が主応力であると仮定することによる誤差が発生する. フラットジャッキ試験の場合には, ジャッキに作用する応力は通常仮定されているように一様でないかもしれない. 応力勾配が大きな地域や地下空洞周辺の乱された部分でフラットジャッキを用いることは, 誤った応力測定結果をもたらすかもしれない. 岩が粘性挙動を示す場合には, 線形弾性理論を用いて試験結果を解析することによる誤差が生じうる.

他の不確実性の原因は応力計算に用いる力学定数の誤差に関連している. 例えば, オーバーコアリングにおけるヤング率とポアソン比や水圧破砕法における引張強度などである. 第 5 章で論じるように, 特に CSIRO HI セルのような複雑なセルの二軸試験による弾性定数の決定においてはいくらかの誤差が伴う (Worotnicki, 1993). 岩石コアで行う他の試験法でも誤差を避けられないだろう. Leijon and Stillborg (1986) が行った CSIRO HI セルや LuH ゲージを含むオーバーコア試料の試験によれば, 二軸試験と三軸試験ではかなり異なる岩石物性が得られている. 三軸試験によるヤング率は二軸試験に比べて 20 % も大きく, 二軸試験のポアソン比は三軸試験のおよそ 2 倍でばらつきも大きかった. Leijon and Stillborg (1986) によれば, アルミニウム製の円筒の二軸試験と三軸試験では同じ物性が得られているので, 弾性定数のこの不一致は岩石そのものに起因していることになる. Leijon and Stillborg (1986) が言うように, 弾性定数のそのような不一致は原位置応力に大きく影響を及ぼす (図 3.4). この図は主応力の大きさに及ぼすポアソン比の影響を示している. その影響はポアソン比が低いところでは緩やかだが, ポアソン比が上限の 0.5 に近づくと大きくなる.

## 3 原位置応力の測定法

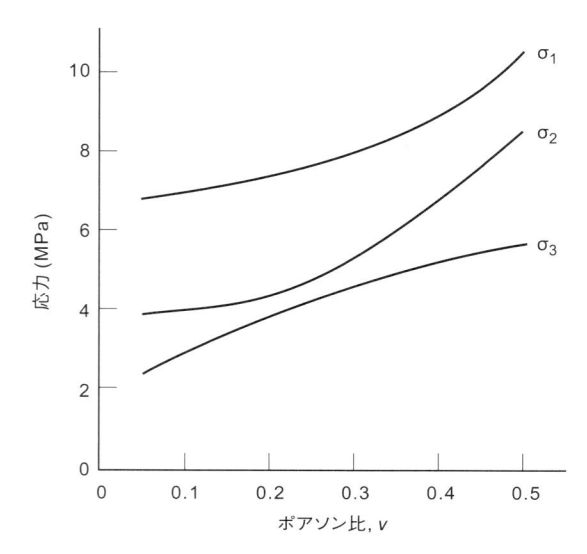

図3.4 オーバーコアリングによる応力値に及ぼすポアソン比の影響
(Leijon and Stillborg, 1986)

いくつかの場所で行われた応力測定の結果を解析し，対象とする特定地域の平均主応力を決定する際にも誤差が生じうる．Hudson and Cooling (1988) や Walker, Martin and Dzik (1990) が言うように，平均主応力の方位と大きさはそれぞれの主応力の大きさと方位を単に平均するだけでは求められない．このようにして求めた平均主応力は直交しない．したがって，まず最初にすべての応力テンソルを同じ座標系で表し，6つの応力成分の各々を平均して平均の応力テンソルを求め，最後に平均主応力とその方向を平均応力テンソルの固有値と固有ベクトルから決定することが必要である．

また，多くの応力測定が良好な岩盤条件において実施されているということを忘れてはならない．エンジニア，地質学者，地球物理学者の間では，亀裂性岩や軟岩では原位置応力を求めることができないという一般的原則がある．2.6節と2.12節で論じたように，より剛でより硬い岩には平均より大きな応力が作用しているので，原位置応力の測定値には本質的な誤差が含まれ（Voight, 1966），過大評価になっている(Leijon, 1989)．これを図式的に説明したのが図3.5で，剛性が異なる多孔質，破砕質，健全な岩盤を貫くボアホールを示している．応力測定の場所を無差別に選ぶとこのような本質的な誤差が生ずる．

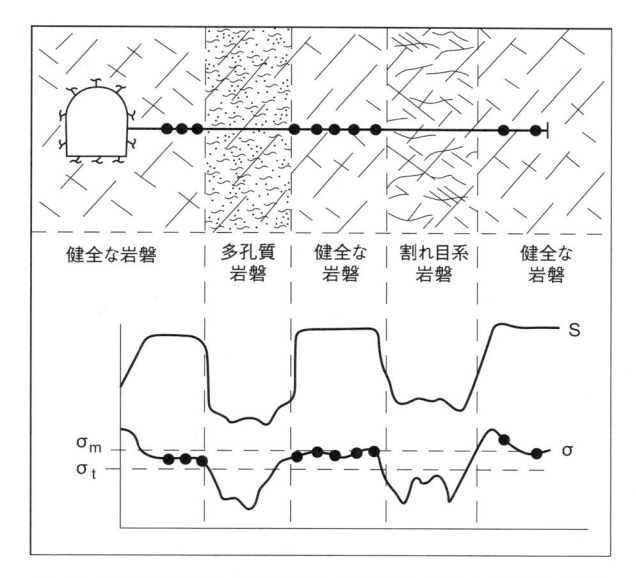

図 3.5　岩盤性状の違いによる偏りの模式図．図中の S は岩の剛性変化を，$\sigma$ は平均応力の変化を，$\sigma_m$ は測定応力の平均，$\sigma_t$ は真の平均を表す．（出典：Leijon, B.A., Copyrigth1989, Elsevier Science Ltd の許可により転載）

他の偏りの原因は，オーバーコアリングの解析における頁岩や泥岩のような軟岩の弾性定数に関係している．多くの場合，そのような岩は除荷時に膨張し比較的速く劣化するので，その後の室内試験では原位置より弾性定数は小さくなる．Franklin and Hungr（1978）は軟岩でより大きな水平応力が観察されるのはこのような現象によるとしている．一般に，岩質が中程度〜良好な岩盤においてさえ，試料採取の過程やコアリングとコアの取り扱いにおける変質のせいで，オーバーコアリングと同様な応力測定上の誤差が予想される．

### 3.9.4　不確実性の解釈および減少

上述の不確実性の多くは，以下のいくつかのステップを踏むことによって克服することができるか，少なくとも理解あるいは定量化することができる．

（1）現場条件を模擬した既知の応力条件における計器の室内実験を行い，測定された応力の方位と大きさを作用させた応力と比較する．とりわけそのような実験は，さまざまな地質環境における計器の限界，動作性，精度，適用性などを確認するのに役

立つ．また，オーバーコアリング中に岩が線形弾性的に応答する場合だけでなく，粘弾性体やさらに複雑な構成体としての非線形あるいは時間依存性の挙動を示す場合にもこのような実験は役に立つ．

Cai（1990）は岩盤の応力測定に用いる USBM ゲージ，CSIRO HI セル，CSIR セル，中実（solid inclusion）セルの適合性を確認するために広範な実験的研究を実施している．ヤング率が 3～40 GPa の岩石（石炭，砂岩，大理石）や岩質材料（モルタル，コンクリート）を用いて二軸応力下の実物大のオーバーコアリング実験が実施された．その結果，理想的な線形弾性，均質等方性の連続体から，理想的でない非線形弾性，不均質異方性の不連続体の材料におけるさまざまな計器の動作性が明らかになった．理想的な材料では，すべての計器について作用応力と測定応力の差が 10 % 未満で信頼できることが確認されが，理想的でない材料ではその差が非常に大きいことが明らかになった（Cai, Qiao and Yu, 1995）．

現場条件をシミュレートした原位置のブロック実験が，ワシントン州 Hanford における Basalt Waste Isolation Project の Near-Surface Test Facility に関して実施された（Gregory et al., 1983）．そこでは5種類のオーバーコアリング法が行われたが，すべてがその場所の節理性岩には不適当であることがわかった．

(2) 測定上の明らかな失敗による誤ったデータを棄却する．通常期待されるランダムな偏りを外れる不良データは，統計分析，荷重に対する応答，単純な適合性のチェックなどに基づいて棄却する．これは一貫して公平な観点でなされなければならない．たとえば，オーバーコアリング時にひずみゲージが明らかに剥離（部分的または完全に）していたり，感度が低かったり，コアが破壊した場合には，そのひずみゲージの値は棄却される．そのような現象は，オーバーコアリング中に記録されたひずみや変位の解放曲線における異常や不規則性として現れる．そのような曲線は測定精度を評価するための診断ツールとして利用できる（Blackwood, 1978）．良好な解放曲線はオーバーコアリング深度が測定断面を過ぎた後も規則的で安定しているものである．あるひとつのロゼットゲージにおけるひずみまたは別々のロゼットゲージ間のひずみの整合性チェックも，不良データを棄却する際に役立つ．回収したオーバーコアの二軸（周圧載荷）試験や一軸試験により，欠陥があったり正しく作動しないひずみゲージを見つけることができる．USBM 型や CSIR ドアストッパーゲージで不良データを同定するために用いる単純なやり方は，互いに直交するふたつのひずみまたはふたつの直径変位の和が不変であるかをチェックすることである．水圧破砕法では，圧力－時間記録の中に明瞭なブレイクダウンがないことは，既存の割れ目や節理の再開口を示している．

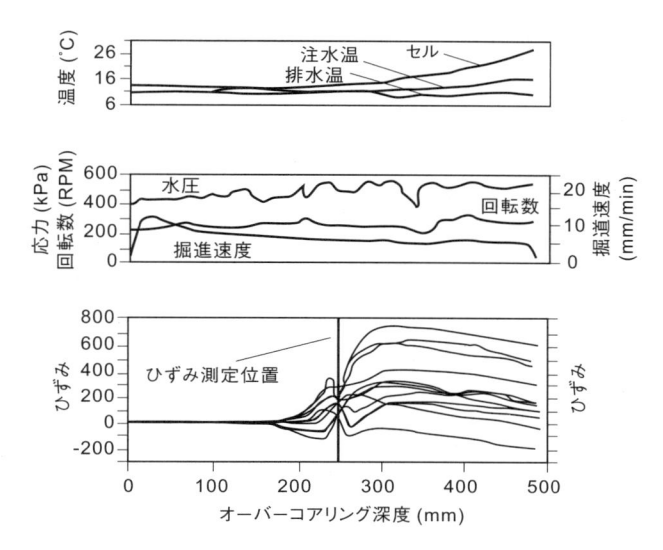

図3.6 カナダURLにおけるCSIR型セルのオーバーコアリング時の現場条件の連続モニター例（Martin, Read and Chandler, 1990）

(3) 同じボアホールにおいて同じ方法または異なる方法で得られた応力測定結果を比較する．そのような比較によって応力測定の整合性を確認することができる．ひとつあるいは複数のボアホールにおいて試験を繰り返すことにより，得られた結果のばらつきを定量化し小さくすることができる．複数のボアホールはクロスチェックにも用いることができる．一般に，種々の応力測定法を用いることで応力決定上の不確実性を減らすことができる（Brudy et al., 1995; Cornet, 1993; Haimson, 1988）．

(4) 統計的方法を用いて応力測定の結果を検討する（Cornet and Valette, 1984; Dey and Brown, 1986; Gray and Toews, 1968, 1975; Panek, 1966; Walker, Martin and Dzik, 1990; Worotnicki, 1993）．最小二乗法とモンテカルロ解析のような方法は，平均主応力の大きさと方位だけでなく信頼区間のばらつきを決定するために利用できる．

(5) 湿度，岩石の温度，気温，掘削流体の温度など，できるだけ多くの原位置および室内の条件を記録する．図3.6にはURLサイトにおけるCSIR型の三軸セルを用いたオーバーコアリングで得られた原位置の連続的な測定結果の例を示す．試験条件を記録することの利点は，不確実性を減らすための補正ができることである．場合によっては，それぞれの測定値を校正することもできる．修正CSIRドアストッパー法のひずみ解析において，温度の影響を考慮して補正することの重要性をCorthesy, Gill and Nguyen（1990）が指摘している．

(6) 応力測定結果のばらつきが，地形，異方性，不均質，地質構造の影響などと関連があるかどうか検討する．そのような影響は解析的あるいは数値シミュレーションにより評価することができる．

### 3.9.5 予想される不確実性

用いる方法によって精度は異なるものの，原位置の応力測定における自然のばらつきは他のあらゆる岩の物性と同様に避けられないものである．Gonano and Sharp (1983) はボアホールひずみ計について，「岩盤が線形弾性であったとしても得られる信頼区間は一般的に ±20 % のオーダーである」としている．Herget (1986) は，応力成分の誤差は ±10〜15 % が一般的であると述べている．Rocha (1968) は，フラットジャッキ試験による原位置応力の決定誤差は 10 % 未満であると結論付けている．Carnmenellis 花崗岩において大深度の原位置応力を求めた Pine and Kwakwa (1989) は，最大水平応力の誤差を ±15 %，最小水平応力の誤差を ±5〜10 %，鉛直応力の誤差を ±5% と報告している．Sioux Falls 珪岩における Haimson (1990) による水圧破砕法の結果では，鉛直応力の誤差は ±10 %，最小，最大水平応力の誤差はそれぞれ ±15 %，±25 %，後者の方位の誤差は ±15° であった．これは，Baumgärtner et al. (1993) や Brudy et al. (1995) による KTB や Cajon Pass における水圧破砕法の方位のばらつきが 5〜20° であることに対比される．Warpinski and Teufel (1991) は，水圧破砕法においてシャットイン圧力から決定される原位置の最小主応力の精度が，明瞭な圧力記録では 0.1〜0.2 MPa，不明瞭な圧力記録では 1〜2 MPa になることを示している．

満足すべき原位置応力測定は何であるか，さらに，信頼できる応力測定を何度実施すればよいかという問いに対する答えは，いくぶん主観的である．それらは用いる手法，測定場所の地質，さらには対象となる地質環境において遭遇する測定上の困難などに大きくに依存する．Goodman (1989) は，応力の測定結果に 0.3 MPa の範囲内で再現性があればその結果は通常満足すべきものであると述べている．Leijon (1986) は，スウェーデンの Malmberget 鉱山の均質な花崗岩で行った LuH ゲージによる 4〜5 回のオーバーコアリング結果から，600 m の深度における主応力の大きさを 14 %（±3 MPa）の精度で決定することができたと述べている．また 5 回の測定による主応力の方位の精度はおよそ 15° であった．同鉱山の異なる場所，同じ深度の著しく葉理や節理の発達したレプタイトで実施された同数の試験では，主応力の大きさには 35 %（±8 MPa），方位には 40° の不確実性があった．花崗岩ではさらに試験を行っても信頼性は向上しなかったが，レプタイトでは 2 倍の試験を行うことによって信頼

3.9 応力測定の精度と不確実性

| 主応力 | 信頼区間 (MPa) | | |
|---|---|---|---|
| | 下限 90% | 平均値 | 上限 90% |
| $\sigma_1$ | 30.97 | 34.03 | 37.59 |
| $\sigma_2$ | 16.01 | 17.74 | 21.02 |
| $\sigma_3$ | 11.94 | 15.15 | 16.26 |

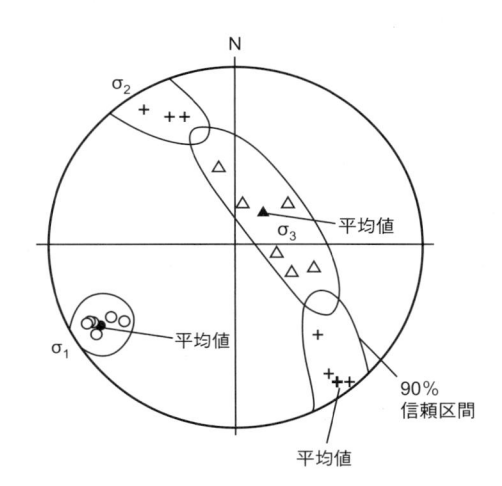

図 3.7 主応力の大きさ（表）と方位（ステレオ投影図）の信頼限界．カナダ URL の 209-056-OC1 孔における応力測定（Walker, Martin and Dzik, 1990）

性がいくぶん改良された．

　一般に，応力測定による応力の大きさと方位を誤差範囲または信頼区間（平均値と標準偏差）で表現することが望ましい．その一例として，カナダの URL の単一のボアホールで行われた 6 回の測定結果による 3 主応力の平均の方位と大きさを図 3.7 に示す（Walker, Martin and Dzik, 1990）．この図には，モンテカルロ解析（Monte Carlo analysis）によって得られた応力の大きさと方位の 90 % 信頼区間が示されている．もうひとつの例として，ニューメキシコ州 Fenton Hill Hot Dry Rock の深度 4 km における DSCA による主応力の大きさと方位の不確実性を図 3.8a, b に示す（Dey and Brown, 1986）．これらの図には，深度に伴う主応力の回転と深度に依存する不確実性の分布が示されている．最後の例としてオハイオ州 Anna 近傍の 3 つの孔井における水圧破砕法による水平主応力の大きさと方位の深度分布を図 3.9a, b に示

143

3 原位置応力の測定法

(a)

(b)

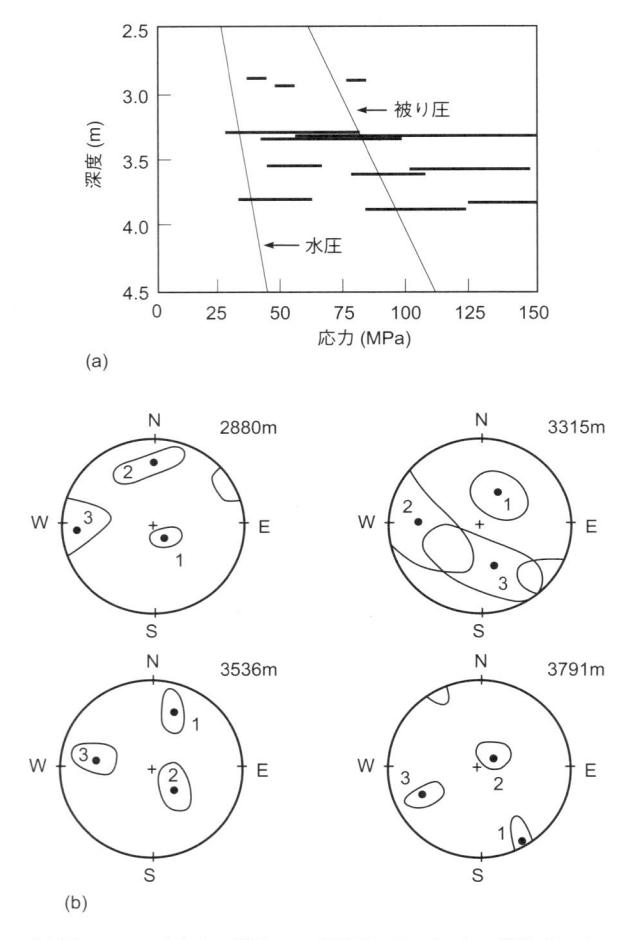

図 3.8 ニューメキシコ州 Fenton Hill Hot Dry Rock の深度 4km における DSCA 法による応力．(a) 応力値と深度の関係．水平のバーは $\sigma_3$, $\sigma_2$, $\sigma_1$ の標準偏差の範囲を示す．(b) 下半球ステレオ投影図で表した各深度の応力方位の不確実性（Dey and Brown, 1986）

す（Haimson, 1982）．0 から 200 m の深度で応力が測定され，剥離性の水平層理における水平亀裂に対して行われたいくつかの試験から鉛直応力が求められている（Fig. 3.9a）．水圧破砕法の測定結果の線形回帰により，鉛直応力 $\sigma_v$（水圧破砕による水平亀裂），鉛直応力 $\sigma_v^{wt}$（岩の上載重量からの推定），最大水平応力 $\sigma_{Hmax}$，最小水平応力 $\sigma_{Hmin}$ と深度 $z$（50 m 以深）の関係が以下のように求められている．

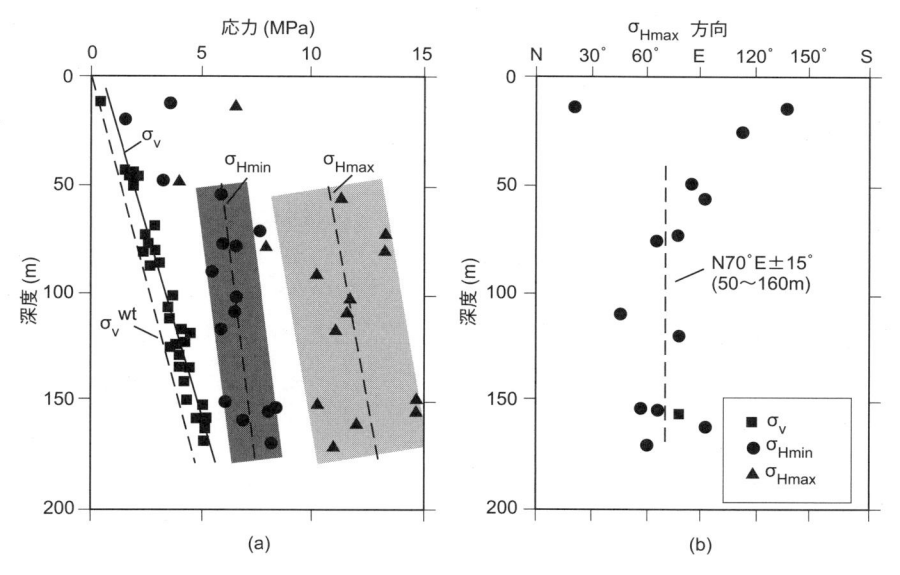

図 3.9 オハイオ州 Anna 近傍の 3 つの孔井における応力測定結果．(a) 主応力の深度分布　(b) 最大水平応力方位の深度分布（Haimson, 1982）

$$\sigma_v^{wt}=0.026z \qquad \sigma_v=0.4+0.029z$$
$$\sigma_{Hmin}=5.1+0.014z \qquad \text{at N20°W}$$
$$\sigma_{Hmax}=10.1+0.014z \qquad \text{at N70°E}$$

式（3.1）

Haimson（1982）が述べているように，図 3.9a の $\sigma_v$ と $\sigma_v^{wt}$ の深度分布から鉛直応力が岩の上載重量によるものであることが確かめられた．ここでは $\sigma_v$ は $\sigma_v^{wt}$ よりわずかに平均 0.7 MPa 大きい．また，同図から，水平応力は 3.1 式の最適近似直線の周りにばらついていることがうかがえる．最小，最大の水平応力のばらつきはそれぞれ ±1.25，±2.50 MPa である．最大水平応力の方位の標準偏差は N70°E 方向に対して ±15° である．

測定法により対象領域や誤差の影響が複雑に絡み合うので，異なる方法による応力測定結果は一致しないことがある．Gonano and Sharp（1983）は，水圧破砕法とオーバーコアリング法による応力の大きさの誤差は 5〜10 % と推定している．Doe（1983）はこれらのふたつの方法による応力の大きさには 20 % オーダーの誤差があるとしている．北アメリカとスウェーデンのいくつかの場所で実施された水圧破砕法

とオーバーコアリング法の結果を比較して，Haimson（1981）は以下の結論を得ている．
(1) ふたつの方法で決められた水平応力の方向は±10°の範囲内である
(2) 最小水平応力の大きさの差は±2 MPa（水圧破砕法による応力の30 %）以内である
(3) 最大水平応力の大きさの差は±5 MPa（水圧破砕法による応力の50 %）以内である
(4) それぞれの方法による主応力軸の偏差は30°以内である

Haimson（1981）によれば，最大水平応力の不一致は，水圧破砕法における岩石の引張強度とオーバーコアリングの解析における岩石の弾性定数の選択に原因があるとしている．異なる応力測定法の比較例は第9章に紹介する．

**参考文献**

Aggson, J. R. (1978) The potential application of ultrasonic spectroscopy to underground site characterization. Presented at the 48th Annual Int. Meeting Soc. of Exploration Geophysicists.

Aggson, J.R. and Kim, K. (1987) Analysis of hydraulic fracturing pressure histories: a comparison of five methods used to identify shut-in pressure. *Int. J. Rock Mech. Min. Sci. & Geomech. Abstr.*, 24, 75-80.

Amadei, B. (1986) Analysis of data obtained with the CSIRO cell in anisotropic rock masses. CSIRO Division of Geomechanics, Technical Report No.141.

Aytmatov, I.T. (1986) On virgin stress state of a rock mass in mobile folded area, *in Proc. Int. Symp. on Rock Stress and Rock Stress Measurements*, Stockholm, Centek Publ., Luleå, pp. 55-9.

Baumgärtner, J. et al. (1993) Deep hydraulic fracturing stress measurements in the KTB (Germany) and Cajon Pass (USA) scientific drilling projects – a summary, in *Proc. 7th Cong. Int. Soc. Rock Mech. (ISRM)*, Aachen, Balkema, Rotterdam, Vol.3, pp. 1685-90.

Berry, D.S. and Fairhurst, C. (1966) Influence of rock anisotropy and time dependent deformation on the stress relief and high modulus inclusion techniques of in situ stress determination. *ASTM STP*, 42.

Blackwood, R.L. (1978) Diagnostic stress-relief curves in stress measurement by overcoring. *Int. J. Rock Mech. Min. Sci. & Geomech. Abstr.*, 15, 205-9.

Bock, H. (1979) Experimental determination of the residual stress field in a basaltic column, in *Proc. 4th Cong. Int. Soc. Rock Mech. (ISRM)*, Montreux, Balkema, Rotterdam, Vol.1, pp. 45-9.

Bock, H. (1986) In-situ validation of the borehole slotting stressmeter, in *Proc. Int. Symp. on Rock Stress and Rock Stress Measurements*, Stockholm, Centek Publ., Luleå pp. 261-70.

Bock, H. and Foruria, V. (1983) A recoverable borehole slotting instrument for in-situ stress measurements in rock, in *Proc. Int. Symp. on Field Measurements in Geomechanics*, Zurich, Balkema, Rotterdam, pp. 5-29.

Brady, B.H.G., Friday, R.G. and Alexander, L.G. (1976) Stress measurement in a bored raise at the Mount Isa Mine, in *Proc. ISRM Symposium on Investigation of Stress in Rock, Advances in Stress Measurement*, Sydney, The Institution of Engineers, Australia, pp. 12-16.

# 参考文献

Brady, B.H.G., Lemos, J.V. and Cundall, P.A. (1986) Stress measurement schemes for jointed and fractured rock, in *Proc. Int. Symp. on Rock Stress and Rock Stress Measurements*, Stockholm, Centek Publ., Luleå, pp. 167-76.

Bridges, M.C. et al. (1976) Monitoring of stress, strain and displacement in and around a vertical pillar at Mount Isa Mine, in *Proc. ISRM Symposium on Investigation of Stress in Rock, Advances in Stress Measurement*, Sydney, The ,Institution of Engineers, Australia, pp. 44-9.

Brown, D.W. (1989) The potential for large errors in the inferred minimum Earth stress When using incomplete hydraulic fracturing results. *Int. J. Rock Mech. Min. Sci. & Geomech. Abstr.*, 26, 573-7.

Brudy, M. et al. (1995) Application of the integrated stress measurements strategy to 9 km depth in the KTB boreholes, in *Proc. Workshop on Rock Stresses in the North Sea*, Trondheim, Norway, NTH and SINTEF Publ., Trondheim, pp. 154-64.

Burlet, D., Comet, F.H. and Feuga, B. (1989) Evaluation of the HTPF method of stress determination in two kinds of rock. *Int. J. Rock Mech. Min. Sci. & Geomech. Abstr.*, 26, 673-9.

Cai, M. (1990) Comparative tests and studies of overcoring stress measurement devices in different rock conditions, unpublished PhD Thesis, University of New South Wales, Australia.

Cai, M., Qiao, L. and Yu, J. (1995) Study and tests of techniques for increasing overcoring stress measurement accuracy. *Int. J. Rock Mech. Min. Sci. & Geomech. Abstr.*, 32, 375-84.

Chandler, N.A. (1993) Bored raise overcoring for in situ stress determination at the Underground Research Laboratory. *Int. J. Rock Mech. Min. Sci. & Geomech. Abstr.*, 30, 989-92.

Cook, J.C. (1972) Semi-annual report on electronic measurements of rock stress. US Bureau of Mines Technical Report No.72-10.

Cooling, C.M., Hudson, J.A. and Tunbridge, L.W. (1988) In-situ rock stresses and their measurements in the UK - Part II. Site experiments and stress field interpretation. *Int. J. Rock Mech. Min. Sci. & Geomech. Abstr.*, 25, 371-82.

Cornet, F.H. (1986) Stress determination from hydraulic tests on pre-existing fractures, in *Proc. Int. Symp. on Rock Stress and Rock Stress Measurements*, Stockholm, Centek Publ., Luleå, pp. 301-12.

Cornet, F.H. (1993) The·HTPF and the integrated stress determination methods, in *Comprehensive Rock Engineering* (ed. J.A. Hudson), Pergamon Press, Oxford, Chapter 15, Vol.3, pp. 413-32.

Cornet, F.H. and Valette, B. (1984) In-situ stress determination from hydraulic injection test data. *J. Geophys. Res.*, 89, 11527-37.

Corthesy, R., Gill, D.E. and Nguyen, D. (1990) The modified Doorstopper cell stress measuring technique, in *Proc. Conf. on Stresses in Under-ground Structures*, CANMET Publ., Ottawa, pp. 23-32.

Cyrul, T. (1983) Notes on stress determination in heterogeneous rocks, in *Proc. Int. Symp. on Field Measurements in Geomechanics*, Zurich, Balkema, Rotterdam, pp. 59-70.

Dey, T.N. and Brown, D.W. (1986) Stress measurements in a deep granitic rock mass using hydraulic fracturing and differential strain curve analysis, in *Proc. Int. Symp. on Rock Stress and Rock Stress Measurements*, Stockholm, Centek Publ., Luleå, pp. 351-7.

Doe, W.T. (1983) Determination of the state of stress at the Stripa Mine, Sweden, in *Proc. Workshop on Hydraulic Fracturing Stress Measurements*, Monterey, National Academy Press, Washington, DC, pp. 305-31.

Duvall, W.I. (1974) Stress relief by center hole. Appendix in US Bureau of Mines Report of Investigation

RI 7894.

Enever, J. R. (1993) Case studies of hydraulic fracture stress measurements in Australia, in *Comprehensive Rock Engineering* (ed. J.A. Hudson), Pergamon Press, Oxford, Chapter 20, Vol.3, pp. 498-531.

Enever, J.R., Walton, R.J. and Wold, M.B. (1990) Scale effects influencing hydraulic fracture and overcoring stress measurements, in *Proc. Int. Workshop on Scale Effects in Rock Masses*, Loen, Norway, Balkema, Rotterdam, pp. 317-26.

Fairhurst, C. (1964) Measurement of in-situ rock stresses with particular reference to hydraulic fracturing. *Rock Mech. Eng. Geol.*, 2, 129-47.

Fairhurst,C. (1986) In-situ stress determination − an appraisal of its significance in rock mechanics, in *Proc. Int. Symp. on Rock Stress and Rock Stress Measurements*, Stockholm, Centek Publ., Luleå, pp. 3-17.

Franklin, J.A. and Hungr, O. (1978) Rock stresses in Canada: their relevance to engineering projects. *Rock Mech.*, Suppl.6, 25-46.

Garritty, P., Irvin, R.A. and Farmer, I.W. (1985) Problems associated with near surface in-situ stress measurements by the overcoring method, in *Proc. 26th US Symp. Rock Mech.*, Rapid City, Balkema, Rotterdam, pp. 1095-1102.

Gonano, L.P. and Sharp, J.C. (1983) Critical evaluation of rock behavior for in-situ stress determination using the overcoring method, in *Proc. 5th Cong. Int. Soc. Rock Mech. (ISRM)*, Melbourne, Balkema, Rotterdam, pp.A241-50.

Goodman, R.E. (1989) *Introduction to Rock Mechanics*, 2nd edn, Wiley.

Gray, W.M. and Toews, N.A. (1968) Analysis of accuracy in the determination of the ground stress tensor by means of borehole devices, in *Proc. 9th US Symp. Rock Mech.*, Golden, SME/AIME, pp. 45-72.

Gray, W.M. and Toews, N.A. (1975) Analysis of variance applied to data obtained by means of a six element borehole deformation gage for stress determination, in *Proc. 15th US Symp. Rock Mech.*, Rapid City, ASCE Publ., pp. 323-56.

Gregory, E.C. et al. (1983) In situ stress measurement in a jointed basalt, in *Proc. Rapid Excavation and Tunneling (RETC) Conf.*, Chicago, Vol.1, SME/AIME, pp. 42-61.

Haimson, B.C. (1981) Confirmation of hydrofracturing results through comparisons with other stress measurements, in *Proc. 22nd US Symp. Rock .Mech.* MIT Publ., Cambridge, pp. 409-15.

Haimson, B.C. (1982) Deep stress measurements in three Ohio quarries and their comparison to near surface tests, in *Proc. 23rd US Syrup. Rock Mech.*, Berkeley, SME/AIME, pp. 190-202.

Haimson, B.C. (1988) Status of in-situ stress determination methods, in *Proc. 29th US Symp. Rock Mech.*, Minneapolis, Balkema, Rotterdam, pp. 75-84.

Haimson, B.C. (1990) Stress measurements in the Sioux Falls quartzite and the state of stress in the mid-continent, in *Proc. 31st US Symp. Rock Mech.*, Golden, Balkema, Rotterdam, pp. 397-404.

Hast, N. (1979) Limit of stresses in the Earth's crust. *Rock Mech.*,11, 143-50.

Hayashi, K. and Masuoka, M. (1995) Estimation of tectonic stress from slip data from fractures in core samples, in *Proc. Int. Workshop on Rock Stress Measurement at Great Depth*, Tokyo, Japan, 8th ISRM Cong., pp. 35-9.

参考文献

Herget, G. (1986) Changes of ground stresses with depth in the Canadian shield, in *Proc. Int. Symp. on Rock Stress and Rock Stress Measurements*, Stockholm, Centek Publ., Luleå, pp. 61-8.

Herget, G. (1993) Rock stresses and rock stress monitoring in Canada, in *Comprehensive Rock Engineering* (ed. J.A. Hudson), Pergamon Press, Oxford, Chapter 19, Vol. 3, pp. 473-96.

Holcomb, D.J. (1993) Observations of the Kaiser effect under multiaxial stress states: implications for its use in determining in-situ stress. *Geophys. Res. Lett.*, 20, 2119-22.

Holman, J.P. (1989) *Experimental Methods for Engineers*, 5th edn, McGraw-Hill.

Hudson, J.A. and Cooling, C.M. (1988) In situ rock stresses and their measurement in the UK- Part I. The current state of knowledge. *Int. J. Rock Mech. Min. Sci. & Geomech. Abstr.*, 25, 363-70.

Kaiser, J. (1950) An investigation into the occurrence of noises in tensile tests or a study of acoustic phenomena in tensile tests, unpublished Doctoral Thesis, Tech. Hosch, Munich.

Kobayashi, S. et al. (1991) In-situ stress measurement using a conical shaped borehole strain gage plug, in *Proc. 7th Cong. Int. Soc. Rock Mech. (ISRM)*, Aachen, Balkema, Rotterdam, Vol.1, pp. 545-8.

Leeman, E.R. (1959) The measurement of changes in rock stress due to mining. *Mine and Quarry Eng.*, 25, 300-304.

Leeman, E.R. (1971) The measurement of stress in rock: a review of recent developments (and a bibliography), in *Proc. Int. Symp. on the Determination of Stresses in Rock Masses*, Lab. Nac. de Eng. Civil, Lisbon, pp. 200-229.

Leeman, E.R. and Hayes, D.J. (1966) A technique for determining the complete state of stress in rock using a single borehole, in *Proc. 1st Cong. Int. Soc. Rock Mech. (ISRM)*, Lisbon, Lab. Nac. de Eng. Civil, Lisbon, Vol. II, pp. 17-24.

Leijon, B.A. (1986) Application of the LUT triaxial overcoring techniques in Swedish mines, in *Proc. Int. Symp. on Rock Stress and Rock Stress Measurements*, Stockholm, Centek Publ., Lulea, pp. 569-79.

Leijon, B.A. (1989) Relevance of pointwise rock stress measurements - an analysis of overcoring data. *Int. J. Rock Mech. Min. Sci. & Geomech. Abstr.*, 26, 61-8.

Leijon, B.A. and Stillborg, B.L. (1986) A comparative study between two rock stress measurement techniques at Luossavaara mine. *Rock Mech. Rock Eng.*, 19, 143-63.

Lu, P.H. (1986) A new method of rock stress measurement with hydraulic borehole pressure cells, in *Proc. Int. Symp. on Rock Stress and Rock Stress Measurements*, Stockholm, Centek Publ., Luleå, pp. 237-45.

Mao, N. et al. (1984) Using a sonic technique to estimate in-situ stresses, in *Proc. 25th US Symp. Rock Mech.*, Evanston, SME/AIME, pp. 167-75.

Martin, C.D. (1989) Characterizing in-situ stress domains at AECL's underground research laboratory, in *Proc. 42nd Can. Geotech. Conf.*, Winnipeg, pp. 1-14.

Martin, C.D., Read, R.S. and Chandler, N.A. (1990) Does scale influence in situ stress measurements? – some findings at the Underground Research Laboratory, in *Proc. 1st Int. Workshop on Scale Effects in Rock Masses*, Loen, Norway, Balkema, Rotterdam, pp. 307-16.

Martin, C.D., Read, R.S. and Lang, P.A. (1990) Seven years of in situ stress measurements at the URL, in *Proc. 31st US Symp. Rock Mech.*, Golden, Balkema, Rotterdam, pp. 15-26.

Mayer, A., Habib, P. and Marchand, R. (1951) Underground rock pressure testing, in *Proc. Int. Conf. Rock Pressure and Support in the Workings*, Liege, pp. 217-21.

Merrill, R.H. (1967) Three component borehole deformation gage for determining the stress in rock. US Bureau of Mines Report of Investigation RI 7015.

Mills, K.W. and Pender, M.J. (1986) A soft inclusion instrument for in-situ stress measurement in coal, in *Proc. Int. Symp. on Rock Stress and Rock Stress Measurements*, Stockholm, Centek Publ., Luleå, pp. 247-51.

Natau, O. (1974) The influence of the length of strain gages in the CSIR stress cell on results of measurements. *Rock Mech.*, 6, 117-18.

Natau, O., Lempp, Ch. and Borm, G. (1986) Stress relaxation monitoring prestressed hard inclusions, in *Proc. Int. Symp. on Rock Stress and Rock Stress Measurements*, Stockholm, Centek Publ., Luleå, pp. 509-14.

Panek, L.A. (1966) Calculation of the average ground stress components from measurements of the diametral deformation of a drillhole. US Bureau of Mines Report of Investigation RI 6732.

Peleg, N. (1968) The use of high modulus inclusions for in-situ stress determination in viscoelastic rocks. Corps of Engineers Technical Report 22-268, Missouri River Division, Nebraska.

Petukhov, I.M., Marmorshteyn, L.M. and Morozov, G.I. (1961) Use of changes in electrical conductivity of rock to study the stress state in the rock mass and its aquifer properties. *Trudy VNIMI*, 42, 110-18.

Pine, R.J. and Kwakwa, K.A. (1989) Experience with hydrofracture stress measurements to depths of 2. 6km and implications for measurements to 6km in the Carnmenellis granite. *Int. J. Rock Mech. Min. Sci. & Geomech. Abstr.*, 26, 565-71.

Pitt, J.M. and Klosterman, L.A. (1984) In-situ stress by pulse velocity monitoring of induced fractures, in *Proc. 25th US Syrup. Rock Mech.*, Evanston, SME/AIME, pp. 186-93.

Rivkin, I.D., Zapolskiy, V.P. and Bogdanov, P.A. (1956) *Sonometric Method for the Observation of Rock Pressure Effects*, Ketallurgizdat Press, Moscow.

Riznichanko, Y.V. et al. (1967) Study of Rock Stress by Geophysical Methods, Nauka Press, Moscow.

Rocha, M. (1968) New techniques for the determination of the deformability and state of stress in rock masses, in *Proc. Int. Symp. on Rock Mechanics*, Madrid, pp. 289-302.

Sakurai, S. and Shimizu, N. (1986) Initial stress back analyzed from displacements due to underground excavations, in *Proc. Int. Symp. on Rock Stress and Rock Stress Measurements*, Stockholm, Centek Publ., Lulea, pp. 679-86.

Schmitt, D.R. and Li, Y. (1993) Influence of a stress relief hole's depth on induced displacements: application in interferometric stress determinations. *Int. J. Rock Mech. Min. Sci. & Geomech. Abstr.*, 30, 985-88.

Smither, C.L. and Athens, T.J. (1991) Displacements from relief of in situ stress by a cylindrical hole. *Int. J. Rock Mech. Min. Sci. & Geomech. Abstr.*, 28, 175-86.

Smither, C.L., Schmitt, D.R. and Ahrens, T.J. (1988) Analysis and modelling of holographic measurements of in-situ stress. *Int. J. Rock Mech. Min. Sci. & Geomech. Abstr.*, 25, 353-62.

Stephansson, O. (1983) Rock stress measurement by sleeve fracturing, in *Proc. 5th Cong. Int. Soc. Rock Mech. (ISRM)*, Melbourne, Balkema, Rotterdam, pp.F129-37.

Strickland, F.G. and Ren, N.-K. (1980) Use of differential strain curve analysis in predicting the in-situ stress state for deep wells, in *Proc. 21st US Symp. Rock Mech.*, Rolla, University of Missouri Publ., pp. 523-32.

# 参考文献

Sugawara, K. and Obara, Y. (1995) Rock stress and rock stress measurements in Japan, in *Proc. Int. Workshop on Rock Stress Measurement at Great Depth*, Tokyo, Japan, 8th ISRM Cong., pp. 1-6.

Sun, Y.L. and Peng, S.S. (1989) Development of in-situ stress measurement technique using ultrasonic wave attenuation method − a progress report, in *Proc. 30th US Symp. Rock Mech.*, Morgantown, Balkema, Rotterdam, pp. 477-84.

Swolfs, H.S. and Handin, J. (1976) Dependence of sonic velocity on size and in-situ stress in a rock mass, in *Proc. ISRM Symposium on Investigation of Stress in Rock, Advances in Stress Measurement*, Sydney, The Institution of Engineers, Australia, pp. 41-3.

Talebi, S. and Young, R.P. (1989) Failure mechanism of crack propagation induced by shaft excavation at the Underground Research Laboratory, in *Proc. Int. Symp. Rock Mech. and Rock Physics at Great Depth*, Pau, Balkema, Rotterdam, Vol.3, 1455-61.

Te Kamp, L., Rummel, F. and Zoback, M.D. (1995) Hydrofrac stress profile to 9km at the German KTB site, in *Proc. Workshop on Rock Stresses in the North Sea*, Trondheim, Norway, NTH and SINTEF Publ., Trondheim, pp. 147-53.

Teufel, L.W. (1982) Prediction of hydraulic fracture azimuth from anelastic strain recovery measurements of oriented core, in *Proc. 23rd US Symp. Rock Mech.*, Berkeley, SME/AIME, pp. 238-45.

Tsur-Lavie, Y. and Van Ham, F. (1974) Accuracy of strain measurements by the undercoring method, in *Proc. 3rd Cong. Int. Soc. Rock Mech. (ISRM)*, Denver, National Academy of Sciences, Washington, DC, Vol.2A, pp. 474-80.

Van Heerden, W.L. (1973) The influence of various factors on the triaxial strain cell results. South African Council for Scientific and Industrial Research (CSIR) Technical Report ME 1178.

Voight, B. (1966) Interpretation of in-situ stress measurements, in *Proc. 1st Cong. Int. Soc. Rock Mech. (ISRM)*, Lisbon, Lab. Nac. de Eng. Civil, Lisbon, Vol.III, Theme 4, pp. 332-48.

Walker, J.R., Martin, C.D. and Dzik, E.J. (1990) Confidence intervals for in-situ stress measurements. *Int. J. Rock Mech. Min. Sci. & Geomech. Abstr.*, 27, 139-41.

Warpinski, N.R. and Teufel, L.W. (1991) In-situ stress measurements at Rainier Mesa, Nevada Test Site - influence of topography and lithology on the stress state in tuff. *Int. J. Rock Mech. Min. Sci. & Geomech. Abstr.*, 28, 143-61.

Wiles, T.D. and Kaiser, P.K. (1994) In-situ stress determination using the under-excavation technique - I : theory. *Int. J. Rock Mech. Min. Sci. & Geomech. Abstr.*, 31, 439-46.

Worotnicki, G. (1993) CSIRO triaxial stress measurement cell, in *Comprehensive Rock Engineering* (ed. J. A. Hudson), Pergamon Press, Oxford, Chapter 13, Vol.3, pp. 329-94.

Worotnicki, G. and Walton, R.J. (1976) Triaxial hollow inclusion gauges for determination of rock stresses in-situ, Supplement to *Proc. ISRM Symposium on Investigation of Stress in Rock, Advances in Stress Measurement*, Sydney, The Institution of Engineers, Australia, pp. 1-8.

Zajic, J. and Bohac, V. (1986) Gallery excavation method for the stress determination in a rock mass, in *Proc. Int. Symp. on Large Rock Caverns*, Helsinki, Pergamon Press, Oxford, Vol.2, pp. 1123-31.

Zoback, M.D., Mastin, L. and Barton, C. (1986) In-situ stress measurements in deep boreholes using hydraulic fracturing, wellbore breakouts, and stonely wave polarization, *in Proc. Int. Symp. on Rock Stress and Rock Stress Measurements*, Stockholm, Centek Publ., Luleå, pp. 289-99.

Zou, D. and Kaiser, P.K. (1990) In situ stress determination by stress change monitoring, in *Proc. 31st US*

3　原位置応力の測定法

*Symp. Rock Mech.*, Golden, Balkema, Rotterdam, pp. 27-34.

# 水圧法 4

## 4.1 はじめに

　水圧法（hydraulic method）の主な目的は，掘削孔の一部を区切ってその壁面に水圧を加えることによって原位置応力を計測することである．加えられる水圧は，既存の亀裂が開くか，新たな亀裂が形成されるまで増加される．亀裂を発生し，開き，進展させ，維持し，再開口させるそれぞれの段階において計測された岩盤内の流体圧は，その応力場と深くかかわっている．応力の方向は，通常，水圧によって生じたまたは開口した亀裂の方向を観察，測定することにより得られる．

　水圧法は，水圧破砕法，スリーブ破砕法，既存亀裂を開口させる HTPF 法の3つに分類される．これらの3種類の手法はすべてこの章で取り上げる．これらの方法は地表もしくは地下のトンネルや立坑，地下空洞などから掘削したボーリング孔を用いたサイト調査に適用される．これらの方法は岩石の変形特性を事前に知らなくても適用でき，また地下水面下においてもさほどの困難もなく実施できるという利点がある．一般的に，50 m 以深の原位置応力計測には水圧法が最も適している．水圧破砕法は非常に深いボーリング孔における応力計測に成功してきた唯一の方法である．

　水圧破砕法とスリーブ破砕法を適用するにあたっては，ボーリング孔の方向は主応力のひとつの方向に一致すると仮定される．通常，この仮定は地表から掘削される鉛直ボーリング孔については妥当と考えられており，そのとき鉛直応力は上載圧と等しいとして計算される．水圧法のひとつである HTPF 法は，地下深部の原位置応力を決定するために，ボーリング孔が鉛直でかつ主応力に直交することを仮定する必要がない唯一の方法である．

　これらの手法の詳細に入るまえに，これらの水圧法は未だ十分に完成されておらず，現状の手法や解析法，解釈法が最適であるとの統一的見解を得るには至っていないと

いうことを認識しておいてほしい．したがってこの章では，これまでの文献において見られるさまざまな手法や解釈についてバランスのとれた立場にたって解説することに努めたい．

## 4.2 水圧破砕法

### 4.2.1 歴史

ボーリング孔で用いられる水圧破砕法（hydraulic fracturing）は石油産業における坑井刺激法として始まった．ボーリング孔内で圧力をかけることによって岩盤を破砕する方法は，Clark（1949）によって初めて導入された．その当時「ハイドロフラック」と呼ばれていた方法は次のふたつのプロセスからなる．(1) 亀裂の閉塞を防ぐ亀裂保持剤として砂などの粒状物質を含んだ粘性流体を地層を破砕するくらいの高い圧力で圧入する．(2) 地層から容易に分離するようにその流体の粘性を低下させる．1940年代に最も支持されていた水圧破砕法の解釈は，破砕水圧が上載荷重の総重量圧よりもかなり小さいにもかかわらず，水圧が地層を層理面にそって引きはがし上載荷重を持ち上げるというものであった．数年後，Scott, Bearden and Howard（1953）は中空円筒の岩石コアを用いて室内実験を行い，浸透性のある流体を用いた場合には亀裂が岩石の層理に平行にできるが，非浸透性流体の場合には亀裂がコアの軸方向と平行にできる傾向があることを示した．

Hubbert and Willis（1957）は，ボーリング孔に水圧を作用させることにより岩盤を破砕する方法について重要な再検討を行った．用いる流体が浸透性か否かにかかわらず，亀裂は最小応力軸に概ね直交する方向に形成されること，地下の応力状態はその当時の一般的な認識であった静水圧ではなく，多くの場合互いに直交する大きさの異なる3つの主応力状態にあることをかれらは強く主張した．また，砂箱を用いた実験や砂岩と硬石膏の三軸試験の結果から，Mohr円の解析に基づいて断層から地下の応力状態を推定する場合に用いるせん断メカニズムの考え方と，水圧破砕を生じるメカニズムとは明白に異なることを示した．さらに，ボーリング孔による応力の乱れと孔内に作用する圧力の影響に関して明確で完全な解釈を提示し，亀裂が発生するときの破砕圧（すなわち，ブレイクダウン圧力）と破砕される岩石の特性について以下のように記している．「ボーリング孔のどの数十フィートの部分をとりだしてもそこには多くの交差した節理が存在する．したがって，ボーリング孔内で水圧によって破砕される岩石の引張強度は実質的にゼロであり，岩石内に分離面を生じるのに必要な圧

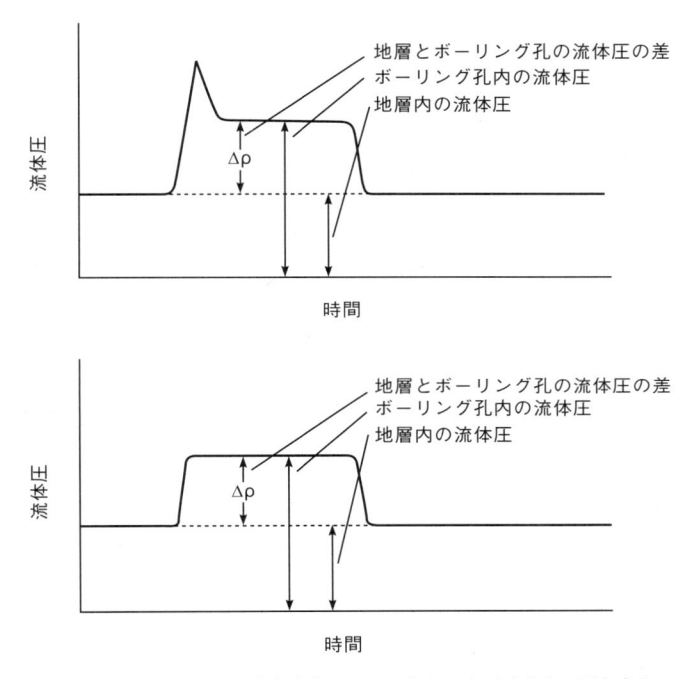

図 4.1 さまざまな地下の応力条件によって生じる水圧破砕中の圧力変化についての最初の理想化された説明図. 2種類の圧力変化が示されている. (Hubbert and Willis, 1957 に加筆)

力は, 孔壁に交差している節理面に作用する圧縮応力をゼロまで減らすのに必要な圧力で十分である (Hubbert and Willis, 1957, p. 160).」

　Hubbert and Willis (1957) は, ブレイクダウン圧力についての仮説を説明するために水圧破砕中の圧力の挙動について考えられるふたつのパターンを図に示した (図 4.1). ひとつはブレイクダウン圧力が圧入圧力よりもはるかに高い場合である. これは亀裂が水平にできる場合, もしくは水平方向のふたつの主応力がほぼ等しい場合に相当すると考えた. もうひとつは圧力のブレイクダウンが生じない場合で, これは既存の亀裂が開口して水平もしくは垂直方向の亀裂が生じる場合か, ふたつの水平方向応力が大きく異なって鉛直亀裂が生じる場合に対応すると考えた.

　水圧破砕法に関する文献の多くの著者は, ボーリング孔における水圧破砕法の理論への導入として Hubbert and Willis (1957) の古典的な論文を引用している. 時々, 水圧破砕法の古典的な方程式の展開がかれらの功績であるとされているが, それは間

## 4 水圧法

違いである.なぜなら,かれらは引張強度の項を方程式に導入しておらず,3つの主応力が異なる一般的な地下の応力状態については議論をしていないからである.

孔壁に亀裂が発生すると流体は岩盤の分離面に浸透し,それによって亀裂の壁面に圧力が作用する.Hubbert and Willis (1957) は,最小圧入圧力は原位置の最小主応力のみによって決定され,ボーリング孔の形状や流体の性質には依存しないという正しい認識をもっていた.それは,亀裂を開いて広げるために必要なボーリング孔内の最小圧入圧力は,亀裂面の法線方向に作用している広域の原位置応力よりもわずかに大きいだけでよいという考えである.

米国のメキシコ湾岸地域,大陸中部地域,テキサス西部からニューメキシコ地域の石油産業において行われた多くの水圧破砕では,破砕に必要な圧入圧力が上載圧より小さいことが観測された.その結果から,Hubbert and Willis (1957) はそれらの亀裂のほとんどが鉛直方向であり,流体が圧入された岩盤の既存の応力場によって支配されていると結論付けた.

油井における水圧破砕法で得られた孔底の圧力チャートから地球の上部地殻における3つの主応力を決定する方法は,Scheidegger (1962) によって初めて提案された.彼は坑井における水圧破砕と広域応力の関連を,浸透性,非透性流体の場合について調べた.また,岩盤の強度が有限であることを水圧破砕法の方程式に導入した.さらに彼は,水圧破砕中の孔底の圧力が多くの場合破砕圧よりも低いことに気づいた.Hubbert and Willis (1957) と同様,この圧力は亀裂を開かせるだけであり,したがって形成された亀裂面に垂直にはたらく最小主応力と等しいに違いないと考えた.Scheidegger (1962) は,水圧破砕中の孔底圧力のチャートが手に入ったカナダの5つのボーリング孔において,広域応力と見かけの引張強度を計算した.その応力状態はねじり断層の発生に対応し,またその地域における地震の断層面解析から地震学者らが想定したトランスカレント断層ともよい一致を示した.

Kehle (1964) はボーリング孔のパッカーで区切られた区間周辺の応力分布や,パッカーそれ自身によって生じたせん断応力を解析することにより,水圧破砕法の発展において次の重要な一歩をもたらした.彼のモデルの欠点はゴムパッカーによって生じるせん断応力帯を単純化しすぎた点にあった.後に Haimson (1968) は,ゴムは非圧縮なので軸方向の圧縮は側方への膨張を伴い,孔壁には垂直荷重がかかることによってゴムパッカーの注入区間の側の隅部への応力集中を減少させていると指摘した.この指摘によって水平方向の亀裂がこれらのコーナーから発生しているという可能性は低くなった.その後,Stephansson (1983a) は鉄管に装着したパッカーの室内実験を行い,その結果から鉄製の心棒を有するストラドルパッカー (straddle packer)

端部から亀裂が発生する恐れはほとんどないことを示した.

　Hubber and Willis（1957），Scheidegger（1962），Kehle（1964）などはその地域の地殻応力や亀裂の方向と孔内のポンプ圧の記録との関係にについて考察しているが，水圧破砕を応力計測の目的に使用することを最初に推奨したのは Fairhurst（1964）である．彼はフラットジャッキ法や応力解放法などその当時利用可能な他の応力測定法にはない水圧破砕法の魅力的な特徴を列挙した．彼も Kehle（1964）が展開した理論を支持し，ふたつのパッカーの間の加圧された壁面周辺にかかる応力を研究した．そして無限遠から二軸応力を受けているボーリング孔周辺の応力分布を決定する単純な理論を展開した．同時に彼は，膨張性素材のライニングを亀裂に少し押し込むことで亀裂の方向を決定できる可能性を強調した．これは Fraser and Pettitt（1962）が行った方法と同様である．このインプレッションパッカー法は現在でも水圧破砕法において亀裂の方向を求めるために広く用いられている．

　地下深部の脆性的かつ弾性的な地層における原位置応力を求める方法としての水圧破砕のプロセスは，Haimson（1968）の博士論文において理論的かつ実験的に研究されている．この研究において Haimson（1968）は，亀裂を形成し押し広げるのに用いられた流体が岩層中にまで浸透しているかどうかを調べることの重要性をはじめて指摘したが，このことは水圧破砕の歴史において画期的な出来事であった．彼はポンプによる圧入が多孔質層における間隙水圧を上昇させ，それによってさらに応力や変位が生じることを示した．これによって亀裂が発生する限界応力が低下し，新しくできる亀裂の幅が小さくなる．

　Haimson and Fairhurst（1967）の共著論文には，ボーリング孔周辺の以下の3つの応力場の影響を考慮にいれた鉛直方向亀裂の形成についての規準が提案されている．(1) 上部地殻における非静水圧的な広域応力，(2) ボーリング孔内の流体の圧力と地層内流体の圧力との差，(3) その圧力差によって生じるボーリング孔から多孔質岩を通して地層内へ流入する半径方向の流れ．

　1960年代半ばまでに水圧破砕について理論的な研究は数多くなされていたが，それに対して実験的検討はあまり行われていなかった．Haimson（1968）の学位論文では，5種類の多孔質および非多孔質岩石の中空円筒型および立方体型供試体約400個に対して，3方向から一定の外圧を作用させた条件下で孔内の流体圧を上げていく試験が行われている．すべての供試体において，形成された水圧破砕亀裂は常に引張破壊によるものであり，せん断破壊は観測されなかった．すべての岩種において，作用させた応力に応じて亀裂は水平方向にも垂直方向にも発生した．のちに Haimson and Fairhurst（1970）は，水圧破砕法は近いうちに応力計測の可能性をもった方法では

4　水圧法

なく,実用的なツールになるだろうと述べた.

　水圧破砕法を実際の現場で試みた最初の2例は,ミネソタ州の地下鉱山と花崗岩の石切場において Von Schonfeldt and Fairhurst（1970）が行ったものである.この試験は直径2.25インチ（57.1 mm）のボーリング孔において特別に設計された器具を用いて行われた.このとき亀裂は最小圧縮応力に直交する方向にできたと報告されている.さらに,コロラド州の Rangely 油田では深部で水圧破砕法の適用性を検討する機会がもたらされた（Haimson, 1973; Raleigh, Healy and Bredehoeft, 1976）.Rangely 油田の中心や周辺においては,横ずれ断層の近くで激しい地震活動が記録されていたため,誘発地震と地層の間隙圧の間に関係があるかどうかを調べる研究が開始された.地下1900 mまでの水圧破砕により,鉛直方向の応力は中間主応力で他の応力は横ずれ断層型の応力状態と整合していることがわかった.これによって応力計測は十分成功したと評価され,その後水圧破砕の研究が相次いで行われた.まもなく,地表から掘られたボーリング孔と同様にトンネルや立坑の内部から岩盤内の応力を測定する方法として水圧破砕法が適用され,工学的問題の解決に利用された.同時に,水圧破砕法は上部地殻の応力状態に関する我々の知識の増大に貢献した（Bredehoeft et al., 1976; Haimson, 1976, 1978a, b, 1980; Rummel and Jung, 1975; Zoback, Healy and Rolles, 1977; Zoback, Tsukahara and Hickmann, 1980）.

## (a) 水圧破砕法についての第1回ワークショップ

　応力計測のための水圧破砕法についての第一回ワークショップが1981年カリフォルニア州の Monterey で開かれた.この技術に興味をもった科学者やエンジニアがはじめて一同に介し,それぞれのアプローチを比較し,また手法を改善するために互いに学んだ.そのとき,水圧破砕法による応力計測は以下の人々によって紹介されていた.(1) 北米の Haimson（1978a, b, 1933）,Barton（1983）,Hickman and Zoback（1983）,Haimson and Doe（1983）; (2) ドイツの Rummel and Jung（1975）Rummel, Baumgärtner and Alheid（1983）; (3) アイスランドの Haimson and Voight（1977）; (4) 英国の Pine, Ledingham and Merrifield（1983）; (5) フランスとベルギーの Cornet（1983）; (6) 日本の Tsukahara（1983）; (7) 中国の Li et al.（1983）; そして（7）オーストラリアの Enever and Wooltorton（1983）である.ワークショップの主要な議題は,水圧破砕法の歴史の他に解釈の方法,革新的方法や技術的な改良,他の応力計測法との比較などであった.Haimson（1983）や Doe et al.（1981, 1983）,Li et al.（1983）は,深い孔内における水圧破砕法とオーバーコアリング法による応力計測の結果が,応力の大きさと方向についてよく一致することを示した.

## (b) ストックホルムにおける岩盤応力・岩盤応力計測についての国際シンポジウム

その次に水圧破砕法が深く議論された大きなイベントは，1986年にストックホルムで開催された岩盤応力・岩盤応力計測についての国際シンポジウムである．その頃は，数カ国が大陸深部地殻の硬い岩盤の掘削に着手したか着手しようとしているところであった．地殻深部の応力がボーリング孔壁の安定性を支配し，掘削可能な深さを決定し，さらには熱抽出の可否を決定しているということが明らかになるにつれて，岩盤応力が1980年代の主要な研究対象となった．ボーリング孔の安定性や応力状態への疑問が，異なる造構応力下における応力状態についての関心をもたらした．Zoback, Mastin and Barton (1986) は，当時の市販装置を用いて行うボーリング孔の水圧破砕法の深度限界は，逆断層条件で3 km，横ずれ断層条件で8 km，正断層条件では2 kmであると試算した．これらのすべての予測は，断層の摩擦係数$\mu$が0.6であるという仮定にもとづいたものである．

地殻変動問題への応力計測の適用は工学的な問題のように簡単ではなかった．エンジニアは現在岩盤に作用している応力場に関心をもっているのに対して，地質学者はその応力が作用するにいたったプロセスを推論しようとするからである．1986年のストックホルムの国際シンポジウムでは，ふたつの学派の代表者が地質学と工学の両分野において原位置応力が果す役割について意見を交換することができた．

その頃，大陸域における現在の応力状態に関する多くの観測事例ついてまとめられたレビュー論文がいくつか出版された．水圧破砕法による米国の応力状態を初めてまとめたのはHaimson (1977) である．その後，McGarr and Gay (1978) はカナダ，南アフリカ，米国の堆積盆における応力データを整理し，深度と応力の関係を発表した．かれらは，米国の堆積盆上部2.3 kmにおける水圧破砕法の測定結果の大部分が，ほぼ15 MPa/kmの勾配になることを示した．花崗岩では，砂岩や頁岩におけるそのような深度に対する応力の規則的な増加はみられなかった．この結論は，Fennoscandian（訳注：スカンジナビア半島，コラ半島，カレリアおよびフィンランドを含む地域），カナダ，南アフリカ，オーストラリアのような古い楯状地の花崗岩における応力計測の結果から導かれたものである．Stephansson, Särkkä and Myrvang (1986) は，Fennoscandianの岩盤応力データベース（Rock Stress Data Base）から，最大水平応力の方向がばらばらであることを示した．Fennoscandianで用いられた応力計測法のなかで水圧破砕法は最も小さい応力値を与えていることがわかった．

深部地殻掘削プロジェクトの結果に基づき，岩盤力学的実験と水圧破砕法による深部の原位置応力データによる制約から，Rummel (1986) は大陸地殻上部の水平方向応力の大きさと深度の関係について次の式を提案した．

## 4 水圧法

$S_h/S_V = 0.15/z + 0.65$

$S_H/S_V = 0.25/z + 0.98$

ここに，$S_H$ と $S_h$ はそれぞれ水平方向の最大および最小応力，$S_V$ は鉛直応力，$z$ は深さ（km）である．

応力の大きさに比べて応力の方向は本質的に受け入れられやすい．なぜなら，あらゆる深度で計測された応力方向は互いに比較され，さらに地震の発震機構や地質学的な情報が示唆する応力の方向とも比較されるからである．Raleigh（1974）や Sbar and Sykes（1973）は，北米東部の応力方向について，アパラチア山脈西部から大陸中部にわたり $S_H$ の向きは東から北東方向であると結論付けた．かれらはこの現象をプレートテクトニクスと地震活動に関連づけた．その後，Haimson（1978）は既往のすべての水圧破砕の結果をまとめ，水圧破砕の鉛直亀裂の方向から米国本土における水平主応力方向が概ね NE-SW であることを示した．Zoback and Zoback（1980）は，地震の発震機構やオーバーコアリング，主要な地質学的特徴が示す応力の方向も含めて米国本土の応力状態をとりまとめた．

そのストックホルムのシンポジウムにおいて，Stephansson, Särkkä and Myrvang（1986），Bjarnason（1986）らはバルト楯状地における最大水平応力の方向についてとりまとめた結果を発表した．最大水平応力の方向は，深部においてわずかに北西－南東方向の傾向がみられるものの，大きなばらつきが認められた．この結果は，西ヨーロッパでは最大水平応力が一様に北西－南東方向であるとする Klein and Barr（1986）の結果と矛盾している．かれらのデータのほとんどはボーリング孔のブレイクアウトから得られたものであった．さらに，異なる応力計測法を用いた別の研究グループによって得られた結果から，ヨーロッパの応力状態は米国とは対照的にばらついていることがわかった．このことは，国際リソスフェアプログラムの世界応力分布図プロジェクト（World Stress Map Project）を設立する陰の原動力のひとつになった（Zoback, 1992; Zoback et al., 1989）．

### (c) 米国ミネソタ州における水圧破砕法による応力計測についての第 2 回国際ワークショップ

ストックホルムにおけるシンポジウムから 2 年，Monterey の第 1 回ワークショップから 7 年たった 1988 年，米国ミネソタ州のミネアポリスにおいて水圧破砕法による応力計測についての第 2 回国際ワークショップが開催された．この頃までに水圧破砕法は世界中さまざまな国の，特に岩盤力学や地球物理学を研究する機関で導入され

ていた．1970年代には年間2,3例しかなかった試験プロジェクトの数は，年間に10例以上行われるまでに増加した．水圧破砕法は地球物理学や地震の研究，土木や資源工学における地下空間の設計，油田やガス田における坑井刺激（stimulation），高温岩体からの地熱抽出などにおいて利用されるようになっていた．

　ワークショップによせられた約30の論文は，のちの1989年，Haimsonの編集によって *International Journal of Rock Mechanics and Mining Sciences* の特別号として出版された．このワークショップの主な目的は，試験中に得られた記録の解釈法における過去10年間の研究の進展をレビューすることであった．経験豊富な科学者やエンジニアの多くが集り，硬質岩盤のみでなく石油やガスの貯留層で典型的に遭遇する浸透性の高い岩盤をも対象としたこともあって，このワークショップは大成功を収めた．

　発表された論文の半数以上が圧力の経時変化記録の解釈および孔壁に現れた水圧破砕亀裂のトレースの解釈に関するものであった．シャットイン圧力，亀裂の再開口圧力および亀裂方向の決定における客観性を向上させるために，Lee and Haimson (1989) は水圧破砕法の測定データに対して統計的手法を適用した．現場測定によって得られた圧力と流量のデータに対して異なる解析を適用できるような相互解釈システムが Baumgärtner and Zoback (1989) によって発表されている．最大水平主応力を決定する際の多孔質弾性（poroelastic）体としての影響が，Schmitt and Zoback (1989)，Detournay et al. (1989) によって論じられている．Schmitt and Zoback (1989) はまた，引張破壊における修正有効応力理論に基づいてブレイクダウン圧力に関する新たな式を導いた．Warpinski (1989) はボーリング孔のケーシングを貫通した細孔（perforation）を介した水圧破砕によって応力を決定する方法について報告した．油やガスの貯留層に関連する水圧破砕法については Holzhausen et al. (1989)，Shlyapobersky (1989) が参考になる．

　Doe and Boyce (1989)，Wawersick and Stone (1989)，Bush and Barton (1989) らは，岩塩の水圧破砕記録を Haimson and Fairhurst (1970) が提案した古典的な方法で解釈することは，岩塩が持つ延性的性質のため妥当ではないとしている．Li (1989) や Bjarnason, Ljunggren and Stephansson (1989) らは，水圧破砕装置の改良について発表した．Baumgärtner and Rummel (1989) や Burlet, Cornet and Feuga (1989) は，亀裂の加圧試験や HTPF 法の適用による新しいデータについて発表している．

### (d) ドイツ Aachen の第 7 回 ISRM コングレスにおける地殻応力ワークショップ

1991 年にドイツの Aachen で開催された第 7 回 ISRM コングレスにおける地殻応力ワークショップの目的は，過去 3 年間の進捗を論ずることであった．実際，このワークショップが前回からわずか 3 年後に開催されたという事実が，岩盤応力という分野，そしてその計測方法への関心の高まりをうかがわせる．地殻応力が測定された地点の数は，世界応力分布図プロジェクト（Zoback, 1992; Zoback et al., 1989）において世界の地殻応力データベースをつくることができる段階に達していた．1989 年後半にはデータベースに登録された数は 3574 にのぼり，そのうち 3％ が水圧破砕試験によるものであった．11 章で述べるように，3 年後には水圧破砕によるデータは 5000 を超えるまでに増加した．

地殻応力への関心の高まりをうけて，1991 年の第 7 回 ISRM コングレスの主催者は深部ボーリング孔における応力計測についてのセッションを開いた．水圧破砕法はその時点で，そして現在でも，異なる造構応力下において原位置応力の絶対値の鉛直分布を深部まで測定できる唯一の地球物理学的方法である．ドイツの大陸深部掘削計画（KTB）や，米国 Cajon Pass の深部大陸掘削プロジェクトが開始されたとき（Baumgärtner et al., 1993），深部の応力状態を求める方法として水圧破砕法の選択は明白であった．KTB プロジェクトは東ヨーロッパの Variscan 縫合帯（訳注：過去のプレートの収束境界）の中央部に位置するボヘミア地塊の西縁における中深部地殻の調査を目的とした基礎的な地球科学研究のプロジェクトである．KTB プロジェクトの第一フェーズでは，直径 6 インチ（152 mm）のパイロット孔が深さ 4 km まで掘削され，深さ方向に 14 箇所で水圧破砕試験が行われた．応力評価には古典的なデータ解析法が適用され，岩石の間隙率が小さいために多孔質弾性体の影響は無視できると仮定された．

Baumgärtner et al.（1993）は，KTB の深度 800 m から 3000 m にかけての応力の大きさは深度方向に線形に増加しており，横ずれ断層型の応力状態であると報告している．直線で近似された応力分布によれば，5 km より深いところでは最大水平応力 $S_H$ は中間主応力となり，正断層型の地殻応力状態となっている．水圧破砕法やボーリング孔のブレイクアウトによって求められた $S_H$ の方向は N149°±15° であり，これは中央ヨーロッパの一般的な地殻応力パターンと一致している．1990 から 1994 年の間に行われた KTB プロジェクトの第二フェーズでは，地下 9 km の深さまで掘削が進められ，6 km および 9 km の地点で水圧破砕試験が行われた（12.4.7 項参照）．ボアホールブレイクアウトにより求められた深さ 3.2 km から 8.6 km における平均的な応力の方向は，中部ヨーロッパにおける最大水平応力の方向である NW-SE 方向と一

致することが確かめられた（Brudy et al., 1995）.

　サンアンドレアス断層（SAF）周辺における複雑な応力状態は，Zoback, Healy and Rolles（1977），Zoback, Tsukahara and Hickman（1980），Zoback et al.（1987）によって初めて報告された．Cajon Pass における水圧破砕法による応力計測結果は，サンアンドレアス断層周辺の地域的な地質構造の複雑さをはっきりと反映していた．計測された $S_H$ の大部分は深さ方向に線形に増加する傾向を示し，全体的な応力状態は正断層もしくは横ずれ断層型であった．しかし驚くことに，応力の方向は SAF と平行な面に対して左横ずれを生じるせん断応力を示しており，断層の右横ずれの動きと整合しなかった．それに対して，Cajon Pass における応力計測の結果は SAF の強度が小さい，すなわち非常に小さいせん断応力で動いているという説を支持し，理論的な断層の摩擦係数は 0.1 であることを示唆した（Baumgärtner et al., 1993）.

　1990 年，水圧破砕による応力計測がイングランドの炭鉱において行われ，その結果が Jeffery and North（1993）によって報告された．試験深度は 320 m から 1123 m の範囲で，シルト質泥岩，シルト岩，細粒砂岩を対象として実施された．ここでは従来型の装置とデータ収録法，評価手法が用いられた．断層のない領域では水平主応力の比，すなわち $S_H/S_h$ は概して 2：1 であり，測定結果の多くは逆断層型の地殻応力状態を示していた（図 2.4）．他にもドイツの Ruhr 地域で行われた応力計測について Müller（1993）が報告している．

　さまざまな応力測定法によって得られた岩盤応力の解釈がこの 1991 年のワークショップの重要な課題であり，このワークショップで発表された論文は現場における精力的な研究活動がなされてきたことをはっきりと示していた．Klasson, Ljunggren and Öberg（1991）はシャットイン圧力 $P_S$ を決定するための新たな図式解析法を提案した．この方法は Tunbridge（1989）と同様であり，ポンプを止めてからの圧力の低下速度をふたつの指数関数で表現している．この手法はフィンランドの放射性廃棄物の処分サイトの調査に適用され，これまでの接線法（tangent divergence）や接線交点法（tangent intersecting）による解釈よりも優れていることがわかった．

　傾斜しているボーリング孔の応力状態の解釈は，岩盤の応力測定，特に水圧破砕法において古くからの問題である．任意に傾斜したボーリング孔における応力測定に直接適用できる唯一の手法は HTPF 法（Cornet, 1986; Cornet and Valette, 1984）である．Klasson, Ljunggren and Öberg（1991）は傾斜したボーリング孔における測定から $S_H$ の方向を求める新たな方法を示し，その手法をフィンランドの 60〜63° 傾斜したボーリング孔の水圧破砕試験データに適用してよい結果を得ている．

　第 7 回の ISRM コングレスにおいて，Haimson, Lee and Herrick（1993）は，特殊

なケースでは従来の弾性論的手法で任意の角度の傾斜孔の応力を決定できることを紹介した．それは，形成された水圧破砕亀裂が鉛直でボーリング孔軸に一致するという要件をみたせば，鉛直応力とボーリング孔の傾斜を考慮して古典的な水圧破砕の方程式（Haimson and Fairhurst, 1967, 1970）で最大水平応力を決定できるというものである．これは非常に有用かつシンプルなアプローチであり，特に傾斜したボーリング孔が多く掘削される地下構造物の調査などにおいて適用性が高い．

この会議の代表者に対するワークショップ総括報告書において，Stephansson (1993) は，岩盤応力とその測定に関する分野はいまだ発展し続けており，その適用は非常にダイナミックであると述べている．

### 4.2.2 方法，装置，手順

水圧破砕法は，膨張型ストラドルパッカー（以後パッカーと称す）による孔井の一部分の隔離工程と，引き続き行う孔壁破砕のための加圧工程からなる（図 4.2a）．孔軸に沿った亀裂が生成すれば，測定によって得られる圧力データを用いて孔井軸に対して垂直な面内における最小主応力の大きさを決定することができる．水圧破砕試験中には時間—圧力データが記録される．最小主応力の大きさは記録されたシャットイン圧力から直接求めることができる．最大主応力の大きさは，破砕開始圧力，亀裂の再開口圧力，そして岩盤の引張り強度との関係により計算することができる（4.2.3 節）．

亀裂の方向の決定にはコンパスやボアホールスキャナー（borehole scanner）を組み込んだインプレッションパッカー（impression packer）が用いられる（図 4.2b）．この方向は孔軸に垂直な面内における最大主応力方向である．インプレッションパッカーは膨張パッカー部分とそれを覆う取替え可能な柔らかいゴムフィルムで構成される．パッカーが膨張すればフィルムが亀裂に押し出されてその表面に痕跡が残る．孔井内におけるインプレッションパッカーの方位を知ることで応力場の方向が推定できる．

### (a) 装置

原位置応力を決定するための初めての水圧破砕試験は，Von Schonfeldt and Fairhurst (1970) によって実施された．この試験には特殊な破砕ツールと加圧システムからなる装置が用いられ，直径 56 mm の裸孔で実施された．破砕区間（Pack-off interval）は 1 フィート（0.3 m）または 2 フィート（0.6 m）で，破砕流体として軽質油が用いられた．破砕流体を圧入するために 70 MPa で 1 l/min の流量を送り出せる高圧ポンプが用いられた．火成岩と頁岩層における地下 2 地点と地表近くの 1 点

4.2 水圧破砕法

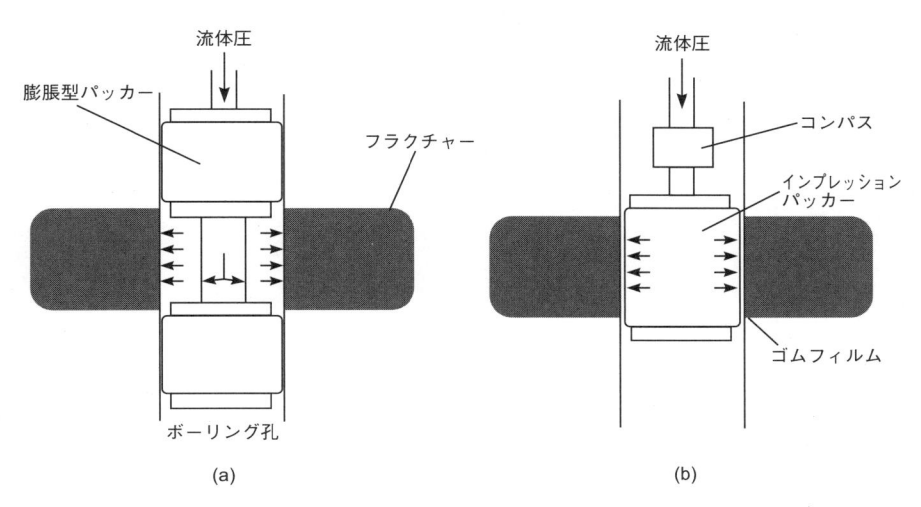

図4.2 水圧破砕の基本ステップ．(a) ボアホール壁が破砕するまで孔井を加圧する．(b) インプレッションパッカーとコンパスによって破砕方向を決定する．

で最大 40 MPa のブレイクダウン圧力が記録された．これらの初期の水圧破砕試験においても，ポンプの流量の影響，繰り返し試験によるブレイクダウン圧力の低下，高応力地域における水平亀裂の形成など幾つかの問題が明らかになった（これらの問題は今日でも存在している）．

深井戸の応力測定に水圧破砕法を適用するには，装置を孔井内に降下させるためのドリルリグやドリルロッドに大掛かりな装置が必要であるという大きな難点があった(Haimson and Fairhurst, 1970; Haimson and Stahl, 1970)．現在では，石油産業のサービス会社がストラドルパッカーシステムとパッカーの膨張やテストゾーンの加圧をコントロールするバルブを備えた特殊なパイプを提供している．このバルブはロッドに加える重量を変化させたり，ロッドを回したり，またドリルストリングにバーやボールを落としたりして操作する．1989年に Tunbridge, Cooling and Haimson は英国の深井戸を対象とした水圧破砕法による新しい応力測定システムを提唱した．図4.3に示すそのシステムは単純で頑丈で信頼できるものとなっている．

それまで用いられていた方法が改善されたのは1970年代のことであり，その後ダウンホールパッカーを膨らますためだけの柔軟な高圧ホースが導入された (Haimson, 1978a, b)．そのホースはドリルロッドの外側に取り付けられたまま孔井内に降ろされるもので，このホースの導入によって各々の試験の後にパッカーを取り出すことなく

4 水圧法

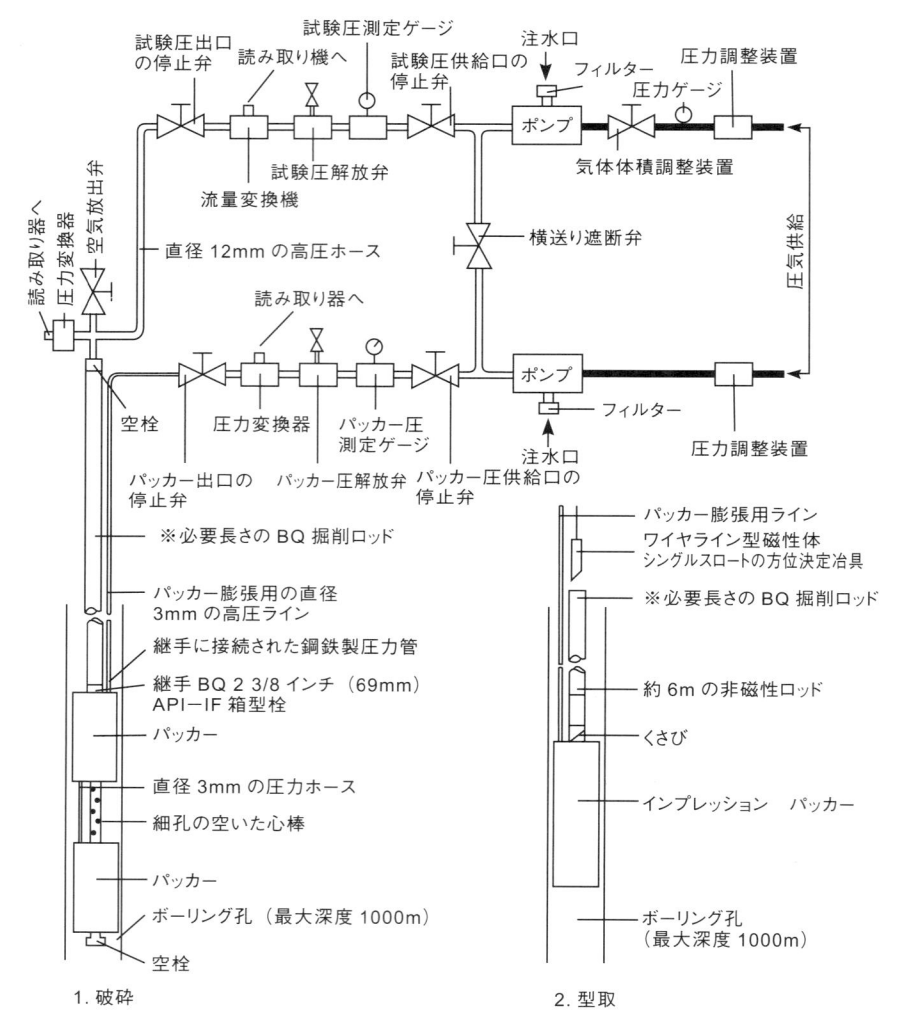

図4.3 大深度孔井における水圧破砕応力計測システム
(Tunbridge, Cooling and Haimson, 1989, National Academy Press, Washington, DC. 提供)

次の水圧破砕試験が続けられるようになった．

応力測定のコスト改善に劇的な貢献をしたのはワイヤーライン水圧破砕法の導入であった（Rummel, Baumgärtner and Alheid, 1983）．それまで用いられていた掘削装置を軽量な三脚と持ち運び可能なホイストに変え，また，ドリルロッドを細くてつな

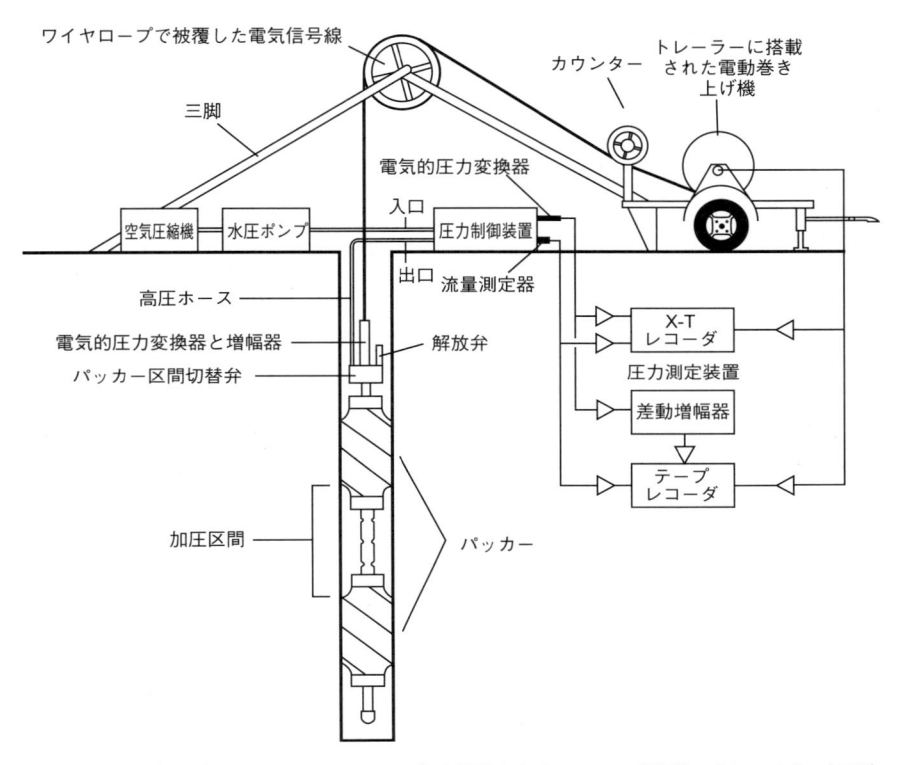

図 4.4 ルール大学（Ruhr University Bochum）が開発したトレーラー車載型ワイヤーライン水圧破砕システム（Rummel, Baumgärtner and Alheid, 1983）

ぎ目のない高圧ホースに変えることによりシステムを十分軽量化し，試験が大幅に早く経済的に実施できるようになった（図 4.4）．ワイヤーラインコンダクターとダウンホールツールがストラドルパッカーとインプレッションパッカーに取り付けられたことにより，試験が行われる深度の水圧破砕とパッカー圧力の計測が可能になった．ワイヤーライン水圧破砕法は，Rummel, Baumgärtner and Alheid (1983) や Rummel, Höhring-Erdmann and Baumgärtner (1986) によりヨーロッパで，Haimson and Lee (1984) や Haimson (1988) によりアメリカで，Enever and Chopra (1986) によりオーストラリアで広く用いられるようになった．多様な岩盤において，直径 56 mm や 75 mm の孔井を用いて 1000 m にいたる深度でこれらの試験が実施されてきた．

4　水圧法

図 4.5　Luelå University of Technology, Sweden の第一世代の水圧破砕トラックの写真

## (b) マルチホースシステム

　水圧破砕に適用するマルチホースシステムは 1981〜1982 年にスウェーデンの Luleå 工科大学において初めて作成された．それは，圧力ライン，信号ケーブル，吊りワイヤーがひとつのケーブルに統合されたものであった (Stephansson, 1983a)．最初のマルチホースシステムの結果が非常に良かったため，次のシステムは専用トラックに据え付けられることとなった (図 4.5, 4.6)．Bjarnason, Ljunggren and Stephansson (1989) によるシステムの詳細とマルチホース水圧破砕システムを用いた応力計測の概要について以下に述べる．

　マルチホースシステムの主な利点はドリルリグを必要としないこと，操作の簡便性，効率性が高いことなどである．同様にドリルリグから独立させるシステムとして，高価なマルチホースを使わずに加圧チューブをワイヤーに固定したルーズコンポーネントワイヤーラインシステムも考案された．しかしながら，ルーズコンポーネントワイヤーラインシステムは扱いにくく，孔井内に抑留される可能性がより大きい．現地におけるマルチホースシステムの準備は 2 時間で済む．パッカーの挿入やボアホールからの取り出し作業は二人で行うが，それ以外のすべての破砕試験やパッカー試験は一人で行うことができる．孔井内での所要時間は短く，1000 m のホースを地表から孔

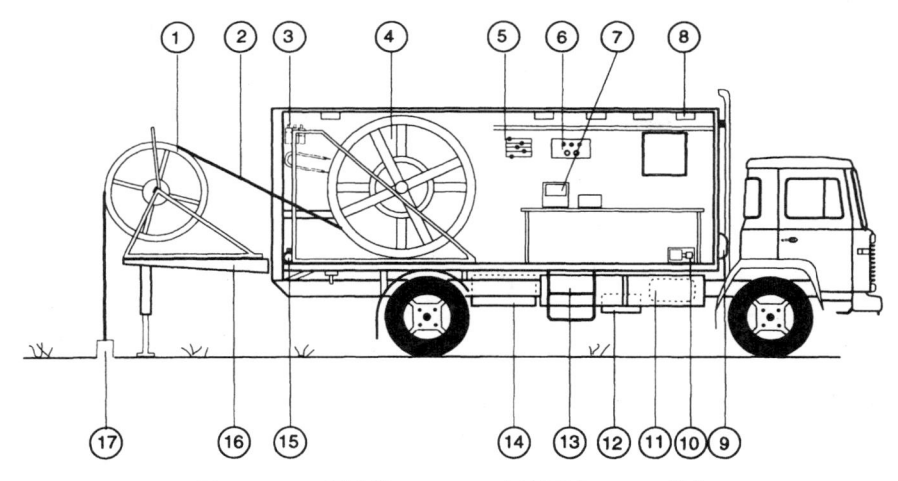

図 4.6 Luleå 工科大学，Sweden の水圧破砕トラックの構成
1. マルチホース用ガイドホイール；2. マルチホース；3. 水圧システムのコントロールユニット，遠隔操作バルブ；4. マルチホース用ドラム，1000m；5. 流量計；6. 破砕やパッカーの圧力をコントロールするマニホールド；7. データ収録システム；8. 電灯，24V DC and 220V AC；9. 計測室用暖房；10. 高圧送水ポンプ；11. 圧縮空気チューブ；12. 油圧ポンプ；13. ディーゼル燃料タンク（長期間用 400l）；14. 水タンク；15. ウィンチ；16. ワーキングプラットホーム（高さと傾斜が調整可能）；17. ボアホール（出典：*Int. J. Rock Mech. Min. Sci. & Geomech. Abstr.*, 26, Bjarnason, B., Ljunggren, C. and Stephansson, O., New developments in hydrofracturing stress measurements at Luleå University of Technology, p. 582, Copyright 1989, with kind permission from Elsevier Science Ltd, The Boulevard, Langford Lane, Kidlington, UK.）

底まで降ろすのにかかる時間は15分以内であり，再び孔底から地表まで上げるのにも30分はかからない．この操作性は多数の測定箇所（1000 m の深いボアホールで40～50箇所）がある深いボアホールにおいて特に効果的である．亀裂方向の決定に従来のインプレッション方法を適用したとすれば過大な時間とコストを費やすことになろう．

最新システムには孔井内のストラドルパッカーに近い部分に流量計とシャットインバルブを取り付けた改良型もある．孔井内にバルブを設けることは，流れによる圧力低下やマルチホースの剛性の影響に対する対策である．この改良型システムにより岩石の剛性や亀裂の剛性も決定することもできる（Rutqvist et al., 1992）．

車載型マルチホースシステムの欠点には，初期コストが高いこと，マルチホースの製造には特殊な高い技術が必要であり，いったん作ってしまうとデザインやパフォーマンスを変えられないことなどがある．マルチホースシステムの利点を十分に活用するためにはさまざまな補助装置が必要であるが，それらはあまり市場に出回っていな

4 水圧法

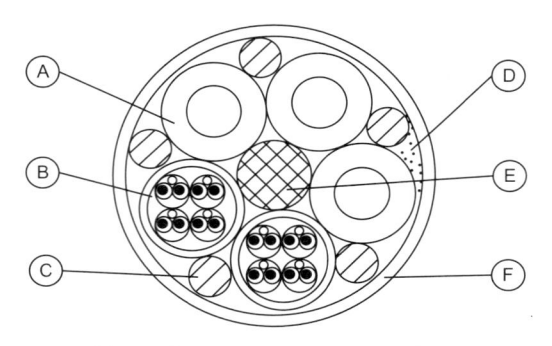

図 4.7 長さ 1000 m マルチホースの断面図
A．0.25 インチ（6 mm）ホース（保証圧力 70 MPa）；B．信号ケーブル；C．フィラーワイヤー；D．複合充填材；E．Kevlar テンションメンバー；F．ポリウレタンカバー．マルチホースの外半径は 40 mm．(Bjarnason, Ljunggren and Stephansson, 1989)

い．その補助装置には，ドラムやホースフィーダー，さらは装置を据え付ける大型トラックにいたるすべての機器が含まれている．孔内に抑留されるリスクは従来の掘削装置を用いた試験よりも大きく，それを解決する可能性は少ない．そのため，緊急時にはパッカー部分だけを孔内に残してホースを回収できるようにケーブルヘッド部分にウイークポイントが設けられている．

図 4.7 の断面図に示すように，1000 m の長さのマルチホースの断面には 3 本の高圧ホース，2 本の電気ケーブル，テンション材と複合充填材が含まれている．テンション材への負担を最小にするため，マルチホースは水より少し密度が高く設計されている．ポンプシステムは 3 つの異なるユニットから構成されており，それぞれのユニットはコンピュータによって遠隔操作される（図 4.8）．データの計測・記録システムはトランスデューサー，チャート式記録計，データロガーから構成されており，試験中のデータを計測・記録するのに用いられる．

(c) ボアホールツール

水圧破砕応力計測のための最も一般的なダウンホールツールは，(1) ストラドルパッカー，(2) インプレッションパッカー，(3) シングルショット磁気方位計である（図 4.9）．ストラドルパッカーシステムは特別に設計・製造された中空心棒に装着された丈夫な膨張型ゴムパッカーからなっている．ふたつのパッカー間の接続部分にはホース内の水圧を試験区間に伝えるために穴があけられている．パッカーは別系統の

4.2 水圧破砕法

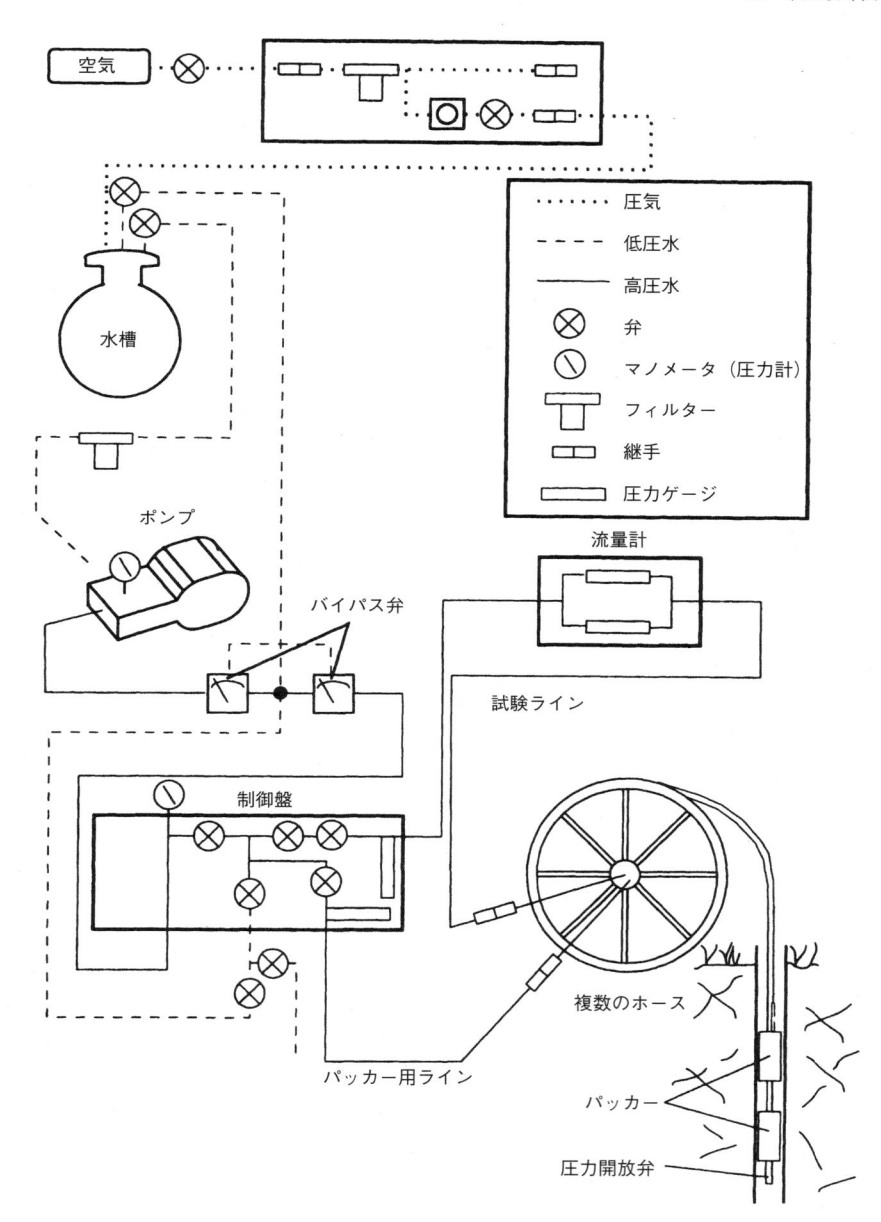

図 4.8 Luleå 工科大学（Luleå University of Technology）の水圧破砕用ポンプシステムとコントロールユニット（Bjarnason, Ljunggren and Stephansson, 1989）

4 水圧法

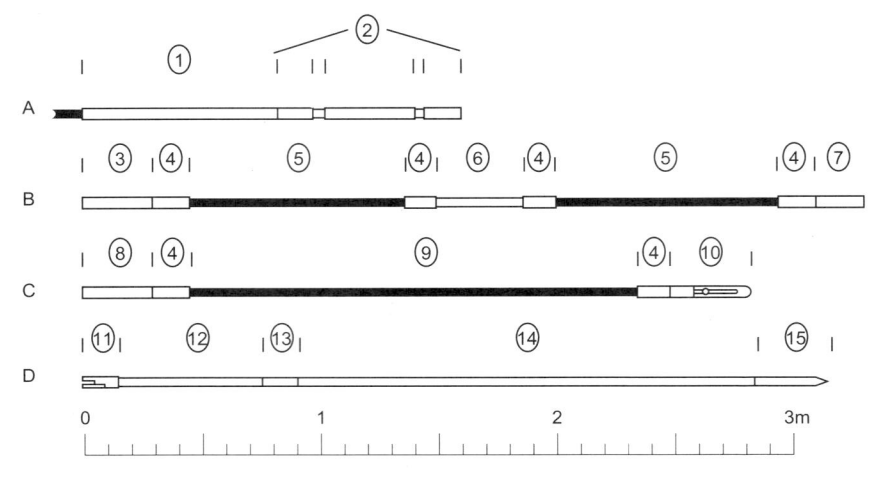

図4.9 マルチホースシステムを用いた水圧破砕のためのボアホールツール
A．マルチホースとケーブルヘッド；B．水圧破砕や注入試験のためのストラドルパッカー；C．インプレッションパッカー；D．シングルショット磁気コンパス．1．マルチホースに接続されたケーブルヘッド；2．ケーブルヘッド；3．水圧破砕ツールの上端，(2) に接続；4．パッカー上端，ラバーを固定している金具；5．膨張型パッカーラバー；6．心棒；7．水圧破砕ツールの下端；8．インプレッションツールの上端，(2) に接続；9．生ゴムで覆われたインプレッションパッカーの膨張部分；10．インプレッションツールの下端；11．方位計のインプレッションツールへの接続部，(10) に接続；パッカーに対して方向が固定される；12．アルミニウム製延長ロッド；13．シングルショットバレルに差し込む上端；14．シングルショットコンパスカメラ用ステンレスバレル；15．バレルに差し込む下端，シングルショットコンパスカメラの方向を固定する．

水圧によって膨張する．ストラドルパッカー部の例を図4.10に示す．

　加圧されたストラドルパッカーの端部における接線方向，軸方向の引張応力は，接続および非接続の場合についてStephansson (1983a) により理論的，実験的に求められている．鋼管内で加圧されたストラドルパッカーの端部の周方向応力 (circumferential stress) は，計算結果と実験結果で非常によく一致している．ストラドルパッカーの膨張部分はボアホール壁に半径方向応力のみを発生させると考えられているが，パッカー間を接続することで引張応力をも発生している．

　インプレッションパッカー (impression packer) は，ボアホール壁に生じる亀裂の方向と形状を把握するためにAnderson and Stahl (1967) によって初めて導入された．インプレッションパッカーは特別に設計・製造された心棒に取り付けられた丈夫で長いパッカーで，柔らかい生ゴムがパッカーの周りに装着されており，高圧ホースを通じて膨らむ．インプレッションパッカーには方位を記録するためにシングルショットまたはマルチショットの磁気方位コンパスが取り付けられている（図4.9）．

4.2 水圧破砕法

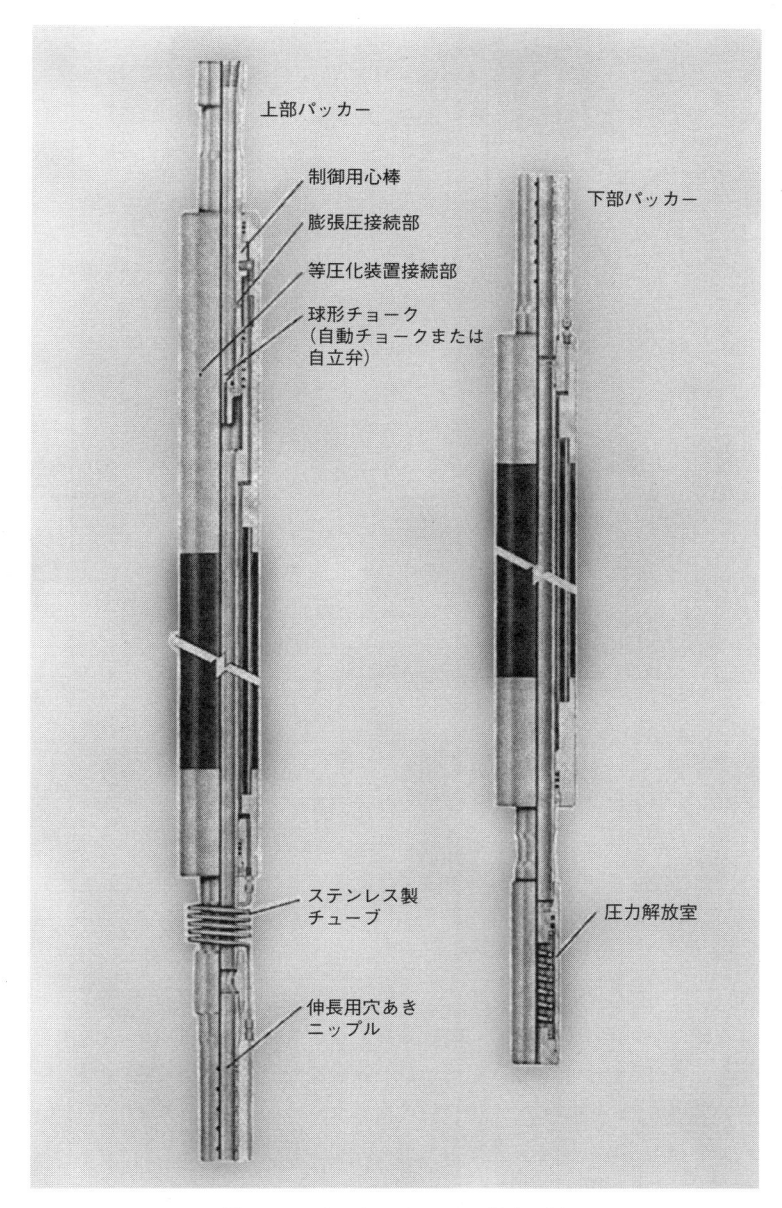

図4.10 ストラドルパッカーの組立て例
上下のパッカーは同時に膨張・収縮し，穴の開いたチュービングニップルによって分離されている．（TAM International. 提供）

主な部品ラベル：
- 上部パッカー
- 制御用心棒
- 膨張圧接続部
- 等圧化装置接続部
- 球形チョーク（自動チョークまたは自立弁）
- ステンレス製チューブ
- 伸長用穴あきニップル
- 下部パッカー
- 圧力解放室

4　水圧法

ボアホール内に装置を降ろした後，傾斜計と方位コンパスの写真を撮影することで亀裂の方向を求めることができる．パッカー上の亀裂の痕を正確に記録するために，パッカーを透明なセルロイドシートで包み，消えないインクで痕をなぞる．

亀裂の方位は超音波ボアホールテレビューアー（ultrasonic borehole televiewer）(Zemanek et al., 1970) やボアホールスキャナーで記録することができる．テレビューアーはボアホール壁で反射された超音波の振幅を画像の明暗として映し出すもので，亀裂は暗い線で表わされる（Zoback, Tsukahara and Hickmann, 1980）．FACSIMILE のようなボアホールスキャナーをボアホールの亀裂解析に応用することについては，ボアホールブレイクアウト法に関連して第 8 章で述べる．

### (d) ミニフラックシステム

鉱山開発や地下構造物建設における岩盤応力測定の需要と大規模装置に替わるより小さく簡便なシステムの必要性が，CSIRO ミニフラックシステム（Enever, Walton and Wold, 1990）のような自給型でポータブル式のシステム開発につながった．この装置は直径 38 mm のボアホール用に開発されたもので最大パッカー圧力は 38 MPa である（図 4.11）．ハンドポンプによって最大圧力 40 MPa，最大流量 200 ml/min を達成できる．地下炭鉱のような危険地帯においても利用できる本質安全防爆型（intrincically safe version）もある．

### (e) 試験の手順

ISRM の試験方法に関する委員会は水圧破砕法を用いた岩盤応力決定のための指針を提案している（Kim and Franklin, 1987）．以下では掘削・調査・試験に関する ISRM の提案の要旨を述べる．基本的に，我々は以下の ISRM の指針を推奨する．

掘削・点検
1. 利用可能な水圧破砕装置やプロジェクトの予算に基づいて孔径とダウンホール水圧破砕装置のサイズを選択する．試験箇所と深さを決定したら，試験区間を設けるため孔井をその深さよりも深く掘削する．試験区間と深さの最終決定は，採取したコアの亀裂の特徴や光学式または音響式検層ツールあるいはインプレッションパッカーによる掘削孔壁の調査に基づいて行う．
2. 試験箇所の岩石の特徴を把握するために岩石のカッティングスや得られたコアを詳しく観察する．パッカーや膨張圧の選択においては岩石の強度や掘削孔壁の粗さを考慮する．

4.2 水圧破砕法

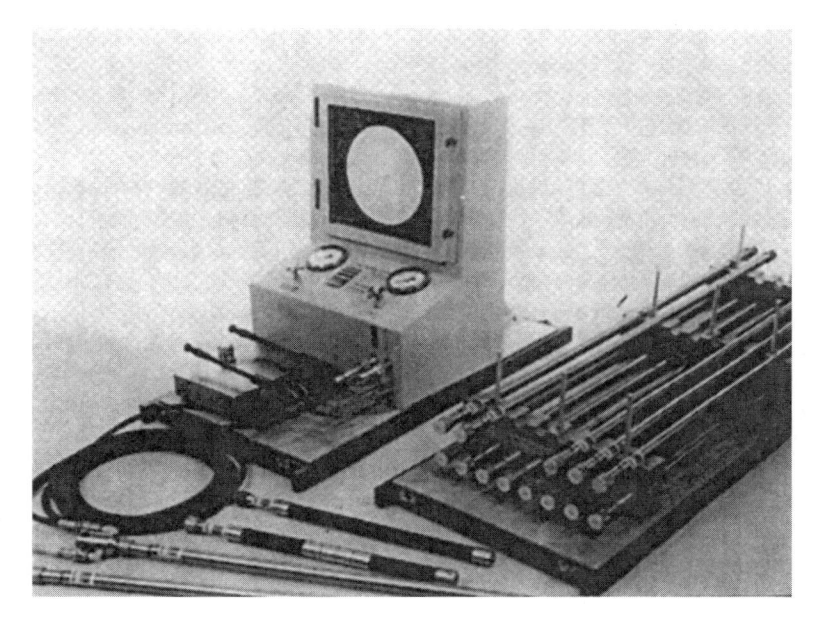

図 4.11 CSIRO のミニフラックシステム
設置・試験ツールおよび加圧・記録システムからなる 2 つの伝達モジュールから構成されている（MINDATA, Australia 提供）

3. 掘削孔を洗浄し，ドリルビットを試験深度まで降下してパッカーが確実に到達できることを確認する．
4. 試験区間にある不連続面の位置，方向，開口幅をコアやインプレッションパッカー，ダウンホールカメラ，アコースティックテレビューアー，ボアホールスキャナーなどを用いて評価・記録する．
5. 掘削孔の孔径拡大箇所にパッカーを置くことを避けるためにキャリパー検層を行うことが望ましい．
6. パッカーアセンブリーを予定深度まで下ろして深度を記録し，十分な圧力までパッカーを膨張させる．
7. チュービング内に流体を満たすときには，システムから空気を取り除くことに注意する．取り込まれた空気はシステムの圧縮率を大きく増加させ，加圧試験時の圧力増加に悪影響を及ぼす．

4　水圧法

試験

8. 地上で圧力をモニターする場合は，チュービング内の圧力損失を最小に抑えるため試験区間内の圧力をゆっくりと増加させる．試験区間内で圧力をモニターする場合には圧力損失は重要ではない．流体圧の加圧速度に基準はないが，一般的な範囲は 0.1～2.0 MPa/s であり，選択された一定の流量に制御する．望む加圧速度を達成するための適切な流量はシステム全体の圧縮率によって変化するが，それはチュービングの剛性や長さ，使用流体の圧縮率や体積に大きく影響される．一般的に，径の大きなチュービングを用いた大深度の試験では，径の小さいチューブを用いた浅い深度の試験よりも大きな流量が必要になってくる．パッカー圧力は，最初は予想されるブレイクダウン圧力よりも十分低い値に設定し，注入圧力と同じ割合で増加させるべきである．この手順によって，パッカー圧力による破壊の危険性を減らすことができる．試験区間の圧力を時間とともに記録する．圧力が増加すると接線方向と軸方向の有効応力は引張応力となる．この引張応力が孔の破壊強度に達したときに亀裂が発生する．破砕の確証は圧力－時間曲線から得ることができる．掘削孔が破壊する時の流体圧は「破壊開始圧力（fracture initiation pressure）」またはブレイクダウン圧力（breakdown pressure）と呼ばれる．
9. 孔径の3倍程度まで亀裂の長さを拡大するのに十分な流体を圧入した後，圧入を止めて水系ラインを閉じると「シャットイン圧力（shut-in pressure）」が得られる．これを「瞬間シャットイン圧力（instantaneous shut-in pressure）」とも言う．
10. 試験区間の圧力を大気圧に解放する．システムを閉じたときに圧力リバウンド（pressure rebound）が発生しないようになるまでこれを続ける．リバウンドがないということは亀裂が閉じ，再び開き得ることを示している．
11. 何回かの再加圧試験を行うことも通常差し支えなく，その場合には同じ一定流量で実施する．
12. 瞬間シャットイン圧力がはっきりしない場合には，引き続き段階的な加圧を行うことを推奨する．その際，圧力増加時に現れる一定圧力のレベルがシャットイン圧力，または亀裂の最小法線応力と定義される．
13. ストラドルパッカーを収縮させ装置を掘削孔から取り出す．取り出す前にはパッカーを十分収縮させる．
14. インプレッションパッカーを試験区間に設置し，亀裂の再開口圧力（reopening pressure）を超えるまで膨張させる．亀裂の痕がソフトラバーフィルムに残り，その方向をインプレッションパッカーの既知の方位から求めることができる．ボアホールテレビューアーやボアホールスキャナーによる検層という手段もある．

15. 岩石の引張強度はコアサンプルを用いた室内実験により求める．あるいは，原位置で得られる亀裂のブレイクダウン圧力と再開口圧力の差が引張強度となる．

　Kim and Franklin（1987）によって提案された指針（suggested method）の目的は，技術の発展や改善を妨げることなくある程度の標準化を達成することにある．正確で信頼性のある岩盤応力測定に対する需要の増加が，計測技術や装置の継続的な発展をさらに促進するであろう．

### 4.2.3　水圧破砕法の理論

　水圧破砕法を用いることにより，ほとんどの岩層のかなりの深度における孔井内の応力状態を決定することが可能である．水圧破砕法は，パッカーで区切られた孔井の一部区間に流体を注入すると孔壁の接線応力（tangential stress）が減少し，ある点において引張応力（tensile stress）が発生するということを基本概念としている．孔壁の応力が岩盤の引張強度（一般的に一軸圧縮強度の 1/10 から 1/12 程度と小さい）を超えたときに亀裂が形成され，その亀裂は原位置の最小主応力に垂直な方向に伸展する．水の注入を繰り返し行って時間に対する圧力を記録することにより，特定の深度の孔井周囲の主応力を決定することができる．水圧破砕試験の解析のために岩石の種類や孔井の傾斜方位を考慮したさまざまな解析式が提案されている．図 4.12 は多孔質弾性岩（poroelastic rock）における水圧破砕試験の時間と圧力の典型的な記録である．

#### (a) ブレイクダウン圧力（Breakdown pressure） $P_c$

　このセクションでは，線形弾性で多孔質な等方均質岩という最も一般的なケースの水圧破砕におけるブレイクダウン圧力の基本式を導出する．応力は静水圧状態ではなく，主応力軸のひとつは垂直かつ孔井軸に沿っていると仮定する．Haimson and Fairhurst（1967, 1970）が最初に提案した基本式によれば，地殻のある点に作用する広域応力場の成分は以下のように表される．

$$S_H = \sigma_{11} + P_o$$
$$S_h = \sigma_{22} + P_o$$
$$S_V = \sigma_{33} + P_o$$

式（4.1）

ここに，$S_H$, $S_h$ は原位置の最大および最小水平全主応力，$S_V$ は垂直全主応力，$\sigma_{11}$, $\sigma_{22}$, $\sigma_{33}$ は広域的な有効主応力（ただし，$\sigma_{11} \geq \sigma_{22}$），$P_o$ は間隙流体圧力である．Haimson and Fairhust（1967）は引張応力を正としていたが，ここでは圧縮応力を正とする．

## 4 水圧法

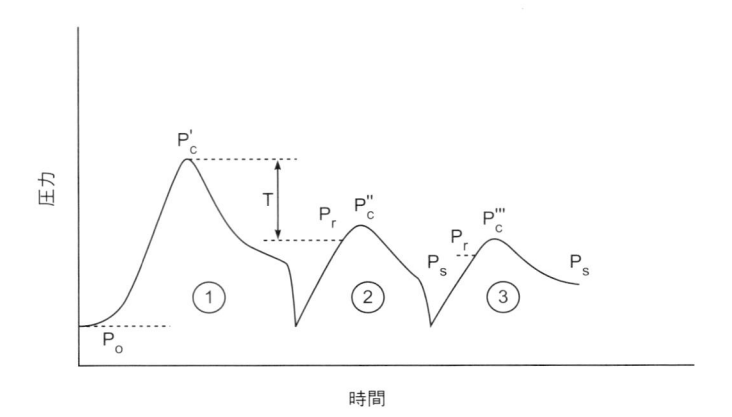

図 4.12 多孔質弾性岩における水圧破砕試験の時間と圧力の記録
$P_o$ は間隙圧力, $P'_c$ は最初のブレイクダウン圧力, $P''_c$ と $P'''_c$ は第二, 第三のブレイクダウン圧力であり, $P_r$ は再開口圧力, $P_s$ はシャットイン圧力, すなわち亀裂閉合圧力である.

半径 $r_w$ の垂直孔が掘削されると初期応力状態は乱され, 掘削孔の周囲には以下のような新たな応力場 $S_{ij}^{(1)}(i, j=r, \theta)$ が形成される.

$$
\begin{aligned}
S_{rr}^{(1)} &= \sigma_{rr}^{(1)} + P_o \\
S_{\theta\theta}^{(1)} &= \sigma_{\theta\theta}^{(1)} + P_o \\
S_{r\theta}^{(1)} &= \sigma_{r\theta}^{(1)}
\end{aligned}
\qquad \text{式 (4.2)}
$$

ここに, $S_{rr}^{(1)}$, $S_{\theta\theta}^{(1)}$, $S_{r\theta}^{(1)}$ はそれぞれ孔壁に作用する半径応力, 接線応力およびせん断応力である. 半径方向の有効応力 $\sigma_{rr}^{(1)}$, 接線方向の有効応力 $\sigma_{\theta\theta}^{(1)}$, せん断応力 $\sigma_{r\theta}^{(1)}$ の決定には Kirsch の解 (Jaeger and Cook, 1976) を適用することができる. これらの応力成分は掘削孔の中心からの距離 $r$ と $S_H$ 方向から反時計回りの角度 $\theta$ によって変化する.

流体が孔井に注入されると, さらにふたつの応力場が発生する. 孔壁の圧力が初期の圧力 $P_o$ から $P_w$ に増加すると, 距離 $r$ の点における応力場 $S_{ij}^{(2)}(i, j=r, \theta)$ の成分は以下のようになる.

$$
S_{rr}^{(2)} = \frac{r_w^2}{r^2} p_w
$$

$$
S_{\theta\theta}^{(2)} = \frac{r_w^2}{r^2} p_w
$$

## 4.2 水圧破砕法

$$S_{r\theta}^{(2)} = 0 \qquad \text{式 (4.3)}$$

ここに，$p_w$ は注入流体圧力 $P_w$ と地層の間隙流体圧 $P_o$ の差である．地層が注入流体に対して透水性の場合には，この差圧が半径の外側方向への流れを生じさせる．もし，注入流体と地層の間隙水の特性が近く流体の流れを軸対称とみなすことができれば，多孔質弾性理論が適用され第三の応力場 $S_{ij}^{(3)}(i, j=r, \theta)$ は以下のように表わされる．

$$\begin{aligned}
S_{rr}^{(3)} &= \frac{\alpha(1-2\nu)}{r^2(1-\nu)} \int_{r_w}^{r} p(r)r\,dr \\
S_{\theta\theta}^{(3)} &= \frac{-\alpha(1-2\nu)}{1-\nu} \left[ \frac{1}{r^2} \int_{r_w}^{r} p(r)r\,dr - p(r) \right] \\
S_{r\theta}^{(3)} &= 0
\end{aligned} \qquad \text{式 (4.4)}$$

式 (4.4) おいて $p(r)$ は距離 $r$ における圧力の $P_o$ からの増加量，$\nu$ は地層のポアソン比，$\alpha$ は次式の Biot 係数である．

$$\alpha = 1 - K/K_s \qquad \text{式 (4.5)}$$

ここに，$K_s$ と $K$ はそれぞれ岩石実質部（粒子）と複合体としての岩石（粒子，空隙，マイクロクラック）の体積弾性率を表す．係数 $\alpha$ と $\nu$ は多孔質体のみの特性を表している．

孔井周囲の応力分布はこれら 3 つの応力場の重ねあわせにより得られる．

$$S_{ij} = S_{ij}^{(1)} + S_{ij}^{(2)} + S_{ij}^{(3)} \qquad \text{式 (4.6)}$$

孔壁（$r=r_w$）上の，最大水平主応力 $S_H$ 方向のふたつの点（$\theta=0, 180$）における全応力成分は以下のように表される．

$$\begin{aligned}
S_{rr} &= P_0 + p_w = P_w \\
S_{\theta\theta} &= \sigma_{\theta\theta} + P_w \\
&= 3\sigma_{22} - \sigma_{11} + P_0 - p_w + \alpha p_w \left( \frac{1-2\nu}{1-\nu} \right) \\
S_{r\theta} &= 0
\end{aligned} \qquad \text{式 (4.7)}$$

式 (4.7) を変形すれば，$S_H$ 方向の点における接線方向の有効応力 $\sigma_{\theta\theta}$ は以下のようになる．

$$\sigma_{\theta\theta} = 3\sigma_{22} - \sigma_{11} - p_w \left( 2 - \frac{\alpha(1-2\nu)}{1-\nu} \right) \qquad \text{式 (4.8)}$$

## 4 水圧法

表 4.1 水で飽和した岩石の多孔質弾性定数
(出典:Detournay, E. et al. Copyright 1989, Elsevier Science Ltd, の許可により転載)

| 岩石の種類 | $G\ (N/m^2)$ | $\nu$ | $\nu_u$ | B | $C\ (m^2/s)$ | $\eta$ | $\alpha$ |
|---|---|---|---|---|---|---|---|
| Ruhr 砂岩 | $1.3\times10^{10}$ | 0.12 | 0.31 | 0.88 | $5.3\times10^{-3}$ | 0.28 | 0.65 |
| Tennessee 大理石 | $2.4\times10^{10}$ | 0.25 | 0.27 | 0.51 | $1.3\times10^{-5}$ | 0.06 | 0.19 |
| Charcoal 花崗岩 | $1.9\times10^{10}$ | 0.27 | 0.30 | 0.55 | $7.0\times10^{-6}$ | 0.09 | 0.27 |
| Berea 砂岩 | $6.0\times10^{9}$ | 0.20 | 0.33 | 0.62 | $1.6\times10^{0}$ | 0.30 | 0.79 |
| Westerly 花崗岩 | $1.5\times10^{10}$ | 0.25 | 0.34 | 0.85 | $2.2\times10^{-5}$ | 0.16 | 0.47 |
| Weber 砂岩 | $1.2\times10^{10}$ | 0.15 | 0.29 | 0.73 | $2.1\times10^{-2}$ | 0.26 | 0.64 |
| Ohio 砂岩 | $6.8\times10^{9}$ | 0.18 | 0.28 | 0.50 | $3.9\times10^{-2}$ | 0.29 | 0.74 |
| Pecos 砂岩 | $5.9\times10^{9}$ | 0.16 | 0.31 | 0.61 | $5.4\times10^{-3}$ | 0.34 | 0.83 |
| Boise 砂岩 | $4.2\times10^{9}$ | 0.15 | 0.31 | 0.61 | $4.0\times10^{-1}$ | 0.35 | 0.85 |

この点の応力は,流体圧 $p_w$ の増加に伴って孔壁周りで最も早く引張となる.

ブレイクダウンによる亀裂が発生するのは,式(4.8)で得られる接線方向の有効応力が岩盤の引張強度 $T$ と等しくなるときで,亀裂は $S_h$ に直交する鉛直面に沿って伸展する.

$$\sigma_{\theta\theta}=-T \qquad 式(4.9)$$

式(4.8)と式(4.9)から,孔壁において亀裂を生じさせる最小圧力,すなわちブレイクダウン圧力 $P_c$ は以下のように表される.

$$P_c=\frac{T+3\sigma_{22}-\sigma_{11}}{2-\alpha\left(\frac{1-2\nu}{1-\nu}\right)}+P_0 \qquad 式(4.10)$$

ここに,係数 $\alpha$ は 0(硬く間隙率の低い岩石)から 1(変形しやすい岩石)の間で,$\nu$ は 0 から 0.5 の間で変化するので,式(4.10)の分母は 1 から 2 の間で変化する.水飽和した岩石における多孔質弾性定数を表 4.1 に示す.$\nu=0.25$,$\alpha=0.25$ の硬岩の場合,式(4.10)の分母は 1.8 になる.$\nu=0.85$,$\alpha=0.2$ の多孔質な砂岩の場合は分母は 1.37 になる.このように,もし多孔質弾性定数が既知であれば有効応力 $\sigma_{11}$ や $\sigma_{22}$ の計算が可能である.

非浸透性流体の場合,式(4.7)の全応力 $S_{\theta\theta}$ は以下の式で書き換えられる.

$$S_{\theta\theta}=\sigma_{\theta\theta}+P_0=3\sigma_{22}-\sigma_{11}+P_0-p_w \qquad 式(4.11)$$

そして,式(4.9)と式(4.11)を組み合わせると,ブレイクダウン圧力 $P_c$ は以下のように簡潔になる.

$$P_\mathrm{C} = T + 3\sigma_{22} - \sigma_{11} + P_0 \qquad 式（4.12）$$

式（4.10）と式（4.12）は，式（4.1）より原位置における最大および最小水平主応力である$S_\mathrm{H}$と$S_\mathrm{h}$を用いて以下のように表される．

$$P_\mathrm{C} = \frac{T + 3S_\mathrm{h} - S_\mathrm{H} - 2\eta P_0}{2(1-\eta)} \qquad 式（4.13）$$

また，

$$P_\mathrm{C} = T + 3S_\mathrm{h} - S_\mathrm{H} - P_0 \qquad 式（4.14）$$

式（4.13）の$\eta$は多孔質弾性係数であり，以下のようになる．

$$\eta = \frac{\alpha(1-2\nu)}{2(1-\nu)} \qquad 式（4.15）$$

水で飽和した岩石の$\eta$の計算値を表4.1に示す．

　式（4.1）から式（4.15）は，Haimson and Fairhurst（1967, 1970）が提示した水圧破砕試験の解析のための'古典的理論'を表している．式（4.10）を導くために多孔質弾性特性が用いられているが，流体で飽和した多孔質岩石で起きる拡散と変形の複合現象は考慮されていない．この問題に関して完全な解析を行うためには，岩石中の流体の拡散によって孔井周辺と水圧破砕亀裂近辺の応力状態がどのように変化するかということや，流体で飽和した岩石が流体の流れにどのように反応をするかを考えなければならない．これらの問題は，Detournay and Cheng（1988）やDetournay et al.（1989）によって解析的に取り組まれた．特に，かれらは孔井中と地層中の流体の圧力差によって接線方向の応力（たとえば，式（4.4）の$S_{\theta\theta}^{(1)}$）が時間とともにどのように変化するかを論じた．また，孔井周辺の岩石における急速な排水が応力集中に与える直接的な影響についても議論した．そのなかで，孔壁においては排水状態の弾性係数が用いられているが，掘削孔から離れたところでは非排水状態のより硬い弾性係数が用いられている．この剛性の違いにより，孔井は掘削後しばらくの間はいくぶん応力集中を免れている．亀裂が発生する点におけるこの短期間の応力集中については，Detournay and Cheng（1988）によって以下の式で示されている．

$$\lim_{t \to 0} \sigma_{\theta\theta}(r_\mathrm{w}, t) = (3\sigma_{22} - \sigma_{11})\left(\frac{1-\nu_u}{1-\nu}\right) \qquad 式（4.16）$$

ここに，$\nu$と$\nu_u$はそれぞれ排水状態および非排水状態のポアソン比，$t$は掘削後の経

過時間，$r_w$ は孔井の半径である．ごく初期においては，接線応力のピークは岩盤の内部にあり，弾性解で予想されたような孔壁上ではない．長時間たつと，接線応力は孔壁からの距離とともに単調に減少するようになる．そして，孔壁における応力集中は最大水平応力 $S_H$ の方向において最大となり，弾性的な値である $3\sigma_{22}-\sigma_{11}$ に近づくように増加する．この段階に達する時間はおおよそ $\tau \approx r_w^2/C$ であり，ここで $C$ は以下のように表される拡散定数である．

$$C = \frac{2\kappa B^2 G(1-\nu)(1+\nu_u)^2}{9(1-\nu_u)(\nu_u-\nu)} \qquad \text{式 (4.17)}$$

ここに，$\kappa$ は流体の粘性に対する浸透率の比で定義される易動度（mobility coefficiert），$B$ は Skempton 係数，$G$ は剛性率である．半径方向の応力成分は時間と孔壁からの距離に対してほとんど変化がないと報告されている．

Haimson and Fairhurst (1967) が最初に提案し Detournay et al. (1989) が拡張したように，式 (4.13) のブレイクダウン圧力は間隙率ゼロの岩石のような限られた場合にのみ適用されるわけではない．間隙率（あるいは多孔質弾性係数 $\eta$）を 0 に近づけることによって式 (4.13) を式 (4.14) へ変形しているのではないことは重要である．流体の拡散現象では，間隙率がどんなに小さかろうと間隙圧がほぼボアホールの流体圧に等しくなるような孔壁近傍の場所が常に存在すると仮定している．この仮定は，間隙圧が存在しないような間隙率がゼロの岩石では成り立たないのである．

式 (4.13) と式 (4.14) は，引張強度がゼロであるという条件のもとで図 4.12 に定義されている再開口圧力 $P_r$ にも適用できる．時には，再開口圧力 $P_r$ は図 4.12 にも示されている二次ブレイクダウン圧力 $P_c''$ や三次ブレイクダウン圧力 $P_c'''$ と一致することがある．圧力-時間曲線において圧力の急激な低下が見られた場合には，再開口圧力は応力集中の信頼できる計測値となる (Deoturnay et al., 1989)．

### (b) 現場測定による引張強度 $T$

Bredehoeft et al. (1976) は，地層の引張強度が一次ブレイクダウン圧力 $P_c'$ とすでに水圧破砕によってできている亀裂を開口させる再開口圧力 $P_r$ との圧力差から以下のように求められることを初めて示した．

$$T = P_c' - P_r \qquad \text{式 (4.18)}$$

ここでは，各加圧サイクルにおいて亀裂が完全に閉じること，$P_r$ は既存の水圧破砕亀裂が開口し始める圧力（すなわち遠方の応力場によって孔壁回りに生じる最小圧縮

応力)と等しいことを仮定している. $P_r$ は必ずしも 2 回目やそれ以降のサイクルにおける圧力−時間曲線のピークとしてだけではなく, 図 4.12 にあるように圧力増加中にその増加傾向が突然が鈍くなる点としても現れてくる. 式 (4.14) と式 (4.18) を組み合わせることで, 原位置の最大水平応力 $S_H$ は以下のように表される.

$$S_H = 3S_h - P_r - P_0 \qquad \text{式 (4.19)}$$

1978 年頃から, 上記の水圧破砕応力測定による地層の引張強度の決定方法は広く使用されている (Haimson, 1978a, b; Hickman and Zoback, 1983; Lee and Haimson, 1989; Zoback, Tsukahara and Hickman, 1980). 式 (4.13) を再開口圧力 $P_r$ の決定に用いれば, 式 (4.18) は $T = 2(1-\eta)(P_c' - P_r)$ となり, 原位置の最大水平応力 $S_H$ は以下のようになる.

$$S_H = 3S_h - 2(1-\eta)P_r - 2\eta P_0 \qquad \text{式 (4.20)}$$

### (c) 低固結地層におけるブレイクダウン圧力

掘削中や水圧破砕中における不透水性 (impermeable) もしくは透水性 (permeable) の未固結地層の孔壁周辺の応力やひずみの解析解は Wang and Dusseault (1991a, b) により導かれた. かれらの理論では, 流体注入以前に生じる応力経路 (stress path) やひずみ軟化 (strain weakening) の効果も考慮している. かれらによれば, オイルサンドや脆弱な頁岩などの固結度の低い岩石は外力による変形においてヒステリシスを示すため, このような塑性変形した地層におけるブレイクダウン圧力は従来の解析に基づく原位置応力の推定に用いることはできない. かれらは, せん断降伏までは線形弾性で, 瞬時に軟化し, それ以降は完全に塑性変形する単純な弾塑性モデルを用いている.

上記のブレイクダウン圧力に関する式は引張破壊を想定している (式 (4.9)). このタイプの破壊は不透水性の弾性媒体で起こるものであるが, 軟質で透水性の地層では, 掘削中や流体注入時に引張破壊に先だってせん断破壊が起こり, これが岩石の引張強度を減少させ引張破壊に影響を与えることが考えられる. Wang and Dusseault (1991b) は, 岩石のせん断破壊が以下に示す Mohr-Coulomb の破壊規準に従うものとしてこの問題を解析した.

$$\tau = c_0 + \sigma_n' \tan \phi_P \qquad \text{式 (4.21)}$$

ここに, $c_0$ と $\phi_P$ はそれぞれ岩石の粘着力 (peak cohesion) と内部摩擦角 (friction angle) である. Mohr-Coulomb の破壊規準は最大および最小の有効主応力, $\sigma_1'$, $\sigma_3'$

## 4 水圧法

を用いて書き直すことができる．

$$\sigma'_1 - N\sigma'_3 + M = 0 \qquad 式（4.22）$$

ここに，$N$, $M$ は，

$$N = \frac{1 + \sin\phi_P}{1 - \sin\phi_P} \qquad 式（4.23）$$

$$M = \frac{2c_0 \cos\phi_P}{1 - \sin\phi_P} \qquad 式（4.24）$$

である．Wang and Dusseault（1991a, b）は主働せん断破壊と受働せん断破壊のふたつの破壊形態を考えた．主働せん断破壊は掘削中に原位置最小主応力軸に沿った方向に発生する（図 4.13a）．例外的に大きい応力差がない限り，この荷重条件において引張破壊は発生しないし，発生したとしても引張破壊の長さは限られたものとなる．主働せん断破壊では $\sigma'_\theta = \sigma'_1$ であり，$\sigma'_r = \sigma'_3$ である．式（4.22）に孔壁上の $S_h$ 方向の点における接線方向有効応力と半径方向有効応力を代入することで，Wang and Dusseault（1991b）は主働せん断破壊が生じた時の孔内圧 $P_{sa}$ を以下のように表わした．

$$P_{sa} = \frac{3S_H - S_h + M_a - 2\eta P_0}{(1 + \alpha_s) + N_a(1 - \alpha_s) - 2\eta} \qquad 式（4.25）$$

ここに，$M_a = M$，$N_a = N$，$\eta$ は式（4.15）で定義されており，$\alpha_s$ は多孔質弾性定数である．

受働せん断破壊は流体注入時に原位置最小主応力軸に対して垂直な方向に発生する（図 4.13b）．この場合 $\sigma'_\theta = \sigma'_3$，$\sigma'_r = \sigma'_1$ である．式（4.22）に孔壁上の $S_H$ 方向の点における接線方向有効応力と半径方向有効応力を代入することで，Wang and Dusseault（1991b）は主働せん断が生じた時の孔内圧 $P_{sp}$ を以下のように表わした．

$$P_{sp} = \frac{N_p(3S_h - S_H - 2\eta P_0) - M_p}{(1 - \alpha_s) + N_p(1 + \alpha_s - 2\eta)} \qquad 式（4.26）$$

ここに，$N_p = 1/N$，$M_p = -M/N$ である．式（4.26）の分子と分母を $N_p$ で割り，$M_p/N_p = -M$ の関係を用い，$\alpha_s = 1$ とすると以下のように整理できる．

$$P_{sp} = \frac{3S_h - S_H - 2\eta P_0 + M}{2(1 - \eta)} \qquad 式（4.27）$$

せん断破壊における Mohr-Coulomb の破壊規準と同様に，引張破壊の規準は式（4.9）

4.2 水圧破砕法

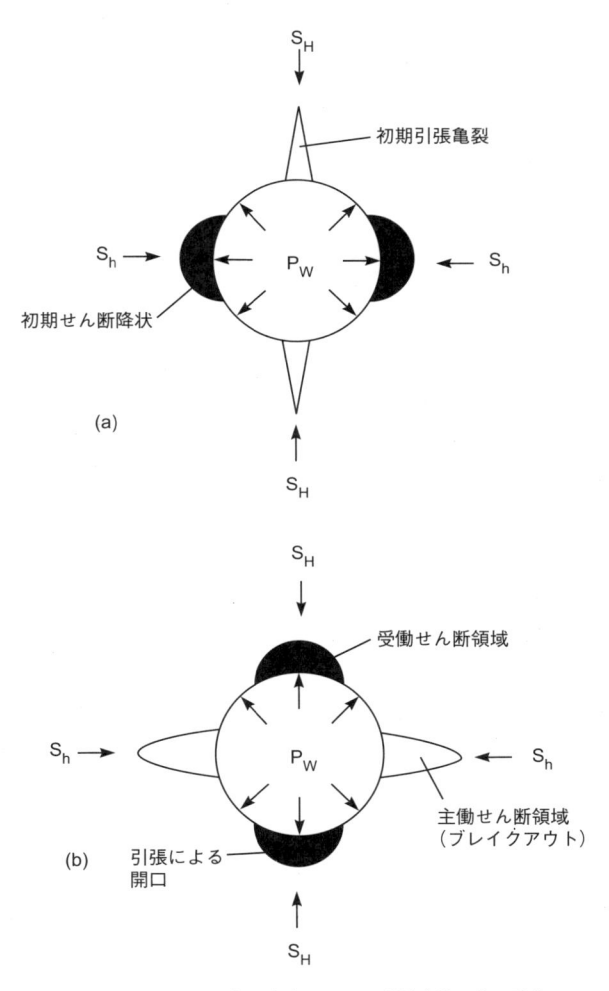

図4.13 未固結地層内の孔壁において引張破壊の前に発生する主働せん断破壊．(a) と受働せん断破壊 (b) (Wang and Dusseault, 1991b)

に似た形で以下のように表す．

$$\sigma_{\theta\theta} = -T_s \qquad \text{式 (4.28)}$$

ここに，$T_s$ はせん断破壊の影響を受けた後の引張強度であり，これを式 (4.13) に

## 4 水圧法

代入すると以下の式が得られる.

$$P_{\rm tp} = \frac{3S_{\rm h} - S_{\rm H} - 2\eta P_0 + T_{\rm s}}{2(1-\eta)} \qquad 式(4.29)$$

式(4.27)と式(4.29)を比較すると $P_{\rm sp} < P_{\rm tp}$ であり,ゆえにせん断破壊は引張破壊に先行して生じることがわかる.

　固結度の低い岩石では,せん断降伏 (shear yield) が常に先に起きるので真の引張強度が発揮されることは決してない.さらに,受働せん断破壊が孔壁で発生すれば,孔壁周りで接線方向応力の再配分が起こり,特にここで考えられているような岩石の場合には引張強度 $T_{\rm s}$ が低下する.そして,図4.13bで示されるように引張破壊はせん断破壊の直後に発生する.この現象はWang and Dusseault (1991b) により「せん断引張破壊 (shear tensile rupture)」と呼ばれている.

　Wang and Dusseault (1991a, b) は,固結度の低い地層においてはブレイクダウン圧力と岩石の引張強度を関連付けることに注意が必要だと述べている.同様に,一次ブレイクダウン圧力と再開口圧力(既存の水圧破砕亀裂を再開口するための圧力)との圧力差から引張強度を求める場合にも注意が必要だと述べている.

　孔壁に近い塑性領域および孔井の影響を受けない外側の弾性領域における流体注入時の応力分布はWang and Dusseault (1991b) により示されている.かれらは,半径方向の最小応力が孔壁ではなく多孔質岩の内部に存在していることを発見した.これは,多孔質媒体中における半径方向の応力が孔壁で引張亀裂が発生する前に0になる可能性があることを示している.このような条件下では,一次ブレイクダウン圧力は適切に原位置応力を反映しておらず,一次ブレイクダウン圧力と亀裂再開口圧力との圧力差を $T_{\rm s}$ の評価に用いることはできない.ここまでくると,固結度の低い地層における水圧破砕時に孔井周辺で起こるあらゆる複雑な過程に対して,近い将来に閉形式の解析解が得られる可能性に疑問を持たざるを得ない.しかし,きわめてゆっくりとした加圧条件下,つまり一定厚さの境界層のなかにある空隙と亀裂 (defect) 内の流体圧力が孔井内圧力と等しい場合には,Haimson and Fairhurst (1967) の一般式が適用できると言われている (Detournay, personal communication, 1995).

### (d) 低間隙率の岩石のブレイクダウン圧力

　式(4.13)と式(4.14)のブレイクダウンに関する方程式のなかでは,ボアホール壁面における周方向の (Terzaghi) 有効応力が岩石の引張強度 $T$ を初めて上回った時に,水圧による亀裂が発生すると仮定されている.Schmitt and Zoback (1989) は,

特にBiotの係数αが小さく圧縮率の小さい大深度の岩石においては，3つのブレイクダウン方程式で得られる$S_H$の計算値に大きな違いがあることを見出した．かれらは，(1) 多孔質体において流体が浸透する場合のブレイクダウン方程式（式(4.13)），(2) 流体が浸透しない場合のブレイクダウン方程式（式(4.14)），(3) 間隙水圧がない非多孔質体の場合のブレイクダウン方程式（式(4.14)）において$P_0=0$）について検討した．$S_H$の算出値の相違を解決するため，Schmitt and Zoback (1989) は修正有効応力の規則による破壊規準に基づいたブレイクダウン方程式を提案した．この式において，引張強度は有効応力則にしたがって次のように表される．

$$\sigma = S - \beta P_0 \qquad 式(4.30)$$

ここに，$S$は全応力，$P_0$は間隙水圧，$\beta$は0から1の間で変化する定数である．空隙のない岩石では$\beta$の値は0になる．Schmitt and Zoback (1989) は修正した有効応力則を用いてブレイクダウン圧力方程式を再度導いた．流体が浸透した多孔質体において，式(4.13)は次のようになる．

$$P_c = \frac{T + 3S_h - S_H - 2\eta P_0}{1 + \beta - 2\eta} \qquad 式(4.31)$$

流体が浸透していない場合，式(4.14)は次のようになる．

$$P_c = T + 3S_h - S_H - \beta P_0 \qquad 式(4.32)$$

Schmitt and Zoback (1989) が示したように，式(4.31)と式(4.32)は非多孔質体（$\eta$と$\beta$がゼロ）の場合は以下の同じ式になる．

$$P_c = T + 3S_h - S_H \qquad 式(4.33)$$

Schmitt and Zoback (1989) による有効応力則の修正は，Pine, Ledingham and Merrifield (1983), Rummel, Baumgärtner and Alheid (1983) や，Bjarnason, Ljunggren and Stephansson (1989) などの研究者達が，低浸透率で硬い花崗岩における水圧破砕測定結果を解釈する際に間隙水圧項を消去してきたことが正当であることを支持している．

　ここで，地球科学を目的として多くの水圧破砕応力測定が行われている低間隙率・低浸透率の結晶質岩石においては，$S_H$の解釈に基づき，式(4.13)，式(4.14)，式(4.31)に対応する少なくとも3つのブレイクダウン圧力の規準があるということは特筆すべきである．

## 4 水圧法

　古典的な見解によれば，ブレイクダウンは弾性領域が終わりただちに引張破壊が起きることと見なされていた．Detournay and Carbonell（1994）は，ボアホールの圧力がピークに達するはるか前に水圧破砕による亀裂が発生することを指摘した．それ故，前述の3つのブレイクダウン圧力の規準はブレイクダンの規準というよりも亀裂の発生規準とするのが適切である．さらに，かれらが指摘している寸法効果と加圧速度の影響を取り込んでいるブレイクダウン圧力の方程式は存在しない．最後に，低間隙率・低浸透率の岩石においては3つの異なるブレイクダウン圧力の規準が存在するという事実により，原位置における応力測定結果を報告する際には，どの規準を用いて最大水平応力 $S_H$ を決定したかを明確に述べておくことが非常に重要である．

### (e) 岩塩のブレイクダウン圧力

　等方応力条件下における岩塩内のボアホール周辺の正規化された接線応力分布の有限要素解析に基づいて，Wawersick and Stone（1989）は，岩塩の非弾性的な性質によりボアホール壁面で応力緩和が起きるということを明らかにした．岩石の非弾性的な挙動はひずみ速度に依存しない永久変形とひずみ速度に依存する永久変形の両者に関わっている．それ故，有限要素解析によって得られた接線応力分布の強い時間依存性は，岩塩において実施された水圧破砕試験の応力と時間の記録の形が，掘削から水圧破砕までの経過時間によって変化するということを示唆している．この変化は，ブレイクダン圧力および再開口圧力の顕著な低下をもたらすようである．Wawersick and Stone（1989）は，米国ニューメキシコ州の廃棄物隔離パイロットプラント（the Waste Isolation Pilot Plant）の岩塩層で行われた水圧破砕試験において，等方応力場ではピーク圧力後の圧力の下降がほとんどもしくは全く起きず，圧力はほとんど一定で経時変化がないことを明らかにしている．圧力記録が不安定に変化しているのは異方的な応力状態の特性であるということも分かった．応力場が等方的であるか異方的であるかは，水圧破砕亀裂のパターンによって決められた．水圧破砕試験の記録を一意的に解釈することができないことから，ボアホール境界における瞬間的な弾性的応力に対する緩和応力の比に当たる係数 $M$ が，岩塩のブレイクダウン圧力方程式に導入された．式（4.14）は以下のようになる．

$$P_{rs} = M(3S_h - S_H) - P_0(2M-1) + T \qquad \text{式 (4.34)}$$

同様に，岩塩における亀裂の再開口圧力の方程式は式（4.34）において $T=0$ とすることで得られる．

　$S_h$ を 13.85 MPa とした場合の 55 日後の $M$ の値は，$M=0.41(S_H/S_h=1)$，$M=0.$

61($S_H/S_h$=1.4), $M$=1.3($S_H/S_h$=2)と計算された．係数 $M$ は応力経路に依存するだけでなく，岩塩の種類によっても変化する可能性があるということを忘れてはいけない．$S_h$ は亀裂が進展する過程の圧力から求めることができる．

米国テキサス州の岩塩層で行われた水圧破砕試験の結果に基づき，Bush and Barton (1989) は岩塩層において $S_h$ を求めるためにシャットイン後の圧力降下を用いる方法が適用できると主張した．ボアホールにおける接線応力の低下や亀裂の界面に沿って岩塩が溶解・浸食することから，かれらは原位置条件で最大応力 $S_H$ を算出することや引張強度 $T$ を評価することは現実的にはできないとした．

結論として，岩塩層における水圧破砕試験の弾性的解釈は疑わしい．岩塩の非弾性的特性や溶解性により，古典的なブレイクダウン圧力方程式を用いることは妥当でない．それでもなお，水圧破砕による亀裂の形状や進展状況は，応力状態が静水圧状態であるか非静水圧応力状態であるかの良い指標である．Doe and Boyce (1989) の室内試験によれば，水平応力の比率 $S_H/S_h$ が 1.1～1.3 以上の場合には水圧破砕亀裂が強い指向性を持つことが明らかになっている．それ故，現場試験における圧力と時間の記録の解釈に関わらず，水圧破砕亀裂の形状のみによって応力状態が静水圧状態に近いかどうかを決定することができる．

**(f) ブレイクダウン圧力を決定するための破壊力学的アプローチ**

破壊力学 (fracture mechanics) は，ボアホール壁面にもともとあるひび (flaw) や亀裂の存在を説明したり，水圧破砕試験中の圧力変化の記録と亀裂の進展を関連付けるために必要な手段を提供する．岩石中の亀裂に内圧を加えると亀裂先端における応力集中を引き起こす．それ故，水圧破砕の現象は，「古典的理論」にあるような理想的な連続体における亀裂の発生というよりも，むしろクラックの成長を引き起こす臨界状態として考えることができる．

水圧破砕による応力計測結果の解析に破壊力学の原理を適用するとことは，Hardy (1973) や Hardy and Fairhurst (1974) らが始めている．もともと亀裂が存在しているボアホール壁面への加圧の影響は無視されており，また，Haimson and Fairhurst (1967) の手法では最大水平応力 $S_H$ を過大評価していることから，Abou-Sayed, Brechtel and Clifton (1978) は水圧破砕による原位置応力の決定に破壊力学の観点から取り組むこととなった．かれらは，米国ウェストバージニア州の深度 837 m の頁岩層の応力場を決定するために破壊力学による解析を適用した．この解析では，$S_H$ や主応力の方向を決定するためにある深さの溝をボアホール壁面に入れるなど水圧破砕の手順を改良することで，クラックの形状（大きさ，形）などの不確実性を大幅に

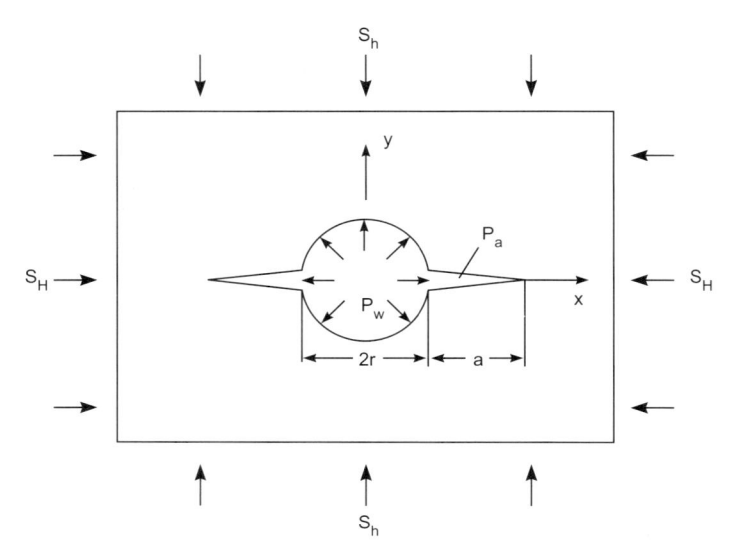

図 4.14 遠方応力が作用している無限平板における水圧破砕の破壊力学モデル
(Rummel, 1987)

減らすことができた．

　ブレイクダウン圧力と原位置応力の各成分との線形的関係は，線形破壊力学(LEFM) を用いて導くことができる．以下にこの手法の要約を示す．より詳細な数学的記述は Winther（1983）や Rummel（1987）の論文に示されている．

　図 4.14 に示すように，半径 $r$ のボアホールの左右に対称に配置された長さ $a$ の亀裂を考える．ボアホールは遠方から水平応力 $S_H$ と $S_h$ が作用している無限平板に掘削されたものとする．ボアホール内の圧力 $P_w$ により岩石の引張強度を超える応力が発生するとき，鉛直方向の亀裂が $S_H$ と平行な方向に形成される．流体は亀裂内部へと浸入することができ，そのときの亀裂内部の圧力を $P_a$ とする．LEFM によれば，亀裂先端近傍の応力集中は応力拡大係数の重ね合わせの原理により図 4.15 に示すような 4 つの荷重で表すことができる．

$$K_I(S_H, S_h, P_w, P_a) = K_I(S_H) + K_I(S_h) + K_I(P_w) + K_I(P_a) \qquad 式 (4.35)$$

ここに，$K_I$ はモード I の亀裂進展に関する応力拡大係数である．図 4.14 に示したような無限平板における長さ $2a$ の引張亀裂における一般的な応力拡大係数は次のように表される．

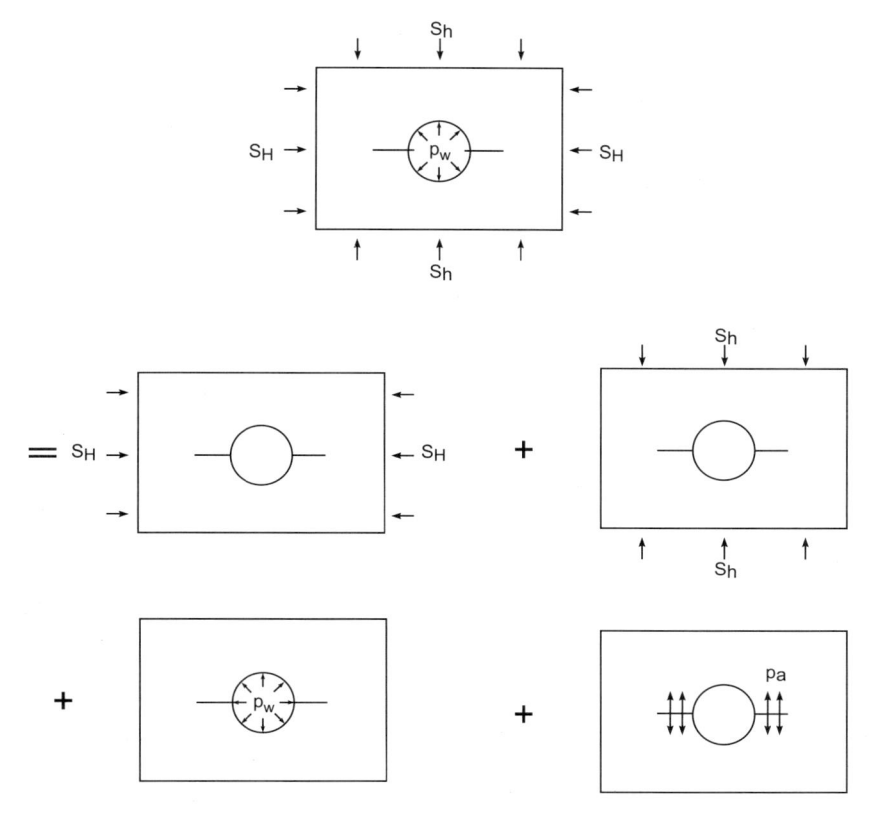

図 4.15 水圧破砕によるクラック成長の応力拡大係数を導くための荷重の重ね合わせ
(Rummel, 1987)

$$K_\mathrm{I} = \frac{1}{(\pi a)^{1/2}} \int_{-a}^{a} \sigma_{\theta\theta}(x, 0) \left(\frac{a+x}{a-x}\right)^{1/2} dx \qquad \text{式（4.36）}$$

ここに，$\sigma_{\theta\theta}(x, 0)$ は亀裂面上の $y=0$ における接線応力である．図 4.15 のそれぞれ 4 つの荷重について $\sigma_{\theta\theta}(x, 0)$ の解析的表現が得られれば $K_\mathrm{I}$ を決定することができる．

$S_\mathrm{H}$ による $K_\mathrm{I}$ の算出

遠方の応力 $S_\mathrm{H}$ と $S_\mathrm{h}$ が作用している無限平板内の円孔周辺の応力に関する Kirsch の解析解を用いると（Jaeger and Cook, 1976），$S_\mathrm{H}$ のみを考慮した場合の接線応力

4 水圧法

$\sigma_{\theta\theta}(x, 0)$ は，以下のように表すことができる．

$$\sigma_{\theta\theta} = \frac{S_H}{2}\left[\left(\frac{r}{x}\right)^2 - 3\left(\frac{r}{x}\right)^4\right] \qquad 式 (4.37)$$

式 (4.37) を式 (4.36) に代入し，積分すると，

$$K_I(S_H) = -S_H(r)^{1/2}f(b) \qquad 式 (4.38)$$

となる．ここに，$f(b)$ は正規化されたクラック長 $b = 1 + a/r$ で表される無次元化された応力拡大関数である．

$S_h$ による $K_I$ の算出

同様に，Kirsch の解析解を用いて $S_h$ のみを考慮した接線応力 $\sigma_{\theta\theta}(x, 0)$ は以下のように表現できる．

$$\sigma_{\theta\theta} = \frac{S_h}{2}\left[2 + \left(\frac{r}{x}\right)^2 + 3\left(\frac{r}{x}\right)^4\right] \qquad 式 (4.39)$$

式 (4.39) を式 (4.36) に代入して積分すると，

$$K_I(S_h) = -S_h(r)^{1/2}g(b) \qquad 式 (4.40)$$

となる．ここに，$g(b)$ は $b = 1 + a/r$ に関するもうひとつのの無次元化応力拡大関数である．

$P_w$ と $P_a$ による $K_I$ の算出

流体の流入による応力拡大関数はボアホール内圧力 $P_w$ と亀裂面に沿って分布する圧力 $P_a$ の両者に依存している．亀裂への流体の流入が無いと仮定すれば応力拡大係数は，

$$K_I(P_w) = P_w(r)^{1/2}h(b) \qquad 式 (4.41)$$

となる．ここに，$h(b)$ は $b$ に関する無次元化応力拡大関数である．亀裂内圧力による応力拡大係数は式 (4.41) と同じ形で表される．

$$K_I(P_a) = P_w(r)^{1/2}i(b) \qquad 式 (4.42)$$

無次元応力拡大関数 $i(b)$ は亀裂表面の圧力分布 $P_a(x, 0)$ に依存している．Rummel

4.2 水圧破砕法

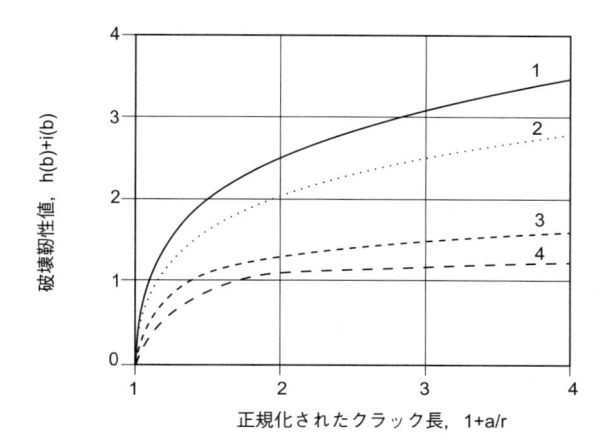

図 4.16 さまざまなクラック圧力分布における正規化されたクラック長 $b=1+a/r$ に対する無次元化応力拡大関数 $h(b)+i(b)$. 1, $P_a(x,0)=P_w$,  2, $P_a(x,0)=0.75$,  3, 線形的な圧力低下,  4, 二次関数的な圧力低下 (Rummel, 1987)

(1987) により，異なる圧力分布（一様圧力，低下した一様圧力，線形的な圧力低下，二次関数的な圧力低下）に対するそれぞれの応力拡大関数が導かれた．それぞれの圧力分布に応じた，正規化クラック長 $b=1+a/r$ に対する $h(b)+i(b)$ の値の変化を図4.16に示す．

式 (4.38) と式 (4.40) ～ (4.42) を式 (4.35) に代入すると，不安定なクラックの進展，すなわちブレイクダウンの時のボアホール圧力を表す次式が得られる．

$$P_c = \frac{K_{IC}}{(h+i)(r)^{1/2}} + k_1 S_h + k_2 S_H \qquad 式(4.43)$$

ここに $K_{IC}$ はモード I における岩石の破壊靭性値であり，$k_1$ と $k_2$ は以下の式で表される．

$$k_1 = \frac{g}{h+i} \qquad (4.44)$$

$$k_2 = \frac{f}{h+i} \qquad (4.45)$$

式 (4.43) の第一項は外部の応力がゼロ（$S_H=S_h=0$）の場合のボアホール圧力に相当している．これは水圧破砕における引張強度として解釈することができ，次式で表

される．

$$P_{co} = \frac{K_{IC}}{(h+i)(r)^{1/2}} \qquad 式（4.46）$$

この値は岩石の破壊靱性値 $K_{IC}$，ボアホールの半径 $r$，亀裂長さの半分 $a$，亀裂内の流体圧力分布 $P_a(x)$ に依存する．最後の $P_a(x)$ は試験中の注入速度や流体の加圧状態と関わっている．

ここで，式（4.43）が式（4.14）において初期の間隙水圧がゼロの場合と似ているということは興味深い．実際，$k_1$，$k_2$ は亀裂の長さがゼロ（亀裂の無い岩石）の場合にそれぞれ 3，$-1$ という値をとる．

$S_H = S_h$ の特殊な場合について，Rummel（1987）や Rummel and Hansen（1989）は，式（4.43）を深度に対する「亀裂係数（in-situ fracture gradient）」$k^*$ を評価するのに用いた．$k^*$ は以下のように定義される．

$$k^* = g^*(k\rho - \rho_f) \qquad 式（4.47）$$

ここに，$g^*$ は重力加速度，$\rho$ と $\rho_f$ はそれぞれ岩石の密度と流体の密度を表している．また，$k$ は以下の式で表される．

$$k = k_1 + k_2 = \frac{f+g}{h+i} \qquad 式（4.48）$$

亀裂が水で満たされ，亀裂内の圧力が一様で（$P_a = P_w$），さらに岩石の密度が2.3～2.7 g/cm$^3$ の間の値をとる場合の，正規化された亀裂長さ $b = 1 + a/r$ の関数としての $k^*$ の値を図 4.17 に示す．勾配 $k^*$ は原位置におけるブレイクダウン圧力と深度 $z$ の関係を表している．

$$P_c = k^* z + P_{co} \qquad 式（4.49）$$

ここに，$P_{co}$ は式（4.46）で定義された岩石の引張強度である．図 4.17 および式（4.48）によると，岩石の密度，深度，引張強度および破壊靱性値が大きくなればブレイクダウン圧力も大きくなることが分かる．式（4.48）および図 4.17 を用いれば，元々存在する亀裂の長さは原位置の水圧破砕試験によって得られる亀裂係数から決定することができる．

この節で紹介した Rummel（1987）の破壊力学モデルは，さまざまなスケールで行なわれた花崗岩における水圧破砕試験（表 4.2）の結果を解析するために用いられた．

4.2 水圧破砕法

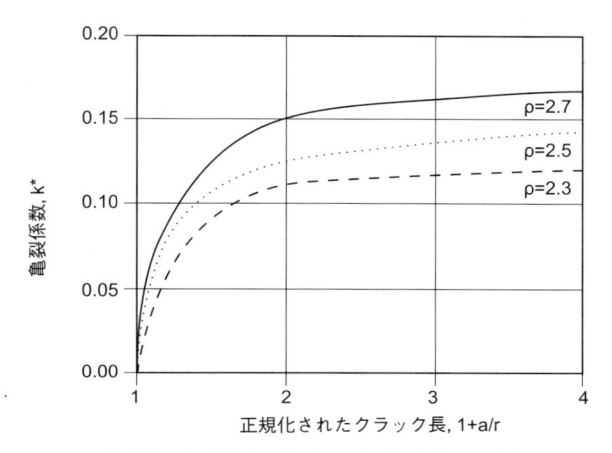

図 4.17 等方的な水平応力条件下のさまざまな岩石密度（g/cm³）の岩盤における正規化された亀裂長さと亀裂係数 $k^*$ の関係．クラックは流体で満たされており，$P_a = P_w$ と仮定する（Rummel, 1987）

実験室においては，ドイツの Falkenberg 花崗岩の直径 3 cm の円筒形コアの二軸載荷試験と体積 1 m³ の直方体供試体の三軸載荷試験において，供試体内の密閉されたボアホールにゆっくりと流体を注入することで圧力を加え，圧力と時間が記録された．Falkenberg 地熱試験場では，250 m の深度において注入速度を 200 l/min. としたところで亀裂が発生し始めた．実験室と現場の試験結果から，式（4.46）と引張強度の値を用いて内在するマイクロクラックの長さ $a$ が求められた．また，引張強度は試験に用いる岩石の体積が大きくなれば低くなるということが分かった．この結果は岩石の体積が大きくなれば，より大きなマイクロクラックが存在する可能性も高くなるという事実によるものである．求められたクラック長は 2～8 mm の範囲であったが，これは粗粒花崗岩の粒子境界が引張応力下では潜在的なマイクロクラックとなると考えれば十分に納得できる（表 4.2 参照）．式（4.48）で定義された亀裂係数 $k$ は，円筒形供試体による室内試験のみにおいて，クラック内の圧力が一定（$P_a = P_w$）という仮定の下で $k=1.04$ と計算された．これはマイクロクラックの存在を無視した「古典的理論」によって導かれた $k=2$ という値と比較されるべきである．

水圧破砕による応力計測において，ブレイクダウン圧力や岩盤の引張強度の推定に線形破壊力学を適用する場合には，ボアホール壁面にもともと存在している微小な亀裂や割れ目を考慮する必要がある．しかし，水圧破砕全般への破壊力学の適用，特に水圧破砕の応力計測への適用における最大の問題は，進展していく亀裂のなかで現実

## 4 水圧法

表4.2 異なる寸法の花崗岩の水圧破砕試験におけるパラメータ (Rummel, 1987)

| 試験の種類 | 花崗岩の種類 | ボアホール半径 $r$ (mm) | 最大水平応力 $S_H$ (MPa) | 最小水平応力 $S_h$ (MPa) | ブレイクダウン圧力 $P_c$ (MPa) | 引張強度 $P_{co}$ (MPa) | 破壊靭性値 $K_{IC}$ (MN/m$^{3/2}$) | 推定クラック長 $a$ (mm) | 亀裂係数 $k$ |
|---|---|---|---|---|---|---|---|---|---|
| コア直径 3cm | Falkenberg | 1.25 | 0–80.0 | 0–80.0 | 16–100 | 16.6±1.5 | 1.79±0.22 | 2–3 | 1.04±0.04 |
| ブロック 1m$^3$ | Epprechstein | 15 | 5.0 | 2.0 | 15.5 | 13.5 | 2.47±0.20 | 4 | — |
| ボアホール深度 250m | Falkenberg | 48/66 | 7.0 | 5.0 | 10–17 | 4–9 | 1.79±0.22 | 7–8 | — |

的な圧力分布を推定しなければならないという点である．これらの問題があるにも関わらず，Rummel and Hansen (1989) は，亀裂の入り口の圧力降下や亀裂内の圧力分布を評価することができる FRAC と呼ばれるシミュレーションプログラムを開発した．このプログラムは離散的な亀裂の成長によるエネルギーの消費量を計算できる上，ボアホール周辺の乱された領域から離れた領域の岩石の浸透率を計算することもできる．Detournay and Carbonell (1994) が指摘したように，Rummel とその共著者等によって提案された破壊規準は亀裂の長さがボアホールの半径よりも大きな場合にのみ適合する近似に基づいている．

Bruno and Nakagawa (1991) は，引張亀裂の生成と進展方位に及ぼす間隙圧の影響を記述するための理論的な解析と実験結果を示した．これらの問題に破壊力学を適用することにより，亀裂先端周辺の局所的な間隙圧の大きさと，巨視的なスケールでの間隙圧の方向性や勾配が影響することが明らかにされた．進展している亀裂の先端に向かって流体が流れ込むことを考えた場合，亀裂に沿った間隙は亀裂面に垂直に圧縮される．その効果により亀裂を進展させるのに必要な有効応力や歪みエネルギーが減少する．圧力が高まったふたつの間隙をつなぐように，潜在的な亀裂の経路に沿って外側に流体が流れることが起こりうるだろう．多孔質の石灰岩や砂岩の試料を用いて行われた制御された亀裂実験により，Bruno and Nakagawa (1991) は間隙圧が局所的に高い方へ亀裂が進展していくということを実証することができた．

Detournay and Carbonell (1994) は，ボアホール壁面に生じた亀裂の長さを考慮した破壊力学的なアプローチにより，ブレイクダウン圧力の古典的な解釈を悩ましてきた多くの曖昧な点や問題点を取り除くことができたとしている．かれらのアプローチによる見解や推測に対しては，依然として実験による裏付けが必要である．さらに，かれらは従来行われてきた以上に厳格な視点から再検討を行うことで，破壊過程のよ

り良い理解が得られるということを示してきた．破壊力学を用いて破壊過程の理解を深めることは，水圧破砕試験中に記録された圧力の計測結果から遠方の応力を決定するためのより信頼性の高い手法を開発することにつながるであろう．

### (g) シャットイン圧力（Shut-in pressure）$P_s$

亀裂の長さがボアホールの直径の約三倍になるよう十分な量の流体を注入した後，注入をやめて水圧系統を密閉する（シャットイン）．その時得られる瞬間シャットイン圧力（instantaneous shut-in pressure）$P_s$は，水圧破砕による亀裂が閉じて岩石内への更なる流入が阻まれる際の圧力である．水圧破砕による亀裂が$S_h$に直交する鉛直面内に進展する場合には，亀裂が閉じる際の圧力は$S_h$に等しいと考えられる．

$$S_h = P_s \qquad 式（4.50）$$

式（4.50）とこれまで述べてきたいくつかのブレイクダウン方程式を組み合わせることで原位置水平応力$S_H$と$S_h$を求めるためのふたつの方程式が得られる．

シャットイン圧力$P_s$は水圧破砕試験の圧力－時間記録において，ポンプ停止後の即時の圧力降下後に起こる急変点として直接読み取ればよい．しかし多くの場合，圧力の減少は緩やかで$P_s$は不明瞭である．

応力測定法として水圧破砕が用いられるようになった初期の頃には，従来のチャートレコーダーのような記録計で得られた曲線のなかで，急落している部分や折れ曲がっている部分を観察することから単純に$P_s$が決められていた．後に，圧力－時間曲線から$P_s$を評価するために作図的な手法が用いられるようになった．今日では，水圧破砕の現場データを統計的に解析することにより，シャットイン圧力と共に再開口圧力，亀裂の方向を客観的に決定することができるようになった（Haimson, 1989; Lee and Haimson, 1989）．それぞれの解析手法については4.2.4.節に述べる．

ボアホール壁面にできた人工の鉛直亀裂がボアホールから水平に伸びて行く際に回転する（roll over）恐れがあるときには，異なる進展の段階に応じてシャットイン圧力を分けて考える必要がある．そのために，Baumgärtner and Zoback（1989）はコンピュータによる対話的な解析方法を開発した．そこでは，$P_s$は圧力と圧入レートの関係のようないくつかのパラメータの組み合わせを加味して決定される．

Hayashi and Sakurai（1989）はシャットインカーブの圧力低下特性が，(1) 地層中へ漏れる速度，(2) 圧力系統ラインの変形，(3) 部分的なクラックの閉合によって影響されるという理論を線形破壊力学的アプローチを用いて提唱した．Hayashi and Sakurai（1989）の研究から得られた結論の概要は以下の通りである．

4 水圧法

1. 亀裂先端が閉合し始めるときのボアホール内圧力は亀裂面に垂直に作用する原位置の圧縮応力に非常に近い．この圧力に対応する点はシャットイン後の圧力曲線の曲率が最大となる点である．
2. 亀裂長さがボアホール径よりも大きい場合，亀裂長さはシャットイン圧力に何の影響も及ぼさない．亀裂の高さや，応力比，流体損失係数（fluid loss coefficient）に伴って圧力が急激に低下する場合，曲率最大の点を定義することが難しくなる．シャットインバルブとパッカーの間の管の変形性はシャットイン後の圧力曲線の形に大きな影響を与えるので，管の剛性が大きいほど最大曲率点の決定が容易となる．
3. 圧力と時間の対数，圧力の対数と時間の対数，あるいは亀裂閉合後の時間に対する経過時間の比の対数と圧力の各プロットを用いれば原則的に同じシャットイン圧力が得られ，それは原位置の最小圧縮応力の値に非常に近くなる．元のシャットイン曲線の最大曲率点が不明瞭な場合には，これらの手法が推奨される．

(h) 原位置応力を決定するための Hoek and Brown の破壊規準の利用

　水圧破砕において使われてきた古典的強度規準では，ボアホール壁面における接線応力が岩盤の引張強度を超えるとボアホールから亀裂が発生して最大主応力方向に進展するということを示している．鉛直のボアホールを考えた場合，最大水平主応力の方向（$\theta=0°$，$180°$）と同じ線上にあるボアホール壁面上の2点における応力成分は以下のようになる（Jaeger and Cook, 1976）:

$$\sigma_{rr}=P_w$$
$$\sigma_{\theta\theta}=3S_h-S_H-P_w$$
$$\sigma_{zz}=S_V-2\nu(S_H-S_h) \qquad 式 (4.51)$$

ここに，$S_H$ と $S_h$ は原位置における水平主応力，$S_V$ は $\rho gz$ に等しい鉛直応力，$P_w$ はボアホール圧力，$\nu$ は岩石のポアソン比である．

　我々がこれまで使用してきた水圧破砕のための古典的な引張強度規準では，鉛直応力 $\sigma_{zz}$ による拘束効果やボアホール圧力の影響を考慮していない．さらに，この規準では孔壁における水圧手法による応力の計測においてさほど珍しくはない水平亀裂の発生を説明することができない．現場の試験において水平亀裂が形成された場合，鉛直亀裂しか発生しないという理論的仮定に反するためそのデータは通常除外されている．

　これらふたつの制約を取り除くため，Ljunggren, Amadei and Stephansson (1988) や Ljunggren and Amadei (1989) は Hoek and Brown (1980) が提唱した非線形の

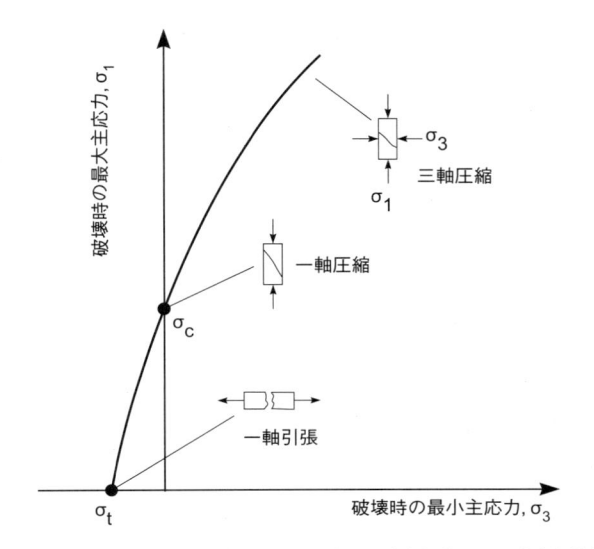

図4.18 Hoek and Brown（1980）の経験的な破壊規準による破壊包絡線

経験的な破壊規準を引張強度規準の代わりに用い，インタクトな岩石では，この規準は破壊時の最大および最小主応力 $\sigma_1$, $\sigma_3$ を用いて以下のように表される．

$$\sigma_1 = \sigma_3 + (m\sigma_c\sigma_3 + \sigma_c^2)^{1/2} \qquad 式（4.52）$$

ここに，$m$ は岩石の種類に依存する経験的な定数，$\sigma_c$ は岩石の一軸圧縮強度である．($\sigma_1$, $\sigma_3$) 座標上の破壊包絡線を図4.18に示す．$\sigma_1=0$, $\sigma_3=-T$ を式（4.52）に代入すると，この破壊規準によって岩石の一軸引張強度 $T$ は以下のように表わされる．

$$T = \sigma_t = \frac{\sigma_c}{2}((m^2+4)^{1/2} - m) \qquad 式（4.53）$$

ふたつの水平応力 $S_H$ と $S_h$ が等しくないとき，式（4.51）により引張亀裂が鉛直または水平な平面に発生し，$\sigma_{\theta\theta}$ や $\sigma_{zz}$ は引張となる．式（4.52）から考えられる6つの状態のうち，$\sigma_{\theta\theta}$ あるいは $\sigma_{zz}$ が最小主応力となりうる4つの場合についてここに挙げる．

$\sigma_{zz} > \sigma_{rr} > \sigma_{\theta\theta}$ 　　$\sigma_{zz} = \sigma_{\theta\theta} + (m\sigma_c\sigma_{\theta\theta} + \sigma_c^2)^{1/2}$ 　　式（4.54）
$\sigma_{rr} > \sigma_{zz} > \sigma_{\theta\theta}$ 　　$\sigma_{rr} = \sigma_{\theta\theta} + (m\sigma_c\sigma_{\theta\theta} + \sigma_c^2)^{1/2}$ 　　式（4.55）
$\sigma_{rr} > \sigma_{\theta\theta} > \sigma_{zz}$ 　　$\sigma_{rr} = \sigma_{zz} + (m\sigma_c\sigma_{zz} + \sigma_c^2)^{1/2}$ 　　式（4.56）

$$\sigma_{\theta\theta}>\sigma_{rr}>\sigma_{zz} \quad \sigma_{\theta\theta}=\sigma_{zz}+(m\sigma_c\sigma_{zz}+\sigma_c^2)^{1/2} \qquad 式 (4.57)$$

式（4.51）の応力成分を式（4.54）～（4.57）に代入すると，亀裂が発生するためのボアホール圧力 $P_c$ と原位置における応力成分 $S_H$, $S_h$, $S_V$ の関係を表す以下の関係式が得られる．

$$S_V-2\nu(S_H-S_h)>P_c>0>3S_h-S_H-P_c$$
$$S_V-2\nu(S_H-S_h)=3S_h-S_H-P_c+(m\sigma_c(3S_h-S_H-P_c)+\sigma_c^2)^{1/2} \qquad 式 (4.58)$$
$$P_c>S_V-2\nu(S_H-S_h)>3S_h-S_H-P_c$$
$$P_c=3S_h-S_H-P_c+(m\sigma_c(3S_h-S_H-P_c)+\sigma_c^2)^{1/2} \qquad 式 (4.59)$$
$$P_c>3S_h-S_H-P_c>S_V-2\nu(S_H-S_h)$$
$$P_c=S_V-2\nu(S_H-S_h)+(m\sigma_c(S_V-2\nu(S_H-S_h))+\sigma_c^2)^{1/2} \qquad 式 (4.60)$$
$$3S_h-S_H-P_c>P_c>0>S_V-2\nu(S_H-S_h)$$
$$3S_h-S_H-P_c=S_V-2\nu(S_H-S_h)+(m\sigma_c(S_V-2\nu(S_H-S_h))+\sigma_c^2)^{1/2} \qquad 式 (4.61)$$

式（4.58）～（4.61）で表される破壊包絡線をボアホール圧力 $P_w$ が増加する際の応力経路とともに図 4.19a～d に示す．鉛直の引張亀裂が生じるためには，図 4.19a，b の経路が式（4.58）と式（4.59）で表される破壊包絡線とそれぞれ（$\sigma_{zz}$, $\sigma_{\theta\theta}$），（$\sigma_{rr}$, $\sigma_{\theta\theta}$）平面上の $\sigma_{\theta\theta}<0$ の領域で交差しなければならない．これは $\sigma_{zz}$ や $\sigma_{rr}$ が一軸圧縮強度 $\sigma_c$ よりも小さければ発生する．一方，水平亀裂は図 4.19c の経路が式（4.60）で表される破壊包絡線と（$\sigma_{rr}$, $\sigma_{zz}$）平面上の $\sigma_{zz}<0$ の領域で交差した場合に生じる．式（4.51）の $\sigma_{zz}$ の表現を考えると，水平亀裂が生じるのは鉛直応力 $S_V$ に比べて差応力（$S_H-S_h$）が大きい場合である．図 4.19d の場合については，$P_w$ が増加すれば $\sigma_\theta$ が減少し，（$\sigma_{\theta\theta}$, $\sigma_{zz}$）平面上の経路が式（4.61）で表される破壊包絡線と交差しないため，ここでは取り上げない．

Ljunggren and Amadei（1989）は，これまで水圧破砕に用いられてきたものとは異なって水平な水圧破砕亀裂の発生を説明することができる式（4.60）についての議論に集中することとした．水平亀裂の場合にはシャットイン圧力 $P_s$ から原位置の最小主応力成分を知ることができないため，式（4.60）を最大水平主応力 $S_H$ について解くことは不可能である．その代わりにシャッイント圧力は原位置鉛直応力 $S_V$ と等しくなる．しかし，式（4.60）は水平差応力（$S_H-S_h$）について解くことができるので，この差の値と式（4.60）の不等式を用いることで，（$S_H-S_h$）の値が取りうる領域を定めることができる．

Ljunggren, Amadei and Stephansson（1988）が行った室内試験は，原位置におけ

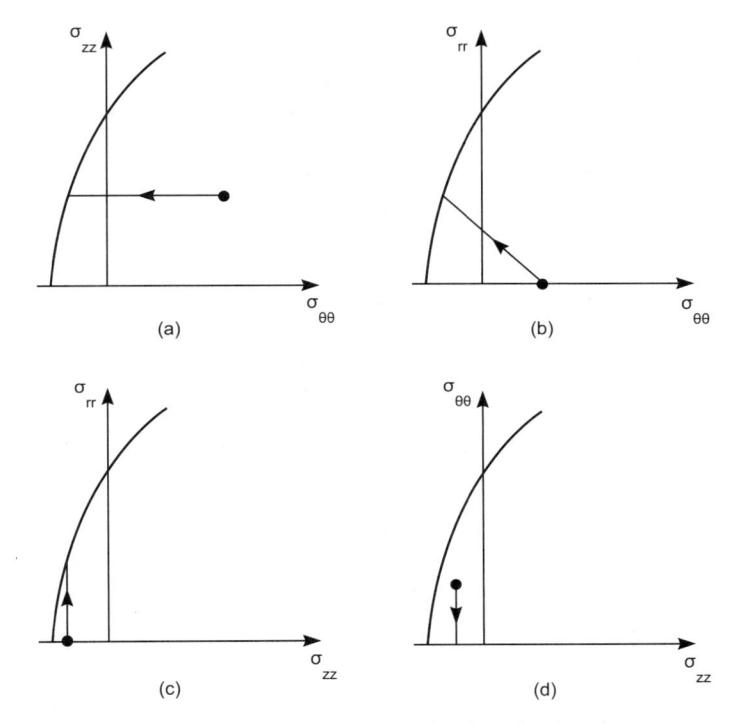

図 4.19 Hoek and Brown の破壊包絡線と式 (4.58) ～ (4.61) で表される4つの場合における応力経路 (Ljunggren and Amadei, 1989)

る水平主応力が鉛直応力よりも非常に大きなときに水平な水圧破砕が発生することを示した．水平亀裂は，水平な挟み，層理，葉状構造，節理，マイクロクラックが開口することによっても形成される．

### (i) 傾斜したボアホールにおける原位置応力の決定

ブレイクダウンやシャットイン圧力の方程式を導くなかで，主応力のひとつはボアホールの軸と平行であるということが仮定されてきた．それにより，遠方で応力が作用している無限平板内の円孔における二次元平面ひずみ問題へと単純化することができた．いずれの原位置主応力もボアホール壁面に平行でない場合について，Fairhurst (1968) は等方性および面内等方性の媒質中のボアホール壁面における応力成分を表す数式を導いた．Von Schonfeldt (1970) や Daneshy (1970) は，等方性の条件下において亀裂の方向がボアホールの方向やその周辺領域に影響されるという

## 4 水圧法

ことを別々の実験により確かめた．傾斜した水圧破砕亀裂のトレースを亀裂全体の方向として用いると誤った結果になることが分かった．傾斜した亀裂は常に粗く，ボアホール壁面の最大引張応力と垂直になることはほとんどない．

ボアホール周辺のせん断応力の存在を考慮すれば，傾斜した水圧破砕亀裂は岩石の引張だけでなくせん断によって発生したものであるということがこれらの観察結果から示唆される．壁面に圧力が作用している円筒形ボアホール周辺の応力状態を表す基礎的な方程式から，Daneshy（1973）はボアホール壁面の点の最大引張応力を表す方程式を導いた．10年後，Richardson（1983）は主応力軸に対して任意の方向を向いたボアホール周辺の応力の解析解を示し，それによって予測される水圧破砕亀裂と原位置最小圧縮主応力方向の角度の誤差を示した．最終的に，Ljunggren and Nordlund（1990）は傾斜したボアホールにおける水圧破砕亀裂から原位置水平応力の方向を決定する手法を示した．かれらの手法は本質的には Richardson（1983）が提案した手法と類似している．

Ljunggren and Nordlund（1990）の手法では，$\sigma_1$, $\sigma_2$, $\sigma_3$ は図 4.20a に示すように鉛直および水平な平面に作用する3つの原位置主応力であり，岩石は線形弾性体，等方均質であると仮定されている．$\sigma_1$, $\sigma_2$, $\sigma_3$（$S_H$, $S_h$, $S_V$）の方向にそれぞれ平行な（S1, S2, S3）座標を考える．$S_H$, $S_h$ は原位置水平主応力であり（$S_H > S_h$），$S_V$ は鉛直応力である．ボアホールの方向はボアホールの軸と平行な単位ベクトル $b$（図 4.20b）で定義される．図 4.20b において $\gamma$ はベクトル $b$ と鉛直軸 S3 がなす傾斜角であり，$\phi$ はベクトル $b$ を S1，S2 平面に投影した線と S1 がなす方位角である．

ボアホールを基準とした局所的な座標系（$\overline{S1}$, $\overline{S2}$, $\overline{S3}$）を考える．$\overline{S1}$ 軸はボアホールの軸に平行で，$\overline{S2}$ 軸は S1，S2 水平面内にある（図 4.20b）．最後に全体座標系（$N$（北），$E$（東），$V$（鉛直））を定義する．$N$ と $E$ は S1，S2 平面上にあり，$V$ は鉛直である．方位角 $\alpha$ は北（$N$）と水平面に投影された $b$ のなす角である．

（$N$, $E$, $V$）と（$\overline{S1}$, $\overline{S2}$, $\overline{S3}$）座標系は座標変換行列 $[B]$ によって互いに関連し，以下のように表される．

$$\{\overline{S}\} = [B]\{S\} \qquad 式 (4.62)$$

ここに，

$$\begin{array}{lll} b_{11} = \cos\alpha \cdot \sin\gamma & b_{12} = \sin\alpha \cdot \sin\gamma & b_{13} = \cos\gamma \\ b_{21} = -\sin\alpha & b_{22} = \cos\alpha & b_{23} = 0 \\ b_{31} = -\cos\alpha \cdot \cos\gamma & b_{32} = -\sin\alpha \cdot \cos\gamma & b_{33} = \sin\gamma \end{array} \qquad 式 (4.63)$$

4.2 水圧破砕法

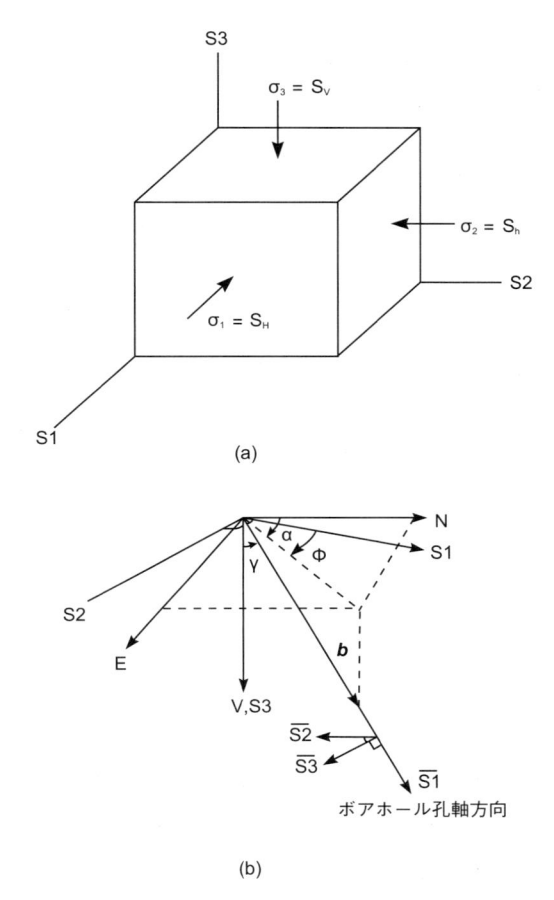

図4.20 傾斜したボアホール周辺の応力分布を求めるための配置と座標系．(a) 原位置応力，(b) 角度の定義
(Ljunggren and Nordlund, 1990)

である．式 (4.63) 中の角 $\alpha$ を角 $\phi$ に置き換えれば，ボアホールを基準とした座標系と原位置主応力の座標系との関連や，行列 $[B]$ を行列 $[C]$ に置き換える式を得ることができる．二階のデカルトテンソルの座標変換則を用いると，ボアホール基準の座標系の応力テンソル $[\sigma_b]$ の成分は以下のように決定される．

$$[\sigma_b]=\begin{bmatrix} \sigma_{\overline{S1}} & \tau_{\overline{S1}\,\overline{S2}} & \tau_{\overline{S1}\,\overline{S3}} \\ \tau_{\overline{S1}\,\overline{S2}} & \sigma_{\overline{S2}} & \tau_{\overline{S2}\,\overline{S3}} \\ \tau_{\overline{S1}\,\overline{S3}} & \tau_{\overline{S2}\,\overline{S3}} & \sigma_{\overline{S3}} \end{bmatrix}=[C]\begin{bmatrix} S_H & 0 & 0 \\ 0 & S_h & 0 \\ 0 & 0 & S_V \end{bmatrix}[C]^T \qquad 式\ (4.64)$$

## 4 水圧法

これを展開すると以下のようになる．

$$\sigma_{\overline{S1}} = (S_H \cos^2\phi + S_h \sin^2\phi)\sin^2\gamma + S_V \cos^2\gamma$$

$$\sigma_{\overline{S2}} = S_H \sin^2\phi + S_h \cos^2\phi$$

$$\sigma_{\overline{S3}} = (S_H \cos^2\phi + S_h \sin^2\phi)\cos^2\gamma + S_V \sin^2\gamma$$

$$\tau_{\overline{S1}\,\overline{S2}} = \frac{1}{2}(S_h - S_H)\sin 2\phi \sin\gamma$$

$$\tau_{\overline{S1}\,\overline{S3}} = \frac{1}{2}(S_V - S_H \cos^2\phi - S_h \sin^2\phi) \times \sin 2\gamma$$

$$\tau_{\overline{S2}\,\overline{S3}} = \frac{1}{2}(S_H - S_h)\sin 2\phi \cos\gamma \qquad \text{式 (4.65)}$$

ボアホールがあることで岩盤に応力集中が生じるが，これはボアホールの軸方向に $z$ をとった円筒極座標 $(r, \theta, z)$ と，平面ひずみ条件の定式化を用いて以下のように表すことができる（Jaeger and Cook, 1976）．

$$\sigma_r = P_w$$

$$\sigma_\theta = (\sigma_{\overline{S2}} + \sigma_{\overline{S3}}) - 2(\sigma_{\overline{S2}} - \sigma_{\overline{S3}})\cos 2\theta - 4\tau_{\overline{S2}\,\overline{S3}}\sin 2\theta - P_w$$

$$\sigma_z = \sigma_{\overline{S1}} - 2\nu(\sigma_{\overline{S2}} - \sigma_{\overline{S3}})\cos 2\theta - 4\nu\tau_{\overline{S2}\,\overline{S3}}\sin 2\theta$$

$$\tau_{\theta z} = 2(\tau_{\overline{S1}\,\overline{S3}}\cos\theta - \tau_{\overline{S1}\,\overline{S2}}\sin\theta)$$

$$\tau_{r\theta} = \tau_{rz} = 0 \qquad \text{式 (4.66)}$$

ここに，$\nu$ は岩盤のポアソン比，$P_w$ はボアホール壁面に作用する流体の圧力，そして $\theta$ は $\overline{S2}$ 方向からの角度である．ここで取り上げている応力は図4.21aに示したボアホール壁面に接する平面内に作用する接線応力 $\sigma_\theta$，軸応力 $\sigma_z$，せん断応力 $\tau_{\theta z}$ である．$\tau_{\theta z}$ は唯一ゼロではない接線せん断応力であり，$\sigma_r$ は常にゼロか正の値であるので，最大引張応力 $\sigma_p$ はボアホールに接する平面内である角度 $\theta$ をもって作用する．この引張応力は以下のように表される．

$$\sigma_p = \frac{1}{2}(\sigma_\theta + \sigma_z - ((\sigma_\theta - \sigma_z)^2 + 4\tau_{\theta z}^2)^{1/2}) \qquad \text{式 (4.67)}$$

Ljunggren and Nordlund（1990）によると，亀裂は以下の式で与えられる $\lambda_p$ だけボアホールの軸から傾いた方向に発生する．

$$\lambda_p = \frac{1}{2}\tan^{-1}\left(\frac{2\tau_{\theta z}}{\sigma_\theta - \sigma_z}\right) \qquad \text{式 (4.68)}$$

## 4.2 水圧破砕法

式 (4.66) と式 (4.67) を合わせると，$\sigma_p$ は $\theta$ の関数となり，$\theta$ が $0°$ から $360°$ の間で $180°$ 離れたふたつの点において最小となる．与えられた原位置応力条件において，$\sigma_p(\theta)$ を最小にすることでこれらの角度が分かる．$\sigma_p$ を最小にする $\theta$ を式 (4.68) に代入することで，初期の亀裂の傾斜角 $\lambda_p$ を決定することができる．しかし実際には，$\lambda_p$ 傾斜した亀裂がボアホール壁面周辺に長く進展することはない．$\sigma_p$ は最小点周辺においてはどの方向でも負の値になるので，これらの亀裂はボアホール壁面に斜めの短いトレースとして現われる．ボアホール円周沿いの $\sigma_p$ が最少となる点は，ボアホール軸と平行な 2 本の線を形成し $180°$ 離れている．したがって，ボアホールが流体によって加圧されると水圧破砕亀裂は巨視的にはこれらの線と平行な方向に発生する．亀裂が $\overline{S2}$，$\overline{S3}$ 平面内で発生する場合の方向は次式で与えられる．

$$f = e_{\overline{S2}} \cos\theta + e_{\overline{S3}} \sin\theta \quad 式 (4.69)$$

ここに，$e_{\overline{S2}}$ と $e_{\overline{S3}}$ はそれぞれ $\overline{S2}$，$\overline{S3}$ 軸に沿った単位ベクトルである（図 4.21b）．$(N, E, V)$ 座標系におけるそれらの成分は，式 (4.63) の第 2，第 3 行目に与えられている．図 4.21b に示すように仮想的な亀裂に垂直な単位ベクトル $N$ は次式で表される．

$$N = e_{\overline{S1}} \times f \quad 式 (4.70)$$

ここで，$e_{\overline{S1}}$ は $\overline{S1}$ 軸に平行な単位ベク

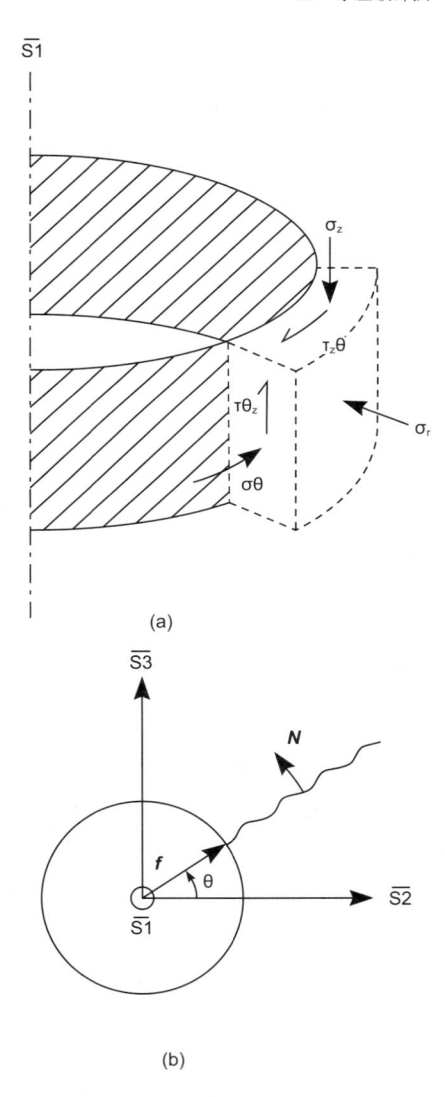

図 4.21 (a) ボアホール壁面における応力分布，(b) $\overline{S2}$，$\overline{S3}$ 平面における仮想的な亀裂と垂直な単位ベクトル $N$ の定義（Ljunggren and Nordlund, 1990）

トルであり，式（4.63）の第1行目に示した（$N, E, V$）座標系における成分である．したがって，（$N, E, V$）座標における単位ベクトル $N$ の成分（$N_1, N_2, N_3$）が求められる．

次の段階は，実際の水圧破砕試験による亀裂の法線方向を定義することである．亀裂の方向は通常，走向（strike）と傾斜（dip）として表される．傾斜したボアホール軸を含む面内に伸びる水圧破砕の軸方向亀裂で，その亀裂の走向がボアホールの傾斜方向に垂直な特殊な場合には，亀裂の傾斜はボアホールの傾斜に一致する．しかし，一般的な軸方向亀裂の場合にはステレオ解析により亀裂の傾斜を求める．（$N, E, V$）の全体座標系においては，亀裂の走向ベクトルは次のような成分を持ち，

$$\boldsymbol{s} = (\cos\varepsilon, \ \sin\varepsilon, \ 0) \qquad \text{式 (4.71)}$$

傾斜ベクトルは次のような成分を持つ．

$$\boldsymbol{d} = (\cos\eta\sin\varepsilon, \ \cos\eta\cos\varepsilon, \ \sin\eta) \qquad \text{式 (4.72)}$$

ここに，$\varepsilon$ は走向ベクトルと $N$（北）がなす角，$\eta$ は水平面に対する亀裂の傾斜を表している（図4.22）．走向ベクトルと傾斜ベクトルは互いに直交するので，真の亀裂面に垂直な単位ベクトルの方向は以下のようになる．

$$\boldsymbol{n} = \boldsymbol{s} \times \boldsymbol{d} = (n_1, n_2, n_3) = (-\sin\varepsilon\sin\eta, \ -\cos\varepsilon\sin\eta, \ \cos\eta) \qquad \text{式 (4.73)}$$

仮想的な亀裂の法線と真の亀裂面の法線の角度差 $\beta$ はスカラー積として得ることができ，次のように表される．

$$\boldsymbol{N} \cdot \boldsymbol{n} = N_1 n_1 + N_2 n_2 + N_3 n_3 = \cos\beta \qquad \text{式 (4.74)}$$

角 $\beta$ は2本の法線 $\boldsymbol{n}, \boldsymbol{N}$ 間の角度誤差を表している．

傾斜したボアホールと同じ面内の水圧破砕亀裂について考える．亀裂の方向は遠方の原位置応力（$S_H, S_h, S_V$）によってのみ支配されているとし，岩石は不透水性で，異方性はないものとする．原位置応力の値は既知とし，同様にブレイクダウン圧力やボアホールおよび水圧破砕亀裂の方向も既知とする．与えられた水平応力場の方向から，仮想的な水圧破砕亀裂の方向が式（4.62）〜（4.70）によって定められ，計測結果から得られた方向と比較される（式（4.74））．角度誤差がゼロ（$\beta = 0$）のとき，水平応力の真の方向は仮想的な亀裂の方向を求めるための入力値として用いたものと同じである．誤差がゼロでない場合には，水平応力場の方向を新たに設定し，誤差がゼロになって完全な応力場が得られるまでこの手順がくり返される．

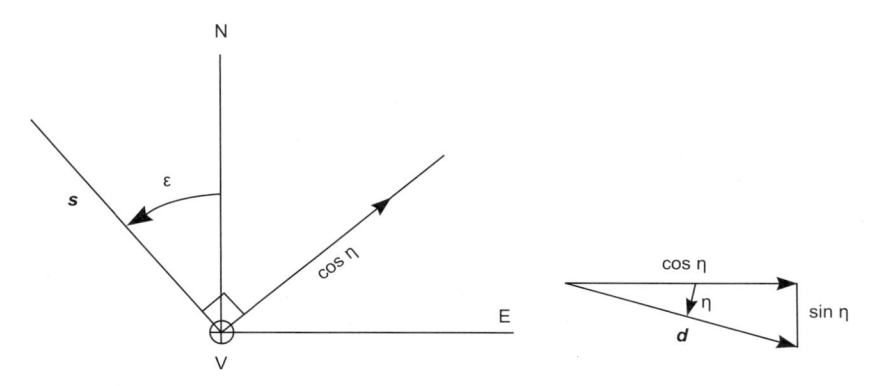

図4.22 大域的な（N, E, V）座標系における水圧破砕亀裂の走向ベクトル $s$ と傾斜ベクトル $d$ の定義（Ljunggren and Nordlund, 1990）

上記の手法は Ljunggren and Nordlund (1990) によりスウェーデンとノルウェーの3箇所において試行された．ボアホールは水平面から 62〜69° 傾斜していた．各サイトの原位置応力場は近接した鉛直ボアホールにおける計測により既知であり，ボアホールに沿った水圧破砕亀裂が形成された．$S_H$ の方向は水圧破砕亀裂の走向から 0〜9° ずれているということが分かった．Ljunggren and Nordlund (1990) は，傾斜したボアホールの水圧破砕試験において生成されたボアホール軸に沿った亀裂の方向を支配していると考えられる最も重要な因子は，図 4.20b の $\gamma$ と $\phi$ は別として，(1) 水平応力差 $S_H - S_h$ の大きさ，(2) 3つの原位置主応力の大きさの違い，(3) 水圧破砕亀裂が発生するために必要なブレイクダウン圧力の大きさであると結論付けた．

ボアホールが特定の方位である仮定をおけば，傾斜したボアホールの水圧破砕によって原位置のおよび最小水平応力 $S_H$ と $S_h$ を決定することができる．例えば，図 4.20b のボアホールが $S_H$ の方向（例：$\phi = 0°$）に傾斜している場合について考える．式 (4.65) と式 (4.66) から，ボアホール壁面周辺の接線応力は次のように表現できる．

$$\sigma_\theta = S_h + S_H \cos^2\gamma + S_V \sin^2\gamma - 2(S_h - S_H \cos^2\gamma - S_V \sin^2\gamma) \times \cos 2\theta - P_w \quad 式(4.75)$$

ボアホール内の圧力が高まるにつれ，$\sigma_\theta$ はボアホール壁面の $\theta = 90°，270°$ すなわち $S_H$ と平行な方向において引張となり，せん断応力 $\tau_{\theta z}$ はゼロとなる．これは接線応力が主応力であるということを意味している．角度 $\theta$ がそれらの値をとり，接線応力が岩石の引張強度 $T$（垂直孔井の場合）と等しくなるとき水圧破砕が起こると考えると，亀裂が進展するときのブレイクダウン圧力は次式と等しくなる．

4　水圧法

$$P_\mathrm{c}=3S_\mathrm{h}-S_\mathrm{H}\cos^2\gamma-S_\mathrm{V}\sin^2\gamma+T \qquad 式（4.76）$$

水圧破砕亀裂が $S_\mathrm{H}$ に平行な鉛直平面内で進展するとすれば，水平応力 $S_\mathrm{h}$ はシャットイン圧力 $P_\mathrm{s}$ から推定することができる．

### 4.2.4　データの解析とその解釈

　水圧破砕によって得られる基礎データは圧力データと亀裂データのふたつである．圧力データは，加圧サイクルを複数回行う間に記録される圧力の時間変化および圧入・排出される流量の時間変化である．加圧と排水のサイクルが2回の場合の理想的な水圧破砕の圧力記録を図4.23に示す．この圧力記録から，原現位置応力状態を決定するために必要となるデータを読み取ることができる．例えば，亀裂初生圧力（ブレイクダウン圧力）$P_\mathrm{c}$，シャットイン圧力あるいは ISIP (instantaneous shut-in pressure)，亀裂再開口圧力 $P_\mathrm{r}$ などである．水圧破砕試験により得られるふたつ目のデータは亀裂の形状と向きを含むものである．なお，水圧破砕記録の解釈に関するISRM委員会（Enever, Cornet and Roegiers, 1992）があり，水圧破砕データを統一的に解釈するための基本的な考え方を提供している．水圧破砕データを解釈するために有効なさまざまな手法を以下に示す．

#### (a)　ブレイクダウン圧力 $P_\mathrm{c}$

　ブレイクダウン圧力は最初の加圧サイクルの圧力－時間記録に現れる鋭いピーク圧力として決定される．加圧は一定の流量で，例えば硬い花崗岩中にあるスリムホールの場合には 3.5 l/min 程度で行われる（Bjarnason, Ljubggren and Stephansson, 1989）．

#### (b)　シャットイン圧力 $P_\mathrm{s}$

　シャットイン圧力は加圧の停止に伴って亀裂の伸展が止まり閉じるときの圧力である．加圧停止に伴って圧力が急に下がった後の圧力－時間曲線に折れ曲がりが現れた場合には，シャットイン圧力を決定することは容易である．しかし，多くの場合には圧力降下が緩やかで明瞭な折れ曲がりが現れないため，シャットイン圧力を決定することは容易ではない．水圧破砕法が開発された当初には，圧力の時間変化はアナログ装置によって計測されグラフとして記録されていたが，今日では圧力－時間変化の計測がコンピュータ化され，より精密なデータ解釈や統計的な解析も可能になっている．
　長きにわたり，圧力－時間曲線から $P_\mathrm{s}$ を推定するための多くの方法（大半が図式的なもの）が提案されてきた．これらのさまざまな方法の評価が Tunbridge (1989)，

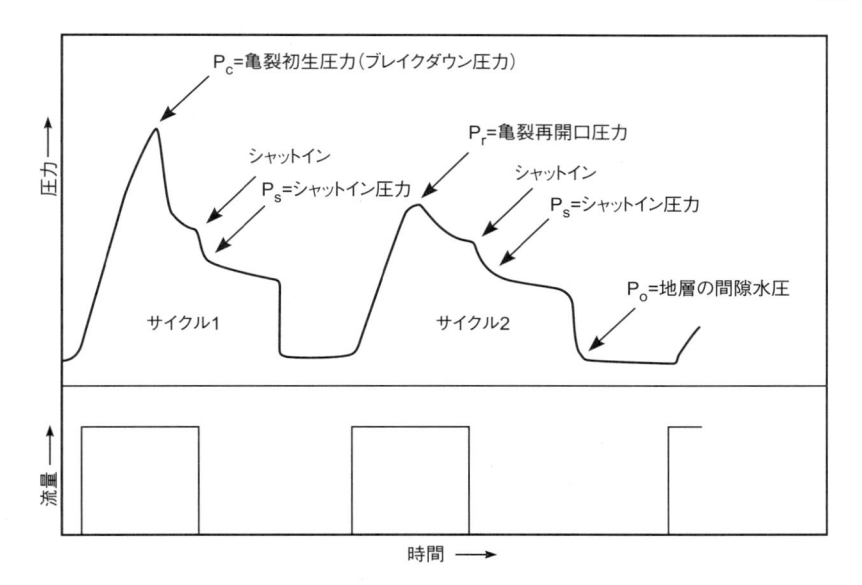

図 4.23　加圧と排出のサイクルが 2 回の場合の理想的な水圧破砕の圧力記録
(出典：Enever, J.R, Cornet, F. and Roegiers, J.C. Copyright 1992, Elsevier Science Ltd, の許可により転載)

Lee and Haimson (1989) ほかによってなされている. Gronseth and Kry (1983) はシャットイン後の圧力－時間曲線に接線を描く変曲点法 (inflection method) を提案した. この方法では，圧力－時間曲線が接線からずれ始める点をシャットイン圧力として定義している. よく用いられる他の方法に接線交点法 (Enever and Chopra, 1986) がある. この方法では，シャットイン直後の圧力曲線の接線とその後の安定領域の圧力曲線の接線の交点として $P_s$ が求められる（図 4.24a）. 第三の方法は，圧力－時間記録において最大曲率となる点を $P_s$ とするものである. この手法は Hardy (1973) により初めて提唱され，後に Hayashi and Sakurai (1989) によって適用された.

　上記の手法を用いる際には，2～3 回の加圧サイクルを行ってシャットイン圧力を決定するのが普通である (Hickman and Zoback, 1983). 一般に，最初のサイクルで得られたシャットイン圧力の値は比較的高く，加圧サイクルの繰り返しによって亀裂が成長すると多少なりともシャットイン圧力が減少する. 例として，スウェーデン南部の放射性廃棄物処理のための Äspö Hard Rock Lab. にあるボアホール KAS03 で得られた圧力降下曲線の解釈を図 4.25a に示す. 接線交点法がシャットイン圧力の最小値を与えていることがわかる.

4 水圧法

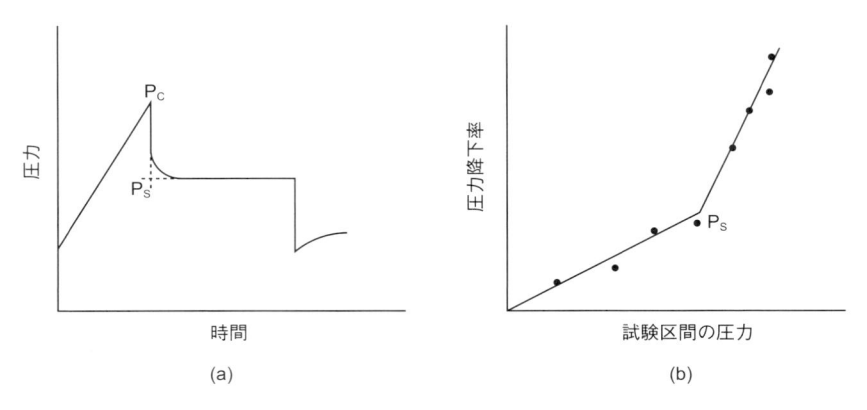

図4.24 水圧破砕の圧力−時間記録からのシャットイン圧力の決定
(a) 接線交点法, (b) 二直線圧力降下率法

　図4.25b, c に示した Äspö プロジェクトの例のように，圧力−時間記録を片対数や両対数目盛りで描いたグラフからシャットイン圧力を決定することもできる．片対数グラフによる表示を初めて提唱したのは Doe et al. (1983) である．そのような表示にする根拠は，亀裂内水圧が最小主応力よりも小さくなると透水性が減少するので，単一亀裂に対して行うパルス透水性試験の応答とブレイクダウンに伴う圧力減少の挙動が類似することにある．対数曲線は屈曲部（break-in slope，訳注：勾配が不連続に変化する部分）を有するのでそれを利用して $P_s$ を定義する．別の方法として，Klasson (1989) が示したようにシャットイン後に曲線が接線からずれ始める点を使うこともできる．両対数グラフによる表示を使ってシャットイン圧力を決める方法はZoback and Haimson (1982) によって初めて示された．

　図4.25.a-c に示した Äspö プロジェクトの例を見ると，線形，片対数および両対数の表示を用いた順に，接線交点法で決定したシャットイン圧力が大きくなっていることがわかる．変曲点法を用いればその傾向は逆になる．

　別の方法として指数関数圧力降下法（あるいはマスカット法）と呼ばれる方法があり，亀裂が閉じた後の圧力が指数関数的に低下して漸近値に近づくことを前提としている（Aamodt and Kuriyagawa, 1983）．時間と $\ln(P-P_\infty)$ のプロットからシャットイン圧力が決定される．ここで，$P_\infty$ は漸近する圧力値（おそらく岩石の間隙水圧）である．圧力低下のデータは直線にフィッティングできる．そして，$t=0$（ポンプ停止時）におけるその直線の切片を適当に与えた漸近値 $P_\infty$ 対する $P_s$ の推定値とする．図4.26に Äspö Hard Rock Lab.のデータに対してマスカット法を適用した例を示す．

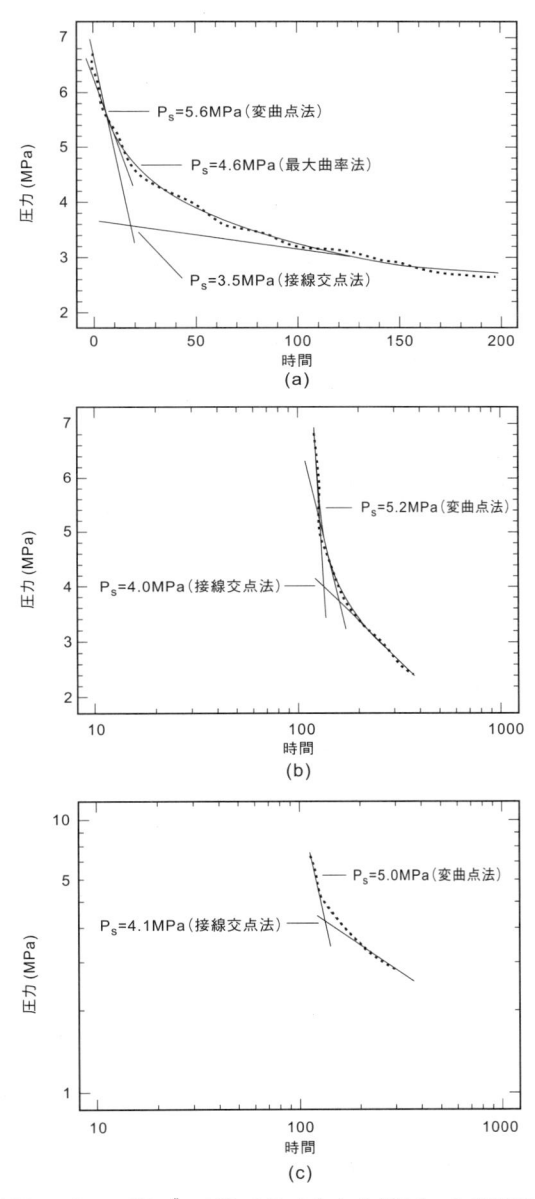

図 4.25 スウェーデン Äspö Hard Rock Lab のボアホール KAS03 深度 132.5 [m] の圧力降下曲線からシャットイン圧力 $P_s$ を決定した結果，(a) 圧力と時間軸がともに線形，(b) 圧力に対し時間軸が片対数，(c) 圧力－時間が両対数（Klasson, 1989）

## 4 水圧法

$t=0$ における $\ln(P-P_\infty)$ の値は 0.95 であり, $P_\infty=2.5$ MPa とすればシャットイン圧力は 5.1 MPa となる.

McLennan and Roegiers (1983) はシャットイン圧力を決定するための別の図式的手法を提案した. この手法では, 圧力を $(t+\Delta t)/\Delta t$ の関数として片対数グラフにプロットする. ここで, $t$ は加圧時間, $\Delta t$ はシャットインからの時間である. このプロットにおいて曲線が接線からずれ始める点がシャットイン圧力となる. この手法をÄspö Hard Rock Lab.のデータに適用した例を図 4.26b に示す.

Tunbridge (1989) が指摘したように, シャットイン後の圧力降下曲線はボアホールから流れ出る流体の量の関数として表現することも可能である. なぜならシャットインに続く圧力減少は加圧区間から亀裂内に流れ出る流体の量および孔壁からの流出量などに関係しているからである. Tunbridge (1989) はボアホール内の圧力と亀裂に流れ込む流量の関係が 2 直線で表されることに気づき, それに似た 2 直線の関係が圧力の降下率と圧力の間にも当てはまることを示した (図 4.24b). さらに, ポンプ停止後の圧力降下がふたつの指数関数曲線から成るという仮定の下に, 圧力の減少率と圧力の関係がふたつの直線部分から構成されることを数学的に示した. それら 2 直線の交点がシャットイン圧力 $P_s$ を与える. したがって, 圧力降下曲線の勾配 $dP/dt$ と圧力 $P$ の関係をプロットすることでシャットイン圧力が決定される. Äspö Hard Rock Lab.のデータにこの手法を適用した例を図 4.26c に示す. ふたつの直線部分は線形回帰により決定されている.

Tunbridge (1989) による二直線圧力降下率法は, シャットイン圧力を決定するための数ある方法のなかで最も信頼性が高く広く用いられている. シャットイン圧力をより厳密に決定するために, Lee and Haimson (1989) は非線形回帰解析を用いて最適な二直線近似曲線を求めた. またかれらは, 指数関数圧力降下法の解析にも同じ方法を用いている.

Äspö Hard Rock Lab.のデータ (3 回目の加圧サイクル) に対し, このようなさまざまな図式的手法によって決定した異なる深度のシャットイン圧力の値をまとめて表 4.3 に示す. この表からわかるように, 時間と圧力および時間の対数と圧力の各プロットに適用した変曲点法がシャットイン圧力の最高値を与えている. 指数関数圧力降下法は二番目に高い数値を与えている. 一方, 接線交点法はシャットイン圧力の最小値を与えている.

この Äspö Project のようにシャットイン圧力の値が手法によって異なる様子は, Aggson and Kim (1987) がワシントン州 Hanford の Basalt Waste IsoLation Project について報告した結果でも似たものとなっている. そこでは, 解析手法の違いにより

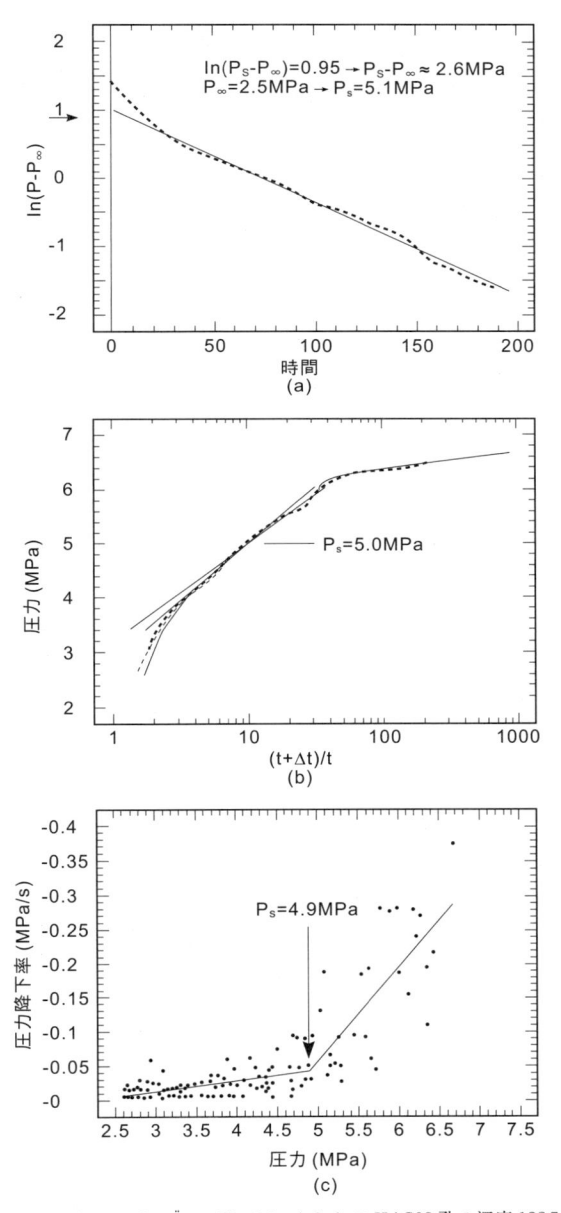

図 4.26 スウェーデン Äspö Hard Rock Lab の KAS03 孔の深度 132.5 m において得られた圧力降下曲線からシャットイン圧力 $P_s$ を決定した結果．(a) 指数関数圧力降下法，(b) McLennan and Roegiers による方法，(c) 二直線圧力降下率法（Klasson, 1989 より抜粋）

表4.3 Äspö Hard Rock Lab. のデータ（3回目の加圧サイクル）に対し，さまざまな図式的手法によって決定した，異なる深度のシャットイン圧力の値（Klasson, 1989）

| 関数軸 | 手法 | 試験深度 [m] | | | | | |
|---|---|---|---|---|---|---|---|
| | | 132.5 $P_s$ (MPa) | 485.0 $P_s$ (MPa) | 519.0 $P_s$ (MPa) | 552.0 $P_s$ (MPa) | 630.0 $P_s$ (MPa) | 887.0 $P_s$ (MPa) |
| $P$ vs. $t$ | 接線交点法 | 3.5 | 10.8 | 12.0 | 9.7 | 10.1 | 21.5 |
| | 最大曲率法 | 4.6 | 11.2 | 13.1 | 10.2 | 11.1 | 21.9 |
| | 変曲点法 | 5.6 | 11.7 | 14.1 | 11.0 | 11.5 | 22.5 |
| $P$ vs. $\log(t)$ | 接線交点法 | 4.0 | 11.0 | 12.3 | 9.8 | 10.5 | 21.6 |
| | 変曲点法 | 5.2 | 11.3 | 13.4 | 10.5 | 11.0 | 22.0 |
| $\log(P)$ vs. $\log(t)$ | 接線交点法 | 4.1 | 11.1 | 12.3 | 9.7 | 10.7 | 21.6 |
| | 変曲点法 | 5.0 | 11.3 | 13.2 | 10.3 | 11.1 | 22.2 |
| $\ln(P-P_\infty)$ vs. $t$ | 指数関数圧力降下法 | 5.1 | 10.9 | 13.2 | 10.8 | 11.0 | 21.8 |
| $P$ vs. $\log[(t+\Delta t)/t]$ | | 5.0 | 10.9 | 13.3 | 10.1 | 11.0 | 21.9 |
| $dP/dt$ vs. $P$ | 二直線圧力降下率法 | 4.9 | 11.3 | 12.9 | 10.1 | 10.7 | 22.0 |
| 平均 | | 4.7 | 11.2 | 13.0 | 10.2 | 10.9 | 21.6 |
| 標準偏差 | | 0.60 | 0.30 | 0.60 | 0.40 | 0.40 | 0.30 |

シャットイン圧力（ほぼ最小水平応力に等しい）が 4.9 MPa（14 %）程度に変化している．Äspö Project の場合には変化量は 2.1 MPa（38 %）程度である．

## (c) 再開口圧力 $P_r$ と引張強度 $T$

水圧破砕試験の解析においては，ブレイクダウン圧力と最大および最小応力の関係式の中に引張強度が含まれているため，水圧破砕時の引張強度が特に重要である．この引張強度を求めるためにさまざまな手法が提案されている．Ratigan (1990) によれば，以下に示す5つの手法が有効である．

1. 最初の加圧サイクルに続いてさらに加圧サイクルをくり返して亀裂を再開口させる（Bjarnason, Ljunggren and Stephansson, 1989; Bredehoeft et al., 1976; Hickman and Zoback, 1983）
2. 室内の水圧破砕試験から得られた引張強度を用いる（Bjarnason, Ljunggren and Stephanson, 1989; Haimson, 1978）
3. 原位置における水圧破砕の引張強度を推定するため，室内実験より定式化された統計的破壊力学モデルを用いる（Doe et al., 1983; Ratigan, 1982）
4. 破壊の起点となるように形状が既知の初期亀裂を加圧区間の壁面に人為的に設けることで，破壊発生を統計的ではなく決定論的に解釈できるようにする（Abou-Sayed, Brechtel and Clifton, 1978）

5. 岩石の粒径と破壊靱性値から既存亀裂の長さを評価し，LEFM のアプローチを用いる（Rummel, 1987）

一般に，これらの手法による引張強度は異なる．これは，水圧破砕の引張強度が岩石固有の物性値ではないことを示している．

水圧破砕の引張強度を求める手法としては，現在では最初のふたつの手法が最も一般的である．第一の手法では，水圧破砕亀裂の再開口に必要な圧力が 2 回目ないし 3 回目の加圧サイクルを行うことで決定される．この圧力は亀裂再開口（あるいは refrac）圧力 $P_r$ と定義される（図 4.12, 4.23）．水圧破砕に関する従来の手法を用い，浸透しない流体を仮定すると，引張強度 $T$ は先の式（4.18）のようにブレイクダウン圧力と亀裂再開口圧力の差として求められる（Bredehoeft et al., 1976）．

Lee and Haimson（1989）および Ratigan（1992）が指摘しているように，Bredehoeft et al.（1976）の示した手法は以下の前提に基づいている．

(1) 加圧サイクルの間で亀裂は完全に閉じる．
(2) 亀裂再開口圧力とはもともと存在していた亀裂が再び開き始めた瞬間の圧力である．
(3) 水圧破砕亀裂を有する岩石の引張強度は零である．
(4) 水圧破砕亀裂の有無にかかわらず孔壁の応力状態は一定である．

孔壁の周方向応力は亀裂のある場合とない場合で同じになり得ないので，最後の前提には議論の余地が大いにある．引張強度と原位置応力の決定に与えるその影響の重要性については，不透水性岩石で水圧破砕を行った場合を対象として LEFM を用いて Ratigan（1992）によって検討された．その結果，図 4.14 に定義される変数を用いて亀裂再開口圧力を表す以下の方程式が導かれた．

$$P_r = S_H F_1(a, \lambda) + S_h F_2(a, \lambda) \qquad 式（4.77）$$

ここに，$\lambda$ は水圧破砕亀裂内の水圧（一定と仮定）と孔井の水圧の比，$a$ は亀裂長さ，$F_1$ と $F_2$ は既知の関数である．Ratigan（1992）が指摘しているように，破壊靱性に関する初項が無いことを除けば式（4.77）は Rummel（1987）によって導かれた式（4.43）と同じ関数形をしている．さらに，式（4.77）において $F_1 = -1$，$F_2 = 3$ とした場合に相当する Bredehoeft et al.（1976）の関係は，以下の特殊なふたつの場合の水圧破砕の解釈のみに適用可能であるとしている．

1. $\lambda = 1$（加圧が緩やかで粘性の小さい流体を用いた場合），初期状態の亀裂長さが少なくとも孔井半径の 4〜5 倍，かつ，$S_H/S_h \fallingdotseq 2$ のとき
2. $\lambda = 2$（加圧が急激で粘性の大きい流体を用いた場合），初期状態の亀裂長さが孔

井半径よりも小さいとき
その他の条件下ではBredehoeft et al.(1976)の関係を用いることができず,水圧破砕の引張強度は室内実験によって評価する必要があるとRatigan(1992)は結論付けた.

一方,先に議論したシャットイン圧力と同様に,亀裂再開口圧力を圧力－時間記録から決定する過程にも主観が入りやすい.亀裂再開口圧力は再加圧時の圧力－時間曲線における圧力上昇部の勾配が,最初の亀裂発生時の勾配からずれ始めるところの圧力と定義される.この定義にしたがって$P_r$を決定する従来のひとつの手段は,最初の亀裂発生時の圧力－時間曲線を再加圧時の曲線に重ねるというものである.しかし,Lee and Haimson(1989)が指摘しているようにこのような図解的手法は誤りを生じる可能性がある.そのため,かれらは圧力－時間曲線を重ね合わせて$P_r$を選択するより統計的な方法を代案として提案した.

Lee and Haimson(1989)が提案した'reference threshold'と呼ばれる方法を,ウイスコンシン州Waterlooで実施された水圧破砕試験データに適用した例を図4.27に示す.この方法は,亀裂初生時の加圧サイクルにおける圧力－時間曲線の圧力上昇部分を,経過時間が等しい再加圧サイクルにおける圧力上昇部分とデジタル値で比較するというものである.それらふたつの圧力時間曲線の圧力差の平均とその標準偏差が統計的手法で決定される.ここで,reference thresholdは圧力差の平均に標準偏差の2倍を加えたものとして定義される.亀裂初生時の圧力－時間曲線とその後の圧力－時間曲線のずれ始めは,そのreference thresholdよりも両曲線の圧力差が連続して大きくなり始める点として解釈される.もし,ずれ始めが比較を行った時間区分の中にある場合は,時間区分を短くしてこの操作を時間区分の上限がずれ始めと一致するまで繰り返す.こうして決定されたずれ始めの圧力値が亀裂再開口圧力として決定される.

水圧破砕の引張強度を決定するふたつ目の手法はコアサンプルを用いた水圧破砕の室内試験である.この手法では,室内実験によって得られた引張強度とフィールドにおける引張強度をどのように結びつけるかという別の問題が生じる.以下に示すように,この問題に関してはさまざまな提案がなされてきたが未だ議論の余地がある.

Ratigan(1982, 1990)によれば,インタクトな岩石試料を室内に持ち込んで引張強度を求める試験を行うと,例外なく以下のような事実が観測される.ひとつ目は,試料が大きくなるにつれて引張強度が小さくなるというように,試験から得られた引張強度が試料のサイズに依存するという現象である.この現象は岩盤工学の分野で「寸法効果」(size effect)と呼ばれているものである.ふたつ目は,引張強度が試験方法

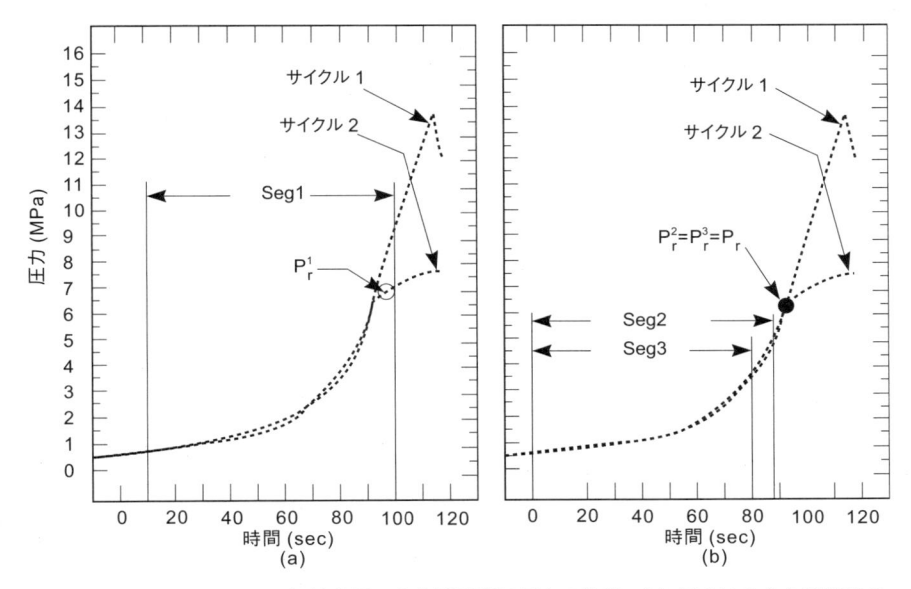

図 4.27 'reference threshold' 法を用いた亀裂再開口圧力の決定. (a) 初めに与えた時間区分 (Seg1) では, $P_r^1$ が区分内にあるのでマッチングが十分でないため, (b) 短くした時間区分 (Seg2) によるマッチングで $P_r$ を決定し, さらに短くした時間区分 (Seg3) によって結果の妥当性を確認. ウイスコンシン州 Waterloo の珪岩に掘削された, 深度 81.5 m の孔井から得られたデータ (出展: Lee, M.Y. and Haimson, B.C. Copyright 1989, Elsevier Science Ltd. の許可により転載)

によって変化するというものである. 最後の3つ目は, どのような試験方法や試料寸法であれ平均値にある程度のばらつきが見られるということである. 材料の強度という意味からすれば, そのような観測事実のいずれも材料固有の特性によるものではなく, 試験方法や材料の不均質性に起因すると見なすべきである. Ratigan (1982) が示しているように, 初めのふたつの観測結果は決定論的破壊力学によって解釈が可能であり, 1930 年代後半に Weibull が提唱した最弱リンク理論 (weakest link theory) のような法則を用いた確率論的破壊力学によれば, 3つ全部の観測結果を解釈することが可能である.

水圧破砕の引張強度 $T$ を決定するための室内の水圧破砕試験には, フィールドで水圧破砕試験を行った孔井から回収したコアから作成した試料を用いる. 試験片には小型のダブルパッカーを設置するために試料の中心に細孔を掘削する (図 4.28). 岩石が多孔質であれば試料の側面をメンブレンで覆い, 原位置の状態を模擬するように封圧と軸圧を負荷する. 中心の細孔を加圧すると圧力が $P_c$ に達して破裂が起こる.

4 水圧法

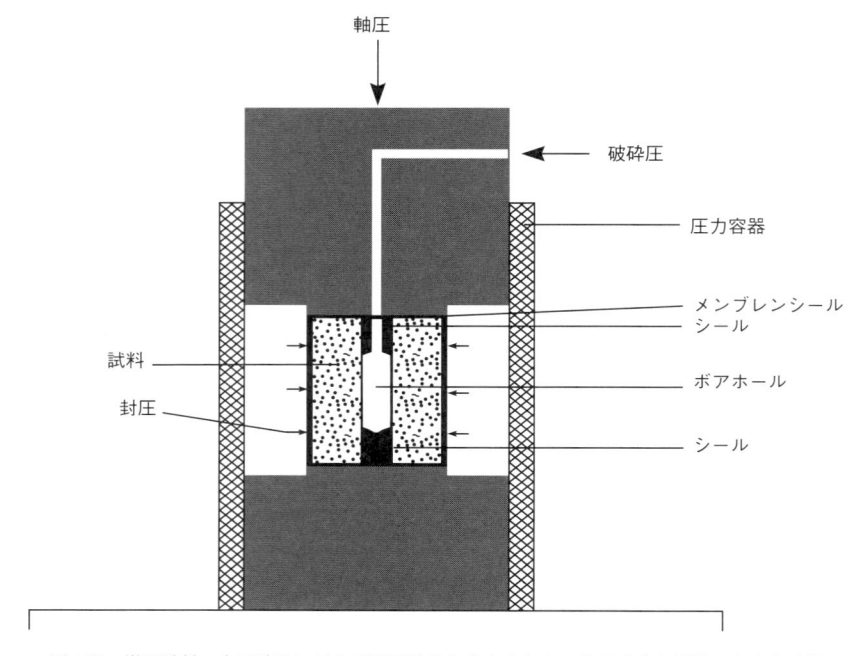

図4.28 岩石試料の水圧破砕に対する引張強度を求めるための水圧破砕を模擬した室内試験

この操作を異なる封圧について繰り返す．封圧によってブレイクダウン圧力が変化する様子の一例を図4.29に示す．これは，スウェーデン中部のForsmarkで採取された花崗片麻岩のコア試料を用いた実験の結果である．コア試料の外径は65 mmで，直径10 mmの試験孔を設けた．これらの試験では透水性が小さいことからメンブレンを用いず，封圧として油圧を試料表面に直接負荷した．図4.29にプロットしたデータに最小二乗法によって以下の直線を近似した．

$$P_c = kP + T$$

傾き$k$は1.2で，引張強度$T$を与える切片は17.4 MPaとなった．しかし，$k=1.2$という係数の値は線形弾性論から予想される値とは全く異なっている．線形弾性論によれば，実験に用いた試料の形状のとき$k$は1.95となるべきで，さらに，0.95（1.0の代わりに）の係数が$T$にかかるはずである．

他にも同じような不一致が報告されている（Ljunggren, 1984; Rummel, 1987）．例えばRummel（1987）がFalkenburg花崗岩のコア試料で行った室内水圧破砕試験で

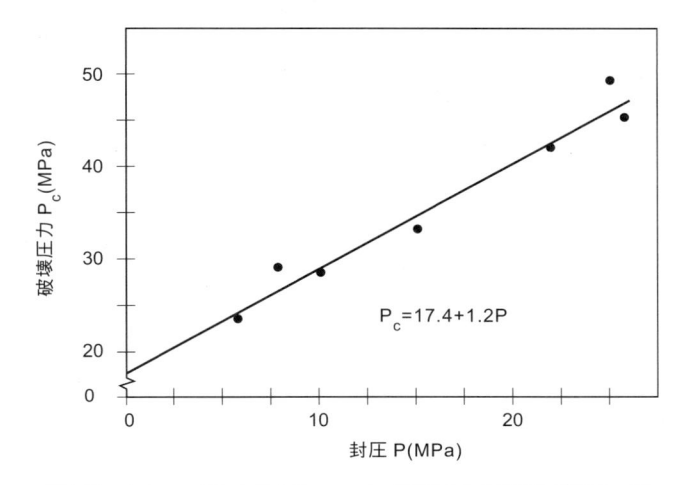

図 4.29 スウェーデン中部の Forsmark で採取された花崗片麻岩のコア試料を用いた実験から得られた封圧によるブレイクダウン圧力の変化挙動．試料にあけた孔は直径 10 mm．

は，係数 $k$ が 1.04 程度の小さな値となっている．なお，4.2.3 節で議論した通り，$S_H=S_h=P$ とした式 (4.43)，(4.48) を用いれば LEFM によりそのように小さな $k$ の値を予測することができる．試験に用いた流体の粘性や浸透する流量も $k$ の値を左右する重要な要素であろう．

室内の水圧破砕試験では，測定された水圧破砕の引張強度が試験孔の直径に依存するという結果がしばしば報告されている．より正確には，試料の中央に設けた孔の直径が大きくなるにつれ引張強度は小さくなるということである (Cuisiat and Haimson, 1992; Enever, Walton, and Wold, 1990; Haimson, 1968, 1990; Haimson and Zhao, 1991; Ljunggren, 1984)．例えば，Haimson and Zhao (1991) は，Lac du Bonnet 花崗岩と Indiana 石灰岩を用い，試験孔の直径を 3.4〜50.8 mm の範囲とした室内水圧破砕試験を封圧なしの条件で行った．このとき，式 (4.78) の関係からブレイクダウン圧力がそのまま水圧破砕の引張強度となる．試験は流量か加圧速度のいずれかを一定に制御した条件で行われた．その結果，試験孔の直径が 20 mm 以下の範囲では直径が大きくなるにつれて引張強度は指数関数的に減少した．それ以上の直径の範囲では，引張強度は基本的に一定となった．さらに，加圧速度を 0.05 MPa/s から 10 MPa/s まで増加させると，ブレイクダウン圧力つまり引張強度はほぼ 2 倍になった．Haimson and Zhao (1991) は，フィールド実験で用いられている孔井の直径と加圧速度の程

## 4 水圧法

度であれば，室内実験で求められた引張強度をフィールド実験のデータ解析にそのまま用いることができると結論した．

直観的に考えると，孔井の直径が大きくなるにつれて引張強度が小さくなることは理解できる．なぜなら，孔井の直径が大きくなれば（そして孔井壁面の面積が大きくなれば）破壊を起こすマイクロクラックと出会う可能性も大きくなるからである．引張強度に関する孔井直径の影響を予測するためにこれまで提案されてきたモデルには，Whitney and Nuismer (1974) による point stress criterion, Detournay and Carvalho (1989) による多孔質弾性体モデル, Abou-sayed, Brechtel and Clifton (1978) および Rummel (1987) による LEFM モデルなどがある．以下では破壊力学モデル (LEFM) のみを論じる．

4.2.3 節（式 (4.46)）に示したように，Rummel (1987) のモデルでは水圧破砕の引張強度が孔井半径の平方根の逆数の関数になるはずである．Cuisiat and Haimson (1992) が報告しているように，Haimson and Zhao (1991) の室内実験で観測された水圧破砕の引張強度の孔井直径による変化は，このモデルで十分に再現できる．

Abou-sayed, Brechtel and Clifton (1978) のモデルでは，封圧が零 ($P=0$) の場合引張強度（ブレイクダウン圧力に等しい）は次式のようになる．

$$P_c = T = \frac{K_{IC}}{F(L/r)(L\pi)^{1/2}} \quad \text{式 (4.79)}$$

ここに，$K_{IC}$ は破壊靱性，$L$ は初期の亀裂長さ，$r$ は孔井の半径である．式 (4.79) の $F(L/r)$ は，Paris and Sih (1965) によって求められた値を持つ既知の関数である．このモデルでも引張強度は孔井が大きくなるほど小さくなる．

Abou-sayed, Brechtel and Clifton (1978) のモデルは，室内水圧破砕試験の結果からフィールドにおける水圧破砕の引張強度を予測する手段として，Ljunggren (1984) によって用いられた．彼は，半径がそれぞれ $r_1$, $r_2$ のふたつの孔井の引張強度を式 (4.79) により以下のように関係づけた．

$$\frac{T(r_1)}{T(r_2)} = \frac{F(L/r_2)}{F(L/r_1)} \quad \text{式 (4.80)}$$

スウェーデン産の2種類の岩石，Stidsvig 片麻岩（外径 62 mm および 45 mm）と Forsmark 花崗岩質片麻岩（外径 62 mm）のコア試料に対して室内の水圧破砕試験が行われた．試験孔の半径はいずれも $r=5$ mm である．孔井直径が 56 mm と 76 mm, 初期亀裂長さが $L=0.5$ mm と 5 mm, 孔壁にある初期亀裂がひとつとふたつのそれ

表 4.4 室内水圧破砕試験に基づくスウェーデン花崗岩の引張強度の決定（Ljunggren, 1984）

| 岩石の種類 | コア直径(mm) | 孔径(mm) | 亀裂長さ $L=0.5$ mm | | | 亀裂長さ $L=5$ mm | | | 平均 $T$(MPa) |
|---|---|---|---|---|---|---|---|---|---|
| | | | $L/r$ | $F(L/r)$ | $T$(MPa) | $L/r$ | $F(L/r)$ | $T$(MPa) | |
| | | | 初期状態のボアホール壁の亀裂が1つの場合 | | | | | | |
| Stidsvig 片麻岩 | 62 | 10 | 0.1 | 1.98 | 18.0[a] | 1.0 | 1.22 | 18.0[a] | |
| | | 76 | 0.013 | 2.22 | 16.0 | 0.13 | 1.93 | 11.0 | 13.5 |
| Stidsvig 片麻岩 | 45 | 10 | 0.1 | 1.98 | 16.0[a] | 1.0 | 1.22 | 16.0[a] | |
| | | 56 | 0.018 | 2.21 | 14.0 | 0.18 | 1.85 | 10.5 | 12.3 |
| Forsmark 花崗岩質片麻岩 | 62 | 10 | 0.1 | 1.98 | 17.4[a] | 1.0 | 1.22 | 17.4[a] | |
| | | 76 | 0.013 | 2.22 | 15.5 | 0.13 | 1.93 | 11.0 | 13.3 |
| | | | 初期状態のボアホール壁の亀裂が2つの場合 | | | | | | |
| Stidsvig 片麻岩 | 62 | 76 | 0.013 | 2.22 | 16.0 | 0.13 | 1.94 | 13.0 | 14.5 |
| Stidsvig 片麻岩 | 45 | 56 | 0.018 | 2.21 | 14.0 | 0.18 | 1.86 | 12.0 | 13.0 |
| Forsmark 花崗岩質片麻岩 | 62 | 76 | 0.013 | 2.22 | 15.5 | 0.13 | 1.94 | 12.0 | 13.8 |

[a] 実測値

ぞれの場合について，式（4.80）から水圧破砕の引張強度が予測された．その結果をまとめて表 4.4 に示す．

同表によれば，孔壁にある初期亀裂がひとつとふたつのそれぞれの場合，初期亀裂が長くなるほど引張強度は小さくなっていく．亀裂が長い場合には引張強度は孔壁にある初期亀裂の数に影響を受けやすくなる．孔径 76 mm の場合，Stidsvig 片麻岩と Forsmark 花崗岩質片麻岩の予測引張強度の平均は 14 MPa と 13.5 MPa，直径 56 mm の Stidsvig 片麻岩では 12.6 MPa となった．概して，フィールドにおける 1 回目と 2 回目のブレイクダウン圧力の差から決定された平均引張強度の値とこれらの予測値との間に関連性は見られなかった．なお，Stidsvig 片麻岩（孔径 76 mm）では $T=1.0$ MPa，Stidsvig 片麻岩（孔径 56 mm）では $T=2.1$ MPa，Forsmark 花崗岩質片麻岩（孔径 76 mm）では $T=5.4$ MPa であった．フィールドにおける予測値と実測値の大きな違いに対する満足な説明は Ljunggren（1984）には示されていない．

### (d) 亀裂の形状と向きの決定

原位置応力を決定するには，ボアホール壁面に形成された亀裂の向きが不可欠となる．理論的には亀裂面はボアホール軸に対して平行になる．

インプレッションパッカーやボアホールテレビューアーに記録された縦方向の水圧破砕亀裂の跡が周方向に丁度 180° 離れた 2 本の直線となることはきわめてまれである．一般には，偏心，雁行状，不連続など不規則な形状になる．そのような情報から

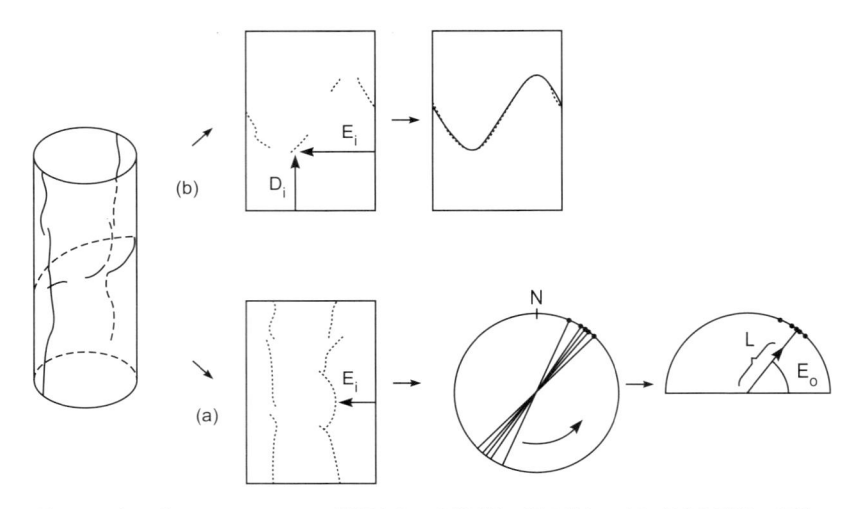

図4.30 インプレッションパッカー記録からの亀裂形状の読み取り．(a) 鉛直亀裂群の分析に統計的方法を適用．(b) 傾斜亀裂跡への回帰分析による正弦曲線のあてはめ（Lee and Haimson, 1989）

客観的に亀裂の形状を決定するために，Lee and Haimson（1989）は統計的手法を導入した．

図4.30a にはインプレッションパッカーの記録から軸方向亀裂の形状を決める手順を示している．まず，記録された亀裂の跡を基準方位（通常は北とする）からの周方向角度で表す．各亀裂の跡の中心に対する角度 $E_i$ ($i=1...n$) は円上の単位ベクトルとして表される．この結果は，ふたつの軸方向亀裂にそれぞれ対応するふたつのグループに分けられる．Lee and Haimson（1989）による表現に従えば，$E_i$ と $E_i+180°$ は同じ亀裂の走向を表しているので，どちらか一方のグループを180°回転させたものと残りのグループを合わせたベクトルの指す方位として，亀裂の方位がとり得る範囲が表される．この要領で合体させたベクトル群の合成ベクトルを求め，必要ならば180°ずらすことで合成ベクトルの方位が0～90°の間に来るようとったときの同ベクトルの成分を $(X, Y)$ とし，同ベクトルの長さを $L=(X^2+Y^2)^{1/2}$ とする．また，インプレッションパッカーの記録から読み取った亀裂の跡を示す点の数を $n$ とすると，水圧破砕亀裂の平均方位 $E_o$ は次式で求められる．

$$E_o = \cos^{-1}(X/L) \qquad 式（4.81）$$

ここに

## 4.2 水圧破砕法

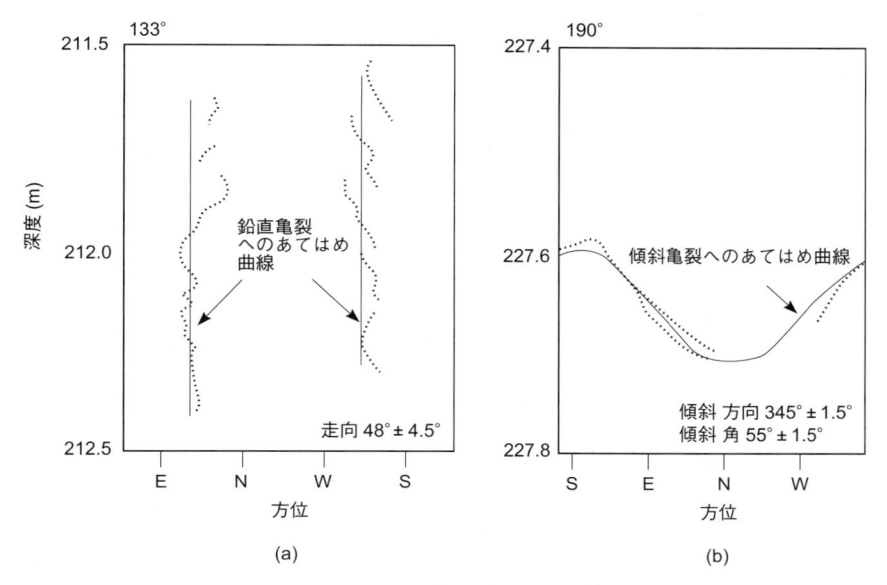

図 4.31 インプレッションパッカーの展開図に残った亀裂の跡．(a) 統計的手法によって求められた平均的な亀裂方位，(b) 回帰分析による正弦曲線へのあてはめによって得られた横亀裂の傾斜角と傾斜方位の最適値．(Lee and Haimson, 1989)

$$X = \frac{\sum_{i=1}^{n} \cos E_i}{n} \qquad Y = \frac{\sum_{i=1}^{n} \sin E_i}{n} \qquad \text{式 (4.82)}$$

平均方位の標準偏差 SD は合成ベクトル $L$ の長さから次式で与えられる．

$$\mathrm{SD} = 0.5(-2\ln L)^{-2} \qquad \text{式 (4.83)}$$

上記の手法を典型的なエシェロン状の亀裂の記録に適用した結果の例を図 4.31a に示す．式 (4.82) より亀裂走向の平均方位は 48±4.5° と求められた．

　水圧破砕亀裂が軸方向でなくボアホールに対して傾斜している時には異なるアプローチが必要となる．一般に，インプレッションパッカーの展開図やマイクロスキャナー (FMS: formation microscanner)，ボアホールテレビューアーの画像において，ボアホールと斜めに交差する亀裂は正弦曲線として現れる．亀裂の傾斜方位は，正弦曲線の谷の方位として決定でき，傾斜角は正弦曲線の振幅を孔井半径で割った値の逆正接 (arctangent) として求められる．ただし，軸方向亀裂の場合と同じく，特に亀裂の跡が一部しか見えない時などは傾斜した亀裂を読み取ることが難しい．Lee and

Haimson（1989）は，この問題を解決するために図 4.30b に示すように回帰分析で正弦曲線をあてはめる方法を提案した．ボアホール軸に沿う座標軸を D と E（それぞれ深度と方位を表す）とすると，亀裂の跡の形状を次式で表すことができる．

$$D = e_1 + e_2 \sin(E + e_3) \quad\quad 式（4.84）$$

ここに，$e_1$, $e_2$, $e_3$ は未知のパラメータである．非線形回帰分析により，水圧破砕試験の亀裂の跡を読み取ったデータが式（4.84）に近似される．傾斜方位の平均と誤差はパラメータ $e_3$ とその標準偏差から求めることができる．傾斜角の平均と誤差はパラメータ $e_1$, $e_2$ とそれらの標準偏差から求めることができる．この方法を適用した例を図 4.31b に示す．

研究および実務として水圧破砕試験を行っているグループは常に経験していることではあるが，インプレッションパッカー，FMS およびテレビューアーの画像は完全な亀裂の跡を得るには不十分である．それゆえ，この節にまとめたような Lee and Haimson（1989）の統計的な手法を用いることは，主観を取り除き，信頼性と統一性を与えるために強く推奨される．

## 4.3 スリーブ破砕法

前節で論じたように，従来の水圧破砕法による応力測定では，ボアホール近傍の岩盤内の間隙水圧の上昇がブレイクダウン圧力や原位置応力の決定に影響を与える．スリーブ破砕法（sleeve fracturing）は，高容量のダイラトメータによってメンブレンを膨張させ，孔壁に軸方向の亀裂を生じさせるという水圧破砕法に替わる新たな技術である．鉛直孔における従来の水圧破砕法では，水圧が岩石の引張強度を越えると孔壁に亀裂が発生し，最小水平主応力に直交する方向に進展する．しかし，スリーブ破砕法では，水圧破砕法とは違って亀裂が進展する間に岩盤に流体が浸透しない．ボアホール軸に直交する面内の最大，最小主応力（$S_H$, $S_h$）は，ブレイクダウン圧力と形成された亀裂の再開口圧力から決定される．

### 4.3.1 歴史

スリーブ破砕法は Stephansson（1983b, c）により最初に提案された．基本的には，土質のプレッシャーメータ試験や岩盤のダイラトメータ試験の概念に基づいた方法である．Stephansson のスリーブ破砕法システムは，Hustrulid and Hustrulid（1975）によって開発されたコロラド鉱山大学型フレキシブルダイラトメータ（CSM セルと

## 4.3 スリーブ破砕法

しても知られているもの）を発展させたものである．この方法は，モルタルやインディアナ石灰岩，コロラド砂岩などのブロックを用いた繰り返し載荷試験として，先ず最初に実験室で実施された．その後，Ljunggren and Stephansson（1986）が花崗岩と輝緑岩ブロックの室内実験を剛なシステムを用いて行った．スリーブ破砕法による原位置試験は，放射性廃棄物地層処分の US 計画に関係する 4 地点の 4 岩種で行われた（Stephansson, 1983b, c）．

Stephansson らのスリーブ破砕法では，ボアホール軸に直交する面内の水平主応力の大きさは記録された圧力－体積曲線から，最大水平主応力の方向はスリーブ表面に巻きつけた黒いビニールテープ上の痕跡による亀裂面の方位から決定される．

Serata and Kikuchi（1986）や Serata et al.（1992）は他のスリーブ破砕法システムを提案した．「二面破砕」（double fracture）法と呼ばれるかれらの原位置応力測定法では，孔壁にふたつの互いに直交する亀裂が生じるまでスリーブに圧力が加えられる．ボアホール軸に直交する面内の原位置主応力の大きさは，記録されたスリーブ圧力とボアホールの直径変化の関係から求められる．原位置の最大，最小主応力の方位はスリーブに内蔵した 4 つの変形計によって計測されたボアホールの直径変化から決定される．二面破砕法は実験室と原位置の両方で試行されている．

岩盤を対象とした「ダイレクショナル（方向性）ダイラトメータ」（directional dilatometer）と呼ばれる新しいダイラトメータがその後開発された．この計器は ROCTEST によって設計・製作され，Boulder のコロラド大学で改良された（Amadei et al., 1994）．従来のダイラトメータと違って，ダイレクショナルダイラトメータは膨張するメンブレンと変位計をそれぞれに含む 4 つのパーツに分割されており，ボアホールの孔壁に方向性載荷または一様な載荷をすることができる．原理上，ダイレクショナルダイラトメータは，岩石のヤング率とポアソン比の測定とともに孔壁のスリーブ破砕法による原位置応力の測定に用いることができる．この装置はまだテスト中である．

スリーブ破砕法の最大の長所は，破砕過程において岩盤内に流体が流出することなく，ボアホール内のあらゆる深度において軸方向の亀裂を発生させることができることである．ボアホール周辺の微小亀裂等の不連続要素と相互作用する流体がないため，スリーブ破砕法で得られるブレイクダウン圧力は水圧破砕法で得られるブレイクダウン圧力よりも原位置応力場を表している．

しかし，水圧破砕法に比べてスリーブ破砕法には不利な点がある．まず，微小亀裂等が岩石内に存在すると，記録された圧力－体積曲線または圧力－直径変化曲線において鋭く明瞭なブレイクダウンを得るのが難しいことである．2 点目は，水圧破砕法

に比べて形成された亀裂は孔壁から遠くに進展しないことである．これらの問題点は今後の検討課題である．この課題を解決するために章末に述べるスリーブ破砕法と水圧破砕法の技術を組み合わせることが試みられている．例えば，頁岩のような軟岩で信頼できる応力測定を行うために，Thiercelin and Desroches（1993）や Thiercelin, Desroches and Kurkjian（1994）はこの技術の適用を推奨している．

### 4.3.2 技術，装置，手順

スリーブ破砕法による応力測定には高容量のフレキシブルな改良型ダイラトメータ（dilatometer）が使用される．岩盤力学試験に使用されるダイラトメータにはふたつのタイプがある．ひとつ目のタイプは，ボアホールの体積変化を測定し，それから半径の変位を計算するものである．ふたつ目のタイプは，ダイラトメータ本体に取り付けられた変位計により半径の変位を直接測定するタイプである．ふたつのタイプともに，ネオプレーン（合成ゴム）またはアディプレーン（固いラバー）でできた柔軟性のあるメンブレンにより，孔壁に一様な圧力を載荷することができる．Stephansson（1983b, c）が用いたスリーブ破砕システムを図 4.32 に示す．これは Hustrulid and Hustrulid（1975）によって開発された CSM セルを少し改良したものである．さらに Ljunggren and Stephansson（1986）はこのシステムを改良し，CSM セルのとなりに増圧器を付け加えた．この改良により，CSM システムよりも剛性の高いスリーブ破砕システムとなった．

Stephansson らのスリーブ破砕システムの主要部は CSM ボアホールセルである．このセルは EX サイズ（38 mm）のボアホール用で，(1) アディプレーン製のメンブレン，(2) エンドキャップのあるスチール製の心棒，(3) 取り外し可能なスチール製のエンドキャップの 3 つのパーツから構成されている．加圧用の流体が心棒とメンブレン内壁とのすき間に入ると，メンブレンのフランジと心棒およびメンブレンの端部とエンドキャップが圧力で密閉されて加圧区間の圧力が上昇する自己シール機能を有している．システムの剛性を高めるために，最小径の管と加圧用流体として水が使用されている．図 4.33 には，コロラド州 Golden のコロラド鉱山大学の実験室で使用されたスリーブ破砕装置を示す．

Stephansson のスリーブ破砕法は，原位置の鉛直孔における 2 回の試験によりふたつのパラメータを決定する可能性を提案している．まず，亀裂が発生しない圧力レベルまで加圧して岩盤の剛性を求める．岩石のポアソン比 $\nu$ が既知または推定することができればヤング率 $E$ を求めることもできる．さらに圧力を増加するとボアホールに亀裂が発生しブレイクダウン圧力が記録される．亀裂が鉛直であればその方向は原

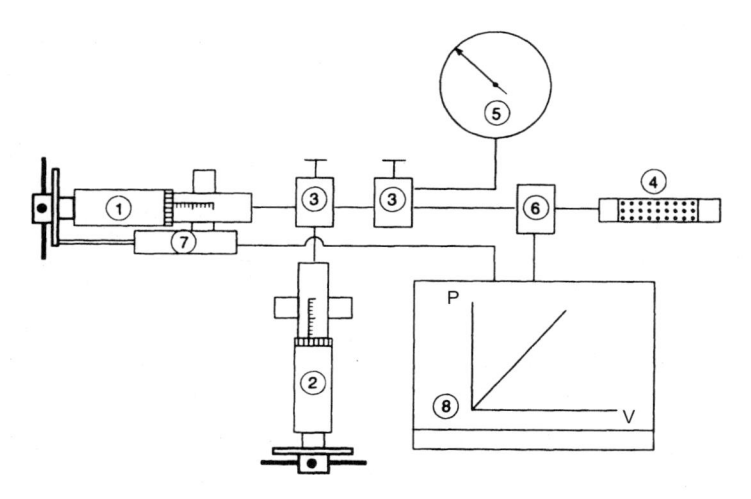

図 4.32 岩盤の変形性と原位置応力を決定するのに使用された Stephansson (1983b, c) のスリーブ破砕法システム
1：70 MPa の圧力容量と 30 cm³ の容積を有する表示目盛り付きの高圧発生器
2：35 MPa の圧力容量と 60 cm³ の容積を有する表示目盛り付きの高圧発生器
3：3 方高圧バルブ
4：CSM ボアホールセル
5：0〜140 MPa の圧力ゲージ
6：35 kPa〜85 MPa の測定範囲のダイアフラム型の高容量差圧計と指示計
7：0.05〜0.08 mm の分解能の変位計
8：X-Y レコーダー

位置の最大水平主応力の方向を示す．2 回目の加圧サイクルでは，亀裂を再開口するのに必要な圧力が記録され，岩石の引張強度がわかれば水圧破砕法の古典的な方程式から原位置の水平主応力の大きさを決定することができる．ボアホール内の亀裂の方位は，スリーブの表面を覆う黒いビールテープ上の痕跡によって決定される．このテープは多少粘着性があり，亀裂のゴミをくっつけると同時にスリーブが膨張するとテープが開口している亀裂内に侵入し，亀裂の明瞭な写しをとるように塑性変形する．ボアホール内のスリーブの方位と亀裂の方位を知ることにより，スリーブ表面の型取りから原位置の最大水平主応力の方向を決定することができる．

　Serata et al. (1992) は，原位置応力測定の二面破砕法を行うのに必要なツールとしてストレスメータ S-200 と呼ばれる特別な計器を開発した．ストレスメータのプローブには，ひとつの円筒容器内に加圧部と加圧されない部分が組み込まれている．加圧部のプラスチックチューブはウレタン製である．スリーブの直径は 100 mm，長

## 4 水圧法

図 4.33 コロラド州 Golden のコロラド鉱山大学のスリーブ破砕実験設備

さは 100 cm で，電動ポンプにより加圧される．ストレスメータ内に 45°，110 mm の間隔で設置されている 4 つの変位計により，高分解能のボアホール直径の変化と載荷圧力の関係が計測される．直径変化と載荷圧力は電気信号に変換され，ラップトップコンピューターへ転送された後にディスクに保存される．

二面破砕法では，最初に孔壁の載荷，破砕，除荷のサイクルを行い，その後 2 番目の亀裂が生じるレベルまで再度スリーブ圧力を増加させる．
最初と 2 番目の亀裂の発生と再開口は，4 つの直径変位計による載荷圧力との関係で記録される．載荷圧力と亀裂面に交差する方向の直径変化の関係からふたつの再開口圧力が求められ，原位置の最大，最小水平主応力が算出される．原位置主応力の方位は孔壁の直径変化（ひずみの楕円形）から決定される．二面破砕法を適用する場合にはボアホールに予備載荷（または「前処理」）を行う．載荷圧力を増加するとボアホール周辺岩盤には圧密による孔径の変形とふたつの亀裂の発生による孔径の変形がが同時に起こるので，測定結果の評価にはこの点の注意が必要である．

Thiercelin and Desroches（1993）は，水圧による応力測定に関して有望な測定法を新たに開発した．それはスリーブ破砕法と従来の水圧破砕法を組み合わせた方法である．最初に，スリーブ破砕法によりボアホール内の試験箇所で孔軸に平行なふたつの亀裂面を形成する．この亀裂はストラドルパッカーのうちのひとつを膨張させるこ

とによって発生させる．亀裂の発生後パッカーを収縮し，発生した亀裂を挟むようにストラドルパッカーの深度を移動させ，亀裂を流体で加圧して進展させる．この技術は，試験対象の亀裂の位置を確かなものとし，水圧法における再開口圧力を著しく低減する．深いボアホール内でスリーブ破砕と水圧破砕を組合せた測定を行うワイヤーライン式の装置は，すべてソフトウェアで制御される（Thiercelin, Desroches and Kurkjian, 1994)．その装置にはパッカーと試験区間内の流体を加圧するためのポンプが組み込まれており，それによってボアホール貯留を低減しシステム全体の剛性を高めている．

### 4.3.3 スリーブ破砕法の理論

#### (a) 岩石の弾性係数の決定

CSM セルのようなボアホールのダイラトメータで得られた圧力と体積の関係から岩石の弾性係数を求めるための方程式は，Hustrulid and Hustrulid（1975）によって導かれている．ここでは，スリーブ破砕法の解析に適用する方程式を以下に要約して示す．

スリーブ破砕法試験を行う際には，まずシステム全体（すなわち，圧力発生器，流体，バルブ，メンブレンと圧力ゲージ）の剛性を把握しなければならない．これは，形状と弾性特性が既知の金属シリンダー（較正管）にゾンデを入れて加圧することにより確かめることができる．加圧中に記録される圧力－体積曲線の傾き $M_m$ は，システムの剛性 $M_s$ と較正管の剛性 $M_c$ の和を反映している．較正管単独の剛性 $M_c$ は次式により求めることができる．

$$M_c = \frac{\gamma G_c}{\pi L r_{ic}^2 \left( \frac{1 + \beta_c - 2\nu_c \beta_c}{1 - \beta_c} \right)} \qquad 式（4.85）$$

ここに，$\gamma$ は圧力ポンプの1回転あたりの圧力発生器から注入される流体の容積（CSM セルの場合，0.361 cm³/回転），$L$（cm）はゴムスリーブの有効長，$r_{ic}$（cm）は較正管の内径，$r_{oc}$（cm）は較正管の外径，$\beta_c = (r_{ic}/r_{oc})^2$，$G_c$（MPa）は較正管の剛性率，$\nu_c$ は較正管のポアソン比である．

$M_c$ の単位は MPa/turn で表される．$M_c$ がわかればシステムの剛性 $M_s$（MPa/turn）は次のように計算される．

$$M_s = \frac{M_c M_m}{M_c - M_m} \qquad 式（4.86）$$

4 水圧法

キャリブレーション後，弾性特性を求めたい岩石のボアホール内にセルを挿入し，圧力－体積曲線の直線部分の傾き $M_T$ をキャリブレーション時と同じ圧力範囲で決定する．こうして岩石の剛性 $M_R$ を次式で決定することができる．

$$M_R = \frac{M_S M_T}{M_S - M_T} \qquad 式（4.87）$$

無限の岩盤内にあるボアホールの試験において，岩石の剛性率 $G_R$ は $M_R$ と次のような関係がある．

$$G_R = \frac{M_R \pi L r_i^2}{\gamma} \qquad 式（4.88）$$

ここに，$L$ はスリーブの長さ，$r_i$ はボアホールの半径，$\gamma$ は圧力ポンプの1回転あたり注入される流体の容積である．岩盤のポアソン比 $\nu_R$ がわかればヤング率 $E_R$ を次式から計算することができる．

$$E_R = 2(1 + \nu_R) G_R \qquad 式（4.89）$$

半径方向の変位を計測するダイラトメータを用いて変形特性を決定するには，スリーブ内に取り付けられた変位計によって直接計測された孔径変化が利用される．初期半径 $r_i$ のボアホールにおいて，圧力変化 $\Delta p$ に対する直径変化を $\Delta u$ とすれば，岩石の剛性率は次式のようになる．

$$G_R = r_i \frac{\Delta p}{\Delta u} \qquad 式（4.90）$$

岩石のヤング率は式（4.89）を使って決定できる．体積変化の代わりに直径変化を用いる利点は，孔壁周りの直径変化の分布から岩石の異方性を推定できる可能性があることである．

(b) 原位置応力の決定

水圧破砕法の解析に用いられたのと同じ配置，すなわち，内圧 $P$ と無限遠方の応力場 $S_H$ と $S_h$ に置かれた半径 $R$ の鉛直孔について考える．Kirsch の解（Jaeger and Cook, 1976）を再度用いると，$S_H$ から角度 $\theta$ の孔壁おける半径方向の応力 $\sigma_r$ は内圧 $P$ と等しく，せん断応力 $\sigma_{r\theta}$ はゼロになり，接線方向の応力 $\sigma_\theta$ は次式で表される．

$$\sigma_\theta = (S_H + S_h) - 2(S_H - S_h)\cos 2\theta - P \qquad 式（4.91）$$

## 4.3 スリーブ破砕法

スリーブ圧力 $P$ が増加すると，接線方向の応力 $\sigma_\theta$ は孔壁が破砕するまで線形的に減少する．$\sigma_\theta$ が岩石の引張強度 $T$ と等しくなった時，$\theta = 0°$ と $180°$ の位置，すなわち原位置の最大主応力 $S_H$ の方向に最初の亀裂が発生する．最大主応力 $S_H$ と平行な方向に最初の亀裂が生じるのに必要なスリーブ圧力またはブレイクダウン圧力 $P_1^c$ は次式で表される．

$$P_1^c = 3S_h - S_H + T \qquad \text{式 (4.92)}$$

スリーブによって加えられる力が限られるため，最初の亀裂面の広がりは狭く，通常，ボアホールの直径サイズ程度の大きさである．従来の水圧破砕法では，亀裂面内に流体圧力が作用することによって亀裂が進展するため，この点では従来の水圧破砕法とは異なる．

式 (4.92) はふたつの未知数 $S_H$ と $S_h$ を決定するためのひとつ目の式である．Stephansson の方法では，破砕した孔壁を再加圧することによってふたつ目の式を得る．すなわち，最小水平応力 $S_h$ は最初の亀裂を再開口するときの圧力として決定される．

ブレイクダウン圧力が孔壁とスリーブとの接触面の応力に等しいと仮定すると，スリーブ破砕法に式 (4.92) を適用することが妥当であることは明らかである．しかし，メンブレンによって接触面の応力が減少するためこれは正しくない．Stephansson (1983c) はこの問題について研究し，数十 MPa オーダーの応力では応力の大きさの誤差は 1 % より少ないことを明らかにした．それでも，応力が数 MPa 以下の場合には，スリーブ破砕法では接触面の応力の減少を考慮する必要がある．応力の減少量を求める式は Stephansson (1983c) が導いている．

最初の亀裂が生じた後さらにボアホール内の圧力を増加すると，$\theta = 90°$ と $270°$ における引張応力が増加する．Serata et al. (1992) によると，一般的に 2 番目の亀裂は最初の亀裂に対して垂直方向に，すなわち原位置の最小水平応力 $S_h$ の方向に生じる．

Serata et al. (1992) は，スリーブ破砕法試験の解析において Stephansson とは異なるアプローチをとった．かれらは，最初と 2 番目の亀裂が再開口するときのスリーブ圧力を測定することにより，原位置応力 $S_H$ と $S_h$ を決定できることを提案した．これらの再開口圧力は，それぞれ亀裂面を横切るボアホールの直径方向の変形と圧力の関係図から決定される．それぞれの亀裂が再開口するとき，水圧破砕時と同じように孔壁における接線方向応力はゼロになると仮定される．

## 4 水圧法

$$\sigma_\theta(\theta=0°)=3S_\mathrm{h}-S_\mathrm{H}-P_1^\mathrm{R}=0$$
$$\sigma_\theta(\theta=90°)=3S_\mathrm{H}-S_\mathrm{h}-P_2^\mathrm{R}=0$$
式（4.93）

ここに，$P_1^\mathrm{R}$ と $P_2^\mathrm{R}$ はそれぞれ最初と 2 番目の亀裂の再開口圧力である．$S_\mathrm{H}$ と $S_\mathrm{h}$ に対して式（4.93）を解くと以下のようになる．

$$S_\mathrm{H}=(P_1^\mathrm{R}+3P_2^\mathrm{R})/8$$
$$S_\mathrm{h}=(P_2^\mathrm{R}+3P_1^\mathrm{R})/8$$
式（4.94）

式（4.93）と式（4.94）は，岩石が亀裂が発生するまで線形弾性体であることを前提としている．また，最初の亀裂が孔壁周辺の応力分布に影響を及ぼさないこと，つまり 2 番目の亀裂の発生と進展に影響しないことも前提としている．

### 4.3.4 記録と解釈

Stephansson（1983b, c）の方法を用いて，鉛直孔内でスリーブ破砕法によって岩石の弾性係数と原位置応力を決定するための主な手順を図 4.34 に示す．水平面内の原位置応力場はふたつの主応力成分 $S_\mathrm{H}$ と $S_\mathrm{h}$ で表される（図 4.34a）．圧力－体積（$P-V$）曲線が記録され，ひとつの鉛直亀裂が孔壁に発生すると仮定する．

最初に，孔壁の破砕前に得られる圧力－体積曲線の直線部分の傾き $M_\mathrm{T}$ から岩石の弾性係数が決定される（図 4.34b）．式（4.85）～（4.89）がシステムの剛性を考慮した解析に使用される．スリーブ圧力が増加すると亀裂が最大主応力 $S_\mathrm{H}$ の方向に発生する．亀裂の発生と進展は岩盤の剛性に変化を引き起こす．圧力－体積曲線における屈曲点をブレイクダウン圧力 $P_\mathrm{c}^\mathrm{c}$ と定義する（図 4.34c）．

4.2 節で論じたように，水圧破砕法の最小主応力 $S_\mathrm{h}$ の大きさはシャットイン圧力から決定される．スリーブ破砕法では浸透する流体がないためにこの方法を適用することができない．その代わりに，圧力－体積曲線上の屈曲点に相当する亀裂の再開口圧力 $P_1^\mathrm{R}$ として $S_\mathrm{h}$ が決定される（図 4.34d）．これは加圧されるスリーブの体積の変化率が亀裂の再開口前後で異なるという仮定に基づいている．式（4.92）に $S_\mathrm{h}=P_1^\mathrm{R}$ を代入し，岩石の引張強度 $T$ がわかれば $S_\mathrm{H}$ の大きさを決定することができる．

図 4.35a と b は二面破砕法の繰り返し載荷で得られる圧力とボアホール直径変化の関係曲線の模式図を示す．図 4.35a は最初の破砕に，図 4.35b は 2 回目の破砕にそれぞれ相当する．載荷中の挙動が線形弾性とすれば，最初と 2 回目の破砕に対するブレイクダウン圧力 $P_1^\mathrm{c}$ と $P_2^\mathrm{c}$ は，それぞれ図 4.35a と 4.35b の曲線における屈曲点として定義される．破砕後除荷すると，圧密と亀裂の進展によって生じた回復不可能な永久

4.3 スリーブ破砕法

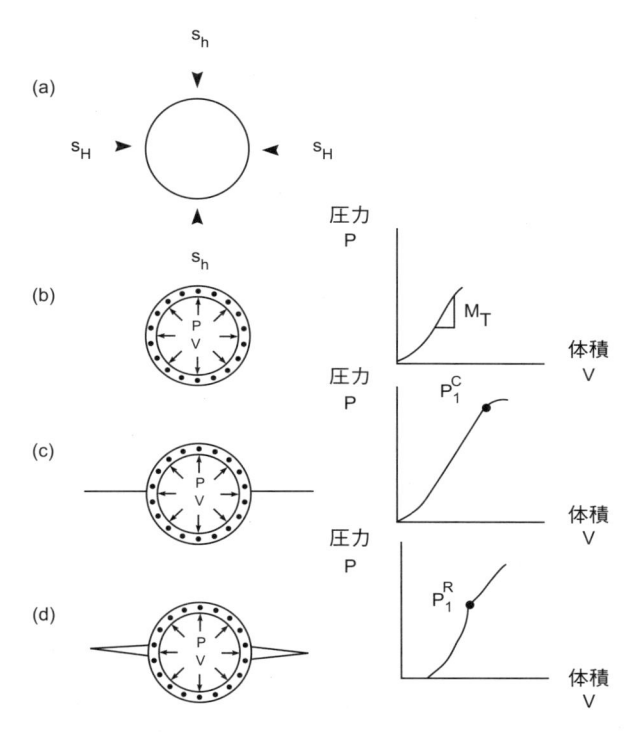

図 4.34 CSM セルを用いて鉛直孔のスリーブ破砕法によって岩石の弾性係数と原位置応力を決定する際の主な手順．(a) 岩盤内の初期応力状態，(b) 加圧時の圧力－体積関係の線形部分の傾き $M_\mathrm{T}$ から弾性係数を決定，(c) ブレイクダウン圧 $P_1^\mathrm{C}$ の決定，(d) 再加圧と亀裂再開口圧力 $P_1^\mathrm{R}$ (Stephansson, 1983b)

変形が孔壁に生じる．再度加圧すると岩石は初めのうちは弾性的に変形するが，亀裂の再開口圧力 $P_1^\mathrm{R}$ と $P_2^\mathrm{R}$ に到達すると圧力～直径変化曲線に屈曲点が現れる．$P_1^\mathrm{C}$ と $P_2^\mathrm{C}$ の値を式（4.94）に代入すれば $S_\mathrm{H}$ と $S_\mathrm{h}$ の値を得ることができる．

　ブレイクダウン圧力 $P_1^\mathrm{C}$，$P_2^\mathrm{C}$ と再開口圧力 $P_1^\mathrm{R}$，$P_2^\mathrm{R}$ とのそれぞれの圧力差から孔壁の岩石の引張強度 $T$ を推定することができる．この方法は Bredehoeft et al.（1976）が水圧破砕法で提案した方法と同じであり，Ratigan（1992; 4.2.4 節）が推奨したように，スリーブ破砕法では岩石内に流体が浸透せず形成される亀裂が小さいため引張強度を推定するのには妥当な方法である．

233

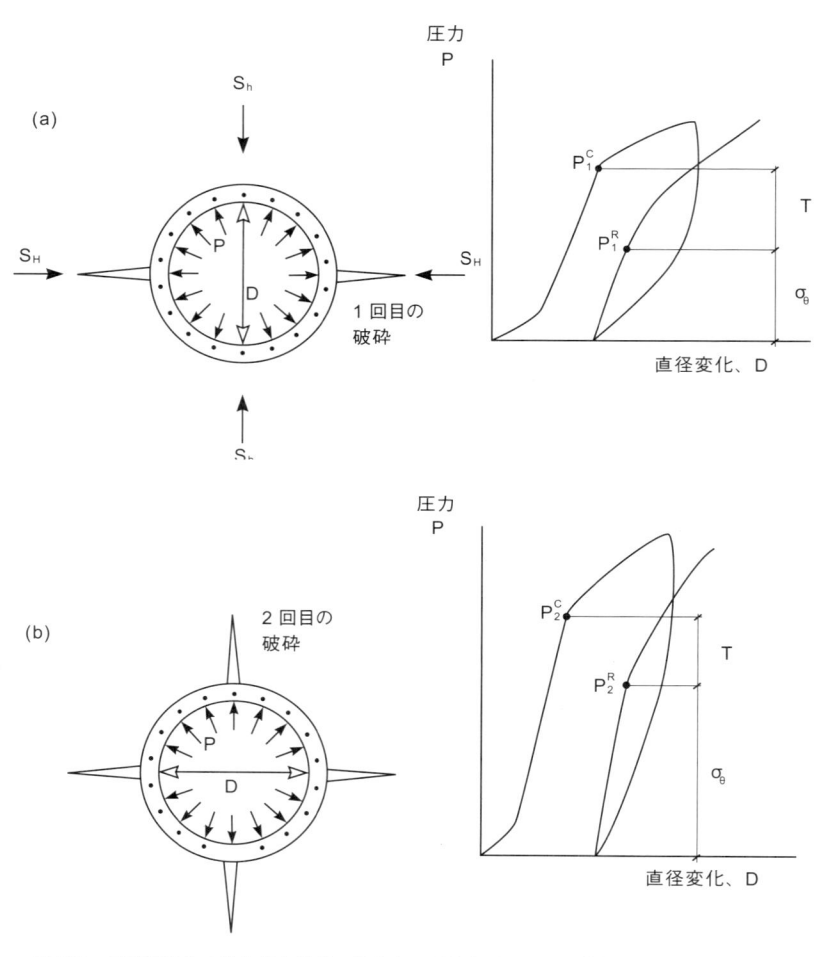

図 4.35 二面破砕法の繰り返し載荷で得られる圧力とボアホール直径変化の関係曲線の模式図．(a) 最初の亀裂の応答曲線，ブレイクダウン圧力 $P_1^C$ と再開口圧力 $P_1^R$ の決定．(b) ふたつ目の亀裂の応答曲線，ブレイクダウン圧力 $P_2^C$ と再開口圧力 $P_2^R$ の決定．(Serata et al., 1992 に加筆)

## 4.3.5 データ解析の紹介

　CSM セルを使ったスリーブ破砕法の原位置試験は，米国の放射性廃棄物の地層処分計画に関係する 4 地点の異なる 4 岩種を対象に行われた（Stephansson, 1983b, c）．

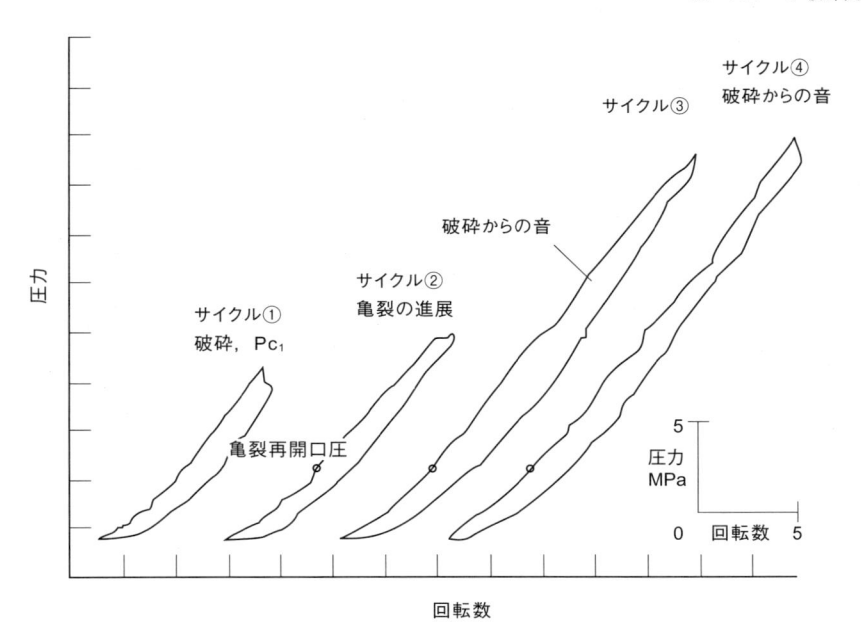

図4.36 ワシントン州のNSTF Hanford試験サイトのPomana玄武岩のスリーブ破砕による弾性係数と原位置応力の決定．4回の繰り返し載荷過程における圧力と回転数（体積）の曲線（Stephansson,1983b）

それは，ミグマタイト片麻岩（コロラド州Idaho SpringのCSM実験鉱山），レータイト質溶岩（コロラド州GoldenのUSGS試験サイト），花崗岩（ネヴァダ洲の試験サイト）と玄武岩（ワシントン州HanfordのNSTF試験サイト）である．NSTF Hanford試験サイトのPomana玄武岩の3本の鉛直孔で行われた原位置試験結果の一部をここで紹介する．他の結果はStephansson（1983b, c）を参照されたい．

Hanfordサイトにおけるほとんどの試験では，最初に亀裂が発生するブレイクダウン圧力までスリーブが加圧され，破砕後の圧力の低下が記録された．除荷後の繰り返し載荷の間に2回目の圧力の低下が記録された．図4.36の圧力と回転数（体積）の曲線に示すように，載荷と除荷の繰返しにより岩盤の剛性がわずかに変化している．

硬い玄武岩における亀裂の発生と進展は，ほとんどの場合，亀裂から延長ロッドを経由して圧力装置に伝わった明瞭な音としても記録された．次の加圧時の亀裂の再開口圧力（原位置の最小水平主応力とも等しい圧力）は，最初とその後の載荷時の圧力－体積曲線を重ねることにより決定された．曲線から外れる点は剛性の変化，すなわち亀裂の再開口を示す．図4.36の応答曲線から，岩石のヤング率は4.1 GPa，ブレイ

4 水圧法

**1回目の破砕時の変形**
($S_h$ 方向，$\theta = 90°$)

$P_1^R = 5.0$ MPa

縦軸：スリーブ圧力 (MPa)
横軸：直径変化 (mm)

**2回目の破砕時の変形**
($S_H$ 方向，$\theta = 0°$)

$P_2^R = 16$ MPa

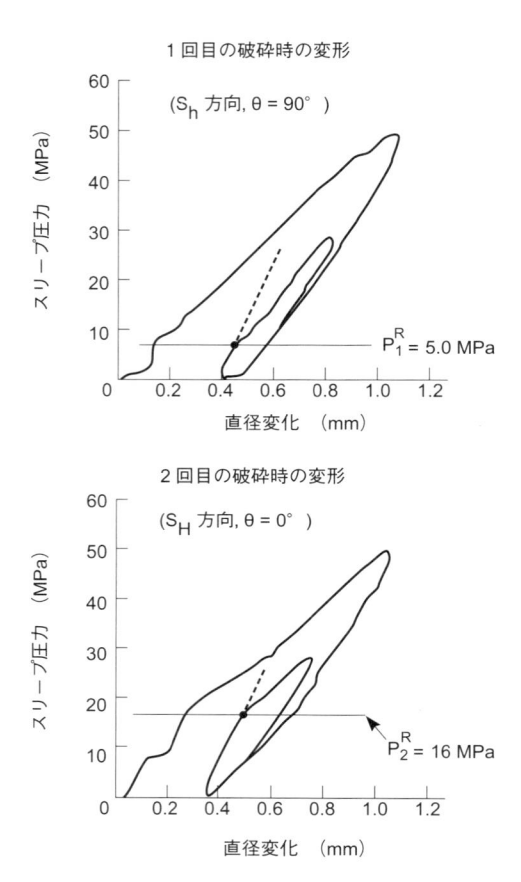

縦軸：スリーブ圧力 (MPa)
横軸：直径変化 (mm)

図4.37 凝灰岩を対象とした二面破砕法で得られたスリーブ圧力とボアホール直径変化曲線．直径変化は，1回目と2回目の破砕面を横切る，$S_h$ と $S_H$ の方向でそれぞれ測定された．(Serate et al.,1992 の結果に加筆)

クダウン圧力と亀裂再開口圧力はそれぞれ 11.7 MPa，5.2 MPa であることがわかる．(改良型ボアホールジャッキにより決定した) 引張強度を 17.4 MPa とすると，原位置の水平最大，最小主応力はそれぞれ $S_H = 21.2$ MPa，$S_h = 5.2$ MPa となった．

玄武岩の破砕亀裂の痕跡は明瞭で，既存の節理と区別することができた．Hanford で記録されたほとんどの亀裂は 180°対面にあり，スリーブ表面の全長にわたって確認された．図4.36 の試験結果では，原位置の最大水平主応力の方向は N70°W と S75°E の間であった．Stephansson（1983b）が述べているように，NSTF Hanford 試

## 4.4 HTPF

験サイトにおける水圧破砕法，オーバーコアリング法，スリーブ破砕法による岩盤応力測定結果は，亀裂性の玄武岩という難しい試験条件にもかかわらずよく一致している．

図 4.37 には，Serata et al. (1992) が凝灰岩で二面破砕法によって得たスリーブ圧力と直径変化の関係を示す．直径変化は，1 番目と 2 番目の破砕面を横切る $S_h$ と $S_H$ の方向でそれぞれ測定された．Serata et al. (1992) によれば，これらの直径測定の方向は応力に対して最も敏感である．$P_1^R = 5.0$ MPa と $P_2^R = 16.0$ MPa を式 (4.94) に代入すると $S_H = 6.6$ MPa と $S_h = 3.9$ MPa となる．

### 4.4 HTPF

遮へいされたボアホールの区間に水圧を加えると，新しい亀裂が発生する，または既存の亀裂が再開口する．再開口した亀裂が十分長いと仮定すると，水圧試験により亀裂面に作用する垂直応力を決定することができる（図 4.38）．注入する流量を低くすれば亀裂に作用する垂直応力と正確に釣り合う圧力を求めることができる．ボアホール内にある方向が既知の複数の亀裂面に対して水圧試験を行うことにより広域応力場を計算することができる．HTPF 法と呼ばれているこの方法の主なメリットは，従来の水圧破砕法よりも適用上の必要条件が少ないことである（Cornet, 1986）．さらに，ボアホールが原位置主応力の方向と平行でない場合，この方法は大深度に適用できる唯一の応力決定法である．また，HTPF 法の非常に魅力的な面は，岩石の強度を必要としないことと間隙圧の影響を受けないことである（Cornet, 1993）．

### 4.4.1 歴史

一般に，亀裂の浸透性は岩石マトリックの浸透性よりもかなり大きいため，岩石内の亀裂の再開口圧力が流量に強く依存する（Cornet, 1983）．したがって，亀裂が開口する前にある程度の浸透が生じ，孔壁における接線応力が変化すると考えられる．このため，水圧応力測定法においては，ふたつの異なる再開口圧力試験を考慮すべきであると Cornet (1983) は提案した．すなわち，(1) 亀裂が開口する前に浸透が生じないような十分大きな流量の試験，(2) 亀裂が開口する前に浸透が生じる低流量の試験である．不浸透性の岩石の平らな亀裂に対しては，低流量の再開口試験を行うことにより亀裂に作用する垂直応力を測定することができる．この垂直応力を決定する方法として，Cornet (1983) は一連のステップで圧力を上げ，各ステップにおいてボアホール圧力を一定に保持するために必要な流量を測定するという「一定圧力ステッ

4 水圧法

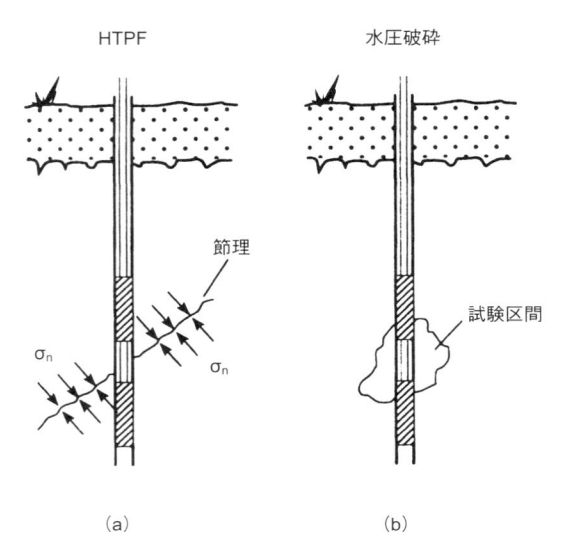

**図4.38** 既存亀裂の水圧法（HTPF法）(a) と水圧破砕 (b) による岩盤応力測定
(出典：Int. J. Rock. Mech. Min. Sci. &Geomech. Abstr., 24, Ljunggere C. and Raillard, G., Rock stress measurements by means of hydraulic tests on pre-existing fractures at Gieda test site, Sweden, p. 340, Copyright 1987, Elsevier Scienc Ltd, の許可により転載.)

プ」試験を提案した．亀裂が開口すると同時にボアホール圧力を一定に保持するために必要な流量は著しく増加する．圧力レベルと流量の関係をプロットすることにより，亀裂を開口させるために必要な圧力を正確に決定することができる．

　瞬間的なシャットイン圧力測定（4.2.4節）と段階的な再開口試験を組み合わせることにより，Cornet and Valette (1984) は垂直応力測定に基づく新たな応力決定方法を示した．後に，Cornet (1986) はその方法を既存亀裂の水圧法（HTPF法）と名付けた．

　ボアホール内で水圧試験を行った亀裂の方向とそれらの垂直応力の記録を多数得ることができれば，最小二乗法によって非線形方程式を解くことで広域応力場を決定することができる．逆問題を解く方法は Tarantola and Valette (1982) によって提案され，Cornet and Valette (1984), Ljunggre and Raillard (1987), Cornet (1988, 1993), Cornet and Burlet (1992) によって原位置の測定結果に適用された．Baumgärtner and Rummel (1989) は逆問題を解くためにモンテカルロ法を用いている．

### 4.4.2 測定方法，装置および手順

HTPF 法により応力を決定するために必要な装置は基本的には従来の水圧破砕試験で使用される装置（4.2.2 節）と同じである．従来の水圧破砕試験と異なり HTPF 試験では，開口させる亀裂の大きさに対して特に留意する必要がある．亀裂面に作用している垂直応力がボアホールの応力集中によって影響されないように，開口する部分は十分な長さでなければならない．同時に，垂直応力が亀裂の表面で一定であると仮定できるような大きさでなければならない．さらに，亀裂の形状は平面でなければならない．

従来の水圧破砕装置を用いた HTPF 法について，Ljunggren and Raillard（1987）は次のような試験手順を適用した．コア記録または掘削コアにおいて異なる走向と傾斜を持つ既存の単一亀裂を選定する．インプレッションパッカーをそれぞれの既存亀裂の深度に下ろし水圧により 25〜30 分間加圧する．この入念なパッカー試験により節理や亀裂を明瞭にトレースすることができる．加圧中に磁気コンパスによってパッカーの方位を確認し，節理や亀裂の走向と傾斜を決定する．次に，ストラドルパッカーを亀裂の深度まで下ろし，事前に推定した再開口圧力をわずかに上回る値まで水圧で加圧する．次に，孔軸方向の亀裂が発生するのを避けるために，パッカー区間を低流量の水で加圧する（一定圧力ステップ試験）．パッカー区間の孔壁に作用する流体圧が節理の引張強度に達すると節理が開口する．ブレイクダウン圧力が記録され，注入が止められた後にシャットイン圧力が記録される．この状態は亀裂内の水圧と亀裂面に作用する応力がつり合っている状態である．3，4 回の繰返し試験を行った後，試験区間の圧力を開放する．

水圧破砕法のために開発されたインプレッションパッカー法により，水圧試験を行った亀裂の方位（傾斜と方位角）を決定することができる（4.2.2 節）．Mosnier の方位検層器（azimuthal laterolog）（Mosnier and Cornet, 1989）や Schlumberger の FMS（8.33 節）のようなツールでも亀裂の方位を決定することができる．ボアホールテレビューアやボアホールテレビカメラは標準的な水圧破砕法による亀裂を検出するには十分な分解能がない．

Mosnier and Cornet（1989）は，ワイヤーライン方式のストラドルパッカーを用いる水圧試験と組み合わせることができる上，ボアホールを横切る亀裂の電気的なイメージを得ることができる HTPF ツールと呼ばれる装置を開発した（図 4.39）．ツールの中心にあるリングのさまざまな方位に置かれた数多くの電極と遠電極の間に交流電圧が加えられる．その時，リング上の各電極から送受信される電流は各々の電極に

4 水圧法

対面する孔壁の導電性に比例する．したがって，ボアホールを横切る平らな亀裂は特徴的な楕円形状として容易に検出することができる．ツールの方位がわかれば各亀裂の走向と傾斜を決定することができる．

HTPFツールは最初は標準検層ツールとしてボアホール全体のイメージを得るために用いられた．その後，水圧試験に選定された区間にストラドルパッカーを正確に設置するためにツールのイメージ機能が使用された．試験中，加圧によって開口した亀裂はツールによって確認され，圧力と時間の記録の詳細な解釈が可能となる．パッカーを収縮させた後，ツールは試験区間全体の検層に再度使用される．これにより，亀裂の形状をより高い分解能で得ることができ，試験区間外のパッカー部の潜在亀裂に対する調査と確認が可能になった（Cornet, 1992, 1993）．

### 4.4.3 理論

HTPF試験によって得られる瞬時のシャットイン圧力と準静的な再開口圧力は，原位置応力場において亀裂平面に作用している垂直応力 $\sigma_n$ とみなされる．

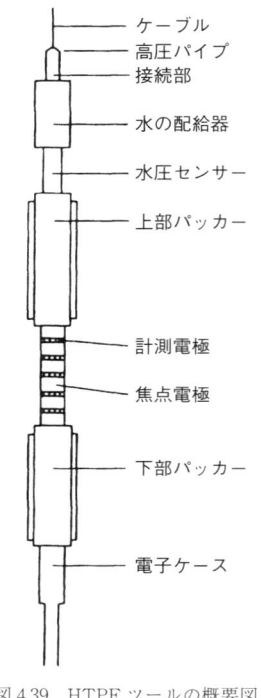

図 4.39 HTPFツールの概要図
（Cornet, 1992）

亀裂の方位をインプレッションパッカーやHTPFツールによって決定すれば，残された問題は試験が行われたすべての箇所の完全な応力場を決定することである．垂直応力と亀裂の方位のみに基づく応力決定法は，Cornet and Valette (1984) によって開発され，後に Cornet (1986, 1993) により改良された．これらの文献による理論の要約を以下に示す．

あるサイトにおいてHTPF法で試験された亀裂の総数を $N$ とする．各亀裂 $i(i=1, ..., N)$ は方位角 $\phi_i$ と鉛直からの角度 $\theta_i$ によって定義される法線ベクトル $\boldsymbol{n}_i$ によって表わされる．角度 $\theta_i$ は亀裂の傾斜角でもある．ここでの問題は，$N$ 回の垂直応力測定から岩盤に作用している応力テンソル $\boldsymbol{\sigma}(\boldsymbol{X})$ を決定することである．数学的に，$i$ 番目の亀裂面に対して測定された垂直応力 $\sigma_{ni}$ は応力テンソルと次のような関係がある．

$$\sigma_{ni} = \boldsymbol{\sigma}(\boldsymbol{X}_i)\boldsymbol{n}_i \cdot \boldsymbol{n}_i \qquad 式（4.95）$$

ここに，$\boldsymbol{\sigma}(\boldsymbol{X_i})$ は $i$ 番目の亀裂面上の中心 $\boldsymbol{X_i}$ に作用している局所的な応力テンソルである．式（4.95）は岩盤の構成挙動に関わらず成立する．

多くのボアホールが地下空洞から掘削され，同じ岩盤内にある多くの亀裂で測定される応力がすべての点で同じであると仮定できれば，式（4.95）は 6 つの未知数を含む $N$ 個の線形方程式となる．より一般的な状態は，$\boldsymbol{\sigma}(\boldsymbol{X_i})$ が一様ではなく水平および鉛直方向に変化する場合である．$\boldsymbol{\sigma}(\boldsymbol{X_i})$ が両方向に線形的に変化すると仮定すると，原位置応力場とその変化を決定するためには 22 のパラメータが必要であることを平衡方程式を用いて Cornet（1993）が示している．したがって，最低 22 回の独立した測定が行われなければならないが，これは非現実的である．Cornet（1993）が論じているように，いくつかの単純な仮定を設定すればその数を減らすことができる．

単純な仮定として，応力場 $\boldsymbol{\sigma}(\boldsymbol{X})$ が横方向に変化せず深さ $x_3$ に対して線形に変化し，水平な地表面まで連続しており，さらにその主応力成分が鉛直方向 $x_3$ と水平面（$x_1$, $x_2$）内にある場合を考える．$x_1$ 軸と $x_2$ 軸はそれぞれ北と東である．この仮定により応力場を次のように表すことができる．

$$\boldsymbol{\sigma}(\boldsymbol{X}) = \boldsymbol{\sigma}(x_3) = \boldsymbol{S} + x_3 \boldsymbol{\alpha} \qquad 式（4.96）$$

ここに，$\boldsymbol{S}$ と $\boldsymbol{\alpha}$ は 2 階の対称デカルトテンソルである．Cornet（1993）は上記の仮定により応力場を決定するためには 7 つのパラメータが必要であることを示した．これらパラメータのうち 3 つは $\boldsymbol{S}$ に関係するもので，ふたつの固有値 $S_1$, $S_2$ と固有ベクトルの方位 $\lambda$ である．$\lambda$ は固有値 $S_1$ の北から東回りに表わした角度である．その他の 4 つのパラメータは $\boldsymbol{\alpha}$ に関係しており，固有ベクトル $\alpha_1$, $\alpha_2$, $\alpha_3$ と水平面内における $\alpha_1$ と $S_1$ の角度 $\eta$ である．もし $\alpha_3$ が深度 $x_3$ における上載岩の単位体積重量であるとすれば，パラメータの数を 7 個から 6 個へさらに減らすことができる．

Cornet（1993）によれば，式（4.95）と式（4.96）を組合せることで，深度 $x_{3i}$，方位角 $\theta_i$ と $\phi_i$ の $i$ 番目の亀裂に対する $i$ 番目の垂直応力について次式が得られる．

$$\sigma_{ni} - \alpha_3 x_{3i} \cos^2 \theta_i - \frac{1}{2} \sin^2 \theta_i [S_1 + S_2 + (\alpha_1 + \alpha_2) x_{3i} + (S_1 - S_2) \cos 2(\phi_i - \lambda)$$
$$+ (\alpha_1 - \alpha_2) x_{3i} \times \cos 2(\phi_i - \lambda - \eta)] = 0 \qquad 式（4.97）$$

7 個の未知数（$S_1$, $S_2$, $\lambda$, $\alpha_1$, $\alpha_2$, $\alpha_3$, $\eta$）を決定するためには，最低限 7 回の独立した垂直応力の測定が必要となる．Cornet らは測定上の不確実さを考慮し最低限 9 回または 10 回の測定を推奨している．$N$ 回の測定それぞれに対して式（4.97）を用いると，7 個の未知数からなる $N$ 個の非線形連立方程式が構成される．この逆問題の

解は，Tarantola and Valette（1982）が提案した非線形問題を解くための一般化された最小二乗法によって得ることができる．この方法は不動点理論に基づく反復法である．数回の反復計算により $S$ と $\alpha$ のゼロではない7つのテンソル成分が決定される．深度を与えれば，$\sigma(X)$ の主成分（固有値）とそれらの方位（固有ベクトル）を決定することができる．

Tarantola and Valette（1982）の方法は，すべての測定値がガウス則にしたがい，期待値，分散，他の測定値との共分散によって表現できると仮定している．HTPF法に最小二乗法を適用する場合，深度と垂直応力の測定値および亀裂面の方位の不確実さが考慮される．結果として，それらの分散や共分散のみならず未知数の推定誤差が与えられる．垂直応力や亀裂面方位の帰納的な値も得られ，初期値と比較することによって逆解析の信頼性を見積もることができる．

Tarantola and Valette（1982）の方法では，繰り返し計算を行うため各未知数とその分散の初期値が必要である．Cornet（1993）によれば，これらの初期値には同じサイトで行われた水圧破砕試験の結果を用いることができる．例えば，角度 $\lambda$ の初期値は水圧破砕法による平均方位として与えられ，その分散の初期値は水圧破砕法による方位の分散から計算される．同様に，角度 $\eta$ の初期値はゼロとすることができる．

### 4.4.4 記録と解釈

Cornet and Burlet（1992）は，フランスの8つの異なるサイトにおける水圧試験による原位置応力測定の結果を公表した．それらのうち7つのサイトではHTPF逆解析法を用いて応力場が決定された．フランスの中央地塊（Massif Central）北部のLimogesの東に位置するAuriatにおける結果は以下のように要約されている．このサイトや他のサイトの詳細については，Cornet（1986）やCornet and Burlet（1992）の論文を参照されたい．

Auriatではふたつの孔井が利用された．1本目の孔井の深度は1000 mで，そこから20 m離れた2本目の孔井の深度は500 mである．両孔井とも鉛直孔で花崗岩中に掘削された．地形図による孔口の標高は海抜440 mと報告されている．図4.4で紹介されたタイプのワイヤーラインストラドルパッカーシステムを用いて，深度115～972 mの間で21箇所の試験が行われた．亀裂の方位は方位計を備えた型インプレッションパッカーで決定された．18箇所の試験では満足すべきシャットイン圧力と再開口圧力が得られたが，HTPFによる応力の決定には型取り（impression）が成功した14個のデータだけが選ばれた．垂直応力 $\sigma_n$ の期待値とその標準偏差 $\varepsilon_\sigma$ を決定するため，シャットイン圧力と再開口圧力データが組み合わされた（表4.5）．

4.4 HTPF

表 4.5 フランス Auriat における水圧試験の結果 (Cornet and Burlet, 1992)

| $x_3$ (m) | $\phi$ | $\varepsilon_\phi$ | $\phi_c$ | $\theta$ | $\varepsilon_\theta$ | $\theta_c$ | $\sigma_n$ (MPa) | $\varepsilon_\sigma$ (MPa) | $\sigma_{nc}$ (MPa) |
|---|---|---|---|---|---|---|---|---|---|
| 115 | 333 | 4 |  | 35 | 3 |  | 2.6 | 0.4 |  |
| 153 | 27 | 5 |  | 90 | 3 |  | 2.8 | 0.3 |  |
|  | 190 | 3 |  | 67 | 5 |  |  |  |  |
| 235 | 88 |  | 88 | 79 | 5 | 79 | 5.1 | 0.5 | 5.1 |
| 277 | 339 | 3 | 339 | 90 | 3 | 90 | 5.6 | 0.4 | 5.6 |
|  | 91 | 4 |  | 34 | 4 |  |  |  |  |
| 288 | 65 | 6 | 65 | 89 | 3 | 89 | 4.1 | 0.2 | 4.1 |
| 331 | 182 | 12 | 182 | 67 | 7 | 67 | 5.9 | 0.4 | 5.9 |
| 361 | 199 | 8 | 201 | 33 | 5 | 34 | 8.0 | 0.2 | 8.0 |
|  | 36 | 10 | 122 | 39 | 4 |  |  |  |  |
| 379 | 122 | 3 | 4 | 80 | 3 | 80 | 9.8 | 0.5 | 9.8 |
| 413 | 3 | 5 | 198 | 90 | 3 | 90 | 7.4 | 0.5 | 7.5 |
| 491 | 199 | 5 | 1 | 90 | 3 | 90 | 8.0 | 0.5 | 8.0 |
| 525 | 2 | 6 |  | 81 | 3 | 81 | 11.2 | 1.2 | 11.0 |
|  | 14 | 7 |  | 90 | 3 |  |  |  |  |
| 562 |  |  |  |  |  |  | 9.9 | 0.5 |  |
| 585 | 181 | 5 | 180 | 90 | 3 | 90 | 12.9 | 0.5 | 12.8 |
|  | 257 | 5 |  | 76 | 4 |  |  |  |  |
| 808 | 183 | 8 | 183 | 81 | 3 | 81 | 18.7 | 0.2 | 18.7 |
| 922 |  |  |  |  |  |  | 16.9 | 0.5 |  |
| 928 |  |  |  |  |  |  | 20.3 | 0.2 |  |
| 968 |  |  |  |  | 3 |  | 17.0 | 1.0 |  |
| 973 | 21 | 2 | 21 | 70 | 3 | 70 | 19.0 | 1.2 | 19.2 |
|  | 158 | 10 |  | 83 | 7 |  |  |  |  |
|  | 56 | 3 |  | 76 | 7 |  |  |  |  |

$x_3$ は試験深度,$\phi$ は亀裂の法線ベクトル $\boldsymbol{n}$ の走向で東回りを正とする,$\theta$ は鉛直軸に対する $\boldsymbol{n}$ の角度(亀裂の傾斜角),$\sigma_n$ は測定深度における垂直応力の測定値,$\varepsilon_\phi$, $\varepsilon_\theta$, $\varepsilon_\sigma$ はそれぞれ $\phi$, $\theta$, $\sigma_n$ の標準偏差である.$x_3$ の標準偏差は 0.5m である.複数の亀裂がある場合,最初の亀裂を最終的な解析に用いている.$\phi_c$, $\theta_c$, $\sigma_{nc}$ は最小二乗法による $\phi$, $\theta$, $\sigma_n$ の最適値である.

 Auriat サイトはかなり平坦な地形に位置するので,HTPF 逆解析法では鉛直応力が主応力であるとし,応力場は 7 つのパラメータ $S_1$, $S_2$, $\lambda$, $\alpha_1$, $\alpha_2$, $\alpha_3$, $\eta$ を含む式 (4.96) によって表わされると仮定された.さらに,さまざまな深度から得られた供試体の密度測定から $\alpha_3$ は 0.0263 MPa/m とされた.
 ひとつの亀裂のみが認められた 8 個のデータを式 (4.97) を用いて逆解析することにより次のような結果が得られた.

$S_1=-4.0$ MPa, $S_2=1.4$ MPa, $\lambda=$N11°E, $\alpha_1=0.0295$ MPa/m, $\alpha_2=0.016$ MPa/m, $\alpha_3=0.0265$ MPa/m, $\eta=-30°$

 式 (4.96) を用い,250〜1000 m 間の 4 深度における原位置の最大,最小水平主応力 $\sigma_H$,

## 4 水圧法

表 4.6 フランス Auriat における応力の決定 (Cornet and Burlet, 1992)

| $x_3$ (m) | $\sigma_H$ (MPa) | $\varepsilon_{\sigma H}$ (MPa) | $\sigma_h$ (MPa) | $\varepsilon_{\sigma h}$ (MPa) | $\omega_{\sigma H}$ (deg) | $\varepsilon_{\omega \sigma H}$ (deg) |
|---|---|---|---|---|---|---|
| 250 | 6.8 | 0.8 | 1.8 | 1.1 | 121 | 5 |
| 500 | 13.0 | 1.0 | 7.2 | 1.2 | 136 | 8 |
| 750 | 19.8 | 2.2 | 12.0 | 3.0 | 145 | 11 |
| 1000 | 26.8 | 3.1 | 16.7 | 4.7 | 150 | 14 |

単一の亀裂が認められた測定区間のみをこの逆解析に用いている．$\varepsilon_{\sigma H}$, $\varepsilon_{\sigma h}$, $\varepsilon_{\omega \sigma H}$ はそれぞれ，$\sigma_H$, $\sigma_h$, $\omega_{\sigma H}$ ($\sigma_H$ の方位角）の帰納的な標準偏差である．

$\sigma_h$ が計算された．それらの応力の値と方向および標準偏差の一覧を表 4.6 に示す．この表から，$\sigma_h$ より $\sigma_H$ の値の方が確度が高いことがうかがえる．

14 個のデータのうち 12 個を用いて他の逆解析が行われた．ここでは，表面近くの応力緩和現象による影響を避けるために 2 個のデータが除外された．この解析から次のような結果が得られた．

$S_1 = -3.9$ MPa, $S_2 = 1.2$ MPa, $\lambda =$ N1°E, $\alpha_1 = 0.0319$ MPa/m, $\alpha_2 = 0.0133$ MPa/m, $\alpha_3 = 0.0264$ MPa/m, $\eta = -26°$

測定された垂直応力 $\sigma_{nc}$，亀裂の角度 $\phi_c$ と $\theta_c$ の帰納値を表 4.5 に示す．帰納値は初期値と非常に近いため，応力解析に用いた逆解析の信頼性は高いといえる．

図 4.40 には原位置の最大，最小水平主応力 $\sigma_H$，$\sigma_h$ と鉛直応力 $\sigma_v$ の大きさと方向の深度分布を示す．この図から，深度の増加にともなって $\sigma_H$ が回転していること，600m 以深では最大応力の方向は N145°E（標準偏差 9°）であることが確認できる．また，$\sigma_H$ を最大応力，$\sigma_v$ を中間応力，$\sigma_h$ を最小応力とすると，Auriat サイトの応力状態は横ずれ断層型が優勢であることも推定できる．

ここで紹介した結果と，フランスの他サイトで Cornet (1993)，Cornet and Burlet (1992)，Cornet and Julien (1989) と Cornet (1986) によって行われた測定結果，および Ljunggren and Raillard (1987) によってスウェーデンで行われた測定結果は，均質岩盤では HTPF 応力測定法により妥当な結果が得られることを示している．これは，入力データと帰納的な値が通常良く一致すること，計算された標準偏差が妥当であること，従来の水圧破砕法による結果と概ね一致することなどによって支持されている．ただし，最大水平主応力の大きさは従来の水圧破砕法とは一致していない．これは亀裂が開口する前に流体が浸透することによる影響が原因であると考えられている (Cornet and Burlet, 1992)．水圧破砕法と HTPF 法で得られた結果を比較した例については 9.4 節に記載する．

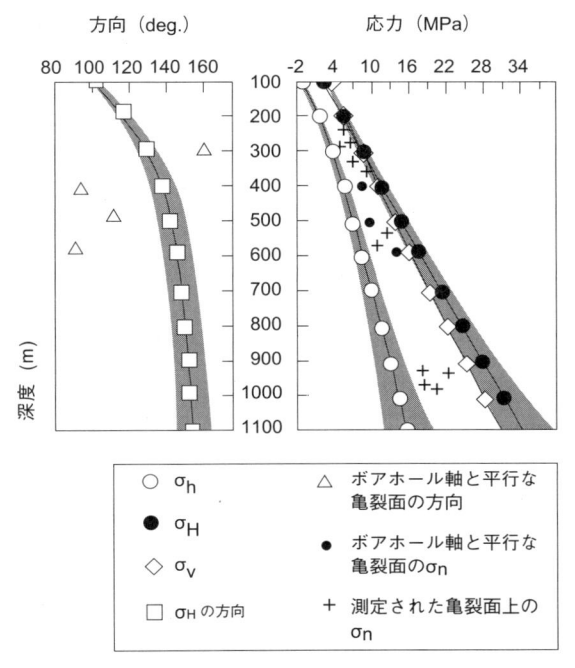

図 4.40 フランス Auriat において HTPF 法で測定された大深度の応力分布．$\sigma_v$ は鉛直応力，$\sigma_H$，$\sigma_h$ は最大，最小水平応力，$\sigma_n$ は測定された亀裂面上の垂直応力である．網掛け部分は，応力成分の 68% の信頼区間を示す．(Cornet and Burlet, 1992)

## 4.5 統合応力決定法

あるサイトの応力を評価する場合，1 孔または複数孔において異なる種類の水圧法が適用されることがよくある．水圧法は本書で述べている他の手法を補完することもある．それぞれの方法で得られたデータは別々に解析され，それぞれの方法に関する単純化された仮定が合っているか確認される．原位置応力場をより厳密に評価をするために異なる方法で得られたデータを組み合わすことができる．各方法による試験数が限られている場合にはデータの組合せがきわめて重要である．ドイツの KTB の大深度ボアホールの原位置応力場を決定するために，Brudy et al. (1995) は組合せによる方法を適用した (12.4.7 節)．かれらは，深度 9 km までの応力状態を決定するために，水圧破砕法，改良水圧破砕法，掘削による誘発亀裂，ボアホールブレイクアウ

トの結果を総合的に評価した.

原位置応力場のより良い評価を得るためにさまざまな方法による結果をまとめるアプローチは,Cornet(1993)によって精力的に研究されてきた.このアプローチは,「統合応力決定(integrated stress determination)」法と名づけられた.この方法においては,HTPF法と組み合わせた方程式の形か,HTPF法の未知数とその分散の初期値の形として,異なる応力測定法の結果がHTPFの最小二乗法による逆解析過程に取り込まれている(4.4.3節).Cornet(1993)によれば,水圧破砕法,ボアホールブレイクアウト法,微小地震の発震機構法,従来のオーバーコアリング法によるデータをHTPFデータと組み合わせることが,統合応力決定法には適しているとされている.

最後に,統合応力決定法は応力決定において今後も非常に有望である.異なる測定方法で得られたすべてのデータを利用して総合的に解釈することにより,原位置応力場の条件を規定することができる.さらに,HTPF法の一般化された最小二乗法による逆解析手法は,最終的な解の信頼度を評価するために役に立ち,正規分布に基づく誤差を提示することができる.したがって,この方法は異なる応力測定方法による圧力とひずみの読み取り誤差や方位測定の誤差を考慮するうえで有用である.

## 4.6 技術情報

この章で紹介した計器に関する追加の情報と関連装置は次の製造元から直接入手することができる.

1. VATTENFALL Hydropower AB, PO Box50120, S-973 24 Luleå, Sweden:深さ1500mまでの小孔径の水圧破砕応力測定と水圧破砕装置
2. MINDATA Pty. Ltd, Unit2, 10-12 Peninsula Boulevard, Seaford, Victoria 3198, Australia:小孔径の水圧破砕,ミニフラックの装置とサービス
3. MeSy, Meesmannstrasse 49, G-4630 Bochum, Germany:水圧破砕測定とストラドルパッカー技術
4. TAM INTERNATIONAL, Inc. 4620 Southerland, Houston, Texas 77092, USA:水圧破砕や水理試験用のパッカー

**参考文献**

Aamodt, L. and Kuriyagawa, M. (1983) Measurement of instantaneous shut-in pressure in crystalline rock, in *Proc. Hydraulic Fracturing Stress Measurements*, Monterey, USA, National Academy

参考文献

Press, Washington, DC, pp. 139-42.

Abou-Sayed, A.S., Brechtel, C.E. and Clifton, R.J. (1978) In situ stress determination by hydrofracturing: a fracture mechanics approach. *J. Geophys. Res.*, 83, 2851-62.

Aggson, J.R and Kim, K. (1987) Analysis of hydraulic fracturing pressure history: a comparison of five methods used to identify shut-in pressure. *Int. J. Rock Mech. Min. Sci. & Geomech. Abstr.*, 24, 75-80.

Amadei, B., et al. (1994) A new dilatometer to determine rock mass deformability, in *Proc. ISRM Symp. on Integral Approach to Applied Rock Mechanics,* Santiago, Chile, Vol. 1, pp. 155-67.

Anderson, T.O. and Stahl, E.J. (1967) A study of induced fracturing using an instrumental approach. *J. Petrol. Technol.*, 64, 261-7.

Barton, N. (1983) Hydraulic fracturing to estimate minimum stress and rock mass stability at a pumped hydro project, in *Proc. Hydraulic Fracturing Stress Measurements,* Monterey, National Academy Press, Washington, DC, pp. 61-7.

Batchelor, A.S and Pine, R.J. (1986) The results of in situ stress determinations by seven methods to depths of 2500 m in the Carnrnenellis granite, in *Proc. Int. Symp. on Rock Stress and Rock Stress Measurements,* Stockholm, Centek Publ., Luleå, pp. 467-78.

Baumgärtner, J. and Rummel, F. (1989) Experience with 'Fracture pressurization tests' as a stress measuring technique in a jointed rock mass. *Int. J. Rock Mech. Min. Sci. & Geomech. Abstr.*, 26, 661-71.

Baumgärtner, J. and Zoback, M.D. (1989) Interpretation of hydraulic fracturing pressure. Time records using interactive analysis methods. *Int. J. Rock Mech. Min. Sci. & Geomech. Abstr.*, 26, 461-9.

Baumgärtner, J. et al. (1993) Analysis of deep hydraulic fracturing stress measurements in the KTB (FRG) and Cajon Pass (USA) scientific drilling projects -a summary, in *Proc. 7th Cong. Int. Soc. Rock Mech. (ISRM),* Aachen, Balkema, Rotterdam, Vol. 3, pp. 1685-90.

Bjarnason, B., Ljunggren, C. and Stephansson, O. (1989) New developments in hydrofracturing stress measurements at Luleå University of Technology. *Int. J. Rock Mech . Min. Sci. & Geomech. Abstr.*, 26, 579-86.

Bjarnason, B. et al. (1986) Four years of hydrofracturing rock stress measurements in Sweden, in *Proc. Int. Symp.. on Rock Stress and Rock Stress Measurements,* Stockholm, Centek Publ., Luleå, pp. 421-7.

Bredehoeft, J.D. et al. (1976) Hydraulic fracturing to determine the regional in-situ stress, Piceance Basin, Colorado. *Geol. Soc. Am. Bull.*, 87, 250-58.

Brudy, M. et al. (1995) Application of the integrated stress measurement strategy to 9 km depth in the KTB boreholes, in *Proc. Workshop on Rock Stresses in the North Sea,* Trondheim, Norway, NTH and SINTEF Publ., Trondheim, pp. 154-64.

Bruno, M.S. and Nakagawa, F.M. (1991) Pore pressure influence on tensile fracture propagation in sedimentary rock. *Int. J. Rock Mech.. Min.* Sci. *& Geomech. Abstr.*, 28, 261-73.

Budet, D., Comet, F.H. and Feuga, B. (1989) Evaluation of the HTPF method of stress determination in two kinds of rock. *Int. .J. Rock Mech. Min. Sci. & Geomech. Abstr.*, 26, 673-9.

Bush, D.D. and Barton, N. (1989) Application of small-scale hydraulic fracturing for stress measurements in bedded salt. *Int. .J. Rock Mech. Min. Sci & Geomech. Abstr.*, 26, 629-35.

## 4 水圧法

Clark, J.B. (1949) A hydraulic process for increasing the productivity of wells. *Petrol. Trans. Am. Institute of Mining Eng. T.P. 2510*, 186, 1-8.

Comet, F.H. (1983) Interpretation of hydraulic injection tests for in situ stress determination, in *Proc. Hydraulic Fracturing Stress Measurements*, Monterey, National Academy Press, Washington, DC, pp. 149-58.

Comet, F.H. (1986) Stress determination from hydraulic tests on preexisting fractures -the HTPF method, in *Proc. Int. Symp. on Rock Stress and Rock Stress Measurements*, Stockholm, Centek Publ., Luleå, Sweden, pp. 301-12.

Comet, F.H. (1988) Two examples of stress measurements by the HTPF method; key questions in rock mechanics, in *Proc. 29th US Symp. Rock Mech.*, Minneapolis, Balkema, Rotterdam, pp. 615-24.

Comet, EH. (1992) In situ stress heterogeneity identification with the HTPF tool, in *Proc. 33rd US Symp. Rock Mech.*, Santa Fe, Balkema, Rotterdam, pp. 39-48.

Comet, F.H. (1993) The HTPF and the integrated stress determination methods, in *Comprehensive Rock Engineering* (ed. J.A Hudson), Pergamon Press, Oxford, Chapter 15, Vol. 3, pp. 413-32.

Cornet, F.H. and Burlet, D. (1992) Stress field determinations in France by hydraulic tests in boreholes. *J. Geophys. Res.*, 97,11829-49.

Cornet, F.H. and Julien, P. (1989) Stress determination from hydraulic test and focal mechanisms of induced seismicity. *Int. J. Rock Mech. Min. Sci. & Geomech. Abstr.*, 26, 235-8.

Cornet, F.H. and Valette, B. (1984) In situ stress determination from hydraulic injection test data. *J. Geophys. Res.*, 89, 11527-37.

Cuisiat, F.D. and Haimson, B.C. (1992) Scale effects in rock mass stress measurements. *Int. J. Rock Mech. Min. Sci. & Geomech. Abstr.*, 29, 99-117.

Daneshy, AA (1970) True and apparent direction of hydraulic fractures, in *Proc. 5th Canf. on Drilling and Rock Mechanics*, Austin, Texas, Soc. Petrol. Engineers, pp. 1234-64.

Daneshy, A.A (1973) A study of inclined hydraulic fractures, in *47th SPE Annual Fall Meeting*, San Antonio, Texas, Soc. Petrol. Engineers, pp. 346-57.

Detournay, E. and Carbonell, R. (1994) Fracture mechanics analysis of the breakdown process in minifrac or leak-off tests, in *Proc. Eurock '94: Int. Symp. on Rock Mech. in Petrol. Eng.*, Delft, Holland, Balkema, Rotterdam, pp. 399-407.

Detournay, E. and Carvalho, J.L. (1989) Application of the pressurized hollow poroelastic cylinder solution to the interpretation of laboratory burst experiments, in *Proc. 30th US Symp. Rock Mech.*, Morgantown, Balkema, Rotterdam, pp. 377-83.

Detournay, E. and Cheng, A.H.-D. (1988) Poroelastic response of a borehole in a nonhydrostatic stress field. *Int. J. Rock Mech. Min. Sci. & Geomech. Abstr.*, 25, 171-82.

Detournay, E. et al. (1989) Poroelasticity considerations in in situ stress determination by hydraulic fracturing. *Int. J. Rock Mech. Min. Sci. & Geomech. Abstr.*, 26, 507-13.

Dey, T.N. and Brown, D.W. (1986) Stress measurements in a deep granite rock mass using hydraulic fracturing and differential strain curve analysis, in *Proc. Int. Symp. on Rock Stress and Rock Stress Measurements*, Stockholm, Centek Publ., Luleå, pp. 351-7.

Doe, T.W. and Boyce, G. (1989) Orientation of hydraulic fractures in salt under hydrostatic and non-hydrostatic stresses. *Int. J. Rock Mech. Min. Sci. & Geomech. Abstr.*, 26, 605-11.

Doe, T. et al. (1981) Hydraulic fracturing and over-coring stress measurements in a deep borehole at the Stripa test mine, in *Proc. 22nd US Symp. Rock Mech.*, MIT Publ., Cambridge (US), pp. 373-8.

Doe, T.W. et al. (1983) Determination of the state of stress at the Stripa Mine, Sweden, in *Proc. Hydraulic Fracturing Stress Measurements*, Monterey, National Academy Press, Washington, DC, pp. 119-29.

Enever, J. and Chopra, P.N. (1986) Experience with hydraulic fracture stress measurements in granites, in *Proc. Int. Symp. on Rock Stress and Rock Stress Measurements*, Stockholm, Centek Publ., Luleå, pp. 411-20.

Enever, J.R. and Wooltorton, B.A (1983) Experience with hydraulic fracturing as a means of estimating in situ stress in Australian coal basin sediments, in *Proc. Hydraulic Fracturing Stress Measurements*, Monterey, National Academy Press, Washington DC, pp. 28-43.

Enever, J.R., Walton, R.J. and Wold, M.B. (1990) Scale effects influenCing hydraulic fracture and overcoring stress measurements, in *Proc. Int. Workshop on Scale Effects in Rock Masses*, Loen, Norway, Balkema, Rotterdam, pp. 317-26.

Enever, J.R., Cornet, F. and Roegiers, J.C. (1992) ISRM commission on interpretation of hydraulic fracture records. *Int. J. Rock Mech. Min. Sci. & Geomech. Abstr.*, 29, 69-72.

Fairhurst, C. (1964) Measurement of in situ rock stresses with particular references to hydraulic fracturing. *Rock Mech. Eng. Geol.*, 2, 129-47.

Fairhurst, C. (1968) Methods of determining in-situ rock stresses at great depths. Corps of Engineers, Tech. Report No. 1-68, Omaha, Nebraska.

Fraser, C.D. and Pettitt, B.E. (1962) Results of a field test to determine the type and orientation of a hydraulically induced formation fracture. *J. Petrol. Technol.*, 14, 463-8.

Gronseth, J.M. and Kry, P.R. (1983) Instantaneous shut-in pressure and its relationship to the minimum in-situ stress, in *Proc. Hydraulic Fracturing Stress Measurements*, Monterey, National Academy Press, Washington, DC, pp. 55-60.

Haimson, B.C. (1968) Hydraulic fracturing in porous and nonporous rock and its potential for determining in situ stresses at great depth, unpublished PhD Thesis, University of Minnesota, 234 pp.

Haimson, B.C. (1973) Earthquake related stresses at Rangely, Colorado, in *Proc. 14th US Symp. Rock Mech.*, University Park, ASCE, pp. 689-708.

Haimson, B.C. (1976) Preexcavation deep-hole stress measurements for design of underground chambers -case histories, in *Proc. Rapid Excavation and Tunneling (RETC) Conf*, New York, SME/ AIME, pp. 699-714.

Haimson, B.C (1977) Recent in-situ stress measurements using the hydrofracturing technique, in *Proc. 18th US Symp. Rock Mech.*, Golden, Johnson Publ., pp. 4C2-1-4C2-6.

Haimson, B.C (1978a) The hydrofracturing stress measuring method and recent field results. *Int. J. Rock Mech. Min. Sci. & Geomech. Abstr.*, 15, 167-78.

Haimson, B.C (1978b) Near-surface and deep hydrofracturing stress measurements in the Waterloo quartzite, in *Proc. 19th US Symp. Rock Mech.* Univ. of Nevada Publ., Reno, pp. 345-61.

Haimson, B.C (1980) Near-surface and deep hydrofracturing stress measurements in the Waterloo quartzite. *Int. J. Rock Mech. Min. Sci. & Geomech. Abstr.*, 17, 81-8.

4 水圧法

Haimson, B.C (1983) A comparative study of deep hydrofracturing and overcoring stress measurements at six locations with particular interest to the Nevada test site, in *Proc. Hydraulic Fracturing Stress Measurements*, Monterey, National Academy Press, Washington, DC, pp. 107-18.

Haimson, B. (1988) New developments in stress measurements for the design of underground openings, in *Proc. 2nd Int. Symp. on Field Measurements in Geomechanics*, Oslo, pp. 723-39.

Haimson, B. (1989) Hydraulic fracturing stress measurements. Introductions to Part I and II. *Int. J. Rock Mech. Min. Sci. & Geomech. Abstr.*, 26, 445, 563.

Haimson, B. (1990) Scale effects in rock stress measurements, in *Proc. Int. Workshop on Scale Effects in Rock Masses*, Loen, Norway, Balkema, Rotterdam, pp. 89-101.

Haimson, B.C. and Fairhurst, C. (1967) Initiation and extension of hydraulic fractures in rocks. *Soc. Petrol. Eng. J.*, Sept., 310-18.

Haimson, B.C. and Fairhurst, C. (1970) In situ stress determination at great depth by means of hydraulic fracturing, in *Proc. 11th US Symp. Rock Mech.*, Berkeley, SME/AIME, pp. 559-84.

Haimson, B.C. and Lee, M.Y. (1984) Development of a wireline hydrofracturing technique and its use at a site of induced seismicity, in *Proc. 25th US Symp. Rock Mech.*, Evanston, SME/AIME, pp. 194-203.

Haimson, B. and Stahl, E.J. (1970) Hydraulic fracturing and the extraction of minerals through wells, in *Proc. 3rd Symp. on Salt*, Cleveland, pp. 421-32.

Haimson, B.C. and Voight, B. (1977) Crustal stress in Iceland. *Pure Appl. Geophys.*, 115, 153-90.

Haimson, B.C. and Zhao, Z. (1991) Effect of borehole size and pressurization rate on hydraulic fracturing breakdown pressure, in *Proc. 31st US Symp. Rock Mech.*, Norman, Balkema, Rotterdam, pp. 191-9.

Haimson, B.C., Lee, M. and Herrick, C (1993) Recent advances in in situ stress measurements by hydraulic fracturing and borehole breakout, in *Proc. 7th Cong. Int. Soc. Rock Mech.* (*ISRM*), Aachen, Balkema, Rotterdam, Vol. 3, pp. 1737-42.

Hardy, M.P. (1973) Fracture mechanics applied to rock, unpublished PhD Thesis, University of Minnesota, Minneapolis.

Hardy, M.P. and Fairhurst, C. (1974) Analysis of fracture in rock and rock masses, in *Proc. 14th Annual Symp. New Mexico Section of ASME, Engineering for the Materials/Energy Challenge*, New Mexico, pp. 73-80.

Hayashi, K. and Sakurai, I. (1989) Interpretation of hydraulic fracturing shut-in curves for tectonic stress measurements. *Int. J. Rock Mech. Min. Sci. & Geomech. Abstr.*, 26, 477-82.

Hickman, S.H. and Zoback, M.D. (1983) The interpretation of hydraulic fracturing pressuretime data for in-situ stress determination, in *Proc. Hydraulic Fracturing Stress Measurements*, Monterey, National Academy Press, Washington, DC, pp. 44-54.

Hoek, E. and Brown, E.T. (1980) Empirical strength criterion for rock masses. *ASCE J. Geotech. Division*, 106, 1013-33.

Holzhausen, G. et al. (1989) Fracture closure pressures from free-oscillation measurements during stress testing in complex reservoirs. *Int. J. Rock Mech. Min. Sci. & Geomech. Abstr.*, 26, 533-40.

Hubbert, K.M. and Willis, D.G. (1957) Mechanics of hydraulic fracturing. *Petrol. Trans. AIME, T.P.* 4597, 210, 153-66.

Hustrulid, W. and Hustrulid, A. (1975) The CSM cell-a borehole device for determining the modulus of rigidity of rock, in *Proc. 15th US Symp. Rock Mech.*, Custer State Park, ASCE, pp. 181-225.

Jaeger, J.C and Cook, N.G. W. (1976) *Fundamentals of Rock Mechanics*, 2nd edn, Chapman & Hall, London.

Jeffery, R.I. and North, M.D. (1993) Review of recent hydro fracture stress measurements made in the Carboniferous coal measures of England, in *Proc. 7th Congo Int. Soc. Rock Mech. (ISRM)*, Aachen, Balkema, Rotterdam, Vol. 3, pp. 1699-703.

Kehle, R.O. (1964) Determination of tectonic stres ses through analysis of hydraulic well fracturing. *J. Geophys. Res.*, 69, 252-73.

Kim, K. and Franklin, J.A. (coordinators) (1987) Suggested methods for rock stress determination. *Int. J. Rock Mech. Min. Sci. & Geomech. Abstr.*, 24, 53-73.

Klasson, H. (1989) Interpretation of presure versus time in hydrofracturing stress measurements, unpublished MSc Thesis, Luleå University of Technology, Luleå, 53 pp.

Klasson, H., Ljunggren, C. and Öberg, A. (1991) Computerized interpretation techniques for hydrofracturing field data, in *Proc. 7th Congo Int. Soc. Rock Mech. (ISRM)*, Aachen, Balkema, Rotterdam, Vol. 1, pp. 533-7.

Klein, R.J. and Barr, V.M. (1986) Regional state of stress in Western Europe, in *Proc. Int. Symp. on Rock Stress and Rock Stress Measurements*, Stockholm, Centek Publ., Luleå, pp. 33-44.

Lee, M.Y. and Haimson, B.C (1989) Statistical evaluation of hydraulic fracturing stress measurement parameters. *Int. J. Rock Mech. Min. Sci. & Geomech. Abstr.*, 26, 447-56.

Li, E. (1989) Improvements of hydrofracturing technology and its interpretation of data. *Int. J. Rock Mech. Min. Sci. & Geomech. Abstr.*, 26, 681-5.

Li, E-Q. et al. (1983) Experiments of in-situ stress measurements using stress relief and hydraulic fracturing techniques, in *Proc. Hydraulic Fracturing Stress Measurements*, Monterey, National Academy Press, Washington, DC, pp. 130-34.

Ljunggren, C. (1984) Laboratory testing of tensile strength of rocks by means of hydraulic fracturing and sleeve fracturing, unpublished MSc Thesis, Luleå University of Technology, Luleå, 54 pp. (in Swedish).

Ljunggren, C. and Amadei, B. (1989) Estimation of virgin rock stresses from horizontal hydro fractures. *Int. J. Rock Mech. Min. Sci. & Geomech. Abstr.*, 26, 69-78.

Ljunggren, C. and Nordlund, E. (1990) A method to determine the orientation of the horizontal in-situ stresses from hydrofracturing measurements in inclined boreholes, in unpublished Doctoral Thesis of C Ljunggren, Luleå University of Technology, Luleå also submitted for publication to *Computers and Geotechnics*.

Ljunggren, C. and Raillard, G. (1987) Rock stress measurements by means of hydraulic tests on pre-existing fractures at Gideå test site, Sweden. *Int. J. Rock Mech. Min. Sci. & Geomech. Abstr.*, 24, 339-45.

Ljunggren, C. and Stephansson, O. (1986) Sleeve fracturing –a borehole technique for in situ determination of rock deformability and rock stresses, in *Proc. Int. Symp. on Rock Stress and Rock Stress Measurements*, Stockholm, Centek Publ., Luleå, pp. 323-30.

Ljunggren, C., Amadei, B. and Stephansson, O. (1988) Use of Hoek and Brown failure criterion to determine in-situ stresses from hydraulic fracturing measurements, in *Proc. Int. Canf. Applied Rock Engineering, CARE 88*, Newcastle upon Tyne, Institution of Mining and Metallurgy, London,

## 4 水圧法

pp. 133-41.

McGarr, A. and Gay, N.C. (1978) State of stress in the Earth's crust. *Ann. Res. Earth Planet. Sci.*, 6, 405-36.

McLennan, J.D. and Roegiers, J.C. (1983) Do instantaneous shut-in pressures accurately represent the minimum principal stresses, in *Proc. Hydraulic, Fracturing Stress Measurements*, Monterey, National Academy Press, Washington, DC, pp. 181-207.

Mosnier, J. and Comet, F.H. (1989) Apparatus to provide an image of the wall of a borehole during a hydraulic fracturing experiment, in *Proc. 4th European Geothermal Update*, Florence, Kluwer Academic Publ., Dordrecht, Holland, pp. 205-12.

Müller, W. (1993) The stress state in the Ruhr coalfield, in *Proc. 7th Congo Int. Soc. Rock Mech. (ISRM)*, Aachen, Balkema, Rotterdam, Vol' 3, pp. 1707-11.

Paris, P.C and Sih, G.C (1965) Stress analysis of cracks, in *Fracture Toughness Testing and Its Application*, ASTM Publication 381, Philadelphia, pp. 30-83.

Pine, RJ., Ledingham, P. and Merrifield, M. (1983) In-situ stress measurement in the Carnmenellis granite 2 -hydrofracture tests at Rosemanowes Quarry to depths of 2000 m .*Int. J. Rock Mech. Min. Sci. & Geomech. Abstr.*, 20, 63-72.

Raleigh, C.B. (1974) Crustal stress and global tectonics, in *Proc. 3rd Congo Int. Soc. Rock Mech. (ISRM)*, Denver, National Academy of Sciences, Washington, DC, pp. 487-96.

Raleigh, C.B., Healy, J.H. and Bredehoeft, J.D. (1976) An experiment in earthquake control at Rangely, Colorado. *Science*, 191, 1230-37.

Ratigan, J.L. (1982) An examination of the tensile strength of brittle rock, in *Proc. 23rd US Symp. Rock Mech .*, Berkeley, SME/AIME, pp. 423-40.

Ratigan, J.L. (1990) Scale effects in the hydraulic fracture test associated with the estimation of tensile strength, in *Proc Int. Workshop Scale Effects in Rock Masses*, Loen, Norway, Balkema, Rotterdam, pp. 297-306.

Ratigan, J.L. (1992) The use of fracture reopening pressure in hydraulic fracturing stress measurements. *Rock Mech . Rock Eng.*, 25, 225-36.

Richardson, R.M. (1983) Hydraulic fracture in arbitrarily oriented boreholes: an analytical approach, in *Proc. Hydraulic Fracturing Stress Measurements*, Monterey, National Academy Press, Washington, DC, pp. 167-75.

Rummel, F. (1986) Stresses and tectonics of the upper continental crust -a review, in *Proc. Int. Symp. on Rock Stress and Rock Stress Measurements*, Stockholm, Centek Publ., Luleå, pp. 177-86.

Rummel, F. (1987) Fracture mechanics approach to hydraulic fracturing stress measurements, in *Fracture Mechanics of Rocks*, Academic Press, London, pp. 217-39.

Rummel, F. and Hansen, J. (1989) Interpretation of hydrofrac pressure recordings using a simple fracture mechanics simulation model. *Int. J. Rock Mech. Min. Sci. & Geomech. Abstr.*, 26, 483-8.

Rummel, F. and Jung, R. (1975) Hydraulic fracturing stress measurements near the Hohenzollern Graben structure, S.W. Germany. *Pure Appl. Geophys.*, 113, 321-30.

Rummel, F., Baumgärtner, J. and Alheid, H.J. (1983) Hydraulic fracturing stress measurements along the eastern boundary of the SW-German Block, in *Proc. Hydrttulic Fracturing Stress Measurements*, Monterey, National Academy Press, Washington, DC, pp. 3-17.

# 参考文献

Rummel, F., Höhring-Erdmann, G. and Baumgärtner, J. (1986) Stress constraints and hydrofracturing stress data for the continental crust. *Pure Appl. Geophys.*, 124, 875-95.

Rutqvist, J. et al. (1992) Theoretical and field studies of coupled hydromechanical behaviour of fractured rocks -2. Field experiment and modelling. *Int. J. Rock Mech. Min. Sci. & Geomech. Abstr.*, 29, 411-19.

Sbar, M.L. and Sykes, L.R. (1973) Contemporary compressive stress and seismicity in eastern North America; an example of intraplate tectonics. *Geol. Soc. Am. Bull.*, 84, 1861-82.

Scheidegger, A.E. (1962) Stresses in the Earth's crust as determined from hydraulic fracturing data. *Geologie und Bauwesen*, 27, 45-53.

Schmitt, D.R. and Zoback, M.D. (1989) Poroelastic effects in the determination of the maximum horizontal principal stress in hydraulic fracturing tests -a proposed breakdown equation employing a modified effective stress relation for tensile failure. *Int. J. Rock Mech. Min. Sci. & Geomech. Abstr.*, 26, 499-506.

Scott, P.P., Jr, Bearden, W.G. and Howard, G.C. (1953) Rock rupture as affected by fluid properties. *Petrol. Trans. Am. Inst. Mining Eng.*, TP 3540, 198, 111-24.

Serata, S. and Kikuchi, S. (1986) A diametral deformation method for in situ stress and rock property measurement. *Int. J. Min. Geol. Eng.*, 4, 15-38.

Serata, S. et al. (1992) Double fracture method of *in situ* stress measurement in brittle rock. *Rock Mech. Rock Eng.*, 25, 89-108.

Shlyapobersky, J. (1989) On-site interactive hydraulic fracturing procedures for determining the minimum in situ stress from fracture closure and reopening pressures. *Int. J. Rock Mech. Min. Sci. & Geomech. Abstr.*, 26, 541-8.

Stephansson, O. (1983a) State of the art and future plans about hydraulic fracturing stress measurements in Sweden, in *Proc. Hydraulic Fracturing Stress Measurements,* Monterey, National Academy Press, Washington, DC, pp. 26-7.

Stephansson, O. (1983b) Rock stress measurement by sleeve fracturing, in *Proc. 5th Congo Int. Soc. Rock Mech . (ISRM),* Melbourne, Balkema, Rotterdam, pp. F129-37.

Stephansson, O. (1983c) Sleeve fracturing for rock stress measurement in boreholes, in *Proc. Int. Symp. Essais en Place, In Situ Testing,* Paris, Vol. 2, pp. 571-8.

Stephansson, O. (1993) General report of Workshop W2: stresses in the Earth's crust, in *Proc. 7th Congo Int. Soc. Rock Mech . (ISRM),* Aachen, Balkema, Rotterdam, Vol. 3, pp. 1667-81.

Stephansson, O., Särkkä, P. and Myrvang, A. (1986) State of stress in Fennoscandia, in *Proc. Int. Symp. on Rock Stress and Rock Stress Measurements,* Stockholm, Centek Publ., Luleå, pp. 21-32.

Tarantola, A. and Valette, B. (1982) Generalized non-linear inverse problem solved using the least squares criterion. *Rev. Space Phys.*, 20, 219-32.

Thiercelin, M. and Desroches, J. (1993) Improving the performance of open hole stress tools. *Int. J. Rock Mech. Min. Sci.. & Geomech. Abstr.*, 30, 1249-52.

Thiercelin, M., Desroches, J. and Kurkjian, A (1994) Open hole stress tests in shale, in *Proc. Eurock '94: Int. Symp. on Rock Mech. in Petrol. Eng.,* Delft, Balkema, Rotterdam, pp. 921-8.

Tsukahara, H. (1983) Stress measurements utilizing the-hydraulic fracturing technique in the Kanto Tokai area, Japan, in *Proc. Hydraulic Fracturing Stress Measurements,* Monterey, National

Academy Press, Washington, DC, pp. 18-27.

Tunbridge, L.W. (1989) Interpretation of the shut-in pressure from the rate of pressure decay. *Int. J. Rock Mech. Min. Sci. & Geomech. Abstr.*, 26, 457-9.

Tunbridge, L.W., Cooling, CM. and Haimson, B. (1989) Measurement of rock stress using the hydraulic fracturing method in Cornwall, UK Part I. *Int. J. Rock Mech. Min. Sci. & Geomech. Abstr.*, 26, 351-60.

Von Schonfeldt, H. (1970) An experimental study of open-hole hydraulic fracturing as a stress measurement method with particular emphasis on field tests, unpublished Doctoral Thesis, University of Minnesota.

Von Schonfeldt, H. and Fairhurst, C. (1970) Field experiments on hydraulic fracturing, *Soc. Petrol. Eng. J., Am. Inst. Min. Eng.*, 1234-9.

Wang, Y. and Dusseault, M.B. (1991a) Borehole yield and hydraulic fracture initiation in poorly consolidated rock strata -Part I. Impermeable media. *Int. J. Rock Mech. Min. Sci. & Geomech. Abstr.*, 28, 235-46.

Wang, Y. and Dusseault, M.B. (1991b) Borehole yield and hydraulic fracture initiation in poorly consolidated rock strata -Part II. Permeable media. *Int. J. Rock Mech. Min. Sci. & Geomech. Abstr.*, 28, 246-60.

Warpinski, N.R. (1989) Determining the minimum in situ stress from hydraulic fracturing through perforation. *Int. J. Rock Mech. Min. Sci. & Geomech. Abstr.*, 26, 523-31.

Wawersick, W.R. and Stone, C.M. (1989) A characterization of pressure records in inelastic rock demonstrated by hydraulic fracturing measurements in salt. *Int. J. Rock Mech. Min. Sci. & Geomech. Abstr.*, 26, 613-27.

Whitney, J.M. and Nuismer, R.J. (1974) Stress fracture criterion for laminated composites containing stress concentration. *J. Composite Materials*, 84, 156-265.

Winther, R.B. (1983) Bruchmechanische Gesteinsuntersuchungen mit dem Bezug zu hydraulischen Frac-Versuchen in Tiefbohrungen, *Bericht Inst. Geophysik, Ruhr-Universitdt Bochum, Reihe A*, No. 13.

Zemanek, J. et al. (1970). Formation evaluation by inspection with the borehole televiewer. *Geophysics*, 35, 254-69.

Zoback, M.D. and Haimson, B.C. (1982) Status of hydraulic fracturing method for in situ stress measurements, in *Proc. 23rd US Symp. Rock Mech.*, Berkeley, SME/AIME, pp. 143-56.

Zoback, M.D., Healy, J.H. and Rolles, J.C (1977) Preliminary stress measurements in Central California using the hydraulic fracturing technique. *Pure Appl. Geophys.*, 115, 135-52.

Zoback, M.D., Tsukahara, H. and Hickmann, S. (1980) Stress measurements at depth in the vicinity of the San Andreas fault: implications for the magnitude of shear stress with depth. *J. Geophys. Res.*, 85, 6157-73.

Zoback, M.D., Mastin, L. and Barton, C. (1986) In-situ stress measurements in deep boreholes using hydraulic fracturing wellbore breakouts and stonely wave polarization, in *Proc. Int. Symp. on Rock Stress and Rock Stress Measurements*, Stockholm, Centek Publ., Luleå, pp. 289-99.

Zoback, M.D. et al. (1987) New evidence on the state of stress on the San Andreas fault system. *Science*, 238, 1105-11.

Zoback, M.L. (1992) First-and second-order patterns of stress in the lithosphere: The World Stress Map project. *J. Geophys. Res.*, 97, 11703-28.
Zoback, M.L. and Zoback, M.D. (1980) State of stress in the conterminous United States. *J. Geophys. Res.*, 85, 6113-56.
Zoback, M.L. et al. (1989) Global patterns of tectonic stress. *Nature*, 341, 291-8.

# 応力解放法 5

## 5.1 はじめに

　応力解放法の背後にある主要な考え方は，応力の作用している岩盤から岩石サンプルもしくはその岩盤全体を切り離し，挙動を観測しようというものである（Merrill, 1964）．これは，オーバーコアリング，アンダーコアリング，周囲に溝を掘るカッティングスロットといったさまざまな方法で行うことができる．その応力は，水圧法のように作用させる圧力に関連するものではなく，応力解放過程で生じるひずみや変位を応力解放過程の岩石サンプルで計測することによって推定される．応力解放試験の解釈がうまくいくかどうかは以下の条件に大きく依存する．
（1）岩盤の応力－ひずみ（変位）関係を把握できること
（2）サンプルの試験により岩盤の力学的性質を決定できること
（3）微小なひずみや変位を測定できる感度の良い計器を用いること
等方線形弾性体の理論から導かれる方程式を用いて，ひずみや変位を応力成分と関連づけるのが一般的な手法である．
　ひずみや変位は応力状態を求める場所の近くで測定されるため，どんな測定を行うにしろ測定対象領域の全体にわたって応力場は一様である必要がある．つまり，大きな不均質性や地質学的な特異性が存在しないという前提が成り立つ必要がある．この章では絶対的な応力状態を測定する技術に限定して述べることにする．第10章で議論するように，ここで述べる技術の多くは応力変化のモニタリングにも用いることができる．

## 5.2 歴史

全体もしくは部分的な応力解放法のさまざまな手法は1930年代初期に提唱された．これらの手法は以下の3つの主なグループに分けることができる．
(1) 岩盤の表面のひずみや変位を測定する方法
(2) ボアホールのなかで計器を用いる方法
(3) 大きな体積の岩盤の挙動を測定する方法
さまざまな種類の応力解放法を表5.1に示す．

### 5.2.1 岩盤表面の応力解放法

1910年代初期には，構造物に内在する応力を決定するために土木技術者によりさまざまな表面応力解放法が行われている．これらの方法は，機械的な装置により応力の釣り合いを崩し，その結果生じる変形を計測するというものである．例えば，構造の一部にボーリング孔を掘削しいくつかの点で変形を計測する．そしてその変形を較正や弾性論によって荷重に関連付ける．これに類するさまざまな方法についてMathar（1934）がレビューしている．

表5.1 応力解放法の種類

| | |
|---|---|
| 表面の応力解放法 | ・岩盤ブロックを周辺岩盤から切り出し，応力解法に伴う岩盤ブロック表面のひずみや変形の挙動を測定する．<br>・ボーリング孔に平行にもうひとつのボーリング孔を掘削し，この掘削に伴うボーリング孔の変形を観察する．<br>・センターホール掘削，あるいはアンダーコアリング |
| ボアホールの応力解放法 | ・プレストレスセルのオーバーコアリング．<br>・USBMゲージのような変位型ゲージのオーバーコアリング．<br>・ドアストッパー（Doorstopper）や光弾性（Photoelastic）ディスクのようにボーリング孔底に取り付けたゲージのオーバーコアリング．<br>・CSIR型三軸ひずみセルのオーバーコアリング．<br>・ボーリング孔底に取り付けた三軸ひずみセル（球形，円錐形ゲージ）のオーバーコアリング．<br>・剛性の高いゲージ，あるいは中実または中空の充填型ゲージのオーバーコアリング<br>・ボアホールジャッキフラクチャリング，スロッティングなど．<br>・ホログラフィー法<br>・ボアホール壁のアンダーコアリング<br>・ボアホールのテーパコアリング（tapercoring） |
| 岩盤の応力解放法 | ・立坑掘り上がり法（Bored raised method）<br>・逆解析<br>・アンダーエキスカベーション法（Under-excavation technique） |

5.2 歴史

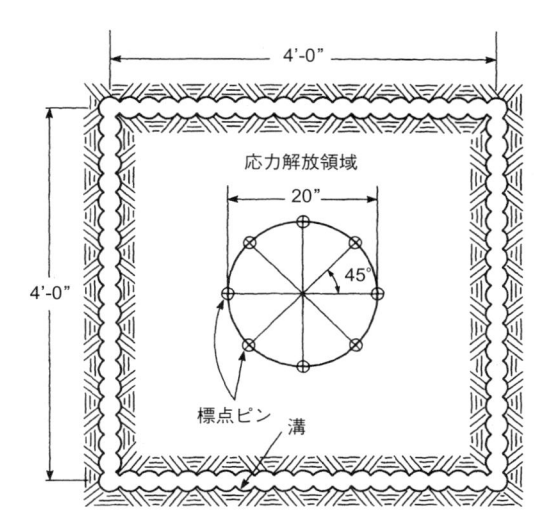

図 5.1 Lieurance が行った試験の応力解放領域と変位測定用標点の設置位置. 図中の (′) はフィート, (″) はインチを表す. (Merrill, 1964)

　表面応力解放法を用いた最も初期の原位置応力測定のひとつは, Lieurance (1933, 1939) によりデンバーの米国開発局 (US Bureau of Reclamation in Denver) から報告されている. その試験は米国ネバダ州の Hoover (Boulder) ダムにおいいて, ダム建設前に基礎岩盤中の排水トンネル (断面が 5 フィート×6 フィート, すなわち 1.5 m×1.8 m) の壁面で行われた. 測定はトンネルの軸に沿っておおよそ 50 フィート (15 m) 間隔の数箇所で行われた. それぞれの測定箇所の測定点の配置を図 5.1 に示す. まず, 4 組のふたつの真鍮のピンを 20 インチ, すなわち 508 mm 間隔でトンネルの壁面に設置する. ピンの間の距離を計測した後, ピンの周りに 30 インチ, すなわち 762 mm 程度の深さのボーリング孔を重なり合うように掘削することで溝をつくり, 4 フィート (1.22 m) 四方の正方形の岩を切り出す. 溝の切り込みに伴うピン間の距離の変化を測定し, トンネルの壁面に平行な二次応力がまず決定される. 次に, トンネルの形状に応じた応力集中係数を仮定することで原位置応力が求められる. 一方, ブロックから切り出したサンプルの変形性を求めるための試験が実験室で行われる. Lieurance (1933) は, ダム建設中からダム完成後の貯水時の間に, 岩盤基礎の応力変化をモニタリングするためにかれの計測技術を使うことを推奨した. Talobre (1964) は, 1930 年代後半にヨーロッパの Oberti によって用いられた Lieurance の

259

## 5 応力解放法

方法に似た方法について述べている.

1949年にOlsenは,コロラドのProspect Mountainトンネルにおいて,コンクリート覆工に対する補強の必要性について検討した.岩盤の耐荷能力を決定するために,Olsen(1949)はLieuranceの方法の改良を試みた.はじめに,トンネルの壁面のいくつかの場所において45°ずつ隔てた4方向に電気抵抗ひずみゲージを貼付け,それを直径6インチ(152 mm)のコアビットでオーバードリリングした.その結果,ひずみを完全に解放するためには最低限5インチ(127 mm)深さの掘削が必要であることがわかった.この方法により,トンネルの壁面に平行な平面内の主応力の決定が可能なことが再度確認された.一軸圧縮下の岩石ブロックをオーバーコアリングした室内実験によってもこの方法の妥当性が確認された(Olsen, 1957).Sipprelle and Teichman(1950)は,コロラドのRifle付近の地下のオイルシェール鉱床においてOlsenの技術に似た方法を用いている.

表面(もしくは表面近傍)の応力解放法は,その他にも1950年代初期にフランスのTalobre(Talobre, 1967),米国のHabib, Phong and Pakdaman(1971),Shemyakin, Kurlenya and Popov(1983),Duvall(1974)により提案されている.Talobreの方法は,長さ200 mmの変位計(extensometer)3本を三角形に配置し,その中心部に直径56 mmのボーリング孔を掘削するというものである.掘削の際,3つの変位計で変形が計測され,計測している平面の応力が決定される.Habib, Phong and Paldaman(1971),Shemyakin, Kurlenya and Popov(1983)の方法では,既設孔の近傍でボーリング孔が掘削されるときの既設孔の変形が計測される.

Duvall(1974)の方法は「センターホールによる応力解放(stress relief by center hole)」と呼ばれ,アンダーコアリング(Undercoring)法の一種とみることができる.直径10インチ(254 mm)の円に沿って6個のピンが60°間隔で設置された岩盤表面の中心に直径6インチ(152 mm)のボーリング孔を掘削する.6個のピンによる3方向の直径を掘削前後で比較することにより,計測平面内の応力状態を定めることができる.6個ではなく12個のピンを使う方法がIvanov, Parashkevov and Popov(1983)によって提案されている.この方法では10個の直径あるいは対角線の変位計測から応力が定められる.

### 5.2.2 ボアホールの応力解放法

表面の応力解放法は多くの制約を受ける.第一に,ゲージもしくはピンは湿度や塵といった侵食を受けやすい条件の下にあるということ.第二に,ひずみや変位は風化や掘削により乱され損傷を受けた可能性のある岩盤表面上で計測されるということ.

第三に，空洞壁面で計測された応力を遠方の応力成分と関連付けるために応力集中係数を仮定しなければならないということである．これらの制約から逃れるために，掘削表面から離れたボアホールで応力が計測されるオーバーコアリング法が発達した．岩盤の完全な応力解放は，先行ボアホール（パイロット孔とも呼ばれる）と中心軸を合わせてそれより大きな直径の孔を掘削（オーバーコアリング）することで達成される．初期の論文では，オーバーコアリング法はしばしばくり抜き法（trepanning method）と呼ばれていた．ボアホール解放法は表 5.1 に示したようにいくつかのグループに分類される．

### (a) プレストレスセル（prestress cell）のオーバーコアリング

Hast (1958) がオーバーコアリングを提唱した最初の人物のようである．彼は，坑道の岩盤表面から 10〜20 m も離れた直径 26 mm のボアホール内に計器を設置してオーバーコアリングを行った．その計器は 1940 年代初めに開発された磁気ひずみニッケルセルで構成されており，荷重を受けた時のニッケル合金の透磁率の変化により応力を直接計測することができる (Hast, 1943)．このセルにはボアホール内で任意の大きさの圧縮応力があらかじめ加えられる．オーバーコアリングの際，セルに作用する荷重が計測され，計測方向の絶対応力が求められる．ボアホール内の異なる 3 箇所（少なくとも 100 mm 離れたところ），3 方向にセルを置くことで，ボアホールの軸に直交する平面内の応力状態を定めることができる．この孔に直交する他の 2 孔で同様の測定を繰り返すことにより，完全な三次元応力状態を求めることができる．Hast の磁気ひずみセルは 1950 年代から 1960 年代初期にスウェーデン，ノルウェー，フィンランドの鉱山で応力計測のために広く使用された．さらに，Hast のセルの改良型が Wang *et al.* (1986) によって提案されている．

### (b) 変位型ゲージ（deformation gage）のオーバーコアリング

何人かの研究者が，ボアホールに設置してオーバーコアリングした際の変位を測定する形の岩盤応力計を開発した．これらの計器は，オーバーコアリング中にひとつもしくは複数のボアホール直径の変化を計測するものである．Talobre (1967) は，1950 年にフランスの Berthier が提唱した光学システムを使い，ボアホールの 3 方向の直径変化を計測することで応力状態を求める方法を紹介している．もうひとつの方法は，米国鉱山局（US Bureau of Mines, USBM）が開発した有名な USBM ゲージの初期の型式である（Obert, Merrill and Morgan, 1962）．このゲージは，オーバーコアリング中に EX (38 mm) 孔の一方向の直径変化を計測するもので，孔に直交する面

内の応力状態を定めるには，ボアホールのさまざまな深さで直径変化の計測を行わなければならなかった．その欠点は測定値の間の内挿補間を必要とすることで，特に高い応力勾配がある場合には誤差の原因となった．その後，ボーリング孔軸に直交する面内において 60° 間隔の 3 方向の直径変化を測定できる 3 成分型のゲージが開発された（Merrill, 1967）．そのゲージをふたつもしくは 3 つのボアホールに用いることで，完全な三次元応力状態を決定することができる．

数段階の改良を経て（Bickel, 1978; Hooker, Aggson and Bickel, 1974; Hooker and Bickel, 1974），USBM ゲージは今日でも広く使用されている．現在でもなおこのゲージは，オーバーコアリングにより岩盤の原位置応力を測定するためのゲージのなかで最も信頼性が高く正確なもののひとつとみなされている．さらにその後改良された DBDG ゲージ（Deep Borehole Deformation Gage，大深度ボアホール用の変位型ゲージ）と呼ばれるゲージは，カナダ原子力公社（AECL: Atomic Energy of Canada Limited）の Thompson（1990）により提案された．DBDG ゲージは大深度の応力計測ができる数少ないオーバーコアリング技術のひとつである．このゲージは水に満たされた 1,000 m の深さのボアホールにも適用できるように設計されている．

Merrill が USBM ゲージを開発したのと同じころ，Suzuki（1966, 1971）は 3 方向の直径を計測できるボアホール変位型ゲージを開発した．Griswold（1963）は，ボアホール軸に沿って 0.75 インチ（19 mm）間隔に配置した 3 つの小さなベリリウム・銅の変換リングからなるゲージを開発した．リングと岩盤は 1/8 インチ（3.2 mm）のふたつの鋼球によって接触している．このゲージの興味深いところは他のどの変位型ゲージよりも小さいことで，5/8 インチ（15.9 mm）のパイロット孔，2.25 インチ（57.2 mm）のオーバーコアリングに適合するように設計されている．

Royea（1969）は，1.16 インチ（29.5 mm）のボアホール用に 6 成分のボアホール変位型ゲージを開発した．その直径の測定範囲はひとつの断面だけにとどまらず，ボアホール軸に沿って 2.25 インチ（57.2 mm）の長さに及んでいる．Crouch and Fairhurst（1967）は，2.25 インチ（57.2 mm）のパイロット孔用の 4 成分の変位型ゲージを開発し，ミネソタ州中部の石切場において 1 m より浅い深さで試験した．かれらのゲージは幾分 Merrill（1967）のものに似ているが，空気圧によりピストンが岩盤に押しつけられる構造になっている．さらに，3 方向ではなく 4 方向の直径を計測することにより，多少の余裕をもつことができるようになった．かれらはまた，そのゲージは直径変化に加えて軸方向の変位も測定できるように改良することができ，それによって単一のボアホールで完全な三次元応力状態を決定することができるとしている．Bonnechere（1971）と Bonnechere and Cornet（1977）はこの考えを引き継いで，

直径 76 mm のパイロット孔において 4 方向の直径と 3 つの軸方向変位を計測することにより完全な三次元応力状態を求めることができる「University of Liege」と呼ばれるセルを開発した．

他のタイプの変位型ゲージも文献にはいくつか報告されている．例えば，日本では Kanagawa et al. (1986) が 1970 年代初期からの研究により，直径 56 mm のパイロット孔で 4 方向の直径とひとつの軸方向変位を計測することができるひずみゲージを開発した．しかし，このゲージで完全な三次元応力状態を得るためには互いに平行ではない 3 本のボアホールが必要である．Kanagawa et al. (1986) のゲージは過去 20 年間日本では広く用いられたが海外ではそれほど知られていない．その後の論文では，Sugawara and Obara (1993) が別のボアホール変位型ゲージの開発を報告している．さらに 1980 年代には，Kanagawa らによって直径 48 mm のパイロットホールで 4 方向の直径と 4 つの対角線方向の計測ができるゲージが再度開発された．このゲージを用いれば単一のボアホールで完全な三次元応力状態を決定することができるが，残念ながらこのゲージも日本国外ではあまり知られていない．

スイスの Kovari, Amstad and Grob (1972) は，直径 56 mm のボアホールで 6 方向の直径の変化を計測するゲージ（L6 ゲージと呼ばれる）を提案した．同じ直径のパイロット孔で 3 つの軸方向の変位を計測する別のゲージ（D3 ゲージと呼ばれている）も作られ，これらのゲージはふたつ連結して使われる．ドイツでは，直径 46 mm のパイロットホールで 4 方向の直径変化を計測できる BRG ゲージと呼ばれるゲージを Pahl (1977) が開発した．このゲージに関するその後の情報は Pahl and Heusermann (1993) の論文に掲載されている．最後に，フランスでは，CERCHAR が 97 mm のパイロット孔において 3 方向の直径変化を計測する 500 mm の長さのセルを開発した (Helal and Schwartzmann, 1983)．そのセルは，ダイラトメータと USBM ゲージを組み合わせたように見える．合計 6 個の誘導コイル型の変位変換器により，40 mm 間隔の 3 つの断面における 3 方向の直径変化が計測される．それぞれの変換器の先端は膨張するメンブレンに取り付けられている．オーバーコアリング中に変換器が岩盤から離れないように 0.2 MPa の一定の圧力を作用させている．CERCHAR セルはオーバーコアリングの前に岩盤の剛性率を測定するためにも用いることができる．

### (c) 平面孔底型ゲージのオーバーコアリング

南アフリカでは，Leeman (1964a, b) がボアホールの平らな孔底に直接ひずみゲージを貼りつけて実験を行った．これに類似した方法は以前にドイツの Mohr (1956) とロシアの Slobadov (1958) によって提案されていた．ひずみはオーバーコアリン

## 5 応力解放法

グ後に読み取られたが，この方法はゲージの耐水性の問題からすぐに諦められた．その後，Leeman (1964a) は BX (60 mm) ボアホールの底に貼り付けてオーバーコアリングできるセルを開発した．このセルは，3 方向（その後改良して 4 方向）のひずみゲージからなるロゼットゲージを底面に装着したシリコーンゴム製のプラグ状のセルである．このセルはしばしば CSIR (Council for Scientific and Industrial Research) ドアストッパー (Doorstopper) 型ゲージと呼ばれている．このセルで計測されたひずみは原位置応力のいくつかの成分と関連づけられている．

このドアストッパー型ゲージは，当初は既知の主応力方向に平行に掘削されたボアホールに直交する平面内の主応力を測定するために開発されたが (Leeman, 1971b)，完全な三次元応力状態を決定するためにも使われてきた．この場合，3 本（もしくは 2 本）の互いに平行ではないボアホールが必要となる．このドアストッパー型ゲージは，軟岩や節理性あるいは葉片状の硬岩のように長いオーバーコアリングコアを得るのが難しい場所の応力計測に有用である．このドアストッパー型ゲージは応力の高い場所でも成功裏に使用されてきた．初期のドアストッパー型ゲージは，Gregory et al. (1983)，Gill et al. (1987)，Corthesy, Gill and Nguyen (1990)，Myrvang and Hansen (1990) により改良され，その結果ドアストッパー型ゲージは浅部から深部にいたる原位置応力の計測に適用できる計器となった．

Leeman (1964a, b) の技術に似た方法は，Hawkes and Moxon (1965) により提案されていた．電気抵抗線型のひずみゲージを使う代わりに，光弾性材料の環状のディスクから成る「二軸ゲージ」を直径 3 インチ (76 mm) のボアホール孔底に接着してオーバーコアするというものである．オーバーコアリングの後，偏光を当てるとゲージに等色の縞模様のパターンが現れる．そのパターンはボアホールに直交する面内のひずみと応力に直接関連づけられる (Hawkes, 1968, 1971)．この方式は安価でかなり信頼性があり，オーバーコアリングのサンプルは短くて済む (Roberts, 1971)．しかし，以下のような欠点がある．

(1) 湿潤な条件では接着に問題が生じる．
(2) 3 本のボアホールが必要である．
(3) オーバーコアリングに伴う連続的な測定ができない．
(4) 現場測定の解析にはボアホールの孔底における応力集中の知識が必要である．
(5) 自由面からあまり遠くない場所でしか応力計測を行うことができない．

1960 年代には他の光弾性計器を用いたオーバーコアリングによる応力計測が非常に盛んになったがその後廃れた．このような装置に興味のある読者には，Leeman (1971a)，Hawkes (1971)，Voight (1971) のレビュー論文をお勧めする．

## (d) CSIR 型三軸ひずみセルのオーバーコアリング

1966 年，Leeman and Hayes は，EX（38 mm）サイズの単一のボアホールで完全な三次元応力状態を計測できる南アフリカ CSIR 型三軸ひずみセル（triaxial strain cell）と呼ばれる新しいセルを提案した．そのセルを用いれば，3 成分のひずみゲージからなるロゼットゲージをボアホールの壁面の意図した方向と位置に 3 枚貼り付けて壁面のひずみを直接計測することが可能となる（Leeman, 1971b）．ひずみはオーバーコアリングの前後に計測される．Van Heerden（1976）が提案した CSIR 型三軸ひずみセルの改良型では，応力が 5 MPa より大きいときには十分な精度で応力を測定できることがわかった．このセルのロゼットゲージはもともとの Leeman のセルとはレイアウトが変わり，それぞれのロゼットゲージは 3 成分ではなく 4 成分のひずみゲージからなっている．

もともとの CSIR 型三軸ひずみセルと同じ原理で動作するさまざまな計器が提案されてきた．スイスでは，Kovari, Amstad and Grob（1972）と Grob, Kovari and Amstad（1975）がセルを提案し，アルプス山脈のさまざまなプロジェクトで用いられた．Myrvang（1976）による CSIR 型三軸ひずみセルの最初の改良型はスカンジナビアで広く使用されている．ドイツの INTERFELS は，200 m までの深さのボアホールに対応できる CSIR 型三軸ひずみセルを開発した．そのセルはロゼットゲージがエポキシ樹脂のひずみゲージ本体のすぐ内側に埋め込まれているので，従来の Leeman のセルと後で説明する CSIRO HI セルの組み合わせのようである．INTERFELS セルは中央ヨーロッパで広く使用されている．

深いボアホールの応力計測に使用できる CSIR 型三軸ひずみセルのもうひとつのタイプが，Swedish State Power Board（Hiltscher, Martna and Strindell, 1979）により開発された．SSPB セルと呼ばれるこのセルは，最初は水で満たされた深さ 500 m の鉛直ボアホールで用いられ，次いで 45°傾いた 90 m の長さのボアホールでも用いられている（Hallbjörn, 1986）．SSPB セルの他の型は，長さが 45 m までの水平なボアホールや斜め上向きのボアホールでも用いられた例がある．SSPB セルは，現在では深さ 1000 m に達する大深度で応力を計測することのできる数少ないオーバーコアリング計器のひとつである（Ljunggren, 私信, 1995）．また，Thompson, Lang and Snider（1986）と Gill et al.（1987）が提案した CSIR セルの改良型では，オーバーコアリング中の連続的なひずみ変化を計測することができる．

Leijon（1986）と Leijonand Stillborg（1986）は，Luleå University of Technology（LuH もしくは LuT）ゲージと呼ばれるもうひとつの CSIR 型三軸ひずみセルを提案した．このセルは 1979 年から開発されて主に鉱山の水のないボアホールで用いられ

てきた．このセルは，5 mm のひずみゲージ 4 枚を成分とするロゼットゲージ 3 枚を 120°間隔で孔壁に貼りつけることにより，互いに異なる 10 方向にひずみゲージを配置している．現在の CSIR セルとは異なって LuH ゲージ本体は回収可能であり，再調整の後に再度利用することができる．小さなエポキシ樹脂に埋め込まれたひずみゲージは取り除く（新たに装着する）ことができる．また，ボアホールの清掃技術や貼り付け装置，読取装置にも改良が施された．

ニュージーランドでは，Mills and Pender（1986）が CSIR 型三軸ひずみセルよりも柔らかい ANZSI セルを考案している．このセルは 38 mm のパイロット孔用で，5 mm のひずみゲージ 9 枚を装着した膨張性のゴムメンブレンから成っている．アルミニウム製の円筒状の本体に取り付けられたメンブレンが膨張するとひずみゲージがボアホール壁面に貼り付けられ，オーバーコアリングされる．オーバーコアリングに先立ってゴムメンブレンが膨張する際は，低圧力（1 MPa まで）のダイラトメータとして機能する．それは原位置岩盤の弾性係数の測定とともに，ひずみゲージの動作を確かめるために用いられる．この計器は，インタクトなオーバーコアを得るのが難しい石炭のような軟岩に対してうまく機能することがわかっている．

Cai（1990）が提案した CSIR 型三軸ひずみセルは，直径 36.5 mm，長さ 200 mm の薄い中空のチューブからなり，アラルダイト製もしくはアルミニウム製の円筒の両端に貼り付けられた 0.05 mm の厚さのステンレス製の楔を有している．合計 12 枚のひずみゲージがチューブの内側に CSIR セルと同じ方向に貼り付けられている．著者の知る限りではこのセルは実験室の試験だけに留まっている．

(e) 孔底三軸ひずみセルのオーバーコアリング

Sugawara et al.（1986）は，直径 75 mm のボアホールの半球形の孔底に貼り付けてオーバーコアリングするひずみセルを提案した．このセルは，球面の外側に 16 枚のひずみゲージを装備したエポキシ樹脂製の半球形プラグである．ひずみゲージは岩盤に直接接着され，ひとつのボアホールで得られるオーバーコアリングのデータから完全な三次元応力状態を決定できる．このセルは 40 mm 以下の間隔の節理がある岩盤でもうまく測定できる．このセルを使った応力計測の多くの例が，Obara et al.（1991），Sugawara and Obara（1993）に報告されている．このセルは日本では有名である．ボアホールの半球形の孔底にひずみゲージを取り付けてオーバーコアリングをするという考え方は Berents and Alexander（1965）や Hoskins（1968）により 30 年前に示唆されており，概念自体はそれほど新しいものではない．

ボアホールの円錐形の孔底にひずみゲージを貼り付けるという，球面孔底ひずみ

(hemispherically ended borehole) 法の改良版が Kobayashi et al. (1991) により提案されている．12 個のひずみ成分を有する円錐形のひずみゲージプラグ（もしくは円錐形のひずみセル）をボアホールの孔底に接着し，単一のボアホールの測定によって完全な原位置の三次元応力状態を決定することができる．ひずみの解析に必要な応力集中係数は三次元境界要素法を用いて計算されている．この円錐孔底ひずみ法を用いた計測を Tamai, Kaneda and Mimaki (1994) が報告している．16 個のひずみ成分を有するさらに改良された円錐形ひずみセルの測定成果を，Obara et al. (1995), Sugawara and Obara (1995), Matsuki and Sakaguchi (1995) が報告している．「円錐孔底ひずみ（conical-ended borehole）法」は，単一のボアホールで原位置応力を計測できる実用的な方法であり，さまざまな岩種にも適用可能である．

### (f) 充填型ゲージのオーバーコアリング

充填型（inclusion-type）の計器を設置したボアホールをオーバーコアリングすることによっても岩盤の応力を計測することができる．そのような充填型ゲージのなかで，剛な（stiff）もしくは硬い（rigid）充填型と呼ばれる第一のグループは，1950 年代から 1960 年代に提案された．一例として，限られた範囲で絶対的な原位置応力を計測した Roberts et al. (1964) の光弾性ガラス製充填型ゲージ（10 章参照）を挙げることができる．応力解放に伴う引張応力による分離がしばしば問題になる．Hawkes (1971) は，岩盤応力計の接着は 450 psi (3.1 MPa) 以下の引張応力までしか保たれないとしている．

オーバーコアリングによって原位置応力を決定する他の剛な充填型ゲージが Nichols, Abel and Lee (1968) により提案されている．かれらの提案したゲージには，直径 1 インチ (25.4 mm) の鋼鉄（もしくはアルミニウムまたは真鍮）の球の上に 45° のひずみロゼットゲージ 3 枚が直交方向に貼り付けられている．オーバーコアリング中に発生する岩盤の解放ひずみは，ボアホールに球を充填している耐水性のエポキシ充填物を通して球に伝達される．そして，単一のボアホールにおけるひずみの計測により完全な三次元応力状態を決定することができる．オーバーコアリング中の温度変化を把握するために温度センサーも鉄球に接着されている．この計器のその後の発展については，Lee, Abel and Nichols (1976) や Nichols (1983) が報告している．光弾性応力計については，岩盤とエポキシ樹脂の剥離の影響により絶対応力の計測は限られた範囲でしか成功していない．しかし，応力変化のモニタリングには十分適用できている（第 10 章参照）．

さらに，孔の空いていない円柱形の中実充填物（solid inclusion）や孔の空いた円

## 5 応力解放法

筒形の中空充填物（hollow inclusion）に直接ひずみゲージを埋め込み，ボアホールの壁面もしくは孔底に貼り付ける方法が考案されている．これらの充填型ゲージは，前記の剛性の高い充填型ゲージと違って岩盤の変形に応じてほとんど抵抗することなく追随して変形する．この手法ではひずみゲージは水や塵の影響を受けることが少ない．このような形式の充填型ゲージにより少なくとも6成分以上の独立したひずみを計測することで，単一のボアホールで完全な三次元応力状態を決定することができる．中実の充填型ゲージは Rocha and Silverio（1969）や Blackwood（1977）が提案している．

Rocha and Silverio（1969）の中実充填型ゲージは，長さ440 mm，直径35 mm である．長さ20 mm のひずみゲージ10枚がプローブの中央部に沿って互いに異なる9つの方向に埋め込まれている．このタイプのセルはひずみゲージが頻繁にはがれる問題を解決できないため開発が断念された（Rocha et al., 1974）．Blackwood の充填型ゲージは，オーストラリアのニューサウスウエールズ大学（University of New South Wales, UNSW）の SI セルとしても知られている．1970年代初めから開発がなされ，10枚の電気式ひずみゲージが埋め込まれた円筒形のエポキシ樹脂で構成される．このゲージは Rocha and Silverio（1969）のセルに似ているが，ゲージの剛性を低下させ，石炭や軟質な岩盤の計測に適応するよう工夫されている点が異なる（Blackwood, 1982a, b）．

他の種類の中実充填型ゲージが Riley, Goodman and Nolting（1977）により提案されている．この充填型ゲージは，初めにパイロット孔に液体のエポキシ樹脂を注入して作られる．エポキシ樹脂が固まった後ボアホールがオーバーコアリングされ，オーバーコアリングされた部分が薄くスライスされる．最後に，二軸の光弾性ゲージ理論（Hawkes, 1968; Hawkes and Fellers, 1969）を用いて，応力解放されたエポキシ充填物からボアホールに垂直な応力が求められる．その他の方法としては，あらかじめ充填物に貼り付けられた3成分のロゼット型ひずみゲージの中央に小さなボアホールを掘削するというものがある（Nolting, 1980）．Nolting の方法は，この章の最初に述べたアンダーコアリング法や Duvall（1974）の中央孔掘削による応力解放法に類似しており，金属の残留応力を計測するために使用されるセンターホール掘削法にも類似している（Beaney and Procter, 1974）．この方式のひとつの利点は，単純でケーブルや電気的な装置が必要ない点である．もうひとつの利点は，エポキシが補強材として作用するため軟岩にも適用できる点である．短所としては次の点が挙げられる．

(1) オーバーコアリング中に連続的な計測ができない．
(2) クリープ，湿度，温度の問題がある．
(3) 二次元の計測である．

一般に，中実充填型ゲージの主な短所は，オーバーコアリング中のボアホールの変形に抵抗する傾向があることである．岩盤と充填物の剛性の違いにより，岩盤と充填物の接触部分に引張応力が発生する．弾性論によれば，このような残留応力は岩盤と充填物の接着をはがすのに十分な大きさとなり得る．それゆえ，Rocha et al. (1974)とDuncan-Fama (1979) は，中実充填型ゲージは特に軟岩ではうまく測定ができないと指摘している．しかし，現場と室内の実験に基づき，Blackwood, Sandström and Leijon (1986) はたとえ軟岩であってもこの型のゲージでうまく測定ができると主張しており，先の理論的な予測はその後疑問視されるようになってきた．中実充填型ゲージと岩盤の接着に関する論争が，結果として，Rocha et al. (1974) が開発したポルトガルのLNEC (Labatorio Nacional de Engenharia Civil, Lisbon) ゲージや，Worotnicki and Walton (1976) が開発したオーストラリアのCSIRO (Commonwealth Scientific and Industrial Research Organization) 中空充填型 (HI) セルのような薄肉の中空型ゲージの開発につながった．

LNECゲージは，内径31 mm，外径35 mm，厚さ2 mmの中空充填型ゲージである．このゲージの中央部には3成分ロゼット型ひずみゲージが3枚埋め込まれている．このゲージは1970年代のポルトガル以外ではあまり使用されていない．一方，CSIRO HIセルはこれまで世界中の多種多様な岩盤に対して使用されてきており，広く普及した計器となっている．このセルは，内径32 mm，外径36 mmである．CSIRO HIセルは，オーバーコアリング後は通常再利用できないが，Cai and Blackwood (1991) はオーバーコアリング後にこのゲージを回収する方法を示している．CSIRO HIセルは，ゲージと岩盤の接着面に沿って引張応力が生じるため，非常に軟質な岩盤ではうまく測定できない．例えば，Mills and Pender (1986) は，CSIRO HIセルと石炭の接着面の間には接着面に沿って800 kPaの引張応力が発生するので分離の問題が生じるとしている．しかし，Waltonand Worotnicki (1986) が提案した薄肉型のゲージを用いることによりこの問題を回避することができる．

**(g) 他のボアホール応力解放法**

これまでと異なった斬新的な「ボアホールジャッキ (borehole jack) フラクチャリング」と呼ばれるボアホール応力解放法がDe la Cruz (1977) により提案された．それは，同じ著者 (De la Cruz, 1978) によって改良されたボアホールジャッキ (Goodman Jack) の使用に基づいている．その方法は，ボーリング孔を90°ごとに4分割し，摩擦ひずみゲージをボアホールの相対する孔壁に取り付け，2枚の鋼製載荷板を用いて他のふたつの相対する孔壁に一軸荷重を載荷するというものである．岩盤

5　応力解放法

が破壊するときに解放される孔壁の接線方向ひずみが摩擦ひずみゲージにより計測される．ボーリング孔の深さが異なる3箇所でこの過程が繰り返される．この方法はオーバーコアリングを必要としない部分的な応力解放法である．最初の現場での良い実例が De la Cruz（1977）により報告されたにもかかわらず，このボアホールジャッキフラクチャリング法はあまり使用されていない．

　幾分ボアホールジャッキフラクチャリング法と似た考えに基づく「ボアホールスロッティング」（borehole slotting）と呼ばれる別の斬新的な方法が，Bock and Foruria（1983）と Bock（1986）により提案されている．この方法は，ボアホールの壁面に120°間隔で細長い溝を軸方向に3本切削するものである．接線方向応力の解放によって生じる接線方向ひずみがそれぞれのスロットの近傍のボアホールの孔壁表面で計測される．これもまた，オーバーコアリングを全く必要としない局所的かつ部分的な応力解放法である．この方法は計測に要する時間が短く，機器は応力解放とひずみ計測の両方の機能を兼ね備えており，しかも再利用が可能であるが解析は二次元である（Bock, 1993）．いわゆる3Dボアホールスロッターを用いて単一のボアホールで完全な三次元応力状態を求めようとする試みが1980年代後半に行われた（Yeun and Bock, 1988）．これは，あらかじめボアホールの孔壁に貼り付けられた3枚のロゼット型ひずみゲージをオーバーコアリングするというものである．この方法は原理的には 5.2.1 節で述べた表面解放法のいずれかに類似している．

　ここでは詳しく説明しないが，その他にも部分的な応力解放法としては，De la Cruz and Goodman（1971）のボアホールディープニング法（borehole deepening），ボアホールの側壁もしくは底に接着された摩擦ひずみゲージのアンダーコアリング（Hoskins and Oshier, 1973），Bass, Schmitt and Ahrens（1986），Smither, Schmitt and Ahrens（1988），Smither and Ahrens（1991）などが提案しているホログラフィー（holographic）技術を用いる方法がある．これらの方法は斬新的ではあるものの未だ実務的には注目されていない．

　最後に，De la Cruz（1995）により提案されたテーパコアリング（tapercoring）と呼ばれるボアホール解放法を紹介する．オーバーコアリングの代わりにボアホールの周りに外側に傾斜した円錐型の細い溝を掘削する点が従来のオーバーコアリング法とは異なる．それゆえ，パイロット孔は必要ない．ボアホールはどのようなサイズでもよいが，孔径の大きなボアホールの方が望ましい．従来のオーバーコアリング法に使われてきた古典的な計器のうちやや大きな孔径用のタイプがテーパコアリングに使用できる．測定結果の解析方法はオーバーコアリング法と同じである．この部分的応力解放法は近い将来利用される前途有望な方法であるように思われる．

### 5.2.3 大規模岩盤の応力解放法

これまで述べてきた岩盤表面応力解放法とボアホール応力解放法は，小さな体積の岩盤の応力状態を求める場合のみに使用できる．大きな体積の岩盤の応力を計測する手法として，Brady, Friday and Alexander（1976）や Brady, Lemos and Cundall（1986）は，岩盤表面のロゼット型ひずみゲージのオーバーコアリングを報告している．かれらは，オーストリアの Mount Isa 鉱山で，直径 1.81 m の掘り上がり坑道の壁面に数多くのロゼット型ひずみ計を貼り付けてオーバーコアリングを行っている．それぞれのロゼットは，直径 250 mm の円周に 5 組対称に並べられている 10 個の計測ピンからなり，直径 360 mm の薄肉のダイアモンドビットを用いてオーバーコアリングされた．掘り上がり坑道のさまざまな高さに合計で 14 箇所の計測断面が設けられ，それぞれの箇所では 4 つのロゼットが取り付けられてひとつのロゼットにつき 5 方向のひずみ計測が行われた．得られたひずみデータからそれぞれの箇所の応力状態を求めるとともに，14 箇所全体を包括した岩盤の平均応力が求められた．その試験に含まれる岩盤全体の体積は 100 m³ と見積もられる．Brady らの試験に似た別の掘り上がり坑道のオーバーコアリングがカナダの AECL の地下研究施設（URL）で行われた．この試験の結果は Chandler（1993）により報告されている（図 3.1a，図 9.6a）．

大きな体積の岩盤の応力状態は，地下空洞の掘削工事に伴って計測される変位を用いた逆解析により計算することもできる．この解析法は，Zajic and Bohac（1986）と Sakurai and Shimizu（1986）により同時に提案された．ひとつもしくはいくつかの断面で計測された変位は，解析的手法（有限要素法もしくは境界要素法）を用いて原位置応力に関連付けられる．この解析法では，岩盤の材料特性やその深さによる変化に関して単純化した仮定を設ける必要がある．その後，Sakurai and Akutagawa（1994）がこの手法を岩盤の非弾性挙動を考慮できる手法に拡張している．

アンダーエキスカベーション法 UET（under-excavation technique）と呼ばれているもうひとつの逆解析手法は，初めは Zou and Kaiser（1990）が二次元問題に関して提案し，後に Wiles and Kaiser（1994a）が三次元問題に拡張した．この手法では（図 3.1b，図 9.6b），掘削の進展の結果生じる岩盤の挙動を逆解析することにより三次元原位置応力を決定するため，計測においてはさまざまなタイプの計器が同時に使用された．CSIR もしくは CSIRO HI セルによるひずみや，コンバージェンスゲージ（convergence gage），エキステンソメータ（extensometer），クロージャーメータ（closure meter），さまざまな傾斜計（tiltmeter や inclinometer）による変形の計測が行われた．原位置応力は（三次元境界要素法を用いて）掘削の進展に伴って計測さ

れた変位とひずみに最も適合する応力場として決定される．この逆解析はそれぞれの掘削ステップでも行うことができるため，大きな体積（数百もしくは数千立方メートル）の岩盤の掘削ステップと同じ数だけ，測定対象とする原位置応力の推定値を得ることができる．カナダの URL の2箇所における応力計測により UET 法の適用性が実証された（Kaiser, Zou and Lang, 1990; Wiles and Kaiser, 1994b）．このいずれの場所でも，掘削方向の前方に設置された最低8個の CSIRO HI セルで応力変化や原位置応力が測定された．

## 5.3 測定方法，装置および手順

本節では，応力解放法のなかでも最も一般的に使用される測定方法のうち，以下の方法についてその測定方法，使用する装置および測定手順について述べる．
  (1) USBM ゲージ，ドアストッパー，CSIR 三軸セル，CISRO HI セルによるオーバーコアリング法
  (2) ボアホールスロッティング法
  (3) アンダーコアリング法による表面の応力解放

### 5.3.1 オーバーコアリング法の基本ステップ

図 5.2 にオーバーコアリングの一般的な3ステップの手順を示す．
  (1) 図 5.2a；応力を求めようとする岩盤に対して大孔径（孔径 60～220 mm）のボーリングを行う．このボアホールは，測定される応力に及ぼす空洞や地表面の影響が無視できる程度離れた深度まで掘削される．その離間距離は，地下空洞内での測定の場合，経験上，空洞直径あるいはスパンの少なくとも 1.5～2.5 倍が必要とされる．大孔径ボアホールの直径については，各オーバーコアリング法や試験を実施する国によってさまざまであるが，米国，カナダ，英国では孔径 150 mm が好んで用いられ，スウェーデンやノルウェーでは孔径 76～88 mm が良く使用されている．また，カナダ楯状地では 96 mm のものが使用されている（Lang, Thompson and Ng, 1986）．日本では，孔径 220 mm のオーバーコアリングがしばしば用いられている．Lang, Thompson and Ng（1986）によれば，大孔径のオーバーコアリングは軟岩に対する破壊の可能性の低減，コアリングに伴って発生する熱の影響の軽減，岩石の微視的不均質の影響の低減などの利点がある．一方，小孔径のオーバーコアリングでは，繰り返し測定が可能であるため経済的であるという利点がある．
  (2) 図 5.2b；小孔径のパイロット孔（通常は EW サイズか 38 mm であるが，それ

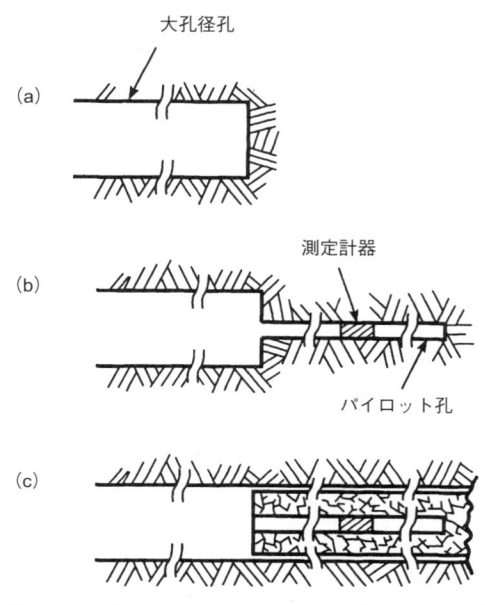

図5.2 一般的なオーバーコアリングの手順．本文の説明を参照．

以上の場合もある）を (1) で述べた大孔径ボーリングの孔底から削孔する．パイロット孔と大孔径のボアホールの孔軸は出来るだけ一致させなければならない．そのために大孔径ボアホールの孔底を平面に加工することがある．パイロット孔から採取したコアは，岩質の調査や測定計器を設置する位置を決めるために利用される．また，岩石の弾性定数を決定する試験にも用いられる．測定値にパイロット孔自身の影響が出ないように，また大孔径のボアホールによる応力擾乱の影響が無視できるように，パイロット孔は十分長い必要がある．パイロット孔の長さは 300〜500 mm である．パイロット孔に設置される計器は小さな変位やひずみを測定できる性能が必要である．ドアストッパーゲージのような計器の場合は，大孔径のボアホールの孔底を平面状にすれば直接設置することができるためパイロット孔は必要ないが，孔底を慎重に加工する必要がある．

(3) 図 5.2c：大孔径ボーリングが再び進められ，それに伴って形成される中空円筒の岩石コア内部で部分的あるいは全体的に応力およびひずみが解放される．ひずみや変位の変化は，オーバーコアリングの先端が測定面を通過するまで測定機器に記録される．なお，現在のすべての測定方法で連続計測ができるわけではない．

オーバーコアリング後，回収コア（計器を含む）は岩石の力学特性を決定するために二軸（周方向）載荷用の圧力容器内で試験に供される．これらの力学特性は回収コアへの軸載荷によっても決定することができる．その他，コアサンプルから採取した供試体に対する一軸圧縮試験による方法もある．また，パイロット孔から採取したコアを用いる場合もある．その他の方法として，ダイラトメータ試験や応力測定地点近傍から採取したコアサンプルを用いることもある．後者の試験は応力測定を行った地点から離れており，オーバーコアリングによる応力解放履歴が異なる場合があるので推奨される方法ではない．最後に，オーバーコアリング終了後，湾曲したフラットジャッキをオーバーコアがそのままの状態で残置されているボアホールに挿入し，オーバーコアへの加圧試験を行って岩石の力学特性を測定する場合もある（Helal and Schwartzmann, 1983）．

### 5.3.2 USBM ゲージ

図 5.3a は Merrill（1967）が提案したゲージ主要部の概要を示す．ゲージは EW サイズ（38 mm あるいは 1.5 インチ）のボアホール用に設計されたステンレス製で，腐食，水，埃からゲージを保護する工夫が施されている．通常，孔径 50 mm のビットで行われるオーバーコアリング中，EW 孔に直交する面内で 60 度間隔に 3 方向の直径変位が測定される．各方向の直径変位測定のために，各方向に対してふたつのピストンがカンチレバー（それぞれに 2 枚の抵抗線ひずみゲージが貼られている変換器）としての機能を持つふたつのベリリウム板に押し当てられている．相対するふたつのカンチレバーで 1 成分ゲージを構成する．カンチレバーは各ピストンに対して 45〜135 N の押し付け圧を与えているので，ピストンと岩盤は完全に接触する．ピストンの 150 mm 後方にある留めバネがオーバーコアリング中のゲージ位置を保持している．3 方向の直径変位を測定するために，通常 3 台のひずみ表示計が使用される．Merrill（1967）による種々の材料のブロックに対する実験によって，USBM ゲージは $1.3 \times 10^{-3}$ mm の精度を持つことが明らかにされている．このことは，ヤング率 7 GPa の岩石に対しては 0.14 MPa，21 GPa の岩石に対しては 0.42 MPa，70 GPa の岩石に対しては 1.4 MPa の応力測定精度があることを示している．これは，岩盤の原位置応力を測定する上で十分な精度である．

このゲージの当初の設計にはいくつかの欠点があったが，後に温度に対するクリープの減少とゲージ感度の改良が行われた（Hooker, Aggson and Bickel, 1974）．この改良では，Merrill によって提案されたオリジナルの変換器（図 5.3a）に替えて，テーパー状の変換器が装着されている．現在の USBM ゲージは，$10^{-6}$ inches/inch の感度

## 5.3 測定方法,装置および手順

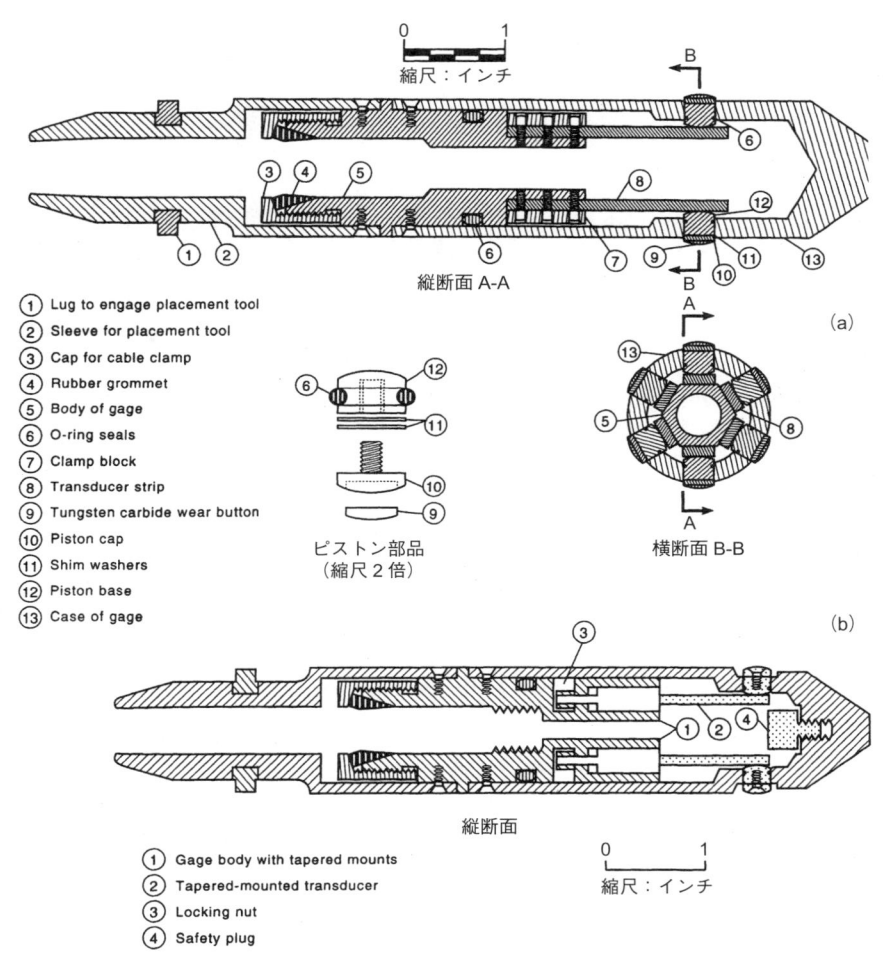

縦断面 A-A

① Lug to engage placement tool
② Sleeve for placement tool
③ Cap for cable clamp
④ Rubber grommet
⑤ Body of gage
⑥ O-ring seals
⑦ Clamp block
⑧ Transducer strip
⑨ Tungsten carbide wear button
⑩ Piston cap
⑪ Shim washers
⑫ Piston base
⑬ Case of gage

ピストン部品
(縮尺2倍)

横断面 B-B

縦断面

① Gage body with tapered mounts
② Tapered-mounted transducer
③ Locking nut
④ Safety plug

図5.3 (a) 3成分 USBM ゲージの主要部図 (Merrill, 1967). (b) テーパー状の変換器が装備された3成分ゲージ (Hooker, Aggson and Bickel, 1974)

と,$2 \times 10^{-6}$ inches/inch/°F の温度特性を持っている (Herget, 1993). 図5.4は,ゲージと測定ユニットを接続した時の写真である. これとは逆タイプのゲージが Hooker, Aggson and Bickel (1974) によって考案された. これは,固定バネを測定ピストンの前方に配置し,ゲージの背後の端部が拡張されている. このタイプのゲージは長いオーバーコアを得ることが難しい亀裂性岩盤に対して特に有効である. さらに,非常に亀裂の多い岩盤に対してはオーバーコアリングによる振動の影響を軽減する効果も

## 5 応力解放法

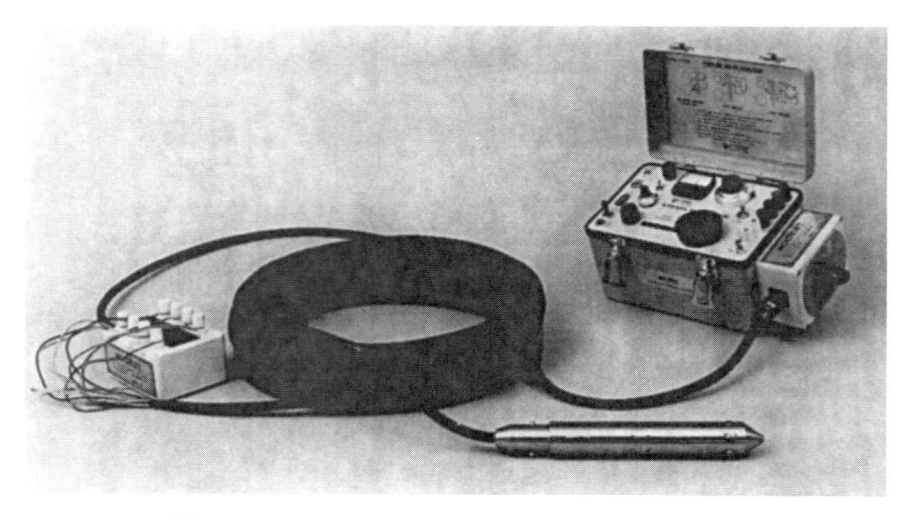

図5.4 USBMゲージ，ケーブルおよび測定器（提供：ROCTEST）

ある．USBMゲージ法のための掘削装置，装備品および試験手順の詳細についてはHooker and Bickel（1974）を参照されたい．USBMゲージを用いた原位置応力測定の基準が米国材料試験協会（ASTM D4623-86）および国際岩の力学会（ISRM）（Kim and Franklin, 1987）によって提案されている．また，Odum, Lee and Stone（1992）は，これらの基準を不均質性岩盤や亀裂性岩盤に応用する提案をしている．

USBMゲージによるオーバーコアリングは，一般に孔口から30m以内の深度で行われるが，鉛直ボアホールの70mの深度でも実施されている．オーバーコアリングは，コアリングビットの先端が測定ピストンの設置位置から少なくとも150mm（オーバーコアリング孔の直径にほぼ等しい距離）進んだ位置まで続けなければならない．そのため，回収コアの長さは少なくとも300mmになる．したがって，不連続面間隔が130mm以下の岩盤では難しい．亀裂性岩盤では，逆タイプのゲージを使えば最小オーバーコアリング長を150mmまで減少できる．この方法はボアホールが乾燥している必要はなく，地下水や掘削水で満たされていても適用可能である．オーバーコアリングの掘削に伴う3方向の直径変位の測定結果の典型例を図5.5に示す．これは，Walton and Worotnicki（1978）がオーストラリアCSA鉱山で行った結果である．オーバーコアリングが400mmを超えると直径方向の変化はなくなる．

USBMゲージの長所は以下のように多岐にわたる．
（1）ゲージは回収して再使用できる．

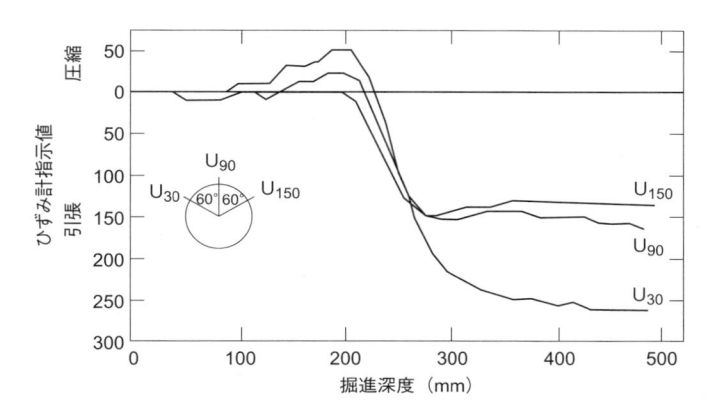

図 5.5　USBM ゲージで測定される解放ひずみの典型例
(Waltonand Worotnicki, 1978)

(2) セメントモルタルや接着剤が不要である．
(3) 長い使用実績と信頼性の高い測定結果があり，測定の成功率も高い．
(4) オーバーコアリング中の連続計測記録ができる．
(5) ゲージは基本的に岩盤応力の影響を直接受けない．
(6) 設置が簡単である．
(7) 一日で計測できる回数が比較的多い．
(8) ゲージはフルブリッジ構成なので，岩盤や掘削水の温度変化の影響をほとんど受けない．
(9) 精度を向上させるための厳密なキャリブレーションが可能である．

Thompson (1990) によって開発された Deep Borehole Deformation Gage (DBDG) を用いれば，水没したボアホールの深部でも測定が可能になる．Thompson (1990) によれば，DBDG ゲージは深度 1000 m まで適用できるように設計されている．さらに，深部ボーリングでは，普通工法の代わりにワイヤライン工法を用いることで 1 回のオーバーコアリング測定に必要な時間を大幅に短縮できる（カナダの URL サイトでは 12 時間から 8 時間に短縮している (Thompson))．

USBM ゲージを用いた応力解放法の成功率は，条件の良い岩盤の場合で 80 %，高応力条件下の岩盤の場合で 5 % とされる (Cai, 1990)．Cai (1990) の室内実験によれば，等方均質の連続体では USBM ゲージは良く機能するが，不均質の場合はその性能が十分生かされないことが明らかにされている．また，孔軸に直交する層理構造をもつ岩盤では，測定ピンが軟らかい層や亀裂に接触して問題が生じるかもしれない．

## 5 応力解放法

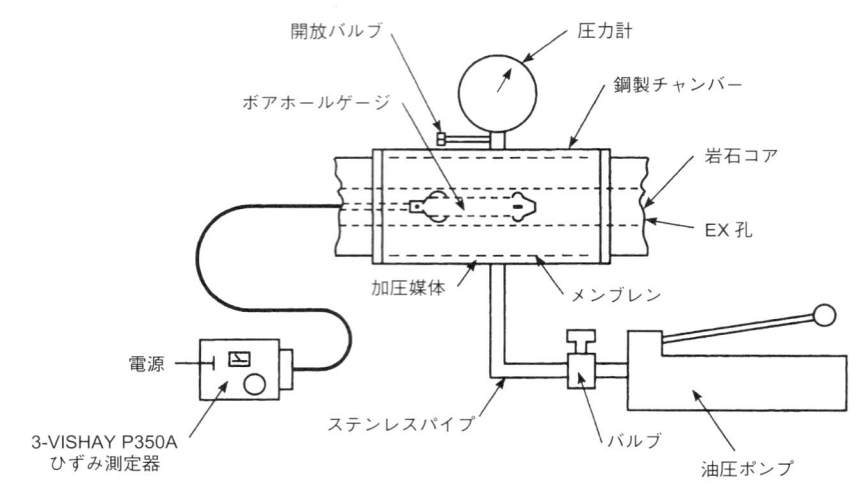

図 5.6 USBM ゲージが挿入された回収コアのための二軸試験装置の概略図（ASTM D 4623-86, 1994 Copyriht ASTM. 許可により転載）

理想的な条件下では 1 日に 2 回～3 回の測定が可能である（Choquet, 1994）．
　USBM ゲージの主な短所は以下のとおりである（Cai, 1990）．
(1) 少なくとも 300 mm の長さの連続したコアが必要である．
(2) コアが破壊した場合ゲージも破損する可能性がある．
(3) 原位置応力を決定するには，平行でない 3 本のボアホールが必要である．
(4) ゲージの応答はピストンが接触する鉱物に大きく依存する．
(5) ゲージは設置する前後でキャリブレーションが必要である．
(6) ゲージは孔壁の接触点に依存し，岩盤の不連続性，不均質性および鉱物粒径に影響されやすい．

　岩石のヤング率は，原位置あるいは実験室における回収コアへの二軸試験で決定することができる．図 5.6 に ASTM によって推奨されている二軸試験装置および試験システムの概要を示す．

### 5.3.3　Bonnechere と金川のセル

　Bonnechere のセルは，オーバーコアリング中の直径方向と孔軸方向の変位を連続測定するために設計されており，孔径 76 mm のパイロット孔を対象としている．このセルのこれまでの測定実績は僅かで現在もその実績は十分では無いが，単一のボアホールにおける変位のみの測定から完全な応力状態を決定できる性能を有している．

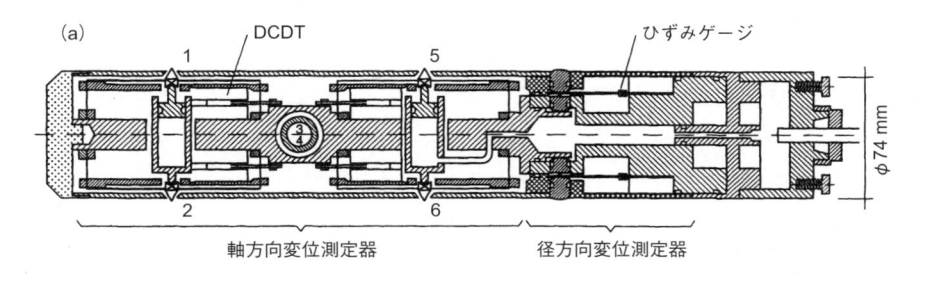

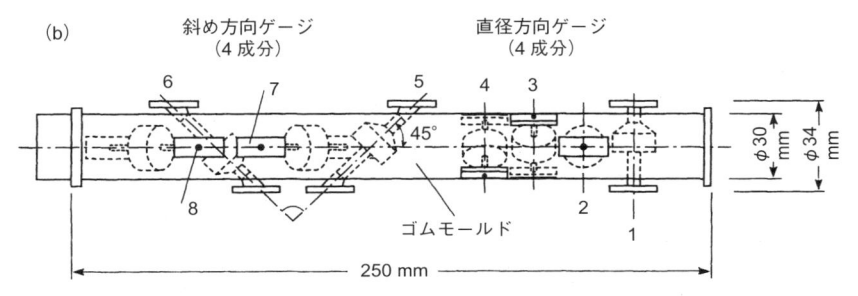

図 5.7 (a) Bonnechere セルの断面図（Bonnrchere and Cornet, 1977），(b) 金川のセルの断面図（出典：Sugawara, K. and Obara, Y. Copyright 1993, Elsevier Science Ltd. の許可により転載）

また，確実にゲージを回収できるという利点もある．図 5.7a はこのセルの断面図である．その両面にひずみゲージを添付した 8 台のカンチレバーによって 4 方向の直径変位が測定される．それぞれのカンチレバーの自由端は窒素ガス圧によって岩盤に押し当てられる．3 つの孔軸方向変位は 6 台の DCDT（直流差動変換器）によって測定される．それぞれの DCDT の一端はセルの芯部に固定され，他端は孔軸方向に可動するしなやかな小プレートに接触している．この小プレートの真ん中の鋼製コーンが窒素ガス圧によって孔壁に押し当てられている．

金川と共同研究者によって開発されたセル（Sugawara and Obara, 1993）を図 5.7b に示す．このセルは直径 48 mm のパイロット孔を対象とする．4 つの斜め方向ゲージと 4 つの孔軸方向ゲージにより，1 本のボアホールにおける測定で完全な応力状態を決定することができる．オーバーコアリングの孔径は 180〜218 mm である．このセルは日本以外では殆ど知られていないが，Sugawara and Obara（1995）が日本で使用されているオーバーコアリング法のレビューのなかで金川のセルを紹介している．それによれば，セルはセメントミルクでパイロット孔内に埋設される．したがって，測定変位から応力を決定するためには特別な校正試験を行う必要がある．また，亀裂

## 5 応力解放法

間隔が 400 mm 以上の岩盤において本セルは有効であるとされている．

### 5.3.4 CSIR ドアストッパーセル

図 5.8 および図 5.9 にドアストッパーセルの断面図の概略と写真をそれぞれ示す．ゲージの直径は 35 mm で，BW 孔（直径 60 mm）あるいは NW 孔（直径 76 mm）を対象とする．このゲージのベースには，ひずみゲージ 3 枚（あるいは 4 枚）からなるロゼットゲージが円形のシム板の上に接着されている．ひずみゲージからのリード線は絶縁コネクタプラグの 4 つ（あるいは 5 つ）のピンに接続され，シム板とコネクタは水と埃から保護するためにゴム製のプラグの中にモールドされている．コネクタは設置ツールに順番に接続され，ひずみ表示計にリード線で接続される．セルは滑らかな平面状の孔底に圧縮空気で押し付けて接着される．オーバーコアリング前後のひ

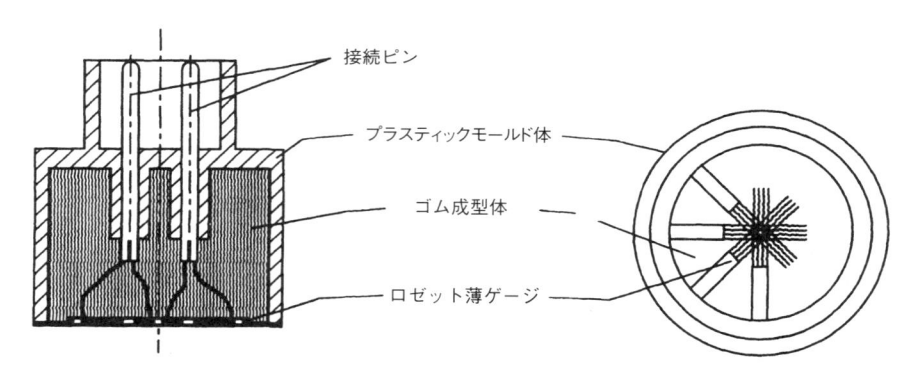

図 5.8 ドアストッパーセルの断面図と底面（ROCTEST 資料）

図 5.9 ドアストッパーセルの写真（提供：ROCTEST）

5.3 測定方法,装置および手順

ドアストッパーセル挿入前の準備

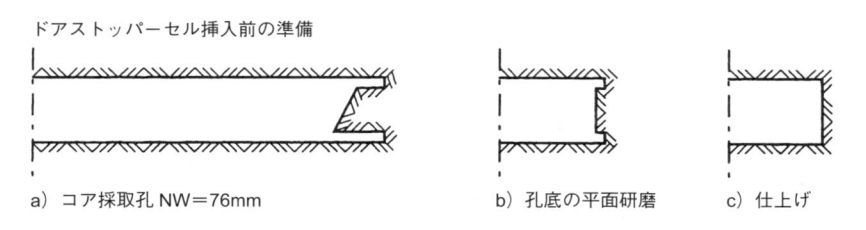

a) コア採取孔 NW＝76mm    b) 孔底の平面研磨    c) 仕上げ

ドアストッパーセルの孔底への設置,ひずみの初期値の読み取り

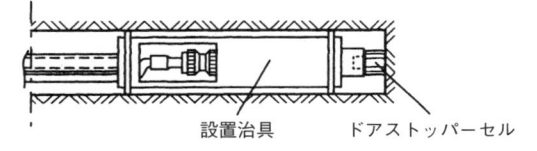

設置治具　ドアストッパーセル

オーバーコアリングによるドアストッパー周辺の応力解放

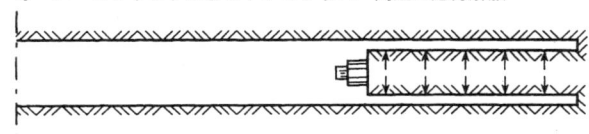

応力解放後の繰り返し読み取り

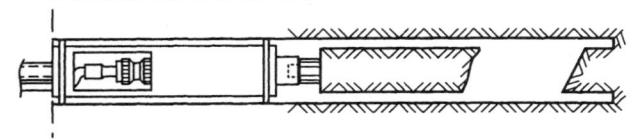

読み取りひずみからの応力の決定

図 5.10　ドアストッパー法の測定手順（INTERFELS 資料）

ずみを3つ（あるいは4つ）のひずみゲージで計測記録する．岩石の弾性定数が分かれば孔底の応力が決定でき，それから原位置応力場を決定することができる．ドアストッパーという名称は，その形状が家庭で使われている赤いゴム製の円筒形のドアストッパーに似ていることに由来している（Leeman, 1971a）．ドアストッパーセルの精度は $5 \sim 10 \times 10^{-6}$ inches/inch である（Herget, 1993）．

　図 5.10 にドアストッパー法による応力測定手順を示す．ドアストッパー法の測定機器および原位置測定手順の詳細については，Leeman（1971b）を参照されたい．この方法では孔底を滑らかな平面状に成形する必要があり，乾燥状態であることが望

5 応力解放法

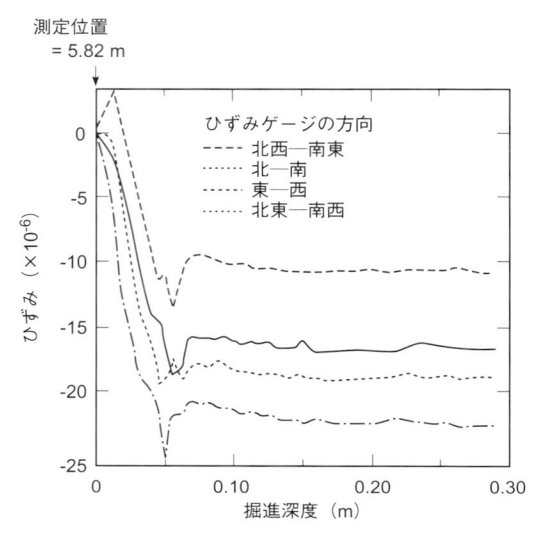

図5.11 改良ドアストッパー法で得られたオーバーコアリング中の解放ひずみの典型例（Gregory et al., 1983）

ましい．このため，防水剤が使用されることもある（Leeman, 1971a）．オーバーコアリングの長さは他の方法より短くてもよく，コア長は 50 mm の長さがあれば十分である（Leeman, 1971b）．コア長 5 mm という極端な事例も報告されている（Choquet, 1994）．したがって，ドアストッパー法は，軟岩や亀裂性岩盤，あるいは十分な長さのオーバーコアリングが見込めない高応力状態の岩盤に対して非常に有効である．また，設置ツールに内蔵した長さ 12 mm の BX コアに別のドアストッパーゲージを貼付すれば温度補正も可能となる．ドアストッパー法は通常，孔口から 50〜60 m を超えない範囲で実施される．

標準的なドアストッパー法では，オーバーコアリングの前後でひずみ測定を行うので，オーバーコアリング中に 3 つ（あるいは 4 つ）のひずみの連続計測はできない．Gregory et al.（1983）は連続計測を可能にするための改良を行った．図 5.11 は，ワシントン州 Hanford の Basalt Waste Isolation Project の玄武岩サイトにおいて Gregory et al.（1983）による改良ドアストッパー法で得られたオーバーコアリング中の解放ひずみの典型例である．このプロジェクトでは，高温かつ湿度の高い環境においてドアストッパーセルを貼付するための接着剤の選定や，新しい設置ツールの開発などさらなる改良が行われている（Stickney, Senseny and Gregory, 1984）．ドアス

トッパー法は White, Hoskins and Nilssen (1978) および Jenkins and McKibbin (1986) によって連続モニタリング計測ができるような改良も行われている．さらに，Gill et al. (1987)，Corthesey, Gill and Nguyen (1990) によっても改良された．かれらの改良型ドアストッパーセルでは，連続モニタリング計測が可能であるだけでなく，水没した孔底へのセルの貼付も可能であり，また岩盤とセルの間の温度の計測もできる．

　CSIR ドアストッパー法の主な長所は，オーバーコア長が短くても良いところである．また，小孔径のボアホールでも実施可能な点も長所のひとつである．理想的な条件下では，1日に2〜3回の応力測定が可能である（Choquet, 1994)．岩石の弾性定数は，ドアストッパーセルが貼付されている回収コアに対して二軸試験を行い，その上で，二軸試験中に測定された最大ひずみ方向に直交する直径方向載荷をすることで決定できる（Corthesy et al., 1994a,b)．

ドアストッパー法の主な短所は以下のとおりである．
(1) 大孔径ボアホールの孔底を滑らかな平面にしなければならない．
(2) ボアホールが濡れている場合，接着の問題が生じる．ただしこの欠点を克服できる新しい接着剤がある．
(3) 完全な応力状態を決定するためには，平行でない3つのボアホールによる測定が必要である．
(4) 接着剤の養生時間が使用する接着剤やボアホールの状態によって1〜20時間と変化する．
(5) 標準的な CSIR セルではオーバーコアリング中のひずみの連続計測ができない．

### 5.3.5　CSIR 三軸ひずみセル（CSIR triaxial strain cell）

　1966 年，Leeman and Hayes によって最初に提案されて以来，CSIR ひずみ三軸セルは特にひずみゲージの数と位置についていくつかの改良を経ている．図5.12a および図5.12b は Gray and Toews (1974) にしたがって Van Heerden (1976) が改良したセルの写真と拡大図である．この新しいセルは，3枚の4成分ロゼットゲージを120°間隔に配置したナイロンボディーから成る．ロゼットゲージの設置位置と配列を図5.13a および図5.13b にそれぞれ示す．ロゼットゲージを構成するひずみゲージの長さは10 mm で，ひずみ測定用のゲージに加えて温度補償用のダミーゲージがセルの前部に配置されている．このセルは EX サイズ（38 mm）用である．オーバーコアリングの孔径は通常90 mm（あるいはそれ以上）（NXCU 孔）で行われる．

　図5.14 は CSIR セルによる応力測定の各ステップを示している．厚さ6 mm の EX コアにダミーゲージを貼り付けた後，セルを貼付ツールに接続する．セルのひずみ

## 5 応力解放法

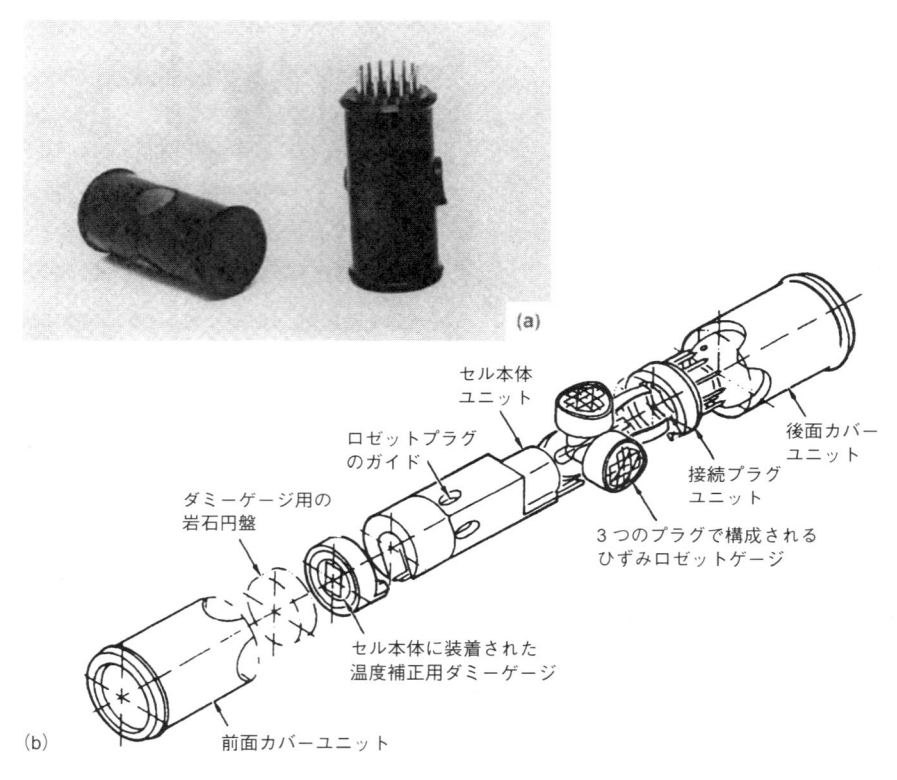

図5.12 (a) CSIR三軸ひずみセルの写真（提供：ROCTEST），(b) CSIR三軸セルの分解組立図
(出典：Kim, K. and Franklin, J.A. Copyright 1987, Elsevier Science Ltd. の許可により転載)

ゲージ表面に接着剤を1mmの厚さで塗付する．方向を保ちながらEXサイズのパイロット孔に貼付ツールを押し入れ，圧縮空気によってロゼットゲージを孔壁に押し付ける．接着剤が硬化したら初期ひずみを読み取り，貼付ツールを回収してパイロット孔の孔口をプラグで塞ぐ．次にオーバーコアリングを行い，終了後オーバーコアをボアホールの最奥部で折って回収する．回収コアに付いているプラグを取り除き，回収コア内の三軸セルに貼付ツールを再接続して最終ひずみを測定する．最終ひずみと初期ひずみの差がオーバーコアリングによって生じた解放ひずみとなる．本手法では12個の解放ひずみが測定される．CSIR三軸ひずみセルを用いた原位置応力測定の基準（訳注：指針である）が，国際岩の力学会（ISRM）（Kim and Franklin, 1987）によって提案されている．掘削の手順，セルの設置方法および測定手順についてはHerget

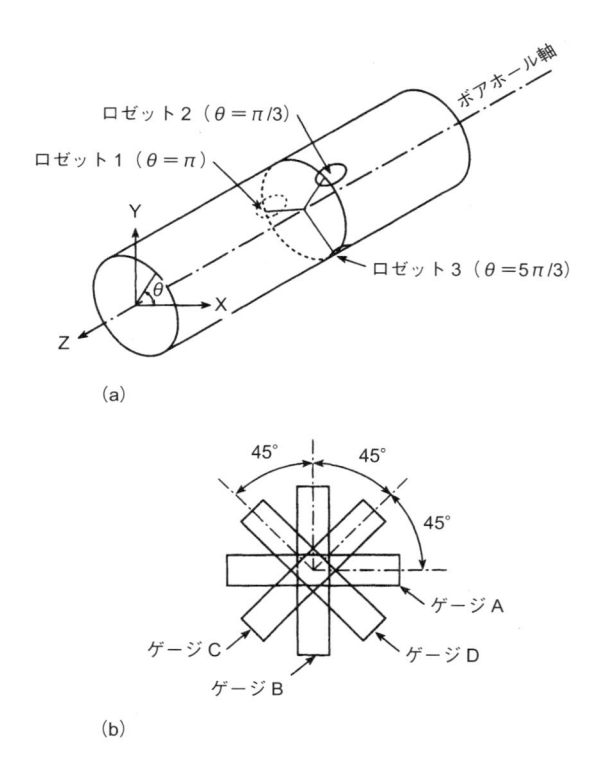

図5.13 (a) CSIR 三軸ひずみセルのロゼットゲージの位置, (b) ひずみゲージの配置 (VanHeerden, 1976)

(1993) にも示されている.

　標準的な CSIR 三軸ひずみセルを用いた測定では, ひずみの計測はオーバーコアリングの前後のみで行われるため, ひずみの連続モニタリング計測はできない. そこで, ひずみの連続モニタリング計測ができるよう, Thompson, Lang and Snider (1986) および Gill et al. (1987) によって CSIR 三軸ひずみセルの改良が行われた. この改良型セルを使えば, オーバーコアリング中に剥離したひずみゲージを特定することができる. 図5.15 は, URL 花崗岩サイトにおいて, Thompson, Lang and Snider (1986) の開発した AECL 改良型 CSIR セルによって測定されたオーバーコアリングに伴う解放ひずみの挙動である (Martin and Christiansson, 1991). この改良型 CSIR セルでは, 温度補償用のダミーゲージの代わりにオーバーコアリグ中の岩盤とセル間の温度を計測できるサーミスタが用いられている.

5 応力解放法

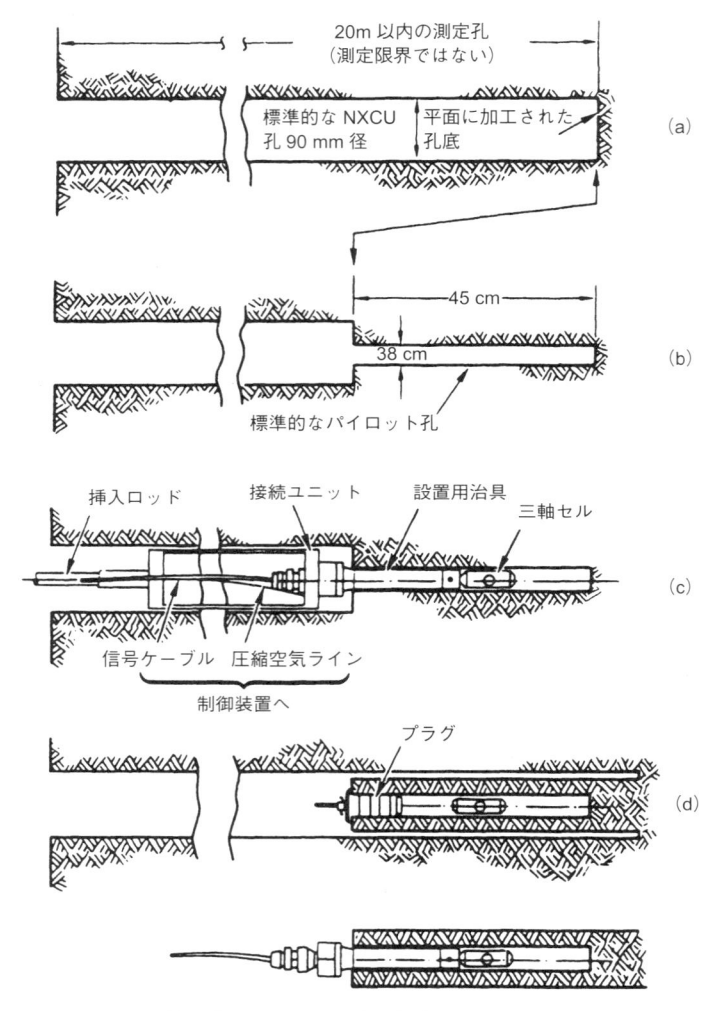

図5.14 CSIR 三軸ひずみセルによる応力測定手順（出典：Kim, K. and Franklin, J.A. Copyright 1987, Elsevier Science Ltd. の許可により転載）

　CSIR 三軸ひずみセルを使用する際には，EX サイズのパイロット孔の孔壁は汚れがなくできるだけ水分の無い状態であること，オーバーコアの長さは少なくとも 500 mm 以上あることが要求される．12個のひずみが測定されるので，そのうちの 6 個は余分であるが測定精度の向上に役立つ．12 個のひずみの内，3 個は孔軸に平行な方

## 5.3 測定方法，装置および手順

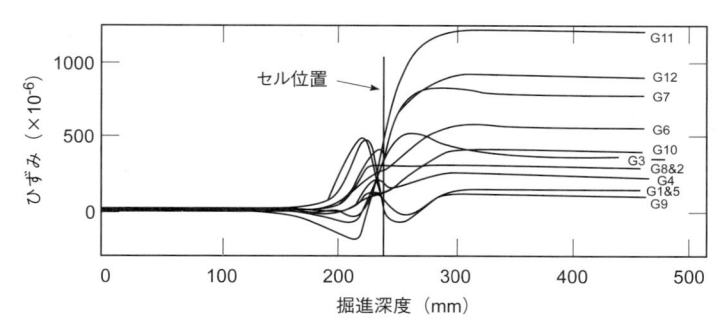

図5.15 AECL改良型CSIRセルによって測定されたオーバーコアリングに伴う解放ひずみの挙動（Martin and Christiansson, 1991）

向で他の3個は接線方向である．種々のゲージ接着剤があるが，これらは孔壁が乾燥しているか湿っているかによって，さらに温度によっても使い分けられる（Herget, 1993）．理想的な条件下では一日に2回の測定を行うことができる（Choquet, 1994）．

CSIR三軸ひずみセルによるオーバーコアコアリングは，一般に，測定地点壁面（坑壁等）から30～50 mの範囲で実施される．水の問題を回避するため，ボアホールは孔口に対して僅かに上方に傾けて掘削される．Hiltscher, Martna and Strindell（1979）による改良型CSIRセルは，水没した鉛直下向きボアホールの500 m深度において使用された実績があり，その後1000 m深度での実績も報告されている（Ljunggren私信, 1995）．

Cai（1990）の室内実験によって，CSIR三軸ひずみセルは十分実用的であり均質等方材料であれば信頼性もあること，ある程度の不均質性をもつ中粒の岩盤でも有効であることが示されている．また，CSIR三軸ひずみセルは孔軸方向に層理を成す岩盤においても有効である．層状岩盤では層や潜在亀裂とひずみゲージの位置関係がセルの性能に影響を及ぼすこともある．これは，ひずみゲージが岩盤に直接貼り付けられ，その位置における点のひずみが測定されることによる．軟岩におけるCSIR三軸ひずみセルの測定データは大きくばらついている（Van Heerden, 1973）．

CSIR三軸ひずみセルの主な長所は，単一孔による測定で完全な応力場を決定できることである．6個の未知数に対して12個の測定値が得られるので測定に余裕があり，原位置応力を最小二乗法によって決定できる．また，Herget（1973）によるアルミニウムブロックを用いた室内一軸圧縮試験から，CSIR三軸ひずみセルの精度は5%以内であることが示されている．これは，原位置応力を測定する上では十分な精度である．

オーバーコアリング後，CSIR三軸ひずみセルが接着されている回収コアに対して二軸（半径方向）載荷試験を行い，岩石のヤング率とポアソン比を決定する．このための二軸試験装置は図5.6に示すものと類似している．ふたつの弾性定数は，回収コアに対する軸載荷試験（Herget, 1993），あるいはEXコアから採取した供試体に対する一軸圧縮試験によっても決定できる．

CSIR三軸ひずみセルの主な短所は以下のとおりである．
(1) パイロット孔の孔壁をきれいにする必要がある．
(2) 標準的なCSIR三軸ひずみセルではオーバーコアリング中のひずみの連続モニタリングができない．
(3) Cai and Blackwood (1991) の方法を用いなければセルを回収できない．
(4) 1/4ブリッジ構成である．
(5) ボアホールの状況や使用する接着剤により接着剤の養生時間が1〜10時間，場合によっては20時間必要である．
(6) 長いオーバーコアが必要なので，軟岩や層状岩盤，高応力下にある岩盤に対しては適用が難しい．

### 5.3.6　CSIRO HIセル

CSIRO HIセルは1970年代初めに開発され，Worotnicki and Walton (1976) によって初めて報告された．以降，セルは基本的な設計を残しつついくつかの改良が重ねられた．CSIRO HIセルの特徴の詳細と実績についてはWorotnicki (1993) に示されている．図5.16はセルと挿入装置の写真である．このセルはEX孔（38 mm）を対象として設計されており，外径および内径がそれぞれ36 mmおよび32 mmのエポキシ製（アラルダイト）の薄肉パイプである．セルは厚さ1 mm程度のエポキシ系の接着剤でパイロット孔壁に接着される．その後，軟岩を対象とした応力測定のため，CSIRO HIセルの薄肉型（従来のものに比べて1/3の厚さ）がWaltonand Worotnicki (1986) によって開発されている．

このセルは120°間隔に配置された3枚の3成分ロゼットゲージで構成されている．すべてのゲージは長さ10 mmで，セルの外表面から0.5 mm内部に位置している．図5.17にエポキシ製パイプ中の9つのひずみゲージの配置と方向を示す．ふたつのひずみゲージはセル軸に平行方向，3つのゲージは接線方向，4つのゲージは±45°方向のひずみを測定する．ひずみゲージはエポキシで完全に覆われているので，セルの性能が水分や埃によって影響を受けることはない．9素子のセルの他に3枚の4成分ロゼットゲージで構成されている12素子のセルもある．追加された3つ（周方向

5.3 測定方法，装置および手順

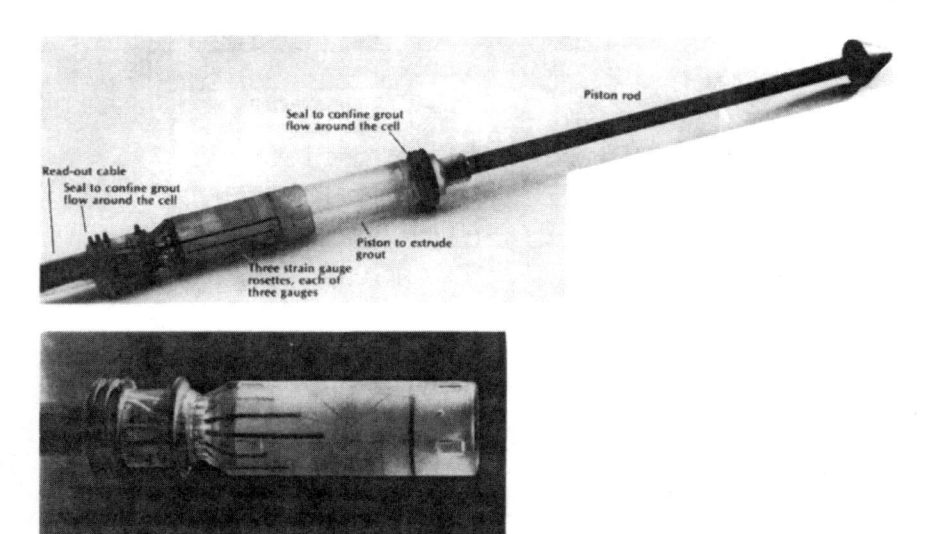

図 5.16 CSIRO HI セルの写真（GEOKON 資料）

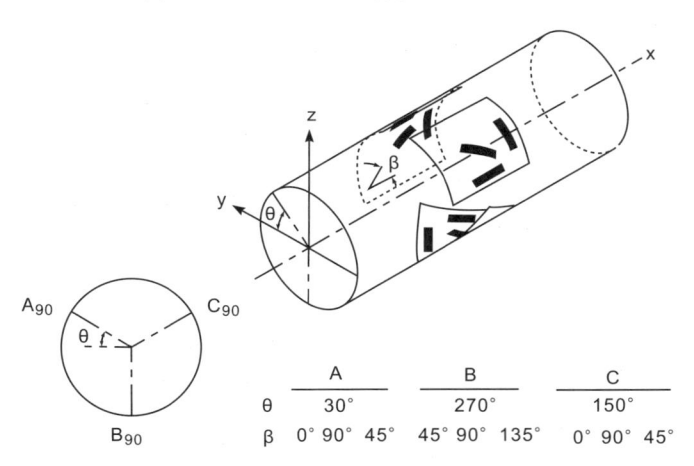

| | A | B | C |
|---|---|---|---|
| θ | 30° | 270° | 150° |
| β | 0° 90° 45° | 45° 90° 135° | 0° 90° 45° |

図 5.17 CSIRO HI セルにおけるひずみゲージの方向
( Worotnicki and Walton, 1976)

ふたつと 45°方向ひとつ）のひずみゲージによって測定上の余裕が加えられる．

　CSIRO HI セルと CSIR 三軸ひずみセルの主な相違点は，CSIRO HI セルは（USBM ゲージの様に）計測用ケーブルと終始接続されていることである．したがって，オーバーコアリング中の応力解放データを多チャンネルひずみ測定器によって連続測定す

289

ることができる.図5.16に示すようにエポキシ系接着剤をエポキシチューブに充填し,ピストンが変位することで充填された接着剤が押し出されてEX孔へセルが貼り付けられる.ピストンは,突き出たロッドの孔底に対する反力か,エポキシシェルの中に手動でロッドを引き込むかによって動作する.セルの両端のラバーシールがセルの周囲に押し出された接着剤の漏れを防ぐ.現在,周囲の岩盤温度に応じて3種類のエポキシ系接着剤が用意されている(Worotnicki, 1993).原位置の条件下における通常のHIセルの接着強さは約4MPa,薄肉型では約8MPaと想定されている(Worotnicki, 1993).

通常,CSIRO HIセルのオーバーコアリングは孔径150 mmのビットで実施されるが,掘削条件が良ければ孔径100 mmでも十分である.満足な結果を得るためには200〜400 mmのオーバーコア長が必要となる.HIセル内にサーミスタを追加すればオーバーコアリング中の温度変化の測定が可能となる.通常,CSIRO HIセル法による測定は孔口から30 m深度以内で行われる.理想的な条件下では1日に1〜2回の測定ができる(Choquet, 1994).

CSIRO HIセルによる原位置応力測定の基準(訳注:指針である)が国際岩の力学会(ISRM)から提案されている(Kim and Franklin, 1987).それによれば,掘削,設置および測定の手順はUSBMゲージ法と基本的に同じである.図5.18はWorotnicki and Walton (1976) による解放ひずみの典型例である.理想的な材料に対する一軸載荷および二軸載荷条件でのCSIRO HIセルの室内試験においては,与えた荷重に対して得られた応力の大きさは4〜5%以内の誤差で,応力の方向については数度以内の誤差で評価されている(Cai, 1990; Walton and Worotnicki, 1986).Cai (1990) の実験によれば,CSIR三軸ひずみセルと同様に,CSIRO HIセルは均質等方材料に対しては十分な信頼性を持っており,多少不均質で中粒の岩盤であっても容認できる精度を有している.また,CSIR三軸ひずみセルと同じように孔軸方向に層理を成す岩盤への適用性を有している.しかしながら,CSIR三軸ひずみセルと違って,CSIRO HIセルは岩盤の不均質性や鉱物粒径の影響を受けにくい.

CSIRO HIセルの主な長所は,単一のボアホールにおける測定によって完全な応力場を決定できることである.未知数6個に対して9個(あるいは12個)のひずみが測定されるので測定数に余剰がでる.したがって,応力の決定は最小二乗法によって行われる.さらに,このセルはオーバーコアリング中の連続測定が可能であり,接着剤の拘束力は小さい.CSIRO HIセルは,等方性で温度が15〜40℃の岩盤であれば特に高い成功率を誇っているが,低温(<10℃)や高温(>40℃)の環境下では成功は限られる.岩石の鉱物粒径が4〜5 mm以下であれば安定した結果が得られる

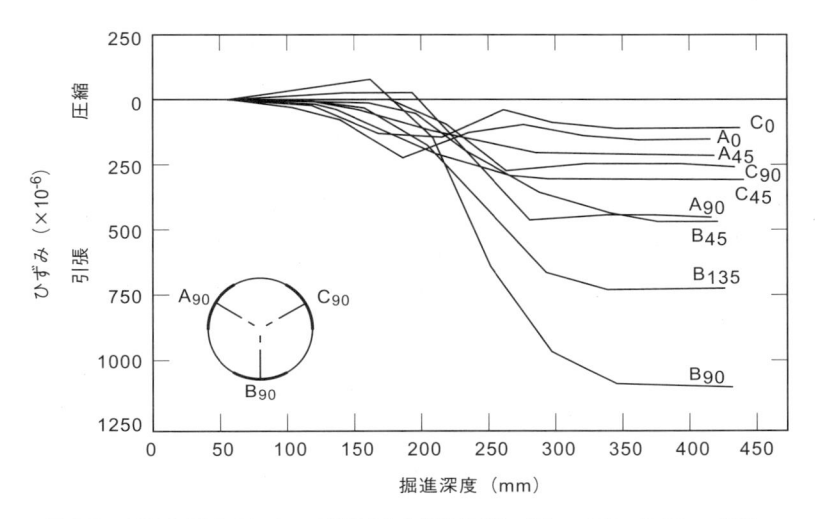

図 5.18 CSIRO HI セルによって測定された解放ひずみ (Worotnicki and Walton, 1976)

(Worotnicki, 1993). USBM 三軸ゲージにはない特徴として，特に層状岩盤においては岩盤にセルを接着することによりオーバーコアのサンプルが損傷されにくいという傾向がある．

CSIRO HI セルの主な短所は以下のとおりである．
(1) セルのコストが CSIR 三軸セルの約 2 倍である．
(2) 長いオーバーコアを必要とするので，軟岩，層状岩盤，高応力下にある岩盤での測定が困難かもしれない．
(3) 1/4 ブリッジ構成である．
(4) 当初はセルの回収ができなかった (Cai, 1990; Cai and Blackwood, 1991).
(5) エポキシ系接着剤の養生に 10〜20 時間の長時間を要する．湿潤，低温の環境下では養生はきわめて困難である．
(6) 低温環境下 (10 ℃未満) では，僅かな温度上昇によるセルと岩盤の間のエポキシ系接着剤層の軟化が感度の低下を引き起こす．解析によれば，この影響は孔軸平行方向の高い主応力として現れる (Garritty, Irvinand Farmer, 1985; Irvin, Garritty and Farmer, 1987).

最後の問題はある程度改善されている (Worotnicki, 1993).

オーバーコアリングの後，CSIRO HI セルが接着されている回収コアに対する二軸試験によって岩石のヤング率とポアソン比が決定される．この二軸試験の装置類は図

5.6 と同様である．

### 5.3.7 二軸試験

既に述べたように，USBM ゲージ，CSIR 三軸ひずみセル，CSIRO HI セルを含む回収コアは二軸載荷用圧力セルで試験される．二軸試験（biaxial testing）の主な目的は除荷過程における岩石の弾性係数を決定することである．この方法はFitzpatrick（1962）によって最初に提案された．二軸試験は，岩石の鉱物サイズ，異方性，不均質性，ボアホールの偏心度を評価するためにも利用できる．また，想定される原位置の応力の範囲において，載荷・除荷過程の岩石（岩盤）の挙動が線形弾性体として扱えるかどうかを決めることにも利用できる．回収後のコアのひずみや変位を測定することにより岩石のクリープを評価することができる．

CSIR 三軸ひずみセルや CSIRO HI セルについては，セルと岩盤の接着状態を確認するためにセルを横切る箇所で回収コアをカットすることがある．これは以下のことに役立つ．

(1) ひずみゲージの不良やゲージ接着場所における接着剤層の中の気泡の確認
(2) 接着剤の硬さとセルの周りの接着層の厚さの確認
(3) ひずみゲージの方向の確認
(4) パイロット孔のサイズの確認（軟岩の場合サイズが大きくなることがあるため）

岩盤と CSIRO HI セル間の接着状態は Cai（1990）の方法でセルを回収すれば判断できる．

図 5.6 に二軸載荷用圧力セルの概略図を示す．図 5.19 にポンプおよびデータ測定ユニットから成る試験装置の写真を示す．写真は CSIRO HI セルを含む回収コアに対して試験を行っている様子を示している．二軸セルは円筒形のスチール製容器，ゴムメンブレン，シールから成る．回収コアを二軸セルの中に入れて円筒容器と岩石の間のスペースにオイルをポンプで圧入する．このように回収コアの外表面に二軸圧力を一様に作用させている間に，USBM ゲージ，CSIR 三軸ひずみセル，CSIRO HI セルによってひずみや変位を測定する．ゴムメンブレンは岩石の空隙や亀裂の中にオイルが浸透することを防ぐために使用される．二軸セルは一般に 30〜40 MPa までの圧力を加えることができる．最近のものには種々の直径のコアに対応できる仕様を持つものがあり，直径 40〜150 mm までの間のサイズのコアに適用することができる．回収コアに対して数回の載荷／除荷試験が行われる．

二軸試験中に測定されるひずみや変位は，中空円筒の内空表面における軸対称載荷時のひずみと変位に関する弾性解により，回収コアを構成している岩石の弾性特性と

5.3 測定方法，装置および手順

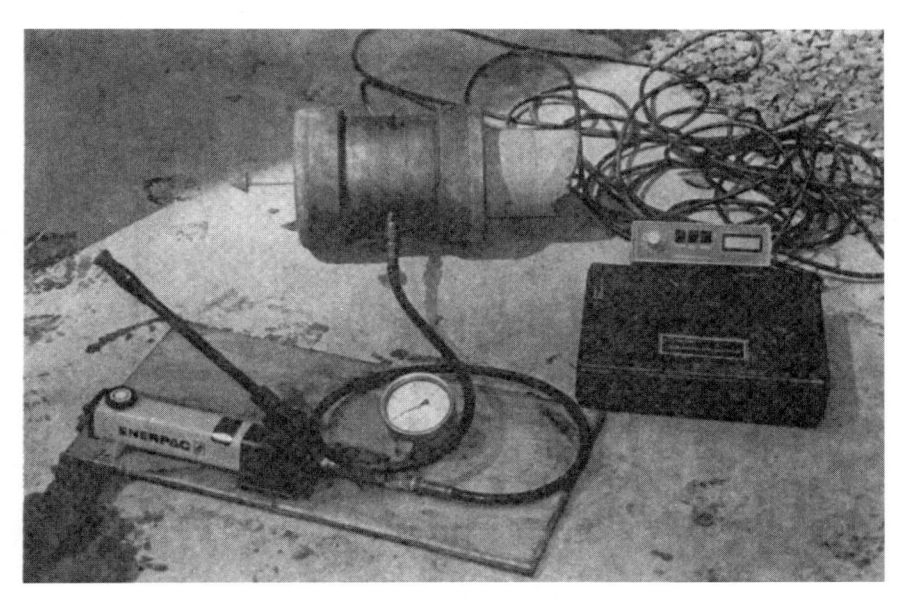

図 5.19 ポンプと測定器が接続された二軸試験装置の写真．試験は CSIRO HI セルが接着されているコアで行われた．（提供：MINDATA）

して解釈される．オーストラリアで Gale（1983）によって行われた試験による CSIRO HI セルのひずみ感度の一例を図 5.20 に示す．これらの曲線から，岩石は 0〜20 MPa の圧力範囲において線形弾性であることが明らかである．良い結果を得るためには，USBM ゲージ，CSIR 三軸ひずみセル，CSIRO HI セルを二軸セルの載荷領域の中央近くに置くことが必要である．

### 5.3.8 ボアホールスロッティング

ボアホールスロッター（INTERFELS より提供）は，孔径 95〜103 mm のボアホールを対象として設計されている．図 5.21a および図 5.21b に写真と装置の断面図の概要をそれぞれ示す．この方法では，圧縮空気駆動の小さなカッターでボアホール内に半月状の溝を切ることによって局所的に応力を解放する．溝の幅は 1.0 mm，深さは 25 mm 程度が一般的である．溝を切る前，中，後において，スロッターと一体の接触型ひずみセンサにより溝の近く（15°の円弧以内）の孔壁の接線方向ひずみが測定される．線形弾性論と円形空洞周りの応力－ひずみに関する Kirsch の解を用いて測定ひずみから応力が決定される．孔軸に直交する面内の応力を決定するためには，最低 3

5 応力解放法

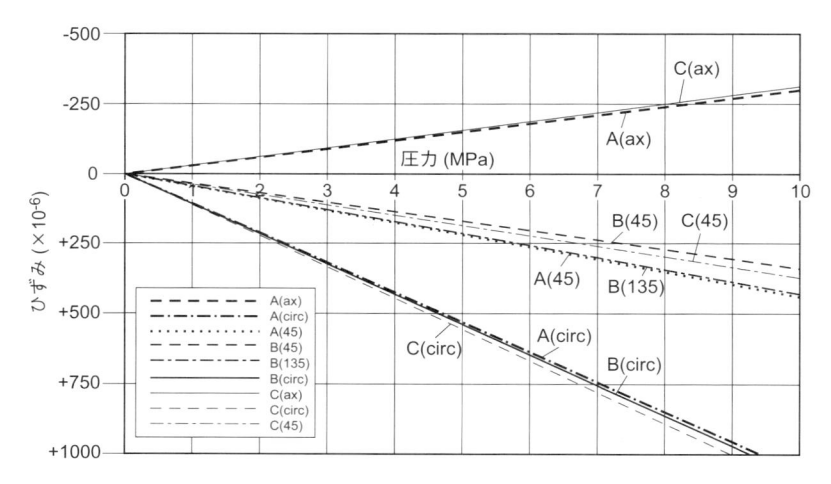

図 5.20 二軸試験によって CSIRO HI セルで測定されたひずみと圧力の関係.A,B,C は図 5.17 に示したロゼットゲージに対応する.(Gale, 1983)

つの異なる方向に 3 つの孔軸方向の溝（通常は 120°間隔）が必要となる.図 5.22 に単一孔において 45°間隔に切られた 8 つの溝における接線方向ひずみ応答の典型例を示す.ボアホールスロッターの詳細については Bock（1993）を参照されたい.

ボアホールスロッターはいくつかの長所を持っている.この方法は応力測定を迅速に行うことができる.例えば,ひとつの溝に対する測定に要する時間は僅か 5 分である.8 時間の実働で 10〜15 回の測定が可能である.装置は完全に回収ができ,自己充足型であり,溝切り中のひずみの連続計測が可能である.ボアホールに対する事前準備の必要もない.また,基本となる 3 つの溝の脇に追加の溝を切ることも可能である.180°間隔のふたつの溝のひずみ応答曲線を比較することで,岩盤の均質性の程度を評価することもできる.

ボアホールスロッターには以下に示すいくつかの制限がある.
(1) 30m 以深では使用できない.
(2) ボアホールは乾燥していなければならない.
(3) 孔壁の接線方向ひずみは等方性岩盤の場合 4 つの（孔軸に垂直な面に 3 つ,孔軸に平行な面にひとつ）応力成分に依存するので,孔軸に平行な応力は推定することになる.

一般に,ボアホールスロッターと他の方法の測定結果は非常に良く一致している.これは,ボアホールスロッターが岩盤応力測定の測定装置として非常に有望であるこ

5.3 測定方法，装置および手順

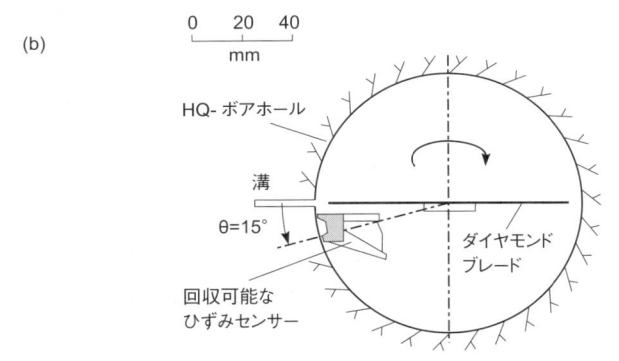

図5.21 ボアホールスロッター．(a) 写真（INTERFELS），(b) 断面図
(出典：Bock, H. Copyright 1993, Elsevier Science Ltd. の許可により転載)

とを示している．

## 5.3.9 センターホールによる応力解放

　センターホール法（あるいは，アンダーコアリング法）は，露頭岩盤において応力状態を求めるためにDuvall (1977) によって最初に提案された．この方法では，セ

295

5 応力解放法

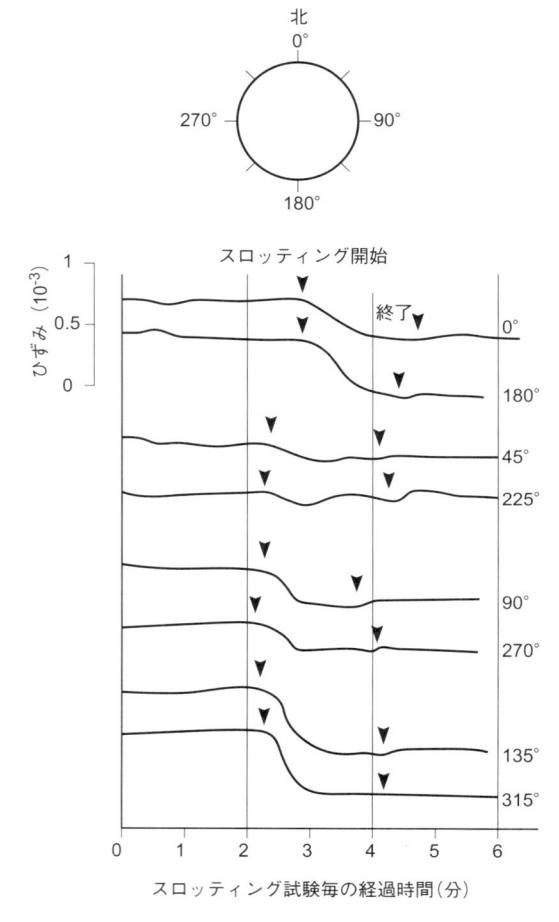

図 5.22 単一孔において 45°間隔に切られた 8 つの溝における接線方向ひずみ応答の典型例 (Bock, 1986)

ンターホールが掘削される際にその周囲の点の半径方向の変位が測定される．図 5.23 に測定配置を示す．測定はふたつのステップから成る．まず，直径 9.5 mm，長さ 6.3 mm の 6 本の計測ピンを 60°間隔に，直径 254 mm の金属板の円周に沿ってエポキシ系瞬間接着剤で接着し，直径方向に相対するピンの間の距離を測定する．次に，薄肉の石材用ビットを用いて 6 本のピンで構成される円の中心に直径 152 mm のセンターホールを削孔し，直径方向に相対するピン間の距離を再計測する．3 方向の直径の測

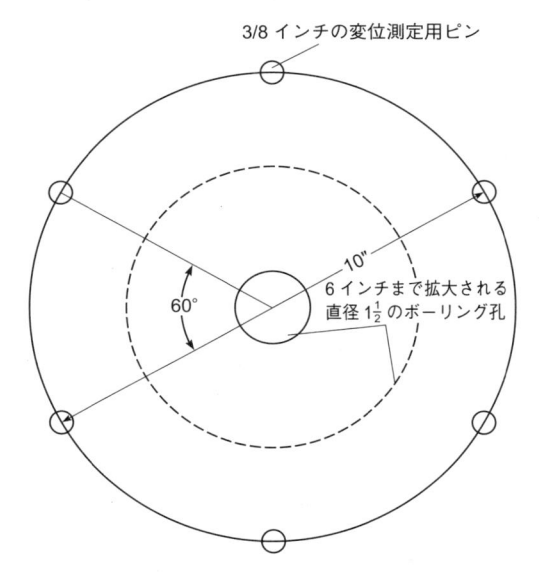

図 5.23 センターホール法による応力解放の配置
(Duvall, 1974)

定から岩盤表面における二次応力とその方向が決定される．変位測定は0.001 mmの精度を持つマイクロメータで行われるのが一般的である．

## 5.4 理論

本節では，以下の応力解放法で得られた結果を解析するための理論を説明する．
(1) USBM ゲージ，ドアストッパーセル，CSIR 三軸ひずみセル，改良型 CSIR セルおよび CSIRO HI セルによるオーバーコアリング
(2) アンダーコアリングによる岩盤表面の応力解放
(3) ボアホールスロッティング
岩石の弾性係数を決定する二軸試験の解析理論はすでに説明している．

### 5.4.1 オーバーコアリング法の解析における仮定

ボーリング孔におけるオーバーコアリング結果の解析にはいくつかの仮定がある．
(1) オーバーコアリング中に解放される応力は岩石がコアリング前に受けていた応力と等しい．

## 5 応力解放法

図 5.2 で説明した一般的な手順を思い起こそう．オーバーコアリングの過程では岩石の円筒周面に作用する初期応力成分が解放されると考えられる．したがって，オーバーコアリングは，掘削前の状態と符号が逆で大きさが等しい引張力をオーバーコアの周面に作用させることと等価である．

(2) オーバーコアリングの孔径は応力測定結果に影響を及ぼさない．

オーバーコアリング中に生じる応力とひずみの大部分は計器の種類に依存する．岩石に接している計器がオーバーコアリング中に岩石の変形を妨げないならば，オーバーコア試料はオーバーコアリングが終わればすべての応力とひずみから解放されている（完全解放）．これはオーバーコア試料の大きさや形状にかかわらず成り立つ．オーバーコアリングは，原位置応力だけでなくパイロット孔や大孔径ボーリング孔によるひずみ，変位，応力も解放する．応力解放時の影響が少ないか全くない計器には，USBM ゲージ，CSIR のドアストッパーセル，CSIR 三軸ひずみセルや改良型 CSIR セルがある．Lang, Thompson and Ng（1986）は，カナダの Pinawa の URL の花崗岩において，原位置応力の大きさや方向に及ぼすオーバーコア径の影響についての大規模な原位置実験を行った．かれらは USBM ゲージと AECL（カナダ原子力公社）による改良型 CSIR セルを用い，96 mm のビットによるオーバーコアリングと 150 mm や 200 mm のビットによるオーバーコアリングの結果に大きな差はないとしている．

一方，もし計器が岩石の変形に干渉するならば，充填材があることで岩石と充填材の中に残留応力と残留ひずみが保持されるので，オーバーコアリングを行っても完全に応力解放されることはない（部分解放）．これは，中実あるいは中空の充填型プローブの場合である．部分解放はオーバーコアリング径の大きさがプローブの応力とひずみの分布に影響を及ぼすことを示している．したがって，オーバーコアリングによるひずみと変位を解析する際にはオーバーコアリング径を考慮する必要がある．一般に，オーバーコア表面に作用する負の応力により，中実プローブ中の応力状態は無限媒質の場合のように一様にはならないだろう．さらに，オーバーコア境界における圧縮応力の解放により，岩石と充填材の界面に引張応力が作用して剥離することがある（特に中実型の場合）．

等方性媒体における中実プローブについて，充填物と岩石の剛性率の比が 0.05 未満で，かつオーバーコアリング径がパイロット孔径の少なくとも 3 倍のとき，オーバーコアリング径の有限性は無視できるとしてその誤差を Duncan-Fama（1979）が示している．充填物が中空なら薄肉円筒として近似することが適当である（Duncan-Fama and Pender, 1980）．異方性岩石に関して，非常に軟らかい中実充填物や軟らか

い薄肉充填物の場合，応力とひずみが乱されるのは岩石と充填物の境界のごく近傍のみであることを Amadei (1985) が示している．特に，残留応力は半径方向に急速に減衰し，パイロット孔径の3倍から4倍の距離ではほとんど無視できることが明らかになった．これは異方性の種類と方向にかかわらず適用することができると考えられる．したがって，オーバーコアリングがそれらの条件を満たしていれば，オーバーコア径の有限性を無視することによる誤差は取るに足らず，オーバーコア径を無限に設定することと等しくなる．

(3) 岩石の応答は弾性的であり，その弾性特性は載荷時と除荷時で変わらない．

Bielenstein and Barron (1971) によれば，オーバーコアリング中に計測されるひずみや変位は2種類に分けられる．それは短時間（オーバーコアリング開始から2時間以内）と長時間（2時間以降）である．それぞれはさらに，残留応力に起因する解放と重力または地殻応力に起因する解放に分けることができる．このことは図5.24のようにまとめられる．一般に，標準的なオーバーコアリング法では，重力や地殻応力のような現在作用している応力の解放に伴う短時間の（弾性的）ひずみが測定される．残留応力の短時間の解放は，「2重のオーバーコアリング」すなわちオーバーコアのオーバーコアリングにより得られる（例えば Lang, Thompson and Ng, 1986）．長時間のひずみ解放はオーバーコアを長時間計測することにより得ることができる．Borecki and Kidybinski (1966) は，瞬間的な（弾性）ひずみは砂岩や泥岩，石炭などの岩石において全ひずみの 55〜87 % を占め，その他は粘弾性成分や塑性成分，粘塑性成分であることを見出した．Palmer and Lo (1976) はオンタリオ州南西部の Gasper 層群の頁岩でオーバーコアリングを行い，長時間にわたってオーバーコアサンプルにひずみが継続していること，18時間経過した後のひずみ増分はオーバーコアリングの解析に用いた弾性ひずみと同等であることを示している．

(4) 岩石は連続かつ均質である．

原位置応力の連続性と均質性は，測定対象の規模やパイロット孔のサイズに対する地質構造や岩石の異方性の相対的な大きさに依存している．

(5) ボーリング孔は円形でその表面は滑らかである．

計測機器を設置するために掘削された孔は真円であることが前提とされているが，掘削中に岩石片が剥離することがあるためボーリング孔の表面は常に滑らかとは限らない．これは，岩石の種類や構造，ボーリング孔に対する岩石組織の方向に依存する．Agarwal (1968) は，一軸応力場における等方性媒体中の円孔について，ボーリング孔直径の変化を $\pm 50 \times 10^{-6}$ インチ（$1.3 \times 10^{-3}$ mm）の精度で測定する場合には，孔を掘削する間に生じたわずかな扁平性は無視できることを示した．

## 5 応力解放法

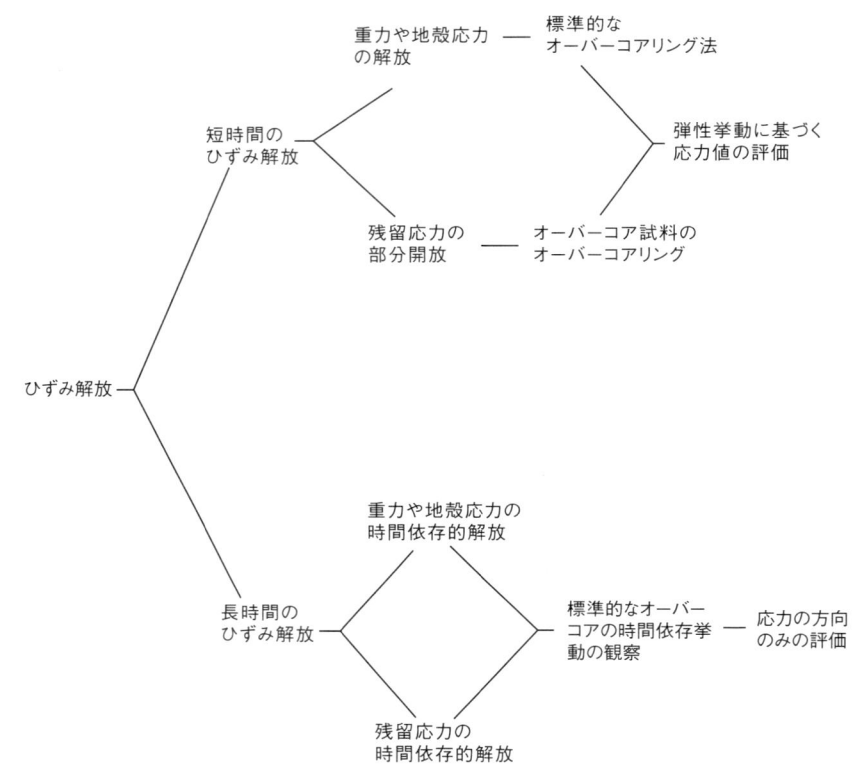

```
ひずみ解放 ─┬─ 短時間の      ─┬─ 重力や地殻応力    ─── 標準的な
          │   ひずみ解放     │   の解放             オーバーコアリング法
          │                │                    ─── 弾性挙動に基づく
          │                │                        応力値の評価
          │                └─ 残留応力の         ─── オーバーコア試料の
          │                    部分開放              オーバーコアリング
          │
          └─ 長時間の       ─┬─ 重力や地殻応力の   ─── 標準的なオーバー   ─── 応力の方向
              ひずみ解放      │   時間依存的解放        コアの時間依存挙       のみの評価
                            │                        動の観察
                            └─ 残留応力の
                                時間依存的解放
```

図 5.24 Bielenstein and Barron (1971) により定義された解放ひずみの分類

(6) 岩石は平面ひずみもしくは平面応力条件で変形する.

ひずみや変位から応力を求めるために平面ひずみ（もしくは一般化平面ひずみ）条件が仮定される．これは，USBM ゲージ，CSIR 三軸ひずみセルや改良型 CSIR セル，CSIRO HI セルを用いた測定に適用される．平面ひずみ条件を満たすには，終端効果を避けるためにパイロット孔が十分長く，孔底および計器の端部から離れた断面で測定を行う必要がある（Blackwood, 1982a）．一般に，パイロット孔の終端から少なくとも孔直径の 3 倍から 4 倍離れている断面で測定が行われるなら，平面ひずみの条件は満たされる．したがって，38 mm の孔に対しては少なくとも 114 mm から 152 mm であり，オーバーコアの長さは 300 mm 以上必要であることを意味している．Van Heerden (1973) は，有限要素解析の結果に基づき CSIR 三軸ひずみセルのオーバーコアの長さとして 500 mm を推奨した．平面応力条件は CSIR のドアストッパーセル

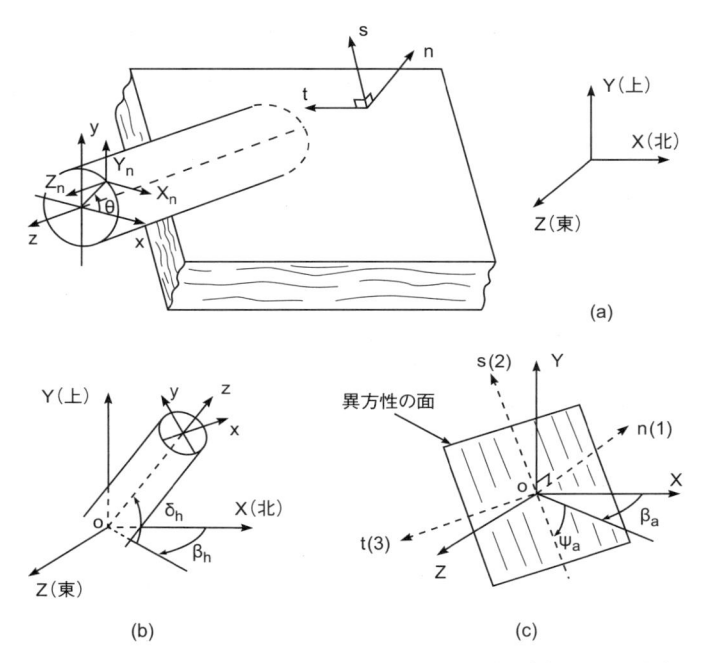

図 5.25 (a) 対幾何学的配置, (b) パイロット孔の方向, (c) 異方性の方向

の解析だけに適用される.
(7) 原位置応力場は三次元的である.

パイロット孔を基準とする $x, y, z$ 座標系で, $\sigma_{xo}, \sigma_{yo}, \sigma_{zo}, \tau_{yzo}, \tau_{xzo}, \tau_{xyo}$ の応力成分が無限から作用している三次元応力場に岩石が置かれていると考える. ここで, 応力行列 $[\sigma_o]$ を以下のように定義する.

$$[\sigma_o]^t = [\sigma_{xo} \quad \sigma_{yo} \quad \sigma_{zo} \quad \tau_{yzo} \quad \tau_{xzo} \quad \tau_{xyo}] \qquad 式 (5.1)$$

$x, y, z$ 局所座標系に対して傾いている $X, Y, Z$ 一般座標系（図 5.25a）における原位置応力成分を $\sigma_{Xo}, \sigma_{Yo}, \sigma_{Zo}, \tau_{YZo}, \tau_{XZo}, \tau_{XYo}$ とすれば, その応力行列 $[\sigma_o]_{XYZ}$ と $[\sigma_o]$ の関係は以下のようになる.

$$[\sigma_o] = [T_\sigma][\sigma_o]_{XYZ} \qquad 式 (5.2)$$

ここに, $[T_\sigma]$ は付録 A の式 (A.13) で定義される 6 行 6 列の応力変換行列である. この行列の成分は $X, Y, Z$ 一般座標系に対する $x$ 軸, $y$ 軸, $z$ 軸の方向余弦である.

例として，図5.25bの位置関係においてパイロット孔の方向を $\beta_h$, $\delta_h$ の角度で表せば，$x$ 軸，$y$ 軸，$z$ 軸の方向余弦は以下のように表される

$$
\begin{array}{lll}
l_x = \sin\beta_h & m_x = 0 & n_x = -\cos\beta_h \\
l_y = -\sin\delta_h \cos\beta_h & m_y = \cos\delta_h & n_y = -\sin\delta_h \sin\beta_h \\
l_z = \cos\delta_h \cos\beta_h & m_z = \sin\delta_h & n_z = \cos\delta_h \sin\beta_h
\end{array}
\qquad 式（5.3）
$$

### 5.4.2 USBM ゲージによる測定の解析

USBM ゲージを用いた測定の解析では，オーバーコアリング中に記録された直径の測定値が原位置応力場 $[\sigma_o]$ の成分と関連づけられる．その際，等方性もしくは異方性媒体として弾性論が適用される．USBM ゲージを用いた測定の等方性解析は Leeman (1967) と Hiramatsu and Oka (1968) により提案された．異方性解析は Berry and Fairhurst (1966)，Berry (1968)，Becker and Hooker (1967)，Becker (1968)，Hooker and Johnson (1969)，Hirashima and Koga (1977) により提案された．これらの異方性解析においては，岩石の異方性の種類と異方性と対称性の面に対するパイロット孔の配置に関していくつかの仮定をおいている．以下に示す解析法は一般化されており，直交異方性，面内等方性または等方性の岩盤における USBM ゲージの解析に適用できる．さらに，パイロット孔が岩石の異方性面に斜交している場合にも適用できる．

### (a) 三次元応力場における円孔の変形

岩盤が無限で線形弾性，異方性，連続性，均質性を有する場合のつり合いを考える．$X$, $Y$, $Z$ の一般座標系で，$X$ 軸と $Z$ 軸がそれぞれ北と東を指し，$Y$ 軸は鉛直上向きを正とする．岩石の内部にはボーリング孔（パイロット孔）を表す半径 $a$ の円柱状の境界がある．図5.25aの配置において，$x$, $y$, $z$ 座標系を $z$ 軸が孔軸方向の局所座標系とする．$x$ 軸が $X$, $Z$ 平面にある時，$X$, $Y$, $Z$ 座標系に対するボーリング孔と $x$ 軸，$y$ 軸，$z$ 軸の方向はふたつの角 $\beta_h$（ボーリング孔の方位角）と $\delta_h$（ボーリング孔の仰角）によって表される（図5.25b）．$x$, $y$, $z$ 方向の単位ベクトルである方向余弦 $l$, $m$, $n$ は式（5.3）により定義される．

岩石の異方性面で定義された $n$, $s$, $t$ 座標系における直交異方性岩盤を考える（図5.25a）．岩石における異方性面は，葉状構造，片理面もしくは層理面のような岩石の対称性を示す面である．$n$ 軸はこのような面に対して常に垂直で，$t$ 軸は水平，$s$ 軸と $t$ 軸は面内にある．$X$ 軸，$Y$ 軸，$Z$ 軸に対する $n$, $s$, $t$ 座標系の方向は傾斜方位角 $\beta_a$ と

## 5.4 理論

傾斜角 $\psi_a$ で定義される (図5.25c). $n$, $s$, $t$ (1, 2, 3) 方向の単位ベクトルの方向余弦 $l$, $m$, $n$ はそれぞれ以下の通りである

$$l_1 = \cos\beta_a \sin\psi_a \qquad m_1 = \cos\psi_a \qquad n_1 = \sin\beta_a \sin\psi_a$$
$$l_2 = -\cos\beta_a \cos\psi_a \qquad m_2 = \sin\psi_a \qquad n_2 = -\sin\beta_a \cos\psi_a \qquad \text{式 (5.4)}$$
$$l_3 = -\sin\beta_a \qquad m_3 = 0 \qquad n_2 = \cos\beta_a$$

$n$, $s$, $t$ 座標系を用いると媒体の構成方程式は以下のようになる (Lekhnitskii, 1977).

$$\begin{bmatrix} \varepsilon_n \\ \varepsilon_s \\ \varepsilon_t \\ \gamma_{st} \\ \gamma_{nt} \\ \gamma_{ns} \end{bmatrix} = \begin{bmatrix} \dfrac{1}{E_n} & -\dfrac{\nu_{sn}}{E_s} & -\dfrac{\nu_{tn}}{E_t} & 0 & 0 & 0 \\ -\dfrac{\nu_{ns}}{E_n} & \dfrac{1}{E_s} & -\dfrac{\nu_{ts}}{E_t} & 0 & 0 & 0 \\ -\dfrac{\nu_{nt}}{E_n} & -\dfrac{\nu_{st}}{E_s} & \dfrac{1}{E_t} & 0 & 0 & 0 \\ 0 & 0 & 0 & \dfrac{1}{G_{st}} & 0 & 0 \\ 0 & 0 & 0 & 0 & \dfrac{1}{G_{nt}} & 0 \\ 0 & 0 & 0 & 0 & 0 & \dfrac{1}{G_{ns}} \end{bmatrix} \times \begin{bmatrix} \sigma_n \\ \sigma_s \\ \sigma_t \\ \tau_{st} \\ \tau_{nt} \\ \tau_{ns} \end{bmatrix} \qquad \text{式 (5.5)}$$

または,より簡略な行列表記として以下のようになる.

$$[\varepsilon]_{nst} = [H][\sigma]_{nst} \qquad \text{式 (5.6)}$$

$n$, $s$, $t$ 座標系で岩石の変形を記述するには9つの独立した弾性定数が必要である. $E_n$, $E_s$, $E_t$ はそれぞれ $n$, $s$, $t$ 方向のヤング率である. $G_{ns}$, $G_{nt}$, $G_{st}$ はそれぞれ $n$, $s$ 平面, $n$, $t$ 平面, $s$, $t$ 平面に平行な剛性率である. $\nu_{ij}(i, j=n, s, t)$ は応力が $i$ 方向に作用したとき $j$ 方向に生じる垂直ひずみを表すポアソン比である. コンプライアンス行列 $[H]$ の対称性より,ポアソン比 $\nu_{ij}$ と $\nu_{ji}$ は $\nu_{ij}/E_i = \nu_{ji}/E_j$ の関係にある.

$n$, $s$ 平面, $n$, $t$ 平面もしくは $s$, $t$ 平面のうちのひとつの面内で等方性であれば式 (5.5) と (5.6) は成り立つ. この場合, 5つの独立な弾性定数のみで $n$, $s$, $t$ 座標系における岩盤の変形を記述できる. 本書では (2.5節参照), これらの定数 $E$, $E'$, $\nu$, $\nu'$, $G'$ を次のように定義している.

(1) $E$ と $E'$ はそれぞれ等方面内とそれに垂直な方向におけるヤング率である.
(2) $\nu$ と $\nu'$ はそれぞれ等方性の面に平行もしくは垂直に作用する応力による横ひずみを表すポアソン比である.

## 5 応力解放法

(3) $G'$ は等方性の面に垂直な面内のせん断弾性係数である.

$E$, $E'$, $\nu$, $\nu'$, $G$, $G'$ と式 (5.6) の行列 $[H]$ の成分は関係があり，例えば，$s$, $t$ 平面が等方性の場合には以下のようになる

$$\frac{1}{E_n}=\frac{1}{E'} \quad \frac{1}{E_s}=\frac{1}{E_t}=\frac{1}{E} \quad \frac{1}{G_{ns}}=\frac{1}{G_{nt}}=\frac{1}{G'}$$
$$\frac{\nu_{ns}}{E_n}=\frac{\nu_{nt}}{E_n}=\frac{\nu'}{E'} \quad \frac{\nu_{st}}{E_s}=\frac{\nu_{ts}}{E_t}=\frac{\nu}{E} \quad \frac{1}{G_{st}}=\frac{1}{G}=\frac{2(1+\nu)}{E}$$
式 (5.7)

ボーリング孔に対する岩石の異方性面の方向が既知の場合, $x$, $y$, $z$ 座標系における岩石の構成則はデカルト座標における2階のテンソルの座標変換則を用いて次のようになる (例えば, Amadei, 1983a).

$$[\varepsilon]_{xyz}=[A][C]_{xyz} \qquad 式 (5.8)$$

ここに, $[\varepsilon]_{xyz}^t=[\varepsilon_x, \varepsilon_y, \varepsilon_z, \gamma_{yz}, \gamma_{xz}, \gamma_{xy}]$ と $[\sigma]_{xyz}^t=[\sigma_x, \sigma_y, \sigma_z, \tau_{yz}, \tau_{xz}, \tau_{xy}]$ はそれぞれひずみ行列と応力行列である. $[A]$ は6行6列の対称コンプライアンス行列であり, その成分 $a_{ij}(i, j=1\sim6)$ は $n$, $s$, $t$ 座標系における岩盤の弾性定数と, 図 5.25b, c に示した4つの方向角 $\beta_h$, $\delta_h$, $\beta_a$, $\phi_a$ で表わされる (Amadei, 1983a). 行列 $[A]$ は以下のように表わされる.

$$[A]=[T_\varepsilon][T'_\sigma]^t[H][T'_\sigma][T_\varepsilon]^t \qquad 式 (5.9)$$

ここに, $[T_\varepsilon]$ とその転置行列 $[T_\varepsilon]^t$ は6行6列の行列で，その成分はボーリング孔の $x$ 軸, $y$ 軸, $z$ 軸に平行な単位ベクトルの方向余弦のみに依存する. 同じく, $[T'_\sigma]$ とその転置行列 $[T'_\sigma]^t$ は6行6列の行列で，その成分は異方性の面における $n$ 軸, $s$ 軸, $t$ 軸に平行な単位ベクトルの方向余弦のみに依存する.

$x$, $y$, $z$ 座標系における対称性は4つの方向角 $\beta_h$, $\delta_h$, $\beta_a$, $\phi_a$ と, $n$, $s$, $t$ 座標系における面内等方性もしくは直交異方性に依存する. 特に, 以下の場合にはボーリング孔は対称面に垂直となる.

(1) 岩盤が $x$, $y$, $z$ 座標系で直交異方性 (図 5.26a) もしくは3つの対称面のうちひとつが $z$ 軸に垂直な場合 (図 5.26b)
(2) 岩盤が面内等方性で等方性の面に対して孔軸が平行 (図 5.26c) または垂直な場合 (図 5.26d)
(3) 岩盤が等方性のとき

図 5.25a に示すように, 掘削前のボーリング孔の表面には岩盤内応力としての力が

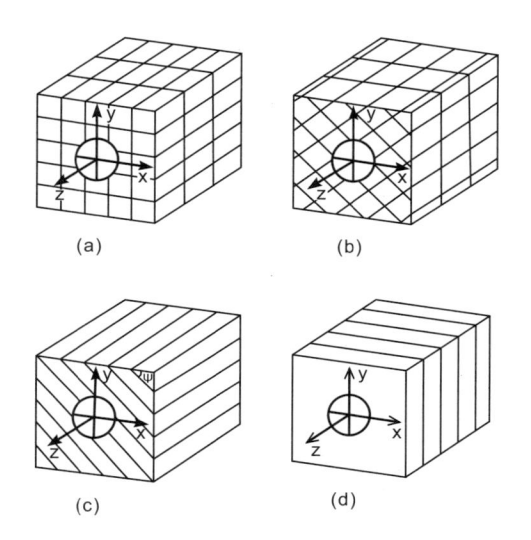

図 5.26 異方性に対して孔軸が弾性対称な面に垂直な 4 つの場合
(a), (b) 直交異方性体; (c), (d) 面内等方性体

作用している．ここで，孔の表面に作用する力のベクトルの $x$ 軸成分, $y$ 軸成分, $z$ 軸成分を $X_n$, $Y_n$, $Z_n$ とする．本書では，応力，ひずみ，変位を慣例にしたがって記述しているため，応力ベクトルの正の方向を $x$ 軸, $y$ 軸, $z$ 軸の負の方向とする．さらに，$X_n$, $Y_n$, $Z_n$ は $z$ 軸に対して一定とし，$2\pi$ の周期を持つ周期関数として $\cos\theta$ と $\sin\theta$ を用いてフーリエ級数で表すと以下のようになる．

$$X_n = a_{1x}\cos\theta + b_{1x}\sin\theta$$
$$Y_n = a_{1y}\cos\theta + b_{1y}\sin\theta$$
$$Z_n = a_{1z}\cos\theta + b_{1z}\sin\theta$$
式 (5.10)

角度 $\theta$ はボーリング孔に沿って 0 から $2\pi$ の間の値をとる．式 (5.10) の記述において，孔の表面に沿った $X_n$, $Y_n$, $Z_n$ の合力はゼロになり，この仮定により定数項は消去される．この解析では，式 (5.10) により与えられる応力ベクトル下で岩石は $x$, $y$ 平面において一般平面ひずみ状態で変形すると仮定されている (Amadei, 1983a; Lekhnitskii, 1977). 言い換えると，$x$, $y$ 平面に平行なすべての平面は同じようにひずみ，$X_n$, $Y_n$, $Z_n$ により引き起こされる軸方向の変形は $x$ 座標と $y$ 座標のみに依存する．この解析においては体積力を無視している．

$X_n$, $Y_n$, $Z_n$ による媒体内のすべての点における応力，ひずみ，変位成分の一般的

な表現は，Lekhnitskii（1977）と Amadei（1983a）により式（5.10）の一般形式で記述された．ボーリング孔が岩石の弾性対称面に斜交もしくは直交するときの変位の数式解（closed-form solution）は附録 B にまとめられている．図 5.26 に示したすべての場合において，孔は $x$, $y$ 平面における平面ひずみ状態で変形し縦方向のひずみはゼロとなる．

応力が作用している媒体に円孔を掘削することは，角度 $\theta$ で孔の輪郭に沿って $X_n$, $Y_n$, $Z_n$ を成分にもつ応力ベクトルが作用することと等しく次のように表される（Amadei, 1983a）．

$$\begin{aligned}X_n &= \sigma_{xo}\cos\theta + \tau_{xyo}\sin\theta \\ Y_n &= \tau_{xyo}\cos\theta + \sigma_{yo}\sin\theta \\ Z_n &= \tau_{xzo}\cos\theta + \tau_{yzo}\sin\theta\end{aligned} \qquad 式（5.11）$$

付録 B の式（B.13）に示すように，$x$ 軸からの角度 $\theta$ の孔径の変化 $U_{dh}=2u_{rh}$ は，式（5.11）で定義される応力ベクトル成分を用いて以下のように表される．

$$\frac{U_{dh}}{2a} = f_{1h}\sigma_{xo} + f_{2h}\sigma_{yo} + f_{3h}\sigma_{zo} + f_{4h}\tau_{yzo} + f_{5h}\tau_{xzo} + f_{6h}\tau_{xyo} \qquad 式（5.12）$$

ここに，$f_{1h}\ldots f_{6h}$ は $n$, $s$, $t$ 座標系で表した異方性岩盤の弾性定数と孔に対する異方性面の方向に依存する．$f_{3h}$ は常に消去できることに留意する．$f_{1h}\ldots f_{6h}$ の一般的な表記は付録 B の式（B.14）に示す．

付録 B の式（B.19）に示すように，異方性媒体においてボーリング孔が無い時の原位置応力場によって生ずる2点間（$x$ 軸から角度 $\theta$ の直径の両端）の孔径の変化 $U_{do}=2u_{ro}$ は以下のように表される

$$\frac{U_{do}}{2a} = f_{1o}\sigma_{xo} + f_{2o}\sigma_{yo} + f_{3o}\sigma_{zo} + f_{4o}\tau_{yzo} + f_{5o}\tau_{xzo} + f_{6o}\tau_{xyo} \qquad 式（5.13）$$

ここに，$f_{1o}\ldots f_{6o}$ は $n$, $s$, $t$ 座標系で表した異方性岩盤の弾性定数と孔に対する異方性面の方向に依存する．$f_{1o}\ldots f_{6o}$ の一般的な表現は式（B.20）に示す．式（5.12）と式（5.13）を加えると，ボーリング孔の $x$ 軸からの角度 $\theta$ における直径の変化は以下のようになる．

$$\frac{U_d}{2a} = f_1\sigma_{xo} + f_2\sigma_{yo} + f_3\sigma_{zo} + f_4\tau_{yzo} + f_5\tau_{xzo} + f_6\tau_{xyo} \qquad 式（5.14）$$

このとき，$f_1=f_{1h}+f_{1o}\ldots f_6=f_{6h}+f_{6o}$ である．式 (5.14) は以下のように書き直すことができる．

$$\frac{U_d}{2a} = M_1 + M_2 \cos 2\theta + M_3 \sin 2\theta \qquad 式 (5.15)$$

ここに，$M_1$, $M_2$, $M_3$ は 6 つの応力成分，$n$, $s$, $t$ 座標系における異方性岩盤の弾性定数，およびボーリング孔に対する異方性面の方向に依存する．式 (5.14) は一般的な異方性岩盤で成り立ち，ボーリング孔の直径変化は原位置の 6 応力成分のすべてに依存する．

図 5.26a-d に示すように弾性対称面が孔軸 $z$ に垂直なとき，$f_{4h}=f_{5h}=f_{4o}=f_{5o}=0$ なので $f_4$ と $f_5$ は消去できる．よって，式 (5.14) は以下のようになる．

$$\frac{U_d}{2a} = f_1 \sigma_{xo} + f_2 \sigma_{yo} + f_3 \sigma_{zo} + f_6 \tau_{xyo} \qquad 式 (5.16)$$

さらに式 (5.15) の $M_1$, $M_2$, $M_3$ は $\sigma_{xo}$, $\sigma_{yo}$, $\sigma_{zo}$, $\tau_{xyo}$ のみに依存し，$\tau_{xzo}$ と $\tau_{yzo}$ には依存しない．$f_{1h}$, $f_{2h}$, $f_{6h}$ と $f_{1o}$, $f_{2o}$, $f_{3o}$, $f_{6o}$ はそれぞれ付録 B の式 (B.15) と式 (B.21) で表される．また，ボーリング孔の $x$ 軸，$y$ 軸，$z$ 軸が弾性対称面に垂直（図 5.26a, 5.26d, 5.26c において $\psi=0°$ もしくは $90°$）の場合には，式 (5.16) の $f_1$, $f_2$, $f_3$ と $f_6$ は以下のようになる：

$$f_1 = \sin^2\theta(\beta_{12}+(\beta_{11}\beta_{22})^{1/2}) - \cos^2\theta \beta_{11}\left(\frac{2\beta_{12}+\beta_{66}}{\beta_{11}} + 2\left(\frac{\beta_{22}}{\beta_{11}}\right)^{1/2}\right)^{1/2}$$
$$- a_{11}\cos^2\theta - a_{21}\sin^2\theta \qquad 式 (5.17)$$

$$f_2 = \cos^2\theta(\beta_{12}+(\beta_{11}\beta_{22})^{1/2}) - \sin^2\theta(\beta_{11}\beta_{22})^{1/2} \times \left(\frac{2\beta_{12}+\beta_{66}}{\beta_{11}} + 2\left(\frac{\beta_{22}}{\beta_{11}}\right)^{1/2}\right)^{1/2}$$
$$- a_{12}\cos^2\theta - a_{22}\sin^2\theta \qquad 式 (5.18)$$

$$f_3 = -a_{13}\cos^2\theta - a_{23}\sin^2\theta \qquad 式 (5.19)$$

$$f_6 = -\sin 2\theta(\beta_{12}+(\beta_{11}\beta_{22})^{1/2}) - \frac{\sin 2\theta}{2}(\beta_{11}+(\beta_{11}\beta_{22})^{1/2})$$
$$\times \left(\frac{2\beta_{12}+\beta_{66}}{\beta_{11}} + 2\left(\frac{\beta_{22}}{\beta_{11}}\right)^{1/2}\right)^{1/2} - \frac{\sin 2\theta}{2} a_{66} \qquad 式 (5.20)$$

この特殊な場合，$M_1$, $M_2$, $M_3$ は付録 B の式 (B.26) で表される．式 (5.17) ～ (5.20) において $\beta_{ij}=a_{ij}-a_{i3}a_{j3}/a_{33}(i, j=1\sim 6)$ であり，$a_{ij}$ は式 (5.8) にある行列 $[A]$ の成分である．結局，媒体のヤング率 $E$ とポアソン比 $\nu$ が等方の場合，$\beta_{11}=\beta_{22}=(1-\nu^2)/E$,

## 5 応力解放法

$\beta_{12}=-\nu(1+\nu)/E$ および $\beta_{66}=a_{66}=2(1+\nu)/E$ を式 (5.17) ～ (5.20) に代入すると，$f_1$, $f_2$, $f_3$, $f_6$ は以下のようになる.

$$f_1 = \frac{1}{E}(2\cos 2\theta(\nu^2-1)-1)$$
$$f_2 = \frac{1}{E}(2\cos 2\theta(1-\nu^2)-1)$$
$$f_3 = \frac{\nu}{E}$$
$$f_6 = \frac{4}{E}\sin 2\theta(\nu^2-1)$$

式 (5.21)

等方性の場合の $M_1$, $M_2$, $M_3$ は付録 B の式 (B.27) で表される.

　直径変化を表す式 (5.14) は，原位置の応力場においてボーリング孔が無い場合の岩盤は $z$ 軸方向に自由に変形できることを示している．もしこれが成り立たず岩石が $z$ 方向に変形できなければ，すなわち $\varepsilon_{zo}=0$ ならば，応力成分 $\sigma_{zo}$ はその他 5 つの応力成分に依存する．式 (5.8) を用いると以下のように表される．

$$\sigma_{zo} = -\frac{1}{a_{33}}(a_{31}\sigma_{xo}+a_{32}\sigma_{yo}+a_{34}\tau_{yzo}+a_{35}\tau_{xzo}+a_{36}\tau_{xyo})$$

式 (5.22)

式 (5.22) を式 (5.14) もしくは式 (5.16) に代入し $M_1$, $M_2$, $M_3$ を用いて表すと，一般的な異方性の場合には直径変化は原位置の 5 つの応力成分のみに依存することになる．弾性対称面がボーリング孔軸に垂直なとき，直径変化は 3 つの応力成分，例えば $\sigma_{xo}$, $\sigma_{yo}$, $\tau_{xyo}$ のみに依存する．特に，ボーリング孔の軸が弾性対称面に直角な場合，式 (5.15) の $M_1$, $M_2$, $M_3$ は以下の形となる．

$$M_1 = A_1\sigma_{xo}+B_1\sigma_{yo}$$

式 (5.23)

$$M_2 = A_2\sigma_{xo}+B_2\sigma_{yo}$$

式 (5.24)

$$M_3 = A_3\tau_{xyo}$$

式 (5.25)

このとき，

$$A_1 = 0.5\left[\beta_{12}+(\beta_{11}\beta_{22})^{1/2}-\beta_{11}\left(\frac{2\beta_{12}+\beta_{66}}{\beta_{11}}+2\left(\frac{\beta_{22}}{\beta_{11}}\right)^{1/2}\right)^{1/2}\right.$$
$$\left.-a_{11}-a_{21}+\frac{a_{31}}{a_{33}}(a_{13}+a_{23})\right]$$

$$B_1 = 0.5\Big[\beta_{12} + (\beta_{11}\beta_{22})^{1/2} - (\beta_{11}\beta_{22})^{1/2}\Big(\frac{2\beta_{12}+\beta_{66}}{\beta_{11}} + 2\Big(\frac{\beta_{22}}{\beta_{11}}\Big)^{1/2}\Big)^{1/2}$$
$$-a_{12} - a_{22} + \frac{a_{32}}{a_{33}}(a_{13}+a_{23})\Big]$$

$$A_2 = 0.5\Big[-\beta_{12} - (\beta_{11}\beta_{22})^{1/2} - \beta_{11}\Big(\frac{2\beta_{12}+\beta_{66}}{\beta_{11}} + 2\Big(\frac{\beta_{22}}{\beta_{11}}\Big)^{1/2}\Big)^{1/2}$$
$$-a_{11} + a_{21} + \frac{a_{31}}{a_{33}}(a_{13}-a_{23})\Big]$$

$$B_2 = 0.5\Big[\beta_{12} + (\beta_{11}\beta_{22})^{1/2} + (\beta_{11}\beta_{22})^{1/2} \times \Big(\frac{2\beta_{12}+\beta_{66}}{\beta_{11}} + 2\Big(\frac{\beta_{22}}{\beta_{11}}\Big)^{1/2}\Big)^{1/2}$$
$$-a_{12} + a_{22} + \frac{a_{32}}{a_{33}}(a_{13}-a_{23})\Big]$$

$$A_3 = -\Big[\beta_{12} + (\beta_{11}\beta_{22})^{1/2} + 0.5(\beta_{11} + (\beta_{11}\beta_{22})^{1/2}) \times \Big(\frac{2\beta_{12}+\beta_{66}}{\beta_{11}} + 2\Big(\frac{\beta_{22}}{\beta_{11}}\Big)^{1/2}\Big)^{1/2} + 0.5a_{66}\Big]$$

である．等方性の場合，式（5.23）～（5.25）は以下のようになる

$$M_1 = \frac{1}{E}(1-\nu^2)(\sigma_{xo}+\sigma_{yo})$$

$$M_2 = -\frac{2}{E}(1-\nu^2)(\sigma_{xo}-\sigma_{yo})$$

$$M_3 = -\frac{4}{E}(1-\nu^2)\tau_{xyo} \qquad\qquad 式（5.26）$$

### (b) USBM ゲージを用いた原位置応力測定の解析

　オーバーコアリング時に得られるパイロット孔の直径変化は，計器が設置されたセンター孔から十分離れた遠方より与えられた原位置応力によるパイロット孔の直径変化と逆符号で同じ大きさとみなされる．USBM ゲージによって決定された原位置応力場の構成成分（パイロット孔を基準とする座標系における）を $\sigma_{xo}$, $\sigma_{yo}$, $\sigma_{z0}$, $\tau_{yz0}$, $\tau_{xz0}$, $\tau_{xyo}$ とすれば，式（5.14）または式（5.16）は $Ud$ を $-Ud$ に置き換えた原位置応力場の成分と計測されたパイロット孔の直径変化を関連づけている．USBM ゲージで得られたデータを解析するとき，円周方向と軸方向の変位の影響は無視されることに留意されたい．また，それぞれの直径変位は半径変位の 2 倍に等しいと仮定されている．

　一般的に，ボアホールの直径の変化は，原位置応力場のすべての 6 応力成分の線形関数であるということを式（5.14）は示している．それゆえ，これらの 6 応力成分を決定するためには，6 つの独立した直径変化の測定値から 6 つの独立した連立方程式

## 5 応力解放法

を立てる必要がある．しかし，このような方法では求められた応力値の精度を評価できない．これらの測定結果の精度を向上させるためには付加的な測定と最小二乗法による応力成分の算定が必要である（Gray and Toews, 1968, 1975; Panek, 1966）．最小二乗法による算定は多重線型回帰分析の問題と同様に扱われる．

式（5.15）は，ひとつのパイロット孔における，独立した直径変化の測定値はたかだか3つしかないことを示している．そのため，Panek（1966）と Leeman（1967）が提案したように，原位置応力場の6応力成分を決定するためにふたつの平行でないボアホールが用いられる．ここで，$U_{d1}$, $U_{d2}$, $U_{d3}$ をボアホール No.1 における3つの直径の測定値とし，$U_{d4}$, $U_{d5}$, $U_{d6}$ をボアホール No.2 における他の3つの直径の測定値とする．このとき，6つの直径の測定値 $U_{di}(i=1～6)$ それぞれについて式（5.14）と同じ方程式が得られる．ふたつのボアホールは平行ではないので，ボアホール No.1 における局所座標系の $x$ 軸，$y$ 軸，$z$ 軸は，ボアホール No.2 のそれぞれの軸とは異なる．それゆえ，全体座標系 $X$, $Y$, $Z$ における原位置応力場の6応力成分を，6つの直径変化の測定値と関係づける必要がある．式（5.14）と式（5.2）をそれぞれのボアホール対して組み合わせることにより以下の方程式が得られる．

$$[UD]=[T][\sigma_o]_{XYZ} \qquad 式（5.27）$$

ここに，$[UD]$ は6つの直径変化の測定値 $U_{di}(i=1～6)$ を含む（$6\times1$）の行列である．$[T]$ は式（5.14）の係数 $f_i(i=1～6)$ とボアホール No.1, No.2 の方位角 $\beta_h$ と $\delta_h$ で構成される（$6\times6$）の行列である．対象とする岩盤が等方であれば，直径変化と6応力成分に関係する6つの方程式は独立しており，式（5.27）の行列 $[T]$ は唯一であることがわかる．完全な応力状態を決定するためには，通常，平行でない3つのボアホールが必要とされる．その場合には，9つの直径変化の測定値 $U_{di}(i=1～9)$ が得られ，式（5.27）における $[UD]$ は（$9\times1$）の行列，$[T]$ は（$9\times6$）の行列となる．6つの未知数をもつ9つの連立方程式の解は，多重線形回帰分析により行列 $[\sigma_o]_{XYZ}$ の構成成分として得られる．Draper and Smith（1966）と 5.5 節に示したように，最小二乗法により6つの未知数をもつ以下の6つの連立方程式が得られる．

$$[T]^t[T][\sigma_o]_{XYZ}=[T]^t[UD] \qquad 式（5.28）$$

6つの未知数に関する9つの測定値により，原位置応力の6応力成分の信頼限界（標準偏差）を評価することができる．

Berry（1968）と Amadei（1983b）によれば，異方性媒質においても異方性の対称軸や対称面に対するボアホールの方向によってはボアホールをふたつまで減らすこと

ができる．例えば，Amadei (1983b) は，(1) どのボアホールも異方性の対称面に直交していないとき，または (2) ひとつのボアホールが異方性の対称面に直交しているがもうひとつのボアホールと直交していないときには，ふたつのボアホールで測定が可能であることを示している．

上で述べた解析は，USBMA.FOR と呼ばれるフォートランプログラムに組み込まれている．このプログラムはパソコン上で動作し，USBM ゲージを用いたふたつまたは3つのボアホールのオーバーコアリングから，等方性，面内等方性あるいは直交異方性の岩盤を対象とした原位置応力を決定することができる．ボアホールが岩石の異方性の面に対して斜交している場合にも適用できる．このプログラムでは，原位置の三次元応力の主成分と，$X$ 軸と $Z$ 軸とが北と東の方向に一致するように定められた $X$, $Y$, $Z$ 座標系におけるそれぞれの方位を最小二乗法で計算する．その座標系におけるこれらボアホールの方位と岩石の異方性の面は，それぞれ図 5.25b と図 5.25c で定義されている．またこのプログラムは，5.5 節に要約するように，統計分析に基づく異なる信頼限界に対する原位置応力成分のばらつきの範囲を計算することもできる．(B. Amadei に直接連絡すれば USBMA.FOR を有料で利用することができる．)

### (c) 単一孔における USBM ゲージによる応力の決定

パイロット孔を基準とする $x$ 軸, $y$ 軸, $z$ 軸に直交する弾性対称面があれば，式 (5.16) により原位置の6応力成分のうち4つをパイロット孔の直径変化と関係づけることができる．もしこれら4つの応力成分のうちひとつでも仮定できれば，他の3つの応力成分は決定できる．例として，ボアホールが鉛直で $z$ 軸を下方にとった場合，$\sigma_{zo}$ がオーバーコアリング測定を行った深度における被り圧に等しいと仮定すると，3つの未知数を有する3つの連立方程式により原位置の3応力成分 $\sigma_{xo}$, $\sigma_{yo}$, $\tau_{xyo}$ を求めることができる．

(1) 測定対象の弾性対称面に $x$ 軸, $y$ 軸, $z$ 軸が直交すること，(2) オーバーコアリング中に軸方向ひずみが発生しないことというふたつの条件を満たせば，原位置の応力成分に関する他のいかなる仮定もなしに，ただひとつのボアホールを利用して，ボアホール軸に直交する3応力成分 $\sigma_{xo}$, $\sigma_{yo}$, $\tau_{xyo}$ を正確に決定することができる．もし，これらふたつの条件が満足されるならば，式 (5.23) 〜 (5.25) で定義された $M_1$, $M_2$, $M_3$ を用いて式 (5.15) をオーバーコアリングの観測方程式として利用することができる．

たとえば，$x$ 軸から $\theta=0°$，$60°$，$120°$ の位置において USBM ゲージで測定された値 $U_d/2a$ を $U_1$, $U_2$, $U_3$ とする (図 5.27)．前記のすべての方程式に負の値を代入する

## 5 応力解放法

ことを避けるため,パイロット孔の直径の減少値 $U_d$ を正とする. $\theta = 0°, 60°, 120°$ と $U_1, U_2, U_3$ を式 (5.15) に代入し, $M_1, M_2, M_3$ に関する 3 連の線形連立方程式を得る.

$$M_1 = \frac{1}{3}(U_1 + U_2 + U_3)$$
$$M_2 = \frac{1}{3}(2U_1 - U_2 - U_3)$$
$$M_3 = \frac{1}{3^{1/2}}(U_2 - U_3)$$

式 (5.29)

この方程式は等方性,異方性を問わず両者に適用できる.しかしながら,3 応力成分 $\sigma_{xo}, \sigma_{yo}, \tau_{xyo}$ の決定は以下に示すような等方,異方の性質に依存する.

図 5.26a,図 5.26c,図 5.26d に示した異方性($\phi = 0°, 90°$)の場合,式 (5.29) を式 (5.23),式 (5.24),式 (5.25) と連立させて整理すると 3 応力成分 $\sigma_{xo}, \sigma_{yo}, \tau_{xyo}$ は以下のようになる.

$$\sigma_{xo} = \frac{B_1(2U_1 - U_2 - U_3)}{3(A_2B_1 - A_1B_2)} - \frac{B_2(U_1 + U_2 + U_3)}{3(A_2B_1 - A_1B_2)}$$
$$\sigma_{yo} = \frac{A_1(2U_1 - U_2 - U_3)}{3(A_2B_1 - A_1B_2)} + \frac{A_2(U_1 + U_2 + U_3)}{3(A_2B_1 - A_1B_2)}$$
$$\tau_{xyo} = \frac{(U_2 - U_3)}{A_3 3^{1/2}}$$

式 (5.30)

もし媒質が等方性ならば,式 (5.26) で定義される $M_1, M_2, M_3$ を式 (5.29) に代入すると 3 応力成分は以下のようになる.

$$\sigma_{xo} = \frac{E}{6(\nu^2 - 1)}[U_1 + U_2 + U_3 + 0.5 \times (2U_1 - U_2 - U_3)]$$
$$\sigma_{yo} = \frac{E}{6(\nu^2 - 1)}[U_1 + U_2 + U_3 - 0.5 \times (2U_1 - U_2 - U_3)]$$
$$\tau_{xyo} = \frac{E}{4(3^{1/2})(\nu^2 - 1)}(U_2 - U_3)$$

式 (5.31)

$x$-$y$ 平面(図 5.27)の最大,最小主応力 $P$,$Q$ の大きさは以下のように決められる.

$$P = \frac{(\sigma_{xo} + \sigma_{yo})}{2} + \left(\frac{(\sigma_{xo} - \sigma_{yo})^2}{4} + \tau_{xyo}^2\right)^{1/2}$$
$$Q = \frac{(\sigma_{xo} + \sigma_{yo})}{2} - \left(\frac{(\sigma_{xo} - \sigma_{yo})^2}{4} + \tau_{xyo}^2\right)^{1/2}$$

式 (5.32)

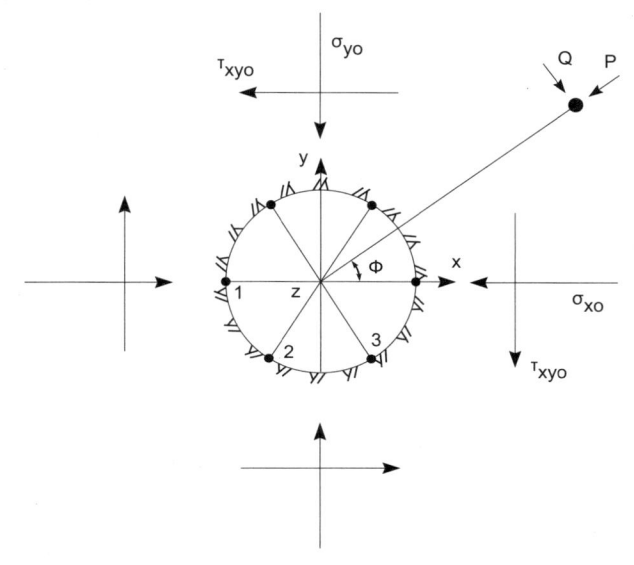

図 5.27 測定値 $U_1$, $U_2$, $U_3$ は, $x$ 軸からそれぞれ 0°, 60°, 120° の 1, 2, 3 における直径方向の変位. $P$ と $Q$ で定義される原位置最大, 最小主応力は $x$ 軸から $\Phi$ の傾きを有する.

そして，最大主応力 $P$ と $x$ 軸との方位角 $\Phi$ は以下のようになる.

$$\cos 2\Phi = \frac{0.5(\sigma_{xo} - \sigma_{yo})}{\left(\dfrac{(\sigma_{xo} - \sigma_{yo})^2}{4} + \tau_{xyo}^2\right)^{1/2}}$$

$$\sin 2\Phi = \frac{\tau_{xyo}}{\left(\dfrac{(\sigma_{xo} - \sigma_{yo})^2}{4} + \tau_{xyo}^2\right)^{1/2}}$$

式 (5.33)

具体例として，図 5.25a の $s$-$t$ 平面に平行な等方性面を有する面内等方性岩盤を考える．表 5.2 と表 5.3 は，等方性面が $y$-$z$ 平面（図 5.26c における $\psi=90°$），$x$-$z$ 平面（図 5.26c における $\psi=0°$），$x$-$y$ 平面（図 5.26d）に平行なときの式 (5.23) 〜 (5.25) の係数 $a_{ij}$ と $\beta_{ij}$ を表している．これらの係数はこの章の最初で定義した 5 つの弾性定数 $E$, $E'$, $\nu$, $\nu'$, $G'$ を用いて表わされる．

等方性面における弾性定数 $E$ とポアソン比 $\nu$ の値はそれぞれ 20.0 GPa と 0.25 である．$E/E'$, $G/G'$ はそれぞれ 1〜4 と 1〜3 の間で変化し，$\nu$ は 0.15〜0.35 の間で変化

表 5.2　等方性面の 3 つの向きと係数 $\alpha_{ij}$ の関係

| $\alpha_{ij}$ | 等方性面に平行な面 | | |
|---|---|---|---|
| | $y$-$z$ 平面 | $x$-$z$ 平面 | $x$-$y$ 平面 |
| $\alpha_{11}$ | $1/E'$ | $1/E$ | $1/E$ |
| $\alpha_{13}$ | $-\nu'/E'$ | $-\nu/E$ | $-\nu'/E'$ |
| $\alpha_{33}$ | $1/E$ | $1/E$ | $1/E'$ |
| $\alpha_{22}$ | $1/E$ | $1/E'$ | $1/E$ |
| $\alpha_{23}$ | $-\nu/E$ | $-\nu'/E'$ | $-\nu'/E'$ |
| $\alpha_{12}$ | $-\nu'/E'$ | $-\nu'/E'$ | $-\nu/E$ |
| $\alpha_{66}$ | $1/G'$ | $1/G'$ | $1/G$ |

表 5.3　等方性面の 3 つの向きと係数 $\beta_{ij}$ の関係

| $\beta_{ij}$ | 等方性面に平行な面 | | |
|---|---|---|---|
| | $y$-$z$ 平面 | $x$-$z$ 平面 | $x$-$y$ 平面 |
| $\beta_{11}$ | $(1-\nu'^2E/E')/E'$ | $(1-\nu^2)/E'$ | $(1-\nu'^2E/E')/E$ |
| $\beta_{22}$ | $(1-\nu^2)/E$ | $(1-\nu'^2E/E')/E'$ | $(1-\nu'^2E/E')/E$ |
| $\beta_{12}$ | $-\nu'(1+\nu)/E'$ | $-\nu'(1+\nu)/E'$ | $-(\nu+\nu'^2E/E')/E$ |
| $\beta_{66}$ | $1/G'$ | $1/G'$ | $1/G$ |

するものと仮定する．$U_1=-2.343750\times10^{-4}$，$U_2=-1.749399\times10^{-4}$，$U_3=-0.125601\times10^{-4}$ をオーバーコアリングの際に計測された $\theta=0°$，$90°$，$120°$ における $U_d/2a$ の値とする（ただしボアホールの半径方向外向きの変位を負とする）．等方性の場合の原位置応力場の解は $P=2.21$ MPa，$Q=0.79$ MPa，$\Phi=22.5°$ である．$E/E'$ と $G/G'$ の値が変化したときの主応力成分 $P$，$Q$ と方位角 $\Phi$ の変化をそれぞれ図 5.28a，b，c に示す．

図 5.28a〜c は，等方性面が $y$-$z$ 平面に平行なとき，$G/G'$ を固定すると $E/E'$ の増加に伴い等方性の解（グラフ上の点 I）に比べて $P$ と $Q$ は減少し $\Phi$ は増加するということを表している．等方性面が $x$-$z$ 平面に平行なときは，$E/E'$ の増加に伴い $Q$ と $\Phi$ は減少するのに対して，$P$ はわずかに増加する．等方性面が $y$-$z$ 平面か $x$-$z$ 平面化どちらかに平行な場合，$E/E'$ を固定すれば $G/G'$ の増加に伴って $P$，$Q$，$\Phi$ は減少する．一方，等方性面が $x$-$y$ 平面に平行なとき，$P$ と $Q$ は $G/G'$ には独立で $E/E'$ と伴に増加する．方位角 $\Phi$ は岩石の異方性の程度には依存しないことがわかる．

表 5.4 は等方性面が y-z 平面か x-z 平面か x-y 平面に平行なとき，$\nu'=0.15$，$0.25$，$0.35$，$E/E'=3$，$G/G'=1$ における $P$，$Q$，$\Phi$ の値を与えている．$P$ と $Q$ は $\nu'$ と伴に増加していることがわかる．等方性面が y-z 平面に平行なとき $\nu'$ の増加に伴い方位角 $\Phi$ は減少するが，等方性面が x-z 平面に平行なときは $\nu'$ の増加に伴い方位角 $\Phi$ は

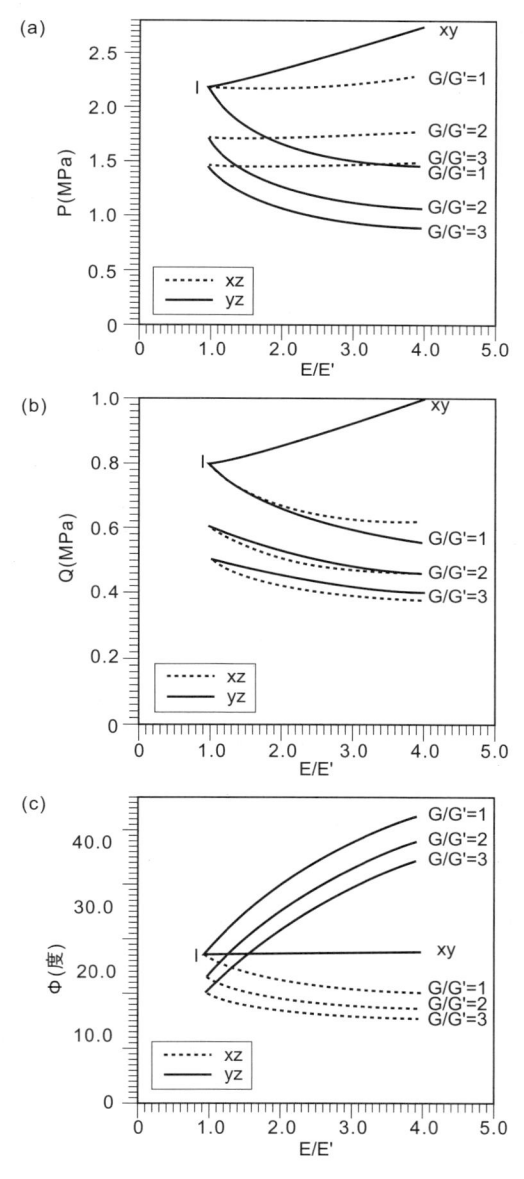

図 5.28 $\nu=\nu'=0.25$ における $E/E'$ と $G/G'$ の変化に対する (a) 主応力 $P$, (b) 主応力 $Q$, (c) 方位角 $\Phi$ の関係

表5.4　$P$, $Q$, $\Phi$ とポアソン比 $\nu'$ の関係

| | 等方性面に平行な面 | | | | | | | | |
|---|---|---|---|---|---|---|---|---|---|
| | $y$-$z$ 平面 | | | $x$-$z$ 平面 | | | $x$-$y$ 平面 | | |
| | $P$(MPa) | $Q$(MPa) | $\Phi$(deg.) | $P$(MPa) | $Q$(MPa) | $\Phi$(deg.) | $P$(MPa) | $Q$(MPa) | $\Phi$(deg.) |
| $\nu'=0.15$ | 1.25 | 0.51 | 40.1 | 1.98 | 0.53 | 15.0 | 2.22 | 0.79 | 22.5 |
| $\nu'=0.25$ | 1.49 | 0.59 | 39.2 | 2.22 | 0.62 | 16.7 | 2.55 | 0.91 | 22.5 |
| $\nu'=0.35$ | 1.99 | 0.75 | 37.2 | 2.67 | 0.81 | 20.1 | 3.27 | 1.17 | 22.5 |

増加する．等方性面が $x$-$y$ 平面に平行なときは $\nu'$ に対し $\Phi$ は独立している．

この例は，USBM ゲージで測定された値を岩石の異方性を無視して解析すれば，求められた原位置応力の大きさと方向に大きな誤差が生じることを示している．ふたつあるいは3つのボアホールにおける USBM 測定の解析結果として同様の結論が Amadei（1983a）によって導かれている．オーバーコアリングによる原位置応力測定における岩石の異方性の影響については5.7節でもう少し詳しく議論する．

### 5.4.3　CSIR 型ドアストッパー法の解析

ドアストッパー法の解析には，ドアストッパーの底面に貼付された3つか4つのひずみゲージで原位置応力場の応力成分に応じたひずみを測定することが必要である．そのひずみはまず孔底の応力と関連づけられる．そしてその応力は，光弾性法か三次元数値モデルによって導かれた応力集中係数を用いることによって原位置応力と結び付けられる．ドアストッパーの解析法には，等方性解と異方性解がともに存在する．

#### (a) 等方性解析

図5.29のように45°間隔に3つのひずみゲージ A，B，C が貼付されたボアホール底面において，$z$ 軸を孔軸に平行とした $x$, $y$, $z$ 座標系を設定する．$\varepsilon_A$, $\varepsilon_B$, $\varepsilon_C$ をそれぞれひずみゲージ A，B，C で測定したひずみとすれば以下の式が成り立つ．

$$\begin{aligned}\varepsilon_x &= \varepsilon_A \\ \varepsilon_y &= \varepsilon_B \\ \gamma_{xy} &= 2\varepsilon_C - (\varepsilon_A + \varepsilon_B)\end{aligned} \qquad 式（5.34）$$

岩石がヤング率 $E$ でポアソン比 $\nu$ の等方体とすれば，ボアホール底面の応力 $\sigma_x'$, $\sigma_y'$, $\tau_{xy}'$ は以下のようになる．

5.4 理論

$$\sigma_x' = \frac{E}{2}\left[\frac{\varepsilon_A+\varepsilon_B}{1-\nu}+\frac{\varepsilon_A-\varepsilon_B}{1+\nu}\right]$$

$$\sigma_y' = \frac{E}{2}\left[\frac{\varepsilon_A+\varepsilon_B}{1-\nu}-\frac{\varepsilon_A-\varepsilon_B}{1+\nu}\right]$$

$$\tau_{xy}' = \frac{E}{2}\left[\frac{2\varepsilon_C-(\varepsilon_A+\varepsilon_B)}{1+\nu}\right]$$

式 (5.35)

4素子のひずみゲージを用いて測定した $0°$, $45°$, $90°$, $135°$方向のひずみを $\varepsilon_A$, $\varepsilon_B$, $\varepsilon_C$, $\varepsilon_D$ とすれば，式 (5.35) は次のように書き換えることができる．

$$\sigma_x' = \frac{E}{2}\left[\frac{\varepsilon_A+\varepsilon_C}{1-\nu}+\frac{\varepsilon_A-\varepsilon_C}{1+\nu}\right]$$

$$\sigma_y' = \frac{E}{2}\left[\frac{\varepsilon_A+\varepsilon_C}{1-\nu}-\frac{\varepsilon_A-\varepsilon_C}{1+\nu}\right] \quad 式 (5.36)$$

$$\tau_{xy}' = \frac{E}{2}\frac{\varepsilon_B-\varepsilon_D}{1+\nu}$$

応力 $\sigma_x'$, $\sigma_y'$, $\tau_{xy}'$ は式 (5.37) のように原位置応力 $\sigma_{xo}$, $\sigma_{yo}$, $\tau_{xyo}$ と関係付けることができる (Leeman, 1971a).

$$\sigma'_x = a\sigma_{xo}+b\sigma_{yo}+c\sigma_{zo}$$
$$\sigma'_y = a\sigma_{yo}+b\sigma_{xo}+c\sigma_{zo} \quad 式 (5.37)$$
$$\tau'_{xy} = d\tau_{xyo}$$

ただしせん断応力 $\tau_{xyo}$, $\tau_{yzo}$ とは独立している．係数 $a$, $b$, $c$ の値は，Galle and Wilhoit (1962), Leeman (1964), Hoskins (1967), Bonnechere and Fairhurst (1968), Van Heerden (1969), Hiramatsu and Oka (1968), Hiltscher (1971), Coates and Yu (1970), Bonnechere (1972), Hocking (1976), Rahn (1984) による値を表 5.5 に示す．係数 $d$ の 1.25 は Van Heerden (1969) と Bonnechere (1967) による．係数 $a$, $b$, $c$, $d$ は光弾性やその他の実験，有限要素モデルや境界

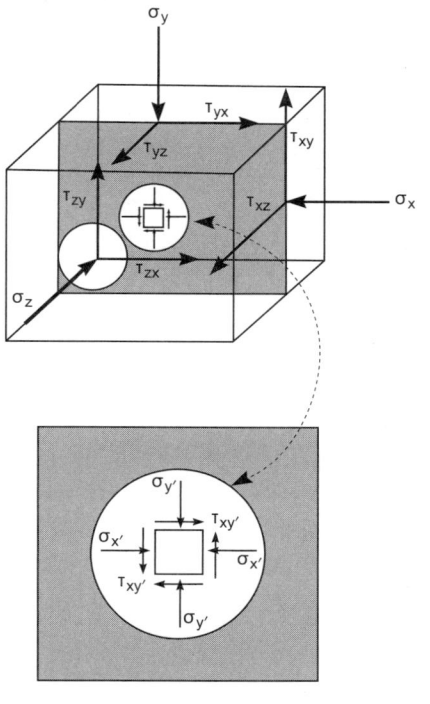

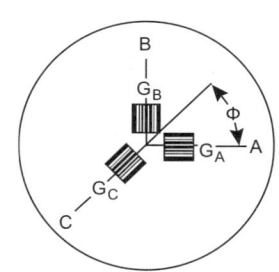

図 5.29 ボアホール孔底に貼り付けられた 3 つのひずみゲージ (Leeman, 1971a)

表 5.5 ドアストッパーの応力集中係数の要約（出典：Rahn, W. Copyright 1984, Elsevier Science Ltd. の許可により転載）

| 出　典 | 手　法 | ν | a | b | c |
|---|---|---|---|---|---|
| Galle and Wilhiot (1962) | 光弾性実験 | 0.47 | 1.56 | 0 | － |
| Leeman (1964c) | 光弾性実験 | 0.48 | 1.55 | 0 | － |
|  |  | 0.29 | 1.51 | 0 | － |
|  |  | 0.26 | 1.53 | 0 | － |
| Hoskins (1967) | 実験 | 0.22 | 1.56 | 0 | － |
| Bennechere and Fairhurst (1968) | 実験 | 0.38 | 1.25 | 0 | － |
| Van Heerden (1969) | 光弾性実験 | 0.48 | 1.25 | －0.07 | －0.85 |
|  |  | 0.35 | 1.28 | －0.02 | －0.74 |
|  |  | 0.30 | 1.24 | －0.07 | －0.71 |
|  |  | 0.26 | 1.22 | －0.10 | －0.67 |
| Hiramatsu and Oka (1968) | 実験 | 0.44 | 1.42 | －0.06 | －1.10 |
|  |  | 0.37 | 1.39 | －0.20 | －0.98 |
|  |  | 0.29 | 1.32 | －0.29 | －0.82 |
|  |  | 0.24 | 1.36 | －0.30 | －0.69 |
| Coates and Yu (1970) | FEM（軸対象） | 0.4 | 1.45 | 0.0 | －0.91 |
|  |  | 0.3 | 1.41 | －0.04 | －0.84 |
|  |  | 0.2 | 1.40 | －0.08 | －0.75 |
|  |  | 0.0 | 1.36 | －0.12 | －0.52 |
| Hiltscher (1971) | 動的緩和法 | 0.45 | 1.45 | － | －0.85 |
|  |  | 0.4 | 1.35 | － | －0.81 |
|  |  | 0.3 | 1.28 | － | －0.71 |
|  |  | 0.2 | 1.25 | － | －0.60 |
|  |  | 0.1 | 1.21 | － | －0.51 |
|  |  | 0.0 | 1.19 | － | －0.41 |
| Hocking (1976) | BIEM（三次元） | 0.475 | 1.39 | 0.08 | －0.91 |
|  |  | 0.4 | 1.38 | 0.03 | －0.82 |
|  |  | 0.3 | 1.36 | －0.03 | －0.70 |
|  |  | 0.2 | 1.35 | －0.07 | －0.58 |
|  |  | 0.1 | 1.34 | －0.10 | －0.48 |
|  |  | 0.0 | 1.33 | －0.13 | －0.37 |
| Rahn (1984) | FEM（円筒要素） | 0.475 | 1.37 | 0.06 | －0.86 |
|  |  | 0.4 | 1.36 | 0.02 | －0.80 |
|  |  | 0.3 | 1.35 | －0.03 | －0.68 |
|  |  | 0.2 | 1.24 | －0.07 | －0.57 |
|  |  | 0.1 | 1.33 | －0.10 | －0.47 |
|  |  | 0.0 | 1.32 | －0.13 | －0.37 |

要素モデルにより求められている．これらの係数は岩石の弾性定数にもわずかに依存していると思われるが，少なくとも孔底の中心付近で定義される係数である．Hocking (1976) は，これらの係数は平らな孔底の中心から半径の半分以内の範囲でほぼ一定であるとしている．Leeman (1971) は，ひずみ測定はボアホールの中心から半径の3分の1以内の範囲でひずみの測定を行わなければならないとしている．

式 (5.35) と式 (5.37) と式 (5.2) を組み合わせ，全体座標系におけるボアホールの方向を知ることで，3 つまたは 4 つのドアストッパーによるひずみと原位置応力場の 6 応力成分を関連付けることができる．ボアホールごとに独立したひずみは最大でも 3 つなので，原位置応力場を決定するには最初のボアホールに平行でないふたつめのボアホールが必要である．式 (5.27) と同じような形式で行列 [UD] をひずみ測定の行列に置き換えることで 6 つの連立方程式が構成される．しかし，等方性媒質では行列 [T] も唯一であるため，USBM ゲージと同様に原位置応力場を決定するのに 3 つめのボアホールが必要である (Gray and Toews, 1968)．

USBM ゲージと同様に 4 つの応力成分 $\sigma_{xo}$, $\sigma_{yo}$, $\sigma_{zo}$, $\tau_{xyo}$ のうちのひとつが既知であれば，他の 3 つの応力成分は 1 本のボアホールにおけるドアストッパー法のオーバーコアリングで決めることができる．その後，Corthesy et al. (1994a, b) によって提案された「PRP」(recovered to peak ratio) とよばれる手法によれば，ひとつのボアホールにおいてこれらの 4 つの応力成分を決めることができる．4 つめの独立した式は，回復曲線で測定された平均ひずみとピークひずみの不変量を直応力 $\sigma_{xo}$, $\sigma_{yo}$, $\sigma_{zo}$ に結びつけることで導かれる．このことは，RPR 法を用いれば，原位置応力場を完全に求めるために 3 つのボアホールではなくふたつのボアホールで十分であるということを示している．

## (b) 異方性解

異方性岩盤においても式 (5.34) は成り立つが，式 (5.35) と式 (5.36) は岩盤の対称性や孔軸に対する異方性の方向を考慮した式で置き換える必要がある．異方性岩盤の応力集中係数はより複雑となり，異方性の面の方向と同様に岩石の弾性定数にも依存する．それらの応力集中係数を一義的に決めることはできず，それぞれの場合に対して三次元数値モデルを用いて決定するしかない．Rahn (1984) は，ボアホールが等方性面に平行または垂直な場合の面内等方性地盤におけるボアホールの応力集中係数を示した．そこでは応力集中係数は三次元有限要素法を用いて求められている．Borsetto, Martinetti and Ribacchi (1984) は，一般的な異方性の場合には，等方性解の 4 個に対して 10 個の応力集中係数を数値解析により求める必要があることを示した．かれらはまた，ボアホールが岩石の異方性面に対して適切に配置されれば，USBM ゲージと同様に 3 つのボアホールではなくふたつのボアホールにおけるドアストッパー法により異方性地盤の原位置応力場を求めることができるということも示した．ドアストッパー法のその後の飛躍的進歩は Corthesy and Gill (1990) と Corthesy, Gill and Leite (1993) によってもたらされた．かれらは CSIR ドアストッ

パーを用いたオーバーコアリング法における非線形性と面内等方性の両方を考慮した数学的モデルを開発した.

### 5.4.4　CSIR 型三軸ひずみセルによる測定の解析

オリジナルの CSIR 三軸ひずみセル，あるいはその改良版である LuT（または LuH）ゲージ（Leijon, 1986），SSPB セル（Hiltscher, Martna and Strindell, 1979），ANZSI セル（Mills and Pender, 1986），AECL 改良型 CSIR セル（Thompson, Lang and Snider, 1986）によって得られた測定結果の解析では，パイロット孔壁面に設置した計器で測定されるひずみが原位置応力場の 6 成分に関連づけられることが必要である．等方性ならびに異方性材料における解析方法はいずれも文献に示されている．等方性材料の解は Leeman and Hayes（1966）や Hiramatsu and Oka（1968）により，異方性材料の解は Berry（1968），Hirashima and Koga（1977），VanHeerden（1983）および Amadei（1983a）により示されている．直交異方性，面内等方性または等方性の岩盤において CSIR 型三軸ひずみセルを用いた場合の応力解析の一般解を以下に示す．これは，ボアホールが岩盤の異方性の面に対して傾いている場合にも適用できる.

ここで解析の対象となる配置関係は，USBM ゲージで用いられたものと同じ（図 5.25a〜c）である．岩石の構成モデルは式（5.5）で定義される．原位置の応力状態は，パイロット孔を基準とした $x$，$y$，$z$ 座標系における行列 $[\sigma_o]$ と，全体の $X$，$Y$，$Z$ 座標系における行列 $[\sigma_o]_{XYZ}$ によって定義される．

パイロット孔に関する座標系を $r$，$\theta$，$z$ の円筒座標系とする．この座標系におけるひずみの要素は $x$，$y$，$z$ 座標系におけるひずみの要素と以下のように関連づけられる．

$$[\varepsilon]_{r\theta z} = [T_{r\theta z}][\varepsilon]_{xyz} \qquad 式（5.38）$$

ここに，$[\varepsilon]^t_{xyz} = [\varepsilon_x, \varepsilon_y, \varepsilon_z, \gamma_{yz}, \gamma_{xz}, \gamma_{xy}]$，$[\varepsilon]^t_{r\theta z} = [\varepsilon_r, \varepsilon_\theta, \varepsilon_z, \gamma_{\theta z}, \gamma_{rz}, \gamma_{r\theta}]$，$[T_{r\theta z}]$ は，ひずみに対する 6×6 の座標変換行列である（付録 B の式（B.53））．図 5.30a に示した CSIR 型三軸ひずみセルについてみると，それぞれのひずみゲージ $i(i=1\sim N)$ の中心は $x$ 軸から $\theta_i$（$y$ 軸から $\alpha_i$）の位置にあり，孔軸方向は $z$ 軸に対して $\phi_i$ 傾いており（図 5.30b），縦ひずみ $\varepsilon_{li}$ はひずみ要素 $\varepsilon_\theta$，$\varepsilon_z$，$\gamma_{\theta z}$ と次のような関係になる．

$$\varepsilon_{li} = [0 \quad \sin^2\phi_i \quad \cos^2\phi_i \quad \cos\phi_i\sin\phi_i \quad 0 \quad 0][\varepsilon]_{r\theta z} \qquad 式（5.39）$$

式（B.36）に示すように，ボアホールの壁面上の点 $P(a, \theta)$ における応力状態は原位置応力場と次のような関係になる．

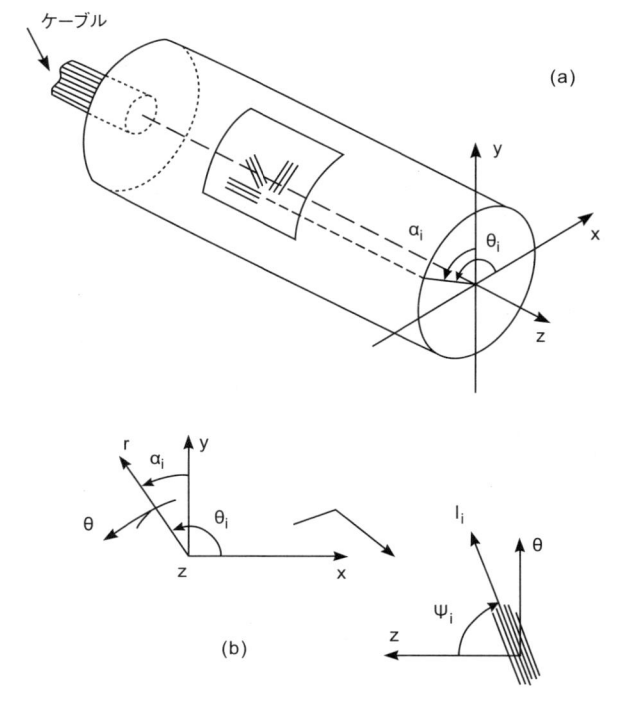

図5.30 (a) CSIR型三軸ひずみセルのゲージ配置，(b) ひずみゲージの方向

$$[\sigma]_{xyz} = [F][\sigma_o] \qquad 式（5.40）$$

ここに，行列 $[F]$ は（6×6）の行列であり，その要素は $n$, $s$, $t$ 座標系における媒質の弾性定数に依存し，図5.25bで定義された4つの方位角 $\beta_h$, $\delta_h$, $\beta_a$, $\psi_a$ および角度 $\theta$ に依存する．等方性および異方性の岩石に関する行列 $[F]$ の係数の式は付録Bに示されている．

式（5.38），式（5.39），式（5.40），式（5.8）および式（5.2）を組み合わせると，ひずみゲージ $i$ における孔軸方向のひずみ $\varepsilon_{li}$ は，$X$, $Y$, $Z$ 座標系における原位置応力場の要素と次のように線形的な関係となる．

$$\varepsilon_{li} = [0 \quad \sin^2\psi_i \quad \cos^2\psi_i \quad \cos\psi_i\sin\psi_i \quad 0 \quad 0] \times [T_{r\theta z}][A][F][T_\sigma][\sigma_o]_{XYZ} \qquad 式（5.41）$$

オーバーコアリング中にCSIR型セルにより測定されたひずみは，あらかじめ岩盤中

## 5 応力解放法

に掘削されたパイロット孔から遠く離れた位置に作用している原位置応力によるひずみと正負は逆であるが同等の大きさと考えられる．したがって，式（5.41）の $\varepsilon_{li}$ を $-\varepsilon_{li}$ に置き換えることで測定ひずみを原位置応力場の成分に関連付けることができる．

　等方性岩盤あるいは異方性岩盤における CSIR 型三軸ひずみセルを用いたオーバーコアリング測定の解析には式（5.41）が基本式となる．この解析ではひずみゲージの長さを無視している．式（5.41）は，それぞれのひずみが原位置応力場の 6 応力成分すべての線形関数で表されることを示している．したがって，これらの応力成分を決定するには 6 つの独立した測定ひずみからなる 6 つの独立した連立方程式が必要となる．さらに測定ひずみを追加すれば，最小二乗法により応力成分の最確値を得ることができる．このことは，多重線形回帰解析によって導かれた（Draper and Smith, 1966）．$N$（$N \geqq 6$）をセル中のひずみゲージの数とすると，$N$ 個のひずみゲージそれぞれに対して式（5.41）のように書くことができ，次に示す $N$ 個の連立方程式と 6 個の未知数が導かれる．

$$[E]=[T_e][\sigma_o]_{XYZ} \qquad 式（5.42）$$

ここに，$[E]$ と $[T_e]$ はそれぞれ，$(N\times 1)$ と $(N\times 6)$ の行列である．Draper and Smith（1966）および 5.5 節に要約するように，式（5.42）の最小二乗解は未知数が 6 個の以下の 6 元連立方程式の解となる．

$$[T_e]^t[T_e][\sigma_o]_{XYZ}=[T_e]^t[E] \qquad 式（5.43）$$

　この解析には，CSIRA.FOR と呼ばれるフォートランのプログラムを利用することができる．このプログラムをパソコン上で実行することにより，1 本のボアホールにおける CSIR 型三軸ひずみセルのオーバーコアリング結果から，等方性，面内等方性あるいは直交異方性の岩盤の原位置応力を決定することができる．ボアホールは岩石の異方性の面に対して傾いていてもかまわない．このプログラムは，CSIR 型三軸ひずみセルについて最大 4 つのひずみロゼットで，ひとつのロゼット当たり 4 つのひずみゲージ素子を上限としている（式（5.42）および式（5.43）において $N\leqq 16$）．このプログラムにより，三次元の原位置応力場における主応力成分とその方向（$X$ 軸と $Z$ 軸をそれぞれ北方向と東方向に設定した $X$，$Y$，$Z$ 座標系における）の最小二乗解を求めることができる．この座標系におけるボアホールの方向と岩石の異方性の面の方向はそれぞれ図 5.25b と図 5.25c に定義されている．また，5.5 節で説明する統計的な解析により，それぞれの原位置応力成分について異なる信頼限界に応じたばらつきの範囲も計算することができる．（CSIRA.FOR は，B.Amadei に直接連絡を取れば，有

## 5.4 理論

### 5.4.5 CSIRO HI セルによる測定の解析

CSIRO HI セルを用いて得られる測定結果の解析は，CSIR 三軸ひずみセルのものといくらか似ている．大きな違いは，測定されるひずみがボアホール壁面ではなく，中空のエポキシ樹脂に埋め込まれた位置にあることである．これは解析をより複雑にしている．CSIRO HI セルを用いたひずみの測定結果を解析する場合，図 5.31 のひずみゲージ配置が用いられる．セルの内径は 32 mm，外径は 36 mm に 2 mm の接着剤を加えた 38 mm で，接着剤はセルと同じ弾性特性をもつと仮定される．ひずみゲージはボアホールの壁面から 1.5 mm 離れたところに位置している．図 5.17 と図 5.31 に示すように，A，B，C の 3 つのひずみロゼットはセルの外周に沿って 120° 間隔に配置されている．

CSIR 三軸ひずみセルと同様に，CSIRO HI セルのひずみゲージ $i$ ($i=1 \sim 9$) のそれぞれの位置は，図 5.31c 中のふたつの角度，すなわち，$x$ 軸とゲージ中心とのなす角 $\theta_i$ と $z$ 軸とゲージ縦軸とのなす角 $\phi_i$ によって定義される．標準的な CSIRO HI セルのひずみゲージの配置は，3 つの円周方向ひずみ（$\phi_i=90°$），ふたつの孔軸ひずみ（$\phi_i=0°$），4 つの斜め方向のひずみ（3 つが $\phi_i=45°$，ひとつが $\phi_i=135°$）である．Duncan-Fama and Pender (1980) は，セル中の任意の点 ($\rho, \theta$) における $\varepsilon_\theta$，$\varepsilon_z$，$\gamma_{\theta z}$ と原位置応力場 [$\sigma_o$] の 6 応力成分とを関連付ける等方性解析の解を次式のように提案した．

$$E_2 \varepsilon_\theta = (\sigma_{x_o} + \sigma_{y_o}) K_1(\rho) - \nu_2 \sigma_{z_o} K_4(\rho)$$
$$\qquad - 2(1-\nu_2^2) \times [(\sigma_{x_o} - \sigma_{y_o}) \cos 2\theta + 2\tau_{xy_o} \sin 2\theta] K_2(\rho)$$
$$E_2 \varepsilon_z = \sigma_{z_o} - \nu_2 (\sigma_{x_o} + \sigma_{y_o})$$
$$E_2 \gamma_{\theta z} = 4(1+\nu_2)[\tau_{yz_o} \cos \theta - \tau_{xz_o} \sin \theta] K_3(\rho) \qquad \text{式（5.44）}$$

ここに，$\rho=17.5$ mm，$E_2$ と $\nu_2$ はそれぞれ岩石のヤング率とポアソン比である．係数 $K_i(\rho)$ ($i=1 \sim 4$) は複雑な解析式である．通常，これらの係数は，エポキシ樹脂のポアソン比 $\nu^1$ ($=0.4$)，セルの内径 $R_1$ ($=16$ mm)，岩石のポアソン比 $\nu_2$，セルの外径と内径の比 $R_1/R_2$ ($=0.842$)，エポキシ樹脂の剛性率 $G_1$ ($=1.25$ GPa) と岩石の剛性率 $G_2$ の比に依存する．Duncan-Fama and Pender (1980) の解析解の数年前に，Worotnicki and Walton (1976) によっておよその $K_i(\rho)$ の値が示されている．CSIRO HI セルの式 (5.44) と CSIR セルの式 (B.54) を比較すると，CSIRO の解を $i=1 \sim 4$ で $K_i(\rho)=1$ とすれば CSIR の解となることが分かる．

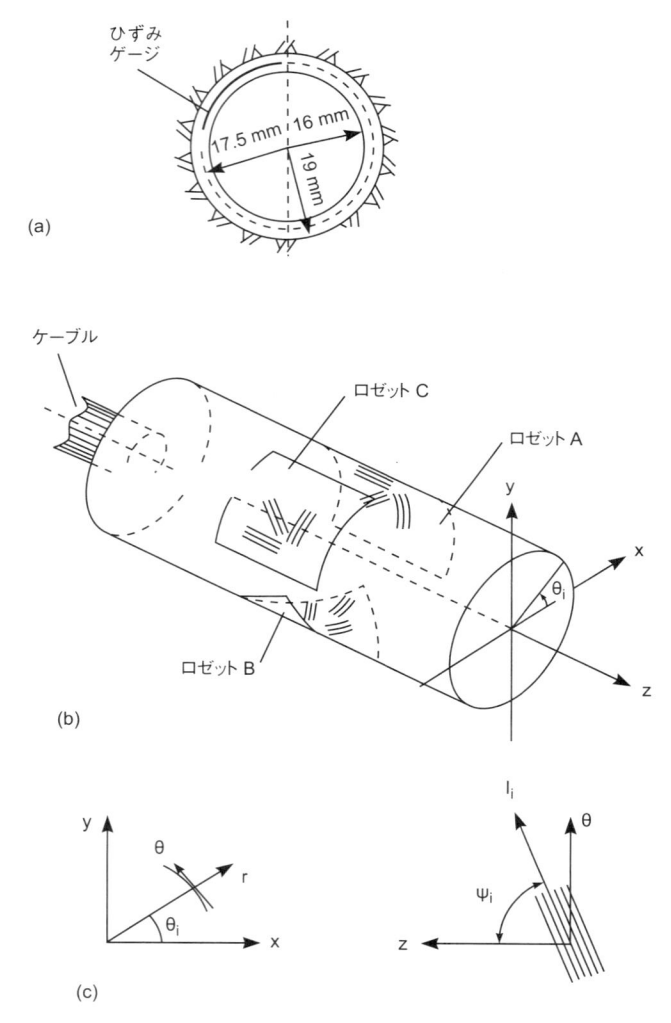

図 5.31 CSIRO HI セルのゲージ配置．(a) 孔断面図，(b) 9 つのひずみゲージの配置，(c) それぞれのひずみゲージの方向角

式 (5.44)，式 (5.39)，式 (5.2) を組み合わせると，CSIRO HI セルによって測定されたそれぞれのひずみは，$X, Y, Z$ の全体座標系における原位置応力場の 6 応力成分と線形関係にあることが分かる．9 つすべてのひずみゲージの測定結果を組み合わせると，6 つの未知数からなる 9 つの連立方程式を式 (5.42) と同じように表すこ

とができる．ここに，$[E]$ は 9 つの測定ひずみ $\varepsilon_{li}$ ($i=1\sim9$) からなる ($9\times1$) の行列で，$[T_\varepsilon]$ は ($9\times6$) の行列である．9 つの連立方程式と 6 つの未知数は，多重線形回帰解析（式 (5.43) と 5.5 節）による行列 $[\sigma_o]_{XYZ}$ の成分として求めることができる．4 つのひずみロゼットからなる CSIRO HI セルを用いた場合，$[E]$ と $[T_\varepsilon]$ はそれぞれ ($12\times1$) と ($12\times6$) の行列となる．

CSIRO HI セルを用いた異方性の岩石におけるひずみ測定の解析解は Amadei (1983a) によって示されている．その解析はオーストラリアの CSIRO で開発された ANISS.FOR と呼ばれるコンピュータプログラムによって行われる．このプログラムの取扱説明書が Amadei (1986) により示されている．

### 5.4.6　オーバーコアリングされた試料の弾性定数の測定

オーバーコア試料の二軸試験において岩石が線形弾性的な挙動を示す（言い換えれば感度曲線が直線である）場合，外側に軸対称の圧力をかけられた中空円筒の内側面におけるひずみと変位についての弾性解を用いることによって岩石の弾性定数を決めることができる．その解のほとんどは等方性媒体についてである．

USBM ゲージを用いる場合，岩石のヤング率はオーバーコアの二軸載荷（周圧載荷）によって決めることができる．$d$ と $D$ をそれぞれオーバーコアの内径と外径とすれば，USBM ゲージによる直径方向の測定値 $U_i$ ($i=1\sim3$) を用いてヤング率は次のように表わされる．

$$E = 2p \cdot \frac{d}{U_i} \cdot \frac{D^2}{D^2-d^2} \qquad 式(5.45)$$

ここに，$p$ はオーバーコアの外周境界に作用する圧力である．式 (5.45) において，$U_i$ は加圧によるパイロット孔径の減少を正の値とする．式 (5.45) は，周圧二軸載荷を受ける中空円筒の平面応力条件として導かれる（例えば Obert and Duvall, 1967）．

CSIR 三軸ひずみセルまたは CSIR 型セルを用いる場合，どちらもヤング率 $E$ とポアソン比 $\nu$ はそれぞれのセルのひずみロゼットから決めることができる．オーバーコアの外周境界に圧力 $p$ が作用しているときのロゼット $i$ ($i=1, 2, 3$) で計測された円周方向と孔軸方向のひずみをそれぞれ $\varepsilon_{\theta i}$ と $\varepsilon_{zi}$ とすれば，このロゼットについて $E$ と $\nu$ は次のようになる．

$$E = \frac{2p}{\varepsilon_{\theta i}} \cdot \frac{D^2}{D^2-d^2} \quad \nu = -\frac{\varepsilon_{zi}}{\varepsilon_{\theta i}} \qquad 式(5.46)$$

## 5 応力解放法

　CSIRO HI セルにおいてもヤング率とポアソン比を求めるために式 (5.46) が用いられる．しかしながら，ひずみゲージがパイロット孔壁に直接接触しているわけではないので，ヤング率およびポアソン比の算定には補正係数を導入しなければならない．Worotnicki and Walton (1979) は式 (5.46) を用いて計算したヤング率は実際の岩石のヤング率に比べて 20～25 % 小さく，ポアソン比は実際の値より大きくなるとした．当初，補正係数は 20～25 % ではなく 12 % としていた (Walton and Worotnicki, 1978)．さらにその後の Worotnicki (1993) の数値解析によれば，補正係数はかなり複雑であり，式 (5.46) を導くための二次元載荷状態の仮定は必ずしも正しくないことが明らかにされている．CSIRO HI セルとオーバーコア試料および二軸載荷セルにおける有限長の載荷領域との間の相互関係は，かなり複雑であることが分かってきた．

　式 (5.45) と式 (5.46) は岩石が等方体でかつ線形弾性であることを前提として導き出されている．3 方向それぞれの直径あるいはひずみロゼットによるひずみから弾性特性が決定され，岩石のヤング率やポアソン比の平均値は 3 組の測定結果の平均値とすることが一般的である．例えば，図 5.20 に示す二軸試験の感度曲線（CSIRO のひずみロゼットは直接岩石に接触しており補正係数は無いものとする）を解析すると，載荷圧 5 MPa の時，A，B，C のひずみロゼットに対するそれぞれポアソン比は 0.25, 0.28 および 0.24 となり，平均ポアソン比は 0.26 となる．対応するヤング率は 20.0 GPa, 19.6 GPa, 19.2 GPa となり平均値は 19.6 GPa となる．

　二軸試験におけるヤング率とポアソン比の 3 つの値のばらつきは，岩石の異方性の度合いの定性的な指標とすることができる．岩石の異方性は他のふたつの方法によっても定性的に評価することができる．

　(1) USBM ゲージにおいては，各方向のパイロット孔径の変化が岩石の異方性の指標となりうる．ゲージはパイロット孔内で回転することができるので，異なる載荷サイクルにおいてゲージの方向を変えた二軸載荷，除荷試験が可能である．オーバーコア試料のパイロット孔の孔径変化をさまざまな方向の組み合わせで比較することができる．Aggson (1977) は，測定方向を 15° ずつ回転させて得られた直径変化の平方根の逆数のプロットが楕円に近似できれば，その楕円の長軸と短軸は岩石の異方性の方向と角度を指し示すとした．

　(2) CSIR や CSIRO HI セルでは，同じ方向のひずみゲージで測定されたひずみを比較することや，孔軸に対して 45° 方向のひずみと円周方向や孔軸方向のひずみを比較することにより，岩石の異方性の指標を得ることができる (Worotnicki and Walton, 1979)．岩石が等方性である場合，円周方向のひずみ $\varepsilon_{cir}$ はどこでも等しくなければならず，孔軸方向のひずみゲージは円周方向のひずみ $\varepsilon_{ar}$ と同じ値を示すはずである．

## 5.4 理論

さらに，以下の関係が常に成り立つはずである．

$$\varepsilon_{45} = 0.5(\varepsilon_{ax} + \varepsilon_{cir}) \qquad \text{式 (5.47)}$$

例えば，±45°方向のひずみゲージで測定された $\varepsilon_{45}$ は一定で，孔軸方向と円周方向のひずみの平均に等しくなくてはならない．一方，異方性の岩石では，円周方向や孔軸方向のひずみはひとつのロゼットと別のロゼットでは値が異なり，二軸載荷によって $\pm 0.5\gamma_{\theta z}$ に等しいせん断ひずみが生じ，式 (5.47) の右辺にこれを加える必要がある．

オーバーコア試料における岩石の異方性の特徴は，二軸載荷試験による圧力－ひずみ曲線あるいは圧力－変位曲線の分布形からも直接推測することができる．例えば，USBM ゲージでは岩石が等方性ならば圧力－変位曲線は互いに重なるはずである．曲線がかなり離れている場合には異方性があるものと推測される．図 5.32a には実験室で砂岩を用いて行われた二軸載荷試験の 3 つの感度曲線の例を示す（Cai, Qiao and Yu, 1995）．これらの曲線はこの材料が等方的ではなくヒステリシスのある非線形弾性であること示している．

理想的な等方性媒質において CSIRO HI セル，CSIR 三軸ひずみセルおよび CSIR 型三軸ひずみセルのような計器を用いれば，感度曲線は同じ方向のひずみゲージごとにグループ化されるはずである．さらに式 (5.47) が満たされれば，±45°斜め方向のひずみゲージの感度曲線は孔軸方向と円周方向の感度曲線を足して二分した形状となるはずである．しかし実際には，ゲージの剥離やゲージ貼付け方向のずれといったようなことが原因で，これらの法則が（たとえ岩石が等方性であっても）決して厳密に当てはまるわけではない．Worotnicki (1993) によれば，±20% までのずれは岩石の異方性を持ち出すまでもなく十分ありうるとしている．実例として，図 5.20 の感度曲線の分布は，対象とする岩石が実用的には等方性として取り扱えることを示している．一方，図 5.32b は実験室で CSIRO HI セルを用いた砂岩のオーバーコアから得られた二軸載荷による感度曲線を示している（Cai, 1990）．この図において，A90, B90, C90 の 3 つの接線方向のひずみは大きく異なっており，このことから異方性の可能性が示されている．

二軸試験により異方性岩石の弾性定数を定量的に決定するためさまざまな試みがなされてきた．弾性定数の数が等方性の場合は 2 個であるのに対し，時には 5 個（面内等方性）あるいは 9 個（直交異方性）になるため問題が複雑になる．Becker and Hooker (1967) や Becker (1968) はオーバーコア試料に対する周圧載荷（内圧および外圧による）と軸圧載荷を組み合わせた解析法を提案した．そこでは，オーバーコア試料の孔軸はパイロット孔軸と平行であり，かつ岩石の弾性的な対称面に対して垂

## 5 応力解放法

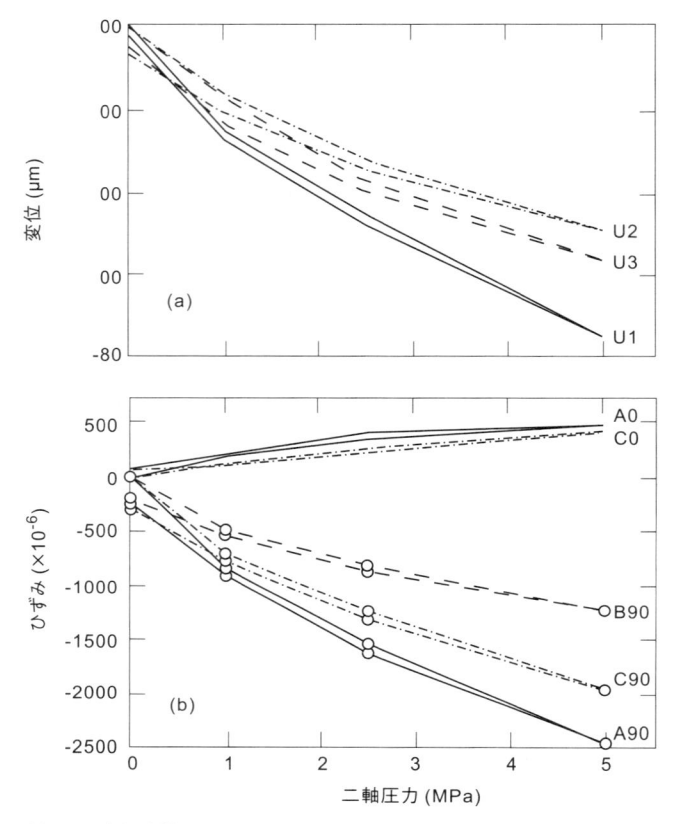

図5.32 (a) 砂岩オーバーコアの USBM ゲージによる二軸感度曲線，(b) 砂岩オーバーコアの CSIRO HI セルによる二軸感度曲線（この図に示す A，B および C のひずみゲージは図 5.31 に示すひずみロゼットに対応する）
(Cai, Qiao and Yu, 1995)

直でなくてはならないという制限に加えて，弾性定数の未知数を減らすためにいくつかの近似や簡易化が行われた．この解析法の適用例を Cai (1990) や Worotnicki (1993) に見ることができる．

　異方性岩石の弾性定数を二軸試験によって正確に決定するための解析解は，今もなお提案されていない．Amadei (1986) が提案した試みは，少なくとも未知の弾性定数の数に等しい独立したひずみ成分数をもつ CSIRO HI セル，CSIR 三軸ひずみセルおよび CSIR 型三軸ひずみセルのようなセルを用いるというものである．すなわち，岩石が面内等方性として扱えるのであれば独立ひずみ成分は 5 個であり，岩石が直交

異方性として扱えるのであれば9個である．異方性の方向も求めるのであればさらに追加のひずみ成分が必要となる．この考えが12成分のひずみゲージを有するCSIRO HIセルの改良版の開発につながった．こうして，ひずみの測定値と5個あるいは9個の弾性定数を関連付ける1組の連立方程式が構成される．等方弾性体の場合とは異なるが，異方性媒体における応力集中もまた弾性定数に依存することから，この連立方程式は強い非線形を示している．さらに，異方性媒体の弾性定数は一定の範囲内でしか変化し得ないため（例えば面内等方性媒体に関する式（2.13）～（2.15）），その方程式は制約を受ける．Amadeiと共同研究者たちは，強制的に最適化する一般縮小勾配法（generalized reduced gradient method）を用いてこの解析法についていまだ研究中である（Amadei, 1996）．

　二軸試験による弾性定数の決定を補完するため，ボアホール載荷試験（ダイラトメータやボアホールジャッキ）やコア試料に対する従来型の試験を利用することができる．その際，コア試料はできる限り応力測定が行われた箇所の近くから採取することが望ましく，パイロット孔の掘削で得られるコアサンプルが利用される．異方性岩石の弾性定数を決定するための他の室内実験についてはAmadei（1996）が示している．

### 5.4.7　アンダーコアリング法による岩盤表面の応力解放の解析

　アンダーコアリング法（あるいは中央孔掘削による応力解放法）において測定される変位の解析では，測定が行われる表面に対して平行に作用している原位置応力場の3応力成分が変位と関連付けられる必要がある．ここで$\sigma_{xo}$, $\sigma_{yo}$, $\tau_{xyo}$は岩石表面に設定された$x$, $y$座標系の応力成分とする（図5.33）．また岩石は等方体とし，ヤング率$E$とポアソン比$\nu$の線形弾性体であると仮定する．平面応力条件において，半径$a$の孔を掘削することで生じる点（$r$, $\theta$）における半径方向の変位$u_{rh}$は以下のようになる．

$$\frac{u_{rh}}{a} = f_1\sigma_{xo} + f_2\sigma_{yo} + f_3\tau_{xyo} \qquad 式（5.48）$$

ここに，

$$f_1 = -\frac{1}{2E}\frac{a}{r}[1+\nu+H\cos 2\theta]$$

$$f_2 = -\frac{1}{2E}\frac{a}{r}[1+\nu-H\cos 2\theta]$$

5 応力解放法

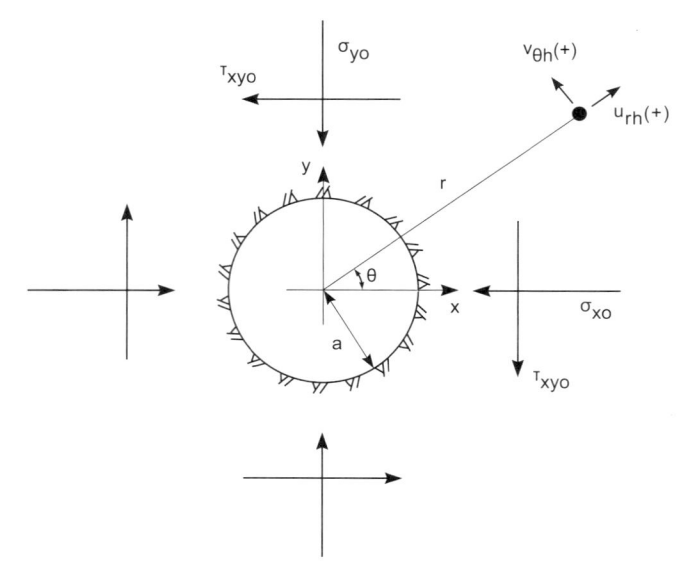

図5.33 アンダーコアリング法の解析に用いるボーリング孔と応力，変位の関係

$$f_3 = -\frac{1}{E}\frac{a}{r}H\sin 2\theta \qquad \text{式 (5.49)}$$

である．式（5.49）において，$H=4-(1+\nu)a^2/r^2$ である．

ここで $U_1$，$U_2$，$U_3$ は中央孔を掘削した後の $\theta=\theta_1$，$\theta_2$，$\theta_3$ における3つの直径の測定値とする．3つの未知数から成る3つの連立方程式は次のように表わされる．

$$\begin{bmatrix} \dfrac{U_1}{2a} \\ \dfrac{U_2}{2a} \\ \dfrac{U_3}{2a} \end{bmatrix} = \begin{bmatrix} f_{11} & f_{21} & f_{31} \\ f_{12} & f_{22} & f_{32} \\ f_{13} & f_{23} & f_{33} \end{bmatrix} \cdot \begin{bmatrix} \sigma_{xo} \\ \sigma_{yo} \\ \tau_{xyo} \end{bmatrix} \qquad \text{式 (5.50)}$$

図5.23で a=3インチ（76.2 mm），r=5インチ（127 mm）とし，この方程式を3応力成分について解くことができる．主応力の大きさと $x$，$y$ 座標系における方向は式（5.32）と式（5.33）を用いて決定することができる．

異方性の面が岩石の表面に対して平行または垂直な場合，異方性岩石のアンダーコ

アリングの解法が Amadei（1983a）によって示されている．

### 5.4.8 ボアホールスロッティング測定の解析

　ボアホールスロッターによる測定の解析においては，ボアホール壁面で測定される接線方向ひずみと原位置の 6 応力成分との関係式が必要となる．ボアホールスロッターでも CSIR 型三軸セルの観測方程式を用いることができる．

　再び図 5.25a～c および図 5.30 の配置について考える．岩盤は異方性であると仮定する．ボアホール沿いの各点 P($a$, $\theta$) で測定されたボアホールスロッターによるひずみ $\varepsilon_{\theta i}$ は，式（5.38）～（5.40）ならびに式（5.8）において $\phi_i=90°$ とすることにより，以下のように $x$, $y$, $z$ 座標系における原位置応力の 6 応力成分による一次式で表される．

$$\varepsilon_{\theta i}=f_{1\theta}\sigma_{xo}+f_{2\theta}\sigma_{yo}+f_{3\theta}\sigma_{zo}+f_{4\theta}\tau_{yzo}+f_{5\theta}\tau_{xzo}+f_{6\theta}\tau_{xyo} \qquad 式（5.51）$$

または

$$\varepsilon_{\theta i}=M_{1\theta}+M_{2\theta}\cos 2\theta+M_{3\theta}\sin 2\theta \qquad 式（5.52）$$

式（5.51）および式（5.52）は USBM ゲージに関する式（5.14）および式（5.15）にそれぞれ類似している．このことは，一般的な異方性のある岩において，ボアホールスロッターで測定した接線方向ひずみは 6 応力成分すべてに依存しており，各ボアホールに対して独立したひずみは 3 成分しかないことを示している．式（5.51）および式（5.52）において $\varepsilon_{\theta i}$ を $-\varepsilon_{\theta i}$ に置き換えることにより，ボアホールスロッターで測定された各接線方向ひずみと 6 応力成分を関連付けることができる．

　図 5.26a～d のように弾性対称面がボアホール軸 $z$ に直交すれば，式（5.51）の $f_{4\theta}$ と $f_{5\theta}$ は消去されて以下のようになる．

$$\varepsilon_{\theta i}=f_{1\theta}\sigma_{xo}+f_{2\theta}\sigma_{yo}+f_{3\theta}\sigma_{zo}+f_{6\theta}\tau_{xyo} \qquad 式（5.53）$$

さらにヤング率 $E$ とポアソン比 $\nu$ が等方的である場合，$f_{1\theta}$, $f_{2\theta}$, $f_{3\theta}$ および $f_{6\theta}$ は，以下の式で表される．

$$f_{1\theta}=\frac{1}{E}[1-2(1-\nu^2)\cos 2\theta]$$

$$f_{2\theta}=\frac{1}{E}[1+2(1-\nu^2)\cos 2\theta]$$

$$f_{3\theta} = -\frac{\nu}{E}$$

$$f_{6\theta} = -\frac{4}{E}(1-\nu^2)\sin 2\theta \qquad\qquad 式(5.54)$$

等方的な場合でも,あるいは図5.26a〜dのようにボアホール軸に対して異方的な場合でも,4つ目の成分である$\sigma_{z0}$を仮定しさえすれば,ボアホールスロッターで測定された3つのひずみから式(5.53)によりボアホール軸に直交する$x$, $y$平面の応力成分を求めることができる.例えば,ボアホールが鉛直であれば$\sigma_{z0}$を測定深度における被り圧とみなすことができる.

式(5.52)はボアホールに対して独立したひずみが3成分しかないことを示している.したがって,平行でない2本のボアホールを用いることによって原位置応力の6応力成分を決定できると考えられる.ボアホールスロッターで測定されたNo.1孔のひずみを$\varepsilon_{\theta 1}$, $\varepsilon_{\theta 2}$, $\varepsilon_{\theta 3}$,No.2孔のひずみを$\varepsilon_{\theta 4}$, $\varepsilon_{\theta 5}$, $\varepsilon_{\theta 6}$とする.6つのひずみ$\varepsilon_{\theta i}$($i=1, \ldots, 6$)の各々について式(5.51)のように表すことができる.ふたつのボアホールは平行でないので$x$, $y$, $z$軸はNo.1孔の座標系とNo.2孔の座標系とで異なっている.したがって,6つの測定ひずみを全体の$X$, $Y$, $Z$座標系における6応力成分と関連付ける必要がある.これは式(5.51)を各ボアホールについての式(5.2)と組み合わせることで可能となる.式を整理すると式(5.42)のように6つの未知数からなる6つの連立方程式が導かれる.岩盤が等方的でない場合は解を得ることができないため,少なくともうひとつのスロッティングを行う3番目のボアホールが必要となる.この場合,6個の未知数からなる$N$個($N>6$)の連立方程式について線形の重回帰分析から原位置応力を求めることができる.

ボアホールスロッター法の解析とUSBMゲージの解析の類似性を勘案すると,異方性岩盤でボアホールが異方性の面に対して角度を有している場合には,2本のボアホールで完全な原位置応力を求めることが可能であると思われる(Amadei, 1983a, b).

## 5.5 オーバーコアリング測定の統計的解析

### 5.5.1 最小二乗法

オーバーコアリング法では,1本あるいは複数のボアホールにおいて未知である6応力成分以上の測定が行われることが多いため,線形の重回帰分析を用いて測定結果

## 5.5 オーバーコアリング測定の統計的解析

の統計的解析が行われる．重回帰分析における最小二乗法の適用は数理統計学の文献で多く記述されている（Draper and Smith（1966）他）．最小二乗法の応力測定への適用は，Panek（1966），Gray and Toews（1968, 1975），Gray and Barron（1971），Duvall and Aggson（1980）によって発展してきた．オーバーコアリング測定結果の解析法の要点を以下に記す．なお，ボアホールスロッティングの解析でも同じような数学的手法が用いられる．

オーバーコアリングで測定されたひずみまたは変位が $N$ 個あるとする．線形弾性論によれば，これらの $N$ 個の観測値は任意の座標系における6応力成分と線形関係にあり，以下のように表すことができる．

$$[Y]=[X][b]+[\varepsilon] \qquad \text{式 (5.55)}$$

ここに，$[Y]$ は観測値の $(N\times 1)$ の行列，$[X]$ は既知の $(N\times 6)$ の行列，$[b]=[\sigma_o]_{XYZ}$ は原位置の6応力成分からなる $(6\times 1)$ の行列，$[\varepsilon]$ は測定誤差の $(N\times 1)$ の行列である．応力測定における誤差の原因は3.9節で述べている．最小二乗法を用いるためには，行列 $[\varepsilon]$ の成分は各成分の期待値はゼロで全成分の分散が等しい独立な変数であることが前提となる．オーバーコアリング法の解析において最小二乗法を一般的に用いているにもかかわらず，この前提については必ずしも確認されずに使われている（Worotnicki, 1993）．

最小二乗法によって応力行列を推定することは，$Q=[\varepsilon]^t[\varepsilon]$ の最小値を求めることであり，6つの式と6つの未知数からなる以下の方程式の解を求めることとなる．

$$[X]^t[X][b]=[X]^t[Y] \qquad \text{式 (5.56)}$$

式（5.56）の解は，観測された変位またはひずみに最も適合する直応力およびせん断応力の最確値である．これらの6成分から全体座標系における主応力とその方向の最確値を求めることができる．

応力成分の最確値からひずみまたは変位の期待値 $[Y']$ が次式で求められる．

$$[Y']=[X][b] \qquad \text{式 (5.57)}$$

$[Y']$ の成分を $Y'_i$（$i=1, ..., N$）と表す．残差行列 $[e]$ は $[Y]$ と $[Y']$ の差で表すことができ，線形回帰の適合度は重相関係数 $R$ によって判定できる．重相関係数 $R$ の二乗値 $R^2$ は重決定係数と呼ばれ，次式のように表される．

## 5 応力解放法

$$R^2 = \frac{\sum_{i=1}^{N}(Y_i' - \overline{Y})^2}{\sum_{i=1}^{N}(Y_i - \overline{Y})^2} = \frac{[b]^t[X]^t[Y] - N\overline{Y}^2}{[Y]^t[Y] - N\overline{Y}^2} \qquad \text{式 (5.58)}$$

ここで，$\overline{Y}$ は測定値 $Y_i$ $(i=1, ..., N)$ の平均値である．$[e]$ が $[0]$ の場合 $R^2=1$ となる．$Q'$ を残差二乗和の最小値 $Q$ とすると，次式のように $Q'$ を $N-6$ で除することにより残差の分散 $S^2$ が求められる．

$$S^2 = \frac{Q'}{N-6} = \frac{[Y]^t[Y] - [b]^t[X]^t[Y]}{N-6} \qquad \text{式 (5.59)}$$

式 (5.55) の行列 $[X]$ の成分が正確にわかる場合には，$S^2$ の値はひずみや変位の測定誤差のみに左右される．$S$ は回帰の標準偏差と定義され，各応力成分の誤差や信頼限界の計算に用いられる．応力成分の共分散行列 $[V]$ は以下のように表される．

$$[V] = [[X]^t[X]]^{-1} S^2 \qquad \text{式 (5.60)}$$

$S^2$ の推定値として式 (5.59) を用いると，$[V]$ の対角成分の平方根により，全体座標系における各応力成分 $b_i$ $(i=1, ..., 6)$ の標準誤差の推定値 $s_{bi}$ が得られる．また，行列 $[V]$ の対角成分以外の成分は応力成分 $b_i$ と $b_j$ $(i \neq j)$ の共分散の推定値を示している．

誤差行列 $[\varepsilon]$ が N 次元の多変量正規分布に従うと仮定すると，$b_i + t(N-6, 1-\alpha/2)s_{bi}$ を計算することによって各応力成分 $b_i$ に $100(1-\alpha)\%$ の信頼限界を与えることができる．ここで，$t(N-6, 1-\alpha/2)$ は $N-6$ の自由度を持つステューデントの t 分布の $(1-\alpha/2)$ パーセント点である．すなわち，$100(1-\alpha)\%$ の確率で，各応力成分の真値が $b_i + t(N-6, 1-\alpha/2)s_{bi}$ と $b_i - t(N-6, 1-\alpha/2)s_{bi}$ の間に存在すると言うことができる．

以上に述べた統計的解析は先述したコンピュータプログラム CSIRA.FOR と USBMA.FOR に組み込まれている．同じ手法の統計的解析を用いるために利用可能な他のプログラムについては Worotnicki (1993) に記されている．過去の多くのコンピュータプログラムは，本書に示したプログラムとは異なって等方性岩盤における解析のみを対象としているので，解析において異常値(アウトライアーとも呼ばれる)を棄却する可能性があることに注意して欲しい．これらのプログラムで統計的解析を行う場合，6個より多くのデータが残るときには，満足できる結果が得られるまで解析者の判断によってデータの棄却を繰り返す必要がある．Worotnicki (1993) が言うように，そのような手法を用いる際には解析者によるバイアスがかからないように特に注意すべきである．むやみに棄却を行うと原位置応力場の推定値をゆがめてしまう

ことになる.

### 5.5.2 備考

以上に述べた最小二乗法による解析は，測定されたひずみや変位に最も適合する原位置応力場の推定値を得るために有効な手段である．しかし，Gray and Toews (1968) が言うように，(5.59) を用いて残差の標準偏差 $S$ を決定し，それから各応力成分の信頼限界を求める場合には十分に注意しなければならない．実際には，行列 $[X]$ の成分がわかっている場合にしか式 (5.59) を用いることはできないのである．岩盤の弾性係数のばらつき等により行列 $[X]$ の成分を特定できないような場合には，式 (5.59) によって定義される値と実際の $S$ は異なることになる．そのような場合に $S$ を適切に推定するためには，Gray and Toews (1968) が示すように，同じボアホール，同じ方向の多くの測定結果をグループ分けして解析を行う必要がある．岩盤の応力状態のばらつきを定量化するための最小二乗法以外の手法は，Gray and Toews (1974) によって以下のような3つの異なるスケールにおいて提案されている．(1) 局所的な不均質性の影響を受ける測定のスケール(「測定位置の範囲内」)，(2) 1本のボアホールにおけるひとつの測定位置から隣接した測定位置にわたるスケール (「測定位置間」)，(3) 大きなスケールの不均質性の影響を受ける，1本のボアホールから隣接したボアホールにわたるスケール (「ボアホール間」).

Gray and Toews (1968) は，USBM ゲージとドアストッパーの測定を対象として，残差の標準偏差 $S$ が決まれば応力の決定精度は3本のボアホールの方向に大きく依存することを示した．それによると，3本のボアホールの方向は，式 (5.60) の行列 $[[X]^t[X]]^{-1}$ の係数，特にその対角成分に影響を及ぼす．複数のボアホールの配置についての比較解析によれば，精度良く6応力成分を求めるためには直交3方向のボアホール配置が最も適切である．45°ずつ異なる方向の4本のボアホールや，30°ずつ異なる方向の3本のボアホールでも同等な精度を得ることができる．また，45°間隔の同一平面内の3本のボアホールでも良い結果が得られている．なお，これらの結果は岩盤を等方性と仮定して得られたものであり，異方性岩盤ではそのような研究事例はない．異方性岩盤では異方性の方向により，またボアホールの数が3本から2本に減る場合もあることにより，問題がいっそう複雑となる (Amadei, 1983b).

オーバーコアリング法の統計的解析において最小二乗法は長い間唯一の解析手法であった．しかしその後，他の統計的手法も研究されており，例えば Chambon and Revalor (1986) は最小二乗法に代わるさまざまな最適化手法を提案している．Walker, Martin and Dzik (1990) が提案したより有望な手法は，一連の応力測定から

5　応力解放法

モンテカルロ法を用いて平均主応力の大きさと方向の信頼区間を求める方法である．この方法では，1本のボアホールで行われた数回の測定から推定した正規確率分布関数に基づく標本分布を用いる．カナダのURLで行われた6回の測定を対象に実施されたモンテカルロ法による解析例を図3.7に示している．さらにその後に，Walker, Martin and Dzik（1990）に代わる方法としてJupe（1994）が「ジャックナイフ法」と呼ばれる統計的手法を用いた解析を提案している．この手法は，確率分布関数を仮定する必要が無いという点でモンテカルロ法と異なっている．Jupe（1994）が行った解析では，モンテカルロ法と比較しても得られた応力には大きな相違は認められない．

## 5.6　オーバーコアリング結果に対する非線形性の影響

オーバーコアリング法の解析では，オーバーコアリングに伴う除荷過程において岩盤が線形弾性の挙動をすることを前提としている．これは必ずしも実際とは一致せず，岩盤の種類や状態，応力の大きさ等により変わってくる．弾性変形以外に塑性変形や時間依存性挙動も岩盤では起こりうる．測定器が設置された岩盤に塑性変形やクリープが発生する場合には問題は複雑となる（Motahed et al., 1990; Spathis, 1988）．

オーバーコアリングではいくつかの理想的ではない岩盤の挙動が認められることがある．実際，岩盤は載荷中よりも除荷中にかなり特異な挙動が認められることが多く，例えば弾性ではあるが非線形な挙動を示すことがある．マイクロクラックの配向による異方性を有する岩がそのような挙動を示すことがある．そのような岩では封圧の増加でマイクロクラックが閉じると剛性が増し異方性は低下する．このような現象については1980年頃以降多く研究されている（Amadei（1996）によるレビュー参照）．高い応力から解放されたオーバーコアではマイクロクラックが発達しやすい．Martin, Read and Lang（1990）やMartin and Chandler（1993），Martin and Simmons（1993）は，カナダURLの花崗岩におけるオーバーコアリング測定の解析のなかでこの現象が重大な意味を持つことを述べている．他にも，岩の特性として弾性的ではあっても載荷時と除荷時のカーブの間にヒステリシスを示す場合もある．また，載荷の際に塑性的な挙動を示し除荷時に弾性的な挙動を示す場合もある．

マイクロクラックを含む岩や強度が小さく粘土成分を含む軟岩，多孔質な岩，岩塩やカリ塩などの蒸発岩では，線形弾性的挙動ではなく塑性的で時間依存性を有する挙動が認められる．そのような岩でのオーバーコアリング時の挙動は，応力の大きさだけでなく応力経路や応力履歴，載荷や除荷の速度，時間，温度，湿度などの影響を受

## 5.6 オーバーコアリング結果に対する非線形性の影響

ける．これらの因子の影響を定量化しない限り，原位置応力を精度良く求めることはできない．岩が本来有する複雑な挙動を考慮せずに（これまでの考え方と同様に）線形弾性と仮定してしまうと，オーバーコアリングの結果から求められる応力には誤差が多く含まれてしまうことになる．

ボアホール孔壁の塑性変形はオーバーコアリング測定の解析以外にも問題となることがある．例えば，孔壁や孔底で塑性変形が生じると測定が不可能になる場合がある．孔壁の剥離やコアのディスキングが生じることにより，応力測定深度に限界が生じる可能性がある（Hast, 1979）．また，孔壁の塑性変形が発生する場合は，5.4節で述べたオーバーコアリング径は解析結果には影響を及ぼさないという条件の成立が危うくなる．計器の剛性が低くてもパイロット孔孔壁の塑性変形がある場合には，オーバーコアリング径が影響を及ぼすのは確実である．Grob, Kovari and Amstad（1975）は，弾塑性FEMを用いた計算によりオーバーコアリング径が小さい場合より大きい場合のほうが塑性変形の影響がかなり小さくなることを示している．

理想的ではない媒体において実施されたオーバーコアリング測定結果を解析的に解く方法は限られている．実際には，線形弾性ではない媒体中の円孔の挙動についての解析的もしくは準解析的な解法はほとんど存在しない．あるのは問題を単純化する目的で近似や仮定を用いる方法であり（Barla and Wane, 1968; Brown, Bray and Santarelli, 1989; Detournay and Fairhurst, 1987; Popov, 1979; Rechsteiner and Lombardi, 1974; Sulem, Panet and Guenot, 1987; Yamatomi et al., 1988），オーバーコアリングの解析に関して無制限には適用できない．

非線形な弾性岩盤におけるオーバーコアリングについて繰り返し計算を用いた（準線形な）解析法も提案されている．その解析法では，初期の（割線）弾性係数を用いて線形弾性計算で応力を求め，次に，非線形な除荷時の応力－ひずみ曲線からその応力レベルにおける（割線）弾性係数を求める．さらにその弾性係数で応力を求める，という流れで収束するまで繰返し計算を行うというものである．このような繰返し計算の適用例が，Martinetti, Martino and Ribacchi（1975）やAggson（1977），Gonano and Sharp（1983）に示されている．

Leeman and Denkhaus（1969）は，非線形弾性で等方的な岩盤においてCSIRドアストッパー法やCSIR三軸ひずみセルを適用した場合の解析解を提案している．その解析法では，八面体直ひずみと八面体せん断ひずみのべき級数関数で体積弾性係数と剛性率を表すことにより非線形性を取り扱っている．この方法は，Corthesy and Gill（1990）やCorthesy, Gill and Leite（1993）によってさらに拡張されており，CSIRドアストッパーによるオーバーコアリング測定の解析において非線形性だけでなく面内

等方性も取り扱える数学モデル(数値計算と解析的方法を含む)となっている．非線形性は，平均ひずみと平均応力の関係，偏差ひずみと偏差応力の関係において取り扱われるだけではなく，異方性媒体で重要となる，平均ひずみと偏差応力，偏差ひずみと平均応力の相互関係においても取り扱われている．それらの関係式を導くために，CSIR ドアストッパーが接着されたままの回収コアに対して現場で二軸載荷試験を行っている．その方法の対象となったのは Barre 花崗岩と岩塩の応力測定である．Corthesy and Gill (1990) は，どちらの岩においても，CSIR ドアストッパーによるオーバーコアリング測定で異方性や非線形性の挙動を考慮せずに解析を行うと 5～10 % の誤差が生じるとしている．

一般的に，線形弾性体と見なせない岩におけるオーバーコアリングの解析は困難であり，絶対的な手法は無い．ボーリング掘削やオーバーコアリング測定には時間を要するので，対象とする岩を(線形あるいは非線形の)弾性体として取り扱ってよいのか慎重な吟味が必要である (Corthesy and Gill, 1990; Heusermann and Pahl, 1983; Worotnicki, 1993)．この問題は，対象とする岩石の室内試験や三次元の数値シミュレーションの結果に基づいて決定すべきである．

## 5.7 オーバーコアリング結果に対する異方性の影響

### 5.7.1 文献レビュー

文献で紹介されているオーバーコアリング法のほとんどの解析では岩石の等方性が仮定されている．しかしながら，葉状の変成岩(片岩，粘板岩，片麻岩，千枚岩)や層状の堆積岩(頁岩，石灰岩，砂岩，石炭)といった，明らかに異方性を有する岩石を扱う場合，それらの岩石のもつ異方性を解析条件として考慮する必要がある．異方性を無視した場合には応力計測の精度が低下する．

異方性を無視した場合にオーバーコアリング法の解析にどの程度の誤差が生じるかという実務上の質問に答えるために，異方性媒質の線形弾性論を用いて，面内等方性，または直交異方性を仮定した場合についてさまざまな岩石モデルを用いた解析が行われている．さらに，モデル解析では，計測方向と原位置応力場の主応力方向との関係，あるいは計測孔と異方性の面との関係についての仮定が置かれている．非常に限られてはいるがいくつかのモデルでは，異方性および三次元の原位置応力場の主応力方向が計測孔と斜交する場合の解析が行われている．

オーバーコアリング法において異方性の影響を初めて考慮したのは Berry and

## 5.7 オーバーコアリング結果に対する異方性の影響

Fairhurst（1966）であろう．かれらは，無限の面内等方性媒質中の円孔表面における半径方向の変位の解析解を示している．円孔は主応力方向を向き，岩石異方性の面に垂直または平行であると仮定している．かれらは，異方性を無視した際の誤差は，円孔が岩石異方性の面と平行の時に最大（50％以上）となり，岩石異方性の面に垂直の時に最小になることを示した．

Berry（1968）は，Berry and Fairhurst（1966）のモデルを拡張し，無限の面内等方性媒質中の円孔表面における半径方向の変位とひずみのより一般的な解析解を示した．その解析では，円孔は原位置応力場や異方性の方向と任意に斜交することが許されている．異方性の方向を定義する方法が少し複雑であったが，原位置応力を計測するために孔径変化を用いる場合には，等方媒質の場合には掘削孔1孔あたり多くても3つの独立した計測でよいことを Berry（1968）は示した．さらに，異方性が強くその方向が明瞭な場合には，3孔ではなく2孔でも原位置の完全な応力場を求めることができることを示した．これらの結論は，その後 Amadei（1983a, b）によっても確かめられた．

オーバーコアリング法における異方性の影響は1960年代に米国鉱山局で注目された．Becker and Hooker（1967）と Becker（1968）は，孔軸に垂直な面内に二軸応力が作用し，孔軸に平行な主応力が作用している直交異方性媒質中の円孔表面における半径方向変位の解析解を提案した．ここでは，媒質の対称面は孔軸に垂直および平行と仮定され，Kawamoto（1963）によって提案された弾性係数に関する近似や単純化も解を導くために利用された．ボーリング孔軸に垂直な主応力の大きさと方向は，（軸方向応力を仮定すれば）USBM ゲージなどを用いてオーバーコアリング時に3方向の孔径変化を測ることによって決定できることが示された．Hooker and Johnson（1969）は，この方法をいくつかの直交異方性岩石の石切場の地表付近における水平応力の決定に用いた．かれらは，等方性と異方性の応力評価では，大きさで25％，方向で25°程度の違いがあることを示した．

Berry（1970）は，異方性岩石中に完全に密着した等方中実な充填物の応力とひずみの一般解を提案し，この解が応力変化のモニタリングに利用できること，また，充填物が軟らかい場合にはオーバーコアリングによる絶対応力の計測に利用できることを示した．同様な解を，Niwa and Hirashima（1971）も導いている．

Hirashima and Koga（1977）は異方性媒質中の孔径変化や孔壁ひずみに対する解析解をかれらは，提案した．孔径変化を計測する場合には3本のボーリング孔を利用することをかれらは推奨している．Van Heerden（1983）は，CSIR 三軸ひずみセルを用いたオーバーコアリングの解析解として，Hirashima and Koga の解を単純化した

方法を提案した．ここでは，面内等方性の岩石のなかでボーリング孔は等方性面に垂直もしくは平行であることが仮定されている．Ribacchi（1977）は，一般的な異方性岩石について，CSIR 三軸ひずみセルを用いた方法の一般解を導いた．Hirashima and Koga（1977），Ribacchi（1977），Van Heerden（1983）が示した解析例は，異方性の岩石を等方性と仮定して解析した場合には原位置応力の推定に誤差が生じることを明確に示している．

異方性岩石におけるオーバーコアリング法の新しいより一般的な解は，Amadei（1983a, 1984, 1986）によって提案された．中実あるいは中空充填物としてモデル化できる USBM ゲージ，CSIR 三軸ひずみセル，CSIRO HI セルその他の計器を用いたオーバーコアリング法の解釈にこの解を利用することが出来る．この解析では，等方，面内等方，直交異方性あるいはさらに一般的な異方性を有する岩石でも扱うことができ，ボーリング孔は岩石異方性の面と斜交してもよい．メインフレーム用のコンピュータプログラムがいくつか作られたが，USBM ゲージ，CSIR 三軸セル，CSIR 型の他の三軸ひずみセルを対象とした USBMA.FOR と CSIRA.FOR と呼ばれる新しいバージョンのプログラムが利用可能である．岩石の異方性を無視した場合には，応力測定データの解析結果に大きな誤差が生じることが明らかにされた．Amadei（1984）は，その図説のなかで，主応力の大きさで 110 %，方向で 50° という誤差を示した．5.7.3 項にさまざまな大きさの誤差を含む事例を示す．

その後，Worotnicki（1993）は，岩石異方性の問題と CSIRO HI セルを用いたオーバーコアリング法の解析におけるその影響について検討を行った．彼は，異方性を持つ岩石を以下の 4 つのグループに分類している．

(1) 石英長石質岩石（例えば，花崗岩，石英あるいはアルコース砂岩，グラニュライト，片麻岩）
(2) 塩基性／石質岩石（例えば，玄武岩のような塩基性火成岩，石質あるいはグレーワッケ砂岩，角閃岩）
(3) 泥質粘土岩や泥質雲母質岩石（例えば，泥岩，粘板岩，千枚岩，片岩）
(4) 炭酸塩岩（例えば，石灰岩，大理石，ドロマイト）

200 組の試験結果から以下のよな結論が得られている．すなわち，石英長石質岩石と塩基性／石質岩石は低から中程度の異方性を示し，ヤング率の最大／最小（$E_{max}/E_{min}$）の比は 1.3 以下が 70 %，1.5 以下が 80 % 以上であり，この比が 3.5 を超えることはない．泥質粘土岩／泥質雲母質岩石は最も高い異方性を示し，$E_{max}/E_{min}$ の比は 1.5 以下のものが 33 %，2 以下のものが 50 % であり，この比は 6 を超えずほとんどのケースで 4 以下である．炭酸塩岩は中程度の異方性を示し，$E_{max}/E_{min}$ は 1.7 を超えない．

Worotnicki (1993) はボアホールの孔壁ひずみの解析に Berry (1968) の式を利用し，面内等方性媒質中においてボーリング孔が等方性面に垂直または平行という特殊な場合について検討した．岩石のヤング率と剛性率の比を変化させて計算を行い，$E_{max}/E_{min}$ が 1.3～1.5 を超えるような異方性を持つ岩石については（剛性率の異方性にも依存するが），異方性を無視した場合には非常に大きな誤差が生じることを示した．この誤差はボーリング孔が等方性面と平行な場合に大きく，等方性面に垂直な場合には小さくなっている．これに関して Amadei (1983a, b) は，経験的に $E_{max}/E_{min}$ が 2 を超える場合には異方性を無視すべきではないと主張している．したがって，前述の Worotnicki (1993) の異方性岩石の分類に基づけば，石英長石質岩石と塩基性／石質岩石の場合には，多くの場合異方性を無視して等方性を仮定しても問題ないが，泥質粘土岩／泥質雲母質岩や炭酸塩岩の場合には，異方性を無視するとほとんどのケースで受容し難い誤差が発生することになる．

　Barla and Wane (1970), Ribacchi (1977), Rahn (1984), Borsetto, Martinetti and Ribacchi (1984) は，CSIR のドアストッパーを用いた応力計測における異方性の影響について検討している．三次元問題なので，ドアストッパーが置かれた孔底の応力を原位置応力場に関係づけるための応力集中係数を三次元数値モデルを用いて決定する必要がある．これは，異方性の方向や大きさ変えた各ケースについて必要である．面内等方性岩石の場合には 10 の応力集中係数が必要とされる（Borsetto, Martinetti and Ribacchi (1984)）．岩石の異方性を無視すると大きな誤差が生ずる事例として，Rahn (1984) は，主応力の大きさに 45％ から 116％ の誤差を，方向には 20°以上の誤差を報告している．Borsetto, Martinetti and Ribacchi (1984) は，ボーリング孔が岩石の異方性を考慮して適切な方向に掘削されている場合には，USBM ゲージのようにドアストッパーでも 3 孔ではなく 2 孔で異方性岩盤の原位置応力場を決定することができる場合もあることを示した．

### 5.7.2　実験室と現場の研究

　一般的に，異方性のある岩盤におけるオーバーコアリングは等方性の場合よりも難しい．特に軟岩や弱面を持っている岩石の場合には，掘削時やサンプル採取時に大きな困難に遭遇する．オーバーコアリングの応力解放に伴って岩石の組織に沿って亀裂が発生し，応力測定を全く無駄にしてしまう場合もある．高い応力を受けているなかで岩石の組織に垂直なボーリングを行えば，組織に平行なコアディスキングが生じて応力測定ができない場合もある．

　等方性岩石に比べて異方性岩石の弾性係数を決定することはより複雑である．決定

すべき弾性係数の数を減らすために（面内等方性なら5個，直交異方性なら9個），岩石の剛性率を計算する際に近似式が利用されることもある．この近似式はSt Venant近似式と呼ばれることがあるが（例えばAmadei, 1996），使用に当たっては注意が必要である．その後Worotnicki（1993）は異方性岩石の弾性定数についてレビューし，これまでに公表されている多くの実験データについては例外もあるがSt Venant近似式が概ね成立することを示した．一方，同じ論文には，この近似式が妥当でないケースでは原位置応力の決定に大きな誤差が生じることも示されている．

さらに，異方性岩石は不均質でありがちなため，USBMゲージやCSIR三軸ひずみセルあるいは別のCSIR型三軸ひずみセルのようにセンサーが直接岩石に接するタイプの計器のように点での測定の場合には，不均質性の影響を受けやすくなる．5.6節に述べたように，異方性岩石は応力を受けると非線形性を示すことが多いため，異方性，不均質性，非線形性の影響が混じり合って応力測定の精度が落ち，原位置応力データにばらつきが生じることになる．

二軸応力下における異方性および等方性岩石（天然および人工試料）のオーバーコアリングに関する優れた実験がCai（1990）によって行われている．石炭，砂岩，大理石，あるいはモルタルやコンクリートといった人工試料などさまざまな材料について実験が行われた．人工試料のオーバーコアには20 mmから120 mmのさまざまな厚さの層理が縦および横方向に人工的に作られた．応力はBeckerとHooker（1967）やBecker（1968）の解を用いて計算された．材料の弾性定数はオーバーコアの二軸試験とコアサンプルの一軸試験を組み合わせて求められた．この実験より，オーバーコアリング時の岩石の挙動に異方性が大きな影響をもたらすことが示された．例えば，異方性岩石の解放曲線は等方性岩石の場合と違って波打っており，予測不可能な形状を示している．また，原位置応力を求める際に岩石の異方性を考慮すると，等方性として扱った場合よりも常に与えた応力に近い値が得られることも示している．

Gonano and Sharp（1983）は，原位置応力を揚水発電所の設計に利用するために，南アフリカの層状の堆積性軟岩で一連のオーバーコアリング測定を行った．CSIR三軸ひずみセルを用い，岩石の異方性（面内等方性）と非線形弾性を仮定して原位置応力が求められた．応力を決める際の不確実性を減らすために，入力データを注意深く吟味するだけでなく温度や湿度といった原位置の状態をモニタリングするなどの努力が払われている．図5.34a，bにはそれぞれ等方性と異方性を仮定した場合の主応力方向を示している．比較のために平均応力も合わせて示している．異方性を考慮することによって平均応力の方向が変わり，データのばらつきも減少していることがわかる．異方性を考慮した解析結果では，平均主応力はほぼ水平と鉛直で，応力の大きさ

5.7 オーバーコアリング結果に対する異方性の影響

も異なっている．すなわち，等方性解析の平均主応力の大きさは 12.5，10.6，8.3 MPa であるのに対し，異方性解析では 8.7，7.5，5.9 MPa である．

オーバーコアリングデータの解析における異方性の重要性を示す他の例として，カナダのマニトバ州 Winnipeg の北東 100 km に位置する URL サイトの Lac du Bonnet 花崗岩質バソリスにおいて実施された試験がある．この URL サイトの力学的特性の概要については 9.1 節に，このプロジェクトに関するより包括的な情報は Martin and Simmons（1993）に述べられている．

URL サイトの 240 レベルの花崗岩は，主要な節理系に沿って広範囲に分布するマイクロクラック（応力解放によって誘発された）によって異方性を有することが確認された．この岩石はマイクロクラック面に平行な等方性面を持つ面内等方性岩石としてモデル化された．岩石異方性面に対して垂直方向の割線ヤング率は 30 GPa であり，この値は異方性面に平行方向の値に比べて約 50 ％であった．ポアソン比は，岩石異方性面に対し平行，垂直方向でそれぞれ 0.25，0.15 であった．20 m 離れた 2 本のボーリング孔 OC2 と PH3 におけるオーバーコアリング結果が，等方性および異方性の仮定のもとで解析された．図 5.35a，b に等方性および異方性の解析結果をそれぞれ示す．これらのふたつの図は，異方性を考慮すると応力場は 45° 回転することおよび 2 本

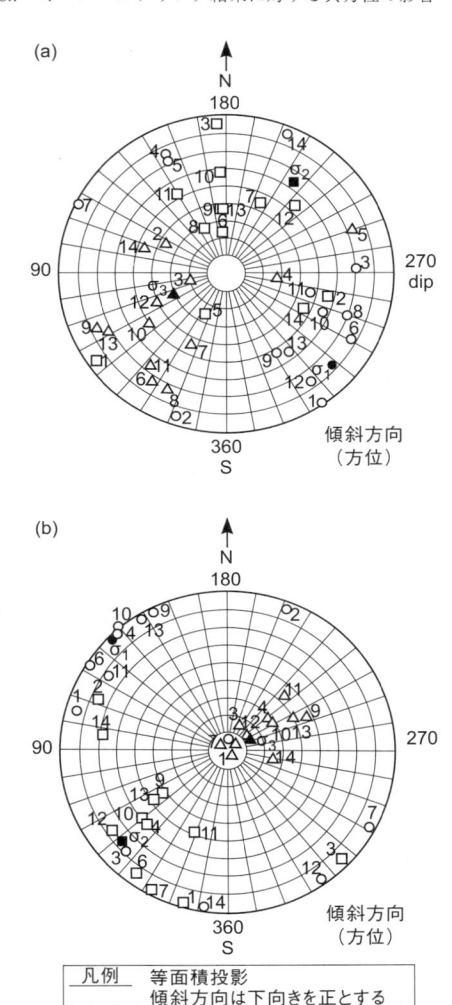

図 5.34 下半球等面積ネットに投影した主応力方向．(a) 等方性 (b) 面内等方性．(Gonano and Sharp, 1983)

343

5 応力解放法

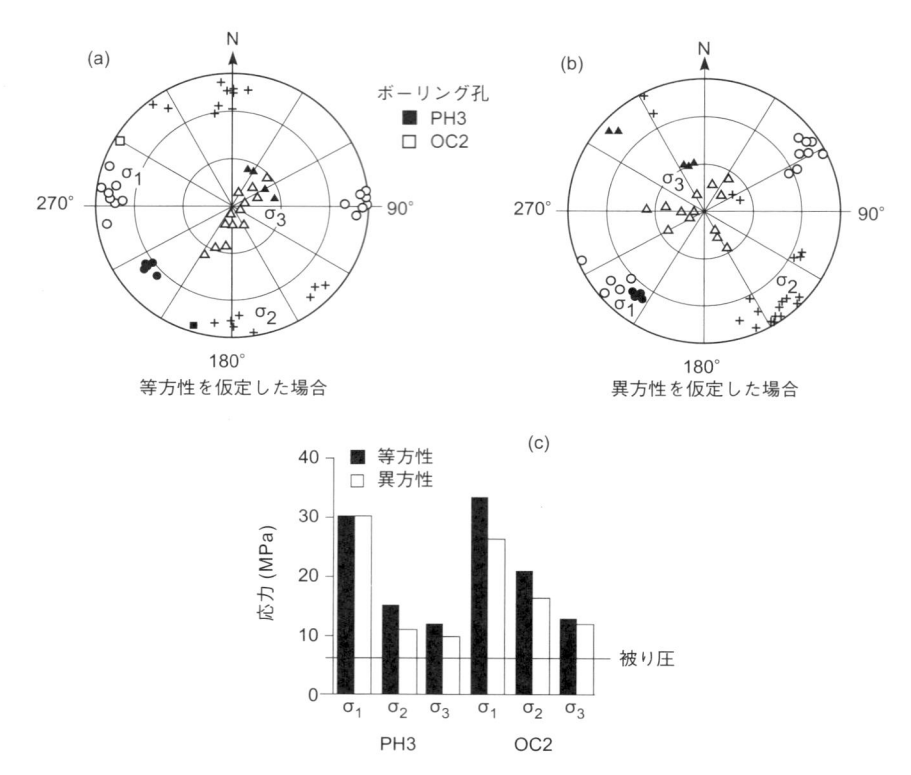

図 5.35 URL サイトの 240 レベルにおいて掘削されたボーリング孔 PH3 と OC2 のオーバーコアリングにより得られた主応力の比較：(a) 等方性を仮定した場合の主応力方向，(b) 異方性を仮定した場合の主応力方向，(c) 等方性，異方性解析より得られた応力の大きさの比較．(Gonano and Sharp, 1983)

のボーリング孔で一致した結果が得られていることを示している．異方性を考慮するとばらつきが少なくなっているが，これは Gonano and Sharp (1983) の報告とも一致している．さらに，Martin and Simmons (1993) でも議論され，図 5.35c にも示すとおり，異方性を考慮に入れるとそれぞれの主応力の大きさが減少していることが分かる．

### 5.7.3 数値解析例

オーバーコアリングデータの解析における異方性の影響について以下に数値解析例を示す．この数値解析例は前述したプログラム CSIRA.FOR によって計算されたもの

## 5.7 オーバーコアリング結果に対する異方性の影響

表 5.6 CSIR 型三軸ひずみセルを用いたオーバーコアリングによるひずみゲージの方向と計測ひずみ．方位角 $\alpha_i$ と $\psi_i$ は図 5.30b に定義されている．

| ロゼット | ひずみ | $\alpha_i$ (deg) | $\psi_i$ (deg) |
|---|---|---|---|
| 1 | $-0.4565 \times 10^{-4}$ | 300 | 0 |
|   | $0.6149 \times 10^{-4}$ | 300 | 90 |
|   | $0.7654 \times 10^{-4}$ | 300 | 45 |
|   | $-0.6070 \times 10^{-4}$ | 300 | 135 |
| 2 | $-0.1661 \times 10^{-3}$ | 180 | 45 |
|   | $-0.9939 \times 10^{-4}$ | 180 | 135 |
|   | $-0.2198 \times 10^{-3}$ | 180 | 90 |
|   | $-0.4569 \times 10^{-4}$ | 180 | 0 |
| 3 | $-0.4565 \times 10^{-4}$ | 60 | 0 |
|   | $-0.1637 \times 10^{-3}$ | 60 | 90 |
|   | $-0.1400 \times 10^{-3}$ | 60 | 45 |
|   | $-0.6935 \times 10^{-4}$ | 60 | 135 |

である．ここに示すすべての計算例で用いた配置は図 5.25a～c に示している．岩石は面内等方性とし，5.4.2 項で定義した 5 つの弾性定数，$E$, $E'$, $\nu$, $\nu'$, $G'$ を有している．

CSIR 型三軸ひずみセルを図 5.25a～c に示す Z 方向（東）に平行な（$\beta_h = 90°$, $\delta_h = 0°$）ボーリング孔に設置する．セルは互いに 120° 間隔の 3 枚のロゼットゲージを含み，それぞれのロゼットゲージは 4 つのひずみゲージからなる．12 個のひずみゲージの方向とオーバーコアリングで得られたひずみの大きさを表 5.6 に示す．プログラム CSIRA.FOR を用い，$N=12$ として式（5.43）を解くことにより原位置応力場が計算される．

最初の数値解析例では，岩石の異方性の面（または等方性の面）は水平で（図 5.25c の $\phi_a = 0°$），ボーリング孔に平行としている．岩石の弾性定数は $E=35$ GPa, $\nu=0.25$, $G=14$ GPa, $E/E'$ は 1, 1.5, 2 または 3, $G/G'$ は 1 または 2, ポアソン比 $\nu'$ は 0.25（等方性）または 0.27（異方性）である．表 5.7 および図 5.36 には，$E/E'$, $G/G'$ のそれぞれの値に対する 3 つの主応力の大きさと方向を示す．

表 5.7 によれば，ある $G/G'$ の値に対して，応力の大きさは $E/E'$ と共に増加していることがわかる．言い換えると，岩石異方性の面に対し垂直方向（このケースでは鉛直方向）に岩石がより変形し易くなっていることを示している．異方性を無視して等方性とした場合の誤差は大きく，例えば，表 5.7 で $E/E'=3$, $G/G'=1$ の時，$\sigma_1$, $\sigma_2$, $\sigma_3$ はそれぞれ 8, 23, 112 % の誤差があることを示している．

図 5.36a と図 5.36b は，$G/G'=1$ および 2 の時の主応力方向を下半球のステレオ投

## 5 応力解放法

表 5.7 異なる $E/E'$ および $G/G'$ に対する 3 つの原位置主応力の大きさ(MPa). $E/E'=G/G'=1$ は等方性に対応.

|  | $G/G'=1$ | | | | $G/G'=2$ | | | |
| --- | --- | --- | --- | --- | --- | --- | --- | --- |
|  | $E/E'=1$ | $E/E'=1.5$ | $E/E'=2$ | $E/E'=3$ | $E/E'=1$ | $E/E'=1.5$ | $E/E'=2$ | $E/E'=3$ |
| $\sigma_1$ | 3.83 | 3.87 | 3.93 | 4.14 | 3.04 | 3.08 | 3.15 | 3.34 |
| $\sigma_2$ | 3.07 | 3.26 | 3.42 | 3.78 | 2.57 | 2.65 | 2.74 | 2.93 |
| $\sigma_3$ | 0.24 | 0.32 | 0.38 | 0.51 | 0.33 | 0.37 | 0.41 | 0.48 |

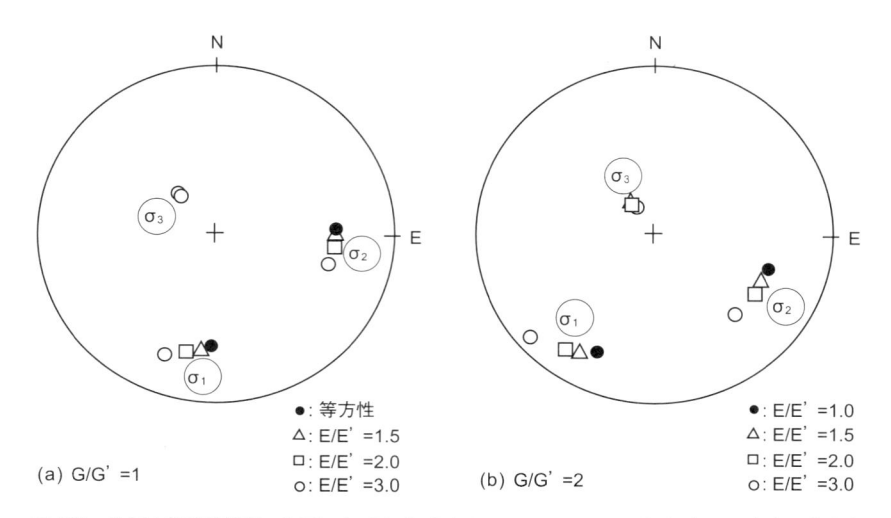

図 5.36 最初の数値解析例. $G/G'=1$, 2 における $E/E'=1.0$, 1.5, 2.0 および 3.0 のときの主応力 $\sigma_1$, $\sigma_2$ および $\sigma_3$ の方位. $G/G'=1$ かつ $E/E'$ のときが等方性のケース. 下半球ステレオ投影.

影で示している. $\sigma_1$ と $\sigma_2$ の方向は $E/E'$ の増加とともに回転しているが, $\sigma_3$ の方向は基本的に岩石異方性の影響を受けないことが分かる. 図 5.36a の $G/G'=1$ の場合, 等方性として異方性を無視すれば, 方向の推定誤差の最大値は $\sigma_1$ で 15°, $\sigma_2$ で 18°, $\sigma_3$ で 3°となることを示している.

ふたつ目の数値解析例では, 岩石は面内等方性とし, $E=35$ GPa, $E'=17.5$ GPa, $\nu=0.25$, $\nu'=0.27$, $G=14$ GPa, $G'=7$ GPa とする. $E/E'=G/G'=2$ である. 岩石の異方性の面（等方性の面）の傾斜角 $\phi_a$ は 30°で, 傾斜方向 $\beta_a$ は 0°（異方性面がボーリング孔に平行）から 90°（異方性面がボーリング孔に垂直）までの値をとる. 表 5.8 と図 5.37 には, 異なる $\beta_a$ に対する 3 つの主応力の大きさと方向を等方性のケースと比較して示している.

表 5.8 からは, $\sigma_1$, $\sigma_2$, $\sigma_3$ の大きさがボーリング孔に対する岩石の異方性面の方向

表 5.8　0 から 90° の範囲の $\beta_a$ に対応する 3 つの原位置主応力の大きさ（Mpa）．$E/E'=G/G'=2$ の場合の 2 例目の数値計算例．比較のため等方性の場合も示す．異方性面の傾斜角 $\psi_a=30°$．

|  | Isotropic | $\beta_a=0°$ | $\beta_a=15°$ | $\beta_a=30°$ | $\beta_a=45°$ | $\beta_a=60°$ | $\beta_a=75°$ | $\beta_a=90°$ |
| --- | --- | --- | --- | --- | --- | --- | --- | --- |
| $\sigma_1$ | 3.83 | 3.08 | 3.10 | 3.14 | 3.20 | 3.28 | 3.36 | 3.44 |
| $\sigma_2$ | 3.07 | 2.38 | 2.47 | 2.58 | 2.71 | 2.84 | 2.96 | 3.06 |
| $\sigma_3$ | 0.24 | 0.29 | 0.33 | 0.38 | 0.43 | 0.47 | 0.49 | 0.49 |

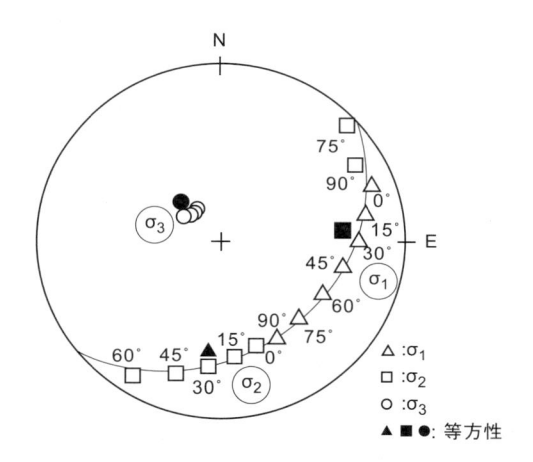

図 5.37　ふたつ目の数値解析例．岩石の異方性の面の傾斜 $\phi_a$ が 30° で傾斜方向 $\beta_a$ が 0° から 90° のときの主応力 $\sigma_1$，$\sigma_2$ および $\sigma_3$ の方位．比較のため等方性解析の結果も示す．下半球ステレオ投影．

に強く依存していることがわかる．等方性として異方性を無視すると，誤差の最大値は $\sigma_1$ で 19 %（$\beta_a=0°$），$\sigma_2$ で 22 %（$\beta_a=0°$），$\sigma_3$ で 104 %（$\beta_a=90°$）となる．また，$\sigma_1$，$\sigma_2$ が岩石の異方性の面とともに回転していることがわかる．その回転は図 5.37 中の大円で示される $\sigma_3$ に対する垂直な面上に乗っている．$\sigma_3$ の方向は基本的に $\beta_a$ の値に影響を受けていない．等方性として異方性を無視すると，誤差の最大値は $\sigma_1$ で 120°（$\beta_a=0°$），$\sigma_2$ で 125°（$\beta_a=60°$），$\sigma_3$ で 12°（$\beta_a=90°$）となる．

## 5.8　技術情報

この章に出てきた計器に関する追加情報や関連する装置については，以下の製造業者に直接問い合わせて得ることができる．

5 応力解放法

1. INTERFELS GMbH, Delimanstraße 5,D-48455 Bad Bentheim, Germany: ボアホールスロッター，CSIR 型三軸セル，ドアストッパーセル，ダイラトメータ．
2. VATTENFALL, Hydropower AB, PO Box 800, S-771 28 Ludvika, Sweden: 大深度用の改良型 CSIR 三軸ひずみセル．
3. MINDATA Pty. Ltd., 115 Seaford Road, Seaford 3198, Victoria, Australia: CSIROHI セル，二軸試験装置，ANZSI セル．(Reliable Geo L.L.C., 241 Lynch Road, Yakima, Washington98908-9512, USA)
4. Rogers Arms & Machine Co., Inc., 1246 Ute Avenue, Grand Junction CO 81501, USA: USBM ゲージ．
5. ROCTEST, 665 Pine Street, St Lambert, Quebec, Canada J4P 2P4, Canada: CSIR 三軸ひずみセル，AECL 改良型 CSIR ひずみセル，ドアストッパーセル，USBM ゲージ，ダイラトメータ，二軸試験装置．
6. GEOKON, Inc., 48 Spencer St, Lebanon, NH 03766, USA: USBM ゲージ．

**参考文献**

Agarwal, R. (1968) Sensitivity analysis of borehole deformation measurements of in-situ determination when affected by borehole eccentricity, in *Proc. 9th US Symp. Rock Mech.*, Golden, SME/AIME, pp. 79-83.

Aggson, J.R. (1977) Test procedures for nonlinearly elastic stress-relief overcores. US Bureau of Mines Report of Investigation RI 8251.

Amadei, B. (1983a) *Rock Anisotropy and the Theory of Stress Measurements*, Lecture Notes in Engineering, Springer-Verlag.

Amadei, B. (1983b) Number of boreholes to measure the state of stress in-situ by overcoring, in *Proc. 24th US Symp. Rock Mech.*, College Station, Association of Eng. Geologists Publ., pp. 87-98.

Amadei, B. (1984) In situ stress measurements in anisotropic rock. *Int. J. Rock. Mech. Min. Sci. & Geomech. Abstr.*, 21, 327-38.

Amadei, B. (1985) Applicability of the theory of hollow inclusions of overcoring stress measurements in rock. *Rock Mech. Rock Eng.*, 18, 107-30.

Amadei, B. (1986) Analysis of data obtained with the CSIRO cell in anisotropic rock masses. CSIRO Division of Geomechanics, Technical Report No.141.

Amadei, B. (1996) Importance of anisotropy when estimating and measuring in-situ stresses in rock. *Int. J. Rock Mech. Min. Sci. & Geomech. Abstr.*, 33, 293-325.

ASTM D 4623-86 (1994) Standard test method for determination of in-situ stress in rock mass by overcoring method - USBM borehole deformation gage. *1994 Annual Book of ASTM Standards*,Vol. 04-08, pp. 746-58.

Barla, G. and Wane, M.T. (1968) Analysis of the borehole stress-relief method in rocks with rheological properties. *Int. J. Rock Mech. Min. Sci.*, 5, 187-93.

参考文献

Barla, G. and Wane, M.T. (1970) Stress relief method in anisotropic rocks by means of gauges applied to the end of a borehole. *Int. J. Rock Mech. Min. Sci., 7,* 171-82.

Bass, I., Schmitt, D.R. and Ahrens, T.J. (1986) Holo graphic in situ stress measurements. *Geophys. J. Roy. Astron. Soc.,* 85, 13- 14.

Beaney, E. M. and Procter, E. (1974) A critical evaluation of the center hole technique for the measurement of residual stresses. *Strain,* 10, 7-14.

Becker, R.M. (1968) An anisotropic elastic solution for testing stress relief cores. US Bureau of Mines Report of Investigation RI 7143.

Becker, R.M. and Hooker, V.E. (1967) Some aniso tropic considerations in rock stress determina tions. US Bureau of Mines Report of Investigation RI 6965.

Berents, H.P. and Alexander, L.G. (1967) Rock measurements and drilling techniques. *Contracting Const. Equip.,* 19, 64-6.

Berry, D.S. (1968) The theory of stress determination by means of stress relief techniques in trans versely isotropic medium. Missouri River Division, US Corps of Engineers Technical Report 5-68.

Berry, D.S. (1970) The theory of determination of stress changes in a transversely isotropic medium, using an instrumented cylindrical inclusion. Corps of Engineers, Missouri River Division, Omaha District, Technical Report MRD 1-70.

Berry, D.S. and Fairhurst, C. (1966) Influence of rock anisotropy and time dependent deformation on the stress relief and high modulus inclusion tech niques of in-situ stress determination, in *Testing Techniques for Rock Mechanics, ASTM STP* 402, pp. 190-206.

Bertrand, L. and Durand, E. (1983) In situ stress measurements: comparison of different methods, in *Proc. Int. Symp. on Soil and Rock Investigations by In-Situ Testing,* Paris, Vol. 2, pp. 449-70.

Bickel, D.L. (1978) Transducer preparation and gage assembling of the Bureau of Mines threecomponent borehole deformation gage. US Bureau of Mines IC No. 8764.

Bielenstein, H.U. and Barron, K. (1971) In-situ stresses. A summary of presentations and discussions given in Theme I at the Conference of Structural Geology to Rock Mechanics Problems. Dept. of Energy, Mines and Resources, Mines Branch, Ottawa.

Blackwood, R.L. (1977) An instrument to measure the complete stress field in soft rock or coal in a single operation, in *Proc. Int. Symp. on Field Measurements in Rock Mechanics,* Zurich, Balkema, Rotterdam, Vol. 1, pp. 137-50.

Blackwood, R.L. (1982a) A three dimensional study of an overcored solid inclusion rock stress instru ment by the Boundary Integral Equation Method, in *Proc. 4th Int. Conf. in Australia on Finite Element Methods,* Melbourne, pp. 109-13.

Blackwood, R.L. (1982b) Experience with the solid inclusion stress measurement cell in coal in Australia, in Proc. 23rd US Symp. Rock Mech., Berkeley, SME/AIME, pp. 168-75.

Blackwood, R.L., Sandström, S. and Leijon, B.A. (1986) A study of the bond strength in cemented epoxy solid inclusion stress cell installations, in *Proc. Int. Symp. on Rock Stress and Rock Stress Measurements,* Stockholm, Centek Publ., Luleå, pp. 523-8.

Bock, H. (1986) In-situ validation of the borehole slotting stressmeter, in *Proc. Int. Symp. on Rock Stress and Rock Stress Measurements,* Stockholm,Centek Publ., Luleå, pp. 261-70.

Bock, H. (1993) Measuring in-situ rock stress by borehole slotting, in Comprehensive Rock Engineering (ed. J.A. Hudson), Pergamon Press, Oxford,Chapter 16, Vol. 3, pp. 433-43.

Bock, H. and Foruria, V. (1983) A recoverable borehole slotting instrument for in-situ stress measurements in rock, in *Proc. Int. Symp. on Field Measurements in Geomechanics*, Zurich, Balkema, Rotterdam, pp. 15-29.

Bonnechere, F.J. (1967) A comparative study of in-situ rock stress measurements, unpublished MS Thesis, University of Minnesota.

Bonnechere, F.J. (1971) The University of Liege borehole deformation cell, in *Proc. Int. Symp. on the Determination of Stresses in Rock Masses*, Lab.Nac. de Eng. Civil, Lisbon, pp. 300-306.

Bonnechere, F.J. (1972) Stress of the central region of a flat ended borehole, in *Proc. Int. Symp. on Under-ground Openings*, Luzern, Swiss Society for Soil Mechanics and Foundation Engineering, pp. 447-56.

Bonnechere, F.J. and Cornet, F.H. (1977) In-situ stress measurements in a borehole deformation cell, in *Proc. Int. Symp. on Field Measurements in Rock Mechanics*, Zurich, Balkema, Rotterdam, Vol.1, pp. 151-9.

Bonnechere, F.J. and Fairhurst, C. (1968) Determina tion of the regional stress field from doorstopper measurements. *J. S. Afr. Inst. Min. Metall.*, 69, 520-44.

Borecki, M. and Kidybinski, A. (1966) Problems of stress measurements in rocks taken in the Polish coal mining industry, in *Proc. 1st Cong. Int. Soc. Rock Mech. (ISRM)*, Lisbon, Lab. Nac. de Eng. Civil, Lisbon, Vol. 2, pp. 9-16.

Borsetto, M., Martinetti, S. and Ribacchi, R. (1984) Interpretation of in situ stress measurements in anisotropic rocks with the Doorstopper method. *Rock Mech. Rock Eng.*, 17, 167-82.

Brady, B.H.G., Friday, R.G. and Alexander, L.G. (1976) Stress measurement in a bored raise at the Mount Isa Mine, in *Proc. ISRM Symposium on Investigation of Stress in Rock, Advances in Stress Measurement*, Sydney, The Institution of Engineers, Australia, pp. 12-16.

Brady, B.H.G., Lemos, J.V. and Cundall, P.A. (1986) Stress measurement schemes for jointed and fractured rock, in *Proc. Int. Symp. on Rock Stress and Rock Stress Measurements*, Stockholm, Centek Publ., Luleå, pp. 167-76.

Brown, E.T., Bray, J.W. and Santarelli, F.J. (1989) Influence of stress dependent elastic moduli on stresses and strains around axisymmetric bore-holes. *Rock Mech. Rock Eng.*, 22, 189-203.

Cai, M. (1990) Comparative tests and studies of overcormg stress measurement devices in different rock conditions, unpublished PhD Thesis, University of New South Wales, Australia.

Cai, M. and Blackwood, R.L. (1991) A technique for the recovery and re-use of CSIRO hollow inclusion cells. *Int. J. Rock Mech. Min. Sci. & Geomech. Abstr.*, 28, 225-9.

Cai, M., Qiao, L. and Yu, J. (1995) Study and tests of techniques for increasing overcoring stress measurement accuracy. *Int. J. Rock Mech. Min. Sci. & Geomech. Abstr.*, 32, 375-84.

Chambon, C. and Revalor, R. (1986) Statistic analysis applied to rock stress measurements, in *Proc. Int. Symp. on Rock Stress and Rock Stress Measurements*, Stockholm, Centek Publ., Luleå pp. 397-410.

Chandler, N.A. (1993) Bored raise overcoring for in situ stress determination at the Underground Research Laboratory. *Int. J. Rock Mech. Min. Sci. & Geomech. Abstr.*, 30, 989-92.

Choquet, P (1994) La mesure des contraintes par la méthode du surcarottage, in *Proc. Seminaire For-mation: Mesure des sollicitations et des contraintes dans les ouvrages et dans les terrains*, Ecole des

Mines, Nancy, Sept. 12-16.

Coates, D.F. and Yu, Y.S. (1970) A note on the stress concentrations at the end of a cylindrical hole. *Int. J. Rock Mech. Min. Sci.*, 7, 585-8.

Corthesy, R. and Gill, D.E. (1990) A novel approach to stress measurements in rock salt. *Int. J. Rock Mech. Min. Sci. & Geomech. Abstr.*, 27, 95-107.

Corthesy, R. and Gill, D.E. (1991) The influence of non-linearity and anisotropy on stress measure ment results, in *Proc. 7th Cong. Int. Soc. Rock Mech. (ISRM)*, Aachen, Balkema, Rotterdam, Vol. 1, pp. 451-4.

Corthesy, R., Gill, D.E. and Nguyen, D. (1990) The modified Doorstopper cell stress measuring technique, in *Proc. Conf on Stresses in Under ground Structures*, Ottawa, CANMET Publ., pp. 23-32.

Corthesy, R., Gill, D.E. and Leite, M.H. (1993) An integrated approach to rock stress measurement in anisotropic non-linear elastic rock. *Int. J. Rock Mech. Min. Sci. & Geomech. Abstr.*, 30, 395-411.

Corthesy, R. et al. (1994a) First application of the RPR method of field measurements, in *Proc. 1st North Am. Rock Mech. Symp.*, Austin, Balkema,Rotterdam, pp. 385-92.

Corthesy, R. et al. (1994b) The RPR method for the Doorstopper technique: four or six stress components from one or two boreholes. *Int. J. Rock Mech. Min. Sci. & Geomech. Abstr.*, 31, 507-16.

Crouch, S. L. and Fairhurst, C. (1967) A four component borehole deformation gauge for the determination of in-situ stresses in rock masses. *Int. J. Rock Mech. Min. Sci.*, 4, 209-17.

De la Cruz, R.V. (1977) Jack fracturing technique of stress measurement. *Rock Mech.*, 9, 27-42.

De la Cruz, R.V. (1978) Modified borehole jack method for elastic property determination in rocks. *Rock Mech.*, 10, 221-39.

De la Cruz, R.V. (1995) Tapercoring method of determining in situ rock stresses, in *Proc. 35th US Symp. Rock Mech.*, Lake Tahoe, Balkema, Rotterdam, pp. 895-900.

De la Cruz, R.V. and Goodman, R.E. (1971) The borehole deepening method of stress measure ment, in *Proc. Int. Symp. on the Determination of Stresses in Rock Masses*, Lab. Nac. de Eng. Civil, Lisbon, pp. 230-44.

Detournay, E. and Fairhurst, C. (1987) Two dimensional elastoplastic analysis of a long, cylindrical cavity under non-hydrostatic loading. *Int. J. Rock Mech. Min. Sci. & Geomech. Abstr.*, 24,197-211.

Draper, N.R. and Smith, H. (1966) Applied Regression Analysis, Wiley.

Duncan-Fama, M.E. (1979) Analysis of a solid inclu sion in-situ stress measuring device, in *Proc. 4th Cong. Int. Soc. Rock Mech. (ISRM)*, Montreux,Balkema, Rotterdam, Vol. II, pp. 113-20.

Duncan-Fama, M.E. and Pender, M.J. (1980)Analysis of the hollow inclusion technique for measuring in-situ rock stress. *Int. J. Rock Mech. Min. Sci. & Geomech. Abstr.*, 17, 113-46.

Duvall, W.I. (1974) Stress relief by center hole. Appendix in US Bureau of Mines Report of Investigation RI 7894.

Duvall, W.I. and Aggson, J.R. (1980) Least square calculation of horizontal stresses from more than three diametral deformations in vertical bore-holes. US Bureau of Mines Report of Investigation RI 8414.

Fitzpatrick, J. (1962) Biaxial device for determining the modulus of elasticity of stress relief cores. US Bureau of Mines Information Circular 6128.

Gale, W.J. (1983) Measurements of the stress field in Appin and Corrimal Collieries, NSW, Australia. CSIRO Division of Geomechanics, Technical Report No. 11.

5 応力解放法

Galle, E.M. and Wilhiot, J. (1962) Stresses around a well bore due to internal pressure and unequal geostatic stresses. *J. Soc. Petrol. Eng. (AIME)*, 2,145-55.

Garritty, P., Irvin, R.A. and Farmer, I.W. (1985) Problems associated with near surface in-situ stress measurements by the overcoring method, in *Proc. 26th US Symp. Rock Mech.*, Rapid City, Balkema, Rotterdam, pp. 1095-102.

Gill, D.E. et al. (1987) Improvements to standard doorstopper and Leeman cell stress measuring techniques, in *Proc. 2nd Int. Symp. on Field Measurements in Geomechanics*, Kobe, Balkema, Rotterdam, Vol. 1, pp. 75-83.

Gonano, L.P. and Sharp, J.C. (1983) Critical evaluation of rock behavior for in-situ stress determination using overcoring methods, in *Proc. 5th Cong. Int. Soc. Rock Mech. (ISRM)*, Melbourne,Balkema, Rotterdam, pp. A241-50.

Gray, W.M. and Barron, K. (1971) Stress deterrnination from strain relief measurements on the ends of boreholes: planning, data evaluation and error assessment, in *Proc. Int. Symp. on the Determuna -tion of Stresses in Rock Masses*, Lab. Nac. de Eng. Civil, Lisbon, pp. 183-99.

Gray, W.M. and Toews, N.A. (1968) Analysis of accuracy in the determination of the ground stress tensor by means of borehole devices, in *Proc. 9th US Symp. Rock Mech.*, Golden, SME/AIME, pp. 45-72.

Gray, W.M. and Toews, N.A. (1974) Optimization of the design and use of a triaxial strain cell for stress determination, in *Field Testing and Instrumentation of Rock*, *ASTM STP* 554, pp. 116-33.

Gray, W.M. and Toews, N.A. (1975) Analysis of variance applied to data obtained by means of a six element borehole deformation gage for stress determination, in *Proc. 15th US Symp. Rock Mech.*, Custer State Park, South Dakota, ASCE Publ., pp. 323-56.

Gregory, E.C. et al. (1983) In-situ stress measurement in a jointed basalt: the suitability of five overcoring techniques, in *Proc. Rapid Excavation and Tunneling (RETC) Conf.*, Chicago, Vol. 1,SME/AIME, pp. 42-61.

Griswold, G.N. (1963) How to measure rock pressures: new tools. *Eng. Mining J.*, 164, 90-95.

Grob, H., Kovari, K. and Amstad, C. (1975) Sources of error in the determination of in-situ stresses by measurements. *Tectonophysics*, 29, 29-39.

Habib, P., Phong, L.M. and Pakdaman, K. (1971) Natural stress measurements with a relaxation method, in *Proc. Int. Symp. on the Determination of Stresses in Rock Masses*, Lab. Nac. de Eng. Civil,Lisbon, pp. 135-44.

Hallbjörn, L. (1986) Rock stress measurements performed by Swedish State Power Board, in *Proc. Int. Symp. on Rock Stress and Rock Stress Measurements*, Stockholm, Centek Publ., Luleå,pp. 197-205.

Hast, N. (1943) Measuring stresses and deformations in solid materials. Centraltryckeriet, Esselte AB, Stockholm.

Hast, N. (1958) The measurement of rock pressure in mines. *Sveriges Geol. Undersokning, Ser. C*, No. 560.

Hast, N. (1979) Limit of stresses in the Earth's crust. *Rock Mech.*, 11, 143-50.

Hawkes, I. (1968) Theory of the photoelastic biaxial strain gauge. *Int. J. Rock Mech. Min. Sci.*, 5, 57-63.

Hawkes, I. (1971) Photoelastic strain gages and in-situ rock stress measurements, in *Proc. Int. Symp. on the Determination of Stresses in Rock Masses*, Lab.Nac. de Eng. Civil, Lisbon, pp. 359-75.

# 参考文献

Hawkes, I. and Fellers, G.E. (1969) Theory of the determination of the greatest principal stress in a biaxial stress field using photoelastic hollow cylinder inclusions. *Int. J. Rock Mech. Min. Sci.*, 6,143-58.

Hawkes, I. and Moxon, 5. (1965) The measurement of in situ rock stress using the photoelastic biaxial gauge with the core-relief technique. Int. *J. Rock Mech. Min. Sci.*, 2, 405-19.

Helal, H. and Schwartzmann, R. (1983) In situ stress measurements with the CERCHAR dilatometric cell, in *Proc. Int. Symp. on Field Measurements in Geomechanics*, Zurich, Balkema, Rotterdam, pp. 127-36.

Herget, G. (1973) First experiences with the CSIR triaxial strain cell for stress determinations. *Int. J. Rock Mech. Min. Sci.*, 10, 509-22.

Herget, G. (1993) Overcoring techniques, in *Lecture Notes of the Short Course on Modern In-Situ Stress Measurement Methods at the 34th US Symp. Rock Mech.*, Madison, Wisconsin.

Heusermann, S. and Pahl, A. (1983) Stress measure ments in underground openings by the over-coring method and by the flatjack method with compensation, in *Proc. Int. Symp. on Field Measurements in Geomechanics*, Zurich, Balkema,Rotterdam, pp. 1033-45.

Hiltscher, R. (1971) On the strain rosette relief method of measuring rock stresses, in *Proc. Int. Symp. on the Determination of Stresses in Rock Masses*, Lab. Nac. de Eng. Civil, Lisbon, pp. 245-64.

Hiltscher, R., Martna, J. and Strindell, L. (1979) The measurement of triaxial rock stresses in deep holes and the use of rock stress measurements in the design and construction of rock openings, in *Proc. 4th Cong. Int. Soc. Rock Mech. (ISRM)*, Montreux, Ba]ikema, Rotterdam, Vol. 2, pp. 227-34.

Hiramatsu, Y. and Oka, Y. (1968) Determination of the stress in rock unaffected by boreholes or drifts from measured strains or deformations. *Int. J. Rock Mech. Min. Sci.*, 5, 337-53.

Hirashima, K. and Koga, A. (1977) Determination of stresses in anisotropic elastic medium unaffected by boreholes from measured strains or deformations, in *Proc. Int. Symp. on Field Measurements in Rock Mechanics*, Zurich, Balkema, Rotterdam, Vol.1, pp. 173-82.

Hocking, G. (1976) Three dimensional elastic stress distribution around the flat end of a cylindrical cavity. *Int. J. Rock Mech. Min. Sci. & Geomech. Abstr.*, 13, 331-7.

Hooker, V.E. and Bickel, D.L. (1974) Overcoring equipment and techniques used in rock stress determination. US Bureau of Mines Report of Investigation RI 8618.

Hooker, V.E. and Johnson, C.F. (1969) Near surface horizontal stresses including the effects of rock anisotropy. US Bureau of Mines Report of Investigation RI 7224.

Hooker, V.E., Aggson, J.R. and Bickel, DL. (1974) Improvements in the three component borehole deformation gage and overcoring techniques. US Bureau of Mines Report of Investigation RI 7894.

Hoskins, E. (1967) An investigation of strain relief methods of measuring rock stress. *Int. J. Rock Mech. Min. Sci.* 4, 155-64.

Hoskins, E.R. (1968) Strain rosette relief measure ments in hemispherically ended boreholes. *Int. J. Rock Mech. Min. Sci.*, 5, 55 1- 9.

Hoskins, E.R. and Oshier, E.H. (1973) Development of deep hole stress measurement device, in *Proc. 14th US Symp. Rock Mech.*, University Park, ASCE Publ., pp. 299-310.

Irvin, R.A., Garritty, P. and Farmer, I.W. (1987) The effect of boundary yield on the results of in-situ stress measurements using overcoring tech niques. *Int. J. Rock Mech. Min. Sci. & Geomech. Abstr.*,

24, 89-93.

Ivanov, V., Parashkevov, R. and Popov, S.N. (1983) Deformations measurement with the method of partial stress relief and geomechanical processing of the results, in *Proc. Int. Symp. on Field Measurements in Geomechanics*, Zurich, Balkema, Rotterdam, pp. 1057-61.

Jenkins, F.M. and McKibbin, R.W. (1986) Practical considerations of in-situ stress determination, in *Proc. Int. Symp. on Application of Rock Character ization Techniques in Mine Design*, AIME Publ., pp. 33-9.

Jupe, A.J. (1994) Confidence intervals for in-situ stress measurements. *Int. J. Rock Mech. Min. Sci. & Geomech. Abstr.*, 31, 743-7.

Kaiser, P.K., Zou, D. and Lang, P.A. (1990) Stress determination by back-analysis of excavationinduced stress changes – a case study. *Rock Mech. Rock Eng.*, 23, 185-200.

Kanagawa, T. et al. (1986) In-situ stress measure ments in the Japanese Islands: overcoring results from a multi-element gauge used at 23 sites. *Int. J. Rock Mech. Min. Sci. & Geomech. Abstr.*, 23, 29-39.

Kawamoto, T. (1963) On the state of stress and deformation around tunnel in orthotropic elastic ground. *Mem. Faculty of Eng., Kumamoto Univ.*, Japan, 10, 1-30.

Kim, K. and Franklin, J.A. (coordinators) (1987) Suggested methods for rock stress determination. *Int. J. Rock Mech. Min. Sci. & Geomech. Abstr.*, 24, 53-73.

Kobayashi, S. et al. (1991) In-situ stress measure ment using a conical shaped borehole strain gage plug, in *Proc. 7th Cong. Int. Soc. Rock Mech. (ISRM)*, Aachen, Balkema, Rotterdam, Vol. 1, pp. 545-8.

Kovari, K., Amstad, Ch. and Grob, H. (1972) Contribution to the problem of stress measure ments in rock, in *Proc. Int. Symp. on Underground Openings*, Luzern, Swiss Society for Soil Mechanics and Foundation Engineering, pp. 501-12.

Lang, P.A., Thompson, P.M. and Ng, L.K.W. (1986) The effect of residual stress and drill hole size on the in-situ stress determined by overcoring, in *Proc. Int. Symp. on Rock Stress and Rock Stress Measurements*, Stockholm, Centek Publ., Luleå, pp. 687-94.

Lee, F.T., Abel, J. and Nichols, T.C. (1976) The relation of geology to stress changes caused by underground excavation in crystalline rocks at Idaho Springs, Colorado. *US Geol. Surv. Prof Pap.*, 965, Washington.

Leeman, E.R. (1964a) Rock stress measurements using the treparining stress-relieving technique. Mine Quarry Eng., 30, 250-55.

Leeman, E.R. (1964b) Absolute rock stress measurements using a borehole trepanning stressrelieving technique, in *Proc. 6th US Symp. Rock Mech.*, Rolla, University of Missouri Publ., pp. 407-26.

Leeman, E.R. (1964c) The measurement of stress in rock – Parts I, II and III. *J. S. Afr. Min. Metall.*, 65, 45-114 and 254-84.

Leeman, E.R. (1967) The borehole deformation type of rock stress measuring instrument. *Int. J. Rock Mech. Min. Sci.*, 4, 23-44.

Leeman, E.R. (1971a) The CSIR Doorstopper and triaxial rock stress measuring instruments. *Rock Mech.*, 3, 25-50.

Leeman, E.R. (1971b) The measurement of stress in rock: a review of recent developments (and a bibliography), in *Proc. Int. Symp. on the Determination of Stresses in Rock Masses*, Lab. Nac. de Eng. Civil, Lisbon, pp. 200-229.

参考文献

Leeman, E.R. and Denkhaus, H.G. (1969) Deter mination of stress in rock with linear or non linear elastic characteristics. *Rock Mech.*, 1,198-206.

Leeman, E.R. and Hayes, D.J. (1966) A technique for determining the complete state of stress in rock using a single borehole, in *Proc. 1st Cong. Int. Soc. Rock Mech. (ISRM)*, Lisbon, Lab. Nac. de Eng. Civil, Lisbon, Vol. II, pp. 17-24.

Leijon, B.A. (1986) Application of the LUT triaxial overcoring techniques in Swedish mines. *Proc. Int. Symp. on Rock Stress and Rock Stress Measurements*, Stockholm, Centek Publ, Luleå, pp. 569-79.

Leijon, B.A. and Stillborg, B.L. (1986) A comparative study between two rock stress measurement techniques at Luossavaara mine: *Rock Mech. Rock Eng.*, 19, 143-63.

Lekhnitskii, S.G. (1977) *Theory of Elasticity of an Anisotropic Body*, Mir Publ., Moscow.

Lieurance, R.S. (1933) Stresses in foundation at Boulder (Hoover) dam. US Bureau of Reclamation Technical Memorandum No. 346.

Lieurance, R.S. (1939) Boulder canyon project final report, Part V (technical investigation), Bull., 4,265-8.

Martin, C.D. and Chandler, N.A. (1993) Stress heterogeneity and geological structures. *Int. J. Rock Mech. Min. Sci. & Geomech. Abstr.*, 30, 993-9.

Martin, C.D. and Christiansson, R. (1991) Over-coring in highly stressed granite; comparison between the USBM and CSIR devices. *Rock Mech. Rock Eng.*, 24,207-35.

Martin, C.D. and Simmons, G.R. (1993) The Atomic Energy of Canada Limited Underground Research Laboratory: an overview of geo mechanics characterization, in *Comprehensive Rock Engineering* (ed. J.A. Hudson), Pergamon Press, Oxford, Chapter 38, Vol. 3, pp. 915-50.

Martin, C.D., Read, R.S. and Lang, P.A. (1990) Seven years of in-situ stress measurements at the URL.An overview, in *Proc. 31st US Symp. Rock Mech.*, Golden, Balkema, Rotterdam, pp. 15-25.

Martinetti, S., Martino, D. and Ribacchi, R. (1975) Determination of the original stress state in an anisotropic rock mass. *Revista de Geotecnica*, 9, 84-98.

Mathar, J. (1934) Determination of initial stresses by measuring the deformations around drilled holes. *Trans. ASME*, 56, 249-54.

Matsuki, K. and Sakaguchi, K. (1995) Comparison of results of in-situ stresses determined by core-based methods with those by overcoring tech nique, in *Proc. Int. Workshop on Rock Stress Measurement at Great Depth*, Tokyo, Japan, 8th ISRM Cong., pp. 52-7.

Merrill, R.H. (1964) In situ determination of stress by relief techniques, in *Proc. Int. Conf. State of Stress in the Earth's Crust*, Santa Monica, Elsevier, New York, pp. 343-69.

Merrill, R.H. (1967) Three component borehole deformation gage for determining the stress in rock. US Bureau of Mines Report of Investigation RI 7015.

Mills, K.W. and Pender, M.J. (1986) A soft inclusion instrument for in-situ stress measurement in coal, in *Proc. Int. Symp. on Rock Stress and Rock Stress Measurements*, Stockholm, Centek Publ., Luleå, pp. 247-51.

Mohr, H.F. (1956) Measurement of rock pressure. *Mine Quarry Eng.*, 22, 178-89.

Motahed, P. et al. (1990) Stress measurement in potash by overcoring CSIRO hollow inclusion stress meters, in *Proc. 31st US Symp. Rock Mech.*, Golden, Balkema, Rotterdam, pp. 413-20.

Myrvang, A.M. (1976) Practical use of rock stress measurements in Norway, in *Proc. ISRM Symposium on Investigation of Stress in Rock, Advances in Stress Measurement*, Sydney, The Institution of

Engineers, Australia, pp. 92-9.

Myrvang, A.M. and Hansen, S.E. (1990) Use of the modified doorstoppers for rock stress change measurements, in *Proc. 31st US Symp. Rock Mech.*, Golden, Balkema, Rotterdam, pp. 999-1004.

Nichols, T.C. (1983) In-situ geomechanics of crystal line and sedimentary rocks, Part IV: continued field testing of the modified USGS 3-D borehole stress probe. US Geological Survey Open File Report, Denver.

Nichols, T.C., Abel, J.F. and Lee, F.T. (1968) A solid inclusion probe to determine three dimensional stress changes at a point in a rock mass. *US Geol. Surv. Bull.*, 1258-C.

Niwa, Y. and Hirashima, K.I. (1971) The theory of the determination of stress in an anisotropic elastic medium using an instrumented cylindrical inclusion. *Mem. Faculty of Eng., Kyoto Univ.*, Japan, 33, 221-32.

Nolting, R.M. (1980) Absolute stress measurement in rock by overcoring cast-in-place epoxy inclusions, unpublished PhD Thesis, University of California, Berkeley.

Obara, Y. et al. (1991) Application of hemispherical-ended borehole technique to hot rock, in *Proc. 7th Cong. Int. Soc. Rock Mech. (ISRM)*, Aachen,Balkema, Rotterdam, Vol. 1, pp. 587-90.

Obara, Y. et al. (1995) Measurement of stress distribution around fault and considerations, in *Proc. 2nd Int. Conf. on the Mechanics of Jointed and Faulted Rock*, Vienna, Balkema, Rotterdam, pp. 495-500.

Obert, L. and Duvall, W.I. (1967) *Rock Mechanics and the Design of Structures in Rock*, Wiley.

Obert, L., Merrill, R.H. and Morgan, T.A. (1962) Borehole deformation gauge for determining the stress in mine rock. US Bureau of Mines Report of Investigation RI 5978.

Odum, J.K., Lee, F.T. and Stone, J.W (1992) Adaptations to standard drilling equipment and procedures for a USBM overcore in situ stress determination under unique conditions. *Int. J. Rock. Mech. Min. Sci. & Geomech. Abstr.*, 29, 73-6.

Olsen, O.J. (1949) Residual stresses in rock as determined from strain relief measurements on tunnel walls, unpublished MS Thesis, Univ. of Colorado, Boulder.

Olsen, O.J. (1957) Measurement of residual stress by the strain relief method. *Quarterly Colorado School of Mines*, 52, 183-204.

Pahl, A. (1977) In situ stress measurements by overcoring inductive gages, in *Proc. Int. Symp. on Field Measurements in Rock Mechanics*, Zurich, Balkema, Rotterdam, Vol. 1, pp. 161-71.

Pahl, A. and Heusermann, S. (1993) Determination of stress in rock salt taking time-dependent behavior into consideration, in *Proc. 7th Cong. Int. Soc. Rock Mech. (ISRM)*, Aachen, Balkema, Rotter-dam, Vol. 3, pp. 1713-18.

Palmer, J.H.L. and Lo, K.Y. (1976) In situ stress measurements in some near-surface rock formations - Thorold, Ontario. *Can. Geotech. J.*, 13, 1-7.

Panek, L.A. (1966) Calculation of the average ground stress components from measurements of the diametral deformation of a drillhole. US Bureau of Mines Report of Investigation RI 6732.

Popov, S.N. (1979) Use of elastoplastic analysis in the relief method. *Sov. Min. Sci.* (Engi. translation), 15, 65-9.

Rahn, W. (1984) Stress concentration factors for the interpretation of Doorstopper stress measure ments in anisotropic rocks. *Int. J. Rock Mech. Min. Sci. & Geomech. Abstr.*, 21, 313-26.

Rechsteiner, G.F. and Lombardi, G. (1974) Une méthode de calcul élasto-plastique de l'étatde tension et de déformation autour d'une cavité l'é souterraine, in *Proc. 3rd Cong. Int. Soc. Rock Mech. (IRSM)*, Denver, National Academy of Sciences, Washington, DC, 1049-54.

Ribacchi, R. (1977) Rock stress measurements in anisotropic rock masses, in *Proc. Int. Symp. on Field Measurements in Rock Mechanics*, Zurich, Balkema, Rotterdam, Vol. 1, pp. 183-97.

Riley, P.B., Goodman, R.E. and Nolting, R.M. (1977) Stress measurement by overcoring cast photo-elastic inclusions, in *Proc. 18th US Symp. Rock Mech.*, Golden, Johnson Publ., 4C4-1-4C4-5.

Roberts, A. (1971) In situ stress determination in rock masses. A review of progress in the application of some techniques, in *Proc. int. Symp. on the Determination of Stresses in Rock Masses*, Lab. Nac. de Eng. Civil, Lisbon, pp. 265-79.

Roberts, A. et al. (1964) A laboratory study of the photoelastic stressmeter. *Int. J. Rock Mech. Min. Sci.*, 1, 441-57.

Rocha, M. and Silverio, A. (1969) A new method for the complete determination of the state of stress in rock masses. *Geotechnique*, 19, 116-32.

Rocha, M. et al. (1974) A new development of the LNEC stress tensor gauge, in *Proc. 3rd Cong. Int. Soc. Rock Mech. (ISRM)*, Denver, National Academy of Sciences, Washington, DC, Vol. IIA, pp. 464-7.

Royea, M.J. (1969) Rock stress measurement at the Sullivan mine, in *Proc. 5th Canadian Rock Mech. Symp.*, Toronto, pp. 59-74.

Sakurai, S. and Akutagawa, S. (1994) Back analysis of in-situ stresses in a rock mass taking into account its non-elastic behavior, in *Proc. ISRM Int. Symp. Integral Approach to Applied Rock Mechanics*, Santiago, Chile, Vol. 1, pp. 135-43.

Sakurai, S. and Shimizu, N. (1986) Initial stress back analyzed from displacements due to underground excavations, in *Proc. Int. Symp. on Rock Stress and Rock Stress Measurements*, Stockholm, Centek Publ., Luleå pp. 679-86.

Shemyakin, E. I., Kurlenya, M. V. and Popov, S. N. (1983) Elaboration of parallel borehole method for investigation of stress state and deformation properties in rock masses, in *Proc. Int. Symp. on Field Measurements in Geomechanics*, Zurich, Balkema, Rotterdam, pp. 349-58.

Sipprelle, E. M. and Teichman, H. L. (1950) Roof studies and mine structure stress analysis Bureau of Mines Oil Shale Mine, Rifle, Colorado *Trans, AIME.*, 187, 1031-6.

Slobodov, M. A. (1958) Test application of the load relief method for investigating stresses in deep rock. *Ugal*, 7, 30-35.

Smither, C. L. and Arhens, T. J. (1991) Displacements from relief of in situ stress by a cylindrical hole. *Int. J. Rock Mech. Min. Sci. & Geomech. Abstr.*, 28, 175-86.

Smither, C. L., Schmitt, D. R. and Ahrens, T. J. (1988) Analysis and modeling of holographic measurements of in situ stress. *Int. J. Rock Mech. Min. Sci. & Geomech. Abstr.*, 25, 353-62.

Spathis, A. T. (1988) A biaxial viscoelastic analysis of hollow inclusion gauges with implication for stress monitoring. *Int. J. Rock Mech. Min. Sci. & Geomech. Abstr.*, 25, 473-7.

Stickney, R.G., Senseny, R.E. and Gregory, E.C. (1984) Performance testing of the Doorstopper biaxial strain cell, in *Proc. 25th US Symp. Rock Mech.*, Evanston, SME/AIME, PP.437-44.

Sugawara, K. and Obara, Y (1993) Measuring rock stress, in *Comprehensive Rock Engineering* (ed. J.A. Hudson), Pergamon Press, Oxford, Chapter 21,Vol. 3. PP. 533-52.

Sugawara, K. and Obara, Y. (1995) Rock stress and rock stress measurements in Japan, in *Proc. Int.*

*Workshop on Rock Stress Measurement at Great Depth*, Tokyo, Japan, 8th JSRM Cong., pp. 1-6.

Sugawara, K. et al. (1986) Hemispherical-ended borehole technique for measurement of absolute rock stress, in *Proc. Int. Symp. on Rock Stress and Rock Stress Measurements*, Stockholm, Centek Publ., Luleå pp. 207-16.

Sulem, J., Panet, M. and Guenot, A. (1987) An analytical solution for time-dependent displace ments in a circular tunnel. *Int. J. Rock Mech. Min. Sci. & Geomech. Abstr.*, 24, 155-64.

Suzuki, K. (1966) Fundamental study on the rock stress measurement by borehole deformation method, in *Proc. 1st Cong. Int. Soc. Rock Mech. (ISRM)*, Lisbon, Lab. Nac. de Eng. Civil, Lisbon, Vol. II, pp. 35-9.

Suzuki, K. (1971) Theory and practice of rock stress measurement by borehole deformation method, in *Proc. Int. Symp. on the Determination of Stresses in Rock Masses*, Lisbon, Lab. Nac. de Eng. Civil, Lisbon, pp. 173-82.

Talobre, J.A. (1964) Discussion of the paper by Merrill, in *Proc. Int. Conf. on State of Stress in the Earth's Crust*, Santa Monica, Elsevier, New York, pp. 369-71.

Talobre, J.A. (1967) *La Mecanique des Roches*, 2nd edn, Dunod, Paris.

Tamai, A., Kaneda, T. and Mimaki, T. (1994) Measurement of in-situ initial stress and excavation-induced stress changes in the vicinity of underground opening, in *Proc. 1st North Amer. Rock Mechanics Symp.*, Austin, Balkema, Rotterdam, pp. 377-84.

Thompson, P.M. (1990) A borehole deformation gauge for stress determinations in deep borehole, in *Proc. 31st US Symp. Rock Mech.*, Balkema, Rotterdam, pp. 579-86.

Thompson, P.M., Lang, P.A. and Snider, G.R. (1986) Recent improvements to in-situ stress measure ments using the overcoring method, in *Proc. 39th Canadian Geotechnical Conf.*, Ottawa.

Van Heerden, W.L. (1969) Stress concentration factors for the flat borehole end for use in rock stress measurements. *Eng. Geol.*, 3, 307-23.

Van Heerden, W.L. (1973) The influence of various factors on the triaxial strain cell results. South African Council for Scientific and Industrial Research (CSIR) Technical Report ME 1178.

Van Heerden, W.L. (1976) Practical application of the CSIR triaxial strain cell for rock stress measurements, *Proc. ISRM Symp. on Investigation of Stress in Rock, Advances in Stress Measurement*, Sydney, The Institution of Engineers, Australia, pp. 1-6.

Van Heerden, W.L. (1983) Stress strain relations applicable to overcoring techniques in trans versely isotropic rocks. *Int. J. Rock Mech. Min. Sci. & Geomech. Abstr.*, 20, 277-82.

Voight, B. (1967) On photoelastic techniques, in situ stress and strain measurement, and the field geologist, *J. Geol.*, 75, 46-58.

Walker, J.R., Martin, C.D. and Dzik, E.J. (1990) Confidence intervals for in-situ stress measure ments. *Int. J. Rock Mech. Min. Sci. & Geomech. Abstr.*, 27, 139-41.

Walton, R.J. and Worotnicki, G. (1978) Rock stress measurements in the 18CC/12CZ2 crown pillar area of the CSA mine, NSW. CSIRO Technical Report No. 38.

Walton, R.J. and Worotnicki, G. (1986) A comparison of three borehole instruments for monitoring the change of rock stress with time, in *Proc. Int. Symp. on Rock Stress and Rock Stress Measurements*, Stockholm, Centek Publ., Luleå, pp. 479-88.

Wang, L. et al. (1986) The type YG-73 piezomagnetic stress gauge for rock stress measurement, in *Proc.*

*Int. Symp. on Rock Stress and Rock Stress Measurements*, Stockholm, Centek Publ., Luleå, pp. 227-35.

White, J.M., Hoskins, E.R. and Nilssen, T.J. (1978) Primary stress measurement at Eisenhower Memorial Tunnel, Colorado. *Int. J. Rock Mech. Min. Sci. & Geomech. Abstr.*, 15, 179-82.

Wiles, T.D. and Kaiser, P.K. (1994a) In-situ stress determination using the under-excavation tech nique - I: theory. *Int. J. Rock Mech. Min. Sci. & Geomech. Abstr.*, 31, 439-46.

Wiles, T.D. and Kaiser, P.K. (1994b) In-situ stress determination using the under-excavation tech nique - II: applications. *Int. J. Rock Mech. Min. Sci. & Geomech. Abstr.*, 31, 447-56.

Worotnicki, G. (1993) CSIRO triaxial stress measure ment cell, in *Comprehensive Rock Engineering* (ed. J.A. Hudson), Pergamon Press, Oxford, Chapter 13, Vol. 3, pp. 329-94.

Worotnicki, G. and Walton, R.J. (1976) Triaxial hollow inclusion gauges for determination of rock stresses in-situ, Supplement to *Proc. ISRM Symp. on Investigation of Stress in Rock, Advances in Stress Measurement*, Sydney, The Institution of Engineers, Australia, Suppl. 1-8.

Worotnicki, G. and Walton, R.J. (1979) Virgin rock stress measurements at the Warrego mine. CSIRO Division of Geomechanics, Technical Report No.93.

Yamatomi, J. et al. (1988) An analytical method of stress and displacement around a circular tunnel excavated in rock mass with non-linear time dependency, in *Proc. 29th US Symp. Rock Mech.*, Minneapolis, Balkema, Rotterdam, pp. 3 17-24.

Yeun, S.C.K. and Bock, H.F. (1988) Analytical evaluation for the design and operation of new recoverable 3D stressmeter for rock, in *Proc. 5th Australia-New Zealand Conf. on Geomechanics*, Sydney, pp. 207-13.

Zajic, J. and Bohac, V. (1986) Gallery excavation method for the stress determination in a rock mass, in *Proc. Int. Symp. on Large Rock Caverns*, Helsinki, Pergamon Press, Oxford, Vol. 2, pp. 1123-31.

Zou, D. and Kaiser, P. K. (1990) In situ stress determination by stress change monitoring, in *Proc. 31st US Symp. Rock Mech.*, Golden, Balkema, Rotterdam, pp. 27-34.

# ジャッキ法 6

## 6.1 はじめに

ジャッキ法は,「応力補償法」(stress compensating method) とも呼ばれている.採石場,坑道,残柱など,掘削された岩盤の壁面に溝を切り込むと岩盤の力の釣り合いが乱される.これにより生じる変形を溝の両側に設置した標点ピンやひずみゲージによって計測する.次に,スリット内にジャッキを挿入し,力の釣り合いを元の状態に戻すよう先に生じたすべての変位量を打ち消すまでジャッキで加圧する.最も広く使われているジャッキ法としてフラットジャッキ法 (flat jack method) がある.

一般に,ジャッキ法は壁面や壁面付近 (5〜7 m を超えない深さ) の応力を決定することを目的としており,局所的表面応力解放法に分類される.10 章で述べるように,ジャッキ法は応力変化の測定にも適用できる.

## 6.2 歴史

フラットジャッキ法は,岩盤力学の分野で岩盤の原位置応力を計測する方法として最初に使われた手法のひとつである.当初は岩盤の変形性を明らかにするための手法であったが,1950 年代から 1960 年代にかけて応力計測の目的でも多く使われるようになった.フラットジャッキ法による応力計測の記録は文献にも多く見られる (例えば,1966 年の Proceedings of the First ISRM Congress (Theme No. 4: Residual stresses in rock masses) や 1963 年の Symposium on State of Stress in the Earth's Crust (Judd, 1964)).フラットジャッキ法によって得られた応力は開発当初の USBM ゲージによる応力測定結果としばしば比較された (Judd, 1964; Merrill, 1964).

絶対応力測定を目的としたフラットジャッキの使用は 1950 年代にフランスで研究

され始めた.「フラットジャッキ法」として Mayer, Habib and Marchand（1951）や Tincelin（1951）によって提案され，その後，Panek（1961）や Panek and Stock（1964），Hoskins（1966），Merrill et al.（1964），Rocha, Lopes and Silva（1966, 1971）によって改良が加えられた．1960年代以降は，硬岩から軟岩，蒸発岩まで幅広い種類の岩盤でフラットジャッキによる応力測定が行われた[*]．いくつか技術的な改良は加えられているが，今日使われているフラットジャッキ法も基本的には30年前と同じものである.

一般に，フラットジャッキ法では，掘削された岩盤壁面に溝を切り込んで，岩盤表面や表面近傍に設置した1組または数組のピンやひずみゲージにより，切り込みに伴うその近傍の変位を測定する．次いで，フラットジャッキ（2枚の金属の薄板を溶接してひとつにしたもの）を溝の中に挿入してグラウトで固定し，ピンやひずみゲージにより測定された値が初期状態に戻るまで加圧する．この「相殺圧力」によって，ジャッキに対して垂直な方向の「表面応力」とも呼ばれる接線応力を求める．図6.1は，Merrill et al.（1964）が1960年代初頭に使用したフラットジャッキの構成の一例である.

力学的観点からはフラットジャッキ試験中の岩盤の挙動は図6.2のように表される．ここでは，岩盤は弾性（線形もしくは非線形）で，ジャッキ表面に垂直な方向に圧縮された応力状態であると仮定している．初期状態におけるふたつの標点ピン間の距離を $d_0$ とし，未知数である垂直応力を $\sigma$ と定義する（A点）．溝を切込むことで，溝に直交する方向の応力は $\sigma$ からゼロ（自由表面）に減少し，ピン間の距離は $2\Delta d$ だけ減少する（点B）．ジャッキを相殺圧力 $p_c$ まで加圧するとピンは元の位置に戻る．図6.3は Bertrand（1994）による応力測定の実例であり，図6.2に示されるような理論的な圧力−変位関係と類似した3組の除荷−再載荷曲線が示されている．この例では，岩盤はかなり線形な弾性挙動を示している．この測定は，長さ590 mm，深さ190 mm，開口幅5 mm の切込みを挟んで設置した3組の標点ピンによって行われたものである．3つの相殺圧力から得られた平均垂直応力は1.66 MPa である.

Bowling（1976）は，岩盤壁面に平行な方向の応力を求める目的で，フラットジャッキではなく円筒状のジャッキを使用することを提案した．使用されたジャッキは硬い鋼製の芯にゴムスリーブを張ったものである．はじめに岩盤壁面の直径250 mm の円

---

[*] 例えば，Wareham and Skipp (1974), Bonvallet and Dejean (1977), Froidevaux, Paquin and Souriau (1980), Borsetto, Guiseppetti and Mandfredini (1983), Faiella, Mandfredini and Rossi (1983), Heusermann and Pahl (1983), Bertrand and Durand (1983), Tinchon (1986), Grossman and Camara (1986), Pinto and Cunha (1986), Zimmerman et al. (1989), Bertrand (1994), Piguet (1994) などである.

6.2 歴史

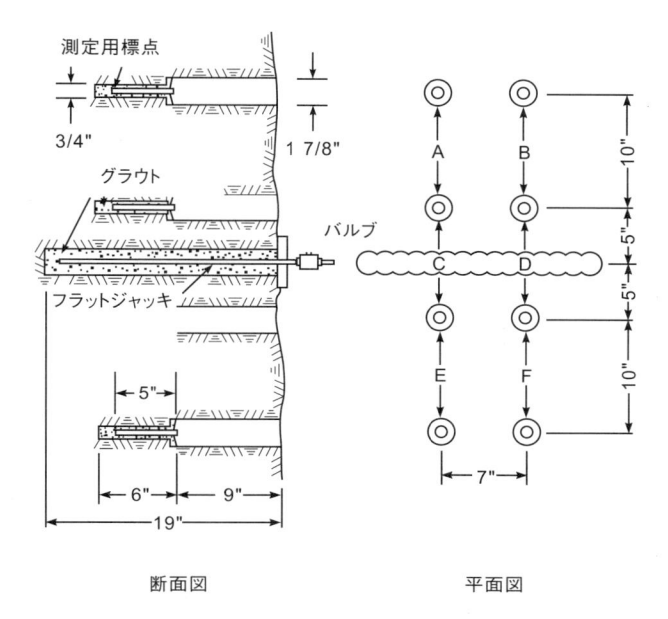

断面図　　　　　平面図

注：寸法の単位はインチである

図 6.1　Merrill et al.（1964）により使用されたフラットジャッキの概要図

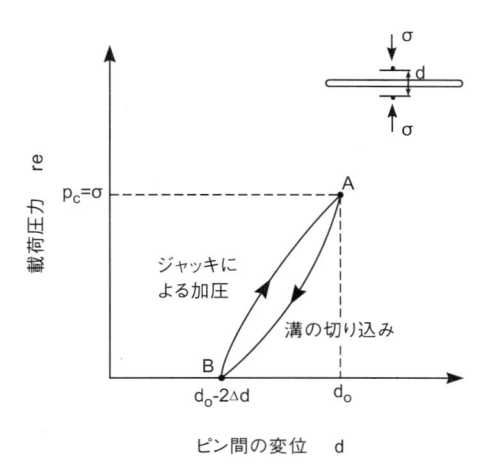

図 6.2　フラットジャッキ試験中の岩盤挙動
岩盤は弾性(線形もしくは非線形)で，ジャッキ表面に垂直な方向に圧縮された応力状態であると仮定している．

6 ジャッキ法

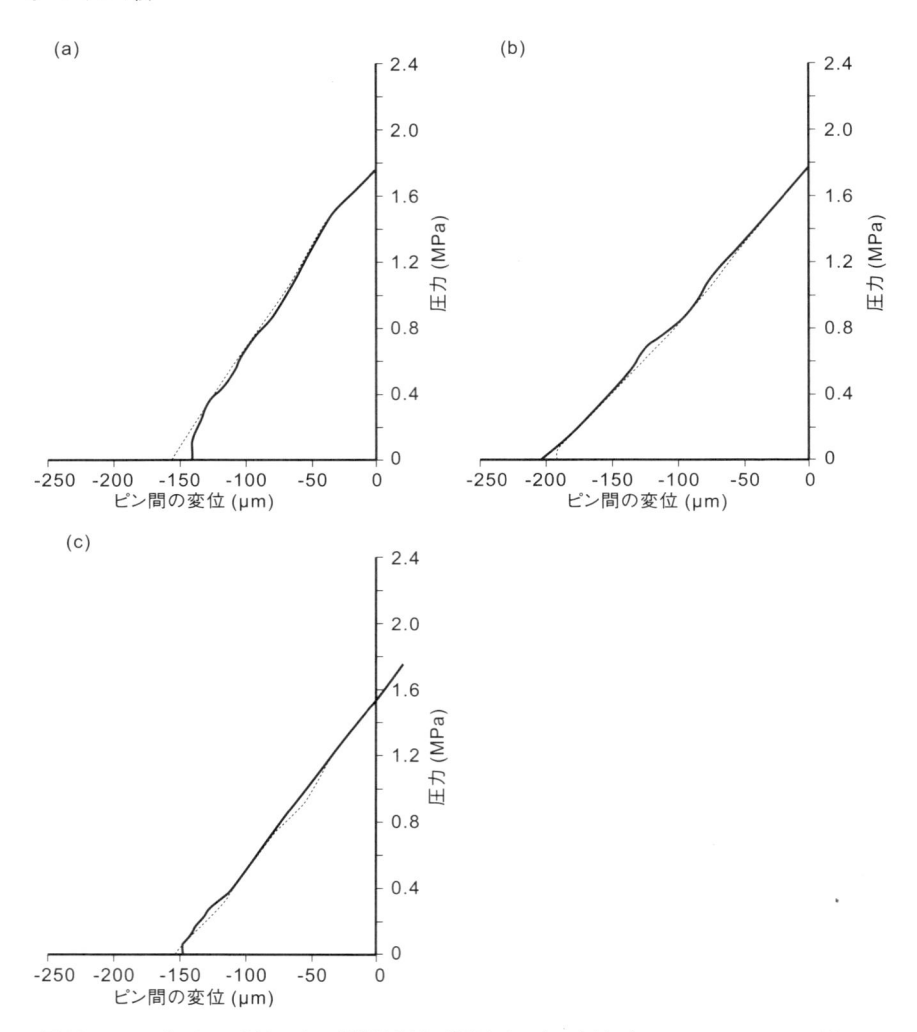

(a) (b) (c)

図 6.3 フラットジャッキ法による現場測定例.隣接した 3 組の標点ピン 1, 2, 3 によって測定された圧力 − 変位関係を示す.(a) ピン No.1, $p_c=1.70$ MPa, (b) ピン No.2, $p_c=1.70$ MPa, (c) ピン No.3, $p_c=1.58$ MPa(Bertrand, 1944)

周上に 8 つの標点ピンが 4 方向の直径が測定できるように 45 度間隔で固定された.次に,Duvall(1974)のセンターホール掘削による応力解放法と同じように,直径 150 mm,深さ 500 mm の孔を円の中心に掘削し,4 方向の直径変化が測定された.

その後，円筒状のジャッキを孔に挿入して加圧し，ピンの動きが測定された．このように，掘削と加圧によって得られた標点ピンの圧力－変位関係から，岩盤壁面に平行な面内の主応力とその方向および岩盤のヤング率が求められた．

　曲率を持ったジャッキは Jaeger and Cook（1964）によっても提案されており，フラットジャッキによる測定が困難な岩盤表面から3～6 mの位置での応力が測定されている．しかし，数組のジャッキの使用が必要であり，測定方法は複雑で，破砕，加圧，応力緩和，圧力回復という作業を続けて行わなければならない．この方法の利点は，ボアホールに垂直な面内の最小主応力も求めることができる点である．Jaeger and Cook（1964）と類似した方法が Helal（1982）によっても提案されている．

## 6.3　手法，装置と手順

　フラットジャッキによる原位置応力測定の基準が米国材料試験協会（ASTM D4729-87, 1993）と国際岩の力学会（Kim and Franklin, 1987）によって提案されている．図6.4に ASTM によって推奨されているフラットジャッキの構成を示す．
　フラットジャッキは溶接された2枚の金属板からなっており，数千 psi（数十 MPa）まで加圧可能である．フラットジャッキは正方形か長方形のものがほとんどであり，幅は 0.6 m（2フィート）以上である．ジャッキを挿入する溝は孔を重なり合うように掘削するか，平滑な平面を切ることができる大きなダイヤモンドディスクを用いて作製される（Rocha, Lopes and Silva, 1966）．（1.5 m 以上の）深い溝を作製する場合は重なり合うように掘削する方法が適するようである．一方，ディスクによる切断は 1.5 m より浅い溝を作製する場合に使われる．ジャッキを固定するためにモルタルやエポキシ樹脂，石膏といったグラウト材を使用する．グラウト材は周りの岩盤と同程度の強度と変形性を有する必要がある．溝を大きなディスクソーで作製した場合には，ジャッキをグラウト材で固定する必要はなく（Rocha, Lopes and Silva, 1966），ジャッキも再利用できる．Rocha, Lopes and Silva（1966）の方法では，一般的に使用されている正方形や長方形のジャッキではなく，円弧状のフラットジャッキが必要となる．加圧には液圧ポンプが用いられ，5分以上圧力を一定に保たなくてはならない．ひとつの溝に同一平面上で複数のフラットジャッキを挿入することによって広範囲の岩盤を試験対象とすることができる．
　岩盤壁面の変位やひずみは溝に近接した位置で測定する必要がある．近接していないと変位やひずみが小さすぎて測定精度が不十分となる．Rocha, Lopes and Silva（1966）はスリットから 300 mm 以内の距離を提案している．ASTM D4729-87 によ

6 ジャッキ法

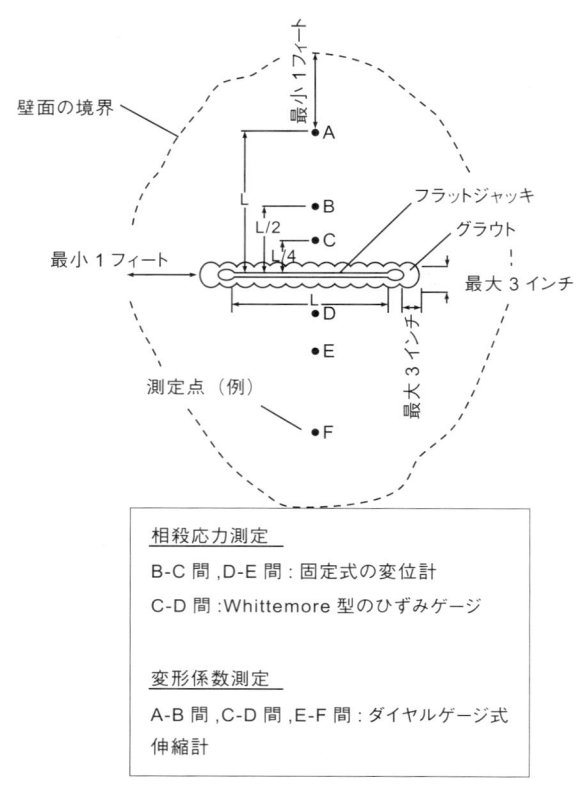

図 6.4 フラットジャッキの構成および壁面測定
(出典:ASTM D4729-87, 1993. Copyright ASTM. 許可により転載)

ると，フラットジャッキの溝から $L/2$ 以内の距離を測定点とすべきとされている（ここで $L$ はフラットジャッキの幅である）．変位計は，フラットジャッキに対して垂直で，かつ，フラットジャッキの中心線上に設置する必要があり，種類としてはダイヤルゲージ，Whittemore 型のひずみゲージ，LVDT やリニアポテンショメーターなどの電気式の変位計がある．変位は 0.001 mm の精度で測定されることが多い．

図 6.5a には，ジャッキ試験中に測定される，溝に直交する方向のピン間距離の理想的かつ標準的な変化を示している．ここで，$d_0$ はふたつの標点ピンの初期間隔で，$p_c$ は相殺圧力である（Goodman, 1989）．比較のため，大きさ 19×24×30 インチ（0.5×0.6×0.76 m）の Wombeyan 大理石のブロックに対して，$d_0$ を 6 インチ（152 mm）として行われたフラットジャッキ試験の典型的な記録を図 6.5b に示す（Hoskins,

6.3 手法，装置と手順

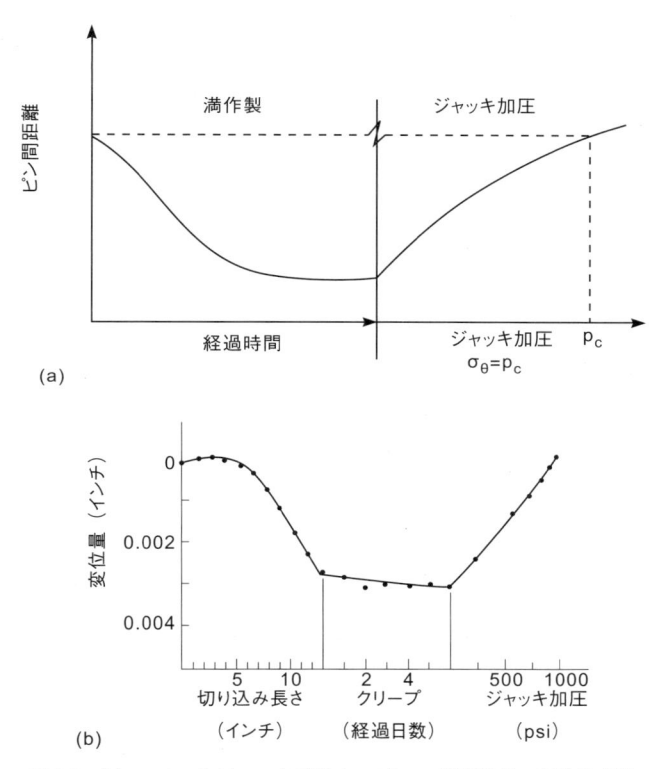

図 6.5 （a）フラットジャッキ試験中のピンの離間距離の理論的変化 (Goodman, 1989)，（b）Wombeyan 大理石のブロックで実施された試験結果（出典：Hoskins, E.R. Copyright 1966, Elsevier Science Ltd. の許可により転載）

1966)．この図によると，溝作製後ジャッキ加圧までの 6 日にわたってクリープ変形が発生していることが分かる．

地下空洞の軸に直交する平面内で 45 度ずつ異なる方向の 3 組のフラットジャッキを用いて測定することによって，この平面内に作用している原位置応力の 3 成分を求めることができる．フラットジャッキのみで完全な三次元の応力状態を決める必要がある場合は，最低でも 6 つのジャッキ試験を独立した 6 つの方向に対して地下空洞周辺の異なる箇所で行う必要がある．これ以上に多くの測定をしてもよい．例として，図 6.6a に Tinchon（1986）が石炭に対して行った 16 個のフラットジャッキ試験の幾何学的配置を示す．図 6.6b は Pinto and Cunha（1986）によって推奨されたフラット

6 ジャッキ法

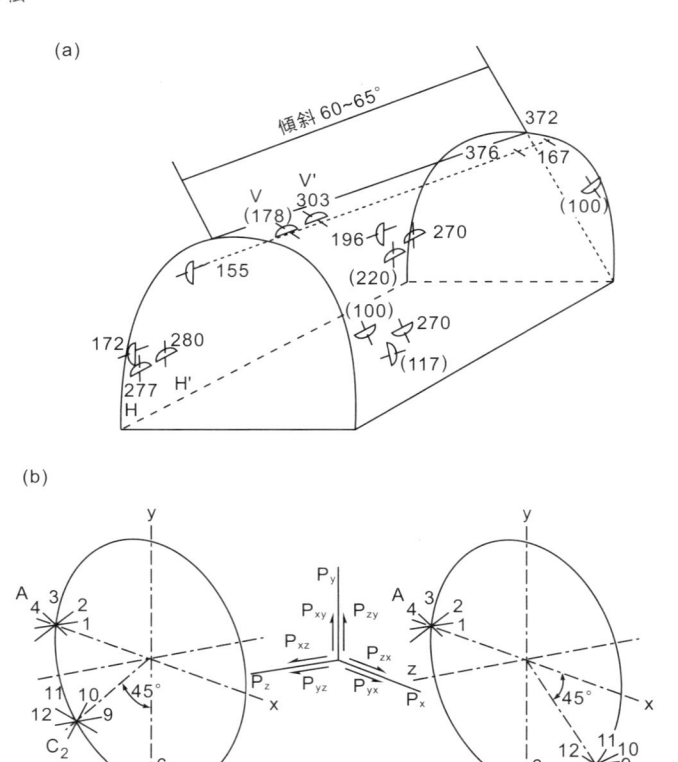

図6.6 (a) 石炭に対して実施された16個のフラットジャッキ試験の幾何学的配置 (Tinchon, 1986), (b) Pinto and Cunha (1986) によって推奨されたフラットジャッキ試験の幾何学的配置. どちらのケースでも試験結果から三次元的な応力場を求めることができる.

ジャッキ試験の配置で, 合計12の溝を地下空洞の壁面沿いに作製するものである.

一般に, フラットジャッキ法にはその適用範囲を制限するいくつかの欠点がある.

(1) フラットジャッキ法は地下空洞の壁面近くの応力測定のみに適用可能であり, 地下空洞の掘削過程の乱れの影響を受け易い. その場合には, 応力測定が無意味なものとなるが, 在来型の掘削や発破による方法ではなくトンネルボーリングマシンやスムースブラスティングを用いればこの乱れを減らすことができる. また, フラットジャッキ試験は割れ目の近傍や不均質な岩盤には適用すべきではない.

(2) フラットジャッキ法で坑道周りの原位置応力を求める場合, 測定した相殺圧力

と無限遠の初期応力を関係付けるため，地下空洞の壁面沿いの応力集中を考慮する必要がある．一般に，応力集中の程度は岩盤の特性だけでなく地下空洞の形状の影響を受ける．

(3) フラットジャッキ試験の結果は大気の状態（湿度および温度）や粉塵の影響を受ける (Fidler, 1964)．

(4) 無限遠の完全な原位置応力状態を求める場合には，複数のジャッキ試験が必要である．完全な応力テンソルを求めるには，理論的に少なくとも6つの異なる方向での6つの測定結果が必要である．これらの測定点周辺の岩盤の力学特性は均質であることが要求される．

(5) 圧力はジャッキの表面全体に一様に作用しているわけではなく，特に，溶接されたジャッキ端部周辺では異なっており，接触領域は載荷中にも変化する．ジャッキの載荷圧力と岩盤表面に実際に作用している圧力の差は18%にも及ぶことがRocha, Lopes and Silva (1966) により報告されている．Jaeger and Cook (1976) によると，溶接の影響によりジャッキの外縁部0.25インチ (6.3 mm) 程度の幅は加圧不能である．フラットジャッキに関する他の問題としては，ジャッキに直交する方向の応力が必ずしも一定ではない場合があることである．この問題は大きなフラットジャッキを使用する場合に深刻になる (Grossman and Camara, 1986)．実際，応力の場所的変化が大きい箇所や乱された応力状態にある地下空洞でフラットジャッキ（特に，大きなフラットジャッキ）を使用すると，応力の測定結果の誤差が大きくなる．

(6) 軟岩や膨潤または剥離が生じるような岩盤を対象にフラットジャッキ試験を実施する場合，ジャッキの固定に用いるモルタルや石膏に含まれる水分が岩盤を軟化させ，実際と異なる応力が求められることがある．Mayer and Bernede (1966) は，チョークや頁岩でこの問題が発生することを確認し，溝内にビニール袋を入れるなどの対策を提案した．

(7) 溝の作製後にクリープが発生する (Heusermann and Pahl, 1983; Hoskins, 1966; Panek and Stock, 1964)．この現象は，軟岩や岩塩，カリ塩などの蒸発岩で発生しやすい．クリープが長時間にわたる場合，相殺圧力による応力は接線応力を過大評価することになる．

その一方で，フラットジャッキ法には利点もある．第一の最も重要な長所として，掘削した岩盤壁面の接線応力測定において岩盤の弾性定数が必要ないという点が挙げられる．第二に，応力を直接測定することができる．第三に，フラットジャッキ法で使用する装置は頑丈で安定している．第四に，測定される応力は対象範囲における平均的な値である (Panek, 1961)．第五に，同一平面上で複数の大きなフラットジャッ

キを使用する場合に特に言えることであるが,比較的大きなボリューム (0.5〜2 m³) の岩盤を試験の対象とすることができる.最後に,Rocha, Lopes and Silva (1971) が指摘したように,フラットジャッキ法は岩盤の一部分の応力を解放するだけなので,他の方法に比べて岩盤の力学特性に対する乱れが少ない.このことは軟岩を対象とする場合には特に重要である.

フラットジャッキは,原位置応力の測定だけでなく,溝を作製する時の変位や加圧過程における圧力と変位を測定することにより,岩盤の変形係数を決定することにも用いられる (例えば,Hoskins, 1966; Jaeger and Cook, 1976; Rocha, Lopes and Silva, 1966; Vogler, Deffur and Bieniawski, 1976; Zimmerman et al., 1989).溝の表面間の相対変位は,ジャッキに組み込まれた変位計や溝の表面に直接取り付けられた変位計を用いて測定される.岩盤の変形係数を求める式は,Rocha and Da Silva (1970) やLoureiro-Pinto (1986) に記されている.

## 6.4 理論

フラットジャッキ法の解析は以下に示すいくつかの仮定に基づいている.

(1) 相殺圧力載荷時のジャッキ内の圧力は,ジャッキ表面に垂直な方向に作用する (溝作製前の) 岩盤の接線応力と等しいと仮定している.この仮定は溝作製前の応力が一様であることを示している.すなわち,ジャッキの表面上での応力勾配は無視している.

(2) 岩盤は弾性 (線形もしくは非線形) であり,応力解放過程は完全に可逆的でクリープは発生しないと仮定している.軟岩や塑性変形または時間依存性のある岩への適用は留意すべきである.

(3) フラットジャッキ法の解析では等方性岩盤を仮定しており,異方性を考慮した解はない.異方性の面が岩盤の壁面に平行でなくジャッキ表面に対して平行でも垂直でもない場合には,異方性が変位やひずみの計測結果に影響を及ぼす.異方性の方向がジャッキ表面に対して角度を持つ場合には,溝近傍の岩盤にせん断応力が生じる.

(4) フラットジャッキが空洞壁面上の主応力方向と一致すると仮定している.フラットジャッキではせん断応力を測定できないが,壁面に取り付けた他のピン間の斜め方向の距離変化を測定することによってせん断応力が生じていることは確認できる.溝に平行な方向の応力の影響はたいていの場合無視できると考えられる.Bonvallet and Dejean (1977) は,このような応力成分の影響は 5 MPa くらいの大きさまでは無視することができ,せん断応力を無視することによる誤差は 9 % であると結論付

けている．Alexander（1960）は，相殺圧力とジャッキに対して垂直および平行な応力との関係について複雑な理論を提示し，ジャッキに対して平行な応力の影響は無視できることを示した．

（5）フラットジャッキはジャッキの全表面に対して100％有効であると仮定している．

（6）フラットジャッキは主に圧縮応力の測定に用いられるが，引張応力の測定にも使用可能である（Bernede, 1974; R.E. Goodman 私信, 1982）．図6.2に示す関係は，溝作製前（点A）が引張応力 $\sigma$ の状態である場合，図6.7に示す関係となる．ピン間の距離は近づくのではなく，溝の作製（点B）によって $2\Delta d$ だけ遠ざかる．ジャッキを加圧するとピン間の距離はさらに大きくなる．点Bにおいて圧力－変位曲線の接線を引くことにより引張応力 $\sigma$ を推定することができる．

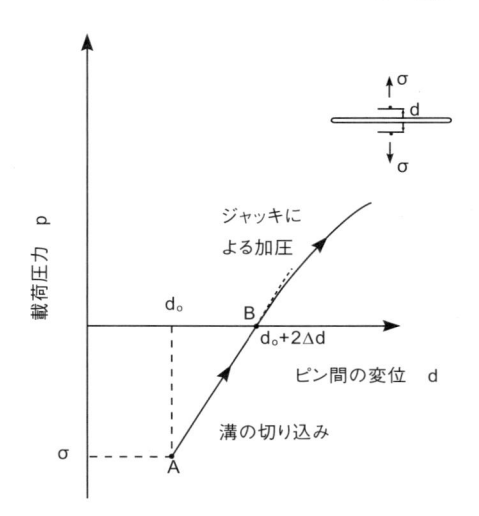

図6.7 フラットジャッキによる引張応力の測定

上記の仮定を考慮すると，フラットジャッキ法の解析は当初の想定ほど単純ではない．正確な解析には実際には考慮されないことが多い複数の補正係数が必要である（Alexander, 1960）．フラットジャッキに関する問題の多くは定量化できないため，相殺圧力 $p_c$ は溝に作用する垂直応力が直接測定されたものとして扱われることが多い．

Jaeger and Cook（1976）は，相殺圧力が溝の全領域もしくは（端部効果により）ジャッキの全領域に作用していないことを考慮する簡単な補正係数を提案した．$2c$ および $2c_j$ をそれぞれ溝およびジャッキの幅，$e$ を溶接の影響で加圧不能なジャッキ端部の幅（0.25インチ（6.3mm）程度）とすると，垂直応力 $\sigma_n$ は相殺圧力 $p_c$ を用いて以下のように表される．

$$\sigma_n = p_c \frac{(c_j - e)}{c} \qquad 式（6.1）$$

応力成分 $\sigma_{x0}$, $\sigma_{y0}$, $\tau_{xy0}$ からなる二次元の原位置応力場のもとで，空洞壁面における3つのフラットジャッキにより測定された3つの接線応力を $\sigma_{\theta 1}$, $\sigma_{\theta 2}$, $\sigma_{\theta 3}$ とする．3つ

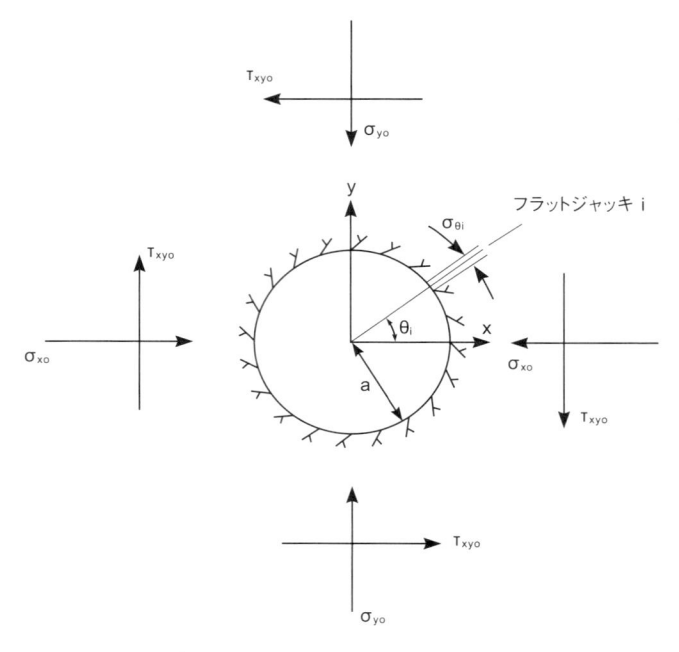

図 6.8 円形空洞におけるフラットジャッキ試験 $i$ ($i=1, 2, 3$)

のフラットジャッキは空洞の軸方向と平行で，かつ，$x$-$y$ 平面に直交する方向に設置されているとする．岩盤が弾性かつ等方である場合には，3 つの接線応力は原位置の応力成分と線形関係であり，以下のような一般式で表される．

$$\begin{bmatrix} \sigma_{\theta 1} \\ \sigma_{\theta 2} \\ \sigma_{\theta 3} \end{bmatrix} = \begin{bmatrix} f_{11} & f_{12} & f_{13} \\ f_{21} & f_{22} & f_{23} \\ f_{31} & f_{32} & f_{33} \end{bmatrix} \cdot \begin{bmatrix} \sigma_{x0} \\ \sigma_{y0} \\ \tau_{xy0} \end{bmatrix} \qquad 式 (6.2)$$

ここで，係数 $f_{ij}$ ($i, j=1, 2, 3$) は空洞の形状に依存する．式 (6.2) を解くことにより 3 応力成分が求められる．図 6.8 に示すような円形の空洞では式 (6.2) は以下のように表される．

$$\begin{bmatrix} \sigma_{\theta 1} \\ \sigma_{\theta 2} \\ \sigma_{\theta 3} \end{bmatrix} = \begin{bmatrix} 1-\cos 2\theta_1 & 1+\cos 2\theta_1 & -4\sin 2\theta_1 \\ 1-\cos 2\theta_2 & 1+\cos 2\theta_2 & -4\sin 2\theta_2 \\ 1-\cos 2\theta_3 & 1+\cos 2\theta_3 & -4\sin 2\theta_3 \end{bmatrix} \cdot \begin{bmatrix} \sigma_{x0} \\ \sigma_{y0} \\ \tau_{xy0} \end{bmatrix} \qquad 式 (6.3)$$

ここで，$\theta_i(i=1,\ 2,\ 3)$ は図 6.8 の $x$ 軸に対して $i$ 番目のフラットジャッキ試験の位置がなす角度である．

　地下空洞の軸に対して溝がある角度をなす一般的な場合には，それぞれの溝の方向と空洞の形状による応力集中係数からそれぞれの相殺圧力と原位置の 6 応力成分の関係を求めることができる．6 つの測定結果に基づき，6 個の未知数からなる 6 連の方程式を解くことによって原位置の応力成分を求めることができる．6 個以上の測定結果を利用できる場合には，重回帰分析や最適化手法を適用できる（例えば，Pinto and Cunha, 1986）．原位置の三次元応力場を求めるためには，応力集中自体が原位置応力の関数で（複雑な形状の空洞の場合は特に）複雑な式で表されるので，応力決定のための数値モデルと最適化手法を組み合わせた繰返し計算が必要となる（Piguet, 1994; Tinchon, 1986）．このような手法を用いれば，岩盤のいかなる構成挙動も考慮することができる．

## 6.5　技術情報

　以下の団体に直接連絡することでフラットジャッキや大型のフラットジャッキおよびそれらに関連する装置についての追加情報を得ることができる．

1. INTERFELS GMbH, (住所：Deilmanstrafse 5, D-48455 Bad Bentheim, Germany)
2. Laboratorio Nacional de Engenharia Civil (LNEC), (住所：101 Avenida do Brasil, P-1799 Lisboa (Lisbon) Codex, Portugal)
3. ROCTEST (住所：655 Pine Street, St Lambert, Quebec, Canada J4P 2P4)

**参考文献**

Alexander, L.G. (1960) Field and laboratory tests in rock mechanics, in *Proc. 3rd Australia-New Zealand Conf. on Soil Mechanics*, pp. 161-8.

ASTM D 4729-87 (1993) Standard test method for in-situ stress and modulus of deformation using the flatjack method, in *1993 Annual Book of ASTM Standards*, Vol. 04-08.

Bemede, J. (1974) New developments in the flat jack test, in *Proc. 3rd Cong. Int. Soc. Rock Mech. (ISRM)*, Denver, National Academy of Sciences, Washington, DC, Vol. 2A, pp. 433-8.

Bertrand, L. (1994) Mesure des contraintes in-situ par la méthode du verin plat, in *Proc. Seminaire Formation: Mesure des sollicitations et des contraintes dans les ouvrages et dans les terrains*, Ecole des Mines, Nancy, Sept. 12-16.

Bertrand, L. and Durand, E. (1983) In situ stress measurements: comparison of different methods, in *Proc. Int. Symp. on Soil and Rock Investigations by In-Situ Testing*, Paris, Vol. 2, pp. 449-70.

Bonvallet, J. and Dejean, M. (1977) Flat jack test and determination of mechanical characteristics, in

*Proc. Int. Symp. on Field Measurements in Rock Mechanics*, Zurich, Balkema, Rotterdam, Vol. 1, pp. 361-74.

Borsetto, M., Guiseppetti, G. and Mandfredini, G.(1983) Recent advances in the interpretation of the flat jack test, in *Proc. 5th Cong. Int. Soc. Rock Mech. (ISRM)*, Melbourne, Balkema, Rotterdam, pp. A143-50.

Bowling, A.J. (1976) Surface rock stress measure ment with a new cylindrical jack, in *Proc. ISRM Symposium on Investigation of Stress in Rock, Advances in Stress Measurement*, Sydney, The Institution of Engineers, Australia, pp. 7-11.

Duvall, W.I. (1974) Stress relief by center hole. Appendix in US Bureau of Mines Report of Inves tigation RI 7894.

Faiella, D., Manfredini, G. and Rossi, PP. (1983) In situ flat jack test: analysis of results and critical assessment, in *Proc. Int. Symp. on Soil and Rock Investigations by In-Situ Testing*, Paris, Vol. 2, pp 507-12.

Fidler, J. (1964) Discussion of the paper by Merrill, in *Proc. Int. Conf. on State of Stress in the Earth's Crust*, Santa Monica, Elsevier, New York, pp. 375-6.

Froidevaux, C., Paquin, C. and Souriau, M. (1980) Tectonic stresses in France: in-situ measurements with a flatjack. *J. Geophys. Res.*, 85, 6342-6.

Goodman, R.E. (1989) *Introduction to Rock Mechanics*, 2nd edn, Wiley.

Grossman, N.F. and Camara, R.J.C. (1986) About the rock stress measurement using the LFJ (large flat jack) technique, in *Proc. Int. Symp. on Rock Stress and Rock Stress Measurements*, Stockholm, Centek Publ., Luleå, pp. 375-83.

Helal, H.M. (1982) Etude et développement dúne méthode de mesure des contraintes par surcar ottage, unpublished PhD Thesis, Ecole des Mines, Nancy (France).

Heusermann, S. and Pahl, A. (1983) Stress measure ments in underground openings by the over-coring method and by the flatjack method with compensation, in *Proc. Int. Symp. on Fielc Measurements in Geomechanics*, Zurich, Balkema, Rotterdam, pp. 1033-45.

Hoskins, E.R. (1966) An investigation of the flatjack method of measuring rock stress. *Int. J. Rock Mech. Min. Sci.*, 3, 249-64.

Jaeger, J.C. and Cook, N.G.W. (1964) Theory and application of curved jacks for measurement of stresses, in *Proc. Int. Conf. on State of Stress in the Earth's Crust*, Santa Monica, Elsevier, New York, pp. 381-95.

Jaeger, J.C. and Cook, N.G.W. (1976) *Fundamentals of Rock Mechanics*, 2nd edn, Chapman & Hall, London.

Judd, W. (1964) Rock stress, rock mechanics and research, in *Proc. Int. Conf. on State of Stress in the Earth's Crust*, Santa Monica, Elsevier, New York, pp. 5-53.

Kim, K. and Franklin, K.A. (coordinators) (1987) Suggested methods for rock stress determination. *Int. J. Rock Mech. Min. Sci. & Geomech. Abstr.*, 24, 53-73.

Loureiro-Pinto, 1. (1986) Suggested method for deformability determination using a large flat-jack technique. *Int. J. Rock Mech. Min. Sci. & Geomech. Abstr.*, 23, 131-40.

Mayer, A. and Bernede, 1. (1966) Mesures des contraintes dans le terrain en place en roches tendres ou sensibles a l'humidit in *Proc. 1st Cong. Int. Soc. Rock Mech. (ISRM)*, Lisbon, Lab. Nac. de Eng. Civil, Lisbon, Vol. 2, pp. 41-4.

Mayer, A., Habib, P. and Marchand, R. (1951) Underground rock pressure testing, in *Proc. Int. Conf. Rock Pressure and Support in the Workings*, Liege, pp. 217-21.

Merrill, R.H. (1964) In-situ determination of stress by relief techniques, in *Proc. Int. Conf. on State of Stress in the Earth's Crust*, Santa Monica, Elsevier, New York, pp. 343-69.

Merrill, R.H. et al. (1964) Stress determination by flatjack and borehole deformation methods. US Bureau of Mines Report of Investigation RI 6400.

Panek, L.A. (1961) Measurement of rock pressure with a hydraulic cell. *Trans. Am. Inst. Mining Eng.*, 220, 287-90.

Panek, L.A. and Stock, J.A. (1964) Development of a rock stress monitoring station based on the flat slot method of measurement. US Bureau of Mines Report of Investigation RI 6537.

Piguet, J.P. (1994) Mesure des contraintes par la methode du verin plat, in *Proc. Seminaire Formation: Mesure des sollicitations et des contraintes dans les ouvrages et dans les terrains*, Ecole des Mines, Nancy, Sept. 12-16.

Pinto, J.L. and Cunha, A.P. (1986) Rock stress deter minations with the STT and SFJ techniques, in *Proc. Int. Symp. on Rock Stress and Rock Stress Measurements*, Stockholm, Centek Publ., Luleå pp. 253-60.

Rocha, M. and Da Silva, J.N. (1970) A new method for the determination of the deformability of rock masses, in *Proc. 2nd Cong. Int. Soc. Rock Mech. (ISRM)*, Belgrade, Jaroslav Cerni Inst., Belgrade, Vol. 1, pp. 423-37.

Rocha, M., Lopes, J.J.B. and Silva, J.N. (1966) A new technique for applying the method of the flat jack in the determination of stresses inside rock masses, in *Proc. 1st Cong. Int. Soc. Rock Mech. (ISRM)*, Lisbon, Lab. Nac. de Eng. Civil, Lisbon,Vol. 2, pp. 57-65.

Rocha, M., Lopes, J.J.B. and Silva, J.N. (1971) A new technique for applying the method of the flatjack in the determination of stresses inside rock masses, in *Proc. Int. Symp. on the Determination of Stresses in Rock Masses*, Lab. Nac. de Eng. Civil, Lisbon, pp. 431-50.

Tincelin, E. (1951) Research on rock pressure in the Iron Mines of Lorraine, in *Proc. Int. Conf. Rock Pressure and Support in the Workings*, Liege, pp. 158-75.

Tinchon, L. (1986) Evolution des contraintes naturelles en fonction de la profondeur et de la tectonique aux Houillères du Bassin de Lorraine, in *Proc. Int. Symp. on Rock Stress and Rock Stress Measurements*, Stockholm, Centek Publ., Luleå pp. 111-20.

Vogler, U.W., Deffur, R.D. and Bieniawski, Z.T. (1976) CSIR large flat jack equipment for deter mining rock mass deformability, in *Proc. Symp. on Exploration for Rock Engineering*, Johannesburg, pp. 105-11.

Wareham, B.F. and Skipp, B.O. (1974) The use of the flatjack installed in a sawcut slot in the measure ment of in situ stress, in *Proc. 3rd Cong. Int. Soc.Rock Mech. (ISR.M)*, Denver, National Academy of Sciences, Washington, DC, pp. 481-7.

Zimmerman, R. et al. (1989) Results of pressurizedslot measurements in the G-turinel underground facility, in *Proc. 30th US Symp. Rock Mech.*, Morgantown, Balkema, Rotterdam, pp. 697-704.

# ひずみ回復法 7

## 7.1 はじめに

　岩盤は原位置の応力状態から解放されると緩んで変形する．その緩みは，瞬間的な弾性的変形と時間に依存する非弾性的な変形から成る．原位置におけるボーリングコアを用いた測定結果によれば，非弾性ひずみの回復は掘削によってコアを採取した直後から発生し，通常，選択的なマイクロクラックの開口と進展を伴っている．原位置の異方応力場から解放されたコア試料の膨張量は，解放された最大応力の方向が最も大きく，最小応力の方向が最も小さい．このようなことから，回収された定方位（oriented）コアを適切に計測することにより，測定された最大ひずみと最小ひずみの方向から原位置の主応力の方向を推定することができる（図7.1a）．応力の大きさの決定はより難しく，岩の構成モデルによる解釈を必要とする．比較的最近考案されたこの応力測定方法を，「非弾性ひずみ回復」（anelastic strain recovery: ASR）法という．
　また，ボーリングによって採取した定方位コアの反応を利用したもうひとつの方法は，「差ひずみ曲線解析」（Differential strain curve analysis: DSCA）法といっている．この方法は，岩石試料を再載荷する時のひずみの挙動を注意深く測定することにより，過去の応力履歴を把握することができるという考えに基づいている．定方位コアが地表に引き上げられると，マイクロクラックが開口して原位置応力に応じた方向に配列する．このようなコアの膨張を圧力容器のなかで静水圧により元に戻す（図7.1b）．その時，コアに貼り付けたひずみゲージの値からインタクト部の平均的なひずみを差し引くことにより，マイクロクラックの閉塞によるひずみを決定することができる．DSCAの解析においては，原位置における現在の主応力の方向がマイクロクラックの閉塞による主ひずみの方向と一致すると仮定している．さらに，原位置の3主応力の比はクラックの閉塞による主ひずみの比と関連があると仮定されている．特定の応

377

# 7 ひずみ回復法

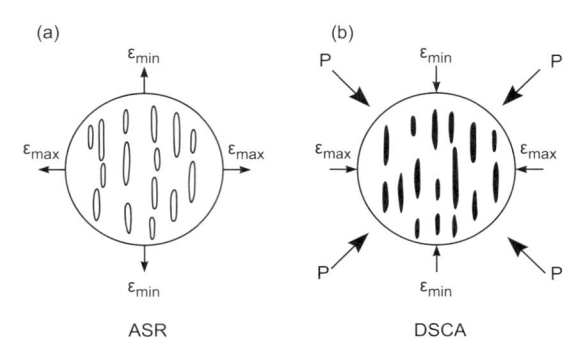

図7.1 (a) 非弾性ひずみ回復 (ASR) 法と (b) DSCA 法の概念

力値は，例えば最小主応力として測定される水圧破砕のシャットイン圧力に対比される．他の仮定は，鉛直応力を岩の自重による上載圧として主応力のひとつとみなすことである．こうしてひとつの主応力を知ることにより他のふたつの主応力を決定することができる．

## 7.2 歴史

### 7.2.1 ASR 法

Voight (1968) は，部分的な回復ひずみが全体の回復ひずみに比例すると仮定すれば，定方位コアをボーリング孔から回収後すみやかにひずみを計測することによって深部の初期地圧状態を評価できることを示唆した．また，非弾性回復ひずみが回復ひずみの全量に比例し，それらのひずみを初期地圧と関連付けるためには経験によって実証する必要があるとも述べている．岩が等方均質で線形粘弾性と仮定すれば，主ひずみ方向の解放ひずみは時間に対して一様で，解放された主ひずみの方向は原位置の初期ひずみ状態に対応する．したがって，ASR 法で測定される主ひずみ方向は原位置の主応力方向に一致する．

原位置応力の方向と比を決定するために定方位の深部ボーリングコアに ASR 法を適用した最初の成功例は，Teufel (1982) によって報告された．それ以前にも ASR が実施されているが，シールしていないコア試料の表面にひずみゲージを貼りつけているため，得られた結果は矛盾していた（例えば Enever and McKay, 1976）．Teufel (1982) は直径方向の変位を計測するためクリップ式のディスクゲージを用いた．お

互いに45°に配置された3つのディスクゲージにより，40時間にわたり1時間間隔で2〜8 $\mu$s の感度でコアの変形を記録した．米国ネヴァダ州の地下実験場の凝灰岩において，坑内実験計画の一環として実施された ASR 法による主応力の方向と水圧破砕による亀裂の方位は良く一致した．

その後，Smith et al. (1986)，Lacy (1987)，Warpinski and Teufel (1989a)，Perreau, Heugas and Santarelli (1989)，Teufel and Farrell (1990) はこの方法を他の地層にも適用し，ASR 法と他の方法（水圧破砕，ボアホールブレイクアウト，コアディスキング，DSCA 法など）による水平面内の主応力の方向が良く一致していることを報告している．

ASR 法によって応力の大きさを決定することは非常に難しく，ひずみの緩和に関する粘弾性的な構成モデルを必要とする．Blanton (1983) は，等方性の岩と直交異方性の岩に対するこの問題の解を導いた．さらに Blanton and Teufel (1983) は，粘弾性的なひずみ回復モデルにおいて間隙圧の影響を考慮し，デボン紀の頁岩の応力測定にこのモデルを適用した．現在までに発表された ASR データの多くは，コロラド州 Rifle 近くの Piceance Basin の Multiwell 実験場におけるものである（Warpinski and Teufel, 1989a）．また，Rollins 砂岩層で測定された水圧破砕と ASR 法による水平主応力の大きさと方向は比較的よく一致している（Teufel and Warpinski, 1984）．

ひずみ回復法は深い孔井の応力測定に適している．ドイツの大陸深部掘削計画（KTB）においては，2種類の岩のコアを用いてひずみ回復の時間依存性が調査された（Wolter and Berckhermer, 1989）．そこでは差動トランス式変位計によってコアの軸変位と，互いに異なる3方向の半径変位が恒温恒湿条件で測定された（図7.2）．数日にわたってひずみの回復過程が記録され，岩石の種類によって非弾性回復ひずみの大きさと継続時間が明瞭に異なることが観察された．

非弾性ひずみ（anelastic strain）の回復過程に関係するメカニズムを検討するため，Teufel と共同研究者たちによってさらに研究がなされた（Lacy, 1987; Teufel, 1982, 1993）．多くの場合，コアリングとそれに続く応力解放において，主応力方向に整列するマイクロクラックの開口と進展のためにコアの微細な構造が変化することが見出された．Teufel (1993) が要約しているように，このような新しい構造は AE や岩石の物理特性（P 波速度，弾性係数，透水性など）の異方性によって確認することができる．非弾性ひずみの回復過程においてマイクロクラックが発生することは，室内実験によって間接的に裏づけされている．すなわち完全に解放された砂岩では，P 波速度や弾性係数が回復ひずみと解放応力が最大の方向で最も小さくなっている（Lacy, 1987; Teufel, 1982）．

## 7 ひずみ回復法

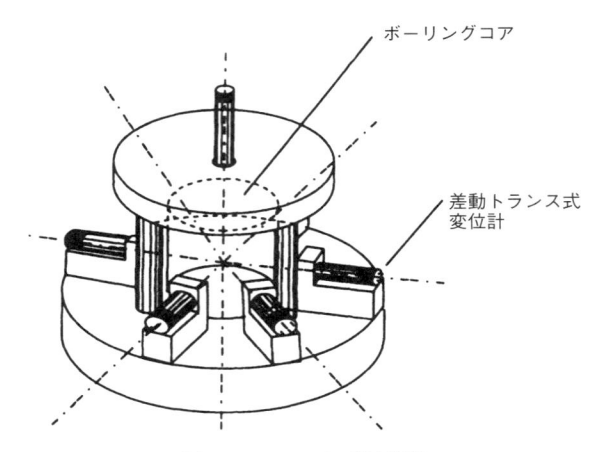

**図 7.2 コアの ASR 測定装置**
コアの非弾性挙動を計測するため,半径方向に 3 組,軸方向に 1 台の差動トランス式変位計が設置されている(Wolter and Berckhermer, 1989)

　Teufel (1993) はまた,非弾性ひずみの測定とその解析に影響を及ぼすいろいろなパラメータについて検討し,原位置の応力を求めるための ASR 法の適用を制限する以下の 9 つのパラメータを取り上げた.
 (1) 温度変化
 (2) コアの脱水
 (3) 間隙圧の逸散
 (4) 変形回復の不均質さ
 (5) 岩の異方性
 (6) 掘削泥水と岩の相互作用
 (7) 残留ひずみ
 (8) コアの回収時間
 (9) 定方位の精度

　その後,Matsuki (1991),Matsuki and Takeuchi (1993) は,定方位コアの非弾性回復ひずみのデータから原位置の三次元応力の大きさと方向を決定するための理論解を導いた.かれらは岩を等方粘弾性と仮定し,コアから切り出した立方体試料の各面にロゼットゲージを貼り付けてひずみを測定している.その理論は日本の湯の森地熱地帯の地圧測定に適用された.

　また,同じテクニックが日本の釜石鉱山の硬い石灰岩にも適用された (Matsuki

and Sakaguchi, 1995). そこでは DSA 法や円錐孔底ひずみ式オーバーコアリング法（5.5.2 節）の結果と比較されたが，ASR 法で得られた応力の方向はオーバーコアリングの結果と必ずしも一致しなかった．その違いの原因は微小ひずみの測定上の困難とされ，硬岩に ASR 法を適用する際にはより精度の高い測定システムの必要性が示された．

### 7.2.2 DSCA 法

深いボーリング孔から回収したコアに実験室で静水圧を載荷すると，通常，可逆的で顕著な非線形挙動が現れる．しかし応力レベルが十分に高くなると非線形から線形に移行する．このような非線形な挙動はマイクロクラックの閉塞によるもので，線形な部分はマイクロクラックが完全に閉じた後に見られる（Walsh, 1965）．

1970 年代，Simmons, Siegfried and Feves（1974）と Siegfried and Simmons（1978）は，岩石中のマイクロクラックの空隙形状と閉塞圧力の関係を特徴づけるための実験的な研究を進めていた．DSA と呼ばれるこの方法は，ひずみゲージを貼りつけてジャケットを被せた四角柱の岩に静水圧を加える方法である．岩石サンプルと同じように溶融シリカのサンプルも加圧され，差ひずみ（溶融シリカのひずみ − 岩石のひずみ）が測定された．立方体岩石試料の 6 方向のひずみと圧力の関係から，クラックひずみテンソル 6 成分が決定された．また，その主ひずみ値（principal values）と主ひずみ軸（principal axes）から，封圧下における岩石中のクラックの方向とそのばらつきに関する情報を得ることもできた．

Simmons and Richter（1974），Simmons, Siegfried and Feves（1974），Strickland, Feves and Sorrells（1979）による実験的な研究は，コア試料中のマイクロクラックが掘削中の応力解放によるものであることを裏付けている．その実験に基づいて，Strickland and Ren（1980）は原位置の応力を予測するための DSA 法を修正した．DSCA 法と呼ばれるかれらの方法は以下の 4 つの理論的仮定に基づいている．

(1) 岩が原位置の応力場から解放されることによってマイクロクラックが誘発される

(2) マイクロクラックは原位置応力場の方向に配列する

(3) いずれの方向においてもクラックの体積密度は原位置応力の大きさに比例する

(4) 静水圧下における岩石のある方向の圧縮ひずみはその方向に解放されたひずみに等しい

最低 6 枚のひずみゲージを貼りつけた立方体の岩石サンプルに静水圧を加えた時の反応を測定することで，クラックの閉塞による 3 つの主ひずみを決定することができ

## 7 ひずみ回復法

る．これらのひずみは原位置応力に関連付けられる．Strickland and Ren（1980）は，テキサス州，ルイジアナ州，ペンシルバニア州の砂岩と頁岩の定方位および非定方位のコアを用いた DSCA 法による応力測定の例を報告している．

Ren and Roegiers（1983）は室内とフィールドにおいて広範な調査を行ない，定方位コアを用いた DSCA 法が原位置応力場を決定するために有効であるとしている．かれらによれば，DSCA 法は3種類の岩（細粒砂岩，中粒砂岩，細粒花崗岩）に適用され，2種類の砂岩については DSCA 法による応力と他の直接的，間接的な方法による応力が良く一致したが，花崗岩については DSCA 法と他の方法による応力はあまり一致しなかった．Ren and Roegiers（1983）は，DSCA データの品質と信頼性が経験に強く依存しており，DSCA 法がボーリング孔に対する原位置応力場の方向についての仮定を必要としない経済的な測定法であるとしている．

Thiercelin et al. (1986) は DSCA 法を改良し，コロラド州 Piceance Basin の Multiwell 実験場のコア試料に適用した．かれらは原位置の応力テンソルを評価するためにふたつの可能なアプローチを提示した．ひとつのアプローチはコアの中の亀裂密度を方向の関数として計算するものである．ある選択的なマイクロクラックの方向が存在すると仮定して，与えられた圧力におけるひずみテンソルの方向がわかれば方向の関数として亀裂の分布を示すことができる．最大主ひずみの方向は亀裂密度の最大方向を示すので，原位置の最大主応力方向に対応している．しかし，亀裂パターンを理解するためのよりよいアプローチは，亀裂を含む岩のトータルのひずみテンソルの変量を静水圧の関数として決定することである．このアプローチは Strickland and Ren（1980）の提案と数学的に似通っている．Thiercelin et al.(1986) は応力解放によって誘発されるマイクロクラックから応力の方向を予測する上述のふたつのアプローチが，いずれも良い適用性があることを報告している．DSCA 法による応力は水圧破砕やボーリング孔内の弾性波試験による測定結果と良く一致している．

Dey and Brown（1986）はニューメキシコの Fenton Hill Hot Dry Rock サイトで，深部（4 km の深さまで）の応力を測定するために水圧破砕法とともに DSCA 法を適用した．定方位コアから切り出した3 cm の立方体サンプルを用いた DSCA 法による主応力の大きさと方向は妥当な結果であった（Fig. 3.8）．Perreau, Heugas and Santarelli（1989）も定方位コアから室内実験によって原位置応力を決定した．かれらはふたつの孔井の1285 m から4550 m の間のコアについて ASR 法，DSCA 法，コアディスキング解析を行っている．その結果を水圧破砕，物理検層，構造地質学的なデータと比較し，孔井の条件が良好なサイトでは方法が異なっても水平主応力は概して良く一致すると結論づけている．

さらにその後，Matsuki and Sakaguchi（1995）は日本の釜石鉱山の硬い石灰岩コアにDSCA法を適用し，その結果を円錐孔底ひずみ法（5.2.2節）の結果と比較している．応力の方向については，DSCA法とオーバーコアリング法の相関性はあまりないが，主応力成分を決定するためにオーバーコアリングによる鉛直応力をDSCA解析に導入すれば，応力の大きさは良く一致するとしている．

## 7.3 技術，設備と手順

### 7.3.1 ASR法

一般に，ASR法は深い孔井から採取した定方位コアに適用される．コアバレルから回収した定方位コアを直ちに注意深く観察し，不均質な箇所や割れ目のないサンプルを選定する．そしてコアを切断し，含水比が変化しないようにシールする．ASRを求めるための変位は，ばね反力によるクリップ式ゲージ，変位変換器またはロゼットゲージのようないろいろな技術を用いて計測される．

鉛直応力が主応力のひとつであることが既知の鉛直ボーリング孔であれば，水平面内の主ひずみの方向と大きさを求めるためには3つの独立した方向の変位を測定すれば良い（図7.2）．Teufel（1993）によれば，その場合の最も望ましい方法は4つのクリップ式ゲージまたは変位計を水平面内に45°間隔で配置することである．そうすれば面内の主ひずみを求めるためには任意の3個のゲージの組み合せを用いれば良い．鉛直ひずみはコア軸に平行にゲージまたは変位計を設置して計測する．各ゲージのデータと同時に周囲の温度およびコアの温度を記録する．Teufel（1993）は$1 \times 10^{-6}$の分解能でひずみを測定し，試験の間コアの温度を一定に保つか，あるいは温度補正を行なう必要があるとしている．

ボーリング孔が傾斜している場合，あるいは応力方向がボーリング孔と傾斜していることがわかっている場合には，少なくとも6個のゲージが必要である．ただしゲージの数が増加するとクリップ式ゲージの適用はより難しくなる．Matsuki and Sakaguchi（1993）はコアをダイヤモンドカッターで直方体に切り出し，各面にロゼットゲージと熱電対を貼り付けている．含水比が変化しないようにシールした供試体を一定温度の水槽にセットし，ひずみ変化が収束するまで6方向の非弾性ひずみを一定の時間間隔で計測している．

7 ひずみ回復法

## 7.3.2 DSCA 法

Ren and Roegiers (1983), Thiercelin et al.(1986) による DSCA 法の標準的な試験手順は以下のステップから成る.

1. ボーリングによるダメージ部を避けて定方位コアの中心から立方体の試料を切り出す.
2. サンプルをきれいにして 24 時間乾燥させた後にひずみゲージを貼りつける. 図 7.3a に Thiercelin et al. (1986) が用いた 9 枚のひずみゲージの配置例を示す. Strickland and Ren (1980), Ren and Roegiers (1983) は立方体の直交する 3 面にそれぞれ 4 枚, 計 12 枚のひずみゲージを貼りつけている (図 7.3b). 試料全体をシリコーンの中に浸して被覆し, 静水圧が侵入しないように保護する.
3. 試料を圧力容器に納め, クリープと温度変化を避けるために静水圧 (最大 200 MPa) を一定の速い速度で載荷する. 圧力と温度による測定システムの実験誤差を除くため, 岩石試料と同じように準備された溶融シリカの小さいサンプルをリファレンスとして圧力容器に入れる (Simmons, Siegfried and Feves,1974; Siegfried and Simmons,1978).
4. 載荷と除荷の間, ひずみゲージと圧力の出力をデータ収録システムによって連続的に記録する.
5. 溶融シリカサンプルのひずみによって補正した後, 圧力とひずみの関係を解析する (Siegfried and Simmons, 1978). そしてマイクロクラックの閉塞に伴うひずみテ

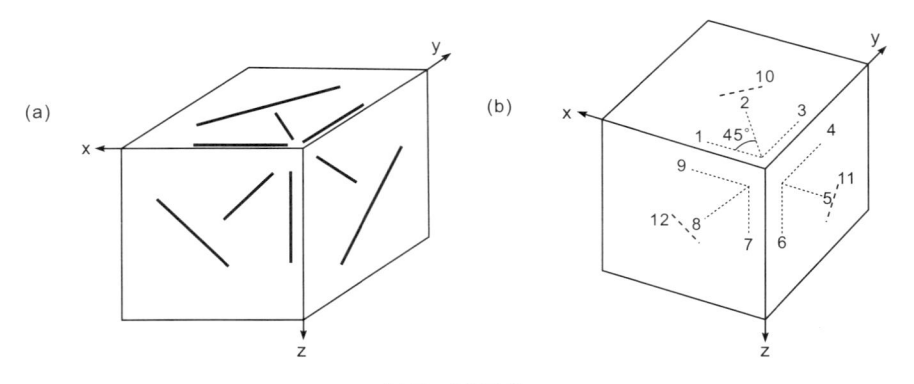

図 7.3 DSCA 法
(a) 9 枚のひずみゲージ配置 (Thiercelin et al.,1986)
(b) 12 枚のひずみゲージ配置 (Strickland and Ren,1986)

ンソルの成分と主応力の大きさ，方向を決定する．

一般に，立方体サンプルの表面に貼り付けるひずみゲージの数は，6つのひずみテンソル成分を決めるためには6枚以上必要である．主応力（ひずみ）のうちのひとつが既知で岩が等方であれば，残るふたつの主ひずみを決定するためには3つのひずみを測定すれば良い．6つまたは3つ以上のひずみの測定値を利用できれば，ひずみデータのいくつかの組合せについて重複計算をすることで応力成分の信頼区間を決定することができる．

## 7.4 理論

### 7.4.1 ASR法

ASR法によって原位置の主応力の方向と大きさを決定するためにいくつかのモデルが提案された．Matsuki and Takeuchi（1993）の三次元理論では，一般的な三次元応力場に置かれた等方粘弾性の岩石のASR挙動は，ふたつの独立した変形モードであるせん断変形と体積変形に分けられる．$C_{as}$ と $C_{av}$ をそれぞれせん断変形と体積変形に関するASRコンプライアンスとすれば，応力解放後の非弾性的な偏差ひずみテンソル $e_{ij}$ と非弾性的な平均軸ひずみ $e_m$ は，次のように偏差応力テンソル $s_{ij}$ と平均直応力 $\sigma_m$ で表わされる．

$$e_{ij}(t) = C_{as}(t) s_{ij} \quad\quad 式（7.1）$$

$$e_m(t) = C_{av}(t) \sigma_m \quad\quad 式（7.2）$$

そこで三次元の原位置応力場に置かれていた岩石が $P_o$ の間隙圧と $\Delta T$ の温度変化を受ける場合を考える．Matsuki and Takeuchi（1993）は，線形粘弾性論の相似則を用いて，任意の方向の非弾性回復ひずみを任意の座標系における方向余弦（$l, m, n$）で表す式を導いた．ただし応力と間隙圧は瞬時に解放され，温度は一定の速度で変化するとしている．

$$\begin{aligned} \varepsilon_a(t) = \frac{1}{3} [&(3l^2-1)\sigma_x + (3m^2-1)\sigma_y + (3n^2-1)\sigma_z \\ &+ 6lm\tau_{xy} + 6mn\tau_{yz} + 6nl\tau_{zx}] C_{as}(t) \\ &+ (\sigma_m - P_o) C_{av}(t) + \alpha_T \Delta T(t) \quad\quad 式（7.3） \end{aligned}$$

ここに $\alpha_T$ は岩石の線膨張係数である．式（7.3）は非弾性的な直ひずみが原位置応力

の6成分,間隙圧,温度変化およびふたつのコンプライアンスに依存することを示している.式(7.1)から式(7.3)がASR法の基本原理である.

Teufel (1982, 1993) の変位計やクリップ式ゲージ,あるいは Matsuki and Takeuchi (1993) のひずみゲージなどによって,少なくとも独立6方向の非弾性的な直ひずみを測定すれば,$x$, $y$, $z$ 座標系における非弾性ひずみテンソルの6成分を決定することができる.非弾性ひずみテンソルは平均直ひずみテンソルと偏差ひずみテンソルに分けられる.間隙圧と温度変化を考慮すると平均直ひずみは,

$$e_m = (\sigma_m - P_o)C_{av}(t) + \alpha_T \Delta T \qquad 式（7.4）$$

となり,非弾性偏差ひずみテンソルの成分は,

$$e_x = s_x C_{as}(t); \quad e_y = s_y C_{as}(t); \quad e_z = s_z C_{as}(t);$$
$$e_{xy} = \tau_{xy} C_{as}(t); \quad e_{yz} = \tau_{yz} C_{as}(t); \quad e_{zx} = \tau_{zx} C_{as}(t); \qquad 式（7.5）$$

となる.ここに $s_x = \sigma_x - \sigma_m$, $s_y = \sigma_y - \sigma_m$ などで,これらは偏差応力成分である.

式 (7.5) により,主応力 ($\sigma_1$, $\sigma_2$, $\sigma_3$) の方向は非弾性偏差ひずみ ($e_1$, $e_2$, $e_3$) の方向から決定することができる.また,偏差応力の比 ($s_1/s_3$, $s_2/s_3$) は,非弾性偏差ひずみの比 ($e_1/e_3$, $e_2/e_3$) によって与えられる.これらの比がひずみの回復過程を通して一定であるならば,岩石のASRコンプライアンスが分からなくてもこれらを決定することができる.ただし岩石が熱的,力学的に等方の場合に限られる.

各主応力 $\sigma_i(i=1, 2, 3)$ の大きさは,式 (7.4) と (7.5) から決定できる.

$$\sigma_i(t) = \frac{e_i(t)}{C_{as}(t)} + \frac{1}{C_{av}(t)} \times [e_m(t) - \alpha_T \Delta T] + P_o \qquad 式（7.6）$$

式 (7.6) によれば,原位置応力成分の大きさを求めるためには,せん断と体積変形に関するASRコンプライアンス $C_{as}$ と $C_{av}$ に及ぼす間隙圧と温度の影響を評価しなければならない.Matsuki and Takeuchi (1993) によれば,ふたつのコンプライアンスは平均直応力の大きさに依存する.したがって,ASRコンプライアンスを設定するための応力条件が,求められた応力値と大きく違わないように何回も繰り返し計算を行なう必要がある.この理論では,ふたつのコンプライアンスが決定できないと原位置の主応力の方向と比率だけしかわからないが,3つの主応力のひとつが求まれば他のふたつの主応力を決定することができる.

Blanton (1983) は別の考えに基づき,以下の仮定が満たされる場合にコアの回復ひずみから主応力の大きさを求める式を導いた.

(1) 岩は，均質，等方，線形粘弾性とする．
(2) 孔井は鉛直である
(3) 鉛直応力は主応力のひとつで既知である
(4) 地層中の間隙圧も既知である
(5) ポアソン比は一定でひずみ回復中多孔質弾性条件が保持される．

Blanton (1983) は水平面内の主応力 $S_H$ と $S_h$ がどの時刻においても主ひずみの変化から次式で求められることを示した．

$$S_H = (S_v - \alpha P_o)\frac{(1-\nu)\Delta\varepsilon_H + \nu(\Delta\varepsilon_h + \Delta\varepsilon_v)}{(1-\nu)\Delta\varepsilon_v + \nu(\Delta\varepsilon_H + \Delta\varepsilon_h)} + \alpha P_o \qquad 式 (7.7)$$

$$S_h = (S_v - \alpha P_o)\frac{(1-\nu)\Delta\varepsilon_h + \nu(\Delta\varepsilon_H + \Delta\varepsilon_v)}{(1-\nu)\Delta\varepsilon_v + \nu(\Delta\varepsilon_H + \Delta\varepsilon_h)} + \alpha P_o \qquad 式 (7.8)$$

ここに，$\Delta\varepsilon$ は任意の時刻における水平 (H, h) および鉛直 (v) 方向の主ひずみの変化，$\nu$ はポアソン比，$P_o$ は間隙圧，$\alpha$ は多孔質弾性定数，$S_v$ は鉛直応力である．水平主応力の方向は水平面内の非弾性主ひずみの方向から決定される．

Warpinski and Teufel (1989b) は3つめのモデルを提案した．それは，理論的な線形粘弾性モデルから次式で表わされる緩和曲線に，回復ひずみの測定データを最小二乗法で近似するものである．

$$\varepsilon_r(t) = (2S_H\cos^2\theta + 2S_h\sin^2\theta - S_H\sin^2\theta - S_h\cos^2\theta - S_v)J_1(1-e^{-t/t_1})$$
$$+ (S_H + S_h + S_v - 3P_o)J_2(1-e^{-t/t_2}) \qquad 式 (7.9)$$

$$\varepsilon_v(t) = (2S_v - S_H - S_h)J_1(1-e^{-t/t_1}) + (S_H + S_h + S_v - 3P_o)J_2(1-e^{-t/t_2}) \qquad 式 (7.10)$$

ここに，$\theta$ は最大水平主応力方向からのゲージの角度，$J_1$ と $J_2$ はねじりとダイレイタンシーに関するクリープコンプライアンス（その平衡値），$t$ は経過時間，$t_1$ と $t_2$ はそれぞれせん断と体積変形クリープの時間係数である．下付きの r と v は水平面内の半径方向と鉛直方向をそれぞれ示している．このモデルでは，岩は等方線形粘弾性，ボーリング孔は鉛直，そして鉛直応力は主応力のひとつで既知であると仮定されている．前述のモデルと同様に水平主応力の方向は水平面内の非弾性主ひずみの方向から決定される．

## 7.4.2 DSCA 法

一般に，マイクロクラックを含んでいる岩石は静水圧下で体積が変化する．Walsh (1965) は圧力 $p$ とマイクロクラックを含む岩石の体積ひずみ $\Delta V/V$ の関係を次式で

## 7 ひずみ回復法

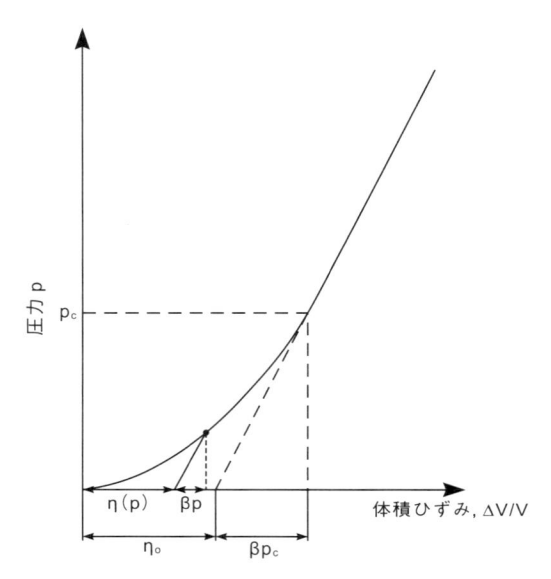

図7.4 DSCA法の圧力－体積ひずみ変化曲線
図の $\eta_0$ は圧力ゼロにおけるマイクロクラックの間隙率，
すべてのクラックは限界圧力 pc で完全に閉塞する

示した．

$$\frac{\Delta V}{V} = \beta p + \eta(p) \qquad 式（7.11）$$

ここに，$\beta(=3(1-2\nu)/E)$ はヤング率 $E$，ポアソン比 $\nu$ のインタクト岩固有の圧縮率，$\eta(p)$ はマイクロクラックの間隙率である．式（7.11）の最初の項はインタクト岩の線形弾性変形を表し，第二の項はマイクロクラックの寄与を反映している．この関係を模式的に表すと図7.4のようになる．

Walsh（1965）は図7.4において圧力-体積ひずみ曲線の直線部がひずみ軸と交わる切片 $\eta_0$ が，マイクロクラックによる岩石の間隙率を表すと考えた．図7.4の圧力 $p_c$ はそれ以上の圧力ではマイクロクラックが完全に閉じて岩石が線形弾性挙動を示す限界圧力である．$p_c$ 以下の圧力 $p$ において，圧力-体積ひずみ曲線の直線部分に平行な直線がひずみ軸と交わる切片が $\eta(p)$ になる．それは $P$ 以下の圧力で完全に閉塞するマイクロクラックの間隙率とみなすことができる．

## 7.4 理論

　Morlier (1971), Siegfried and Simmons (1978) は，クラックの閉塞が線形で相互干渉しないと仮定して式 (7.11) を三次元に拡張した．クラックの閉塞が線形ということは，クラックが完全に閉じていない圧力においてもマイクロクラックを含む岩石のひずみが線形であることを意味する．

　Siegfried and Simmons (1978) の数学的モデルよりいくぶん実際的な方法として，Strickland and Ren (1980) は以下のような DSCA の解析法を提案した．図 7.3a,b の各ひずみゲージ $i(i=1\sim9\ or\ 12)$ について，静水圧下での圧力-縦ひずみ曲線が得られる．その曲線は，図 7.4 の $\Delta V/V$ を縦ひずみ $\varepsilon$ に置き換えたものと似ている．$\beta_i$ を $i$ 番目のひずみゲージ方向の岩石実質部の圧縮性を表す直線の勾配とする．圧力 $p$ を加えた時，$i$ 番目のひずみゲージによる縦ひずみ $\varepsilon_i(p)$ のうちマイクロクラックの閉塞による $\eta_i(p)$ は次式で表わされる．

$$\eta_i(p) = \varepsilon_i(p) - \beta_i p \qquad 式 (7.12)$$

圧力とひずみの関係図において，$\eta_i(p)$ は $\beta_i$ の勾配で圧力 $p$ の点を通る直線の切片となる（図 7.4）．$x, y, z$ 座標系（図 7.3a, b）におけるひずみゲージの方向とひずみの座標変換則から，すべてのひずみゲージに対するクラックの寄与は二階のクラックひずみテンソル（$\eta_{ij}(p)$）に分解できる．そして，そのテンソルの成分とそれらの $x, y, z$ 座標系における方向が決定される．異なる圧力でこの解析を繰り返すことにより，あらゆる方向のマイクロクラックを評価し，コア試料に含まれている多数のマイクロクラック群を同定することができる（Thiercelin et al., 1986）．

　通常，閉塞圧以下の $\Delta p$ の圧力範囲における圧力-ひずみ曲線の直線部分から決定されるクラックひずみテンソルを用いて DSCA の解析が行われる（Ren and Roegiers, 1983；Strickland and Ren, 1980）．その場合，それぞれのひずみから以下の量が決定される．

$$\begin{aligned}\varepsilon_i' &= \frac{\eta_i(p+\Delta p) - \eta_i(p)}{\Delta p} \\ &= \frac{\varepsilon_i(p+\Delta p) - \varepsilon_i(p)}{\Delta p} - \beta_i \\ &= \theta_i - \beta_i \qquad 式 (7.13)\end{aligned}$$

ひずみの座標変換則により，$\varepsilon_i'(i=1\sim9\ or\ 12)$ は二階のクラックひずみテンソルに分解できる．そしてテンソルの主成分 $\eta_{p1}, \eta_{p2}, \eta_{p3}$ と $x, y, z$ 座標系におけるそれらの方向が決定される．

# 7 ひずみ回復法

DSCA においては，原位置の主応力方向がクラックひずみテンソルの主方向と一致すると仮定される．原位置の主応力比を求めるためにいくつかの方法が提案された．Strickland and Ren（1980）は，$\eta_{p1}/\eta_{p3}$, $\eta_{p2}/\eta_{p3}$ の比を主応力比 $\sigma_1/\sigma_3$ と $\sigma_2/\sigma_3$ とした．Ren and Roegiers（1983）は，以下の関係を用いた．

$$\frac{\sigma_1}{\sigma_3} = \frac{\eta_{p1}(1-\nu) + \nu(\eta_{p2} + \eta_{p3})}{\eta_{p3}(1-\nu) + \nu(\eta_{p1} + \eta_{p2})} \qquad 式（7.14）$$

$$\frac{\sigma_2}{\sigma_3} = \frac{\eta_{p2}(1-\nu) + \nu(\eta_{p1} + \eta_{p3})}{\eta_{p3}(1-\nu) + \nu(\eta_{p1} + \eta_{p2})} \qquad 式（7.15）$$

これは等方材料に関するフックの法則から導かれた．式（7.14），（7.15）の $\nu$ は岩石のポアソン比である．直交異方性材料に対する式（7.14），（7.15）の修正バージョンは，Ren and Roegiers（1983）が導いた．

## 7.5 データ解析と解釈

### 7.5.1 ASR 法

現在のところ，公表された ASR データの多くはコロラド州 Piceance Basin の Multiwell 実験サイトのものである（Warpinski and Teufel, 1989a）．ASR の測定は，近接する3つの孔井の深度 1400～2500 m から採取された定方位の砂岩と泥岩コアで実施された．非海成の3つの層準を代表する砂岩の ASR 測定例を図 7.5 に示す．1時間間隔で収録された4つの変位計（水平3つ，鉛直ひとつ）のデータに，式（7.9），（7.10）によるひずみ履歴曲線がフィッティングされている．変位計をコアに設置した時点ですべてのひずみの初期値をとっているので，計測に先立つ初期の負のひずみはひずみ履歴モデルによって外挿した非弾性ひずみを表わしている．

Warpinski と Teufel（1989a）によれば，Mesaverde 砂岩のデータの品質は良好で，理論的な粘弾性歪み履歴モデルが測定結果と非常に良く合っている．図 7.5 に示すように，鉛直の回復ひずみは水平の回復ひずみよりかなり大きく，最大主応力が上載圧であることを意味している．さらに，岩石の非弾性ひずみはあらゆる方向で深度とともに増加している．求められた主ひずみとその方向は岩相によって変化することが判明した．一方で，誤差の主因はコアの異方性とせいぜい 5～10° の精度しかない方位決定方法にあることがわかった．

Teufel（1993）は，コロラド州の Multiwell 実験サイトで最大水平応力の方向を求

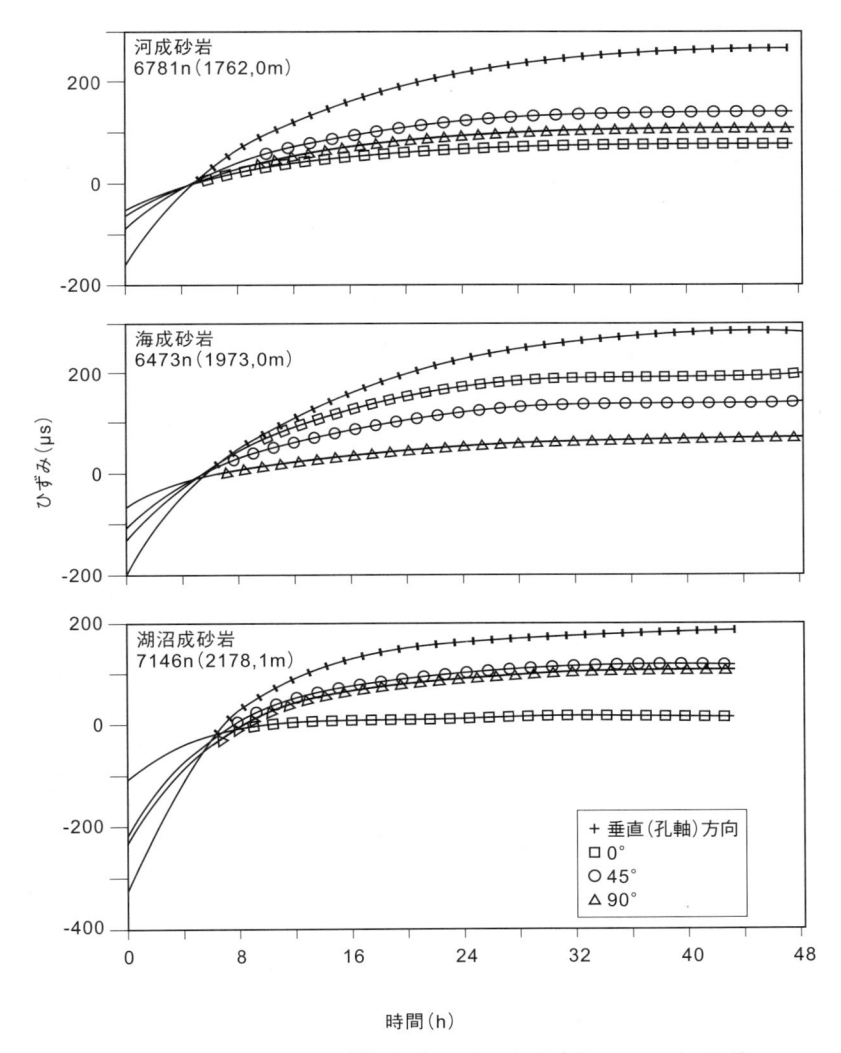

図 7.5 3 種類の Mesaverde 砂岩における ASR データとそのフィッティング
水平方向 3 成分と鉛直方向 1 成分の回復ひずみと時間の関係を示す
(Warpinski and Teufel, 1989a)

めるために用いられたさまざまな方法の要約を紹介している．用いられた方法と $S_H$ の方向を表 7.1 に示す．すべての結果は良く一致しており，ASR 法が原位置の水平主応力の方向を評価するために有用であることを示唆している．

# 7 ひずみ回復法

表7.1 Multiwell実験場における4種類の方法による最大水平応力の方向（Teufel, 1993）

| 方　法 | 最大水平応力の方向 |
|---|---|
| 水圧破砕（インプレッションパッカー） | N60°W±10° |
| 水圧破砕（孔内弾性波） | N68°W±8° |
| ボアホールブレイクアウト | N74°W±11° |
| ASR法 | N75°W±15° |

表7.2 Mesaverde砂岩における水圧破砕とASRによる応力（Warpinski and Teufel, 1989a）

| | | 水圧破砕 | | ASR（直接モデル[a]） | | ASR（ひずみ履歴[b]） |
|---|---|---|---|---|---|---|
| 砂岩の種類 | 深度（m） | $S_v$（MPa） | $S_h$（MPa） | $S_H$（MPa） | $S_h$（MPa） | $S_H$（MPa） |
| 河成砂岩 | 1762 | 41.9 | 30.6 | 37.4 | 32.8 | 36.5 |
| 海成砂岩 | 1973 | 46.9 | 39.1 | 44.3 | 39.7 | 43.6 |
| 湖沼成砂岩 | 2178 | 51.8 | 40.3 | 49.9 | 44.2 | 48.9 |

a：式（7.7），（7.8）参照
b：式（7.9），（7.10）参照

ASRの測定結果から水平主応力の大きさを決定するには，岩石の粘弾性モデルを導入する必要がある．式（7.9），（7.10）のクリープコンプライアンス$J_1$が既知であるか，最小水平主応力$S_h$を水圧破砕のシャットイン圧力から別途決定することができれば，応力状態を決定することができる（Warpinski and Teufel, 1989a）．式（7.7），（7.8）の直接モデルと式（7.9），（7.10）のひずみ履歴モデルに加えて水圧破砕による最小水平主応力を用い，図7.5の3種類の砂岩について水平最大主応力が求められた．その結果は表7.2に示す通り，ASR法のふたつのモデルについても，またASR法と水圧破砕法についても比較的よく一致している．

## 7.5.2 DSCA法

コロラド州 Piceance Basin の Multiwell 実験サイトにおける DSCA の典型的な結果を実例として以下に示す（Thiercelin et al.,1986）．深度1980mから定方位で採取した塊状砂岩のコアから3cm角の試料を切り出し，図7.3aのように9枚のひずみゲージが取り付けられた．静水圧と主ひずみの典型的な曲線を図7.6に示す．これらの曲線はおよそ50のMPa以上の圧力では直線状である．

前に要約したDSCAの解析法にしたがって，マイクロクラックの閉塞による主ひずみの方向から原位置の主応力方向が決定された．異なる組合せのひずみデータについて，28〜35 MPaの圧力範囲で求められた主応力の方向を下半球等面積投影のステレオネット上に示す（図7.7）．これによればDSCA法による原位置の主応力の方向

7.5 データ解析と解釈

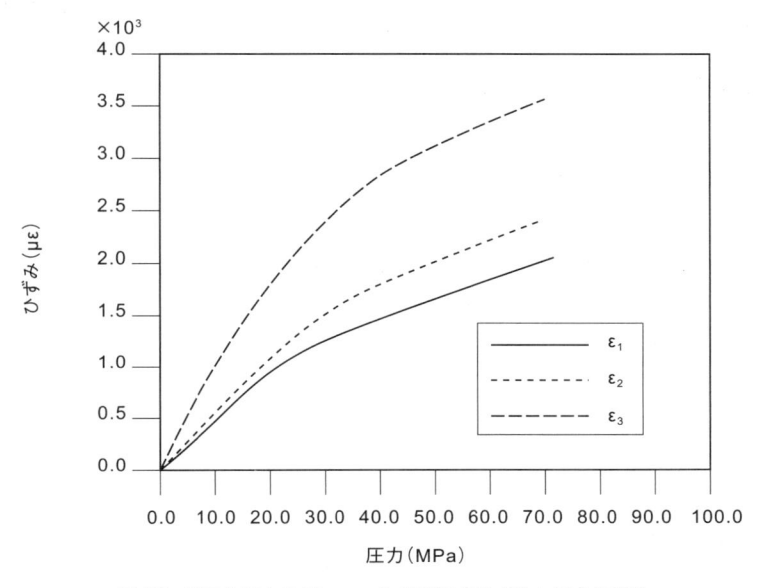

図7.6 DSCAによるMesaverde砂岩の主ひずみと圧力の関係
(Thiercelin et al., 1986)

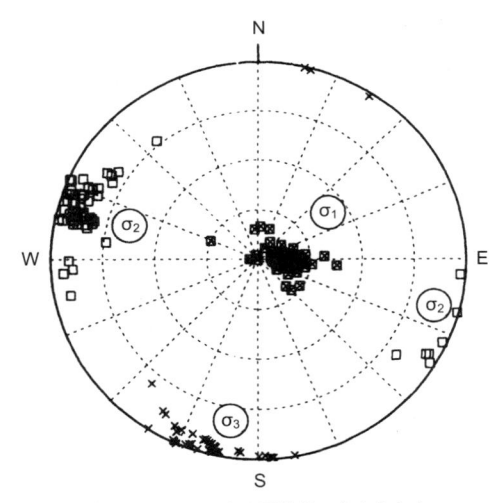

図7.7 DSCAによる原位置の主応力方向
28〜35 MPaの静水圧で試験されたMesaverde砂岩のクラックひずみテンソルから求めた（Thiercelin et al., 1986）

## 7 ひずみ回復法

は水平と鉛直である．Thiercelin et al.（1986）も，図7.7における水平主応力 $\sigma_2$ の方向が，同じ地層のなかで実施された水圧破砕法による割れ目の方向と平行である点に注目している．この試料の 15 MPa 以上のデータから原位置の主応力比は $\sigma_1/\sigma_3=1.65$，$\sigma_2/\sigma_3=1.37$ と求められた．

### 参考文献

Blanton, T.L. (1983) The relation between recovery deformation in situ stress magnitude, in *Proc. SPE/DOE Symp. Low Permeability Gas Reservoirs*, Denver, SPE Paper 11624, pp. 632-46.

Blanton, T.L. and Teufel, L.W. (1983) A field test of the strain recovery method of stress determination in Devonian shales, in *Proc. SPE/DOE Symp. Low Permeability Gas Reservoirs*, Denver, SPE Paper 12304, pp. 342-65.

Dey, T.N. and Brown, D.W. (1986) Stress measurements in a deep granitic rock mass using hydraulic fracturing and differential strain curve analysis, in *Proc. Int. Symp. on Rock Stress and Rock Stress Measurements*, Stockholm, Centek Publ., Luleå, pp. 351-7.

Enever, J. and McKay, J. (1976) A note on the relationship between anelastic strain recovery and virgin rock stresses − a possible method of stress measurement, in *Proc. ISRM Symp. on Investigation of Stress in Rock, Advances in Stress Measurement*, Sydney, The Institution of Engineers, Australia, pp. 37-40.

Lacy, L. (1987) Comparison of fracture diagnostic techniques. SPE Prod. Eng., 3, 66-78.

Matsuki, K. (1991) Three-dimensional in situ stress measurement with anelastic strain recovery of a rock core, in *Proc. 7th Cong. Int. Soc. Rock Mech. (ISRM)*, Aachen, Balkema, Rotterdam, Vol.1, pp. 557-60.

Matsuki, K. and Sakaguchi, K. (1995) Comparison of results of in-situ stresses determined by core-based methods with those by overcoring technique, in *Proc. Int. Workshop on Rock Stress Measurement at Great Depth*, Tokyo, Japan, 8th ISRM Cong., pp. 52-7.

Matsuki, K.and Takeuchi, K. (1993) Three-dimensional in situ stress determination by anelastic strain recovery of a rock core, in Proc. 34th US Syrup. Rock Mech., Madison, also published in *Int. J. Rock Mech. Min. Sci. & Geomech.* Abstr., 30, 1019-22.

Morlier, P (1971) Description de l'etat de fissuration d'une roche a partir d'essais non-destructifs simples. *Rock Mech.*, 3, 125-38.

Perreau, P.J., Heugas, O. and Santarelli, E.J. (1989) Tests of ASR, DSCA, and core discing analyses to evaluate in situ stresses. SPE Paper 17960, pp. 325-36.

Ren, N.-K., and Roegiers, J.-C. (1983) Differential strain curve analysis − a new method for determining the pre-existing in-situ stress state from rock core measurements, in *Proc. 5th Cong. Int. Soc. Rock Mech. (ISRM)*, Melbourne, Balkema, Rotterdam, pp. Fl17-27.

Siegfried, R.W. and Simmons, G. (1978) Characterization of oriented cracks with differential strain analysis. *J. Geophys. Res.*, 83, 1269-78.

Simmons, G. and Richter, D.A. (1974).Microcracks in rocks: a new petrographic tool (abstract). *EOS Trans.*, 55, 478.

Simmons, G., Siegfried, R. W. and Feves, M. L. (1974) Differential strain analysis: a new method for examining cracks in rocks. *J. Geophys. Res.*, 79, 4383-5.

Smith, M.B. et al. (1986) A comprehensive fracture diagnostic experiment: comparison of seven fracture azimuth measurements. *SPE Prod. Eng.*, 2, 423-32.

Strickland, F.G. and Ren, N.-K. (1980) Use of differential strain curve analysis in predicting the in-situ stress state for deep wells, in *Proc. 21st US Symp. Rock Mech.*, Rolla, University of Missouri Publ., pp. 523-32.

Strickland, F.G., Feves, M.L. and Sorrells, D. (1979) Microstructural damage in Cotton Valley cores, in *Proc. SPE 54th Annual Tech. Conf.*, SPE Paper 8303, Las Vegas.

Teufel, L. W. (1982) Prediction of hydraulic fracture azimuth from anelastic strain recovery measurements of oriented core, in *Proc. 23rd US Symp. Rock Mech.*, Berkeley, SME/AIME, pp. 238-45.

Teufel, L.W. (1993) Determination of in situ stress from partial anelastic strain recovery measurements of oriented cores from deep boreholes, in *Lecture Notes of the Short Course in Modern In Situ Stress Measurement Methods at the 34th US Symp. Rock Mech.*, Madison, 19pp.

Teufel, L.W. and Farrell, H.E. (1990) *In situ* stress and natural fracture distribution in the Ekofisk field, North Sea. Sandia National Labs Report No.SAND-90-1058C.

Teufel, L.W. and Warpinski, N.R. (1984) Determination of in-situ stress from anelastic strain recovery measurements of oriented core: comparison to hydraulic fracture stress measurements, *in Proc. 25th US Symp. Rock Mech.*, Evanston, SME/AIME, pp. 176-85.

Thiercelin, M.J.et al. (1986) Laboratory determination of the in-situ stress tensor, in *Proc. Int. Symp. on Engineering in Complex Rock Formations*, Beijing, Pergamon Press, Oxford, pp. 278-83.

Voight, B. (1968) Determination of the virgin state of stress in the vicinity of a borehole from measurements of a partial anelastic strain tensor in drill cores. *Felsmechanik und Ingenieurgeologi*, 6, 201-15.

Walsh, J.B. (1965) The effects of cracks on the compressibility of rocks. *J. Geophys. Res.*, 70, 381-9.

Warpinski, N.R. and Teufel, L.W. (1989a) In situ stress measurements in nonmarine rocks. *J. Petrol. Tech.*, 41, 405-14.

Warpinski, N.R. and Teufel, L.W. (1989b) A viscoelastic constitutive model for determining in situ stress magnitudes from anelastic strain recovery of core. *SPE Prod. Eng.*, 4, 272-80.

Wolter, K.E. and Berckhemer, H. (1989) Time dependent strain recovery of cores from KTB-deep drilling hole. *Rock Mech. Rock Eng.*, 22, 273-87.

# ボアホールブレイクアウト法 8

## 8.1 はじめに

応力集中（stress concentration）によってボーリング孔や孔井の孔壁が破壊すると孔径が拡大し，その断面は円形ではなくなる．その断面の長径は概ね一定の方向を向いている．そのような孔径拡大区間はブレイクアウトとかブレイクアウトゾーンと呼ばれる．そのとき，ボーリング孔の短径はドリルビットの直径にほぼ一致する．通常，ブレイクアウトは原位置の最小水平応力方向に向かう直径の両端で起こると考えられるので，ブレイクアウトの方向からボーリング孔周辺の原位置の最大水平応力の方向を推定することができる（図8.1）．

ブレイクアウトはほとんどすべての種類の岩石に見られる破壊現象である．多くの調査によって，ひとつの孔井のなかで，あるいは特定の応力場の下にある複数の孔井のなかで，一定方位のブレイクアウトが発生することが確かめられてきた．個々の孔井の中の複数の箇所で計測ができること，多くの孔井があれば応力の地域的な特徴をチェックできることから，ブレイクアウト法は応力の方向を知るための方法として価値あるものである．それに加えて，地下3～4 kmの深度まで掘削される石油や地熱エネルギーの探査と生産のための孔井を利用することで，地震の発震機構から求められる5～15 kmの深部応力と，地表面近くで測定される応力の間のギャップを埋めるのに役立つ（Zoback et al., 1989）．

一般に，ブレイクアウトは原位置応力の大きさではなく方向を決定するために使われる．しかし，鉛直孔におけるブレイクアウトの形と深さが原位置の最大・最小主応力の大きさに依存することも分かってきた．このため，ボアホールブレイクアウトの幾何形状から原位置応力の大きさを評価できるということを一部の研究者が提唱している．しかし，ブレイクアウトの広がりは，温度変化や掘削流体の化学的な影響によ

## 8 ボアホールブレイクアウト法

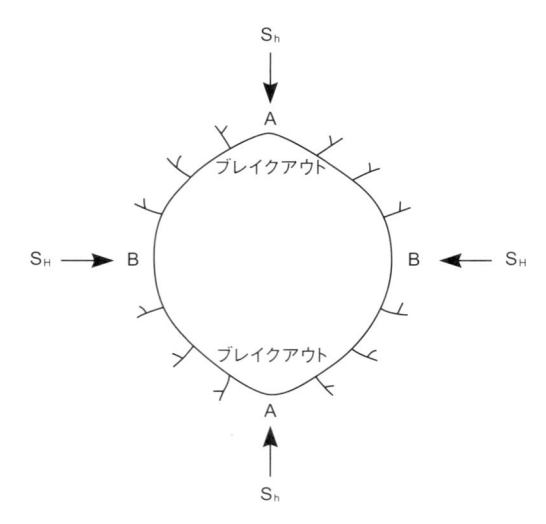

図8.1 水平主応力 $S_H$, $S_h$ が作用する鉛直孔のボアホールブレイクアウト．孔壁の接線応力はA点で最大，B点で最小

る岩盤強度の低下，特に軟岩や低固結岩において顕著な孔壁の崩壊などいろいろな現象に影響される．そのため，このアプローチの適用は慎重に行われる必要がある．また，ビット荷重の大小や掘削方法もブレイクアウトに影響を与える（Kuter, 1991）．さらに，Martin, Martino and Dzik（1994）は，その後の現場実験によってブレイクアウトの形状が孔径に影響され，孔径が大きくなるにつれてその長さと深さが増すことを示している．また，応力評価のためにブレイクアウトを用いる際には，ブレイクアウトとそれに似ている単なる孔径の拡大をはっきりと区別しなければならない（Dart and Zoback, 1987; Plumb and Hickman, 1985）．ブレイクアウトの幅と深さから応力の大きさを決定できるかどうかは，今日でもまだ疑問として残されている．

## 8.2 歴史

### 8.2.1 観測

応力を決定するためにブレイクアウトが利用できるということは，Leeman（1964）によって初めて報告された．彼は孔壁に生じる圧縮の応力集中が孔壁の崩壊を発生させるので，孔壁の崩壊の程度がボーリング孔に沿った地点の応力状態に関して定量的

8.2 歴史

な情報を与えると述べた．さらに Leeman（1964）は，破壊の生じた方向が孔井軸に直交する面内における最大主応力方向に直交することを示した．

Babcock（1978）はボーリング孔の変形と露頭で得られた亀裂マップの関係について議論した．また，Cox（1970）は深層ボーリング孔での高解像度のディップメータ検層*の観察を行なった．両者ともボーリング孔の長い区間にわたって断面の拡大が生じていること，また断面の長軸方向が一定であり地層の層序とは無関係であることを示した．このことを Babcock（1978）はドリルビットと既存の亀裂との相互作用（亀裂交差メカニズム）の結果として解釈したが，Bell and Gough（1979）は孔壁上で差応力が拡大してせん断破壊した結果として説明した．ブレイクアウトが特定の方位に集まって発生していることから，水平面内の主応力が等方的でないこと，岩がかなりのせん断強度（粘着力）をあらかじめ有していることが示されている．Gough and Bell（1982）は，孔壁の応力状態を決定するために Mohr-Coulomb の脆性破壊規準を適用し，せん断破壊によって孔径が 8〜10 % 拡大され得ることを見出した．

米国ニューヨーク州の Auburn 地熱井の掘削は，同一孔においてディップメータ検層とテレビュアーの両方を用いて応力方向に関する研究を行う初めての機会を提供した．Plumb and Hickman（1985）は，そのデータを用いてディップメータで記録された孔壁拡大がブレイクアウトによるものか亀裂交差メカニズムによるものかを調べ，ブレイクアウトと応力に関係しない孔壁拡大を判別する方法の改良を行なった．この孔井では 4 アームディップメータを用いた二回の検層が実施された．また水圧破砕による応力測定とテレビュアー検層が米国地質調査所によって実施された．それらの結果はそれぞれ Hickman, Healy and Zoback（1985）と Zoback et al.（1985）が報告している．テレビュアーとディップメータを比較した結果，30 cm 以上の区間長（ディップメータ装置の形状による制約）があれば両者とも孔壁の拡大方向は一致した．この結果を用いて，Plumb and Hickman（1985）はディップメータのキャリパー（孔径測定）検層からブレイクアウトの生じた区間を決定する際の基準を確立した．ディップメータのキャリパーデータと水圧破砕による原位置応力やテレビュアーによる自然亀裂の方向を比較したところ，孔壁の拡大は孔の中心に対称的に最小水平応力の方向に生じており，孔井と交差する天然亀裂とは関係しなかった（Plumb and Hickman, 1985）．ディップメータによる孔壁の拡大が最小水平応力の方向の推定に利用できること，またこれらの方向がテレビュアーで独立に決定された方向と整合して

---

＊訳注：孔壁の比抵抗分布から地層傾斜を測定する装置．今日では，8.3 節に述べられている FMS やその改良版の FMI などより分解能の高い装置が開発されている．これらの装置は孔壁に接触させる 4 本のアームを展開することでふたつの直交する直径で孔径を計測できる

いることから，Auburn 地熱井における検層と実験の結果は貴重な成果であった．

Dart and Zoback (1987) によって，原位置における最大・最小水平応力の方向を得る方法としてのブレイクアウト法の信頼性はさらに向上した．かれらは，北米大陸のなかで地質構造が異なる 15 の地域における 200 本以上の石油探査孔で実施された 4 アームディップメータ検層データからブレイクアウトを分析し，以下のような結論に達した．

(1) ブレイクアウトの断面は楕円形であり，その長軸は最小水平応力の方向に平行である
(2) ブレイクアウトはあらゆる岩種，あらゆる地質構造において認められる
(3) 同一の構造地域の中の孔井に発生するブレイクアウトは基本的に同じ方位角を持つ
(4) ブレイクアウトによって推定される応力の方向は，地震の発震機構や水圧破砕法のような他の方法で決定される方向と一致している．

Dart and Zoback (1987) も，実際のブレイクアウトと応力とは直接的な関係がない孔壁拡大を判別する必要性を強調している．例えば，軟岩や低固結岩におけるウオッシュアウト*，孔井傾斜に伴う孔径拡大**，掘削による孔壁の破壊（泥水圧による水圧破砕），垂直方向の天然亀裂の開口などがブレイクアウトと混同されやすい．ディップメータ検層データを調べることによってその判別ができる場合がある．

### 8.2.2 ブレイクアウト理論

Zoback et al. (1985) はブレイクアウトの位置と範囲を予測するために現在良く用いられている解析的方法を提案している．三次元の応力場の中にある線形弾性の等方連続体に穿たれた円孔周辺の応力は Kirsch 解を用いて求められる．その応力を粘着力と内部摩擦角で表わされる Mohr-Coulomb の破壊規準に導入する．このアプローチは 8.4 節のなかでさらに詳細に論議する．カリフォルニア州のサンアンドレアス断層近くの Cajon Pass 孔のブレイクアウトに関して，Vernik and Zoback (1992) はこの規準を異方性を持つ岩石中のブレイクアウトに適用し，このサイトの岩石の異方性はブレイクアウトにわずかな影響しか及ぼさないと結論づけた．しかしこの点を他の岩石や他の地質構造に一般化することはできない．

---

＊訳注：掘削泥水の循環によって固結度の低い岩石や水に反応する粘土層が洗掘され等方的に孔径が拡大すること
＊＊訳注：孔井傾斜部や傾斜が変化する部分でビットの重量が片側に寄ったりドリルパイプとの擦れが生じることで孔径が長円化すること

ボーリング孔の近くの過大な圧縮応力がせん断破壊を引き起こすと主張するZoback et al.（1985）のモデルに対し，Freudenthal（1977）は孔壁では伸びや引張り破壊が起きることを主張した．破壊が引張りモードであることは，Mastin（1984），Guenot（1989），Zheng, Kemeny and Cook（1989），Ewy and Cook（1990），Lee and Haimson（1993）さらに Haimson and Lee（1995）らも述べている．

Zheng, Kemeny and Cook（1989）は，岩石の引張りと圧縮強度を考慮した境界要素法を用いて，ボアホールブレイクアウトとそれに続く進行性破壊の過程についてシミュレーションを行なった．ボーリング孔表面における計算領域の境界は，孔壁まわりの破壊した部分を取り除くことによって更新される．Zheng, Kemeny and Cook（1989）は，ブレイクアウトは成長するにつれ深くはなるが広くはならないこと，そして結局安定したとがったV字型に落ち着くことを予測した．

また，損傷モデルを用いて破壊の進行を予測することができる（Onaisi, Sarda and Bouteca, 1990；Rutqvist et al., 1990）．Rutqvist et al.（1990）が用いた連続体損傷モデルでは，損傷面あるいは局所的な損傷帯の進展としてボアホールブレイクアウトをシミュレートした．このような損傷面はブレイクアウトに関連した破砕に引き続いて進展することが見出されている．連続体損傷モデルは，ブレイクアウトが孔壁で発生して岩盤中を最小圧縮応力の方向に進展していくことを予測する．

### 8.2.3 室内実験

ボアホールブレイクアウトの室内実験は多数行われている．Haimson and Edl（1972）は，三軸セルの中に置いた乾燥したベレア砂岩の中空円筒供試体に，側圧を軸対象に，またそれと独立に軸応力を加える実験を行なった．ブレイクアウトはボーリング孔の円周に沿って広がり，側圧の増加とともにその深さが明瞭に増加することが観察された．Mastin（1984）は，同じ種類の岩石を一軸状態で圧縮し，ボアホールブレイクアウトの発生においては引張り破壊が重要なメカニズムを果たしていることを見出した．さらに，ブレイクアウトの幅が最終的な破壊深さに関係なく基本的に一定であるという重要な知見を得た．

Haimson and Herrick（1985, 1986）は，インディアナ石灰岩の立方体ブロックを用いて，ブレイクアウトの形成と応力条件の関係を検討するための一連の実験を行なった．破壊後の薄片観察により，ブレイクアウトの主要なメカニズムは孔壁に沿った表面の引張り破壊であり，それは半径方向のせん断破壊に起因していることが見出された．また，ブレイクアウトの深さと幅は最小主応力の大きさに比例していることが見出された．

また，堆積軟岩の物性を模した大きな立方体の供試体について一連のブレイクアウトのモデル実験が行われ，多くの条件下ではボーリング孔の破壊は狭い領域に集中した．中間主応力方向に平行なせん断破壊に起因していることが明らかになった（Maloney and Kaiser, 1989）．この研究では，破壊プロセスがいくらかの伸びを伴う浅いせん断面の交差によって引き起こされることが示唆された．

Santarelli and Brown（1989）と Ewy and Cook（1990）は，砕屑岩の厚肉中空円筒供試体を用い，中央の空洞まわりの試料の弾性および非弾性変形や破断・破壊現象を注意深く計測・観察するための一連の実験を行なった．これらの中空円筒供試体実験により，中空部分の周りの岩石の弾性的な挙動が，破壊の発生や孔壁から離れた箇所の剛性の増加に特に重要であることが明らかになった（Santarelli and Brown, 1989; Santarelli, Brown and Maury, 1986）．多くの場合，砕屑岩の変形は空隙や亀裂が塑性的に閉じることから始まり，次に弾性変形，そしてマイクロクラックの進展へと続く．巨視的な破壊は，マイクロクラックが増大し，それらが進展し，さらに集中して連続することによってもたらされる．素掘りの孔井のまわりでは，このようなマイクロクラックが孔壁にほぼ平行に割れ目を形成し，雁行状の配列となって孔壁周辺に出現する．そして，ほぼ一様な厚さの板状に壁面から剥離し，三角形のとがった破壊域を形成する．このような亀裂の発生・成長とそれらの間の相互作用は，Ewy and Cook（1990）の実験で明確にされた．

Lee and Haimson（1993）と Haimson and Lee（1995）は，カナダの地下研究施設（URL）における Lac du Bonnet 花崗岩のブレイクアウト*を実験室でシミュレートした．いずれの実験とも，花崗岩の立方供試体に三次元の応力を加たが，Lee and Haimson（1993）の実験ではあらかじめ掘削された供試体に応力が加えられたのに対して，Haimson and Lee（1995）の実験では実際の現場の応力経路に合わせて応力を加えた後に供試体を掘削している．ブレイクアウトの範囲と形状（深さと幅）が薄片観察によって解析された．

Lee and Haimson（1993）の実験はいくつかの重要な現象を明らかにした．まず，結晶質岩石ではブレイクアウトが最小水平応力の方向に生じることが確認された．さらに，伸長性の亀裂が生じることがブレイクアウト開始の基本的なメカニズムであり，生じたクラックで分離された岩片が次第に剥離して最終的な V 字形の断面形状に至ることが見出された．第三に，ブレイクアウトが始まる最大水平応力の大きさは，最小水平応力の大きさに比例して線形に増加することがわかった．さらに，鉛直応力と

---

＊訳注：URL の円形坑道の周辺にブレイクアウトに類似した破壊が生じている

最小水平応力を固定した場合のブレイクアウト深さと幅も，最大水平応力の大きさに比例して線形に増加することがわかった．Lee and Haimson (1993) が述べている通り，この最後の結論はブレイクアウトの形状から原位置応力の大きさを評価することができることを示唆している．

Haimson and Lee (1995) のその後の実験では，破壊の進展をより精密に解釈するために，ブレイクアウト発生からその後1時間にわたって Acoustic Emission (AE) 信号を計測している．また，ボーリング孔に直交する複数の断面や，最大・最小応力に平行な鉛直断面においてコアの薄片が作成されている．

Haimson and Lee (1995) の実験結果から，これまでに報告されていた多くの傾向が実証され，コアディスキング現象（2.11節参照）と孔壁の破壊との関連についてもさらに知見が得られた．特に，花崗岩に見られる V 字形のブレイクアウトの広がりは堆積岩よりも小さいことが明らかになった．ブレイクアウトに及ぼす応力履歴の影響は明確には認められなかった．一方で，最大応力の方向に岩片が引き剥がされ，それが座屈し，片持ち梁となって V 字形状が形成されていく破壊現象を実験結果はうまく模擬している．また，ブレイクアウトの深さと周上の角度はいずれも作用している応力レベルに依存していたので，原位置応力の方向と大きさを決定する際の制約条件として利用できることが分かった．しかし，室内実験では孔径が小さいことからみかけの岩石強度が大きくなるため，実験で得られた条件をそのまま原位置へ適用するのは困難である．また，Haimson and Lee (1995) の実験では，コアディスキングが発生する応力レベルがブレイクアウトが生じる応力より小さいことがわかり，両者を併用することによって原位置の応力レベルの範囲を決めることができることを明らかにした．

### 8.2.4 最近の発展

ボアホールブレイクアウト法は，あらゆる深度，あらゆる地質条件，特に直接の測定が難しい大深度において，原位置応力の方向を評価することができる有望な技術となっている．ボアホールブレイクアウトの解析は，以下のような大陸深部掘削計画においてルーチンワークとして取り入れられている．

(1) 南カリフォルニアのサンアンドレアス断層の近くに位置する Cajon Pass 孔井 (Shamir and Zoback, 1992; Vernik and Zoback, 1992)

(2) ドイツの Bavaria 北東部の大陸深部掘削計画（KTB）(Baumgirtner et al., 1993; Te Kamp, Rummel and Zoback, 1995)

(3) スウェーデンの先カンブリア期の岩石中の深部地球ガス研究ためのボーリング

孔(Stephansson, Savilahti and Bjarnason, 1989).

米国ワシントン州のHanfordサイトでも，深部に埋没された玄武岩質溶岩を貫くボーリング孔において，応力の方向を知るためにブレイクアウト法が使われた．これらのプロジェクトの多くにおいて，ブレイクアウトとともに水圧破砕法のような他の応力計測法が併用された．また，深海掘削計画(ODP: Ocean Drilling Project)(訳注：今日の統合深海掘削計画(IODP)の前身)のような大深度掘削プロジェクトにおいても，海洋地殻の応力の方向と大きさを求めるためにブレイクアウトが適用されている(Moos and Zoback, 1990; Kramer et al., 1994).

多くの研究では，ブレイクアウトの発生とその方向は，単に大規模なテクトニクスと広域の応力場によって決定されると考えられている．一方で，少数の研究者はブレイクアウトの方向と大きさに及ぼすローカルな地質構造の影響について議論している(Aleksandrowski, Inderhaug and Knapstad, 1992; Brereton and Müller, 1991; Cowgill et al., 1993; Zoback et al., 1989). 結晶質岩中において低い応力レベルで観察された小さなブレイクアウトは，断層や亀裂密集帯に限定されることが明らかになった(Koslovsky, 1987; Stephansson, Savilahti and Bjarnason, 1989; Vernik and Zoback, 1992).

カナダのURLの建設とそこでの研究活動は，実験室と原位置のボアホールブレイクアウト研究のユニークな機会を提供した．Martin, Martino and Dzik (1994) は，部分的に破砕が見られるLac du Bonnet花崗岩のブロックに，直径5〜103 mmの孔をあけて一連の一軸載荷試験を実施した．その結果によれば，直径20 mm未満の小孔の場合には，ブレイクアウトを引き起こすために必要な孔壁の接線応力は，標準の一軸圧縮試験による圧縮強度のおよそ1.5〜2.5倍であることが明らかになった．また，直径が75 mmより大きくなると強度の寸法効果がなくなることも確かめられた．Martin, Martino and Dzik (1994) の実験で観察された小孔における圧縮強度の明らかな増加は，さまざまな岩石について多くの研究者が報告しているように非常に興味深い点である(11.2.3項参照).

強度の寸法効果を調べるため，Martin, Martino and Dzik (1994) は，URLの実験室の床に掘削された直径75，150，300，600，1250 mmの鉛直孔および3500 mmの直径で掘削された試験坑道の天端と踏前におけるブレイクアウト現象を解析した．かれらはブレイクアウトがボーリング孔の掘削や坑道の掘削と同時に発生していること，試験坑道の掘削中に記録された微小地震の活動はブレイクアウトが発生した坑道の壁面近傍に集中することを報告している．また，Martin, Martino and Dzik (1994) は，実験室と原位置のデータの比較から強度に関して一定の寸法効果が見られたことによ

り，部分的に破砕された Lac du Bonnet 花崗岩のような岩石においては実験室と原位置の強度の寸法効果は必ずしも一様ではないとの結論を導いた．その後，Martin (1995) はこの違いを実験室と原位置の載荷履歴の差によるものとしている．

## 8.3 方法，装置，手順

ボーリング孔の孔径拡大方向は，光学式のボアホールカメラ，機械式の3または4アームのディップメータ，音響式の装置（ボアホールテレビュアー），比抵抗検層器（マイクロスキャナーあるいは FMS）によって測定することができる．

ボアホールカメラと3アームキャリパー検層は，セントラライズ（訳注：ツールを孔井の中心に置くこと）と崩壊部分の深さの測定精度の問題が常に付きまとうため，ブレイクアウトの解析のためのデータとしては最低限の要求しか満たしていない．ボーリング孔の形状があまり不規則でないならば3アームキャリパーのデータは信頼できるが，円筒状の孔でない場合には孔壁とアームの接触不良が起こり得る (Cox, 1970)．4アームディップメータは2組のアーム間で直交する2方向の直径を測る．これは確実な技術で大深度にも適用でき，評価方法も確立されている．キャリパー検層はもともと石油産業においてセメンチングとケーシングのために孔内状況を評価するための装置として開発されたもので，石油やガスの分野では多量のデータが得られている．キャリパー検層の主な欠点は，ブレイクアウトの詳細な形状に関する情報が得られないということである．他方，音響的方法や高解像度のマイクロ比抵抗法，特に最新の FMS はブレイクアウト解析のためにすばらしいデータを提供している．4アームディップメータ，テレビュアー，FMS の基本的な原理と特徴を以下に述べる．

### 8.3.1 ディップメータ

ディップメータ（dipmeter）はボーリング孔に交差する層理面の傾斜方向を測定するために設計された検層器である．それは4つかそれ以上の平面電極パッドを孔壁に押し付け，岩の比抵抗を深度方向に連続的に測定するものである．4つのアームとパッドを備えたディップメータの例を図 8.2 に示す．パッドは任意の力でボーリング孔壁に押しつけられ，岩石の電気伝導率に依存する比抵抗を測定する．参照パッド（パッド1）は地磁気によって方位が定められ，パッド1と3およびパッド2と4の間のキャリパーでボーリング孔の直交するふたつの直径を別々に測定する．この検層器によってボーリング孔の鉛直からの偏角をすべての深度で決定できる．

4アームディップメータの測定はウィンチによってプローブをボーリング孔の上へ

8 ボアホールブレイクアウト法

引き上げながら行われる．プローブを上へ巻き上げるにつれてケーブルのねじりと張力によってプローブが回転する．プローブが 90°回転する間に当該深度区間のボーリング孔の形状が記録される．地表面に近くなるにつれてケーブルのねじりは少なくなり，90°回転する間の深度区間が長くなる．これによってブレイクアウトの方向を決定する精度も低下する．

### 8.3.2 テレビュアー

ボアホールテレビュアー（borehole televiewer）はボーリング孔壁の連続した定方位の超音波画像を得ることができるワイヤーライン式の検層器である（Zemanek et al., 1970）．ボアホールテレビュアーの発信器はモーター駆動の軸に取り付けられボーリング孔の壁を向いている．発信器は毎秒およそ 3 回の速度で回転しながら，毎秒 1800 回の超音波（約 1.2 MHz）パルスを発生する．このプローブは標準的なワイヤラインケーブルで毎分 1.5 m の速度で巻き上げられる．発信器に戻ってきた反射信号は輝度を調節した上地表の CRT 上に表示され，超音波パルスの往復時間と振幅が測定される．明るい像は反射が強いことを示し，暗い像は超音波が散乱・吸収されたことを示す．プローブが巻き上げられるにつれ連続した像が CRT 上に現れる．この画像は写真に撮られ，フラックスゲート磁力計の記録とともに未処理の音響信号が後の処理のためにビデオテープに収録される（訳注：今日ではすべてデジタル記録されている）．

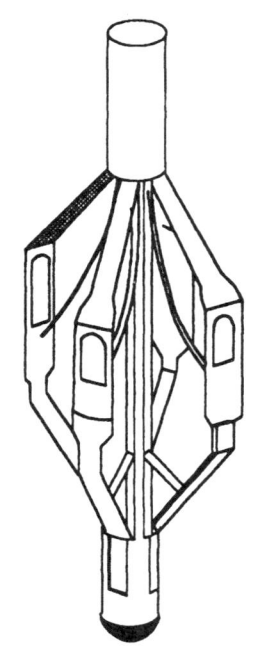

図 8.2 ボアホールブレイクアウトを検出するための 4 本アーム式ディップメータ

ボアホールテレビュアーの特徴的なパターンは，亀裂，空隙，ウォッシュアウトその他の孔壁の特徴を反映している．天然の亀裂や節理はボアホールテレビュアー上ではサインカーブとして現われ，それによって走向・傾斜が決定される（Barton et al., 1991）．図 8.3 に示されるテレビュアー記録の低反射率（暗い帯）の部分は，ボーリング孔の拡大やブレイクアウトに対応している．

### 8.3.3 FMS

シュルンベルジェ社が開発した FMS（formation microscanner）は，ボーリング孔壁の高解像度の比抵抗イメージや地質構造を反映した像を提供し，それを用いて層

8.3 方法，装置，手順

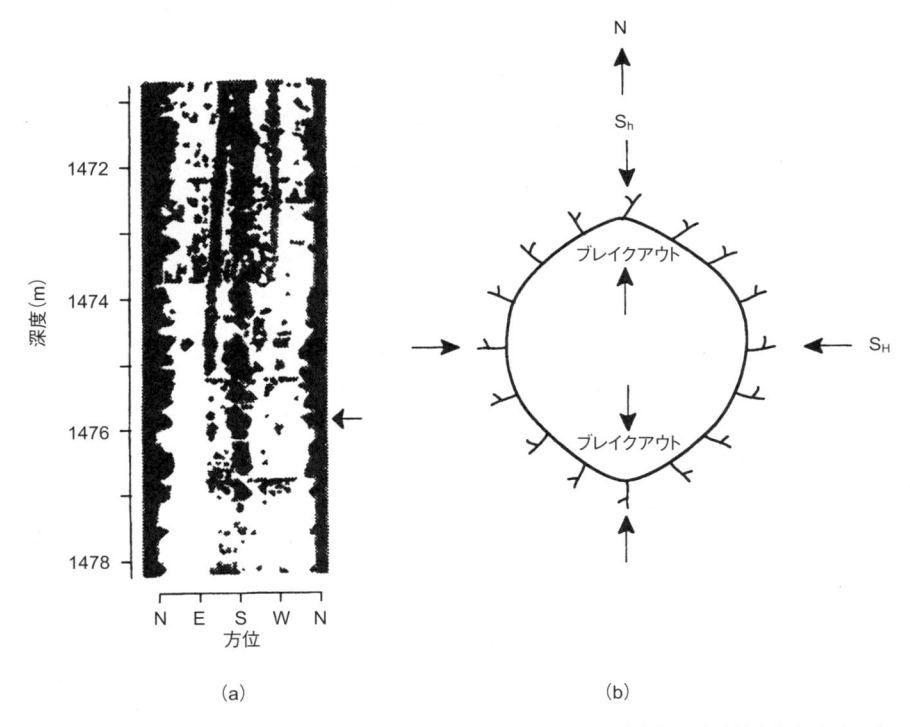

図8.3 (a) Auburn孔井におけるボアホールテレビュアーの記録．暗色部は孔壁拡大またはブレイクアウトを示している．(b) ボアホールテレビュアーの走時から得られた深度1475.8 m（図8.3a矢印）のブレイクアウトの断面形状．水圧破砕試験による水平面内の主応力方向を示す．(Hickman, Healy and Zoback, 1985)

位学的な構造解釈や亀裂，ブレイクアウトの方向が決定される．その装置にはボーリング孔壁に押しつけられる4つの直交するパッドがあり，その上にそれぞれ16のボタン状電極が装着されている．ボタン電極に流れる収束電流の大きさが，地層の微細な比抵抗の変化を反映した一連の曲線として記録される．測定された電流の強度はアナログまたはデジタル処理によって孔壁全体の定方位画像に変換される．黒く表示されるのは最も低比抵抗の部分，白は最も高比抵抗の部分に対応する．FMS画像はコアと検層深度の詳細な対比，コアの方位決定，亀裂，葉状構造，断層，地層構造のマッピング，さらにはそれらの走向・傾斜の決定などに適用できる．FMS検層による高解像度の画像は検層記録の解釈のための新しいアプローチをもたらし，ボアホールブレイクアウトの定量的な解釈に役立っている．

407

## 8.4 ブレイクアウトの理論

　Bell and Gough（1979）と Gough and Bell（1982）はブレイクアウトの形成について初めて解析を行ない，ブレイクアウトが孔壁上の最小主応力方向を向いた領域（圧縮の応力集中が最も大きい部分）で発生すると予測した．かれらはブレイクアウトが局所的な圧縮せん断破壊によって起こることを示し，破壊域の断面形状が共役の平らなせん面で囲まれた三角形になることを予測した．それらのせん断面はボーリング孔の円周に接し，$\pi/4-\phi/2$ の角度で最大主応力の方向と交わっている．ここで $\phi$ は岩石の内部摩擦角である．1980年代初期には，ボアホールブレイクアウトに関する情報は主に4アームキャリパー検層に頼っていた．この装置は直交するふたつの直径のみを測定するもので，ブレイクアウトの詳細な形状に関する情報は得られない．その後，ボアホールテレビューアーとFMSが用いられ，ボアホールブレイクアウトの発生と破壊モードを説明するよりよい理論の登場が待たれた．以下では，まず Zoback et al.（1985）の理論的なモデルを紹介し，次いで Singh and Digby（1989a, b）の連続体損傷モデルを紹介する．両方のモデルともブレイクアウトの発生，成長，形状を予測することができる．

　無限遠方から水平面内の最小主応力 $S_h$ と最大主応力 $S_H$ が作用している，均質・等方・線形弾性の岩盤の中にある鉛直の円孔を考える．Kirsch 解（Jaeger and Cook, 1976）によると，ボーリング孔周辺の水平面内の点 $(r, \theta)$ における応力成分は以下のようになる．

$$\sigma_r = \left(1-\frac{R^2}{r^2}\right)\frac{(S_H+S_h)}{2} + \left(1+3\frac{R^4}{r^4}-4\frac{R^2}{r^2}\right)\times\frac{(S_H-S_h)}{2}\cos 2\theta + \Delta P \frac{R^2}{r^2} \quad \text{式 (8.1)}$$

$$\sigma_\theta = \left(1+\frac{R^2}{r^2}\right)\frac{(S_H+S_h)}{2} - \left(1+3\frac{R^4}{r^4}\right)\times\frac{(S_H-S_h)}{2}\cos 2\theta - \Delta P \frac{R^2}{r^2} \quad \text{式 (8.2)}$$

$$\tau_{r\theta} = -\left(1-3\frac{R^4}{r^4}+2\frac{R^2}{r^2}\right)\frac{(S_H-S_h)}{2}\sin 2\theta \quad \text{式 (8.3)}$$

ここに，$\sigma_r$：半径方向応力，$\sigma_\theta$：円周方向応力，$\tau_{r\theta}$：接線方向のせん断応力，$R$：ボーリング孔の半径，$r$：ボーリング孔中心からの距離，$\theta$：$S_H$ 方向からの角度，$\Delta P$：間隙水圧と孔内水圧の差である．$\theta=90°$ と $270°$ の最小水平主応力方向の孔壁面では，応力集中のために共役面に沿ってせん断破壊が起こる．このような潜在的な破壊面に働くせん断応力と垂直応力の大きさが，半径 $r$ と角度 $\theta$ の関数になっている点は重要

## 8.4 ブレイクアウトの理論

である．

ここで，孔壁近くの岩が Mohr-Coulomb の破壊規準に従うと仮定する．また，点 ($r$, $\theta$) において最大および最小主応力は水平面内にあり，破壊面は鉛直の孔井軸と平行であるとする．岩石の摩擦係数を $\mu = \tan\phi$（$\phi$ は内部摩擦角），粘着力を $C$ とすると，Mohr-Coulomb の破壊規準による破壊面上のせん断応力 $\tau$ と有効垂直応力 $\sigma$ は次のような関係がある：

$$|\tau| = C + \mu\sigma \qquad \text{式 (8.4)}$$

式 (8.4) を変形すれば，破壊時の粘着力は $\mu$ と $\sigma_r$，$\sigma_\theta$，$\tau_{r\theta}$ の応力成分により以下のように表わされる：

$$C = (1+\mu^2)^{1/2}\left(\left(\frac{\sigma_\theta - \sigma_r}{2}\right)^2 + \tau_{r\theta}^2\right)^{1/2} - \mu\left(\frac{\sigma_\theta + \sigma_r}{2}\right) \qquad \text{式 (8.5)}$$

式 (8.1)〜(8.3) を式 (8.5) に代入すると，粘着力は $r$ と $\theta$ と水平主応力 $S_h$，$S_H$ で表すことができる．逆に，主応力 $S_h$ と $S_H$，粘着力 $C$，内部摩擦係数 $\mu$ が与えられれば，せん断破壊が起こるブレイクアウトの範囲を決定することができる．数値実験の例として，$S_H = 45$ MPa，$S_h = 30$ MPa（$S_H/S_h = 1.5$），$\mu = 1.0$，$C = 12.5$ MPa，$\Delta P = 0$ のケースを考える．図 8.4a はせん断破壊が起こり得る共役面を示している．岩石のせん断強さが実際に発揮される範囲（ブレイクアウトゾーン）の大きさは図 8.4b に示される．

Zoback et al. (1985) は $\Delta P = 0$ を仮定して数値解析を実施した．それによれば，$\mu$ と $C$ を一定にして水平応力比 $S_H/S_h$ を 3 まで増やすとブレイクアウトが顕著に，より鋭角になっていく．同じように応力比と $C$ を一定にすると，$\mu$ が大きくなればブレイクアウトは小さくなっていく．さらに，応力比と $\mu$ を一定にすると，$C$ が小さくなればブレイクアウトはより深く広くなっていく．

この理論はブレイクアウトの初期形状を岩石の粘着力，摩擦係数，過剰間隙水圧によって記述する一般問題へ拡張することができる．ブレイクアウト発生領域が孔壁に交わる点 ($R$, $\theta$) の角度を $\theta_b$ とする（図 8.4b）．その点のせん断強度は $C(R, \theta_b)$ で表わされる．また，ブレイクアウトが最も深くなる角度 $\theta = \pi/2$ の楔型の一番奥までの半径を $r_b$ とする（図 8.4b）．その点のせん断強度は $C(r_b, \pi/2)$ となる．孔壁近傍で $\sigma_\theta$ が常に $\sigma_r$ より大きくなるように $\Delta P = 0$ で水平応力比 $S_H/S_h \leq 3$ と仮定すれば，$C(R, \theta_b)$ と $C(r_b, \pi/2)$ は式 (8.1)〜(8.3) と式 (8.5) を用いて次のように表すことができる：

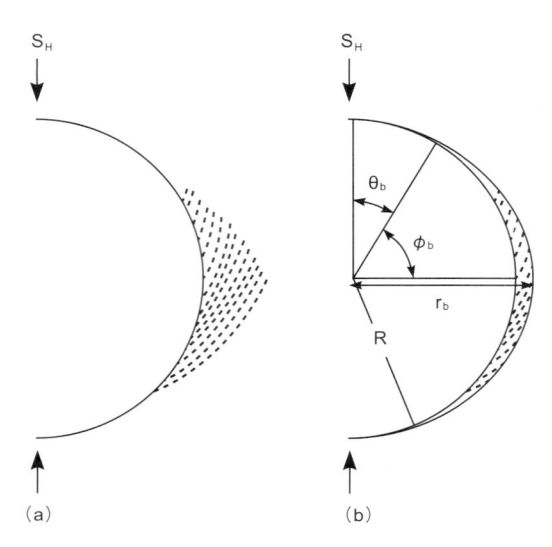

図 8.4 (a) 孔壁沿いの潜在的なせん断破壊面の方向. $S_H$=45 MPa, $S_h$=30 MPa, $\Delta P$=0, $\mu$=1.0 の場合. (b) $C$=12.5 MPa の時の破壊領域. $\theta_b$, $\phi_b$, $r_b$ は文中に記述 (Zoback et al., 1985)

$$C(R, \theta_b) = 0.5(aS_H + bS_h)$$
$$C(r_b, \pi/2) = 0.5(cS_H + dS_h) \qquad 式\ (8.6)$$

ここで,

$$a = [(1+\mu^2)^{1/2} - \mu][1 - 2\cos 2\theta_b]$$
$$b = [(1+\mu^2)^{1/2} - \mu][1 + 2\cos 2\theta_b]$$
$$c = -\mu + (1+\mu^2)^{1/2} - \frac{R^2}{r_b^2}[(1+\mu^2)^{1/2} + 2\mu] + 3\frac{R^4}{r_b^4}(1+\mu^2)^{1/2}$$
$$d = -\mu - (1+\mu^2)^{1/2} - \frac{R^2}{r_b^2}[3(1+\mu^2)^{1/2} + 2\mu] - 3\frac{R^4}{r_b^4}(1+\mu^2)^{1/2} \qquad 式\ (8.7)$$

である.

ある粘着力 $C$ が与えられた時のブレイクアウトの形状を考える. すなわち $C(R, \theta_b) = C(r_b, \pi/2) = C$ とする. 式 (8.6) を解いて $S_h$ と $S_H$ を求めると次のようになる.

$$S_H = 2C\frac{d-b}{ad-bc}$$

## 8.4 ブレイクアウトの理論

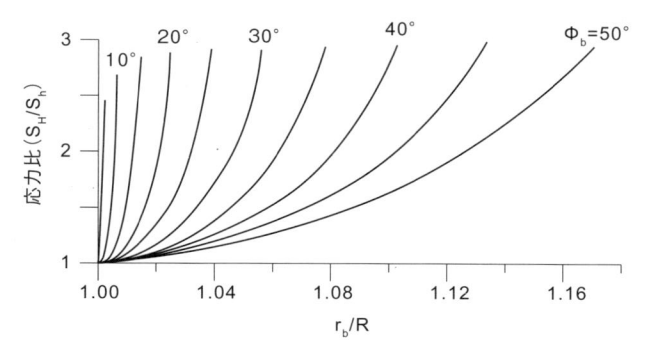

図 8.5 $r_b/R$ に対する応力比 $S_H/S_h$ の関係．$\mu=0.6$，$\Delta P=0$ としブレイクアウト角 $\phi_b$ を 5° から 50° まで変化させている（Zoback et al., 1985）

$$S_h = 2C\frac{a-c}{ad-bc}$$

$$\frac{S_H}{S_h} = \frac{d-b}{a-c}$$ 式（8.8）

　図 8.5 は原位置の水平応力比 $S_H/S_h$（$C$ とは無関係）と $r_b/R$ の関係をさまざまな $\phi_b$ について示したものである．ここに，$\phi_b$ は図 8.4b に示すようにブレイクアウト角の 1/2 で $\phi_b=\pi/2-\theta_b$ である．摩擦係数 $\mu$ は 0.6 としている．図 8.5 は $S_H$ と $S_h$ が等しいときには破壊が発生しないことを示している．また $S_H/S_h$ が増加するにつれブレイクアウトはより深く，より広くなる．原位置の水平応力比が 3 に達して，$\phi_b$ が 50°（$\theta_b=40°$）の場合でも，ボーリング孔の半径はせいぜい 15 % 程度しか増加しないことがわかる．

　ブレイクアウトの発生に関する上記の理論は，多くのボアホールで観察される広くて底の浅いブレイクアウトを説明することができるが，より深いブレイクアウトを説明することはできない．以上の解析においては，孔内水圧は間隙水圧に等しい（すなわち $\Delta P=0$）と仮定している．Zoback et al. (1985) の解析によれば，孔内水圧が増加する（$\Delta P>0$）とブレイクアウトが実質的に小さくなる．その反対に孔内水圧が減少する（$\Delta P<0$）と予想通りブレイクアウトが大きくなる．$\Delta P$ がブレイクアウトの大きさと形状に強い影響を及ぼすことは，孔壁の近くの破壊面に作用する法線方向応力が変化することによる．頁岩やシルト岩のような低粘着力の岩石を掘削するとき，孔壁の安定のために高密度の添加剤を用いて掘削泥水を高比重にすることは，正の $\Delta P$ が崩壊を防止している実例である．

上記の理論は最初に発生したボアホールブレイクアウトのサイズと形状を説明しており，数値計算結果はブレイクアウトが深くはなっても広くはならないことを示している．しかし，この理論では崩壊した孔壁周辺の岩の非弾性変形や応力再配分を考慮できない．さらに，二次的な亀裂の進展による時間依存の効果や，循環泥水と地層との温度差によってブレイクアウトが進展する可能性も考えられる．Zoback et al. (1985) は，応力比 $S_H/S_h$ が 3 以上（$\sigma_\theta < \sigma_r$ となる領域が生じる）で $\Delta P \neq 0$ としてこれらの問題に対する一般解を見出した．

ボアホールブレイクアウトに関する実験的な研究（Ewy and Cook, 1990, その他）によれば，破壊の平均的なプロセスは岩石の剛性が低下することで表現できる．破壊は図 8.6 に示すように進展する．ボアホールブレイクアウトがマイクロクラックの成長と連結によると仮定し，『損傷』と呼ばれる連続場の変数を導入することによって進行性破壊のプロセスを定量化することができる．『損傷』は岩石内部の劣化の状態を表す連続量とみなされる．Rutqvist et al. (1990) も同様のアプローチを用いて損傷面の進展や局所化によってブレイクアウトをシミュレートする予測モデルを示した．このモデルは Singh and Digby (1989a, b) の連続体損傷モデルに基づいている．この連続体損傷モデルにより，平面ひずみの圧縮や引張り応力下に置かれた脆性岩石の亀裂の成長による進行性破壊と損傷の累積および局所化をシミュレートすることができる．

連続体損傷モデルは，円盤状のマイクロクラックの空間配置によって変化する損傷ベクトルを用いても定義することができる．損傷ベクトルは対象材料の状態を記述する内部変数であり，ベクトルの大きさはその方向のクラックの数に依存する．このモデルには，塑性理論における降伏面の概念と同様の損傷面と，ひずみの形で定式化された損傷成長関数を定義する必要がある．損傷成長関数が『降伏関数』を上回るとき損傷が成長する．亀裂が成長すると同時に損傷面が顕在化するので，損傷を受けた材料の剛性は変化し，新たなコンプライアンステンソルが決定される．

Singh and Digby (1989a, b) の連続体損傷モデルでは，損傷は非可逆的であること，除荷時は損傷がなく完全弾性であること，損傷面は放物線状で異なる方向への損傷の進行は独立していることが仮定されている．連続体損傷モデルに必要な入力パラメータは，(1) 健全な状態での岩のヤング率とポアソン比，(2) 亀裂が閉塞する臨界応力，(3) せん断と引張りのそれぞれでどのように損傷が発生するかを記述するパラメータと損傷の成長速度，(4) 材料の中に初めから存在している損傷，である．Singh and Digby (1989a) は，それらのパラメータを決定する方法と連続体損傷モデルの詳細な誘導手順を示している．

## 8.4 ブレイクアウトの理論

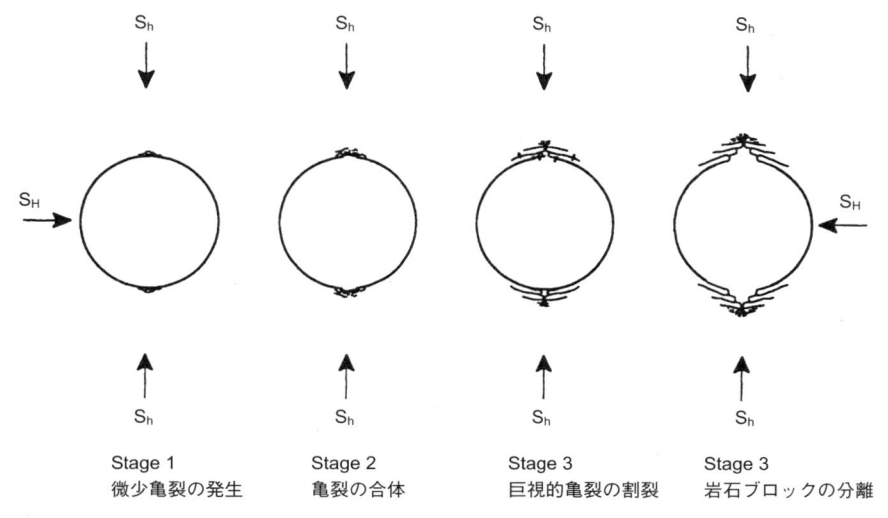

図 8.6 ボアホールブレイクアウトの進行

Stage 1 微少亀裂の発生
Stage 2 亀裂の合体
Stage 3 巨視的亀裂の割裂
Stage 3 岩石ブロックの分離

　Rutqvist et al.（1990）は，硬い結晶質岩のボアホールブレイクアウトをシミュレートするために，有限要素法のコードに Singh and Digby（1989a）の連続体損傷モデルを導入した．原位置の水平応力 $S_H$ と $S_h$ を与え，孔壁に作用する内圧はゼロの平面ひずみ条件で，孔径 200 mm の鉛直孔におけるブレイクアウトの発生の予測がなされた．この数値シミュレーションでは，水平応力比 $S_H/S_h$ =1.5 で一定のまま外部境界の応力を段階的に増加させることでマイクロクラックを進展させた．岩石は，ヤング率 65 GPa，ポアソン比 0.26 の均質等方な線形弾性体と設定され，損傷モデルに含まれるその他のパラメータは花崗岩コアの一軸圧縮試験を数値解析で再現することにより得られた．岩石の一軸圧縮強度は 145 MPa であった．解析結果を図 8.7 と図 8.8 に示す．

　上述の載荷条件で行った最初の 7 段階までは破壊の発生の兆候は見られなかった．最大，最小応力が $S_H$=72 MPa と $S_h$=48 MPa に達した第 8 段階目に最初の微小破壊が発生した．この状況は孔壁に接するふたつの要素の中の損傷面として図 8.7b に図示されている．これらの損傷面は，マイクロクラックがその面に平行な両方向に成長していくことを示している．図 8.7a の応力コンターは，微小破壊が最も応力集中している領域で始まることを示している．この領域の最大圧縮応力は岩石の一軸圧縮強度（145 MPa）より小さい 130 MPa であった．

## 8 ボアホールブレイクアウト法

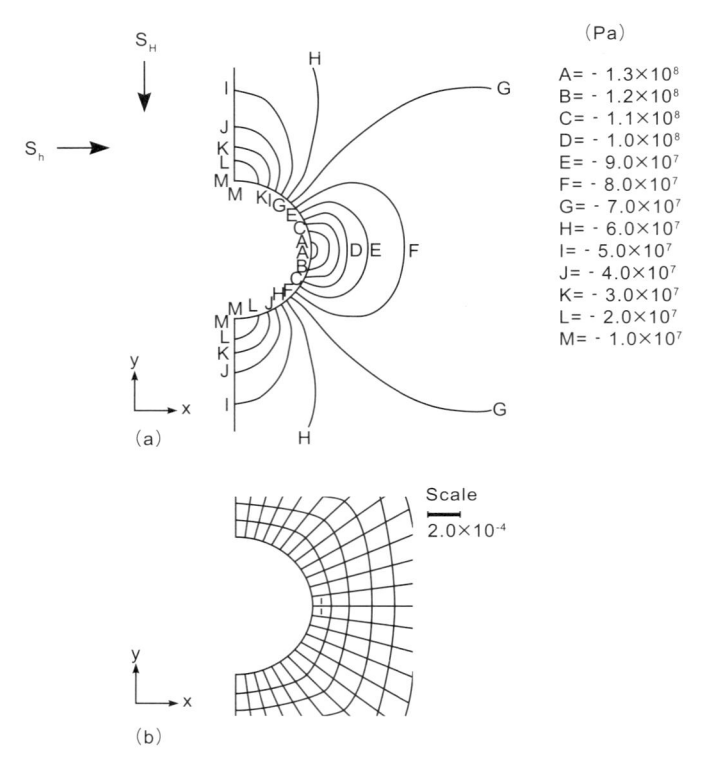

(Pa)
A = −1.3×10⁸
B = −1.2×10⁸
C = −1.1×10⁸
D = −1.0×10⁸
E = −9.0×10⁷
F = −8.0×10⁷
G = −7.0×10⁷
H = −6.0×10⁷
I = −5.0×10⁷
J = −4.0×10⁷
K = −3.0×10⁷
L = −2.0×10⁷
M = −1.0×10⁷

図 8.7 損傷モデルによるブレイクアウトのシミュレーション．8 ステップ目で $S_H=72$ MPa, $S_h=48$ MPa の時の解析結果．(a) 応力コンター（圧縮を負）(b) 2 つの要素に発生した損傷面 (Rutqvist et al., 1990)

　第 11 段階の載荷ステップ（$S_H=97$ MPa, $S_h=64$ MPa）では，孔壁の 4 つの要素が帯状に軟化し，マイクロクラックが増加・集中することによって巨視的な破壊が発生している．最大圧縮応力 $S_H$ に平行に伸びる引張り破壊によって自由面が形成され，それに接する岩が分離して脱落する．

　最後に，第 13 段階（$S_H=114$ MPa と $S_h=75$ MPa）では，ボーリング孔周辺に破壊域が成長する（図 8.8b）．最も応力が集中する領域は，孔壁から離れて破壊域後方の岩の内部に移動する（図 8.8a）．この時の最大圧縮応力は岩石の一軸圧縮強度よりかなり高くなっている．図 8.8b のふたつの黒く示される要素の損傷の大きさは，事前に定義された値を上回っている．第 16 段階のシミュレーションが終了した時，完全に破壊した要素が局所的に損傷した要素に囲まれて脱落するブレイクアウトの特徴的

8.4 ブレイクアウトの理論

(Pa)
A= -2.0×10⁸
B= -1.8×10⁸
C= -1.6×10⁸
D= -1.4×10⁸
E= -1.2×10⁸
F= -1.0×10⁸
G= -6.0×10⁷
H= -5.0×10⁷
I= -4.0×10⁷
J= -2.0×10⁷

(a)

(b)

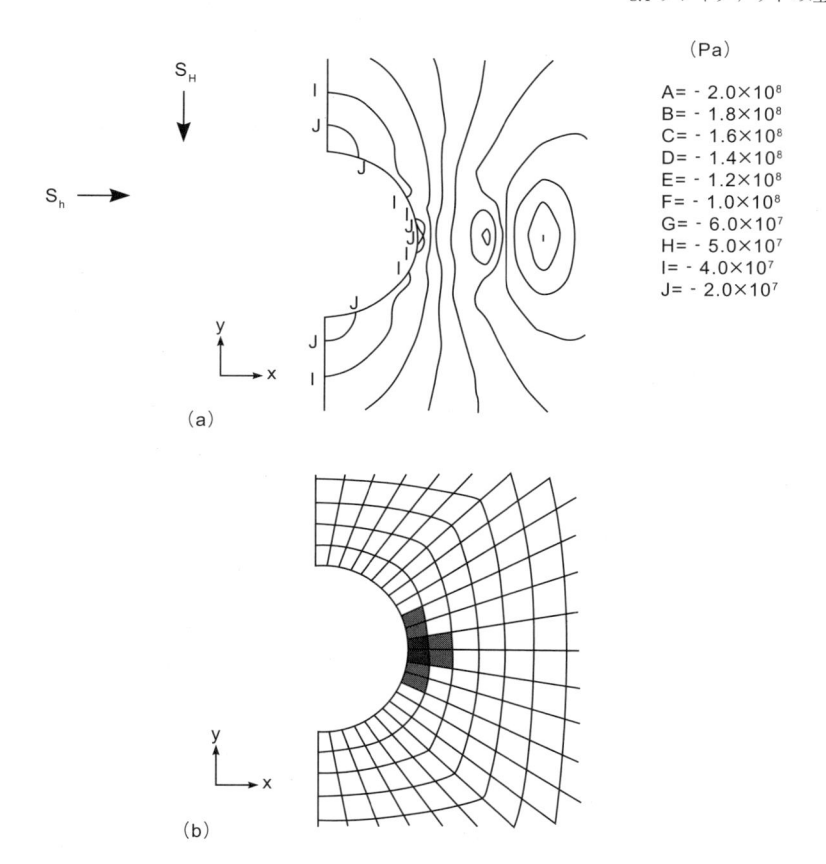

図 8.8 損傷モデルによるブレイクアウトのシミュレーション．13 ステップ目で $S_H=114$ MPa, $S_h=75$ MPa の時の解析結果．孔壁の黒色部は損傷量が規定値を越えて要素が破壊している．その周りを損傷した要素が囲んでいる．(a) 応力コンター（圧縮を負）(b) 6 つの損傷要素とふたつの破壊要素（Rutqvist et al., 1990）

なパターンが示された．

　総じて，Rutqvist et al. (1990) のモデルは Zoback et al. (1985) の単純なモデルに取って代わるものである．それはブレイクアウトが孔壁で発生し，原位置の最小圧縮応力の方向に広がると予測する．このモデルはまた，典型的な「犬の耳」形状（楔型）の深いブレイクアウトの発生を説明することができる．

　この節で述べたモデルでは，ブレイクアウトの方向と形状から最大・最小応力の方向だけを決定することができる．しかし，ブレイクアウトの形状が応力だけで決まる

のであれば，その幅と深さを測定することで応力の大きさ求めることができると何人かの研究者が提案している．たとえば，図8.4bの$r_b$と$\phi_b$を正確に測定し，岩石の摩擦角を知れば，水平応力比$S_H/S_h$は式（8.8）を使って決定することができる．さらに，水圧破砕法によって$S_h$を得れば$S_H$を求めることができる．そのようなアプローチはZoback et al.（1985）によって提案されている．さらにその後，Vernik and Zoback（1992）はブレイクアウトの幅，コアの強度，Wiebols and Cook（1968）のひずみエネルギー破壊規準，水圧破砕法による$S_h$を用いて$S_H$の大きさを決定する理論を提案した．Vernik and Zoback（1992）の方法は，カリフォルニアのCajon Passサイトや南ドイツのKTBボーリング孔において応力の大きさを決定するために適用された（Zoback et al., 1993）．しかしながら，この章の初めに述べたように，ブレイクアウトの形状は応力だけでなく岩石の組織，既存の亀裂の存在，地層の固結度，間隙水圧，掘削方法などによっても影響される（Dart and Zoback, 1987）．したがって，応力の大きさを求めるためにブレイクアウトの形状を用いることは，誤差が大きいか全く誤っている可能性があることに注意を要する．

## 8.5　データ解析と解釈

多くの石油探査用の孔井ではディップメータ検層が実施される．したがって，いろいろな地質条件においてブレイクアウトの解析に使うことのできる孔井が，世界のあらゆる地域に多数存在していることになる．実際には，ボアホールブレイクアウトの大きさと方向に関するより詳細な情報を得ることができるため，応力評価の目的にはテレビュアーとFMSが使われる場合が多い．

ブレイクアウトは，地震の発震機構による応力評価とオーバーコアリング法等による地表付近の応力評価の間の深度に適用できるので，地殻上部の応力分布の評価において特に重要である．かなり広い深度領域において，応力の方向に関する多くの情報をブレイクアウトから得ることができる．世界応力分布図に示されているように，多くの測定データから統計的に応力の方向（平均値や標準偏差）を決定することができる（Zoback et al., 1989; Zoback, 1992）．11.1節に述べるように，世界応力分布図ではA～Eの5段階でデータの信頼性のランク付けがなされている．ブレイクアウトによる応力の信頼性のランク付けは，主としてデータの数，個別の孔井または近接孔井におけるブレイクアウトの累計区間長，方向の平均値と標準偏差によって定まる（表11.1）．

## 8.5.1 4アームディップメータの解析

ボアホールブレイクアウトは従来のルーチン的な物理検層である4アームディップメータの記録からも同定することができる．鉛直孔においては，ディップメータによって記録されたボアホールブレイクアウトの方向が最小水平主応力の方向と解釈される．ブレイクアウトを特徴付けるのは，その長さ，方位角，深さの3つである．

ディップメータで検出される最小のブレイクアウトは，電極パッドの寸法とボアホール直径によって決まる．例えば，Plumb and Hickman (1985) がアラバマ州の Aubarn 孔井で用いたディップメータは，パッドの長さが 30 cm，幅が 6 cm であった．したがって，30 cm 以上の長さと 6 cm 以上の幅のあるボアホールブレイクアウトしか記録できなかった．また，ゾンデを巻き上げる時に回転するのを防ぐためには，220 mm の孔径で最大と最小の直径の差が 0.6 cm 以上必要であった．Aubarn のディップメータの記録では，ブレイクアウトは以下の規準に基づいて抽出された．

1. ディップメータの腕は長径方向に沿い，パッド1の方位角はブレイクアウトの範囲で一定である
2. 孔径の差が 0.6 cm 以上である
3. 短径はビット径にほぼ等しい．あるいはビット径より大きくても長径よりばらつきは小さい
4. ブレイクアウトの長さは 30cm 以上である
5. ボアホールの向きが鉛直から外れている場合，長径の方向は孔の傾斜方位と一致してはならない

図 8.9b はこれらの条件がすべて満たされている．Plumb and Hickman (1985) は図 8.9a，c，d に示した断面形状を，(1) 両方の直径がビット径に等しい元々の形状，(2) 両方の直径ともビット径より大きい（一方がより大きい）ウォッシュアウト発生個所，(3) 一方の直径の片側だけがビット径より大きいキーシート*と解釈している．なお，図 8.9 にはボアホールの形状とディップメータのアームの位置，パッド 1-3 とパッド 2-4 間の孔径，およびパッド 1 の方位角が示されている．

また，Plumb and Hickman (1985) はボアホールブレイクアウトと非対称の変形を区別する必要性を強調した．この区別には，ディップメータの長径方向のパッドで測定される比抵抗のアノマリーを利用することができる．ブレイクアウトの場合のアノマリーはパッドの両側で対称であるが，非対称変形の場合のアノマリーは対称にはな

---
＊訳注：鍵穴状の形状．通常ドリルパイプによる擦れやせり込みで生じる

8 ボアホールブレイクアウト法

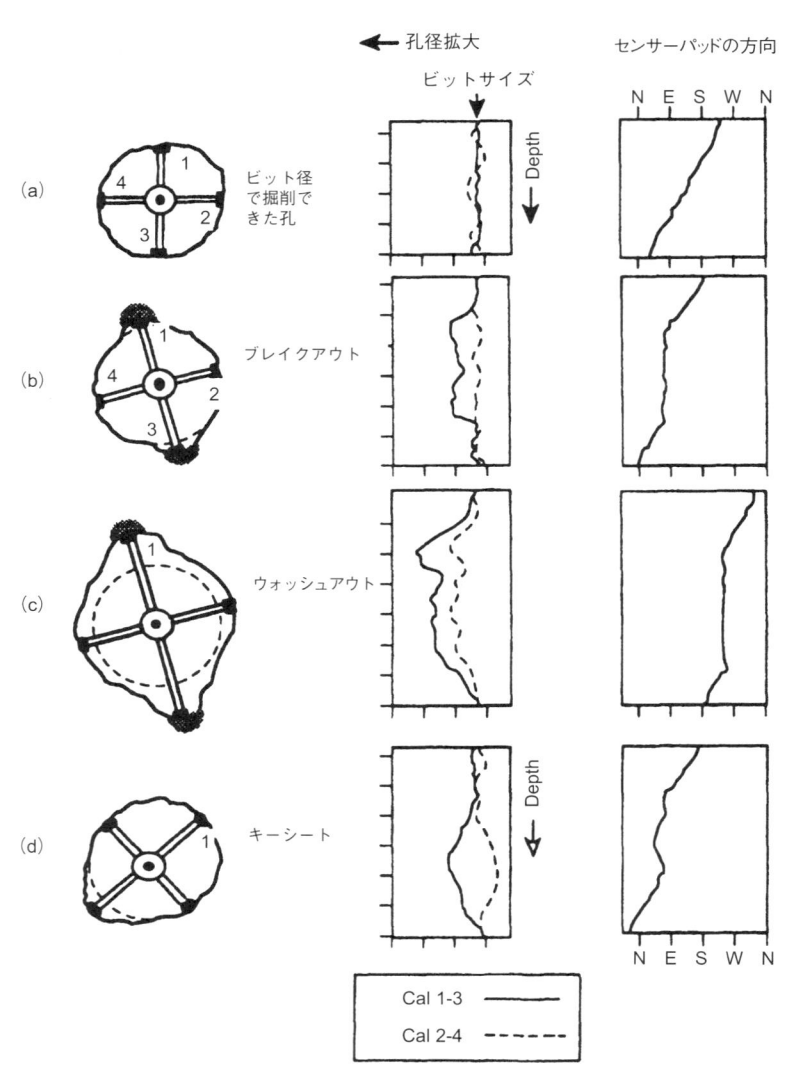

図 8.9 4 アームディップメータの記録と解釈例. Cal 1-3 と Cal 2-4 は直交 2 方向の孔径を示す. Pad 1 の方位が一定の区間はアームが孔径の長手方向に沿いゾンデが回転していない. 孔径の長手方向の (b) と (c) の網かけ部は直交方向に比べてわずかに伝導度が高い (Plumb and Hickman, 1985)

## 8.5 データ解析と解釈

らない.

　Auburn では，4アームディップメータで検出されたブレイクアウトが，ボアホールテレビュアーによっても長さ30 cm 以上のブレイクアウトとして確認された(Hickman, Healy and Zoback, 1985; Plumband Hickman, 1985). 特に短長径の差が1 cm 以上で明白なブレイクアウトとみなせる箇所は, ディップメータとテレビュアーで良く一致していた.

　ボアホールブレイクアウトの解析は, ゾンデの回転と孔径の差に注目して検層データを確認することから始まる. 記録の明瞭さ, 岩石の物性, 前述のブレイクアウトの5つの判定規準 (Plumb and Hickman, 1985) に基づいてより詳細な解析のために興味深い区間を選び, キャリパーによる孔径およびパッド1の方位角, 孔井傾斜のデータ読みとる. デンマークの Pemille-1 孔で得られた典型的なブレイクアウトの解析結果を図 8.10 に示す. これはバルト楯状地縁辺の応力状態を調べるために選ばれた20のボアホールのひとつである (Müller and Stephansson, 1996). このデータは以下に述べる Caliper 1.0 (B. Müller 私信) というソフトウエアを用いて分析された.

　Caliper1.0 にディップメータで得られたキャリパーデータを入力するとデータが変換され, 孔径, パッド1の方位角, ゾンデとボアホールの相対的な位置関係がプロットされる. ボアホールブレイクアウトの候補をカーソルで選択し, プロットルーチンによっていわゆるコンタープロットとディファレンシャルプロットが作図される. このプロットには, パッド1の方位角, 孔井傾斜, アーム1-3と2-4間の孔径が含まれている. Pemille-1 孔の深度 1549-1599 m 間のプロット例を図 8.10a に示す. また, コンタープロットを図 8.10b に, ディファレンシャルプロットを図 8.10c に示す.

　コンタープロットは上記の区間の断面を表示している. このプロットではビット径は円で, キャリパーの方位と計測された径はボアホール周りの点で表わされている. Blümling (1986) が導入したディファレンシャルプロットは, ウォッシュアウトの影響を除去するために使われる. このプロットでは, 2方向のキャリパーの測定値から, ビット径とキャリパーの最小値との差をひいた値を示している. それぞれの区間のブレイクアウトの方向から最小水平応力の方向が決定される.

　図 8.11 に Pemille-1 孔の異なる岩相におけるボアホールブレイクアウトとウォッシュアウトによる孔径拡大状況を示す. 応力の平均的な方向を求めるために Mardia (1972) による統計的方法が用いられている. ブレイクアウトの卓越方向と水平応力の平均的な方位を強調するため, 個々のブレイクアウトは長さに見合う重み付けがなされる. ブレイクアウトデータの品質は, 世界応力分布図のランク付け (Zoback, 1992) に従い, データ数, 結果の一貫性, データの信頼性を考慮して評価されている.

8 ボアホールブレイクアウト法

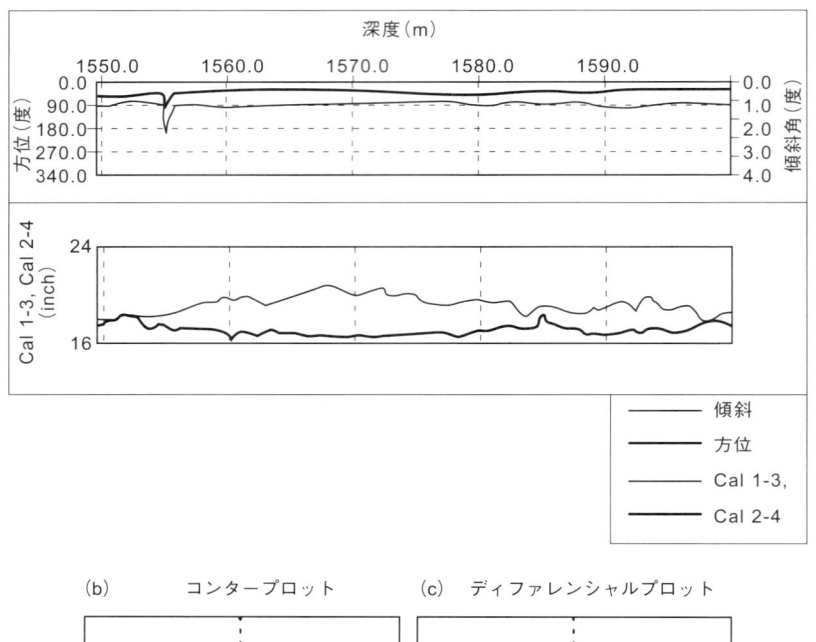

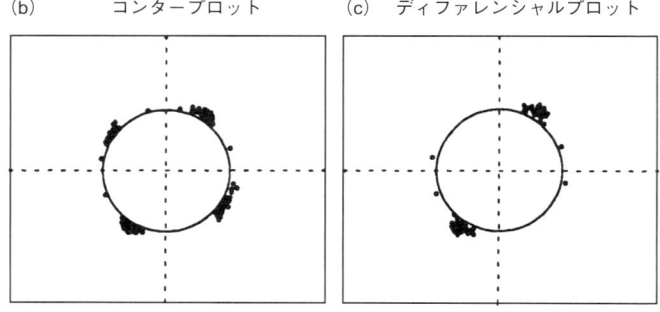

図8.10 デンマーク Pernille-1 孔井のディップメータによるブレイクアウトの解析結果 (a) Pad 1 の方位，Cal 1-3 と Cal 2-4 の読みおよび孔井傾斜を深度に対してプロット，(b) コンタープロット，(c) ディファレンスプロット (Ask, 1996)

## 8.5.2 ボアホールテレビュアーと FMS 検層の解析

　現在のボアホールテレビュアーは，孔内を上昇するゾンデから細い音波パルスのビームが発信され，稠密な螺旋を描きながら孔壁をスキャンする方式である．音波ビームの発信装置は電動モーターで回転しながら孔壁をスキャンしてブレイクアウト

8.5 データ解析と解釈

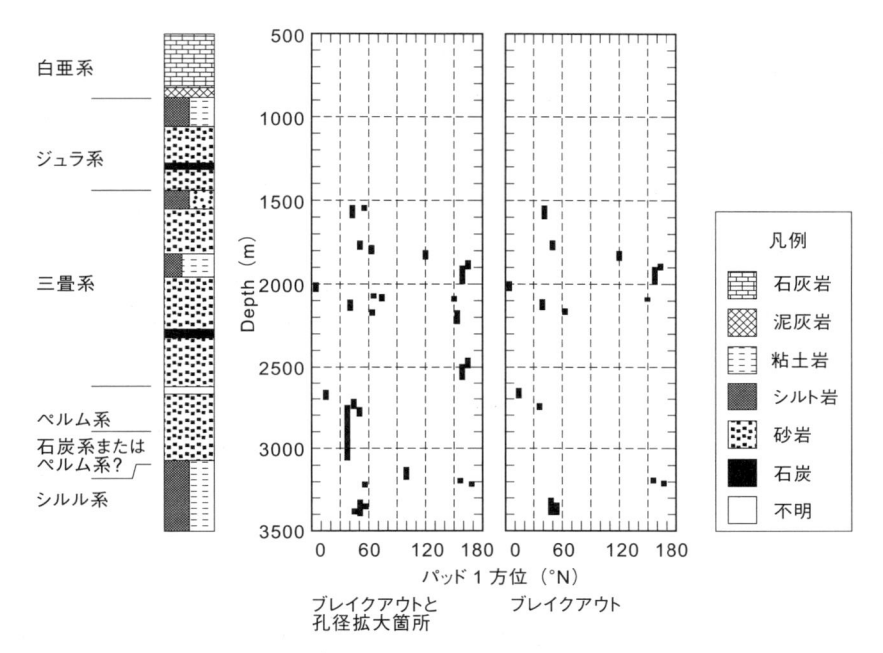

図 8.11 ボアホールブレイクアウトと孔壁拡大箇所の深度分布
デンマーク Pernille-1 孔井 (Ask, 1996)

を抽出する．回転しながら音波パルスが孔壁に向って発信され，それが孔壁から反射して発信源の同じトランスデューサーで振幅と走時が記録される．FACSIMILE と言われる最新の音響装置は，毎秒 12 回転以上の速さで回転しながら振幅と走時のデータを 1 回転あたり 512 以上収録することができる．この装置はドイツの KTB プロジェクトにおいて開発された．

KTB プロジェクトでは，連続コアを採取して大規模な物理検層を実施する目的でパイロット孔が 4 km の深度まで掘削された．掘削によって誘発される鉛直方向の引張り亀裂を検出するため，検層プログラムのひとつとして連続的な FMS 検層が実施された（Apel, Zoback and Fuchs, 1993；Zoback et al., 1993）．これらのデータの詳細解析は，Karlsruhe 大学で開発された対話的な画像処理システムによって行われた．このシステムはスタンフォード大学の Barton et al. (1991) が開発した対話的なボアホールテレビュアー処理システムをベースとしている．パイロット孔の FMS データの解析から，深度 3000〜4000 m の間で掘削によって誘発された 200 もの鉛直の亀裂が検出された．FMS で検出された引張り亀裂とブレイクアウトから推定される最大

421

8 ボアホールブレイクアウト法

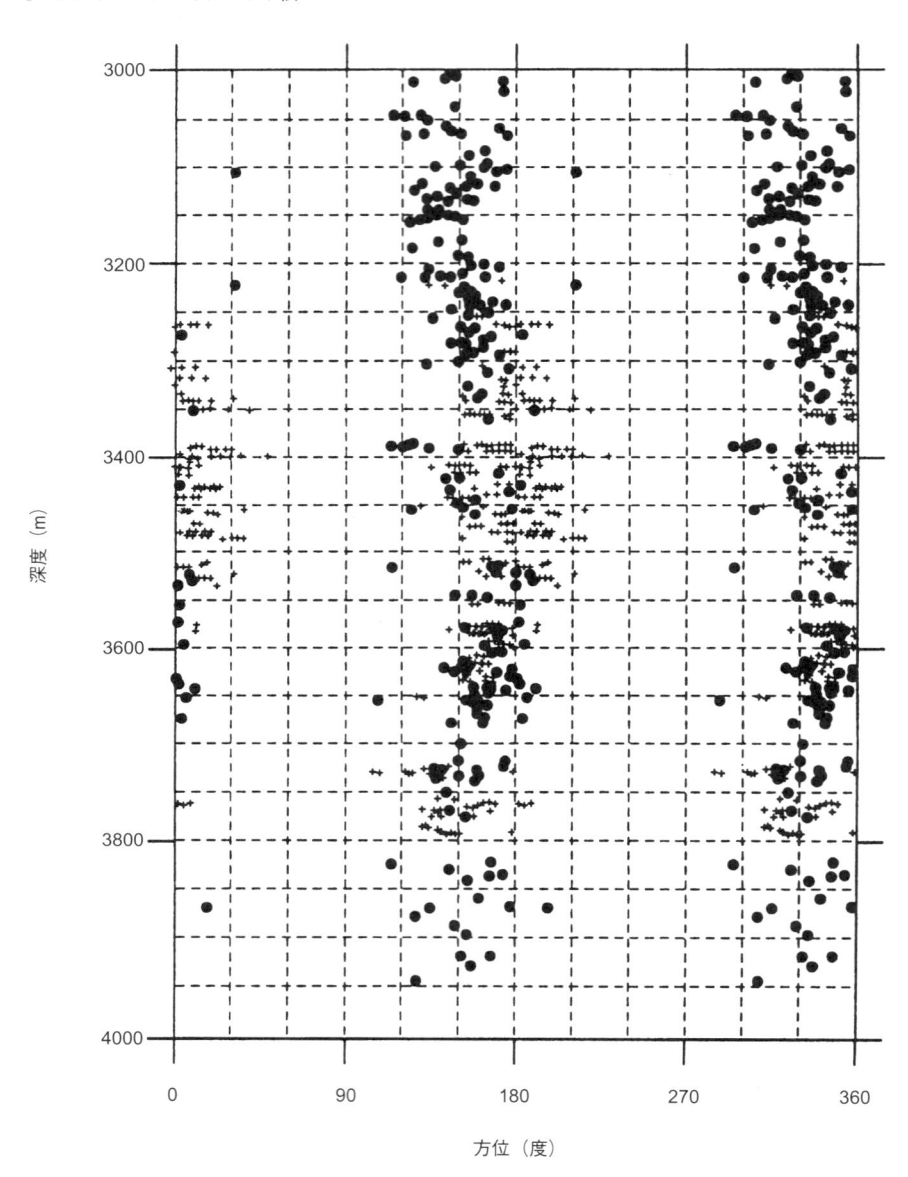

図8.12 最大水平応力の方位
KTB パイロット孔の深度 3000〜4000 m における掘削により誘発された引張り亀裂を黒丸で，ブレイクアウトを + 印で示す（Apel, Zoback and Fuchs, 1993; K.Fuchs の許可により転載）

水平応力の方向の比較を図 8.12 に示す．この図は最大水平応力が NNW 方向であることを示しており，それは中央ヨーロッパの一般的な応力方向（Müller et al., 1992）と一致している．掘削によって誘発されたほぼ垂直な亀裂は，応力集中，間隙水圧の影響，泥水が地層よりも低温であることで生じる引張りの熱応力などの複合的な作用によるものと説明されている（Apel, Zoback and Fuchs, 1993; Brudy et al., 1995）．

## 参考文献

Alexandrowski, P., Inderhaug, O.H. and Knapstad, B. (1992) Tectonic structures and wellbore breakout orientation, in *Proc. 33rd US Symp. Rock Mech.*, Santa Fe, Balkema, Rotterdam, pp. 29-37.

Apel, R., Zoback, M.D. and Fuchs, K. (1993) Drilling-induced tensile fractures in the KTB pilot hole: supplementary information in Zoback et al. (1993). Unpublished paper.

Ask, M.V.S. (1996) In-situ stress determination from borehole breakouts in Denmark, unpublished Licentiate Thesis, Royal Institute of Technology, Division of Engineering Geology, Dept. of Civil and Environmental Eng., Stockholm, Sweden.

Ask, M.V.S., Müller, B. and Stephansson, O. (1996) In situ stress determination from breakout analysis in the Tornquist Fan, Denmark. *Terra Nova* (in press).

Babcock, E.A. (1978) Measurement of subsurface fractures from dipmeter logs. *Am. Assoc. Petrol. Geol. Bull.*, 62, 1111-26.

Barton, C.B. et al. (1991) Interactive image analysis of borehole televiewer data, in *Automated Pattern Recognition in Exploration Geophysics*, Springer-Verlag, New York, pp. 217-42.

Baumgärtner, J. et al. (1993) Analysis of deep hydraulic fracturing stress measurements in the KTB (FRG) and Cajon Pass (USA) scientific drilling projects- a summary, in *Proc. 7th Cong. Int. Soc. Rock Mech. (ISRM)*, Aachen, Balkema, Rotterdam, Vol. 3, pp. 1685-90.

Bell, J.S. and Gough, D.I. (1979) Northeast-southwest compressive stress in Alberta: evidence from oil wells. *Earth Planet. Sci. Lett.*, 45, 475-82.

Blümling, P. (1986) In-situ Spannungsmessung in Tiefborungen mit Hilfe von Bohrlochrandaus-bruchen und die Spannungsverteilung in der Kruste Mitteleuropas und Australiens, unpublished Dissertation, University of Karlsruhe, Karlsruhe.

Brereton, R. and Müller, B. (1991) European stress: contributions from borehole breakouts. *Phil. Trans. Roy. Soc. London*, 337, 165-79.

Brudy, M. et al. (1995) Application of the integrated stress measurement strategy to the 9 km depth in the KTB boreholes, in *Proc. Workshop on Rock Stresses in the North Sea*, Trondheim, Norway, NTH and SINTEF Publ., Trondheim, pp. 154-64.

Cowgill, S.M. et al. (1993) Crustal stresses in the North Sea from breakouts and other borehole data, in *Proc. 34th US Symp. Rock Mech.*, Madison, *Int. J. Rock Mech. Min. Sci. & Geomech Abstr.*, 30, 113-16.

Cox, J.W. (1970) The high resolution dipmeter reveals dip-related borehole and formation characteristics, in *Proc. 11th Annual Logging Symp.*, Society of Professional Well Log Analysis, 25 pp.

Dart, R.L. and Zoback, M.L. (1987) Well-bore breakout-stress analysis within the continental United States, in *Proc. 2nd Int. Symp. on Borehole Geophysics for Minerals, Geotechnical, and Groundwater Applications*, Golden, Soc. of Prof. Well Log Analysts Publ., pp. 1-11.

Ewy, R.T. and Cook, N.G.W. (1990) Deformation and fracture around cylindrical openings in rock - I. Observations and analysis of deformation, II. Initiation, growth and interaction of fractures. *Int. J. Rock Mech. Min. Sci. & Geomech. Abstr.*, 27, I. 387-407, II. 409-27.

Freudenthal, A.M. (1977) Stresses around spherical and cylindrical cavities in shear dilatant elastic media, in *Proc. 18th US Symp. Rock Mech.*, Keystone, Johnson Publishing Co., 4B1-l-4B1-6.

Gough, D.I. and Bell, J.S. (1982) Stress orientation from borehole wall fractures with examples from Colorado, East Texas, and northern Canada. *Can. J. Earth Sci.*, 19, 1358-70.

Guenot, A. (1989) Borehole breakouts and stress fields. *Int. J. Rock Mech. Min. Sci. & Geomech. Abstr.*, 26, 185-95.

Haimson, B.C. and Edl, J.N. (1972) Hydraulic fracturing of deep wells. SPE Paper No. SPE 4061.

Haimson, B.C. and Herrick, C.G. (1985) In-situ stress evaluation from borehole breakouts: experimental studies, in *Proc. 26th US Symp. Rock Mech., Rapid City*, Balkema, Rotterdam, 1207-18.

Haimson, B.C. and Herrick, C.G. (1986) Borehole breakouts - a new tool for estimating in situ stress?, in *Proc. Int. Symp. on Rock Stress and Rock Stress Measurements*, Stockholm, Centek Publ., Luleå, pp. 271-80.

Haimson, B.C. and Lee, M.Y. (1995) Estimating in situ stress conditions from borehole breakouts and core disking - experimental results in granite, in *Proc. Int. Workshop on Rock Stress Measurement at Great Depth*, Tokyo, Japan, 8th ISRM Congress, pp. 19-24.

Hickman, S.H., Healy, J.H. and Zoback, M.D. (1985) In-situ stress, natural fracture distribution, and borehole elongation in the Auburn geothermal well. *J. Geophys. Res.*, 90, 5497-512.

Jaeger, J.C. and Cook, N.G.W. (1976) *Fundamentals of Rock Mechanics*, 2nd edn, Chapman & Hall, London.

Koslovsky, Y.A. (ed.) (1987) The Super Deep Well of the Kola Peninsula, Springer-Verlag, New York.

Kramer, A. et al. (1994) Borehole televiewer data analysis from the New Hebrides Island Arc: the state of stress at Holes 829A and 831B, in *Proc. Ocean Drill. Proj., Science Results*, Ocean Drilling Program, College Station, Texas.

Kutter, H.K. (1991) Influence of drilling method on borehole breakouts and core disking, in *Proc. 7th Cong. Int. Soc. Rock Mech. (ISRM)*, Aachen, Balkema, Rotterdam, Vol. 3, pp. 1659-64.

Lee, M.Y. and Haimson, B.C. (1993) Borehole breakouts in Lac du Bonnet granite: a case of extensile failure mechanism. Int. *J. Rock Mech. Min. Sci. & Geomech. Abstr.*, 30, 1039-45.

Leeman, E.R. (1964) The measurement of stress in rock - Part I. *J. S. Afr. Inst. Min. Metall.*, 65, 45-114.

Maloney, S. and Kaiser, P.K. (1989) Results of borehole breakout simulation tests, in *Proc. Int. Symp. on Rock at Great Depth*, Pau, Balkema, Rotterdam, pp. 745-51.

Mardia, K.V. (1972) *Statistics of Directional Data*, Academic Press, London.

Martin, C.D. (1995) Brittle rock strength and failure: laboratory and in situ, in *Proc. 8th. Cong. Int. Soc. Rock Mech. (ISRM)*, Tokyo, Balkema, Rotterdam, Vol. 3 (in press).

Martin, C.D., Martino, J.B. and Dzik, E.J. (1994) Comparison of borehole breakouts from laboratory and field tests, in *Proc. Eurock '94: Int. Symp. on Rock Mech. in Petrol. Eng.*, Delft, Balkema, Rotterdam, 183–90.

Mastin, L.G. (1984) Development of borehole breakouts in sandstone, unpublished MSc Thesis, Stanford University, Palo Alto.

Moos, D. and Zoback, M.D. (1990) Utilization of observations of wellbore failure to constrain the orientation and magnitude of crustal stresses: application to continental, Deep Sea Drilling Project and Ocean Drilling Program boreholes. J. Geophys. Res., 95, 9305-25.

Müller, B. et al. (1992) Regional patterns of tectonic stress in Europe. *J. Geophys. Res.*, 97, 11783-803.

Onaisi, A., Sarda, J.P and Bouteca, M. (1990) Experimental and theoretical investigation of borehole breakouts, in *Proc. 31st US Symp. Rock Mech.*, Golden, Balkema, Rotterdam, pp. 703-10.

Paillet, F.L. and Kim, K. (1987) Character and distribution of borehole breakouts and their relationship to in situ stresses in deep Columbia river basalts. *J. Geophys. Res.*, 92, 6223-34.

Plumb, R.A. and Hickman, S.H. (1985) Stress-induced borehole elongation: a comparison between the four-arm dipmeter and the borehole televiewer in the Auburn geothermal well. *J. Geophys. Res.*, 90, 5513-21.

Rutqvist, J. et al. (1990) Simulation of borehole breakouts with a damage material model, in *Proc. Int. Symp. Rock at Great Depth*, Pau, Balkema, Rotterdam, Vol. 3, pp. 1439-45.

Santarelli, F.J. and Brown, E.T. (1989) Failure of three sedimentary rocks in triaxial and hollow cylinder compression tests. *Int. J. Rock Mech. Min. Sci. & Geornech. Abstr.*, 26, 401-13.

Santarelli, F.J., Brown, E.T. and Maury, V. (1986) Analysis of borehole stresses using pressure dependent, linear elasticity. *Int. J. Rock Mech. Min. Sci. & Geomech. Abstr.*, 23, 445-9.

Shamir, G. and Zoback, M.D. (1992) Stress orientation profile to 3.5 km depth near the San Andreas fault at Cajon Pass, California. *J. Geophys. Res.*, 97, 5059-80.

Singh, U.K. and Digby, P.J. (1989a) A continuum damage model for simulation of the progressive failure of brittle rocks. *Int. J. Solids Structures*, 25, 647-63.

Singh, U.K. and Digby, P.J. (1989b) The application of a continuum damage model in the finite element simulation of the progressive failure and localization of deformation in brittle rock structures. *Int. J. Solids Structures*, 25, 1023-38.

Stephansson, O., Savilahti, T. and Bjarnason, B. (1989) Rock mechanics of the deep borehole at Gravberg, Sweden, in Proc. *Int. Symp. Rock at Great Depth*, Pau, Balkema, Rotterdam, Vol. 2, pp. 863-70.

Te Kamp, L., Rummel, F. and Zoback, M.D. (1995) Hydrofrac stress profile to 9 km at the German KTB site, in *Proc. Workshop on Rock Stresses in the North Sea*, Trondheim, Norway, NTH and SINTEF Publ., Trondheim, pp. 147-53.

Vernik, L. and Zoback, M.D. (1992) Estimation of maximum horizontal principal stress magnitude from stress-induced well bore breakouts in the Cajon Pass scientific research borehole. *J. Geophys. Res.*, 97, 5109-19.

Wiebols, G.A. and Cook, N.G.W. (1968) An energy criterion for the strength of rock in polyaxial compression. *Int. J. Rock Mech. Min. Sci.*, 5, 529-49.

Zemanek, J. et al. (1970) Formation evaluation by inspection with the borehole televiewer. *Geophysics*, 35, 254-69.

Zheng, Z., Kemeny, J. and Cook, N.G.W. (1989) Analysis of borehole breakouts. *J. Geophys. Res.*, 94, 7171-82.

Zoback, M.D. et al. (1985) Well bore breakouts and in-situ stress. *J. Geophys. Res.*, 90, 5523-30.

8　ボアホールブレイクアウト法

Zoback, M.D. et al. (1993) Upper-crustal strength inferred from stress measurements to 6 km depth in the KTB borehole. *Nature*, 365, 633-5.

Zoback, M.L. (1992) First- and second-order patterns of stress in the lithosphere: The World Stress Map Project. J. *Geophys*. Res., 97, 11703-28.

Zoback, M.L. et al. (1989) Global pattern of tectonic stress. *Nature*, 341, 291-8.

# ケーススタディおよび異なる方法の比較 | 9

これまでの5つの章では岩盤の応力測定のさまざまな手法について述べた．本章ではそれらの手法が同一サイトで相補的にあるいはクロスチェックとして適用されたいくつかの例を紹介する．以下に異なる方法の比較例を示すが，適用される方法と応力の測定値について整合性および信頼性を高めるためには，そのような比較の実施が望まれる．

## 9.1　URL における応力測定

カナダ原子力公社（AECL）の地下研究施設（Underground Research Laboratory: URL）では，岩盤応力とその測定に関して包括的で実証的な研究が実施された．さまざまな応力測定法が比較され，硬岩の応力に関する基本的な問題について多くの成果が得られた．URL における研究は，深度 500〜1000 m の深成岩中へ放射性廃棄物（nuclear waste）を深地層処分することの実現性と安全性を評価するための AECL による研究の一部である．本節では，1987〜1994 年の間に発表された数編の論文を要約して記す．さらに詳しい情報については，URL の地質工学的特徴を概観し最新の文献レビューを紹介している Martin and Simmons（1993）が参考になる．

### 9.1.1　地質条件

カナダのマニトバ州にある URL は，カナダ楯状地西縁の Lac du Bonnet 花崗岩体に位置している．この岩体は地表では 75 km×25 km の範囲に広がり，深度は 10 km に及んでいる．比較的均質な組織と組成を有する中粒〜粗粒の花崗斑岩で，ほぼ水平な片麻岩を局所的に帯状に挟む．

図 9.1a および図 9.1b に地質図および URL を通る地質断面を，図 9.2 に URL の三次元配置を示す．当地は5つの主要な岩体からなり，桃色または灰色の花崗岩，ゼノ

## 9 ケーススタディおよび異なる方法の比較

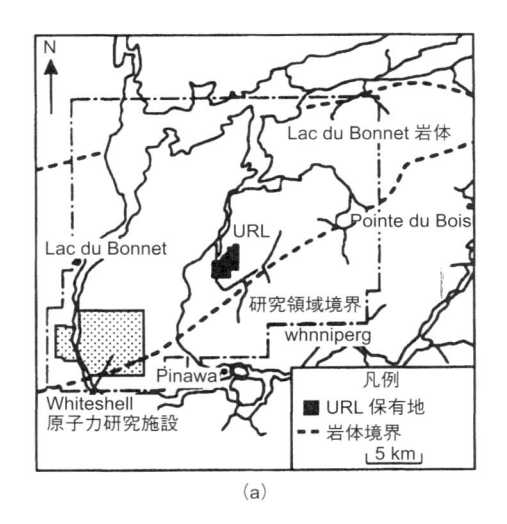

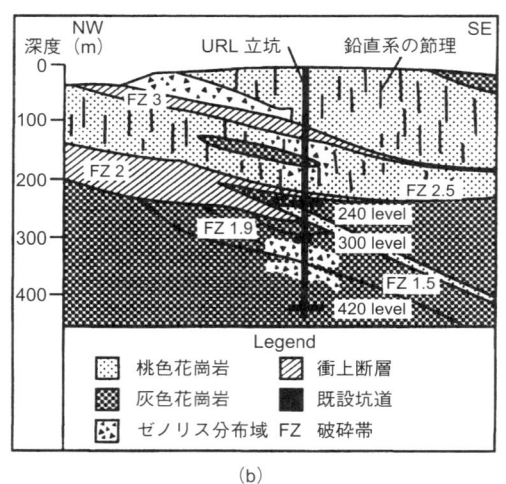

図9.1 (a) URL位置図 (b) URLのNW-SE地質断面概要図 (Martin, Read and Lang, 1990)

リスを含む花崗岩，優白色の花崗岩質のセグリゲーション (segregations)，ほぼ鉛直の花崗閃緑岩，およびペグマタイトの岩脈である (Martin, Read and Lang, 1990). その岩体は，破砕帯2，3と呼ばれる南東に25〜30°傾斜したふたつの大きな衝上断層によって切られている．破砕帯2.5，1.9はそれらの派生である．破砕帯2.5の上位の桃色花崗岩は鉛直の2組の節理を含んでいる．節理の走向は最も卓越しているのが

9.1 URLにおける応力測定

020〜040°で，次が150〜180°である．

　破砕帯2.5の下位にある灰色花崗岩は概ね塊状であるが，その中の破砕帯2と派生の破砕帯1.9，破砕帯1.5のなかでは割れ目が多い．破砕帯2の相対的な変位は7 mと推定される．

　URLの灰色花崗岩は桃色花崗岩より概して多くのマイクロクラックを含んでおり，試料採取の乱れの影響によって載荷と除荷の過程における非線形性と異方性がより顕著である（図9.3）．室内試験で得られたインタクトな桃色花崗岩と灰色花崗岩の工学的特性を表9.1に示す．直径54 mmから300 mmのインタクト供試体において，供試体径が大きくなるにつれて一軸圧縮強度と接線弾性係数が低下する寸法効果が認められた（Martin, Martino and Dzik, 1994）．注目すべきは，供試体の観察でマイクロクラックが認められ，それがサンプリング時の応力解放によって誘発されたと考えられることである．原位置でも同じようにマイクロクラックが存在し，それによる非線形で異方的な挙動が見られるかどうかは明らかになっていない（Martin, 1989; Martin and Simmons, 1993）．

　鉛直立坑は2段で構成されている．上の立坑は2.8×4.9 mの矩形断面を持ち，地表から255 mの深さまで達している．下の立坑は直径4.6 mの円形断面で，443 mの深度まで掘削されている．130, 240, 300, 420 mのレベルにはステージが設けられている．応力測定は240 mレベルや420 mレベルのステージや立坑沿いのいろいろな位置で実施された．

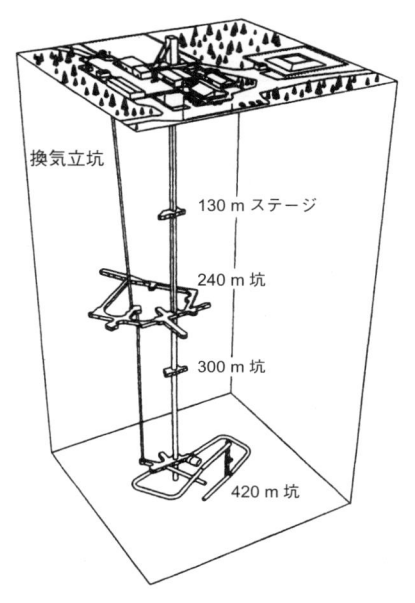

図9.2 URLの三次元配置
（Martin and Simmons, 1993）

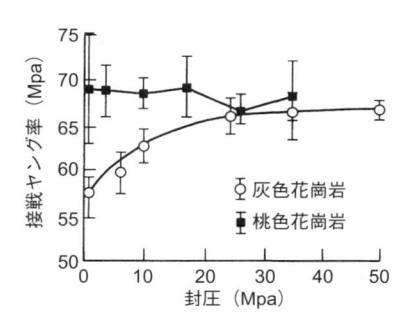

図9.3 直径45 mmのLac du Bonnet花崗岩の三軸圧縮試験による最大強度の50 %における接線ヤング率（Martin and Christiansson, 1991）

表 9.1 URL の Lac du Bonnet 花崗岩の工学的性質の一覧
(出典：Martin, C.D. and Simmons, G.R. Copyright 1993, Elsevier Science Ltd. の許可により転載)

| 項　　目 | 桃色花崗岩 | 灰色花崗岩 |
|---|---|---|
| 間隙率（%） | | |
| 　範囲 | 0.16〜0.28 | 0.32〜0.67 |
| 　平均 | 0.24 | 0.50 |
| 密度（kg/m$^3$） | | |
| 　平均 | 2640 | 2630 |
| 一軸圧縮強度（MPa） | | |
| 　範囲 | 134〜248 | 147〜198 |
| 　平均 | 200 | 167 |
| 圧裂引張り強度（MPa） | | |
| 　範囲 | 6.17〜12.07 | 6.22〜11.52 |
| 　平均 | 9.32 | 8.72 |
| 接線ヤング率（GPa） | | |
| 　範囲 | 53〜86 | 46〜64 |
| 　平均 | 69 | 55 |
| ポアソン比 | | |
| 　範囲 | 0.18〜0.44 | 0.13〜0.43 |
| 　平均 | 0.26 | 0.30 |
| Hoek & Brown の破壊定数 | | |
| 　m | 31.17 | 30.54 |
| 　s | 1 | 1 |

### 9.1.2　応力測定

　URL では 1982 年に応力測定が開始されて以来，原位置の岩盤応力に関する次のような基本的な問題について検討するため，大規模な研究プログラムが実行されてきた (Martin, Read and Lang, 1990)．

　(1) 原位置応力は適用される方法のスケールに依存するか？
　(2) 地質構造が原位置応力に及ぼす影響は？
　(3) 残留応力の重要性は？
　(4) 異なる方法でも同等の応力場が求められるか？

　これらの 4 つの問題について，オーバーコアリング法，水圧破砕法，ボアホールスロッター法，岩盤応力解放法（アンダーエキスカベーション法と立坑掘り上がり法 (bored raise)，ボーリング孔や立坑のブレイクアウト，微小地震活動測定，その他間接的な方法などさまざまな方法によって検討された．

9.1 URL における応力測定

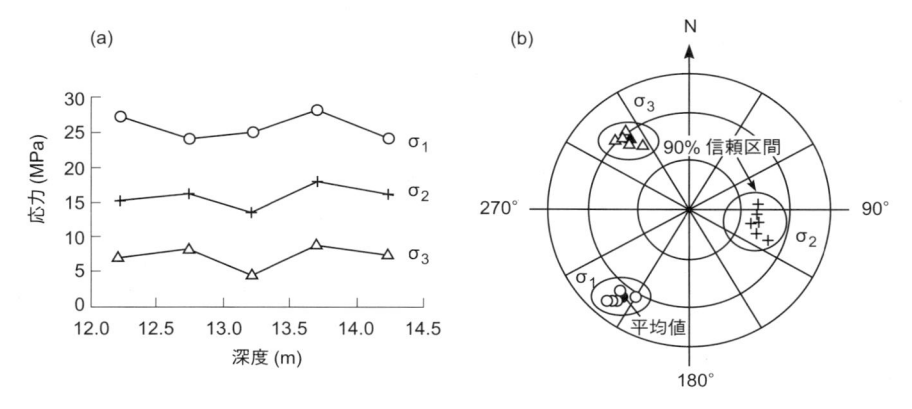

図9.4 URL 240 m レベルの OC1 孔で実施された AECL 式 CSIR セルによる連続5回のオーバーコアリング結果．(a) 主応力の大きさ，(b) 主応力の方向 (Martin and Simmons, 1993)

### (a) オーバーコアリング法

オーバーコアリングによる測定は，USBM，CSIR，CSIRO HI，SSPB などさまざまなゲージを用いて行われた．全部でおよそ1000回ものオーバーコアリングによる応力測定が実施された．そのうちの350回は，100×100×500 m の範囲のなかで実施された3次元測定である (Martin and Chandler, 1993)．大部分のオーバーコアリングは破砕帯2より上側で実施された．破砕帯2の下側では，コアディスキングやマイクロクラックにより測定が困難であった．

USBM ゲージは Thompson (1990) により改良された．深度 1000 m の水のある孔内に適用できる DBDG (Deep borehole deformation gage) と呼ばれる新しいゲージが設計された．しかし，コアディスキングのため測定は地表面下 280 m 以浅のみで行なわれた (Martin, Read and Lang, 1990)．ひずみの連続測定を目的として CSIR ゲージも改良された (Thompson, Lang and Snider, 1986)．AECL 式 CSIR セルと呼ばれる新しいセルは原位置応力を測定するために広く使われ，URL におけるオーバーコアリングの標準方式になった．それは他の方法より低コストで，設置後1時間でオーバーコアリングが可能であり，CSIRO HI セルのように低温のために接着剤がはがれることもなく，SSPB ゲージよりばらつきが小さかった (Martin, Read and Lang, 1990)．図9.4 には，URL の 240 m レベルの1本のボーリング孔において，AECL 式 CSIR セルを用いて行われた5回の連続測定によるオーバーコアリングの結果を示している．予期した精度の範囲内でほぼ等しい整合的な結果が得られている．

240 m レベルの灰色花崗岩のオーバーコアサンプルで行われた二軸試験の結果，岩

9 ケーススタディおよび異なる方法の比較

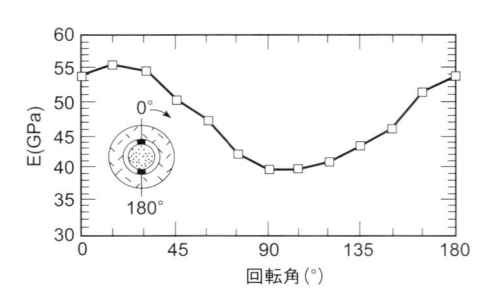

図9.5 割線ヤング率の異方性
Lac du Bonnet花崗岩のオーバーコア試料にUSBMゲージを15°ずつ回転させて実施した二軸試験による (Martin and Christiansson, 1991)

石は弾性的であるがマイクロクラックのために応力が大きくなるにつれてヤング率も大きくなる非線形の挙動を示すことが明らかになった．URL空洞周りの応力から，原位置岩盤のヤング率は55～70 GPaと見積られた (Martin, Read and Lang, 1990)．そのマイクロクラックは面内異方性の原因にもなっており，マイクロクラック面に平行な面による直交異方性としてモデル化された．異方性の面に直交する方向の割線ヤング率は30 GPaで，それは異方性面に平行方向のヤング率のおよそ50％である．ポアソン比は異方性面に平行方向が0.25で直交方向が0.15である (Martin and Simmons, 1993)．

この研究においては，マイクロクラックによって誘発された異方性は，オーバーコアの二軸感度試験や異なる方向に採取されたコア試料の一軸圧縮試験の結果から定量化された (Martin, 1989)．図9.5には灰色花崗岩で実施された二軸感度試験の結果を示す．岩石の割線ヤング率はUSBMゲージを15°ずつ回転させて繰返し実施した二軸感度試験により求められた．その結果，二軸感度試験と一軸圧縮試験による割線ヤング率の最大，最小方向は良く一致した (Martin, 1989)．

Lang, Thompson and Ng (1986) は，原位置応力の大きさと方向に及ぼすオーバーコア径の影響についてURLで大規模な現場実験を実施した．その結果，USBMゲージとAECL式CSIRセルについては，96 mmのオーバーコア径と150, 200 mmの径では顕著な違いは認められなかった．さらに，回収したコアの残留応力の有無と原位置応力に対する比を求めるため，回収コアのオーバーコアリングが実施された．測定された残留応力は1.0 MPa以下であり，これは全応力の1.5～3.5％に過ぎず無視できることが明らかになった．この結論は，600 mmの同心孔でRead (Martin and Simmons, 1993) が実施したオーバーコアリングによっても確かめられた．

(b) 岩盤の応力解放法

URLで適用された岩盤の応力解放法には，立坑掘り上がり法 (bored raise method) とアンダーエキスカベーション法がある．これらの方法では，$10^3$～$10^4$ $m^3$オーダーの体積の岩塊の影響を受けると考えられる (Martin, Read and Chandler, 1990)．これ

9.1 URLにおける応力測定

らの方法による測定結果は原位置応力の寸法効果を評価する上で特に重要である.

立坑掘り上がり法はChandler (1993)によって報告されている.標高220 m付近の破砕帯2と2.5の間で,図9.2に示す直径1.8 mの換気立坑の壁面に貼り付けたロゼットゲージをオーバーコアリングして原位置応力が求められた.測定配置を図9.6aに示す.ゲージ長120 mmのロゼットゲージを壁面から10〜20 mm掘り込んだ4箇所に貼り,直径300 mmのビットでオーバーコアリングした.この他に,近傍の3本の直交方向のボーリング孔で17回のAECL式CSIRセルによるオーバーコアリングが,さらに図9.6aに示すように換気立坑から外側に向けたボーリング孔で4回のCSIRセルによるオーバーコアリングも実施された.

一方,アンダーエキスカベーション法による応力測定は,240 mレベルにおける209実験横坑の掘削と,420 mから240 mへの換気立坑の掘削の際に実施された(Kaiser, Zou and Lang, 1990; Zou and Kaiser, 1990; Wiles and Kaiser, 1994a, b).図9.6bには240 mレベルの測定配置を示す.この測定では,天盤に2個,底盤に2個,左右のスプリングライン付近にそれぞれ2個,計8個のCSIRO HIセルが,3.9 m×3.6 mの横坑に先行してやや外向きに削孔されたボーリング孔内に設置された.各セルと掘削壁面との距離は0.85〜2.28 mであった.横坑が計器の位置をおよそ25 m通過するまでセルのひずみが記録された.Kaiser, Zou and Lang (1990)は二次元解析で,Wiles and Kaiser (1994a)は三次元解析で原位置応力を決定した.

換気立坑の掘削の間にも,径1.8 mの上方向への掘削に先行して設置された8個のCSIRO HIセルを用いて原位置応力が測定された.計器の横を掘削機械が通過する前後各10 mの間を1 m間隔で三次元逆解析することにより原位置応力が求められた(Wiles and Kaiser, 1994b).

立坑掘り上がり法の測定結果と,近傍のAECL式CSIRセルのオーバーコアリング結果および209横坑掘削時のアンダーエキスカベーション法の二次元解析結果を図9.7に示す.立坑掘り上がり法の測定結果を除き,主応力の方向はよく一致している.また,立坑掘り上がり法で測定された応力の大きさは,AECL式CSIRセルの結果より大きい傾向がある(ただし,3本の直交方向の孔におけるCSIRセルの結果とは一致している).横坑掘削時のアンダーエキスカベーション法の二次元解析による応力の大きさは,立坑掘り上がり法の測定結果とも,直交3方向のCSIRセルによる測定結果とも良く一致している.

(c) ボアホールスロッター

URLにおけるボアホールスロッター試験はMartin, Read and Lang (1990)が報告

9 ケーススタディおよび異なる方法の比較

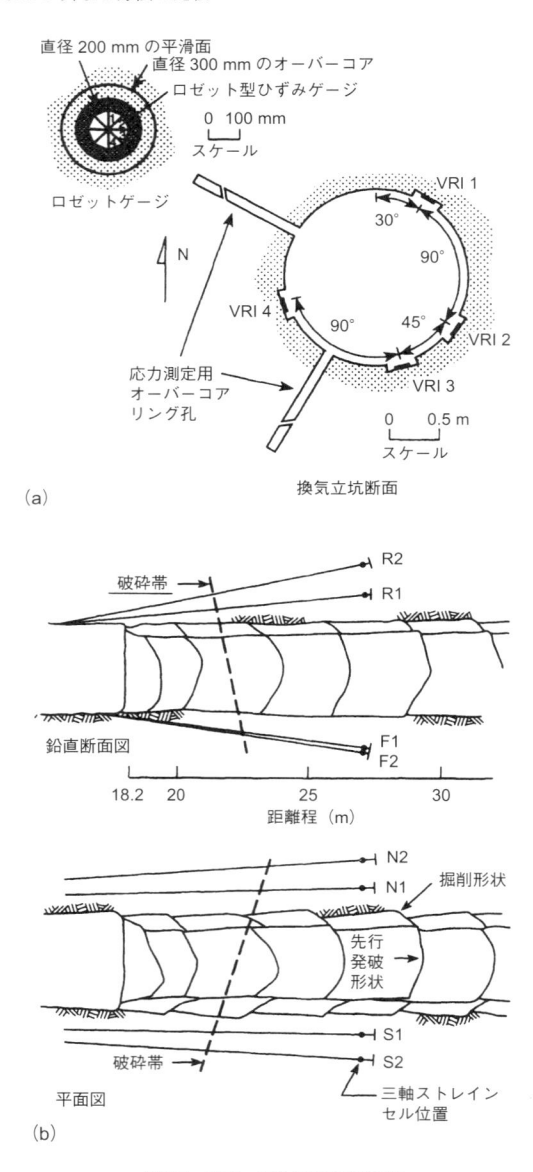

図9.6 URLの岩盤応力解放法
(a) 立坑掘り上がり法の測定配置平面図 (Chandler, 1993)
(b) 240mレベルの209実験坑掘削時のアンダーエキスカベーション法の鉛直断面と平面の配置 (Kaiser, Zou and Lang, 1990)

9.1 URLにおける応力測定

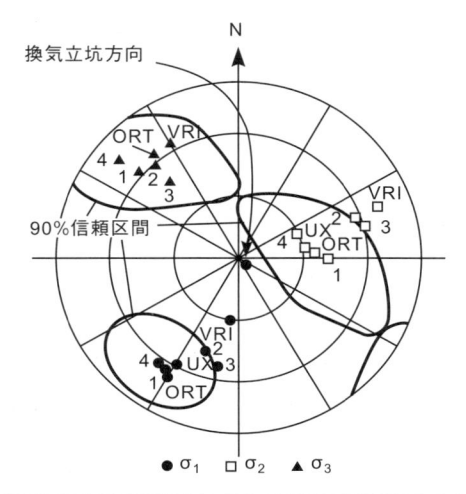

| | | 応力値(MPa) | | |
|---|---|---|---|---|
| | | $\sigma_1$ | $\sigma_2$ | $\sigma_3$ |
| VRI | 換気立坑ロゼット型オーバコアリング | 28.1 | 18.6 | 11.1 |
| 1 | CSIR OC2 6.18m | 22.1 | 14.5 | 7.1 |
| 2 | CSIR OC3 3.46m | 18.9 | 12.8 | 6.3 |
| 3 | CSIR OC3 5.30m | 19.8 | 15.7 | 10.0 |
| 4 | CSIR OC4 4.81m | 21.9 | 13.7 | 8.3 |
| ORT | 直交3孔のCSIRセルの平均値 | 30.1 | 14.9 | 10.6 |
| UX | アンダーエキスカベーション法 | 29.3 | 14.1 | — |

図 9.7 原位置応力測定結果の比較
立坑掘り上がり法，209坑のアンダーエキスカベーション法の二次元解析およびAECL式CSIRセルによる．応力の方向についてはCSIRの結果による90％の信頼区間を合わせて示す（Chandler, 1993）

している．3本の交差し直交するボーリング孔での測定結果をUSBMゲージやAECL式CSIRセルで求められた応力と比較し，ボアホールスロッターは応力の大きさは一致していないが方向は整合していると結論づけている．

(d) 水圧破砕法

水圧破砕法はURLで最初に適用された代表的な原位置応力測定法のひとつであるが，岩を破砕することが困難なために試験結果は必ずしも整合しなかった．また，破

9 ケーススタディおよび異なる方法の比較

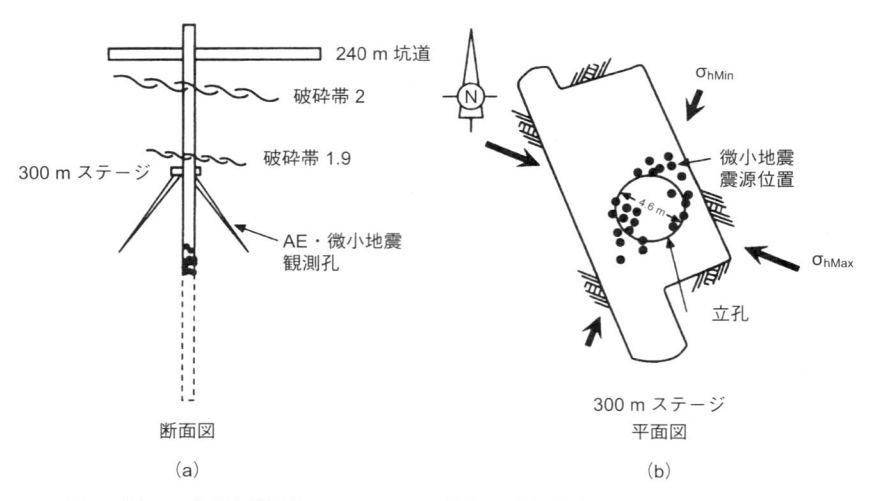

図9.8 (a) AEと微小地震動モニタリングの配置図 (b) 立坑深度348.4mの微小地震活動
(Talebi and Young, 1989)

砕帯2の下位に存在する水平の割れ目のために解析が困難であることもわかった (Chandler and Martin, 1991).

(e) 微動のモニタリング

URLでは応力の方向を決定する方法として微動のモニタリングが行われた (Talebi and Young, 1989, 1992). 直径4.6 mの立坑を324 mから443 mのレベルまで掘削する間,掘削による微動の測定が実施された(図9.8a). 掘削中と掘削後に,立坑まわりの1Dの範囲の最小水平主応力方向に微小地震活動が集中することが見出された(図9.8b). この微小地震活動の集中から,破砕帯2の下側では最大水平応力がNW-SE方向であると推定される. 一方, Martin, Martino and Dzik (1994) は, 420 mレベルに掘削された直径3.5 mの横坑周辺の微動の測定結果から,微小地震活動の領域とトンネルのブレイクアウトの発生位置が良く一致することを示している.

(f) 間接的な測定

原位置応力を間接的に推定するために,下部の立坑の掘削時における内空変位測定,立坑壁の剥落,ボーリングコアのディスキング現象が利用された. ボーリング孔と立坑のブレイクアウトを最大水平応力の方向を求めるために利用し,以下のような現象が認められた (Martin, 1989; Martin, Martino and Dzik, 1994).

破砕帯2より上部では，立坑のNW-SE方向の壁面が崩落してV字形のノッチが形成された．これは最大水平応力がNE-SW方向であることを示している．他方，破砕帯2の下部では，V字形ノッチはNE-SW方向となり，これは最大水平応力の方向が90°回転してNW-SE方向になったことを示している．

225mから443mの深度の円形立坑を掘削する間に，10m間隔で内空変位測定が行われた．水圧破砕法とオーバーコアリング法が不成功に終った破砕帯2の下部の水平応力の方向と大きさを決定するために，円孔まわりの変位を与えるKirschの解を用いた内空変位の逆解析が適用された．その結果，最大水平応力はNW-SE方向となった．

### 9.1.3 考察

#### (a) 地質構造の影響

花崗岩中のマイクロクラックや明瞭な割れ目あるいは図9.1bの衝上断層などのさまざまなスケールの地質構造が，原位置の応力状態や応力測定結果の解釈に大きな影響を与えることがわかった（Martin and Chandler, 1993）．

240mレベルの灰色花崗岩における応力解析では，マイクロクラックによる異方性を考慮した結果，ばらつきの少ない応力値が得られた．また，異方性の導入によって応力場の方向は回転した．これらの傾向は5.7.2節ですでに議論している．しかし前述のように，室内試験で観察される異方性が原位置の応力場においても存在するか否かは不明である．それでもなお，オーバーコアリングの解析に異方性を考慮しないと誤差が大きくなることは明白である．

図9.9a, bには240mレベルの209試験坑を横切る高角の不連続面近傍のオーバーコアリングによる主応力の方向を示す．不連続面の近く（図9.9a）では，最小主応力の方向は面に直交しほぼ水平である．他方，不連続面から30m離れると（図9.9b），最小主応力方向は向きを変えて鉛直になっている．

主要な衝上断層は応力場の明瞭な境界となっている．各領域の応力場は基本的に連続している．特に，URLの立坑を280mの深度で切っている破砕帯2の上側では，最大主応力は水平で040°の方位角をもち，桃色花崗岩の主要節理と破砕帯2の走向に平行である．破砕帯2.5から破砕帯2を過ぎて429mの深度に至る間，最大水平応力は増加し，その方位角は90°回転して130°となり破砕帯2の傾斜方向に平行になる（図9.10a, b）．Martin and Chandler (1993) は，この130°という方向はカナダ楯状地の西部における広域応力に一致するとしている．破砕帯2の下側の最大水平応力の大きさはおよそ55 MPaでほぼ一定である．最大水平応力の回転と破砕帯2の下部

## 9 ケーススタディおよび異なる方法の比較

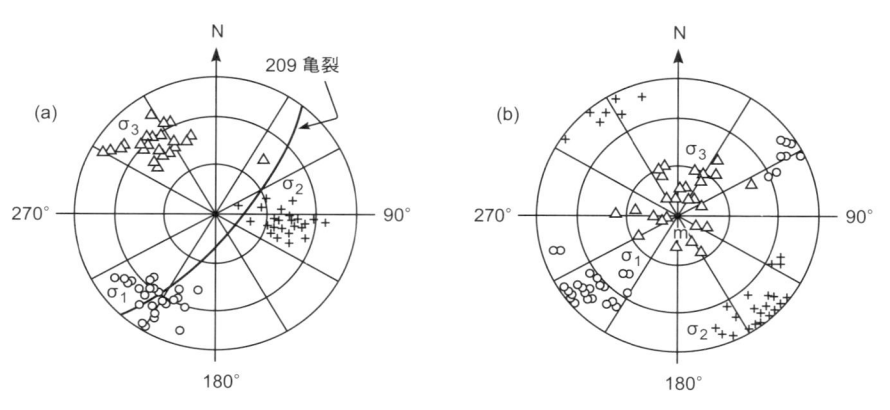

図 9.9 URL 240 m レベルの 209 坑を切る明瞭な亀裂の近傍におけるオーバーコアリングによる主応力の方向．(a) 亀裂近傍の応力，(b) 亀裂から 30 m 離れた箇所の応力 (Martin and Chandler, 1993)

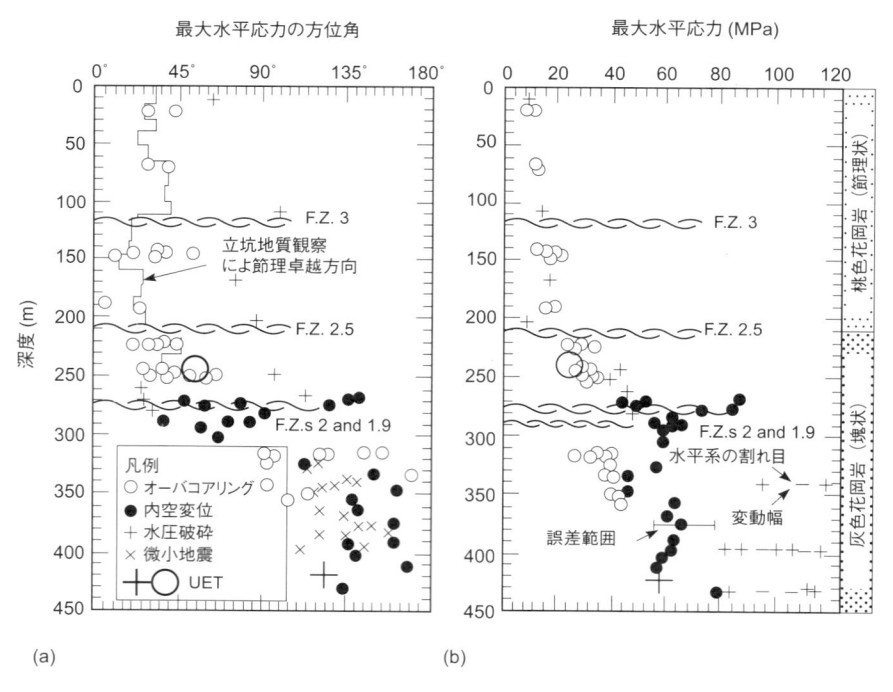

図 9.10 各種の方法による最大水平応力の方向 (a) と大きさ (b) Martin, Read and Lang (1993) に Wiles and Kaiser (1994b) によるアンダーエキスカベーション (UET) の結果を加筆

9.1 URLにおける応力測定

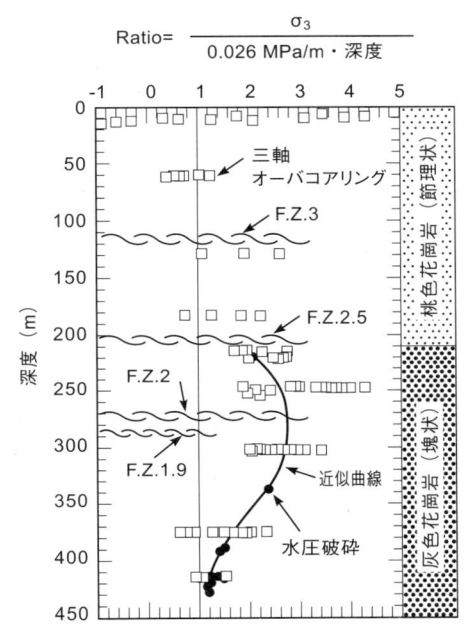

図9.11 URLにおける $\sigma_3/\gamma z$ の深度分布
(Martin and Chandler, 1993)

で応力が一定となることは，破砕帯2，2.5，3に沿うすべりを考慮した離散化平面ひずみモデルを用いて計算されている（Chandler and Martin, 1994）。

図9.11には，最小主応力 $\sigma_3$ が破砕帯2の影響で深度とともに変化する様子が示されている（$\sigma_3$ は一般的に鉛直応力に等しいため $\gamma=0.026$ MPa/m として求められる $\gamma z$ で正規化している）。破砕帯2のまわりでは $\sigma_3/\gamma z$ の比は約2であるが，破砕帯の上下ではこの比は1に近づく。このような鉛直応力の増加はURL立坑の近くで破砕帯2が薄く硬くなっていることを反映している（Martin and Chandler, 1993）。

### (b) 種々の応力測定結果の整合性

URLで実施された直接的，間接的な種々の応力測定結果は概して整合的である．破砕帯2より上側では，最大，最小水平応力の大きさは水圧破砕法とオーバーコアリング法で良く一致している（図9.12a）が，両者の方向は異なっている（図9.12b）．破砕帯2の下側では，水平亀裂のためにオーバーコアリング法と水圧破砕法の結果は一致せず，特に最大水平応力で差が大きい．最大水平応力の040°方向は，破砕帯2

9 ケーススタディおよび異なる方法の比較

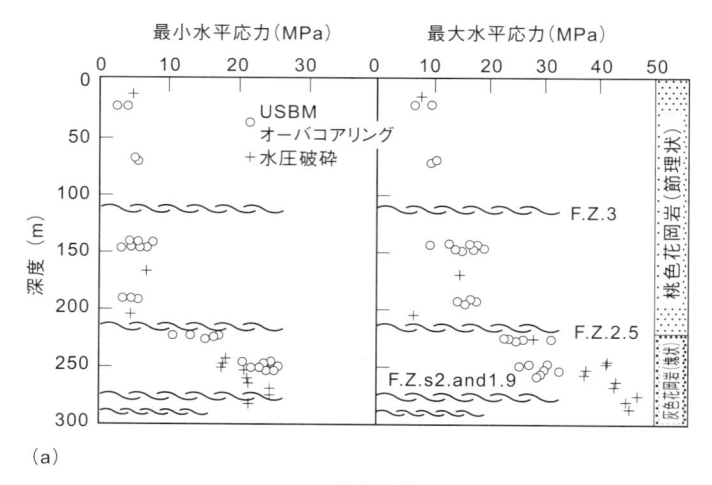

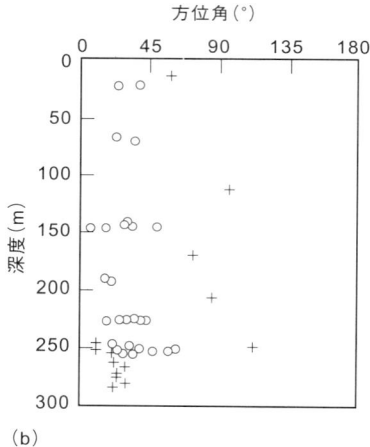

図9.12 (a) 最大，最小水平応力の大きさと (b) 最大水平応力の方向の比較．破砕帯2の上方で実施された水圧破砕とオーバーコアリングの比較．破砕帯2の上方では水圧破砕法による亀裂はボーリング孔の方向と平行である．
(Martin and Simmons 1993)

の直上から破砕帯1.9まで観察された立坑壁の破壊の方向と調和している．

破砕帯2，破砕帯1.9の下方では，内空変位，微小地震，立坑壁の破壊から決定された最大水平応力の方向に良い一致が見られた．これらすべての方法によれば，最大水平応力の方向は破砕帯の上下でおよそ90°回転している．

岩盤の応力解放法とボーリング孔の応力解放法の結果も整合している．209実験坑

9.1 URLにおける応力測定

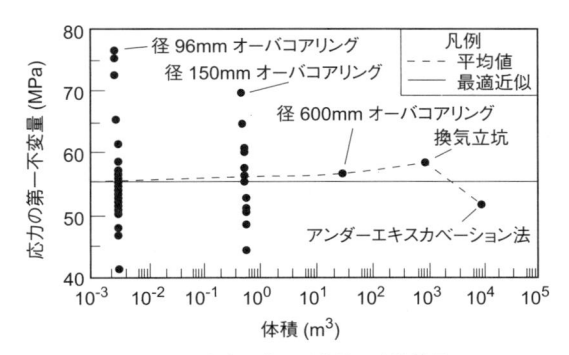

図9.13 応力の第一不変量の寸法効果
(Martin, Read and Chandler, 1990)

と換気立坑について実施された Wiles and Kaiser (1994b) による三次元解析の結果を図9.10にあわせて示す．換気立坑掘削時の応力解析結果とボーリング孔における測定結果の一致については，図9.7に関連してすでに述べた．

### (c) 寸法効果

URLにおける応力測定は，体積が $0.1 \sim 10^5 \, \mathrm{m}^3$ までの数オーダーの範囲にわたって実施されている．各測定方法において影響する岩盤の体積は，直径 D の孔径に対して長さ 6D，半径 3D の円筒として計算された．URLで実施された種々の応力測定結果について，岩盤の影響範囲の体積と応力の第一不変量（3主応力の和）の関係を図9.13に示す．この図によれば，体積が小さくなるとばらつきが大きくなるものの，応力の平均的な大きさは体積の影響をさほど受けていない (Martin, Read and Chandler, 1990)．

大規模な測定データの数が少ないという事実はさておき，小さな寸法の測定データのばらつきが大きいのは岩石物性の局所的なばらつきに原因がある．Chandler (1993) がいうように，オーバーコアリングの CSIR セルには 10 mm のひずみゲージが装着されているが，換気立坑掘削時の測定では 120 mm のひずみゲージが用いられている．花崗岩の粒径は 2〜5 mm なので，ひずみゲージが長くなればその影響は小さくなる．

### (d) カナダ楯状地と URL の応力の比較

カナダ楯状地における既往の応力測定と，URLにおける応力測定による最大水平

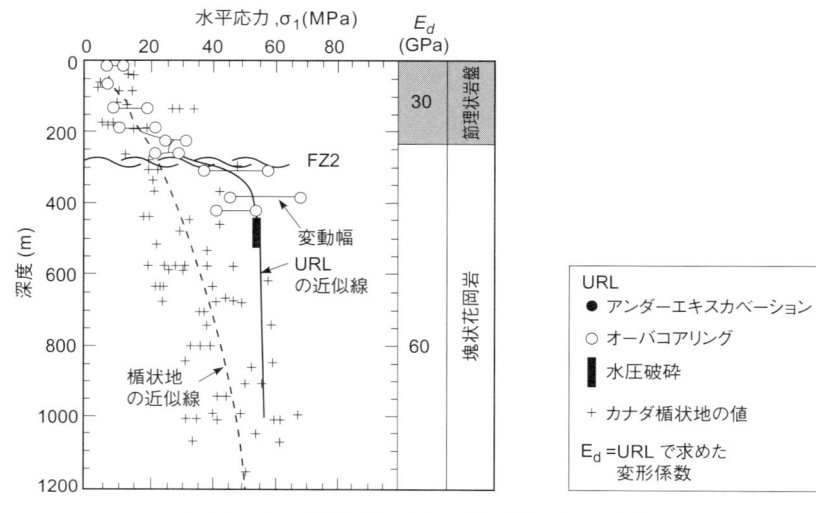

9 ケーススタディおよび異なる方法の比較

図9.14 カナダ楯状地とURLの最大水平応力 $\sigma_1$ の比較
(Martin and Chandler, 1993)

応力の深度分布を図9.14に比較して示す．浅い深度ではカナダ楯状地よりURLの方が明らかに高い応力を示している．URLの破砕帯2の下方では最大水平応力がほぼ一定であり，楯状地の傾向に近づいている．Martin and Chandler (1993) は，URLの大きな水平応力の原因を，破砕帯2が存在することと，亀裂性の桃色花崗岩とより固い灰色花崗岩の変形係数の差によるものと考えた．

### 9.1.4 まとめ

URLで実施された応力測定結果の解析は，硬質な花崗岩質岩についていくつかの興味深い特徴を明らかにした (Martin, 1989; Martin and Simmons, 1993)．
1. 比較的浅い深度の亀裂のない大きな岩塊のなかでは，異常に高い原位置応力が得られた．
2. 岩石が弾性的に挙動する限り，適用する手法や形状が異なっても得られる応力は平均値としては一致している．
3. 残留応力の影響はさほどなく，寸法効果の影響も小さい．
4. ミクロからマクロなさまざまなスケールにおける岩石構造の差異が原位置応力に影響を及ぼしている．特に，応力解放時のマイクロクラックによる異方性を応力解析に導入する必要がある．異方性を考慮しないと大きな誤差が生じ得る．一方，衝

上断層のような非常に大きな構造は応力場の境界になり，それを境に応力の大きさ
と方向が変わることがある．
5. 応力の直接測定の結果は，内空変位や微小地震，立坑やボーリング孔のブレイク
アウト，コアディスキングのような他の間接的な方法でクロスチェックできる．
6. 立坑掘り上がり法やアンダーエキスカベーション法のような岩盤応力解放法は，
大きなスケールで原位置応力を決定する方法として注目される．

## 9.2 異なるオーバーコアリング法の比較

2種類のオーバーコアリング法の比較がLeijon and Stillborg (1986) によって実施された．スウェーデン北部KirunaのLuossavaara鉄鉱山において，代表的な3種類の岩石（石英斑岩，磁鉄鉱鉱石，閃長岩）を対象に4箇所で応力測定が実施された．これらの応力測定は，地質工学的特性を把握する調査の一環として行われた．

5章に述べたCSIRO HIセルとLuH (LuT) ゲージが測定に用いられた．両者とも一本のボーリング孔で三次元の応力状態を評価できる装置である．応力測定はLuossavaara鉱山の265mレベルの狭い領域で集中的に実施された．鉱山の側壁，鉱脈，下盤の硬岩に掘削された4つのボーリング孔で合計34回の測定が行なわれた．応力計，ボーリング孔毎に整理した応力測定結果を表9.2に，個々の主応力方向を図9.15に示す．

表9.2では，O-2孔とF孔を除けば両方の計器で得られた応力の大きさと方向はほぼ一致している．しかし，図9.15に示すように，ボーリング孔それぞれに着目すると大きなばらつきが見られる．Leijon and Stillborg (1986) は，この応力が隣接鉱山

表9.2 スウェーデンLuossavaara鉱山におけるCSIRO HIセルとLuHゲージによる応力測定結果の比較 (Leijon and Stillborg, 1986)

| 場所 | ゲージの種類 | 測定数 | 最大主応力 $\sigma_1$ (MPa) | | | 中間主応力 $\sigma_2$ (MPa) | 最小主応力 $\sigma_3$ (MPa) |
|---|---|---|---|---|---|---|---|
| | | | 大きさ (MPa) | 方位 (度) | 傾斜 (度) | | |
| 側壁 | CSIRO | 3 | 8.0 | 200 | 34 | 6.2 | 4.5 |
| (H孔) | LuH | 4 | 8.6 | 180 | 31 | 4.9 | 1.3 |
| 鉱脈 | CSIRO | 2 | 10.4 | 340 | 9 | 4.6 | 2.3 |
| (O-1孔) | LuH | 7 | 13.5 | 337 | 5 | 6.5 | 4.6 |
| 鉱脈 | CSIRO | 2 | 5.7 | 9 | 11 | 4.7 | 1.4 |
| (O-2孔) | LuH | 6 | 9.5 | 331 | 17 | 5.1 | 4.0 |
| 底盤 | CSIRO | 3 | 15.1 | 165 | 7 | 7.3 | 5.6 |
| (F孔) | LuH | 7 | 8.3 | 162 | 10 | 5.3 | 2.4 |

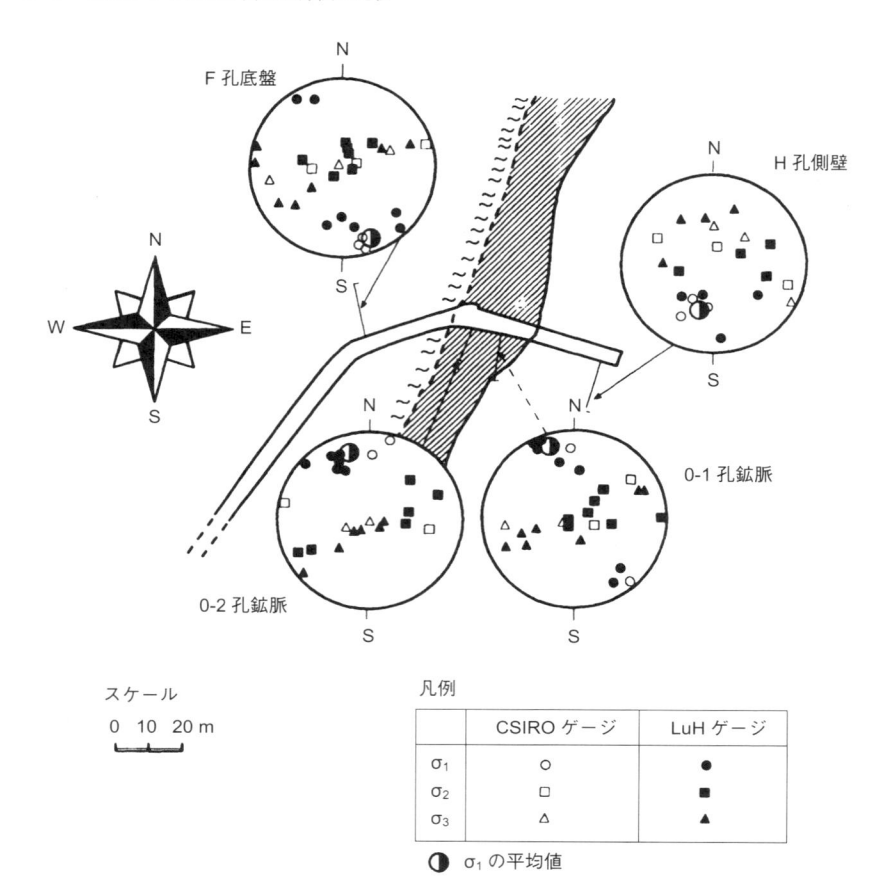

9 ケーススタディおよび異なる方法の比較

図 9.15 スウェーデン Luossavaara 鉱山における CSIRO HI セルと LuH ゲージによる応力測定結果の比較. 主応力方向は等面積投影法により下半球に投影されている (Leijon and Stillborg, 1986)

の応力と一致していると結論した. また非線形や異方性 (特に鉱脈において) を考慮すれば, 両者の手法による応力測定結果には明瞭な差異がないと結論した (ただし統計的に判定しているのではない). そして, 原位置応力の測定においては, 適用される手法より岩質の方が測定結果に及ぼす影響が大きいと強調している. 結局のところ測定手法の選択においては, 些細な技術上の違いよりもその場所の条件や測定技術者の熟練度のような実際的な要因を考慮すべきであると, Leijon and Stillborg (1986) は結論づけている.

9.2 異なるオーバーコアリング法の比較

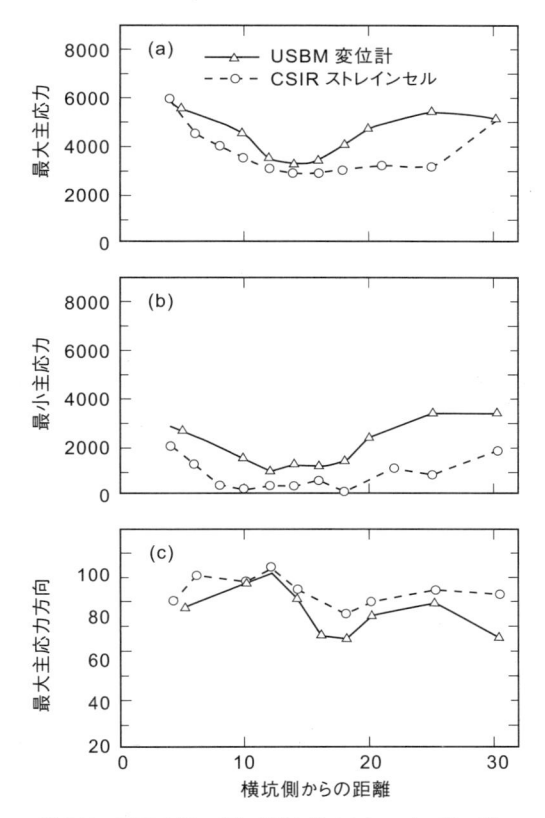

図9.16 USBMゲージとCSIRドアストッパーゲージによる (a) 最大主応力, (b) 最小主応力, (c) 鉛直からの最大主応力の方向 (Van Heerden and Grant, 1967)

　古くは，Van Heerden and Grant (1967) が2種類のオーバーコアリング手法の比較を示している．USBMゲージとCSIRドアストッパー法の最初の適用例のひとつとして興味深い事例である．両方の計器がカナダのウラン鉱山で応力を求めるために用いられ，鉱山の深度1400フィート (427 m) の横坑側壁で3本の水平孔が平行に削孔された．そのうち2孔は30フィート (9 m)，1孔は19フィート (6 m) であった．2孔にはCSIRドアストッパーゲージを，他の1孔にはUSBMゲージを設置してオーバーコアリングが実施された．各孔における測定間隔は2～5フィート (0.6～1.5 m) であった．図9.16aと9.16bには，ボーリング孔に直交する面内の最大，最小主応力の深度分布を示す．図9.16cには最大主応力の鉛直からの角度の深度分布を示す．深

くなるにつれてばらつきは大きくなるものの，図 9.16（a）～（c）に示すようにふたつの方法による応力は比較的よく一致している．なお，横坑掘削による影響を取り除いていないので，この場合に得られている応力は必ずしも原位置の初期応力ではない点に留意する必要がある．

他に，放射性廃棄物地層処分の可能性検討に関連した試験の一環として，岩盤ブロックを用いたオーバーコアリング法による応力測定の比較例がいくつか報告されている．これらの試験の主目的は，大きな岩盤ブロックに既知の荷重を作用させ，岩盤中の異なる点で応力を測定して加えられた応力と比較することであった．

ワシントン州 Hanford 近くの BWIP（Basalt Waste Isolation Project）の浅部実験場において，Gregory et al.（1983a, b）は，USBM ゲージ，CSIRO HI セル，LuH ゲージ，CSIR セルおよび光弾性中空ゲージの 5 種類の異なる方法でオーバーコアリングを行なっている．鉛直壁において亀裂を含む玄武岩を 2 m 角で切り出し，フラットジャッキを用いて載荷した（Black and Cramer, 1983）．42 点のオーバーコアリング結果によれば，当地のような節理間隔が 0.1～0.2 m と節理が密な岩においては 5 種類の手法とも適用困難であった．

コロラド州 Idaho Springs のコロラド鉱山大学の実験場では，節理性片麻岩の 8 m$^3$ のブロックを用いた応力測定実験が実施された（Brown, Leijon and Hustrulid, 1986）．鉱山の底盤に設けられた試験ブロックには，顕著な 3 本の割れ目が横断していた．側方からの一軸圧縮状態（E-W または N-S 方向）と二軸圧縮状態において，USBM ゲージと三軸の LuH ゲージを用いて，EX サイズと NX サイズのボーリング孔で応力が測定された．図 9.17a と 9.17b には USBM ゲージと LuH ゲージによって測定された応力を示す．両者の応力分布は図 9.17b のふたつの円内の点を除けば似通っており，作用させた荷重の方向とも一致しており，応力の大きさはブロックの中に分布する割れ目によって変化することが明らかになった．また，一軸圧縮時の平均値で見ると，USBM ゲージによる応力は LuH ゲージより少なくとも 20 % 大きかった．なお，LuH ゲージの三次元解析によれば，試験ブロックは実際に一軸または二軸応力状態にあり，測定点の局所的な主応力はほぼ鉛直と水平方向であった．

## 9.3 水圧破砕法とオーバーコアリング法の比較

Haimson（1981）は，水圧破砕法とオーバーコアリング法による応力測定結果を比較したいくつかのケースを示した．ここで述べるケースは，ネヴァダ実験場，カリフォルニア州 Helms 揚水発電プロジェクト，サウスカロライナ州 Bad Creek 揚水発

9.3 水圧破砕法とオーバーコアリング法の比較

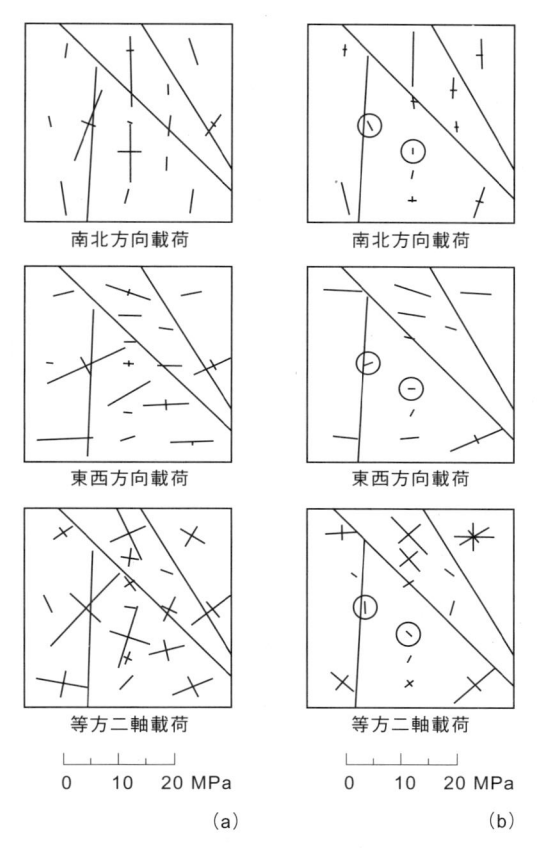

図9.17 コロラド鉱山大学の実験場におけるブロックの主応力方向. (a) USBM ゲージ, (b) LuH ゲージ
(Brown, Leijon and Hustrulid, 1986)

電プロジェクト，ワシントン州 Hanford の Gable Mountain にある BWIP の浅部実験場およびスウェーデンの Stripa プロジェクトである．全体として応力測定は 400 m より浅い深度で実施されている．

各サイトのそれぞれの深度では，オーバーコアリング法と水圧破砕法による原位置応力の方向と大きさが比較的よく一致している．表9.3 に水平応力の比較を示す．この結果から Haimson（1981）は以下の結論を導いた．

・ふたつの方法による水平応力の方向の差は ±10° の範囲内である．
・最小水平応力の差は ±2 MPa の範囲内であり，それは水圧破砕法による最小水

## 9 ケーススタディおよび異なる方法の比較

表9.3 5地点におけるオーバーコアリングと水圧破砕応力測定結果の比較
(Haimson, 1981)

| 場　所 | $\Delta\sigma$ (MPa) | | $\Delta\sigma/\sigma_{HF}$ (%) | | $\sigma_{Hmax}$方向の差（度） |
|---|---|---|---|---|---|
| | $\Delta\sigma_{hmin}$ | $\Delta\sigma_{Hmax}$ | $\Delta\sigma_{hmin}$ | $\Delta\sigma_{Hmax}$ | |
| ネヴァダ実験場 | 1 | 1 | 29 | 11 | −10 |
| Helms | −1.5 | −5 | −27 | −50 | 8 |
| Bad Creek | −2 | −4.5 | −13 | −19 | 4 |
| Gable Mountain | −0.5 | 7 | −33 | 100 | −6 |
| Stripa[a] | −2/1 | −7/−0.5 | −19/10 | −42/3 | 13/40 |

$\Delta\sigma$：水圧破砕による応力−オーバーコアリングによる応力，$\sigma_{HF}$：水圧破砕による応力
$\sigma_{Hmax}$方向の差：水圧破砕とオーバーコアリングによる最大水平応力$\sigma_{Hmax}$の方向の差
[a]：Stripaでは2種類の解析が実施された（Haimson, 1981）

平応力の高々30％程度である．
・最大水平応力の差は±5 MPaの範囲内であり，それは水圧破砕法による最大水平応力の50％程度である．ただしGable Mountainの結果は差が大きい．
・オーバーコアリング法による主応力軸の傾きは，鉛直・水平方向から30°以内である．

その後Haimson（1983）はネヴァダ実験場における応力測定についてより詳細な比較を行なった．その比較には，水圧破砕法による3回の測定結果とオーバーコアリング法による2回の測定結果が用いられた．それらの測定は，サイト内のYucca Mountain, Rainier Mesa, Yucca Flatなどの異なる場所で異なるグループにより10年以上にわたって実施された．また，原位置応力に関連したボーリング孔壁の崩壊，定方位コア，地震の発震機構などの情報も加味された．ネヴァダ実験場における異なる方法による応力測定結果を比較し，400 mの深度に換算した最大，最小水平応力と鉛直応力を表9.4に示す．

同表によれば，Rainier Mesaでは異なる方法でよい一致が見られている．そこでは最大水平応力の平均は8.25 MPa（±0.65 MPa）で，方向はN35°E（±10°）である．最小水平応力は2.9 MPa（±0.45 MPa）で方向はN55°W（±10°），鉛直応力は6.8 MPa（±0.55 MPa）である．全体的な応力の傾向は正断層から横ずれ断層を示している．表9.4からは，Yucca Mountainで測定された応力が50 kmも離れたRainierr Mesaの応力と一致していることもうかがえる．Yucca Mountainの最小水平応力の方向はN60°W（±10°）で，それはRainierr Mesaと5°しか違わない．また，水平応力の測定値は，ボーリング孔壁の崩壊，定方位コア，地震の発震機構などのような間接的な方法から推定された結果とも良く一致している．

水圧破砕法とオーバーコアリング法による応力測定の比較例は，Enever and

## 9.3 水圧破砕法とオーバーコアリング法の比較

表 9.4 ネヴァダ実験場におけるすべての原位置応力測定の比較
(400 m の深度に換算；Haimson, 1983)

| 方法 | 場所 | $\Delta\sigma_{Hmax}$ 大きさ (MPa) | $\Delta\sigma_{Hmax}$ 方位 (度) | $\Delta\sigma_{hmin}$ 大きさ (MPa) | $\Delta\sigma_{hmin}$ 方位 (度) | $\sigma_v$ (MPa) |
|---|---|---|---|---|---|---|
| HF | RM-U12n | 9.0 | N35°E | 3.5 | N55°W | 7.0 |
| OC | RM-U12n | 8.0 | N45°E | 2.5 | N45°W | 6.0 |
| HF | RM-U12g | 7.5 | N40°E | 3.0 | N50°W | 7.3 |
| OC | RM-U12g | 8.5 | N22°E | 2.6 | N68°W | 6.8 |
| HF | YM | N.A. | N25°E | 1.0 | N65°W | 8.0 |
| ORC | YM | – | N20°E | – | N70°W | – |
| HS | YF | – | N30°E | – | N60°W | – |
| FMS | NTS | $<$or$>\sigma_v$ | N45°E | $<\sigma_{Hmax}$ and$<\sigma_v$ | N45°W | – |

HF：水圧破砕，OC：オーバーコアリング，ORC：定方位コア，HS：孔壁剥離，FMS：地震の発震機構解析，RM：Rainier Mesa，YM：Yucca Mountain，YF：Yucca Flat，NTS：ネヴァダ実験場

Chopra (1986) によっても報告されている．オーストラリアの3箇所の花崗岩において，170 m 以浅の深度で実施された水圧破砕法の結果が，USBM ゲージと CSIRO HI セルを用いてより浅い深度で別途実施されたオーバーコアリングの結果と比較された．オーバーコアリング法と水圧破砕法による最大水平主応力の方向はいずれのサイトでも良く一致している．その後，Enever, Walton and Wold (1990) は，さまざまな低透水性岩においてオーバーコアリング法と水圧破砕法の測定結果がよく一致していることを報告している．かれらは原位置で測定される亀裂発生時の圧力と再開口圧力の差を（室内の小孔径試験の代わりに）引張強さとして用いた．表 9.5 には，オーバーコアリング法と水圧破砕法による原位置の平均最小応力を並べて示す．

Hudson and Cooling (1988)，Cooling, Hudson and Tunbridge (1988) は，英国最南西部の Carnmenellis 花崗岩において実施されたオーバーコアリング法と水圧破砕法による大規模な原位置応力測定について報告している．オーバーコアリングは Carwynnen 鉱山の坑道で，水圧破砕法は 100 m 離れた隣接の石切場の A，B ふたつのボーリング孔で実施された．すべての測定は硬質な花崗岩のなかで実施された．オーバーコアリング法による応力測定は，CSIRO HI セル，INTERFELS CSIR 型三軸セルおよび USBM ゲージを用い，34 m の深度で実施された．水圧破砕法による測定は，74 m，122 m，642 m の深度で実施された．試験結果の概要を表 9.6，図 9.18，図 9.19 に示す．両図には，Pine, Tunbridge and Kwakwa (1983a, b) による他の応力測定の結果を比較して示す．それは South Crofty 鉱山における CSIRO HI セルと

9 ケーススタディおよび異なる方法の比較

表 9.5 オーバーコアリングと水圧破砕による平均最小主応力 (Enever, Walton and Wold, 1990)

| 岩種 | 平均最小主応力 (MPa) | |
|---|---|---|
| | 水圧破砕 | オーバーコアリング |
| 砂岩 | 9.8 | 10.6 |
| 砂岩 | 12.0 | 12.0 |
| 砂岩 | 9.0 | 8.2 |
| 砂岩 | 6.8 | 7.0 |
| 砂岩 | 4.5 | 4.8 |
| 砂岩／礫岩 | 5.3 | 7.9 |
| 砂岩 | 2.5 | 2.1 |
| 蛇紋岩 | 20.2 | 18.5 |
| 斑岩 | 16.5 | 20.0 |
| 鉛亜鉛鉱脈 | 9.5 | 9.0 |
| 火山集塊岩 | 9.5 | 9.7 |

表 9.6 Carnmenellis 花崗岩における応力測定結果
(出典:Cooling, Hudson and Tunbridge, Copyright 1988 Elsevier Science Ltd の許可により転載)

| 場所 | 方法 | 深度 (m) | 主応力 | 大きさ (MPa) | 方位 (度) | 傾斜 (度) |
|---|---|---|---|---|---|---|
| Carwynnen | 水圧破砕 | 74 | $\sigma_1$ | 16.5 | 141 | 00[a] |
| | | | $\sigma_2$ | 6.5 | 051 | 00[a] |
| | | | $\sigma_3$ | 2.0 | — | 90[a] |
| | | 122 | $\sigma_1$ | 16.7 | 145 | 00[a] |
| | | | $\sigma_2$ | 7.2 | 055 | 00[a] |
| | | | $\sigma_3$ | 3.3 | — | 90[a] |
| | | 642 | $\sigma_1$ | 34.9 | 145 | 00[a] |
| | | | $\sigma_2$ | 16.7 | — | 90[a] |
| | | | $\sigma_3$ | 12.3 | 055 | 00[a] |
| | USBM ゲージ | 34 | $\sigma_1$ | 5.9 | 317 | 09 |
| | | | $\sigma_2$ | 2.2 | 224 | 17 |
| | | | $\sigma_3$ | −0.2 | 075 | 71 |
| | CSIRO HI セル | 34 | $\sigma_1$ | 5.9 | 331 | 01 |
| | | | $\sigma_2$ | 4.9 | 241 | 09 |
| | | | $\sigma_3$ | 2.2 | 055 | 81 |
| | INTERFELS CSIR 型セル | 34 | $\sigma_1$ | 5.3 | 308 | 19 |
| | | | $\sigma_2$ | 3.9 | 040 | 06 |
| | | | $\sigma_3$ | −0.6 | 146 | 70 |
| South Crofty | オーバーコアリング | 790 | $\sigma_1$ | 37.7 | 130 | 05 |
| | | | $\sigma_2$ | 18.5 | 347 | 84 |
| | | | $\sigma_3$ | 11.3 | 220 | 03 |
| Rosemanowes | 水圧破砕 | 2000 | $\sigma_1$ | 70 | 130[a] | 00[a] |
| | | | $\sigma_2$ | 52[a] | —[a] | 90[a] |
| | | | $\sigma_3$ | 30 | 040[a] | 00[a] |

[a] は水圧破砕による推定値

9.3 水圧破砕法とオーバーコアリング法の比較

図 9.18 Carnmenellis 花崗岩において測定された主応力の方向
（出典：Cooling, Hudson and Tunbridge, Copyright 1988 Elsevier Science Ltd の許可により転載）

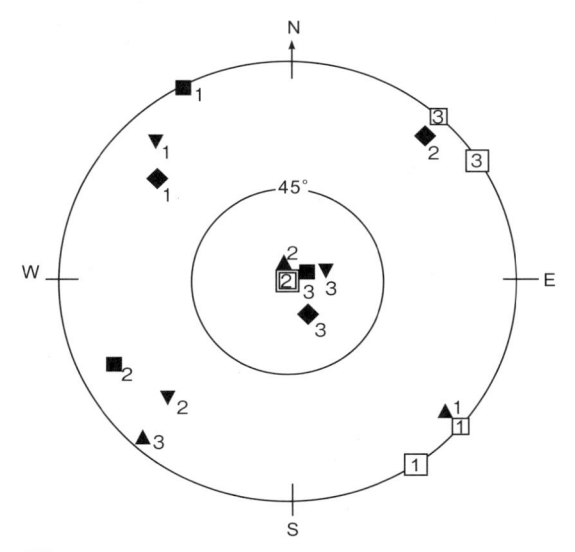

凡例：
- □ Carwynnen の水圧破砕
- □ 地熱サイトの水圧破砕
- ■ Carwynnen の HI セル
- ◆ Carwynnen の IUTERFELS 応力プローブ
- ▼ Carwynnen の USBM 変位計
- ▲ South Crofty 鉱山のオーバコアリング

（下半球等角投影により描いた 1，2，3 主応力方向）

USBM ゲージを用いたオーバーコアリングと，Rosemanowes 石切場で地熱プロジェクトの一環として実施された深度 2000 m の水圧破砕法の結果である．

表 9.6，図 9.18，図 9.19 によれば，Carwynnen におけるオーバーコアリング法や水圧破砕法の結果はそれぞれ良くまとまっており，両者の値は良く一致している．また，Pine, Tunbridge and Kwakwa（1983a, b）による他の 2 箇所での応力測定結果とも良く一致している．すべての測定結果において主応力方向がほぼ鉛直と水平になっており，水平主応力の方向が NW-SE と NE-SW 方向に一致していることは注目すべきである．Carwynnen での水圧破砕法によれば，応力場が深度によって変化する，すなわち，最小主応力が深度 74 m と 122 m では鉛直であるが深度 642 m では水平になっていることは興味深い．

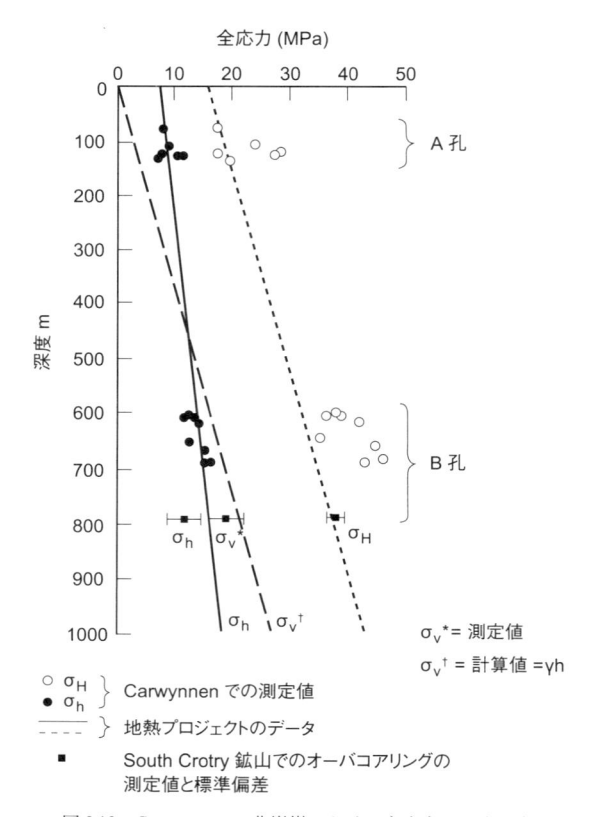

9　ケーススタディおよび異なる方法の比較

図 9.19　Carnmenellis 花崗岩における主応力の深度分布
（出典：Cooling, Hudson and Tunbridge, Copyright 1988 Elsevier Science Ltd の許可により転載）

　表 9.6，図 9.18，図 9.19 によれば，応力の大きさはその方向ほど整合的ではないが，測定対象の寸法を考慮すれば十分に受け入れられる結果である．その後，Haimson et al.（1989）や Pine, Jupe and Tunbridge（1990）は，同じ Carnmenellis 花崗岩でオーバーコアリングと水圧破砕の追加測定と解析を行ない，両者の結果が一致していることを確認している．

452

## 9.4 水圧法の比較

### 9.4.1 水圧破砕法と HTPF 法

既存亀裂の水圧法（HTPF 法）による応力測定結果を検証するため，Comet and Valette (1984) は，ウィスコンシン州 Waterloo における水圧破砕法の結果（Haimson, 1980）と比較した．そのサイトが選ばれた理由は，利用できる多くのデータがあること，深度 35～250 m の間の応力場が既知であることによる．Cornet and Valette (1984) は，その深度区間の応力の変化にしたがって 9 点の深度におけるシャットイン圧力を帰納的に計算し，実際に測定されたシャットイン圧力や Haimson (1980) の予測値と比較した．シャットイン圧力の測定値と計算値の差の標準偏差は，HTPF 逆解析法では 0.36 MPa，Haimson の予測では 0.54 MPa であった．このことから HTPF 法の方がわずかに優位であると思われた．他方，HTPF 逆解析法による最大水平主応力の大きさと方向の標準偏差は大きくなったが，これは応力を決定する際の制約条件が十分でないことによるものと考えられた．

Ljunggren and Raillard (1987) は，スウェーデンのストックホルムのおよそ 480 km 北にある Gideå の鉛直ボーリング孔で，HTPF 法と従来の水圧破砕法の詳細な比較を行なった．Gideå は，スウェーデンにおける高レベル放射性廃棄物の最終処分地調査のために選ばれた，結晶質岩のテストサイトのひとつである．Bjarnason and Stephansson (1986) によって従来の水圧破砕法応力測定が実施された．その後，Ljunggren and Raillard (1986) は，同じボーリング孔の 90～270 m の深度で HTPF 法による応力測定を実施した．それらの原位置測定の結果を表 9.7 に示す．

HTPF データの最初の解析は，(1) 原位置応力が深度だけの関数であること，(2) 主応力が水平と鉛直であること，(3) 鉛直応力は重力によること，を仮定して二次元で行われた．4.4.3 節にあるように，式 (4.96) におけるテンソル $S$ と $\alpha$ に含まれる未知数の総数は 6 になる．238.3 m と 267.9 m の深度のデータを省略した場合のみ，逆解析計算が 9 回の繰返し後に収束した．原位置の水平主応力成分 $\sigma_H$ と $\sigma_h$ は，表 9.8 に示すように 100～250 m の深度にわたって求められた．

同表によれば，最大水平応力 $\sigma_H$ は深度 100 m の N14°E 方向から深度 250 m の N56°W 方向へ回転しており，深度 100～150 m の間ではほとんど等方的な応力状態であることがわかる．深度 250 m の最大水平応力は，水圧破砕法の結果よりおよそ 2 MPa 大きい．HTPF 法と水圧破砕法による最小水平応力はほぼ等しい．

表9.7 スウェーデン Gideå Gi-1 孔における応力測定結果
(HTPF: Ljunggren and Raillard, 1987, 水圧破砕;Bjarnason and Stephansson, 1986)

| 方法 | 試験箇所番号 | 深度 (m) | | 亀裂の走向 $\phi$ (度)[a] | | 亀裂の傾斜 $\theta$ (度)[b] | | 垂直応力 $\sigma_n$ (MPa)[c] | |
|---|---|---|---|---|---|---|---|---|---|
| | | $z$ | $\varepsilon_z$[d] | $\phi$ | $\varepsilon_\phi$[d] | $\theta$ | $\varepsilon_\theta$[d] | $\sigma_n$ | $\varepsilon_\sigma$[d] |
| HTPF | 1 | 93.3 | 0.1 | 328 | 7 | 61 | 3 | 4.4 | 0.1 |
| | 2 | 129.7 | 0.1 | 92 | 7 | 40 | 3 | 4.5 | 0.1 |
| | 3 | 130.1 | 0.1 | 206 | 7 | 58 | 3 | 5.9 | 0.1 |
| | 4 | 178.4 | 0.1 | 308 | 7 | 28 | 3 | 6.5 | 0.1 |
| | 5 | 247.5 | 0.1 | 213 | 7 | 32 | 3 | 6.9 | 0.1 |
| | 6 | 238.3 | 0.1 | 204 | 7 | 22 | 3 | 8.7 | 0.1 |
| | 7 | 247.5 | 0.1 | 181 | 7 | 33 | 3 | 8.3 | 0.1 |
| | 8 | 252.5 | 0.1 | 248 | 7 | 26 | 3 | 7.6 | 0.1 |
| | 9 | 253.0 | 0.1 | 300 | 7 | 19 | 3 | 8.2 | 0.1 |
| | 10 | 260.1 | 0.1 | 258 | 7 | 20 | 3 | 7.4 | 0.1 |
| | 11 | 262.2 | 0.1 | 5 | 7 | 71 | 3 | 9.8 | 0.1 |
| | 12 | 267.9 | 0.1 | 240 | 7 | 83 | 3 | 10.0 | 0.1 |
| HF | 13 | 111.0 | 0.1 | 135 | 7 | 90 | 3 | 4.4 | 0.1 |
| | 14 | 122.5 | 0.1 | 168 | 7 | 90 | 3 | 5.2 | 0.1 |
| | 15 | 140.0 | 0.1 | 141 | 7 | 90 | 3 | 6.4 | 0.1 |
| | 16 | 183.0 | 0.1 | 42 | 7 | 90 | 3 | 8.0 | 0.1 |

[a] は亀裂面の法線の水平面への投影を北から測った角度
[b] は亀裂面と鉛直線のなす角度
[c] は亀裂面に作用する垂直応力
[d] $\varepsilon$ は標準偏差

表9.8 スウェーデン Gideå Gi-1 孔の原位置応力の計算値(出典:Ljunggre C. and Raillard, G. Copyright 1987, Elsevier Science Ltd. の許可により転載)

| 深度 (m) | $\sigma_H$ (MPa) | $\sigma_h$ (MPa) | $\sigma_H$ の方向 (度) |
|---|---|---|---|
| 100 | 6.5 | 4.5 | 14 |
| 125 | 7.1 | 6.0 | −9 |
| 150 | 8.4 | 6.9 | −40 |
| 175 | 10.1 | 7.3 | −49 |
| 200 | 11.9 | 7.7 | −53 |
| 225 | 13.6 | 8.1 | −55 |
| 250 | 15.4 | 8.5 | −56 |

三次元解析は式(4.96)におけるテンソル $S$ と $\alpha$ が各々6つの未知数を持つとして実施された.したがって,解を得るためには最低12のデータが必要である.実際問題として,完全な三次元応力場を決定するには最低15のデータが必要とされる.Ljunggren and Raillard (1986, 1987) は,この要求を満たすために従来の水圧破砕法のデータを4つ選んでHTPFの解析に加えた.HTPFの逆解析結果から,原位置主応力 $\sigma_1$, $\sigma_2$, $\sigma_3$ とその方向が深度 93.3〜267.9 m の間で決定された.$\sigma_1$, $\sigma_2$, $\sigma_3$ と水圧破砕法による $S_H$, $S_h$, $S_v$ の比較を図9.20に示す.この図から以下の傾向がうかがえる.

(1) $\sigma_1$ と $S_H$ の大きさはほぼ等しく,その差は最大でも 0.5 MPa に過ぎない

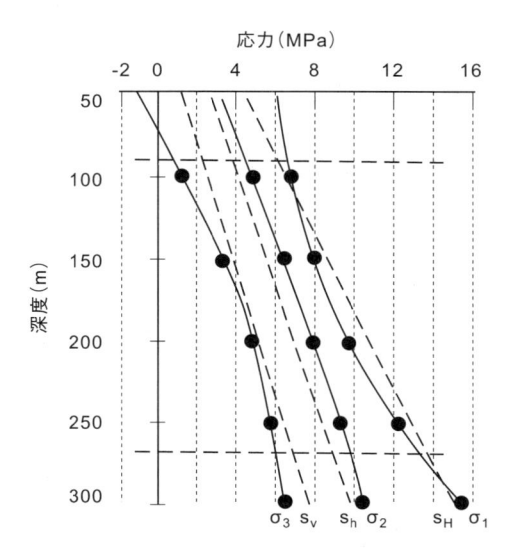

図 9.20 スウェーデン Gideå Gi-1 孔の深度 93.3～267.9 m における HTPF と水圧破砕による三次元応力 (Bjarnason and Stephansson, 1986, Ljunggren and Raillard, 1987)

(2) $\sigma_2$ と $S_h$ も 1.0 MPa 以内の差でほとんど等しい
(3) $\sigma_3$ は自重による鉛直応力 $S_v$ と完全には一致していない．しかし図 9.20 に示すように，$\sigma_3$ がほとんど鉛直である 150～250 m の間では，$\sigma_3$ と $S_v$ の大きさは良く一致している．

Gideå ボーリング孔における $\sigma_1$ と $\sigma_H$ の方向の深度による変化を図 9.21 に示す．三次元の HTPF モデルによると，$\sigma_1$ の方向は深度 90 m の N60°E から深度 250 m の N120°E まで時計回りに回転している．この方向は，特に上部において水圧破砕の方向に良く一致している．250 m の深度では，二次元と三次元の HTPF モデルによる最大主応力の方向は同じである．

通常，ボーリング孔での応力測定による主応力方向は，ステレオ投影を用いてステレオネットにプロットされる．主応力の大きさと方向を一緒に表すには，Gideå の結果を図 9.22 のように表わしている Ljunggren and Raillard (1986, 1987) の方法が推奨される．空間中のある点の応力状態は，水平面に投影された応力ベクトルを上から見た形になっている．ベクトルの長さはそれぞれの主応力の大きさに比例している．応力ベクトルの先端の扇形は主応力の傾斜角を示している．開いた扇は主応力ベクトル

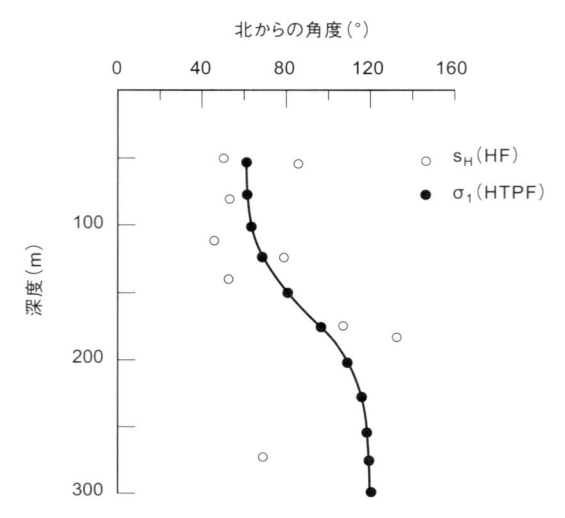

9 ケーススタディおよび異なる方法の比較

図 9.21 Gideå Gi-1 孔の HTPF と水圧破砕の三次元解析による $\sigma_1$ と $S_H$ の方向（出典：Ljunggre C. and Raillard, G. Copyright 1987, Elsevier Science Ltd. の許可により転載）

が鉛直に近いことを示す．Gideå のボーリング孔における深度と応力状態の全体像は，図 9.20〜図 9.22 の情報を総合することによって得られる．

　従来の水圧破砕法と HTPF 法の結果の比較例は，さまざまな地質構造体や岩種においてかなりの数にのぼっている．例えば，珪岩では Cornet and Valette（1984），花崗岩では Ljunggren and Raillard（1987）や Cornet and Burlet（1992），ミグマタイト片麻岩では Ljunggren（1990），亜炭と粘土を挟む石灰岩や砂岩，片岩では Cornet and Burlet（1992）の例がある．大多数の岩種においては，HTPF 法と従来の水圧破砕法の結果が満足すべき一致をみているが，水圧破砕法より HTPF 法の方がデータを得るために必要な現場作業が多いことは確かである．したがって，時間と経費を考慮すれば，いずれの主応力もボーリング孔軸に平行でない場合か，岩盤中に多くの弱面が存在している場合にのみ，HTPF 法は水圧破砕法より有利となる．

### 9.4.2　水圧破砕法，スリーブ破砕法，HTPF 法

　Ljunggren（1990）は，スリーブ破砕，従来の水圧破砕および HTPF の三手法を比較し報告している．その実験はスウェーデンの Luleå 工科大学のキャンパスにある直径 56 mm，深さ 500 m の鉛直ボーリング孔のなかで実施された．主な岩種は高角の

9.4 水圧法の比較

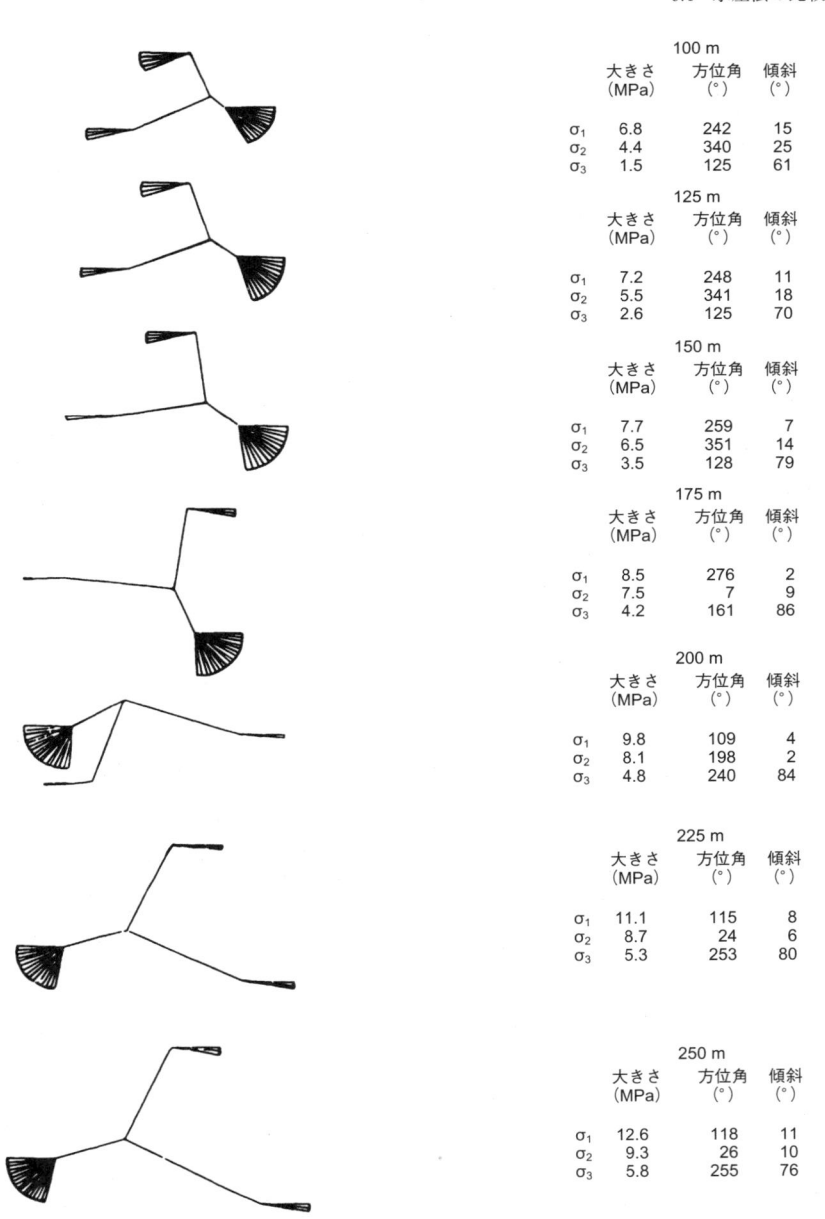

### 100 m

|  | 大きさ (MPa) | 方位角 (°) | 傾斜 (°) |
|---|---|---|---|
| $\sigma_1$ | 6.8 | 242 | 15 |
| $\sigma_2$ | 4.4 | 340 | 25 |
| $\sigma_3$ | 1.5 | 125 | 61 |

### 125 m

|  | 大きさ (MPa) | 方位角 (°) | 傾斜 (°) |
|---|---|---|---|
| $\sigma_1$ | 7.2 | 248 | 11 |
| $\sigma_2$ | 5.5 | 341 | 18 |
| $\sigma_3$ | 2.6 | 125 | 70 |

### 150 m

|  | 大きさ (MPa) | 方位角 (°) | 傾斜 (°) |
|---|---|---|---|
| $\sigma_1$ | 7.7 | 259 | 7 |
| $\sigma_2$ | 6.5 | 351 | 14 |
| $\sigma_3$ | 3.5 | 128 | 79 |

### 175 m

|  | 大きさ (MPa) | 方位角 (°) | 傾斜 (°) |
|---|---|---|---|
| $\sigma_1$ | 8.5 | 276 | 2 |
| $\sigma_2$ | 7.5 | 7 | 9 |
| $\sigma_3$ | 4.2 | 161 | 86 |

### 200 m

|  | 大きさ (MPa) | 方位角 (°) | 傾斜 (°) |
|---|---|---|---|
| $\sigma_1$ | 9.8 | 109 | 4 |
| $\sigma_2$ | 8.1 | 198 | 2 |
| $\sigma_3$ | 4.8 | 240 | 84 |

### 225 m

|  | 大きさ (MPa) | 方位角 (°) | 傾斜 (°) |
|---|---|---|---|
| $\sigma_1$ | 11.1 | 115 | 8 |
| $\sigma_2$ | 8.7 | 24 | 6 |
| $\sigma_3$ | 5.3 | 253 | 80 |

### 250 m

|  | 大きさ (MPa) | 方位角 (°) | 傾斜 (°) |
|---|---|---|---|
| $\sigma_1$ | 12.6 | 118 | 11 |
| $\sigma_2$ | 9.3 | 26 | 10 |
| $\sigma_3$ | 5.8 | 255 | 76 |

図 9.22　Gideå Gi-1 孔の三次元主応力
(出典：Ljunggre C. and Raillard, G. Copyright 1987, Elsevier Science Ltd. の許可により転載)

9 ケーススタディおよび異なる方法の比較

片理を有するミグマタイト片麻岩である．図4.6に示した車載の水圧破砕装置を用いて33箇所の測定が実施された．異なる走向，傾斜を有する単一の既存亀裂15箇所についてHTPF法が適用された後，従来の水圧破砕法が実施された．従来の水圧破砕法とHTPF法による最大水平主応力の方向は明らかに一致しなかった．この不一致は水圧破砕法が片麻岩の片理面の規制を受けたためと考えられる．

　最大水平主応力の方向を決定するために，インプレッションパッカーを加圧膨張させて亀裂を発生，記録するスリーブ破砕法が2回追加実施された．その試験により2mの長さの鉛直亀裂が180°方向に形成された．スリーブ破砕法とHTPF法による最大水平応力の方向はよく一致した．さらに，既存の高角度の片理面の走向が水圧破砕面の平均的な方向と一致することが判明した．

　Luleå工科大学キャンパスの実験結果から，水圧破砕面は岩盤中の高角度の片理面に影響されており，真の最大水平応力の方向を反映していなかったと結論される．片理は岩石の引張強さにも影響するので，水圧破砕法による主応力の決定に岩石固有の異方性が影響を及ぼすことは必定である．

　Ljunggren (1990) は原位置の比較実験から以下の結論を導いた．
・時間と経費を考慮すれば，いずれの主応力もボーリング孔軸に平行でない場合か，岩盤中に多くの弱面が存在している場合にのみ，HTPF法は水圧破砕法より有利となる．
・たとえ岩盤の中に面構造があっても，HTPF法とスリーブ破砕法により最大水平応力の方向を決定することができる．
・水圧破砕法の2度目のブレイクダウンから求め水平主応力はHTPF法と同じ大きさである．
・ボーリング孔壁における亀裂の方向が岩盤のなかでも同じであるという仮定がHTPF法の誤差の一因として考えられる．

### 9.4.3　繰返し水圧試験

　Luleå工科大学で実施されたさまざまな水圧試験の経験と結果に基づいて，Rutqvist and Stephansson (1996) は，亀裂面に作用する垂直応力を求めるための従来の手順（シャットイン，水圧加圧，定流量試験）が近傍のボーリング孔の影響で正しくない結果をもたらすかもしれないと結論した．したがって，かれらはボーリング孔と亀裂間の流れに基づいた水圧加圧試験や定流量試験は避けるべきであると提案している．これらの方法においては，孔壁近くの亀裂面の非線形な変形挙動が圧力と流れまたは圧力と時間の関係を支配するので，亀裂面の垂直応力を乱してしまうかもし

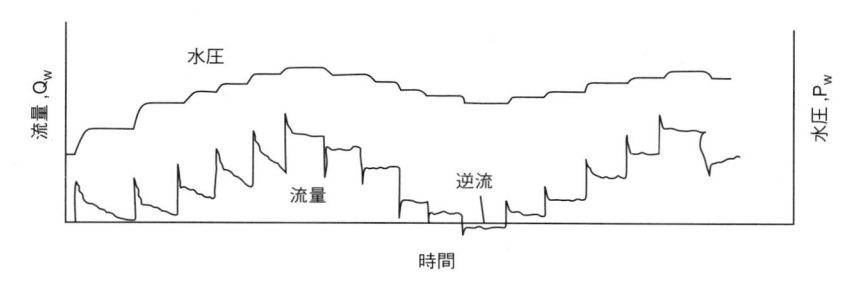

9.4 水圧法の比較

図9.23 亀裂面の初期垂直応力を求めるための繰返し水圧加圧試験における水圧，流量と時間の記録（Rutqvist and Stephansson, 1996）

れない．シャットイン圧力が明瞭で，それが亀裂の進展でなく閉塞の圧力であることが確かであれば，シャットイン試験は有効である．これらの問題を克服するため，Rutqvist and Stephansson（1996）は亀裂面の垂直応力を決定する方法として繰返しの水圧加圧試験を提案した．この方法では，流量と水圧の関係図において流量がゼロの時の水圧が亀裂の閉塞圧，すなわち垂直応力として求められる．

Luleå 工科大学の鉛直ボーリング孔を横切っている6つの水平に近い節理について繰返し水圧加圧試験が実施された．孔内に挿入する装置は4.2.2節に示した多芯ホース型で，0.65 m の間隔のストラドルパッカーと圧力変換器で構成されている．水圧ホースからパッカー区間への水流は，パッカーの直上に位置するバルブによって閉じられる．水圧逸散のために間に1日を置き，水圧加圧試験がそれぞれの節理に対して2回ずつ実施された．最初の水圧加圧試験では，水圧が増加してそれぞれの節理が破砕し，割れ目が形成された．割れ目の水理学的開口幅（hydraulic aperture）を決定するため，急速な圧力パルス注入試験が水圧加圧試験の前後に実施された．それらのパルス試験はわずかの水量をパッカー区間に注入してバルブを閉じる方法で行なわれた．孔内の水が亀裂の中へ浸透し，水圧が減衰する過程から亀裂の貯水性を求めることができる（Rutqvist, 1995a）．圧力減衰から，亀裂が水理的に閉じているか，他の亀裂に連続しているかどうかを判断することができる．

図9.23に示すように，くり返し水圧加圧試験は水圧を段階的に上昇させた後，段階的に減少させるパターンで実施された．定常流になるまで各段階の圧力は2～3分の間一定に保たれた．水圧上昇段階では最大流量5ℓ/分まで，水圧減少段階では亀裂から孔内へ水が逆流する圧力段階まで実施された．深度356 m のほぼ水平な亀裂に対する2回目の水圧加圧試験における流量 $Q_w$ と水圧 $P_w$ の関係を図9.24に示す．同図には最初の水圧加圧試験で得られたブレイクアップ圧力 $P_b$ も示されている．ゼ

459

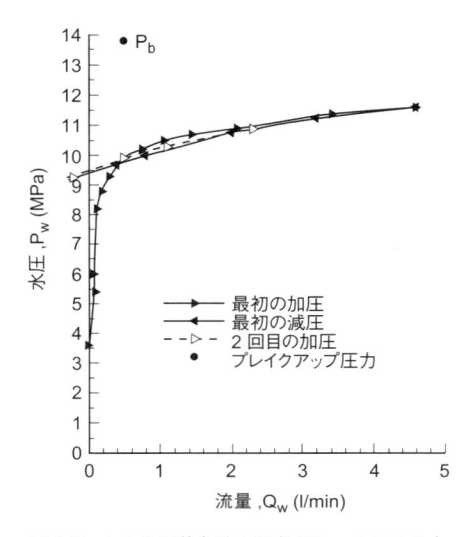

図 9.24 Luleå 工科大学の深度 356 m における水圧加圧試験による水圧 $P_w$ と流量 $Q_w$ の関係.花崗岩中の水平亀裂に対する 2 回目の試験.$P_b$ は最初の試験で得られたブレイクアップ点.流量ゼロの圧力 9.5 MPa が初期垂直応力となる.
(Rutqvist and Stephansson, 1996)

ロ流量の圧力が亀裂面に作用している初期垂直応力とみなされる.この方法で得られた鉛直応力は,同じボーリング孔のランダムな方向の亀裂で実施された HTPF 法による応力値と良い一致が見られた(Ljunggren, 1990).したがって,Rutqvist and Stephansson (1996) が提案した繰返し水圧加圧試験は,特にシャットイン圧力の決定が困難な場合には従来のシャットイン解析に代わるものとみなされる.急速な水圧パルス試験に数値モデルを組み合わせれば,亀裂の貯水性や垂直剛性,さらには亀裂の透水性の応力依存をより正確に決定することができる(Rutqvist, 1995b).

## 9.5 水圧破砕法とボアホールブレイクアウト法の比較

水圧破砕法と物理検層によるボアホールブレイクアウト法は,大深度において応力の方向と大きさを決定するために最も一般的な技術である.ニューヨーク州 Auburn の地熱井における両者の比較は,Hickman, Healy and Zoback (1985) によって報告された.この節では,深いボーリング孔における水圧破砕法とボアホールブレイクア

9.5 水圧破砕法とボアホールブレイクアウト法の比較

ウト法を比較した以下の3つのケースを提示する．
(1) ニューヨーク州 Auburn の地熱井，主に堆積岩で深度 1.6 km
(2) ワシントン州 Hanford のコロンビア川玄武岩類の玄武岩フローを貫く一連のボーリング孔，深度はおよそ 1000 m
(3) 南カリフォルニアのサンアンドレアス断層と San Jacinto 断層の間にある Cajon Pass 孔，0.5 km 厚さの第三紀堆積岩と，3 km 厚さの中生代の花崗岩，片麻岩，ミグマタイト

## 9.5.1 ニューヨーク州 Auburn の地熱井

1980 年代中頃，アメリカ合衆国北東部のテクトニクスとプレートの運動モデルを解明するためには，当時の原位置応力場の状態と起源に関する解釈が必要だった．その目的のため，Hickman, Healy and Zoback (1985) は，ニューヨーク州中部の Auburn 地熱井で一連の水圧破砕法応力測定とボアホールテレビュアー調査を実施した．Auburn 地熱井は Syracuse のおよそ 30 km 南西のアパラチア高原にある．そのボアホールには 1540 m まで下部古生代の岩塩，炭酸塩岩，頁岩，砂岩が分布し，その下に基盤の先カンブリア紀の大理石を 60 m 貫いている．このボアホールにおける試験は，原位置応力場の方向と大きさを決定するためにブレイクアウトが使われた最初の例である．

水圧破砕法の後，ボアホールテレビュアーまたはインプレッションパッカーによって孔壁の亀裂の方向，すなわち最大水平応力の方向が決定された．4回の試験のうち3回の最小水平応力の大きさは，低流量で繰返し加圧した後のシャットイン圧力から決定された．最大水平応力を決定するためには3サイクル目の亀裂再開口圧力が用いられた．ただし，空隙の弾性変形は考慮されていない．Auburn の最小水平応力の大きさは，深度 593 m の 9.9±0.2 MPa から深度 1482 m の 30.6±0.4 MPa までほとんど線形に増加している．一方，同じ深度の最大水平応力は 13.8±1.2 MPa から 49.0±2.0 MPa までややばらつきながら変化している (Hickman, Healy and Zoback, 1985)．鉛直応力に比べて水平応力が異常に小さい区間では，横ずれ断層型の応力場から正断層型の応力場に変わっていることが推測される．深度 593 m と 919 m における水圧破砕法から求められた最大水平応力の方位は，平均して N83°E±15°の方向であり，これは他の方法によるこの地域の応力場と一致している．

ボアホールテレビュアーは孔壁の連続的な超音波イメージを定方位で得ることができるワイヤライン式の検層装置である (8.3.2 節)．節理，亀裂，ウォッシュアウト，その他の孔壁の形状に応じてボアホールテレビュアー記録に特徴的なパターンが現わ

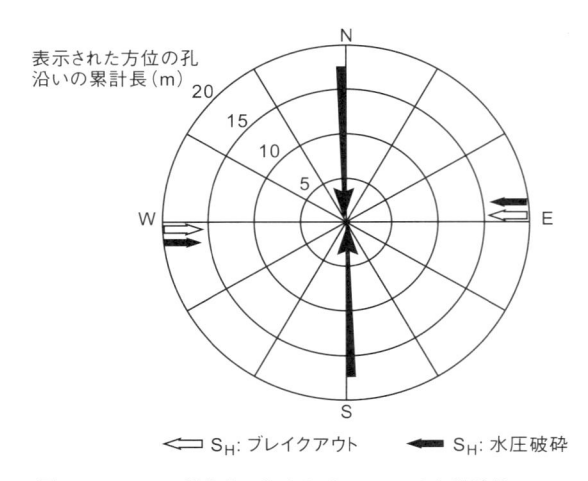

9 ケーススタディおよび異なる方法の比較

図9.25 Auburn地熱井におけるブレークアウト累計長のローズダイアグラム．ブレークアウトの方位はテレビュアー検層による．水圧破砕とブレークアウトによる最大水平応力の平均的な方位も合わせて示す．(Hickman, Healy and Zoback, 1985)

れ，それらの磁北に対する方位が検層記録から決定された．Auburnのボアホールテレビュアー記録では多数のほぼ水平な面の特徴が検出されたが，それらは層理面の洗掘やドリルビットの削孔溝と推測された（Hickman, Healy and Zoback, 1985）．

また，検出された高角度の自然亀裂の方向は基本的にランダムであるが，下部の堆積岩の部分だけはE-W方向が強く卓越していた．ボアホールの孔壁拡大部は応力集中によって崩壊したブレークアウトと判断された．ブレークアウトは最大水平圧縮応力に直交するN-S方向に見出された．図9.25にブレークアウト区間の長さを方向別に表示したローズダイアグラムを示す．また同図には，ブレークアウトと水圧破砕法によって決定された最大水平応力 $S_H$ の平均方位を示す．両者の方位はきわめて良く一致している．

Auburn井におけるテレビュアーと4アームディップメータ（8.3.1節）を比較することで，孔壁の拡大部が30 cm以上の長さであればその方向は両測定器で一致していることがわかる（Plumb and Hickman, 1985）．この研究により，ディップメータのデータから最小水平応力の方向を決定することができ，広域応力場の評価に確実な根拠が与えられることになった．

### 9.5.2 ワシントン州 Hanford 実験場

　ワシントン州中南部 Hanford 実験場の深部の玄武岩溶岩では，水圧破砕法の応力と比較するためテレビュアーと音波検層によるボアホールブレイクアウトの特徴と分布が調べられた (Paillet and Kim, 1987). コロンビア川玄武岩類の層準の異なる溶岩流を貫く5本のボーリング孔において物理検層のデータが得られた．ブレイクアウトは大部分の溶岩層のなかで途切れ途切れに発生していた．また，いくつかのボアホールでは，ブレイクアウトの分布はコアディスキング（円柱コアが鞍状ディスクに分離する現象）の発生と密接に関係していた．Paillet and Kim (1987) は，玄武岩溶岩のブレイクアウト区間が上下のブレイクアウトしていない薄い部分に挟まれていることを見出した．玄武岩の上下の縁辺部は変質によって割れ目が多く岩質も異なることがその原因と考えられた．亀裂の少ない均質な玄武岩層では一定幅のブレイクアウトが 10m もの深度にわたって連続していた．不連続なブレイクアウトは玄武岩中の亀裂や冷却節理，気孔等により分断していた．これらのブレイクアウトは E-W 方向の 40～50°の範囲に集中していた．Paillet and Kim (1987) は，ブレイクアウトはせん断応力下で発生しており，ブレイクアウトとコアディスキングが比較的硬くて厚い溶岩層の中に見られるのは，回りのより柔らかくて変形し易い堆積岩や溶岩層上部の破砕部に比べて広域的な応力が集中していることによると示唆している (2.6 節).

　物理検層による応力方向の深度分布は応力測定の結果とよく対応している．5 孔のうち 4 孔の水圧破砕法による応力測定の結果は，水平主応力が異方的で最大主応力は NS 方向に一致している．東西方向のブレイクアウトが卓越することは，コロンビア高原中央部における地震の発震機構の解析と調和している．

### 9.5.3 カリフォルニア州 CAJON PASS の学術ボーリング孔

　サンアンドレアス断層のような大きな地殻断層に作用しているせん断応力を予測するには原位置応力を知ることが不可欠である．Zoback and Healy (1992) は，南カリフォルニア Cajon Pass サイトの 2 孔で実施された原位置応力測定の結果を報告している．1 孔では 1.3 km の深度まで，他の 1 孔では 3.5 km の深度まで応力測定が実施された．そのプロジェクトの主目的のうちのひとつは，サンアンドレアス断層がその南部においてどれくらい強度が低いかを把握することであった．中部カリフォルニアにおける膨大な応力測定データは，最大水平圧縮応力の方向がサンアンドレアス断層の走向にほぼ垂直であり，せん断応力が断層にほとんど作用していないことを示している．Cajon Pass プロジェクト以前には，断層に垂直な圧縮応力の明確な証拠は南カ

リフォルニアでは見られなかった．Cajon Pass プロジェクトは，いわゆる「サンアンドレアスの応力と地殻熱流量のパラドックス」，すなわち室内試験で得られる 0.6〜1.0 の摩擦係数から Mohr-Coulomb 式で予測される断層のせん断応力と，断層沿いの複数の地殻熱流量測定結果から推定されるせん断応力との不一致について検討することも目指していた（Zoback and Healy, 1992）．

Cajon Pass における原位置応力の測定は，907〜3486 m の深度における水圧破砕法と詳細なボアホールブレイクアウトの観察により実施された．水圧法は亀裂のない箇所の水圧破砕法と既存亀裂の水圧法の両方法を併用している．その結果，結晶質の基盤岩において，23 個の最小水平主応力のデータと深度に依存する形の最大水平応力の 6 個の推定値，さらに 4 個の最大水平圧縮応力の方向のデータが得られた（Zoback and Healy, 1992 の表 1）．また，ボアホールブレイクアウトによって最大水平応力に関する 12 個の推定値が得られた．

超音波を用いたボアホールテレビューアーは，データの質が良い場合には深度方向 1 cm，孔径 1 mm の分解能でボーリング孔の形状を正確に再現することができた．Shamir and Zoback（1992）は，Cajon Pass における 32000 のブレイクアウトを解析し，深度 1.7〜3.5 km の最小水平主応力の方向を求めた．Cajon Pass の最も深いボーリング孔の下半部に見られるボアホールブレイクアウトから決定された最大水平応力 $S_{Hmax}$ の方向は，平均で N57°E±19° であった（図 9.26）．ブレイクアウトは水圧破砕面に対して本質的に直角であり，原位置の水平主応力の方向は一致している．Cajon Pass 地域のサンアンドレアス断層の平均方向が N60°W であることは注目すべきである．Zoback and Healy（1992）によると，サンアンドレアス断層の強度が小さいため，N60W の走向面に沿った右横ずれのせん断応力が全く欠如していることを示している．

図 9.27a と図 9.27b は，Cajon Pass において異なる方法で得られた最小，最大水平応力の深度分布を示したものである．これらの図において，(1) $S_{HmaxHF}$ と $S_{hminHF}$ は通常の水圧破砕法による最大，最小応力，(2) $S_{hminPE}$ は既存亀裂の水圧法による最小応力，そして (3) $S_{HmaxBO}$ はボアホールブレイクアウトによる最大応力（Vernik and Zoback, 1992）である．

図 9.27a と図 9.27b には正断層の場合の最小応力 $S_h$ と横ずれ断層の最大応力 $S_{Hmax}$ の予測値を示す．それらは試験で得られる 0.6〜1.0 の摩擦係数と間隙水圧の静水圧分布から，Mohr-Coulomb や Byerlee の破壊規準で予測される断層面上の応力である．図 9.27a では，深度 2.1 km の異常に高い $S_{hmin}$ の値を除いて予測値と測定値は良く一致している．このように，図 9.27a の $S_v$ と $S_{hmin}$ の差は正断層が形成されるほどに十

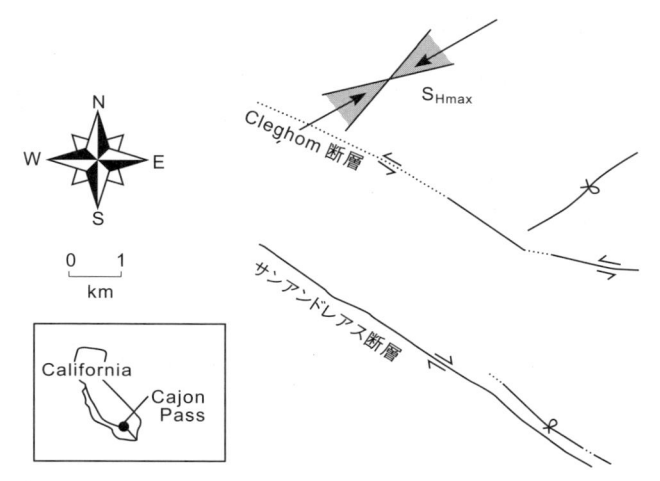

図9.26 カリフォルニア Cajon Pass 孔における最大水平主応力の平均方向とその標準偏差．削孔地点近傍の活断層も合わせて示す．(Zoback and Healy, 1985)

分大きい．同様に，図9.27b における $S_{Hmax}$ と $S_{hmin}$ の差は横ずれ断層が形成されるほどに十分大きい．

Cajon Pass での応力測定と図9.27a，b の結果に基づいて，Zoback and Healy (1992) は，サンアンドレアス断層近傍の地殻の摩擦強度が室内試験の結果と同じように大きいこと，そのせん断応力レベルは基本的に摩擦強度に支配されていること，さらに，Cajon Pass 地域のサンアンドレアス断層が近傍の地殻に比べて脆弱であることを示している．

## 参考文献

Bjarnason, B. and Stephansson, O. (1986) Hydraulic rock stress measurements in borehole Gi-1 Gideå study site, Sweden. Swedish Nuclear Fuel and Waste Management Company, Stockholm, SKB Technical Report 86-11.

Black, M.T. and Cramer, M.L. (1983) The design and construction of a block test in closely jointed rock. Rockwell International Report RHO-BW-SA-286P.

Brown, S.M., Leijon, B.A. and Hustrulid, W.A. (1986) Stress distribution within an artificially loaded, jointed block, in *Proc. Int. Symp. on Rock Stress and Rock Stress Measurements*, Stockholm, Centek Publ., Luleå, pp. 429-39.

Chandler, N.A. (1993) Bored raise overcoring for in situ stress determination at the Underground Research Laboratory. *Int. J. Rock Mech. Min. Sci. & Geomech. Abstr.*, 30, 989-92.

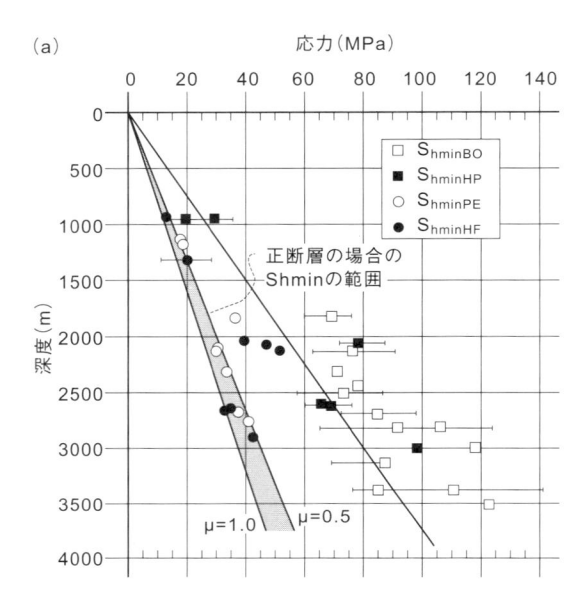

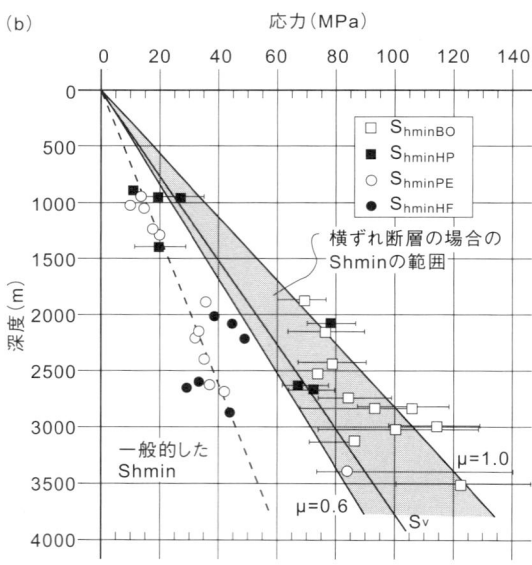

図 9.27 Cajon Pass における応力の深度分布
$S_{HmaxHF}$ と $S_{hminHF}$ は通常の水圧破砕法，$S_{hminPE}$ は既存亀裂の水圧法，$S_{hminBO}$ はボアホールブレイクアウトによる．網かけゾーンは摩擦係数が 0.6〜1.0 の場合の計算値で，(a) が正断層の場合の $S_{hmin}$，(b) は横ずれ断層の場合の $S_{Hmax}$ を示す．(Zoback and Healy, 1992)

# 参考文献

Chandler, N.A. and Martin, D. (1991) An examination of the conditions causing subhorizontal hydraulic fractures in a highly stressed granite batholith, in *Proc. 32nd US Symp. Rock Mech.*, Norman, Balkema, Rotterdam, pp. 251-60.

Chandler, N.A. and Martin, D. (1994) The influence of near surface faults on in-situ stresses in the Canadian shield, in *Proc. 1st North Amer. Rock Mech. Symp.*, Austin, Balkema, Rotterdam, pp. 369-76.

Cooling, C.M., Hudson, J.A. and Tunbridge, L.W. (1988) In-situ rock stresses and their measurement in the UK - Part II. Site experiments and stress field interpretation. *Int. J. Rock Mech. Min. Sci. & Geomech. Abstr.*, 25, 371-82.

Cornet, F.H. and Burlet, D. (1992) Stress field determinations in France by hydraulic tests in boreholes. *J. Geophys. Res.*, 97, 11829-49.

Cornet, F.H. and Valette, B. (1984) In situ stress determination from hydraulic injection test data. *J. Geophys. Res.*, 89, 11527-37.

Enever, J.R. and Chopra, P.N. (1986) Experience with hydraulic fracture stress measurements in granite, in *Proc. Int. Symp. on Rock Stress and Rock Stress Measurements*, Stockholm, Centek Publ., Luleå, pp. 411-20.

Enever, J.R., Walton, R.J. and Wold, M.B. (1990) Scale effects influencing hydraulic fracture and overcoring stress measurements, in *Proc. Int. Workshop on Scale Effects in Rock Masses*, Loen, Norway, Balkema, Rotterdam, pp. 317-26.

Gregory, E.C. et al. (1983a) Applicability of borehole stress measurement instrumentation to closely jointed rock, in *Proc. 24th US Symp. Rock Mech.*, College Station, Association of Eng. Geologists Publ., pp. 283-6.

Gregory, E.C. et al. (1983b) In situ stress measurement in a jointed basalt, in *Proc. Rapid Excavation & Tunneling (RET. C) Conf.*, Chicago, Vol. 1, SME/AIME, pp. 42-61.

Haimson, B. (1980) Near surface and deep hydrofracturing stress measurements in Waterloo quartzite. *Int. J. Rock Mech. Min. Sci. & Geomech. Abstr.*, 17, 81-8.

Haimson, B.C. (1981) Confirmation of hydrofracturing results through comparisons with other stress measurements, in *Proc. 22nd US Symp. Rock Mech.*, Cambridge, MIT Publ., pp. 409-15.

Haimson, B.C. (1983) The state of stress at the Nevada Test Site: a demonstration of the reliability of hydrofracturing and overcoring techniques, in *Proc. Int. Symp. Field Measurements in Geomechanics*, Zurich, Balkema, Rotterdam, pp. 115-26.

Haimson, B.C. et al. (1989) Measurement of rock stress using the hydraulic fracturing method in Cornwall, UK - Part II. Data reduction and stress calculation. *Int. J. Rock Mech. Min. Sci. & Geomech.* Abstr., 26, 361-72.

Hickman, S.H., Healy, J.H. and Zoback, M.D. (1985) In situ stress, natural fracture distribution, and borehole elongation in the Auburn Geothermal Well, Auburn, New York. *J. Geophys. Res.*, 90, 5497-512.

Hudson, J.A. and Cooling, C.M. (1988) In situ rock stresses and their measurement in the UK - Part I. The current state of knowledge. *Int. J. Rock Mech. Min. Sci. & Geomech. Abstr.*, 25, 363-70.

Kaiser, P.K., Zou, D. and Lang, P.A. (1990) Stress determination by back-analysis of excavation-induced stress changes - a case study. *Rock Mech. Rock Eng.*, 23, 185-200.

9 ケーススタディおよび異なる方法の比較

Lang, P.A., Thompson, P.M. and Ng, L.K.W. (1986) The effect of residual stress and drill hole size on the in situ stress determined by overcoring, in *Proc. Int. Syrup. on Rock Stress and Rock Stress Measurements*, Stockholm, Centek Publ., Luleå, pp. 687-94.

Leijon, B.A. and Stillborg, B.L. (1986) A comparative study between two rock stress measurement techniques at Luossavaara mine. *Rock Mech. Rock Eng.*, 19, 143-63.

Ljunggren, C. (1990) Hydraulic fracturing and hydraulic tests on pre-existing fractures in a foliated rock - a comparison of results and techniques, in *Proc. 31st US Symp. Rock Mech.*, Golden, Balkema, Rotterdam, pp. 1027-34.

Ljunggren, C. and Raillard, G. (1986) *In situ* stress determination by hydraulic tests on pre-existing fractures at Gideå test site, Sweden. Luleå University of Technology, Sweden, Research Report TULEA 1986:22.

Ljunggren, C. and Raillard, G. (1987) Rock stress measurements by means of hydraulic tests on pre-existing fractures at Gideå test site, Sweden. *Int. J. Rock Mech. Min. Sci. & Geomech. Abstr.*, 24, 339-45.

Martin, C.D. (1989) Characterizing in-situ stress domains at AECL's underground research laboratory, in *Proc. 42nd Can. Geotech. Conf.*, Winnipeg, pp. 1-14.

Martin, C.D. and Chandler, N.A. (1993) Stress heterogeneity and geological structures. *Int. J. Rock Mech. Min. Sci. & Geomech. Abstr.*, 30, 993-9.

Martin, C.D. and Christiansson, R. (1991) Overcoring in highly stressed granite: comparison between USBM and CSIR devices. *Rock Mech. Rock Eng.*, 24, 207-35.

Martin, C.D. and Simmons, G.R. (1993) The Atomic Energy of Canada Limited Underground Research Laboratory: an overview of geomechanics characterization, in *Comprehensive Rock Engineering* (ed. J.A. Hudson), Pergamon Press, Oxford, Chapter 38, Vol. 3, pp. 915-50.

Martin, C.D., Read, R.S. and Chandler, N.A. (1990) Does scale influence in-situ stress measurements? - Some findings at the Underground Research Laboratory, in *Proc. 1st Int. Workshop on Scale Effects in Rock Masses*, Loen, Norway, Balkema, Rotterdam, pp. 307-16.

Martin, C.D., Read, RS. and Lang, PA. (1990) Seven years of in-situ stress measurements at the URL. An overview, in *Proc. 31st US Symp. Rock Mech.*, Golden, Balkema, Rotterdam, pp. 15-26.

Martin, C.D., Martino, J.B. and Dzik, E.J. (1994) Comparison of borehole breakouts from laboratory and field tests, in *Proc. Eurock '94: Int. Symp. on Rock Mech. in Petrol. Eng.*, Delft, Balkema, Rotterdam, pp. 183-90.

Paillet, F.L. and Kim, K. (1987) Character and distribution of borehole breakouts and their relationship to in situ stresses in deep Columbia river basalts. *J. Geophys. Res.*, 92, 6223-34.

Pine, R.J., Tunbridge, L.W. and Kwakwa, K. (1983a) In-situ stress measurement in the Carnmenellis granite - I. Overcoring tests at South Crofty Mine at a depth of 790 m. *Int. J. Rock Mech. Min. Sci. & Geomech. Abstr.*, 20, 51-62.

Pine, RJ., Tunbridge, L.W. and Kwakwa, K (1983b) In-situ stress measurement in the Carnmenellis granite - II. Hydrofracture tests at Rosemanowes quarry to depths of 2000 m. *Int. J. Rock Mech. Min. Sci. & Geomech. Abstr.*, 20, 63-72.

Pine, R.J., Jupe, A. and Tunbridge, L.W. (1990) An evaluation of in-situ stress measurements affecting different volumes of rock in the Cammenellis granite, in *Proc. 1st Int. Workshop on Scale Effects in*

*Rock Masses*, Loen, Norway, Balkema, Rotterdam, pp. 269-77.

Plumb, R.A. and Hickman, S.H. (1985) Stress-induced borehole elongation: a comparison between the four-arm dipmeter and the borehole televiewer in the Auburn Geothermal Well. *J. Geophys. Res.,* 90, 5513-21.

Rutqvist, J. (1995a) Determination of hydraulic normal stiffness of fractures in hard rock from well testing. *Int. J. Rock Mech. Min. Sci.& Geomech. Abstr.,* 32, 513-23.

Rutqvist, J. (1995b) A method to determine stress-transmissivity relationship of joints from hydraulic testing, in Proc. 8th Cong. Int. Soc. Rock Mech. (ISRM), Tokyo, Balkema, Rotterdam, Vol. 2, pp. 755-8.

Rutqvist, J. and Stephansson, O. (1996) A-cyclic hydraulic jacking test to determine the in situ stress normal to a fracture. *Int. J. Rock Mech. Min. Sci. & Geomech. Abstr.,* 33, 695-711.

Shamir, G. and Zoback, M.D. (1992) Stress orientation profile to 3.5 km depth near the San Andreas Fault at Cajon Pass, California. *J. Geophys. Res.,* 97, 5059-80.

Talebi, S. and Young, R.E (1989) Failure mechanism of crack propagation induced by shaft excavation at the Underground Research Laboratory, in *Proc. Int. Symp. Rock Mech. and Rock Physics at Great Depth*, Pau, Balkema, Rotterdam, Vol. 3, pp. 1455-61.

Talebi, S. and Young, R.E (1992) Microseismic monitoring in highly stressed granite: relation between shaft-wall cracking and in situ stress. *Int. J. Rock Mech. Min. Sci. & Geomech. Abstr.,* 29, 25-34.

Thompson, P.M. (1990) A borehole deformation gauge for stress determinations in deep boreholes, in *Proc. 31st US Syrnp. Rock Mech.,* Golden, Balkema, Rotterdam, pp. 579-86.

Thompson, P.M., Lang, P.A. and Snider, G.R. (1986) Recent improvements to in-situ stress measurements using the overcoring method, in *Proc. 39th Can. Geotech. Conf.,* Ottawa.

Van Heerden, W.L. and Grant, E (1967) A comparison of two methods for measuring stress in rock. *Int. J. Rock Mech. Min. Sci.,* 4, 367-82.

Vernik, L. and Zoback, M.D. (1992) Estimation of maximum horizontal principal stress magnitude from stress-induced well bore breakouts in the Cajon Pass scientific research borehole. *J. Geophys. Res.,* 97, 5109-119.

Wiles, T.D. and Kaiser, P.K. (1994a) In-situ stress determination using the under-excavation technique - I: theory. *Int. J. Rock Mech. Min. Sci. & Geomech. Abstr.,* 31, 439–46.

Wiles, T.D. and Kaiser, P.K. (1994b) In-situ stress determination using the under-excavation technique - I: applications. *Int. J. Rock Mech. Min. Sci. & Geomech. Abstr.,* 31, 447-56.

Zoback, M.D. and Healy, J.H. (1992) In situ stress measurements to 3.5 km depth in the Cajon Pass scientific research borehole: implications for the mechanics of crustal faulting. *J. Geophys. Res.,* 97, 5039-57.

Zou, D. and Kaiser, P.K. (1990) In situ stress determination by stress change monitoring, in *Proc. 31st US Symp. Rock Mech.,* Golden, Balkema, Rotterdam, pp. 27-34.

# 応力変化のモニタリング 10

## 10.1 はじめに

　トンネル，空洞，鉱山のような地下構造物の建設・開発においては，岩盤の短期的，長期的挙動を評価するために応力の変化をモニタリングすることが重要である．応力変化のモニタリングに関する多くの文献は，鉱山，特に残柱の安定性を扱っている．鉱業技術者の関心は，鉱道のレイアウトや残柱の設計の最適化，地山の荷重や山はね（rock burst）の予測，発破時の鉱道の安定性などにある（Maleki, 1990）．掘削時の岩盤の応力変化の大きさと分布は非常に複雑である．これは岩盤のある領域では応力が増加する一方で，他の領域では応力が減少するためである（Kaiser and Maloney, 1992）．一例として，図10.1にLee, Abel and Nichols (1976) が測定した応力変化のパターンを示す．場所はコロラド州のIdaho Springsにあるコロラド鉱山大学の実験鉱道で，掘削された横坑の先の亀裂性縞状片麻岩での測定例である．これによると，切羽の先，坑道径の7.5倍の範囲まで応力変化が認められている．

　特殊な土木設計の評価のためにも応力変化のモニタリングが適用できる．例えば，原位置の応力変化を測定することは，掘削時の実際の地盤条件に地下構造物の計画を適応，修正，あるいは必要に応じて再考することの必要性を評価するのに役立つ．これらの応力変化は岩盤あるいはライニング中の点において求められる（Barla and Rossi, 1983）．石油の分野では，将来の埋蔵生産量の評価において，貯油層の枯渇や圧縮による応力変化，その結果として生じる沈下量を予測することが重要である．北海のEkofisk地区ではこの予測が特に重要であった（Teufel and Farrell, 1990）．地球物理学の分野においては地殻の破壊の予測に応力変化のモニタリングが有用である．

　近年，地層処分される高レベル放射性廃棄物の長期挙動に関して，応力のモニタリングが多くの注目を集めている．放射性廃棄物が処分された後の短期的，長期的な岩

10 応力変化のモニタリング

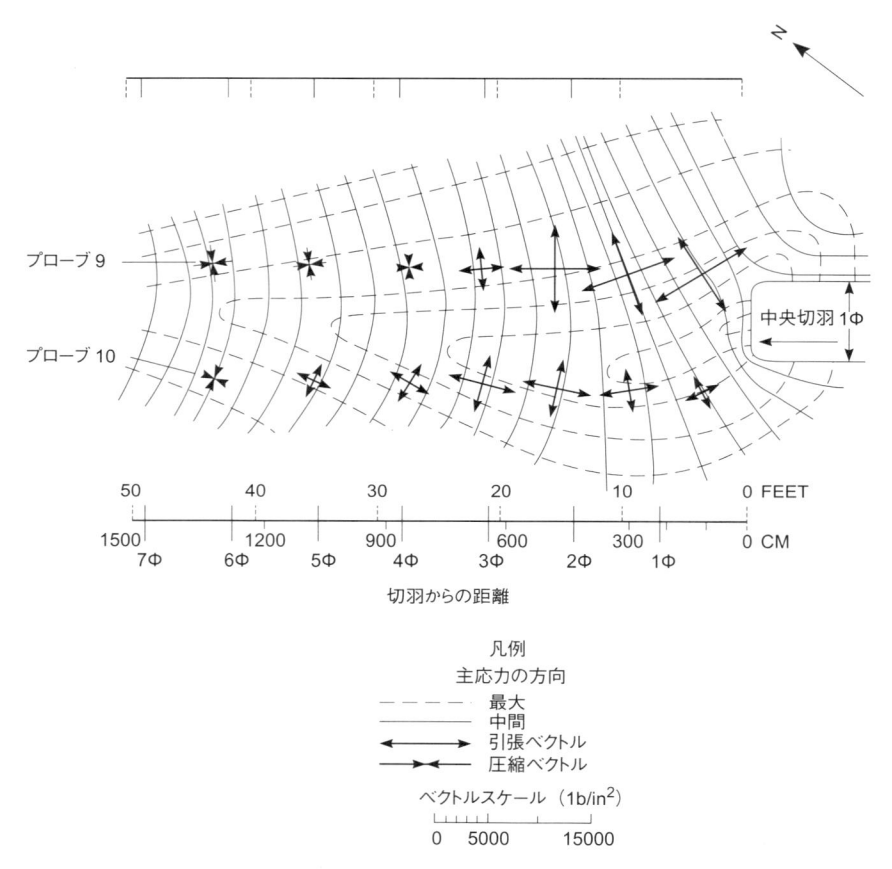

図10.1 コロラド州 Idaho Springs コロラド鉱山大学実験場で測定された亀裂性縞状片麻岩における切羽前方の応力変化（Lee, Abel and Nichols, 1976）

盤の応答を評価することに技術者たちは関心を抱いている．原位置応力の測定と岩の変形や温度変化に伴う応力変化のモニタリングは，放射性廃棄物処分候補地の調査段階における加熱実験や，ブロックテスト，原位置実験などに不可欠な要素である．(Fiore, Der and Monte nyohl, 1984; Hustrulid and McClain, 1984; Patrick and Rector, 1983; St John and Hardy, 1982). さらに特殊プロジェクトとして以下のものが挙げられる．

(1) ネヴァダ州の Spent Fuel Test Climax サイト（Heuze, 1981; Heuze et al., 1980; Mao, 1986; Patrick, 1986）

(2) スウェーデンの Stripa プロジェクト (Lingle, Bakhtar and Barton, 1983; Lingle and Nelson, 1982)
(3) コロラド鉱山大学の実験場やワシントン州 Hanford の Basalt Waste Isolation Project (BWIP) における原位置ブロック加熱実験 (Hustrulid, 1983; Crameret al., 1987; Gregory and Kim, 1981; Hocking, Williams and Mustoe, 1990; Kim and McCabe, 1984)
(4) ネヴァダ実験場の凝灰岩における G トンネルと Yucca Mountain 計画 (Blejwas, 1987, 1989; Zimmerman, 1982)
(5) 米国やドイツの岩塩層や岩塩ドームにおける各種の貯蔵候補地
(6) カナダの花崗岩における地下研究施設 (URL) (Martin and Simmons, 1993; Read and Martin, 1992)

一例として，図 10.2a に Stripa プロジェクトの全体配置を，図 10.2b には実規模実験坑内の各ボーリング孔と計測位置を示す．放射性廃棄物処分場の建設や廃棄物の搬入と保管管理，廃炉と廃炉後の処理などの局面において，応力変化のモニタリングが果たす役割は重要である．

岩盤の応力変化には初期応力と二次応力の両者が含まれる．たとえば，主要断層の近傍では断層のクリープと応力再分配によって初期応力が変化する．二次応力は，近傍の掘削やドリリング，揚水，注水，エネルギー解放，載荷，加熱，地下貯蔵，爆破などによって変化する．地下掘削の近くで応力をモニタリングすれば，自由面が形成されるという掘削そのものの影響の他に，熱的な影響や乾燥，膨潤（swelling），スレーキング（slaking）のような周辺環境の変化に伴う岩盤の反応を知ることができる．さらに，浅い深度の応力モニタリングは，温度や，月の引力，コリオリ力の日変化などの季節変化のような自然現象によっても影響を受ける．

絶対応力測定法として本書で取り上げた技術の多くは，原則的に応力変化の測定に適用することができる．しかし，絶対応力の測定に比べて応力変化のモニタリングはさらに制約を受ける．まず第一に，応力変化のモニタリングには時間を必要とする．1〜2 時間の比較的速い絶対応力測定に比べると，応力変化の測定は日，月または年のオーダーにわたるより長い期間実施される．一般に，応力変化のモニタリング継続時間は，応力変化を発生させる施工内容に依存し，掘削や湧水，加熱，冷却，圧密などの体積変化に伴って岩盤が新たな平衡状態に落ち着くまでに要する時間に依存している．モニタリング時間が長くなるほど測定機器の安定性が問題となる．鉱山の残柱の安定性や廃棄物処分場の安定性のモニタリングに比べれば，トンネル掘削中の周辺岩盤の応力変化モニタリングにおける設置計器に関する制約は少ない．

10 応力変化のモニタリング

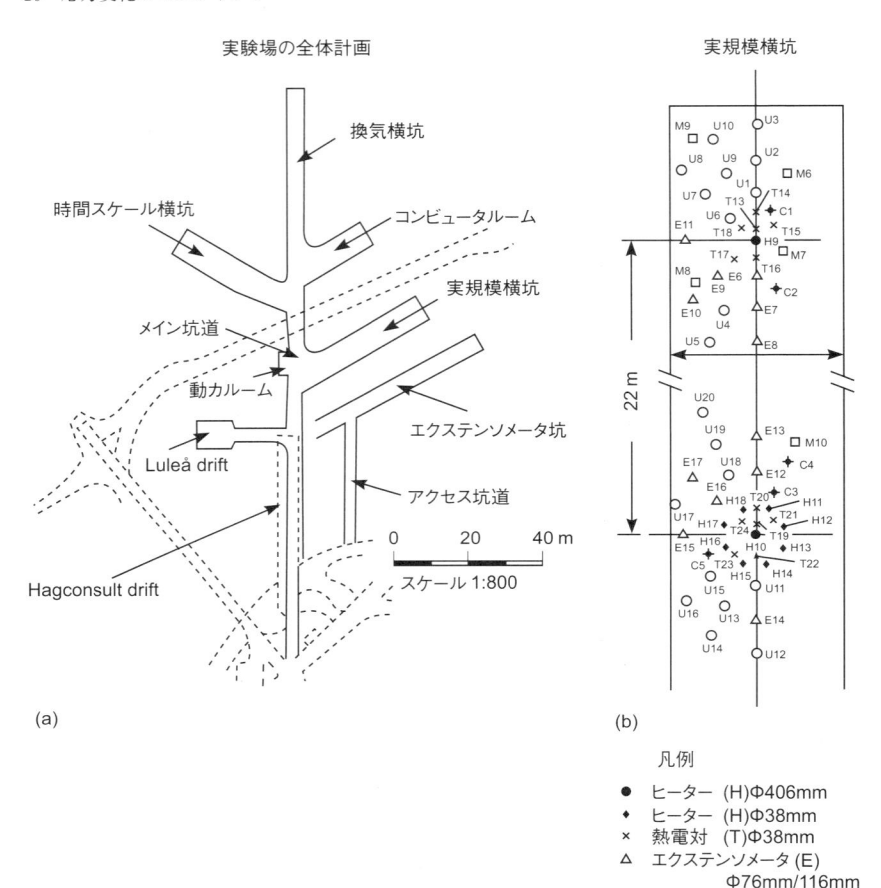

図 10.2 (a) Stripa プロジェクトの全体配置図 (b) 実規模実験坑におけるボーリング孔と計器設置位置（Hustrulid, 1983）

長期間にわたる応力変化の測定は，時間に依存する誤差や失敗を伴いやすい．計器は，湿気，ちり，温度変化，間隙圧などの不利な状態に置かれることが多く，湿気の浸入と内部腐食は常に問題となる．応力モニタリングのために用いる計器は荷重の変化に敏感でなくてはならず，またその感度は時間とともに大きく変化してはならない．計器のドリフトは小さく，湿気や温度変化を受けても安定しなくてはならない．さらに，計器は発破による振動を受けても安定していなくてはならない．そのうえ，計器は圧縮と同様に引張応力もモニタリングできなければならない．

ふたつ目の問題は，応力変化のモニタリング期間中に岩盤の性質が変化する可能性があることである．これは岩盤の持つ非線形性や時間依存挙動に関係している．最後の３つ目の問題は，応力変化を直接測定しない計器では，測定されたひずみや変位から測点近傍の応力成分を求めるための理論解が必要であるという点にある．その理論解は，岩盤の状態と応力変化の原因となる過程をできるだけ厳密に説明しなければならない．時間，流れ，クリープ，非線形性，温度などの影響を考慮するとこの理論解は非常に複雑となり，応力測定の精度を欠く原因となる．

ここに挙げた３つの問題点は，放射性廃棄物の地層処分に関して特に重要である（Hustrulid, 1983; Hustrulid and McClain, 1984）．応力変化測定に着手する前に，湿気，ちり，熱などの不利な条件下における計器の長期的な能力や限界を確認し，岩と計器がどのように影響し合うかを把握するために，原位置条件を模擬した室内実験や原位置のブロック実験が必要である．

## 10.2 方法と応用

岩盤の応力変化をモニタリングする基本的な方法はふたつある（Obert and Duvall, 1967）．ひとつはいわば不連続な方法とでもいうもので，同じ位置で異なる時間 $t$ と $t+\Delta t$ の絶対応力を測ることである．理論的には，前出の岩盤表面やボーリング孔を用いる方法がこのアプローチに適用できる．２回の測定による応力テンソル成分の差が応力変化のテンソル成分になる．この方法の大きな利点は，最初と最後の応力測定が比較的短い時間に実施されるので，測定結果が計器のドリフトや劣化またはクリープ現象の影響を受けないことである．この方法の主な欠点は，２回の測定は同じ位置でなければならないが，それは物理的に不可能なことである．特に３孔を必要とするUSBMゲージのような計器の場合には，位置の違いによる誤差が生じる．１孔で済む他のオーバーコアリング法では，そのような誤差は３孔を必要とする場合ほど大きくないかもしれない．

もうひとつのアプローチは応力場の連続モニタリングである．そのために岩盤表面にロゼットゲージやピンを貼ったり，ボーリング孔や溝に応力セルを設置する．これらは機械的に固定するか，樹脂やエポキシ，セメントなどを用いて設置する．初期値を読み取った後，同じ位置における荷重とひずみ，変位の経時変化を記録する．荷重変化に伴うボアホールセルの応答に影響を与える要因としては，（1）セルと岩石の剛性の比（セルには軟らかいものと硬いものがある）（2）充填材と岩石の剛性の比，そして（3）セルの直径と孔径の比が挙げられる（Bois, 1995）．応力変化の連続モニタ

## 10 応力変化のモニタリング

表 10.1 応力変化測定装置の種類

| | |
|---|---|
| 変位型ゲージ | USBM ゲージ |
| | CSIRO Yoke ゲージ |
| ひずみセル | CSIR 三軸ひずみセル |
| | ANSI 三軸ひずみセル |
| | ドアストッパー |
| 剛な円筒計器 | 中実・中空の応力計 |
| | プレストレス応力計 |
| | 光弾性応力計 |
| | 振動ワイヤー応力計 |
| | CIUS 応力計 |
| | 球状応力計 |
| 中実・中空の<br>柔らかい計器 | CSIROHI セル |
| | 薄肉型 CSIRO HI セル |
| | 中実の計器 |
| フラットジャッキ，<br>孔内圧力セル | フラットジャッキ |
| | 孔内圧力ジャッキ |
| | BPF |
| | 薄いフラットセル |
| | CALIP ゲージ |
| | Gloetzl（Glötzl）セル |

リングの主な欠点は，10.1 節に述べたように時間依存の影響に関連している．計器については不連続なアプローチより多くの要求が課せられる．

応力変化のモニタリングに使われる多くの装置は，5 章，6 章で述べたものに類似している．岩石が線形弾性体としてふるまう限り，絶対応力測定の解析に適用される方程式は応力とひずみ，変位の増分に関して書き直すことができるため，応力変化の解析にも直接適用できる．熱やクリープ，その他の体積変化による応力変化には新しい解が必要となる（Amadei, 985）．

5 章，6 章に記述した装置以外にも，単に応力変化をモニタリングすることだけを目的として開発されたものがある．その多くは，ボーリング孔直交断面内の二次的な（見かけの）主応力の変化だけを決定するものである．完全な応力変化テンソルを決定できるセルはわずかしかない．応力場の方向は時間とともに変化することがある（Pariseau, 1978）ので，時間に伴う主応力の大きさだけでなく方向の変化も検出できる後者の方が明らかに有利である．表 10.1 には，応力変化のモニタリングに利用できるさまざまな装置の概要を示す．

### 10.2.1 変位型ゲージ（deformation gage）

応力変化を測るためにボーリング孔の直径変化をモニタリングすることは，

Leeman (1959) によって初めて提案された．彼は直径 1.5 インチ (38 mm) のボーリング孔に合うセルを考案した．このセルは岩に当てるピストンに取り付けられたリングにひずみゲージが貼り付けられており，鉛直方向と水平方向の直径変化を測定することができる．Leeman (1960) はこのセルを改良し LVDT を用いて孔径の変化を直接測定する型を考案した．近年では，第 5 章で述べた従来型の USBM ゲージとオーストラリアの CSIRO で開発された Yoke ゲージ (Walton and Worotnicki, 1986) が応力変化を求めるために用いられている．これらのゲージはボーリング孔壁の変位に影響を及ぼさない非常に柔らかい実用的なセルであるが，応力変化テンソルの 6 成分を決定するには 3 つのボアホールを必要とする．

放射性廃棄物処分候補地の応力変化のモニタリングのために従来の USBM ゲージが用いられた．そのゲージは，クリープ特性と温度特性を抑え，耐湿性と作動温度範囲が改善されている (Gregory et al., 1983; Gregory and Kim, 1981; Hooker, Aggson and Bickel, 1974; Schrauf et al., 1979)．Lingle and Nelson (1982) は，スウェーデンの Stripa において実施した 18 ヵ月にわたる 10～120 ℃ の温度変化の原位置の加熱実験に，耐湿性と耐熱機能を改善した USBM ゲージ用いて孔径変化を測定した．その USBM ゲージの動作は良いものではなく，30 個のうちの 22 個のゲージが長期の浸水によって故障した．ワシントン州の BWIP サイトの実物大の加熱実験においては，9 ヵ月の実験の後に 25 % の USBM ゲージが故障したと Gregory and Kim (1981) は報告している．

応力変化をモニタリングするために USBM ゲージをより信頼できる計器にしようとこれまで対策がとられたにもかかわらず，その長期的な能力にはまだ疑問がある．水とちりの影響に加えてもうひとつの欠点は，特に発破時などにゲージが動いてしまうことである．そのため，動的な応力変化をモニタリングすることができなくなる．

CSIRO によって開発された Yoke ゲージは，特に，応力変化のモニタリングのために設計された (Walton and Worotnicki, 1986)．Yoke ゲージを図 10.3a に示す．このゲージは部分的には従来の USBM ゲージに似ており，C 形またはくさび形の 3 台のカンチレバー変位計が 60° 間隔に PVC パイプに収納されている．直径 56 mm または 60 mm のボアホールにゲージが挿入された後，PVC パイプから突き出ている変位計の先端が孔壁に押し付けられる．一旦設置されると，CSRIO HI セルと同様のスペーサーロッドとゴムシールを用いてエポキシ系充填材がボーリング孔壁とゲージの間に押し出される．この充填材は計器を固定するとともに防湿層として作用する．従来の USBM ゲージと違って Yoke ゲージは 0.1 ℃ 精度の温度計を備えており回収不可能である．大きな利点は，発破に伴う振動がある箇所でも用いることができること，

## 10 応力変化のモニタリング

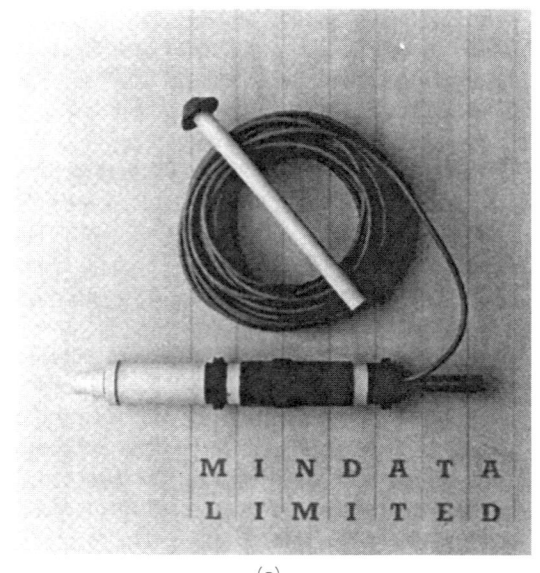

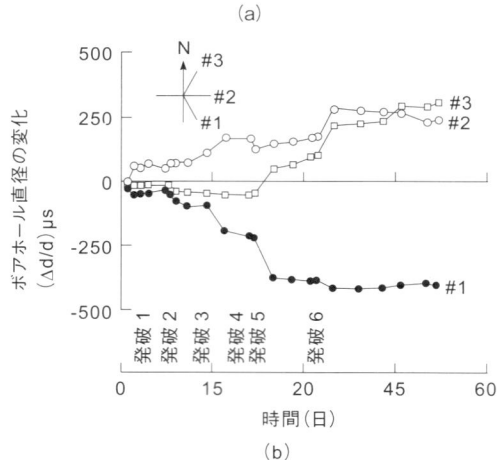

図10.3 (a) CSIRO Yoke ゲージの写真（MINDATA 提供）
(b) Yoke ゲージによる原位置での測定例：引張りを正
(Walton and Worotnicki, 1986)

ボアホール内の洗浄が必要でないことである．

金属鉱山の階段状の採掘に伴う水平面内の応力変化を求めるために，隣接する鉛直孔内に設置された Yoke ゲージの応答例を図 10.3b に示す．この例では 60 日以上の

期間にわたって良好に動作した．Walton and Worotnicki（1986）の弾性係数 70 GPa の材料を用いた室内実験では，Yoke ゲージは 250 日以上の期間にわたっておよそ 0.5 MPa の応力変化を測ることができた．計器を封入しているエポキシ充填材の湿気吸収による 1～2 $\mu$s/日程度のドリフトが観測された．

Blackwood and Buckingham（1986）は応力変化測定に用いる USBM ゲージの改良型を提案している．この新型ゲージの原理は USBM ゲージと同じであるが，孔径変位を測るためにモアレ縞に基づいた光学システムを採用している点と，赤外線信号のデジタルデータの転送にマイクロプロセッサを用いている点が異なっている．これにより，オリジナルの USBM ゲージのようなケーブルは不要となる．この計器はまだ研究段階であるが，応力変化の遠隔モニタリングにつながる一歩である．

## 10.2.2 ひずみセル

### (a) CSIR 三軸セルと ANZSI セル

第 5 章で述べた Leeman（1971）の CSIR 三軸セルや他の CSIR 型のひずみセルは，柔らかいセルとみなされる．従来の CSIR 三軸ひずみセルの長期耐久性は低い．他方，ANZSI セルと呼ばれる Mills and Pender（1986）の柔らかいセルは応力のモニタリングに適していることがわかっている．図 10.4 にトンネル掘削後の 3 ケ月間にわたって計測されたひずみ変化の実例を示す．ひとつのボーリング孔で応力変化のテンソルを完全に決定することができる．

### (b) ドアストッパー

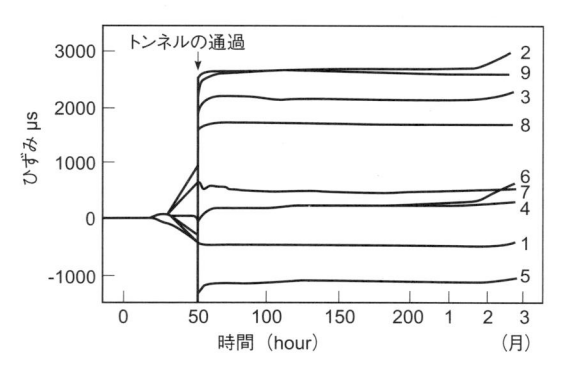

図 10.4 ANSI セルによる応力変化のモニタリング例
3ヶ月間にわたって 9 つのひずみが記録された
(Mills and Pender, 1986)

10 応力変化のモニタリング

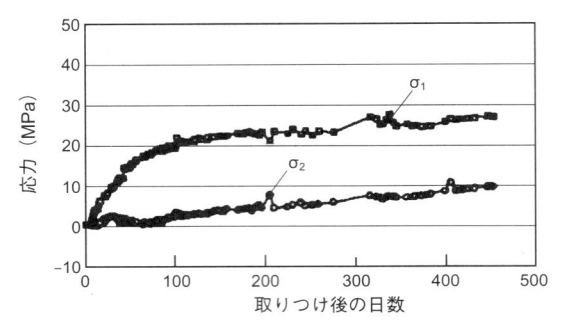

図10.5 改良型ドアストッパーによる応力変化のモニタリングの例（Myrvang and Hansen, 1990）

Leeman（1971）の最初の CSIR ドアストッパーは，ひずみを連続的にモニタリングできないため応力変化の測定には適さなかった．しかしその後，ひずみの連続モニタリングと長期の温度測定ができるように改造されたドアストッパーは，応力変化モニタリングの最有力候補になっている（Corthesy and Gill, 1990; Gill et al., 1987; Gregory et al., 1983; Myrvang and Hansen, 1990）．図10.5にノルウェー中部の鉱山において改良型ドアストッパーセルを用いて長期の応力をモニタリングした実例を示す（Myrvang and Hansen, 1990）．

### 10.2.3 剛な円筒計器

1950年代や1960年代には，ボーリング孔内に剛な円筒形の「応力計」を挿入して一軸または二軸の応力変化を計る方法が考案された．今日ではそれらの計器はほとんど用いられていない．これらの計器は解析的な予測をもとに考案された．それは，母岩の4～5倍の弾性係数の剛な計器が孔内に設置されていると，計器内部の応力変化は材料の弾性係数にかかわらず母岩の応力変化に比例するという予測である．このような応力計は必ずしも線形弾性体としてふるまわないが，材料の応力を測るためにはとりわけ興味深いものである．

### (a) 中実または中空の応力計

コンクリートの応力変化の測定のために応力計として剛な計器を用いる方法は，Coutinho（1949）が初めて考案し，その後 Wilson（1961）が岩に適用した．Wilson はテーパー状の真鍮製プラグをふたつ割りにし，その間にアラルダイトでひずみゲージを埋設した計器を考案した．ふたつ割りのプラグを合わせて直径2インチ（50.8

mm) のボーリング孔に設置し，側面がわずかに (1°) テーパー状になった計器をテーパー状のソケットに押し付けることでプレストレスが加えられ，境界面に垂直な応力が測定される．プレストレスは応力計と岩石をぴったり接触させ，応力の減少を測定するために必要である．

面に作用する一軸応力の変化を測定するために，Wilson (1961) と同じようないくつかの装置が提案されてきた．たとえば，Potts (1954) や May (1962) は 2 枚の鋼板の間に薄い流体膜を挟んだ計器を提案した．それをボーリング孔にプレストレスを加えて設置しておくと，外圧の変化に伴って鋼板の間隔が変化し，それによる内部の流体圧の変化がひずみゲージを貼り付けたダイヤフラムに伝えられるという仕組みである．May (1962) のセルは ±5 psi (35 kPa) の誤差で応力変化を測ることができた．

その後，Peng, Su and Okubo (1982) がこの種の応力計を提案している．基本的に中実である前記の計器に比べれば，Peng, Su and Okubo (1982) のセルは中空の厚肉円筒 (外径 1.25 インチ (31.75 mm)，内径 0.75 インチ (19.05 mm)) で，中央の仕切り壁に 45° 間隔のロゼット型ひずみゲージが貼られている．このセルはボアホールに埋設される．もうひとつ他の応力計と異なる点は，孔軸直交面内に作用する 3 応力成分を決定できることである．Peng, Su and Okubo (1982) のセルは，Leeman (1958) が最初に提案した CSIR ひずみセルと概念上全く同じである．Leeman のセルはひずみロゼットの代りにいくつかのダイヤフラムの両面に単軸のひずみゲージを貼り付けている．

さらに，Park (1986) は PAL 孔内応力計といわれる応力計を提案した．これはテーパー状の内面を持ったシェルの中にひずみゲージを装着したプラグが置かれており，ボアホールの変形によりシェルが変形してひずみが発生する．Park (1986) によれば，その装置は後述の振動ワイヤー応力計より応力変化にすばやく反応し，より安価で，設置も容易で，より高い精度と感度を持っている．

### (b) プレストレス応力計 (prestressed stressmeter)

第 5 章で述べた Hast (1958) のセルは，1 方向の応力変化を求めることにも用いることができる．このセルにはボアホールのなかで必要なだけプレストレスを加えることができる．このセルに作用する荷重は時間の関数として計測され，設定方向の応力が決定される．ボーリング孔の 3 箇所に異なる方向で 3 つのセルを設置することにより，孔軸直交断面内の二次元応力の変化を決定することができる．他のふたつの互いに直交するボアホールで同様の測定をすることによって，三次元の応力変化の 6 つ

10 応力変化のモニタリング

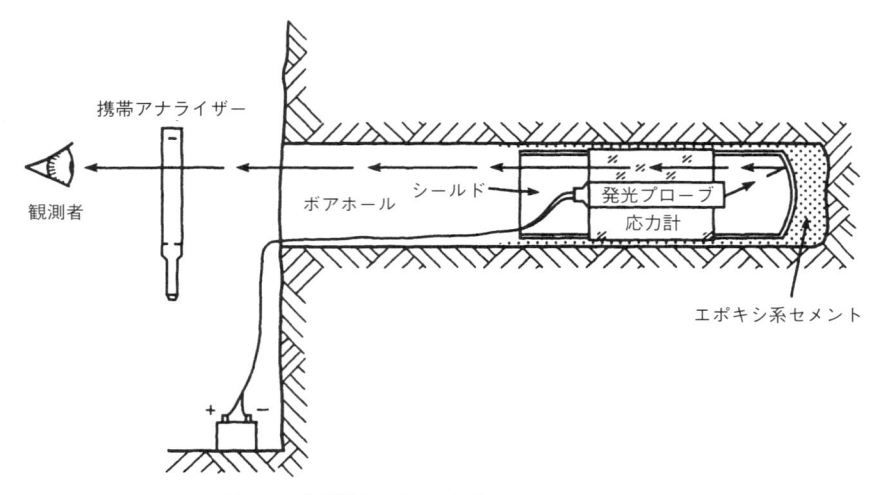

図10.6 光弾性応力計の現場装置図 (Hawkes,1969)

のテンソル成分が決定される.

### (c) 光弾性応力計 (photoelastic stressmeter)

　光弾性応力計は岩石の応力変化を測定する装置としてRoberts et al. (1964) が初めて考案した. 初期応力計として岩石, コンクリート, 石造物の現場へ適用するための改良がRoberts et al. (1965) によって行われた. この計器はシリンダー形で中心に孔のある光学ガラスのプラグから構成されている. 図10.6に示すように, プラグはボーリング孔の孔底近くに置かれ, 周りをエポキシで固定される. 偏光フィルターと四分の一波長板を通過した光は, プラグの孔を通って反射鏡を円偏光で照射する. 応力計は図のように岩石に固定されており, 観測者はボアホールを覗き込んで光源から離れたプラグの表面を見ることになる. プラグは線形アナライザーと4分の1波長板のふたつのフィルターを通して観察される. 岩石が変形してプラグに応力が加わると, 観察される縞の数と分布から光弾性理論を用いてガラスのせん断ひずみが求められる.

　光弾性応力計は基本的に剛な (ヤング率 $10^7$ psi, 70 GPa) 計器で, ボアホールに直交する面内の主応力を決定する二軸計器である. ヤング率が $5×10^6$ psi (35 GPa) 以下の岩石ではこの計器の応答は岩石の変形性に無関係で, プラグは応力変化に高い感度を持っている (Roberts et al., 1964). しかし, 岩石のヤング率がさらに大きい場合には計器の較正を必要とし, プラグの感度は低下する. その後のBarron (1965) の

研究によれば，岩石のヤング率の臨界値は $2.5 \times 10^6$ psi（17.5 GPa）以下，つまりガラス応力計と岩石のヤング率の比が少なくとも4以上必要であることが示された．Bonnechere and Fairhurst（1971）が指摘したように，この応力計はガラスが破壊するおよそ 3000 psi（21MPa）以上の応力変化に適用することはできない．

光弾性応力計は線形弾性材料でないクリープ性の材料においても適用できる（Hawkes, 1969; Skilton, 1971）．Skilton（1971）の岩塩を用いた室内実験では，一定荷重や増加荷重の下で光弾性応力計が $\pm 5$ ％ の範囲内で較正値を維持できることを示した．また，一軸状態ですでにクリープした材料に光弾性応力計を設置した実験では，応力状態の経時変化をすべて測定することができた．

### (d) 振動ワイヤー応力計

岩石の応力変化のモニタリングに最も一般的に用いられている装置のひとつは，振動ワイヤー応力計（vibrating wire stressmeter，または IRAD 応力計と呼ばれる）である．これは，岩盤地下空洞まわりの長期の応力変化をモニタリングする低コストの装置として Hawkes and Hooker（1974）が初めて考案した．この応力計はもともと一軸応力が作用する鉱山の残柱の応力変化モニタリングを意図して開発された．それ以来，採掘や土木に関するさまざまなプロジェクト，特に放射性廃棄物の地層処分候補地における掘削や加熱による岩盤の応答特性のモニタリングに適用された．

図 10.7a と 10.7b に振動ワイヤー応力計の写真と断面を示す．これは剛な計器である．基本的な構造は，両端をシールした頑丈な厚肉の鋼製シリンダーの中央に振動するピアノ線を張ってひずみ変換器としたものである．シリンダーは長さ 1.6 インチ（40.6 mm）で 1.5 インチ（38 mm）のボアホールに適合する．この応力計は可動くさびとプラテン（圧盤）によってプレロードを加え固定される．孔径の変化によるワイヤー振動数の変化は，「応力感度係数」（stress sensitivity factor）という係数によって周辺の岩石の応力変化と関係づけられる．この係数は対象材料を用いた室内の較正試験で決定される（Dutta, 1985）．振動ワイヤー応力計は一方向の応力を直接測定するものである．ひとつのボーリング孔に異なる方向の3つの応力計を置くことにより，孔軸直交面内の二次元応力の変化を決定することができる．

振動ワイヤー応力計の実績は他の応力モニタリング計器に比べて非常に豊富であるが，測定結果が岩石との接触状況や岩石の変形性，プレロードの大きさに依存することが明らかになっている．例えば，さまざまな荷重や温度条件における振動ワイヤー応力計の較正と適用性について多くの研究者が報告している[*]．

振動ワイヤー応力計の原位置における動作上の初期の課題のひとつは，放射性廃棄

10 応力変化のモニタリング

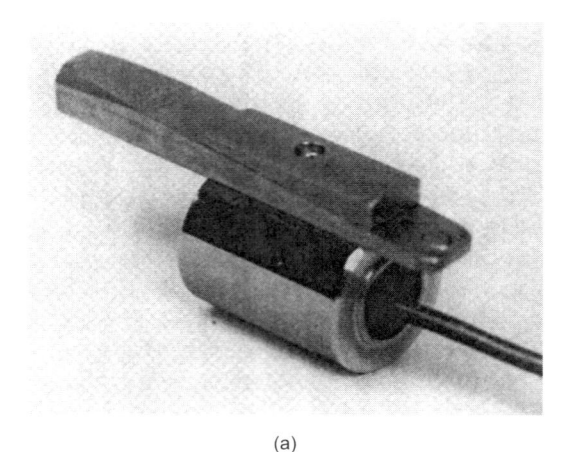

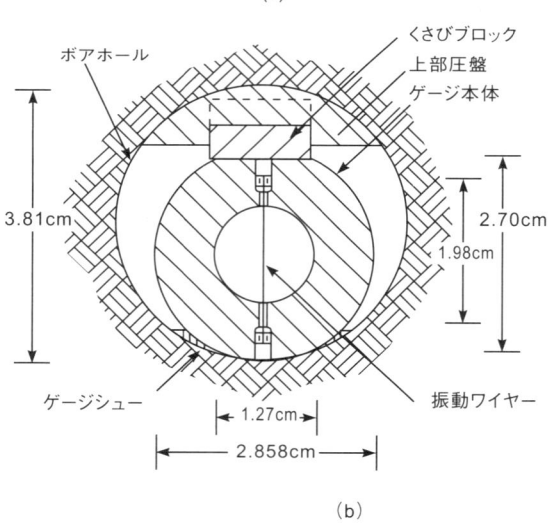

図10.7 振動ワイヤー応力計(IRAD応力計)
(a) 計器の写真，(b) 計器の断面図（ROCTEST 提供）

物処分候補地の湿った熱い環境における腐食問題であった．たとえば，Stripa におけるLingle and Nelson (1982) の現場実験では，設置した36個の応力計のうち6個が

---

\* Sellers (1977), Fossum, Russell and Hansen (1977), Lingle and Nelson (1982), Jaworski et al. (1982), Lingle, Bakhtar and Barton (1983), Patrick and Rector (1983), Dutta (1985), Mao (1986), Dutta and Hatfield (1987), Tunbridge and Oien (1987) and Herget (1991).

故障した．また，較正の間に見出された再現性の欠如は，設置の状況や温度の変化，岩石の弾性係数のばらつきの影響と考えられ，結果的に±33％程度の誤差が見積られた．ネヴァダ州のClimax SiteにおけるSpent Fuel Test (Mao, 1986)やワシントン州HanfordのBIWPのNear Surface Test Facilityのブロックテスト (Gregory and Kim, 1981) においても，同様の内部腐食の問題が明らかになった．Gregory et al. (1983)は湿気の浸入を防ぐように装置を改良し，振動ワイヤー応力計の信頼性を向上させた．

近年，特に内部腐食を防ぐために振動ワイヤー応力計の設計が改良されてきた．さらに，岩石の種類に応じて異なる圧着用プラテンが用いられ，柔らかい岩石に対しては孔壁面の接触応力を減らすために通常より広いプラテンが用いられるようになった．振動ワイヤー応力計は長期の安定性に優れ低コストであることから，総合的に見て今日でも応力変化をモニタリングする上で非常に有力な装置である．

Cook and Ames (1979)は，岩塩における応力モニタリングのために振動ワイヤー応力計の改良型を考案した．ひずみゲージ応力計と呼ばれるそのセルは，振動ワイヤー応力計と違ってそれほど剛ではなく，計器の変形は振動ワイヤーの代わりにひずみゲージによって検出される．その際，岩塩ブロックにおける応力計の較正が必要である．Morgan (1984)は，岩塩中の応力計の動作がクリープの影響を強く受け，実際の応力変化を求める際の誤差になることを数値解析により明らかにしている．

Cox and Johnson (1987)は，振動ワイヤーの原理に基づいた新たな改良を考案した．図10.8に示す装置は3成分の振動ワイヤー応力計で，互いに120°方向に3本のワイヤーが張られた中空鋼管の直径変化を測定するものである．この計器はクリープ特性を有する非常に非線形な弾性材料である氷のなかで試験された．その結果，温度の影響は小さく（5 kPa/℃），一軸でも二軸でも荷重の変化に対して15％以内の精度を持ち，5°以内の範囲で主応力の方向を決定することができた．この計器は$10^{-6}$ mmまでの直径変位を測ることができる．図10.9に実験室における氷塊の二軸載荷試験の載荷応力と測定応力の比較例を示す．特に非線形弾性的に挙動する材料の応力変化を測る場合には，この計器は非常に有効である．

振動ワイヤー技術はカナダのCANMET社でひずみモニタリング装置として商品化された (Herget 1990)．この装置は振動ワイヤー式センサと指示計から構成されている．センサは振動ワイヤーを支える鋼製リングから成り，直径76～153 mmのボアホールに適合する．ワイヤーの共振振動数の変化を測ることによって0.0004 mmまでの孔径変位を求めることができる．孔軸直交面内の主応力変化を求めるには，少なくとも3台のセンサで変位を測る必要がある．硬岩の応力変化のモニタリングではこ

10 応力変化のモニタリング

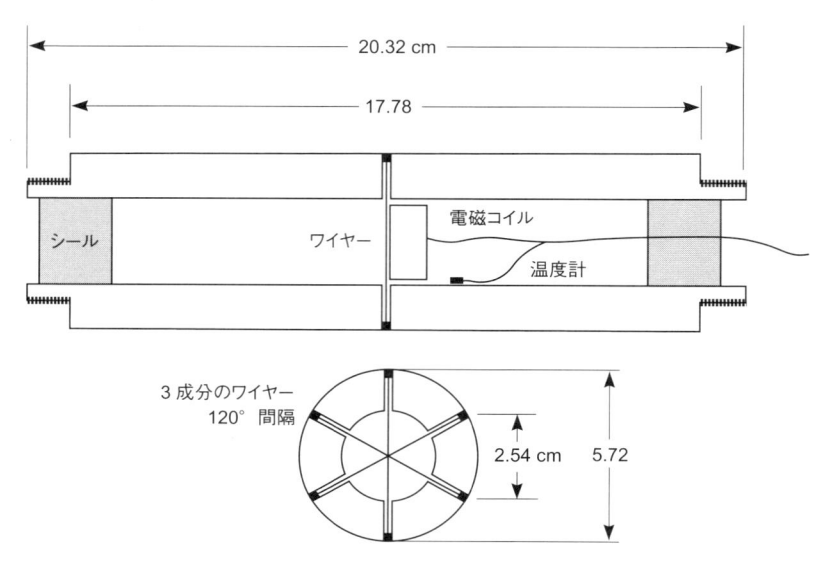

図 10.8 3 成分の振動ワイヤー型二軸応力計 (Cox and Johnson, 1987)

の装置は十分な能力を発揮した.

さらに，Bois (1995) は 6 本の振動ワイヤーを互いに平行にならないように配した新しいセルを考案した. CIUS (cylindre instrumente de l'Universite de Sherbrooke) と呼ばれるこのセルは，6 本の振動ワイヤーを直径 140 mm のコンクリートに埋め込んだ構造である．このセルは図 10.10 に示すように直径 152 mm のボアホールにセメントでグラウトされ，応力変化テンソルの 6 成分すべてを決定することができる．このセルは岩石とコンクリートで良好に動作することが確かめられている．応力変化のモニタリングの実例は，Ballivy et al. (1991)，Bois, Ballivy and Saleh (1994)，Bois (1995) に示されている．

### (e) 球状応力計 (encapsulated spherical inclusion)

Nichols, Abel and Lee (1968) は別の剛な計器を考案している．この計器は円筒形ではなく，クロム鋼（または真鍮かアルミニウム）の直径 1 インチ (25.4 mm) の球体である．球体上の直交 3 方向に 45°ロゼットゲージが 3 枚接着されている．そのボールは防水用のエポキシで充填され（図 10.11），応力変化に伴う岩石のひずみはエポキシを通して球体へ伝えられる．この計器を用いれば，応力変化の完全なテンソルを 1 本のボーリング孔で決定することができる. Lee, Abel and Nichols (1976) は，

10.2 方法と応用

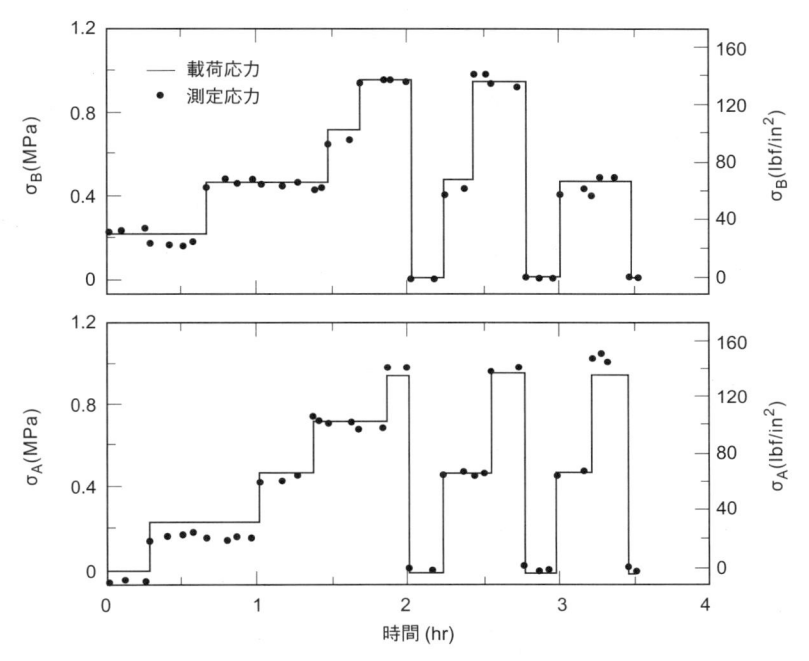

図 10.9 3成分の振動ワイヤー型二軸応力計による測定値と載荷応力の関係
海氷に二軸応力 $\sigma_A$ と $\sigma_B$ を載荷（Cox and Johnson, 1987）

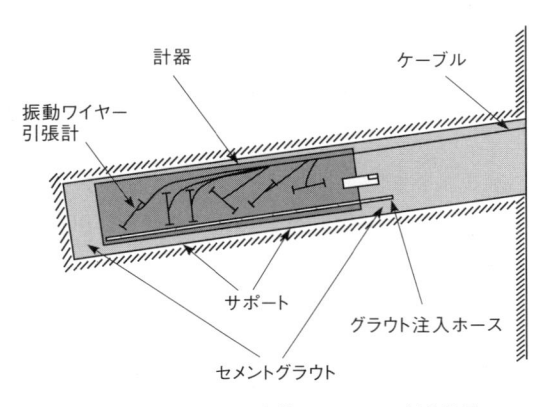

図 10.10 Sherbrooke 大学 CIUS セルの円筒装置
(出典：Bois, A.-P., Ballivy, G. and Saleh, K. Copyright 1994: Elsevier Science Ltd.の許可により転載)

10 応力変化のモニタリング

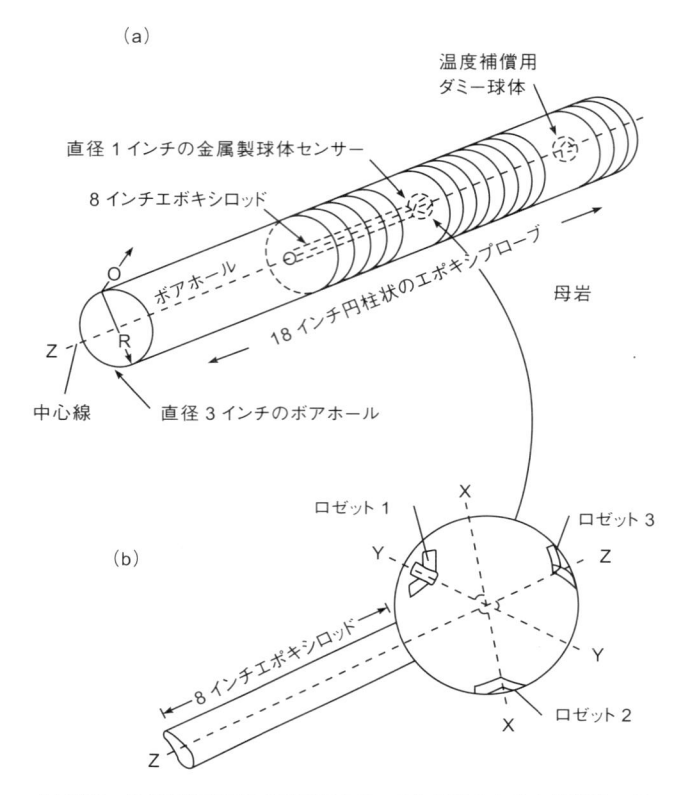

図 10.11 米国地質調査所の球状応力計．(a) 球状センサと円筒状エポキシプローブ (b) 球状センサ上のロゼットゲージの位置（Lee, Abel and Nichols, 1976 による）

このプローブをさらに改良し実験室と原位置で応力変化の測定を行なった．これにより，応力変化のモニタリングにおいてこのプローブが良好に作動することが確認された．

### 10.2.4 中実または中空の柔らかい計器

　中実または中空の柔らかい計器は，岩石とともに変形するという点で，前述の剛な計器とは異なっている．このような柔らかい計器は岩石に完全に接着されるため，剛な計器と違ってその応答を解析するには母岩の変形特性を知る必要がある．第 5 章で述べた大部分の計器は，理論的には応力変化のモニタリングに用いることができる．これらの計器はひずみゲージが不利な条件から保護されているという利点を有する．

さらに，異なる6方向のひずみ変化を測定すれば，ひとつのボアホールだけで応力変化テンソルの6成分を決定することができる．

応力変化をモニタリングするために中実の計器を用いることは，次のような数学的条件を前提としている．すなわち，ひとつの楕円または長円形の固体充填物が等方線形弾性の無限媒体中に完全に接着され，その媒体に無限遠から応力が作用している場合には，充填物中の応力は均一であるということである（Babcock, 1974; Eshelby, 1957）．この条件は異方性媒体中の充填物にまで拡張された（Amadei, 1983; Berry, 1970; Niwa and Hirashima, 1971）．しかし，中実計器に関する主な問題はそれがあまりに剛であるとボアホールの変形を妨げ，その結果，時間遅れを生じて応力モニタリングの意味がなくなることである．それに対しては，岩に比べて計器を非常に柔らかくしたり，CSIRO HI セルのような薄肉の計器を用いることにより，絶対応力測定と同様にこのような問題を解決または少なくとも低減することができる．

従来型の CSIRO HI セルによる応力モニタリングの成功例もわずかに報告されている（Kohlbeck and Scheidegger, 1986; Walton and orotnicki, 1986; Wold and Pala, 1986）．軟岩の応力変化のモニタリングのために，Walton and Worotnicki（1986）はエポキシと岩石が剥離しないような CSIRO HI セルの薄肉型を開発した．標準の HI セルと薄肉型の改良 HI セルを用いた応力モニタリングについて，Worotnicki（1993）が再検討している．その結果，CSIRO HI セルは急速な応力変化には良く追随するが，徐々に変化する応力をモニタリングするにはふさわしくないとしている．

Walton and Worotnicki（1986）は長期間にわたって CSIRO HI セルを用いる時の計器に関連した問題点として以下の4項目を指摘している：
(1) 計器や電気的接続部が湿った浸食性の環境へ長期にわたってさらされることによる，ひずみゲージと岩の間の絶縁抵抗の低下
(2) 継続的な重合作用によるエポキシ接着剤とエポキシ円筒の体積変化
(3) 湿気吸収による膨張
(4) 湿気や温度変化によるエポキシ接着剤の劣化

Spathis（1988）はセルのエポキシ樹脂が粘弾性で岩石が弾性と仮定して，標準型と薄肉型の CSIRO HI セルのひずみ出力に及ぼす時間の影響を解析した．その結果，エポキシのクリープが応力モニタリングをすべて無効にしてしまうため，現在の解析法には補正が必要であることが明らかになった．また，薄肉の CSIRO HI セルではクリープ問題が軽減されることも判明した．

Walton and Worotnicki（1986）が実施した室内と現場の実験によれば，従来の CSIRO HI セルと薄肉型セルのドリフト率は $0.35\,\mu\varepsilon$/日と $0.05\,\mu\varepsilon$/日のオーダーであっ

10 応力変化のモニタリング

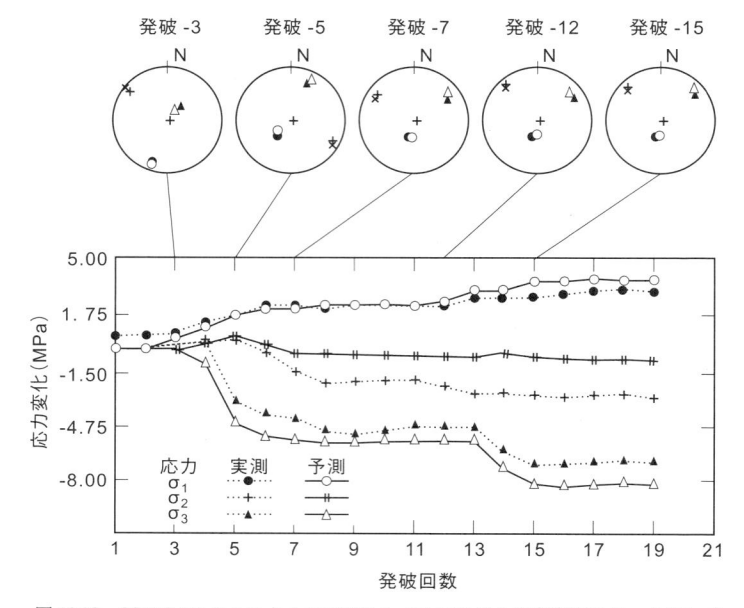

図 10.12 CSIRO HI セルによる URL240 レベルにおける応力変化のモニタリング 主応力成分の変化の方向と大きさの実測値と予測の比較．209 実験坑の掘削試験における各発破段階の結果（Martin and Simmons, 1993）

た．また，ドリフト率は時間とともに減少するため，原位置の応力変化に先立つ 1～3ヵ月前に HI セルを設置しなければならないとしている．岩のヤング率が 1 GPa で，1～1.5 月の期間モニタリングする場合の精度はおよそ 1 MPa である．

図 10.12 にカナダの URL の 240 レベルにおける掘削段階と応力変化（大きさと方向）のモニタリング例を示す（Martin and Simmons, 1993）．掘削面の前方にいくつかの CSIRO HI セルが並べて設置された．図 10.12 には三次元の線形弾性有限要素解析によって予測された応力変化も示す．各発破時の応力の測定値と予測値は良く一致しており，岩石は実用的には線形弾性挙動をしていることがうかがえる．

### 10.2.5 フラットジャッキと孔内圧力セル

第 6 章で述べたフラットジャッキは，原理的に応力変化のモニタリングに用いることができる．一旦設置した後はフラットジャッキ圧力の経時変化を直接測ることができる．第 6 章で論議した課題の多くはここでも当てはまる．特に，クリープ問題はフラットジャッキによる長期の応力測定を無意味にしかねない．そのような限界にもか

## 10.2 方法と応用

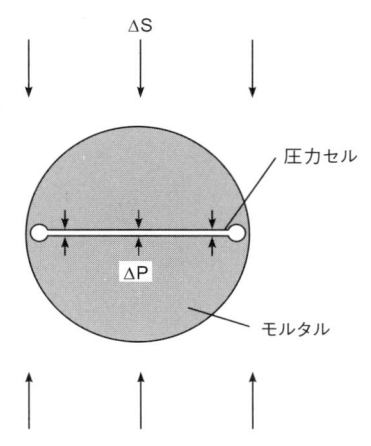

図10.13 ボアホールにグラウトされたフラットジャッキ型の圧力セル．セルの圧力変化 $\Delta P$ は作用する応力変化 $\Delta S$ に関係する（出典：Sellers, J.B., Copyright 1970, Elsevier Science Ltd. の許可により転載）

かわらず，フラットジャッキは鉱山の残柱や掘削壁面の圧縮応力の変化をモニタリングするために一般に普及してきた．しかし，その測定精度は期待できない．

垂直応力の変化は岩盤中のボーリング孔に設置された平らで細長い容器内の液圧の変化を直接測ることによって求められる．そのような計器は圧力セルとして知られているが，実際にはフラットジャッキと同じように作動する．しかし，フラットジャッキと違い圧力セルは岩盤表面の測定に限定されず，岩盤内部の応力変化測定に用いることができる．ボーリング孔に圧力セルを設置し初期シーティング圧を加えた後，圧力変化が時間とともに記録される．セルの圧力変化は較正または数学的，数値的モデルによって岩の応力変化に変換される．この技術は単純，低コストで長期間の信頼性があるが，セルに垂直な方向の一軸応力変化の測定に限られる．温度敏感性は別にしても，圧力セルの大きな課題のひとつは，セルと岩石が分離するような引張応力の下ではうまく機能しないということである．圧力セルを用いた応力モニタリングの基準がISRMによって提案されている（Franklin, 1980）．

掘削中の鉱道や残柱の鉛直応力の変化をモニタリングし，山はね現象を制御することを主な目的としていろいろな孔内型の圧力セルシステムが提案されている．いくつかのケースではセルが直接ボーリング孔に設置され，セルと岩石の隙間にはエポキシやモルタル，他の充填材がグラウト注入されている．また他のケースでは，セルはグ

10 応力変化のモニタリング

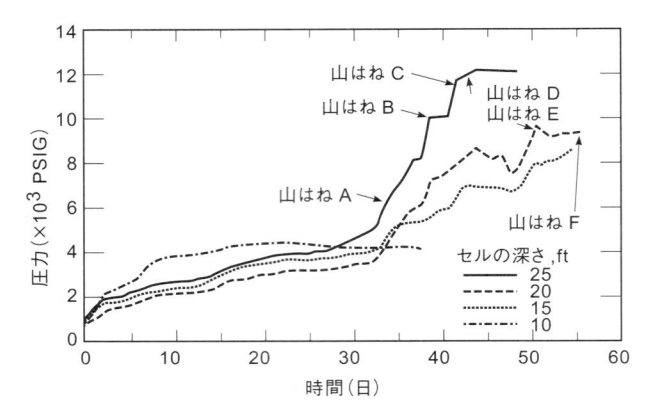

図 10.14 バージニア州西部の炭坑で孔内圧力セルによって得られた応力モニタリングの例．鉱柱の 10, 15, 20, 25 フィート（3.0, 4.6, 6.1, 7.6 m）の深度に設置されたセルにより掘削と山はね現象にともなう応力変化がモニタリングされた（Gilley, Sporcic and Zona, 1964）

ラウトの中に封入された状態でボーリング孔内に挿入されている（図 10.13）.

最初の圧力セルは米国鉱山局で開発された孔内圧力セル（BPC: borhole pressure cell）である（Panek and Stock, 1964）．このセルは 2.25 インチ（57.1 mm）のボーリング孔用で，有効長は 7 インチ（178 mm）であった．Sellers (1970) と Babcock (1986) は，BPC セルの測定結果の解析理論を提示した．BPC と同様の装置は Gilley, Sporcic and Zona (1964)，Jeger (1971)，Schaller, McKay and Hargraves (1976) によっても提案された．図 10.14 には，バージニア州西部の残柱式採掘炭坑において，Gilley, Sporcic and Zona (1964) のセルで得られた応力モニタリングの実例を示す．鉱柱の 10, 15, 20, 25 フィート（3.0, 4.6, 6.1, 7.6 m）の深度に設置された数個のセルにより，掘削といくつかの山はね現象に伴う応力変化がモニタリングされた．

圧力セルはグラウトでなく圧盤の間に挟んで設置することもできる（Babcock, 1986）．Bauer, Chekan and Hill (1985) が開発した孔内圧盤型フラットジャッキ（BPF）はこのような計器の一例である．これは，2 枚のアルミニウム圧盤の間に銅製のフラットジャッキが配置されており，2 インチ（5.1 cm）のボーリング孔用として設計された．Heasley (1989) は BPF セルの解析理論を提示している．圧盤の間にはさまれるフラットジャッキ型の孔内圧力セルは，Ishijima et al. (1976) によっても提案されている．一般に，それらのセルはすべて数値的か実験的な較正を必要とする．

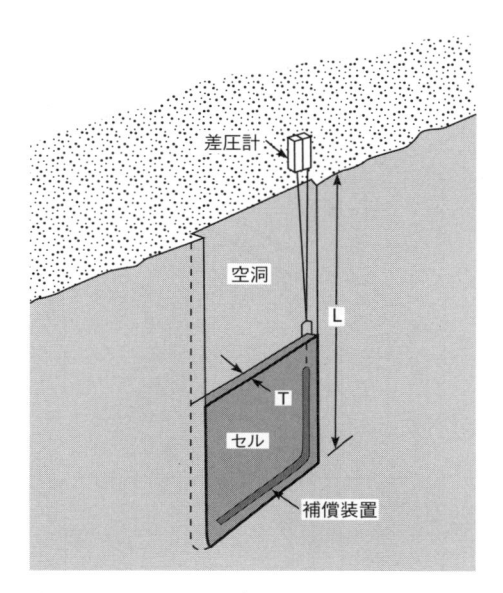

図 10.15 フラットな圧力セルモニタリングシステム．溝のアスペクト比は $T/L$．(Swolfs and Walsh, 1990)

精度の高い圧力セルが Swolfs and Brechtel（1977）によって提案され，Swolfs and Walsh（1990）によって改良された．かれらはゴムまたは溶接鋼板の中に水を満たし，およそ 0.025 の縦横比（長さに対する厚さの比）の狭い溝にそれを設置した．セルの圧力変化を計測するために感度の良い圧力計が用いられた．セルと岩石の隙間はグラウトまたは砂で充填された（図 10.15）．システムには温度によるセルの圧力変化を補償する装置も取り付けられた．Swolfs and Brechtel（1977）は，石英モンゾナイト岩において 1.5 m の深度にふたつのセルを埋込んで応力をモニタリングし，セル面に直交する実際の水平応力変化の 96 % の値を 2 年間にわたって測定した．さらに，Swolfs and Walsh（1990）が行なった実験では，0.01 bar（1 kPa）の地球潮汐に関連する小さな応力変化がモニタリングされている．

フラットジャッキの原理に基づいて応力をモニタリングするための他のセルとしては，Keller and Lowry（1990）が提案した設置したまま較正できる CALIP ゲージがある．図 10.16 の分解組立図に示すように，このセルはイッテルビウム（希土類元素）ひずみゲージと，ふたつの鋼板の間にはさまれる小型のフラットジャッキから構成されている．4 インチ（10.2 cm）の孔を削孔後，ふたつ割りにしたコアの片方にテー

## 10 応力変化のモニタリング

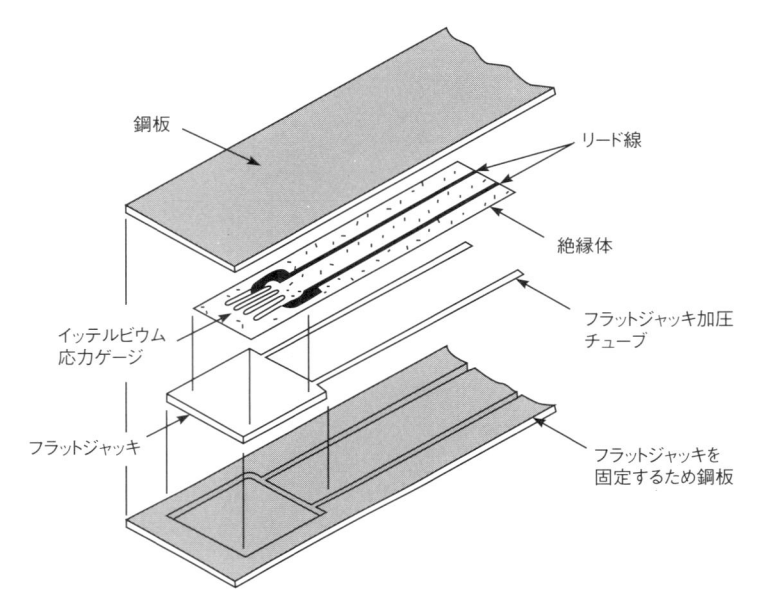

図 10.16 CALIP ゲージの構造（Keller and Lowry, 1990）

パーをつけ，セルを組み込んだコアをボアホールに戻してグラウトする．セルに作用する垂直応力は，ひずみゲージが反応するまでセルを加圧することによって測定される．ゲージが反応する圧力がセルに作用する垂直応力とみなされる．

また，粘弾性地盤中の採掘に伴う絶対応力と応力変化の両方を把握するために，米国鉱山局は異なる圧力セルシステムを開発した（Lu, 1981, 1984, 1986）．ここで用いられた2種類の孔内型セルは，円筒形のパッカーやダイラトメータと同じような円筒圧力セル（CPC）と，上述の偏平圧力セル（BPC）である．ひとつの CPC とふたつの BPC セル（ひとつは水平面に他方は鉛直面に設置）を組合せて用いることにより，鉛直と水平の応力成分およびそれらの変化を決定することができた．セルに初期の圧力を作用させてしばらく経過すると周辺地盤との平衡状態に落ち着く．平衡に達した後のセル圧から鉛直と水平の絶対応力が求められる．ただしこの場合，鉛直応力と水平応力が主応力であり，ボーリング孔が主応力方向に平行であると仮定されている．絶対応力を決定した後，採掘に伴うセル圧力の変化が応力変化と見なされる．図 10.17 には，Lu（1986）による石炭柱の応力モニタリングの一例を示す．この例では，初期の鉛直応力と水平応力はそれぞれ 5.8，5.6 MPa である．

圧力セルは今日でも岩石や他の地盤材料の応力変化を計るために用いられており，

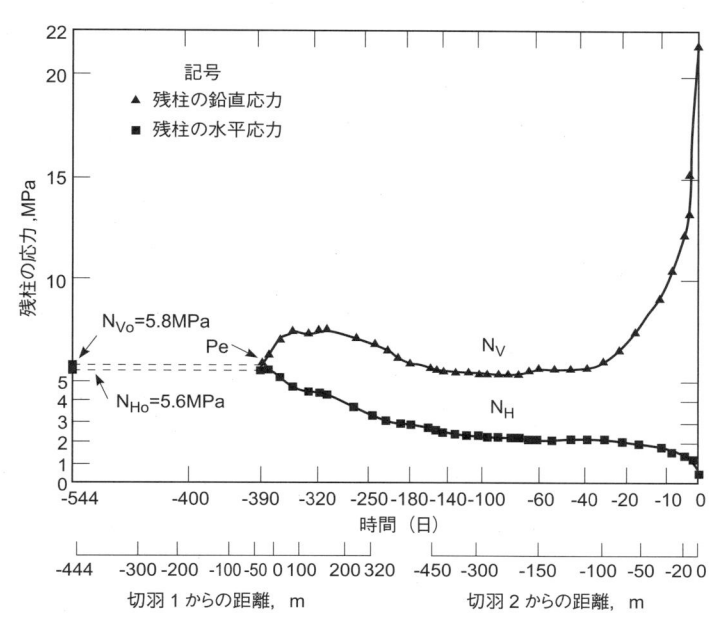

図10.17 1台のCPCセルと2台のBPCセルの組み合わせによる炭坑残柱の応力モニタリング例（Lu, 1986）

さまざまな計器メーカーがそのようなセルを取り扱っている．図10.18にROCTEST社の円盤型圧力セルの写真を示す．今日，実用的で最も一般的なセルのひとつは，Glötzl (Gloetzl) セルである（図10.19）．Glötzlセルは，近年の圧力セルと同じようにダイヤフラム式の圧力変換器を備えており，セルの反対側からダイヤフラムに加える流体圧とバランスさせることでセル圧が求められる．Glötzlセルにはさまざまな寸法や容量（最高30～40 MPa）のものがある．用いられる流体は水銀か油で，セルはボーリング孔に設置することができる．セル設置後，ボーリング孔は周辺の岩石と同程度の変形性を持つコンクリートか充填材で埋め戻される．単体型のGlötzlセルは土やコンクリート，覆工コンクリート，岩石などの応力を測るために，50 m以内の深度で広く用いられている．

ひとつのボーリング孔において異なる方向の応力を測定するためには数個の圧力セルが組み合わされる．この方法により応力変化テンソルのいくつかの成分を決定することができる．たとえば，Meister et al. (1991) は4つのGlötzlセルを組合せて，ドイツで実施された岩塩の原位置加熱実験における応力変化を測定した．Rehbinder

10 応力変化のモニタリング

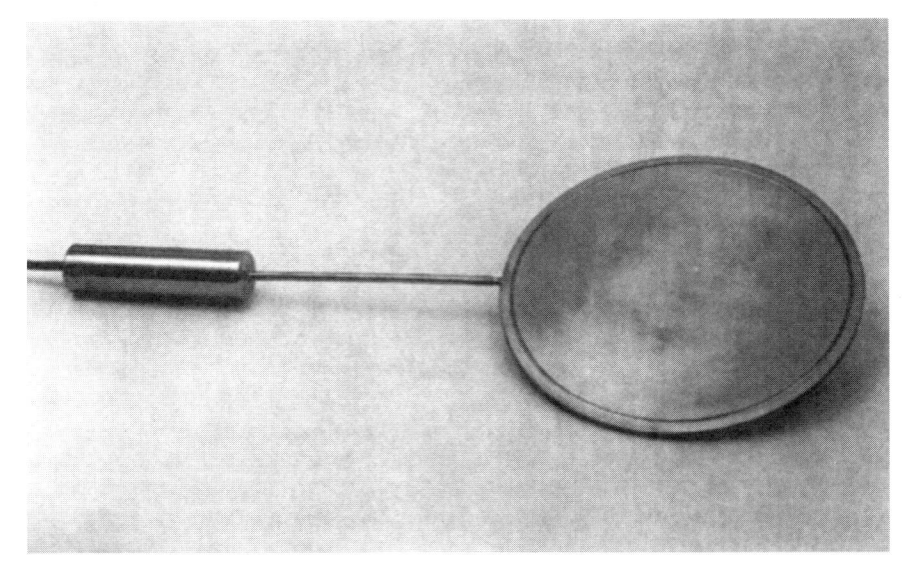

図 10.18 圧力セル．圧力は写真の左側の圧力変換器で測定される（ROCTEST 提供）

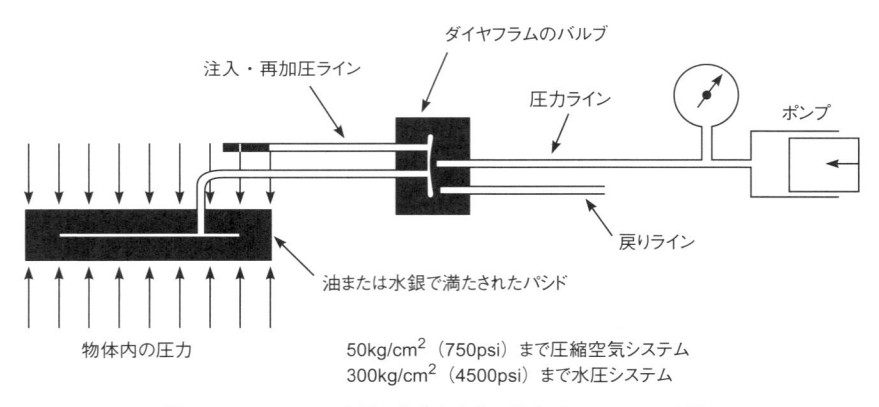

図 10.19 Glötzl セルを用いた垂直応力の測定（ROCTEST の資料）

(1984) も多数の Glötzl セルによる応力モニタリングの例を報告している．スウェーデンの Avesta plant の片麻岩に 22×18×45 m の巨大な温水空洞（hot-water cavern）が無支保で掘削された時，壁面の接線応力と軸応力の変化がモニタリングされた．圧力セルは空洞の天端から 1.3, 3.3, 6.3 m の距離のボーリング孔内に設置，グラウトされ

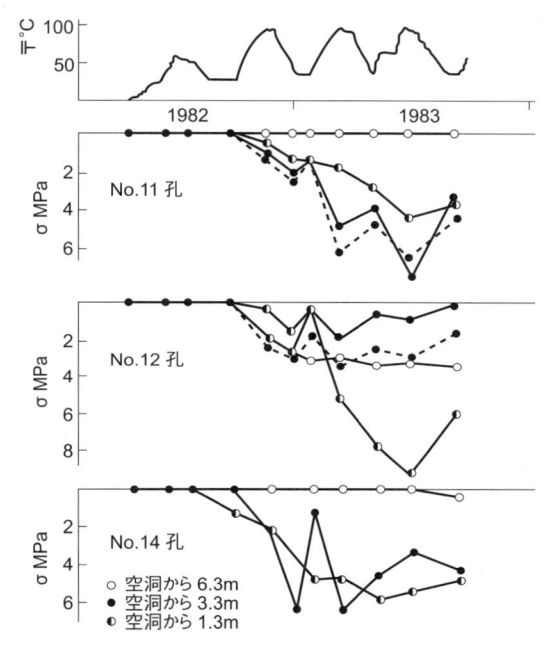

図 10.20　接線応力（実線）と軸応力（点線）の経時変化
スウェーデン Avesta plant の温水空洞天端での測定例．天端から 6.3，3.3，1.3m の位置に Glöztl セルが設置された．比較のため水温の経時変化も合わせて示す．(Rehbinder, 1984)

た．貯えられた水が 4 回の加熱 – 冷却サイクルを受ける間，18ヶ月にわたって応力変化のモニタリングが実施された．図 10.20 に示した応力と水温の経時変化から，岩盤応力の変動が空洞中の水温の変動と比較的よく一致していることが確認できる．

## 10.3　技術情報

この章で紹介した計器や装置に関する更なる情報は，以下の製造業者に直接連絡して得ることができる．
1. ROCTEST, 665 Pine Street, St Lambert, Quebec, J4P 2P4, Canada: 圧力セル，Glöztl セル，振動ワイヤー応力計
2. Glötzl, Baumefgtechnik, Gesellschaft ftir Baumefgtechnik, 7512 Rheinstetten 4-Fo. /Karlsruhe, Germany: Glötzl セル，複合 Glötzl セル

10　応力変化のモニタリング

3. MINDATA Pty. Ltd.,115 Seaford Road, Seaford 3198, Victoria, Australia: CSIRO HI セル，CSIRO Yoke ゲージ，ANZSI セル（Reliable Geo L.L.C., 241 Lynch Road, Yakima, Washington 98908-9512 を通して米国でも利用できる）
4. GEOKON, Inc., 48 Spencer St, Lebanon, NH 03766, USA: 振動ワイヤー応力計，振動ワイヤー二軸応力計，圧力セル，ボーリング孔内フラットジャッキ

## 参考文献

Amadei, B. (1983) *Rock Anisotropy and the Theory of Stress Measurements*, Lecture Notes in Engineering, Springer-Verlag.

Amadei, B. (1985) Measurement of stress change in rock. *Int. J. Rock Mech. Min. Sci.& Geomech. Abstr.*, 22,177-82.

Babcock, C.O. (1974) A new method of analysis to obtain exact solutions for stresses and strains in circular inclusions. US Bureau of Mines Report of Investigation RI 7967.

Babcock, C.O. (1986) Equations for the analysis of borehole pressure cell data, in *Proc. 27th US Symp. Rock Mech.*, Tuscaloosa, SME/AIME, pp. 233-40.

Ballivy, G. et al. (1991) Stress variation measurement in a mine pillar, in *Proc. 7th Int. Soc. Rock Mech. (ISRM)*, Aachen, Balkema, Rotterdam, Vol. 1, pp. 427-30.

Barla, G. and Rossi, P.P. (1983) Stress measurement in tunnel lining, in *Proc. Int. Symp. on Field Measurements in Geomechanics*, Zurich, Balkema, Rotterdam, pp. 987-98.

Barron, K. (1965) Glass insert stressmeter. *Trans. Am. Inst. Mining Eng.*, 287-299.

Bauer, E.R., Chekan, G.J. and Hill, J.L. (1985) A borehole instrument for measuring mining-induced pressure changes in underground coal mines, in *Proc. 26th US Symp. Rock Mech.*, Rapid City, Balkema, Rotterdam, pp. 1075-84.

Berry, D.S. (1970) The theory of determination of stress changes in a transversely isotropic medium, using an instrumented cylindrical inclusion. Corps of Engineers, Missouri River Division, Omaha District, Technical Report MRD-1-70.

Blackwood, R.L. and Buckingham, C. (1986) A remotely operated deformation gauge for monitoring stress change in rock, in *Proc. Int. Symp. on Rock Stress and Rock Stress Measurements*, Stockholm, Centek Publ., Luleå, pp. 369-74.

Blejwas, T.E. (1987) Planning a program in experimental rock mechanics for the Nevada Nuclear Waste Storage Investigations Project, in *Proc. 28th US Symp. Rock Mech.*, Tucson, Balkema, Rotterdam, pp. 1043-51.

Blejwas, T.E. (1989) Experiments in rock mechanics for the site characterization of Yucca Mountain, in *Proc. 30th US Symp. Rock Mech.*, Morgantown, Balkema, Rotterdam, pp. 39-46.

Bois, A.-P. (1995) Auscultation des ouvrages en rocher ou en béton à l'aide du cylindre instru-mente de l' Université de Sherbrooke (CIUS), unpublished PhD Thesis (in French), Univ. of Sherbrooke, Dept. of Civil Eng.

Bois, A.-P., Ballivy, G. and Saleh, K. (1994) Monitoring stress changes in three dimensions using a solid cylindrical cell. *Int. J. Rock Mech. Min. Sci. & Geomech. Abstr.*, 31, 707-18.

# 参考文献

Bonnechere, F. and Fairhurst, C. (1971) Results of an in situ comparison of different techniques for rock stress determination, in *Proc. Int. Symp. On the Determination of Stresses in Rock Masses*, Lab. Nac. de Eng. Civil, Lisbon, pp. 334-58.

Cook, C.W. and Ames, E.S. (1979) Borehole inclusion stressmeter measurements in bedded salt, in *Proc. 20th US Symp. Rock Mech.*, Austin, Center for Earth Sciences and Eng., pp. 481-5.

Corthesy, R. and Gill, D.E. (1990) The modified Doorstopper cell stress measuring technique, in *Proc. Conf. on Stresses in Underground Structures*, Ottawa, CANMET, pp. 23-32.

Coutinho, A. (1949) Theory of an experimental method for determining stresses not requiring an accurate knowledge of the elasticity modulus, in *Proc. Int. Ass. Bridge and Struct. Eng. Cong.*, Liege, pp. 83-103.

Cox, G.F.N. and Johnson, J.B. (1987) Verification tests for a stiff inclusion stress tensor. Int. *J. Rock Mech. Min. Sci. & Geomech. Abstr.*, 24, 81-8.

Cramer, M.L. et al. (1987) Geomechanical testing development for the Basalt Waste Isolation Project, in *Proc. 28th US Symp. Rock Mech.*, Tucson, Balkema, Rotterdam, pp. 1053-62.

Dutta, P. (1985) Some recent developments in vibrating wire rock mechanics instrumentation, in *Proc. 26th US Symp. Rock Mech.*, Rapid City, Balkema, Rotterdam, pp. 1043-54.

Dutta, P. and Hatfield, R. W. (1987) Calibration measurements of rock stress by vibrating wire stressmeter at high temperatures, in *Proc. 2nd Int. Symp. on Field Measurements in Geomechanics*, Kobe, Balkema, Rotterdam, pp. 43-7.

Eshelby, J.D. (1957) The determination of the elastic field of an ellipsoidal inclusion and related problems. *Proc. Roy. Soc. A*, 241, 376-96.

Fiore, J., Der, V. and Montenyohl, V. (1984) An overview of the OCRM program efforts, in *Proc. 25th US Symp. Rock Mech.*, Evanston, SME/AIME, pp. 1139-52.

Fossum, A.F., Russell, J.E. and Hansen, F.D. (1977) Analysis of a vibrating-wire stress gage in soft rock. *Experim. Mech.*, 17, 261-4.

Franklin, J. (coordinator) (1980) Suggested methods for pressure monitoring using hydraulic cells. *Int. J. Rock Mech. Min. Sci. & Geomech. Abstr.*, 17, 117-27.

Gill, D.E. et al. (1987) Improvements to standard doorstopper and Leeman cell stress measuring techniques, in *Proc. 2nd Int. Symp. on Field Measurements in Geomechanics*, Kobe, Balkema, Rotterdam, Vol. 1, pp. 75-83.

Gilley, J.L., Sporcic, R. and Zona, A. (1964) Progress in the application of encapsulated cells in a coal mine subject to coal burst, in *Proc. 6th US Symp. Rock Mech.*, Rolla, University of Missouri, pp. 649-67.

Gregory, E.C. and Kim, K. (1981) Preliminary results from the full-scale heater tests at the near-surface test facility, in *Proc. 22nd US Symp. Rock Mech.*, Cambridge, MIT Publ., pp. 143-8.

Gregory, E.C. et al. (1983) Applicability of borehole stress measurement instrumentation to closely jointed rock, in *Proc. 24th US Symp. Rock Mech.*, College Station, Association of Eng. Geologists Publ., pp. 283-6.

Hast, N. (1958) The measurement of rock pressures in mines. *Sveriges Geol. Undersökning, Ser. C*, No. 560.

Hawkes, I. (1969) Stress evaluation in low-modulus and viscoelastic materials using photoelastic glass inclusions. *Expl. Mech.*, 9, 58-66.

Hawkes, I. and Hooker, V.E. (1974) The vibrating wire stressmeter, in *Proc. 3rd Cong. Int. Soc. Rock Mech. (ISRM)*, Denver, National Academy of Sciences, Washington, DC, pp. 439-44.

Heasley, K.A. (1989) Understanding the hydraulic pressure cell, in *Proc. 30th US Symp. Rock Mech.*, Morgantown, Balkema, Rotterdam, pp. 485-92.

Herget, G. (1990) Monitoring equipment for the determination of stress redistribution, in *Proc. Conf. on Stresses in Underground Structures*, Ottawa, CANMET, pp. 175-84.

Herget, G. (1991) Monitoring of excavation performance. CANMET Technical Report MRL 91-082, Ottawa.

Heuze, F.E. (1981) Geomechanics of the Climax 'Mine-By', Nevada Test Site, in *Proc. 22nd US Symp. Rock Mech.*, Cambridge, MIT Publ., pp. 458-64.

Heuze, F.E. et al. (1980) In-situ geomechanics, Climax granite, Nevada Test Site. Lawrence Livermore Laboratory Report UCRL 85308.

Hocking, G., Williams, J.R. and Mustoe, G.G.W. (1990) Post-test assessment of simulations for in-situ heater tests in basalt - Part I. Heater test description and rock mass properties. *Int. J. Rock Mech. Min. Sci. & Geomech. Abstr.*, 27, 143-59.

Hooker, V.E., Aggson, J.R. and Bickel, D.L. (1974) Improvements in the three component borehole deformation gage and overcoring techniques. US Bureau of Mines Report of Investigation RI 7894.

Hustrulid, W.A. (1983) Design of geomechanical experiments for radioactive waste disposal – a rethink, in *Proc. Int. Symp. on Field Measurements in Geomechanics*, Zurich, Balkema, Rotterdam, pp. 1381-408.

Hustrulid, W.A. and McClain, W.C. (1984) Policy questions related to the role of field testing in the establishment of the radioactive waste repository, in *Proc. 25th US Symp. Rock Mech.*, Evanston, SME/AIME, pp. 1161-76.

Ishijima, T. et al. (1976) Monitoring of stress relief boring in Akabira coal mine, in *Proc. ISRM Symp. on Investigation of Stress in Rock, Advances in Stress Measurement*, Sydney, The Institution of Engineers, Australia, pp. 100-106.

Jaworski, G.W. et al. (1982) Behavior of the rigid inclusion stressmeter in an anisotropic stress field, in *Proc. 23rd US Symp. Rock Mech.*, Berkeley, SME/AIME, pp. 211-18.

Jeger, C. (1971) Interpretation of results of measures with pressiometric caps in order to give an equivalent rheological behavior to a faulted coal-block, in *Proc. Int. Symp. on the Determination of Stresses in Rock Masses*, Lab. Nac. de Eng. Civil, Lisbon, pp. 491-508.

Kaiser, P.K. and Maloney, S. (1992) The role of stress change in underground construction, in *Proc. Eurock '92: Int. Symp. on Rock Characterization*, Chester, UK, British Geotechnical Society, London, pp. 369-401.

Keller, C. and Lowry, W. (1990) The use of the CALIP gauge for those difficult measurements of rock stress, in *Proc. 31st US Symp. Rock Mech.*, Golden, Balkema, Rotterdam, pp. 573-7.

Kim, K. and McCabe, W.M. (1984) Geomechanics characterization of a proposed nuclear waste repository site in basalt, in *Proc. 25th US Symp. Rock Mech.*, Evanston, SME/AIME, pp. 1126-35.

Kohlbeck, F. and Scheidegger, A.E. (1986) Low cost monitoring of strain changes, in *Proc. Int. Symp. on Rock Stress and Rock Stress Measurements*, Stockholm, Centek Publ., Luleå, pp. 121-32.

Lee, F.T., Abel, J. and Nichols, T.C. (1976) The relation of geology to stress changes caused by underground excavation in crystalline rocks at Idaho Springs, Colorado. US Geological Survey Professional Paper 965, Washington.

Leeman, E.R. (1958) The measurement of the stress in the ground surrounding mining excavations. *Ass. Mine Managers S. Afr.*, 331-56.

Leeman, E.R. (1959) The measurement of changes in rock stress due to mining. *Mine Quarry Eng.*, 25, 300-304.

Leeman, E.R. (1960) Measurement of stress in abutments at depth, in *Proc. Int. Conf. Strata Control*, Paris, pp. 301-14.

Leeman, E.R. (1971) The CSIR Doorstopper and triaxial rock stress measuring instruments. *Rock Mech.*, 3, 25-50.

Lingle, R. and Nelson, P.H. (1982) In-situ measurements of stress change induced by thermal load: a case history in granitic rock, in *Proc. 23rd US Symp. Rock Mech.*, Berkeley, SME/AIME, pp. 837-45.

Lingle, R., Bakhtar, K. and Barton, N. (1983) Extraordinary geomechanical instrumentation applications, in *Proc. Int. Symp. on Field Measurements in Geomechanics*, Zurich, Balkema, Rotterdam, pp. 1409-17.

Lu, P.H. (1981) Determination of ground pressure existing in a viscoelastic rock mass by use of hydraulic borehole pressure cells, in Proc. *Int. Symp. on Weak Rocks*, Tokyo, Balkema, Rotterdam, pp. 459-65.

Lu, P.H. (1984) Mining induced stress measurement with hydraulic borehole pressure cells, in *Proc. 25th US Symp. Rock Mech.*, Evanston, SME/AIME, pp. 204-11.

Lu, P.H. (1986) A new method of rock stress measurement with hydraulic borehole pressure cells, in *Proc. Int. Symp. on Rock Stress and Rock Stress Measurements*, Stockholm, Centek Publ., Luleå, pp. 237-45.

Maleki, H.N. (1990) Development of modeling procedures for coal mine stability evaluation, in *Proc. 31st US Symp. Rock Mech.*, Golden, Balkema, Rotterdam, pp. 85-92.

Mao, N.H. (1986) A new approach for calibration and interpretation of IRAD gage vibrating-wire stressmeters, in P*roc. Int. Symp. on Rock Stress and Rock Stress Measurements*, Stockholm, Centek Publ., Luleå, pp. 499-508.

Martin, C.D. and Simmons, G.R. (1993) The Atomic Energy of Canada Limited Underground Research Laboratory: an overview of geo-mechanics characterization, in *Comprehensive Rock Engineering* (ed. J.A. Hudson), Pergamon Press, Oxford, Chapter 38, Vol. 3, pp. 915-50.

May, A.N. (1962) The application of measurement instrumentation to the determination of stresses encountered in rocks surrounding underground openings. *Instrument Soc. Am. Trans.*, 1, 161-9.

Meister, D. et al. (1991) Geotechnical and geophysical studies of the thermomechanical response of rock with regard to the disposal of heat-producing radioactive waste in boreholes, in *Proc. 7th Cong. Int. Soc. Rock Mech. (ISRM)*, Aachen, Balkema, Rotterdam, Vol. 1, pp. 121-6.

Mills, K.W. and Pender, M.J. (1986) A soft inclusion instrument for in-situ stress measurement in coal, in *Proc. Int. Symp. on Rock Stress and Rock Stress Measurements*, Stockholm, Centek Publ., Luleå, pp. 247-51.

Morgan, H.S. (1984) Analysis of borehole inclusion stress measurement concepts proposed for use in the Waste Isolation Pilot Plant (WIPP), in *Proc. 25th. US Symp. Rock Mech.*, Evanston, SME/AIME, pp. 212-19.

Myrvang, A.M. and Hansen, S.E. (1990) Use of the modified Doorstoppers for rock stress change measurements, in *Proc. 31st US Symp. Rock Mech.*, Golden, Balkema, Rotterdam, pp. 999-1004.

Nichols, T.C., Abel, J.F. and Lee, F.T. (1968) A solid inclusion probe to determine three dimensional stress changes at a point in a rock mass. *US Geol. Surv. Bull.*, 1258-C.

Niwa, Y. and Hirashima, K.I. (1971) The theory of the determination of stress in an anisotropic elastic medium using an instrumented cylindrical inclusion. *Mem. Faculty of Eng., Kyoto University*, Japan, 33, 221-32.

Obert, L. and Duvall, W.I. (1967) *Rock Mechanics and the Design of Structures in Rock*, Wiley.

Panek, L.A. and Stock, J.A. (1964) Development of a rock stress monitoring station based on the flat slot method of measuring existing rock stress. US Bureau of Mines Report of Investigation RI 6537.

Pariseau, W.G. (1978) A note on monitoring stress changes in situ. *Int. J. Rock Mech. Min. Sci.*, 15, 161-6.

Park, D.-W. (1986) Development of a new borehole stressmeter and installation tool, in *Proc. Int. Symp. on Rock Stress and Rock Stress Measurements*, Stockholm, Centek Publ., Luleå, pp. 217-25.

Patrick, W.C. (1986) Spent-fuel test-climax: an evaluation of the technical feasibility of geologic storage of spent nuclear fuel in granite. Lawrence Livermore Lab. Report UCRL-53702.

Patrick, W.C. and Rector, N.L. (1983) Reliability of instrumentation in a simulated nuclear-waste repository environment, in *Proc. Int. Symp. On Field Measurements in Geomechanics*, Zurich, Balkema, Rotterdam, pp. 1431-40.

Peng, S.S., Su, W.H. and Okubo, S. (1982) A low cost stressmeter for measuring complete stress changes in underground mining. *Geotech. Test. J.*, 5, 50-53.

Potts, E.L.J. (1954) Stress distribution rock pressures and support loads. Colliery Eng., 333-9.

Read, R.S. and Martin, C.D. (1992) Monitoring the excavation-induced response of granite, in *Proc. 33rd US Symp. Rock Mech.*, Santa Fe, Balkema, Rotterdam, pp. 201-10.

Rehbinder, G. (1984) Strains and stresses in the rock around an unlined hot water cavern. *Rock Mech. Rock Eng.*, 17, 129-45.

Roberts, A. et al. (1964) A laboratory study of the photoelastic stressmeter. *Int. J. Rock Mech. Min. Sci.*, 1, 441-57.

Roberts, A. et al. (1965) Some field applications of the photoelastic stressmeter. *Int. J. Rock Mech. Min. Sci.*, 2, 93-103.

Schaller, S., McKay, J. and Hargraves, A.J. (1976) Rock pressure distribution at caved faces of Appin Colliery, in *Proc. ISRM Symp. on Investigation of Stress in Rock, Advances in Stress Measurement*, Sydney, The Institution of Engineers, Australia, pp. 55-62.

Schrauf, T. et al. (1979) Instrument evaluation, calibration and installation for the heater experiments at Stripa. Lawrence Berkeley Laboratory, Berkeley, California, Technical Report LBL-8313, SAC-25, UC-70.

Sellers, J.B. (1970) The measurement of rock stress changes using hydraulic borehole gages. *Int. J. Rock Mech. Min. Sci.*, 7, 423-35.

Sellers, J.B. (1977) The measurement of stress change in rock using the vibrating wire stressmeter, in *Proc. Symp. on Field Measurements in Rock Mechanics*, Zurich, Balkema, Rotterdam, Vol. 1, pp. 275-88.

Skilton, D. (1971) Behavior of rigid inclusion stressmeters in viscoelastic rock. *Int. J. Rock Mech. Min.*

*Sci.*, 8, 283-9.

Spathis, A.T. (1988) A biaxial viscoelastic analysis of hollow inclusion gauges with implication for stress monitoring. *Int. J. Rock Mech. Min. Sci. & Geomech. Abstr.*, 25, 473-7.

St John, C.M. and Hardy, M.P. (1982) Geotechnical monitoring of high-level nuclear waste repository performance, in *Proc. 23rd US Symp. Rock Mech.*, Berkeley, SME/AIME, pp. 846-54.

Swolfs, H.S. and Brechtel, C.E. (1977) The direct measurement of long-term stress variations in rock, in *Proc. 18th. US Symp. Rock Mech.*, Golden, Johnson Publ., pp. 4C5-1-4C5-3.

Swolfs, H.S. and Walsh, J.B. (1990) The theory and prototype development of a stress-monitoring system. *Seism. Soc. Am. Bull.*, 80, 197-208.

Teufel, L.W. and Farrell, H.E. (1990) In situ stress and natural fracture distribution in the Ekofisk field, North Sea. Sandia National Labs Report No. SAND-90-1058C.

Tunbridge, L.W. and Oien, K. (1987) The advantages of vibrating wire instruments in geo-mechanics, in *Proc. 2nd Int. Symp. on Field Measurements in Geomechanics*, Kobe, Balkema, Rotterdam, pp. 3-15.

Walton, R.J. and Worotnicki, G. (1986) A comparison of three borehole instruments for monitoring the change of rock stress with time, in *Proc. Int. Symp. on Rock Stress and Rock Stress Measurements*, Stockholm, Centek Publ., Luleå, pp. 479-88.

Wilson, A. H. (1961) A laboratory investigation of a high modulus borehole plug gage for the measurement of rock stress, in *Proc. 4th US Symp. Rock Mech.*, University Park, Pennsylvania State University Publ., pp. 185-95.

Wold, M.B. and Pala, J. (1986) Three dimensional stress changes in pillars during longwall mining at Ellalong colliery. CSIRO Division of Geo-mechanics, Coal Mining Report No. 65.

Worotnicki, G. (1993) CSIRO triaxial stress measurement cell, in *Comprehensive Rock Engineering* (ed. J. A. Hudson), Pergamon Press, Oxford, Chapter 13, Vol. 3, pp. 329-94.

Zimmerman, R.M. (1982) Issues related to field testing in tuff, in *Proc. 23rd US Symp. Rock Mech.*, Berkeley, SME/AIME, pp. 872-80.

# 11 地殻の応力状態：ローカルな測定結果から世界応力分布図へ

この30年間に，原位置岩盤応力に関する知識は大いに進歩した．現在では，地殻表面（4～5km以浅）の応力状態に関して膨大なデータが得られている．各大陸における広域応力データは，それぞれのデータベースに集約された後，ワールドワイドデータベースに編集されている．この章では，まず，世界応力分布図プロジェクトの組織とデータベースおよび地殻応力の状態を表す世界図について述べる．次いで，原位置応力のスケール効果と測定方法および局所応力と広域応力場の関係について述べる．

## 11.1 世界応力分布図

世界応力分布図（WSM: the World Stress Map）プロジェクトは，「リソスフェアにおける現在の造構応力の方向と相対的な大きさに関するデータを編集して解釈するグローバルな共同作業」である（Zoback, 1992）．このプロジェクトは国際Lithosphere Programの援助の下で1986年に始まり，およそ20の国から30人以上の科学者が参加している．かれらはそれぞれの地域で利用できる応力データを組織的に編集する責任者である．プロジェクトの主な目的はプレート内の応力状態を特定することであった．1992年，7300以上のデータがデジタルデータベースに編集された．データは，NOAA, World Data Center A, 315 Marine Drive, Boulder, CO 80220, USAからフロッピーディスクで入手することができる．本節では，WSMデータベースの概要とZoback et al. (1989)，Zoback (1992) その他によって提案された地殻の応力パターンについて要約する．WSMに関するより詳細な情報はZoback et al. (1989) とZoback (1992) に示されている．

読者はご存知であろうが，WSMデータベースに含まれるデータの大部分は大陸地殻で得られたものである．最近になり，Fejerskov et al. (1995) によって北海におけ

11 地殻の応力状態：ローカルな測定結果から世界応力分布図へ

る多くデータが集約されているが，それを除けば海洋地殻におけるデータは少ない．

### 11.1.1 WSM データベース

　WSM の応力データはデジタルデータベースとしてコンパイルされている．応力の方向に関する情報（データの数，平均値，標準偏差，深度の範囲など）は完全に揃っている．他方，応力の大きさに関する詳細な情報は含まれていないが，いくつかの地点では最深部の応力や応力の深度勾配が得られている場合もある．また深度とともに応力の方向が明瞭に変化している例も記録されている．WSM データベースはいくつかのより完全な各地域のデータベース（Zoback, 1992）を補足するものであることに留意して欲しい．

　WSM では地質学的，地球物理学的な 6 種類のデータを 4 つのカテゴリーにグループ分けし，水平造構応力方向の信頼度を併記している．6 種類というのは，地震の発震機構，ボアホールブレイクアウト，オーバーコアリングと水圧破砕法による原位置応力測定，断層のような地質構造解析（大部分は第四紀），および火山の噴火口の配列（volcanic vent alignment）から得られるデータである．WSM プロジェクトにおいては一貫して鉛直応力と水平応力を主応力と仮定しており，応力場の方向は最大水平応力 $S_{\mathrm{Hmax}}$ の方位角によって表わされている．

　WSM データの解析を支援するためにデータの品質ランクが導入された．表 11.1 に示すように A＞B＞C＞D＞E の順に 5 段階の品質ランクが用いられている．ランク付けの規準には，測定精度，応力決定に用いたデータ数，深度間隔と対象岩盤の大きさ，造構応力を求める方法としての一般的な信頼性などを考慮している．地震の発震機構に関していえば，ランクは地震のマグニチュードに依存しており，大きい地震ほど高いランクになっている．

　概ね A ランクは水平応力の方向が ±10〜15° の範囲，B ランクは ±15〜20°，C ランクは ±25° の範囲である．D ランクは疑わしく，E ランクは信頼性に欠ける．深度によって応力の方向が明らかに変化している場合には，より深いデータほどランクが高い．

　1991 年 12 月現在，WSM プロジェクトの一部として編集された 7328 個の応力データのうち 1141 個が E ランクとされた．残った 6214 個のうち 4413 個は応力方向について信頼できる情報を有している（A〜C ランク）と判断された（Zoback, 1992）．図 11.1 には信頼できるデータをもとに作成された 1992 年版の世界応力分布図を示す．この図では，異なる応力測定法で得られた最大水平応力（$S_{\mathrm{Hmax}}$）の方向が地表面の平均高度に重ねてプロットされている．より詳細な図は Zoback（1992）に示されて

## 11.1 世界応力分布図

表 11.1 応力方位の品質ランク (Zoback, 1992)

| A | B | C | D | E |
|---|---|---|---|---|
| \-- 地震の発震機構 (FM) -- | | | | |
| 4個以上の地震による平均P軸または逆解析結果(少なくとも1個は M≧4.0, 他は M≧3.0). | 初動やその他の方法(モーメントテンソル法,逆解析)から決定された M≧4.5の単一地震または M≧3.5のふたつの地震の平均. | M≧2.5 の単一地震(初動のみ). M≧2.0 の数個の地震の平均. | 単一重ね合わせの解. 信頼性の低い単一地震の解. M<2.5 の単一地震. | 信頼できる発震機構解のない歴史上の大地震. P軸, T軸およびB軸のすべてのプランジが 25°〜40°の地震. P軸とT軸のプランジが 40°〜50°の地震. |
| \-- ボアホールブレイクアウト (IS-BO) -- | | | | |
| 単一孔で s.d.≦12°または累積長さ >300 m にわたる10個以上の明瞭なブレイクアウト. 近接する複数孔で s.d.≦12°または累積長さ 300 m 以上にわたるブレイクアウトの平均. | 単一孔で s.d.≦20°または累積長さ >100 m の少なくとも6個の明瞭なブレイクアウト. | 単一孔で s.d.<25°または累積長さ >30 m の少なくとも4個の明瞭なブレイクアウト. | 単一孔で連続性のある方向を持つ,あるいは累積長さが <30 m で4個未満のブレイクアウト. 単一孔で,s.d.≧25°のブレイクアウト. | 不明瞭なブレイクアウト. バラツキが大きく,平均化できない (s.d.>40°). |
| \-- 水圧破砕 (IS-HF) -- | | | | |
| 深度 >300 m の単一孔での方位の s.d.≦12°の4個以上の水圧破砕亀裂. 近傍複数孔で平均方位が s.d.≦12°の水圧破砕亀裂. | 単一孔で方位の s.d.<20°の3個以上の水圧破砕亀裂. 単一孔で方位が 12°<s.d.≦25°の水圧破砕亀裂. | 単一孔で方位の 20°<s.d.<25°の水圧破砕亀裂(深度とともに個々の亀裂の方位が変化,最深部を採用). 単一孔の1〜2個の水圧破砕亀裂. | 深度 <100 m における単一測定. | 大きさのみで方位の情報無し. |
| | | *Petal centerline fracture* (IS-PO) 単一孔で亀裂の平均方位 s.d.<20°. | | |
| \-- オーバーコアリング (IS-OC) -- | | | | |
| 被り >300 m で坑道側壁から 2r 以深,乱れの影響無い2孔以上での平均 (s.d.≦12°). | 被り >100 m で,坑道側壁から 2r 以深における1孔以上による多点測定 (s.d.<20°). | s.d.≦25°の2か所以上の近接地点における多点測定の平均(坑壁から >5〜10 m). 被り >100 m における多点測定 (20°<s.d.<25°). | s.d.≧15°で,坑道側壁から 5 m 未満における測定結果. 深部での1点測定. 深部での多点測定で s.d.>25°. | 1測定地点もしくは限定地域における多点測定で,バラツキのあるデータ (s.d.>40°). |
| \-- 断層すべり (G-FS) -- | | | | |
| 第四紀の断層データによる最小二乗逆解析 | 平均断層方位とすべりベクトルの多点計測に基づく断層面のすべり方向. 断層面に対して30°の推定最大応力. | 断層すべり面の方位の初期センスおよび推定すべりベクトル. | ボーリング孔のずれ. 石切り場のポップアップ. 完新世の地表地震断層のずれ. | 記載せず |
| \-- 噴火口の配列[a] (G-Va) -- | | | | |
| 第四紀の5個以上の火口配列または s.d.≦12°の並行岩脈. | 第四紀の3個以上の火口配列または s.d.<20°の並行岩脈. | 第四紀の単一岩脈. 5個以上の火口配列. | 5個未満の火口配列. | 記載せず |

s.d.:標準偏差, $r$:坑道半径

[a] 火口配列は通常5個以上の火道または噴石丘に基づく.岩脈は広域的な節理群に貫入するものではない.

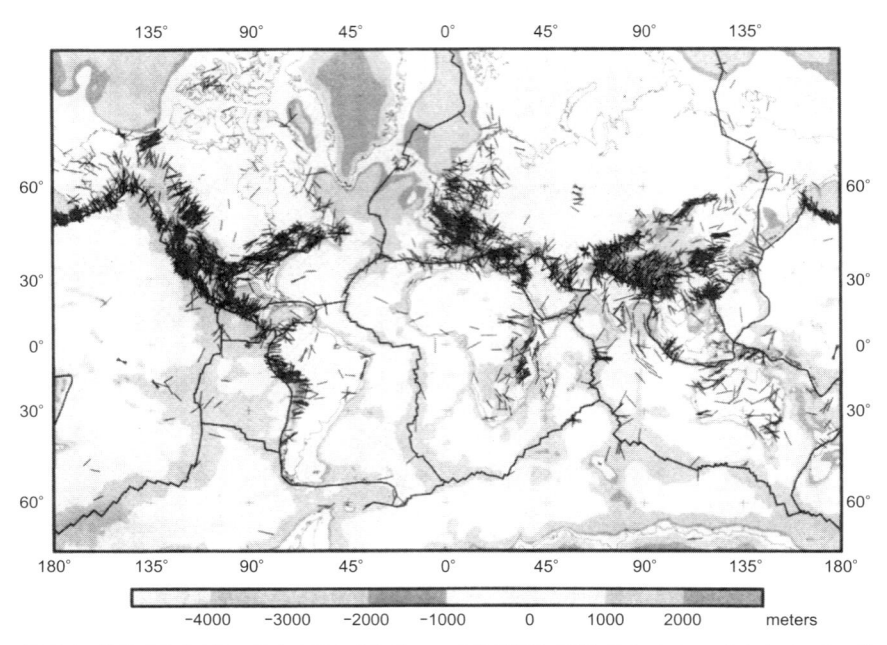

11　地殻の応力状態：ローカルな測定結果から世界応力分布図へ

図 11.1　世界応力分布図：最大水平主応力 $S_{Hmax}$ の方位が平均高度に重ねてプロットされている．線分の長さは表 11.1 の A-C のランクに対応する．最下段のスケールは平均高度（海抜 m）を表す（Zoback, 1992）

いるが，そこではランクや測定法を区分するためにさまざまな色と記号を用いて表現されている．

　WSM データベース中の信頼できるデータに占める各応力測定法の割合を図 11.2 に，また深度毎の分布を図 11.3 に示す．

(a) 地震の発震機構

　図 11.2 に示すように地震の発震機構によるデータは WSM データの 54 % を占める．それらは応力場に関して有益な情報と主応力の相対的な大きさを提供している．地震の発震機構の良質なデータによって造構応力をマッピングすることの利点は，地震がおよそ深度 5〜20 km の地殻中央部の比較的大きな岩体における，応力に伴う変形を反映しているところにある．地震の発震機構は応力ではなく変形を記録していることに留意して欲しい．また 2.14.2 節で述べたように，断層に沿ってすべりを生じさせる実際の応力の方向は，個々の地震による $P$ 軸や $T$ 軸の方向とは異なるかもしれない．

11.1 世界応力分布図

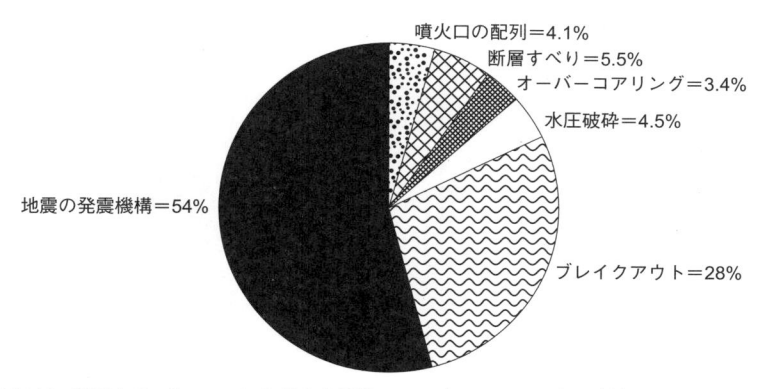

図 11.2 WSM データベースにおける高品質データ（A〜C ランク）の割合（Zoback, 1992）

これは，マグニチュードや観測点の多さにも関わらず，単一地震による推定結果がなぜ WSM データベースでは A ランクに評価されないかという理由でもある．

表 11.1 に示したように，A ランクは近接した範囲内で発震機構のばらつきを伴って起こっている中規模の大きさの地震群（少なくともマグニチュード 4.5 以上）による平均的な $P$ 軸，$T$ 軸の方向，もしくは逆解析による最適方向として評価されている．B ランクの多くはマグニチュード 4.5〜5.0 以上の単一の大きな地震である．また B ランクには，マグニチュードは小さくても地震観測網が整備されているとか，地殻の構造と速度分布が詳細に把握されている場合も含まれる．まばらな観測網で記録された単一地震の実体波による解析結果は C ランクに位置付けられる．地震域が広く余震も利用している場合や，マグニチュードが 2.5 以下の単一地震の場合は D 評価となる．

### (b) 断層すべり

断層すべりデータによる逆解析法は本質的に地震の発震機構と同じもので，両者とも似たような主応力方向を与える．2.14.1 節で述べたように，平行でない断層面上の鏡肌の方位と傾斜を測定することによって応力場を決定することができる．新たな応力場に応じて再活動する断層が決定されるので，応力軸に対する断層面の方向に関しての仮定は不要である．一連の地震現象を区別するため，異質のデータを複合的に解析する方法が Angelier（1984）によって検討されている．

断層すべり法を有効にするためには，ある地域の平行でない断層面に残された同時代のすべり方向の記録を集める必要がある．この方法の一番大きな限界は，断層面のすべての鏡肌がある一様な未知の応力テンソルに関係しているという仮定である．さ

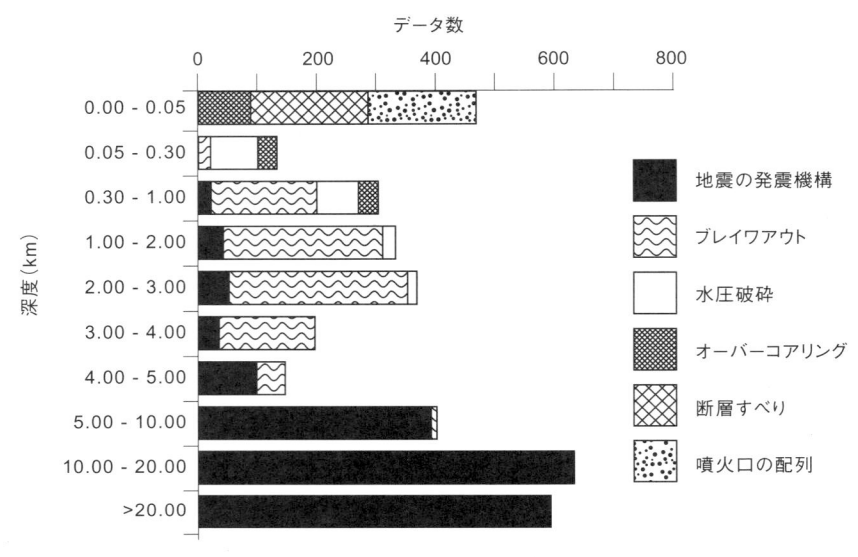

11 地殻の応力状態：ローカルな測定結果から世界応力分布図へ

図 11.3 WSM の高品質データの深度分布 (Zoback, 1992)

らに，すべての断層運動は独立しており，断層間には相互作用がないとも仮定されている．また，地表面や地表の近くで観察される断層すべりが，深部のすべりによる地表付近の変形を表しているにすぎないという懸念もある．

表 11.1 に示したように，WSM データベースの断層すべりにおける最高ランクは，断層面につけられた条線方向による逆解析である．有史または有史以前の断層のすべりベクトルや平均方向による古地震の発震機構解析は B ランクに評価される．ある露頭や地域に複数の地震イベントが記録されている場合には，最も若い事象だけがデータベースに加えられる．B ランクでは，大きな断層帯の中の複数の観測データを用いて平均的な断層の方向とベクトルを定めている．C ランクのデータは，新しい断層の走向と，活断層面の実際のすべりベクトルでなく変位のセンスだけを用いていることから，応力方向の推定においてはやや正確さを欠いている．D ランクに分類されるデータには，道路掘削面沿いのボーリング孔の変位や，完新世の地表面のポップアップ，石切場で見られる断層の変位なども含まれる．節理や節理群の方向から推測される応力の方向は WSM データベースに取り上げられていない．

(c) 噴火口の配列

2.14.1 節で述べたように，岩脈やスコリア丘のような火山活動は遠方からの最小主

応力に対して直交する方向に連なる傾向がある．いわば大規模な水圧破砕実験と同じである．すなわち，鉛直岩脈の平均走向は最大水平応力 $S_{Hmax}$ の方向に一致する．現在の応力状態を求めるためには，新しい時代，特に第四紀の噴火口を利用しなければならない．しかし，放射性年代がわかっている古い岩脈やスコリア丘についても同様に古応力を決定することができる．

WSM データベースに収録されている噴火口の配列に関するすべてのデータは，放射性年代か層序学的に第四紀に同定されている．表 11.1 では，5 つ以上の平行な岩脈やスコリア丘から決定された応力方向の標準偏差が 12°未満の場合に A ランクに割り当てられている．データが 3 つ以上または平行性にやや欠ける場合には B ランクとなる．ひとつの岩脈でも露頭条件が良い場合や，5 つ以上の噴火孔の単一配列しかない場合は C ランクに相当する．最後の D ランクは噴火口が 5 つ未満の場合である．

### (d) オーバーコアリング

第5章で述べたように，オーバーコアリングは地殻の応力状態を決定するための確立した技術である．Zoback et al. (1989) によると，この技術には地殻の造構応力を評価する手法としての有効性についてふたつの重大な欠点があるという．ひとつには，多くの測定は自由面近くか地表面の近くで行われるが，そのような場所では，局地的な地形や岩石の異方性，風化や破砕などが測定結果に影響を及ぼす．ふたつ目には，この方法はトンネル，ダム，鉱山などの工学的な目的に適用されることが多く，そのような場所では掘削や断層によって広域的な応力場が乱されている．

以上のような理由で，WSM データベースにおけるオーバーコアリングデータは控えめにランキングされている．表面近く（<5〜10 m）における応力解放はすべて D ランクになっている．10 m 以上の深度または掘削面から 1D 以上離れた深さの応力解放のデータは，データ数や相互の整合性によってランク付けされている（表 11.1）．たとえば，鉱山や地下空洞の近傍や下方に位置してその影響を受けているに違いない Fennoscandia のデータは，WSM データベースに含まれていない (Stephansson et al., 1987)．

### (e) 水圧破砕

第4章で述べたように，水圧破砕法は大深度における原位置応力測定法として利用されており，現在では 6〜9 km の深度に達している (Te Kamp, Rummel and Zoback, 1995)．Zoback et al. (1989) によれば，水圧破砕試験の多くは工学的な目的のために実施されている．そのような測定はローカルな現場条件の影響を受けやすいため，地

殻の造構応力場の推定に利用する場合には，その信頼性を評価する必要がある．この情報が不十分な場合，水圧破砕法による応力測定は単に工学的な研究目的であるとして控えめに D ランク評価となる．表 11.1 に示したように，最高ランクの A は，単一孔の深度 300 m 以深において 5 個以上の測定データがあり，その方位の標準偏差が 12° 以内の場合か，近接の 2 孔以上における応力の方位が標準偏差 12° 以内で一致している場合に相当する．

**(f) ボアホールブレイクアウト**

ボアホールブレイクアウトは WSM データベースの 28％ を占める（図 11.2）．この方法は今後得られるデータのうちのさらに多くの部分を占めることになるだろう．ブレイクアウトのデータは，地震の発震機構と原位置測定や表面近くの地質観察の間を埋める深度 1～4 km，場合によってはさらに深い 5～6 km に達しているので，WSM をコンパイルする上で重要である（図 11.3）．さらに，ブレイクアウトは広い深度にわたって多くのデータが得られており，統計的に方向を決定することや平均値回りのばらつきを評価することができる．ボアホールテレビュアーや FMS によって記録されたブレイクアウトデータの統計解析は，詳細な情報が得られるので非常に重要である（Barton, Zoback and Burns, 1988）．表 11.1 におけるブレイクアウトのランクは，主として，ひとつまたは近傍の孔井で観測されるブレイクアウトの数と累積長さおよび発生方向の標準偏差に依存している．

### 11.1.2 応力型とグローバルな応力パターン

Zoback et al.（1989）や Zoback（1992）は，地殻応力のパターンや応力型を概観するために WSM データベースを用いてさまざまな解析を行った．鉛直応力 $S_v$，最大水平応力 $S_{Hmax}$，最小水平応力 $S_{hmin}$ の相対的な大きさから Anderson（1951）のモデルを用いて応力型が決定された．3 つの主な応力型は，(1) $S_v > S_{Hmax} > S_{hmin}$ の正断層型，(2) $S_{Hmax} > S_v > S_{hmin}$ 横ずれ断層型，(3) $S_{Hmax} > S_{hmin} > S_v$ の逆断層型である．これらの応力型とそれぞれの実体波の発震機構が図 11.4 に示されている．Zoback et al.（1989）や Zoback（1992）は，これら 3 つの基本型に加えて遷移型を提案している．すなわち，$S_v \approx S_{Hmax} > S_{hmin}$ の正断層と横ずれ断層の複合型，および $S_{Hmax} > S_{hmin} \approx S_v$ の横ずれ断層と逆断層の複合型である．

Zoback（1992）は WSM データベースから地域毎の応力の平均方向と応力型を図化して図 11.5 に示している．図中の矢印の大きさは，応力方向の一様性やデータの質と量に関連した品質の主観的な評価を表わしている（図 11.5 の説明参照）．

11.1 世界応力分布図

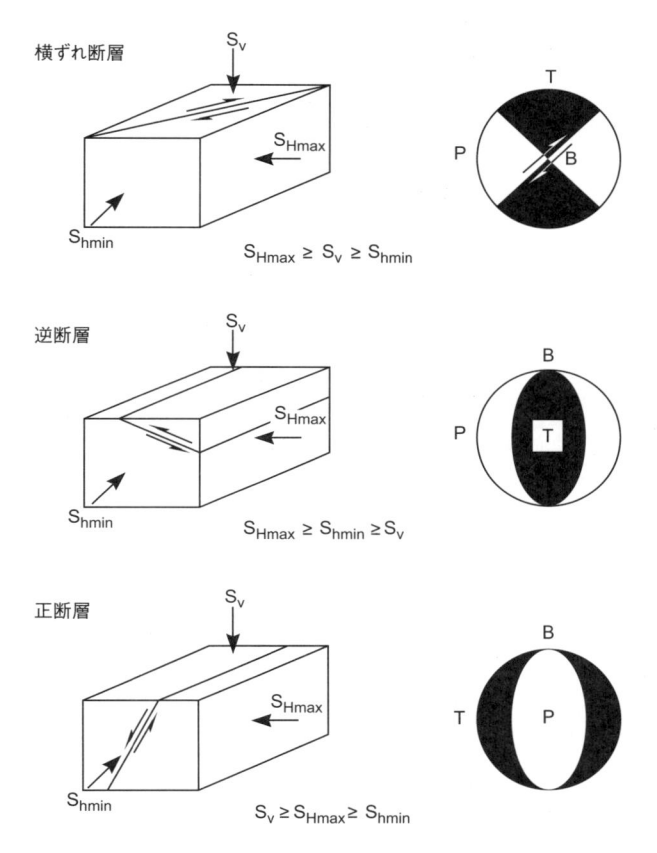

図11.4 すべりベクトル，$P$，$T$，$B$軸に関連した断層の形式と応力状態の定義（Anderson, 1951）

WSMデータベースの解析と図11.1および図11.5から導かれる主要な結論のひとつは，リソスフェアのプレートの中に水平応力場の方向がほぼ一様（±15°）で応力型や深度が共通な特徴を示す幅広い地域があるということである．応力方向の一様性は，大陸において5000 km以上にわたって認められる．このような一様性は広い応力帯（stress province）として定義できる．Zoback (1992) はそれを「一次的な（first-order）」応力帯と名づけた．水平応力方向がかなり一様な地域としては，東部北アメリカ，西部カナダ盆地，中部カリフォルニア，アンデス山脈，西ヨーロッパ，エーゲ海，中国北東部などがある．

WSMから得られるもうひとつの結論は，プレート内部の大陸地域では圧縮応力型

513

11 地殻の応力状態：ローカルな測定結果から世界応力分布図へ

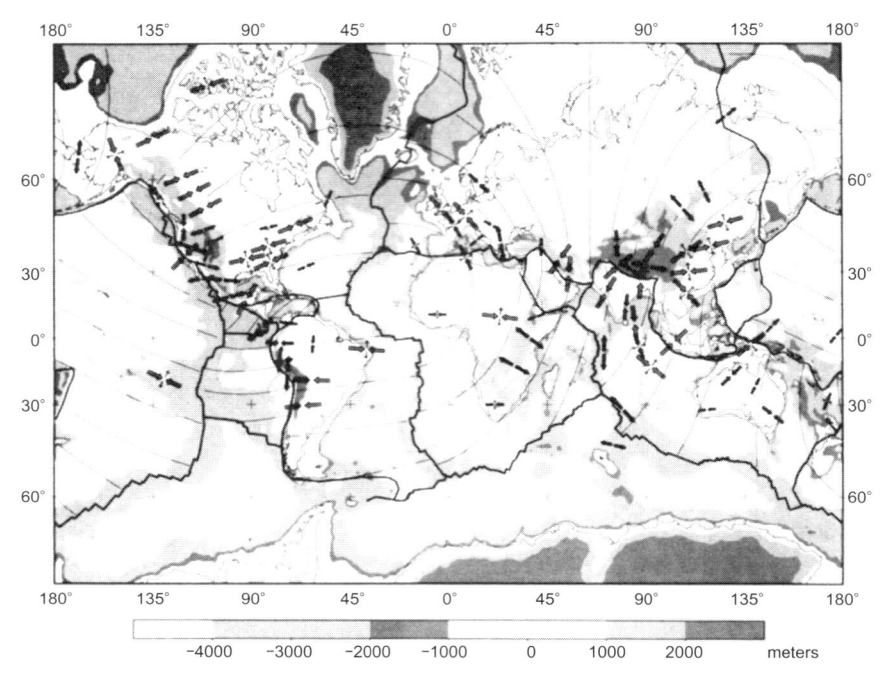

図 11.5 応力概観図．主応力の方向は図 11.1 のデータの平均的な方向を示す．細線は Minster and Jordan（1978）の AM-2 モデルによる個々のプレートの移動軌跡を表す．太い内向きの矢印は，逆断層型（$S_{Hmax}>S_{hmin}>S_v$）の $S_{Hmax}$ の方向を，外向きの矢印は，正断層型（$S_v>S_{Hmax}>S_{hmin}$）の $S_{hmin}$ の方向を示す．横ずれ断層型（$S_{Hmax}>S_v>S_{hmin}$）は，$S_{Hmax}$ を太い内向きの矢印で，$S_{hmin}$ を細い外向きの矢印で示している．記号の大きさはデータの数と確実性を反映している．下段のスケールは平均標高（海抜 m）を表す（Zoback, 1992）

が支配的であるということである．そこでは，水平主応力のひとつまたはふたつが鉛直応力より大きいため，逆断層型または逆断層と横ずれ断層の複合型になっている．他方，最大主応力が鉛直で引張応力型（正断層型または正断層と横ずれ断層の複合型）の地域は概して高地に対応している．

　プレート内部の応力方向と絶対的または相対的なプレート運動の関係は，Sbar and Sykes（1973）ら数人の著者が指摘しており，その後 Zoback and Zoback（1980）が北米について，また Müller et al.（1992）がヨーロッパについて論じている．Zoback et al.（1989）と Zoback（1992）は，Minster and Jordan（1978）の AM-2 モデルで予測されるプレートの絶対速度の方位角と $S_{Hmax}$ 方向の測定値との関係を見出だし，上記の観測を補強した．図 11.5 にはプレートの動きを細線で描いてこの関係を示し

ている．北米や南米プレートの中央ではこの関係は明らかで，エーゲ海以外の西ヨーロッパでもほぼ一致しているが，太平洋プレート，大部分のアジア，インド・オーストラリアプレート，アフリカプレートおよび米国の山岳地ではこの関係を認めがたい．

Zoback et al. (1989) と Zoback (1992) は，リソスフェアにおける一様な広域応力場の原因をプレート運動に関連した広域応力，すなわち，プレートの沈み込み，海嶺からのわき出し，プレートの衝突，海溝における沈み込み，マントル対流などに結びつけた（図 2.29）．広域応力場は，リソスフェアに作用する応力の局所的なばらつきやローカルな現象，例えば地形，異方性，不均質性，浸食，人工的な掘削，断層や破砕帯などの影響によって乱されている．これらのよりローカルな応力は「二次的な (second-order)」応力と呼ばれる（Zoback, 1992）．

プレート内部の伸張領域は，概ね，アンデス山脈，米国西部山岳地，チベット高原，南アフリカなどの高地にあたる．伸張領域は浮力（buoyancy force）によるものと考えられており，WSM データベースのなかで最も大きなローカル現象である．また，二次的な応力パターンは，密度差による浮力と同様に地層の撓曲とか地殻の強度のばらつきなどの地質構造的な特徴に関連付けられる（図 2.29 のローカルな造構応力を参照）．撓曲型の二次的な応力は，大陸縁辺の堆積物による荷重（Stein et al., 1989）や，氷河のリバウンド（Gregersen, 1992; Müller et al., 1992; Stephansson, 1988）によって発生しているらしい．グローバルな広域応力場には，密度差を反映したアイソスタティックな応力パターンを示す例が数多く見られる．東アフリカ地溝やバイカル地溝，米国の西部山岳地では薄い地殻や熱いマントル物質の上昇によって，グローバルな応力パターンに変形や異常が生じている（Zoback, 1992）．海洋と大陸境界の地殻のコントラスト（Bott and Dean, 1972），地殻の強度のばらつき（Mount and Suppe, 1992; Zoback et al., 1987），厚いクラトンのような異質物（Kusznir and Bott, 1977），造山帯（Evans, 1989; Müller et al., 1992）なども二次的応力パターンの原因である．

大断層に伴う地殻の強度のばらつきは，時には広域的な応力パターンを形成することがある．その典型的な例はカリフォルニアの水平右横ずれを示すサンアンドレアス断層に伴う応力場の屈曲である．Zoback et al. (1987) は，数多くの応力指標や応力測定結果に基づき，西カリフォルニアの水平最大圧縮応力の方向はサンアンドレアス断層の走向にほぼ直交していることを示した（図 11.6）．これは摩擦理論から予測される 30〜40° の方向とは異なっている．断層域から離れた北西部の応力場はカリフォルニア中東部と同じ方向に並んでいる．カリフォルニア中西部の断層に直交する応力は，サンアンドレアス断層のせん断強度が極端に小さいこと（weak fault concept），太平洋プレートと北米プレートが相対的にわずかに収束するように運動していること

11 地殻の応力状態：ローカルな測定結果から世界応力分布図へ

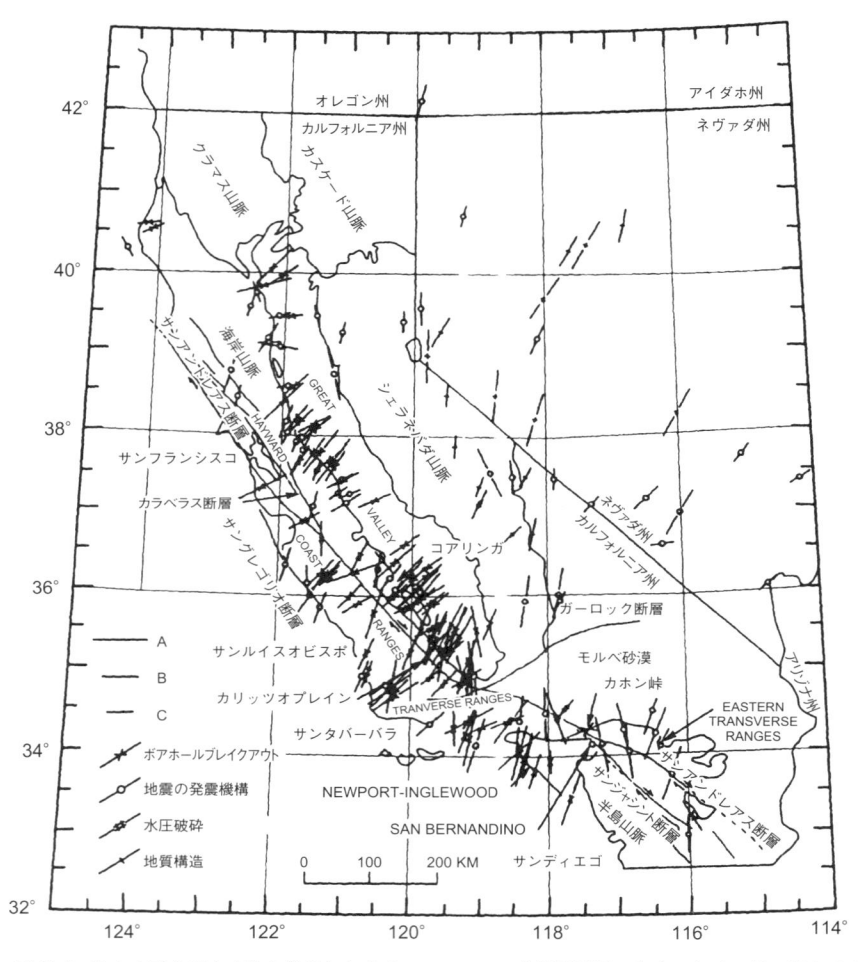

図11.6 最大水平主応力方向を併記したカリフォルニアの地質概要図．各点における線の長さは表11.1に定義したA，B，Cのランクを，記号は応力を求めた方法を示す．サンアンドレアス断層やその他の大規模な右横ずれ断層の発震機構によるデータは含んでいない（Zoback et al., 1987）

の結果であると解釈されている．断層のせん断強度が小さいという推測は，サンアンドレアス断層近傍の浅いボアホールで得られた地殻熱流量の値が普通であること，および断層近傍の Cajon Pass drill site（9.5.3節）で掘削された3.5 kmのボアホールにおける原位置応力測定結果（Zoback and Healy, 1992）とも調和的である．

516

## 11.1.3 大陸における応力パターンの要約

現在の造構応力の広域的なパターンは，主にリソスフェアに作用する力の評価やプレート内部の地震活動の研究に利用される．しかし WSM データベースとそれによる応力分布図は，工学的なプロジェクトの対象地域の応力状態を概観するのに便利である．以下には現在までに明らかになっている主な大陸の応力状態を簡潔に述べる．

### (a) 北アメリカ

北アメリカの WSM を図 11.7，表 11.2 に示す．北アメリカではプレートの大部分は概ね圧縮応力場にある（Zoback and Zoback, 1980, 1991）．第一の証拠は，北アメリカ内部では地震の発震機構が横ずれ断層か逆断層を示すという事実である．主応力場はおよそ 5000 km にわたってほぼ一様で，主応力方向は E-W と N-S である．引張応

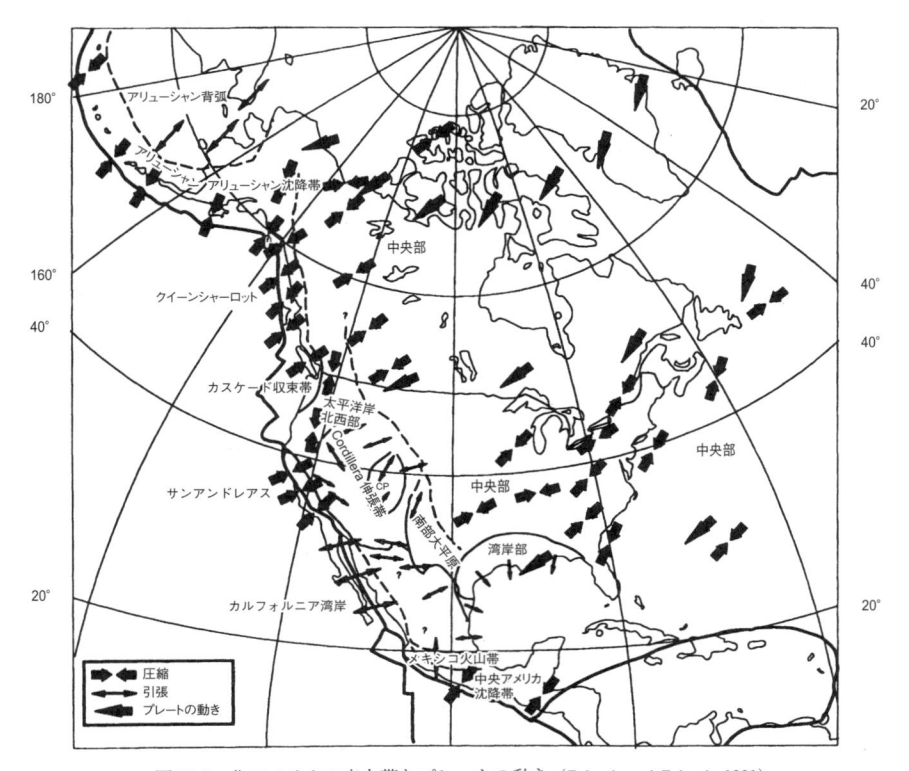

図 11.7 北アメリカの応力帯とプレートの動き（Zoback and Zoback, 1991）

11 地殻の応力状態:ローカルな測定結果から世界応力分布図へ

表11.2 北アメリカの応力帯 (Zoback and Zoback, 1991)

| | 応力型 | 主応力方向 最大 | 主応力方向 最小 | 記 事 |
|---|---|---|---|---|
| **プレート内部** | | | | |
| 中央部 | SS/TF[a] | ENE | NNW/鉛直 | Cordillera より東の北アメリカの大部分と大西洋西部を含む.地震の発震機構によればカナダ南西部は主に逆断層型,米国は横ずれ断層型.最大主応力方向とプレートの絶対運動方向および中央海嶺から伸びる峰の方向はよく一致している. |
| 湾岸部 | NF | 鉛直 | SSE | 湾方向への伸張と断層の成長で特徴付けられる海岸平野部.基盤の応力状態は未知. |
| Cordillera 伸張帯 | NF/SS | 鉛直 | WNW (WSW-WNW)[b] | リオグランデ地溝,北ロッキー山脈,スネークリバー平原などの地塁・地溝からなる米国西部の広い伸張域.カナダやメキシコへの広がりは不明.高熱流量,高地,薄い地殻と関係あり.西の境界 (Walker Lane) 沿いに明らかな横ずれ変位 ($S_{hmin}$ 方向が一定).$S_{hmin}$ 方向は主に WNW であるが WSW から WNW の間にばらつく. |
| コロラド高原南部大平原 | NF | 鉛直 | NNE | 一定の伸張方向,比較的厚い地殻,ごくわずかな地殻変形などにより周辺の Cordillera 帯とは区別される. |
| **沈み込み帯** | | | | |
| アルーシャン沈み込み帯 | TF/SS | NNW | 鉛直/ENE | Brooks 山脈より南方のアラスカの大部分では $S_{Hmax}$ は NNW 方向で,北米プレートに対する太平洋プレートの NNW 方向への動きと調和的.低角の沈み込み帯を伴う逆断層とプリズム型付加体,火山弧の横ずれ断層.西部のアリューシャンの明確な沈み込み帯. |
| アルーシャン背弧 | NF | 鉛直 | NNW? | 情報は少ないが,ベーリング海, Seward 半島,シベリア北東部を含む.$S_{hmin}$ の方向は弧にほぼ直交する. |
| 中央アメリカ沈み込み帯 | TF/SS | NE | 鉛直/NW | $S_{Hmax}$ の方向は北米プレートに対するココスプレートの相対運動に平行. |
| メキシコ火山帯 | NF | 鉛直 | N (NNE-N) | 火山の配列と地溝で特徴付けられる.中米沈み込み帯の火山弧としてカルクアルカリ系列の火山帯をなす.多くの火山弧とは異なり $S_{Hmax}$ は収束方向に直交している. |
| カスケード収束帯 | TF | NE | 鉛直 | バンクーバー島の 10 個程度の地震記録やワシントン州とオレゴン州西部の数少ないブレイクアウトのデータによる不明瞭な地域.$S_{Hmax}$ が NE 方向であることから太平洋岸西北部とは区別される.ファンデフーカプレートの収束方向と 30°程度の角度をなす $S_{Hmax}$ は北米プレート境界との間の弱部の存在を示唆する. |
| 太平洋岸西北部 | SS/TF | N | E/鉛直 | Cascade の横ずれ断層,Puget Sound とコロンビア高原の活褶曲と逆断層に見られる南北方向の圧縮応力場.この応力場は北米プレートに対する太平洋プレートの運動によるもので,北米プレートとファンデフーカプレート間の弱部の存在を示唆する. |
| **トランスフォーム帯** | | | | |
| サンアンドレアス | SS/TF | NE | NW/鉛直 | サンアンドレアス断層と地殻の収束帯.$S_{Hmax}$ は断層走向と高角をなす (中部カリフォルニアでは約 85°,南部カリフォルニアでは約 70°).中部カリフォルニアにおける太平洋プレートと北米プレートの相対運動がわずかに収束であることからすればこの応力状態は驚くべきことである.断層に直交する圧縮応力の原因はサンアンドレアス断層と主な派生断層中の応力が周辺の地殻に比べて極端に小さいことによると考えられる. |
| Queen Charlotte | SS/TF | NE | NW/鉛直 | サンアンドレアス断層と同様 $S_{Hmax}$ の方向は断層走向に高角である (約 60~70°).ただし地震の発震機構によるデータはばらついている.この地域はプレートの相対運動方向に向いており明らかな収束帯である. |
| カリフォルニア湾岸 | SS/NF | N-NW/鉛直 | E/NE | 一般には海洋拡大帯と考えられているがカリフォルニア湾の大部分はトランスフォーム境界でいくつかに分割される.地質情報や地震発震機構からバハカリフォルニアは横ずれ断層または正断層型と見なされる.$S_{hmin}$ は断層に直交する NE から E-W 方向の引っ張りを示し,典型的な応力状態である. |

a NF = 正断層型;SS = 横ずれ断層型;TF = 衝上断層型
b 領域内で観測された応力方向の範囲に対応する方向

力場は，西部 Cordillera，テキサスからルイジアナにかけてのメキシコ湾沿岸，アリューシャン弧およびプレート内部の 2，3 の盆地に限られる（表 11.2）．

北米プレート応力帯内の図 11.7 の経緯度 20°のグリットの中心におけるプレートの絶対運動の方向は，Minster and Jordan（1978）による結果と一致している．しかし $S_{Hmax}$ と北米プレートの絶対運動の方向に良い一致が見られることは，プレートが比較的安定したアセノスフェアの上を引き摺られることによって応力が発生することの証明である，と単純に解釈することはできない（Zoback et al., 1989）．北米プレート内の応力状態の原因が，大西洋中央海嶺からの押し出しによるものか，プレート底面の引き摺りによるものかを断言することは，現時点ではできない．

テキサスからルイジアナにかけてのメキシコ湾沿岸応力帯は引張応力場で特徴づけられる．メキシコ湾沿岸の陸や沖合の試錐孔における応力測定や流体圧のデータによれば，堆積盆の応力状態は多くの正断層の摩擦強度によって規制されている．基盤岩の応力状態が断層のメカニズムにどの程度まで支配されているかについてはよく分かっていない．

表 11.2 に示すように，北アメリカには沈み込み帯に関連して 6 つの応力帯が見られる（Zoback and Zoback, 1991）．沈み込み帯に乗り上げている大陸プレートの応力状態は，明確に次の 3 つの地域に分割することができる（Nakamura and Uyeda, 1980）．

(1) くさび状の付加体と前弧地域の応力状態は高度の圧縮応力場で衝上断層が支配的であり，$S_{Hmax}$ はプレート運動の方向に平行である
(2) 火山弧の応力状態は典型的な横ずれ断層に表れており，$S_{Hmax}$ はプレート運動の方向に平行である．
(3) 背弧側は引張応力状態であり，そこでは $S_v$ が最大主応力で中間主応力は火山列の方向に平行である

これらの 3 つの応力帯が沈み込み帯に乗り上げているプレートで常に認められるとは限らないが，このようなパターンは広く一般的に見られる（Nakamura and Uyeda, 1980）．

トランスフォーム断層に関連した 3 つの応力帯，すなわちサンアンドレアス，Queen Charlotte およびカリフォルニア湾が Zoback and Zoback（1991）によって区分された．これらの地域の応力型，主応力方向およびその概要を表 11.2 に示す．中部カリフォルニアにおけるサンアンドレアス断層の走向はプレートの相対運動の方向とほぼ平行であるが，$S_{Hmax}$ の方向はプレートの相対運動の方向にほぼ直交している（図 11.6）．

## (b) 南アメリカ

南アメリカ大陸における地殻応力の方向とプレート内部の広域応力場の主要なパターンは Assumpcao（1992）によってまとめられた．応力の方向は主に地震の発震機構と第四紀の断層変位に基づいている（図11.1）．オーバーコアリング，水圧破砕およびボアホールブレイクアウトのデータはわずかである．南アメリカの広範な地域のデータはないが，現在の WSM データはプレート駆動力の理論的なモデルの説明や地殻の応力状態の理解に有用である．

南アメリカの西側では，アンデス高地で支配的な N-S 方向の引張応力場（$S_{Hmax}$ は中間主応力）と，アンデス周辺の E-W 方向の圧縮応力場（$S_{Hmax}$ が最大主応力）が明瞭に認められる．広域応力場としての $S_{Hmax}$ の方向はきわめて一様であり，アンデス山脈の屈曲の影響を受けていないように見える（Assumpcao, 1992）．アンデス山脈の E-W 応力帯の東の境界は，アマゾン地域やパラナ盆地内の非地震域と一致するようである．これはアンデス山脈の E-W 応力場が東に向かって減少し，大陸中央部の異なる応力場に移行していることを示している．

中央アマゾン地域では，震央の分布と応力データから大まかに N-S 方向の圧縮が特徴的な異なる応力状態であることが示唆される．ブラジル北東部では，地震の発震機構と震源分布から，プレートの広域応力に大陸周辺部の堆積物の荷重が加わったものと推測される．

## (c) アフリカ

大西洋中央海嶺と北方の大陸の衝突領域に囲まれているアフリカのプレート構造から，この地域は典型的なプレート中央部の圧縮応力場であることが示唆される．新たなデータもこの見解を支持しており，プレート内の応力場が南アフリカの高地や東アフリカの高い地殻熱流地域の外に存在するプレート駆動力に関係していることを示唆する．

アフリカプレート内の WSM データは，高熱流量の東アフリカ地溝帯においては正断層に伴う引張応力が支配的であることを示している．ボアホールブレイクアウトの研究，第四紀火山の火口の配列および第四紀の断層運動の解析によれば，現在の最小水平応力（$S_{hmin}$）の方向はケニヤではほぼ NW-SE，中部スーダンでほとんど N-S である（Bosworth, Strecker and Blisniuk, 1992）．したがって，$S_{hmin}$ の広域的なパターンはアファールプレートの接合に沿って概略放射状に配置されている．このデータによれば，東アフリカ中央部の応力場が第四紀の間に大きく回転したことを示していると推測される．

## 11.1 世界応力分布図

西および北中央アフリカにおいては，$S_{Hmax}$のほぼE-W方向の圧縮応力場の存在が最近のWSMデータベースにおいて確認されている（Zoback, 1992）．また，これらの新しいデータは，アフリカとユーラシアが収束しているアフリカプレートの北縁沿いにNNW方向の圧縮応力帯が分布していることを示している（Zoback, 1992）．

### (d) ヨーロッパ

ヨーロッパの応力データベース（ESDB: the European Stress Data Base）は，WSMのサブセットである（Müller, et al., 1992）．ESDBには既往のコンパイルデータを含む1400のデータが含まれている．その中には，Stephansson et al. (1987)によるFennoscandian Rock Stress Data Base，Klein and Barr (1986)による英国におけるボアホールブレイクアウトのデータ，Cornet and Burlet (1992)による水圧破砕とHTPF法のデータ，Müller et al. (1992)がリストアップした地震と応力の相互作用に関する数多くのデータが含まれている．

ヨーロッパの応力分布図（図11.8, 1.7）から以下の特徴的な3つの地域が確認できる．
(1) 西ヨーロッパ：平均的な$S_{Hmax}$の方向はNW-SEである．
(2) Fennoscandiaを含む北ヨーロッパ：応力方向はばらばらである．
(3) 東部地中海（エーゲ海と西アナトリア）：$S_{Hmax}$はほとんどE-W方向である．
異なる応力場はユーラシアプレートの境界に作用するプレート駆動力に起因しており，異なる地域のリソスフェアの特性によって変化している．

西ヨーロッパでは最大水平応力の方向はいずれもNW-SEで，その平均はN53°W±16°である．北方の境界は南デンマークをWNW-ESE方向に伸びているRingköping-Fynの基盤隆起で区画されている（Ask, Müller and Stephansson, 1996）．全体的に，西ヨーロッパの最大応力の方向はアフリカプレートに対するユーラシアプレートの相対運動の方向に並んでいる．Zoback et al. (1989)とMüller et al. (1992)が指摘したように，一様な応力場はリソスフェアが比較的薄く（50〜90 km）地殻熱流量の高い（$>80\times10^{-3}$ W/m²）領域と一致する．西ヨーロッパの一様な$S_{Hmax}$の方向は，アルプス山脈のような大きな地質構造によってのみ局所的に影響を受けている．ライン地溝帯は大きな構造であるが，応力の方向には影響を及ぼしていない．

ヨーロッパの応力図（図11.8）は，Fennoscandiaにおける応力の方向が西ヨーロッパとは一致していないことを示している．しかし，Slunga (1989)やBungum et al. (1991)，Gregersen (1992)が地震の発震機構から求めた大深度における応力の方向は，NW-SE方向に整列する傾向がうかがえる．ノルウェーにおけるオーバーコアリングによる岩盤の応力測定とその課題についてはMyrvang (1993)が検討している．大

11　地殻の応力状態：ローカルな測定結果から世界応力分布図へ

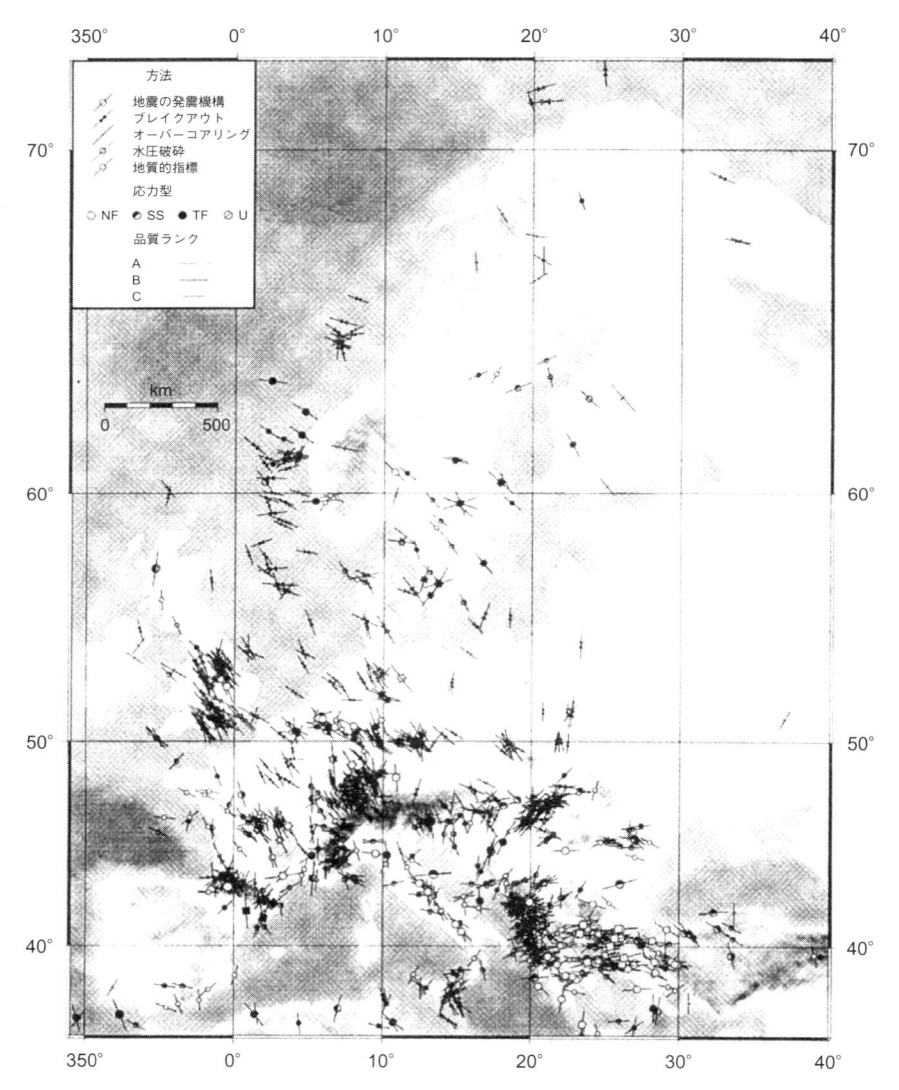

図 11.8　地形図上にプロットしたヨーロッパの応力図．表 11.1 の A，B，C カテゴリーに含まれるすべてのデータの最大水平圧縮応力の方向を示す．線の長さが A，B，C のランクを表す．中心の記号は凡例に示すように応力を求めた方法を示す（B. Müller, 1996）

西洋中央海嶺の隆起と拡大に伴って造構応力が発生し，これが Fennoscandia の応力場の一因になっていると考えられる．Stephansson (1988, 1993) によれば，以下の条件によって局所的に応力場が変化し，主応力方向がばらつく原因になっている．
 (1) 氷河荷重によるアイソスタティックな反応
 (2) 氷河荷重による岩盤のクリープ
 (3) 地形の影響
 (4) 断層と節理のせん断強度のばらつき

Fennoscandia 楯状地のような地質的に古い楯状地の物理的な特性は，リソスフェアが厚いことと低い熱流量によって特徴づけられる．このため，リソスフェアの平均応力レベルが低下し，地殻の密度や強度などの局所的な不均質性によって応力場が影響され易くなる．

ヨーロッパ大陸の最大主応力は水平であるが，エーゲ海，西部アナトリア，ライン低地，アペニン山脈，西フランスは例外で正断層が支配的である（図 11.8）．エーゲ海における $S_{Hmax}$ が E-W 方向であることは，ユーラシアプレートに対するアフリカプレートの相対運動と関係しているように見える．

### (e) インド亜大陸

インド亜大陸の $S_{Hmax}$ の分布図は，Gowd, Srirama Ra and Gar (1992) により，ボアホールブレイクアウト，水圧破砕法，地震の発震機構のデータを用いて作成された（図 11.9）．応力の分布方向から，(1) インド大陸中央部，(2) 南インド楯状地，(3) ベンガル盆地，(4) アッサム三角帯の四つの領域に分けられる．インドの中央と北部地域は，ヒマラヤの衝突地帯における抵抗から生ずる NNE-ENE の一定方向の $S_{Hmax}$ によって特徴づけられる．南インド地方は NW 方向の $S_{Hmax}$ が特徴的である．この方向はインド洋中央部で優勢になっているプレート内部の応力場と同様のように見える．ベンガル盆地の応力はかなり複雑であるが，最大水平主応力は主に E-W 方向を示している．

### (f) オーストラリア

オーストラリア大陸の応力測定データを初めてコンパイルしたのは Worotnicki and Denham (1976) である．後に，Brown and Windsor (1990) は，主に地表近くで測定された応力データに基づいて大陸全体の応力の傾向を判断するには散在する測定点があまりに希薄であるため，大陸の応力データと大規模な地質構造の特徴との明確な関係は見出せなかったとしている．また，オーストラリアの広域的な応力は大陸

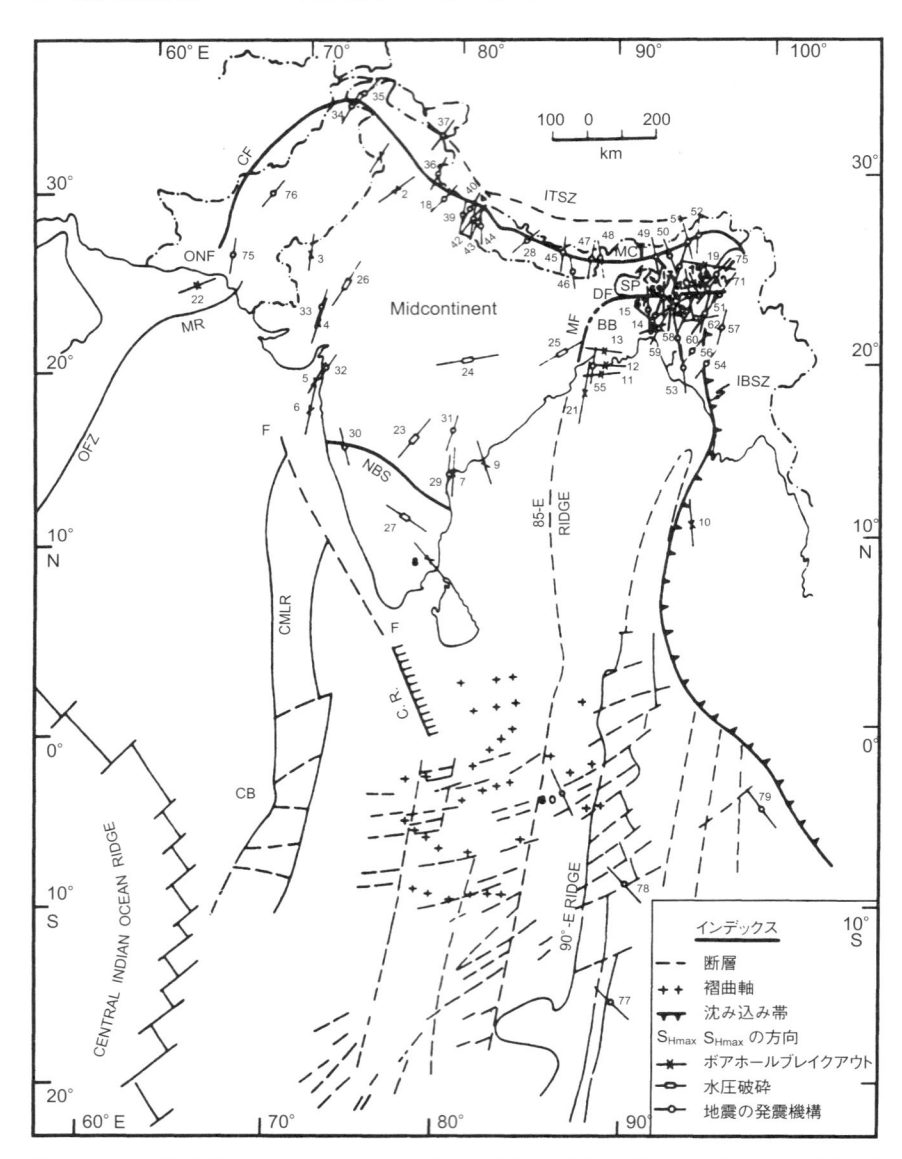

11 地殻の応力状態：ローカルな測定結果から世界応力分布図へ

図 11.9 インド亜大陸の $S_{Hmax}$ の方向．$S_{Hmax}$ の方向は線分で，中心の記号は応力を求めた方法を，線分の長さはデータの質を示す．この図にはインドプレートの主要な構造や特徴も記載されている（Gowd, Srirama Ra and Gar, 1992）

11.1 世界応力分布図

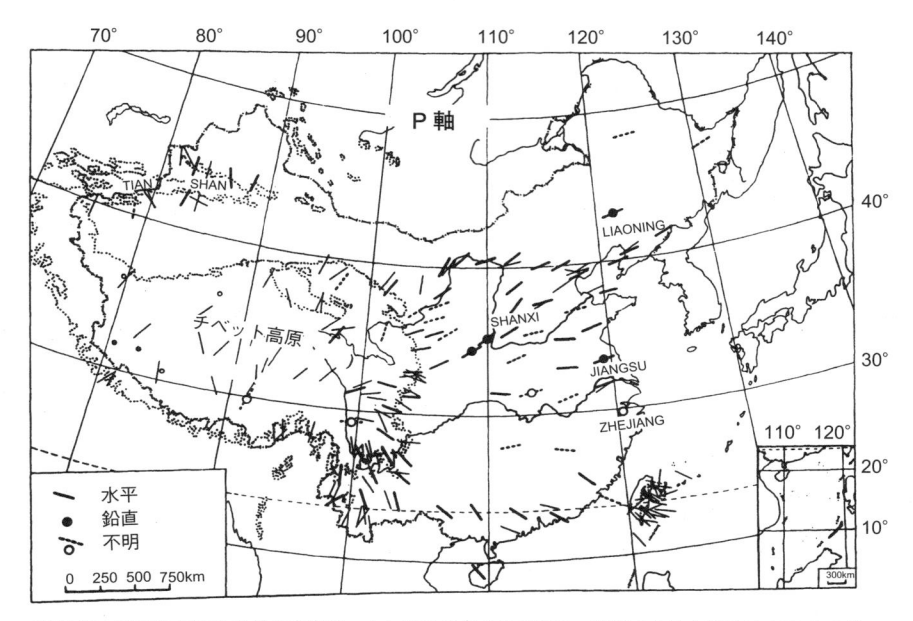

図11.10 中国におけるP軸の方向図．太い記号は多くの地震に，細線または小記号は$M \geqq 6$の単一地震による方向を示す．点線は標高3000 m以上の範囲を，点を付した線はP軸が鉛直で線の方向が$B$軸を表す（Xu et al., 1992）

のクラトン化作用を反映することを示唆している．それゆえに，Fennoscandia (Stephansson, 1988)，ブラジル (Assumpcao, 1992)，カナダ (Adams, 1989) などの楯状地と同じく，オーストラリア大陸も地殻上部の水平主応力の方向が大きくばらついていることが特徴的である．

オーストラリアの応力パターンについてZoback (1992) は，ブレイクアウトや逆断層による新たなデータは中央部と北東部ではN-NEの圧縮応力場を，南東部と南西部ではE-W方向の圧縮応力場を示唆していると説明している．

**(g) 中国**

中国の現在の応力場に関しては，Xu et al. (1992) による5000以上の微小地震（ローカルマグニチュード$1 < M_L < 5$），オーバーコアリングと水圧破砕法による数多くの原位置応力測定 (Li and Liu, 1986)，ボアホールブレイクアウト (Gao, Xu and Chen, 1990) などが用いられている．Xu et al. (1992) の発震機構解析によるP軸分布図によれば，水平方向の最大圧縮主応力はチベット高原から中国本土の北方，東方

525

11 地殻の応力状態：ローカルな測定結果から世界応力分布図へ

および南方へ放射状に向いている（図11.10）．この$S_{Hmax}$方向の広域的な放射状パターンは，インドとアジアプレートの衝突に伴う沈み込みによるものであることは明らかであろう．

## 11.2 原位置応力の寸法効果：事実か虚構か？

岩盤の特性が試料の大きさに依存することは寸法効果と呼ばれている（Cuisiat and Haimson, 1992）．岩盤の原位置応力における寸法の役割については，以下の3つの理由により検討する必要がある．最初に，定義上，応力は連続体中の点に作用するという概念である．二番目に，すべての実用的な応力測定においては，多くの点を含むある広がりを持った岩の変化に伴う反応を計測している（表3.1）．その対象領域は水圧法や特に応力解放法では狭いが，地震の発震機構解析やアンダーエキスカベーション法，立坑掘り上がり法においてはきわめて広い．岩盤の領域が広くなるにつれてより多くの不連続性と不均質性が含まれることになるため，原位置の応力測定に影響を及ぼすことになる．一般に，岩盤の領域が広くなれば原位置の応力は平均的な値となり，応力測定値の局所的な異常値が除去される傾向がある．他方，小規模の測定は原位置応力場をより詳細に描写することができる．応力測定に関与する岩盤の広がりが応力測定の寸法を規定している．

原位置応力に関する寸法の問題が考慮されるべき第3の理由は，いろんなスケールの問題を検討する際の入力データを得るために応力測定がなされることにある．たとえば，地球物理学者は広域的なあるいは大陸全体の一般的な応力パターンのような大規模な（数キロメートル立方オーダーの）問題を対象としている．かれらの問題は本質的に巨視的，広域的である．これに対して，地質学者は特殊な地質構造が応力場に及ぼす影響のようなより小規模な問題を対象としている．鉱山や地盤工学のエンジニアは掘削量に関連した$10^3$〜$10^9$ m$^3$程度の岩盤応力場の決定に関心がある．エンジニアや地質学者が扱う問題は局地的で，それは見渡せる範囲から身の回り，すなわち十分に観察できる範囲を対象としている．顕微鏡スケールの応力は，記載岩石学や鉱物学，結晶学の地質学者にとって興味がある．また，オーバーコアリング法のひずみや変位の測定スケールでもある．

一般に，エンジニア，地質学者，地球物理学者は，原位置の応力測定で対象としている以上の広い範囲の応力場に関心を持っている．応力場が均一でない限り，測定された応力から取り扱い対象の範囲の応力を外挿する必要がある．この推測方法については，岩盤力学や岩盤工学の文献でも議論の対象となっている．そういうわけで，あ

る点の応力状態と原位置で測定された応力をどのように取り扱うべきかという基本的な疑問が生ずる．

岩盤力学における寸法効果の問題は非常に多くの関心を集め，この問題に関してISRMの特別委員会が設立され，ISRMが後援した国際ワークショップの論文集（Cunha, 1990, 1993）が出版された．これらのワークショップでは，岩盤の変形，強度，透水性，原位置応力に関する寸法効果の一般的な問題を取り上げている．ワークショップの研究報告やより最近の技術論文にもかかわらず，原位置応力の寸法効果については理解が低く議論は未解決で，更なる研究が必要である．寸法効果と原位置応力に興味のある読者には，Hyett, Dyke and Hudson (1986), Hudson and Cooling (1988), Enever, Walton and Wold (1990), Haimson (1990b), Cuisiat and Haimson (1992) などの論文が参考になる．

原位置応力を扱うときには起こりうる以下の3種類の寸法効果を考慮する必要がある：
(1) 応力そのものの寸法効果
(2) 応力測定上の寸法効果
(3) 原位置応力解析時に入力する岩盤物性の寸法効果

寸法効果のこれらの3つの側面を検討するには，図2.18に示した簡単なモデルが説明用として役に立つ（図11.11aに再掲）．このモデルでは，長さ$L$で単位厚さの岩盤が$N$個の並列ユニットから成っており，それぞれのユニット$i$ ($i=1, N$) の弾性係数を$E_i$とする．すべてのユニットは水平方向に同じ幅$w_i=L/N$で並び，側方が接続されている．岩盤は鉛直荷重を受け長さ$L$にわたって一様な鉛直変位が生じている．基本物性を用いれば，各ユニットの垂直応力$\sigma_i$は式（2.19）で与えられる．この場合，$E_{av}$を長さ$L$間の平均弾性係数とし，$\sigma_{av}=F/(L\times 1)$とすれば$\sigma_i=(E_i/E_{av})\sigma_{av}$となる．

### 11.2.1 応力の寸法効果

付録Aと1.1節に要約しているCauchyの定理における応力の概念は，点とその回りの微小領域に適用が限定されている．無限小の極限をとることにより，単位面積当たりの平均力ベクトルは応力ベクトルと呼ばれるベクトルに収束し，その合成モーメントはゼロになる．また，応力は連続体力学の概念において定義されるが，これは対象材料が連続的に分布し空間を完全に満たしていることを意味する．応力は空間と時間の区間的（piecewise）連続関数として表される（Mase, 1970）．その本質的な定義によれば，どのような材料中の応力も寸法には依存しないはずである．

ミクロからマクロなスケールにおいて岩盤の性質は複雑なため，原位置応力は本質

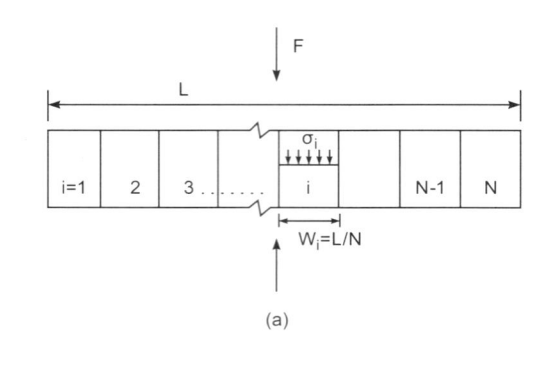

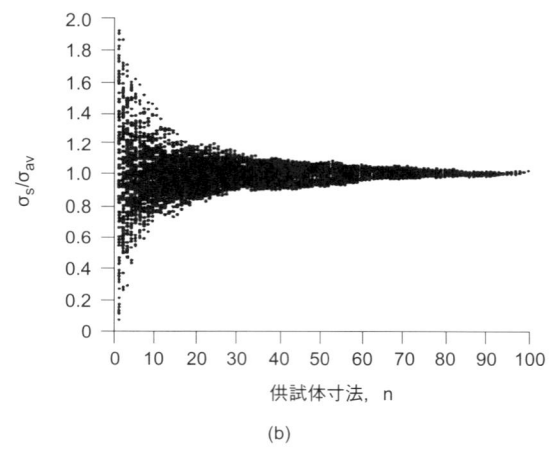

## 11 地殻の応力状態：ローカルな測定結果から世界応力分布図へ

図11.11 (a) 弾性係数 $E_i$ の $N$ 個のユニットからなる長さ $L$ 単位厚さの単純化した岩盤モデル．全体に作用する $F$ の鉛直分布荷重によって一様な鉛直変位が生じている．(b) 個々の要素の $\sigma_s/\sigma_{av}$ のばらつきが $n=1\sim100$ に応じて変化する．

的に一様ではない．2章で論じたように，与えられた境界条件に応じて原位置応力の大きさと分布は岩盤の構造（岩石の種類，不連続面，不均質性，褶曲，断層，岩脈，組織など）と地史に大きく依存する．厳密な解析を行えば岩盤の原位置応力分布は非常に複雑で，局所応力は平均応力と全く異なるかもしれない．しかし，単純なモデルとして図11.11a（式 (2.19)）に例示したように両者は無関係ではない．

岩盤中の応力のばらつきは大小のスケールにかかわらず内在している．Enever, Walton and Wold（1990）はオーストラリアのケーススタディにおいてこのことを強調し，オーバーコアリング法と水圧破砕法による応力測定が広域から局所に及ぶさま

## 11.2 原位置応力の寸法効果：事実か虚構か？

ざまなスケールの地質構造に影響を受けることを明確に示した．図11.11aのモデルにおいて，各ユニットの鉛直応力はその剛性によって異なり，剛な層には大きな応力が発生する．図11.11aにはスケールがないので，この図はコア，ボアホールまたはトンネルの延長にわたる応力のばらつきを表していると見ることができる．

さまざまなスケールにおける岩盤の原位置応力の非一様性は，それ自体が自然の（本質的，固有の）局所的な寸法効果の原因であり，応力測定の方法とは無関係であることは明らかである．それは，地質条件と与えられた境界条件に関係している．しかし，巨視的または広域的なスケールにおいては原位置応力の非一様性はさほどないように見える．前節で検討したように，WSMプロジェクトを通して世界中から集められた原位置応力データの解析により，地形や地質構造の不均質さにもかかわらず応力が（多くの場合方向も）一様な応力帯（地域）が同定されている (Cornet, 1993; Zoback, 1992; Zoback et al., 1989)．とりわけ以下の応力帯が確認されている．

(1) 北米 (Adams and Bell, 1991; Arjang, 1991; Bell and Babcock, 1986; Haimson, 1990a; Haimson, 1992; Herget, 1993; Plumb and Cox, 1987; Sbar and Sykes, 1973; Zoback, 1989; Zoback and Zoback, 1980)

(2) ヨーロッパ (Cornet and Burlet, 1992; Gonzalez de Vallejo et al., 1988; Klein and Barr, 1986; Müller et al., 1992; Stephansson, 1993)

(3) オーストラリア (Brown and Windsor, 1990; Enever and Chopra, 1986; Enever, Walton and Windsor, 1990; Enever, Walton and Wold, 1990; Worotnicki and Denham, 1976)

(4) アジア (Gowd, Srirama Ra and Gar, 1992; Li, 1986; Lin, Yeh and Tsai, 1985; Sugawara and Obara, 1993)

図11.12と図11.13には，大陸の広い範囲において主応力の方向がほぼ一様であることが示されている．図11.12には，カナダ西部の盆地で油井のブレイクアウトを4本足のディップメータで測定した結果を示す (Bell and Babcock, 1986)．図11.13には，USAとカナダ東部において，ボアホールブレイクアウト，水圧破砕法，オーバーコアリング法によって求められた最大水平主応力の方向を示す (Plumb and Cox, 1987)．

9.1節で論じたように，URL (Underground Research Laboratory) における応力測定結果は主要な衝上断層によって応力帯が明確に分けられることを示している．各々の領域では応力場は本質的に連続しており，解析的に予測できることが見出された．コロラド鉱山大学 (CSM) のExperimental Mineにおけるブロック実験はもうひとつの例を示している．それによれば，はっきりした地質境界（この場合は局所的な割れ目）に挟まれて境界条件が既知であれば，局所的な応力状態を予測することが

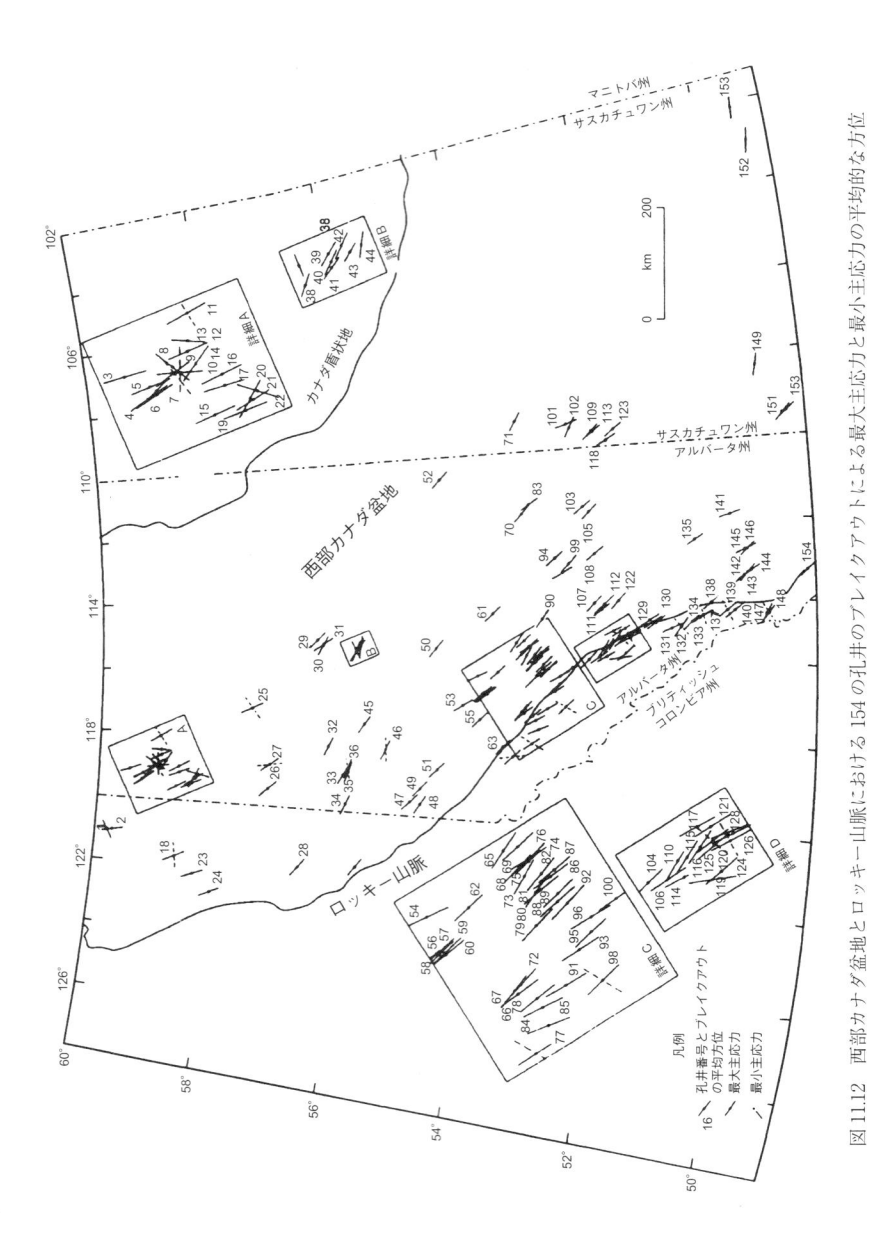

11 地殻の応力状態：ローカルな測定結果から世界応力分布図へ

図 11.12 西部カナダ盆地とロッキー山脈における 154 の孔井のブレイクアウトによる最大主応力と最小主応力の平均的な方位 (Bell and Babcock, 1986)

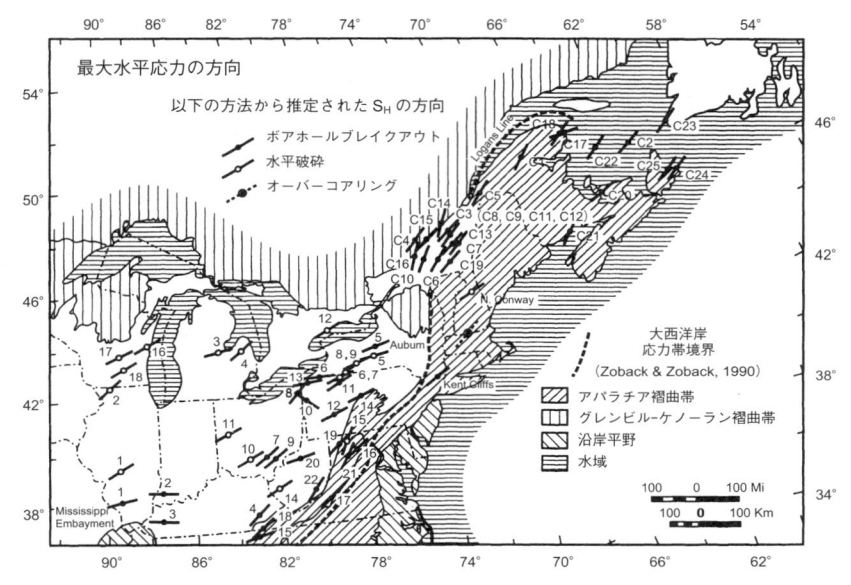

11.2 原位置応力の寸法効果：事実か虚構か？

図11.13 ボアホールブレイクアウト，水圧破砕，オーバーコアリングによる米国とカナダ東部における最大水平主応力の方向（Plumb and Cox, 1987）

できる（9.2節）．ふたつの異なるスケールに関わるこの2例から，はっきりした地質境界と適切な境界条件を設定すれば原位置応力の分布を精度良く予測でき，寸法効果は関係がないということができる．予測の精度はもちろん岩盤の複雑さと選ばれる構成モデルに依存する．予測は図11.11aのような単純なモデルでも可能であるし，URLやCSMで用いられたより複雑な解析モデルが必要になるかもしれない．

### 11.2.2 応力測定における寸法効果

3.8節で論じたように，応力測定に対応する岩盤の大きさは数オーダー異なるので，対応する応力場も異なっている．異方性，不均質性，不連続性などの岩盤の特性は対象とする試料の大きさにより変化する．各々のボリュームの岩盤は境界条件や測定プロセス自体に関連した乱れに応じて異なった挙動をする．したがって，測定対象の岩盤の広がりに応じて得られる応力場は異なる．しかし，9章に示した特にURLの事例はまた別のことを示唆している．これらの事例では，同じ岩盤状態で明確な地質領域の中にあれば，異なる応力測定法による結果（平均値）は予想される不確実性の範囲で，すなわち応力の大きさは±10〜20％の誤差で，方位は±10〜20°の誤差の範

囲内で一致している.

　URL サイトにおける代表的な領域で多数実施されたオーバーコアリングや水圧破砕などの小スケールの応力測定と，数は少ないが大規模スケールの応力評価の結果，応力測定においては明瞭な寸法効果が認められなかったということは強調すべきである．小スケールの測定は数が多いため，ばらつきがあってもその平均値には十分意味がある．この結論はサイトのさまざまな縮尺の地質分布に基づいている．ただし，URL サイトで得られた傾向を他のより硬い花崗岩類や異なる地質環境の岩盤に適用するには注意を要する．それは，URL の自然の割れ目頻度は例外的に低く，先カンブリア代の硬い花崗岩を代表するものでは決してないからである．初期応力とその測定法における寸法効果について普遍的結論を得るためには，URL と同様の詳細な研究が必要である．ただし，断層，褶曲，岩脈などの地質境界を横断して応力を測定する場合には，得られる結果がばらつくことは明らかである（図 2.16）．そのようなばらつきを寸法効果として解釈するのは間違いである．

　原位置応力測定における岩盤の大きさが重要であることは，100 個の要素を想定した図 11.11a のモデルに示されている．各々の要素のヤング率は 1 から 100 GPa の乱数で与えられる．その中から取り出した $n$ 個の要素（$1 \leq n \leq N$）からなる試料を考える．試料の平均応力 $\sigma_s$ はすべての構成要素の鉛直応力の平均となる．図 11.11b は要素数 $n$ が 1 から 100 まで変わった時の $\sigma_s/\sigma_{av}$ の変化を示す．図は $n$ の増加に伴って $\sigma_s$ が $\sigma_{av}$ に収束することを示している．これらの試料を応力測定時の岩盤と見なせば，岩盤の不均質性を考慮しなくても済むような大規模な応力測定（例えばアンダーエキスカベーション法）に比べ，オーバーコアリング法のような小規模な応力測定においてはよりばらつきが大きいことが容易に予測できる．ここで分析している問題の性質とこの図を作る際の平均化の手順を考慮すれば，図 11.11b のラッパ状の傾向は予想されたことで驚くには当らない．

　図 11.11b の傾向を実際の応力測定に置き換えてみれば，応力のばらつきを最小にする岩盤の容積というものが想定される（それは図 11.11a の $L$ の長さの試料に相当する）．この容積は代表的基本容積（REV: the Representative Elementary Volume）と呼ばれている．REV の概念は初めは岩盤の水理特性を表すために用いられたが，Hyett, Dyke and Hudson（1986），Hudson and Cooling（1988），Cuisiat and Haimson（1992），Cornet（1993）によって原位置応力にも拡張された．原位置応力を扱うとき REV は 3 つの基本的特性を持っている．最初に，REV のなかでは対象とする変数（応力の初期状態）が一定であること，すなわち，原位置応力テンソルは対称で応力勾配は無視できる程度に REV は十分に小さくなければならない．次に，REV の

なかでは応力が一定であるから岩盤は均質な連続体と等価である．最後に，$REV$ はそれより小さいスケールで起こる現象に適用することはできない．

図 11.11a のモデルで想定されている岩盤の不均質レベルはひとつであるが，このモデルをさらに複数の不均質レベルに拡張することができる．たとえば，不連続構造によっていくつかのセクションに切り離し，各々のセクションが $N$ 個の要素から成るようなモデルを考えることができる．$N$ 個以上の要素をとり出した時，その中にはひとつまたは複数の不連続構造が含まれるので，平均応力を計算するときには必ずその影響を受ける．一般には，複数の $REV$ を含みそのスケールも異なるので，図 11.11b のようなラッパ型の固有の特徴が現れる（Cuisiat and Haimson, 1992）．

最後に，残留応力測定における寸法効果の重要性も忘れてはならない．2.9.2 節で詳述したように，残留応力が一定値に収斂するある容積以下では，対象とする岩盤の容積に応じて残留応力が変化するということは文献における一致した見解である．Hyett, Dyke and Hudson (1986) は，岩盤は不均質なので異なる等価体積（equilibrium volumes）の集合体から構成されていると述べている．等価体積以下の場合には等価体積として釣り合っている応力の影響を受ける．Hyett, Dyke and Hudson (1986) によれば，岩盤の体積が減少するにつれて残留応力は増加する．このような傾向は，体積が増えるとその中に含まれる不連続面が多くなり，それらの不連続面は伸張方向の残留応力を伝達できないということで説明できる．

### 11.2.3 応力測定の解析に関与する岩盤物性の寸法効果

本書で見てきたとおり，原位置応力は直接測定されるのではなく，応力解放，加圧，溝切り，掘削，応力集中などの変化に伴う岩盤の挙動をモニターすることによって求められる．原位置応力を計算するためには岩の力学的性質——オーバーコアリング法ではヤング率とポアソン比，従来型の水圧破砕法では引張強度，ボアホールブレイクアウト法では圧縮強度——が必要である．これらの特性が寸法に依存しているという十分な証拠が文献に示されている．このような寸法効果はさまざまな応力測定法の解釈に影響を与える．

第 4 章に詳述したとおり，水圧破砕法のブレイクダウン圧力の算定に用いる岩の引張強度は，寸法，特にボーリング孔の直径の影響を受ける．この寸法効果をモデル化するためにいくつかの理論が提案されている（Haimson, 1990b, Cuisiat and Haimson, 1992, 4.2.4 節を参照）．Enever, Walton and Wold (1990) は，実験室と原位置において亀裂の発生と再開口圧力の差（水圧破砕における引張強度に相当する）を求め，寸法効果があることを明示している．すなわち，ボーリング孔の直径の増加とともに引

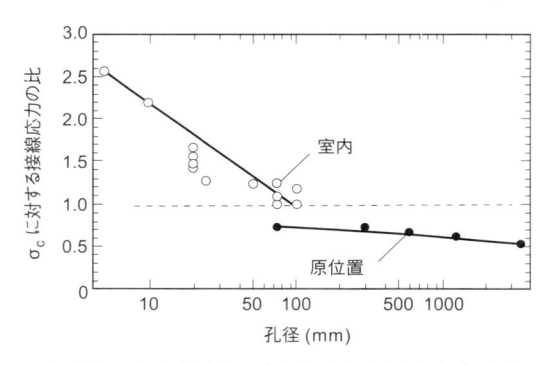

図 11.14 URL における一軸圧縮強度 $\sigma_c$ に対するブレイクアウトが発生するための孔壁接線応力の比と孔径の関係 (孔径 5〜103 mm は室内, 75〜300 mm は原位置のデータ, Martin, Martino and Dzik, 1994.)

張強度が減少している.例えば,細粒で低透水性の砂岩では約 30 mm 以上の孔径で寸法効果が確認された.Haimson and Zhao (1991) の室内実験でも孔径 20 mm 以上で引張強度が孔径に影響されることが確認されている.一般に,水圧破砕法における引張強度の過大評価は水平主応力の過大評価につながる.

第 8 章で述べたように,ボアホールブレイクアウトの解釈には岩の圧縮強度を必要とする.有孔ブロックについて実施された室内の数多くの載荷試験によれば,孔壁が破壊する時の接線応力は標準の一軸圧縮試験による圧縮強度の 2〜4 倍に達している (Carter, 1992; Cuisiat and Haimson, 1992; Guenot, 1987; Haimson, 1990b).孔壁の破壊に抵抗する岩の圧縮強度は孔径に依存しており,孔径の増加とともに減少することが見出されている.たとえば,Haimson (1990b) が報告したアラバマ石灰岩の実験では孔径 120 mm まで寸法効果が認められ,特に孔径 20〜75 mm で寸法効果が著しく,破壊時の孔壁の接線応力は岩の一軸圧縮強度の 3 倍以上にも達している.孔径が 75 mm より大きくなると破壊時の接線応力は一軸圧縮強度より小さくなっている.Martin, Martino and Dzik (1994) は,直径 5〜103 mm の孔を有する Lac du Bonnet 花崗岩ブロックの一軸圧縮試験で同様の傾向を確認している.図 11.14 に示す試験結果によれば,少なくとも直径 75 mm 付近では破壊時の接線応力は岩の一軸圧縮強度 $\sigma_c$ (=200 MPa) にほぼ等しいが,直径がそれ以下の場合には寸法効果が著しい.Martin, Martino and Dzik (1994) は一軸,二軸,三軸の室内実験結果をレビューし,ブレイクアウトが発生する孔壁応力に及ぼす孔径の影響について取りまとめている.

　Martin, Martino and Dzik (1994) は,原位置のブレイクアウトの寸法効果に関す

る唯一の総合的な研究を報告している．URL の 405 実験室の床からわずか 5 m の深さまで掘削された直径 75〜1250 mm のボアホールでブレイクアウトが観察された．ボアホールは最小主応力と平行方向に掘削された．また，同サイトで原位置実験の一部として発破を用いないで掘削された直径 3500 mm，長さ 46 m の水平トンネルの天端においても（踏前の一部でも）ブレイクアウトが発生した．そのトンネルは中間主応力と平行であった．図 11.14 には，原位置の異なる直径について得られた一軸圧縮強度 $\sigma_c$ に対するボアホール壁面の最大接線応力（弾性三次元解析による）の比をあわせて示している．この図は原位置の寸法効果はわずかであり，室内と原位置では寸法効果に明らかな差があることを示している．室内と原位置では寸法効果に関して異なる法則があるようにも見える．Martin（1995）はこのような差を室内と原位置の応力経路の違いによるものと考えた．Martin, Martino and Dzik（1994）はブレイクアウトの形状が孔径に影響されること，つまり孔径が大きくなるとブレイクアウトの長さと深さが増加し，原位置では実験室の一軸圧縮強度の 50 % という低応力レベルで破壊が発生していることも示している．

ブレイクアウトの寸法効果に関する解釈や提案モデルについては，Haimson（1990b），Martin, Martino and Dzik（1994），Martin（1995）にレビューされている．これらの寸法効果によれば，ボアホールブレイクアウトの古典的な解析方法では主応力を過小評価することが示唆されている．

## 参考文献

Adams, J. (1989) Crustal stresses in eastern Canada, in *Earthquakes at North Atlantic Passive Margins: Neotectonics and Postglacial Rebound*, Kluwer Academic, Boston, Mass., pp. 355-70.

Adams, J. and Bell, J.S. (1991) Crustal stresses in Canada, in *The Geology of North America*, Decade Map Vol. 1, Neotectonics of North America, Geological Society of America, Boulder, Colorado, pp. 367-86.

Anderson, E.M. (1951) *The Dynamics of Faulting and Dyke Formation with Applications to Britain*, Oliver and Boyd, Edinburgh.

Angelier, J. (1984) Tectonic analysis of fault slip data sets. *J. Geophys. Res.*, 89, 5835-48.

Arjang, B. (1991) Pre-mining stresses at some hard rock mines in the Canadian shield. *Bull. Can. Inst. Mining*, 84, 80-86.

Ask, M.V.S., Müller, B. and Stephansson, O. (1996) In situ stress determination from breakout analysis in the Tornquist Fan, Denmark, *Terra Nova* (in press).

Assumpcao, M. (1992) The regional intraplate stress field in South America. *J. Geophys. Res.*, 97, 11889-903.

Barton, C.A., Zoback, M.D. and Burns, K.L. (1988) In-situ stress orientation and magnitude at the Fenton Hill geothermal site, New Mexico, determined from wellbore breakouts. *Geophys. Res. Lett.*, 15, 467-70.

Bell, J.S. and Babcock, E.A. (1986) The stress regime of the western Canadian Basin and implications for hydrocarbon production. *Bull. Can. Petrol. Geol.*, 34, 364-78.

Bosworth, W., Strecker, M.R. and Blisniuk, P.M. (1992) Integration of East African paleostress and present-day stress data: implications for continental stress field dynamics. *J. Geophys. Res.*, 97, 11851-65.

Bott, M.H.P. and Dean, D.S. (1972) Stress systems at young continental margins. *Nature Phys. Sci.*, 235, 23-5.

Brown, E.T. and Windsor, C.R. (1990) Near surface in-situ stresses in Australia and their influence on underground construction, in *Proc. Tunnelling Conf.*, Sydney, The Institution of Engineers, Australia, pp. 18-48.

Bungum, H. et al. (1991) Seismicity and seismo-tectonics of Norway and nearby continental shelf areas. *J. Geophys. Res.*, 96, 2249-65.

Carter, B.J. (1992) Size and stress gradient effects on fracture around cavities. *Rock Mech. Rock Eng.*, 25, 167-86.

Cornet, F.H. (1993) Stresses in rocks and rock masses, in *Comprehensive Rock Engineering* (ed. J.A. Hudson), Pergamon Press, Oxford, Chapter 17, Vol. 3, pp. 297-324.

Cornet, F.H. and Burlet, D. (1992) Stress field determination in France by hydraulic tests in boreholes. *J. Geophys. Res.*, 97, 11829–49.

Cuisiat, F.D. and Haimson, B.C. (1992) Scale effects in rock mass stress measurements. *Int. J. Rock Mech. Min. Sci. & Geomech. Abstr.*, 29, 99-117.

Cunha, A.P. (1990) Scale effects in rock masses, in *Proc. 1st Workshop on Scale Effects in Rock Masses*, Loen, Norway, Balkema, Rotterdam.

Cunha, A.P. (1993) Scale effects in rock masses 93, in *Proc. 2nd Workshop on Scale Effects in Rock Masses*, Lisbon, Balkema, Rotterdam.

Enever, J.R. and Chopra, P.N. (1986) Experience with hydraulic fracture stress measurements in granite, in *Proc. Int. Symp. on Rock Stress and Rock Stress Measurements*, Stockholm, Centek Publ., Luleå, pp. 411-20.

Enever, J.R., Walton, R.J. and Windsor, C.R. (1990) Stress regime in the Sydney basin and its implication for excavation design and construction, in *Proc. Tunnelling Conf.*, Sydney, The Institution of Engineers, Australia, pp. 49-59.

Enever, J.R., Walton, R.J. and Wold, M.B. (1990) Scale effects influencing hydraulic fracture and overcoring stress measurements, in *Proc. Int. Workshop on Scale Effects in Rock Masses*, Loen, Norway, Balkema, Rotterdam, pp. 317-26.

Evans, K.F. (1989) Appalachian stress study, 3, regional scale stress variations and their relation to structure and contemporary tectonics. *J. Geophys. Res.*, 94, 17619-45.

Fejerskov, M. et al. (1995) In-situ rock stress pattern on the Norwegian continental shelf and main-land, in *Proc. Workshop on Rock Stresses in the North Sea*, Trondheim, Norway, NTH and SINTEF Publ., Trondheim, pp. 191-201.

Gao, Q.L., Xu, Zh.H. and Chen, J.G. (1990) Horizontal principal stress axes in Sichuan Basin deduced from oil-well breakouts. *Acta Seismol. Sin.*, 12, 140-47.

Gonzalez de Vallejo, L.I. et al. (1988) The state of stress in Spain and its assessment by empirical methods, in *Proc. Int. Symp. Rock Mech. And Power Plant*, Madrid, Balkema, Rotterdam, pp. 165-72.

Gowd, T.N., Srirama Ra, S.V. and Gar, V.K. (1992) Tectonic stress field in the Indian subcontinent. *J. Geophys. Res.*, 97, 11879-88.

Gregersen, S. (1992) Crustal stress regime in Fennoscandia from focal mechanisms. *J. Geophys. Res.*, 98, 11821-7.

Guenot, A. (1987) Stress and rupture conditions around oil wellbores, in *Proc. 6th Int. Cong. Rock Mech.*, Montreal, Balkema, Rotterdam, Vol. 1, pp. 109-18.

Haimson, B.C. (1990a) Stress measurements in the Sioux Falls quartzite and the state of stress in the Midcontinent, in *Proc. 31st US Symp. Rock Mech.*, Golden, Balkema, Rotterdam, pp. 397-404.

Haimson, B.C. (1990b) Scale effects in rock stress measurements, in *Proc. Int. Workshop on Scale Effects in Rock Masses*, Loen, Balkema, Rotterdam, pp. 89-101.

Haimson, B.C. (1992) Hydraulic fracturing measurements in New York city reaffirm the uniformity of the stress regime in northeastern United States, in *Proc. 33rd US Symp. Rock Mech.*, Santa Fe, Balkema, Rotterdam, pp. 59-68.

Haimson, B.C. and Zhao, Z. (1991) Effect of borehole size and pressurization rate on hydraulic fracturing breakdown pressure, in *Proc. 31st US Symp. Rock Mech.*, Norman, Balkema, Rotterdam, pp. 191-9.

Herget, G. (1993) Rock stresses and rock stress monitoring in Canada, in *Comprehensive Rock Engineering* (ed. J.A. Hudson), Pergamon Press, Oxford, Chapter 19, Vol. 3, pp. 473-96.

Hudson, J.A. and Cooling, C.M. (1988) In situ rock stresses and their measurement in the UK- Part I. The current state of knowledge. *Int. J. Rock Mech. Min. Sci. & Geomech. Abstr.*, 25, 363-70.

Hyett, A.J., Dyke, C.G. and Hudson, J.A 1986) A critical examination of basic concepts associated with the existence and measurement of in-situ stress, in *Proc. Int. Symp. on Rock Stress and Rock Stress Measurements*, Stockholm, Centek Publ., Luleå, pp. 387-91.

Klein, R.J. and Barr, M.V. (1986) Regional state of stress in western Europe, in *Proc. Int. Symp. Rock Stress and Rock Stress Measurements*, Stockholm, Centek Publ., Luleå pp. 33-44.

Kusznir, N.J. and Bott, M.P.H. (1977) Stress concentration in the upper lithosphere caused by underlying visco-elastic creep. *Tectonophysics*, 43, 247-56.

Li, F. (1986) In-situ stress measurements, stress state in the upper crust and their application to rock engineering, in *Proc. Int. Symp. on Rock Stress and Rock Stress Measurements*, Stockholm, Centek Publ., Luleå, pp. 69-77.

Li, F. and Liu, G. (1986) Stress state in the upper crust of the China mainland. *J. Phys. Earth*, 34, S71-80.

Lin, C.H., Yeh, Y.H. and Tsai, Y.B. (1985) Determination of regional principal stress directions in Taiwan from fault plane solutions. *Bull. Inst. of Earth Sciences, Academia Sinica*, 5, 67-85.

Martin, C.D. (1995) Brittle rock strength and failure: laboratory and in situ, in *Proc. 8th Cong. Int. Soc. Rock Mech. (ISRM)*, Tokyo, Balkema, Rotterdam, Vol. 3 (in press).

Martin, C.D., Martino, J.B. and Dzik, E.J. (1994) Comparison of borehole breakouts from laboratory and field tests, in *Proc. Eurock '94: Int. Symp. on Rock Mech. In Petrol. Eng.*, Delft, Balkema, Rotterdam, pp. 183-90.

Mase, G.E. (1970) *Continuum Mechanics*, Schaum's Outline Series, McGraw-Hill.

Minster, J.B. and Jordan, T.H. (1978) Present-day plate motions. *J. Geophys. Res.*, 83, 5331-54.

Mount, Van S. and Suppe, J. (1992) Present-day stress orientations adjacent to active strike-slip faults: California and Sumatra. *J. Geophys. Res.*, 97, 11995-2013.

Müller, B. et al. (1992) Regional patterns of tectonic stress in Europe. *J. Geophys. Res.*, 97, 11783-803.

Myrvang, A. M. (1993) Rock stress and rock stress problems in Norway, in *Comprehensive Rock Engineering* (ed. J.A. Hudson), Pergamon Press, Oxford, Chapter 18, Vol. 3, pp. 461-71.

Nakamura, K. and Uyeda, S. (1980) Stress gradient in arc-back arc regions and plate subduction. *J. Geophys. Res.*, 85, 6419-28.

Plumb, R.A. and Cox, J.W. (1987) Stress directions in eastern North America determined to 4.5km from borehole elongation measurements. *J. Geophys. Res.*, 92, 4805-16.

Sbar, M.L. and Sykes, L.R. (1973) Contemporary compressive stress and seismicity in eastern North America: an example of intra-plate tectonics. *Geol. Soc. Am. Bull.*, 84, 1861-82.

Slunga, R. (1989) Focal mechanisms and crustal stresses in the Baltic shield, in *Earthquakes at North Atlantic Passive Margins: Neotectonics and Post-glacial Rebound*, Kluwer Academic, Boston, pp. 261-76.

Stein, S. et al. (1989) Passive margin earthquakes, stresses and rheology, in *Earthquakes at North Atlantic Passive Margins: Neotectonics and Postglacial Rebound*, Kluwer Academic, Boston, pp. 231-59.

Stephansson, O. (1988) Ridge push and glacial rebound as rock stress generators in Fennoscan-dia, in *Geological Kinematics and Dynamics: From Molecules to the Mantle. Bull. Geol. Institutions of Univ. Uppsala*, 14, 39-48.

Stephansson, O. (1993) Rock stress in the Fennoscandian shield, in *Comprehensive Rock Engineering* (ed. J.A. Hudson), Pergamon Press, Oxford, Chapter 17, Vol. 3, pp. 445-59.

Stephansson, O. et al. (1987) Fennoscandian rock stress data base - FRSDB. Technical University of Luleå, Luleå, Sweden, Research Report Lulea 1987:06.

Sugawara, K. and Obara, Y. (1993) Measuring rock stress, in *Comprehensive Rock Engineering* (ed. J.A. Hudson), Pergamon Press, Oxford, Chapter 21, Vol. 3, pp. 533-52.

Te Kamp, L., Rummel, F. and Zoback, M.D. (1995) Hydrofrac stress profile to 9 km at the German KTB site, in *Proc. Workshop on Rock Stresses in the North Sea*, Trondheim, Norway, NTH and SINTEF Publ., Trondheim, pp. 147-53.

Worotnicki, G. and Denham, D. (1976) The state of stress in the upper part of the Earth's crust in Australia according to measurements in mines and tunnels and from seismic observations, in *Proc. ISRM Symp. on Investigation of Stress in Rock, Advances in Stress Measurement*, Sydney, The Institution of Engineers, Australia, pp. 71-82.

Xu, Zh. et al. (1992) Tectonic stress field of China inferred from a large number of small earthquakes. *J. Geophys. Res.*, 97, 11867-77.

Zoback, M.D. and Healy, J.H. (1992) In-situ stress measurements to 3.5km depth in the Cajon Pass scientific research borehole: implications for the mechanics of crustal faulting. *J. Geophys. Res.*, 97, 5039-57.

Zoback, M.D. and Zoback, M.L. (1991) Tectonic stress field of North America and relative plate motions, in T*he Geology of North America*, Decade Map Vol. 1, *Neotectonics of North America*, Geological Society of America, Boulder, pp. 339-66.

Zoback, M.D. et al. (1987) New evidence on the state of stress of the San Andreas fault system. *Science*, 238, 1105-11.

Zoback, M.L. (1989) State of stress and modem deformation of the northern Basin and Range province. *J. Geophys. Res.*, 94, 7105-28.

Zoback, M.L. (1992) First- and second-order patterns of stress in the lithosphere: the World Stress Map Project. *J. Geophys. Res.*, 97, 11703-28.

Zoback, M.L. and Zoback, M.D. (1980) State of stress in the conterminous United States. *J. Geophys. Res.*, 85, 6113-56.

Zoback, M.L. et al. (1989) Global patterns of tectonic stress. *Nature*, 341, 291-8.

# 12 岩盤工学，地質学，地球物理学における岩盤応力の利用

## 12.1 はじめに

　岩盤は自然状態で初期応力を受けている．褶曲，断層，貫入などの自然の地質構造や，トンネル，地下空洞，鉱山，斜面掘削などの人工構造物に関連する岩盤の挙動を予測するためには，他の岩盤物性とともに初期応力場を知ることが不可欠である．岩盤の挙動はさまざまな形で現われる．例えば，斜面や地下掘削における壁面の変形，立坑やボアホールにおける孔壁のブレイクアウト，岩塩鉱柱のクリープ，微小地震の発生，断層のせん断変位，氷河地帯の隆起などである．今日では，地質学，地球物理学，地盤工学上の諸問題について多様な解析的アプローチがある．コンピュータによる応力，ひずみ，強度の数値解析法は，より複雑な形状や構成則を取り扱うことができる．多くの数値解析コードにおいては，応力や拘束条件を境界条件として与えることができる．それゆえに，信頼できる解に到達するためには原位置の応力条件を正しく設定すること，少なくとも適切に推定することが必要である．

　この章では，土木工学，鉱山工学，エネルギー開発，地質学，地球物理学における原位置応力の利用例をいくつか紹介する．地下掘削やトンネルのような土木工学プロジェクトでは，安定解析上，圧縮，引張領域を把握し，応力集中箇所を特定するために原位置応力場を知る必要がある．原位置応力は支保の設計にとっても重要である．鉱山工学においては，採掘方法を選定し，採掘形状，ピラーや支保工の設計をするときに原位置応力が必要である．土木工学，鉱山工学では，原位置応力測定は調査段階での主要項目となっている (Bawden, 1993; Leijon, 1986)．原位置応力は地質情報や岩盤の強度，変形性，透水性，その他のデータとともに解析と設計に不可欠な情報である．

　石油や天然ガスの探査，生産における坑井の安定と曲りは地層中の原位置応力状態

に大きく支配されるため，石油工学においては原位置応力が最も重要とされる．石油や天然ガス生産における他の工程，例えば削孔，泥水の選択，ケーシング，坑井刺激などを首尾よく進めるには原位置応力データが必要である．地熱開発においては坑井の安定と岩盤応力は不可分の関係にある．高温岩体からエネルギーを抽出するための破砕と水の注入がうまくいくかどうかは，ほとんど初期応力状態に依存している．

原位置応力場についての知識は石油やガス井の生産を回復させるために地層を破砕させる場合にも重要である．水圧破砕法やもっと大規模な破砕の成功の如何は，岩石の物性（変形性，強度，透水性，空隙率）と地質構造に加えて原位置応力の大きさと方向に大きく依存している．層状岩においてはある層から他の層へ破砕が進展するかしないかが特に重要である．そのような岩盤における破砕伝播の解釈には異なる岩層の原位置応力を知る必要がある（Hanson et al., 1978, 1980）．

放射性廃棄物処分場の立地と設計はさまざまな地質条件や特性を考慮して決定される．処分場の力学的安定性と長期安全性はサイトの初期応力状態に大きく左右される．掘削による応力集中と埋設された廃棄物からの発熱に伴う熱応力が初期応力に上乗せされても，岩盤の強度を上回ってはならない．廃棄物近傍の岩の破砕や既存亀裂の変位によって処分場の地下水の流れが変わり，廃棄物が生物圏にもたらされる恐れがあるからである（Hansson, Jing and Stephansson, 1995）．

地質学と地球物理学の分野では，ふたつの主要な力が地球の上部リソスフェアの応力状態の原因とされている．そのひとつは造構応力で，プレート境界力，リソスフェアの大規模な撓み，海洋プレートの冷却に伴う熱応力などである．第二の力は，地形，強度や変形の異方性，浸食，氷河地域の隆起，人工的な掘削などによる局所的な影響に関するものである．これらの応力は世界応力分布図プロジェクトでは局所応力とか誘発応力と表わされている（Zoback et al., 1989, Zoback, 1992; 11.1 節の図 2.29）．

Jaeger and Cook（1976）らが言うように，構造地質学における問題の多くはきわめて大規模であることを除けば岩盤力学や岩盤工学と同様である．長年にわたり，断層，褶曲，衝上断層，構造組織，ブーディン構造，膨縮構造，貫入，沈降などのメカニズムに関する多くの理論が，構造地質学者によって提唱されているが（Johnson, 1970; Mattauer, 1973; Price and Cosgrove, 1990; Ramberg, 1981; Ramsay, 1967），これらの問題は岩盤力学や岩盤工学が扱ってきた問題と全く同じである．

## 12.2 土木工学における岩盤応力

　岩盤構造物や基礎岩盤にかかわる土木プロジェクトにおいては，原位置応力は重要な役割を果たす．応力はトンネル，地下空洞，立坑などさまざまな地下構造物の設計と安定解析にかかわってくる．地下発電所に付随する圧力トンネルや立坑，その他の空洞の地点選定において応力は重要である．また，圧縮天然ガス，LNG，LPG，圧縮空気，石油や水などの岩盤地下貯蔵（underground strage）においても応力は重要である．さらに，原位置応力は自然または人工的な斜面の安定性を支配する．
　応力が重要な役割を果たしている事例は岩盤工学関連の数多くの文献にうかがえる．現在の岩盤工学の設計においてはほとんどの場合原位置応力が用いられている．この節では，地下空洞や斜面掘削時の挙動，圧力トンネルや立坑の位置選定，無支保空洞への液体貯蔵における原位置応力の役割について，いくつかの事例をまじえて紹介する．

### 12.2.1　地下空洞における原位置応力の役割

　岩盤に地下空洞を掘削するときにはいろいろな安定性上の問題が起こる．Hoek and Brown（1980a）は以下の4つの不安定問題を定義した．
（1）岩盤応力による不安定性
（2）構造地質的な不安定性
（3）風化や膨潤による不安定性
（4）過度の地下水圧または地下水流による不安定性
　かれらはふたつ以上の不安定モードが共存することがあるとも述べている．原位置応力と掘削後の応力の再分配は，第一の不安定モードに関与している．
　原位置応力は面構造や節理，断層などの岩組織や地質構造の影響による第二の不安定モードを増幅したり緩和したりする．圧縮応力は拘束力として作用するので，岩盤を固定し締めつける効果がある．それがなければ，ブロック，くさび，平板などが不連続面に沿ってすべり不安定化する．不連続面が粗く部分的にしろ拘束されていれば，ブロックの安定性はさらに増す．他方，引張応力は割れ目を開口させ風化を促進するので安定性上の多くの問題を引き起こしかねない．さらに，掘削中あるいは掘削後の湧水問題については，圧縮応力は岩盤を拘束して湧水を減少させるので，原位置応力は地下水流にも影響を及ぼす．
　原位置応力は地下空洞を設計する際の解析に常に考慮される．岩盤分類に基づく経

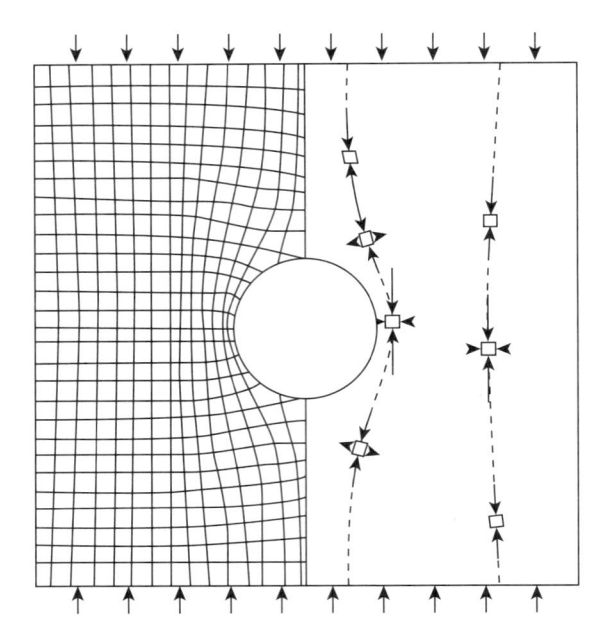

12 岩盤工学,地質学,地球物理学における岩盤応力の利用

図12.1 鉛直応力を受ける弾性板中の円孔周りの応力分布と主応力線
(Hoek and Brown, 1980a)

経験的なアプローチにおいては,原位置応力は「主観的な」スケールファクターとして考慮される(Kaiser and Maloney, 1992). たとえば,Barton, Lien and Lunde (1974)のQ値(Q-rating)では原位置応力は低減要素となっている. RMR法(RMR-rating)による岩盤評価(Bieniawski, 1984)では,応力条件が有利か不利かの判断によって0.6~1.2の係数が与えられる.

設計時の応力解析は通常一定の境界条件(例えば,拘束力,変位,あるいはそれらの複合条件)における岩盤問題を取り扱っている. その際には原位置で測定された応力が境界条件として用いられる. いろいろな解析解(大部分は二次元)は,均質で連続的な岩盤に無限遠から一様な原位置応力が作用する条件下で,単純な形状の空洞周辺の応力を与える. 図12.1は鉛直応力を受けた弾性板の円孔まわりの応力分布を示す古典的な例である. 有限要素法,境界要素法,個別要素法などの数値解析は,二次元や三次元のさらに複雑な形状も複雑な構成岩盤の挙動も取り扱うことができる. 岩盤力学に用いられる解析方法は,Obert and Duvall (1967),Jaeger and Cook (1976),Hoek and Brown (1980a),Crouch and Starfield (1983),Brown (1987),Pande,

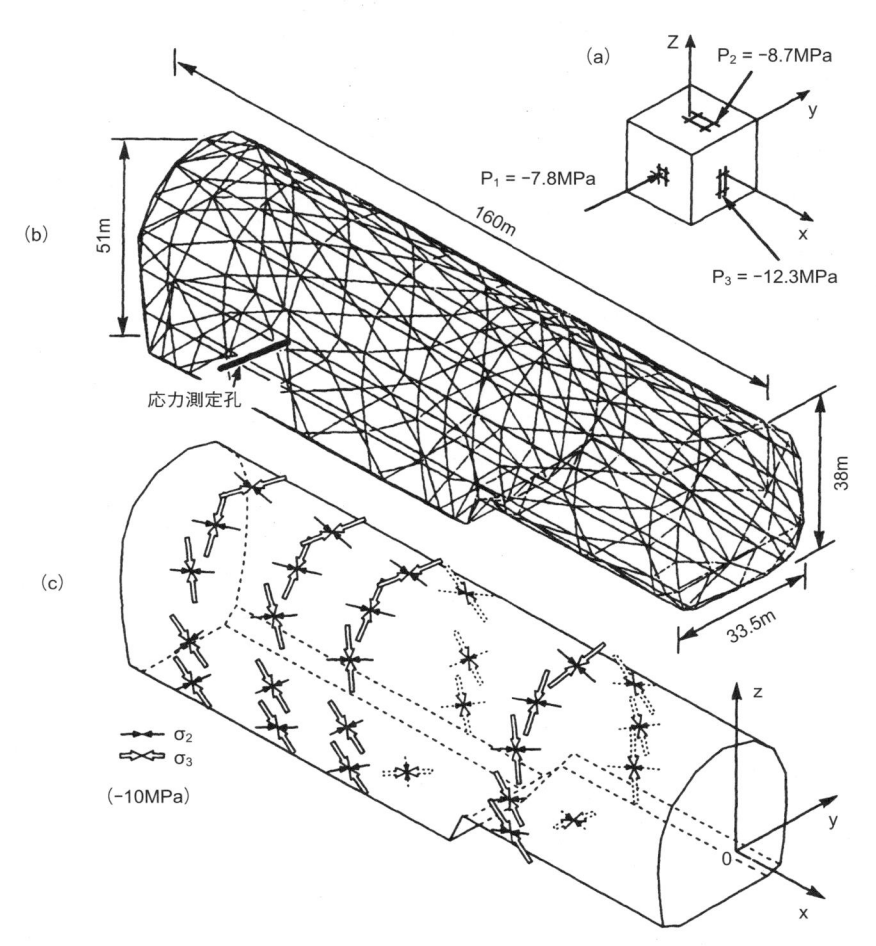

12.2 土木工学における岩盤応力

図12.2 境界要素法による今市発電所の三次元弾性応力解析．(a) 測定による応力場（圧縮を負）(b) 三次元境界要素メッシュと応力測定孔　(c) 空洞壁面における接線方向の主応力分布
(Sugawara et al., 1986)

Beer and Williams (1990) などにレビューされている．例えば，三次元境界要素法を用いて Sugawara et al. (1986) が行った地下発電所空洞の三次元弾性応力解析の結果を図12.2に示す．この例では，入力値の境界応力は5.2.2節に記述した球面孔底オーバーコアリングにより決定された．

応力解析は応力集中箇所を把握し，そこが引張応力か圧縮応力かを決定するために通常実施される．岩盤は引張に対して弱いので，引張応力は既存の割れ目を開いたり

545

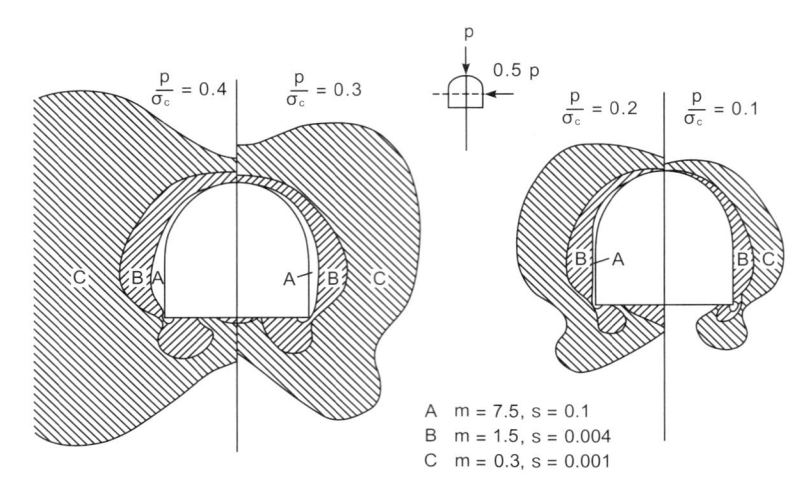

12　岩盤工学，地質学，地球物理学における岩盤応力の利用

図12.3　鉛直応力 $p$ とインタクトな岩の圧縮強度 $\sigma_c$ の比を変えたときの二軸応力場（$p$, $0.5p$）におかれた馬蹄形空洞まわりの破壊領域．岩盤のA，B，Cの領域でHoek and Brown（1980b）の破壊規準パラメータm，sが低減している（Eissa, 1980）

A　m = 7.5, s = 0.1
B　m = 1.5, s = 0.004
C　m = 0.3, s = 0.001

新たな割れ目を形成したりしてブロックを不安定化させることがある．他方，掘削壁面に極端な圧縮応力が集中した場合には局所的に岩盤の強度を上回ることもある．このような場合には，山はね，崩壊，座屈，盤ぶくれ，絞り出し，天盤の閉塞や側壁の過度の変形，地表面沈下などの問題を引き起こしかねない．応力集中域の位置，範囲，性質は，岩盤物性（強度と変形），岩盤の組織（異方性，節理など），原位置応力の大きさと方向，掘削形状と深度，地形のような外部条件（2.8節），掘削方法のような多くのパラメータに依存する．大きな水平応力は地下空洞の天盤と床盤に，大きな鉛直応力は側壁に問題を引起す．ノルウェーのフィヨルドのような急峻な谷地形の山岳地域で谷と平行してトンネルを掘削する場合には，谷側の応力集中によって側壁や天盤に山はねが発生することが経験的に知られている．南アフリカや北アメリカの深い鉱山における掘削では至るところで安定性に関する問題が起こる．地下空洞の安定は，ある断面においては底盤や天盤が，他の断面においては壁面が問題になる場合があり，また全く問題のない場合もある．

　例えば，図12.3には二次元の境界要素法を用いてEissa（1980）が行った応力解析の結果を示す．鉛直応力 $p$ と水平応力 $0.5p$ の二軸応力場におかれた馬蹄形空洞まわりの破壊領域が，鉛直応力 $p$ とインタクトな岩石の圧縮強度 $\sigma_c$ の比を変えて求められている．境界条件は平面ひずみ条件で，岩盤の強度はHoek and Brown（1980b）

## 12.2 土木工学における岩盤応力

の破壊規準を用いて m と s のふたつのパラメータで定義し, 岩盤の強度を A, B, C の 3 段階に低減させている. 岩盤強度が低下すると空洞まわりの破壊領域が大きくなること, また, $p/\sigma_c$ の比に応じて破壊領域が大きくなることが図 12.3 からわかる.

頁岩, 粘土岩, 泥岩のような軟岩の膨張性を予測する場合には, 鉛直応力とインタクトな岩石の一軸圧縮強度の比が重要である. Morton and Provost (1980) の報告による米国の Stillwater トンネルの例では, 地下 2500 フィート (762 m) の頁岩層で膨張性地山に遭遇し TBM が完全に停止してしまった. このケースでは一軸圧縮強度に対する鉛直応力の比は 0.25 だった.

応力解析は地下空洞の掘削によって応力が乱される範囲を決定することができる. 掘削地点と隣接した既設空洞との相互作用や, 断層などの地質構造の影響を予測するときそのような解析は重要である. Eissa (1980) は水平応力と鉛直応力の組み合わせを変え, いろいろな形状の空洞のまわりの応力分布を解析した. その結果, 掘削の影響範囲は主に空洞の幅に対する高さの比と鉛直応力に対する水平応力の比に依存すると結論した. 実際上, 空洞壁面から少なくとも空洞幅の 1～1.5 倍の範囲まで応力再配分が生じている. 空洞周辺の実際の応力測定 (例えば, Sugawara and Obara, 1993) と比較してもこの経験則は現実的である.

5.2.2 節に紹介した円錐孔底ひずみ法を用いて Obara et al. (1995) が日本で測定した応力分布の実例を図 12.4 に示す. 深度 520 m の花崗閃緑岩に掘削された幅 6 m の坑道壁面から, 深度 0.6m と 29.5 m の間で 18 回のオーバーコアリングが行われた. 3 つの急傾斜のほぼ平行な断層が存在し, そのうちふたつは坑道と交差し (図 12.4 には示されていない) 他のひとつは測点 6 と 7 の間に位置している. 図 12.4a と 12.4b はそれぞれ鉛直面と水平面における主応力分布を示す. 応力分布は坑道と断層の両方の影響を受けていることがわかる. 坑道から 25 m 以上, 断層から 20 m 以上離れた測点 17 と 18 の応力は原位置応力と見なされる.

また, 応力解析は支保工の選択と設計に必要である. 例えば, 岩盤の破壊領域の範囲はロックボルトの長さを決定するために利用される. Brown et al. (1983) が提案した地盤と支保工の相互作用モデルにおいて, 原位置応力は「荷重システム」を形成する上で必要不可欠な要素である. このモデルにおいて, 地下空洞まわりの塑性領域の広がりと空洞壁面の変位は原位置応力の大きさに依存する. 作用する応力に応じて地盤が反応するので, 支保と岩盤が力学的に平衡になるように支保の量が決定される.

原位置応力の分布と大きさは, 地下空洞の配置, 形状, 寸法, 掘削順序, 方向に影響を及ぼす. 応力が問題になりそうな岩盤地下空洞の設計においては, 側壁の応力集中を最小にしてできるだけ均一な圧縮応力分布 ('harmonic hole' の概念) を形成し,

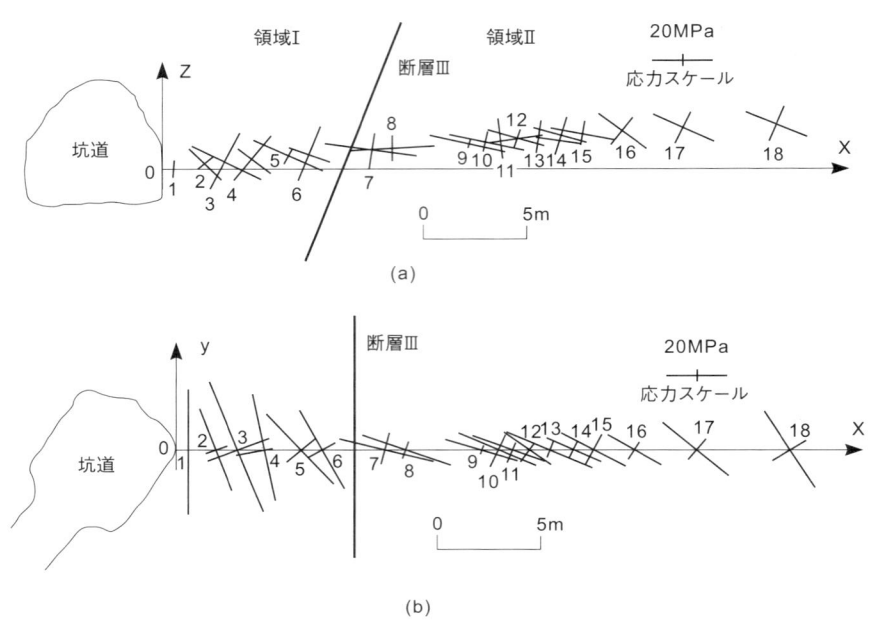

12 岩盤工学，地質学，地球物理学における岩盤応力の利用

図12.4 坑道の側壁で測定された主応力．(a) 鉛直断面，(b) 平面図．測点17と18の応力が初期応力とされる（Obara et al., 1995）

　引張応力の発生を避けることが肝要である．そのためには，既知の原位置応力に対して空洞の形状，配置，方向を変える必要がある．そこで弾性論がしばしば利用される．しかし，Hoek and Brown（1980a）が言うように，'harmonic hole' の概念は初期応力が岩の強度に比べて小さい時に適用可能であり，初期応力がかなり大きい場合には，'harmonic hole' の概念は空洞全周に一様で大きな圧縮応力をもたらすので安定上の問題をひきおこす．Hoek and Brown（1980a）は，そのような場合にはFairhurst（1968）が提案した破壊領域が角の一部に集中して局所化されるような空洞形状を選択する対策を推奨している．Broch（1993）に従えば，原位置応力が非常に大きいため山はねと崩壊が予想される深い空洞においても同じ対策が推奨されるべきである．
　二次元弾性論に基づく応力集中は，一様な原位置応力場や深度とともに線形に増加する応力場の中の単孔問題に適用できる．いろいろな形状の空洞が並行掘削される場合や，残柱の幅に対して掘削幅が変化した時の応力集中係数は，Eissa（1980）やHoek and Brown（1980a）が示している．鉛直応力 $p$，水平応力 $kp$ の一様な原位置応力場に掘削された単一坑道の天盤とスプリングラインの接線応力を図12.5に示す．

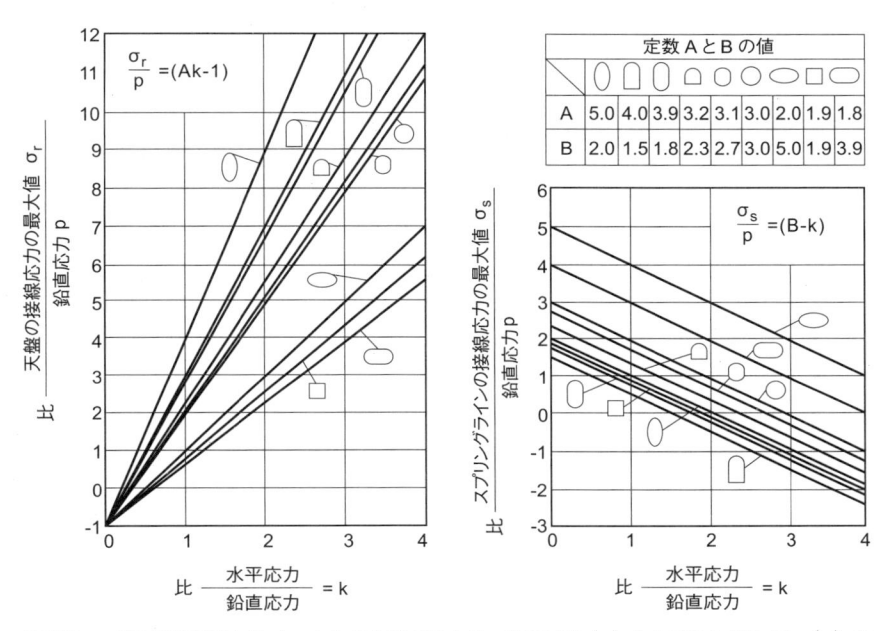

## 12.2 土木工学における岩盤応力

図12.5 一様な原位置応力場（$p$, $kp$）に掘削された単一坑の天盤（$\sigma_r$）とスプリングライン（$\sigma_s$）の接線応力の集中に及ぼす空洞形状の影響．岩盤は，均質，連続，線形弾性である．（Hoek and Brown, 1980a）

岩盤は均質，連続，線形弾性である．弾性論で見る限り，鉛直応力より水平応力が大きい場合には，空洞長軸を水平に配置するのが有利であることをこの図は示している．他方，鉛直応力が水平応力より大きい場合には空洞長軸を鉛直とすべきである．等方媒体中の空洞まわりの応力集中は，媒体の弾性的性質とは無関係であるという一般的な特徴がある．媒体が異方性を有する場合にはもはやこれが成り立たないことは明らかである．そのような場合には，岩石の弾性的性質だけでなく異方性の方向と空洞との相対位置によって応力集中が支配される．一般に，層状岩中の応力集中は等方性岩と全く異なる．

ひとつまたは複数の地下空洞まわりの応力集中は，Hoek and Brown（1980a）が弾性体について提案した「流れ則」（stream flow）の類似性を利用することで定性的に求めることができる．この考えは作用する応力場は乱されない流れに似るということである．流れの中の橋脚に相当する空洞壁面に発生する引張域は，流線が分離する部分に相当する．他方，圧縮域は流線の密集部に当たる．複数の空洞周辺の応力分布や近傍の空洞による応力緩和効果を把握する場合には流れ則の類似性が役に立つ．

空洞に対する原位置応力の方向は空洞の安定性に大きな影響を及ぼす．原位置応力の影響を最小にするには空洞の配置を最適化する必要がある．そのためには地質構造や地形，水，その他の条件も考慮すべきである．このことは，Helms プロジェクトの水圧配管の配置（図1.3）や Hanford の放射性廃棄物地下処分場の方向（図1.5）についてすでに第1章で論じた．その他のさまざまな例が文献で報告されている．Haimson（1977）はサウスカロライナの Bad Creek 貯蔵プロジェクトの空洞設計において，原位置応力と岩石の面構造がいかに重要であるかを示している．

　岩盤空洞の安定性は他の要素とともに原位置応力場の方向に強く規制されている（Broch, 1993）．一般に，空洞軸が最大水平応力に直交するような配置は避けるべきである（Broch, 1993; Richards, Sharp and Pine, 1977）．空洞の方向を選択する上で原位置応力が決定的な役割を持っていることは，Mimaki（1976），Mimaki and Matsuo（1986），Legge, Richards and Pound（1986），Deere et al.（1986），Barla, Sharp and Rabagliati（1991）などの優れた事例研究が示している．図12.6a，b には，ナイアガラ地域の地下発電所空洞周辺の強度対応力比のコンターを示している（Haimson, Lee and Huang, 1986）．この例では岩盤は水平成層構造で，水平面内における最大，最小応力は三次元の最大，中間主応力である．空洞周辺の応力は有限要素法で解析された．岩盤の強度は Hoek and Brown（1980b）の経験的な破壊規準で定義された．図12.6a と 12.6b では水平応力に対する空洞の方向が異なっている．図12.6a では，空洞の長軸は最大水平応力 $\sigma_H$＝9.2 MPa と垂直である．その結果，空洞の側壁と底盤に広い破壊領域が生じている．他方，図12.6b では空洞の長軸は最大水平応力 $\sigma_H$＝9.2 MPa と平行，つまり最小水平応力 $\sigma_h$＝6.0 MPa と直交している．そのため破壊領域の範囲はかなり狭くなっている．

　応力が関与する不安定問題は深度とともに増加し，地質構造的な問題はより浅い深度で起こるのが普通である．ただし浅い深度で大きな水平応力が作用している場合など，多くの例外がある．2.11節で詳述したように，オンタリオ州南部とニューヨーク州北部のオンタリオ湖周辺では浅部で 5-15 MPa の大きな応力が測定されており，運河や石切場床盤の盤膨れ，岩盤の浮上がりや絞り出し，山はね，トンネルの壁面崩壊，コンクリートライニングのクラック，無支保空洞（トンネル，立坑，運河）の壁面変位などの諸現象が観察されている（Asmis and Lee, 1980; Franklin and Hungr, 1978）．岩盤の絞り出しは地表面や地下構造物にさらに荷重を負荷するので施工を継続することが著しく困難になる（Lee and Klym, 1977）．カナダや米国のオンタリオ湖周辺で見られる多くの問題は，オーストラリアのシドニー盆地の大きな水平応力を受けているペルム紀以降の堆積岩でも観察されている（Enever, Walton and Windsor, 1990）．

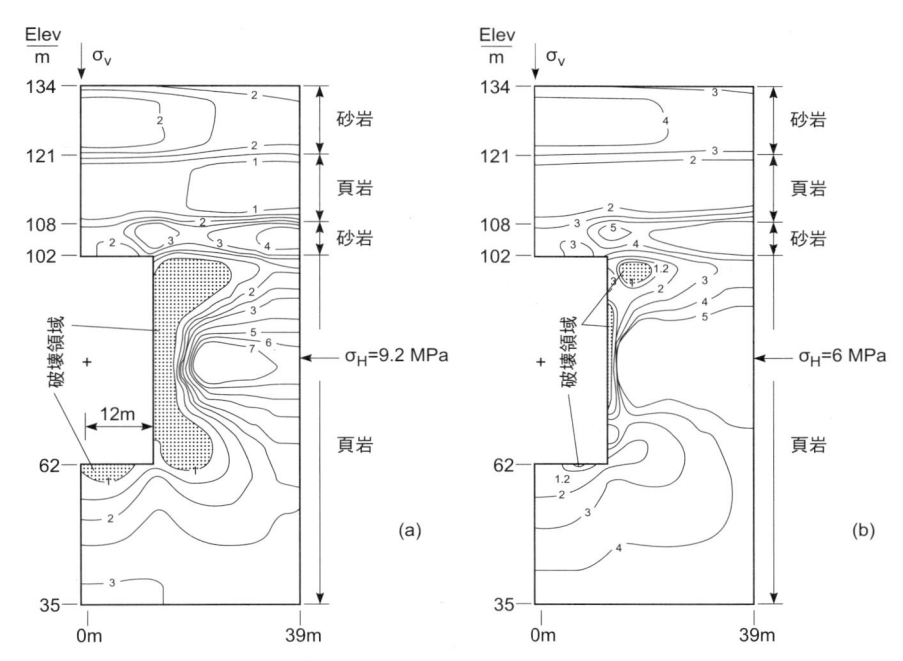

12.2 土木工学における岩盤応力

図12.6 ナイアガラ地域の地下発電所空洞周辺の強度対応力比のコンター．(a) 空洞の長軸が最大水平応力 $\sigma_H$=9.2MPa と垂直なため広い破壊領域が生じている (b) 空洞の長軸が最大水平応力 $\sigma_H$=9.2MPa と平行，つまり最小水平主応力 $\sigma_h$=6.0MPa と垂直なため破壊領域は狭い (Haimson, Lee and Huang, 1986)

ノルウェーやスウェーデンでも，土木工学や鉱山分野の地下開発において大きな水平応力が空洞の安定性に重要な役割を担う例が報告されている (Broch and Nielsen, 1979; Carlsson and Olsson, 1982; Myrvang, 1993; Stephansson, 1993)．

大きな水平応力場における応力に誘発された不安定問題は，天盤や底盤の応力集中による崩壊や絞り出しという形で現われる．図12.5 に示すように，単純な円形空洞で鉛直応力を無視すれば，天盤と底盤における最大接線応力は水平応力の3倍になる．空洞が地表近くにある場合には，上載圧によって天盤と底盤の応力集中は異なる．被りがトンネル直径の10％しかない場合には，天盤の応力集中は水平応力のおよそ7倍にもなる．Hanssen and Myrvang (1986) は，北ノルウェーの Kobbelv 地域のN-S方向のトンネルがE-W方向の主応力に直交するために天盤や底盤において深刻な崩壊が発生しているいくつかの例を報告している．

層状岩が大きな水平応力を受けている場合には，トンネル天盤は座屈し底盤は波打

つ．また，層に沿ったすべりによってトンネル側壁に水平方向の大きな内空変位が発生することもある．Lee（1978），Franklin and Hungr（1978）は，南オンタリオの堆積岩中のトンネルで発生したこのような現象を紹介している．Guertin and Flanagan（1979）は，ニューヨーク州 Rochester の浅い（1～7 m）トンネル掘削における諸問題を報告している．地質は非変成のドロマイトで，14 MPa 以上の大きな応力を受けている．トンネルのスプリングライン付近では 40 mm もの大きな水平変位が発生する一方，天盤の変位は 0.4 mm であった．インバートと天盤は大きな接線応力によって崩壊し，スプリングラインには接線方向の引張応力によるクラックが発生した．とりわけこれらの事例によれば，層状岩盤における天盤と底盤の安定問題は，各岩層の剛性と強度の違いによって取り扱いが異なることが分かった．

大規模な岩盤プロジェクトにおいては，どんな深度であっても大きな水平応力が存在することをはっきりと認識し，計画，設計，建設に考慮すべきである．大きな応力によって生ずる破壊は構造物に損傷を与え高価な対策を必要とするので，重力荷重だけに基づく設計法はそのような場合全く無効である（Franklin and Hungr, 1978）．また，大きな水平応力は掘削時にも問題となる．Myrvang（1993）は TBM 掘削に伴う激しい表面崩壊の事例を報告している．

大きな水平原位置応力の影響を最小にするためにさまざまな対策が施される．Franklin and Hungr（1978）は，トンネル掘削後のライニングを遅らせることを奨励している．また，岩盤の掘削箇所と剛な支保の間の距離をできる限り大きくすることも提案している．ライニングと支保は空洞壁面の 10 cm 程度の変位を吸収できるような柔構造とすることが望ましい．変位と岩盤の圧力をモニターすることも非常に重要である．トンネル天盤の崩落や崩壊は覆工コンクリートの有無にかかわらずロックボルトを用いて防ぐことができる．鉱山では，採掘順序の検討や残柱による崩壊の防止，空洞の閉塞などによって大きな地圧の影響を最小限に抑えている．

高い水平応力は岩盤を密着させて自立性を高め湧水を減少させる効果がある．また，汚染物質が移流する経路は非常に狭くなる．場合によっては，ノルウェーのリレハンメルオリンピックの 61 m スパンのアイスホッケー場のように，高い水平応力は無支保の大きな地下空洞を支えることもできる（Myrvang, 1993）．

地下空洞の安定に及ぼす原位置応力の影響は時間とともに変わり得ることにも留意すべきである．地下空洞周辺の応力変化は，岩のクリープ，近傍の空洞，掘削の進行，揚水，排水不良，地震，発破などにも関係がある．第 10 章で論じたように，岩盤が載荷領域にあるか除荷領域にあるかによっても応力変化は全く複雑な様相を呈する．Kaiser and Maloney（1992）が言うように，除荷することはそれまでの岩盤の密着性

を減らし岩盤と支保の相互作用に影響を与えるので危険な場合がある．岩盤の安定性が応力履歴によって左右されることは現場ではよく観察されているが，数値解析者はこのことをあまり考慮していない（Amadei, Robison and Yassin, 1986; Kaiser, 1980; Kaiser and Maloney, 1992; Martin, 1995）．

### 12.2.2　圧力トンネルと立坑における原位置応力の重要性

　無支保の圧力トンネルや立坑の地点選定と設計において原位置応力は非常に重要である．世界各地の水力発電所の圧力トンネルと立坑の大部分は無支保で施工されており，その落差は増大するばかりで近年では 1000 m にも達している（Bergh-Christensen, 1986）．無支保の圧力トンネルを安全に設計する上でまず第一に考慮すべき問題は，水圧で岩盤が割れて漏水することを避けることである．多くの事例が示すように，漏水は大きな損害をもたらし建設コストを撥ね上げる（Brekke and Ripley, 1993; Broch, 1984a,b; Haimson, 1992; Marulanda, Ortiz and Gutierrez, 1986; Sharma et al., 1991）．それを避けるには，十分な耐力を有する岩盤中に圧力空洞を配置するとともに，上載圧による拘束と防水効果を発揮させることである．もうひとつの選択肢は鋼製ライニングを用いる方法であるが，一般に経費が高くなる．

　斜面や谷の近くに圧力トンネルや立坑を安全に配置するための規準を Brekke and Ripley (1993)，Broch (1984a) が提案している．これらの規準は設備の配置に関して地形の変化を考慮することが重要であることを強調している．Bergh-Christensen and Dannevig (1971) が提案した経験則は，多くの水力発電所プロジェクトに活用されている（Broch, 1984a, b）．それは圧力トンネルの各々の位置における被り厚さの最小値 $L$ が次式を満たすことである．

$$L = \frac{\gamma_w h_w F}{\gamma \cos \beta} \qquad 式 (12.1)$$

ここに，$L$ は図 12.7 に示すように峡谷斜面との最小距離，$h_w$ はトンネルのその点に作用する静水圧，$\beta$ は斜面の平均傾斜（60°以下），$\gamma_w$ と $\gamma$ は水と岩盤の密度，$F$ は安全率である．ほぼ水平な（$\cos \beta = 1$）地形では最小被りは $\gamma_w h_w F / \gamma$ になり，従来の規準と同じになる．すなわち，被りによる鉛直応力は空洞のどの点でも水圧を上まわっている．

　Selmer-Olsen (1974) が提案している他の規準は FEM のような数値解析で峡谷の応力状態を求めることによっている．それは，内水圧 $\gamma_w h_w$ が常に周囲の岩盤の最小主応力 $\sigma_3$ より小さいという条件を満たすように圧力トンネルや立坑の位置を選択す

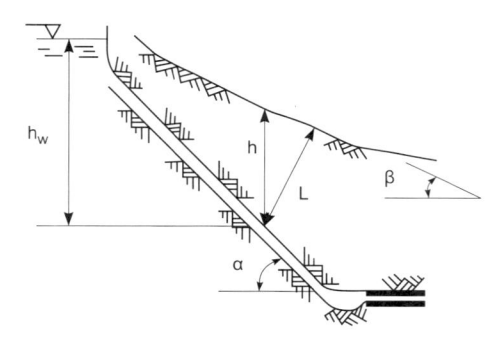

12 岩盤工学，地質学，地球物理学における岩盤応力の利用

図12.7 Bergh-Christensen and Dannevig の経験則によるカバーロックの最小値（出典：Broch, E. Copyright 1984, Elsevier Science Ltd. の許可により転載）

るものである．この規準を数学的に説明すると次のようになる．

$$\sigma_3 > \gamma_w h_w \qquad 式（12.2）$$

この FEM のモデルでは，単純化した谷の形状と地形，岩盤物性を用いている．

　圧力トンネルと立坑の配置を選ぶために FEM を用いて応力状態を決定するうえでいくつかの制約がある．最初に，この方法は有限領域に限定される．次に，結果は解析メッシュに依存し，対象領域の境界条件をどのように選択するかによって誤差が生じる．第三に，圧力トンネルや立坑の FEM 解析モデルは岩盤が連続体で均質，等方であるという仮定に基づいている．層理や面構造，節理のような岩盤組織が原位置応力分布とその大きさに及ぼす影響は通常考慮されない．第四に，地形モデルはとても単純化，理想化されている．第五に，大部分の FEM 解析は二次元平面ひずみ条件を仮定している．最後に，モデル平面に垂直な応力は中間主応力と仮定されるが，平面ひずみ条件であってもこれは必ずしも正しい訳ではない（Broch, 1984a）．

　2.8 節で論じたとおり，FEM の解析モデルは Pan, Amadei and Savage（1994, 1995）が提案したように解析解に置き替えることができる．それらの解析解によれば地形がなめらかでも不規則でも，岩盤が等方性でも異方性でも，さらに重力場でも造構力が作用する場においても峰や谷の原位置応力を求めることができる．Amadei and Pan（1995）は，無支保の圧力トンネルや立坑の配置を選定する際のそれらの解析解の効果を調べた．その結果，無支保の圧力トンネルや立坑の配置の安全性は，谷側壁面における引張領域の広さに依存することが明らかになった．つまり，谷の配置，岩石の異方性の程度とその方向，荷重条件（造構力の有無）のようなパラメータに依存して

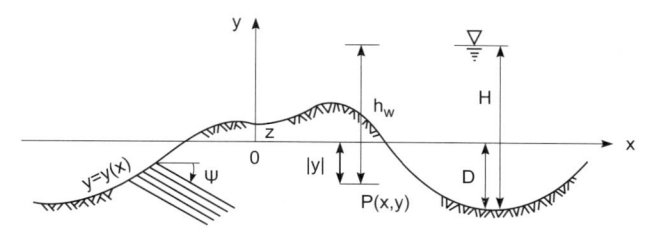

## 12.2 土木工学における岩盤応力

図12.8 不規則な地形の異方性岩盤の二次元断面における漏水条件の決定 (Amadei and Pan, 1995)

いる.

図 12.8 は長い尾根と谷からなる不規則な地形の異方性岩盤の二次元断面である (Amadei and Pan, 1995). 断面に $x$, $y$, $z$ 座標系が添えられている. 重力は $-y$ 方向に, 造構応力 $\sigma_{xx}^{\infty}$ と $\sigma_{zz}^{\infty}$ は水平の $x$, $z$ 方向にそれぞれ作用している. 岩盤は均質で密度は一様な $\gamma$, 異方性面が $x$-$y$ 平面に垂直で $x$ 軸と $\phi$ の角度をなす直交異方性を有している. 図 12.8 の配置において, 岩盤中の各々の点 $(x, y)$ における最小主応力 $\sigma_3$ は Pan, Amadei and Savage (1994, 1995) の解析解を用いて決定される.

得られた $\sigma_3$ と $\gamma_w \cdot h_w$ に相当する水圧 P $(x, y)$ を比較することによって漏水しない条件を判定することができる. ある点の静水圧 $h_w$ は $H-y-D$ に等しい. ここに, $H$ は最大静水圧, $D$ は基準面からの深度である. したがって, 漏水を起こさない条件は式 (12.2) から次の方程式のように無次元式で書き直すことができる.

$$S = \frac{\sigma_3}{\gamma D} - \frac{\gamma_w}{\gamma}\left[\frac{H}{D} - \frac{y}{D} - 1\right] > 0 \qquad 式 (12.3)$$

地形, 岩盤物性, 荷重条件 (造構力の有無), $H/D$ の異なる値に応じて $S$ のコンター図を描くことができる. $S=0$ のコンターは水圧の増加と最小主応力の増加が釣り合っている境界線である. 無支保の圧力トンネルが漏水しない領域は $S>0$ の範囲である. 漏水に対する安全率 $F$ (通常は 1.3 以上) を考慮すると, 臨界コンターは $S=0$ ではなく次式の $S=S_c$ となる.

$$S_c = \frac{\sigma_3}{\gamma D} - F\frac{\gamma_w}{\gamma}\left[\frac{H}{D} - \frac{y}{D} - 1\right] \qquad 式 (12.4)$$

Amadei and Pan (1995) は, $S$ と $S_c$ が以下のパラメータに依存することを示した.
(1) 岩盤の弾性定数と異方性面の傾斜角 $\phi$

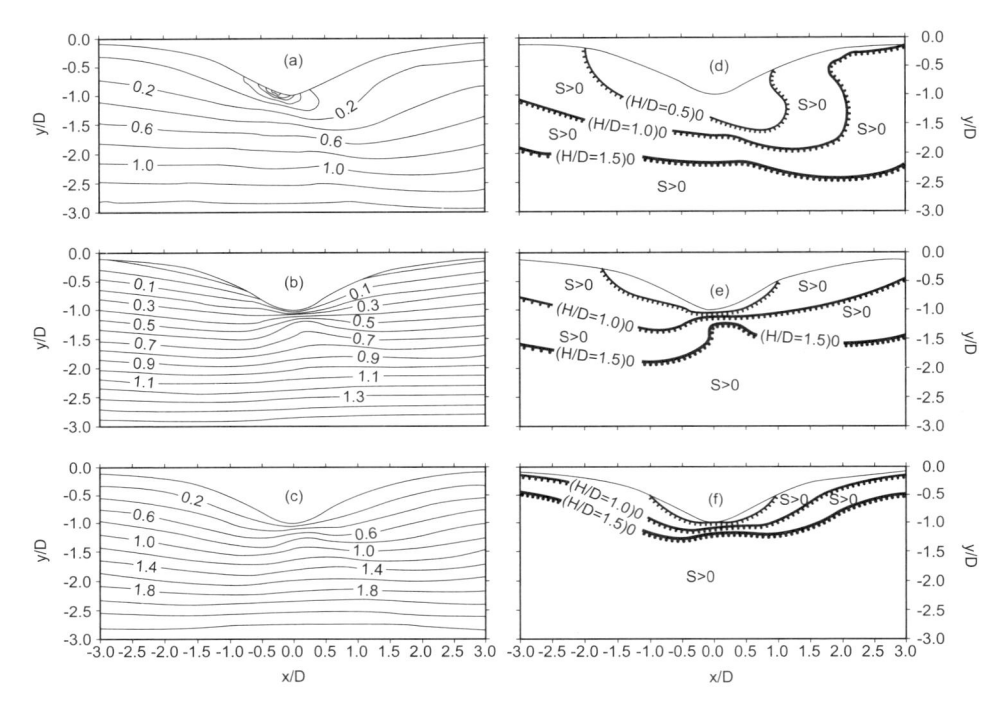

図12.9 対称形の谷における $\sigma_3/\gamma D$ と $S$ のコンター. $S=0$ のコンターは $H/D=0.5$, 1.0, 1.5 について描いている. 岩の異方性面は右に30°傾斜する. 荷重条件は, 図12.9a, d は重力のみ, 図12.9b, e は重力と $\sigma_{xx}^\infty/\gamma D=1$ の一軸圧縮応力場, 図12.9c, f は重力と $\sigma_{xx}^\infty/\gamma D=\sigma_{zz}^\infty/\gamma D=1$ の二軸圧縮応力場である (Amadei and Pan, 1995)

(2) 岩石の相対的な密度 $\gamma/\gamma_w$
(3) 最大静水圧 $H$ と基準面からの深度 $D$ の比
(4) 漏水判定を行う点 $(x, y)$ の $x/D$, $y/D$ 座標値
(5) 地形を表すパラメータとその不規則性
(6) $x$-$z$ 面に作用する水平造構応力比 $\sigma_{xx}^\infty/\gamma D$, $\sigma_{zz}^\infty/\gamma D$
(7) 安全率 $F$ の値

図12.9 a-f に, $H/D$ が 0.5, 1.0, 1.5 の場合の対称形の谷における最小主応力のコンター図 (図12.9a-c) と $S$ のコンター図 (図12.9d-f) を例示する. ここの岩は $E/E'=G/G'=3$, $\nu=0.25$, $\nu'=0.15$ の強い異方性を有している (2.5節2.5の表記を参照). 異方性面は $\psi=30°$ で $+x$ 方向に傾斜している. 基準深度 $D$ は谷の深度に等しい. 荷重条件は図12.9a, d は重力のみ, 図12.9b, e は重力と $\sigma_{xx}^\infty/\gamma D=1$ の一軸の

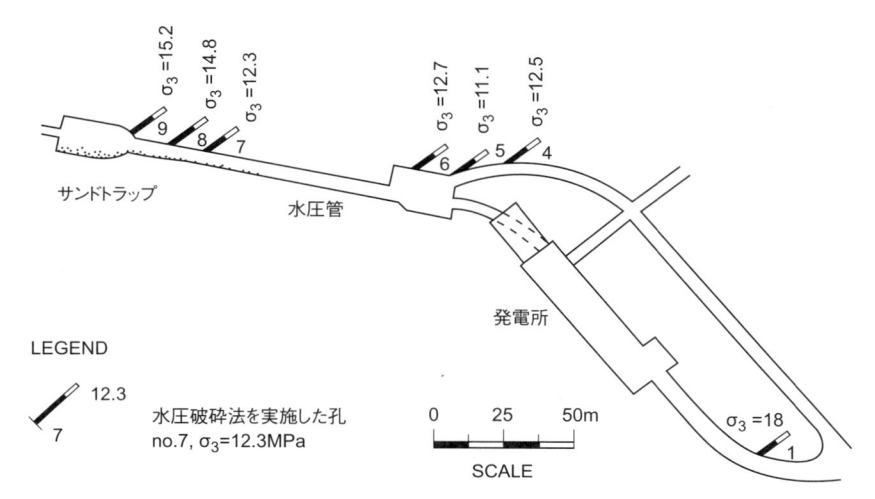

図 12.10 水圧破砕法による応力測定位置. ノルウェー西部の Nauseate-Steggje 水力発電所. 965 m の静水圧が作用している 1300 m の無支保圧力立坑底付近（Bergh-Christensen, 1986）

圧縮応力場，図 12.9c，f は重力と $\sigma_{xx}^\infty/\gamma D = \sigma_{zz}^\infty/\gamma D = 1$ の二軸圧縮応力場である．岩の異方性面が傾斜しているので，引張領域と非漏水領域は谷の軸に関して対称になっていないことが図 12.9a-f からうかがえる．谷の右側はほとんど圧縮応力状態であり，無支保の圧力トンネルを配置する上で左側より有利である．さらに，最大静水圧 $H$ が減少すると非漏水領域（$S>0$）は予想通り増加している．結局，圧縮応力が付加されると谷壁面と谷底の引張範囲が減少し（図 12.9c ではなくなっている），谷の両側の非漏水領域が拡大している．

上述の規準は圧力トンネルや立坑の概略設計段階に通常利用される．これは，プロジェクトの可能性を評価したり，無支保でも漏水の恐れがない圧力トンネルの最大長を推定する上で役に立つ．しかし，この規準は原位置応力場を根拠としているので，設計上の仮定を確認し最終設計を行うために原位置応力を測る必要がある．その測定にはこれまでオーバーコアリング法と水圧破砕法が利用されている（Bergh-Christensen, 1986; Enever, Wold and Walton, 1992; Price Jones and Sims, 1984; Vik and Tundbridge, 1986）．オーバーコアリング法は 5 章に述べた方法で行われている．水圧破砕法はシャットイン圧力だけを測定しそれが最小主応力に等しいとみなす簡易法で実施されている．Bergh-Christensen（1986）による水圧破砕法の測定例を図 12.10 に示す．これは，ノルウェー西部の Nauseate-Steggje 水力発電所の 1300 m の無支保圧力立坑底付近において実施されたもので，そこには 965 m の静水圧が作用していた．

557

図 12.10 の圧力立坑下部のサンドトラップ部には最大 9.64 MPa の水圧が無支保の岩盤に作用していた．水圧破砕法のシャントイン圧力から求められた最小応力 $\sigma_3$ の最小値は 12.3 MPa であり，最大水圧と比較することで 12.3/9.64＝1.3 の安全率が得られた．この安全率は，Bergh-Christensen and Dannevig の経験則による 1.3，有限要素法による 1.4〜1.5，オーバーコアリングの結果から求めた 1.3 と良く一致している．

### 12.2.3　流体地下貯蔵における原位置応力の重要性

　一般に，ガス，石油，圧縮空気，低温液体，熱水などの流体地下貯蔵用の無支保岩盤空洞の設計においては，原位置応力と岩盤力学が決定的な役割を果たす．圧力トンネルと立坑からの流体の漏洩や内圧による破壊は，十分に拘束することや流体圧が岩盤の最小主応力を上回らないようにすることによって避けることができる．深度が浅くても原位置応力の拘束効果が十分あれば貯蔵空洞の建設費を減らすことができる．

　無支保の貯蔵空洞周辺の岩盤中の応力場は 4 種類の応力の足し合せである．
(1) 原位置応力
(2) 空洞掘削による応力
(3) 空洞の運用に伴う応力（通常は内圧として作用する）
(4) 空洞壁面における貯蔵流体と岩盤の相互作用による応力

　(4) の例としては，－250 °F（－160 ℃）まで低下する LNG 貯蔵空洞の壁面に発生する熱応力が挙げられる．そのような低温によって大きな引張応力が発生するので，新たな亀裂の発生や既存の亀裂の開口をもたらす．その結果，貯蔵流体が亀裂に移動してさらに亀裂が伝播していく（Lindblom, 1977）．極低温流体の貯蔵のみならず周囲の温度より高い 100〜200 °F（40〜90 ℃）の熱水や石油の貯蔵により，岩盤中の温度分布が非一様になって時間とともに変化する熱応力が発生することに留意すべきである．貯蔵空洞壁面の短期的，長期的安定性を予測するときにはそのような過渡的な影響も考慮する必要がある．

　流体が結晶質岩中の無支保空洞に貯蔵される場合には，大部分の漏洩は割れ目に沿って起こるだろう．この問題は特にスカンジナビア各国の多くの研究者によって検討された．10 MPa 以上の圧力で貯蔵される天然ガスや圧縮空気の場合には，ガスの封入と移動というふたつの条件が考慮される（Goodall, Åberg and Brekke, 1988）．貯蔵空洞を大深度に置くか，深度が浅くても応力が大きい場合には，岩盤の拘束によってガスの漏出を減らしたり防止することができる．流体力学に基づいた水封効果を発揮させるためには，地下水面下の十分深い位置に空洞を置く必要がある．時には，空洞の天盤や壁面の周辺に平行なボーリング孔のウォーターカーテンが設置され，自然

の地下水に加えて人工の水封機能が付加される．このようにして自然の静水圧より高いガス圧で経済的に貯蔵することが可能になる（Kjorholt and Broch, 1992; Liang and Lindbiota, 1994; Lindblom, 1990; Roald, Ustad and Myr-vang, 1986）．ウォーターカーテンによる水圧は，岩盤中の割れ目の開口を避けるため原位置応力以下に制限される（Gustafson, Lindblom and Söder, 1991）．LNG空洞周辺の岩盤の割れ目に低温グラウト材を注入するときの圧力にも同じ制限がある（Lindblom, 1977）．

### 12.2.4　地表掘削時の挙動における原位置応力の役割

　自然斜面でも人工斜面でも掘削によって岩盤斜面の応力は再配分される．新たな地形に伴う最終的な応力場は2.8節で述べたモデルを用いて解析することができる．掘削面の近傍では，主応力は基本的に表面と平行および垂直である．掘削面から離れたところの応力場は掘削前の応力場に近くなる．

　地下空洞と同様に，応力再配分のために掘削部近傍の不安定問題が生ずる．過大な圧縮応力は局所的あるいは全体的な斜面崩壊につながる．深い露天掘り鉱山のピット底では，岩石の圧縮強度に近い大きな応力集中が発生するため，高角度の層は座屈する危険がある．他方，掘削表面の岩盤は緩んで不連続になるので不安定化したり，風化が促進されて排水問題が生じる恐れがある．露天掘り鉱山の場合にはベンチ崩壊の危険性が増大する．

　大きな水平応力下の岩盤掘削では掘削壁面の大きな水平変位が発生し易い．事実，水平成層の堆積岩では，応力解放による層理面沿いのすべりが生じている．そのような現象は，カナダの南オンタリオや北部ニューヨーク州の地表掘削について報告されている（Franklin and Hungr, 1978; Guertin and Flanagan, 1979）．Roseは早くも1951年に，この地域の地表掘削において23cmもの変位が発生したことを報告している（Guertin and Flanagan, 1979）．その後，Enever, Walton and Wold（1990）は，シドニー盆地の二畳系の岩盤掘削において大きな応力による水平変位の事例を報告している．それは，非常に大きな応力を受けている岩盤に道路を掘削したとき，応力集中によって斜面が崩壊し不安定化した例である．

　地下発電所や鉱山における圧力トンネルや立坑のように，掘削面の近くに位置する地下空洞でも応力再配分は問題となる（12.2.2節）．山岳地の峡谷の斜面に掘削されたトンネル壁面には過大な応力が集中し，崩落や山はねが発生することが数多く報告されている（Brekke and Selmer-Olsen, 1966; Broch and Sorheim, 1984; Martna, 1988; Martna and Hansen, 1986, 1987; Myrvang, 1993; Myrvang, Hansen and Sørensen, 1993）．Broch and Sorheim（1984）は，ノルウェーの山岳トンネルにおける以下のような経

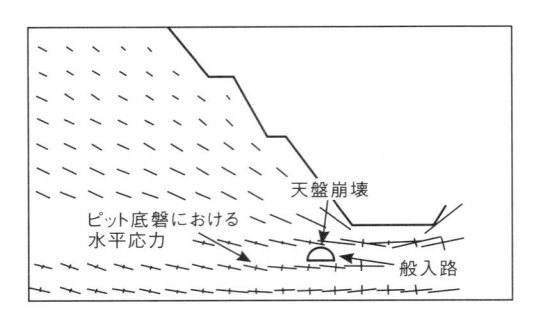

12　岩盤工学，地質学，地球物理学における岩盤応力の利用

図12.11　ノルウェー北部KirkenesのBjornevatn鉄鉱山のE-W鉛直断面について境界要素法で予測された応力分布．モデルの境界には24 MPaの水平応力が作用している（出典：Myrvang, A., Hansen, S. E. and Sørensen, T. Copyright 1993, Elsevier Science Ltd. の許可により転載）

験則を引用している．"トンネル上の山の高さが500 m以上で斜面の角度が25°以上の谷においては，常に応力に誘発される安定問題を覚悟しなければならない．"

Myrvang, Hansen and Sørensen (1993) は，ノルウェー北部KirkenesのBjornevatn鉄鉱山の露天掘り周辺の応力分布を示している．大きな水平応力が作用する岩盤における19年間にわたる露天掘り採掘に伴って，応力が急激に増加していることが近傍の応力測定によって明らかになった．ピットの東西鉛直断面と地下採掘のための搬入路をモデル化し，二次元境界要素解析によって予測された主応力分布を図12.11に示す．数値解析で予測されたとおり，搬入路天盤では応力集中によって掘削中に激しい崩壊が観察された．

もうひとつの例として，地下空洞近傍の地表面掘削についてMolinda et al. (1992) が報告している．谷の下部における炭鉱の天盤崩壊の性状と頻度の調査結果によれば，調査対象の52％で天盤の不安定が発生しており，しかもそのほとんどが谷底直下であること，峡谷よりも幅広で平底の谷の方が天盤の安定性上危険であることが明らかになった．

## 12.3　鉱山工学における応力

岩盤力学は露天掘りや坑内掘りの鉱山開発にとってより実用的な技術となってきている．Bawden (1993) が言うように，鉱山分野で岩盤力学が受け入れられるようになったのは，二次元や三次元の数値解析法の高度化と，パワフルなデスクトップコン

ピュータの利用と，設計入力定数を決定する際の信頼性の向上による．そのような設計定数には，岩盤の強度，変形性，原位置応力がある．数値解析手法は，経験的な方法とともに用いることによって局所的な不安定領域を同定し，特定の地質構造による挙動を評価することができるため，鉱山の設計と施工において非常に役立つことがわかってきた．数値解析手法によって，残柱，坑内採掘場，立坑の位置と寸法を最適化することができる．そのようにして，岩盤力学と岩盤工学は鉱山の収益性と将来性に大きく寄与することができる (Brady and Brown, 1985; Hoek and Brown, 1980a)．

地下坑道掘削時の荷重システムは掘削前の応力条件によって決まる (Bawden, 1993)．坑道掘削に伴う応力の再配分は岩盤の変形と崩壊を引き起こす恐れがある．理論解析や数値解析により応力再配分を予測することができる．もちろん予測の精度は入力値としての応力の精度に左右される．Brown and Hoek (1978)，Stephansson, Särkkä and Myrvang (1986)，Herget (1993) が編集したようなさまざまな地質条件における既往データは，鉱山を設計するための出発点としてしばしば利用される．しかし，第2章で述べたように応力場はとても変化に富んでいるため，単純に既往の深度分布曲線から応力の入力値を選ぶと，場合によっては重大な設計上の誤りにつながる恐れがある．したがって，鉱山の設計のためには可能な限り初期応力を測る必要がある．

前節に述べたような土木工学分野と同様に，鉱山分野においても原位置応力はさまざまな役割を果たす．特に，鉱山開発や採掘方法に特有の役割がある．Brady and Brown (1985)，Bawden (1993)，Barla (1993) は，無支保採掘場の設計においては応力状態が特に大きな影響を及ぼすことを述べている．鉱山の設計における原位置応力の役割については以下でも力説されている．

(1) Krauland (1981)：充填採掘法の場合
(2) Ferguson (1993)，Singh, Stephansson and Herdocia (1994)：サブレベルケービングおよびブロックケービング法の場合
(3) Hardy and Agapito (1977)：残柱式採掘法の場合
(4) Mills, Pender and Depledge (1986)，Gale (1986)，Enever (1993)：炭鉱の場合

Gale (1986) はオーストラリア南部の炭鉱における矩形坑道の維持の最適化に関する事例を紹介している．オーバーコアリング法によって測定された原位置応力場は，最大水平応力：最小水平応力：鉛直応力の比が，(1.3〜2.0)：1：(0.82〜1.3) の範囲となっていた．最大水平応力 $\sigma_1$ に対する坑道軸の方向が坑道天盤の安定を制御することが判明した．ふたつのサイトで天盤のせん断割れ目によって坑道が影響を受けた

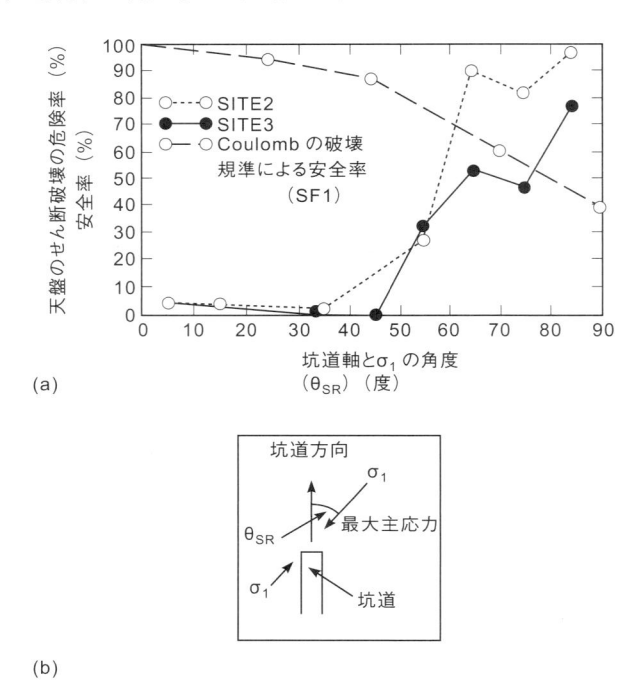

図 12.12 (a) 坑道軸と $\sigma_1$ の角度 $\theta_{SR}$ ((b) 参照) による天盤のせん断破壊の危険率. (a) には Coulomb の破壊規準による天盤の安全率を $\theta_{SR}$ の関係で合わせてプロットしている. 安全率は最大値で正規化している (Gale, 1986)

割合が調査され,図 12.12 に示すように坑道軸と $\sigma_1$ の角度 $\theta_{SR}$ の関係でプロットされた. また,Coulomb の破壊規準による天盤の安全率が最大値で正規化されて $\theta_{SR}$ との関係で同図にプロットされている. 図 12.12 は $\theta_{SR}$ が 90°に近づくにつれて,つまり坑道と最大水平応力が直交するとせん断破壊の発生する可能性が増加することを示している. したがって,坑道を安定的に維持させる条件は $\sigma_1$ と低角をなすことで,$\theta_{SR}$ が 45°を越えないことである.

この他にも Mills, Pender and Depledge (1986) は,ニュージーランドのいくつかの炭鉱における坑道配置の最適化の例について報告している. 原位置応力測定と地質分布に基づいて,かれらは主要な挟炭層と水平最大応力方向に直交する坑道を選択した. 坑道の天盤を安定させるため,鉛直応力に対して水平応力がおよそ 1.5 の浅い深度では水平に扁平な矩形の空洞を,側圧比がおよそ 0.3 の深部では鉛直に長い空洞を

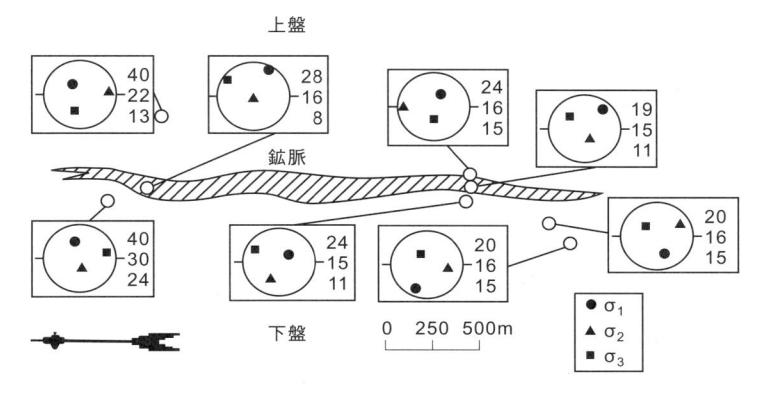

図12.13 Kiruna鉱山の795mレベルにおける8箇所の応力測定値の平均（MPa）を示す（Leijon, 1986）

選択している．これは，原位置応力場の変化に合わせて深度とともに坑道の掘削形状が変わることの良い事例である．

　従来，鉱山における多くの応力測定はアクセス可能な横坑や空洞から三次元のオーバーコアリング法によって行われてきた．これによって鉱山周辺の広域応力場の変化を把握することができ，支保工の詳細設計と対策工法の選定に利用することが可能になった．スウェーデン北部のKirunaとMalmberget鉄鉱山における異なる深度の原位置応力の変化が，Leijon（1986），Leijon and Stillborg（1986）によって報告された．図12.13には，Kiruna鉱山の795mレベルの水平断面における8箇所の原位置応力を示す．この図から数百mの鉱脈上で応力が大きくばらついていることが分かる．鉱脈近傍でしばしばみられるそのようなばらつきは，鉱山の設計において原位置応力をどのように解釈し適用するかの問題を提起している（Leijon, 1986）．

　Luossavaara鉱山で2種類の測定方法によって得られた岩盤応力は，以下に示すように長孔発破（large blasthole）による無支保採掘（open-stoping）のクラウンピラーの設計に用いられた（Leijon and Stillborg, 1986）．

　スウェーデン北部のKirunaのLuossavaara鉄鉱床では，1980年代に長孔発破による無支保採掘と呼ばれる新たに開発された採掘方法が適用された．鉱脈の長さは1200m，平均の幅は23mで，東へ約60度傾斜している．前段階で掘削された上部と分離して鉱脈下部を採掘するようにクラウンピラーが設計された．クラウンピラーは採掘場全体の安定性を確保するための支保としてだけでなく，発破孔を削孔するための作業場としての機能を持っている．クラウンピラーの形状を決定するために以下

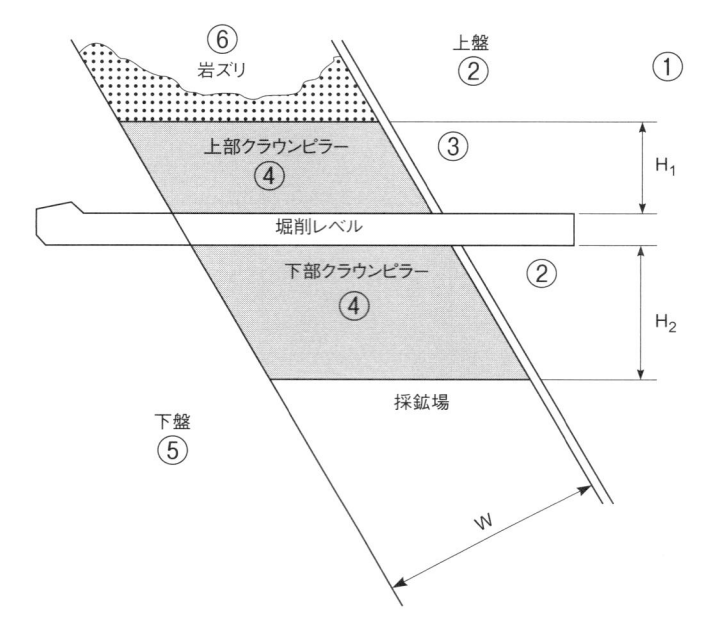

12 岩盤工学，地質学，地球物理学における岩盤応力の利用

図12.14 Luossavaara鉱山のクラウンピラーの解析モデル．数字は表12.1の岩種に対応する（Stephansson, 1985）

のふたつの方法が用いられた（Stillborg, 1993）．

　最初に，Brown and Ferguson (1979) の二次元の採掘場壁空洞モデルによる単純な解析法が用いられた．荷重として上盤のくさび状岩盤の滑動荷重とクラウンピラーの上に崩落している岩ズリの自重が考慮された．妥当な岩盤の強度と形状を用いた計算により，クラウンピラー全体の厚さが5 m以上あれば壁面の安定は確保されるとの結果が得られた．鉱脈の幅，初期応力，発破による損傷を考慮して，Stillborg (1993) はクラウンピラーの上部は10 m以上の厚さが必要であると述べている．

　Luossavaara鉱山のクラウンピラーの安定解析に用いられた第二の方法は，天盤の各点に作用する応力と強度を比較して評価する方法である（Stephansson, 1985）．クラウンピラーの地質モデルを図12.14に，岩石の物性値を表12.1に示す．FEMによりクラウンピラーの形状を変えたときの応力分布が求められ，クラウンピラーの安定性が通常の安全率 $F=$ 強度/応力によって評価された．二次元FEMの境界条件としての応力は，Leijon and Stillborg (1986; 9.2節) による2種類のオーバーコアリング応力測定の比較研究結果から採用された．265 mレベルの応力測定データから，

## 12.3 鉱山工学における応力

表 12.1 Luossavaara 鉱山のクラウンピラーの数値解析モデルの岩盤物性
(Stephansson, 1985)

| 岩種 | ヤング率 (GPa) | 一軸圧縮強度 (MPa) | ポアソン比 | 密度 (kg/m³) |
|---|---|---|---|---|
| 石英斑岩（1） | 57 | 110 | 0.16 | 2700 |
| 葉状の石英斑岩（2） | 38 | 110 | 0.16 | 2700 |
| 緑泥石化石英斑岩（3） | 13 | 20 | 0.10 | 2400 |
| 鉱脈（4） | 38 | 100 | 0.11 | 4970 |
| 角礫岩（5） | 60 | 52 | 0.16 | 3600 |
| 岩ズリ（6） | 0.030 | — | 0.25 | 2400 |

FEM モデルの境界条件としての原位置応力（MPa）は以下のように設定された．

上盤：　　$\sigma_v = 0.027z - 0.2$
　　　　　$\sigma_H = 0.05z - 5.1$　　　　　　　　　　　　　　　　式（12.5）

鉱脈：　　$\sigma_v = 0.05z - 5.4$
　　　　　$\sigma_H = 0.05z - 0.1$　　　　　　　　　　　　　　　　式（12.6）

下盤：　　$\sigma_v = 0.036z - 2.0$
　　　　　$\sigma_H = 0.05z - 2.7$　　　　　　　　　　　　　　　　式（12.7）

ピラーの強度は大きな容積の岩盤強度は小さな試験供試体より小さくなるという Stephansson（1985）の方法を利用して決定された．強度の容積依存は次式で求められる．

$$\sigma_o = \sigma_c \left(\frac{V_1}{V_i}\right)^{\alpha} \qquad 式（12.8）$$

ここに，$\sigma_o$ は天盤の一軸圧縮強度，$\sigma_c$ は表 12.1 の一軸圧縮強度の平均値，$V_1$ は試験供試体の容積，$V_i$ はピラーの容積，$\alpha$ は低減係数で 0.007 である．

次に，拘束（最小主応力）による各点の強度の増加は，次式で算定される．

$$\sigma_p = \sigma_o + q\sigma_3 \qquad 式（12.9）$$

ここに，$\sigma_p$ は拘束時の強度，$\sigma_3$ は最小主応力，$q = (1 + \sin\phi_b)/(1 - \sin\phi_b)$，$\phi_b$ は節理の残留摩擦角である．

図 12.14 に示した地質モデルの下部クラウンピラーの厚さ $H_2$ を変えた場合について計算された．$H_2$ が 15 m の時のクラウンピラーの強度と安全率の分布をそれぞれ図 12.15a と 12.15b に示す．強度と安全率がピラーのなかでもかなり異なるため，ピラー全体の安定性はピラー中心の安全率を考慮して評価された．

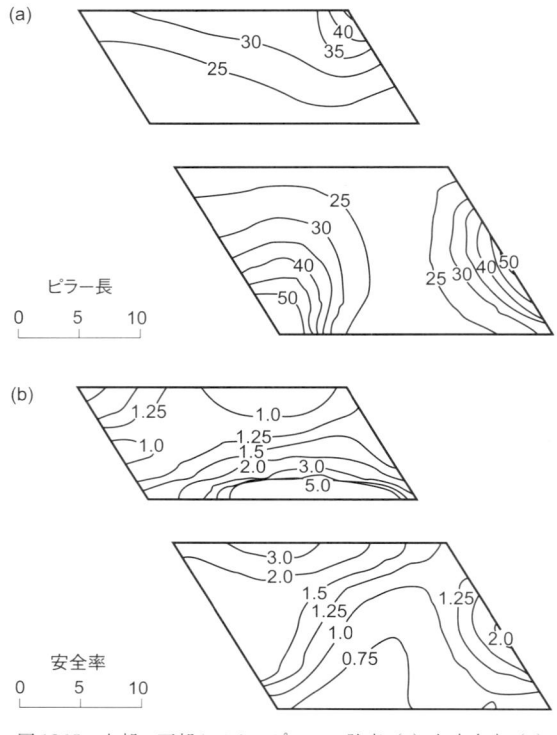

12　岩盤工学，地質学，地球物理学における岩盤応力の利用

図 12.15　上部，下部クラウンピラーの強度（a）と安全率（b）の分布．Luossavaara 鉱山の下部クラウンピラーの高さ $H_2=15$ m (Stephansson, 1985)

　図 12.16a，b には，FEM によるピラーの幅と高さの比を変えた時のピラー中心における強度と安全率の関係を示す．下部クラウンピラー（図 12.16a）では，安全率と強度が高さ／幅の比に伴って増加することを示している．一方，上部クラウンピラー（図 12.16b）では強度は減少するが安全率は増加する．上部クラウンピラーのこのいくぶん異常な挙動は，下部クラウンピラーが大きくなるにつれて強度が低下するが，最小主応力がより減少するために生じている．

　Hardy and Agapito（1977）は坑道の上載荷重を支えるためには 1.2〜1.3 の安全率が必要と述べている．Hoek and Brown（1980a）は一般的なピラーの安全率として 1.3 を提案している．Luossavaara 鉱山のピラーの設計においては 1.25 の安全率が選択され，図 12.16 より鉱脈の幅 $W=20$ m に対する上部クラウンピラーの厚さ $H_1$ は 10 m，下部クラウンピラーの厚さ $H_2$ は 15 m と決定された．

12.3 鉱山工学における応力

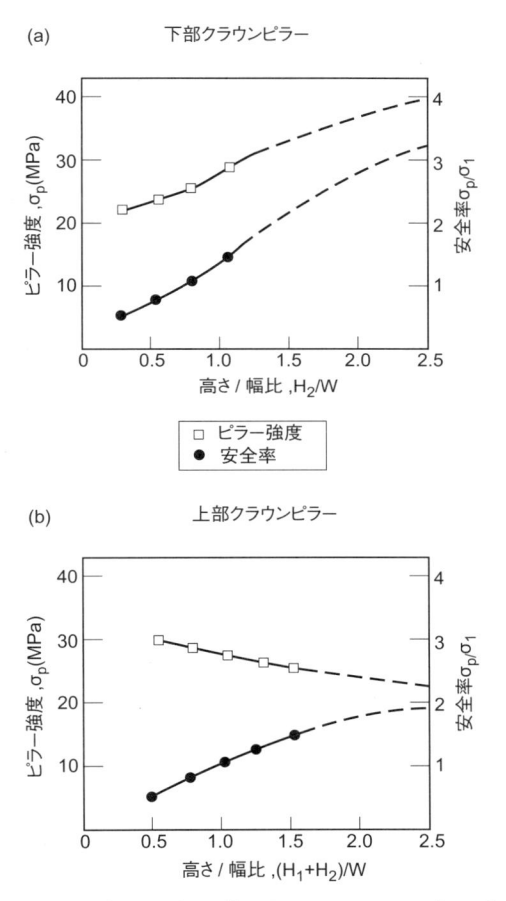

図 12.16 ピラーの高さ／幅の比によるクラウンピラー中心部の強度と安全率の変化．(a) 下部ピラー，(b) 上部ピラー (Stephansson, 1985)

　この解析による結論では，Luossavaara 鉱山の 265 m レベルのクラウンピラーの最適設計は，上部ピラーが 10 m，下部ピラーが 15 m となった．結果的に下部ピラー中央部の安全率は 0.8 となったが，上載荷重を支えるための上部ピラーの安全率は 1.25 となった．長孔発破による無支保採掘工法による採掘の間，ロッドエクステンソメータとワイヤーエクステンソメータによる計測管理が行われ，クラウンピラーの安定性が確認された (Stillborg, 1993)．

## 12.4 地質学と地球物理学における応力

　地質学や地球物理学においては，問題となる地球の一部分を任意に区切った三次元の領域に働く力学的な力を考慮しながら，動的あるいは静的な構造進化が紹介されることがある．そのような領域はしばしば構造系（tectonic system）と呼ばれており（Ramberg, 1981），一般に表面（境界）力と体積力（重力，慣性力，体積変化）などの力を受けている．これらの力は構造系の中に応力を発生させるが，その分布と大きさは，構造系の幾何学的形状，構成岩の力学的性質，地質的な構造に大きく依存する．

　割れ目，断層，褶曲，貫入などの地質構造の発達における原位置応力の基本的な役割については，以前から地質学者や地球物理学者によって認識されていた．地質構造が形成される過程やどのように変形され破砕されるかを理解することは，土木や石油，鉱山の技術者にとって実用的な価値がある．以下に，原位置応力が重要な役割を演ずる地質構造の解析例を示す．さらに興味を持たれた読者は，Ramsay (1967)，Johnson (1970)，Mattauer (1973)，Ramberg (1981)，Price and Cosgrove (1990) による優れた著書を参照されたい．

### 12.4.1 火成岩の貫入

　マグマ溜りに由来した火成岩は，地層を切る岩脈や地層に沿うシルとして貫入（intrusion）する．マグマが貫入体を形成しながら母岩の中を上方移動するという現象は，マグマ溜りの圧力が上載荷重を上回るまでは起こりにくい．深部における岩脈やシルの形成メカニズムは，地殻への水圧破砕（hydraulic fracturing）のような強い圧入によるものと考えられている（Price and Cosgrove, 1990）．地表面近くでは開口した割れ目に流れ込むこともある．Price and Cosgrove (1990) は，貫入先端の応力集中を無視し，マグマが貫入する時の条件を以下のような簡単な式で表した．

$$P_m > S_3 + T \qquad 式（12.10）$$

ここに，$P_m$ はマグマの圧力，$S_3$ は最小主応力，$T$ は破砕が進展する岩の引張強度である．式（12.10）を鉛直岩脈へ適用すれば以下のように表せる．

$$P_m > S_h + T_h \qquad 式（12.11）$$

ここに，$S_h$ は最小水平応力，$T_h$ は地層と平行で最小水平応力方向の岩の引張強度である（図12.17）．マグマの圧力 $P_m$ がちょうど $S_h + T_h$ に等しい場合には，この圧力は

## 12.4 地質学と地球物理学における応力

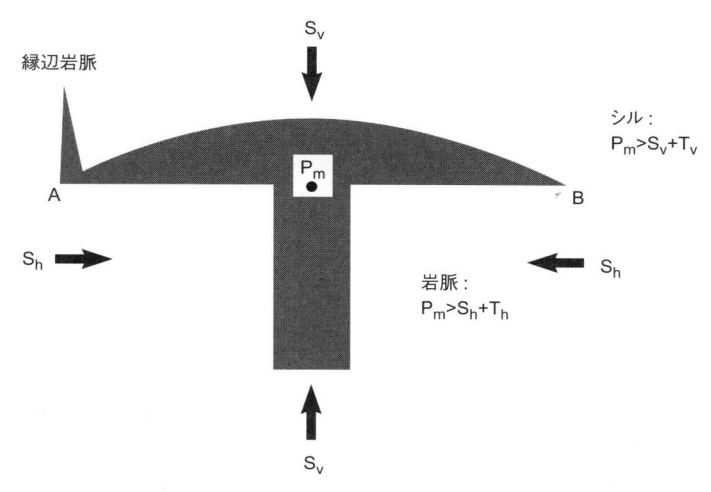

図 12.17　岩脈とシルが貫入するときの応力条件 (Price and Cosgrove, 1990)

水圧破砕の条件を満たすことになる．マグマの圧力が一定とすると，引張強度 $T_h$ の大きさによってはこの圧力は最小水平応力 $S_h$ を上回る．その結果，水圧破砕によって生じた割れ目の壁が開き，岩脈が生成される．

最小水平主応力に対するマグマの過剰圧力の大きさは，場合によっては岩脈のアスペクト比（長さと最大幅の比率）に関係する．Gudmundsson (1983) は，線形弾性で等方なヤング率 $E$，ポアソン比 $\nu$ の岩石を仮定して，有限長さの割れ目のアスペクト比とその割れ目が形成される時の引張応力の関係を定式化した．Gudmundsson (1983) によれば，引張応力 $T$ は割れ目長さ $L$ と最大幅 $W_{max}$ と以下のような関係にある．

$$T = \frac{E}{2(1-\nu^2)} \frac{W_{max}}{L} \qquad 式（12.12）$$

岩脈の場合，そのアスペクト比を測定することで式（12.12）から有効応力（またはマグマ過剰圧力）$T = P_m - S_h$ を決定できる．Gudmundsson (1983) は，アイスランド南東部にある Vogar 裂火口群の 68 個の伸張割れ目を調査し，このアプローチを適用した．割れ目のアスペクト比の平均は 650，$E = 4.85$ GPa，$\nu = 0.25$ であった．裂火口を岩脈とみなして式（12.12）にこれらの値を代入すると，貫入時の引張応力またはマグマ過剰圧力は 4 MPa となる．この値は寸法効果と玄武岩質溶岩中の柱状割

れ目に伴う低い強度を考慮すれば合理的である．

　水平シルの貫入に関しては，マグマの圧力 $P_m$，鉛直応力 $S_v$，鉛直方向の引張強度 $T_v$ の間に以下の条件が成り立つ．

$$P_m > S_v + T_v \qquad 式（12.13）$$

Price and Cosgrove（1990）は，水平な層理や岩組織に沿ってシルが貫入する時の実質上の鉛直方向の引張強度 $T_v$ は 0 であると述べている．したがって，水平成層岩へのシルの貫入は $P_m > S_v$ の時に起こる．

　シルはパイプや岩脈を通してマグマから供給される．フィーダー岩脈とシルが接合する所では式（12.11）と式（12.13）が同時に満たされなければならない（図 12.17）．これによって以下の関係が導かれる．

$$(S_v - S_h) < (T_h - T_v) \qquad 式（12.14）$$

上述のように鉛直の引張強度はほとんどゼロであるから，式（12.14）はシルが岩脈から派生する条件として鉛直応力と最小水平応力の差が水平方向の引張強度より小さいことを示している．水平方向の引張強度は数十 MPa 程度で，亀裂性岩では特に小さい（Price and Cosgrove, 1990）．

　式（12.14）により岩脈がシルに変わる機構が説明できる．逆に，シルや餅盤がどのように終端し岩脈に変化するかを説明することもできる．Johnson（1970）やPrice and Cosgrove（1990）によれば，図 12.17 のシルや餅盤の地表面近くへの貫入では，マグマ圧力の上昇によって貫入岩体の天井部分がたわむことで先端付近の水平応力が減少し，結果的に垂直の岩脈（縁辺岩脈）を形成しやすい状態となる．

　Price and Cosgrove（1990）によれば，マグマの貫入を解析することはマグマ以外の流体による割れ目の形成や，マグマ貫入時の応力場に関する考察の機会をも与えてくれる．しかし，現場で観察される岩脈やシルの構造が現在の応力状態を反映するという保証はない．逆に，岩脈，シル，その他のマグマの貫入の近傍では原位置応力場の大きな不連続がしばしば測定される．これは，多くの場合，硬い貫入岩とより軟らかい母岩の剛性が大きく異なることによる．

### 12.4.2　岩塩ダイアピル

　ダイアピル（diapir）は密度の低い岩がその上の密度の大きい岩を貫く地質現象である．大規模で重要なダイアピルには岩塩（または他の蒸発岩）や火成岩がある．岩塩のダイアピルは，岩塩枕（salt pillows），岩塩壁（salt walls），岩塩ドーム（salt domes），岩塩岩株（salt stocks）のようなさまざまな形態をとる（Trusheim, 1960）．一般に，ダイアピルの形状は貫入物と上載岩の厚さ，密度，粘性の比に依存する（Ramberg, 1981）．岩塩ダイアピルは周辺の堆積岩中に炭化水素を貯留しやすい条件をもたらすので，石油工学において重要である．

岩塩ダイアピルは高密度岩中の低密度岩塩の浮力によって形成される．図12.18は孤立した岩塩が高密度岩中にある状態を単純化したモデルである．Price and Cosgrove（1990）によれば，静的な条件では岩塩の上面には下向きの上載圧 $S_v$ を上回る上への圧力 $S_s$ が発生する．

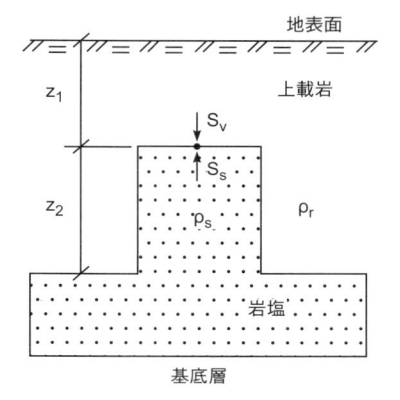

図12.18 浮力による高密度岩への岩塩の貫入モデル（Rrice and Cosgrove, 1990に加筆）

$$S_s - S_v = z_2 g(\rho_r - \rho_s) \tag{12.15}$$

ここに，$(S_s - S_v)$ は浮力，$\rho_r$ と $\rho_s$ はそれぞれ上載岩と岩塩の密度，$g$ は重力加速度である．式（12.15）は浮力が岩塩柱の高さ $z_2$ に応じて増加することを示す．

式（12.15）では，岩塩と母岩の密度はそれぞれ一様としている．Gussow（1968）は岩塩が頁岩層中を上昇する時に密度が深度とともに変化する場合の浮力について解析した．図12.19には一定密度の岩塩に作用する浮力と深度依存の頁岩密度の関係を示す．この図から基底層上の岩塩またはドームの高さが高くなるにしたがって浮力が増加することがわかる．

岩塩の基底層と上載岩が完全に一様で一定の厚さのときには，ダイアピルを浮揚させる力は作用しない．したがって，ダイアピルを形成する浮力が作用するためのトリガーが必要である．ダイアピルを生成する不規則性にはいろいろな種類がある．最も単純なものは基底層上面の膨らみである．造山帯や構造運動帯の褶曲と断層はダイアピルのトリガーとなる構造である．割れ目に沿った岩塩の侵入は，前述のマグマの貫入と全く同様に原位置応力場に依存する．もうひとつのトリガー機構は岩塩層と上載岩の応力場の違いである（Price and Cosgrove, 1990）．Stephansson（1972）とRamberg（1981）は遠心載荷モデルによってダイアピルの発生機構を研究している．

一般に，ダイアピルの貫入によりその近傍の広域応力場は影響を受ける．岩盤を完全弾性体か完全粘性体と仮定すれば，広域応力場の乱れの範囲はダイアピル直径のおよそ2倍と推定される．

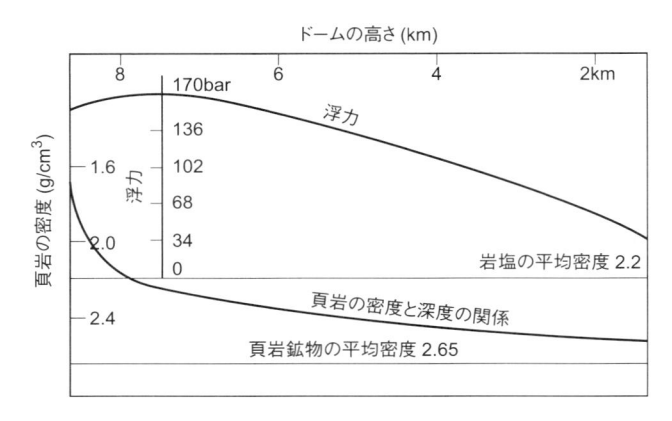

図 12.19 想定密度と上載岩の浮力，圧力，深度の関係 (Gussow, 1968)

### 12.4.3 ドーム構造

　ドームは上方への力によって地層が曲げられた地質構造である．その形状は円形か楕円形で，岩塩ダイアピル，シルや餅盤の貫入，基盤岩の上昇などのようなさまざまな構造運動によって形成される (Withjack and Scheiner, 1982)．一般に，ドームが形成される過程では応力が再配分され，それが上載岩の強度に達すると断層が発生する．ドーム構造の形成に関する実験や解析については Withjack and Scheiner (1982) がレビューしている．

　ドーム構造の形成に伴って発生する割れ目パターンについての包括的な解析と実験は，Withjack and Scheiner (1982) が報告している．かれらの研究は，厚く均質な層が円形または楕円ドームによってどのように変形，破砕されるかに関して，広域的な水平ひずみが重要な役割を果たすことを強調している．かれらは斬新な実験技術によりゴムシートの上に置いた粘土ケーキの挙動をモニターしている．実験では，粘土ケーキの下に置いた小さな風船を膨らませてドームを形成させながら，ゴムシートを水平に引張または圧縮させて粘土ケーキの応答を観察している．その結果，異なる（水平と鉛直の）ひずみとひずみ速度に対して，さまざまな種類とパターンの断層形成過程が観察された．

　Withjack and Scheiner (1992) は，実験の他に岩層を模擬する等方線形弾性の円形または楕円の厚板における応力分布を解析的に求めた．プレートの端を固定し，その下に一様な圧力を作用させることによってドーム構造をシミュレートし，さらに広域

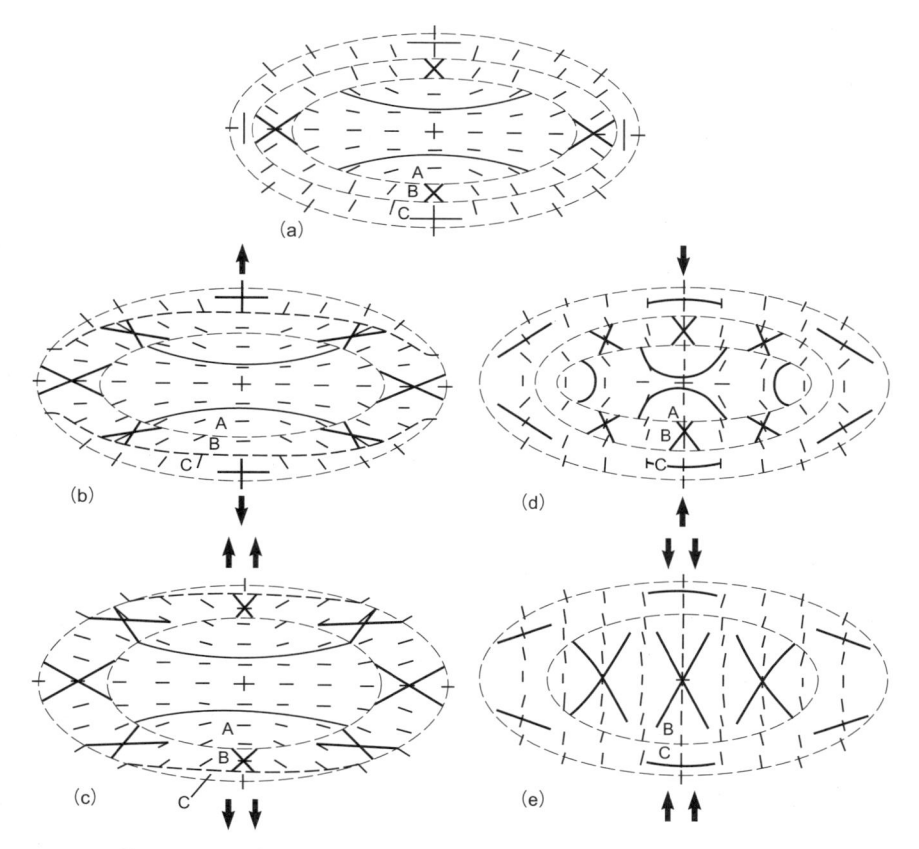

12.4 地質学と地球物理学における応力

図12.20 楕円ドームの応力と断層パターン．短い細線は水平最大主応力の方向を，太い実線は断層の方向を示す．A，B，C ゾーンは正断層，横ずれ断層，逆断層に対応する．(a) 水平ひずみがない楕円ドーム，(b) ドームと一軸引張，(c) ドームと (b) の2倍の一軸引張，(d) ドームと一軸圧縮，(e) ドームと (d) の2倍の一軸圧縮．＋印はプレート中心を示す（Withjack and Scheiner, 1982）

的な伸張または圧縮に伴う応力分布をこれに重ね合わせた．そして，予測された主応力を3つの基本的な断層（図11.4）の応力分布と比較することにより，ドームの各点の断層モードを決定した．その際，鉛直応力はゼロと仮定された．図12.20a-e には楕円ドームについて解析的に求められた最大水平主応力方向と断層パターンを示す．楕円状のドームに側方応力が働いていない場合と伸張または圧縮応力が作用している場合の結果である．図12.20a-e において，頂部 A ゾーンは両方の水平応力が引張で，ドーム側面の B ゾーンはひとつの応力が圧縮，他方は引張，ドーム周辺の C ゾーン

573

は両方の応力が圧縮である．A，B，Cゾーンにはそれぞれ正断層，横ずれ断層，逆（衝上）断層が含まれる．Withjack and Scheiner (1982) によれば，解析的に予測された変形と断層のモードは実験と良い相関が認められる．

割れ目と応力（およびそれらの相互作用）によって貯油層の浸透性と生産性が支配されるので，石油エンジニアにとって破砕ドーム構造における割れ目パターンと応力分布を理解することは重要である．北海のノルウェー鉱区にあるEkofiskでは優れた事例研究がなされている．このフィールドは楕円状ドーム構造で，貯留層は破砕されたチョークである．プロジェクトの重要な目的は，過去20年間の間隙圧の変化と油層の減退が原位置応力場や貯留層の浸透性，生産性に及ぼす影響を評価することであった (Teufel and Farrell, 1990; Teufel, Rhett and Farrell, 1991)．

Teufel and Farrell (1990) は，原位置で測定された最大水平応力の方向と，ドームの構造やドームに関係した放射割れ目の間に強い相関があることを報告している．最大水平応力はドーム頂部においては貯留層の長軸方向と平行で，ドーム側面においては放射状の割れ目パターンと平行である（図1.6）．Teufel and Farrell (1990) は，実測した割れ目と応力のパターンが，Withjack and Scheiner (1982) のモデルで予測されたパターンとよく整合している点も指摘している．

北海のEkofisk鉱区においては，過去20年以上にわたる石油生産によって貯留層の間隙圧が21～24 MPa低下している (Teufel, Rhett and Farrell, 1991)．そのため，鉛直有効応力の増加，軟質なチョークの空隙の崩壊，貯留層の圧縮，海底地盤の沈下が発生している．15年間にわたる水圧破砕法によるシャットイン圧力の測定結果によれば，最小水平応力の変化は間隙圧力の実変化のおよそ80%に相当することが明らかになった（図12.21）．また，有効最小水平応力の増加率は有効鉛直応力の増加率よりも小さく，その比は0.2であった．

貯留層の間隙圧の減少に伴うチョーク層の圧縮と海底の著しい沈下にもかかわらず，Ekofisk鉱区では浸透性と生産性を維持することができている．Teufel, Rhett and Farrell (1991) によると，これは油層の減退に伴って貯留層にせん断破壊が発生し，それによって割れ目密度が増加するとともにマトリックスブロックの大きさが小さくなることによるものとされている．

### 12.4.4 単層の座屈

座屈 (buckling) は表面や地層面に平行な圧縮応力によって生じる表面や地層面の曲げまたは褶曲と定義される (Price and Cosgrove, 1990)．表面や地層面の座屈はさまざまな種類の岩盤で見られる．座屈，褶曲，褶曲構造については数多くの文献がある．

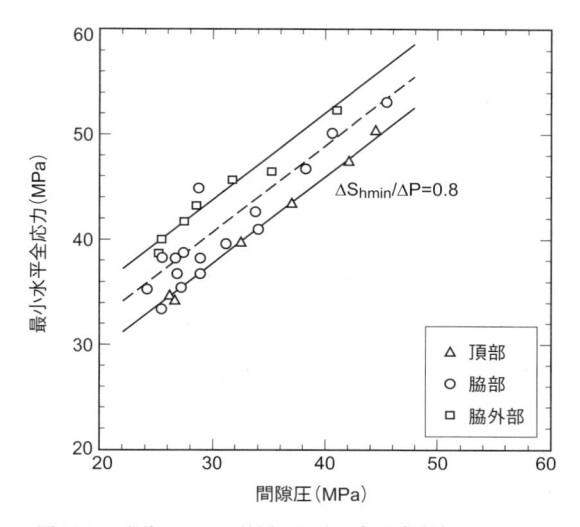

12.4 地質学と地球物理学における応力

図 12.21 北海 Ekofisk 鉱区における水圧破砕法のシャットイン圧力による間隙圧対最小水平全応力のプロット (Teufel, Rhett and Farrell, 1991)

これに関して興味をもたれた読者は Johnson (1977), Ramberg (1981), Price and Cosgrove (1990)) の著書を参照されたい. この節では単一層の褶曲に限って述べる.

褶曲の過程を説明するためのさまざまな理論が地質学者によって提案されている. 一般に, 大部分のモデルではそのモデルの前提となる地質過程が単純化されている (Price and Cosgrove, 1990). 単一層の座屈をモデル化するためのアプローチのひとつは, 材料強度とオイラーの座屈公式を用いる方法である. 長さ $L$, ヤング率 $E$, 断面二次モーメント $I$ の弾性梁が座屈するときの軸力 $F_{\mathrm{crit}}$ は次式で記述される (Riley and Zachary, 1989).

$$F_{\mathrm{crit}} = \frac{4\pi^2 EI}{L_e^2} \qquad 式(12.16)$$

ここに, $L_e$ は境界条件に依存する有効長で, 梁の両端が回転自由支持であれば $L$ と等しく, 完全固定であれば $L/2$ となる. 座屈応力は $F_{\mathrm{crit}}$ を梁の断面で割って得られる. このモデルは周囲の地層との相互作用を考慮していないので, 得られる値はそのような条件付きの値であると考えなければならない.

単一層の座屈に関するより現実的なシミュレーションは Biot (1961, 1965) によっ

て提案された．解析モデルのひとつとして，Biot (1961) は無限に拡がる非圧縮性粘性体中の薄い線形弾性板の座屈について検討し，厚さ $h$，ヤング率 $E$，ポアソン比 $\nu$ のプレートに軸応力 $\sigma$ が作用するとき，褶曲の卓越波長（応力が加えられたとき最初に発生する褶曲頂部間の距離）を次式で示した．

$$\lambda = \pi h \left( \frac{E}{(1-\nu^2)\sigma} \right)^{1/2} \qquad 式 (12.17)$$

このアプローチの大きな欠点は，弾性板の褶曲の波長が周辺粘性体の材料特性に無関係であるということである．

Biot (1961)，Ramberg (1961) が提案した他の座屈モデルでは，粘性率 $\eta_1$，厚さ $h$ の非圧縮性完全粘性固体がより粘性の小さい（$\eta_2$）非圧縮性粘性固体の中にあるとき，式 (12.17) は以下のようになる．

$$\lambda = 2\pi h \left( \frac{\eta_1}{6\eta_2} \right)^{1/3} \qquad 式 (12.18)$$

波長 $\lambda$ と厚さ $h$ が現場で直接観察できる唯一のデータなので，構造地質学者は式 (12.18) による波長と厚さの比 $\lambda/h$ を用いて褶曲形状を表すことがある．その式からみれば，この比は対象層と母岩の粘性の比だけに依存し，作用する応力には関係しない．このモデルは，同じ応力下でも岩相（粘性）が違うと $\lambda/h$ が異なること，また，同じ岩相でも層の厚さによって波長が異なることを表している．

Biot (1961, 1965) は，粘性母岩中に複数の粘性層を挟み込んだケースを取り扱えるようにモデルを拡張するとともに，重力とひずみ速度の影響も加味できるようにした．そして，構造運動においては岩の粘性挙動が支配的であると結論した．また，造構応力が岩盤の強度に比べて小さい場合でも，十分な地質学的時間があれば褶曲が生じること，重力を考慮しなければ褶曲の波長は作用する応力の大きさに依存しないことを示した．

1960 年代以降，単一層の座屈に関する Biot の理論はその中に含まれる仮定が修正されてきた．具体的な修正としては，褶曲に伴って岩層が短く厚くなること，層の厚さの考慮（薄い層と厚い層の解析），層と母岩の間の固着またはすべりの考慮，層と母岩の非線形な粘性挙動の取り込みなどが挙げられる．これらの修正は Price and Cosgrove (1990) に詳しく述べられている．

単一層の座屈問題に関しては有限要素法が広く用いられている．例えば，Dieterich and Carter (1969)，Hudleston and Stephansson (1973)，Stephansson

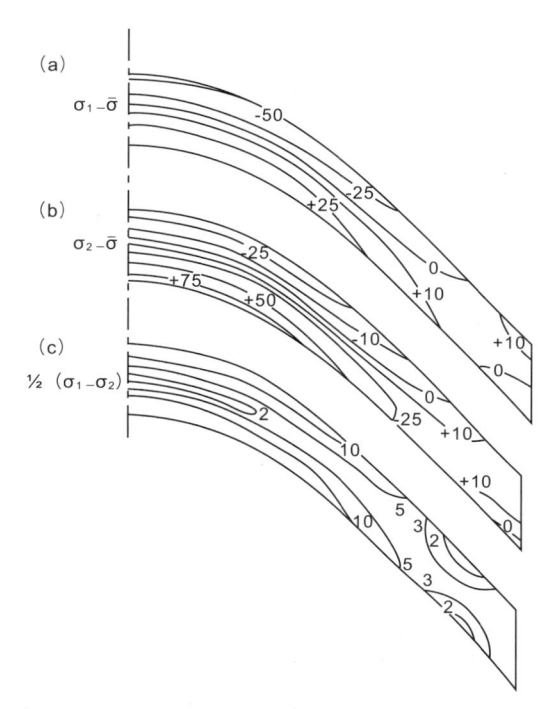

12.4 地質学と地球物理学における応力

図 12.22 褶曲層と周囲の岩盤の粘性比が 100：1 の時の褶曲層内の応力分布．(a) 最大主応力の差分，(b) 最小主応力の差分，(c) 最大せん断応力 (Stephanson, 1986)

(1976) は，この解析法を用いて最初から正弦波状に変形している層の応力とひずみ分布を求めた．図 12.22a-c には，褶曲層と周囲の岩石の粘性比が 100：1 としたときの主応力の差分と最大せん断応力の分布を示す．褶曲のヒンジ部では偏差応力のコンターは平行なパターンを示し，ヒンジの内外で符号が反転している（図 12.22a，b）．このような応力分布の違いは岩石中の拡散現象を促進し，石油，ガス，地球化学的な生成物の移動を引き起こす．図 12.22c のせん断応力分布は，褶曲層の表面へ向かって増加する平行なコンターを示している．褶曲層と周辺岩石の剛性比が著しく異なる直立した褶曲を横切って水平トンネルを掘削する場合には，トンネル周りの応力が大きく変化するため深刻な安定問題と漏水問題に直面することになる（図 2.19 と説明文参照）．

一般に，構造地質学者は，対象領域の褶曲形状や主要なあるいは副次的な地質構造（線状または面状）の詳細なマッピングと構造解析を行い，褶曲構造の形状や対称性

を推測し，どのような造構プロセスと応力状態によってそのような構造が形成されるかについて検討を行う．比較的単純な褶曲形状を持った年代の若い地層の場合には，初期応力と応力履歴を推定することができる．しかし，ふたつ以上の変形フェーズが重なっている場合や，年代の隔たった変形の結果として生じた複雑な構造形態を考える場合には，応力状態を決定することはより困難になる．そのような解析では，変形の異なるフェーズに対する応力場が急変する場合がしばしば見られる（Price and Cosgrove, 1990）．

### 12.4.5 活構造や後氷期の断層

核燃料や他の産業廃棄物の深部最終処分場の位置選定，敷地調査，建設は，いくつかの国の放射性廃棄物計画における主要課題となっている．最終処分場に関して考え得る地質的，地球物理的プロセスを徹底的に解析することは，この計画の主要な作業のひとつである．重要な問題は，最終処分場周辺における最近の動きが新たな破壊に至るものかどうか，大きな岩盤ブロックの荷重の変化や変位が地下水学的，地球化学的状態を決定的に変えてしまうかどうかということにある．応力測定によって得られる大きな岩盤ブロックや断層周辺の応力状態に関する情報から，処分場候補地における活構造，岩盤の不安定性，応力解放などの可能性に関する情報が提供される．以下に述べるように，スウェーデン北部のバルト楯状地に位置する後氷期のLansjärv断層においてこのことが実証された．

北部 Fennoscandia の先カンブリア時代の基盤岩に第四紀の多くの断層が発見された（図12.23）．Olesen et al.（1995）は確認された断層と潜在的な断層を整理し，断層の長さは200 mから80 km以上に及ぶこと，断層崖の高さは5～10 m，特にKiruna西のPärvie断層では最大20 m以上にも達することを明らかにしている．活断層の発見は，放射性廃棄物の最終処分場候補地周辺の水理環境が，荷重の変化や岩盤の動きによって決定的に変化するかもしれないという重要な問題を提起した．この観点から，北部スウェーデンの後氷期のLansjärv断層崖について集中的な研究が実施された（図12.23）．この断層群は主要な四つの断層といくつかの派生断層から成り，50 kmの長さと5～10 mの高さの断層崖を形成している（Bäckblom and Stanfors, 1989）．

Lansjärv地域の物理探査と造構造解析に基づき，断層の近隣に500 mのコアボーリング孔が掘削された．物理検層，地下水の化学分析，破砕鉱物の研究，水文地質学的測定に続いて一連の岩盤応力測定が水圧破砕方法によって行われた．応力測定は異なる深度で27回実施され，そのうち20回は成功し応力と応力比が求められた

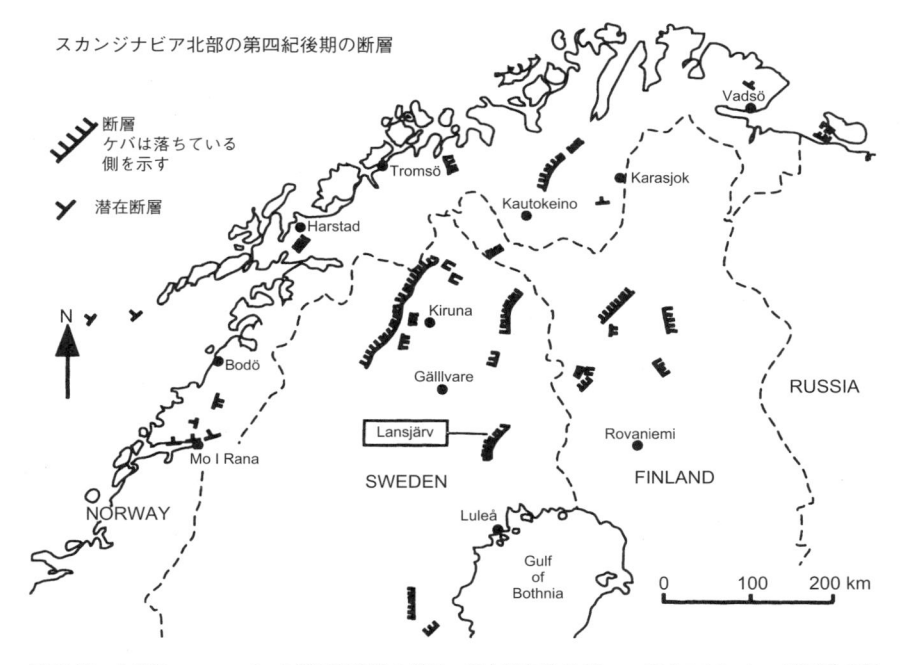

## 12.4 地質学と地球物理学における応力

図 12.23 北部 Fennoscandia の第四紀後期の断層．応力測定は Gallivare 南方の Länsjarv 断層系で実施された（Olesen et al., 1995）

(Bjarnason, Zellman and Wickberg, 1989)．測定された最小水平応力は孔底近くで非常に小さく，Fennoscandia 楯状地の他の地域の水圧破砕データと比較しても応力は概して非常に小さく不規則であることが明らかになった（図 12.24）．

後氷期の Lansjärv 断層近傍の応力測定により，基盤岩の応力は異常に小さく，深度 400 m 付近の最大水平応力の方向がほぼ 90° 回転していることが明らかになった．このことは，Lansjärv 地域における応力解放と断層活動が，およそ BC7000 年以降の Weichselian 氷河の後退に伴って起きているという仮説を支持している．この研究は，岩盤応力の測定が放射性廃棄物処分地の応力解放や応力増加を評価するうえでどのように利用できるかを示している．

### 12.4.6 断層すべり

断層すべり解析は地球物理学者や岩盤工学者にとって重要である．断層すべりは地殻の変形に伴う造構力によって自然に発生する．それはまた，ダムの貯水池，流体の

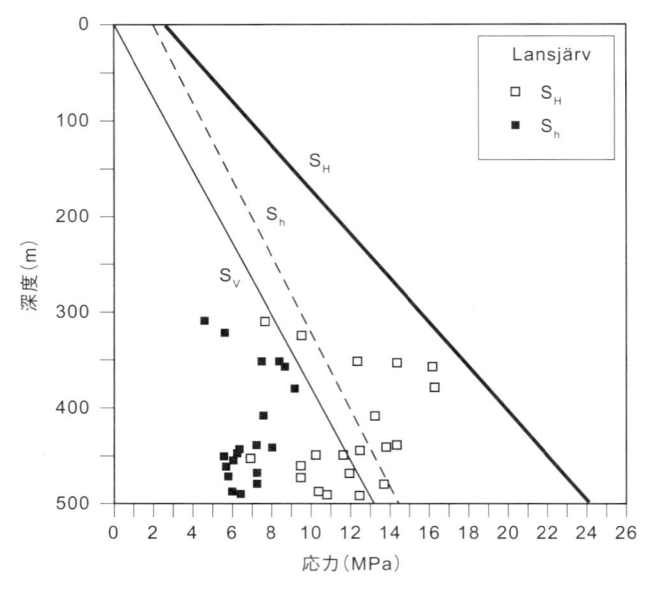

12 岩盤工学，地質学，地球物理学における岩盤応力の利用

図 12.24 スウェーデン北部 Lansjärv 断層系近傍の孔における測定応力．水圧破砕による Fennoscandia の平均的応力に対して活構造近傍の応力は異常に小さい（Bjarnason, Zellman and Wickberg, 1989）

地下貯蔵，水の揚水や注入，石油やガスの汲み上げ，発破など，人工的に引き起こされることもある（Goodman, 1993）．廃棄物処分場やダムのような土木構造物については，その近傍の活断層とそれによる地盤変動の可能性について事前の設計段階で評価する必要がある．自然現象か人間の活動によるかどうかに関係なく，断層すべりは断層面に作用する応力とその変化および断層のせん断強度によって支配される．

軸対称荷重下の単一不連続面（節理または断層）に沿った単純なすべり解析法は，Jaeger (1960) と Bray (1967) によって提案された．さらに複雑な二次元や三次元応力場における断層すべり解析法は，Jaeger and Cook (1976)，Amadei, Savage and Swolfs (1987)，Amadei (1988)，Amadei and Savage (1989)，Ferrill et al. (1995)，Morris, Ferrill and Henderson (1996) に示されている．Amadei らによる図 12.25 では，主応力方向 $x$, $y$, $z$ に対する断層面の方向は傾斜の方位角 $\beta$ と傾斜角度 $\psi$ で定義され，断層面に作用している主応力は $\sigma_x$, $\sigma_y$, $\sigma_z$ と定義される．応力の座標変換則を用いれば，断層面に作用する垂直応力 $\sigma_n$ とせん断応力 $\tau$ は次のように記述できる（付録 A の A.6 節）．

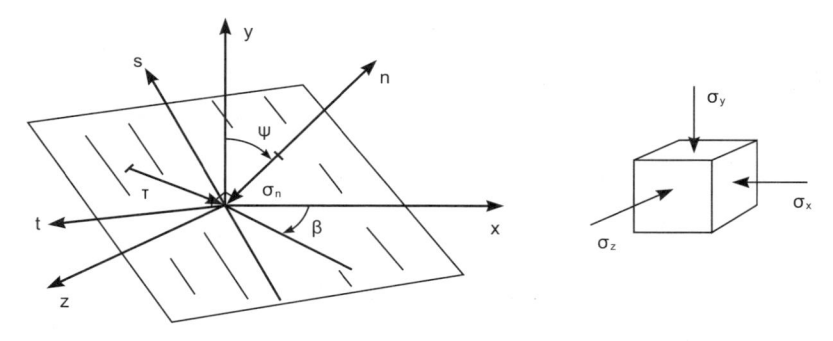

図12.25 三次元主応力 $\sigma_x$, $\sigma_y$, $\sigma_z$ に対して傾斜した面のせん断応力 $\tau$ と垂直応力 $\sigma$
（Amadei and Savage, 1989）

$$\sigma_n = \sigma_x l^2 + \sigma_y m^2 + \sigma_z n^2$$
$$\tau = [(\sigma_x - \sigma_y)^2 l^2 m^2 + (\sigma_y - \sigma_z)^2 \times n^2 m^2 + (\sigma_x - \sigma_z)^2 l^2 n^2]^{1/2}$$
式（12.19）

ここに，$l$，$m$，$n$ は，断層面の法線の $x$，$y$，$z$ 軸に対する方向余弦である．

Coulomb の摩擦則にしたがえば，垂直応力とせん断応力が次式を満たすとき断層面に沿ったすべりが起きる．

$$|\tau| = \mu \sigma_n \qquad 式（12.20）$$

ここに，$\mu$ は断層面の摩擦係数である．断層の粘着力は式（12.20）の右辺に付け加えられる．また，断層面に水圧がある場合には，式（12.20）の垂直応力は有効応力としなければならない．

式（12.19）と式（12.20）から，断層すべりは断層面に作用する3主応力，断層面の角度（$\beta$, $\psi$），断層のせん断強度特性を用いた数式で記述できる．さらにその式には，すべりが起きるためには垂直応力 $\sigma_n$ は正でなければならないという制約が付加される．断層面に作用するせん断応力 $\tau$ の方向（すべりベクトルと平行）は，傾斜すべり（正または逆），斜めすべり，横ずれなど変動のタイプに応じて決定される．

上記の数学的な解析にはいくつかの用途がある．まず，断層がどのような応力状態の時にすべるかが決定できる．このアプローチについては Amadei（1988）と Amadei and Savage（1989）が詳細に論じている．次に，与えられた応力場において，断層がすべる方向を決めることができる．このアプローチについては Amadei（1988）と Amadei, Savage and Swolfs（1987）が検討している．Ferrill et al.（1995）や Morris, Ferrill and Henderson（1996）はそれを「すべり傾向解析」（slip-tendency analysis）

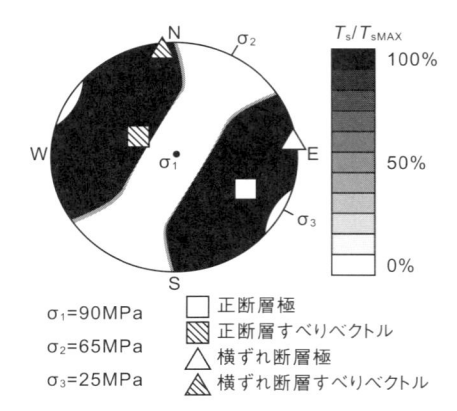

12　岩盤工学，地質学，地球物理学における岩盤応力の利用

σ₁=90MPa　☐ 正断層極
σ₂=65MPa　▨ 正断層すべりベクトル
σ₃=25MPa　△ 横ずれ断層極
　　　　　　▲ 横ずれ断層すべりベクトル

図12.26　Yucca Mountain 地域の断層のすべり傾向解析．影をつけたすべり傾向と三次元応力状態の下半球等角投影．共存する走向すべり断層と正断層のすべりベクトルの極を重ねて表示している．(Morris, Ferrill and Henderson, 1996)

と呼んだ．最後に，この解析はいろいろな方位の断層面上の鏡肌（条線）の分布から初期応力状態を決める逆解析問題に適用することができる．Angelier (1984) らの断層すべり解析 (fault-slip analysis) と呼ばれるアプローチについては 2.14.1 節で詳述している．

Ferrill et al. (1995) や Morris, Ferrill and Henderson (1996) のすべり傾向解析は，他の解析と同じ式に基づいているが現在の応力状態にある既存の断層のすべりとそれに伴う地震のリスク評価に有用である．すべり傾向は，$T_s=\tau/\sigma_n$ の比を断層の摩擦係数 $\mu$ と比較する (Ferrill et al., 1995) か，$T_s/T_{sMAX}=\tau/(\mu\sigma_n)$ の比 (Morris, Ferrill and Henderson, 1996) を計算することによって決定される．

Ferrill et al. (1995) と Morris, Ferrill and Henderson (1996) の方法の重要な利点は，すべり傾向をコンピュータによって自動的に計算できることである．応力テンソルは主応力の大きさと方向を選択することによって決定される．そして，どんな方向の断層についてもそのすべり傾向が計算され，表示される．この表示されたすべり傾向は，3 主応力の大きさと方向を変えることによって修正することが可能で，あらゆる断層面のすべり傾向とすべりベクトルを求めることができる．また，すべり傾向のデータを断層の分布図に結びつけることで，ユーザーは既知の断層や推定断層の配置に関してさまざまな応力シナリオやその効果を調べることができる．すべり傾向解析は与えられた応力状態において最も説明しやすい断層を速やかに特定する上でも有用である．ある領域において既存断層の分布と応力状態を知ることで，地震の危険性を相対的に評価することが可能になる．

Morris, Ferrill and Henderson (1996) によるネヴァダ州の Yucca Mountain 地域における断層すべり傾向解析の例を図 12.26 に示す．断層に作用する主応力は，Stock et al. (1985) による水圧破砕法の結果に基づいて，$\sigma_1=90$ MPa（鉛直），$\sigma_2=60$ MPa (N25°E～N30°E)，$\sigma_3=25$ MPa (N60°W～N65°W) と与えられた．図 12.26 に示す解析結果は，$T_s/T_{smax}$ の比（0 から 100 %）に応じて濃淡の程度で表されている．この図によれば，方位が N-S から NE-SW で傾斜角が比較的大きい断層がすべり易いこと

を示している．また，Yucca Mountain の現在の応力状態においては，横ずれ断層と正断層がほぼ同等に起こりやすいことがわかる．

### 12.4.7　上部地殻のプレート内応力

いろいろな調査により地球の地殻は基本的に上部の脆性部と下部の延性部に分かれることが明らかになっている．脆性部の強度は基本的に既存断層の摩擦強度で表される．一方，下部の延性部の強度はいろいろな流動則で記述される（Brudy et al., 1995）．上部地殻が破壊平衡の状態にあることを確認するためには，深部の原位置応力測定が必要である．地殻内の深いボーリング孔における応力測定は，英国の Cornwall（Pine and Kwakwa, 1989）；ニューメキシコの Fenton Hill（Barton, Zoback and Burns, 1988）；カリフォルニアの Cajon Pass（Zoback and Healy, 1992），ドイツ Oberpfalzand の KTB（Kontinentales Tiefbohrprogramm der Bundesrepublik Deutschland）（Baumgärtner et al., 1993; Brudy et al., 1995; Te Kamp, Rummel and Zoback, 1995; Zoback et al., 1993）などで実施されている．それらのすべての応力データと深度の関係は，上部地殻の応力がその摩擦強度（実験室で得られる 0.6 から 1.0 の断層の摩擦係数）とほぼ平衡であることを示している（Brudy et al., 1995）．これについて，ドイツの KTB サイトで行われた応力測定では以下のように述べられている．

KTB プロジェクトにはふたつの特徴的なフェーズがある．1987 年 9 月から 1989 年 4 月までのフェーズ I では，最終的に 4001 m の深度まで角閃岩を含む縞状片麻岩にパイロット孔が掘削された．1990 年 10 月から 1994 年 12 月までのフェーズ II では，最終的に 9101 m の深度まで主孔が掘削された（図 12.27）．深度 4 km 以深ではほとんど塊状の角閃岩であった．フェーズ I の間に，ワイヤラインツールとストラドルパッカーシステムを使用する方法によって 14 回の水圧破砕測定が行われた．14 回の測定のうち 7 回は成功した．KTB の主孔では，2 回の改良型水圧破砕実験が深度 6 km と 9 km で実施された（Te Kamp, Rummel and Zoback, 1995）．それぞれの深度に機械式ケーシングパッカー（シングル）をセットし，深度 6 km ではその下 18 m 区間，深度 9 km では 70 m 区間が加圧された．深度 9 km の破砕に要する最大圧力が装置の容量を上回ることが予想されたので，密度 1.5 g/cm$^3$ の注入流体が用いられた．深度 9 km の水圧破砕法実験は，信頼できる応力測定としてこれまでの最深のものである．その実験による圧力-時間の記録から，ブレイクダウン圧力は 157 MPa，シャットイン圧力は 147 MPa，再開口圧力は 148 MPa となった（Te Kamp, Rummel and Zoback, 1995 の図 3, 4）．この結果から，最大水平応力は 285 MPa，最小水平応力は 147 MPa と決められた．

12 岩盤工学，地質学，地球物理学における岩盤応力の利用

図 12.27 ドイツの深部掘削プロジェクト KTB のフェーズ II サイトと掘削リグの全景．深度 9 km で水圧破砕法の測定が行われ，最大水平主応力は 285 MPa，最小水平主応力は 147 MPa であった（J. Lauterjung 提供）

　KTB サイトの水圧破砕実験による応力分布は図 12.28 に示すとおりである．その結果から，応力場は横ずれ断層型（$S_H>S_v>S_h$）であることがわかる．パイロット孔の深度 805〜3011 m の水圧破砕による割れ目の方向から，最大水平応力の平均方位は N149±15° と求められた．Brudy et al.（1995）はボアホールブレイクアウトを用いて深度 3.2〜8.6 km 間の $S_H$ の方位を求めた．わずかな局所的ばらつきを別とすれば，$S_H$ の平均方位は本質的に深度にかかわらず N160±10° で一定となった．これらの方位は同地域の他の応力測定結果と一致しており，Müller et al.（1992）による中央ヨーロッパの一般的な応力の方向と調和している．さらに Brudy et al.（1995）は，深度 3 km 以深のブレイクアウトの形状と掘削に誘発されたほぼ垂直な割れ目を解析することによって最大，最小主応力を求めている．これらの応力評価は深度 6 km と 9 km の水圧破砕測定結果を補足するものである．

　Te Kamp, Rummel and Zoback（1995）と Brudy et al.（1995）は，水圧破砕法とブレイクアウトや掘削に誘発されたほぼ垂直な割れ目による応力評価を総合し，Mohr-Coulomb の破壊規準と Byerlee の摩擦則を用いて，上部地殻は適度な間隙水圧のもとで大きなせん断応力を支持していると結論付けた．また，地殻応力の大きさは実験

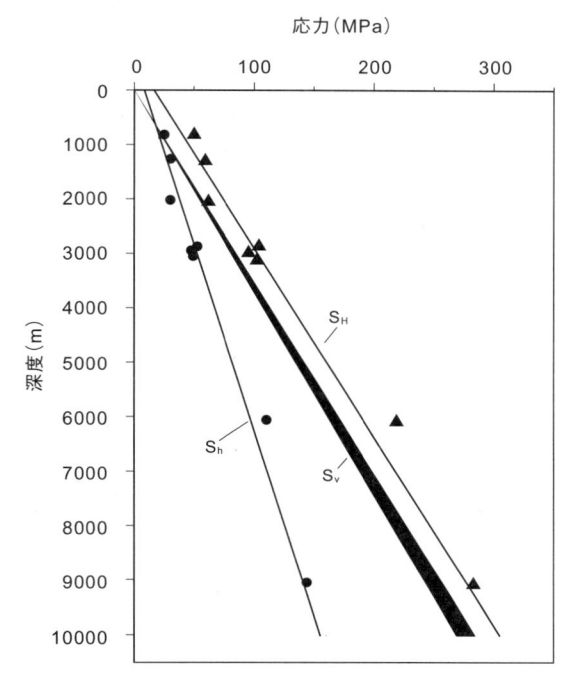

図12.28 KTBサイトの水圧法による応力分布．鉛直応力 $Sv$ は上載岩の密度を $2.8\sim2.9$ g/cm$^3$ として求めた（Te Kamp, Rummel and Zoback, 1995）

室で得られた摩擦係数0.6〜0.8の既存断層が摩擦平衡（frictional equilibrium）状態にあるとした場合の応力値を上限としており，応力がこの平衡状態を上回った場合にはすべり易い方位の断層がすべることによって再び平衡状態に達するまで応力が低下するとしている．

## 参考文献

Amadei, B. (1983) *Rock Anisotropy and the Theory of Stress Measurements*, Lecture Notes in Engineering, Springer-Verlag.
Amadei, B. (1988) Strength of a regularly jointed rock mass under biaxial and axisymmetric loading conditions. *Int. J. Rock Mech. Min. Sci. & Geomech. Abstr.*, 25, 3-13.
Amadei, B. and Pan, E. (1995) Role of topography and anisotropy when selecting unlined pressure tunnel alignment. *ASCE J. Geotech. Eng. Div.*, 121, 879-85.
Amadei, B. and Savage, W.Z. (1989) Anisotropic nature of jointed rock mass strength. *ASCE J. Eng.*

Mech., 115, 525-42.

Amadei, B., Robison, M. J. and Yassin, Y. Y. (1986) Rock strength and the design of underground excavations, in *Proc. Int. Symp. on Large Rock Caverns*, Helsinki, Pergamon Press, Oxford, Vol. 2, pp. 1135-46.

Amadei, B., Savage, W.Z. and Swolfs, H.S. (1987) In-situ geomechanics of crystalline and sedimentary rocks. Part IX: prediction of fault slip in a brittle crust under multiaxial loading conditions. US Geological Survey Open File Report 87-503.

Angelier, J. (1984) Tectonic analysis of fault slip data sets. *J. Geophys. Res.*, 89, 5835-48.

Asmis, H.W. and Lee, C.F. (1980) Mechanistic modes of stress accumulation and relief in Ontario rocks, in *Proc. 13th Can. Symp. Rock Mech.*, Toronto, Canadian Institute of Mining and Metallurgy, CIM Special Vol. 22, pp. 51-5.

Bäckblom, G. and Stanfors, R. (1989) Interdisciplinary study of post-glacial faulting in the Lansjarv area, northern Sweden. Swedish Nuclear Fuel and Waste Management Co., Stockholm, Technical Report 89-31.

Barla, G. (1993) Case study of rock mechanics in the Masua Mine, Italy, in *Comprehensive Rock Engineering* (ed. J.A. Hudson), Pergamon Press, Oxford, Chapter 12, Vol. 5, pp. 291-334.

Barla, G., Sharp, J. C. and Rabagliati, U. (1991) Excavation and support optimisation for a large underground storage facility in weak jointed chalk, in *Proc. 7th Cong. Int. Soc. Rock Mech. (ISRM)*, Aachen, Balkema, Rotterdam, Vol. 2, pp. 1067-72.

Barton, N., Lien, R. and Lunde, J. (1974) Engineering classification of jointed rock masses for the design of tunnel support. *Rock Mech.*, 6, 189-236.

Barton, C.A., Zoback, M.D. and Burns, K.L. (1988) In-situ stress orientation and magnitude at the Fenton Hill geothermal site, New Mexico, determined from wellbore breakouts. *Geophys. Res. Lett.*, 15, 467-70.

Baumgärtner, J. et al. (1993) Deep hydraulic fracturing stress measurements in the KTB (Germany) and Cajon Pass (USA) scientific drilling projects- a summary, in *Proc. 7th Cong. Int. Soc. Rock Mech. (ISRM)*, Aachen, Balkema, Rotterdam, Vol. 3, pp. 1685-90.

Bawden, W.F. (1993) The use of rock mechanics principles in Canadian underground hard rock mine design, in *Comprehensive Rock Engineering* (ed. J.A. Hudson), Pergamon Press, Oxford, Chapter 11, Vol. 5, pp. 247-90.

Bergh-Christensen, J. (1986) Rock stress measurements for the design of a 965 meter head unlined pressure shaft, in *Proc. Int. Symp. on Rock Stress and Rock Stress Measurements*, Stockholm, Centek Publ., Luleå, pp. 583-90.

Bieniawski, Z.T. (1984) *Rock Mechanics Design in Mining and Tunneling*, Balkema, Rotterdam.

Biot, M.A. (1961) Theory of folding of stratified visco-elastic media and its implications in tectonics and orogenesis. *Geol. Soc. Am. Bull.*, 72, 1595-620.

Biot, M. A. (1965) Theory of viscous buckling and gravity instability of multilayers with large deformation. *Geol. Soc. Am. Bull.*, 76, 371-8.

Bjarnason, B., Zellman, O. and Wickberg, P. (1989) Drilling and borehole description, in *Interdisciplinary Study of Post-glacial Faulting in the Lansjärv Area, Northern Sweden*, Swedish Nuclear Fuel and Waste Management Co., Stockholm, Technical Report 89-31.

# 参考文献

Brady, B.H.G. and Brown, E.T. (1985) Rock Mechanics for Underground Mining, Allen & Unwin, London.

Bray, J. W. (1967) A study of jointed and fractured rock. Part I: fracture patterns and their characteristics. *Rock Mech. and Rock Eng.* Geol., 5, 117-36.

Brekke, T. and Ripley, B.D. (1993) Design of pressure tunnels and shafts, in *Comprehensive Rock Engineering* (ed. J.A. Hudson), Pergamon Press, Oxford, Vol. 2, Chapter 14, pp. 349-69.

Brekke, T. and Selmer-Olsen, R. (1966) A survey of the main factors influencing the stability of undergound constructions in Norway, in *Proc. 1st Cong. Int. Soc. Rock Mech. (ISRM)*, Lisbon, Lab. Nac. de Eng. Civil, Lisbon, Vol. II, pp 257-60.

Broch, E. (1984a) Development of unlined pressure shafts and tunnels in Norway. *Underground Space*, 8, 177-84.

Broch, E. (1984b) Unlined high pressure tunnels in areas of complex topography. *Water Power & Dam Constr.*, 36, 21-3.

Broch, E. (1993) General report: caverns including civil defense shelters, in *Proc. 7th Cong. Int. Soc. Rock Mech. (ISRM)*, Aachen, Balkema, Rotterdam, Vol. 3, pp. 1613-23.

Broch, E. and Nielsen, B. (1979) Comparison of calculated, measured and observed stresses at the Ortfjell open pit (Norway), in *Proc. 4th Cong. Int. Soc. Rock Mech. (ISRM)*, Montreux, Balkema, Rotterdam, Vol. 2, pp. 49-56.

Broch, E. and Sorheim, S. (1984) Experiences from the planning, construction and supporting of a road tunnel subjected to heavy rockbursting. *Rock Mech. Rock Eng.*, 17, 15-35.

Brown, E.T. (ed.) (1987) *Analytical and Computational Methods in Engineering Rock Mechanics*, Allen & Unwin, London.

Brown, E.T. and Ferguson, G.A. (1979) Progressive hangingwall caving at Gath's mine, Rhodesia. *Trans. Instn Min. Metall.*, 88, A92-105.

Brown, E.T. and Hoek, E. (1978) Trends in relationships between measured rock in-situ stresses and depth. *Int. J. Rock Mech. Min. Sci. & Geomech. Abstr*, 15, 211-15.

Brown, E.T. et al. (1983) Ground response curve for rock tunnels. *ASCE J. Geotech. Eng. Div.*, 109, 15-39.

Brudy, M. et al. (1995) Application of the integrated stress measurement strategy to the 9 km depth in the KTB boreholes, in *Proc. Workshop on Rock Stresses in the North Sea*, Trondheim, Norway, NTH and SINTEF Publ., Trondheim, pp. 154-64.

Carlsson, A. and Olsson, T. (1982) Rock bursting phenomena in a superficial rock mass in Southern Central Sweden. *Rock Mech.*, 15, 99-110.

Crouch, S.L. and Starfield, A.M. (1983) *Boundary Element Methods in Solid Mechanics*, Allen & Unwin, London.

Deere, D. et al. (1986) Monitoring of the powerhouse cavern for Fortuna hydroproject, in *Proc. Int. Symp. on Large Rock Caverns*, Helsinki, Pergamon Press, Oxford, Vol. 2, pp. 907-20.

Dieterich, J.H. and Carter, N.L. (1969) Stress history of folding. *Am. J. Sci.*, 267, 129-55.

Eissa, E.A. (1980) Stress analysis of underground excavations in isotropic and stratified rock using the boundary element method, unpublished PhD Thesis, Imperial College, London.

Enever, J. R. (1993) Case studies of hydraulic fracture stress measurements in *Australia, in Comprehensive Rock Engineering* (ed. J.A. Hudson), Pergamon Press, Oxford, Chapter 20, Vol. 3, pp. 498-531.

Enever, J.R., Walton, R.J. and Windsor, C.R. (1990) Stress regime in the Sydney basin and its implication for excavation design and construction, in *Proc. Tunnelling Conf.*, Sydney, The Institution of Engineers, Australia, pp. 49-59.

Enever, J.R., Wold, M.B. and Walton, R.J. (1992) Geotechnical investigations for the assessment of the risk of water leakage from pressure tunnels, in *Proc. 6th Australia-New Zealand Conf. on Geomechanics*.

Fairhurst, C. (1968) Methods of determining in-situ rock stresses at great depths. Corps of Engineers, Omaha, Nebraska, Tech. Report No. 1-68.

Ferguson, G.A. (1993) Caving geomechanics, in *Comprehensive Rock Engineering* (ed J.A. Hudson), Pergamon Press, Oxford, Chapter 14, Vol. 5, pp. 359-92.

Ferrill, D.A. et al. (1995) Tectonic processes in the Central Basin and Range region, in *NRC High-Level Radioactive Waste Research at CNWRA*, July-December 1994, Report CNWRA 94-02S prepared by Center for Nuclear Waste Regulatory Analyses, San Antonio, Texas for Nuclear Regulatory Commission.

Franklin, J.A. and Hungr, O. (1978) Rock stresses in Canada: their relevance to engineering projects. *Rock Mech.*, Suppl. 6, 25-46.

Gale, W.J. (1986) The application of stress measurements to the optimization of coal mine roadway driveage in the Illawarra coal measures, in *Proc. Int. Symp. on Rock Stress and Rock Stress Measurements*, Stockholm, Centek Publ., Luleå, pp. 551-60.

Goodall, D.C., Åberg, B. and Brekke, T.L. (1988) Fundamentals of gas containment in unlined rock caverns. *Rock Mech. Rock Eng.*, 21, 235-58.

Goodman, R.E. (1993) *Engineering Geology*, Wiley.

Gudmundsson, A. (1983) Stress estimates from the length/width ratios of fractures. *J. Struct. Geol.*, 5, 623-6.

Guertin, J.D. and Flanagan, R.F (1979) Construction behavior of a shallow tunnel in highly stressed sedimentary rock, in *Proc. 4th Cong. Int. Soc. Rock Mech. (ISRM)*, Montreux, Balkema, Rotterdam, Vol. 2, pp. 181-8.

Gussow, W.C. (1968) Salt diapirism: importance of temperature and energy source of emplacement, in *Diapirism and Diapirs*, Am. Assoc. Petrol. Geol., pp. 16-52.

Gustafson, G., Lindblom, U. and Söder, C.-O. (1991) Hydrogeological and hydromechanical aspects of gas storage, in *Proc. 7th Cong. Int. Soc. Rock Mech. (ISRM)*, Aachen, Balkema, Rotterdam, Vol. 1, pp. 99-103.

Haimson, B.C. (1977) Design of underground powerhouses and the importance of pre-excavation stress measurements, in *Proc. 16th US Symp. Rock Mech., Minneapolis, ASCE Publ.*, pp. 197-204.

Haimson, B.C. (1992) Defining pre-excavation stress measurements for meaningful rock characterization, in *Proc. Eurock '92: Int. Symp. on Rock Characterization*, Chester, UK, British Geotechnical Society, London, pp. 221-6.

Haimson, B.C., Lee, C.F and Huang, J.H.S. (1986) High horizontal stresses at Niagara Falls, their measurement, and the design of a new hydroelectric plant, in *Proc. Int. Symp. on Rock Stress and Rock Stress Measurements*, Stockholm, Centek Publ., Luleå, pp. 615-24.

Hanson, M.E. et al. (1978) LLL gas simulation program. Quarterly progress report, April through June

# 参考文献

1978. Lawrence Livermore Laboratory Report UCRL-50036-78-2.

Hanson, M.E. et al. (1980) LLL gas simulation program. Quarterly progress report, October through December 1979. Lawrence Livermore Laboratory Report UCRL-50036-79-4.

Hanssen, T.H. and Myrvang, A. (1986) Rock stresses and rock stress effects in the Kobbelv area, northern Norway, in *Proc. Int. Symp. on Rock Stress and Rock Stress Measurements*, Stockholm, Centek Publ., Luleå, pp. 625-34.

Hansson, H., Jing, L. and Stephansson, O. (1995) Three-dimensional DEM modelling of coupled thermo-mechanical response for a hypothetical nuclear waste repository, in *Proc. 5th Int. Symp. on Numerical Models in Geomechanics*, Davos, Balkema, Rotterdam, pp. 257-62.

Hardy, M.P. and Agapito, J.F.T. (1977) Pillar design in oil shale mines, in *Proc. 16th US Symp. Rock Mech.*, ASCE, New York, pp. 257-66.

Herget, G. (1993) Rock stresses and rock stress monitoring in Canada, in *Comprehensive Rock Engineering* (ed. J.A. Hudson), Pergamon Press, Oxford, Chapter 19, Vol. 3, pp. 473-96.

Hoek, E and Brown, E.T. (1980a) *Underground Excavations in Rock*, Institution of Mining and Metallurgy, London.

Hoek, E. and Brown, E.T. (1980b) Empirical strength criterion for rock masses. *ASCE J. Geotech. Eng.*, 106, 1013-35.

Hudleston, P.J. and Stephansson, O. (1973) Layer shortening and fold-shape development in the buckling of single layers. *Tectonophysics*, 17, 299-321.

Jaeger, J.C. (1960) Shear failure of anisotropic rocks. *Geol. Mag.*, 97, 65-78.

Jaeger, J.C. and Cook, N.G.W. (1976) *Fundamentals of Rock Mechanics*, 2nd edn, Chapman & Hall, London.

Johnson, A.M. (1970) *Physical Processes in Geology*, Freeman Cooper & Co., San Francisco.

Johnson, A.M. (1977) *Styles of Folding: Mechanics and Mechanisms of Folding of Natural Elastic Materials*, Elsevier.

Kaiser, P.K. (1980) Effect of stress-history on the deformation behavior of underground openings, in *Proc. 13th Can. Symp. Rock Mech.*, Toronto, Canadian Institute of Mining and Metallurgy, CIM Special Vol. 22, pp. 133-40.

Kaiser, P.K. and Maloney, S. (1992) The role of stress change in underground construction, in *Proc. Eurock '92: Int. Symp. on Rock Characterization*, Chester, UK, British Geotechnical Society, London, pp. 396-401.

Kjorholt, H. and Broch, E. (1992) The water curtain- a successful means of preventing gas leakage from high-pressure, unlined rock caverns. *Tunnell. Und. Space Tech.*, 7, 127-32.

Krauland, N. (1981) FEM model of Näsliden mine - requirements and limitations at start of the Näsliden Project, in *Application of Rock Mechanics to Cut and Fill Mining*, Institution of Mining and Metallurgy, London, pp. 141-4. ,

Lee, C.F. (1978) Stress induced instability in underground excavations, in *Proc. 19th US Symp. Rock Mech.*, Reno, Univ. of Nevada Publ., pp. 1-9.

Lee, C.F. and Klym, T.W. (1977) Determination of rock squeeze potential for underground power projects, in *Proc. 17th US Symp. Rock Mech.*, Univ. of Utah, SME/AIME, 5A4-1-5A4-6.

Legge, T.F.H., Richards, L.R. and Pound, J.B. (1986) Kiambere hydro electric project cavern: rock mechanics aspects, in *Proc. Int. Symp. on Large Rock Caverns*, Helsinki, Pergamon Press, Oxford,

Vol. 1, pp. 159-70.

Leijon, B.A. (1986) Application of the LUT triaxial overcoring technique in Swedish mines, in *Proc. Int. Symp. on Rock Stress and Rock Stress Measurements*, Stockholm, Centek Publ., Luleå, pp. 569-79.

Leijon, B.A. and Stillborg, B.L. (1986) A comparative study between two rock stress measurement techniques at Luossavaara mine. *Rock Mech. Rock Eng.*, 19, 143-63.

Liang, J. and Lindblom, U. (1994) Critical pressure for gas storage in unlined rock caverns. *Int. J. Rock Mech. Min. Sci. & Geomech. Abstr.*, 31, 377-81.

Lindblom, U.E. (1977) Rock mechanics research on rock caverns for energy storage, in *Proc. 18th US Symp. Rock Mech.*, Keystone, Johnson Publ., Boulder, 5A2-1-5A2-8.

Lindblom, U.E. (1990) City energy management through underground storage. *Tunnell. Und. Space Tech.*, 5, 225-32.

Martin, C.D. (1995) Brittle rock strength and failure: laboratory and in situ, in *Proc. 8th Cong. Int. Soc. Rock Mech. (ISRM)*, Tokyo, Balkema, Rotterdam, Vol. 3 (in press).

Martna, J. (1988) Distribution of tectonic stresses in mountainous areas, unpublished paper presented at *Int. Symp. on Tunneling for Water Resources and Power Projects*, New Delhi.

Martna, J. and Hansen, L. (1986) Initial rock stresses around the Vietas headrace tunnels no. 2 and 3, Sweden, in *Proc. Int. Symp. on Rock Stress and Rock Stress Measurements*, Stockholm, Centek Publ., Luleå, pp. 605-13.

Martna, J. and Hansen, L. (1987) Rock bursting and related phenomena in some Swedish water tunnels, in *Proc. 6th Cong. Int. Soc. Rock Mech. (ISRM)*, Montreal, Balkema, Rotterdam, Vol. 2, pp. 1105-10.

Marulanda, A., Ortiz, C. and Gutierrez, R. (1986) Definition of the use of steel liners based on hydraulic fracturing tests. A case history, in *Proc. Int. Symp. on Rock Stress and Rock Stress Measurements*, Stockholm, Centek Publ., Luleå, pp. 599-604.

Mattauer, M. (1973) *Les Déformations des Matériaux de l' Ecorce Terrestre*, Hermann, Paris.

Mills, K.W., Pender, M.J. and Depledge, D. (1986) Measurement of in situ stress in coal, in *Proc. Int. Symp. on Rock Stress and Rock Stress Measurements*, Stockholm, Centek Publ., Luleå, pp. 543-9.

Mimaki, Y. (1976) Design and construction of a large underground power station, in *Design and Construction of Underground Structures*, The Japan Society of Civil Engineers, Tokyo, pp. 115-52.

Mimaki, Y. and Matsuo, K. (1986) Investigation of asymmetrical deformation behavior at the horseshoe-shaped large cavern opening, in *Proc. Int. Symp. on Large Rock Caverns*, Helsinki, Pergamon Press, Oxford, Vol. 2, pp. 1337-48.

Molinda, M. et al. (1992) Effects of horizontal stress related to stream valleys on the stability of coal mine openings. US Bureau of Mines Report of Investigation RI9413.

Morris, A., Ferrill, D.A. and Henderson, D.B. (1996) Slip-tendency analysis and fault reactivation, *Geology*, 24, 275-8.

Morton, J.D. and Provost, A.J. (1980) Stillwater tunnel: a classroom in engineering geology, in *Proc. 13th Can. Rock Mech. Symp.*, Toronto, Canadian Institute of Mining and Metallurgy, CIM Special Vol. 22, pp. 80-89.

Müller, B. et al. (1992) Regional patterns of tectonic stress in Europe. *J. Geophys. Res.*, 97, 11783-803.

Myrvang, A.M. (1993) Rock stress and rock stress problems in Norway, in *Comprehensive Rock Engineering* (ed. J.A. Hudson), Pergamon Press, Oxford, Chapter 18, Vol. 3, pp. 461-71.

Myrvang, A., Hansen, S.E. and Sørensen, T. (1993) Rock stress redistribution around an open pit mine in hardrock. Int. *J. Rock Mech. Min. Sci. & Geomech. Abstr.*, 30, 1001-4.

Obara, Y. et al. (1995) Measurement of stress distribution around fault and considerations, in *Proc. 2nd Int. Conf. on the Mechanics of Jointed and Faulted Rock*, Vienna, Balkema, Rotterdam, pp. 495-500.

Obert, L. and Duvall, W.I. (1967) *Rock Mechanics and the Design of Structures in Rock*, Wiley, London.

Olesen, O. et al. (1995) Neotectonics in the Ranafjorden area, Northern Norway, in *Proc. Workshop on Rock Stresses in the North Sea*, Trondheim, Norway, NTH and SINTEF Publ., Trondheim, pp. 92-9.

Pan, E., Amadei, B. and Savage, W.Z. (1994) Gravitational stresses in long symmetric ridges and valleys in anisotropic rock. *Int. J. Rock Mech. Min. Sci. & Geomech. Abstr.*, 31, 293-312.

Pan, E., Amadei, B. and Savage, W.Z. (1995) Gravitational and tectonic stresses in anisotropic rock with irregular topography. *Int. J. Rock Mech. Min. Sci. & Geomech. Abstr.*, 32, 201-14.

Pande, G.N., Beer, G. and Williams, J.R. (1990) Numerical Methods in Rock Mechanics, Wiley, London.

Pine, R.J. and Kwakwa, K.A. (1989) Experience with hydrofracture stress measurements to depths of 2.6 km and implications for measurements to 6 km in the Carnmenellis granite. *Int. J. Rock Mech. Min. Sci. & Geomech. Abstr.*, 26, 565-71.

Price, N.J. and Cosgrove, J.W. (1990) *Analysis of Geological Structures*, Cambridge University Press, Cambridge.

Price Jones, A. and Sims, G.P. (1984) Measurement of in-situ rock stresses for a hydro-electric scheme in Peru, in *Proc. ISRM Symp. on Design and Performance of Underground Excavations*, Cambridge, British Geotechnical Society, London, pp. 191-8.

Ramberg, H. (1961) Contact strain and fold instability of a multilayered body under compression. *Geol. Rundsch.*, 51, 405-39.

Ramberg, H. (1981) *Gravity, Deformation and the Earth's Crust*, 2nd edn, Academic Press, London.

Ramsay, J.G. (1967) *Folding and Fracturing of Rocks*, McGraw-Hill, New York.

Richards, L.R., Sharp, J.C. and Pine, R.J. (1977) Design considerations for large unlined caverns at shallow depths in jointed rock, in *Proc. 1st Int. Symp. on Storage in Excavated Rock Caverns*, Stockholm, Pergamon Press, Oxford, Vol. 2, pp. 239-46.

Riley, W.F. and Zachary, L. (1989) *Introduction to Mechanics of Materials*, Wiley, New York.

Roald, S., Ustad, O. and Myrvang, A. (1986) Natural gas storage in hard rock caverns. *Tunnels and Tunnelling*, 18, 24-5.

Selmer-Olsen, R. (1974) Underground openings filled with high pressure water or air. *Bull. Int. Ass. Eng. Geol.*, 9, 91-5.

Sharma, V.M. et al. (1991) In-situ stress measurement for design of tunnels, in *Proc. 7th Cong. Int. Soc. Rock Mech. (ISRM)*, Aachen, Balkema, Rotterdam, Vol. 2, pp. 1355-8.

Singh, U., Stephansson, O. and Herdocia, A. (1994) Simulation of progressive failure in hanging wall and foot-wall for mining with sub-level caving. *Trans. Inst. Min. Metall., A*, 102, 188-94.

Stephansson, O. (1972) Theoretical and experimental studies of diapiric structures on Öland. *Bull. Geol. Instn Univ. Uppsala NS*, 3, 163-200.

Stephansson, O. (1976) Finite element analysis of folds. *Phil. Trans. Roy. Soc. London A*, 283, 153-61.

Stephansson, O. (1985) Pillar design for large hole open stoping, in *Proc. Int. Symp. on Large Scale Underground Mining*, Centek Publ., Luleå, pp. 185-97.

Stephansson, O. (1993) Rock stress in the Fenno-scandian shield, in *Comprehensive Rock Engineering* (ed. J.A. Hudson), Pergamon Press, Oxford, Chapter 17, Vol. 3, pp. 445-59.

Stephansson, O., Särkkä, P. and Myrvang, A. (1986) State of stress in Fennoscandia, in *Proc. Int. Symp. on Rock Stress and Rock Stress Measurements*, Stockholm, Centek Publ., Luleå, pp. 21-32.

Stillborg, B.L. (1993) Rock mass response to large blast hole open stoping, in *Comprehensive Rock Engineering* (ed. J.A. Hudson), Pergamon Press, Oxford, Chapter 17, Vol. 4, pp. 485-511.

Stock, J.M. et al. (1985) Hydraulic fracturing stress measurements at Yucca Mountain, Nevada, and relationship to regional stress field. *J. Geophys. Res.*, 90, 8691-706.

Sugawara, K. and Obara, Y. (1993) Measuring Rock Stress, in *Comprehensive Rock Engineering* (ed. J.A. Hudson), Pergamon Press, Oxford, Chapter 21, Vol. 3, pp. 533-52.

Sugawara, K. et al. (1986) Determination of the state of stress in rock by the measurement of strains on the hemispherical borehole bottom, in *Proc. Int. Symp. on Large Rock Caverns*, Helsinki, Pergamon Press, Oxford, Vol. 2, pp. 1039-50.

Te Kamp, L., Rummel, F. and Zoback, M.D. (1995) Hydrofrac stress profile to 9 km at the German KTB site, in *Proc. Workshop on Rock Stresses in the North Sea*, Trondheim, Norway, NTH and SINTEF Publ., Trondheim, pp. 147-53.

Teufel, L.W. and Farrell, H.E. (1990) In situ stress and natural fracture distribution in the Ekofisk field, North Sea. Sandia National Labs Report No. SAND-90-1058C.

Teufel, L.W., Rhett, D.W. and Farrell, H.E. (1991) Effect of reservoir depletion and pore pressure drawdown on in situ stress and deformation in the Ekofisk Field, North Sea, in *Proc. 32nd US Symp. Rock Mech.*, Norman, Balkema, Rotterdam, pp. 63-72.

Trusheim, F. (1960) Mechanism of salt migration in N. Germany. *Am. Assoc. Petrol. Geol. Bull.*, 44, 1519-40.

Vik, G. and Tundbridge, L. (1986) Hydraulic fracturing- a simple tool for controlling the safety of unlined pressure shafts and headrace tunnels, in *Proc. Int. Symp. on Rock Stress and Rock Stress Measurements*, Stockholm, Centek Publ., Luleå, pp. 591-7.

Withjack, M.O. and Scheiner, C. (1982) Fault patterns associated with domes- an experimental and analytical study. *Am. Assoc. Petrol. Geol. Bull.*, 66, 302-16.

Zoback, M.D. and Healy, J.H. (1992) In-situ stress measurements to 3.5 km depth in the Cajon Pass scientific research borehole: implications for the mechanics of crustal faulting. *J. Geophys. Res.*, 97, 5039-57.

Zoback, M.D. et al. (1993) Upper-crustal strength inferred from stress measurements to 6 km depth in the KTB borehole. *Nature*, 365, 633-5.

Zoback, M.L. (1992) First- and second-order patterns of stress in the lithosphere: the World Stress Map Project. *J. Geophys. Res.*, 97, 11703-28.

Zoback, M.L. et al. (1989) Global patterns of tectonic stress. *Nature*, 341, 291-8.

# 応力解析

## 付録 A

　この付録は，応力の連続体力学的記述の基本的な考え方をまとめたものである．本付録は，連続体力学に関する講義ノートや幾つかの主要な教科書を参考にして記載した．表記は，G.E. Mase 著「Continume Mechanis」(Schaum's Outline Series, McGraw-Hill, 1970) に従う．

## A.1　コーシーの応力原理

　空間内の連続体領域 $R$ に物体力 $\boldsymbol{b}$（単位質量当）と表面力 $\overline{\boldsymbol{f}}$ が作用する場合を考える（図 A.1）．直交座標系 $(x, y, z)$ において，それぞれの座標軸に対する単位ベクトルを $\boldsymbol{e}_1,\ \boldsymbol{e}_2,\ \boldsymbol{e}_3$ とする．

　連続体内のある部分 $V$ の内側の物質は，$V$ の外側の物質と互いに作用を及ぼし合っている．$V$ の外側表面 $S$ 上の微小面積要素 $\Delta S$ を考え，この $\Delta S$ 上の点 P に対して垂直な単位ベクトル $\boldsymbol{n}$ を定義する．$V$ の内側の物質からは，微小面積要素 $\Delta S$ を通して外側の物質に合力ベクトル $\Delta \boldsymbol{f}$ と力のモーメント $\Delta \boldsymbol{m}$ がそれぞれ作用している．

　コーシーの応力原理では，単位面積当たりの平均力 $\Delta \boldsymbol{f}/\Delta S$ は，$\Delta S$ がゼロに近づくにともない極限値 $d\boldsymbol{f}/ds$ に収束するが，点 P まわりの力のモーメント $\Delta \boldsymbol{m}$ は消えると考える．この極限値は応力ベクトル $\boldsymbol{t}_{(n)}$ と呼ばれる．

$$\boldsymbol{t}_{(n)} = \lim_{\Delta S \to 0} \frac{\Delta \boldsymbol{f}}{\Delta S} \frac{d\boldsymbol{f}}{ds} \qquad 式（A.1）$$

応力ベクトル $\boldsymbol{t}_{(n)}$ の $x,\ y,\ z$ 方向の成分は，単位面積当たりの力の次元で表される．同様に，$V$ の外側の部分から，微小面積要素 $\Delta S$ を介して内側の部分に作用する応力ベクトルは $\boldsymbol{t}_{(-n)}$ である．ニュートンの作用・反作用の法則から次式が成立する．

$$\boldsymbol{t}_{(n)} + \boldsymbol{t}_{(-n)} = 0 \qquad 式（A.2）$$

付録 A 応力解析

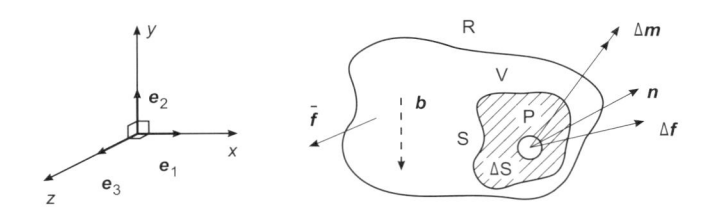

図 A.1 物体力と表面力が作用している連続体

式（A.2）は，以下のように表現できる．すなわち，ひとつの面の両側に作用する応力ベクトルは大きさが等しく向きが反対である．

## A.2 点における応力状態

図 A.1 の点 P における応力状態は，内部点として点 P を持つすべての微小面積要素 $\Delta S$ に関して，式（A.1）によって定義できる．そこで，$x$ 軸，$y$ 軸，$z$ 軸にそれぞれ垂直な 3 つの直交面に作用する応力ベクトル $\boldsymbol{t}_{(e1)}$，$\boldsymbol{t}_{(e2)}$ および $\boldsymbol{t}_{(e3)}$ に着目する．3 つの面は点 P 周りの無限小の応力要素を構成する．

ベクトル $\boldsymbol{t}_{(e1)}$，$\boldsymbol{t}_{(e2)}$ および $\boldsymbol{t}_{(e3)}$ の 9 つの成分は，応力テンソル $\sigma_{ij}$（$i, j = 1, 3$）として知られる，二階のデカルトテンソルの成分である．成分 $\sigma_{11}$，$\sigma_{22}$ および $\sigma_{33}$ は，それぞれ $x$，$y$，$z$ 方向に作用する 3 つの垂直応力 $\sigma_x$，$\sigma_y$ および $\sigma_z$ を表している．成分 $\sigma_{ij}$（$i \neq j$）は，$xy$ 面，$xz$ 面および $yz$ 面に作用する 6 つのせん断応力 $\tau_{xy}$，$\tau_{yx}$，$\tau_{xz}$，$\tau_{zx}$，$\tau_{yz}$ および $\tau_{zy}$ を表している．ふたつの表記則を以下に述べる．

### (1) 工業力学的表記則

垂直引張応力を正とし，せん断応力の正の方向は図 A.2a に示すようにとる．応力ベクトル $\boldsymbol{t}_{(e1)}$，$\boldsymbol{t}_{(e2)}$ および $\boldsymbol{t}_{(e3)}$ は次式となる．

$$\begin{aligned}
\boldsymbol{t}_{(e1)} &= \sigma_x \boldsymbol{e}_1 + \tau_{xy} \boldsymbol{e}_2 + \tau_{xz} \boldsymbol{e}_3 \\
\boldsymbol{t}_{(e2)} &= \tau_{yx} \boldsymbol{e}_1 + \sigma_y \boldsymbol{e}_2 + \tau_{yz} \boldsymbol{e}_3 \\
\boldsymbol{t}_{(e3)} &= \tau_{zx} \boldsymbol{e}_1 + \tau_{zy} \boldsymbol{e}_2 + \sigma_z \boldsymbol{e}_3
\end{aligned} \qquad 式（A.3）$$

### (2) 岩盤力学的表記則

垂直圧縮応力を正とし，せん断応力の正の方向は図 A.2b に示すようにとる．応力

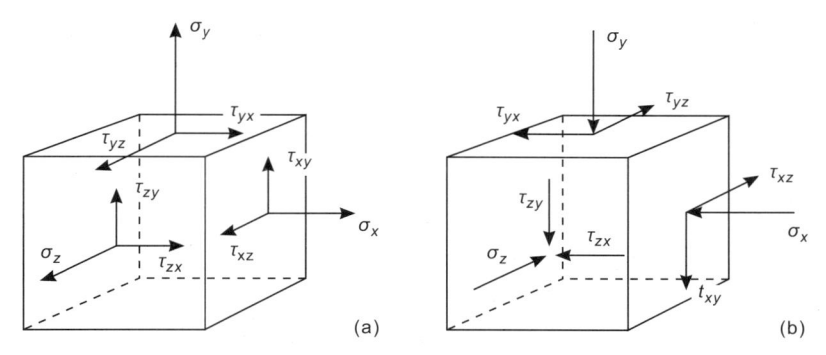

図 A.2　垂直応力とせん断応力の正の方向：(a) 工業力学的取決め，(b) 岩盤力学的取決め

ベクトル $\boldsymbol{t}_{(e1)}$, $\boldsymbol{t}_{(e2)}$ および $\boldsymbol{t}_{(e3)}$ は次式となる．

$$\begin{aligned}
\boldsymbol{t}_{(e1)} &= -\sigma_x \boldsymbol{e}_1 - \tau_{xy}\boldsymbol{e}_2 - \tau_{xz}\boldsymbol{e}_3 \\
\boldsymbol{t}_{(e2)} &= -\tau_{yx}\boldsymbol{e}_1 - \sigma_y\boldsymbol{e}_2 - \tau_{yz}\boldsymbol{e}_3 \\
\boldsymbol{t}_{(e3)} &= -\tau_{zx}\boldsymbol{e}_1 - \tau_{zy}\boldsymbol{e}_2 - \sigma_z\boldsymbol{e}_3
\end{aligned} \qquad 式（A.4）$$

## A.3　傾斜面上における応力状態

　図 A.1 の点 P を再び考え，点 P での応力状態を応力テンソル $\sigma_{ij}$ で表す．点 P を通る傾斜面上に作用する応力ベクトル $\boldsymbol{t}_{(n)}$ の成分は，$\sigma_{ij}$ 成分と応力ベクトルの概念を導入するために使用したものと同様の極限過程を用いて面の方向で表現することができる．図 A.3 に示すように，点 P を通り，着目している平面に平行な領域 $dS$ の平面 ABC を考える．ベクトル $\boldsymbol{n}$ は成分 $n_1$, $n_2$, $n_3$ を持ち平面に垂直である．四面体 PABC の力のつり合いは，その面に作用する（平均）応力ベクトルの間に次の関係を導く．すなわち，

$$\boldsymbol{t}_{(n)}dS + \boldsymbol{t}_{(-e1)}n_1 dS + \boldsymbol{t}_{(-e2)}n_2 dS + \boldsymbol{t}_{(-e3)}n_3 dS = 0 \qquad 式（A.5）$$

ここに，$n_1 dS$, $n_2 dS$ および $n_3 dS$ はそれぞれ四面体の面 CPB，CPA および APB の面積である．式（A.2）を使うと $\boldsymbol{t}_{(n)}$ は次のように表される．

$$\boldsymbol{t}_{(n)} = \boldsymbol{t}_{(e1)}n_1 + \boldsymbol{t}_{(e2)}n_2 + \boldsymbol{t}_{(e3)}n_3 \qquad 式（A.6）$$

面 ABC に作用する応力は，図 A.3 の四面体が微小な場合，点 P を通る平行な面に作

付録 A　応力解析

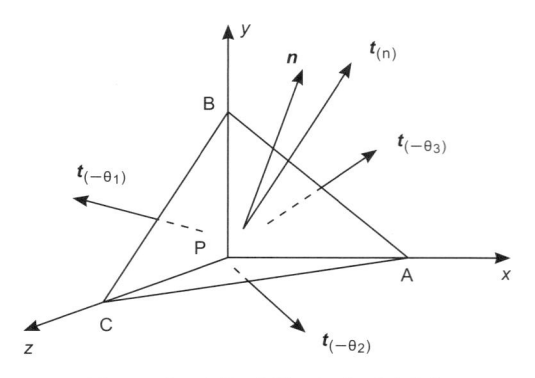

図 A.3　点 P を通る傾斜した面の応力状態

用する応力に近づくだろう．極限過程で，四面体 PABC に作用するあらゆる物体力の寄与は消える．

式（A.6）は，点 P における垂直応力とせん断応力成分によっても表される．$t_x$，$t_y$ および $t_z$ を応力ベクトル $t_{(n)}$ の $x$，$y$，$z$ 成分とする．工業力学的表記則を使うと，式（A.3）と式（A.6）を組み合わせて次式を得る．

$$\begin{bmatrix} t_x \\ t_y \\ t_z \end{bmatrix} = \begin{bmatrix} \sigma_x & \tau_{yx} & \tau_{zx} \\ \tau_{xy} & \sigma_y & \tau_{zy} \\ \tau_{xz} & \tau_{yz} & \sigma_z \end{bmatrix} \begin{bmatrix} n_1 \\ n_2 \\ n_3 \end{bmatrix} \qquad 式（A.7a）$$

一方，岩盤力学的表記則によれば，式（A.4）と式（A.6）を組み合わせて次式を得る．

$$-\begin{bmatrix} t_x \\ t_y \\ t_z \end{bmatrix} = \begin{bmatrix} \sigma_x & \tau_{yx} & \tau_{zx} \\ \tau_{xy} & \sigma_y & \tau_{zy} \\ \tau_{xz} & \tau_{yz} & \sigma_z \end{bmatrix} \begin{bmatrix} n_1 \\ n_2 \\ n_3 \end{bmatrix} \qquad 式（A.7b）$$

式（A.7a）と式（A.7b）の 3×3 の行列は，応力テンソル $\sigma_{ij}$ の行列表示である．

## A.4　力とモーメントのつり合い

図 A.1 の連続体内のすべての微分要素について，力のつり合いとモーメントのつり合いは，力のつり合い式と応力テンソル $\sigma_{ij}$ の対称性をそれぞれに導く．

## (1) 力のつり合い式

$$\frac{\partial \sigma_x}{\partial x} + \frac{\partial \tau_{yx}}{\partial y} + \frac{\partial \tau_{zx}}{\partial z} + \rho b_1 = 0$$

$$\frac{\partial \tau_{yx}}{\partial x} + \frac{\partial \sigma_y}{\partial y} + \frac{\partial \tau_{zy}}{\partial z} + \rho b_2 = 0 \qquad \text{式 (A.8)}$$

$$\frac{\partial \tau_{xz}}{\partial x} + \frac{\partial \tau_{yz}}{\partial y} + \frac{\partial \sigma_z}{\partial z} + \rho b_3 = 0$$

ここに，$\rho$ は密度であり，$\rho b_1$, $\rho b_2$, $\rho b_3$ はそれぞれ連続体の単位体積当たりの物体力の $x$, $y$, $z$ 方向の成分である．それらの成分の正の方向は，工業力学的表記則を用いれば $x$, $y$, $z$ の正の方向であり，岩盤力学的表記則を用いれば，$x$, $y$, $z$ の負の方向である．

## (2) 応力テンソルの対称性

$$\tau_{xy} = \tau_{yx}; \quad \tau_{xz} = \tau_{zx}; \quad \tau_{yz} = \tau_{zy} \qquad \text{式 (A.9)}$$

式 (A.9) は，ある点の応力状態を記述するには 6 つの応力成分（3 つの垂直応力と 3 つのせん断応力）だけが必要であることを示している．

## A.5 応力の座標変換則

点 P において，ふたつの直交座標系 $(x, y, z)$ および $(x', y', z')$ を考える．$x'$ 軸，$y'$ 軸および $z'$ 軸の方向は座標系 $(x, y, z)$ の単位ベクトル $\boldsymbol{e}_1$, $\boldsymbol{e}_2$ および $\boldsymbol{e}_3$ の方向余弦によって次式で定義される．

$$\begin{aligned} \boldsymbol{e}'_1 &= l_{x'}\boldsymbol{e}_1 + m_{x'}\boldsymbol{e}_2 + n_{x'}\boldsymbol{e}_3 \\ \boldsymbol{e}'_2 &= l_{y'}\boldsymbol{e}_1 + m_{y'}\boldsymbol{e}_2 + n_{y'}\boldsymbol{e}_3 \\ \boldsymbol{e}'_3 &= l_{z'}\boldsymbol{e}_1 + m_{z'}\boldsymbol{e}_2 + n_{z'}\boldsymbol{e}_3 \end{aligned} \qquad \text{式 (A.10)}$$

座標変換行列は以下の $[A]$ となる．

$$[A] = \begin{vmatrix} l_{x'} & m_{x'} & n_{x'} \\ l_{y'} & m_{y'} & n_{y'} \\ l_{z'} & m_{z'} & n_{z'} \end{vmatrix} \qquad \text{式 (A.11)}$$

行列 $[A]$ は $[A]^t = [A]^{-1}$ を満たす直交行列である．二階のデカルトテンソルに関する変換

付録A 応力解析

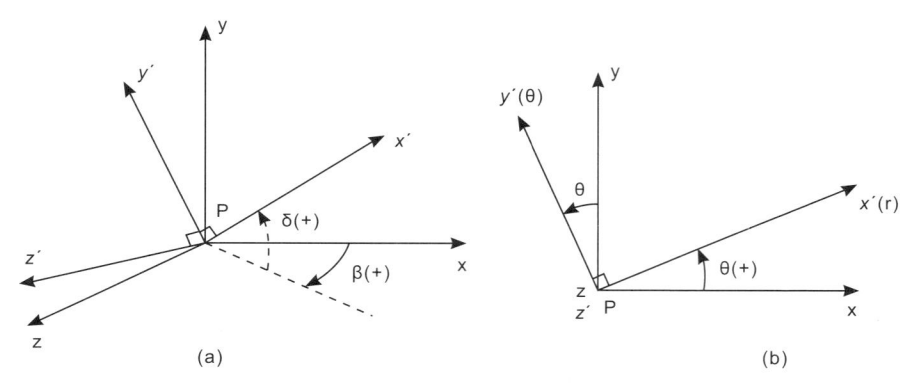

図A.4 座標系 $(x,y,z)$ に関する $x'$ 軸,$y'$ 軸,$z'$ 軸の特殊なふたつの方向

則を用いると,座標系 $(x',y',z')$ における応力テンソル $\sigma'_{ij}$ の成分は座標系 $(x,y,z)$ における応力テンソル $\sigma_{ij}$ の成分と次のように関係づけられる.

$$\begin{bmatrix} \sigma_{x'} & \tau_{x'y'} & \tau_{x'z'} \\ \tau_{x'y'} & \sigma_{y'} & \tau_{y'z'} \\ \tau_{x'z'} & \tau_{y'z'} & \sigma_{z'} \end{bmatrix} = \begin{bmatrix} l_{x'} & m_{x'} & n_{x'} \\ l_{y'} & m_{y'} & n_{y'} \\ l_{z'} & m_{z'} & n_{z'} \end{bmatrix} \begin{bmatrix} \sigma_x & \tau_{xy} & \tau_{xz} \\ \tau_{xy} & \sigma_y & \tau_{yz} \\ \tau_{xz} & \tau_{yz} & \sigma_z \end{bmatrix} \begin{bmatrix} l_{x'} & l_{y'} & l_{z'} \\ m_{x'} & m_{y'} & m_{z'} \\ n_{x'} & n_{y'} & n_{z'} \end{bmatrix} \quad 式(A.12)$$

$\sigma'_{ij}$ と $\sigma_{ij}$ の $6\times 1$ の行列表記を使うと,式(A.12)は式(A.13)のように書き換えられる.また,行列表記すると式(A.14)となる.

$$\begin{bmatrix} \sigma_{x'} \\ \sigma_{y'} \\ \sigma_{z'} \\ \tau_{y'z'} \\ \tau_{z'x'} \\ \tau_{x'y'} \end{bmatrix} = \begin{bmatrix} l_{x'}^2 & m_{x'}^2 & n_{x'}^2 & 2m_{x'}n_{x'} & 2n_{x'}l_{x'} & 2l_{x'}m_{x'} \\ l_{y'}^2 & m_{y'}^2 & n_{y'}^2 & 2m_{y'}n_{y'} & 2n_{y'}l_{y'} & 2l_{y'}m_{y'} \\ l_{z'}^2 & m_{z'}^2 & n_{z'}^2 & 2m_{z'}n_{z'} & 2n_{z'}l_{z'} & 2l_{z'}m_{z'} \\ l_{y'}l_{z'} & m_{y'}m_{z'} & n_{y'}n_{z'} & m_{y'}n_{z'}+m_{z'}n_{y'} & n_{y'}l_{z'}+n_{z'}l_{y'} & l_{y'}m_{z'}+l_{z'}m_{y'} \\ l_{z'}l_{x'} & m_{z'}m_{x'} & n_{z'}n_{x'} & m_{x'}n_{z'}+m_{z'}n_{x'} & n_{x'}l_{z'}+n_{z'}l_{x'} & l_{x'}m_{z'}+l_{z'}m_{x'} \\ l_{x'}l_{y'} & m_{x'}m_{y'} & n_{x'}n_{y'} & m_{x'}n_{y'}+m_{y'}n_{x'} & n_{x'}l_{y'}+n_{y'}l_{x'} & l_{x'}m_{y'}+l_{y'}m_{x'} \end{bmatrix} \begin{bmatrix} \sigma_x \\ \sigma_y \\ \sigma_z \\ \tau_{yz} \\ \tau_{zx} \\ \tau_{xy} \end{bmatrix}$$

式(A.13)

$[\sigma]_{x'y'z'} = [T_\sigma][\sigma]_{xyz}$ 式(A.14)

方向余弦 $l_{x'}$,$m_{x'}$,$n_{x'}$,……に関する表記は,図A.4aおよび図A.4bに示されるふたつの特殊なケースに関してそれぞれ以下のように与えられる.図A.4aで $x'$ 軸の方向は,ふたつの角度 $\beta$ および $\delta$ と $Pxz$ 面内の $z'$ 軸で定義される.方向余弦は以下のよ

うになる.

$$
\begin{array}{lll}
l_{x'}=\cos\delta\cos\beta & l_{y'}=-\sin\delta\cos\beta & l_{z'}=-\sin\beta \\
m_{x'}=\sin\delta & m_{y'}=\cos\delta & m_{z'}=0 \\
n_{x'}=\cos\delta\sin\beta & n_{y'}=-\sin\delta\sin\beta & n_{z'}=\cos\beta
\end{array}
\quad 式（A.15）
$$

仮に，式（A.15）において，$\beta=0$，$\delta=0$ とし，$z'$ 軸を $z$ 軸に一致させると，たとえば，$x'$, $y'$, $z'$ 軸は，円柱座標系 $(r, \theta, z)$（図 A.4b）の半径方向軸，接線方向軸および縦方向の軸に一致し，方向余弦は以下のようになる．

$$
\begin{array}{lll}
l_{x'}=l_r=\cos\theta & l_{y'}=l_\theta=-\sin\theta & l_{z'}=l_z=0 \\
m_{x'}=m_r=\sin\theta & m_{y'}=m_\theta\cos\theta & m_{z'}=m_z=0 \\
n_{x'}=n_x=0 & n_{y'}=n_y=0 & n_{z'}=n_z=1
\end{array}
\quad 式（A.16）
$$

これらの方向余弦を式（A.13）に代入すると，座標系 $(r, \theta, z)$ における応力成分 $\sigma_r$, $\sigma_\theta$, $\sigma_z$, $\tau_{\theta z}$, $\tau_{rz}$, $\tau_{r\theta}$ と座標系 $(x, y, z)$ における応力成分との関係を得る．

$$
\begin{bmatrix}\sigma_r \\ \sigma_\theta \\ \sigma_z \\ \tau_{\theta z} \\ \tau_{rz} \\ \tau_{r\theta}\end{bmatrix}=\begin{bmatrix}\cos^2\theta & \sin^2\theta & 0 & 0 & 0 & \sin 2\theta \\ \sin^2\theta & \cos^2\theta & 0 & 0 & 0 & -\sin 2\theta \\ 0 & 0 & 1 & 0 & 0 & 0 \\ 0 & 0 & 0 & \cos\theta & -\sin\theta & 0 \\ 0 & 0 & 0 & \sin\theta & \cos\theta & 0 \\ -\dfrac{\sin 2\theta}{2} & \dfrac{\sin 2\theta}{2} & 0 & 0 & 0 & \cos 2\theta\end{bmatrix}\begin{bmatrix}\sigma_x \\ \sigma_y \\ \sigma_z \\ \tau_{yz} \\ \tau_{zx} \\ \tau_{xy}\end{bmatrix}
\quad 式（A.17）
$$

## A.6　傾斜した面上における垂直応力とせん断応力

点Ｐを通り，$x$ 軸，$y$ 軸および $z$ 軸に関して傾斜している面を考える．その面に直交座標系 $(x', y', z')$ があり，その $x'$ 軸は面の外向き法線に沿い，$y'$ 軸および $z'$ 軸が面内にある．$x$ 軸，$y$ 軸および $z$ 軸は，式（A.15）で定義した方向余弦によって図 A.4a に示すように方向付けられている．

面に交差する応力状態は，図 A.5 のようにひとつの垂直成分 $\sigma_{x'}=\sigma_n$ とふたつのせん断成分 $\tau_{x'y'}$ および $\tau_{x'z'}$ で定義される．

$$
\begin{bmatrix}\sigma_{x'} \\ \tau_{x'y'} \\ \tau_{x'z'}\end{bmatrix}=\begin{bmatrix}l_{x'} & m_{x'} & n_{x'} \\ l_{y'} & m_{y'} & n_{y'} \\ l_{z'} & m_{z'} & n_{z'}\end{bmatrix}\begin{bmatrix}\sigma_x & \tau_{xy} & \tau_{xz} \\ \tau_{xy} & \sigma_y & \tau_{yz} \\ \tau_{xz} & \tau_{yz} & \sigma_z\end{bmatrix}\begin{bmatrix}l_{x'} \\ m_{x'} \\ n_{x'}\end{bmatrix}
\quad 式（A.18）
$$

付録A 応力解析

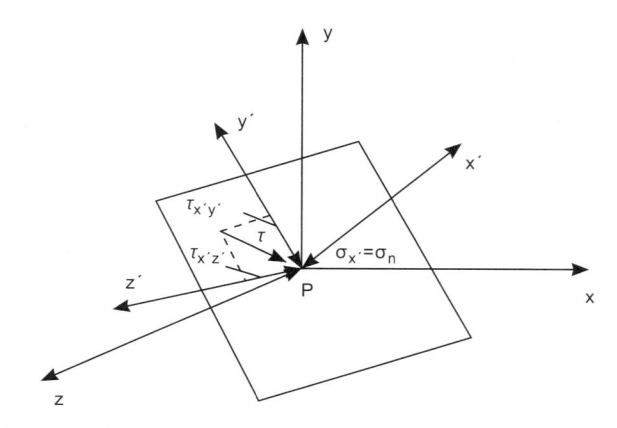

図A.5 点Pを通る平面に作用している応力ベクトルの垂直成分とせん断成分

式（A.18）は，式（A.13）の1行目，5行目および6行目の行列表記である．面を横切る合せん断応力 $t$ は次式に等しい．

$$\tau^2 = \tau_{x'y'}^2 + \tau_{x'z'}^2 \qquad 式（A.19）$$

面に作用している応力ベクトル $\boldsymbol{t}_{(n)}$ は以下となる．

$$|\boldsymbol{t}_{(n)}|^2 = \sigma_n^2 + \tau^2 = \sigma_{x'}^2 + \tau_{x'y'}^2 + \tau_{x'z'}^2 \qquad 式（A.20）$$

## A.7 主応力

主応力とその方向を求めることは，応力テンソル $\sigma_{ij}$ の固有値と相当固有ベクトルを求めることに等しい．応力テンソルは対称行列なので固有値が存在する．

$\sigma_{ij}$ の固有値は，行列式 $\sigma_{ij} - \sigma\delta_{ij}$ がゼロになるような垂直応力 $\sigma$ の値である．すなわち，

$$\begin{vmatrix} \sigma_x - \sigma & \tau_{xy} & \tau_{xz} \\ \tau_{xy} & \sigma_y - \sigma & \tau_{yz} \\ \tau_{xz} & \tau_{yz} & \sigma_z - \sigma \end{vmatrix} = 0 \qquad 式（A.21）$$

上式を展開すれば，$\sigma$ は次の三次多項式を満足しなければならない．

$$\sigma^3 - I_1\sigma^2 + I_2\sigma - I_3 = 0 \qquad 式（A.22）$$

ここに，$I_1$, $I_2$, $I_3$ はそれぞれ一次，二次および三次の応力不変量であり次式に等しい．

$$I_1 = \sigma_x + \sigma_y + \sigma_z$$
$$I_2 = \sigma_y \sigma_z + \sigma_x \sigma_z + \sigma_x \sigma_y - \tau_{yz}^2 - \tau_{xz}^2 - \tau_{xy}^2 \qquad 式（A.23）$$
$$I_3 = \sigma_x \sigma_y \sigma_z + 2\tau_{xy}\tau_{xz}\tau_{yz} - (\sigma_x \tau_{yz}^2 + \sigma_y \tau_{xz}^2 + \sigma_z \tau_{xy}^2)$$

式（A.22）の三乗根が主応力であり，通常 $\sigma_1$, $\sigma_2$, $\sigma_3$ と表記される．各主応力 $\sigma_k$ に関して，式（A.25）の直交条件式を用いて式（A.24）を解いて得られる方向余弦 $n_{1k}$, $n_{2k}$ および $n_{3k}$ の主応力方向が存在する．

$$\begin{bmatrix} \sigma_x - \sigma_k & \tau_{xy} & \tau_{xz} \\ \tau_{xy} & \sigma_y - \sigma_k & \tau_{yz} \\ \tau_{xz} & \tau_{yz} & \sigma_z - \sigma_k \end{bmatrix} \begin{bmatrix} n_{1k} \\ n_{2k} \\ n_{3k} \end{bmatrix} = \begin{bmatrix} 0 \\ 0 \\ 0 \end{bmatrix} \qquad 式（A.24）$$

$$n_{1k}^2 + n_{2k}^2 + n_{3k}^2 = 1 \qquad 式（A.25）$$

# 円孔周りの変位，応力，ひずみ：異方性解法

付録 B

## B.1 変位成分の一般表現

図 5.25 の幾何形状と式（5.10）で定義した $Xn, Yn, Zn$ 表面力成分を考える．媒質のどの位置においても，$x, y, z$ 方向の変位成分 $u, v, \omega$ はそれぞれ次式となる．

$$u = -2Re(p_1\phi_1 + p_2\phi_2 + p_3\phi_3)$$
$$v = -2Re(q_1\phi_1 + q_2\phi_2 + q_3\phi_3)$$
$$\omega = -2Re(r_1\phi_1 + r_2\phi_2 + r_3\phi_3)$$

式（B.1）

このとき，

$$p_k = \beta_{11}\mu_k^2 + \beta_{12} - \beta_{16}\mu_k + \lambda_k(\beta_{15}\mu_k - \beta_{14})$$
$$q_k = \beta_{12}\mu_k + \frac{\beta_{22}}{\mu_k} - \beta_{26} + \lambda_k\left(\beta_{25} - \frac{\beta_{24}}{\mu_k}\right)$$
$$r_k = \beta_{14}\mu_k + \frac{\beta_{24}}{\mu_k} - \beta_{46} + \lambda_k\left(\beta_{45} - \frac{\beta_{44}}{\mu_k}\right)$$

式（B.2a）

さらに，$k$ は $k = 1, 2, 3$ の値をとり，$k = 3$ のときは次式となる．

$$p_3 = \lambda_3(\beta_{11}\mu_3^2 + \beta_{12} - \beta_{16}\mu_3) + \beta_{15}\mu_3 - \beta_{14}$$
$$q_3 = \lambda_3\left(\beta_{12}\mu_3 + \frac{\beta_{22}}{\mu_3} - \beta_{26}\right) + \beta_{25} - \frac{\beta_{24}}{\mu_3}$$
$$r_3 = \lambda_3\left(\beta_{14}\mu_3 + \frac{\beta_{24}}{\mu_3} - \beta_{46}\right) + \beta_{45} - \frac{\beta_{44}}{\mu_3}$$

式（B.2b）

正負の規則：変位成分 $u, v, \omega$ は，それぞれ $x, y, z$ 方向の正方向のとき正の符号とする．

付録B　円孔周りの変位，応力，ひずみ：異方性解法

式（B.1），（B.2a）および（B.2b）において，

(1) Re は複素関数の実数部の関数を表す．

(2) $\mu_1$，$\mu_2$，$\mu_3$ とそれらと共役複素数である $\overline{\mu_1}$，$\overline{\mu_2}$，$\overline{\mu_3}$ はその式の複素根である．

$$l_4(\mu) \cdot l_2(\mu) - l_3^2(\mu) = 0 \qquad 式（B.3）$$

このとき，

$$l_2(\mu) = \beta_{55}\mu^2 - 2\beta_{45}\mu + \beta_{44}$$
$$l_3(\mu) = \beta_{15}\mu^3 - (\beta_{14} + \beta_{56})\mu^2 + (\beta_{25} + \beta_{46})\mu - \beta_{24}$$
$$l_4(\mu) = \beta_{11}\mu^4 - 2\beta_{16}\mu^3 + (2\beta_{12} + \beta_{66})\mu^2 - 2\beta_{26}\mu - \beta_{22}$$

さらに

$$\beta_{ij} = a_{ij} - \frac{a_{i3} \cdot a_{j3}}{a_{33}} \quad (i, j = 1 \sim 6) \qquad 式（B.4）$$

(3) $a_{ij}$ （$i, j = 1 \sim 6$）は式（5.8）における行列［A］の成分を示す．

(4) $\lambda_1$，$\lambda_2$，$\lambda_3$ は次式のとおり．

$$\lambda_1 = -\frac{l_3(\mu_1)}{l_2(\mu_1)}\ ; \quad \lambda_2 = -\frac{l_3(\mu_2)}{l_2(\mu_2)}\ ; \quad \lambda_3 = -\frac{l_3(\mu_3)}{l_4(\mu_3)}\ ; \qquad 式（B.5）$$

(5) $\phi_k$（$k = 1, 2, 3$）は複素変数 $z_k = x + \mu_k y$ を関数とする3つの解析関数．ここに，$x$，$y$ は変位が計算された異方性媒質中の点の座標である．その載荷状態における関数 $\phi_k$ は以下のように表される．

$$\phi_1 = \frac{1}{\Delta}(\overline{a_1}(\mu_2 - \lambda_2\lambda_3\mu_3) + \overline{b_1}(\lambda_2\lambda_3 - 1) + \overline{c_1}\lambda_3(\mu_3 - \mu_2))\frac{1}{\xi_1}$$
$$\phi_2 = \frac{1}{\Delta}(\overline{a_1}(\lambda_1\lambda_3\mu_3 - \mu_1) + \overline{b_1}(1 - \lambda_1\lambda_3) + \overline{c_1}\lambda_3(\mu_1 - \mu_3))\frac{1}{\xi_2} \qquad 式（B.6）$$
$$\phi_3 = \frac{1}{\Delta}(\overline{a_1}(\mu_1\lambda_2 - \mu_2\lambda_1) + \overline{b_1}(\lambda_1 - \lambda_2) + \overline{c_1}(\mu_2 - \mu_1))\frac{1}{\xi_3}$$

このとき，

$$\Delta = \mu_2 - \mu_1 + \lambda_2\lambda_3(\mu_2 - \mu_3) + \lambda_1\lambda_3(\mu_3 - \mu_2) \qquad 式（B.7）$$

さらに，

$$\overline{a_1} = -\frac{a}{2}(b_{1y} - ia_{1y})$$

$$\overline{b_1} = \frac{a}{2}(b_{1x} - ia_{1x})$$  式（B.8）

$$\overline{c_1} = \frac{a}{2}(b_{1z} - ia_{1z})$$

$a_{1x}$, $b_{1x}$, $a_{1y}$, $b_{1y}$, $a_{1z}$, $b_{1z}$ は式（5.10）で定義した $X_n$, $Y_n$, $Z_n$ の係数である．$\xi_k$ ($k=1,2,3$) は複素変数 $z_k$ の関数であり，次式で示される．

$$\frac{z_k}{a} = \frac{1}{2}(1-i\mu_k)\xi_k + \frac{1}{2}(1+i\mu_k)\frac{1}{\xi_k}$$  式（B.9）

図 5.25 ($x=a\cos\theta$, $y=a\sin\theta$) において半径 $a$ の円孔内壁のあらゆる点において $\xi_k$ は $e^{i\theta}$ に等しい．半径方向と接線方向の変位成分は次式のとおり．

$$\begin{aligned} u_r &= u\cos\theta + v\sin\theta; \\ v_\theta &= v\cos\theta - u\sin\theta \end{aligned}$$  式（B.10）

## B.2　円孔の軸 $z$ が弾性対称面に直交するときの変位成分の表現

もし弾性対称面が図 5.26 に示されるように $z$ 軸に直交するときは，式（B.1）〜（B.10）は以下の付加的条件の下でなおも適用可能である．

$$\begin{aligned} &a_{46} = a_{56} = a_{4i} = a_{5i} = 0 \ (i=1,2,3) \\ &\beta_{46} = \beta_{56} = \beta_{4i} = \beta_{5i} = 0 \ (i=1,2,3) \\ &\iota_3(\mu) = 0 \\ &\lambda_1 = \lambda_2 = \lambda_3 = r_1 = r_2 = p_3 = q_3 = 0 \end{aligned}$$  式（B.11）

応力成分 $X_n$, $Y_n$, $Z_n$ が作用する円形断面の孔によって，内側に境界条件が定められる異方性媒質の弾性つり合い問題はふたつの連成問題の和として考察することができる．

(1) $X_n$, $Y_n$ のみから生じる変位成分 $u$, $v$ を含む平面問題；$\mu_1$, $\mu_2$ とそれらの共役複素数は式 $l_4(\mu)=0$ の根である．

(2) $Z_n$ のみから生じる変位成分 $\omega$ を含む面外問題；$\mu_3$ とその共役複素数は式 $l_2(\mu)=0$ の根である；

付録B　円孔周りの変位，応力，ひずみ：異方性解法

## B.3 異方性無限媒体に円孔を掘削したときに生じる半径方向変位

式（5.11）を式（5.10）の $X_n$，$Y_n$，$Z_n$ の式と比較し，式（B.8）を用いることにより，次式を得る．

$$\overline{a_1} = -\frac{a}{2}(\sigma_{yo} - i\tau_{xyo})$$

$$\overline{b_1} = \frac{a}{2}(\tau_{xyo} - i\sigma_{xo})  \qquad 式（B.12）$$

$$\overline{c_1} = \frac{a}{2}(\tau_{yzo} - i\tau_{xzo})$$

$\overline{a_1}$，$\overline{b_1}$，$\overline{c_1}$ は式（B.6）の $\phi_1$，$\phi_2$，$\phi_3$ の式に代入される．式（B.1）と式（B.10）を結合することにより，すでに応力を受けている媒体に半径 $a$ の円孔が掘削されたときに生じる半径方向，接線方向，長さ方向の変位成分が得られる．特に，円孔の内壁に沿って $x$ 方向から $\theta$ の角度にある点における半径方向変位は，次式で得られる．

$$\frac{u_{rh}}{a} = f_{1h}\sigma_{xo} + f_{2h}\sigma_{yo} + f_{3h}\sigma_{zo} + f_{4h}\tau_{yzo} + f_{5h}\tau_{xzo} + f_{6h}\tau_{xyo} \qquad 式（B.13）$$

ここに

$$f_{1h} = Re\Big\{\frac{1}{\Delta}(\sin\theta\cos\theta + i\cos^2\theta)[p_1(\lambda_2\lambda_3 - 1) + p_2(1 - \lambda_1\lambda_3) + p_3(\lambda_1 - \lambda_2)]$$
$$+ \frac{1}{\Delta}(\sin^2\theta + i\sin\theta\cos\theta)[q_1(\lambda_2\lambda_3 - 1) + q_2(1 - \lambda_1\lambda_3) + q_3(\lambda_1 - \lambda_2)]\Big\}$$

$$f_{2h} = Re\Big\{\frac{1}{\Delta}(\cos^2\theta - i\sin\theta\cos\theta) \times [p_1(\mu_2 - \mu_3\lambda_2\lambda_3) + p_2(\lambda_1\lambda_3\mu_3 - \mu_1) + p_3(\mu_1\lambda_2 - \lambda_1\mu_2)]$$
$$+ \frac{1}{\Delta}(\sin\theta\cos\theta - i\sin^2\theta)[q_1(\mu_2 - \lambda_2\lambda_3\mu_3) + q_2(\lambda_1\lambda_3\mu_3 - \mu_1) + q_3(\mu_1\lambda_2 - \lambda_1\mu_2)]\Big\}$$

$$f_{3h} = 0$$

$$f_{4h} = Re\Big\{\frac{1}{\Delta}(i\cos\theta\sin\theta - \cos^2\theta)[p_1\lambda_3(\mu_3 - \mu_2) + p_2\lambda_3(\mu_1 - \mu_3) + p_3(\mu_2 - \mu_1)]$$
$$+ \frac{1}{\Delta}(i\sin^2\theta - \sin\theta\cos\theta)[q_1\lambda_3(\mu_3 - \mu_2) + q_2\lambda_3(\mu_1 - \mu_3) + q_3(\mu_2 - \mu_1)]\Big\}$$

$$f_{5h} = Re\Big\{\frac{1}{\Delta}(\cos\theta\sin\theta + i\cos^2\theta)[p_1(\mu_3 - \mu_2) + p_2\lambda_3(\mu_1 - \mu_3) + p_3(\mu_2 - \mu_1)]$$

$$+ \frac{1}{\Delta}(\sin^2\theta + i\sin\theta\cos\theta)[q_1\lambda_3(\mu_3-\mu_2)+q_2\lambda_3(\mu_1-\mu_3)+q_3(\mu_2-\mu_1)]\}$$

$$f_{6h}=Re\Big\{\frac{1}{\Delta}(i\sin\theta\cos\theta-\cos^2\theta)\times[p_1(\lambda_2\lambda_3-1+i(\mu_2-\lambda_2\lambda_3\mu_3))$$

$$+p_2(1-\lambda_1\lambda_3+i(\lambda_1\lambda_3\mu_3-\mu_1))+p_3(\lambda_1-\lambda_2+i(\mu_1\lambda_2-\mu_2\lambda_1))]$$

$$+\frac{1}{\Delta}(i\sin^2\theta-\sin\theta\cos\theta)\times[q_1(\lambda_2\lambda_3-1+i(\mu_2-\lambda_2\lambda_3\mu_3))$$

$$+q_2(1-\lambda_1\lambda_3+i(\lambda_1\lambda_3\mu_3-\mu_1))+q_3(\lambda_1-\lambda_2+i(\mu_1\lambda_2-\lambda_1\mu_2))]\Big\} \qquad 式(B.14)$$

変位成分が小さい場合には，円孔の直径 $U_{dh}$ の変化は $2u_{rh}$ に等しいとみなせる．

ボアホール軸 $z$ に直交する弾性対称面を有する場合には，式（B.11）の条件を $f_{1h}\sim f_{6h}$ の式に代入することができる．その結果，これらの係数は次のようになる．

$$f_{1h}=Re\Big\{(\sin\theta\cos\theta+i\cos^2\theta)\times(\beta_{11}(\mu_1+\mu_2)-\beta_{16})$$

$$+(\sin^2\theta+i\cos\theta\sin\theta)\Big(\beta_{12}-\frac{\beta_{22}}{\mu_1\mu_2}\Big)\Big\}$$

$$f_{2h}=Re\{(\cos^2\theta-i\sin\theta\cos\theta)(\beta_{12}-\beta_{11}\mu_1\mu_2)$$

$$+(\sin\theta\cos\theta-i\sin^2\theta)\}\times\Big(\beta_{22}\frac{(\mu_1+\mu_2)}{\mu_1\mu_2}-\beta_{26}\Big)$$

$$f_{3h}=f_{4h}=f_{5h}=0$$

$$f_{6h}=Re\Big\{(i\sin\theta\cos\theta-\cos^2\theta)\times(i\beta_{12}-\beta_{16}+\beta_{11}(\mu_1+\mu_2)-i\beta_{11}\mu_1\mu_2)$$

$$+(i\sin^2\theta-\sin\theta\cos\theta)\times\Big(\beta_{12}-i\beta_{26}+i\beta_{22}\frac{(\mu_1+\mu_2)}{\mu_1\mu_2}-\frac{\beta_{22}}{\mu_1\mu_2}\Big)\Big\} \qquad 式(B.15)$$

$x$，$y$，$z$ の3つの軸に直交する3つの弾性対称面が存在する場合には，$\beta_{16}$ と $\beta_{26}$ が 0 となり，$\mu_1$ と $\mu_2$ が同一でないときには次のようになる．

$$\mu_1=i\beta_1 \ ; \quad \mu_2=i\beta_2 \ (\beta_1, \beta_2>0)$$

または

$$\mu_1=\alpha_1+i\beta_1$$
$$\mu_2=-\alpha_1+i\beta_1 \ (\beta_1>0) \qquad 式(B.16)$$

いずれの場合にも，$\mu_1+\mu_2$ は常に純粋の虚数であり，$\mu_1\mu_2$ は常に実数である．これに加え，

付録B　円孔周りの変位，応力，ひずみ：異方性解法

$$\mu_1\mu_2 = -\left(\frac{\beta_{22}}{\beta_{11}}\right)^{1/2}$$

$$i(\mu_1+\mu_2) = -\left(\frac{2\beta_{12}+\beta_{66}}{\beta_{11}} + 2\left(\frac{\beta_{22}}{\beta_{11}}\right)^{1/2}\right)^{1/2}$$

これらの値を式（B.15）に代入することにより，$f_{1h}, f_{2h}$と$f_{6h}$は次式のようになる．

$$f_{1h} = \sin^2\theta(\beta_{12}+(\beta_{11}\beta_{22})^{1/2}) - \cos^2\theta\beta_{11}\times\left(\frac{2\beta_{12}+\beta_{66}}{\beta_{11}} + 2\left(\frac{\beta_{22}}{\beta_{11}}\right)^{1/2}\right)^{1/2}$$

$$f_{2h} = \cos^2\theta(\beta_{12}+(\beta_{11}\beta_{22})^{1/2}) - \sin^2\theta(\beta_{11}\beta_{22})^{1/2}\times\left(\frac{2\beta_{12}+\beta_{66}}{\beta_{11}} + 2\left(\frac{\beta_{22}}{\beta_{11}}\right)^{1/2}\right)^{1/2}$$

$$f_{6h} = -\sin 2\theta(\beta_{12}+(\beta_{11}\beta_{22})^{1/2})$$
$$-\sin\theta\cos\theta(\beta_{11}+(\beta_{11}\beta_{22})^{1/2})\times\left(\frac{2\beta_{12}+\beta_{66}}{\beta_{11}} + 2\left(\frac{\beta_{22}}{\beta_{11}}\right)^{1/2}\right)^{1/2} \qquad 式（B.17）$$

ヤング率$E$，ポアソン比$\nu$を有する等方弾性体では，$\mu_1 = \mu_2 = i$，$\beta_{16} = \beta_{26} = 0$，$\beta_{11} = \beta_{22} = (1-\nu^2)/E$，$\beta_{12} = -\nu(1+\nu)/E$，$\beta_{66} = 2(1+\nu)/E$となり，次式が得られる．

$$f_{1h} = \sin^2\theta\frac{(1-\nu-2\nu^2)}{E} - 2\cos^2\theta\frac{(1-\nu^2)}{E}$$

$$f_{2h} = \cos^2\theta\frac{(1-\nu-2\nu^2)}{E} - 2\sin^2\theta\frac{(1-\nu^2)}{E} \qquad 式（B.18）$$

$$f_{6h} = -\sin 2\theta\frac{(3-\nu-4\nu^2)}{E}$$

## B.4　原位置応力の作用によって生じる半径方向変位

Amadei（1983）によって示されたように，円孔のない異方性媒体の，円孔の壁面上に対応する位置にある点の，原位置応力の作用によって生じる半径方向変位は，次式のようになる．

$$\frac{u_{ro}}{a} = f_{1o}\sigma_{xo} + f_{2o}\sigma_{yo} + f_{3o}\sigma_{zo} + f_{4o}\tau_{yzo} + f_{5o}\tau_{xzo} + f_{6o}\tau_{xyo} \qquad 式（B.19）$$

ここに

$$f_{1o} = -(a_{11}\cos^2\theta + a_{21}\sin^2\theta + a_{61}\sin\theta\cos\theta)$$
$$f_{2o} = -(a_{12}\cos^2\theta + a_{22}\sin^2\theta + a_{62}\sin\theta\cos\theta)$$

$$f_{3o} = -(a_{13}\cos^2\theta + a_{23}\sin^2\theta + a_{63}\sin\theta\cos\theta)$$
$$f_{4o} = -(a_{14}\cos^2\theta + a_{24}\sin^2\theta + a_{64}\sin\theta\cos\theta)$$
$$f_{5o} = -(a_{15}\cos^2\theta + a_{25}\sin^2\theta + a_{65}\sin\theta\cos\theta)$$
$$f_{6o} = -(a_{16}\cos^2\theta + a_{26}\sin^2\theta + a_{66}\sin\theta\cos\theta) \quad \text{式 (B.20)}$$

ここでは再び，円孔の直径の変化 $U_{dh} = 2u_{rh}$ としている．

ボアホール軸 $z$ に直交する弾性対称面を有する場合には，式（B.11）の条件を式（B.20）に代入することにより $f_{4o}$ と $f_{5o}$ の値が 0 となる．さらに $x, y, z$ の 3 つの軸に直交する 3 つの弾性対称面が存在する場合には，係数 $a_{16}$ と $a_{26}$，$a_{36}$ も 0 となり，次式が得られる．

$$f_{1o} = -a_{11}\cos^2\theta - a_{21}\sin^2\theta$$
$$f_{2o} = -a_{12}\cos^2\theta - a_{22}\sin^2\theta$$
$$f_{3o} = -a_{13}\cos^2\theta - a_{23}\sin^2\theta$$
$$f_{6o} = -a_{66}\sin\theta\cos\theta \quad \text{式 (B.21)}$$

等方弾性体の場合には，$a_{11}=a_{22}=1/E$，$a_{12}=a_{23}=a_{13}=-\nu/E$ および $a_{66}=2(1+\nu)/E$ となり，次式が得られる．

$$f_{1o} = -\frac{1}{E}(\cos^2\theta - \nu\sin^2\theta)$$
$$f_{2o} = -\frac{1}{E}(\sin^2\theta - \nu\cos^2\theta)$$
$$f_{3o} = \frac{\nu}{E}$$
$$f_{6o} = \frac{2(1+\nu)}{E}\sin\theta\cos\theta \quad \text{式 (B.22)}$$

## B.5 ボーリング孔壁面における半径方向の全変位

(1) ボーリング孔壁面の半径方向の全変位は，式（B.13）と式（B.19）を加え合わせることにより，次式のように得られる．

$$\frac{u_d}{2a} = f_1\sigma_{xo} + f_2\sigma_{yo} + f_3\sigma_{zo} + f_4\tau_{yzo} + f_5\tau_{xzo} + f_6\tau_{xyo} \quad \text{式 (B.23)}$$

ここに，$f_1 = f_{1h} + f_{1o} + \cdots\cdots + f_6 = f_{6h} + f_{6o}$ である．また，ボアホール軸 $z$ に直交する弾性対称面を有する場合には，$f_4$ と $f_5$ の両方が 0 となり，せん断応力 $\tau_{xzo}$ と $\tau_{yzo}$ はとも

付録B 円孔周りの変位,応力,ひずみ:異方性解法

に円孔の半径方向変位に寄与しなくなることに注意すべきである.このとき,

$$\frac{u_d}{2a} = f_1\sigma_{xo} + f_2\sigma_{yo} + f_3\sigma_{zo} + f_6\tau_{xyo}$$

等方弾性体の場合には,

$$f_1 = \frac{1}{E}(2\cos 2\theta(\nu^2-1)-1)$$

$$f_2 = \frac{1}{E}(2\cos 2\theta(1-\nu^2)-1)$$

$$f_3 = \frac{\nu}{E}$$

$$f_6 = \frac{4}{E}\sin 2\theta(\nu^2-1)$$

式(B.24)

(2) $(1+\cos 2\theta)/2$ や $(1-\cos 2\theta)/2$,$\sin 2\theta$ を $f_{ih}$ と $f_{io}$ ($i=1\sim6$) の式の $\cos^2\theta$ や $\sin^2\theta$,$\sin\theta\cos\theta$ に代入することにより,式(B.23)は次のように書き直すことができる.

$$\frac{u_d}{2a} = M_1 + M_2\cos 2\theta + M_3\sin 2\theta \qquad 式(B.25)$$

係数 $M_1$, $M_2$, $M_3$ の値は,6個の応力成分,$n$, $s$, $t$ 座標系における異方性媒体の弾性定数およびボーリング孔軸に関する異方性の面の方向に依存する.

特に,媒体がボーリング軸 $x$, $y$, $z$ に関して垂直な弾性対称面を有する場合には,$M_1$, $M_2$, $M_3$ は次式で表される.

$$M_1 = \frac{\sigma_{xo}}{2}\left[\beta_{12} + (\beta_{11}\beta_{22})^{1/2} - \beta_{11}\left(\frac{2\beta_{12}+\beta_{66}}{\beta_{11}} + 2\left(\frac{\beta_{22}}{\beta_{11}}\right)^{1/2}\right)^{1/2} - a_{11} - a_{21}\right]$$
$$+ \frac{\sigma_{yo}}{2} \times \left[\beta_{12} + (\beta_{11}\beta_{22})^{1/2} - (\beta_{11}\beta_{22})^{1/2} \times \left(\frac{2\beta_{12}+\beta_{66}}{\beta_{11}} + 2\left(\frac{\beta_{22}}{\beta_{11}}\right)^{1/2}\right)^{1/2} - a_{12} - a_{22}\right]$$
$$- \frac{\sigma_{zo}}{2}(a_{13} + a_{23})$$

$$M_2 = \frac{\sigma_{xo}}{2}\left[-\beta_{12} + (\beta_{11}\beta_{22})^{1/2} + \beta_{11}\left(\frac{2\beta_{12}+\beta_{66}}{\beta_{11}} + 2\left(\frac{\beta_{22}}{\beta_{11}}\right)^{1/2}\right)^{1/2} - a_{11} + a_{21}\right]$$
$$+ \frac{\sigma_{yo}}{2} \times \left[\beta_{12} + (\beta_{11}\beta_{22})^{1/2} - (\beta_{11}\beta_{22})^{1/2} \times \left(\frac{2\beta_{12}+\beta_{66}}{\beta_{11}} + 2\left(\frac{\beta_{22}}{\beta_{11}}\right)^{1/2}\right)^{1/2} - a_{12} - a_{22}\right]$$
$$- \frac{\sigma_{zo}}{2}(a_{13} + a_{23})$$

$$M_3 = -\tau_{xyo}\left[\beta_{12}+(\beta_{11}\beta_{22})^{1/2}+\frac{1}{2}(\beta_{11}+(\beta_{11}\beta_{22})^{1/2})\times\left(\frac{2\beta_{12}+\beta_{66}}{\beta_{11}}+2\left(\frac{\beta_{22}}{\beta_{11}}\right)^{1/2}\right)^{1/2}+\frac{a_{66}}{2}\right]$$
式（B.26）

これらの式は，等方性媒体については，次式のような簡単な形になる．

$$M_1 = -\frac{1}{E}(\sigma_{xo}+\sigma_{yo}-\nu\sigma_{zo})$$
$$M_2 = -\frac{2}{E}(1-\nu^2)(\sigma_{xo}-\sigma_{yo})$$
$$M_3 = -\frac{4}{E}(1-\nu^2)\tau_{xto}$$
式（B.27）

（3）円孔のない媒体が原位置応力の作用する平面ひずみの条件下で変形する場合は，応力 $\sigma_{zo}$ が他の応力成分と関係づけられることに注意すべきである．すなわち，式 (5.8) にしたがって，次式が得られる．

$$\sigma_{zo} = -\frac{1}{a_{33}}(a_{31}\sigma_{xo}+a_{32}\sigma_{yo}+a_{34}\tau_{yzo}+a_{35}\tau_{xzo}+a_{36}\tau_{xyo})$$
式（B.28）

式 (B.28) を式 (B.26) に代入することにより，$\sigma_{xo}$ と $\sigma_{yo}$ のみに依存する $M_1$ と $M_2$ の式が得られる．

$$\begin{aligned}M_1 =& \frac{\sigma_{xo}}{2}\Big[\beta_{12}+(\beta_{11}\beta_{22})^{1/2}-\beta_{11}\Big(\frac{2\beta_{12}+\beta_{66}}{\beta_{11}}+2\Big(\frac{\beta_{22}}{\beta_{11}}\Big)^{1/2}\Big)^{1/2}-a_{11}-a_{21}+\frac{a_{31}}{a_{33}}\\&\times(a_{13}+a_{23})\Big]+\frac{\sigma_{yo}}{2}\Big[\beta_{12}+(\beta_{11}\beta_{22})^{1/2}-(\beta_{11}\beta_{22})^{1/2}\Big(\frac{2\beta_{12}+\beta_{66}}{\beta_{11}}+2\Big(\frac{\beta_{22}}{\beta_{11}}\Big)^{1/2}\Big)^{1/2}\\&-a_{12}-a_{22}+\frac{a_{32}}{a_{33}}(a_{13}+a_{23})\Big]\\M_2 =& \frac{\sigma_{xo}}{2}\Big[-\beta_{12}+(\beta_{11}\beta_{22})^{1/2}-\beta_{11}\Big(\frac{2\beta_{12}+\beta_{66}}{\beta_{11}}+2\Big(\frac{\beta_{22}}{\beta_{11}}\Big)^{1/2}\Big)^{1/2}-a_{11}-a_{21}+\frac{a_{31}}{a_{33}}\\&\times(a_{13}+a_{23})\Big]+\frac{\sigma_{yo}}{2}\Big[\beta_{12}+(\beta_{11}\beta_{22})^{1/2}+(\beta_{11}\beta_{22})^{1/2}\Big(\frac{2\beta_{12}+\beta_{66}}{\beta_{11}}+2\Big(\frac{\beta_{22}}{\beta_{11}}\Big)^{1/2}\Big)^{1/2}\\&-a_{12}+a_{22}+\frac{a_{32}}{a_{33}}(a_{13}+a_{23})\Big]\end{aligned}$$
式（B.29）

等方性媒体については，$\sigma_{zo}=\nu(\sigma_{xo}+\sigma_{yo})$ の関係を用いることにより，次の関係が得られる．

付録B　円孔周りの変位，応力，ひずみ：異方性解法

$$M_1 = -\frac{1}{E}(1-\nu^2)(\sigma_{xo}+\sigma_{yo}) \qquad 式（B.30）$$

また，$M_2$, $M_3$については式（B.27）で定義される．

## B.6　応力成分の一般的表現

媒体中の任意の1点において，$X_n$, $Y_n$, $Z_n$によって誘起された$x$, $y$, $z$座標系における応力成分は次式で表される．

$$\begin{aligned}
\sigma_{xh} &= 2Re[\mu_1^2\phi_1'(z_1)+\mu_2^2\phi_2'(z_2)+\lambda_3\mu_3^2\phi_3'(z_3)] \\
\sigma_{yh} &= 2Re[\phi_1'(z_1)+\phi_2'(z_2)+\lambda_3\phi_3'(z_3)] \\
\tau_{xyh} &= -2Re[\mu_1\phi_1'(z_1)+\mu_2\phi_2'(z_2)+\lambda_3\mu_3\phi_3'(z_3)] \\
\tau_{xzh} &= 2Re[\lambda_1\mu_1\phi_1'(z_1)+\lambda_2\mu_2\phi_2'(z_2)+\mu_3\phi_3'(z_3)] \\
\tau_{yzh} &= -2Re[\lambda_1\phi_1'(z_1)+\lambda_2\phi_2'(z_2)+\phi_3'(z_3)] \\
\sigma_{yzh} &= -\frac{1}{a_{33}}[a_{31}\sigma_{xh}+a_{32}\sigma_{yh}+a_{34}\sigma_{yzh}+a_{35}\tau_{xzh}+a_{36}\tau_{xyh}]
\end{aligned} \qquad 式（B.31）$$

式（B.31）において，$\phi_k'$ ($k=1, 2, 3$) は複素関数 $z_k=x+\mu_k y$ について式（B.6）で定義された3つの解析関数 $\phi_k$ の導関数である．現在の載荷条件に関して，関数 $\phi_k'$ は次式で表される．

$$\begin{aligned}
\phi_1' &= -\frac{1}{a\Delta((z_1/a)^2-1-\mu_1^2)^{1/2}}[\overline{a_1}(\mu_2-\lambda_2\lambda_3\mu_3)+\overline{b_1}(\lambda_2\lambda_3-1)+\overline{c_1}\lambda_3(\mu_3-\mu_2)]\frac{1}{\xi_1} \\
\phi_2' &= -\frac{1}{a\Delta((z_2/a)^2-1-\mu_2^2)^{1/2}}[\overline{a_1}(\lambda_1\lambda_3\mu_3-\mu_1)+\overline{b_1}(1-\lambda_1\lambda_3)+\overline{c_1}\lambda_3(\mu_1-\mu_3)]\frac{1}{\xi_2} \\
\phi_3' &= -\frac{1}{a\Delta((z_3/a)^2-1-\mu_3^2)^{1/2}}[\overline{a_1}(\mu_1\lambda_2-\mu_2\lambda_1)+\overline{b_1}(\lambda_1-\lambda_2)+\overline{c_1}(\mu_2-\mu_1)]\frac{1}{\xi_3}
\end{aligned}$$

$$式（B.32）$$

円孔の壁面（$x=a\cos\theta$, $y=a\sin\theta$）に沿ったすべての点において，$\xi_k$ は $e^{i\theta}$ に等しい．この条件を式（B.9）に代入すれば，式（B.32）における平方根の項は次式に等しい．

$$\left(\left(\frac{z_k}{a}\right)^2-1-\mu_k^2\right)^{1/2}=i(\sin\theta-\mu_k\cos\theta) \qquad 式（B.33）$$

ここに，$k=1, 2, 3$. 式（B.31），式（B.32），式（B.8），式（B.33）を結合することにより，円孔の孔壁の任意点で応力が定義できる．

もし図 5.26 に示されるように $z$ 軸に直交する弾性対称面が存在するとき，興味の対象としている問題は次のふたつの非連成問題の和と考えることができる．

(1) $X_n$ と $Y_n$ だけによって誘起された応力成分 $\sigma_{xh}, \sigma_{yh}, \sigma_{zh}$ および $\tau_{xyh}$ を含む平面問題．$\mu_1, \mu_2$ とその共役複素数は方程式 $l_4(\mu)=0$ の根である．

(2) $Z_n$ だけによって誘起された応力成分 $\tau_{xzh}, \tau_{yzh}$ を含む面外問題．$\mu_3$ とその共役複素数は，方程式 $l_2(\mu)=0$ の根である．

## B.7　3次元状態の応力が無限に作用する異方性無限媒体に掘削された円孔周辺の応力状態

式（B.12）で定義された $\overline{a_1}, \overline{b_1}, \overline{c_1}$ の式を，式（B.32）の $\phi'_1, \phi'_2, \phi'_3$ の式に代入する．

数学的な巧みな操作を行うと，円孔の掘削によって生じる応力は次のように表される．

$$\begin{aligned}
\sigma_{xh} &= f_{11h}\sigma_{xo}+f_{12h}\sigma_{yo}+f_{13h}\sigma_{zo}+f_{14h}\tau_{yzo}+f_{15h}\tau_{xzo}+f_{16h}\tau_{xyo}\\
\sigma_{yh} &= f_{21h}\sigma_{xo}+f_{22h}\sigma_{yo}+f_{23h}\sigma_{zo}+f_{24h}\tau_{yzo}+f_{25h}\tau_{xzo}+f_{26h}\tau_{xyo}\\
\sigma_{zh} &= f_{31h}\sigma_{xo}+f_{32h}\sigma_{yo}+f_{33h}\sigma_{zo}+f_{34h}\tau_{yzo}+f_{35h}\tau_{xzo}+f_{36h}\tau_{xyo}\\
\tau_{yzh} &= f_{41h}\sigma_{xo}+f_{42h}\sigma_{yo}+f_{43h}\sigma_{zo}+f_{44h}\tau_{yzo}+f_{45h}\tau_{xzo}+f_{46h}\tau_{xyo}\\
\tau_{xzh} &= f_{51h}\sigma_{xo}+f_{52h}\sigma_{yo}+f_{53h}\sigma_{zo}+f_{54h}\tau_{yzo}+f_{55h}\tau_{xzo}+f_{56h}\tau_{xyo}\\
\tau_{xyh} &= f_{61h}\sigma_{xo}+f_{62h}\sigma_{yo}+f_{63h}\sigma_{zo}+f_{64h}\tau_{yzo}+f_{65h}\tau_{xzo}+f_{66h}\tau_{xyo}
\end{aligned}$$
式（B.34）

また，行列の形式では次のように表される．

$$[\sigma_h]_{xyz}=[F_h][\sigma_o]$$
式（B.35）

全応力は $[\sigma_o]$ と $[\sigma_h]_{xyz}$ を加え合わせることにより，次式で得られる．

$$[\sigma]_{xyz}=[F][\sigma_o]$$
式（B.36）

ここに，$[F]=[F_h]+[I]$ である．式（B.34）における係数 $f_{ij h}$（$i, j=1\sim6$）は次式のように表される．

$$f_{11h}=-Re[i\gamma_1\mu_1^2(\lambda_2\lambda_3-1)+i\gamma_2\mu_2^2(1-\lambda_1\lambda_3)+i\gamma_3\mu_3^2\lambda_3(\lambda_1-\lambda_2)]$$

$$f_{12h}=-Re[\gamma_1\mu_1^2(\mu_2-\lambda_2\lambda_3\mu_3)+\gamma_2\mu_2^2(\lambda_1\lambda_3\mu_3-\mu_1)+\gamma_3\mu_3^2\lambda_3(\mu_1\lambda_2-\mu_2\lambda_1)]$$

$$f_{13h}=0$$

$$f_{14h}=Re[\gamma_1\mu_1^2\lambda_3(\mu_3-\mu_2)+\gamma_2\mu_2^2\lambda_3(\mu_1-\mu_3)+\gamma_3\mu_3^2\lambda_3(\mu_2-\mu_1)]$$

付録B　円孔周りの変位，応力，ひずみ：異方性解法

$$f_{15h} = -Re[i\gamma_1\mu_1^2\lambda_3(\mu_3-\mu_2) + i\gamma_2\mu_2^2\lambda_3(\mu_1-\mu_3) + i\gamma_3\mu_3^2\lambda_3(\mu_2-\mu_1)]$$
$$f_{16h} = Re[\gamma_1\mu_1^2(\lambda_2\lambda_3-1) + \gamma_2\mu_2^2(1-\lambda_1\lambda_3) + \gamma_3\mu_3^2\lambda_3(\lambda_1-\lambda_2)]$$
$$\quad + Re[i\gamma_1\mu_1^2(\mu_2-\lambda_2\lambda_3\mu_3) + i\gamma_2\mu_2^2(\lambda_1\lambda_3\mu_3-\mu_1) + i\gamma_3\mu_3^2\lambda_3(\mu_1\lambda_2-\mu_2\lambda_1)] \quad 式（B.37）$$

$$f_{21h} = -Re[i\gamma_1(\lambda_2\lambda_3-1) + i\gamma_2(1-\lambda_1\lambda_3) + i\gamma_3\lambda_3(\lambda_1-\lambda_2)]$$
$$f_{22h} = -Re[\gamma_1(\mu_2-\lambda_2\lambda_3\mu_3) + \gamma_2(\lambda_1\lambda_3\mu_3-\mu_1) + \gamma_3\lambda_3(\mu_1\lambda_2-\mu_2\lambda_1)]$$
$$f_{23h} = 0$$
$$f_{24h} = Re[\gamma_1\lambda_3(\mu_3-\mu_2) + \gamma_2\lambda_3(\mu_1-\mu_3) + \gamma_3\lambda_3(\mu_2-\mu_1)]$$
$$f_{25h} = -Re[i\gamma_1\lambda_3(\mu_3-\mu_2) + i\gamma_2\lambda_3(\mu_1-\mu_3) + i\gamma_3\lambda_3(\mu_2-\mu_1)]$$
$$f_{26h} = Re[\gamma_1(\lambda_2\lambda_3-1) + \gamma_2(1-\lambda_1\lambda_3) + \gamma_3\lambda_3(\lambda_1-\lambda_2)]$$
$$\quad + Re[i\gamma_1(\mu_2-\lambda_2\lambda_3\mu_3) + i\gamma_2(\lambda_1\lambda_3\mu_3-\mu_1) + i\gamma_3\lambda_3(\mu_1\lambda_2-\mu_2\lambda_1)] \quad 式（B.38）$$

$$f_{41h} = Re[i\gamma_1\lambda_1(\lambda_2\lambda_3-1) + i\gamma_2\lambda_2(1-\lambda_1\lambda_3) + i\gamma_3(\lambda_1-\lambda_2)]$$
$$f_{42h} = Re[\gamma_1\lambda_1(\mu_2-\lambda_2\lambda_3\mu_3) + \gamma_2\lambda_2(\lambda_1\lambda_3\mu_3-\mu_1) + \gamma_3(\mu_1\lambda_2-\mu_2\lambda_1)]$$
$$f_{43h} = 0$$
$$f_{44h} = -Re[\gamma_1\lambda_1\lambda_3(\mu_3-\mu_2) + \gamma_2\lambda_2\lambda_3(\mu_1-\mu_3) + \gamma_3(\mu_2-\mu_1)]$$
$$f_{45h} = Re[i\gamma_1\lambda_3\lambda_1(\mu_3-\mu_2) + i\gamma_2\lambda_3\lambda_2(\mu_1-\mu_3) + i\gamma_3(\mu_2-\mu_1)]$$
$$f_{46h} = Re[\gamma_1\lambda_1(\lambda_2\lambda_3-1) + \gamma_2\lambda_2(1-\lambda_1\lambda_3) + \gamma_3(\lambda_1-\lambda_2)]$$
$$\quad - Re[i\gamma_1\lambda_1(\mu_2-\lambda_2\lambda_3\mu_3) + i\gamma_2\lambda_2(\lambda_1\lambda_3\mu_3-\mu_1) + i\gamma_3(\mu_1\lambda_2-\mu_2\lambda_1)] \quad 式（B.39）$$

$$f_{51h} = -Re[i\gamma_1\lambda_1\mu_1(\lambda_2\lambda_3-1) + i\gamma_2\lambda_2\mu_2(1-\lambda_1\lambda_3) + i\gamma_3\mu_3(\lambda_1-\lambda_2)]$$
$$f_{52h} = -Re[\gamma_1\lambda_1\mu_1(\mu_2-\lambda_2\lambda_3\mu_3) + \gamma_2\lambda_2\mu_2(\lambda_1\lambda_3\mu_3-\mu_1) + \gamma_3\mu_3(\mu_1\lambda_2-\mu_2\lambda_1)]$$
$$f_{53h} = 0$$
$$f_{54h} = Re[\gamma_1\lambda_1\lambda_3\mu_1(\mu_3-\mu_2) + \gamma_2\lambda_2\lambda_3\mu_2(\mu_1-\mu_3) + \gamma_3\mu_3(\mu_2-\mu_1)]$$
$$f_{55h} = -Re[i\gamma_1\lambda_3\lambda_1\mu_1(\mu_3-\mu_2) + i\gamma_2\lambda_3\lambda_2\mu_2(\mu_1-\mu_3) + i\gamma_3\mu_3(\mu_2-\mu_1)]$$
$$f_{56h} = Re[\gamma_1\lambda_1\mu_1(\lambda_2\lambda_3-1) + \gamma_2\lambda_2\mu_2(1-\lambda_1\lambda_3) + \gamma_3\mu_3(\lambda_1-\lambda_2)]$$
$$\quad + Re[i\gamma_1\lambda_1\mu_1(\mu_2-\lambda_2\lambda_3\mu_3) + i\gamma_2\lambda_2\mu_2(\lambda_1\lambda_3\mu_3-\mu_1) + i\gamma_3\mu_3(\mu_1\lambda_2-\mu_2\lambda_1)] \quad 式（B.40）$$

$$f_{61h} = Re[i\gamma_1\mu_1(\lambda_2\lambda_3-1) + i\gamma_2\mu_2(1-\lambda_1\lambda_3) + i\gamma_3\mu_3(\lambda_1-\lambda_2)]$$
$$f_{62h} = Re[\gamma_1\mu_1(\mu_2-\lambda_2\lambda_3\mu_3) + \gamma_2\mu_2(\lambda_1\lambda_3\mu_3-\mu_1) + \gamma_3\mu_3(\mu_1\lambda_2-\mu_2\lambda_1)]$$
$$f_{63h} = 0$$
$$f_{64h} = -Re[\gamma_1\lambda_3\mu_1(\mu_3-\mu_2) + \gamma_2\lambda_3\mu_2(\mu_1-\mu_3) + \gamma_3\lambda_3\mu_3(\mu_2-\mu_1)]$$
$$f_{65h} = Re[i\gamma_1\lambda_3\mu_1(\mu_3-\mu_2) + i\gamma_2\lambda_3\mu_2(\mu_1-\mu_3) + i\gamma_3\lambda_3\mu_3(\mu_2-\mu_1)]$$
$$f_{66h} = -Re[\gamma_1\mu_1(\lambda_2\lambda_3-1) + \gamma_2\mu_2(1-\lambda_1\lambda_3) + \gamma_3\mu_3(\lambda_1-\lambda_2)]$$

### B.7 3次元状態の応力が無限に作用する異方性無限媒体に掘削された円孔周辺の応力状態

$$-Re[i\gamma_1\mu_1(\mu_2-\lambda_2\lambda_3\mu_3)+i\gamma_2\mu_2(\lambda_1\lambda_3\mu_3-\mu_1)+i\gamma_3\lambda_3\mu_3(\mu_1\lambda_2-\mu_2\lambda_1)] \quad 式 (B.41)$$

$$f_{3ih}=-\frac{1}{a_{33}}[a_{31}f_{1ih}+a_{32}f_{2ih}+a_{34}f_{4ih}+a_{35}f_{5ih}+a_{36}f_{6ih}]\, i=1\sim6 \quad 式 (B.42)$$

式 (B.37) 〜 (B.41) における係数 $\gamma_k$ $(k=1,2,3)$ は次式のように表される.

$$\gamma_k = \frac{\sin\theta+i\cos\theta}{\Delta(\sin\theta-\mu_k\cos\theta)} \quad 式 (B.43)$$

もし図 5.26 に示されるように $z$ 軸に直交する弾性対称面が存在するとき,式 (B.37) 〜 (B.42) はもっと簡単な形になる. $\gamma$ を次のように定義しよう.

$$\gamma = \frac{\sin\theta+i\cos\theta}{(\sin\theta-\mu_1\cos\theta)(\sin\theta-\mu_2\cos\theta)} \quad 式 (B.44)$$

そうすると,式 (B.37) 〜 (B.42) は次のようになる.

$$\begin{aligned}
f_{11h} &= -Re[i\gamma((\mu_1+\mu_2)\sin\theta-\mu_1\mu_2\cos\theta)] \\
f_{12h} &= Re[\mu_1\mu_2\gamma\sin\theta] \\
f_{16h} &= Re[\gamma((\mu_1+\mu_2)\sin\theta-\mu_1\mu_2\cos\theta)]-Re[i\mu_1\mu_2\gamma\sin\theta] \\
f_{13h} &= f_{14h}=f_{15h}=0
\end{aligned} \quad 式 (B.45)$$

$$\begin{aligned}
f_{21h} &= -Re[i\gamma\cos\theta] \\
f_{22h} &= -Re[\gamma(\sin\theta-\cos\theta(\mu_1+\mu_2))] \\
f_{26h} &= Re[\gamma\cos\theta]+Re[i\gamma(\sin\theta-\cos\theta(\mu_1+\mu_2))] \\
f_{23h} &= f_{24h}=f_{25h}=0
\end{aligned} \quad 式 (B.46)$$

$$\begin{aligned}
f_{44h} &= -Re\left[\frac{\sin\theta+i\cos\theta}{\sin\theta-\mu_3\cos\theta}\right] \\
f_{45h} &= Re\left[i\frac{\sin\theta+i\cos\theta}{\sin\theta-\mu_3\cos\theta}\right] \\
f_{41h} &= f_{42h}=f_{43h}=f_{46h}=0
\end{aligned} \quad 式 (B.47)$$

$$\begin{aligned}
f_{54h} &= Re\left[\mu_3\frac{\sin\theta+i\cos\theta}{\sin\theta-\mu_3\cos\theta}\right] \\
f_{55h} &= -Re\left[i\mu_3\frac{\sin\theta+i\cos\theta}{\sin\theta-\mu_3\cos\theta}\right] \\
f_{51h} &= f_{52h}=f_{53h}=f_{56h}=0
\end{aligned} \quad 式 (B.48)$$

付録B　円孔周りの変位，応力，ひずみ：異方性解法

$$\begin{aligned}
f_{61h} &= Re[i\gamma \sin\theta] \\
f_{62h} &= -Re[\mu_1\mu_2\gamma \cos\theta] \\
f_{66h} &= -Re[\gamma \sin\theta] + Re[i\mu_1\mu_2\gamma \cos\theta] \\
f_{63h} &= f_{64h} = f_{65h} = 0
\end{aligned}$$
式（B.49）

ヤング率 $E$，ポアソン比 $\nu$ を有する等方弾性体の場合は，式（B.45）～（B.49）に $\mu_1 = \mu_2 = \mu_3 = i$ を代入することにより，次式が得られる．

$$\begin{aligned}
f_{11h} &= -\cos^4\theta + 2\sin^4\theta - 3\sin^2\theta\cos^2\theta \\
f_{12h} &= -\sin^4\theta + 3\sin^2\theta\cos^2\theta \\
f_{16h} &= -8\sin^3\theta\cos\theta \\
f_{21h} &= 3\sin^2\theta\cos^2\theta - \cos^4\theta \\
f_{22h} &= -\sin^4\theta + 2\cos^4\theta - 3\sin^2\theta\cos^2\theta \\
f_{26h} &= -8\sin\theta\cos^3\theta \\
f_{44h} &= \cos 2\theta \\
f_{45h} &= f_{54h} = -\sin 2\theta \\
f_{55h} &= -\cos 2\theta \\
f_{61h} &= -3\sin^2\theta\cos\theta + \sin\theta\cos^3\theta \\
f_{62h} &= \cos\theta\sin^3\theta - 3\sin\theta\cos^3\theta \\
f_{66h} &= -\sin^4\theta - \cos^4\theta + 6\sin^2\theta\cos^2\theta
\end{aligned}$$
式（B.50）

一旦 $x$, $y$, $z$ 座標系で応力成分が決定されると，式（B.36）と式（A.17）を結合することにより，$r$, $\theta$, $z$ の円柱座標系における応力成分が決定される．円孔の壁面の点では，$\sigma_r = \tau_{r\theta} = \tau_{rz} = 0$ である．等方性の場合には，0でない応力成分は次のように表される．

$$\begin{aligned}
\sigma_\theta &= \sigma_{xo}(1 - 2\cos 2\theta) + \sigma_{yo}(1 + 2\cos 2\theta) - 4\tau_{xyo}\sin 2\theta \\
\sigma_z &= \sigma_{zo} - 2\nu\sigma_{xo}\cos 2\theta + 2\nu\sigma_{yo}\cos 2\theta - 4\nu\tau_{xyo}\sin 2\theta \\
\tau_{\theta z} &= 2\tau_{yzo}\cos\theta - 2\tau_{xzo}\sin\theta
\end{aligned}$$
式（B.51）

## B.8　ひずみ成分

$x$, $y$, $z$ 座標系のひずみ成分は，式（B.36）と式（5.8）を結合することにより，$r$, $\theta$, $z$ 決定することができる．$r$, $\theta$, $z$ の円柱座標系のひずみ成分は，次のようにして計算することができる．

## B.8 ひずみ成分

$$[\varepsilon]_{r\theta z} = [T_{r\theta z}][\varepsilon]_{xyz} \quad \text{式 (B.52)}$$

ここに $[\varepsilon]^t_{xyz} = [\varepsilon_x, \varepsilon_y, \varepsilon_z, \gamma_{yz}, \gamma_{xz}, \gamma_{xy}]$, $[\varepsilon]^t_{r\theta z} = [\varepsilon_r, \varepsilon_\theta, \varepsilon_z, \gamma_{\theta z}, \gamma_{rz}, \gamma_{r\theta}]$ また $[[T_{r\theta z}]]$ は次式のようなひずみに関する $6 \times 6$ の座標変換行列である.

$$\begin{bmatrix} \cos^2\theta & \sin^2\theta & 0 & 0 & 0 & \dfrac{\sin 2\theta}{2} \\ \sin^2\theta & \cos^2\theta & 0 & 0 & 0 & -\dfrac{\sin 2\theta}{2} \\ 0 & 0 & 1 & 0 & 0 & 0 \\ 0 & 0 & 0 & \cos\theta & -\sin\theta & 0 \\ 0 & 0 & 0 & \sin\theta & \cos\theta & 0 \\ -\sin 2\theta & \sin 2\theta & 0 & 0 & 0 & \cos 2\theta \end{bmatrix} \quad \text{式 (B.53)}$$

等方性の場合には,ひずみ成分 $\varepsilon_\theta$, $\varepsilon_z$, $\gamma_{\theta z}$ は次のようになる.

$$\begin{aligned} E\varepsilon_\theta &= \sigma_{xo} + \sigma_{yo} - \nu\sigma_{zo} - 2(1-\nu^2)[(\sigma_{xo}-\sigma_{yo})\cos 2\theta + 2\tau_{xyo}\sin 2\theta] \\ E\varepsilon_z &= \sigma_{zo} - \nu(\sigma_{xo}+\sigma_{yo}) \\ E\gamma_{r\theta z} &= 4(1+\nu)[\tau_{yzo}\cos\theta - \tau_{xzo}\sin\theta] \end{aligned} \quad \text{式 (B.54)}$$

# 「あとがき」にかえて

「あとがき」にかえて，岩盤応力とその測定に関する主にわが国の 21 世紀の研究開発と実用化ならびに翻訳のきっかけと出版までの経緯について以下に述べることにしたい．

――主にわが国の 21 世紀の研究開発と実用化――

本書が出版された 1997 年以降，主にわが国で新たに開発あるいは改良された岩盤応力の測定方法に関して簡単に触れておきたい．まずボーリングコアから得られる岩石を利用したコア法（Core-based method）として，本書で紹介されている ASR 法や DSCA 法以外に AE のカイザー効果を利用した AE 法がある．この方法を，わが国では Kanagawa et al.（1976）が地下発電所空洞のための岩盤応力測定法として初めて導入し，その後に多くの地下発電所や原子力発電所で適用された．この実績を踏まえ，岩の力学連合会国際技術委員会で組織された AE 法による地下応力測定法に関するサブ・ワーキング・グループ（The Working Group for estimating the primary state of stress in a rock mass using the acoustic emission technique）（2002）から標準的な測定法が提案されている．AE のカイザー効果については Lavrov（2003）が優れたレビュー論文を発表しているので参照されたい．また，わが国独自の方法として，変形率変化法（DRA 法）（Yamamoto et al., 1990）やコアディスキング法（Matsuki et al., 2004）などが提案され，現場測定への適用と改良がなされている．最近では，応力解放後のボーリングコアの断面形状の変化からボーリング孔に直交する面内での主応力方向を評価するコア変形法（船戸・陳，2005）が提案され，その実用化が進められている．

一方，原位置試験法のひとつとして本書で紹介されているスリーブ破砕法では，水圧の代わりにスリーブを膨張させることで孔井壁面に一様な圧力を負荷する．これに対して，油圧ジャッキと特殊な加圧板を用いることで孔井壁面にあえて非一様な圧力を負荷し，任意の方向に引張亀裂を発生させる乾式破砕法（Sano et al., 2005；Yokoyama et al., 2010）が提案されている．水圧破砕法においては，本書では触れられていないものの応力評価の指標となる亀裂閉口圧をシャットイン後の圧力降下率と圧力の関係から決定する方法が Hayashi and Haimson（1991）によって提案され，世

界的に広く用いられている．また，水圧破砕法で亀裂開口圧を測定する方法に致命的な欠陥のあることを Ito et al.（1999）が指摘すると共に，その問題が測定システムの剛性を高くすることで解決できることを明らかにした（Ito et al., 2006）．さらには，修正された方法に従って，キロメートル級の大深度で原位置計測を行うための新たな測定方式（BABHY 法）が提案され，その実用化が進められている（Ito et al., 2007, 2008）．大深度化の試みは応力解放法でも行われており，改良型の孔壁ひずみ法（加藤・田中，2004），改良型の円錐孔底ひずみ法（坂口ら，2006）および石井ら（2004）による方法が提案されている．

新たな原理に基づく原位置試験法として，CBDM 法（Obara et al., 2011）および LAS-BD 法（木口ら，2009）が提案されている．いずれもレーザー変位計で計測した孔径変化を利用する方法であるが，前者が弾性変形に着目しているのに対し，後者は非弾性変形に着目したものである．また，応力解放法の一種であるが，従来とは異なって特に軟岩を対象とした方法（Ghimire et al., 2004）も提案されている．

わが国におけるこれまでの岩盤応力測定は，土木・資源工学分野と地球科学分野の潮流に分かれて発展してきた．前者に関しては，本書でも触れられている金川のセル（国内では電中研法として知られる）や孔底ひずみ法などの応力解放法が，坑道や地下空洞を利用して数多く実施されてきた．電中研法は電力施設などを中心に多くの実績を重ねてきたが，最近ではより小孔径でスピーディな円錐孔底ひずみ法が主流となりつつある．一方，後者に関しては，できるだけ地下深い場所での測定が求められるため，主に下向きのボーリング孔を利用した水圧破砕法やコア法が多く用いられてきた．近年では，地震研究や海底地下資源開発などのプロジェクトにおいてこれらのふたつの潮流が合流し，岩盤応力測定の新たな局面が開かれようとしている．

なお，本書で紹介されている世界応力分布図（World Stress Map）は，1992 年に Zoback らにより 7,328 個のデータをもとに編集されたものであり，2008 年には Heidback らがデータ数を 21,750 個に増やして新たに web（http://dc-app3-14.gfz-potsdam.de/）で公開したため，現在では誰でも閲覧可能となっている．

――翻訳のきっかけと出版までの経緯――

本書「Rock Stress and Its Measurements」が出版されたのは 1997 年である．翻訳代表の船戸明雄が本書を手にしたのは 1999 年，米国へ出張した大矢暁氏（応用地質㈱）がたまたま大学の本屋の店先で手にして土産に買い求めたもので，裏表紙に STANFORD BOOKSTORE $239.95 のスタンプが付されていた．本文だけで 460

ページもあり，ハードカバーとあいまってずしりと重量感があった．

　当時は1995年に起きた兵庫県南部地震後の景気回復がピークを迎えたが，消費税アップなどによって日本経済はその後長い停滞期に入ってゆく頃であった．岩盤関係のプロジェクトにも先行きかげりが見え始めた頃で，この先の開発課題として原位置応力を掲げ，新たな方法に取り組もうとしていた．そんな折に本書を手にしてパラパラっと眺めると，水圧破砕法や応力解放法だけでなくコア法やボアホールブレイクアウトなどほとんど全ての応力測定法が網羅されており，さらには世界中の応力測定データをコンパイルした世界応力分布図（WSM）まで掲載されており，これはすごい本だと思った．

　早速手がけようとしていたASR法について記載されている7章を読み，関係者に内容を紹介するために訳し始めたのが事の始まりであった．しかし，とても一人で全訳は不可能なことから，賛同者を募って前半を割り当て，自らは7章以降をぼつぼつ訳していった．繁忙期には半年近く中断することもあり，いつしか賛同者もいなくなり，気が付けば訳し始めて数年経ったところで4～6章を残して気力が途絶えていた．それが再び動き出したのは，酒の席での会話がきっかけとなって深田地質研究所の支援で「岩盤応力に関する研究委員会」が発足してからであった．この委員会で岩盤応力に関する情報交換を行いながら，その傍ら出版に向けた作業が始まった．未訳部分の4～6章は，京都大学大学院の講義のレポート課題として，また委員長の石田毅教授の研究室ゼミの課題として受講者が翻訳原稿を作成してくれた．これらの学生さんの原稿を，先に翻訳代表が作成していた原稿とともに，それぞれの分野で岩盤応力に造詣の深い「岩盤応力に関する研究委員会」委員が分担して監修・校閲を行い，石田委員長に横山幸也副委員長，伊藤高敏幹事，高橋亨幹事を加えた幹事会で京都大学学術出版会との連絡や調整を行いながら，2011年5月に原稿を出版社に入稿することができた．翻訳代表が本書を手にしてから12年が経過していた．

　本書は，個々の応力測定法について詳しく書かれているのはもちろんのこと，岩盤工学における応力の重要性や，応力測定上の誤差，地球規模の応力場など，単に網羅するというのではなく実務者向けにバランスよく書かれている．また，非常に多くの文献を参照していること，引用が客観的であることなど，原著者の誠実な姿勢が感じられる．原著の出版から既に15年が経過しているが，本書の内容は決して古くはない．それは各応力測定法について，その原理，開発の経緯，課題などを偏らず客観的に記述しているため，今日的意義が失せないのだと思う．その後，現在に至るまで本書に並ぶような著作が出現していないことからも本書の重要性がうかがえる．本書が，工学分野のみならず，地震学を始めとする地球科学の幅広い分野の進歩と発展に寄与

することを祈念する次第である．

　最後に，翻訳に当たって協力していただいた多くの方々に感謝の意を表する．特に最初に翻訳を始めた頃，原書の英文のテキスト化など面倒な作業を一手に引き受けてくれた岡村裕子さんがいなければ，最初の一歩を踏み出すことはできなかった．多数になるので個々には名を挙げないが，未訳部分の4～6章を翻訳してくれた京都大学大学院の学生さんの努力がなければ，本書の完成はなかった．最後の段階では，林洋実さんに校正や技術用語の統一に協力していただいた．また，原著者として本書に温かいまえがきの言葉を寄せてくださったオーヴ・ステファンソン博士と地球科学の立場から本書に推薦の言葉を賜った尾池和夫京都大学前総長に心から感謝する．なお，本書の出版に対し，京都大学教育研究振興財団より平成23年度研究成果物刊行助成をいただいたことを記し，ここに感謝の意を表するとともに，始終暖かい激励とご支援をいただいた京都大学学術出版会の鈴木哲也氏と高垣重和氏に感謝する．

2012年1月<br>翻訳代表　船戸　明雄

## 参考文献

船戸明雄，陳渠（2005）ボーリングコアの変形を利用した地圧評価．岩盤力学に関するシンポジウム講演論文集，261-6.

Ghimire, H. N., Ishijima, Y., Sugawara, T., Matsui, H., and Nakama, S. (2004) Stress measurement in weak rock by borehole deformation method – A case study of Horonobe. 資源と素材, 120, 545-54.

Hayashi, K. and Haimson, B.C. (1991) Characteristics of shut-in curves in hydraulic fracturing stress measurements and the determination of the in situ minimum compressive stress. *J. Geophys. Res.*, 96, 18311-21.

石井紘，山内常生，松本滋夫，浅井康広（2004）深部ボアホールを用いた応力開放による応力測定法と結果の解析について —屏風山断層近傍1,000 mボアホールでの測定を例にして—．月刊地球，26(2), 66-73.

Ito, T., Evans, K., Kawai, K. and Hayashi, K. (1999) Hydraulic fracture reopening pressure and the estimation of maximum horizontal stress. *Int. J. Rock Mech. Min. Sci. & Geomech. Abstr.*, 36, 811-26.

Ito, T., Igarashi, A., Ito, H. and Sano, O. (2006) Crucial effect of system compliance on the maximum stress estimation in hydrofracturing method: Theoretical consideration and field test verification. *Earth Planet and Space*, 58, 963-71.

Ito, T., Omura, K. and Ito, H. (2007) BABHY – A new strategy of hydrofracturing for deep stress measurements. *Scientific Drilling*, Special Issue, No.1, 113-6.

Ito, T., Omura, K., Yamamoto, K., Ito, H., Tanaka, H., Kato, H. and Karino, Y. (2008) A new strategy of hydrofracturing for deep stress measurements, BABHY, and its application to a field test. in *Proc. 42nd US Rock Mech. Symp. and 2nd US-Canada Rock Mech. Symp.*, San Francisco, ARMA 08-294

(CD-ROM).

Kanagawa, T., Hayashi, M. and Nakasa, H. (1976) Estimation of spatial geo-stress components in rock samples using the Kaiser effect of acoustic emission. in *Proc. 3rd Acoustic Emission Symp.*, Tokyo, 229-48.

加藤春實, 田中博 (2004) 大深度応力解放におけるボーリングのためのワイヤラインツールス. 月刊地球, 26(2), 80-3.

木口努, 桑原保人, 横山幸也 (2009) 掘削直後の孔径変化を利用した浅部応力方位測定法の開発と活断層周辺への適用. 平成20年度資源・素材関係学協会合同秋季大会, A11-9, 309-12.

Lavrov, A. (2003) The Kaiser effect in rocks: Principles and stress estimation techniques, journal review article. *Int. J Rock Mech. Min. Sci.*, 40, 151-71.

Matsuki, K., Kaga, N., Yokoyama, T. and Tsuda, N. (2004) Determination of three dimensional in situ stress from core discing based on analysis of principal tensile stress. *Int. J Rock Mech. Min. Sci.*, 41, 1167-90.

Obara, Y., Fukushima, Y., Yoshinaga, T., Shin, T., Ujihara, M., Kimura, S. and Yokoyama, T. (2011) Measurement of rock stress change by Cross-sectional Borehole Deformation Method (CBDM). in *Proc. 12th ISRM Int. Cong. on Rock Mech.*, Beijing, 1077-80.

坂口清敏, 吉田宣生, 南将行, 原雅人, 鈴木康正, 松木浩二 (2006) 深部地圧計測のための下向き円錐孔底ひずみ法の開発と室内実証試験. 資源と素材, 122, 338-44.

Sano, O., Ito, H., Hirata, A. and Mizuta, Y. (2005) Review of methods of measuring stress and its variations, *Bull. Earthq. Res. Inst. Univ. Tokyo.*, 80, 87-103.

The Working Group for estimating the primary state of stress in a rock mass using the acoustic emission technique (2002) Suggested method for in-situ stress measurement from a rock core using the Acoustic Emission technique. in *Proc. 5th Int. Workshop on the Application of Geophys. in Rock Eng.*, 61-6.

Yamamoto, K., Kuwahara, Y., Kato, N. and Hirasawa, T. (1990) Deformation rate analysis : A new method for in situ stress estimation from inelastic deformation of rock samples under uni-axial compression. *Tohoku Geophys. J.* (*Sci Rep Tohoku Univ; Ser. 5; Geophys.*), 33, 127-47.

Yokoyama, T., Ogawa, K., Sano, O., Hirata, A. and Mizuta, Y. (2010) Development of borehole-jack fracturing technique and in situ measurements. in *Proc. 5th Int. Symp. on In-situ Rock Stress*, Beijing, 93-100.

# 索　引

## 著者索引

### A

Aamodt, L. 210
Abel, J.F. 56, 267, 471, 472, 486, 488
Åberg, B. 558
Abou-Sayed, A.S. 189, 214, 220
Adams, J. 4, 30, 33, 34, 35, 36, 56, 83, 525, 529
Agapito, J.F.T. 561, 566
Agarwal, R. 299
Aggson, J.R. 63, 130, 137, 212, 262, 274, 275, 326, 333, 337, 477
Ahrens, T.J. 130, 270
Akhpatelov, D.M. 64
Akutagawa, S. 271
Aleksandrowski, P. 55, 404
Alexander, L.G. 126, 266, 271, 371
Alheid, H.J. 158, 166, 167, 187
Allen, M.D. 95, 96
Aloha, M.P. 63
Amadei, B. 42-49, 52-54, 60, 64, 65, 68-70, 72-75, 91-93, 136, 198, 200, 201, 225, 299, 304-306, 310, 311, 316, 320, 322, 325, 328, 329, 331, 332, 335, 336, 339-342, 476, 489, 553-556, 580, 581, 608
Ames, E.S. 485
Amstad, C. 263, 265, 337
Anderson, E.M. 39, 93, 94, 512, 513
Anderson, T.O. 172
Angelier, J. 95, 99, 509, 582
Apel, R. 421-423
Argon, A.S. 78
Arjang, B. 30, 32, 33, 60, 529
Arthaud, F. 94
Artyushkov, E.V. 83
Ask, M.V.S 420, 421, 521
Asmis, H.W. 83, 550
Assumpcao, M. 520, 525
Aydan, Ö. 90
Aytmatov, I.T. 29, 30, 32, 134, 135

### B

Babcock, C.O. 60, 489, 492
Babcock, E.A. 399, 529, 530
Bäckblom, G. 578
Bakhtar, K. 472, 484
Ballivy, G. 486
Bandis, S.C. 45, 54
Barla, G. 337, 341, 471, 550, 561
Barr, M.V. 38, 160, 521, 529
Barron, K. 15, 79, 81, 299, 300, 333, 482
Barton, C.A. 128, 159, 512, 583
Barton, C.B. 406, 421,
Barton, N. 42, 45, 54, 158, 161, 189, 472, 484, 544
Bass, J. 270
Batchelor, A.S. 11, 13, 30, 42
Bauer, E.R. 492
Bauer, S.J. 63
Baumgärtner, J. 10, 30, 32, 33, 99, 142, 158, 161-163, 166, 167, 187, 197, 238, 583
Bawden, W.F. 5, 61, 541, 560, 561
Beaney, E.M. 268
Bearden,W.G. 154
Becker, R.M. 302, 327, 339, 342
Beer, G. 545
Bell, J.S. 4, 30, 33-36, 56, 83, 399, 408, 529, 530
Benson, R.P. 8
Berckhermer, H. 379, 380
Berents, H.P. 266
Berest, P. 17
Bergh-Christensen, J. 553, 557, 558
Bergman, E.A. 77
Bernede, J. 369, 371
Berry, D.S. 130, 302, 310, 320, 338, 339, 341, 489
Bertrand, L. 362, 364
Beus, M.J. 95, 96
Bickel, D.L. 63, 262, 274, 275, 276, 477
Bielenstein, H.U. 15, 56, 79, 81, 94, 299, 300
Bieniawski, Z.T. 370, 544
Biot, M.A. 179, 187, 575, 576
Bixley, P.F. 13
Bjarnason, B. 99, 160, 161, 168, 171, 187, 208, 214, 404, 453, 455, 579, 580
Black, M.T. 446
Blackwood, R.L. 30, 140, 268, 269, 288, 291, 300, 479
Blake, W. 60

索　引

Blanton, T.L.　379, 386, 387
Blejwas, T.E.　472
Blisniuk, P.M.　520
Blum, P.-A.　17
Blümling, P.　419
Bock, H.　82, 125, 131, 270, 294, 296
Bogdanov, P.A.　129
Bohac, V.　126, 271
Bois, A.-P.　475, 486
Bonnechere, F.J.　262, 278, 317, 483
Bonvallet, J.　362, 370
Borecki, M.　299
Borg, T.　6, 7
Borm, G.　85, 130
Borsetto, M.　319, 341, 362
Bosworth, W.　520
Bott, M.H.P.　515
Bouteca, M.　401
Bowling, A.J.　362
Boyce, G.　161, 189
Brace, W.F.　43
Brady, B.H.D.　5, 80, 126, 131, 271, 561
Branagan, P.　50, 51
Bray, J.W.　337, 580
Brechtel, C.E.　189, 214, 220, 493
Bredehoeft, J.D.　158, 182, 214-216, 233
Brekke, T.　8, 62, 553, 558, 559
Brereton, R.　404
Bridges, M.C.　129
Broch, E.　5, 8, 62, 548, 550, 551, 553, 554, 559
Brown, D.W.　136, 141, 143, 144, 382, 402, 523, 529, 543, 544, 546-550, 561, 564, 566
Brown, E.T.　3-5, 30-34, 38, 40, 54, 87, 89, 100, 198, 199, 337
Brown, S.M.　58, 446, 447
Brückl, E.　63
Brudy, M.　10, 38, 43, 121, 141, 142, 163, 245, 423, 583, 584
Bruhn, R.L.　43
Brunier, B.　95
Bruno, M.S.　196
Buchner, F.　94
Buckingham, C.　479
Bulin, N.K.　30, 37, 84
Bungum, H.　521
Bunnell, M.D.　95, 96
Burlet, D.　30, 50, 123, 161, 238, 242, 244, 456, 521, 529
Burns, K.L.　512, 583

Bush, D.D.　161, 189
Byerlee, J.　34,43

## C

Cai, M.　135, 140, 269, 277, 278, 290, 291, 292, 327, 328
Camara, R.J.C.　362, 369
Carbonell, R.　188, 196
Carey, E.　95
Carlsson,　4, 56, 84, 551
Carter, B.N.　534
Carter, N.L.　576
Carvalho, J.L.　220
Chambon, C.　335
Chan, S.S.M.　95, 96
Chandler, N.A.　34, 35, 56, 58, 126, 135, 141, 271, 336, 431-439, 441, 442
Chaplow, R.　62
Chappell, J.　94
Chekan, G.J.　492
Chen, J.G.　525
Cheng, A.H.-D.　181
Chiu, C.H.　64
Chopra, P.N.　167, 209, 449, 529
Choquet, P.　278, 282, 283, 287, 290
Christiansson, R.　285, 432
Clark, B.R.　17, 63
Clark, J.B.　154
Clifton, R.J.　189, 214, 220
Coates, D.F.　84, 317
Cook, C.W.　485
Cook, J.C.　130
Cook, N.G.W.　6, 29, 30, 38, 86, 92, 93, 178, 191, 198, 204, 230, 365, 369-371, 401, 402, 408, 412, 416, 542, 544, 580
Cooling, C.M.　30, 55, 100, 136, 138, 165, 449, 527, 532
Cornet, F.H.　30, 90, 121, 123, 141, 158, 161, 163, 208, 237-242, 244, 246, 262, 453, 456, 521, 529, 532
Corthesy, R.　141, 264, 283, 319, 337, 338, 480
Cosgrove, J.W.　15, 94, 542, 568-571, 574-76, 578
Coutinho, A.　60, 480
Cowgill, S.M.　404
Cox, G.F.N.　485, 486,
Cox, J.W.　399, 405, 529, 531
Cramer, M.L.　446, 472
Crouch, S.L.　262, 544
Cuisiat, F.D　81, 219, 526, 527, 532-534

Cundall, P.A.   58, 80, 126, 131, 271
Cunha, A.P.   362, 367, 368, 373, 527
Cyrul, T.   134, 136

## D

Daignieres, M.   95
Daneshy, A.A.   201, 202
Dannevig, N.   553
Dart, R.L.   398, 400
Da Silva, J.N.   370
Davies, J.N   94
Dean, D.S.   515
Deere, D.   550
Deffur, R.D.   370
Dejean, M.   362, 370
De la Cruz, R.V.   269, 270
Denham, D.   30, 32, 523, 529
Denkhaus, H.G.   91, 337
Depledge, D.   56, 561, 562
Der, V.   472
Desroches, J.   226, 228, 229
Detournay, E.   161, 181, 182, 186, 188, 196, 220, 337
Dey, T.N.   34, 141, 143, 144, 382
Dieterich, J.H.   576
Digby, P.J   408, 412, 413
Doe, T.W.   30, 145, 158, 161, 189, 210, 214
Dolezalova, M.   47
Donaldson, I.G.   13
Donnell, L.H.   60
Draper, N.R.   310, 322, 333
Duncan, J.M.   44, 54
Duncan-Fama, M.E.   269, 298, 323
Durand, E.   362
Durup, G.   17
Dusseault, M.D.   183-186
Dutta, P.   483, 484
Duvall, W.I.   17, 84, 124, 260, 268, 295, 297, 325, 333, 364, 475, 544
Dyke, C.G.   15, 79, 81, 85, 527, 532, 533
Dzik, E.J.   100, 138, 141, 143, 335, 336, 398, 404, 429, 436, 534

## E

Edl, J.N.   401
Eisbacher, G.H.   56, 94
Eissa, E.A.   546-548
Eldred, C.D.   62
Enever, J.R.   4, 5, 9, 50, 52, 55, 56, 60, 84, 120, 134, 158, 167, 174, 208, 209, 219, 378, 449, 450, 527-529, 533, 550, 557, 559, 561
Engelder, T.   17, 29, 30, 50, 56, 81, 94, 98, 99
Eriksson, L.G.   29, 55
Eshelby, J.D   60, 489
Etchecopar, A.   95
Evans, B.   43
Evans, D.M.   13
Evans, K.F.   50, 56, 515
Ewy, R.T.   401, 402, 412

## F

Faiella, D.   362
Fairhurst, C.   4, 15, 29, 55, 121, 130, 137, 157, 158, 161, 164, 165, 177, 181, 182, 186, 189, 201, 262, 302, 317, 337, 339, 483, 548
Farmer, I.W.   135, 136, 137, 291
Farrell, H.E.   9, 10, 56, 379, 471, 574, 575
Fejerskov, M.   505
Fellers, G.E.   268
Ferguson, G.A.   561, 564
Ferrill, D.A.   580, 581, 582
Feuga, B.   123, 161
Feves, M.L.   381, 384
Fidler, J.   369
Fiore, J.   472
Fitzpatrick, J.   292
Flaccus, C.   17
Flanagan, R.F.   552, 559
Forsyth, D.W.   98
Foruria, V.   125, 270
Fossum, A.E.   484
Franklin, J.A.   4, 52, 84, 95, 139, 174, 177, 276, 284, 290, 365, 491, 550, 552, 559
Fraser, C.D.   157
Freudenthal, A.M.   401
Friday, G.G.   96, 126, 271
Friedman, M.   79, 94
Froidevaux, C.   362
Fuchs, K.   421-423

## G

Gale, W.J.   293, 294, 561, 562
Galle, E.M.   317
Gao, H.   64
Gao, Q.L.   525
Gar, V.K.   523, 524, 529
Garritty, P.   135, 136, 137, 291
Gay, N.C.   6, 29, 30, 33, 36, 37, 43, 56, 61, 100, 159
Gentry, D.W.   79

索　引

Gephart, J.W.　98
Germain, P.　61
Gerrard, C.M.　44
Gibson, R.E.　55
Gill, D.E.　141, 264, 265, 283, 319, 337, 338, 480
Gilley, J.L.　492
Goetze, C.43
Gonano, D.C.　142, 145, 337, 342-344
Gonzalez de Vallejo, L.I.　529
Goodall, D.C.　558
Goodman, R.E.　39, 42, 44, 54, 62, 82, 92, 142, 268, 270, 366, 367, 371, 580
Gough, D.I.　399, 408
Gowd, T.N.　523, 524, 529
Grant, F.　445
Grant, M.A.　13
Gray, W.M.　141, 283, 310, 319, 333, 335
Greenshpan, Z.　65, 66
Gregersen, S.　515, 521
Gregory, E.C.　140, 264, 282, 446, 472, 477, 480, 485
Gresseth, E.W.　94
Griswold, G.N.　262
Grob, H.　263, 265, 337
Gronseth, J.M.　209
Grossman, N.F.　362, 369
Gudmundsson, A.　569
Guenot, A.　337, 401, 534
Guertin, J.D.　552, 559
Guiseppetti, G.　362
Gussow, W.C.　571
Gustafson, G.　559
Gutierrez, R.　553

## H

Habib, P.　127, 260, 362
Haimson, B.C.　5, 11, 13, 14, 30, 32, 34, 35, 50, 51, 56, 62, 63, 81, 85, 86, 99, 121, 136, 141-143, 145, 146, 156-161, 163-165, 167, 177, 181-183, 186, 189, 197, 209, 210, 212, 214-216, 219, 220, 222-224, 401-403, 446-449, 452, 453, 526, 527, 529, 532-535, 550, 551, 553
Hallbjörn, L.　265
Halpern, J.A.　30, 32, 33
Handin, J.　81, 130
Hansen, F.D.　484
Hansen, J.　194, 196
Hansen, K.S.　50
Hansen, L.　62, 559
Hansen, S.E.　4, 63, 264, 480, 559, 560

Hanson, M.E.　542
Hanssen, T.H.　551
Hansson, H.　542
Hardy, M.P.　189, 209, 472, 561, 566
Hargraves, A.J.　492
Harper, T.R.　50
Hast, N.　4, 29, 32, 56, 77, 83, 84, 85, 86, 125, 261, 337, 481
Hatfield, R.W.　484
Hawkes, I.　264, 267, 268, 482, 483
Haxby, W.F.　79, 82
Hayashi, K.　95, 129, 197, 209
Hayes, D.J.　124, 265, 283, 320
Healy, J.H.　10, 30, 43, 158, 163, 399, 407, 419, 460-466, 516, 583
Heasley, K.A.　492
Heim, A.　28, 93
Helal, H.　263, 274, 365
Henderson, D.B.　580, 581, 582
Herdocia, A.　561
Herget, G.　30, 32, 33, 37, 56, 77, 84, 85, 87, 125, 142, 275, 281, 284, 287, 288, 484, 485, 529, 561
Herrick, C.G.　30, 163, 401
Heugas, O.　379, 382
Heusermann, S.　263, 338, 362, 369
Heuze, F.E.　94, 472
Hickman, S.H.　158, 163, 174, 183, 209, 214, 398, 399, 407, 417-419, 460-462
Hickmann, S.　158
Hill, J.L.　492
Hiltscher, R.　265, 287, 317, 320
Hiramatsu, Y.　302, 317, 320
Hirashima, K.I.　60, 302, 320, 339, 340, 489
Hocking, G.　317, 318, 472
Hoek, E.　3, 4, 30, 31, 32, 33, 40, 54, 87, 89, 100, 198, 199, 201, 543, 544, 546, 548-550, 561, 566
Höhring-Erdmann, G.　167
Holcomb, D.J.　130
Holditch, S.A.　50
Holland, J.F.　63
Holman, J.P.　133
Holzhausen, G.R.　81, 161
Hooker, V.E.　17, 63, 84, 262, 274-276, 302, 327, 339, 342, 477, 483
Hoskins, E.R.　63, 79-81, 266, 270, 283, 317, 362, 366, 367, 369, 370
Howard, G.C.　154
Howard, J.H.　31
Huang, J.H.S.　550, 551

著者索引

Huang, Q. 95
Hubbert, M.K. 154-156
Hudleston, P.J. 576
Hudson, J.A. 13, 15, 30, 55, 79, 81, 100, 136, 138, 449, 527, 532, 533
Hungr, O. 4, 52, 84, 95, 139, 550, 552, 559
Hunt, E.R. 50
Hustrulid, W.A. 58, 224, 226, 229, 446, 447, 472, 474, 475
Hyett, A.J. 15, 79, 81, 527, 532, 533

## I

Inderhaug, O.H. 55, 404
Ingraffea, A. 86
Irvin, R.A. 135, 136, 137, 291
Ishijima, T. 492
Ivanov, V. 260

## J

Jackson, C.S. 83
Jacob, K.H. 94
Jaeger, J.C. 29, 30, 38, 86, 92, 93, 178, 191, 198, 204, 230, 365, 369-371, 408, 542, 544, 580
James, P. 77
Jaworski, G.W. 484
Jeffery, R.I. 50, 163
Jeger, C. 492
Jenkins, F.M. 283
Jiao, Y. 13
Jing, L. 57, 59, 84, 542
Johnson, A.M. 81, 542, 568, 570, 575
Johnson, C.F. 302, 339
Johnson, J.B. 485, 486
Jordan, T.H. 514, 519
Judd, W.R. 13, 55, 62, 361
Julien, P. 244
Jung, R. 158
Jupe, A.J. 336, 452

## K

Kaiser, J. 130
Kaiser, P.K. 126, 131, 132, 271, 272, 402, 433, 434, 438, 441, 471, 544, 552, 553
Kanagawa, T. 63, 263
Kaneda, T. 267
Kawamoto, T. 339
Kehle, R.O. 156, 157
Keller, C. 493, 494
Kemeny, J. 401

Kidybinski, A. 299
Kikuchi, S. 225
Kim, K. 6, 7, 56, 83, 137, 174, 177, 212, 276, 284, 290, 365, 463, 472, 477, 485
Kirby, S.H. 43
Kjorholt, H. 559
Klasson, H. 163, 210, 211-214
Klein, R.J. 38, 160, 521, 529
Klosterman, L.A. 130
Klym, T.W. 550
Knapstad, B. 55, 404
Knill, J.L. 74
Ko, K.C. 95, 96
Kobayashi, S. 125, 267
Koga, A. 302, 320, 339, 340
Kohlbeck, F. 65, 489
Kohlstedt, D.L. 43
Koslovsky, Y.A. 404
Kovari, K. 263, 265, 337
Kramer, A. 99, 404
Krauland, N. 561
Kropotkin, P.N. 30
Kry, P.R. 209
Kulhawy, F.H. 83
Kuriyagawa, M. 210
Kurkjian, A. 226, 229
Kurlenya, M.V. 260
Kusznir, N.J. 515
Kutter, H.K. 86
Kwakwa, K.A. 11, 30, 32, 35, 142, 449, 451, 583

## L

Lacy, L. 379
Lade, P.V. 40
Lambe, T.W. 40, 83
Lang, P.A. 79, 82, 129, 265, 272, 285, 298, 299, 320, 336, 428, 430, 431, 432, 433, 434, 438
Ledingham, P. 158, 187
Lee, C.F. 4, 30, 35, 83, 84, 550-552
Lee, C.-I. 33
Lee, F.T. 56, 81, 267, 276, 471, 472, 486, 488
Lee, M.Y. 85, 86, 99, 161, 163, 167, 183, 197, 209, 212, 215, 216, 222-224, 401 -403
Leeman, E.R. 60, 99, 119, 124, 125, 130, 263-265, 281-283, 302, 310, 317, 318, 320, 337, 398, 399, 477, 479-481
Legge, T.F.H. 550
Leijon, B.A. 56, 58, 132, 133, 137, 138, 142, 265, 269, 320, 443, 444, 446, 447, 541, 563, 564

629

Leite, M.H.　319, 337
Lekhnitskii, S.G.　303, 305, 306
Lemos, J.V.　80, 126, 131, 271
Lempp, Ch.　130
Li, F.　29, 30, 32, 37, 525, 529
Li, F.Q.　158, 161
Li, Y.　130
Liang, J.　559
Liao, J.J.　64, 65
Lien, R.　544
Lieurance, R.S.　259, 260
Lim, H.-U.　30, 33
Lin, C.H.　529
Lindblom, U.E.　558, 559
Lindner, E.N.　30, 32, 33, 82, 84, 85
Ling, C.B.　64
Lingle, R.　472, 477, 484
Lisowski, M.　91
Liu, G.　525
Liu, L.　64,
Ljunggren, C.　57, 59, 84, 161, 163, 168, 171, 187, 198, 200-205, 207, 214, 218-221, 225, 226, 238, 239, 244, 265, 287, 453-456, 458, 460
Lo, K.Y.　4, 50, 78, 84, 299
Lombardi, G.　337
Lopes, J.J.-B.　362, 365, 369, 370
Loureiro-Pinto, J.　370
Lowry, W.　493, 494
Lu, P.H.　130, 494, 495
Lumsden, A.C.　45, 54
Lunde, J.　544

## M

Maleki, H.N.　471
Maloney, S.　402, 471, 544, 552, 553
Mandfredini, G.　362
Manvelyan, R.G.　64
Mao, N.　130, 472, 484, 485
Marchand, R.　127, 362
Mardia, K.V.　419
Marmorshteyn, L.M.　130
Martin, C.D.　8, 30, 33-35, 56, 58, 100, 129, 135, 138, 141, 143, 285, 335, 336, 343, 344, 398, 404, 405, 427-433, 436-442, 472, 490, 534, 535, 553
Martinetti, S.　319, 337, 341
Martino, J.B　100, 337, 398, 404, 429, 436, 534, 535
Martna, J.　62, 63, 265, 287, 320, 559
Marulanda, A.　553
Mase, G.E.　1, 527, 593

Mastin, L.G.　128, 159, 401
Masuoka, M.　95, 129
Mathar, J.　258
Matheson, D.S.　77
Matsuki, K.　86, 267, 380, 383, 385, 386
Matsuo, K.　5, 550
Mattauer, M.　94, 542, 568
Maury, V.　9, 100, 402
May, A.N.　481
Mayer, A.　127, 362, 369
Mayne, P.W.　83
McCabe, W.M.　472
McClain, W.C.　472, 475
McClintock, F.A.　78
McCutchen, W.R.　87, 88, 90
McGarr, A.　6, 29, 30, 33, 36, 37, 43, 90, 159
McKay, J.　378, 492
McKenzie, D.P.　98
McKibbin, R.W.　283
McLennan, J.D.　212, 213
McTigue, D.F.　64, 65
Mei, C.C.　64, 65
Meissner, R.　43
Meister, D.　495
Merrifield, M.　158, 187
Merrill, R.H.　124, 257, 259, 261, 262, 274, 275, 361-363
Michael, A.J.　95
Michalski, A.　29, 55
Mills, K.W.　56, 136, 266, 269, 320, 479, 561, 562
Mimaki, Y.　5, 267, 550
Minster, J.B.　514, 519
Mohr, H.F.　263
Molinda, M.　77, 560
Montenyohl, V.　472
Moos, D.　99, 404
Morgan, H.S.　485
Morgan, T.A.　261
Morlier, P.　389
Morozov, G.T.　130
Morris, A.　580, 581, 582
Morton, J.D.　4, 84, 547
Mosnier, J.　239
Motahed, P.　336
Mount, V.S.　56, 515
Moxon, S.　264
Müller, B.　11, 12, 57, 89, 404, 419, 423, 514, 515, 521, 522, 529, 584
Müller, W.　163

Muller, O. 94
Mustoe, G.G.W. 472
Myrvang, A.M. 4, 9, 30, 37, 55, 63, 84, 85, 159, 160, 264, 265, 480, 521, 551, 552, 559-561

## N

Nakagawa, F.M. 196
Nakamura, K. 94, 519
Natau, O. 85, 130, 136
Nelson, P.H. 472, 477, 484
Newman, D.B. 17, 63
Ng, L.K.W. 79, 82, 272, 298, 299, 432
Nguyen, D. 141, 264, 283
Nichols, T.C. 56, 79, 81, 267, 471, 472, 486, 488
Nielsen, B. 551
Nilssen, T.J. 63, 283
Nishimura, G. 60
Niwa, Y. 60, 339, 489
Nolting, R.E. 268
Nordlund, E. 202-205, 207
North, M.D. 15, 50, 163
Nuismer, R.J. 220

## O

Obara, Y. 30, 32, 33, 42, 56, 57, 90, 125, 263, 266, 267, 279, 529, 547, 548
Öberg, A. 163
Obert, L. 15, 85, 86, 259, 261, 325, 475, 544
Ode, H. 94
Odum, J.K. 276
Oien, K. 484
Oka, Y. 302, 317, 320
Okubo, S. 481
Olesen, O. 578, 579
Olsen, O.J. 260
Olsson, T. 4, 56, 84, 551
Onaisi, A. 401
Orowan, E. 79
Orr, C.M. 30
Ortiz, C. 553
Ortlepp, W.D. 100
Oshier, E.H. 270
Oudenhoven, M.S. 60
Ouvry, J.F. 50
Oxburgh, E.R. 77

## P

Pahl, A. 263, 338, 362, 369
Paillet, F.L. 463

Pakdaman, K. 260
Pala, J. 489
Palmer, J.H.L. 84, 299
Pan, E. 45-49, 65, 68-70, 72-75, 337, 544, 554-556
Pande, G.N. 544
Panek, L.A. 141, 310, 333, 362, 369, 492
Panet, M. 337
Paquin, C. 362
Parashkevov, R. 260
Paris, P.C. 220
Pariseau, W.G. 476
Park, D.-W. 94, 250, 481
Parker, J. 94
Parrish, D.K. 63
Patrick, W.C. 472, 484
Peleg, N. 130
Pender, M.J. 56, 136, 266, 269, 298, 320, 323, 479, 561, 562
Peng, S.S. 130, 481
Perreau, P.J. 379, 382
Pettitt, B.E. 157
Petukhov, I.M. 130
Phong, L.M. 260
Pickering, D.J. 47
Piguet, J.P. 362, 373
Pine, R.J. 11, 13, 30, 32, 35, 42, 142, 158, 187, 449, 451, 452, 550, 583
Pinto, J.L. 362, 367, 368, 373
Pirtz, D. 61
Pitt, J.M. 130
Plumb, R.A. 34, 50, 52, 398, 399, 417, 418, 419, 462, 529, 531
Pollard, D.D. 55, 94
Popov, S.N. 260, 337
Potts, E.L.J. 481
Pound, J.B. 550
Powers, P.S. 64
Pratt, H.R. 81
Preston, D.A. 56
Price, N.J. 15, 83, 94, 542, 568-571, 574-576, 578
Price Jones, A. 557
Procter, E. 268
Proscott, W.H. 91
Provost, A.J. 547
Purcell, W.R. 50

## Q

Qiao, L. 140, 327, 328

索　引

## R

Rabagliati, U.　550
Rahn, W.　317, 319, 341
Raillard, G.　238, 239, 244, 453-456
Raleigh, C.B.　158, 160
Ramberg, H.　542, 568, 571, 575, 576
Ramsay, J.G.　542, 568
Ratigan, J.L.　214-217, 233
Read, R.S.　129, 135, 141, 336, 428, 430-433, 438, 441, 472
Reches, Z.　95, 96
Rechsteiner, G.F.　337
Rector, N.L.　472, 484
Rehbinder, G.　495, 497
Ren, N.-K.　127, 381, 382, 384, 389, 390
Revalor, R.　335
Rhett, D.W.　9, 56, 574, 575
Ribacchi, R.　319, 337, 340, 341
Richards, L.R.　550
Richardson, R.M.　17, 77, 202
Richart, F.E.　28
Richter, D.A.　381
Riley, P.B.　268
Riley, W.F.　575
Ripley, B.D.　8, 553
Rivkin, I.D.　129
Riznichanko, Y.V.　130
Roald, S.　559
Roberts, A.　264, 267, 482
Robison, M.J.　553
Rocha, M.　142, 268, 269, 362, 365, 369, 370
Rockel, Th.　85
Roegiers, J.C.　208, 212, 213, 382, 384, 389, 390
Rolles, J.C.　158, 163
Rosengren, L.　83
Rossi, P.P.　362, 471
Royea, M.J.　262
Rummel, F.　10, 29, 30, 32-35, 38, 43, 50, 51, 92, 99, 121, 158, 159, 161, 166, 167, 187, 190-196, 215, 218, 220, 238, 403, 511, 583, 584
Russell, J.E.　79, 80, 81, 484
Rutqvist, J.　169, 401, 412-415, 458, 459, 460

## S

Sakaguchi, K.　267, 381, 383
Sakurai, S.　126, 197, 209, 271
Salamon, M.D.G.　53
Saleh, K.　486
Sandström, S.　269
Santarelli, F.J.　337, 379, 382, 402
Sarda, J.P.　401
Särkkä, P.　4, 30, 55, 159, 160, 561
Savage, J.C.　91
Savage, W.Z.　42-45, 47-49, 52-54, 63-65, 68-70, 73, 75, 79, 81, 91-93, 554, 555, 580, 581
Savilahti, T.　99, 404
Sbar, M.L.　17, 29, 37, 56, 77, 79, 82, 160, 514, 529
Schaller, S.　492
Scheidegger, A.E.　17, 63, 65, 66, 94, 156, 157, 489
Scheiner, C.　572-574
Schmidt, B.　83
Schmitt, D.R.　130, 161, 186, 187, 270
Schrauf, T.　477
Schubert, G.　83
Schwartzmann, R.　263, 274
Scott, P.P.　154
Segall, P.　55
Sellers, J.B.　484, 492
Selmer-Olsen, R.　8, 62, 63, 553, 559
Senseny, P.E.　282
Serata, S.　225, 227, 231, 234, 237
Sezawa, K.　60
Shamir, G.　35, 99, 403, 464
Sharma, V.M.　8, 553
Sharp, J.C.　142, 145, 337, 342-344, 550
Shemyakin, E.I.　260
Sheorey, P.R.　29, 87-90
Shimizu, N.　126, 271
Shlyapobersky, J.　161
Siegfried, R.W.　381, 384, 389
Sih, G.C.　220
Silva, J.N.　362, 365, 369, 370
Silverio, A.　268
Silvestri, V.　77
Simmons, G.　381, 384, 389
Simmons, G.R.　8, 30, 56, 336, 343, 344, 427, 429, 431, 432, 440, 442, 472, 490
Sims, G.P.　557
Singh, U.K.　408, 412, 413, 561
Sipprelle, E.M.　260
Skempton, A.　83, 182
Skilton, D.　483
Skipp, B.O.　362
Sleep, N.H.　77
Slobadov, M.A.　263
Slunga, R.　521
Smith, C.S.　56

著者索引

Smith, H.   310, 322, 333
Smith, M.B.   379
Smith, R.B.   43
Smither, C.L.   130, 270
Snider, G.R.   265, 285, 320, 431
Söder, C.-O.   559
Solomon, S.C.   77
Sørensen, T.   4, 63, 559, 560
Sorheim, S.   62, 559
Sorrells, D.   381
Souriau, M.   362
Spathis, A.T.   336, 489
Spicak, A.   94
Sporcic, R.   492
Srirama Ra, S.V.   523, 524, 529
Srolovitz, D.J.   64
St John, C.M.   472
St Pierre, B.H.P.   82
Stacey, T.R.   86
Stahl, E.J.   165, 172
Stanfors, R.   578
Starfield, A.M.   544
Stein, R.S.   64
Stein, S.   515
Steiner, W.   83
Stephansson, O.   4, 14, 30, 32-35, 37, 55, 57, 59, 83, 84, 89, 99, 122, 156, 159-161, 164, 168, 171, 172, 187, 198, 200, 208, 214, 224-227, 231-236, 404, 419, 453, 455, 458-460, 511, 515, 521, 523, 525, 529, 542, 551, 561, 564-567, 571, 576
Stephen, R.M.   61
Stephenson, D.E.   85, 86
Stickney, R.G.   282
Stillborg, B.L.   137, 138, 265, 443, 444, 563, 564, 567
Stock, J.A.   362, 369, 492
Stock, J.M.   582
Stone, C.M.   161, 188
Stone, J.W.   276
Strack, O.D.L.   58
Strecker, M.R.   520
Strehlau, J.   43
Strickland, F.G.   127, 381, 382, 384, 389, 390
Strindell, L.   265, 287, 320
Sturgul, J.R.   65, 66
Su, W.H.   481
Sugawara, K.   30, 32, 33, 42, 56, 57, 90, 125, 263, 266, 267, 279, 529, 545, 547
Sulem, J.   337
Sun, Y.L.   130

Suppe, J.   56, 515
Suzuki, K.   262
Swolfs, H.S.   17, 29, 30, 43-45, 47, 49, 50, 52, 53, 63, 64, 73, 81, 89, 91-93, 130, 493, 580, 581
Sykes, L.R.   37, 77, 160, 514, 529
Szymanski, J.C.   50

T

Tabib, C.   77
Takeuchi, K.   380, 385, 386
Talebi, S.   130, 436
Talobre, J.A.   28, 259, 260, 261
Tamai, A.   267
Tarantola, A.   242
Te Kamp, L.   10, 30, 33, 99, 121, 403, 511, 583, 584
Teichman, H.L.   260
Ter-Martirosyan, Z.G.   64
Terzaghi, K.   27-29, 94
Teufel, L.W.   9, 10, 50, 56, 127, 142, 378-380, 383, 386, 387, 390-392, 471, 574, 575
Thiercelin, M.   226, 228, 229, 382, 384, 389, 392, 393, 394
Thompson, P.M.   79, 82, 262, 265, 272, 277, 285, 298, 299, 320, 431, 432
Thomson, S.   77
Timoshenko, S.P.   1
Tincelin, E.   362
Tinchon, L.   56, 362, 367, 368, 373
Toews, N.A.   141, 283, 310, 319, 333, 335
Towse, D.F.   94
Trusheim, F.   571
Tsai, Y.B.   529
Tsukahara, H.   158, 163, 174, 183
Tsur-Lavie, Y.   135, 136
Tullis, T.E.   81
Tunbridge, L.W.   30, 136, 163, 165, 208, 212, 449, 451, 452, 484
Tundbridge, L.   557
Turcotte, D.L.   77, 79, 82, 83
Turner, F.J.   44

U

Ustad, O.   559
Uyeda, S.   519

V

Valette, B.   141, 163, 238, 240, 242, 453, 456
Van der Heever, P.J.   6
Van Ham, F.   136

索 引

Van Heerden, W.L. 30, 32, 134, 265, 283, 285, 287, 300, 317, 320, 339, 340, 445
Varnes, D.J. 78, 81
Vasseur, G. 95
Vernik, L. 99, 400, 403, 404, 416, 464
Vik, G. 557
Vogler, U.W. 370
Voight, B. 15, 17, 27, 29-32, 52, 62, 77-80, 82, 83, 131, 138, 158, 264, 378
Von Schonfeldt, H. 158, 164, 201

## W

Walker, J.R. 138, 141, 143, 335, 336
Walsh, J.B. 17, 381, 387, 388, 493
Walton, R.J. 4, 38, 50, 52, 55, 56, 60, 84, 124, 134, 174, 219, 269, 276, 277, 288, 290, 291, 323, 326, 449, 450, 477-479, 489, 527-529, 533, 550, 557, 559
Wane, M.T. 337, 341
Wang, L. 261
Wang, Y. 183-186
Wareham, B.F. 362
Warpinski, N.R. 50, 51, 142, 161, 379, 387, 390, 391, 392
Wawersick, W.R. 161, 188
Weiss, L.E. 44
White, J.M. 63, 283
Whitehead, W.S. 50
Whitman, R.V. 40, 83
Whittney, J.M. 220
Wickberg, P. 579, 580
Wiebols, G.A. 6, 416
Wiles, T.D. 126, 131, 271, 272, 433, 438, 441
Wilhiot, J. 317
Williams, J.R. 472, 545
Willis, D.G. 154-157
Wilmer, R. 50, 51
Wilson, A.H. 480, 481
Windsor, C.R. 4, 38, 56, 84, 523, 529, 550
Winther, R.B. 190
Withjack, M.O 572, 573, 574
Wold, M.B. 50, 52, 55, 60, 134, 174, 219, 449, 450, 489, 527-529, 533, 557, 559
Wolter, K.E 379, 380
Wong, I.G. 6, 56
Wooltorton, B.A. 158
Worotnicki, G. 30, 32, 38, 124, 137, 141, 269, 276, 277, 288, 290, 291, 323, 326, 327, 333, 334, 338, 340-342, 477-479, 489, 523, 529

## X

Xu, Zh. 525

## Y

Yamatomi, J. 337
Yassin, Y.Y. 553
Yeh, Y.H. 529
Yeun, S.C.K. 270
Young, R.P. 130, 436
Yu, J. 140, 327, 328
Yu, Y.S. 317

## Z

Zachary, L. 575
Zajic, J. 126, 271
Zapolskiy, V.P. 129
Zellman, O. 579, 580
Zemanek, J. 174, 406
Zhao, Z. 219, 220, 534
Zheng, Z. 401
Zimmerman, R. 362, 370, 472
Zoback, M.D. 10, 30, 33, 35, 43, 56, 58, 64, 77, 94, 99, 121, 128, 158-163, 174, 183, 186, 187, 197, 209, 210, 214, 399-401, 403, 404, 407-412, 415, 416, 419, 421-423, 460-466, 510, 513-519, 529, 531, 583, 584
Zoback, M.L. 11, 17, 30, 37, 38, 56, 77, 78, 99, 100, 160, 162, 397, 398, 400, 404, 416, 419, 505-515, 517-519, 521, 525, 529, 531, 542
Zona, A. 492
Zou, D. 131, 132, 271, 272, 433, 434

# 事項索引

## 0-, A-Z

AECL（Atomic Energy of Canada Limited） 262, 271, 285, 427, 431, 433
ANZSI セル（ANZSI cell） 266, 348, 479, 498
ASR 法（anelastic strain recovery method） 127, 377-392 →非弾性ひずみ回復法
ASTM（American Society for Testing of Materials） 276, 278, 365 →米国材料試験協会
Auburn 地熱井（Auburn geothermal well） 399, 460, 461,
BPC（borehole pressure cell） 492, 494
BWIP（Basalt Waste Isolation Project） 446, 477
Cajon Pass 163, 400, 463-465
CALIP ゲージ（CALIP gage） 493
Coulomb の摩擦則, Coulomb の破壊規準（Coulomb friction, criterion） 2, 95, 129, 562, 581
CPC（cylindrical pressure cell） 494
CSIRO HI セル（CSIRO Hollow Inclusion Cell） 124, 137, 269, 288, 290, 291, 323, 325, 327, 328, 348, 433, 489, 498
CSIR 型三軸ひずみセル（CSIR-type triaxial strain cell） 265, 266, 320, 322, 327, 328, 345, 348
CSIR 三軸ひずみセル（CSIR triaxial strain cell） 283-290, 300, 325, 327, 328, 337, 339, 340, 342, 348
CSM セル（CSM cell） 226, 229, 234
DSCA 法（differential strain curve analysis method） 381-384, 387, 392 →差ひずみ曲線解析法
Ekofisk oil field 9, 574
Fennoscandia 37, 84, 159, 521, 523, 578
Fenton Hill site 143, 382
FMS（formation microscanner） 223, 399, 406, 420, 421, 512
Glötzl セル（Glötzl cell） 495, 497
Hanford test site 6, 137, 235, 282, 446, 463
harmonic hole 4, 547
Hot Dry Rock 34, 143, 382
HTPF 法（hydraulic test on pre-existing fracture） 14, 18, 121-123, 153, 163, 237, 246, 453, 456 →既存亀裂の水圧法
IRAD 応力計（IRAD stressmeter） 483
ISRM（International Society for Rock Mechanics） 13, 15, 162, 174, 208, 284, 491, 527 →国際岩力学会
Kaiser 効果（Kaiser effect） 130
Kirsch の解（Kirsch solution） 122, 128, 178, 191, 230, 293, 400
KTB（Continental Deep Drilling Project） 10, 33, 38, 99, 162, 245, 421, 583 →大陸深部掘削計画
Liege セル（Liege cell） 263
LNEC ゲージ（LNEC gage） 269
LuH ゲージ（LuH gage） 265, 266, 443, 446
Luleå 工科大学（Luleå University of Technology） 168, 265, 456, 458, 459
Luossavaara 鉱山（Luossavaara mine site） 443, 563, 564
Mohr-Coulomb の破壊規準（Mohr-Coulomb criterion） 38, 39, 183
Q 値（Q-rating） 544
RMR 法（RMR-rating） 544
SI セル（SI cell） 268
Stripa プロジェクト（Stripa project） 473, 477, 484
UNSW SI セル（UNSW SI cell） 268
URL（Underground Research Laboratory） 7, 56, 143, 285, 298, 336, 343, 402, 404, 427-437 →地下研究施設
USBM ゲージ（USBM gage） 124, 261, 274, 276, 278, 302, 309, 311, 325, 326, 348, 431, 446, 475, 477
WSM（World Stress Map） 505-534 →世界応力分布図
Yoke ゲージ（Yoke gage） 477, 498
Yucca Mountain 448, 582

## あ行

アイソスタティック（isostatic） 77, 82, 83, 515, 523
アンダーエキスカベーション（under-excavation） 123, 126, 131, 271, 430, 432, 526
アンダーコアリング（undercoring） 79, 124, 135, 257, 260, 295, 329
一軸圧縮強度（unconfined compressive strength） 39, 149, 279, 414, 429, 534, 535, 547, 565
異方性（anisotropy） 44, 53, 65, 69, 299, 302, 304, 306, 312, 314, 319-322, 325-327, 330-332, 335, 338-342, 347, 370, 379, 380, 400, 429, 432, 437
インプレッションパッカー（impression packer） 121, 157, 164, 170, 172, 222, 223, 239, 458, 461
ウオッシュアウト（wash out） 400
エクステンソメータ（extensometer） 271, 567
円錐孔底ひずみ法（conical-ended borehole overcoring

索　引

method)　267, 381, 547
延性(ductile)　38, 92, 161, 583
鉛直応力(vertical stress)　20, 29, 36, 39, 47, 54, 62, 82, 89, 121, 137, 153, 200, 201, 243, 378, 387, 455, 461, 491, 506, 529, 546, 549, 553, 562, 570
円筒圧力セル(cylindrical pressure cell)　494
オイルサンド(oil sand)　183
応力型(stress regime)　11, 33-35, 69, 100, 512, 519
応力感度係数(stress sensitivity factor)　483
応力緩和(stress relaxation)　92, 244, 549
応力再配分(stress redisitribution)　5, 186, 412, 547, 559, 561
応力集中(stress concentration)　3, 9, 60, 61, 122, 124, 182, 189, 204, 264, 267, 319, 369, 397, 408, 462, 541, 542, 546, 547, 549, 551, 559, 568
応力帯(stress province)　11, 128, 513, 519, 529
応力テンソル(stress tensor)　2, 95, 97, 127, 129, 138, 203, 240, 369, 482, 475, 509, 582, 594, 598
応力不整合(stress decoupling)　35, 36
応力補償法(stress compensating method)　126, 361
オーバーコアリング(overcoring)　13, 124, 257, 272, 297, 332, 336, 338, 427,
温水空洞(hot-water cavern)　496

## か行

過圧密(overconsolidation)　77, 82, 83
海溝(trench)　17, 77, 515
鏡肌(slickenside)　95, 129, 509, 582
荷重システム(loading system)　547, 561
荷重履歴(loading history)　18, 27, 28
カナダ原子力公社(Atomic Energy of Canada Limited)　7, 298, 427 → AECL
カナダ楯状地(Canadian Shield)　7, 33, 37, 60, 87, 125, 272, 427, 437, 441, 442
過負荷(overstressed)　4, 62
釜石鉱山(Kamaishi mine)　380, 383
カリ塩(potash)　123, 130, 336, 369
岩塩(salt)　55, 123, 130, 161, 188, 189, 336, 369, 473, 485, 495, 541, 570, 571
岩塩ドーム(salt dome)　29, 55, 473, 570
間隙圧，間隙水圧(pore pressure)　9, 52, 123, 157, 182, 187, 196, 224, 237, 380, 385, 387, 409, 464, 574, 584
雁行(echelon)　221, 402
岩相(lithology)　49, 50, 52, 419, 576
貫入(intrusion)　29, 94, 568
記載岩石学(petrography)　94, 526

既存亀裂の水圧法(hydraulic test on pre-existing fracture)　14, 18, 238, 453, 464 → HTPF法
逆断層型(reverse fault)　33, 39
球状応力計(encapsulated spherical inclusion)　486
球面孔底(hemispherically ended borehole)　545
局所応力(local stress)　55, 60, 61, 133, 135, 528, 542
均質(homogeneous)　27, 44, 49, 53, 65, 125, 140, 202, 294, 299, 413
鞍状(saddle shaped)　85, 463
クリップ式ゲージ(clip-on gage)　383
クロージャーメータ(closure meter)　271
傾斜計(inclinometer)　126, 174, 271
原位置応力(in situ stress)　1, 15, 19, 27, 119, 430, 526, 541
コアディスキング(core disking)　85, 86, 125, 337, 341, 403, 431, 443
広域応力(regional stress)　15, 55, 133, 237, 437, 505, 515, 571
坑井刺激(stimulation)　161, 542
剛性率(shear modulus)　44, 230, 263, 298, 303, 323, 341
構造系(tectonic system)　568
光弾性(photoelastic)　264, 267, 268, 317, 446, 482
孔内圧力セル(borehole pressure cell)　490, 492
後氷期(postglacial)　83, 578
鉱脈(orebody)　6, 60, 61, 563
古応力(paleostress)　17, 94, 96, 511
国際岩の力学会(International Society for Rock Mechanics)　13, 276, 284, 290 → ISRM
個別要素法(distinct element method)　57, 58, 80
コリオリの力(Coriolis force)　17
コロラド鉱山大学(Colorado School of Mines)　58, 224, 226, 446, 471, 473, 529

## さ行

再開口圧力(reopening pressure)　122, 177, 182, 183, 186, 208, 214, 215, 216, 228, 231, 232, 233, 235, 237, 240, 533
細孔(perforations)　122, 161
最小二乗法(least squares)　95, 141, 218, 238, 242, 287, 322, 332, 387
最小水平応力(minimum horizontal stress)　28, 30, 39, 50, 121, 128, 207, 231, 397, 399, 402, 569, 570, 574
最大水平応力(maximum horizontal stress)　28, 40, 122, 182, 183, 397, 402, 562
座屈(buckling)　403, 551, 574, 575, 576

事項索引

差ひずみ曲線解析法(differential strain curve analysis method) 127, 377 → DSCA 法
サンアンドレアス断層(San Andreas fault) 163, 400, 463, 464, 465, 515, 519
三軸試験(triaxial test) 85, 137, 154
残柱式採掘法(room and pillar) 5, 492, 561
残留応力(residual stress) 8, 13, 15, 16, 17, 77, 78, 79, 81, 131, 268, 298, 299, 430, 432, 442, 533
残留ひずみ(residual strain) 78, 79, 80, 81, 298, 380
時間依存(time-dependent) 52, 92, 130, 336, 370, 379, 412
沈み込み(subduction) 77, 515, 519
絞り出し(squeezing, squeeze) 4, 27, 546, 550, 551
弱面(plane of weakness) 41, 341, 456, 458
シャットイン圧力(shut-in pressure) 121, 163, 176, 197, 200, 208-214, 238-242, 453, 459, 557, 574
受働土圧(passive pressure) 40
主働土圧(active pressure) 40
衝上断層(thrust fault) 11, 84, 428, 519, 529
条線(striae, striation) 95, 99, 510, 582
蒸発岩(evaporitic rock) 123, 336, 369, 570
初期応力(virgin stress, initial stress) 1, 119, 369, 473, 541, 542, 548, 578
シル(sill) 94, 568, 570, 572
深海掘削計画(ODP) (Ocean Drilling Project) 404
浸食(erosion) 29, 77, 82, 94
振動ワイヤー応力計(vibrating wire stressmeter) 130, 483, 485, 497, 498
信頼区間(confidence interval) 133, 141, 142, 143, 336, 385
信頼限界(confidence limit) 99, 310, 311, 322, 334
水圧ジャッキ(hydraulic jacking) 8
水圧破砕法(hydraulic fracturing) 21, 153, 154, 435, 446, 453, 456, 460, 511
水圧法(hydraulic method) 121, 153
垂直応力(normal stress) 3, 28, 95, 123, 237, 240, 241, 242, 362, 371, 408, 458, 459, 491, 494, 580, 594, 599
水平応力(horizontal stress) 4, 9, 20, 29, 32, 36, 38, 39, 53, 54, 82, 84, 90, 461, 506, 546, 549, 562
水平引張(lateral straining) 29
水理学的開口幅(hydraulic aperture) 459
ステレオ投影(stereographic projection) 36, 97, 345, 392, 455
ストラドルパッカー(straddle packer) 156, 164,
165, 170, 172, 228, 239
すべり傾向解析(slip-tendency analysis) 581, 582
スリーブ破砕法(sleeve fracturing) 18, 121, 122, 153, 224-237, 456
スレーキング(slaking) 473
寸法効果(scale effect) 20, 216, 404, 429, 433, 441, 442, 526, 527, 531, 532, 533, 534, 535
正角図法(conformal mapping method) 64
静岩圧(lithostatic stress) 28, 50
脆性(brittle) 38, 40, 42, 92, 399, 412, 583
正断層型(normal fault) 33, 34, 39, 512
世界応力分布図(World Stress Map) 11, 20, 99, 162, 416, 506-34
積分法(integral equation method) 65
接線応力(tangential stress) 87, 177, 191, 198, 207, 371, 404, 534, 552
接線交点法(tangent intersection method) 163, 209, 212
接線法(tangent divergence) 163
摂動法(perturbation method) 64, 65
センターホール掘削法(central hole drilling method, center hole method) 82, 131, 295
せん断応力(shear stress) 3, 34, 39, 86, 95, 98, 129, 163, 202, 370, 408, 463, 464, 465, 577, 580, 581, 584, 594, 599
せん断強度(shear strength) 41, 42, 515, 516, 523, 580, 581
せん断帯(shear zone) 27, 55
造構応力(tectonic stress) 15, 17, 56, 73, 77, 505, 508, 517, 542
側圧比(horizontal stress ratio) 39, 85, 562
続成(diagenesis) 29
塑性(plastic, plasticity) 43, 183, 186, 299, 336, 337, 370, 402, 412, 547

## た行

ダイアピル(diapir) 570, 571, 572
堆積盆(sedimentary basin) 9, 34, 50, 52, 83, 519
代表的基本容積(REV) (Representative Elementary Volume) 532
ダイラトメータ(dilatometer) 226, 229, 230, 266, 329, 348
大陸深部掘削計画(Continental Deep Drilling Project) 10, 162, 379, 403 → KTB
ダイレクショナルダイラトメータ(directional dilatometer) 225
多孔質弾性(poroelastic) 161, 177, 179, 180, 181, 387
立坑掘り上がり法(bored raised method) 120,

637

索　引

131, 258, 430, 432, 433, 443, 526
ダブルオーバーコアリング(double overcoring)　131
断層すべり解析(fault-slip analysis)　95, 129, 131, 509, 510, 579
断層面解析(fault-plane solution)　96-98
弾塑性(elastoplastic)　80, 183, 337
地下研究施設(Underground Research Laboratory)　7, 56, 402, 427 → URL
地下貯蔵(underground storage)　473, 543, 558, 580
地形の影響(topography effect)　62, 63, 65, 69, 71, 100, 523
地熱勾配(geothermal gradient)　43, 82, 88, 90
中空充填(hollow inclusion)　268, 269, 298, 323, 340, 480, 488
中実充填(solid inclusion)　140, 267, 269, 298, 339, 340, 480, 488
長孔発破(large blasthole)　563, 567
直交異方性(orthotropy)　44, 65, 68, 302, 304, 327, 339, 390, 432
ディップメータ(dipmeter)　128, 399, 405, 417, 419, 462
定方位(oriented)　95, 127, 377, 378, 382, 383
テーパコアリング(tapercoring)　270
ドアストッパー(Doorstopper)　96, 125, 141, 264, 273, 280, 281, 282, 283, 316, 319, 337, 338, 341, 348, 445, 479, 480
等価体積(equilibrium volume)　81, 533
統合応力決定法(integrated stress determination method)　245, 246
透水性(permeability)　11, 179, 183, 210, 460
等面積ネット(equal area net)　37, 392
閉じ込め応力(locked-in stress)　78, 81, 83

**な行**

流れ則(stream flow)　549
二次応力(induced stress)　15, 17, 473
二軸試験(biaxial testing)　137, 278, 283, 288, 291-293, 297, 325-329, 338, 342, 348, 431, 432, 485
二面破砕法(double fracture method)　225, 227, 228, 232, 237
ネヴァダ実験場(Nevada Test site)　50, 446, 448
熱応力(thermal stress)　29, 61, 423, 542, 558
粘弾性(viscoelastic)　127, 130, 299, 379, 380, 385

**は行**

破壊規準(failure criterion)　38, 40, 42, 86, 187, 196, 199, 416
破壊力学(fracture mechanics)　86, 122, 189, 190, 194, 195, 196, 197, 217, 220
発震機構解析(focal mechanism)　97, 129, 131, 397, 416, 506, 510, 512, 517, 525
半径応力(radial stress)　83, 85, 87
盤膨れ(heave)　84, 550
非一様性(non-uniformity)　20, 29, 529
ひずみ速度(strain rate)　42, 43, 91, 572, 576
ひずみ軟化(strain weakening)　183
非弾性ひずみ(anelastic strain)　377, 379, 380, 383, 386, 390
非弾性ひずみ回復法(anelastic strain recovery method)　50, 95, 127, 377 → ASR法
引張強度(tensile strength)　41, 122, 177, 180, 182, 186, 193, 194, 195, 198, 199, 214, 215, 216, 217, 219, 220, 221, 231, 233, 533, 568
氷河(glaciation)　82, 83, 94, 515, 523, 541, 579
不均質(heterogeneity)　18, 34, 49, 55, 60, 61, 119, 217, 257, 277, 287, 290, 335, 342, 526, 529, 532, 533
不整合(unconformity)　27, 55
不透水性(impermeable)　183, 215
フラットジャッキ法(flat jack method)　13, 18, 126, 127, 137, 142, 361-373
浮力(buoyancy stress, force)　515, 571
ブレイクアウト(breakout)　9, 18, 35, 99, 436, 443, 541
ブレイクダウン圧力(breakdown pressure)　122, 154, 155, 161, 165, 176-196, 206-221, 224-226, 231-235, 239, 533
プレートテクトニクス(plate tectonics)　9, 17, 20, 77, 160
プレストレス応力計(prestressed stressmeter)　481
プレストレスセル(prestress cell)　261
ブロックテスト(block test)　472, 485
噴火口の配列(volcanic vent alignment)　506, 510, 511
米国鉱山局(US Bureau of Mine)　124, 130, 261, 339, 492, 494
米国材料試験協会(American Society for Testing of Materials)　276 → ASTM
変位型ゲージ(deformation gage)　261, 262, 263, 476
変曲点法(inflection method)　209
偏差応力(deviatoric stress)　55, 338, 385, 386, 577
偏心(eccentricity)　135, 221, 292
ボアホールジャッキ(borehole jack)　236, 269

ボアホールスキャナー(borehole scanner) 164, 174
ボアホールスロッター(borehole slotter) 270, 293, 294, 331, 332, 348
ボアホールスロッティング(borehole slotting) 125, 270, 293, 331
ボアホールディープニング法(borehole deepening) 270
ボアホールテレビュアー(borehole televiewer) 128, 405, 406, 408, 419, 420, 461, 462, 464, 512
ボアホールブレイクアウト(borehole breakout) 14, 55, 87, 99, 128, 133, 160-162, 397-423, 460-466, 506, 512, 533-535, 584
放射性廃棄物(nuclear waste) 6, 7, 14, 163, 209, 225, 234, 427, 446, 453, 471, 542, 578
膨潤(swelling) 17, 473, 543
ポップアップ(pop-up) 27, 84, 510
ホログラフィー法(holographic method) 130, 270

## ま行

摩擦平衡(frictional equilibrium) 38, 585

無支保採掘(open stoping) 561, 563, 567
面内等方性(transverse isotropy) 44, 47, 65, 68, 72, 304, 319, 327, 339, 343
モニタリング(monitoring) 17, 257, 339, 436, 471, 473, 475, 483, 489
モンテカルロ解析(Monte Carlo analysis) 141, 143, 238, 336

## や行

山はね(rock burst) 4, 6, 27, 42, 84, 471, 491, 546, 548, 550, 559
有限要素法(finite element method) 47, 63, 319, 413, 550, 576
横ずれ断層型(strike-slip fault) 33, 34, 39, 512

## ら行

裸孔(open hole) 122
リソスフェア(lithosphere) 20, 77, 83, 505, 515, 517, 521, 523, 542
リレハンメル(Lillehammer) 4, 552
露頭(outcrop) 84, 95, 129

翻訳者・監修者紹介（＊監修，＊＊翻訳代表，＊＊＊翻訳幹事）

公益財団法人 深田地質研究所　岩盤応力に関する研究委員会

| | | | |
|---|---|---|---|
| 委　員　長＊ | 石田　　毅 | 京都大学大学院 工学研究科 |
| 副 委 員 長＊＊＊ | 横山　幸也 | 応用地質株式会社 |
| 委員兼幹事＊＊＊ | 伊藤　高敏 | 東北大学 流体科学研究所 |
| 委員兼幹事＊＊＊ | 高橋　　亨 | 公益財団法人 深田地質研究所 |
| 委員兼幹事＊＊ | 船戸　明雄 | 応用地質株式会社 |
| 委　　　員 | 伊藤　久男 | 独立行政法人 海洋研究開発機構 |
| 委　　　員 | 板本　昌治 | 株式会社 3D地科学研究所 |
| 委　　　員 | 岡崎　幸司 | 株式会社 ダイヤコンサルタント |
| 委　　　員 | 小川　浩司 | 応用地質株式会社 |
| 委　　　員 | 坂口　清敏 | 東北大学大学院 環境科学研究科 |
| 委　　　員 | 手塚　和彦 | 石油資源開発株式会社 |
| 委　　　員 | 山本　晃司 | 独立行政法人 石油天然ガス・金属鉱物資源機構 |
| 顧　　　問 | 田中　荘一 | 公益財団法人 深田地質研究所 |

翻訳協力者　　村田　澄彦　京都大学大学院 工学研究科
翻訳協力者　　深堀　大介　京都大学大学院 工学研究科(現.財団法人 電力中央研究所)

### 著者プロフィール

ベルナール・アマデイ　Bernard Amadei
米国コロラド大学教授（土木・環境・建築工学領域）

オーヴ・ステファンソン　Ove Stephansson
スウェーデン王立工科大学名誉教授（土木・環境工学領域）

---

岩盤応力とその測定

2012年3月31日　初版第一刷発行

| | |
|---|---|
| 著　者 | ベルナール・アマデイ<br>オーヴ・ステファンソン |
| 監　修 | 石　田　　　毅 |
| 翻訳代表 | 船　戸　明　雄 |
| 発行者 | 檜　山　爲次郎 |
| 発行所 | 京都大学学術出版会 |

京都市左京区吉田近衛町69
京都大学吉田南構内（606-8315）
電　話　075-761-6182
FAX　075-761-6190
振　替　0100-8-64677
http://www.kyoto-up.or.jp/

印刷・製本　亜細亜印刷株式会社

ISBN978-4-87698-596-8　　定価はカバーに表示してあります
Printed in Japan　　　　　　　©T. Ishida, A. Funato et al.

本書のコピー，スキャン，デジタル化等の無断複製は著作権法上での例外を除き禁じられています．本書を代行業者等の第三者に依頼してスキャンやデジタル化することは，たとえ個人や家庭内での利用でも著作権法違反です．